PROPRIEDADES DO
CONCRETO

A.M. Neville é consultor de engenharia civil. Tem anos de experiência como professor, pesquisador e consultor em engenharia civil e estrutural na Europa, na América do Norte e no Extremo Oriente. Foi presidente da Concrete Society, vice-presidente da Royal Academy of Engineering, diretor e vice-chanceler da University of Dundee, chefe do Departamento de Engenharia Civil da University of Leeds e reitor da University of Calgary. Recebeu inúmeros prêmios e medalhas, e é membro honorário do American Concrete Institute, da British Concrete Society e do Instituto Brasileiro do Concreto.

N523p   Neville, A. M.
            Propriedades do concreto / A. M. Neville ; tradução: Ruy Alberto Cremonini. – 5. ed. – Porto Alegre : Bookman, 2016.
            xxiv, 888 p. : il. ; 23 cm.

            ISBN 978-85-8260-365-9

            1. Engenharia civil. 2. Material de construção – Concreto. I. Título.

                                                    CDU 691.32

Catalogação na publicação: Poliana Sanchez de Araujo – CRB 10/2094

A.M. NEVILLE

PROPRIEDADES DO CONCRETO

5ª EDIÇÃO

Tradução
Ruy Alberto Cremonini
Engenheiro Civil pela Universidade do Estado do Rio de Janeiro
Mestre em Engenharia Civil pela Universidade Federal do Rio Grande do Sul
Doutor em Engenharia Civil pela Universidade de São Paulo

2016

Obra originalmente publicada sob o título *Properties of Concrete*, 5th Edition
ISBN 9780273755807

Copyright © A. M. Neville 1963, 1973, 1975, 1977, 1982, 1995, 2011.
This translation of *Properties of Concrete*, 5th Edition, is published by arrangement with Pearson Education Limited.

Gerente editorial: *Arysinha Jacques Affonso*

Colaboraram nesta edição:

Editora: *Maria Eduarda Fett Tabajara*

Capa: *Márcio Monticelli*

Imagem da capa: ©*thinkstockphotos.com/mooltfilm, Abstract spiral staircase*

Preparação de originais: *Bruno Lippi Conceição Vieira e Frank Holbach Duarte*

Leitura final: *Livia Allgayer Freitag*

Editoração: *Techbooks*

Reservados todos os direitos de publicação, em língua portuguesa, à
BOOKMAN EDITORA LTDA., uma empresa do GRUPO A EDUCAÇÃO S.A.
Av. Jerônimo de Ornelas, 670 – Santana
90040-340 – Porto Alegre – RS
Fone: (51) 3027-7000   Fax: (51) 3027-7070

Unidade São Paulo
Av. Embaixador Macedo Soares, 10.735 – Pavilhão 5 – Cond. Espace Center
Vila Anastácio – 05095-035 – São Paulo – SP
Fone: (11) 3665-1100   Fax: (11) 3667-1333

SAC 0800 703-3444 – www.grupoa.com.br

É proibida a duplicação ou reprodução deste volume, no todo ou em parte, sob quaisquer formas ou por quaisquer meios (eletrônico, mecânico, gravação, fotocópia, distribuição na Web e outros), sem permissão expressa da Editora.

IMPRESSO NO BRASIL
PRINTED IN BRAZIL

Agradecimentos

Os direitos autorais das ilustrações e tabelas a seguir pertencem a Crown. Devo agradecer, ainda, ao controlador do HM Stationery Office pela permissão para reproduzir as Figuras 2.5, 3.2, 3.15, 3.16, 4.1, 7.25, 8.11, 12.10, 12.39, 14.3, 14.10, 14.12, 14.13 e 14.14, e as Tabelas 2.9, 3.8, 3.9, 8.4, 13.14, 14.9 e 14.10.

As instituições a seguir disponibilizaram materiais de suas publicações para uso neste livro, por isso lhes agradeço: National Bureau of Standards (Washington, D.C.); US Bureau of Reclamation; American Society for Testing and Materials (ASTM); Cement and Concrete Association (Londres); Portland Cement Association (Skokie, Ilinóis); National Ready-Mixed Concrete Association (Silver Spring, Maryland); American Ceramic Society; American Concrete Institute; Society of Chemical Industry (Londres); Institution of Civil Engineers (Londres); Institution of Structural Engineers (Londres); Swedish Cement and Concrete Research Institute; Department of Energy, Mines and Resources (Ottawa); Edward Arnold (Editores) Ltd. (Londres); Reinhold Publishing Corporation, Book Division (Nova Iorque); Butterworths Scientific Publications (Londres); Deutsches Institut für Normung e.V. (Berlim); Pergamon Press (Oxford); Martinus Nijhoff (The Hague); Civil Engineering (Londres); Il Cemento (Roma); Deutscher Ausschuss für Stahlbeton (Berlim); Cement and Concrete Research (University Park, Pensilvânia); Zement und Beton (Viena); Materials and Structures, RILEM (Paris); Bulletin du Ciment (Wildegg, Suíça); American Society of Civil Engineers (Nova York); Magazine of Concrete Research (Londres); The Concrete Society (Crowthorne); Darmstadt Concrete (Darmstadt); Laboratoire Central des Ponts et Chaussées (Paris); British Ceramic Proceedings (Stoke on Trent); Concrete (Londres). As Tabelas BS 812, BS 882 e BS 5328 foram reproduzidas com a permissão da British Standards Institution, 2 Park Street, Londres, W1A 2BS, onde cópias das normas completas podem ser adquiridas. O falecido professor J. F. Kirkaldy gentilmente cedeu os dados da Tabela 3.7.

Os detalhes completos sobre as fontes podem ser encontrados no final de cada capítulo. Os números de referência aparecem nas legendas das ilustrações e nos títulos das tabelas.

Sou grato aos meus vários clientes, em especial àqueles cujas opiniões contrárias me permitiram compreender melhor o comportamento do concreto em serviço, muitas vezes por meio da observação de seu "mau comportamento".

Ajuda muito considerável na busca por referências foi fornecida pela equipe da biblioteca da Institution of Civil Engineers e, especialmente, por Robert Thomas, que foi incansável em rastrear as várias fontes.

Finalmente, gostaria de deixar registado o enorme esforço e as realizações de Mary Hallam Neville em *cimentar* as fontes e referências em um manuscrito *coeso* que culminou em um livro *concreto*. Sem sua insistência (uma palavra muito melhor do que importunação), este livro poderia não ter sido finalizado antes do falecimento do autor.

Apresentação à edição brasileira

Este importante compêndio e livro de referência sobre o nobre material concreto foi publicado no Brasil, em sua última vez, em 1997. Assim, as novas gerações de engenheiros não tiveram a oportunidade de dispor desta inestimável obra de consulta em língua portuguesa.

A Bookman Editora, com a colaboração do Prof. Dr. Ruy Cremonini, oportunamente volta a colocar uma versão atualizada deste livro ao acesso da comunidade de engenharia civil do país.

Publicado em mais de 12 diferentes idiomas ao redor do mundo, esta magnífica obra se encontra na quinta versão em inglês, ampliada e atualizada, à qual também corresponde esta edição em português.

O conhecimento sobre o comportamento do concreto é dinâmico e requer atualização permanente. Desde o final do século XIX, os descobridores e detentores das patentes de concreto armado, como Monier, Wayss e outros, perceberam a necessidade e a importância de uma bibliografia atualizada e consistente sobre o material. François Hennebique, que em 1892 patenteou o sistema de projetar e construir edifícios com estrutura de concreto armado, também lançou, em 1896, o periódico *Béton Armé*, que se constituiu em um dos mais importantes veículos de disseminação do conhecimento técnico e científico sobre concreto.

Completando pouco mais de um século de existência, o concreto hoje é o material industrial mais consumido pela humanidade. Chegou 100 anos depois do aço para as estruturas, e milênios após a alvenaria cerâmica, a rocha e a madeira. Contudo, sua versatilidade, sua facilidade de aplicação, seu preço, sua produtividade e sua durabilidade o tornaram o material de construção mais apropriado ao emprego na melhoria da qualidade de vida dos povos – é fundamental na construção de portos, rodovias, pontes, edifícios e reservatórios, participando em praticamente todas as construções atuais, desde as fundações até as coberturas.

O mais incrível é que o concreto como material requer constante atualização de conhecimento, pois se trata, ainda, de um material em evolução constante, que tem sido objeto de pesquisas e patentes de novos processos construtivos, como concreto projetado, concreto bombeado, com fibras, autoadensável, concreto de altas resistências e de alto desempenho, concreto decorativo, concreto durável, concreto pré-moldado, concreto por extrusão, protendido, injetado, concreto para estacas hélice e para outros processos ainda mais específicos.

Apresentar este material evolutivo de uma forma concisa, técnica e com fundamentos científicos é o maior mérito desta original e extraordinária obra de Adam Neville. Com sua inigualável experiência de quatro vitoriosas edições *best sellers* e seu sólido conhecimento do concreto, conquistado ao longo de 40 anos de pesquisas e estudos sistemáticos, é o preceptor mais adequado à compilação e à divulgação desse saber.

Esta edição inclui novos capítulos com análise das recentes composições dos concretos incorporando adições e outros insumos, bem como considerável descrição dos mecanismos de deterioração precoce, chamando atenção para a importância da profilaxia com objetivo de evitar problemas patológicos. Descreve com maestria e destreza os métodos de ensaio e as normas de classificação, especificação e procedimentos de adequado uso do concreto em diferentes estruturas, com referências à normatização brasileira, graças à contribuição competente do tradutor.

O resultado não poderia ser diferente, renovando e atualizando de forma consistente o conhecimento dos concretos e apresentando de forma clara os conceitos e princípios para o bom entendimento e uso desse vantajoso material em estruturas.

Constitui uma obra de consulta obrigatória da engenharia de concreto do país que pode agora dispor de um livro completo sobre concreto, uma verdadeira enciclopédia de referência atualizada e segura para consultores, projetistas, construtores, tecnologistas, gerenciadores e laboratórios de controle e ensaios.

Paulo Helene
Professor Titular da Universidade de São Paulo
Diretor da PHD Engenharia

Prefácio da quinta edição

Esta edição conserva a forma, a organização e o estilo das anteriores. A razão é preservar o que fez desta obra um sucesso indiscutível – até 2011, mais de meio milhão de exemplares foram vendidos, incluindo a edição original e as mais de 12 traduções.

Com o passar dos anos, as normas são alteradas, canceladas e substituídas. Daí a necessidade da atualização um livro técnico como *Propriedades do Concreto*, que pode ser realizada por meio de pequenas alterações em novas impressões de uma edição existente, como foi feito nas 14 reimpressões da quarta edição, que eu esperava que fosse a última. Trata-se da mesma situação das normas americanas – a ASTM possui rigorosa política de revisões periódicas, confirmação e substituição.

Por outro lado, a situação das normas britânicas é mais complexa. Atualmente existem algumas normas britânicas novas, citadas também como normas europeias, designadas como BS EN. Algumas normas britânicas tradicionais, denominadas BS, continuam em vigor. Em outros casos, as normas britânicas são consideras como obsoletas, em obsolescência e também "correntes, superadas". Tudo isso é muito confuso, mas talvez seja uma inevitável consequência da gradual introdução de novas normas, que não substituem as anteriores nas mesmas condições.

Eu mantive, por meio de tabelas e parâmetros, informação de diversas normas britânicas antigas, mesmo as que foram canceladas, visto que contribuem para o conhecimento do que é importante ao entendimento de uma propriedade relevante. Acredito que essa abordagem é fundamental em um livro científico, de caráter enciclopédico. Isso é fundamental, já que uma série de novas normas BS EN prescreve como avaliar uma determinada propriedade do concreto, apresenta o resultado, mas nada diz sobre sua interpretação. Um procedimento assim não contribui para o conhecimento do que é importante, muito menos para o entendimento de propriedades relevantes.*

As novas normas foram introduzidas nesta edição de *Propriedades do Concreto* com o objetivo de informar ao leitor sobre o procedimento ou fundamentos dos ensaios. Entretanto, dada à continuada evolução das normas, para um uso específico, o leitor deve respeitar o texto das normas vigentes e obedecê-las rigorosamente. Afinal, este livro não objetiva ser um manual, muito menos um livro de receitas.

---

* N. de R.T.: Na versão brasileira desta obra, tomou-se o cuidado de citar, sempre que possível e pertinente, as normas brasileiras vigentes. Ao final da obra, o leitor pode ter acesso a uma relação de todas as normas incluídas na obra.

Além disso, não foram excluídas as referências às publicações anteriores. Adotei esse procedimento por duas razões. Em primeiro lugar, esta é uma nova edição de um livro bem-sucedido, não um novo livro. Em segundo lugar, as referências anteriores contêm o desenvolvimento de nosso conhecimento, muito do qual fundamental. Por outro lado, vários artigos recentes contêm detalhes de um comportamento específico em condições específicas e pouco contribuem para o conjunto de conhecimento capaz de gerar uma generalização.

Pode ser um reflexo de minha idade, mas, em minha opinião, o valioso conjunto de conhecimento necessário a projetistas, empreiteiros e fornecedores não é muito enriquecido por um artigo elaborado por seis pessoas sem qualquer coordenação ou generalização. Nem são de interesse à comunidade como um todo os artigos que descrevem o comportamento do concreto com a adição de cinza volante proveniente de uma única fonte. Nesses casos, o principal benefício é comercial ou pessoal.

Esta edição contém alguns tópicos adicionais: formação de etringita tardia, agregado reciclado de concreto, concreto autoadensável, ataque de sulfatos por taumasita e, é claro, acréscimos e modificações de vários tópicos.

Não inclui o tema sustentabilidade (que parece ser a moda da década). Em minha opinião, se a sustentabilidade do concreto como um material (distinto de uma estrutura produzida com concreto) for a garantia da durabilidade, então é claro que esse tema é de extrema importância. Por isso, os Capítulos 10 e 11 são dedicados à durabilidade do concreto.

No entanto, durabilidade não significa a maior vida útil possível. O que deve ser buscado é uma vida útil desejada, e isso é determinado pela função da estrutura. Um quiosque de jardim está em um extremo da escala, e uma grande ponte ou barragem no outro. Obras residenciais são um bom exemplo de como as necessidades sociais mudam com o tempo – elevadores ou banheiros, por exemplo. Da mesma forma, escritórios podem ter plantas livres ou podem ser formados por diversas salas separadas. Onde existe uma alteração do uso, o "antigo" estilo pode ser uma desvantagem, visto que uma modificação da estrutura pode ser mais dispendiosa do que a demolição e um novo projeto. O custo inicial maior por uma estrutura mais cara é, em primeiro lugar, antieconômica, e pode desestimular a construção. Esses temas, entretanto, estão fora do escopo deste livro. Assim, se eu não mostro entusiasmo pela sustentabilidade, não é devido à minha ignorância.

Ao escrever a quinta edição e, em especial, ao incluir referências às novas normas, recebi grande ajuda de Robert Thomas, Gerente da Biblioteca e Serviços de Informações da Institution of Structural Engineers, de Rose Marney, gerente de biblioteca, e de Debra Francis, bibliotecária do Institution of Civil Engineers. Agradeço profundamente sua colaboração excepcionalmente eficiente e cordial.

Sou grato a Simon Lake pelo trato dos aspectos gerenciais da quinta edição e a Patrick Bond, Robert Sykes e Helen Leech pela atenção aos aspectos da produção do livro.

E, como sempre, eu tenho que agradecer profundamente minha colaboradora técnica e crítica severa de toda vida, ou seja, minha esposa, Dra. Mary Neville.

Desejo ao leitor bom concreto e estruturas de concreto duráveis.

A. M. N.
Londres, 2011

Prefácio

O concreto e o aço são os dois materiais estruturais mais comuns. Algumas vezes, complementam-se – outras, competem entre si, já que estruturas de mesmo tipo e mesma função podem ser construídas com qualquer um deles. Apesar disso, o engenheiro frequentemente conhece menos sobre o concreto que é utilizado na estrutura do que sobre o aço.

O aço é produzido em condições rigorosamente controladas. Suas propriedades são verificadas em um laboratório e apresentadas em um certificado do produtor. Dessa forma, o projetista estrutural somente precisa especificar o aço que atenda às normas relevantes, e o controle do engenheiro da obra é limitado à mão de obra para a realização das conexões entre os elementos estruturais.

A situação é totalmente diferente em um canteiro de obras de um edifício executado em concreto. É verdade que a qualidade do cimento é, assim como a do aço, assegurada pelo fabricante, e, garantindo que materiais cimentícios adequados tenham sido selecionados, dificilmente o cimento é causa de falhas em uma estrutura de concreto. Entretanto, o material de construção é o concreto, não o cimento. Os elementos estruturais normalmente são produzidos em canteiro, e sua qualidade depende, de forma quase exclusiva, da mão de obra de produção e lançamento do concreto.

Portanto, a disparidade entre os métodos de produção do aço e do concreto é evidente, assim como a importância do controle de qualidade dos trabalhos em concreto no canteiro. Além disso, como os profissionais responsáveis pelo trabalho com concreto ("concreteiros") ainda não têm o treinamento e a tradição de algumas outras profissões relacionadas à construção, a supervisão do engenheiro no canteiro é essencial. Esses fatos devem ser lembrados pelo projetista estrutural, já que um projeto meticuloso e bem detalhado pode ser facilmente prejudicado caso as propriedades do concreto real sejam diferentes das consideradas nos cálculos estruturais. Um projeto estrutural será tão bom quanto os materiais utilizados.

Apesar do exposto anteriormente, não se deve concluir que produzir um bom concreto é difícil. O "mau concreto", com frequência um material de consistência inadequada, com falhas quando endurecido e massa não homogênea, é produzido simplesmente pela mistura de cimento, agregados e água. De modo surpreendente, os ingredientes de um bom concreto são exatamente os mesmos, sendo somente o *know-how*, amparado pelo entendimento, o responsável por essa diferença.

O que é, então, um bom concreto? Existem dois critérios: o concreto deve ser satisfatório tanto quando endurecido quanto no estado fresco, enquanto transportado da betoneira e lançado nas fôrmas. No estado fresco, é imprescindível que a consistência da mistura permita que o concreto possa ser adensado pelos meios desejados sem esforço excessivo, e também que a mistura tenha coesão suficiente para que os meios de transporte e de lançamento adotados não produzam segregação com a consequente falta de homogeneidade do produto final. Já no estado endurecido, as principais exigências são uma resistência à compressão satisfatória e uma durabilidade adequada.

Tudo isso é válido desde a primeira edição deste livro, em 1963. Em suas três edições e 12 traduções, *Propriedades do Concreto* parece ter atendido aos envolvidos com concreto, e hoje continua sendo a referência de construção mais importante e difundida. Entretanto, alterações significativas no conhecimento e na prática ocorreram nos últimos anos, razão pela qual foi necessário escrever a quarta edição. A extensão dessas alterações foi tal que um simples ajuste não era apropriado – com exceção do núcleo, este é, portanto, um novo livro. Sua abrangência foi bastante ampliada e fornece uma visão abrangente e detalhada do concreto como material de construção. Entretanto, não houve mudanças *pro forma*, simplesmente. A forma, o estilo, a abordagem e a organização do material das edições anteriores foram mantidas, de modo que os leitores que estejam familiarizados com elas não tenham dificuldades em encontrar seu caminho no novo livro.

A quarta edição contém bastante material novo sobre materiais cimentícios, alguns dos quais eram pouco utilizados no passado, quando utilizados. O conhecimento desses materiais deve, hoje, ser parte da bagagem do engenheiro. A durabilidade do concreto sob diversas condições de exposição, incluindo a carbonatação e reação álcali-sílica, foi abordada de modo aprofundado. Em especial, é discutido o comportamento do concreto sob as condições extremas das áreas litorâneas de regiões quentes do mundo, onde o negócio da construção tem encontrado terreno fecundo. Outros novos tópicos são: concreto de alto desempenho, aditivos recentes, concreto em condições criogênicas e propriedades da região de interface entre o agregado e a matriz, entre outros.

Devo admitir que o tratamento dos diversos materiais cimentícios representa um enorme desafio. Um grande número de artigos sobre esses materiais e alguns outros temas foi publicado nos anos 1980, com continuidade nos anos 1990. Muitos artigos são valiosos para elucidar o comportamento dos diversos materiais e suas influências nas propriedades do concreto. Muitos outros, entretanto, relatam pesquisas de interpretação restrita que descrevem a influência de um único parâmetro, com as demais condições mantidas, de forma irreal, constantes. Em algumas ocasiões, esquece-se de que, em uma mistura de concreto, não é possível alterar um componente sem modificar alguma outra propriedade da mistura.

Conclusões a partir dessas pesquisas fragmentadas são, na melhor das hipóteses, difíceis e, na pior, perigosas. Não há mais necessidade desses projetos de pesquisa menores, cada um somando como uma "publicação" no currículo do autor. Também não são necessárias sucessões intermináveis de formulações, cada uma derivada de um pequeno número de dados. Algumas análises, aparentemente impressionantes, mostram uma excelente correlação com dados experimentais interpretados à luz do conjunto de dados que originaram as expressões originalmente deduzidas: essa correlação não é surpresa. Entretanto, não deve causar surpresa se essas expressões falharem quando utilizadas para a previsão do comportamento em circunstâncias não consideradas, onde existam fatores ignorados na análise original.

Um comentário adicional pode ser feito sobre as influências, determinadas por análise estatística, de diversos fatores no comportamento do concreto. Embora o uso da estatística na avaliação dos resultados dos ensaios e no estabelecimento de correlações seja válido, e frequentemente essencial, uma relação estatística isolada, sem uma explicação física, não é uma base sólida para afirmar a existência de uma relação verdadeira entre dois ou mais fatores. Da mesma forma, a extrapolação de uma correlação válida não deve ser automaticamente aceita como válida. Isso é óbvio, mas às vezes é negligenciado por um autor entusiasmado que tenha a impressão que descobriu uma "regra".

Já que devem ser consideradas as pesquisas disponíveis, há pouco valor em reunir uma massa de resultados de trabalhos ou apresentar uma revisão geral de cada tópico da pesquisa. Em vez disso, este livro integra os diversos tópicos, de modo a mostrar sua interdependência na produção e na utilização do concreto. O entendimento dos fenômenos físicos e químicos envolvidos é a base para enfrentar o desconhecido, ao contrário da abordagem de aproveitar evidências de experiências anteriores, que somente funcionarão de forma restrita e que, em algumas situações, podem resultar em uma catástrofe. O concreto é um material tolerante – mas falhas evitáveis na seleção e no proporcionamento dos componentes da mistura devem ser evitadas.

Deve ser lembrado que as diversas misturas de concreto usadas hoje são derivadas e desenvolvidas a partir do concreto tradicional, de modo que o conhecimento das propriedades básicas do concreto continua sendo essencial. Em função disso, grande parte deste livro é dedicada a esses fundamentos. O trabalho original dos pioneiros do conhecimento sobre o concreto que explica o comportamento básico do material de forma científica e as referências clássicas foram mantidos: eles nos possibilitam ter uma perspectiva de nosso conhecimento.

O objetivo final deste livro é facilitar a obtenção de melhores construções em concreto. Para alcançar isso, é necessário entender, dominar e controlar o comportamento do concreto, não somente em laboratório, mas também em estruturas reais. Nesse aspecto, um autor com experiência estrutural leva vantagem. Além do mais, a experiência em construção e em pesquisa sobre a falta de durabilidade e serviceabilidade foram exploradas.

Este livro foi escrito ao longo de todo um ano – portanto, apresenta uma explicação consolidada do comportamento do concreto, em vez de uma série de capítulos um tanto desconexos. Essa coesão pode ser benéfica aos leitores que frequentemente são obrigados a consultar coletâneas ou artigos desconexos em um "livro".

Em um volume único, não é possível cobrir todo o campo do concreto: materiais especializados, como concreto reforçado com fibras, concreto polimérico ou concreto sulfuroso, embora úteis, não foram abordados. Inevitavelmente, um autor seleciona o que considera mais importante ou mais interessante, ou simplesmente o que conhece mais, mesmo que o escopo de seu conhecimento aumente com a idade e a experiência. A ênfase deste livro é na visão integrada das propriedades do concreto e nas razões científicas fundamentais, já que, citando Henri Poincaré, um acúmulo de fatos não é mais ciência do que um monte de pedras é uma casa.

A. M. N.

Sumário

1 Cimento Portland — 1
Histórico — 1
Fabricação do cimento Portland — 2
Composição química do cimento Portland — 8
Hidratação do cimento — 13
   Silicatos de cálcio hidratados — 14
   Aluminato tricálcico hidratado e a ação do sulfato de cálcio — 17
Pega — 19
   Falsa pega — 20
Finura do cimento — 20
Estrutura do cimento hidratado — 26
Volume dos produtos de hidratação — 26
   Poros capilares — 32
   Poros de gel — 33
Resistência mecânica do gel de cimento — 34
Água retida na pasta de cimento hidratada — 36
Calor de hidratação do cimento — 37
Influência do teor de compostos nas propriedades do cimento — 41
   Efeito dos álcalis — 46
   Efeitos da fase vítrea no clínquer — 48
Ensaios de propriedades do cimento — 49
   Consistência da pasta normal — 49
   Tempo de pega — 50
   Expansibilidade — 51
   Resistência do cimento — 53
Referências — 57

2 Materiais cimentícios — 62
Classificação dos materiais cimentícios — 62
   Tipos de cimento — 66
   Cimento Portland comum — 69
   Cimento Portland de alta resistência inicial — 71
   Cimentos Portland de alta resistência inicial especiais — 73

Cimento Portland de baixo calor de hidratação	76
Cimento Portland resistente a sulfatos	77
Cimento Portland branco e pigmentos	78
Cimento Portland de alto-forno	81
Cimento supersulfatado	84
Pozolanas	85
Sílica ativa	89
Fíleres	90
Outros cimentos	91
Escolha do cimento a utilizar	93
Cimento de elevado teor de alumina	94
Conversão do cimento de elevado teor de alumina	98
Propriedades refratárias do cimento de elevado teor de alumina	105
Referências	107

3 Propriedades dos agregados — 111

Classificação geral dos agregados	111
Classificação dos agregados naturais	113
Amostragem	115
Forma e textura das partículas	117
Aderência do agregado	123
Resistência do agregado	124
Outras propriedades mecânicas dos agregados	127
Massa específica	130
Massa unitária	132
Porosidade e absorção do agregado	133
Teor de umidade do agregado	137
Inchamento do agregado miúdo	140
Substâncias deletérias nos agregados	142
Impurezas orgânicas	142
Argila e outros materiais finos	143
Contaminação por sais	145
Partículas instáveis	145
Estabilidade de volume do agregado	148
Reação álcali-sílica	150
Ensaios para a verificação da reatividade do agregado	151
Reação álcali-carbonato	153
Propriedades térmicas do agregado	154
Análise granulométrica	155
Curvas granulométricas	158
Módulo de finura	162
Requisitos de granulometria	162
Granulometrias práticas	170
Granulometria de agregados miúdos e graúdos	172
Agregados grandes e pequenos	175
Granulometria descontínua	178
Dimensão máxima do agregado	180

Pedras de mão	183
Manuseio do agregado	183
Agregados especiais	184
Agregado reciclado de concreto	184
Referências	186

4 Concreto fresco   190

Qualidade da água de amassamento	190
Massa específica do concreto fresco	193
Definição de trabalhabilidade	194
A necessidade de trabalhabilidade suficiente	195
Fatores que afetam a trabalhabilidade	196
Medida da trabalhabilidade	198
Abatimento de tronco de cone	198
Ensaio do fator de compactação	201
Ensaio de fluidez da ASTM	203
Ensaio de remoldagem	203
Ensaio Vebe	203
Ensaio da mesa de espalhamento	205
Ensaio de penetração de bola e ensaio de adensabilidade	206
Ensaio K de Nasser	207
Ensaio dos dois pontos (Ensaio Tattersall)	208
Comparação dos ensaios	208
Tempo de enrijecimento do concreto	212
Efeito do tempo e da temperatura na trabalhabilidade	212
Segregação	214
Exsudação	216
A mistura do concreto	218
Betoneiras	219
Uniformidade da mistura	221
Tempo de mistura	222
Mistura manual	225
Concreto dosado em central	226
Redosagem de água	228
Concreto bombeado	229
Bombas de concreto	230
Uso do bombeamento	231
Requisitos para o concreto bombeado	232
Bombeamento de concreto com agregado leve	236
Concreto projetado	236
Concretagem submersa	239
Concreto com agregado pré-colocado	240
Vibração do concreto	241
Vibradores internos	242
Vibradores externos	243
Mesas vibratórias	243
Outros vibradores	244

	Revibração	245
	Concreto tratado a vácuo	246
	Fôrmas drenantes	248
	Análise do concreto fresco	248
	Concreto autoadensável	250
	Referências	251
5	**Aditivos**	**257**
	Benefícios dos aditivos	257
	Tipos de aditivos	257
	Aditivos aceleradores	259
	Aditivos retardadores	264
	Aditivos redutores de água	267
	Superplastificantes	270
	Natureza dos superplastificantes	271
	Efeitos dos superplastificantes	271
	Dosagem de superplastificantes	274
	Perda de trabalhabilidade	275
	Compatibilidade cimento-superplastificante	277
	O uso dos superplastificantes	278
	Aditivos especiais	278
	Aditivos impermeabilizantes	279
	Aditivos bactericidas e similares	280
	Observações sobre o uso de aditivos	280
	Referências	281
6	**Resistência do concreto**	**285**
	Relação água/cimento	285
	Água efetiva na mistura	289
	Relação gel/espaço	290
	Porosidade	293
	Compactos de cimento	300
	Influência das propriedades do agregado graúdo na resistência	300
	Influência da relação agregado/cimento na resistência	303
	Natureza da resistência do concreto	305
	Resistência à tração	305
	Fissuração e ruptura na compressão	307
	Ruptura sob estado múltiplo de tensões	309
	Microfissuração	314
	Interface agregado-pasta de cimento	316
	Efeito da idade na resistência do concreto	318
	Maturidade do concreto	320
	Relação entre as resistências à compressão e à tração	324
	Aderência entre o concreto e a armadura	327
	Referências	327

7 Outras características do concreto endurecido — 334

- Cura do concreto — 334
  - Métodos de cura — 339
  - Ensaios em agentes de cura — 343
  - Duração da cura — 343
- Colmatação autógena — 344
- Variabilidade da resistência do cimento — 345
- Variações das propriedades do cimento — 348
- Fadiga do concreto — 351
- Resistência ao impacto — 360
- Propriedades elétricas do concreto — 363
- Propriedades acústicas — 367
- Referências — 370

8 Efeitos da temperatura no concreto — 375

- Influência da temperatura inicial na resistência do concreto — 375
- Cura a vapor à pressão atmosférica — 382
- Cura a vapor à alta pressão (autoclavagem) — 386
- Outros métodos de cura térmica — 390
- Propriedades térmicas do concreto — 390
  - Condutividade térmica — 391
  - Difusividade térmica — 392
  - Calor específico — 394
- Coeficiente de dilatação térmica — 394
- Resistência do concreto a altas temperaturas e ao fogo — 401
  - Módulo de elasticidade do concreto a altas temperaturas — 404
  - Comportamento do concreto ao fogo — 404
- Resistência do concreto a temperaturas muito baixas — 407
- Concreto massa — 410
- Concretagem em tempo quente — 415
- Concretagem em tempo frio — 418
  - Operações de concretagem — 420
- Referências — 423

9 Elasticidade, retração e fluência — 429

- Relação tensão-deformação e módulo de elasticidade — 429
  - Expressões para a curva tensão-deformação — 434
- Expressões para o módulo de elasticidade — 435
- Módulo de elasticidade dinâmico — 437
- Coeficiente de Poisson — 438
- Variações de volume nas primeiras idades — 440
- Retração autógena — 442
- Expansão — 443

	Retração por secagem	444
	Mecanismo de retração	444
	Fatores que influenciam a retração	446
	Influência da cura e das condições de conservação	452
	Previsão da retração	454
	Retração diferencial	456
	Fissuração induzida pela retração	458
	Movimentação de umidade	460
	Retração por carbonatação	462
	Compensação da retração pelo uso de cimentos expansivos	464
	Tipos de cimentos expansivos	465
	Concreto com retração compensada	466
	Fluência do concreto	467
	Fatores que influenciam a fluência	470
	Influência da tensão e da resistência	473
	Influência das propriedades do cimento	475
	Influência da umidade relativa do ambiente	476
	Outras influências	480
	Relação entre a fluência e o tempo	484
	Natureza da fluência	488
	Efeitos da fluência	492
	Referências	494
10	**Durabilidade do concreto**	**502**
	Causas da durabilidade inadequada	502
	Transporte de fluidos no concreto	503
	Influência do sistema de poros	504
	Escoamento, difusão e sorção	504
	Coeficiente de permeabilidade	505
	Difusão	506
	Coeficiente de difusão	506
	Difusão através do ar e da água	506
	Absorção	507
	Ensaios de absorção superficial	508
	Sortividade	509
	Permeabilidade do concreto à água	510
	Ensaios de permeabilidade	514
	Ensaio de penetração à água	515
	Permeabilidade ao ar e ao vapor	516
	Carbonatação	518
	Efeitos da carbonatação	519
	Velocidade de carbonatação	519
	Fatores que influenciam a carbonatação	521
	Carbonatação de concretos com cimentos compostos	523
	Medida da carbonatação	525
	Aspectos adicionais da carbonatação	526
	Ataque por ácidos	526

Ataque por sulfatos	529
Ataque por sulfatos com formação de taumasita	530
Formação da etringita tardia	530
Mecanismos de ataque	530
Mitigação do ataque por sulfatos	532
Ensaios de resistência a sulfatos	534
Eflorescências	535
Efeitos da água do mar no concreto	536
Deterioração por sais	538
Seleção de concretos para a exposição à água do mar	539
Desagregação por reação álcali-sílica	539
Medidas preventivas	541
Abrasão do concreto	543
Ensaios de resistência à abrasão	543
Fatores que influenciam a resistência à abrasão	544
Resistência à erosão	546
Resistência à cavitação	546
Tipos de fissuras	548
Referências	552

11 Efeitos do gelo e degelo e de cloretos — 559

Ação do congelamento	559
Comportamento das partículas de agregado graúdo	565
Incorporação de ar	567
Características do sistema de vazios de ar	569
Exigências de ar incorporado	570
Fatores que influenciam a incorporação de ar	573
Estabilidade do ar incorporado	575
Incorporação de ar por microesferas	576
Determinação do teor de ar	577
Ensaios da resistência do concreto ao gelo e degelo	578
Efeitos adicionais da incorporação de ar	581
Efeitos de agentes descongelantes	583
Ataque por cloretos	585
Mecanismo de corrosão induzida por cloretos	586
Cloretos no concreto	588
Ingresso de cloretos	590
Limites do teor de cloretos	592
Fixação dos íons cloreto	593
Influência dos cimentos compostos sobre a corrosão	594
Fatores adicionais influentes sobre a corrosão	595
Espessura do cobrimento da armadura	597
Ensaios de penetrabilidade do concreto por cloretos	597
Interrupção da corrosão	598
Referências	599

12   Ensaios em concreto endurecido   605

Ensaios de resistência à compressão   605
    Ensaios em corpos de prova cúbicos   606
    Ensaios em corpos de prova cilíndricos   607
    Ensaio em cubos equivalentes   608
Efeitos das condições das bases do corpo de prova e do capeamento   609
    Capeamentos não aderentes   611
Ensaios de resistência à compressão   613
Ruptura de corpos de prova à compressão   615
Efeito da relação altura/diâmetro na resistência de corpos de prova cilíndricos   616
Comparação entre as resistências de corpos de prova cilíndricos e cúbicos   619
Ensaios de resistência à tração   620
    Ensaios de resistência à tração na flexão   621
    Ensaios de resistência à tração por compressão diametral   624
Influência da condição de umidade durante o ensaio sobre a resistência   626
Influência do tamanho do corpo de prova sobre a resistência   627
    Influência do tamanho sobre os ensaios de resistência à tração   629
    Influência do tamanho sobre os ensaios de resistência à compressão   632
    Tamanho do corpo de prova e do agregado   636
Ensaios em testemunhos   637
    Uso de testemunhos de pequenas dimensões   639
    Fatores influentes na resistência dos testemunhos   640
    Relação entre a resistência de testemunhos e a resistência da estrutura   644
Ensaio de corpos de prova cilíndricos moldados no local   645
Influência da velocidade de aplicação de carga sobre a resistência   646
Ensaios com cura acelerada   648
    Utilização direta da resistência acelerada   651
Ensaios não destrutivos   652
Ensaio de dureza superficial pelo esclerômetro de reflexão   653
Ensaio de resistência à penetração   656
    Ensaio de arrancamento (*pull-out test*)   657
Ensaios de instalação posterior   659
Ensaio de velocidade de propagação de onda ultrassônica   659
Outras possibilidades de ensaios não destrutivos   662
Método da frequência de ressonância   663
Ensaios sobre a composição do concreto endurecido   664
    Teor de cimento   664
    Determinação da relação água/cimento original   664
    Métodos físicos   665
Variabilidade dos resultados   665
    Distribuição da resistência   665
    Desvio padrão   669
Referências   670

13 Concretos especiais — 678

- Concretos com diferentes materiais cimentícios — 678
  - Aspectos gerais do uso de cinza volante, escória granulada de alto-forno e sílica ativa — 679
  - Aspectos relativos à durabilidade — 680
  - Variabilidade dos materiais — 681
- Concreto com cinza volante — 682
  - A influência da cinza volante nas propriedades do concreto fresco — 683
  - Hidratação da cinza volante — 684
  - Evolução da resistência do concreto com cinza volante — 686
  - Durabilidade de concretos com cinza volante — 688
- Concretos com escória granulada de alto-forno — 691
  - Influência da escória granulada de alto-forno no concreto fresco — 691
  - Hidratação e desenvolvimento da resistência do concreto com escória de alto-forno — 691
  - Durabilidade de concreto com escória granulada de alto-forno — 694
- Concreto com sílica ativa — 696
  - Influência da sílica ativa nas propriedades do concreto fresco — 697
  - Hidratação e desenvolvimento da resistência do sistema cimento Portland-sílica ativa — 699
  - Durabilidade do concreto com sílica ativa — 702
- Concreto de alto desempenho — 704
- Propriedades dos agregados no concreto de alto desempenho — 706
- Concreto de alto desempenho no estado fresco — 707
  - Compatibilidade entre o cimento Portland e o aditivo superplastificante — 708
- Concreto de alto desempenho no estado endurecido — 710
  - Ensaios de concreto de alto desempenho — 715
- Durabilidade do concreto de alto desempenho — 715
- O futuro do concreto de alto desempenho — 717
- Concreto leve — 718
  - Classificação dos concretos leves — 719
- Agregados leves — 722
  - Agregados naturais — 722
  - Agregados artificiais — 722
  - Especificações para agregados leves — 725
  - Efeito da absorção de água pelo agregado leve — 727
- Concreto com agregados leves — 729
  - Concreto com agregados leves no estado fresco — 729
- Resistência do concreto com agregados leves — 730
  - Aderência entre o agregado leve e a matriz — 732
- Propriedades elásticas do concreto com agregados leves — 733
- Durabilidade de concreto com agregados leves — 735
- Propriedades térmicas de concretos com agregados leves — 737
- Concreto celular — 738
  - Concreto celular autoclavado — 740
- Concretos sem finos — 741
- Concreto para cravação de pregos — 744
- Comentários sobre concretos especiais — 745
- Referências — 746

14 Dosagem de concretos — 754

- Aspectos econômicos — 755
- Especificações — 756
- O processo de dosagem — 758
- Resistência média e resistência "mínima" — 759
  - Variabilidade da resistência — 763
- Controle de qualidade — 769
- Fatores que controlam a dosagem — 771
  - Durabilidade — 771
  - Trabalhabilidade — 774
  - Dimensão máxima do agregado — 775
  - Granulometria e tipo de agregado — 776
  - Consumo de cimento — 777
- Proporções da mistura e quantidades por betonada — 777
  - Cálculo pelo volume absoluto — 779
- Misturas de agregados para obtenção de granulometria padrão — 780
- Método americano de dosagem — 784
  - Exemplo — 787
  - Dosagem de concreto com abatimento zero — 788
  - Dosagem para concreto fluido — 788
- Dosagem de concretos de alto desempenho — 790
- Dosagem de concretos com agregados leves — 791
  - Exemplo — 793
- Método britânico de dosagem — 794
  - Exemplo — 797
- Outros métodos de dosagem — 798
- Considerações finais — 801
- Referências — 802

Normas brasileiras citadas — 805

Normas americanas importantes — 813

Normas britânicas e europeias importantes — 817

Índice de nomes — 823

Índice — 841

1
Cimento Portland

Cimento, no sentido geral da palavra, pode ser descrito como um material com propriedades adesivas e coesivas que o fazem capaz de unir fragmentos minerais na forma de uma unidade compacta. Essa definição abrange uma grande variedade de materiais cimentícios.

Na área da construção, o significado do termo "cimento" é restrito a materiais aglomerantes utilizados com pedras, areia, tijolos, blocos para alvenaria, etc. Os principais constituintes desse tipo de cimento são compostos de calcário, de modo que, em engenharia civil e construções, o interesse é o cimento à base de calcário. Visto que reagem quimicamente com a água, os cimentos para a produção de concreto têm a propriedade de reagir e endurecer sob a água, sendo, então, denominados cimentos hidráulicos.

Os cimentos hidráulicos são constituídos principalmente de silicatos e aluminatos de cálcio e podem ser classificados, de maneira geral, como cimentos naturais, cimentos Portland e cimentos aluminosos. Este capítulo aborda a fabricação do cimento Portland, sua estrutura e suas propriedades, tanto no estado anidro quanto no estado endurecido. Os diferentes tipos de cimento são tratados no Capítulo 2.

Histórico

A utilização de materiais cimentícios é bastante antiga. Os antigos Egípcios utilizavam gesso impuro. Os Gregos e os Romanos utilizavam calcário calcinado e, mais tarde, aprenderam a adicionar areia e pedra fragmentada ou fragmentos de tijolos ou telhas ao calcário e à água. Esse foi o primeiro concreto da história. A argamassa de cal não endurece sob a água e, para construções submersas, os Romanos moíam a cal em conjunto com cinza vulcânica ou telhas de barro cozido finamente moídas. A sílica e a alumina contidas na cinza e os fragmentos de telha reagiam com a cal e produziam o que se tornou conhecido como cimento pozolânico, devido ao nome da cidade de Pozzuoli, próxima ao monte Vesúvio, onde as cinzas foram inicialmente encontradas. O nome "cimento pozolânico" é utilizado até hoje para descrever cimentos obtidos pela simples moagem de materiais naturais em temperaturas ambientes. Algumas estruturas em que a alvenaria foi assentada com argamassa, como o Coliseu, em Roma, e a Pont du Gard, próxima a Nimes, e estruturas de concreto, como o Panteão, em Roma, resistem até os dias atuais, com o material cimentício ainda firme. Nas ruínas de Pompeia, a argamassa foi menos deteriorada pelo clima do que as rochas brandas.

A Idade Média trouxe um declínio geral da qualidade e do uso do cimento, e somente no século XVIII ocorreram avanços no conhecimento sobre o material. John Smeaton, encarregado, em 1756, da reconstrução do Farol de Eddystone (situado ao largo da costa de Cornish), descobriu que a melhor argamassa era obtida quando a pozolana era misturada com calcário contendo elevado teor de material argiloso. Ao reconhecer o papel da argila, até então considerada como indesejável, Smeaton foi o primeiro a identificar as propriedades químicas da cal hidráulica, o material obtido pela calcinação de uma mistura de calcário e argila.

Outros cimentos hidráulicos foram desenvolvidos na sequência, como o "cimento Romano", obtido por James Parker por meio da calcinação de nódulos de calcário argiloso, até culminar na patente para "cimento Portland", obtida por Joseph Aspdin, pedreiro e construtor, em 1824. Esse cimento era preparado pelo aquecimento de uma mistura de argila finamente moída e calcário em um forno até a extinção do CO_2, que ocorre em temperatura bastante inferior à necessária para a clinquerização. O protótipo do cimento moderno foi produzido em 1845 por Isaac Johnson ao calcinar uma mistura de argila e giz até a clinquerização, de modo que ocorressem as reações necessárias à formação de compostos de alta capacidade cimentante.

O nome "cimento Portland", atribuído originalmente devido à semelhança em cor e qualidade do cimento endurecido com a pedra de Portland (um calcário extraído em Dorset), é utilizado até hoje, em todo o mundo, para descrever o cimento obtido pela queima, à temperatura de clinquerização, de uma mistura íntima de materiais calcários e argilosos ou de outros materiais que contenham sílica, alumina e óxidos de ferro e pela posterior moagem do clínquer resultante. A definição de cimento Portland em várias normas segue esse princípio, incluindo o sulfato de cálcio adicionado após a queima. Atualmente, outros materiais também podem ser adicionados ou misturados (ver página 65).

Fabricação do cimento Portland

Pela definição de cimento Portland, dada anteriormente, deduz-se que ele é constituído principalmente de material calcário, como a rocha calcária ou o giz, e de alumina e sílica encontradas em argilas ou folhelhos. A marga, uma mistura de materiais argilosos e calcários, também é utilizada. As matérias-primas para a produção do cimento Portland são encontradas em praticamente todos os países, e existem fábricas em todo o mundo.

O processo de fabricação do cimento consiste essencialmente na moagem da matéria-prima, na sua mistura íntima em determinadas proporções e na queima (a temperaturas de até cerca de 1.450 °C) em grandes fornos rotativos, onde o material é sinterizado e parcialmente fundido, tomando a forma de esferas conhecidas como clínqueres. O clínquer é resfriado e recebe a adição de um pequeno teor de sulfato de cálcio, sendo então moído até se tornar um pó bastante fino. O material resultante é o cimento Portland, tão utilizado em todo o mundo.

Alguns detalhes da fabricação do cimento serão apresentados e podem ser mais bem acompanhados tomando como referência a representação esquemática mostrada na Figura 1.1.

A mistura e a moagem das matérias-primas podem ser feitas tanto em condição úmida quanto seca, originando as denominações de processo "por via seca" e "por via úmida". Os métodos de fabricação dependem, na realidade, tanto da dureza das matérias-primas como de seu teor de umidade.

Inicialmente, será apresentado o processo por via úmida. Quando se utiliza giz, ele é fragmentado em pequenos pedaços e disperso em água em um moinho de lavagem. Esse equipamento consiste em um tanque de forma circular que contém em seu interior braços giratórios onde estão acoplados garfos que fraturam os fragmentos de matéria-prima. A argila também é fragmentada, normalmente em um moinho similar, e misturada com água. As duas misturas são bombeadas em proporções predeterminadas e, após passar por uma série de peneiras, a pasta resultante é armazenada em tanques.

No caso da utilização de calcário, ele inicialmente é extraído por detonação e britado, em geral com o uso de dois britadores de dimensões decrescentes. Em seguida, é conduzido, juntamente com argila dispersa em água, a um moinho de bolas, onde se completa a cominuição do calcário (a uma finura de farinha). A pasta resultante é bombeada para tanques de armazenamento. A partir deste ponto, o processo é o mesmo, apesar da natureza diferente da matéria-prima.

A pasta é um líquido de consistência cremosa com teor de água entre 35 e 50%, e somente uma pequena fração do material (cerca de 2%) maior do que a peneira 90 μm. Normalmente, existem vários tanques de armazenamento onde a sedimentação dos sólidos é prevenida por agitação mecânica ou insuflação de ar comprimido. O teor de calcário da pasta, conforme já mencionado, é controlado pela dosagem original dos materiais calcário e argiloso. O ajuste final para atingir a composição química requerida pode ser obtido pela mistura de pastas de diferentes tanques, às vezes com um complexo sistema de tanques de mistura. Eventualmente, como na fábrica mais setentrional do mundo, situada na Noruega, a matéria-prima é uma rocha com uma composição que lhe permite ser triturada sem necessidade de mistura.

A pasta, com o teor de calcário requerido, finalmente passa pelo forno rotatório. Trata-se de um grande cilindro de aço, revestido com material refratário, com diâmetro de até 8 m, chegando ao comprimento de 230 m. O forno gira lentamente em torno de seu eixo, que apresenta uma pequena inclinação horizontal. Ele é alimentado com pasta por sua extremidade superior enquanto carvão pulverizado é insuflado em sua extremidade inferior, com a temperatura chegando a 1.450 °C. O carvão, que não deve conter teor muito elevado de cinza, merece atenção especial, pois geralmente são necessários 220 kg de carvão para a produção de uma tonelada de cimento, fato que deve ser lembrado quando se pesquisa o preço do cimento. Óleo (cerca de 125 litros por tonelada de cimento) ou gás natural também são utilizados, mas desde os anos de 1980 a maior parte das fábricas à base de óleo foi convertida para fábricas à base de carvão, que é de longe o combustível mais utilizado na maioria dos países. Deve ser ressaltado que, em função de ser queimado no forno, o carvão com elevado teor de enxofre pode ser utilizado sem emissões prejudiciais.

Conforme a pasta se movimenta no forno, encontra temperaturas progressivamente mais elevadas. Inicialmente, a água é evaporada e o CO_2 liberado. Em seguida, o material seco passa por uma série de reações químicas até que, finalmente, na parte mais quente do forno, ocorrem a fusão de 20 a 30% do material e as reações entre o calcário, a sílica e a alumina. A massa se funde em esferas de 3 a 25 mm de diâmetro, denominadas clínqueres. O clínquer segue para resfriadores, que podem ser de vários tipos e frequentemente possibilitam a troca de calor com o ar que será utilizado para a combustão do carvão pulverizado. O forno deve funcionar ininterruptamente, garantindo um regime contínuo e, com isso, a uniformidade do clínquer, além de reduzir a deterioração do revestimento refratário. Deve ser destacado que a temperatura da chama chega a

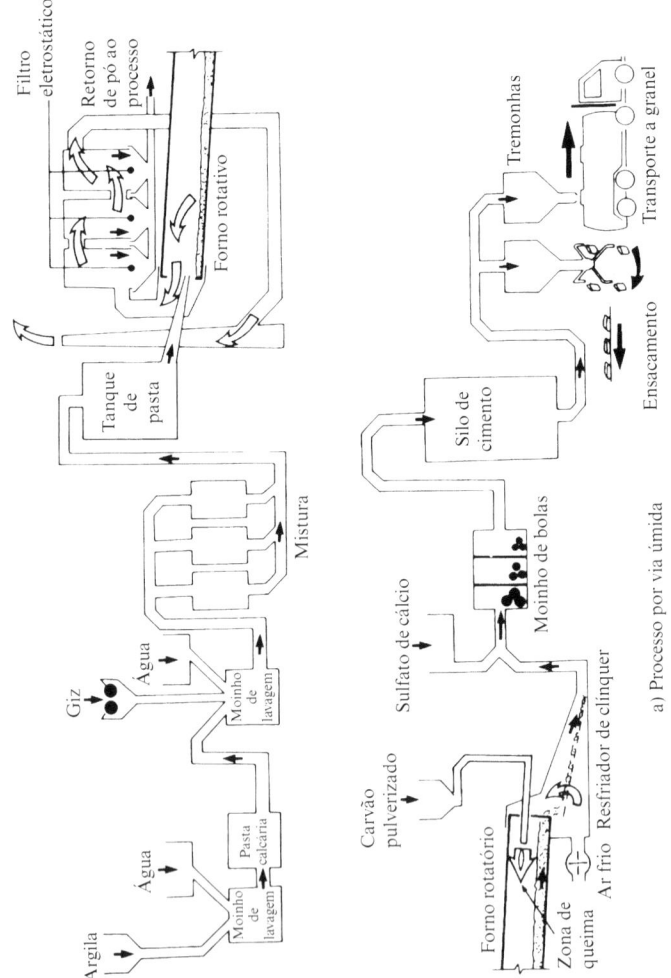

a) Processo por via úmida

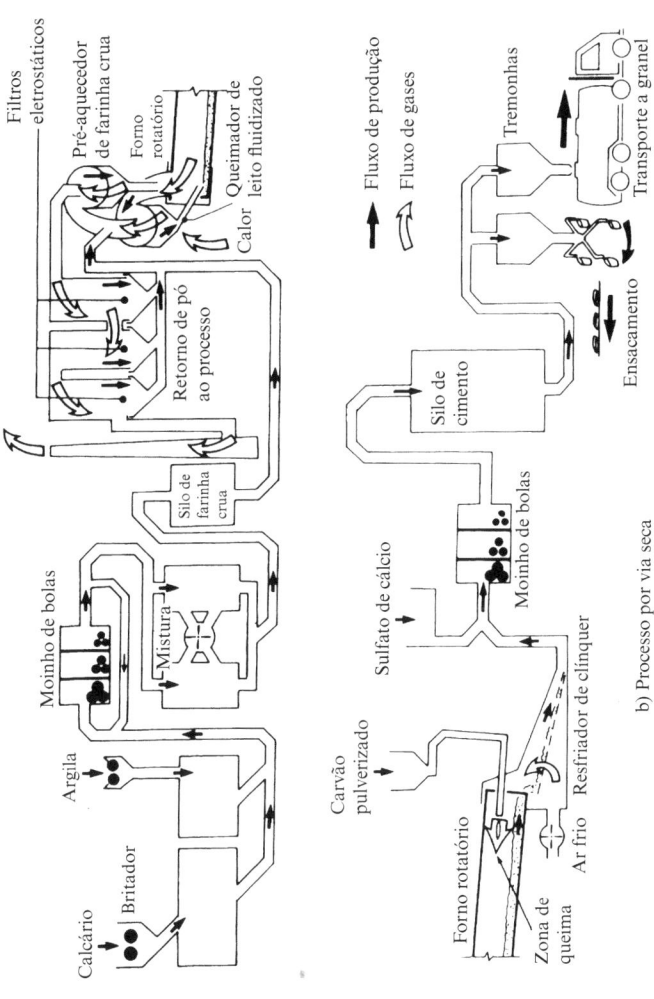

Figura 1.1 Representação esquemática de: *a*) processo por via úmida e *b*) processo por via seca da fabricação de cimento.

1.650 °C. No processo por via úmida, o maior forno existente produz 3.600 toneladas de clínquer por dia. Como a produção do cimento pelo processo por via úmida resulta em elevado consumo de energia, não são mais construídas fábricas com esse processo.

No processo por via seca ou semisseca, as matérias-primas são britadas e levadas nas proporções corretas a um moinho, onde são secas e reduzidas à dimensão de um pó fino. Esse pó, denominado farinha crua, é bombeado para um silo de mistura, onde é realizado o ajuste final da proporção dos materiais, necessário à fabricação do cimento. Para obter uma mistura íntima e uniforme, a farinha crua normalmente é misturada com o uso de ar comprimido, o que produz um movimento ascendente do pó e reduz sua massa unitária. O ar é bombeado para um quadrante do silo de cada vez, fazendo os materiais de maior massa unitária dos quadrantes não atingidos pelo ar se deslocarem lateralmente para o quadrante em aeração. Desse modo, o material aerado tende a se comportar praticamente como um fluido, e, pela aeração de cada um dos quadrantes, em um período aproximado de uma hora, obtém-se uma mistura uniforme. A mistura contínua é utilizada em algumas fábricas.

Nesse processo, a mistura é peneirada e levada a um disco denominado granulador, sendo adicionados, simultaneamente, cerca de 12% de água em relação à sua massa. O resultado desse processo são péletes duros com diâmetro de aproximadamente 15 mm. Essa operação é necessária porque, se a farinha fria for levada diretamente ao forno, não possibilitará o fluxo de ar e a troca de calor necessária às reações químicas para a formação do clínquer.

Os péletes são aquecidos em uma grelha pré-aquecida pelos gases do forno, então, vão ao forno. As operações seguintes são as mesmas das do processo por via úmida. Como o teor de umidade dos péletes no processo via semisseca gira em torno de meros 12%, se comparados aos 40% do processo por via úmida, o forno é consideravelmente menor. A quantidade de calor requerida também é muito menor, já que somente 12% de água precisam ser retirados, mas ainda é necessária uma quantidade adicional de calor para a retirada da umidade original das matérias-primas (normalmente entre 6 e 10%). O processo é, portanto, econômico, desde que as matérias-primas estejam relativamente secas. Nesses casos, o consumo total de carvão pode ser da ordem de apenas 100 kg por tonelada de cimento.

No processo por via seca (ver Figura 1.1b), a farinha crua, que tem um teor de umidade na faixa de 0,2%, é passada por um pré-aquecedor, em geral do tipo suspensão, o que significa dizer que as partículas da farinha crua estão em suspensão nos gases ascendentes. A farinha crua é aquecida até cerca de 800 °C antes de ser levada ao forno. Por não existir umidade a ser retirada da farinha crua e por seu prévio aquecimento, o forno pode ser menor do que no processo por via úmida. O pré-aquecimento utiliza os gases quentes que saem do forno e, como o gás contém um significativo teor de álcalis voláteis (ver página 9) e cloretos, parte dele deve ser purgada para garantir que o teor de álcalis do cimento não seja muito elevado.

A maior parte da farinha crua pode ser passada por um queimador de leito fluidizado (usando uma fonte de calor separada), existente entre o pré-aquecedor e o forno. A temperatura no queimador fluidizado gira em torno de 820 °C e é estável, de modo que a calcinação é uniforme e a eficiência da troca de calor é elevada.

Uma parte da farinha crua é levada diretamente ao forno, mas o efeito principal do queimador fluidizado é aumentar a descarbonatação (dissociação do $CaCO_3$) da farinha crua antes da entrada no forno, aumentando, assim, o rendimento deste. A fábrica que provavelmente é a maior do mundo no processo por via seca produz 10.000 toneladas de clínquer por dia, em um forno de 6,2 m de diâmetro e 105 m de comprimento. Nos Estados Unidos, mais de 80% da produção do cimento ocorre por meio do processo por via seca.

Deve ser destacado que o processo exige uma mistura íntima das matérias-primas, pois parte das reações no forno ocorre por difusão na matéria sólida, sendo essencial uma distribuição uniforme dos materiais para a garantia da qualidade do produto.

Na saída do forno, independentemente do tipo de processo, o clínquer é resfriado, e o calor é utilizado para o pré-aquecimento do ar de combustão. O clínquer resfriado, caracteristicamente de cor preta, brilhante e duro, é moído em conjunto com sulfato de cálcio para evitar a pega instantânea do cimento. A moagem é realizada em um moinho de bolas que consiste em vários compartimentos com esferas de aço progressivamente menores. Em algumas situações, a farinha previamente passa por um moinho de rolos. Na maioria das fábricas, é utilizado um circuito fechado de moagem: o cimento descarregado do moinho passa por um separador, e as partículas finas são removidas para o silo de estocagem por fluxo de ar, enquanto as partículas maiores são novamente passadas pelo moinho. O circuito fechado de moagem evita a produção de uma quantidade excessiva de material muito fino ou de uma pequena quantidade de material muito grosso, falhas frequentemente observadas em circuitos abertos de moagem. Agentes de moagem como o etilenoglicol ou o propilenoglicol são utilizados em pequenas quantidades. Massazza & Testolin[1.90] fornecem informações sobre os agentes de moagem. O desempenho do moinho de bolas pode ser aumentado pela pré-moagem do clínquer em britadores de impacto horizontal.

Após o cimento ter sido adequadamente moído, ou seja, quando tiver cerca de $1,1 \times 10^{12}$ partículas por kg, ele estará pronto para ser transportado a granel. Menos comumente, o cimento é embalado em sacos ou tambores, mas alguns tipos de cimento, como o branco, o hidrófugo, o expansivo, o de pega controlada, o para poços de petróleo e o aluminoso, são sempre embalados em sacos ou tambores. Um saco padrão no Reino Unido contém 50 kg de cimento, enquanto nos Estados Unidos um saco pesa 42,6 kg. Outros tamanhos de sacos são utilizados e sacos de 25 kg estão se tornando comuns.*

Hoje, exceto quando as matérias-primas requerem o uso do processo por via úmida, é utilizado o processo por via seca, a fim de diminuir o gasto de energia para a queima. Normalmente, o processo de queima representa entre 40 e 60% do custo de produção, enquanto a extração das matérias-primas representa somente 10% do custo total do cimento.

Por volta de 1990, nos Estados Unidos, o consumo médio de energia para a produção de uma tonelada de cimento, por meio do processo por via seca, era de 1,6 MWh. Nas fábricas modernas, esse valor é bem menor, estando abaixo de 0,8 MWh na Áustria, por exemplo.[1.96] O consumo de eletricidade, que fica entre 6 e 8% do total da energia utilizada, normalmente é da seguinte ordem: 10 kWh para a moagem das matérias-primas, 28 kWh na preparação da farinha crua, 24 kWh na queima e 41 kWh na moagem.[1.18]

O custo de instalação de uma fábrica de cimento é bastante elevado, próximo a 200 dólares por tonelada de cimento produzido por ano.

Além dos processos principais, existem outros processos de produção de cimento que merecem destaque. Um que talvez mereça ser mencionado é o que utiliza sulfato de cálcio em vez de calcário. O sulfato de cálcio, a argila, o coque, a areia e o óxido de ferro

---

* N. de R.T.: As normas brasileiras estabelecem como padrão os sacos de 50 kg.

são queimados em um forno rotatório, e os produtos finais são o cimento Portland e dióxido de enxofre, posteriormente transformado em ácido sulfúrico.

Em regiões onde a demanda de cimento é pequena, ou em casos de limitação financeira, pode ser utilizado um forno vertical do tipo Gottlieb. Nele, é feita a queima de uma mistura de nódulos de farinha crua e pó de carvão bem fino, produzindo um clínquer aglomerado que é triturado. Um forno simples de 10 m produz até 300 toneladas de cimento por dia. Na China, vários milhares desses fornos eram utilizados, mas hoje existe uma grande e moderna indústria cimenteira que produz 1 bilhão de toneladas por ano.*

Composição química do cimento Portland

Foi visto que as matérias-primas utilizadas na produção do cimento consistem, essencialmente, em calcário, sílica, alumina e óxido de ferro. Esses compostos interagem entre si no interior do forno e formam uma série de produtos mais complexos – exceto por um pequeno resíduo de óxido de cálcio não combinado devido ao pouco tempo para reagir, obtém-se um estado de equilíbrio químico. Essa condição, no entanto, não é mantida durante o resfriamento, e a velocidade de resfriamento afeta o grau de cristalização e o total de material amorfo presente no clínquer frio. As propriedades desse material amorfo, conhecido como fase vítrea, são bastante diferentes daquelas dos compostos cristalinos com composição química similar. Outra complicação vem da interação da parte líquida do clínquer com os compostos cristalinos já existentes.

Entretanto, o cimento pode ser considerado como em um estado de equilíbrio congelado, ou seja, considera-se que os produtos frios reproduzem o equilíbrio existente na temperatura de clinquerização. Essa suposição é adotada no cálculo dos percentuais dos compostos dos cimentos comerciais. A composição "potencial" é calculada a partir da quantidade medida de óxidos presentes no clínquer, considerando a ocorrência da cristalização total dos produtos em equilíbrio.

Quatro compostos normalmente são considerados como os principais constituintes do cimento. Esses compostos e suas abreviaturas estão listados na Tabela 1.1. A notação abreviada, utilizada na química de cimento, descreve cada óxido por uma letra,

Tabela 1.1   Principais compostos do cimento Portland

Nome do composto	Composição em óxidos	Abreviatura
Silicato tricálcico	$3CaO.SiO_2$	C_3S
Silicato dicálcico	$2CaO.SiO_2$	C_2S
Aluminato tricálcico	$3CaO.Al_2O_3$	C_3A
Ferroaluminato tetracálcico	$4CaO.Al_2O_3.Fe_2O_3$	C_4AF

* N. de R.T.: No Brasil, o Sindicato Nacional da Indústria do Cimento (SNIC), em seu relatório anual de 2012, cita que foram produzidas aproximadamente 69 milhões de toneladas. A mesma fonte indica que a China, o maior produtor mundial, produziu cerca de 2 bilhões de toneladas em 2011. Em relação ao consumo de energia, o SNIC informa que, para produzir uma tonelada de cimento em 2008, era gasto cerca de 1,0 MWh.

respectivamente: CaO = C; SiO$_2$ = S; Al$_2$O$_3$ = A; e Fe$_2$O$_3$ = F. Da mesma forma, H$_2$O no cimento hidratado é representado como H, e SO$_3$, como S̄.

Na realidade, os silicatos no cimento não são compostos puros, pois contêm óxidos secundários em solução sólida. Esses óxidos exercem efeitos significativos no arranjo atômico, na forma dos cristais e em propriedades hidráulicas dos silicatos.

O cálculo da composição potencial do cimento Portland é baseado no trabalho de R. H. Bogue e de outros autores, e é frequentemente denominado "composição de Bogue". As equações de Bogue[1.2] para as porcentagens dos principais compostos do cimento são apresentadas a seguir. Os termos entre parênteses representam a porcentagem de determinado óxido na massa total de cimento.

$$C_3S = 4{,}07(CaO) - 7{,}60(SiO_2) - 6{,}72(Al_2O_3) - 1{,}43(Fe_2O_3) - 2{,}85(SO_3)$$
$$C_2S = 2{,}87(SiO_2) - 0{,}75(3CaO.SiO_2)$$
$$C_3A = 2{,}65(Al_2O_3) - 1{,}69(Fe_2O_3)$$
$$C_4AF = 3{,}04(Fe_2O_3).$$

Existem outros métodos para o cálculo da composição,[1.1] mas o tema foge ao escopo deste livro. Em relação à composição de Bogue, deve ser ressaltado que ela subestima o teor de C$_3$S e superestima o de C$_2$S, porque outros óxidos substituem parte do CaO no C$_3$S. Conforme já foi dito, não existem C$_3$S e C$_2$S quimicamente puros no clínquer de cimento Portland.

As fábricas modernas produzem clínqueres com resfriamento rápido que contam com a presença de íons substitutos em compostos teoricamente puros. Taylor[1.84] desenvolveu uma alteração na composição de Bogue que leva em conta esses íons.

Além dos principais compostos listados na Tabela 1.1, existem *compostos secundários*, como MgO, TiO$_2$, Mn$_2$O$_3$, K$_2$O, e Na$_2$O, que normalmente constituem um pequeno porcentual da massa de cimento. Dois deles são de especial interesse: os óxidos de sódio e de potássio (Na$_2$O e K$_2$O), conhecidos como *os álcalis* – embora haja de outros álcalis no cimento. Constatou-se que eles podem reagir com alguns agregados, produzindo uma reação que causa a desintegração do concreto. Verificou-se também que eles afetam a velocidade de ganho de resistência do cimento.[1.3] Portanto, deve ser destacado que a denominação "compostos secundários" se deve principalmente à sua quantidade, não à sua importância. A quantidade de álcalis e de Mn$_2$O$_3$ pode ser rapidamente determinada com o uso de um espectrofotômetro.

O teor de compostos do cimento foi estabelecido principalmente com base nos estudos do equilíbrio de fases dos sistemas ternários C–A–S e C–A–F e do sistema quaternário C–C$_2$S–C$_5$A$_3$–C$_4$AF, entre outros. Por meio da observação dos cursos da fusão e da cristalização, calcula-se a composição das fases líquida e sólida em qualquer temperatura. Além dos métodos de análise química, a composição real do clínquer pode ser determinada por meio de exame microscópico do pó, fazendo a identificação por medida do índice de refração. Seções polidas e causticadas podem ser utilizadas tanto com luz refletida quanto com luz transmitida. Outros métodos incluem a utilização de difração de raio X, para identificar a fase cristalina e estudar a estrutura cristalina de algumas fases, e a análise térmica diferencial. A análise quantitativa também é possível, mas exige calibrações complexas.[1.68] Técnicas modernas incluem a análise das fases por meio de microscopia eletrônica de varredura e a análise de imagem por um microscópio ótico ou um microscópio eletrônico de varredura.

A estimativa da composição do cimento é melhorada por métodos mais rápidos para a determinação dos elementos, como fluorescência de raios X, espectrometria de raios X, absorção atômica, fotometria de chama e microssonda eletrônica (EPMA). A difração por raios X é útil na determinação do óxido de cal, ou seja, CaO, distinto do Ca(OH)$_2$, sendo interessante para o controle do desempenho do forno.[1.67]

O C$_3$S, normalmente presente em maior quantidade, aparece na forma de pequenos grãos, incolores e equidimensionais. No resfriamento abaixo de 1.250 °C, ele se decompõe lentamente, mas, caso o resfriamento não seja tão lento, ele permanece inalterado, e é relativamente estável em temperatura ambiente.

O C$_2$S pode ter três ou mesmo quatro formas: o α-C$_2$S, que existe em altas temperaturas e se transforma em β-C$_2$S em temperaturas próximas a 1.450 °C; o β-C$_2$S, que se transforma em γ-C$_2$S em torno de 670 °C, mas em velocidades de resfriamento dos cimentos comerciais permanece no clínquer; e o β-C$_2$S na forma de grãos arredondados, normalmente geminados.

O C$_3$A forma cristais retangulares, mas em fases vítreas congeladas forma uma fase intersticial amorfa.

O C$_4$AF é, na realidade, uma solução sólida que varia de C$_2$F a C$_6$A$_2$F, sendo a descrição C$_4$AF uma simplificação conveniente.[1.4]

As proporções reais dos diversos compostos variam sensivelmente de um cimento para outro e, na verdade, diferentes tipos de cimentos são obtidos por meio da proporcionalidade adequada das matérias-primas. Nos Estados Unidos, tentou-se controlar as propriedades necessárias a cimentos destinados a diferentes propósitos por meio da especificação dos limites dos quatro compostos principais, calculados pela análise de óxidos. Com esse procedimento, seria possível eliminar diversos ensaios físicos normalmente realizados, mas infelizmente a composição calculada não é precisa o suficiente, tampouco leva em consideração todas as propriedades importantes do cimento, não sendo, portanto, útil para substituir ensaios diretos das propriedades desejadas.

Uma ideia geral da composição do cimento pode ser obtida da Tabela 1.2, que fornece os limites da composição em óxidos dos cimentos Portland. A Tabela 1.3 mostra a composição em óxidos de um cimento típico dos anos de 1960[1.5] e o teor de compostos calculado por meio das equações de Bogue vistas na página 9.

Dois dos termos utilizados na Tabela 1.3 requerem explicações. O *resíduo insolúvel*, determinado pelo tratamento com ácido clorídrico, é uma medida da adulteração do

Tabela 1.2   Limites usuais da composição do cimento Portland

Óxido	Teor (%)
CaO	60–67
SiO$_2$	17–25
Al$_2$O$_3$	3–8
Fe$_2$O$_3$	0,5–6,0
MgO	0,5–4,0
Álcalis (como Na$_2$O)	0,3–1,2
SO$_3$	2,0–3,5

Tabela 1.3 Composição em óxidos e teor de compostos de um cimento Portland típico dos anos de 1960[1.5]

Composição em óxidos típica (%)		Teor de compostos calculado por meio das fórmulas de Bogue, página 9 (%)	
CaO	63	C_3A	10,8
SiO_2	20	C_3S	54,1
Al_2O_3	6	C_2S	16,6
Fe_2O_3	3	C_4AF	9,1
MgO	$1\frac{1}{2}$	Compostos secundários	—
SO_3	2		
K_2O $\}$ Na_2O	1		
Outros	1		
Perda ao fogo	2		
Resíduo insolúvel	$\frac{1}{2}$		

cimento, em grande parte decorrente de impurezas no sulfato de cálcio. A norma britânica BS 12:1996 (cancelada) limita o resíduo insolúvel a 1,5% da massa de cimento. A norma europeia BS EN 197-1:2000, que admite um teor de 5% de fíler no cimento (ver página 91), limita o resíduo insolúvel a 5% da massa de cimento devido ao fíler.*

A *perda ao fogo* indica a extensão da carbonatação e da hidratação do óxido de cálcio e do magnésio livres devido à exposição ao ar. O teor máximo de perda ao fogo (a 1.000 °C) estabelecido pela BS EN 197-1:2000 é de 5%, enquanto o estabelecido pela ASTM C 150-09 é de 3%, exceto para o cimento Tipo IV (2,5%). O valor de 4% é aceitável para cimento em regiões tropicais. Como o óxido de cálcio livre após a hidratação é inócuo (ver página 51) para um determinado teor de óxido de cálcio livre, uma maior perda ao fogo é vantajosa. Para cimentos que contêm fíler calcário, admite-se um teor maior de perda ao fogo: 5% da massa de cimento, especificados pela BS EN 197-1:2000.**

É interessante ressaltar a grande importância da variação da composição em óxidos no teor de compostos do cimento. Dados obtidos por Czernin[1.5] são apresentados na Tabela 1.4. A coluna 1 mostra a composição de um cimento usual de alta resistência inicial. A diminuição do teor de óxidos em 3%, com o correspondente aumento nos outros óxi-

---

* N. de R.T.: No Brasil, a determinação do resíduo insolúvel é feita com ácido clorídrico, conforme a NBR NM 15:2012. Os valores-limite são variáveis conforme o tipo de cimento: CP I ≤ 1%; CP I S ≤ 5%; CP II E ≤ 2,5%; CP II Z ≤ 16%; CP II F ≤ 2,5%; CP III ≤ 1,5%; CP V ≤ 1%; e cimento Portland branco estrutural ≤ 3,5%. Não existe exigência de resíduo insolúvel para o cimento CP IV.

** N. de R.T.: No Brasil, a determinação da perda ao fogo é estabelecida pela NBR NM 18:2012. Os seguintes valores máximos para perda ao fogo são admitidos para os diversos tipos de cimento: CP I ≤ 2%; CP I S ≤ 4,5%; CP II E, CP II Z e CP II F ≤ 6,5%; CP III ≤ 4,5%; CP IV ≤ 4,5%; CP V ≤ 4,5%; e cimento Portland branco estrutural ≤ 12%.

Tabela 1.4 Influência da variação da composição em óxidos no teor de compostos[1.5]

	Porcentagem no cimento n.º		
	1	2	3
Óxido			
CaO	66,0	63,0	66,0
SiO_2	20,0	22,0	20,0
Al_2O_3	7,0	7,7	5,5
Fe_2O_3	3,0	3,3	4,5
Outros	4,0	4,0	4,0
Composto			
C_3S	65	33	73
C_2S	8	38	2
C_3A	14	15	7
C_4AF	9	10	14

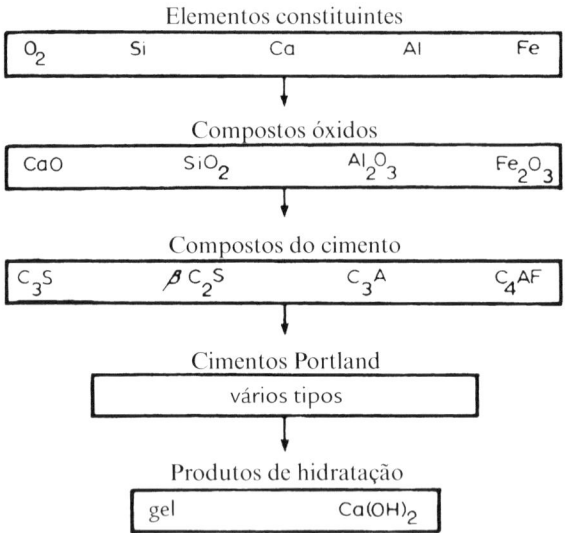

Figura 1.2 Representação esquemática da formação e da hidratação do cimento Portland.

dos (coluna 2), resulta em mudança considerável na relação C_3S/C_2S. A coluna 3 mostra a mudança de 1,5% nos teores de alumina e de ferro quando comparados ao cimento da coluna 1. Os teores de óxido de cálcio e de sílica permanecem inalterados, mas a relação entre os dois silicatos, bem como os teores de C_3A e C_4AF, são bastante modificados. Fica claro que a importância do controle da composição em óxidos não deve ser subestimada. Dentro do campo dos cimentos Portland comuns e de alta resistência inicial, a soma dos teores dos dois silicatos varia em uma faixa estreita, de modo que a variação na composição depende principalmente da relação entre CaO e SiO_2 nas matérias-primas.

Em alguns países da União Europeia, há um limite para o teor de cromo hexavalente, normalmente igual a 2 ppm da massa de cimento seco, pois o contato excessivo com o cromo no concreto fresco pode causar dermatites.

Agora, pode ser interessante resumir o modelo de formação e hidratação do cimento, representado esquematicamente na Figura 1.2.

Hidratação do cimento

As reações pelas quais o cimento Portland se torna um material aglomerante acontecem na pasta, constituída por água e cimento. Em outras palavras, a presença de água e dos silicatos e dos aluminatos listados na Tabela 1.1 formam produtos hidratados que, com o tempo, resultam em uma massa firme e resistente, ou seja, a pasta de cimento hidratada.

Existem duas maneiras como os tipos de compostos existentes no cimento podem reagir com a água. Na primeira, acontece a adição direta de algumas moléculas de água, sendo esta a verdadeira reação de hidratação. O segundo tipo de reação com água é a hidrólise. No entanto, é conveniente aplicar a palavra "hidratação" a todas as reações do cimento com água, ou seja, à hidratação verdadeira e à hidrólise.

Le Chatelier foi o primeiro a observar, há cerca de 130 anos, que os produtos de hidratação do cimento são, em termos químicos, os mesmos produtos da hidratação de componentes isolados sob as mesmas condições. Isso foi confirmado posteriormente por Steinour[1.6] e por Bogue & Lerch[1.7], com a ressalva de que os produtos da reação podem influenciar uns aos outros ou podem interagir com outros compostos do sistema. Os dois silicatos de cálcio são os principais compostos cimentícios existentes no cimento, e o comportamento físico do cimento durante a hidratação é similar ao desses compostos isoladamente.[1.8] A hidratação de cada composto será descrita com mais detalhes nas seções seguintes.

Os produtos da hidratação do cimento têm solubilidade bastante baixa em água, como mostra a estabilidade da pasta de cimento em contato com a água. O cimento hidratado adere fortemente ao cimento não hidratado, mas a forma exata de como isso ocorre não é conhecida. É possível que os produtos recém-hidratados formem um envelope que cresce pela ação da água que penetrou no filme circundante de produtos hidratados. Alternativamente, os silicatos dissolvidos podem passar pelo envelope e precipitar como uma camada mais externa. Uma terceira possibilidade é a precipitação da solução coloidal através da massa após ser alcançada a saturação e a hidratação continuar a ocorrer no interior da estrutura.

Independentemente do modo de precipitação dos produtos de hidratação, sua velocidade diminui de forma contínua, de modo que, mesmo após um longo período de tempo, ainda existe uma quantidade razoável de cimento anidro. Por exemplo, após 28 dias em contato com a água, foram encontrados grãos de cimento hidratados em uma profundidade de somente 4 μm,[1.9] e de 8 μm após um ano. Powers[1.10] estimou que a hidratação completa do cimento, em condições normais, é possível apenas para partículas de cimento menores que 50 μm, mas obteve hidratação completa com a moagem do cimento em água continuamente por cinco dias.

Exames microscópicos de cimento hidratado não mostram evidência de penetração de água nos grãos de cimento de modo a hidratar preferencialmente os compostos mais reativos (como o C_3S) que podem se concentrar no centro do grão. Aparentemente, então, ocorre a hidratação por uma redução gradual da dimensão da partícula de cimento. De fato, após vários meses,[1.11] verificou-se a existência de C_3S e C_2S em grãos de cimento anidro de grandes dimensões, e é possível que os grãos menores de C_2S se hidratem antes de a hidratação dos grãos maiores de C_3S ter sido completada. Os vários compostos do cimento geralmente estão misturados em todos os grãos, e algumas pesquisas indicam que o resíduo de um grão, após determinado período de hidratação, tem a mesma composição percentual que o grão original.[1.12] A composição desse resíduo, entretanto, muda durante a hidratação do cimento,[1.49] especialmente nas primeiras 24 horas, quando pode ocorrer uma hidratação seletiva.

Os principais compostos hidratados podem ser, de modo geral, classificados como silicatos de cálcio hidratados e aluminato tricálcico hidratado. Acredita-se que o C_4AF se hidrate na forma de aluminato de cálcio hidratado e uma fase amorfa, possivelmente $CaO.Fe_2O_3.aq$. É possível também que uma pequena quantidade de Fe_2O_3 esteja presente em solução sólida de aluminato tricálcico hidratado.

A evolução da hidratação do cimento pode ser determinada por diferentes meios, como uma medida de: (a) quantidade de $Ca(OH)_2$ na pasta; (b) calor de hidratação liberado; (c) massa específica da pasta; (d) quantidade de água quimicamente combinada; (e) total de cimento anidro (com a utilização de análise quantitativa de raios X); e (f) indiretamente pela resistência da pasta hidratada. Técnicas termogravimétricas e difração por varredura contínua de raios X de pastas frescas em processo de hidratação[1.50] podem ser utilizadas para estudos das reações iniciais. A microestrutura da pasta também pode ser analisada por meio da imagem de elétrons retroespalhados em um microscópio eletrônico de varredura.

Silicatos de cálcio hidratados

As velocidades de hidratação do C_3S e do C_2S em estado puro variam consideravelmente, conforme mostra a Figura 1.3. Quando todos os compostos estão presentes ao

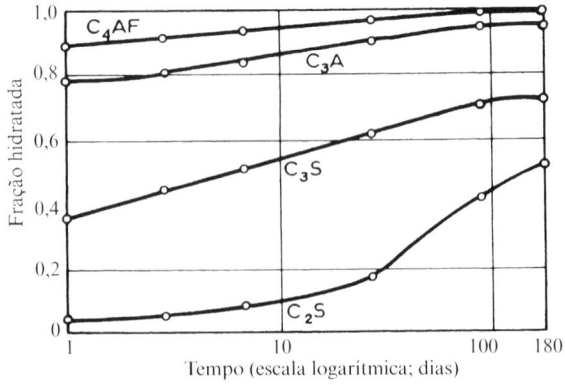

Figura 1.3 Desenvolvimento típico de hidratação de compostos puros.[1.47]

mesmo tempo no cimento, suas velocidades de hidratação são afetadas pela interação entre eles. Em cimentos comerciais, os silicatos de cálcio contêm pequenas impurezas de alguns óxidos presentes no clínquer. O C_3S "impuro" é denominado *alita*, enquanto o C_2S "impuro" é conhecido como *belita*. Essas impurezas exercem forte influência nas propriedades dos silicatos de cálcio hidratados (ver página 48).

Quando a hidratação ocorre com uma quantidade limitada de água, como é o caso da pasta de cimento, da argamassa ou do concreto, acredita-se que o C_3S sofra uma hidrólise que produz um silicato de cálcio de menor basicidade, formando C_3S_2H, com liberação de cal na forma de $Ca(OH)_2$. Contudo, existem incertezas quanto ao fato de o C_3S e o C_2S resultarem, no fim, no mesmo produto hidratado. Em função da análise do calor de hidratação[1.6] e da área superficial dos produtos de hidratação[1.13], parecem ser o mesmo produto, mas observações físicas indicam que pode existir mais de um. Possivelmente, existem vários silicatos de cálcio hidratados diferentes. A relação C:S seria afetada se parte da cal fosse absorvida ou retida em solução sólida, e existe forte evidência de que o produto resultante da hidratação do C_2S tem uma relação cal/sílica de 1,65. Isso pode ocorrer devido ao fato de a hidratação do C_3S ser controlada pela velocidade de difusão dos íons através do filme envoltório de produtos hidratados, enquanto a hidratação do C_2S é controlada por sua própria baixa velocidade de reação.[1.14] Além disso, os produtos hidratados dos dois silicatos podem ser afetados pela temperatura, já que a permeabilidade do gel também é afetada por ela.

A relação C:S não é determinada de maneira inequívoca devido aos diferentes métodos utilizados resultarem em valores distintos.[1.74] A variação pode ser de até 1,5, quando realizada por extração química, e de até 2,0, por método termogravimétrico.[1.66] Medidas opticoeletrônicas também resultam em baixos valores para essa relação.[1.72] A relação também varia com o tempo e é influenciada pela presença de outros elementos ou compostos no cimento. Atualmente, os silicatos de cálcio hidratados são, em geral, descritos como C–S–H, e assume-se a relação C:S como, provavelmente, próxima a 2.[1.19] Como os cristais formados na hidratação são imperfeitos e extremamente pequenos, a relação molar entre a água e a sílica não é, necessariamente, um número inteiro. O C–S–H normalmente contém pequenas quantidades de Al, Fe, Mg e outros íons. O C–S–H já foi denominado gel de tobermorita devido à sua semelhança estrutural com um mineral de mesmo nome, mas isso pode não ser correto[1.60] e, hoje, essa denominação raramente é utilizada.

Fazendo a *consideração* aproximada de que o $C_3S_2H_3$ é o produto final da hidratação tanto do C_3S como do C_2S, as reações podem ser escritas (como referência, não como equações estequiométricas exatas) da seguinte forma:

C_3S:

$$2C_3S + 6H \rightarrow C_3S_2H_3 + 3Ca(OH)_2.$$

As massas envolvidas correspondentes são:

$$100 + 24 \rightarrow 75 + 49.$$

C_2S:

$$2C_2S + 4H \rightarrow C_3S_2H_3 + Ca(OH)_2.$$

As massas envolvidas correspondentes são:

$$100 + 21 \rightarrow 99 + 22.$$

Portanto, em termos de massa, ambos os silicatos requerem aproximadamente a mesma quantidade de água para a hidratação, mas o C_3S produz mais do que o dobro da quantidade de $Ca(OH)_2$ formada na hidratação do C_2S.

As propriedades físicas dos silicatos de cálcio hidratados são de interesse nos temas relacionados às propriedades de pega e ao endurecimento do cimento. Esses compostos hidratados são aparentemente amorfos, mas a microscopia eletrônica revela que eles têm caráter cristalino. É interessante destacar que um dos compostos hidratados que se acredita existir, citado por Taylor[1.15] como CSH(I), tem uma estrutura estratificada similar à de alguns minerais argilosos, como a montmorillonita e a haloisita. As camadas individuais nos planos dos eixos a e b são bem cristalizadas, mas as distâncias entre elas são menos rigidamente definidas. Essa rede poderia ser capaz de acomodar quantidades variáveis de óxido de cálcio sem alterações significativas, sendo este um aspecto relevante na variação das relações cal/sílica mencionadas anteriormente. De fato, diagramas de amostras de pó mostraram a retenção aleatória de uma molécula de óxido de cálcio a mais por molécula de sílica.[1.15] Steinour[1.16] descreveu esse fenômeno como uma situação-limite entre solução sólida e adsorção.

Os silicatos de cálcio não se hidratam no estado sólido. Possivelmente no início o silicato anidro sofra uma dissolução para, então, reagir, formando silicatos hidratados menos solúveis que se precipitam da solução supersaturada.[1.17] Esse é o mecanismo de hidratação sugerido por Le Chatelier em 1881.

Estudos de Diamond[1.60] indicam que os silicatos de cálcio hidratados existem em várias formas: partículas fibrosas, partículas lamelares, malha reticulada, grãos irregulares, todas bastante difíceis de definir. Entretanto, a forma predominante é a de partículas fibrosas, possivelmente sólidas, possivelmente ocas, algumas vezes lamelares, algumas vezes com ramificações nas extremidades. Normalmente, elas têm entre 0,5 μm e 2 μm de comprimento e menos de 0,2 μm de largura. Essa não é uma imagem precisa, mas a estrutura dos silicatos de cálcio hidratados é muito desordenada para ser determinada pelas técnicas existentes, incluindo a combinação de microscopia eletrônica de varredura e espectroscopia de raios X por dispersão de energia.

A hidratação do C_3S em muito caracteriza o comportamento do cimento. A hidratação não ocorre a uma velocidade constante ou mesmo a uma velocidade com variação constante. A rápida liberação inicial de hidróxido de cálcio na solução forma uma camada externa de silicato de cálcio hidratado de cerca de 10 nm de espessura.[1.61] Essa camada impede a hidratação subsequente, de modo que, por algum tempo, praticamente não ocorre hidratação.

Como a hidratação do cimento é uma reação exotérmica, a taxa de liberação de calor é um indicativo da velocidade de hidratação. Essa análise mostra que há três picos na velocidade de hidratação nos três primeiros dias ou perto disso, desde o momento em que o cimento seco entra em contato pela primeira vez com a água. A Figura 1.4 mostra a variação da taxa de liberação de calor com o tempo.[1.81] Pode ser visto que o primeiro pico, bastante elevado, corresponde à hidratação inicial da superfície dos grãos de cimento e envolve principalmente o C_3A. A duração dessa hidratação elevada é bastante curta e é seguida por um período denominado *período de dormência*, também conhecido como período de indução, em que a velocidade é bastante baixa. Esse período dura entre uma e duas horas e, durante ele, a pasta de cimento é trabalhável.

Em determinado momento, a camada superficial é rompida, possivelmente pelo mecanismo de osmose ou pelo crescimento dos cristais de hidróxido de cálcio. A velocidade

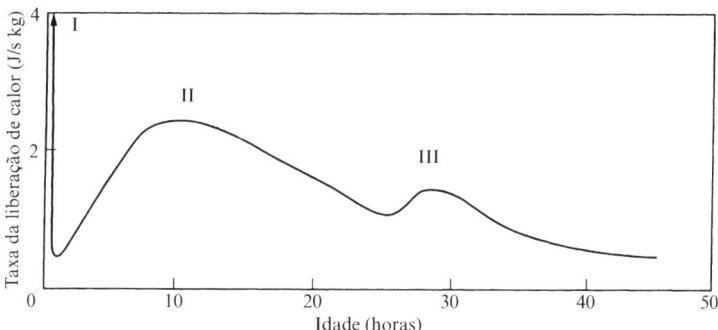

Figura 1.4 Taxa da liberação de calor do cimento Portland com relação água/cimento igual a 0,4. O primeiro pico, de 3.200 J/s kg, está fora do gráfico.[1.81]

de hidratação e, portanto, a liberação de calor aumentam lentamente, e os produtos de hidratação dos grãos individuais entram em contato entre si, ocorrendo a pega. A taxa de liberação de calor alcança um segundo pico, normalmente em cerca de 10 horas, mas, algumas vezes, em somente quatro horas.

Após esse pico, a velocidade de hidratação diminui por um longo período, sendo a difusão através dos poros dos produtos hidratados o fator de controle.[1.62] Na maioria dos cimentos, ocorre uma retomada da velocidade de hidratação, resultando em um terceiro pico, menor do que os anteriores, entre 18 e 30 horas. Esse pico é associado à retomada da reação do C_3A após o esgotamento do sulfato de cálcio.

O advento do segundo pico é acelerado pela presença de álcalis, pela maior finura dos grãos de cimento e pelo aumento da temperatura.

Devido à semelhança da evolução da hidratação de silicatos de cálcio puros e de cimentos Portland comerciais, o desenvolvimento de resistência é similar.[1.20] Uma resistência considerável é obtida antes de as reações de hidratação estarem completas e, assim, parece que uma pequena quantidade de compostos hidratados adere ao material anidro, o que resulta em posterior hidratação e em um acréscimo de resistência.

O $Ca(OH)_2$ liberado pela hidrólise do silicato de cálcio forma finas placas hexagonais, frequentemente com dezenas de micrômetros de espessura, mas, em seguida, elas se unem em elementos maciços.[1.60]

Aluminato tricálcico hidratado e a ação do sulfato de cálcio

A quantidade de C_3A presente na maioria dos cimentos é relativamente pequena, mas seu comportamento e seu relacionamento estrutural com as outras fases no cimento o tornam importante. O aluminato tricálcico hidratado forma um material intersticial prismático escuro, possivelmente com outras substâncias em solução sólida. Frequentemente, se apresenta na forma de placas circundadas pelos silicatos de cálcio hidratados.

A reação do C_3A puro com a água é bastante violenta e resulta no enrijecimento instantâneo da pasta, conhecida como *pega instantânea*. Para impedir que isso ocorra, adiciona-se sulfato de cálcio ($CaSO_4.2H_2O$) ao clínquer. O sulfato de cálcio e o C_3A reagem e formam um sulfoaluminato de cálcio insolúvel ($3CaO.Al_2O_3.3CaSO_4.32H_2O$), mas eventualmente pode ser formado aluminato tricálcico hidratado, embora isso seja precedido pelo $3CaO.Al_2O_3.CaSO_4.12H_2O$ metaestável, produzido a partir do sulfoaluminato de cálcio supersulfatado original.[1.6] Conforme o C_3A se solubiliza, a composição se modifica, com diminuição contínua do teor de sulfato. A velocidade de reação do aluminato é elevada e, se esse rearranjo na composição não for rápido o suficiente, é provável que ocorra a hidratação direta do C_3A. Em especial, o primeiro pico na taxa de liberação de calor, normalmente observado em até cinco minutos após a adição de água ao cimento, indica a formação direta de aluminato de cálcio nesse período e que as condições para o retardo pelo sulfato de cálcio ainda não estão estabelecidas.

Em substituição ao sulfato de cálcio di-hidratado, podem ser utilizadas outras formas de sulfato de cálcio na fabricação do cimento, como o hemi-hidrato ($CaSO_4.½H_2O$) ou a anidrita ($CaSO_4$).

Existem algumas evidências de que a hidratação do C_3A pode ser retardada pelo $Ca(OH)_2$ liberado pela hidrólise do C_3S.[1.62] Isso ocorre devido ao fato de o $Ca(OH)_2$ reagir com o C_3A e a água e produzir C_4AH_{19}, que forma um revestimento protetor na superfície dos grãos anidros de C_3A. Também é possível que o $Ca(OH)_2$ diminua a concentração de íons aluminatos na solução, diminuindo, assim, a velocidade de hidratação do C_3A.[1.62]

Em última análise, a forma estável de aluminato de cálcio hidratado existente na pasta de cimento hidratada é, provavelmente, o cristal cúbico C_3AH_6, mas é possível que, a princípio, ocorra a cristalização do C_4AH_{12} hexagonal, que, posteriormente, transforma-se na forma cúbica. Dessa forma, a reação final pode ser escrita como:

$$C_3A + 6H \rightarrow C_3AH_6.$$

Novamente, essa fórmula é uma aproximação, e não uma equação estequiométrica.

Os pesos moleculares mostram que 100 partes de C_3A reagem com 40 partes de água em massa, o que é uma proporção de água muito mais elevada do que a necessária para silicatos.

A presença de C_3A no cimento é indesejável, já que ele contribui pouco ou nada para a resistência do cimento, exceto nas primeiras idades. Além disso, quando a pasta de cimento endurecida é atacada por sulfatos, a formação de sulfoaluminato de cálcio a partir do C_3A causa expansão, o que pode gerar a desagregação da pasta endurecida. O C_3A, entretanto, é útil na fabricação do cimento, já que funciona como fundente, reduzindo a temperatura de queima do clínquer e facilitando a combinação do óxido de cálcio com a sílica. Pode ser notado que, se alguma quantidade de líquido não se formasse durante a queima, as reações no forno ocorreriam mais lentamente e, provavelmente, seriam incompletas. Por outro lado, um teor elevado de C_3A aumenta a energia necessária à moagem do clínquer.

Um efeito positivo do C_3A é sua capacidade de fixação de íons de cloreto (ver página 593).

O sulfato de cálcio não reage somente com o C_3A. Com o C_4AF, ele forma sulfoferrito de cálcio e sulfoaluminato de cálcio, e sua presença pode acelerar a hidratação dos silicatos.

A quantidade de sulfato de cálcio adicionada ao clínquer deve ser cuidadosamente verificada, especialmente porque o excesso de sulfato de cálcio pode levar à expansão e à consequente desagregação da pasta de cimento endurecida. O teor ótimo de sulfato de cálcio é determinado pela observação da liberação de calor de hidratação. Como já mencionado, o primeiro pico na taxa de liberação de calor é seguido por um segundo pico, cerca de quatro a 10 horas após a adição de água ao cimento. Com a quantidade correta de sulfato de cálcio, deve restar pouco C_3A para reagir após a totalidade do sulfato de cálcio ter se combinado, não devendo ocorrer mais qualquer pico de liberação de calor. Assim, um teor ótimo de sulfato de cálcio resulta em uma velocidade de reação inicial desejada e previne a concentração local elevada de produtos de hidratação (ver página 376). Como consequência, a dimensão dos poros da pasta de cimento hidratada é diminuída e a resistência, aumentada.[1.78]

A quantidade de sulfato de cálcio necessária aumenta com o teor de C_3A, bem como com o teor de álcalis no cimento. O aumento da finura do cimento eleva a quantidade de C_3A disponível nas primeiras idades, aumentando, assim, a necessidade de sulfato de cálcio. Um ensaio para determinar o teor ótimo de SO_3 no cimento Portland era estabelecido pela ASTM C 543-84 (cancelada). A otimização é baseada na resistência a um dia de idade, que normalmente também produz a menor retração.

A quantidade de sulfato de cálcio adicionada ao clínquer é expressa em relação à massa de SO_3 presente. A norma europeia BS EN 197-1:2000 limita esse valor a 3,5%, mas em alguns casos esse limite é maior. O SO_3 quimicamente importante é o sulfato solúvel advindo do sulfato de cálcio, e não dos combustíveis com elevado teor de enxofre, que se fixa ao clínquer. É por esse motivo que o atual limite de SO_3 total é maior do que no passado. Os valores máximos de SO_3 estabelecidos pela ASTM C 150-09 dependem do teor de C_3A e são mais altos nos cimentos de alta resistência inicial.*

Pega

Pega é o termo utilizado para descrever o enrijecimento da pasta de cimento, embora a definição do enrijecimento da pasta que se considera como pega seja um tanto arbitrária. Amplamente falando, a pega se refere à mudança de estado, de fluido para rígido. Ainda que durante a pega a pasta ganhe alguma resistência, para efeitos práticos é importante distinguir pega de endurecimento, já que este se refere ao ganho de resistência da pasta de cimento após a pega.

Os termos "início de pega" e "fim de pega" são utilizados para descrever estágios arbitrariamente escolhidos da pega. O método de medida desses tempos está descrito na página 49.

Aparentemente, a pega é causada pela hidratação seletiva dos compostos do cimento. Os dois primeiros que reagem são o C_3A e o C_3S. As propriedades de pega instantânea do primeiro foram citadas na seção anterior, mas a adição de sulfato de cálcio atrasa a formação de aluminato de cálcio hidratado, e essa é a razão pela qual o C_3S entra em pega antes. O C_3S puro misturado com água também apresenta um início de pega, mas o C_2S enrijece de modo mais gradual.

Em um cimento com tempo de pega adequadamente controlado, a estrutura da pasta de cimento hidratada é estabelecida pelo silicato de cálcio hidratado, enquanto, caso o C_3A reagisse antes, seria formado um silicato de cálcio hidratado mais poroso. Os compostos restantes do cimento se hidratariam no interior dessa estrutura porosa e as propriedades de resistência da pasta de cimento seriam afetadas negativamente.

---

* N. de R.T.: As normas brasileiras relativas aos tipos de cimento especificam o valor de 4% em relação à massa como o limite máximo de SO_3 para todos os cimentos, exceto para o cimento de alta resistência inicial, em que o teor máximo é de 3,5 ou 4,5%, respectivamente, se o teor de C_3A do clínquer for menor ou igual a 8% ou maior do que 8%.

Além da velocidade de formação de produtos cristalinos, o desenvolvimento de filmes ao redor dos grãos de cimento e uma coagulação mútua dos componentes da pasta também têm sido sugeridos como fatores que afetam o desenvolvimento da pega.

No fim da pega, ocorre uma queda brusca da condutividade elétrica da pasta de cimento, tendo sido feitas tentativas de determinação da pega por meios elétricos.

O tempo de pega do cimento diminui com o aumento da temperatura, mas acima de 30 °C pode ser observado um efeito contrário.[1.1] Em temperaturas baixas, a pega é retardada.

Falsa pega

Falsa pega é a denominação dada ao enrijecimento prematuro anormal do cimento em poucos minutos após a adição de água. Ela difere da *pega instantânea*, já que não há liberação de calor importante, e, remisturando a pasta, sem adição de água, a plasticidade é restabelecida até entrar em pega de modo normal e sem perda de resistência.

Uma das causas da falsa pega pode ser associada à desidratação do sulfato de cálcio quando ele é moído com um clínquer muito quente, formando hemi-hidrato ($CaSO_4 \cdot \frac{1}{2}H_2O$) ou anidrita ($CaSO_4$). Além disso, quando o cimento é misturado com água, ele se hidrata em cristais de sulfato de cálcio com forma de agulha. Dessa maneira, ocorre o que se denomina "pega do sulfato de cálcio", com resultante enrijecimento da pasta.

Outra causa da falsa pega pode ser associada aos álcalis do cimento. Eles podem carbonatar durante o armazenamento, sendo que os carbonatos alcalinos reagem com o $Ca(OH)_2$ liberado na hidrólise do C_3S, formando $CaCO_3$. Esse composto se precipita e provoca o enrijecimento da pasta.

Também se sugere que a falsa pega possa ocorrer devido à ativação do C_3S pela aeração em teores de umidade relativamente altos. A água é adsorvida nos grãos de cimento, e essas superfícies recentemente ativadas podem se combinar muito rapidamente com mais água durante a mistura. Essa hidratação acelerada resultaria na falsa pega.[1.21]

Ensaios nas fábricas de cimento geralmente garantem que o cimento esteja livre da ocorrência da falsa pega. Caso ela ocorra, pode ser combatida pela remistura do concreto, sem adição de mais água. Embora isso não seja fácil, a trabalhabilidade será melhorada e o concreto poderá ser lançado normalmente.

Finura do cimento

Uma das últimas etapas da fabricação do cimento é a moagem do clínquer misturado com sulfato de cálcio. Como a hidratação começa na superfície dos grãos de cimento, é a área superficial total do cimento que representa o material disponível para hidratação. A velocidade de hidratação depende, portanto, da finura dos grãos de cimento, e, para um rápido desenvolvimento de resistência, é necessária uma finura maior (ver Figura 1.5), sendo que a resistência em longo prazo não é afetada. É claro que um maior desenvolvimento da hidratação inicial significa maior liberação inicial de calor.

Por outro lado, o custo de moagem até uma maior finura é considerável, e, além disso, quanto mais fino o cimento, mais rapidamente ele se deteriora quando exposto ao ar. Cimentos mais finos resultam em reações mais violentas com agregados alcalirreativos[1.44] e fazem com que a pasta de cimento, embora não necessariamente o concreto, tenha maior retração e maior tendência à fissuração. O cimento mais fino, entretanto, exsuda menos do que um cimento mais grosso.

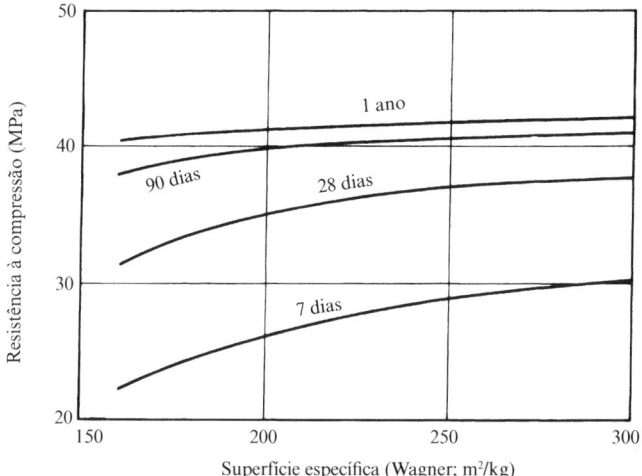

Figura 1.5 Relação entre a resistência do concreto em diferentes idades e a finura do cimento.[1.43]

Um aumento na finura implica aumento da quantidade de sulfato de cálcio necessária ao retardo de pega, pois, no cimento mais fino, a quantidade de C_3A disponível para hidratação inicial é maior. Quanto mais fino for o cimento, maior será a quantidade de água para a pasta de consistência normal, mas, inversamente, o aumento da finura melhora ligeiramente a trabalhabilidade de um concreto. Essa inconsistência pode ser devida parcialmente ao fato de que os ensaios de consistência da pasta de cimento e de trabalhabilidade medem propriedades diferentes da pasta fresca. Além disso, o ar incorporado acidentalmente afeta a trabalhabilidade da pasta de cimento, e cimentos de finuras diferentes podem conter diferentes teores de ar.

Pode ser percebido que a finura é uma propriedade vital do cimento e deve ser cuidadosamente controlada. A fração de cimento retida na peneira de 45 μm pode ser determinada pela norma ASTM C 430-08 (para dimensões de peneiras, ver Tabela 3.14). Esse ensaio garante que o cimento não contenha uma quantidade excessiva de grãos de grandes dimensões que, devido à sua relativamente pequena superfície específica por massa, iriam contribuir pouco para o processo de hidratação e desenvolvimento da resistência.*

O método de peneiramento, entretanto, não fornece informações em relação aos grãos menores do que 45 μm, e são essas partículas mais finas que atuam mais fortemente na hidratação inicial.

Por essa razão, as normas modernas estabelecem um ensaio para a finura pela determinação da superfície específica do cimento, expressa como a área superficial total em

---

* N. de R.T.: A especificação da finura dos cimentos no Brasil é feita em função do resíduo na peneira de 75 μm (n.º 200), sendo a determinação realizada segundo a NBR 11579:2012, versão corrigida 2013. Foi publicada em 2014 a norma NBR 12826, que estabelece os parâmetros de determinação da finura do cimento Portland e de outros materiais em pó com o uso de peneirador aerodinâmico, servindo para a determinação do índice de finura em diversas peneiras.

metros quadrados por kg.* Uma abordagem direta é medir a distribuição das dimensões das partículas por sedimentação ou elutriação. Esses métodos estão baseados na relação entre a velocidade de queda de uma partícula e seu diâmetro. A lei de Stokes dá a velocidade terminal de queda, pela ação da gravidade, de uma partícula esférica em um meio fluido, embora os grãos de cimento não sejam esféricos. O meio deve ser, obviamente, inerte em relação ao cimento. Também é importante que seja possível a obtenção de uma dispersão satisfatória dos grãos de cimento, já que uma floculação parcial pode produzir uma diminuição da superfície específica aparente.

Uma evolução desses métodos é o turbidímetro de Wagner (ASTM C 115-10). Nesse ensaio, a concentração de partículas em suspensão em um dado nível, em querosene, é determinada com a utilização de um feixe de luz. A porcentagem de luz transmitida é medida por uma fotocélula. O turbidímetro, em geral, apresenta resultados consistentes, mas um erro é introduzido ao se considerar uma distribuição uniforme de partículas menores do que 7,5 μm. São exatamente essas partículas mais finas que mais contribuem para a superfície específica do cimento, e o erro é especialmente significante com os cimentos mais finos utilizados hoje. Um aperfeiçoamento desse método é possível se a concentração de partículas de até 5 μm for determinada e se for realizada uma modificação nos cálculos.[1.51] Uma curva típica da distribuição das dimensões das partículas é mostrada na Figura 1.6, que também apresenta a correspondente contribuição dessas partículas na área superficial total da amostra. Conforme citado na página 7, a distribuição das dimensões das partículas depende do método de moagem e varia de fábrica para fábrica.

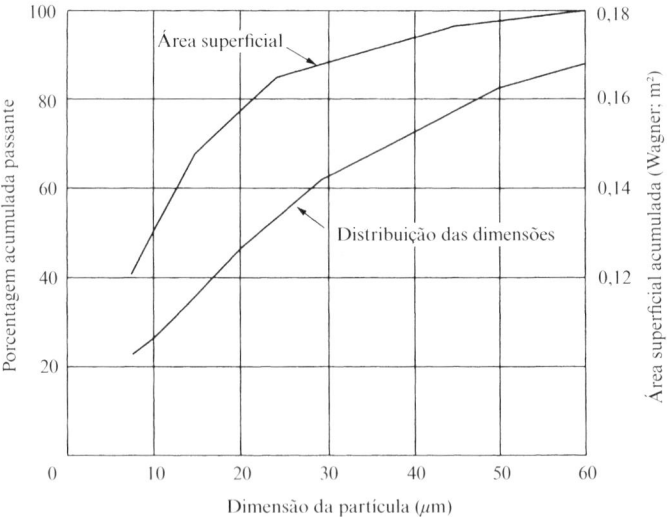

Figura 1.6 Exemplo da distribuição das dimensões das partículas e contribuição de superfície acumulada até um determinado tamanho de partícula para 1 grama de cimento.

---

* N. de R.T.: Nas normas brasileiras, são utilizadas as expressões "área específica" e "superfície específica", ambas coerentes com a definição apresentada.

Contudo, deve-se admitir que não se sabe ao certo o que é uma "boa" granulometria do cimento. As partículas devem ser todas do mesmo tamanho ou devem ter uma distribuição tal que sejam capazes de se acomodar de forma compacta? Atualmente, acredita-se que, para determinada superfície específica de cimento, o desenvolvimento da resistência inicial é maior se pelo menos 50% das partículas tiverem entre 3 e 30 μm e, respectivamente, menos partículas muito finas e muito grossas. Tem-se que uma proporção de até 95% de partículas na faixa de 3 a 30 μm resulta em uma melhora da resistência inicial, bem como da resistência final do concreto produzido com esse cimento. Para alcançar uma distribuição de dimensões de partículas com tal controle, é necessária a utilização de classificadores de alta eficiência em circuitos fechados de moagem de clínquer. Esses classificadores reduzem o montante de energia utilizado na moagem.[1.80]

A razão para o efeito benéfico de partículas de dimensões intermediárias pode ser vista nos resultados obtidos por Aïtcin *et al.*[1.91], que mostraram que a moagem do cimento resulta na segregação de uma determinada parte dos compostos. Especificamente, as partículas menores do que 4 μm são muito ricas em SO_3 e em álcalis. As partículas maiores do que 30 μm contêm uma grande proporção de C_2S, enquanto as partículas entre 4 e 30 μm são ricas em C_3S.

Entretanto, deve ser destacado que não existe uma relação simples entre a resistência do cimento e a distribuição de dimensões das partículas. Por exemplo, o clínquer exposto ao ar e parcialmente hidratado, após a moagem, resulta em cimento com uma aparentemente elevada área superficial.

A área superficial do cimento também pode ser determinada pelo método de permeabilidade ao ar, utilizando o equipamento desenvolvido por Lea & Nurse. O método se baseia na relação entre o fluxo de um fluido através de uma camada de cimento porosa e a área superficial das partículas nela contidas. A partir disso, a área superficial por unidade de massa pode ser relacionada à permeabilidade de uma camada de determinada porosidade, ou seja, que contém um volume fixo de poros no volume total da camada.

O equipamento para determinação da permeabilidade (permeabilímetro) é mostrado esquematicamente na Figura 1.7. Conhecendo-se a massa específica do cimento, a massa necessária para produzir uma camada de porosidade de 0,475 e de 10 mm de espessura pode ser determinada. Essa quantidade de cimento é colocada em um recipiente cilíndrico, sendo insuflado um fluxo de ar seco, com velocidade constante, através da camada de cimento. A diminuição da pressão é medida por um manômetro conectado no topo e na base da camada. A velocidade do fluxo de ar é medida por um fluxômetro que consiste em um tubo capilar posicionado no circuito e um manômetro entre suas extremidades.

A equação desenvolvida por Carman dá a superfície específica em cm^2/g, conforme segue:

$$S_w = \frac{14}{\rho(1-\varepsilon)} \sqrt{\frac{\varepsilon^3 A h_1}{K L h_2}},$$

onde:

ρ = massa específica do cimento (g/cm^3)
ε = porosidade da camada de cimento (0,475 no método de ensaio inglês)
A = área da seção transversal da camada (5,066 cm^2)
L = altura da camada (1 cm)

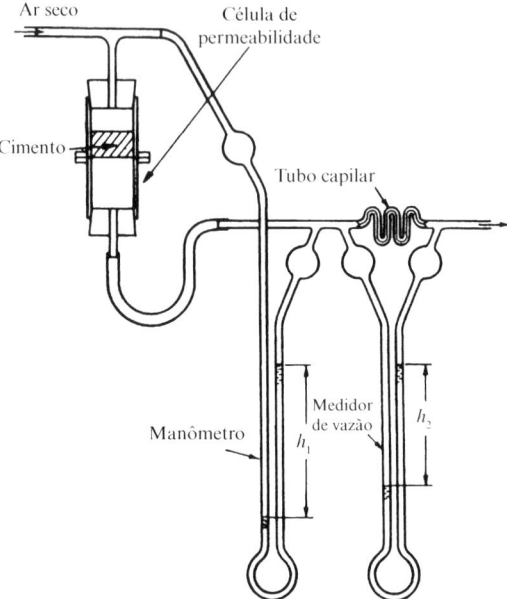

Figura 1.7 Equipamento para determinação da permeabilidade (permeabilímetro) de Lea & Nurse.

h_1 = queda de pressão através da camada
h_2 = queda de pressão através do fluxômetro (entre 25 e 55 cm de querosene)
K = constante do fluxômetro

Para determinados permeabilímetro e porosidade, a expressão pode ser simplificada para

$$S_w = \frac{K_1}{\rho}\sqrt{\frac{h_1}{h_2}},$$

onde K_1 é a constante.

Nos Estados Unidos e na Europa, é utilizada uma modificação do método de Lea & Nurse, desenvolvida por Blaine.* O método é descrito pela ASTM C 204-07 e pela BS EN 196-6:2010. Nesse caso, o ar não passa através da camada a uma velocidade constante, mas um volume conhecido de ar passa a uma pressão média estabelecida, sendo que a velocidade do fluxo é uniformemente diminuída. O tempo t para a passagem do ar é medido, sendo a área específica, para um determinado aparelho e porosidade padrão de 0,500, dada por

$$S = K_2\sqrt{t},$$

onde K_2 é a constante.

---

* N. de R.T.: No Brasil, o método Blaine é normalizado pela NBR NM 76:1998.

Os métodos Lea & Nurse e Blaine dão resultados de superfície específica bastante aproximados entre si, mas bem mais elevados do que o valor obtido pelo método de Wagner. Isso se deve à hipótese de Wagner sobre a distribuição das dimensões de partículas menores do que 7,5 μm, conforme já mencionado. A distribuição real nessa faixa é tal que o valor médio de 3,75 μm adotado por Wagner subestima a área superficial dessas partículas. No método de permeabilidade ao ar, a área superficial de *todas* as partículas é medida diretamente, e o valor resultante da superfície específica é cerca de 1,8 vezes maior do que o valor obtido pelo método de Wagner. A faixa real do fator de conversão varia entre 1,6 e 2,2, dependendo da finura do cimento e do teor de sulfato de cálcio.

Qualquer método dá uma boa noção da variação *relativa* da finura do cimento – para fins práticos, isso basta. O método de Wagner é um pouco mais informativo, já que dá uma indicação da distribuição das dimensões das partículas. Uma medida absoluta da superfície específica pode ser obtida pelo método de adsorção de nitrogênio (método BET), baseado nos estudos de Brunauer, Emmett e Teller.[1.45] Enquanto nos métodos de permeabilidade ao ar somente os trajetos contínuos pela camada de cimento contribuem para a medição da área, no método de adsorção de nitrogênio a área "interna" também é acessada pelas moléculas de nitrogênio. Devido a isso, o valor da superfície específica medida é significativamente maior do que os determinados pelos métodos de permeabilidade ao ar. Alguns valores típicos estão mostrados na Tabela 1.5.

A área superficial de pós muito mais finos do que o cimento Portland, como a sílica ativa ou a cinza volante, não pode ser determinada pelo método de permeabilidade ao ar, sendo necessários métodos que fazem uso de adsorção de gás, como o método de adsorção de nitrogênio. Esse método exige tempo para sua determinação e pode ser mais indicado o uso de porosimetria por intrusão de mercúrio.[1.69] Entretanto, essa técnica ainda não é totalmente aceita.

As especificações modernas não estabelecem mais valores mínimos para a área específica do cimento Portland, e o controle é realizado, quando necessário, indiretamente pelas exigências de resistência inicial. No entanto, pode ser interessante citar que um cimento Portland comum tem área específica entre 350 e 380 m²/kg; para o cimento de alta resistência inicial, esse valor é mais elevado.*

Tabela 1.5 Superfície específica do cimento medida por diferentes métodos[1.1]

Cimento	Superfície específica (m²/kg) medida pelo:		
	Método Wagner	Método Lea & Nurse	Método de adsorção de nitrogênio
A	180	260	790
B	230	415	1.000

---

* N. de R.T.: As normas brasileiras vigentes estabelecem valores de área específica mínima para os cimentos Portland comum e composto (≥ 240 m²/kg, ≥ 260 m²/kg e ≥ 280 m²/kg, respectivamente, para as classes de resistência de 25, 32 e 40 MPa) e para o cimento Portland de alta resistência inicial (300 m²/kg). Para os demais cimentos, não existe especificação.

Estrutura do cimento hidratado

Várias das propriedades mecânicas do cimento e do concreto endurecido aparentemente não dependem tanto da composição química do cimento hidratado quanto da estrutura física dos produtos de hidratação, vista ao nível de dimensões coloidais. Por essa razão, é importante ter uma boa ideia das propriedades físicas do gel de cimento.

A pasta de cimento fresca é uma rede plástica de partículas de cimento em água, mas, uma vez que a pega tenha ocorrido, seu volume aparente ou total permanece aproximadamente constante. Em qualquer estágio de hidratação, a pasta endurecida consiste em produtos hidratados, mal cristalizados, derivados dos diversos compostos, identificados coletivamente como gel, cristais de $Ca(OH)_2$, alguns compostos secundários, cimento anidro e espaços residuais preenchidos com água na pasta de cimento fresca. Esses vazios são denominados poros capilares, mas, dentro do gel, existem vazios intersticiais, denominados poros de gel. Estes têm diâmetro nominal na ordem de 3 nm, enquanto os poros capilares são de uma a duas ordens de grandeza maiores. Existem, portanto, na pasta hidratada, duas classes distintas de poros, ambas representadas na Figura 1.8.

Como a maior parte dos produtos de hidratação é coloidal (a relação entre o silicato de cálcio hidratado e o $Ca(OH)_2$ é de 7:2, em massa[1.60]), a área superficial da fase sólida aumenta muito durante a hidratação, e uma grande quantidade de água livre é adsorvida por essa superfície. Caso o movimento de água para ou desde a pasta de cimento seja impedido, as reações de hidratação utilizam a água até que muito pouco reste para saturar as superfícies sólidas, diminuindo assim a umidade relativa no interior da pasta. Esse processo é conhecido como *autossecagem*, e, como o gel somente pode se formar em locais com água, a autossecagem resulta em menor hidratação quando comparada a uma pasta curada em condições úmidas. Entretanto, pastas que sofreram esse processo e possuem relação água/cimento maior do que 0,5 têm uma quantidade de água suficiente para a hidratação ocorrer na mesma velocidade de quando são curadas em ambiente úmido.

Volume dos produtos de hidratação

O espaço total disponível para os produtos da hidratação consiste no volume absoluto do cimento seco mais o volume da água adicionada à mistura. Uma pequena perda de

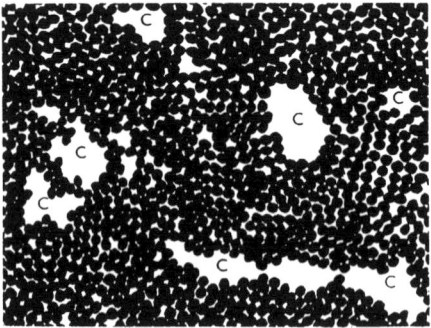

Figura 1.8 Modelo simplificado da estrutura da pasta.[1.22] Os pontos sólidos representam as partículas de gel; os espaços intersticiais são poros de gel. Os espaços marcados com "C" são os poros capilares. As dimensões dos poros de gel estão aumentadas.

água devido à exsudação e à retração da pasta ainda plástica pode ser, neste estágio, desconsiderada. Já foi mostrado que a água quimicamente combinada ao C_3S e ao C_2S corresponde a aproximadamente 24 e 21% da massa de cada silicato, respectivamente. Para o C_3A e o C_4AF, esses valores são de, respectivamente, 40 e 37%. O último valor é calculado considerando que a reação final de hidratação do C_4AF é, aproximadamente:

$$C_4AF + 2Ca(OH)_2 + 10H \rightarrow C_3AH_6 + C_3FH_6.$$

Conforme já citado, esses valores não são precisos, visto que nosso conhecimento sobre a estequiometria dos produtos da hidratação do cimento é inadequado para determinar a quantidade de água combinada quimicamente. Portanto, é preferível considerar a água não evaporável como determinada por um método específico (ver página 37). Essa água, determinada sob condições especificadas,[1.48] é adotada como 23% da massa de cimento anidro (embora no cimento Tipo II possa chegar a 18%).

A massa específica dos produtos da hidratação do cimento é tal que eles ocupam um volume maior do que o volume absoluto do cimento anidro, mas é menor do que a soma dos volumes do cimento anidro e da água não evaporável em aproximadamente 0,254 do volume da última. Um valor médio para a massa específica dos produtos de hidratação (incluindo poros na estrutura mais densa possível), em estado saturado, é 2,16 g/cm³.

Como exemplo, será considerada a hidratação de 100 g de cimento. Adotando-se a massa específica do cimento seco como 3,15 g/cm³, seu volume absoluto será 100/3,15 = 31,8 cm³. A água não evaporável, conforme já dito, é cerca de 23% da massa de cimento, ou seja, 23 cm³. Os produtos sólidos da hidratação ocupam um volume igual à soma dos volumes do cimento anidro e da água, menos 0,254 do volume da água não evaporável, ou seja:

$$31,8 + 0,23 \times 100(1 - 0,254) = 48,9 \text{ ml}.$$

Como a pasta, nessa condição, tem uma porosidade característica em torno de 28%, o volume de água de gel (w_g) é:

$$\frac{w_g}{48,9 + w_g} = 0,28.$$

Portanto, $w_g = 19,0$ cm³, e o volume de cimento hidratado é 48,9 + 19,0 = 67,9 cm³.

Resumindo, tem-se:

Massa de cimento seco	= 100,0 g
Volume absoluto do cimento seco	= 31,8 cm³
Massa de água combinada	= 23,0 g
Volume de água de gel	= 19,0 cm³
Volume de água total na mistura	= 42,0 cm³
Relação água/cimento, em massa	= 0,42
Relação água/cimento, em volume	= 1,32
Volume de cimento hidratado	= 67,9 cm³
Volume original de cimento e água	= 73,8 cm³
Redução de volume devido à hidratação	= 5,9 cm³
Volume de produtos hidratados por 1 cm³ de cimento seco	= 2,1 cm³

Deve ser destacado que se considerou a hidratação ocorrendo em um tubo de ensaio lacrado, sem qualquer movimento de água para dentro ou para fora do sistema.

As mudanças de volume estão mostradas na Figura 1.9. A "diminuição de volume" de 5,9 cm³ representa o espaço vazio capilar distribuído pela pasta de cimento hidratada.

Os valores dados são aproximados, mas, se o total de água fosse menor do que aproximadamente 42 cm³, a hidratação completa não seria obtida, pois o gel somente pode se formar quando existe água suficiente para as reações químicas *e* para o preenchimento dos poros de gel em formação. A água de gel, por estar fortemente retida, não pode se movimentar nos capilares, então não está disponível para a hidratação do cimento ainda por hidratar.

Dessa forma, quando a hidratação, em uma amostra selada, evolui até o ponto em que a água combinada passa a ser cerca de metade da quantidade inicial, não ocorre mais hidratação. Segue-se, portanto, que a hidratação total em uma amostra selada somente será possível quando a água de mistura for, pelo menos, o dobro da água necessária às reações químicas, ou seja, a mistura deve ter uma relação água/cimento, em massa, aproximada a 0,50. Na prática, no exemplo anterior, a hidratação total não teria ocorrido, pois foi interrompida antes mesmo de os poros ficarem vazios. Verificou-se que a hidratação se torna muito lenta quando a pressão de vapor de água diminui para menos de 0,8 da pressão de saturação.[1.23]

Considere-se agora a hidratação de uma pasta de cimento curada com água, de maneira que a água possa ser absorvida conforme os capilares se esvaziam pela hidratação.

Conforme mostrado anteriormente, 100 g de cimento (31,8 cm³) irão ocupar, em caso de hidratação total, 67,9 cm³. Portanto, para que não reste cimento anidro e não existam poros capilares, a quantidade inicial de água da mistura deveria ser de aproximadamente 36,1 cm³ (67,9 – 31,8). Isso corresponde a uma relação água/cimento de 1,14, em volume, ou de 0,36, em massa. Outros estudos sugerem valores próximos a 1,20 e 0,38, respectivamente.[1.22]

Caso a relação água/cimento real da mistura, admitindo-se a exsudação, seja menor do que 0,38 em massa, a hidratação completa não será possível, já que o volume disponível será insuficiente para acomodar todos os produtos de hidratação. É importante lembrar que a hidratação somente pode ocorrer na água dentro dos capilares. Por exemplo, em uma mistura de 100 g de cimento (31,8 cm³) e 30 g de água, a determinação da quantidade x g de cimento possível de ser hidratada com essa água é dada por:

$$0,23x \times 0,254 = 0,0585x.$$

O volume ocupado pelos produtos sólidos da hidratação é:

$$\frac{x}{3,15} + 0,23x - 0,0585x = 0,489x.$$

A porosidade é:

$$\frac{w_g}{0,489x + w_g} = 0,28$$

e a água total é $0,23x + w_g = 30$, onde $x = 71,5$, $g = 22,7$ cm³ e $w_g = 13,5$ g. Portanto, o volume de cimento hidratado é:

$$0,489 \times 71,5 + 13,5 = 48,5 \text{ cm}^3.$$

O volume de cimento anidro é $31,8 - 22,7 = 9,1$ cm³, então o volume de capilares vazios é:

$$(31,8 + 30) - (48,5 + 9,1) = 4,2 \text{ cm}^3.$$

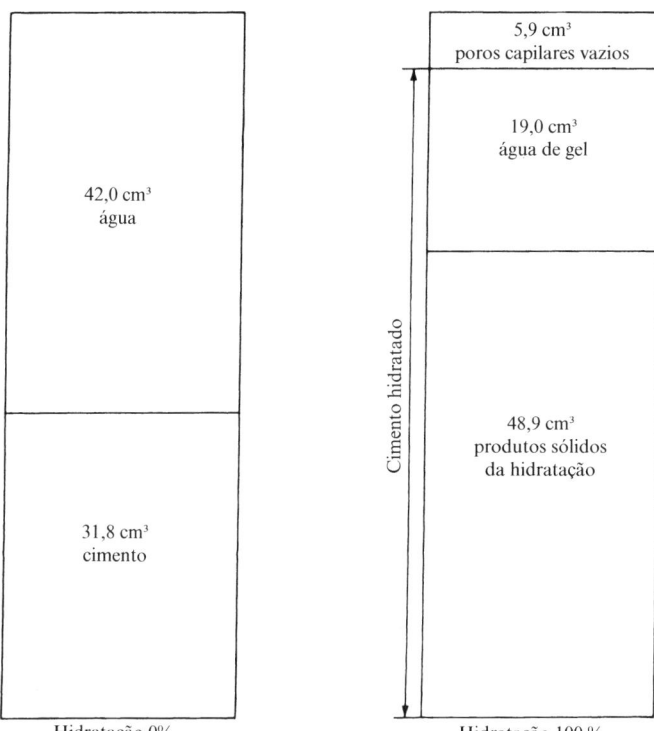

Figura 1.9 Representação esquemática das alterações de volume na hidratação da pasta de cimento com relação água/cimento de 0,42.

Caso exista água disponível do meio externo, algum cimento ainda pode ser hidratado. A quantidade será tal que os produtos de hidratação ocupem 4,2 cm³ a mais do que o volume do cimento seco. Determinou-se que 22,7 cm³ de cimento hidratado ocupam 48,5 cm³, ou seja, os produtos de hidratação de 1 cm³ de cimento ocupam $48,5/22,7 = 2,13$ cm³. Assim, 4,2 cm³ podem ser preenchidos pela hidratação de y cm³ de cimento, de modo que $(4,2 + y)/y = 2,13$. Consequentemente, $y = 3,7$ cm³. Portanto, o volume de cimento ainda anidro é $31,8 - (22,7 + 3,7) = 5,4$ cm³, possuindo a massa de 17 g. Em outras palavras, 19% da massa original de cimento permanece não hidratada e nunca será hidratada devido ao gel já estar ocupando todo o espaço disponível, ou seja, a relação gel/espaço (ver página 288) da pasta de cimento hidratada é 1,0.

Deve ser citado que o cimento anidro não é prejudicial à resistência e, de fato, entre pastas de cimento, todas com relação gel/espaço de 1,0, aquelas com maior proporção de cimento anidro (ou seja, menor relação água/cimento) têm maior resistência. Isso possivelmente ocorre porque as camadas de pasta hidratada que envolvem os grãos de cimento anidro são mais finas.[1.24]

Abrams obteve resistências de cerca de 280 MPa em misturas com relação água/cimento, em massa, igual a 0,08. Entretanto, uma pressão considerável é necessária para a obtenção de uma mistura adequadamente adensada com essas proporções. Posteriormente, Lawrence[1.52] produziu compactos de pó de cimento em moldes sob elevadas pressões (até 672 MPa) usando técnicas de metalurgia do pó. Após subsequente hidratação por 28 dias, foram obtidas resistências à compressão de até 375 MPa e à tração de até 25 MPa. A porosidade dessas misturas e a relação água/cimento "equivalente" são muito baixas. Resistências ainda mais elevadas, de até 665 MPa, foram obtidas com a utilização de alta pressão e alta temperatura. Os produtos da reação nesses compactos, entretanto, eram diferentes dos obtidos na hidratação normal do cimento.[1.89]

Ao contrário desses compactos que possuem relação água/cimento extremamente baixa, caso a relação água/cimento seja maior do que cerca de 0,38 em massa, todo o cimento poderá ser hidratado, mas também existirão poros capilares. Alguns desses capilares irão conter a água excedente da mistura, outros serão preenchidos pela água vinda do exterior. A Figura 1.10 mostra os volumes relativos de cimento anidro, de produtos de hidratação e de capilares para misturas com diferentes relações água/cimento.

Como mais um exemplo específico, considere-se a hidratação de uma pasta com relação água/cimento de 0,475, selada em um tubo, adotando a massa do cimento seco igual a 126 g, correspondente a 40 cm³. O volume de água será, então, 0,475 × 126 = 60 cm³. As proporções dessa mistura estão mostradas no lado esquerdo do diagrama da Figura 1.11, mas, na realidade, o cimento e a água estão misturados, com a água formando um sistema capilar entre os grãos de cimento anidro.

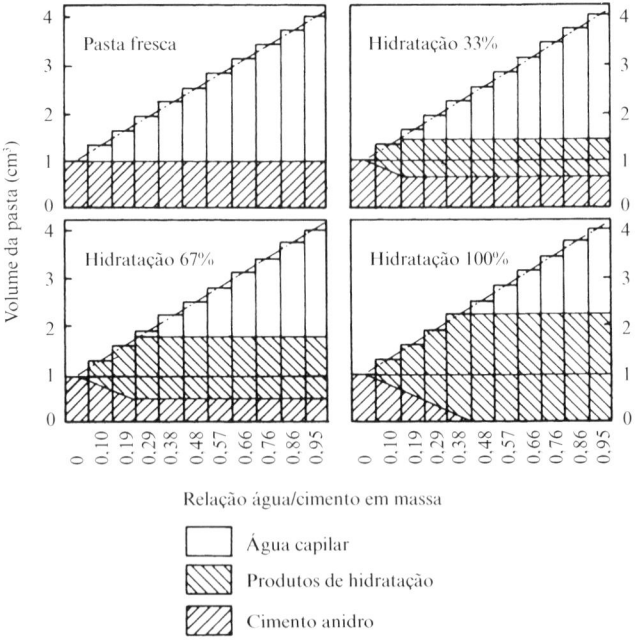

Figura 1.10 Composição da pasta de cimento em diferentes estágios de hidratação.[1.10] A porcentagem indicada se aplica somente a pastas com espaços preenchidos com água suficiente para a acomodação dos produtos no grau de hidratação indicado.

Capítulo 1 Cimento Portland 31

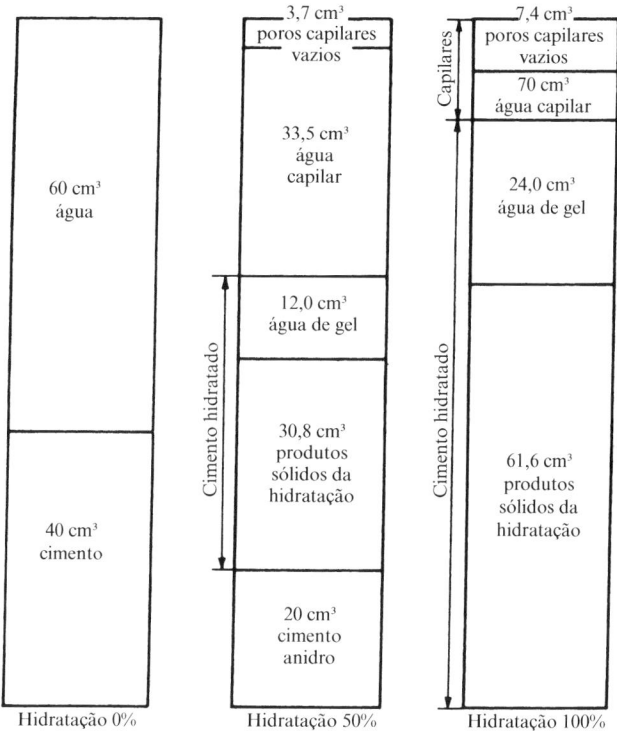

Figura 1.11 Representação esquemática para as proporções volumétricas da pasta de cimento em diferentes estágios de hidratação.

Considerando a situação em que o cimento se hidrata totalmente, a água não evaporável é $0{,}23 \times 126 = 29{,}0$ cm³ e a água de gel (w_g) é:

$$\frac{w_g}{40 + 29{,}0(1 - 0{,}254) + w_g} = 0{,}28,$$

sendo o volume de água de gel igual a 24,0 cm³ e o volume de cimento hidratado igual a 85,6 cm³. Existem, então, $60 - (29{,}0 + 24{,}0) = 7{,}0$ cm³ de água remanescente como água capilar na pasta. Continuando, $100 - (85{,}6 + 7{,}0) = 7{,}4$ cm³ constituem os vazios capilares. Caso a pasta de cimento tivesse acesso à água durante a cura, esses capilares seriam preenchidos com água.

Essa é a situação com 100% de hidratação, em que a relação gel/espaço é 0,856, conforme mostrado no lado direito do diagrama da Figura 1.11. Como informação adicional, o diagrama central mostra os volumes dos diferentes componentes quando somente metade do cimento está hidratado. A relação gel/espaço é, então:

$$\frac{\frac{1}{2}[40 + 29(1 - 0{,}254) + 24]}{100 - 20} = 0{,}535.$$

Uma abordagem similar a essa, de Powers, resumida anteriormente, tem sido aplicada a cimentos contendo fíler calcário (ver página 90).[1.97]

Poros capilares

Pode ser visto que, em qualquer estágio de hidratação, os poros capilares representam a parte do volume total que não foi preenchido pelos produtos da hidratação. Como esses produtos ocupam mais do que o dobro do volume da fase sólida original (ou seja, o cimento), o volume do sistema capilar é reduzido com o progresso da hidratação.

Portanto, a porosidade capilar da pasta depende tanto da relação água/cimento da mistura como do grau de hidratação. A velocidade de hidratação do cimento não tem importância *per se*, mas o tipo de cimento influencia o grau de hidratação alcançado a uma determinada idade. Conforme citado anteriormente, com relações água/cimento maiores do que cerca de 0,38, o volume de gel não é suficiente para preencher todos os espaços disponíveis, de forma que existirá determinado volume de poros capilares, mesmo após o processo de hidratação ter sido terminado.

Os poros capilares não podem ser vistos diretamente, mas sua dimensão média foi estimada, por meio de medições de pressão de vapor, em cerca de 1,3 μm. De fato, a dimensão dos poros na pasta de cimento hidratada tem ampla variação. Estudos realizados por Glasser[1.85] indicam que pastas de cimento maduras contêm poucos poros maiores do que 1 μm, sendo a maioria dos poros inferior a 100 nm. Eles têm formas variadas, mas, conforme mostrado por medições de permeabilidade, formam um sistema interconectado, aleatoriamente distribuído em toda a pasta de cimento.[1.25] Esses poros capilares interconectados são os principais responsáveis pela permeabilidade da pasta de cimento endurecida e por sua vulnerabilidade a ciclos de congelamento e degelo.

A hidratação, entretanto, aumenta o teor de sólidos da pasta e, em pastas maduras e densas, os capilares podem ser bloqueados pelo gel e segmentados, transformando-se em poros capilares interconectados somente por poros de gel. A ausência da continuidade capilar se deve à combinação de uma relação água/cimento adequada com uma cura úmida suficientemente longa. O grau de maturação necessário para o cimento Portland comum com diferentes relações água/cimento é mostrado na Figura 1.12. O tempo real para a obtenção da maturidade requerida depende das características do cimento utilizado, mas valores aproximados do tempo necessário podem ser vistos na Tabela 1.6. Para relações água/cimento maiores do que 0,70, mesmo a hidratação completa não vai produzir gel suficiente para bloquear todos os capilares. Para cimentos

Tabela 1.6 Idade aproximada requerida para produzir a maturidade na qual os capilares se tornam segmentados [1.26]

Relação água/cimento, em massa	Tempo requerido
0,40	3 dias
0,45	7 dias
0,50	14 dias
0,60	6 meses
0,70	1 ano
Maior do que 0,70	Impossível

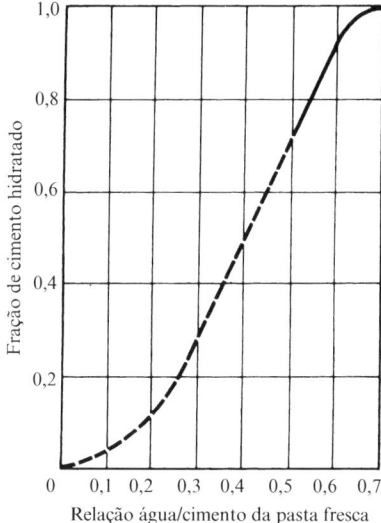

Figura 1.12 Correlação entre a relação água/cimento e o grau de hidratação em que os capilares deixam de ser contínuos.

extremamente finos, a relação água/cimento máxima pode ser ainda maior, chegando a 1,0. Por outro lado, em cimentos mais grossos, esse valor pode ser menor do que 0,70. Devido à importância da eliminação de poros capilares contínuos, ela é premissa para um concreto ser classificado como "bom".

Poros de gel

Analisando agora o gel em si, devido ao fato de que pode conter grande quantidade de água evaporável, pode-se afirmar que o gel é poroso, mas os poros de gel são, na realidade, espaços intersticiais interconectados, situados entre as partículas de gel, que têm forma de agulhas, placas e lâminas. Os poros de gel são muito menores do que os poros capilares, com diâmetro nominal menor do que 2 ou 3 nm. Isso é somente uma ordem de grandeza maior do que a dimensão das moléculas da água. Por essa razão, a pressão de vapor e a mobilidade da água adsorvida são diferentes das propriedades correspondentes da água livre. A quantidade de água reversível indica diretamente a porosidade do gel.[1.24]

Os poros de gel ocupam cerca de 28% do volume total do gel, sendo o material restante após a secagem de modo padronizado[1.48] considerado como sólido. O valor real é uma característica de determinado cimento, mas é, em muito, dependente da relação água/cimento da mistura e da evolução da hidratação. Isso indica que gel de propriedades semelhantes é formado em todos os estágios e que a hidratação contínua não afeta os produtos já formados. Portanto, como o volume total de gel aumenta com a evolução da hidratação, o volume de poros de gel também aumenta. Por outro lado, conforme mencionado anteriormente, o volume de poros capilares diminui com a evolução da hidratação.

Uma porosidade de 28% indica que os poros de gel ocupam um espaço equivalente a 1/3 do volume de sólidos de gel. A relação entre a superfície da parte sólida do gel e o volume de sólidos é igual à de esferas de cerca de 9 nm de diâmetro, mas não se deve concluir que o gel é constituído por elementos esféricos. As partículas sólidas têm formas variadas, e feixes dessas partículas formam uma rede entrelaçada que contém material intersticial mais ou menos amorfo.[1.27]

Outra maneira de expressar a porosidade do gel é dizer que o volume dos poros é cerca de três vezes o volume da água que forma uma película de espessura igual a uma molécula sobre toda a superfície sólida do gel.

A área específica do gel foi estimada, a partir de medições de adsorção de água, como sendo da ordem de $5{,}5 \times 10^8$ m^2/m^3, ou aproximadamente 200.000 m^2/kg.[1.27] Medições por espalhamento de raios X a baixo ângulo (SAXS) obtiveram valores da ordem de 600.000 m^2/kg, indicando uma grande área interna às partículas.[1.63] Como comparação, o cimento anidro tem superfície específica entre 200 e 500 m^2/kg, e, em outro extremo, a sílica ativa tem área específica de 22.000 m^2/kg.

Em relação à estrutura do poro, é importante destacar que uma pasta de cimento curada em vapor de alta pressão tem superfície específica em torno de apenas 7.000 m^2/kg. Isso mostra uma dimensão de partículas totalmente diferente dos produtos da hidratação a alta pressão e elevada temperatura, e, de fato, esse tratamento resulta em um material quase totalmente microcristalino, em vez de gel.

A superfície específica da pasta de cimento curada em condições normais depende da temperatura de cura e da composição química do cimento. Tem sido sugerido[1.27] que a relação entre a superfície específica e a massa de água não evaporável (que, por sua vez, é proporcional à porosidade da pasta de cimento hidratada) é proporcional a

$$0{,}230(C_3S) + 0{,}320(C_2S) + 0{,}317(C_3A) + 0{,}368(C_4AF),$$

onde os símbolos entre parênteses indicam as porcentagens dos compostos presentes no cimento. Parece haver uma pequena variação entre os coeficientes numéricos dos três últimos compostos, o que indica que a superfície específica da pasta de cimento hidratada pouco varia com a mudança na composição do cimento. O coeficiente um pouco menor de C_3S deve-se ao fato de este produzir uma grande quantidade de $Ca(OH)_2$ microcristalino, que tem superfície específica muito menor do que o gel.

A proporcionalidade entre a massa de água que forma uma película monomolecular sobre a superfície do gel e a massa de água não evaporável na pasta (para determinado cimento) indica que um gel de aproximadamente mesma superfície específica é formado ao longo do processo de hidratação. Em outras palavras, durante todo o tempo, são formadas partículas de mesma dimensão, e as partículas de gel já existentes não apresentam aumento de tamanho. Esse, entretanto, não é o caso de cimentos com elevados teores de C_2S.[1.28]

Resistência mecânica do gel de cimento

Existem duas teorias clássicas sobre o endurecimento ou o desenvolvimento da resistência do cimento. A teoria apresentada por H. Le Chatelier, em 1882, estabelece que os produtos hidratados têm menor solubilidade do que os compostos originais, de modo que os compostos hidratados precipitam a partir de uma solução supersaturada. O produto precipitado tem a forma de cristais alongados entrelaçados, com elevadas propriedades adesivas e coesivas.

A teoria coloidal foi proposta por W. Michaëlis, em 1893, e estabelece que o aluminato cristalino, o sulfoaluminato e o hidróxido de cálcio fornecem a resistência inicial.

Em seguida, a água saturada com hidróxido de cálcio ataca os silicatos, formando um silicato de cálcio hidratado que, sendo praticamente insolúvel, forma uma massa gelatinosa. Essa massa endurece gradualmente devido à perda de água, tanto por secagem externa quanto por hidratação do núcleo anidro dos grãos de cimento, sendo obtida, assim, a coesão.

À luz do conhecimento atual, aparentemente ambas as teorias contêm elementos verdadeiros e são conciliáveis. Em especial, químicos coloidais observaram que muitos, se não todos, coloides consistem em partículas cristalinas, extremamente pequenas, com elevada área superficial. Aparentemente, isso lhes confere propriedades diferenciadas em relação aos sólidos comuns. Dessa maneira, o comportamento coloidal é, essencialmente, uma função da dimensão da área superficial, mais do que da estrutura interna irregular das partículas envolvidas.[1.42]

No caso do cimento Portland, foi observado que, quando misturado a uma grande quantidade de água, ele produz, em poucas horas, uma solução supersaturada de $Ca(OH)_2$ contendo concentrações de silicatos de cálcio hidratados na condição metaestável.[1.2] Esse composto hidratado rapidamente precipita, em conformidade com a hipótese de Le Chatelier. O endurecimento subsequente pode ser devido à retirada de água do material hidratado, conforme postulado por Michaëlis. A precipitação do silicato de cálcio hidratado e do $Ca(OH)_2$ continua após o período de dormência.

Em um trabalho experimental posterior, foi mostrado que os silicatos de cálcio hidratados têm, na realidade, a forma de cristais intertravados extremamente pequenos (dimensões na ordem de nanômetros),[1.20] e, devido à sua dimensão, poderiam muito bem ser descritos como gel. Quando o cimento é misturado com uma pequena quantidade de água, o grau de hidratação provavelmente é ainda pior, com má-formação dos cristais. Portanto, a controvérsia entre Le Chatelier e Michaëlis é reduzida, principalmente, a uma questão de terminologia, pois o que está sendo tratado é um gel constituído por cristais. Além disso, a solubilidade da sílica aumenta significativamente em um pH acima de 10, de modo que é possível a atuação do mecanismo de Michaëlis no início e, posteriormente, do de Le Chatelier. Uma discussão mais detalhada dos dois mecanismos é apresentada por Baron & Santeray.[1.94]

O termo "gel de cimento" é adotado por conveniência, embora não seja correto, para incluir o hidróxido de cálcio cristalino. O termo "gel" é, portanto, utilizado para definir a massa coesiva de cimento hidratado em sua pasta mais densa, isto é, incluindo os poros de gel, estando a porosidade característica em cerca de 28%.

A origem real da resistência do gel não é totalmente entendida, mas provavelmente vem de dois tipos de forças de coesão.[1.27] O primeiro tipo é a atração física entre superfícies sólidas, separadas somente pelos pequenos poros de gel (menos do que 3 nm). Essa atração é normalmente denominada ligação de van der Waals.

A origem da segunda força de coesão está nas ligações químicas. Devido ao gel de cimento ser de expansão limitada (isto é, as partículas não podem ser dispersas pela adição de água), aparentemente as partículas de gel são interligadas por forças químicas. Elas são muito mais fortes do que as forças de van der Waals, mas abrangem apenas uma pequena fração das partículas de gel. Por outro lado, uma área superficial tão elevada quanto a do gel de cimento não é condição necessária para o desenvolvimento de alta resistência. Por exemplo, a pasta de cimento curada em vapor à alta pressão tem pequena área superficial e excelentes propriedades hidráulicas.[1.14]

Não se pode, portanto, avaliar a importância relativa das ligações química e física, mas não há dúvidas de que ambas contribuem para a notável resistência da pasta de cimento endurecida. Deve ser assumido que o entendimento da natureza das ligações da pasta de cimento hidratada e de sua aderência ao agregado ainda é imperfeita. Conforme citado por Nonat & Mutin,[1.92] a microestrutura não foi relacionada às propriedades mecânicas.

Água retida na pasta de cimento hidratada

A presença de água no cimento hidratado foi mencionada diversas vezes. A pasta de cimento é, na realidade, higroscópica, devido à característica hidrofílica do cimento, aliada à presença de poros submicroscópicos. O teor real de água na pasta depende da umidade do ambiente. Em especial, devido às suas dimensões relativamente grandes, os poros capilares se esvaziam quando a umidade relativa é menor do que 45%,[1.25] mas a água é adsorvida nos poros de gel, mesmo em umidades ambientes muito baixas.

Pode-se, portanto, inferir que a água no cimento hidratado é retida em diferentes graus de energia. Em um extremo, está a água livre; no outro, está a água quimicamente combinada que constitui parte definitiva dos compostos hidratados. Entre essas duas categorias está a água de gel, retida em diversas outras formas.

A água retida pelas forças superficiais das partículas de gel é denominada água adsorvida, e parte dela, retida entre as superfícies de determinados planos em um cristal, é conhecida como água interlamelar ou zeolítica. A água da estrutura é a parte da água de cristalização que não está quimicamente associada aos principais constituintes da estrutura. Uma representação esquemática pode ser interessante e está apresentada na Figura 1.13.

A água livre é retida nos capilares e está além do alcance das forças superficiais da fase sólida.

Não existe técnica válida para determinar a distribuição da água entre os diferentes estados, tampouco é fácil estabelecer essas divisões a partir de considerações teóricas, já que a energia de ligação da água combinada nos compostos hidratados é da mesma ordem de grandeza que a energia de ligação da água adsorvida. Entretanto, pesquisas utilizando ressonância magnética nuclear sugerem que a água de gel possui a mesma energia de ligação que a água interlamelar em algumas argilas expansivas, então a água de gel pode muito bem estar na forma interlamelar.[1.54]

Uma divisão interessante da água no cimento hidratado, necessária para fins de pesquisa, embora um tanto arbitrária, é feita em duas categorias: evaporável e não evaporável. Isso é realizado pela secagem da pasta de cimento até o equilíbrio (ou seja, a

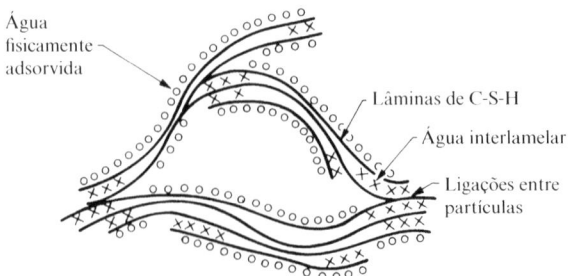

Figura 1.13 Provável estrutura dos silicatos hidratados.[1.53]

constância de massa) a determinada pressão de vapor. O valor usual é 1 Pa a 23 °C, obtido sobre $Mg(ClO_4)_2 \cdot 2H_2O$. A secagem a vácuo com o coletor de umidade mantido a -79 °C também tem sido utilizada, correspondendo, assim, à pressão de vapor de 0,07 Pa.[1.48] Alternativamente, a água evaporável pode ser determinada pela diferença após secagem a uma temperatura mais elevada, em geral 105 °C, por congelamento ou por meio da remoção com um solvente.

Todos esses métodos classificam a água conforme a possibilidade ou não de ser removida a determinada pressão de vapor reduzida. Essa divisão é arbitrária, visto que a relação entre a pressão de vapor e o teor de água do cimento é contínua. Ao contrário dos compostos hidratados cristalinos, nenhuma descontinuidade ocorre nessa relação. Em termos gerais, entretanto, a água não evaporável contém aproximadamente toda a água quimicamente combinada, bem como parte da água não retida por ligações químicas. Essa água tem uma pressão de vapor mais baixa do que a pressão atmosférica, e a quantidade da água é, na verdade, uma função contínua da pressão de vapor do ambiente.

A quantidade de água não evaporável aumenta com a continuidade da hidratação, mas, na pasta saturada, a água não evaporável pode nunca ser mais do que metade da água total presente. Em um cimento bem hidratado, a água não evaporável é cerca de 18%, em massa, do material anidro. Essa proporção aumenta até 23% nos cimentos totalmente hidratados.[1.1] O fato de o primeiro volume poder ser utilizado como uma medida da quantidade do gel de cimento presente (ou seja, o grau de hidratação) deve-se à proporcionalidade entre a quantidade de água não evaporável e o volume de sólidos da pasta de cimento.

A maneira como a água é retida na pasta de cimento determina a energia de ligação. Por exemplo, 1.670 J são usados para estabelecer a ligação de 1 g de água não evaporável, enquanto a energia da água de cristalização do $Ca(OH)_2$ é de 3.560 J/g. Da mesma forma, a massa específica da água varia, sendo de aproximadamente 1,2 g/cm³ para a água não evaporável, 1,1 g/cm³ para a água de gel e 1,0 g/cm³ para a água livre.[1.24] Tem sido sugerido que o aumento da massa específica da água adsorvida em baixas concentrações superficiais não é resultado de compressão, mas da orientação ou do ordenamento das moléculas na fase adsorvida devido à ação das forças superficiais,[1.12] resultando na chamada pressão de dissociação. Essa é a pressão presumida para manter, contra as ações externas, o filme de moléculas adsorvidas. A confirmação da hipótese de que as propriedades da água adsorvida são diferentes daquelas da água livre é feita por medidas da absorção de micro-ondas pela pasta de cimento endurecida.[1.64]

Calor de hidratação do cimento

Como várias reações químicas, a hidratação dos compostos do cimento é exotérmica, com liberação de energia de até 500 J/g. Como a condutividade térmica do cimento é relativamente baixa, ele atua como um isolante, o que pode causar uma elevação importante da temperatura no interior de uma grande massa de concreto durante a hidratação. Ao mesmo tempo, o exterior da massa de concreto perde parte do calor, formando um significativo gradiente de temperatura, com posterior resfriamento, que resulta em sérios problemas de fissuração. Esse comportamento, entretanto, é modificado pela fluência do concreto ou pela isolação das superfícies do concreto.

Por outro lado, o calor produzido durante a hidratação do cimento pode prevenir o congelamento da água capilar no concreto fresco recém-lançado em tempo frio, podendo a rápida evolução de calor ser vantajosa. Fica claro, portanto, que é importante conhecer as propriedades de geração de calor dos diversos cimentos, com vista a selecionar o cimento mais apropriado a determinado fim. Ainda pode ser dito que a temperatura do concreto jovem também pode ser influenciada por meios artificiais de aquecimento ou resfriamento.

O calor de hidratação é a quantidade de calor, em joules por grama de cimento anidro, liberada até a hidratação completa a determinada temperatura. O método mais comum para a determinação do calor de hidratação é a medição do calor de uma solução de cimento anidro e cimento hidratado em uma mistura de ácidos nítrico e hidrofluorídrico. A diferença entre os dois valores indica o calor de hidratação. Esse método é descrito pela BS 4550-3.8:1978 e é similar ao método da ASTM C 186-05. Apesar de não haver dificuldades no ensaio, deve-se cuidar para que não ocorra a carbonatação do cimento anidro, pois a absorção de 1% de CO_2 resulta na diminuição aparente de 24,3 J/g no total de calor de hidratação,* que varia entre 250 e 420 J/g.[1.29]

A temperatura na qual ocorre a hidratação afeta bastante a velocidade de desenvolvimento, conforme mostram os dados da Tabela 1.7, que indica o calor liberado em 72 horas a diferentes temperaturas.[1.30] A influência da temperatura no calor liberado em longo prazo é pequena.[1.82]

Rigorosamente falando, o calor de hidratação, como medido, consiste no calor químico das reações de hidratação e no calor da adsorção de água na superfície do gel formado pelo processo de hidratação. Este contribui com cerca de 1/4 do calor total, então o calor de hidratação é, na realidade, um valor composto.[1.24]

Para fins práticos, não é o calor total de hidratação que interessa, mas sua velocidade de desenvolvimento. A mesma quantidade total de calor pode ser dissipada em um período de tempo maior, resultando em menor elevação de temperatura. A velocidade do desenvolvimento de calor pode ser facilmente medida em um calorímetro adiabático, e curvas típicas que relacionam tempo e temperatura, obtidas sob condições adiabáticas, são mostradas na Figura 1.14 (a relação 1:2:4 representa a proporção, em massa, de cimento:agregado miúdo:agregado graúdo).

Para cimentos Portland comuns, Bogue[1.2] observou que cerca de metade do total de calor é liberado entre um e três dias, cerca de 75% em sete dias e entre 83 e 91% em seis meses. O valor real do calor de hidratação depende da composição química do cimento e é bastante próximo da soma do calor de hidratação dos compostos individuais quan-

Tabela 1.7 Calor de hidratação liberado, a diferentes temperaturas, após 72 horas[1.30]

Tipo de cimento	Calor de hidratação liberado a:			
	4 °C	24 °C	32 °C	41 °C
	J/g	J/g	J/g	J/g
I	154	285	309	335
III	221	348	357	390
IV	108	195	192	214

* N. de R.T.: A determinação do calor de hidratação a partir do calor de dissolução é normalizada no Brasil pela NBR 8809:2013. Existe ainda a determinação pelo método da garrafa de Langavant, normalizado pela NBR 12006:1990.

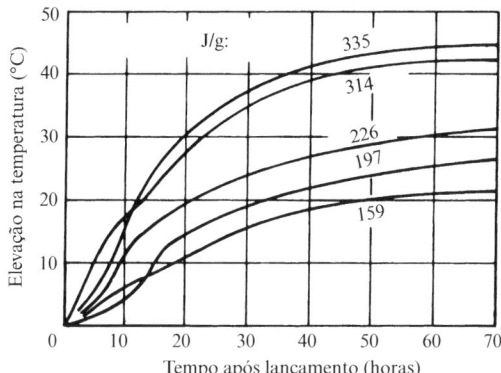

Figura 1.14 Elevação de temperatura em um concreto 1:2:4 (relação água/cimento de 0,60) produzido com diferentes cimentos e curado adiabaticamente.[1.31] A figura mostra o calor de hidratação total de cada cimento depois de três dias (Crown copyright).

do hidratados separadamente. Devido à composição química de um cimento, seu calor de hidratação pode ser calculado com um razoável grau de precisão. Valores típicos do calor de hidratação dos compostos puros são dados na Tabela 1.8.

Deve ser ressaltado que não existe relação entre o calor de hidratação e as propriedades aglomerantes dos compostos individuais. Woods, Steinour & Starke[1.33] realizaram ensaios em vários cimentos comerciais e, com a utilização do método dos mínimos quadrados, calcularam a contribuição de cada componente ao calor total de hidratação do cimento. A equação obtida para o calor de hidratação de 1 g de cimento foi:

$$136(C_3S) + 62(C_2S) + 200(C_3A) + 30(C_4AF)$$

onde os termos entre parênteses indicam a porcentagem, em massa, de cada componente no cimento. Um estudo posterior[1.83] confirmou a contribuição dos vários compostos ao calor de hidratação do cimento, exceto do C_2S, cuja contribuição é cerca da metade da indicada anteriormente.

Como os compostos se hidratam em velocidades diferentes nos estágios iniciais de hidratação, a *velocidade* da liberação de calor e o calor total dependem do teor de compostos do cimento. Assim, conclui-se que, reduzindo a proporção dos compostos

Tabela 1.8 Calor de hidratação dos compostos puros[1.32]

Composto	Calor de hidratação J/g
C_3S	502
C_2S	260
C_3A	867
C_4AF	419

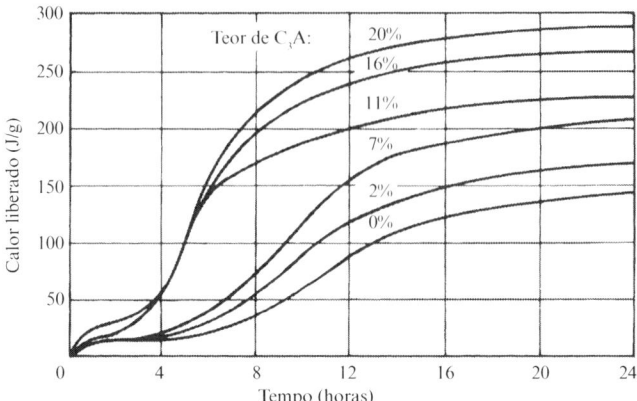

Figura 1.15 Influência do teor de C_3A na liberação de calor[1.32] (teor de C_3S aproximadamente constante).

de maior velocidade de hidratação (C_3A e C_3S), consegue-se a diminuição da liberação de calor nas primeiras idades do concreto. A finura do cimento também influencia a velocidade de liberação de calor. O aumento da finura acelera as reações de hidratação e, portanto, aumenta a liberação de calor. É razoável considerar que a liberação inicial de cada composto é proporcional à superfície específica do cimento. Nos estágios mais avançados de hidratação, entretanto, o efeito da área superficial é desprezível e o calor total liberado não é afetado pela finura do cimento.

A influência do C_3A e do C_3S pode ser avaliada nas Figuras 1.15 e 1.16. Como mencionado, para várias utilizações do concreto, o controle da liberação de calor é

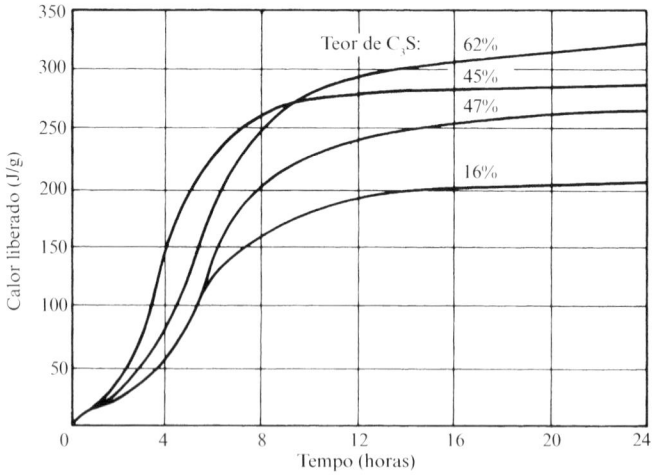

Figura 1.16 Influência do teor de C_3S na liberação de calor[1.32] (teor de C_3A aproximadamente constante).

vantajoso, e cimentos adequados foram desenvolvidos. Um desses é o cimento Portland de baixo calor de hidratação, discutido em detalhes no Capítulo 2. A velocidade de liberação de calor desse e de outros cimentos é apresentada na Figura 1.17.

A quantidade de cimento na mistura também influencia a liberação total de calor. Dessa forma, a riqueza da mistura, ou seja, o teor de cimento, pode ser alterada, a fim de controlar a liberação de calor.

Influência do teor de compostos nas propriedades do cimento

Na seção anterior, mostrou-se que o calor de hidratação do cimento é uma função aditiva simples do teor dos compostos do cimento. Isso poderia indicar, portanto, que os diversos compostos hidratados mantêm sua identidade no gel de cimento, que, então, poderia ser considerado como uma mistura física refinada ou consistindo em copolímeros dos produtos de hidratação. Outra confirmação dessa suposição é obtida a partir de medidas da superfície específica de cimentos hidratados com diferentes quantidades de C_3S e C_2S, já que os resultados coincidem com as áreas superficiais dos compostos hidratados puros. Da mesma forma, a água de hidratação comprova a aditividade dos compostos individuais.

Esse argumento, entretanto, não se estende a todas as propriedades da pasta de cimento endurecida, especialmente à retração, à fluência e à resistência, embora o teor de compostos indique as propriedades que serão obtidas. Em especial, a composição controla a velocidade de liberação de calor de hidratação e a resistência do cimento ao ataque por sulfatos, de modo que valores-limite de óxidos ou do teor de compostos são

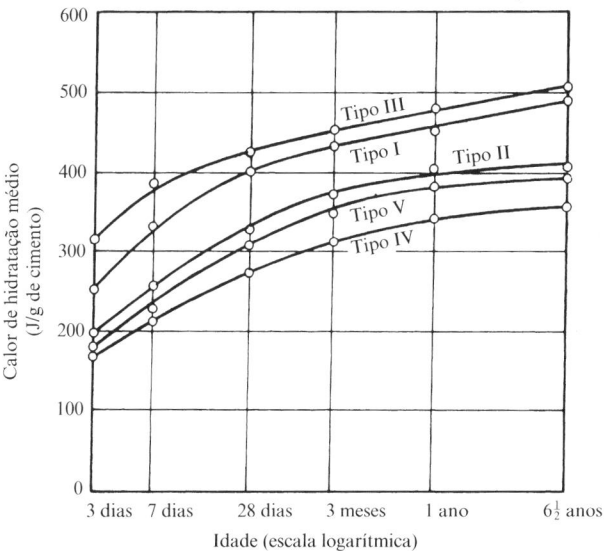

Figura 1.17 Liberação de calor de hidratação de diversos cimentos curados a 21 °C (relação água/cimento igual a 0,40).[1.34]

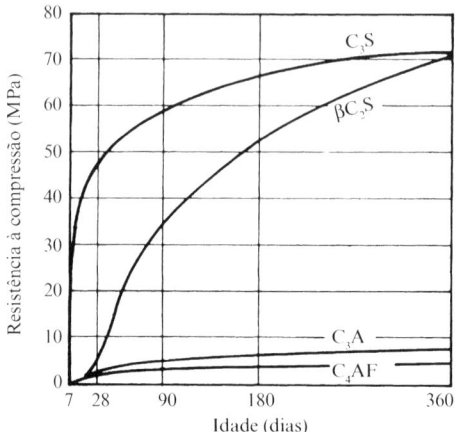

Figura 1.18 Desenvolvimento de resistência de compostos puros, segundo Bogue.[1.2]

prescritos por algumas normas. Os limites da ASTM C 150-09 são menos restritivos do que anteriormente (ver Tabela 1.9).

A diferença entre as velocidades iniciais de hidratação do C_3S e do C_2S, os dois silicatos principalmente responsáveis pela resistência da pasta de cimento hidratada, já foi tratada anteriormente. Uma conveniente regra aproximada estabelece que o C_3S contribui mais para a resistência durante as primeiras quatro semanas e que o C_2S influencia o ganho de resistência daí para frente.[1.35] Na idade aproximada de um ano, os dois compostos, massa a massa, contribuem de maneira quase igual para a resistência final.[1.36] Observou-se que o C_3S e o C_2S puros têm resistência aproximada de 70 MPa na idade de 18 meses, mas, na idade de sete dias, o C_2S não tinha qualquer resistência, enquanto o C_3S atingia cerca de 40 MPa. O desenvolvimento de resistência dos compostos puros geralmente aceito é mostrado na Figura 1.18.

Os valores relativos da contribuição dos compostos individuais à resistência, entretanto, têm sido questionados.[1.87] Ensaios com partículas de mesma distribuição de dimensões e relação água/sólido fixa de 0,45 mostraram que, até a idade mínima de um ano, o C_2S possui menor resistência do que o C_3S. Apesar disso, ambos os silicatos são muito mais resistentes do que o C_3A e o C_4AF, embora este exiba certa resistência, enquanto o C_3A tem resistência insignificante[1.87] (ver Figura 1.19).

Tabela 1.9 Limites dos teores de compostos para cimentos da ASTM C 150-09

Composto	Tipo de cimento				
	I	II	III	IV	V
C_3S máximo				35	
C_2S mínimo				40	
C_3A máximo		8	15	7	5
$C_4AF + 2(C_3A)$ máximo					25

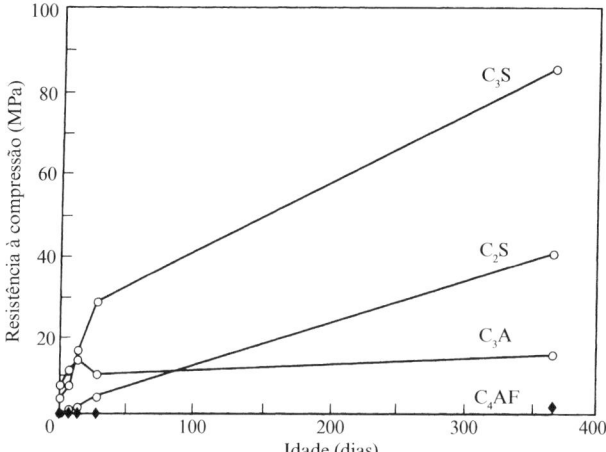

Figura 1.19 Desenvolvimento da resistência de compostos puros, segundo Beaudoin & Ramachandran (extraída da referência 1.87, com gentil permissão da Elsevier Science Ltd., Kidlington, Reino Unido).

Conforme mencionado na página 15, os silicatos de cálcio aparecem nos cimentos comerciais em uma forma "impura". Essas impurezas podem afetar bastante a velocidade de reação e o desenvolvimento da resistência dos compostos hidratados. Por exemplo, a adição de 1% de Al_2O_3 ao C_3S puro aumenta a resistência inicial da pasta hidratada, conforme mostrado na Figura 1.20. Segundo Verbeck,[1.55] esse aumento de resistência é resultado da ativação da rede cristalina do silicato devido à introdução da alumina (ou magnésio) na rede, resultando em distorções estruturais ativantes.

A velocidade de hidratação do C_2S também é acelerada pela presença de outros componentes no cimento, mas dentro da variação usual do teor de C_2S nos cimentos modernos (até 30%) o efeito não é grande.

A influência dos outros compostos principais no desenvolvimento da resistência do cimento não foi determinada tão claramente. O C_3A contribui para a resistência

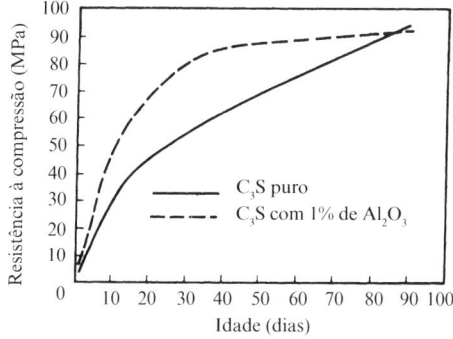

Figura 1.20 Desenvolvimento da resistência de C_3S puro e C_3S com 1% de Al_2O_3.[1.55]

da pasta de cimento entre um e três dias e, possivelmente, por mais tempo, mas causa regressão em idade avançada, em especial em cimentos com elevado teor de C_3A ou de $(C_3A + C_4AF)$. O papel do C_3A ainda é controverso, mas não tem importância prática para a resistência.

O papel do C_4AF na resistência do cimento também é discutível, mas com certeza sua contribuição não é significativa. É provável que o $CaO.Fe_2O_3$ coloidal hidratado seja depositado nos grãos de cimento, atrasando a evolução da hidratação dos demais compostos.[1.7]

A partir do conhecimento da contribuição dos compostos individuais existentes para a resistência, é possível prever a resistência do cimento com base nos teores dos compostos, conforme a seguinte expressão:

$$\text{Resistência} = a(C_3S) + b(C_2S) + c(C_3A) + d(C_4AF),$$

onde os símbolos entre parênteses representam a porcentagem, em massa, do composto, e a, b, etc., são constantes que representam a contribuição de 1% do composto correspondente à resistência da pasta de cimento hidratada.

O uso dessa expressão tornaria fácil a previsão da resistência do cimento na etapa de fabricação e poderia diminuir a necessidade de ensaios convencionais. Essa relação, em ensaios laboratoriais com cimentos preparados a partir dos quatro principais compostos puros, realmente existe, porém, na prática, a contribuição dos diferentes compostos não é simplesmente aditiva, e foi constatado que depende da idade e das condições de cura.

Em termos gerais, o que pode ser dito é que um aumento no teor de C_3S aumenta a resistência em até 28 dias.[1.56] A Figura 1.21 mostra a resistência aos sete dias de argamassas normalizadas, produzidas com cimentos de diferentes composições, obtidos de diferentes fábricas.[1.37] O teor de C_2S influencia positivamente a resistência somente aos cinco e aos 10 anos. O C_3A tem influência positiva até sete ou 28 dias, mas negativa posteriormente.[1.56, 1.57] A influência dos álcalis é analisada na página 46. A previsão dos efeitos na resistência de outros compostos, além dos silicatos, é incerta, e, segundo Lea,[1.38] essas discrepâncias podem ser causadas pela presença de fase vítrea no clínquer, conforme discutido mais detalhadamente na próxima seção.

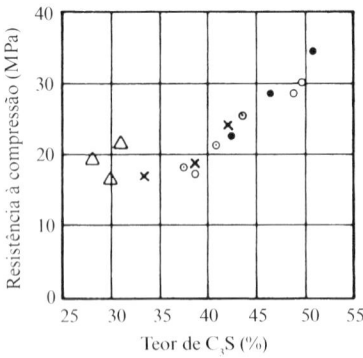

Figura 1.21 Relação entre a resistência da pasta de cimento aos sete dias e o teor de C_3S no cimento.[1.37] Cada ponto representa o cimento de uma fábrica.

Além do mais, uma revisão profunda realizada por Odler[1.79] mostrou que uma equação de aplicação geral para previsão da resistência de cimentos comerciais não é possível por diversas razões. São elas: a interação entre os compostos, a influência dos álcalis e do sulfato de cálcio e a influência da distribuição de dimensões dos grãos do cimento. A presença da fase vítrea, que não contém todos os compostos na mesma proporção que o restante do clínquer, mas exerce influência sobre a reatividade, bem como a quantidade de cal livre, também são fatores que variam entre cimentos com, nominalmente, a mesma proporção dos quatro compostos principais.

Tem-se tentado estabelecer equações de previsão para argamassas com base em parâmetros que incluem, além dos compostos principais, valores para SO_3, CaO, MgO e relação água/cimento,[1.93] mas a confiabilidade dessas equações é mínima.

Pelo exposto até agora, pode-se concluir que as relações entre resistência e teores dos compostos dos cimentos Portland em geral são de natureza estocástica. Variações nessas relações advêm do fato de elas ignorarem algumas variáveis envolvidas.[1.14] Pode ser dito, em todo caso, que todos os constituintes do cimento Portland hidratado contribuem de alguma forma para a resistência, na medida em que todos os produtos hidratados preenchem espaços e, assim, reduzem a porosidade.

Além disso, existem algumas indicações de que o comportamento aditivo não pode ser totalmente realizado. Em especial, Powers[1.22] sugere que os mesmos produtos são formados em todos os estágios da hidratação da pasta de cimento. Isso decorre do fato de que, para determinado cimento, a área superficial do cimento hidratado é proporcional à quantidade de água de hidratação, quaisquer que sejam a relação água/cimento e sua idade. Assim, as velocidades fracionais de hidratação das proporções de todos os compostos em determinado cimento seriam as mesmas. Esse é, provavelmente, o caso em que somente a velocidade de difusão através da película de gel seja o fator determinante, mas não nas primeiras idades,[1.65] por exemplo, até os sete dias.[1.49] A confirmação de velocidades fracionais iguais foi obtida por Khalil & Ward,[1.70] mas hoje se admite que a hidratação dos diferentes compostos ocorra em velocidades diferentes, igualando-se mais tarde.

Outro fator que influencia a velocidade de hidratação é o fato de a composição não ser a mesma nos diferentes pontos no espaço. Isso decorre do fato de que, para ocorrer a difusão, desde a superfície da parte ainda não hidratada do grão de cimento para o espaço externo (ver página 13), deve haver uma diferença na concentração de íons. O espaço externo é saturado, mas internamente é supersaturado. Essa difusão influencia a velocidade de hidratação.

Por isso, é provável que nem a sugestão de velocidades fracionais iguais de hidratação nem a consideração de que cada componente se hidrata em velocidades independentes dos demais compostos sejam válidas. Na realidade, deve-se admitir que o conhecimento sobre as velocidades de hidratação ainda é insatisfatório.

Por exemplo, observou-se que a quantidade de calor de hidratação por unidade de massa é constante em todas as idades[1.34] (ver Figura 1.22), sugerindo que a natureza dos produtos de hidratação não varia com o tempo. Portanto, é razoável adotar a hipótese da velocidade de hidratação fracional igual, dentro da limitada variação da composição dos cimentos Portland comuns e de alta resistência inicial. Entretanto, em cimentos cujos teores de C_2S são mais elevados do que os dos cimentos citados, não se observa esse comportamento. Medições do calor de hidratação indicam que o C_3S se hidrata antes e que parte do C_2S é hidratada mais tarde.

46 Propriedades do Concreto

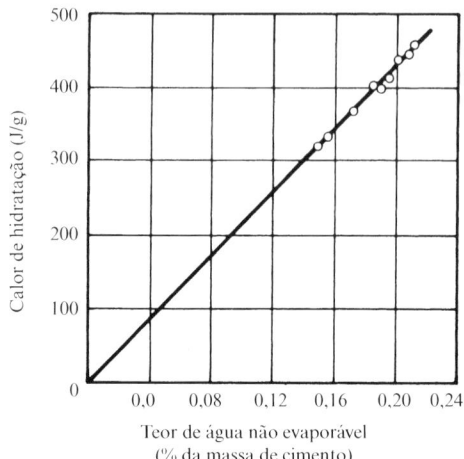

Figura 1.22 Relação entre o calor de hidratação e a quantidade de água não evaporável para o cimento Portland comum.[1.22]

Além disso, a estrutura inicial da pasta, estabelecida no momento da pega, influencia em muito a estrutura subsequente dos produtos de hidratação. Essa estrutura influencia, em especial, a retração e o desenvolvimento da resistência.[1.14] Não é surpresa, portanto, que exista uma relação definitiva entre o grau de hidratação e a resistência. A Figura 1.23 mostra uma relação experimental entre a resistência à compressão do concreto e a água combinada em uma pasta de cimento com relação água/cimento de 0,25.[1.39] Esses resultados são coerentes com as observações de Powers sobre a relação gel/espaço, segundo as quais o aumento da resistência da pasta de cimento é uma função do aumento do volume relativo de gel, independentemente da idade, da relação água/cimento ou do teor de compostos do cimento. A área superficial total da fase sólida, entretanto, tem relação com o teor de compostos, que afeta o valor real da resistência final.[1.22]

Efeito dos álcalis

Os efeitos dos componentes secundários na resistência do cimento são complexos e ainda não totalmente conhecidos. Ensaios[1.3] sobre a influência dos álcalis mostraram que o aumento da resistência após a idade de 28 dias é fortemente afetado pelo teor de álcalis. Quanto maior a quantidade de álcalis presente, menor o ganho de resistência. Isso foi confirmado por dois estudos estatísticos realizados com centenas de cimentos comerciais.[1.56, 1.57] O baixo ganho de resistência entre três e 28 dias pode ser atribuído ao K_2O, solúvel em água presente no cimento.[1.58] Por outro lado, no caso de ausência total de álcalis, a resistência inicial da pasta de cimento pode ser anormalmente baixa.[1.58] Ensaios de resistência acelerada (ver página 649) mostraram que, para até 0,4% de Na_2O, a resistência aumenta com a elevação do teor de álcalis[1.75] (Figura 1.24).

A influência dos álcalis na resistência é complicada pelo fato de que eles podem estar incorporados nos silicatos de cálcio hidratados ou podem existir como sulfatos solúveis, sendo que as consequências não são as mesmas nos dois casos. Acredita-se que o

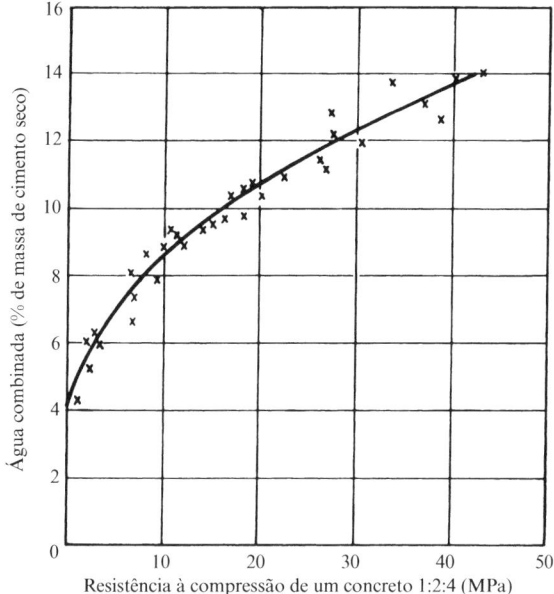

Figura 1.23 Relação entre a resistência à compressão e o teor de água combinada.[1.1]

K_2O substitua uma molécula de CaO no C_2S, com o consequente aumento, além do valor calculado, do teor de C_3S.[1.6] No entanto, os álcalis em geral aumentam a resistência inicial e reduzem a resistência final.[1.79] Osbæck[1.95] confirmou que um teor mais elevado de álcalis no cimento Portland aumenta a resistência inicial e diminui a resistência final.

Sabe-se que os álcalis reagem com agregados conhecidos como alcalirreativos (ver página 150), e cimentos utilizados nessas circunstâncias, em geral, têm o teor de álca-

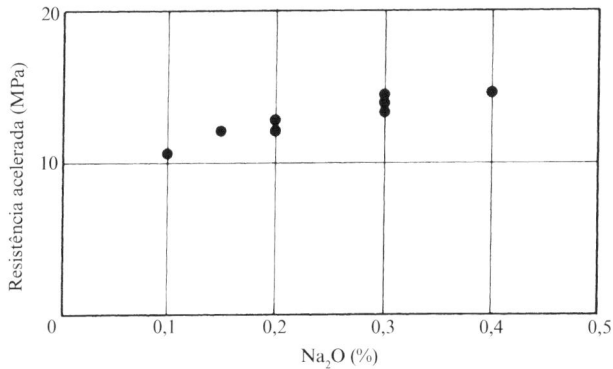

Figura 1.24 Efeito do teor de álcalis na resistência acelerada.[1.75]

lis limitado a 0,6% (expresso como Na_2O equivalente). Esses cimentos são conhecidos como *cimentos de baixo teor de álcalis*.

Outra consequência da presença de álcalis no cimento deve ser mencionada. A pasta de cimento Portland fresca tem alcalinidade muito elevada (pH acima de 12,5), mas, em um cimento com um teor de álcalis elevado, o pH é ainda maior. Como consequência, a pele humana pode sofrer dermatites ou queimaduras, e os olhos também podem ser afetados. Por essa razão, é essencial o uso de equipamentos de proteção individual.

Foi visto que os álcalis são importantes constituintes do cimento, mas informações completas sobre seu papel ainda devem ser obtidas. Pode ser destacado que o uso de pré-aquecedores nas modernas fábricas de processo por via seca tem levado a um aumento do teor de álcalis de cimentos produzidos com determinadas matérias-primas. O teor de álcalis, portanto, deve ser controlado, mas limites muito rígidos resultam em aumento no consumo de energia.[1.76] A coleta mais eficiente de pó também aumenta o teor de álcalis do cimento quando da reincorporação do pó ao cimento, pois o pó contém grande quantidade de álcalis, podendo chegar a 15%, caso em que o pó, ou parte dele, deve ser descartado.

Efeitos da fase vítrea no clínquer

Deve ser lembrado que, durante a formação do clínquer no forno, cerca de 20 a 30% do material se funde. Subsequentemente, no resfriamento, acontece a cristalização, mas sempre existe parte do material que não é resfriada adequadamente, formando uma fase vítrea. De fato, a velocidade de resfriamento do clínquer afeta significativamente as propriedades do cimento. Caso o resfriamento seja tão lento que ocorra a cristalização completa (por exemplo, em laboratório), o β-C_2S pode ser convertido em γ-C_2S. Essa conversão pode ser acompanhada por expansão e transformação em pó, sendo conhecida como pulverização. Além disso, a hidratação do γ-C_2S é muito lenta, sendo inviável seu uso como material cimentício. Entretanto, o Al_2O_3, o MgO e os álcalis podem estabilizar o β-C_2S, mesmo em resfriamento muito lento, em todos os casos práticos.

Outra razão pela qual é desejável alguma fase vítrea é seu efeito nas fases cristalinas. A alumina e o óxido férrico são completamente fundidos nas temperaturas de clinquerização, e, no resfriamento, produzem C_3A e C_4AF. A extensão da fase vítrea poderia, então, influenciar significativamente esses compostos, enquanto os silicatos, que são formados principalmente como sólidos, seriam pouco afetados. Deve ser destacado também que a fase vítrea pode, ainda, reter grande quantidade de compostos secundários, como os álcalis e o MgO, fazendo com que este não esteja disponível para a hidratação expansiva.[1.40] Conclui-se, portanto, que o rápido resfriamento de clínqueres com alto teor de magnésio é vantajoso. Como os aluminatos são atacados por sulfatos, o fato de estarem contidos na fase vítrea também seria uma vantagem. O C_3A e o C_4AF na forma vítrea podem se hidratar em uma solução sólida de C_3AH_6 e C_3FH_6, resistente aos sulfatos. Uma fase vítrea de grandes proporções, entretanto, afeta negativamente a moabilidade do clínquer.

Por outro lado, existem algumas vantagens no baixo teor de fase vítrea. Em alguns cimentos, um maior grau de cristalização resulta em aumento no teor de C_3S.

Um controle rigoroso da velocidade de resfriamento do clínquer, a fim de produzir o grau de cristalização desejado, é extremamente importante. A faixa de variação do teor de fase vítrea nos clínqueres comerciais, determinada pelo método do calor de dissolução, está entre 2 e 21%.[1.41] A análise por microscopia ótica indica valores bem mais baixos.

Deve ser relembrado que a composição de Bogue considera a cristalização total do clínquer para a obtenção dos produtos de equilíbrio, e que a reatividade da fase vítrea é distinta daquela dos cristais de composição similar.

A velocidade de resfriamento do clínquer, bem como outras características do processo de fabricação do cimento, afetam a resistência do cimento, e isso é um obstáculo para o desenvolvimento de uma expressão que relacione a resistência do cimento a sua composição. Apesar disso, para um processo de fabricação, se a velocidade de resfriamento do clínquer for mantida constante, existirá uma relação definitiva entre o teor de compostos e a resistência.

Ensaios de propriedades do cimento

A fabricação do cimento exige um controle rigoroso, e inúmeros ensaios são realizados nos laboratórios das fábricas para garantir a qualidade desejada e o atendimento às exigências das normas. É recomendável, entretanto, que compradores ou laboratórios independentes realizem ensaios de aceitação ou examinem as propriedades de um cimento a ser utilizado para um fim específico. Ensaios sobre a composição química e a finura estão prescritos, respectivamente, nas normas europeias BS EN 196-1:2005 e BS EN 196-6:2010. Outros ensaios estão prescritos pela BS 4550-3-1:1978 para os cimentos Portland comuns e de alta resistência inicial. Outras normas relevantes serão mencionadas quando da discussão de outros tipos de cimento, no Capítulo 2.*

Consistência da pasta normal

Para a determinação dos tempos de início e fim de pega e para a determinação da expansibilidade, é preparada uma pasta de cimento pura, de consistência normalizada. Portanto, é necessária a determinação, para qualquer tipo de cimento, da quantidade de água na pasta que resulte na consistência desejada.

A consistência é medida pelo aparelho de Vicat, mostrado na Figura 1.25, utilizando uma sonda de 10 mm de diâmetro fixada ao suporte da agulha. Uma pasta-teste de cimento e água é misturada de modo padronizado e colocada no molde. A sonda é colocada em contato com a superfície superior da pasta e solta sob ação do próprio peso, sendo a profundidade de penetração dependente da consistência. A pasta é considerada padrão pela BS EN 196-3:2005 quando a sonda penetra até 6 ± 1 mm, medidos desde o fundo do molde. A quantidade de água é expressa como uma porcentagem da massa de cimento seco, e os valores usuais variam entre 26 e 33%.**

---

* N. de R.T: No Brasil, as determinações das exigências químicas são normalizadas pelas seguintes NBR NM: 11-1:2012 e 11-2:2012 (determinação dos óxidos principais); 12:2012 e 13:2012 – versão corrigida 2013 (determinação de óxido de cálcio livre); 14:2012 (determinação de dióxido de silício; óxido férrico, óxido de alumínio, óxido de cálcio e óxido de magnésio); 16:2012 (determinação de anidrido sulfúrico); 17:2012 (determinação de óxido de sódio e óxido de potássio); 19:2012 (determinação de enxofre na forma de sulfeto); 20:2012 (determinação de dióxido de carbono); 21:2012 (determinação de dióxido de silício; óxido férrico, óxido de alumínio, óxido de cálcio e óxido de magnésio); 124:2009 (determinação de óxidos de Ti, P e Mn); e 125:1997 (determinação de dióxido de carbono). A existência de mais de uma norma para uma mesma determinação se deve a diferentes métodos de ensaios.

** N. de R.T.: O ensaio para a determinação da consistência da pasta normal no Brasil também utiliza o aparelho de Vicat e é normalizado pela NBR NM 43:2003.

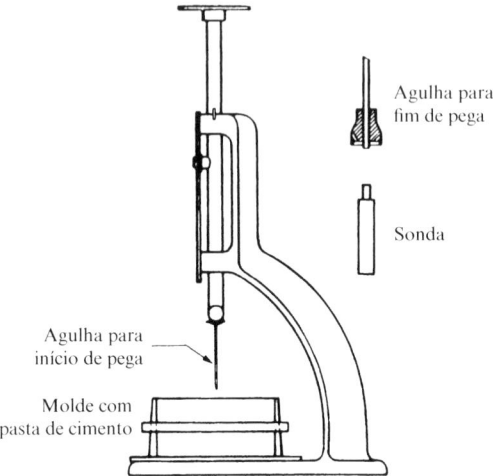

Figura 1.25 Aparelho de Vicat.

Tempo de pega

Os processos físicos da pega foram discutidos na página 19. Aqui, a determinação dos tempos de pega será discutida resumidamente. Os tempos de pega são medidos com a utilização do aparelho de Vicat (Figura 1.25), com diferentes dispositivos de penetração. O método de ensaio está normalizado pela BS EN 196-3:2003.

Para a determinação do início de pega, utiliza-se uma agulha com diâmetro de $1,13 \pm 0,05$ mm. Sob a ação de um peso especificado, essa agulha é utilizada para a penetração na pasta de consistência normal colocada em um molde. É dito que ocorreu o início de pega quando a agulha, devido ao enrijecimento da pasta, não penetra mais do que 5 ± 1 mm. O início de pega é expresso pelo tempo decorrido a partir da adição de água ao cimento. A BS EN 197-1:2000 estabelece 60 minutos como o tempo mínimo para o início de pega para cimentos de resistência de 42,5 MPa, 75 minutos para cimentos de resistência de 52,5 MPa e 45 minutos para cimentos de resistências mais elevadas. Também utilizando o aparelho de Vicat prescrito na norma ASTM C 191-08, a norma ASTM C 150-09 prescreve o tempo mínimo de 45 minutos para o início de pega. Um ensaio alternativo utilizando a agulha de Gilmore é normalizado pela ASTM C 266-08 e resulta em um maior valor para o início de pega.*

O tempo de início de pega para cimentos com elevado teor de alumina é prescrito pela BS 915-2:1972: entre duas e seis horas.

O fim de pega é determinado por uma agulha similar, com um acessório de metal oco, para deixar uma marca circular de 5 mm de diâmetro, acoplado 0,5 mm acima da ponta da

---

* N. de R.T.: O tempo mínimo de início de pega especificado para todos os cimentos brasileiros é de uma hora, sendo que o ensaio normalizado pela NBR NM 65:2003 utiliza a agulha de Vicat. O início de pega é determinado quando a agulha penetra na pasta até uma distância de 4 ± 1 mm da placa-base.

agulha. O tempo de fim de pega é estabelecido quando a agulha, suavemente posicionada no nível da superfície da pasta, penetra até 0,5 mm, mas a borda cortante não consegue marcar a pasta. O fim de pega é contado desde o momento da adição de água. Os limites para o fim de pega não constam mais nas normas europeias e na ASTM.*

Caso o valor do fim de pega seja necessário, mas não existam resultados de ensaios, pode ser útil observar que, para a maioria dos cimentos Portland comuns americanos e de alta resistência inicial, em temperaturas normais, existe uma relação entre os tempos de início e de fim de pega, conforme segue: tempo de fim de pega (minutos) = 90 + 1,2 × tempo de início de pega (minutos).

Como a pega do cimento é afetada pela temperatura e pela umidade do ar, a BS EN 196-3:2005 estabelece a temperatura de 20 ± 2 °C e uma umidade relativa mínima de 65%.

Ensaios[1.59] mostram que a pega da pasta de cimento é acompanhada por uma alteração da velocidade de pulso ultrassônico através dela, mas não se mostrou viável o desenvolvimento de um método alternativo da determinação do tempo de pega do cimento. Tentativas com o uso de medições elétricas também não foram bem-sucedidas, principalmente devido à influência das adições nas propriedades elétricas.[1.73]

Deve ser relembrado que a velocidade de pega e a rapidez de endurecimento, ou seja, o ganho de resistência, são independentes uma da outra. Por exemplo, os tempos de início de pega do cimento de alta resistência inicial não são diferentes dos valores especificados para o cimento Portland comum, embora eles desenvolvam resistência em velocidades diferentes.

É importante mencionar que o tempo de pega do concreto também pode ser determinado, mas é uma propriedade diferente daquela do cimento. A norma ASTM C 403-08 estabelece um procedimento para essa determinação, que consiste na penetração da agulha de Proctor na argamassa obtida pelo peneiramento de determinado concreto. A definição desse tempo de pega é arbitrária, já que não ocorre, na prática, um evento que caracterize a pega.[1.73] Tentativas de determinação do tempo de pega do concreto pela medição da resistência mínima entre dois eletrodos metálicos imersos no concreto, com a passagem de uma corrente elétrica de alta frequência, foram feitas na Rússia.[1.77]

Expansibilidade

É essencial que a pasta de cimento, já tendo entrado em pega, não sofra uma grande variação de volume. Em especial, não deve ocorrer expansão significativa que, sob condições de restrição de movimentação, possa causar desagregação da pasta de cimento endurecida. Essa expansão pode ser devida à hidratação lenta ou tardia ou à reação de alguns compostos presentes no cimento endurecido, especialmente o óxido de cálcio livre, o magnésio e o sulfato de cálcio.

Caso a matéria-prima utilizada no forno contenha uma quantidade de óxido de cálcio maior do que a combinável com os óxidos ácidos, ou a queima ou o resfriamento sejam insatisfatórios, o excesso permanecerá como não combinado, ou seja, livre. Esse calcário calcinado se hidrata muito lentamente e, como o produto hidratado ocupa um

---

* N. de R.T.: No Brasil, o tempo de fim de pega é uma exigência facultativa e é estabelecido em 10 horas para todos os cimentos, exceto para os cimentos Portland de alto-forno e pozolânico, cujo tempo de fim de pega é de 12 horas. O fim de pega é estabelecido no momento em que a agulha penetra 0,5 mm na pasta.

volume maior do que o óxido de cálcio livre original, ocorre a expansão. Cimentos que apresentam essa característica são tidos como expansivos.

A cal adicionada ao cimento não produz expansão, porque ela se hidrata antes da pega. Por outro lado, o óxido de cálcio presente no clínquer está intercristalizado com outros compostos e é exposto apenas parcialmente à água no período de tempo anterior à pega da pasta.

O óxido de cálcio livre não pode ser identificado pela análise química do cimento, visto que não é possível distinguir entre o CaO que não reagiu e o Ca(OH)$_2$ produzido pela hidratação parcial dos silicatos de cálcio quando o cimento é exposto ao ar. Por outro lado, o ensaio no clínquer, imediatamente após a saída do forno, pode mostrar o teor de óxido de cálcio livre, já que não existe cimento hidratado.

O cimento também pode sofrer expansão devido à presença de MgO, que reage com a água de maneira similar ao CaO. No entanto, somente o periclásio, MgO cristalino, tem reação deletéria, e o MgO presente na fase vítrea é inofensivo. Até cerca de 2% de periclásio, em relação à massa de cimento, pode ser combinado com os compostos do cimento, mas o excesso geralmente causa expansão e leva a uma desagregação lenta.

O sulfato de cálcio é o terceiro composto que pode sofrer expansão, formando o sulfoaluminato de cálcio. Deve ser lembrado que uma forma de sulfato de cálcio é adicionada ao clínquer de cimento para evitar a pega instantânea. Entretanto, caso a quantidade de sulfato de cálcio seja maior do que aquela que pode reagir com o C$_3$A durante a pega, ocorrerá uma expansão lenta. Por essa razão, as normas limitam a quantidade de sulfato de cálcio que pode ser adicionada ao clínquer.[1.46]

Como a expansão do cimento é percebida somente após um período de meses ou anos, é essencial realizar ensaios acelerados de expansibilidade do cimento. O ensaio concebido por Le Chatelier é prescrito pela BS EN 196-3:2005. O aparelho de Le Chatelier, mostrado na Figura 1.26, consiste em um pequeno cilindro de latão seccionado segundo sua geratriz. Duas hastes com extremidades em bisel estão anexadas ao cilindro, uma em cada lado da separação. Assim, a abertura da separação, causada pela expansão do cimento, é bastante aumentada e pode ser facilmente medida. O cilindro é colocado em uma placa de vidro, preenchido com pasta de cimento de consistência normal e coberto com outra placa de vidro. O conjunto é, então, colocado em um ambiente com temperatura de 20 ±

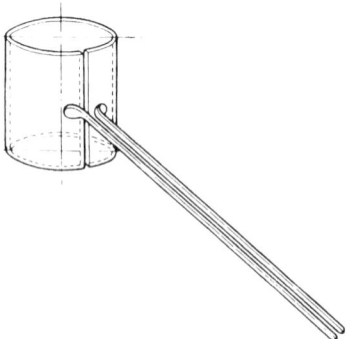

Figura 1.26 Aparelho de Le Chatelier.

1 °C e umidade relativa mínima de 98%. Ao fim desse período, a distância entre as hastes é medida e o molde é imerso em água levada à ebulição, gradualmente, em 30 minutos. Após a fervura por três horas, o conjunto é retirado e, após o resfriamento, a distância entre as hastes é medida novamente. O aumento na distância representa a expansão do cimento, sendo limitada a 10 mm pela BS EN 197-1:2000 para os cimentos Portland. Caso a expansão supere esse valor, é realizado outro ensaio após o cimento ter sido espalhado e exposto ao ar por sete dias. Durante esse tempo, pode ocorrer a hidratação de parte do óxido de cálcio ou mesmo sua carbonatação, bem como uma redução física das dimensões. Após esse período, o ensaio de Le Chatelier é repetido, sendo que a expansão do cimento aerado não deve ser maior do que um valor especificado, que antes era 5 mm. Cimentos que não atendam a pelo menos um desses ensaios não devem ser utilizados.*

O ensaio de Le Chatelier somente identifica a expansibilidade devida à cal livre. O magnésio raramente está presente em grandes quantidades nas matérias-primas utilizadas para a fabricação do cimento na Grã-Bretanha, mas é utilizado em outros países. Um exemplo é a Índia, onde calcário com baixo teor de magnésio apenas existe em pequena quantidade. Portanto, grande parte do cimento tem elevado teor de MgO, mas a expansão pode ser significativamente reduzida pela adição de materiais silicosos ativos, como cinza volante ou argila calcinada finamente moída.

Devido à importância de se evitar a expansão tardia, nos Estados Unidos, por exemplo, a expansibilidade do cimento é verificada por um método de ensaio em autoclave, que é sensível tanto à cal livre quanto ao magnésio livre. Nesse ensaio, descrito pela ASTM C 151-09, uma barra de cimento puro, com seção quadrada de 25 mm de lado e 250 mm de comprimento, é curada em ar úmido por 24 horas. A barra é, então, colocada em uma autoclave, e a temperatura é elevada até 216 °C (com pressão 2 ± 0,07 MPa) por um período de 60 ± 15 minutos e mantida assim por três horas. O vapor de alta pressão acelera a hidratação, tanto da cal como do magnésio, e a expansão da barra não deve ser superior a 0,8%.

Os resultados do ensaio em autoclave não são afetados apenas pelos compostos que causam expansão, mas também pelo teor de C_3A e pelos materiais adicionados aos cimentos,[1.71] além de estarem sujeitos a outras anomalias. Portanto, o ensaio, na prática, mostra apenas uma indicação geral do risco de expansão em longo prazo,[1.1] mas, normalmente, os resultados são superestimados, já que parte do MgO pode permanecer inerte. O ensaio erra, então, a favor da segurança.[1.86]

Não existe ensaio disponível para a verificação da expansibilidade que resulta do excesso de sulfato de cálcio, mas seu teor pode ser facilmente verificado por análise química.

Resistência do cimento

A resistência mecânica do cimento endurecido é a propriedade do material que, talvez, por razões óbvias, seja a mais necessária para usos estruturais. Não é surpresa, então, que ensaios para a verificação da resistência sejam prescritos por todas as especificações de cimento.

A resistência de uma argamassa de cimento depende da coesão de sua pasta, de sua aderência às partículas de agregados e, até certo ponto, da resistência do agregado em

---

* N. de R.T.: As especificações brasileiras estabelecem como obrigatória a limitação da expansibilidade a quente, sendo o valor-limite 5 mm. A verificação a frio é facultativa e tem o mesmo limite. O ensaio de expansibilidade de Le Chatelier é normalizado pela NBR 11582:2012.

si. Este último fator não é considerado neste momento, sendo retirado dos ensaios de qualidade do cimento pela utilização de agregados padronizados.

Os ensaios de resistência não são executados na pasta de cimento pura por causa das dificuldades de moldagem e de ensaio, que resultam em grande variabilidade de resultados. Uma argamassa de cimento e areia e, em alguns casos, um concreto com proporções normalizadas, produzido com materiais específicos e condições estritamente controladas, são utilizados para determinar a resistência do cimento.

Existem diversos tipos de ensaios de resistência: tração e compressão diretas e flexão. Esta, na realidade, determina a tensão de tração na flexão, e sabe-se que a pasta de cimento hidratada é sensivelmente mais resistente à compressão do que à tração.

Antigamente, era comum a realização de ensaios de tração direta em briquetes, mas a aplicação de tração pura é difícil e os resultados dos ensaios apresentavam grande dispersão. Além disso, como os procedimentos de projeto estrutural exploram principalmente a boa resistência à compressão do concreto, a resistência à tração direta do cimento é de menor interesse, do que sua resistência à compressão.

Da mesma forma, a resistência à flexão do concreto é, geralmente, de menor interesse, embora o conhecimento sobre ela seja importante em pavimentos. Como consequência, atualmente é a resistência à compressão do cimento que é considerada crucial, e se aceita que os ensaios mais adequados são os realizados em argamassas de cimento e areia.

A norma europeia **BS EN 196-1:2005** prescreve o ensaio de resistência à compressão em corpos de prova de argamassa. Os corpos de prova são ensaiados como equivalentes a cubos de 40 mm de aresta. Eles são obtidos a partir de prismas de seção de 40×40 mm e comprimento de 160 mm, ensaiados previamente à flexão para romperem na metade ou serem rompidos por outra maneira em duas metades. Dessa forma, é possível um ensaio opcional de flexão centrada em um vão de 100 mm.

O ensaio é realizado em uma argamassa de proporções determinadas, produzida com "areia normal CEN" (Comitê Europeu de Normalização). A areia é natural, silicosa, de grãos arredondados e pode ser obtida de diversas fontes. Ao contrário da areia Leighton Buzzard (ver a seguir), ela não tem dimensões uniformes, possuindo granulometria entre 80 μm e 1,6 mm. A relação areia/cimento é 3, e a relação água/cimento é igual a 0,50. A argamassa é misturada em um misturador mecânico e adensada em uma mesa de adensamento, por meio de impactos de uma altura de queda de 15 mm. Uma mesa vibratória também pode ser utilizada, desde que seja garantido que resulte em adensamento equivalente. Os corpos de prova são desmoldados após 24 horas em um ambiente úmido e curados em água a 20 °C.*

Como o ensaio britânico anterior ou ensaios similares são adotados em alguns países, é interessante descrevê-los de forma breve. Existem, basicamente, dois métodos britânicos normalizados para a determinação da resistência à compressão do cimento: um deles utiliza argamassa; o outro, concreto.

---

* N. de R.T.: A verificação da resistência do cimento é realizada no Brasil segundo as recomendações da NBR 7215:1996, versão corrigida 1997. São utilizados corpos de prova cilíndricos (50×100 mm, respectivamente, diâmetro e altura). O ensaio é realizado em uma argamassa de cimento e areia nas proporções, em massa, 1:3, e relação água/cimento de 0,48. O adensamento é manual. É utilizada a areia normal para o ensaio de cimento, normalizada pela NBR 7214:2012. São ensaiados quatro corpos de prova por idade requerida e é calculado o valor médio. Os valores mínimos das classes de cimento especificados pelas normas brasileiras referem-se a essa média.

O ensaio com argamassa utiliza uma argamassa de cimento e areia, no traço 1:3. Utiliza-se a areia normal Leighton Buzzard, obtida de jazidas próximas à cidade de mesmo nome, em Bedfordshire, Inglaterra. Essa areia tem grãos de mesmas dimensões. A quantidade de água é 10% da massa de materiais secos e corresponde à relação água/cimento de 0,40, em massa. O procedimento de mistura é o normalizado pela BS 4550-3.4:1978, sendo, então, moldados corpos de prova cúbicos de 70,7 mm de aresta. O adensamento é feito por meio do uso de uma mesa vibratória, com uma frequência de 200 Hz, durante dois minutos. Os cubos são desmoldados após 24 horas e então curados em água até a idade de ensaio, quando são ensaiados com a superfície úmida.

Os ensaios com argamassa vibrada apresentam resultados bastante confiáveis, mas tem sido sugerido que a argamassa produzida com agregados de uma única dimensão resulta em maior dispersão dos valores de resistência do que a obtida com concreto produzido em mesmas condições. Também pode ser dito que o interesse no desempenho do cimento ocorre quando ele é utilizado em concreto, e não em argamassa, especialmente aquela produzida com agregados de mesmas dimensões, nunca usada na prática. Por essas razões, o ensaio em concreto foi introduzido nas normas britânicas.

No ensaio em concreto, podem ser utilizadas três relações água/cimento: 0,60; 0,55; e 0,45, dependendo do tipo de cimento. As quantidades de agregados miúdos e graúdos, que devem ser provenientes de jazidas específicas, estão especificadas na BS 4550:4 e na 5:1978. São produzidos, de forma manual e com procedimentos normalizados, lotes de cubos de 100 mm de aresta. As condições de umidade e de temperatura da sala de preparo, da câmara de cura e da sala de ensaio, e a temperatura da água do tanque de cura são normalizadas. Independentemente de atender à resistência mínima em determinada idade, a resistência nas maiores idades deve ser mais elevada do que nas primeiras, pois a diminuição da resistência pode ser um indício de deficiências no cimento. A exigência de aumento da resistência com a idade também se aplica ao ensaio com cubos de argamassa vibrada, mas não está incluída na BS EN 197-1:2000. A resistência característica é especificada, em três classes (32,5, 42,5 e 52,5), aos 28 dias, sendo que as duas últimas também possuem exigências especiais em relação à resistência inicial (aos dois dias). A BS 1881:131:1998 especifica o método de ensaio em cubos de concreto com agregados preparados cuja granulometria é prescrita pela BS EN 196-1:2005.

O método ASTM para a verificação da resistência média do cimento é estabelecido pela ASTM C 109-08 e utiliza uma argamassa de 1:2,75, produzida com uma areia graduada normalizada e com relação água/cimento de 0,485, sendo o ensaio realizado em cubos de 50 mm de aresta.

É interessante analisar a seguinte questão: os ensaios para avaliação da resistência do cimento devem ser feitos em pasta de cimento, argamassa ou concreto? Já foi citado que corpos de prova de pasta de cimento pura são de difícil produção. Quanto ao concreto, este seria um meio apropriado para os ensaios, mas a resistência de corpos de prova é influenciada pelas propriedades dos agregados utilizados. Seria difícil, ou mesmo inviável, o uso de agregados normalizados para ensaios em concreto nas diversas regiões de um país e, mais ainda, em diferentes países. A utilização de argamassa com um agregado razoavelmente padronizado é uma tarefa considerável. Em todo caso, os ensaios, antes de serem uma medida direta da resistência à compressão da pasta de cimento hidratada, têm caráter comparativo. Além disso, a influência do cimento nas propriedades da argamassa e do concreto é, qualitativamente, a mesma, e a relação entre as resistências de corpos

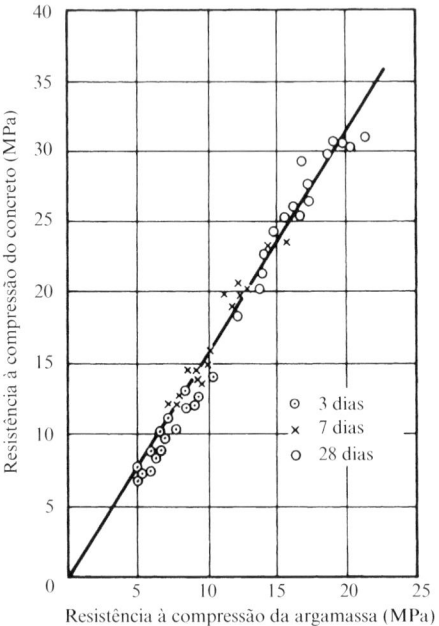

Figura 1.27 Relação entre as resistências de concreto e de argamassa de mesma relação água/cimento.[1.37]

de prova correspondentes dos dois materiais é linear. Um exemplo disso é mostrado na Figura 1.27, em que foram utilizados argamassa e concreto com proporções fixadas e com relação água/cimento igual a 0,65. As resistências não são as mesmas para os corpos de prova de cada par, em parte porque foram utilizados corpos de prova de formas e dimensões diferentes, mas também pode existir uma diferença quantitativa inerente entre as resistências, devido à maior quantidade de ar aprisionado na argamassa.

Outra comparação interessante foi a verificada entre a resistência do concreto produzido segundo a BS 4550-3.4:1978, com relação água/cimento de 0,60, e a resistência da argamassa produzida conforme a BS EN 196-1:2005, com relação água/cimento de 0,50. Não somente a relação água/cimento como outras condições diferem entre esses dois ensaios, então os valores de resistência também são diferentes. Harrison[1.88] observou a seguinte relação:

$$\log_e(M/C) = 0{,}28/d + 0{,}25$$

onde:

C = resistência à compressão de cubos de concreto, segundo a BS 4550 (MPa)
M = resistência à compressão de prismas de argamassa, segundo a BS EN 196 (MPa)
d = idade de ensaio (dias)

A relação M/C pode ser mais convenientemente expressa da seguinte forma:

Idade (dias)	2	3	7	28
Relação M/C	1,48	1,41	1,34	1,30

Além das características dos corpos de prova, existe uma importante diferença entre a significância dos valores de resistência obtidos pela norma europeia BS EN 196-1:2005, pela antiga norma britânica e pela maioria das demais normas: o significado da expressão "resistência mínima". Nas normas tradicionais, o valor mínimo prescrito deve ser superado por todos os resultados. Por outro lado, na BS EN 196-1:2005, a resistência mínima representa um valor característico (ver página 763), que deve ser superado por 95% dos resultados dos ensaios. Além disso, é estabelecido um valor absoluto, abaixo do qual a resistência especificada não deve cair.

Referências

1.1 F. M. Lea, *The Chemistry of Cement and Concrete* (London, Arnold, 1970).
1.2 R. H. Bogue, *Chemistry of Portland Cement* (New York, Reinhold, 1955).
1.3 A. M. Neville, Role of cement in creep of mortar, *J. Amer. Concr. Inst.*, **55**, pp. 963–84 (March 1959).
1.4 M. A. Swayze, The quaternary system CaO–C5A3–C2F–C2S as modified by saturation with magnesia, *Amer. J. Sci.*, **244**, pp. 65–94 (1946).
1.5 W. Czernin, *Cement Chemistry and Physics for Civil Engineers* (London, Crosby Lockwood, 1962).
1.6 H. H. Steinour, The reactions and thermochemistry of cement hydration at ordinary temperature, *Proc. 3rd Int. Symp. on the Chemistry of Cement*, pp. 261–89 (London, 1952).
1.7 R. H. Bogue and W. Lerch, Hydration of portland cement compounds, *Industrial and Engineering Chemistry*, **26**, No. 8, pp. 837–47 (Easton, Pa., 1934).
1.8 E. P. Flint and L. S. Wells, Study of the system CaO–SiO2–H2O at 30 °C and the reaction of water on the anhydrous calcium silicates, *J. Res. Nat. Bur. Stand.*, **12**, No. 687, pp. 751–83 (1934).
1.9 S. Giertz-Hedstrom, The physical structure of hydrated cements, *Proc. 2nd Int. Symp. on the Chemistry of Cement*, pp. 505–34 (Stockholm, 1938).
1.10 T. C. Powers, The non-evaporable water content of hardened portland cement paste: its significance for concrete research and its method of determination, *ASTM Bul. No. 158*, pp. 68–76 (May 1949).
1.11 L. S. Brown and R. W. Carlson, Petrographic studies of hydrated cements, *Proc. ASTM*, **36**, Part II, pp. 332–50 (1936).
1.12 L. E. Copeland, Specific volume of evaporable water in hardened portland cement pastes, *J. Amer. Concr. Inst.*, **52**, pp. 863–74 (1956).
1.13 S. Brunauer, J. C. Hayes and W. E. Hass, The heats of hydration of tricalcium silicate and beta-dicalcium silicate, *J. Phys. Chem.*, **58**, pp. 279–87 (Ithaca, NY, 1954).
1.14 F. M. Lea, Cement research: retrospect and prospect, *Proc. 4th Int. Symp. on the Chemistry of Cement*, pp. 5–8 (Washington DC, 1960).
1.15 H. F. W. Taylor, Hydrated calcium silicates, Part I: Compound formation at ordinary temperatures, *J. Chem. Soc.*, pp. 3682–90 (London, 1950).
1.16 H. H. Steinour, The system CaO–SiO2–H2O and the hydration of the calcium silicates, *Chemical Reviews*, **40**, pp. 391–460 (USA, 1947).

1.17 J. W. T. Spinks, H. W. Baldwin and T. Thorvaldson, Tracer studies of diffusion in set Portland cement, *Can. J. Technol.*, **30**, Nos 2 and 3, pp. 20–8 (1952).
1.18 M. Nakada, Process operation and environmental protection at the Yokoze cement works, *Zement-Kalk-Gips*, **29**, No. 3, pp. 135–9 (1976).
1.19 S. Diamond, C/S mole ratio of C-S-H gel in a mature C3S paste as determined by EDXA, *Cement and Concrete Research*, **6**, No. 3, pp. 413–16 (1976).
1.20 J. D. Bernal, J. W. Jeffery and H. F. W. Taylor, Crystallographic research on the hydration of Portland cement: A first report on investigations in progress, *Mag. Concr. Res.*, **3**, No. 11, pp. 49–54 (1952).
1.21 W. C. Hansen, Discussion on "Aeration cause of false set in portland cement", *Proc. ASTM*, **58**, pp. 1053–4 (1958).
1.22 T. C. Powers, The physical structure and engineering properties of concrete, *Portl. Cem. Assoc. Res. Dept. Bul.* 39 pp. (Chicago, July 1958).
1.23 T. C. Powers, A discussion of cement hydration in relation to the curing of concrete, *Proc. Highw. Res. Bd.*, **27**, pp. 178–88 (Washington, 1947).
1.24 T. C. Powers and T. L. Brownyard, Studies of the physical properties of hardened Portland cement paste (Nine parts), *J. Amer. Concr. Inst.*, **43** (Oct. 1946 to April 1947).
1.25 G. J. Verbeck, Hardened concrete – pore structure, *ASTM Sp. Tech. Publ. No. 169*, pp. 136–42 (1955).
1.26 T. C. Powers, L. E. Copeland and H. M. Mann, Capillary continuity or discontinuity in cement pastes, *J. Portl. Cem. Assoc. Research and Development Laboratories*, **1**, No. 2, pp. 38–48 (May 1959).
1.27 T. C. Powers, Structure and physical properties of hardened portland cement paste, *J. Amer. Ceramic Soc.*, **41**, pp. 1–6 (Jan. 1958).
1.28 L. E. Copeland and J. C. Hayes, Porosity of hardened portland cement pastes, *J. Amer. Concr. Inst.*, **52**, pp. 633–40 (Feb. 1956).
1.29 R. W. Carlson and L. R. Forbrick, Correlation of methods for measuring heat of hydration of cement, *Industrial and Engineering Chemistry* (Analytical Edition), **10**, pp. 382–6 (Easton, Pa., 1938).
1.30 W. Lerch and C. L. Ford, Long-time study of cement performance in concrete, Chapter 3: Chemical and physical tests of the cements, *J. Amer. Concr. Inst.*, **44**, pp. 743–95 (April 1948).
1.31 N. Davey and E. N. Fox, Influence of temperature on the strength development of concrete, *Build. Res. Sta. Tech. Paper No. 15* (London, HMSO, 1933).
1.32 W. Lerch and R. H. Bogue, Heat of hydration of portland cement pastes, *J. Res. Nat. Bur. Stand.*, **12**, No. 5, pp. 645–64 (May 1934).
1.33 H. Woods, H. H. Steinour and H. R. Starke, Heat evolved by cement in relation to strength, *Engng News Rec.*, **110**, pp. 431–3 (New York, 1933).
1.34 G. J. Verbeck and C. W. Foster, Long-time study of cement performance in concrete, Chapter 6: The heats of hydration of the cements, *Proc. ASTM*, **50**, pp. 1235–57 (1950).
1.35 H. Woods, H. R. Starke and H. H. Steinour, Effect of cement composition on mortar strength, *Engng News Rec.*, **109**, No. 15, pp. 435–7 (New York, 1932).
1.36 R. E. Davis, R. W. Carlson, G. E. Troxell and J. W. Kelly, Cement investigations for the Hoover Dam, *J. Amer. Concr. Inst.*, **29**, pp. 413–31 (1933).
1.37 S. Walker and D. L. Bloem, Variations in portland cement, *Proc. ASTM*, **58**, pp. 1009–32 (1958).
1.38 F. M. Lea, The relation between the composition and properties of Portland cement, *J. Soc. Chem. Ind.*, **54**, pp. 522–7 (London, 1935).
1.39 F. M. Lea and F. E. Jones, The rate of hydration of Portland cement and its relation to the rate of development of strength, *J. Soc. Chem. Ind.*, **54**, No. 10, pp. 63–70T (London, 1935).

1.40 L. S. Brown, Long-time study of cement performance in concrete, Chapter 4: Microscopical study of clinkers, *J. Amer. Concr. Inst.*, **44**, pp. 877–923 (May 1948).
1.41 W. Lerch, Approximate glass content of commercial Portland cement clinker, *J. Res. Nat. Bur. Stand.*, **20**, pp. 77–81 (Jan. 1938).
1.42 F. M. Lea, *Cement and Concrete*, Lecture delivered before the Royal Institute of Chemistry, London, 19 Dec. 1944 (Cambridge, W. Heffer and Sons, 1944).
1.43 W. H. Price, Factors influencing concrete strength, *J. Amer. Concr. Inst.*, **47**, pp. 417–32 (Feb. 1951).
1.44 US Bureau of Reclamation, Investigation into the effects of cement fineness and alkali content on various properties of concrete and mortar, *Concrete Laboratory Report No. C-814* (Denver, Colorado, 1956).
1.45 S. Brunauer, P. H. Emmett and E. Teller, Adsorption of gases in multi-molecular layers, *J. Amer. Chem. Soc.*, **60**, pp. 309–19 (1938).
1.46 W. Lerch, The influence of gypsum on the hydration and properties of portland cement pastes, *Proc. ASTM*, **46**, pp. 1252–92 (1946).
1.47 L. E. Copeland and R. H. Bragg, Determination of $Ca(OH)_2$ in hardened pastes with the X-ray spectrometer, *Portl. Cem. Assoc. Rep.* (Chicago, 14 May 1953).
1.48 L. E. Copeland and J. C. Hayes, The determination of non-evaporable water in hardened portland cement paste, *ASTM Bul. No. 194*, pp. 70–4 (Dec. 1953).
1.49 L. E. Copeland, D. L. Kantro and G. Verbeck, Chemistry of hydration of portland cement, *Proc. 4th Int. Symp. on the Chemistry of Cement*, pp. 429–65 (Washington DC, 1960).
1.50 P. Seligmann and N. R. Greening, Studies of early hydration reactions of portland cement by X-ray diffraction, *Highway Research Record*, No. 62, pp. 80–105 (Highway Research Board, Washington DC, 1964).
1.51 W. G. Hime and E. G. LaBonde, Particle size distribution of portland cement from Wagner turbidimeter data, *J. Portl. Cem. Assoc. Research and Development Laboratories*, **7**, No. 2, pp. 66–75 (May 1965).
1.52 C. D. Lawrence, The properties of cement paste compacted under high pressure, *Cement Concr. Assoc. Res. Rep. No. 19* (London, June 1969).
1.53 R. F. Feldman and P. J. Sereda, A model for hydrated Portland cement paste as deduced from sorption-length change and mechanical properties, *Materials and Structures*, No. 6, pp. 509–19 (Nov.–Dec. 1968).
1.54 P. Seligmann, Nuclear magnetic resonance studies of the water in hardened cement paste, *J. Portl. Cem. Assoc. Research and Development Laboratories*, **10**, No. 1, pp. 52–65 (Jan. 1968).
1.55 G. Verbeck, Cement hydration reactions at early ages, *J. Portl. Cem. Assoc. Research and Development Laboratories*, **7**, No. 3, pp. 57–63 (Sept. 1965).
1.56 R. L. Blaine, H. T. Arni and M. R. DeFore, Interrelations between cement and concrete properties, Part 3, *Nat. Bur. Stand. Bldg Sc. Series 8* (Washington DC, April 1968).
1.57 M. Von Euw and P. Gourdin, Le calcul prévisionnel des résistances des ciments Portland, *Materials and Structures*, **3**, No. 17, pp. 299–311 (Sept.–Oct. 1970).
1.58 W. J. McCoy and D. L. Eshenour, Significance of total and water soluble alkali contents of cement, *Proc. 5th Int. Symp. on the Chemistry of Cement*, **2**, pp. 437–43 (Tokyo, 1968).
1.59 M. Dohnalik and K. Flaga, Nowe spostrzezenia w problemie czasu wiazania cementu, *Archiwum Inzynierii Ladowej*, **16**, No. 4, pp. 745–52 (1970).
1.60 S. Diamond, Cement paste microstructure – an overview at several levels, *Proc. Conf. Hydraulic Cement Pastes: Their Structure and Properties*, pp. 2–30 (Sheffield, Cement and Concrete Assoc., April 1976).
1.61 J. F. Young, A review of the mechanisms of set-retardation in Portland cement pastes containing organic admixtures. *Cement and Concrete Research*, **2**, No. 4, pp. 415–33 (July 1972).

1.62 S. Brunauer, J. Skalny, I. Odler and M. Yudenfreund, Hardened portland cement pastes of low porosity. VII. Further remarks about early hydration. Composition and surface area of tobermorite gel, Summary, *Cement and Concrete Research*, **3**, No. 3, pp. 279–94 (May 1973).

1.63 D. Winslow and S. Diamond, Specific surface of hardened portland cement paste as determined by small angle X-ray scattering, *J. Amer. Ceramic Soc.*, **57**, pp. 193–7 (May 1974).

1.64 F. H. Wittmann and F. Schlude, Microwave absorption of hardened cement paste, *Cement and Concrete Research*, **5**, No. 1, pp. 63–71 (Jan. 1975).

1.65 I. Odler, M. Yudenfreund, J. Skalny and S. Brunauer, Hardened Portland cement pastes of low porosity. III. Degree of hydration. Expansion of paste. Total porosity, *Cement and Concrete Research*, **2**, No. 4, pp. 463–81 (July 1972).

1.66 V. S. Ramachandran and C.-M. Zhang, Influence of $CaCO_3$, *Il Cemento*, **3**, pp. 129–52 (1986).

1.67 D. Knöfel, Quantitative röntgenographische Freikalkbestimmung zur Produktionskontrolle im Zementwerk, *Zement-Kalk-Gips*, **23**, No. 8, pp. 378–9 (Aug. 1970).

1.68 T. Knudsen, Quantitative analysis of the compound composition of cement and cement clinker by X-ray diffraction, *Amer. Ceramic Soc. Bul.*, **55**, No. 12, pp. 1052–5 (Dec. 1976).

1.69 J. Olek, M. D. Cohen and C. Lobo, Determination of surface area of portland cement and silica fume by mercury intrusion porosimetry, *ACI Materials Journal*, **87**, No. 5, pp. 473–8 (1990).

1.70 S. M. Khalil and M. A. Ward, Influence of a lignin-based admixture on the hydration of Portland cements, *Cement and Concrete Research*, **3**, No. 6, pp. 677–88 (Nov. 1973).

1.71 J. Calleja, L'expansion des ciments, *Il Cemento*, **75**, No. 3, pp. 153–64 (July–Sept. 1978).

1.72 J. F. Young et al., Mathematical modelling of hydration of cement: hydration of dicalcium silicate, *Materials and Structures*, **20**, No. 119, pp. 377–82 (1987).

1.73 J. H. Sprouse and R. B. Peppler, Setting time, *ASTM Sp. Tech. Publ. No. 169B*, pp. 105–21 (1978).

1.74 I. Odler and H. Dörr, Early hydration of tricalcium silicate. I. Kinetics of the hydration process and the stoichiometry of the hydration products, *Cement and Concrete Research*, **9**, No. 2, pp. 239–48 (March 1979).

1.75 M. H. Wills, Accelerated strength tests, *ASTM Sp. Tech. Publ. No. 169B*, pp. 162–79 (1978).

1.76 J. Brotschi and P. K. Mehta, Test methods for determining potential alkali–silica reactivity in cements, *Cement and Concrete Research*, **8**, No. 2, pp. 191–9 (March 1978).

1.77 Rilem National Committee of the USSR, Method of determination of the beginning of concrete setting time, *U.S.S.R. Proposal to RILEM Committee CPC-14*, 7 pp. (Moscow, July 1979).

1.78 R. Sersale, R. Cioffi, G. Frigione and F. Zenone, Relationship between gypsum content, porosity and strength in cement, *Cement and Concrete Research*, **21**, No. 1, pp. 120–6 (1991).

1.79 I. Odler, Strength of cement (Final Report), *Materials and Structures*, **24**, No. 140, pp. 143–57 (1991).

1.80 Anon, Saving money in cement production, *Concrete International*, **10**, No. 1, pp. 48–9 (1988).

1.81 G. C. Bye, *Portland Cement: Composition, Production and Properties*, 149 pp. (Oxford, Pergamon Press, 1983).

1.82 Z. Berhane, Heat of hydration of cement pastes, *Cement and Concrete Research*, **13**, No. 1, pp. 114–18 (1983).

1.83 M. Kaminski and W. Zielenkiewicz, The heats of hydration of cement constituents, *Cement and Concrete Research*, **12**, No. 5, pp. 549–58 (1982).

1.84 H. F. W. Taylor, Modification of the Bogue calculation, *Advances in Cement Research*, **2**, No. 6, pp. 73–9 (1989).

1.85 F. P. Glasser, Progress in the immobilization of radioactive wastes in cement, *Cement and Concrete Research*, **22**, Nos 2/3, pp. 201–16 (1992).

1.86 V. S. Ramachandran, A test for "unsoundness" of cements containing magnesium oxide, *Proc. 3rd Int. Conf. on the Durability of Building Materials and Components*, Espoo, Finland, **3**, pp. 46–54 (1984).

1.87 J. J. Beaudoin and V. S. Ramachandran, A new perspective on the hydration characteristics of cement phases, *Cement and Concrete Research*, **22**, No. 4, pp. 689–94 (1992).

1.88 T. A. Harrison, New test method for cement strength, *BCA Eurocements*, Information Sheet No. 2, 2 pp. (Nov. 1992).

1.89 D. M. Roy and G. R. Gouda, Optimization of strength in cement pastes, *Cement and Concrete Research*, **5**, No. 2, pp. 153–62 (1975).

1.90 F. Massazza and M. Testolin, Latest developments in the use of admixtures for cement and concrete, *Il Cemento*, **77**, No. 2, pp. 73–146 (1980).

1.91 P.-C. Aïtcin, S. L. Sarkar, M. Regourd and D. Volant, Retardation effect of superplasticizer on different cement fractions. *Cement and Concrete Research*, **17**, No. 6, pp. 995–9 (1987).

1.92 A. Nonat and J. C. Mutin (eds), Hydration and setting of cements, *Proc. of Int. RILEM Workshop on Hydration*, Université de Dijon, France, 418 pp. (London, Spon, 1991).

1.93 M. Relis, W. B. Ledbetter and P. Harris, Prediction of mortar-cube strength from cement characteristics, *Cement and Concrete Research*, **18**, No. 5, pp. 674–86 (1988).

1.94 J. Baron and R. Santeray (Eds), *Le Béton Hydraulique – Connaissance et Pratique*, 560 pp. (Presses de l'Ecole Nationale des Ponts et Chaussées, Paris, 1982).

1.95 B. Osbæck, On the influence of alkalis on strength development of blended cements, in *The Chemistry and Chemically Related Properties of Cement*, British Ceramic Proceedings, No. 35, pp. 375–83 (Sept. 1984).

1.96 H. Braun, Produktion, Energieeinsatz und Emissionen im Bereich der Zementindustrie, *Zement + Beton*, pp. 32–34 (Jan. 1994).

1.97 D. P. Bentz et al., Limestone fillers conserve cement, *ACI Journal*, **31**, No. 11, pp. 41–6 (2009).

2
Materiais cimentícios

O capítulo anterior tratou das propriedades do cimento Portland em geral, e nele foi visto que cimentos com composição química e características físicas diferentes podem apresentar propriedades distintas quando hidratados. Portanto, deveria ser possível selecionar misturas de matérias-primas para a produção de cimentos com várias propriedades desejadas. Na verdade, existem diversos tipos de cimentos comerciais disponíveis, e cimentos especiais, sob encomenda, podem ser produzidos para usos específicos. Vários cimentos diferentes do Portland também estão disponíveis.

Antes de descrever os diversos tipos de cimentos Portland, é interessante discutir sobre os materiais cimentícios utilizados no concreto.

Classificação dos materiais cimentícios

Inicialmente, o concreto era produzido com a mistura de somente três materiais: cimento, agregados e água, sendo que o cimento era, quase sempre, o cimento Portland, discutido no capítulo anterior. Com o passar do tempo, com o objetivo de melhorar algumas propriedades do concreto, tanto no estado fresco quanto no estado endurecido, quantidades muito pequenas de produtos químicos foram adicionadas às misturas. Esses *aditivos químicos*, frequentemente chamados, de maneira simples, de aditivos, são discutidos no Capítulo 5.

Na sequência, outros materiais de natureza inorgânica foram introduzidos nas misturas de concreto. A motivação original para o uso desses materiais normalmente era econômica, já que eles costumavam ser mais baratos do que o cimento Portland, pois existiam na forma de depósitos naturais – exigindo nenhum ou pouco beneficiamento –, ou por serem, algumas vezes, resíduos de processos industriais. Um impulso adicional para a incorporação desses materiais "suplementares" ao concreto foi dado pelo abrupto aumento do custo da energia na década de 1970, e deve ser lembrado que a energia representa a maior proporção na composição de custos da produção do cimento (ver página 7).

Outro estímulo ao uso de alguns materiais "suplementares" foi dado pelas preocupações ambientais surgidas, por um lado, pela exploração de jazidas para as matérias-primas necessárias à produção do cimento Portland e, por outro, pelas maneiras de disposição de resíduos industriais, como a escória de alto-forno, a cinza volante ou a sílica ativa. Além disso, a produção do cimento Portland em si é ecologicamente prejudicial, já que, para a produção de uma tonelada de cimento, aproximadamente a mesma quantidade de dióxido de carbono é liberada na atmosfera.

Seria incorreto afirmar, baseado no histórico apresentado, que os materiais suplementares somente foram introduzidos no concreto pelos "incentivos" à sua viabilidade. Esses materiais também conferem várias propriedades desejáveis ao concreto, algumas vezes no estado fresco, mas com maior frequência no estado endurecido. Esse atrativo, combinado com os "incentivos", resultou em uma situação tal que, em muitos países, uma elevada proporção do concreto contém um ou mais desses materiais suplementares. Portanto, é inapropriado considerá-los, como algumas vezes ocorreu, como substitutos do cimento ou como "enchimentos ou cargas".

Conforme estabelecido, se os materiais descritos até agora como suplementares são componentes com características dos materiais cimentícios utilizados na produção do concreto, deve ser buscada para eles uma nova terminologia. Não se chegou a uma terminologia uniforme ou aceita globalmente, e pode ser interessante fazer uma breve discussão sobre a nomenclatura utilizada em diversas publicações.

No que se refere ao concreto, o material cimentício sempre contém cimento Portland do tipo tradicional, ou seja, o cimento Portland "puro". Portanto, quando outros materiais são incluídos, deve-se referir à mistura de materiais cimentícios utilizados como *cimentos Portland compostos*. Essa é uma expressão lógica, tanto quanto a expressão *cimentos Portland misturados.**

A abordagem europeia da BS EN 197-1:2000 utiliza o termo *CEM cimento*, que exige a presença do cimento Portland como componente. Assim, a expressão CEM cimento exclui o cimento aluminoso (ou de elevado teor de alumina). Essa denominação não é tida como explícita ou atrativa. Existem 27 cimentos comuns, distribuídos em cinco categorias CEM, I a V.

A visão americana é dada pela ASTM C 1157-10, que trata dos cimentos hidráulicos compostos tanto para uso geral como para usos especiais. Um cimento hidráulico composto é definido como um cimento hidráulico constituído de dois ou mais componentes inorgânicos que contribuem para as propriedades de resistência do cimento, com ou sem outros componentes, aditivos auxiliares de produção ou aditivos funcionais.

Essa terminologia é consistente, exceto pelo termo "componente inorgânico" ser de difícil relação com os materiais realmente incorporados ao concreto, normalmente pozolanas naturais ou artificiais, cinza volante, sílica ativa ou escória granulada de alto-forno. Além disso, a ênfase na palavra "hidráulico" pode confundir consumidores leigos do cimento. Ainda, a terminologia da ASTM não é utilizada pelo American Concrete Institute (ACI).

A discussão anterior, um tanto longa, mostra a dificuldade de classificar os diferentes materiais envolvidos, e a falta de nomenclatura internacional não ajuda. Na realidade, mais de uma abordagem é possível, mas a dificuldade é agravada pelo fato de algumas divisões não serem mutuamente exclusivas.

Tendo em vista o uso internacional deste livro, decidiu-se utilizar a terminologia descrita a seguir.

Um cimento constituído de cimento Portland e de, no máximo, 5% de outro material inorgânico será denominado cimento Portland. Deve ser lembrado que, antes de 1991, os cimentos Portland eram supostos como "puros", ou seja, não continham qualquer adição, a não ser o sulfato de cálcio ou agentes de moagem.

---

* N. de R.T.: No Brasil, utiliza-se somente a expressão cimento Portland composto, normalizada pela NBR 11578:1991, versão corrigida 1997.

Um cimento formado por cimento Portland e por um ou mais materiais inorgânicos adequados será denominado *cimento composto*, termo similar ao adotado pela ASTM C 1157-10. Da mesma forma que na ASTM, o termo "composto" abrangerá tanto o produto resultante da mistura de materiais em pó separados como aquele proveniente da moagem conjunta dos materiais originais, como o clínquer Portland e a escória granulada de alto-forno (ver página 81).*

Existe certa dificuldade em escolher o termo para os componentes que produzem um cimento composto. As palavras "constituinte" e "componente" podem dar margem à confusão com os compostos químicos do cimento Portland. O que todos os materiais em análise têm em comum é que eles contribuem para as propriedades de resistência do cimento. Na realidade, alguns desses materiais são, por si só, cimentícios; alguns têm propriedades cimentícias latentes, enquanto outros contribuem para a resistência do concreto, principalmente por meio de seu comportamento físico. Propõe-se, então, que todos esses materiais sejam denominados *materiais cimentícios*. Essa opção pode ser criticada pelos puristas, mas tem o importante mérito de oferecer simplicidade e clareza.

Os materiais cimentícios serão discutidos um a um ainda neste capítulo, mas, por comodidade, a Tabela 2.1 descreve suas propriedades relevantes. Pode ser visto que não há uma divisão clara em relação à hidraulicidade, ou seja, às propriedades verdadeiramente cimentícias.

Conforme já mencionado, todos os materiais cimentícios têm uma propriedade em comum. Eles são, pelo menos, tão finos quanto os grãos de cimento Portland e, algumas vezes, muito mais finos. Entretanto, suas demais características, como origem, composição química e características físicas (p. ex., textura superficial ou massa específica), são variáveis.

Existem diversas formas de produção de um cimento composto. Uma maneira é pela moagem conjunta do clínquer Portland com os demais materiais cimentícios, produzindo um cimento composto integral. Uma segunda maneira é pela mistura de dois ou, mais raramente, três materiais já em sua forma final. De forma alternativa, o cimento Portland e um ou mais materiais cimentícios podem ser, separadamente, mas ao mesmo tempo – ou praticamente ao mesmo tempo –, colocados na betoneira.

Além disso, as quantidades relativas de cimento Portland e de outros materiais cimentícios variam bastante. Algumas vezes, a proporção dos materiais cimentícios é baixa; em outras, as misturas podem constituir uma proporção significativa, chegando a ser a maior parte de um cimento composto.

---

* N. de R.T.: No Brasil, são adotadas as seguintes denominações: cimento Portland comum, para o cimento constituído somente por clínquer e sulfatos de cálcio; cimento Portland comum com adição, para o cimento que contenha no máximo 5% de alguma adição (escória granulada de alto-forno ou material pozolânico ou material carbonático); cimento Portland composto, para cimentos constituídos por clínquer, sulfato de cálcio e teores mínimos e máximos de materiais pozolânicos ou escórias de alto-forno e/ou materiais carbonáticos. Cimentos com teores elevados de materiais pozolânicos ou escórias de alto-forno são denominados, respectivamente, cimento Portland pozolânico e cimento Portland de alto-forno. Em todos eles, a adição dos materiais é feita durante a moagem, ou seja, ela é conjunta com o clínquer.

Tabela 2.1 Características cimentícias de materiais adicionados ao cimento composto*

Material	Característica cimentícia
Clínquer de cimento Portland	Totalmente cimentício (hidráulico)
Escória granulada de alto-forno	Hidraulicidade latente, algumas vezes hidráulica
Pozolana natural (classe N)	Hidraulicidade latente com cimento Portland
Cinza volante silicosa (classe F)	Hidraulicidade latente com cimento Portland
Cinza volante com elevado teor de calcário (classe C)	Hidraulicidade latente com cimento Portland
Sílica ativa	Ação física, em grande parte, e hidraulicidade latente com cimento Portland
Fíler calcário	Ação física, mas leve hidraulicidade latente com cimento Portland
Outros fílers	Quimicamente inertes, somente ação física

* N. de R.T.: No Brasil, os cimentos compostos são, conforme nota anterior, produzidos pela adição e pela moagem conjunta do clínquer Portland com a escória granulada de alto-forno ou o material pozolânico ou o material carbonático (fíler calcário).

Portanto, neste livro, o termo "material cimentício" será utilizado para todos os materiais em forma de pó, distintos daqueles que constituem a fração mais fina dos agregados, garantindo-se que um desses pós seja cimento. Com raras exceções, citadas nas páginas 84 e 94, o cimento é o Portland. Assim, o material cimentício pode ser somente o cimento Portland ou ser constituído por ele e por um ou mais materiais cimentícios.

Determinado material cimentício pode ter caráter hidráulico, ou seja, pode sofrer hidratação por si só e contribuir para a resistência do concreto. De forma alternativa, pode ter hidraulicidade latente, isto é, a atividade hidráulica pode somente se manifestar em consequência de reações químicas com outros compostos, como produtos da hidratação do cimento que coexistem na mistura. Uma terceira possibilidade é quando o material cimentício é praticamente inerte, mas tem um efeito catalisador na hidratação de outros materiais, por exemplo, favorecendo a nucleação e a densificação da pasta de cimento ou exercendo um efeito físico nas propriedades do concreto fresco. Materiais desta última categoria são denominados *fílers* e serão discutidos na página 90.

Deve ser ressaltado que a expressão "aditivos minerais" (em inglês, *mineral admixtures*, adotada pelo American Concrete Institute para descrever os materiais suplementares não hidráulicos) não será utilizada neste livro. A palavra "aditivo" é associada a um componente adicionado em pequenas quantidades à mistura e, conforme já mencionado, alguns materiais suplementares estão presentes em grandes quantidades.*

* N. de R.T.: A palavra "*admixture*" normalmente é traduzida como "aditivo", então a expressão original "*mineral admixtures*" seria traduzida como "aditivos minerais". Entretanto, como citado no texto, no Brasil se adota a palavra "aditivo" para definir, conforme a NBR 11768:2011, os produtos adicionados ao concreto em quantidade máxima de 5% em relação à massa de material cimentício. Embora sem definição normalizada, no Brasil é comum a adoção da palavra "adição" para os materiais adicionados em maiores quantidades, vindo então a tradução "adições minerais" para a expressão original "*mineral admixtures*".

Os diferentes tipos de materiais cimentícios serão discutidos neste capítulo. Seus usos específicos e sua influência nas propriedades do concreto serão considerados, conforme o caso, ao longo de todo o livro.

Tipos de cimento

Na seção anterior, os materiais cimentícios foram discutidos com base em sua composição geral e em sua classificação racional. Para os fins práticos de seleção de um cimento Portland comum ou composto adequado, é interessante considerar a classificação baseada em propriedades físicas ou químicas relevantes, como a velocidade de ganho de resistência, a velocidade de liberação de calor de hidratação ou a resistência a sulfatos.

Com o objetivo de facilitar a discussão, uma lista de diferentes cimentos Portland, com ou sem adições – contendo, quando disponível, as definições das normas americanas ASTM C 150-09 ou C 595-10 –, é apresentada na Tabela 2.2. As especificações anteriores da ASTM para os limites já foram listadas (Tabela 1.9), e valores históricos típicos do teor de compostos são apresentados na Tabela 2.3.[2.34]

A unificação das normas na Comunidade Europeia, incluindo alguns outros países europeus, resultou na primeira norma comum para o cimento, publicada pelo European Committee for Standardization, a BS EN 197-1:2000: "*Cement-composition, specifications and conformity criteria for common cements*" ("Cimento: composição, especificações e critérios de conformidade para cimentos comuns"). Uma versão simplificada da classificação utilizada nessa norma é apresentada na Tabela 2.4.

Vários cimentos foram desenvolvidos para garantir a durabilidade adequada do concreto sob diversas condições. Entretanto, não foi possível encontrar na composição do cimento uma resposta completa para o problema de durabilidade do concreto. As

Tabela 2.2 Principais tipos de cimento Portland

Designação britânica tradicional	Designação ASTM
Portland comum	Tipo I
Portland de alta resistência inicial	Tipo III
Portland de elevadíssima resistência inicial	
Portland de ultra-alta resistência inicial	Pega regulada*
Portland de baixo calor de hidratação	Tipo IV
Modificado	Tipo II
Portland resistente a sulfatos	Tipo V
Portland de alto-forno	Tipo IS Tipo I (SM)
Portland branco	—
Portland pozolânico	Tipo IP Tipo I (PM)
de escória	Tipo S

Nota: Todos os cimentos americanos, exceto os tipos IV e V, também são disponibilizados com um agente incorporador de ar, sendo então identificados com a letra A, por exemplo, Tipo IA.
*Não é uma designação da ASTM.

Capítulo 2 Materiais cimentícios 67

Tabela 2.3 Valores típicos do teor de compostos de diversos tipos de cimentos Portland[2.34]

Cimento	Valor	\multicolumn{8}{c}{Teor de compostos (%)}

Cimento	Valor	C_3S	C_2S	C_3A	C_4AF	$CaSO_4$	CaO livre	MgO	Perda ao fogo	Número de amostras
Tipo I	Máx.	67	31	14	12	3,4	1,5	3,8	2,3	
	Mín.	42	8	5	6	2,6	0,0	0,7	0,6	21
	Média	49	25	12	8	2,9	0,8	2,4	1,2	
Tipo II	Máx.	55	39	8	16	3,4	1,8	4,4	2,0	
	Mín.	37	19	4	6	2,1	0,1	1,5	0,5	28
	Média	46	29	6	12	2,8	0,6	3,0	1,0	
Tipo III	Máx.	70	38	17	10	4,6	4,2	4,8	2,7	
	Mín.	34	0	7	6	2,2	0,1	1,0	1,1	5
	Média	56	15	12	8	3,9	1,3	2,6	1,9	
Tipo IV	Máx.	44	57	7	18	3,5	0,9	4,1	1,9	
	Mín.	21	34	3	6	2,6	0,0	1,0	0,6	16
	Média	30	46	5	13	2,9	0,3	2,7	1,0	
Tipo V	Máx.	54	49	5	15	3,9	0,6	2,3	1,2	
	Mín.	35	24	1	6	2,4	0,1	0,7	0,8	22
	Média	43	36	4	12	2,7	0,4	1,6	1,0	

Tabela 2.4 Classificação dos principais cimentos, segundo a norma europeia BS EN 197-1:2000

Tipo*	Designação	Massa – % da massa de material cimentício†			
		Clínquer Portland	Pozolana‡ ou cinza volante	Sílica ativa	Escória granulada de alto-forno
I	Portland	95–100	—	—	—
II/A	Portland com escória	80–94	—	—	6–20
II/B		65–79	—	—	21–35
II/A	Portland com pozolana ou	80–94	6–20	—	—
II/B	Portland com cinza volante	65–79	21–35	—	—
II/A	Portland com sílica ativa	90–94	—	6–10	—
II/A	Portland	80–94	←——— 6–20 ———→		
II/B	composto	65–79	←——— 21–35 ———→		
III/A		35–64	—	—	36–65
III/B	Escória de alto-forno	20–34	—	—	66–80
III/C		5–19	—	—	81–95
IV/A	Pozolânico	65–89	←— 11–35 —→		—
IV/B		45–64	←— 36–55 —→		—

*As letras adicionais descrevem a natureza do segundo material cimentício.
†Além do fíler, permitido no teor máximo de 5%.
‡Materiais diferentes de cinza volante e sílica ativa.

principais propriedades mecânicas do concreto endurecido, como resistência, retração, permeabilidade, resistência ao intemperismo e fluência, também são afetadas por outros fatores que não a composição do cimento, mas tal composição determina em grande parte a velocidade de ganho da resistência.[2.2] A Figura 2.1 mostra a velocidade de desenvolvimento da resistência de concretos produzidos com diferentes tipos de cimento. Embora a velocidade varie consideravelmente, as diferenças entre as resistências dos diversos cimentos aos 90 dias [2.1] não são significativas – porém, em alguns casos, como mostrado na Figura 2.2, as diferenças são grandes.[2.4] A tendência geral é que cimentos com menor velocidade de endurecimento tenham uma resistência final um pouco maior. Por exemplo, a Figura 2.1 mostra que o cimento Tipo IV tem a menor resistência aos 28 dias, mas alcança a segunda maior resistência na idade de 5 anos. A comparação entre as Figuras 2.1 e 2.2 ilustra o fato de que diferenças entre tipos de cimento não são facilmente quantificadas.

Ainda analisando a Figura 2.2, pode-se perceber que a diminuição da resistência do concreto produzido com o cimento Tipo II não é uma característica desse cimento. O comportamento de baixa resistência inicial e elevada resistência final comprova a influência da estrutura inicial do concreto endurecido no desenvolvimento da resistência final. Quanto mais lentamente for formada a estrutura, mais denso será o gel e maior a resistência final. Além disso, diferenças significativas em importantes propriedades físicas dos diferentes cimentos somente são observadas nos estágios iniciais de hidratação,[2.3] sendo que, em pastas bem hidratadas, as diferenças são menores.

A divisão dos cimentos em diferentes tipos não é nada mais do que uma classificação funcional geral e, muitas vezes, existem diferenças importantes entre cimentos,

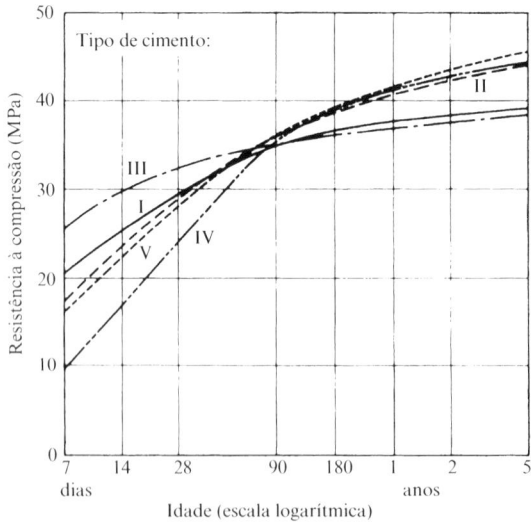

Figura 2.1 Desenvolvimento da resistência de concretos contendo 335 kg de cimento por metro cúbico, produzidos com diferentes tipos de cimento.[2.1]

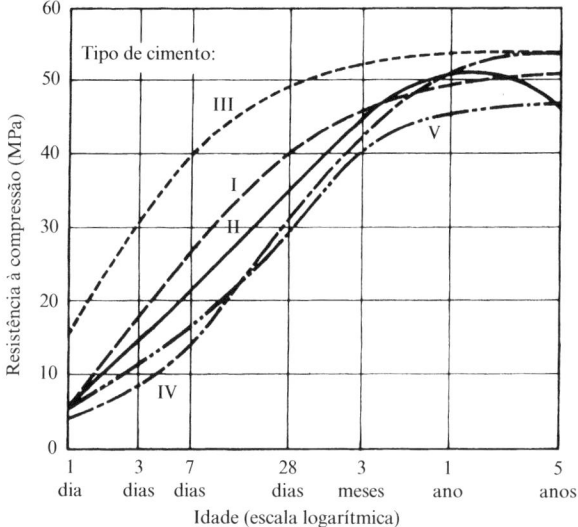

Figura 2.2 Desenvolvimento da resistência de concretos com relação água/cimento de 0,49, produzidos com diferentes tipos de cimento.[2.4]

nominalmente, de mesmo tipo. Por outro lado, frequentemente não há diferenças sensíveis entre as propriedades de cimentos de tipos distintos, e muitos cimentos podem ser classificados como sendo de mais de um tipo.

A obtenção de algumas propriedades especiais por cimentos pode gerar características não desejadas. Por essa razão, é necessário fazer um balanço das necessidades e dos aspectos econômicos da produção. O cimento Tipo II é um exemplo de completo "equilíbrio".

O método de fabricação tem sido significativamente melhorado ao longo dos anos, e tem havido um contínuo desenvolvimento de cimentos para atender a diferentes propósitos, com correspondentes alterações nas especificações. Por outro lado, provou-se que algumas dessas alterações não se mostraram vantajosas quando não eram acompanhadas por uma mudança na prática do conccreto; isso é discutido na página 349.

Cimento Portland comum

Este é de longe o cimento de uso mais comum: cerca de 90% de todo o cimento utilizado nos Estados Unidos (produção total de 73 milhões de toneladas em 2008) e uma porcentagem similar no Reino Unido (produção total de 12 milhões de toneladas em 2005). É interessante citar que, em 2007, o consumo anual *per capita* no Reino Unido foi de, aproximadamente, 250 kg. Nos Estados Unidos, esse valor foi de 360 kg. Para cada habitante no mundo, o consumo em 2007 foi de 420 kg/ano, estando somente atrás do consumo de água. A maior mudança ocorreu na China, onde se observou um aumento de 90% entre 1995 e 2004, e o consumo atual corresponde a mais de 50% da produção mundial. Com o considerável aumento no uso de cinza volante como material cimentício, a quantidade de concreto utilizada não é mais proporcional ao consumo de cimento Portland.*

O cimento Portland comum (Tipo I) é adequado para o uso em construções correntes de concreto em que não exista o risco de exposição a sulfatos no solo ou em águas subterrâneas. A especificação para esse cimento é dada pela norma europeia BS EN 197-1:2000, e, mantendo a tendência atual de especificações baseadas no desempenho, pouco é dito sobre a composição química, em termos de compostos ou de óxidos, do cimento. De fato, a norma exige somente que ele seja constituído por um teor entre 95 e 100% de clínquer Portland e entre 0 e 5% de componentes secundários. Os percentuais são relativos à massa total, excetuando-se o sulfato de cálcio e os agentes auxiliares de produção, como os agentes de moagem.

Quanto à composição do clínquer, é estabelecido que pelo menos 2/3 de sua massa sejam constituídos de C_3S e C_2S somados, e que a relação entre CaO e SiO_2, em massa, não seja menor do que 2,0. O teor de MgO é limitado a, no máximo, 5%.

Os componentes secundários, citados anteriormente, podem ser um ou mais dos materiais cimentícios (ver página 64) ou um fíler, que é qualquer material natural ou inorgânico que não seja um material cimentício. Um exemplo de fíler é o material calcário, que, devido a sua distribuição de partículas, melhora as propriedades físicas do cimento, como a trabalhabilidade ou a retenção de água. Os fileres serão discutidos em detalhes na página 90.**

A BS EN 197-1 não contém as exigências detalhadas sobre as proporções dos diversos óxidos no clínquer que existiam nas versões anteriores das normas britânicas. Como algumas dessas exigências ainda são usadas em vários países, é útil mencionar o fator de saturação de cal, que deve variar entre 1,02 e 0,66. Para o cimento, o fator é definido como:

$$\frac{1,0(CaO) - 0,7(SO_3)}{2,8(SiO_2) + 1,2(Al_2O_3) + 0,65(Fe_2O_3)}$$

onde cada termo entre parênteses indica a porcentagem, em massa, de cada composto existente no cimento.

O limite superior do fator de saturação de cal garante que a quantidade de cal não seja excessiva a ponto de resultar no óxido de cálcio livre que se forma na temperatura

---

* N. de R.T.: O relatório anual do Sindicato Nacional da Indústria do Cimento (SNIC) apresenta, para o Brasil, os seguintes números referentes a 2012: produção total de cimento no Brasil – cerca de 69 milhões de toneladas; consumo *per capita* – 353 kg. No mesmo ano, verificou-se ainda a importação de cerca de 980 mil toneladas. Os dados preliminares referentes a 2013 indicam uma produção de aproximadamente 71 milhões de toneladas. A produção de cimento Portland comum, diferentemente dos dados citados pelo autor, é pequena, de somente 98 mil toneladas (0,14% da produção total). Os cimentos com adições corresponderam a aproximadamente 86% da produção, enquanto o cimento de alta resistência inicial correspondeu a cerca de 8%. Esses dados estão disponíveis em www.snic.org.br.

** N. de R.T.: O cimento Portland comum é normalizado no Brasil pela NBR 5732:1991. É designado pelas siglas CP I (cimento Portland comum) e CP I-S (cimento Portland comum com adição). O CP I deve ter a seguinte composição: teor de clínquer + sulfatos de cálcio igual a 100%, em massa. Para o CP I-S, o teor de clínquer + sulfatos de cálcio é estabelecido entre 95 e 99% e admite-se a adição de escória de alto-forno, material pozolânico e material carbonático (fíler) em teores variáveis de 1 a 5%. O teor de MgO é limitado a 6,5%.

de clinquerização em equilíbrio com o líquido presente. A expansibilidade do cimento causada pelo óxido de cálcio livre foi discutida no capítulo anterior e é controlada pelo ensaio de Le Chatelier. Um fator muito baixo de saturação de cal, por outro lado, pode dificultar a queima no forno, resultando em um clínquer com baixo teor de C_3S, o que prejudicaria o desenvolvimento da resistência inicial.

Os métodos de análise química do cimento estão prescritos na norma europeia BS EN 196-2:2005.

Como a norma britânica BS 12:1996 (cancelada em 2000) ainda está em uso em alguns países, deve ser mencionado que o limite da expansão determinado pelo ensaio de Le Chatelier, realizado segundo a BS EN 196-3:2005, não deve ser maior do que 10 mm. Outras exigências da BS 12:1996 e da BS EN 197-1:2000, que substituiu a BS 12:1996, são: teor de SO_3 limitado entre 3,5 e 4%; e teor de cloretos menor do que 0,10%. Também são estabelecidos limites para resíduo insolúvel e perda ao fogo. A ASTM C150-12 especifica o limite do teor de SO_3 em função do teor de C_3A.*

A BS 12:1996 classifica os cimentos Portland segundo a resistência à compressão, conforme indica a Tabela 2.5. A resistência mínima, em MPa, denomina a classe do cimento 32,5, 42,5, 52,5 e 62,5. As resistências aos 28 dias das duas classes menores são prescritas na forma de faixa, ou seja, cada classe de cimento tem um valor máximo e um valor mínimo. Além disso, os cimentos de classes 32,5 e 42,5 são divididos em duas subclasses, uma de resistência inicial comum e outra de alta resistência inicial. As duas subclasses de alta resistência inicial, indicadas pela letra R, são cimentos de alta resistência inicial, que serão tratados na próxima seção.**

A vantagem da especificação das classes 32,5 e 42,5 em uma faixa de resistência de 20 MPa é que, durante a excução de uma obra, evitam-se grandes variações da resistência, principalmente para menos. Além disso – e talvez isso seja o mais importante –, uma resistência extremamente alta aos 28 dias de idade poderia resultar, como foi o caso nas décadas de 1970 e 1980, na obtenção da resistência especificada do concreto com consumos de cimento muito baixos. Esse tópico será analisado na página 349.

Cimento Portland de alta resistência inicial***

Esse cimento inclui os cimentos Portland das subclasses 32,5 e 42,5 MPa, conforme especificado pela BS EN 197-1:2000. O cimento de alta resistência inicial (Tipo III), como o nome indica, desenvolve resistência mais rapidamente e deve, portanto, ser correta-

---

* N. de R.T.: A NBR 5732:1991 estabelece os seguintes limites para os itens citados pelo autor: expansibilidade a quente pelo método de Le Chatelier ≤ 5,0 mm; teor de SO_3 ≤ 4,0%; resíduo insolúvel ≤ 1,0% para o cimento CP I e ≤ 5,0% para o CP I-S; e perda ao fogo ≤ 2,0% para o CP I e ≤ 4,5% para o CP I-S.

** N. de R.T.: São três as classes de resistência especificadas pela NBR 5732:1991: 25, 32 e 40 MPa. Esses valores representam os mínimos de resistência aos 28 dias de idade.

*** N. de R.T.: O título original desta seção é "*Rapid-hardening Portland cement*", que, traduzido literalmente, seria "cimento Portland de endurecimento rápido". O desenvolvimento da resistência do cimento ao longo do tempo pode ser denominado endurecimento. A tradução adotada, cimento Portland de alta resistência inicial, é mais coerente com as propriedades deste cimento descritas pelo autor. O cimento ASTM Tipo III, citado como equivalente ao cimento em análise, é definido como apropriado para o uso quando é necessária alta resistência inicial.

Tabela 2.5 Exigências de resistência à compressão do cimento, segundo a BS 12:1996

Classe	Resistência mínima, em MPa, na idade de:			Resistência máxima, em MPa, na idade de 28 dias
	2 dias	7 dias	28 dias	
32,5 N	—	16	32,5	52,5
32,5 R	10	—		
42,5 N	10	—	42,5	62,5
42,5 R	20	—		
52,5 N	20	—	52,5	—
62,5 N	20	—	62,5	—

mente descrito como um cimento de alta resistência inicial. A velocidade de endurecimento não deve ser confundida com a velocidade de pega, pois, na realidade, o cimento comum e o de alta resistência inicial têm tempos de início de pega semelhantes. A BS 12:1996 estabelece o tempo de início de pega para ambos os cimentos em 45 minutos. O tempo de fim de pega não é mais especificado e a BS EN 197-1:2000 não estabelece exigências para a finura.

O aumento na velocidade de ganho de resistência do cimento de alta resistência inicial é obtido por meio de um teor mais elevado de C_3S (mais alto do que 55%, mas algumas vezes chegando a 70%) e pela maior moagem do clínquer, resultando em maior finura. A norma britânica BS 12:1996, ao contrário de suas versões anteriores, não estabelece parâmetros para a finura, seja para o cimento comum, seja para o de alta resistência inicial. A norma, entretanto, estabelece critérios para um cimento alternativo, o *cimento Portland de finura controlada*, sendo o mesmo feito pela BS EN 197-1:2000. Os valores de finura são acordados entre produtor e usuário. Este cimento é útil em aplicações em que ele facilita a remoção do excesso de água do concreto durante o adensamento, sendo a finura mais preponderante em relação à resistência à compressão.

Na prática, o cimento Portland de alta resistência inicial é mais fino do que o cimento Portland comum. Normalmente, cimentos ASTM do Tipo III têm valores de superfície específica, determinada pelo método Blaine, entre 450 e 600 m^2/kg, enquanto no cimento Tipo I esse valor varia entre 300 e 400 m^2/kg. A maior finura aumenta significativamente a resistência entre 10 e 20 horas, persistindo o aumento até os 28 dias. Em condições de cura úmida, as resistências se equiparam entre dois e três meses, e na continuação os cimentos de menor finura superam os mais finos.[2.9]

Esse comportamento não deve ser extrapolado a cimentos de finura muito elevada, o que causa aumento na demanda de água na mistura. Em consequência disso, para determinado teor de cimento e determinada trabalhabilidade, a relação água/cimento aumenta, diminuindo os benefícios da maior finura em relação à resistência inicial.

As exigências de expansibilidade e propriedades químicas são as mesmas do cimento Portland comum.

O uso do cimento de alta resistência inicial é indicado nos casos em que o rápido desenvolvimento da resistência é exigido, como para remoção antecipada das fôrmas para reutilização ou quando um valor de resistência é necessário para dar continuidade à obra o mais rápido possível. O cimento de alta resistência inicial não tem custo muito maior do que o cimento comum, mas responde somente por um pequeno percentual de todo o cimento produzido no Reino Unido e nos Estados Unidos. Como a rapidez no ganho de resistência significa maior liberação de calor de hidratação, o cimento de alta resistência inicial não deve ser utilizado em construções em concreto massa ou em grandes seções estruturais. Por outro lado, em situações de construção a baixas temperaturas, pode ser interessante a utilização de um cimento com elevada taxa de liberação de calor, a fim de combater os danos do congelamento precoce.*

Cimentos Portland de alta resistência inicial especiais**

Existem diversos cimentos especialmente fabricados que desenvolvem resistência de forma bastante rápida. Um deles é denominado *cimento de ultra-alta resistência inicial****. Esse tipo de cimento não é normalizado, mas é fornecido por alguns fabricantes de cimento. Em geral, o elevado desenvolvimento da resistência é obtido pela moagem do cimento até uma finura bastante alta, entre 700 e 900 m^2/kg. Por essa razão, o teor de sulfato de cálcio deve ser mais elevado (4%, expresso em SO_3) do que nos cimentos que atendem à BS EN 197-1:2000, mas todas as outras exigências estabelecidas pela norma citada são atendidas. Deve ser destacado que o elevado teor de sulfato de cálcio não exerce efeito adverso na expansibilidade em longo prazo, já que é todo utilizado nas reações iniciais de hidratação.

O efeito da finura do cimento no desenvolvimento da resistência é mostrado na Figura 2.3. Todos os cimentos utilizados nesse estudo[2.19] possuem teor de C_3S entre 45 e 48% e teor de C_3A entre 14,3 e 14,9%.

O cimento de ultra-alta resistência inicial é produzido pela separação dos finos do cimento de alta resistência inicial com o uso de um ciclone. Devido à sua elevada finura, esse cimento tem baixa massa unitária e se deteriora rapidamente quando exposto ao ar. A elevada finura resulta em rápida hidratação e, consequentemente, em altas resistências iniciais e grande liberação de calor nas primeiras idades. Por exemplo, a resistência aos três dias do cimento de alta resistência inicial é obtida em 16 horas; a resistência aos sete dias é alcançada em 24 horas.[2.35] Após 28 dias, entretanto, o aumento de resistência é

---

* N. de. R.T.: No Brasil, o cimento de alta resistência inicial é normalizado pela NBR 5733:1991, sendo designado pela sigla CP V-ARI. Sua composição pode ter, no máximo, 5% de fíler calcário, sendo o restante constituído por clínquer Portland e sulfato de cálcio. Diferentemente dos demais cimentos, que têm especificações de resistência aos três, sete e 28 dias, o cimento CP V-ARI tem as exigências de resistência estabelecidas para um, três e sete dias, sendo os valores mínimos, respectivamente, 14, 24 e 34 MPa.

** N. de R.T.: O título original desta seção é "*Special very rapid-hardening Portland cements*", que, traduzido de forma literal, seria "cimentos Portland especiais de endurecimento muito rápido". A tradução adotada, cimentos Portland de alta resistência inicial especiais, seguiu os mesmos critérios utilizados na tradução do título da seção anterior.

*** N. de R.T.: O texto original é "*ultra high early strength cement*". Neste caso, utiliza-se a palavra *strength*, enquanto no título original a palavra utilizada é *hardening*. Pelas mesmas razões citadas na seção anterior, foi adotada a tradução cimento de ultra-alta resistência inicial.

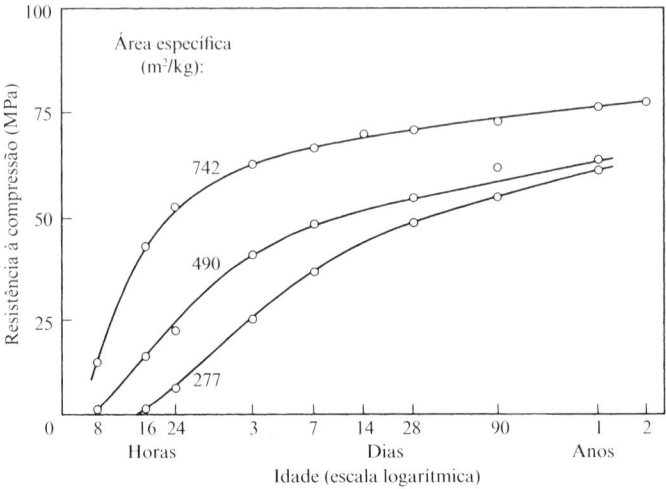

Figura 2.3 Aumento na resistência de concretos produzidos com cimentos de diferentes superfícies específicas (determinadas pelo método da permeabilidade ao ar)[2.19] e com relação água/cimento igual a 0,40.

pequeno. Resistências típicas de concretos produzidos com esses cimentos são dadas na Tabela 2.6. A proporção, em massa, entre cimento e agregados é 1:3.

Foram relatados,[2.12] recentemente, cimentos de ultra-alta resistência inicial que possuem um teor muito elevado de C_3S (60%) e baixíssimo teor de C_2S (10%). O início de pega ocorreu em 70 minutos, mas o fim de pega foi verificado logo após, em 95 minutos.[2.21] Deve ser destacado, entretanto, que para as mesmas proporções de mistura, o uso de cimento de ultra-alta resistência inicial resulta em menor trabalhabilidade.

Os cimentos de ultra-alta resistência inicial foram utilizados com sucesso em várias estruturas em que era importante que a aplicação de protensão ou a entrada em uso fosse precoce. A retração e a fluência não são significativamente diferentes das obtidas com ou-

Tabela 2.6 Valores típicos de resistência de um concreto 1:3 produzido com cimento Portland de ultra-alta resistência inicial[2.35]

Idade	Resistência à compressão com relação água/cimento de:		
	0,40	0,45	0,50
	MPa	MPa	MPa
8 horas	12	10	7
16 horas	33	26	22
24 horas	39	34	30
28 dias	59	57	52
1 ano	62	59	57

tros cimentos Portland quando as proporções das misturas eram as mesmas.[2.36] No caso da fluência, a comparação deve ser feita com base na mesma relação tensão/resistência.

Os cimentos de ultra-alta resistência inicial discutidos até agora não contêm adições e são fundamentalmente variações do cimento Portland puro. Existem cimentos com composição patenteada, como o *cimento de pega regulada*, ou *jet cement**, desenvolvido nos Estados Unidos. Esse cimento consiste, essencialmente, em uma mistura de cimento Portland e fluoraluminato de cálcio ($C_{11}A_7.CaF_2$) com um retardador de pega adequado (normalmente ácido cítrico ou sais de lítio). O tempo de pega desse cimento pode variar entre um e 30 minutos (quanto maior o tempo de pega, menor o desenvolvimento da resistência) e é controlado na fabricação do cimento, já que as matérias-primas são moídas e queimadas em conjunto. A moagem é difícil devido às diferentes durezas.[2.65]

O desenvolvimento da resistência inicial é controlado pelo teor de fluoraluminato de cálcio. Quando é de 5%, pode-se atingir cerca de 6 MPa em uma hora; um teor de 50% produzirá 20 MPa no mesmo tempo, ou até antes. Esses valores são baseados em uma mistura com teor de cimento de 330 kg/m³. O desenvolvimento da resistência posterior é similar ao do cimento Portland matriz, mas em temperatura ambiente não ocorre aumento de resistência entre um e três dias.

Um *jet cement*[2.23] japonês típico tem uma área específica Blaine de 590 m²/kg e a seguinte composição de óxidos (%):

CaO	SiO$_2$	Al$_2$O$_3$	Fe$_2$O$_3$	SO$_3$
59	14	11	2	11

Foram obtidos[2.30] valores de resistência de 8 MPa em duas horas e de 15 MPa em seis horas, com relação água/cimento de 0,30. Verificou-se[2.23] que a retração por secagem do concreto produzido com *jet cement* foi menor do que a observada em um concreto produzido com a mesma quantidade por metro cúbico de cimento Portland. A permeabilidade em até sete dias também é muito menor.[2.23] Esses aspectos são importantes quando o cimento de pega regulada é utilizado para reparos urgentes, em que esse cimento é especialmente importante por causa de sua pega rápida e do desenvolvimento de resistência inicial muito rápido. É claro que o procedimento de mistura deve ser adequado, e, quando necessário, pode ser utilizado um aditivo retardador.[2.23] O cimento de pega regulada é vulnerável ao ataque por sulfatos devido ao seu elevado teor de aluminato de cálcio.[2.37]

Existem outros cimentos especiais com elevadíssimas resistências iniciais. Eles são vendidos com nomes registrados e sua composição não é divulgada. Por essas razões, não seria adequado ou viável abordá-los neste livro. Entretanto, para dar uma indicação de disponibilidade, pelo menos em alguns países, e comentar sobre o desempenho desses cimentos, será feita, a seguir, uma discussão sobre um deles, denominado aqui cimento X.

O cimento X é um cimento composto que consiste em aproximadamente 65% de cimento Portland com finura de 500 m²/kg, cerca de 25% de cinza volante da classe C e aditivos químicos funcionais não divulgados. Entre estes, provavelmente, estão o ácido cítrico, o carbonato de potássio e um superplastificante, mas não cloretos. O cimento é utilizado, normalmente, na quantidade de 450 kg por metro cúbico de concreto e com relação água/cimento aproximada a 0,25. O tempo de início de pega é de 30 minutos ou mais. Tem sido

---

* N. de R.T.: Sem tradução no Brasil.

divulgado que o concreto pode ser lançado em temperaturas um pouco abaixo do ponto de congelamento, mas é necessário o uso de isolamento térmico para reter o calor.

O desenvolvimento da resistência do concreto produzido com o cimento X é muito rápido, cerca de 20 MPa em quatro horas, e a resistência à compressão aos 28 dias é aproximada a 80 MPa. Diz-se que o concreto tem boa resistência a sulfatos e ao gelo e degelo, sem aditivo incorporador de ar. O último aspecto se deve à baixa relação água/cimento. A retração também tem sido divulgada como baixa.

Essas características tornam o cimento X adequado para reparos de urgência e, possivelmente, também para o concreto pré-moldado. Contudo, deve ser destacado que o cimento X tem um teor de álcalis aproximado a 2,4% (expresso em equivalente Na_2O) e se deve ter isso em mente no caso de uso de agregados alcalirreativos. Devido a sua alta reatividade e sua finura, é essencial armazená-lo em condições de baixíssima umidade.

Cimento Portland de baixo calor de hidratação

O aumento da temperatura no interior de uma grande massa de concreto devido à liberação do calor de hidratação do cimento, conjugado à baixa condutividade térmica do concreto, pode causar uma grave fissuração (página 411). Por essa razão, é necessário controlar a taxa de liberação de calor do cimento utilizado nessas estruturas, a fim de a promover a dissipação da maior parte do calor, resultando em menor elevação da temperatura.

O cimento com essas características foi produzido inicialmente nos Estados Unidos para a utilização em grandes barragens de gravidade e é conhecido como cimento Portland de baixo calor de hidratação (Tipo IV). Esse cimento, entretanto, não tem sido produzido no país.

No Reino Unido, o cimento de baixo calor de hidratação é normalizado pela BS 1370:1979, que limita o calor de hidratação do cimento a 250 J/g aos sete dias e a 290 J/g aos 28 dias de idade.

Os limites do teor de óxido de cálcio do cimento de baixo calor de hidratação, depois de corrigidos para cal combinada com SO_3, são:

$$\frac{CaO}{2,4(SiO_2) + 1,2(Al_2O_3) + 0,65(Fe_2O_3)} \leqslant 1$$

e

$$\frac{CaO}{1,9(SiO_2) + 1,2(Al_2O_3) + 0,65(Fe_2O_3)} \geqslant 1.$$

Os menores teores dos compostos de hidratação mais rápida, C_3S e C_3A, fazem com que esse cimento tenha menor velocidade de desenvolvimento de resistência do que o cimento Portland comum, mas a resistência final não é afetada. De qualquer forma, para garantir uma velocidade de desenvolvimento adequada, a superfície específica do cimento deve ser no mínimo igual a 320 m^2/kg. Na norma europeia BS EN 197-1:2000, não é feita distinção do cimento Portland de baixo calor de hidratação.

Nos Estados Unidos, o cimento Portland pozolânico Tipo P pode ser especificado como de baixo calor de hidratação. O cimento Portland pozolânico Tipo IP, por sua vez, pode ser tomado como de médio calor de hidratação, sendo identificado pelo sufixo MH. Esses cimentos são cobertos pela norma ASTM C 595-10.

Em algumas aplicações, o calor de hidratação muito baixo pode ser uma desvantagem, então um cimento denominado modificado (Tipo II) foi desenvolvido nos Estados Unidos. Esse cimento combina, com sucesso, uma taxa de liberação de calor um pouco mais elevada do que a do cimento de baixo calor de hidratação com um desenvolvimento de resistência similar ao do cimento Portland comum. O cimento modificado é recomendado para uso em estruturas em que seja desejável uma moderada geração de calor ou em que possa ocorrer um moderado ataque por sulfatos. Esse cimento é largamente utilizado nos Estados Unidos.

O cimento modificado, identificado como cimento Tipo II, e o cimento de baixo calor de hidratação (Tipo IV) são cobertos pela ASTM C 150-09.

Conforme já mencionado, o cimento Tipo IV não tem sido utilizado nos Estados Unidos há algum tempo. Outros meios têm sido empregados para tratar o problema de geração excessiva de calor de hidratação, como o uso de cinza volante ou pozolana e um consumo de cimento muito baixo. O cimento utilizado pode ser do Tipo II, com calor de hidratação de 290 J/g aos sete dias (citado como uma opção na ASTM C 150-09), similar aos 250 J/g do cimento Tipo IV.*

Cimento Portland resistente a sulfatos

Nas discussões sobre as reações de hidratação do cimento, em especial sobre o processo de pega, foram feitas menções à reação entre o C_3A e o sulfato de cálcio ($CaSO_4.2H_2O$) e à consequente formação de sulfoaluminato de cálcio. No cimento endurecido, o aluminato de cálcio hidratado pode reagir de modo semelhante com sulfatos existentes no meio externo. O resultado da reação é a formação de sulfoaluminato de cálcio no interior da estrutura da pasta de cimento hidratada. Como a fase sólida tem volume 227% maior, ocorre a desagregação progressiva do concreto. Um segundo tipo de reação é a que ocorre devido à troca de base entre o hidróxido de cálcio e os sulfatos, resultando na formação de sulfato de cálcio e no aumento de 124% do volume da fase sólida.

Essas reações são conhecidas como *ataques por sulfatos*, e os sais mais ativos são o sulfato de magnésio e o sulfato de sódio. O ataque por sulfatos é bastante acelerado quando acompanhado por ciclos de secagem e molhagem.

A solução está no uso de cimento com baixo teor de C_3A, denominado cimento Portland resistente a sulfatos. Para esse cimento, a norma britânica BS 4027:1996 estabelece o teor máximo de C_3A em 3,5%, sendo o teor de SO_3 limitado a 2,5%. Em relação aos demais aspectos, o cimento resistente a sulfatos é similar ao cimento Portland comum, mas não é tratado separadamente na BS EN 197-1:2000. Nos Estados Unidos, o cimento resistente a sulfatos é identificado como cimento Tipo V e é normalizado pela ASTM C 150-09. Essa norma limita o teor de C_3A a 5%, e o valor da soma do teor de C_4AF com o dobro do teor de C_3A é limitado a 25%. O teor de óxido de magnésio, por sua vez, é limitado a 6%. Também existe um cimento de moderada resistência a sulfatos (ASTM C 595-10).

---

* N. de R.T.: No Brasil, o cimento de baixo calor de hidratação é normalizado pela NBR 13116:1994, que estabelece que os cimentos normalizados (CP I, CP II, CP III, CP IV e CP V ARI) podem ser considerados como de baixo calor de hidratação, desde que os valores máximos de calor de hidratação liberado aos três e sete dias sejam, respectivamente, 260 J/g e 300 J/g. Esses cimentos são designados pela sigla e pela classe originais de seu tipo, acrescidos de "BC". A determinação do calor de hidratação é realizada pelo método da garrafa de Langavant, normalizada pela NBR 12006:1990.

O papel do C_4AF não está bem claro. Do ponto de vista químico, esperar-se-ia que o C_4AF formasse sulfoaluminato de cálcio, bem como sulfoferrito de cálcio, causando expansão. Entretanto, parece que a ação do sulfato de cálcio em cimento *hidratado* é tão menor quanto menor for a relação $Al_2O_3:Fe_2O_3$. Algumas soluções sólidas são formadas e são, comparativamente, menos passíveis de ataque. O ferrito tetracálcico é ainda mais resistente e pode formar uma película protetora sobre qualquer aluminato de cálcio livre.[2.6]

Como frequentemente a redução do teor de Al_2O_3 da matéria-prima não é viável, pode ser feita a adição de Fe_2O_3 à mistura, de modo que o teor de C_4AF aumente e o teor de C_3A diminua.[2.7]

Um exemplo de cimento com relação $Al_2O_3:Fe_2O_3$ muito baixa é o *cimento Ferrari*, em cuja fabricação parte da argila é substituída por óxido de ferro. Um cimento semelhante é produzido na Alemanha sob o nome *Erz cement*. Esse tipo de cimento também é chamado de *cimento de minério de ferro*.

O baixo teor de C_3A e o comparativamente baixo teor de C_4AF do cimento resistente a sulfatos implicam um alto teor de silicatos, resultando em um cimento de elevada resistência. Entretanto, como o C_2S representa uma grande proporção dos silicatos, a resistência inicial é baixa. O calor liberado pelo cimento resistente a sulfatos não é muito mais alto do que o referente ao cimento de baixo calor de hidratação. Poderia ser dito que, teoricamente, o cimento resistente a sulfatos é um cimento ideal, mas, devido às exigências em relação à sua matéria-prima, ele não pode ser produzido facilmente e apresenta alto custo.

Deve ser ressaltado que o uso de cimento resistente a sulfatos pode ser desaconselhado quando existe risco de presença de íons cloreto no concreto armado ou com outro tipo de aço no interior. A razão para isso é que o C_3A fixa os íons cloreto, formando cloroaluminato de cálcio. Assim, os íons não estariam disponíveis para iniciar a corrosão do aço. Esse tópico é discutido na página 592.

As especificações para o cimento resistente a sulfatos com baixo teor de álcalis estão estabelecidas na BS 4027:1996. Aqui, vale a pena destacar que um baixo teor de álcalis no cimento é benéfico em relação ao ataque por sulfatos, independentemente do teor de C_3A. A razão para isso é que um baixo teor de álcalis reduz a disponibilidade precoce dos íons sulfato para reação com o C_3A,[2.12] mas não se sabe se esse efeito persiste por bastante tempo.*

Cimento Portland branco e pigmentos

Em algumas ocasiões, para fins arquitetônicos, são necessários cimentos brancos ou em tons pastéis. Para a obtenção de melhores resultados, é recomendável a utilização de cimento branco com, obviamente, um agregado miúdo adequado e, caso a superfície

---

* N. de R.T.: Os cimentos resistentes a sulfatos são normalizados no Brasil pela NBR 5737:1992. São considerados resistentes a sulfatos: (a) os cimentos que apresentam teor de $C_3A \leq 8\%$ e teor de adições carbonáticas $\leq 5\%$ da massa do aglomerante total, e/ou (b) cimentos Portland de alto--forno (CP III) cujo teor de escória granulada de alto-forno esteja entre 60 e 70%, e/ou (c) cimentos Portland pozolânicos (CP IV) cujo teor de materiais pozolânicos esteja entre 25 e 40%, e/ou (d) cimentos que tenham antecedentes com base em resultados de ensaios de longa duração ou referências de obras que comprovadamente indiquem resistência a sulfatos. Os cimentos Portland resistentes a sulfatos são designados pela sigla original de seu tipo, acrescida de "RS".

vá receber tratamento, um agregado graúdo apropriado. O cimento branco é vantajoso pelo fato de não ser passível de manchamento por ter baixo teor de álcalis solúveis.

O cimento Portland branco é produzido a partir de matérias-primas que contêm baixíssimos teores de óxido de ferro (menos do que 0,3% em relação à massa de clínquer) e de magnésio. Normalmente se utiliza caulim, em conjunto com giz ou calcário, livres de determinadas impurezas. Para evitar a contaminação por cinza de carvão, é utilizado óleo ou gás como combustível para o forno. Já que o ferro atua como fundente no clínquer, sua ausência causa a necessidade de maior temperatura de forno (até 1.650 °C), mas algumas vezes se adiciona criolita (fluoreto de alumínio e sódio) como fundente.

Também deve ser evitada a contaminação do cimento por ferro durante a moagem do clínquer. Assim, em vez de se usar um moinho de bolas comum, utiliza-se um moinho revestido com pedra ou com cerâmica, sendo a moagem realizada com seixos, menos eficiente, ou com bolas de ligas de níquel e molibdênio, mais cara. O custo da moagem é, portanto, maior, e isso, somado às matérias-primas mais caras, torna o cimento branco bastante caro, cerca de três vezes o preço do cimento Portland comum.

Dessa forma, o cimento branco é frequentemente utilizado como um revestimento sobre um substrato de cimento comum, mas deve ser assegurada a aderência entre os dois concretos. Para a obtenção de bons resultados em relação à cor, em geral, utilizam-se concretos com elevado consumo de cimento e relação água/cimento limitada a 0,40. Em alguns casos, é possível a diminuição de custos substituindo-se, parcialmente, o cimento branco por escória de alto-forno, que é de cor bastante clara.

Rigorosamente falando, o cimento branco tem uma tonalidade levemente verde ou amarelada, dependendo das impurezas. Resíduos de cromo, manganês e ferro são os principais responsáveis, respectivamente, pela leve coloração esverdeada, verde-azulada e amarelada.[2.20]

Uma composição típica do cimento Portland branco é dada na Tabela 2.7, mas os teores de C_3S e de C_2S podem apresentar grande variação. O cimento branco tem a massa específica um pouco menor que o cimento Portland comum, em geral entre 3,05 e 3,10 g/cm^3. Em razão de o brilho da cor branca ser aumentado por uma finura maior do cimento, ele é, em geral, moído até uma finura entre 400 e 450 m^2/kg. A resistência do cimento Portland branco é, normalmente, um pouco menor do que a do cimento Portland comum, mas, apesar disso, o cimento branco atende às exigências da BS 12:1996.*

Também são produzidos cimentos brancos aluminosos, que serão analisados na página 106.

Quando é necessária uma cor em tom pastel, o cimento branco pode ser utilizado como base para a pintura. Como alternativa, podem ser adicionados pigmentos à betoneira. Esses materiais são pós de finura similar ou maior daquela do cimento e existem em uma grande variedade de cores. Por exemplo, óxidos de ferro produzem as cores amarela, vermelha, marrom e preta; o óxido de cromo resulta na cor verde; já o dióxido

---

* N. de R.T.: O cimento Portland branco é normalizado no Brasil pela NBR 12989:1993. É identificado pela sigla CPB, podendo ser estrutural ou não estrutural. O primeiro, segundo a norma, deve ser composto por clínquer branco + sulfato de cálcio (75 a 100%) e materiais carbonáticos (0 a 25%). Para o cimento não estrutural, os limites são: 50 a 74% de clínquer + sulfato de cálcio e 26 a 50% de materiais carbonáticos. O cimento estrutural está normalizado em três classes de resistência: 25, 32 e 40 MPa.

Tabela 2.7 Teor de compostos típicos do cimento Portland branco

Composto	Teor (%)
C_3S	51
C_2S	26
C_3A	11
C_4AF	1
SO_3	2,6
Álcalis	0,25

de titânio produz a cor branca.[2.38] É essencial que os pigmentos não afetem negativamente o desenvolvimento da resistência do cimento ou o ar incorporado. Por exemplo, o negro de fumo, sendo extremamente fino, aumenta a demanda de água e reduz o teor de ar da mistura. Por isso, nos Estados Unidos, alguns pigmentos são comercializados com agentes incorporadores de ar moídos em conjunto, o que deve ser levado em consideração no momento da dosagem da mistura.

A mistura de concreto com pigmentos não é comum devido à dificuldade em manter a uniformidade da cor no concreto resultante. Pode-se conseguir uma melhoria na dispersão do pigmento com a utilização de aditivos superplastificantes,[2.42] mas é fundamental verificar a compatibilidade de qualquer pigmento com os aditivos que serão utilizados. Em misturas que contêm sílica ativa, pigmentos de coloração clara podem não ter bons resultados devido à extrema finura da sílica ativa, que causa um efeito de mascaramento.

As especificações para os pigmentos são dadas pela BS EN 12878:2005. A norma ASTM C 979-05 abrange os pigmentos coloridos e brancos.* É recomendado que a resistência aos 28 dias seja de pelo menos 90% da resistência da mistura de referência, sem pigmento, e que a demanda de água não seja superior a 110% da mistura de referência. O tempo de pega não deve ser significativamente afetado pelo pigmento, e é fundamental que os pigmentos sejam insolúveis e não afetados pela luz.

Uma maneira mais eficiente de obter um concreto colorido uniforme e durável é utilizar cimento colorido, que consiste no cimento branco moído em conjunto com um pigmento (2 a 10%), em geral um óxido inorgânico. As especificações desses cimentos, um tanto quanto especiais, são dadas pelos seus fabricantes. Devido ao pigmento não ser um material cimentício, devem ser usadas misturas um pouco mais ricas. A utilização de concreto colorido foi estudada por Lynsdale & Cabrera.[2.38]

Para blocos de pavimentação, algumas vezes se aplica, antes do acabamento, um salgamento superficial** de uma mistura pronta constituída por pigmento, cimento e agregados miúdos duros.

---

* N. de R.T.: Não existe normalização brasileira para pigmentos destinados à produção de concreto colorido.

** N. de. R.T.: A expressão "salgamento superficial" é utilizada para a aplicação de produtos prontos por aspersão. A expressão original, *dry-shake*, também é empregada.

Cimento Portland de alto-forno

Os cimentos assim denominados consistem em uma mistura íntima de cimento Portland e escória granulada de alto-forno (segundo a terminologia da ASTM, somente escória). A escória é um resíduo da produção de ferro gusa, sendo produzidos cerca de 300 kg de escória por tonelada de ferro gusa. Quimicamente, a escória é uma mistura de óxido de cálcio, sílica e alumina, os mesmos óxidos que compõem o cimento Portland, mas não nas mesmas proporções. Também existem escórias não ferrosas, e sua utilização em concreto pode ser desenvolvida no futuro.[2.39]

A escória de alto-forno apresenta grande variação em sua composição e em sua estrutura física, dependendo do processo utilizado e do método de resfriamento. Para uso na produção de cimento de alto-forno, a escória deve ser resfriada de modo que se solidifique como um material vítreo, evitando-se, em grande parte, a cristalização. O resfriamento rápido pela água resulta na fragmentação, na forma de grãos, do material. Também pode ser utilizado o processo de peletização, que requer menor quantidade de água.

A escória pode produzir um material cimentício de várias maneiras. Inicialmente, pode ser usada em conjunto com calcário, como matéria-prima para a forma tradicional de produção de cimento pelo processo por via seca. O clínquer produzido a partir desses materiais com frequência é usado (em conjunto com a escória) no processo de produção de cimento Portland de alto-forno. Essa utilização da escória, que não precisa estar na forma vítrea, é economicamente interessante, já que o cálcio está presente na forma de CaO e, portanto, a energia necessária à descarbonatação (ver página 3) não é necessária.

Na segunda maneira, a escória granulada de alto-forno, moída em uma finura adequada, pode ser usada diretamente, com um ativador alcalino ou um agente iniciador, como material cimentício. Em outras palavras, a escória granulada de alto-forno é um material hidráulico.[2.41] Esse material é utilizado em argamassas para alvenaria e outras construções, mas o uso da escória de alto-forno pura está fora do escopo deste livro.

Na terceira maneira, a mais comum na maioria dos países, utiliza-se a escória no cimento Portland de alto-forno, conforme definido no parágrafo inicial desta seção. Esse tipo de cimento pode ser produzido tanto pela moagem conjunta do clínquer Portland e da escória granulada de alto-forno seca (além do sulfato de cálcio) quanto pela mistura seca do cimento Portland e da escória. Ambos os métodos são utilizados com sucesso, mas é importante destacar que a escória é mais dura do que o clínquer, o que deve ser levado em conta no processo de moagem. A moagem da escória em separado resulta em uma textura superficial mais lisa, o que é benéfico para a trabalhabilidade.[2.45]

Outro procedimento consiste na colocação da escória granulada de alto-forno seca na betoneira ao mesmo tempo que se coloca o cimento Portland, assim produzindo em campo o cimento Portland de alto-forno. Esse procedimento é normalizado pela BS 5328:1991 (cancelada e substituída pela BS EN 206-1:2000).

Um desenvolvimento belga é o *processo Trief,* em que a escória granulada de alto-forno úmida, em forma de pasta, é colocada diretamente na betoneira, junto com o cimento e os agregados. Evita-se, assim, o custo de secagem, e a moagem do material úmido resulta em uma maior finura do que a obtida com a moagem a seco com o mesmo gasto energético.

Não existem exigências detalhadas para os teores dos óxidos individuais da escória de alto-forno a ser utilizada no concreto, mas as seguintes porcentagens são consideradas satisfatórias no cimento:[2.54]

Óxido de cálcio   40 a 50
Sílica   30 a 40
Alumina   8 a 18
Óxido de magnésio   0 a 8.

Menores valores de óxido de cálcio e valores mais elevados de óxido de magnésio também são utilizados.[2.56] O óxido de magnésio não está na forma cristalina e, portanto, não resulta na expansão deletéria.[2.58] Pequenas quantidades de óxido de ferro, óxido de manganês, álcalis e enxofre também podem estar presentes.

A massa específica da escória de alto-forno é cerca de 2,90 g/cm^3, um pouco menor do que a do cimento Portland (cerca de 3,15 g/cm^3), o que afeta o valor da massa específica do cimento produzido pela mistura.

Quando o cimento Portland de alto-forno é misturado com a água, os componentes do cimento iniciam a hidratação antes, embora uma pequena parte da escória de alto-forno reaja de forma imediata, liberando íons de cálcio e alumínio na solução.[2.56] A escória então reage com o hidróxido alcalino, levando à reação com o hidróxido de cálcio liberado pelo cimento Portland e à formação de C-S-H.[2.56]

A norma europeia BS EN 197-1:2000 estabelece que a escória, para ser utilizada na produção de qualquer cimento composto, deve atender a certos requisitos. Segundo a BS 146:1996 e a BS 4246:1996, no mínimo 2/3 da escória deve ser vítrea. A soma de CaO, MgO e SiO$_2$ deve totalizar pelo menos 2/3 da massa total da escória, e a relação, em massa, entre a soma de CaO, MgO e SiO$_2$ precisa ser superior a 1,0. Esse valor garante uma alta alcalinidade, sem a qual a escória seria hidraulicamente inerte. Os grãos de escória têm forma angular, contrastando com a cinza volante. A norma BS EN 197-4:2004 não faz menção a esse aspecto.

A norma ASTM C 989-09a especifica que no máximo 20% da escória granulada de alto-forno seja maior do que a peneira de malha 45 μm, enquanto as normas britânicas não adotam essa exigência. A superfície específica da escória de alto-forno normalmente não é determinada, mas um aumento na finura do cimento Portland de alto-forno, acompanhado pela otimização do teor de SO$_3$, resulta no aumento da resistência. Quando a superfície específica é alterada de 250 para 500 m^2/kg (medida pelo método Blaine), a resistência é mais do que dobrada.[2.59]

A abordagem americana, dada pela ASTM C 989-09a, classifica a escória de alto-forno segundo sua atividade hidráulica. Essa determinação é realizada pela comparação da resistência de argamassas normalizadas contendo escória com a de argamassas puras de cimento Portland, sendo estabelecidos três níveis.

A norma europeia BS EN 197-1:2000 reconhece três classes de cimento Portland de alto-forno, denominadas cimento de alto-forno III/A, III/B e III/C. Todas admitem até 5% de fíler, mas as porcentagens de escória granulada de alto-forno, expressas como uma porcentagem do total de material cimentício (cimento Portland mais escória, excluídos o sulfato de cálcio e agentes auxiliares de fabricação) diferem. As porcentagens são as seguintes:

Classe III/A   36 a 65
Classe III/B   66 a 80
Classe III/C   81 a 95.

O cimento de alto-forno Classe III/C, em seu limite superior, é praticamente um cimento de escória pura e, conforme já citado, não será tratado neste livro.*

Cimentos com elevado teor de escória de alto-forno podem ser utilizados como cimentos de baixo calor de hidratação em lançamentos de grandes massas de concreto, em que é necessário o controle da temperatura, devido ao calor liberado pela hidratação inicial do cimento. Esse assunto é tratado na página 410. A norma BS 4246:2002 (substituída pela BS EN 197-4:2004) fornece uma opção para uma especificação do calor de hidratação pelo comprador. Não deve ser esquecido, entretanto, que a baixa liberação de calor está associada ao menor desenvolvimento da resistência. Portanto, em tempo frio, o baixo calor de hidratação do cimento de alto-forno, aliado ao moderadamente lento desenvolvimento da resistência, pode levar a danos por congelamento.

Os cimentos com escória de alto-forno são, com frequência, vantajosos do ponto de vista do ataque químico, questão discutida na página 694.

A atividade hidráulica da escória de alto-forno é condicionada por sua elevada finura, mas, da mesma forma que em outros cimentos, a finura dos cimentos Portland de alto-forno não é especificada nas normas britânicas. A única exceção é quando a escória e o cimento Portland são misturados a seco, sendo que, neste caso, a escória de alto-forno deve atender à BS 6699:1992 (1998). Na prática, a finura da escória granulada de alto-forno tende a ser maior do que a do cimento Portland.

Além dos cimentos Portland de alto-forno discutidos até agora, a BS EN 197-1:2000 cita dois cimentos contendo menores teores de escória. O cimento Classe II A-S contém entre 6 e 20% de escória, e no cimento Classe II B-S o teor de escória varia entre 21 e 35%, sendo os teores expressos em massa. Esses cimentos, denominados *cimentos Portland com escória*, fazem parte da grande variedade de cimentos da Classe II, todos constituídos principalmente por cimento Portland, mas misturados com outros materiais cimentícios (ver Tabela 2.4).**

As normas britânicas BS 146:1996 e BS 4246:1996 contêm algumas exigências adicionais e também classificam os cimentos segundo a resistência à compressão. A classificação é a mesma dos outros cimentos, mas é importante destacar que duas das classes do cimento Portland de alto-forno são subdivididas em categorias: baixa resistência inicial, resistência inicial comum e alta resistência inicial. Elas são um reflexo da velocidade de hidratação dos cimentos de alto-forno, já que, nas idades mais precoces, a velocidade de hidratação é mais baixa do que no caso do cimento Portland puro. A BS 4246:1996 estabelece que cimentos com teor de escória entre 50 e 85%, em massa, devem ter resistência à compressão mínima de apenas 12 MPa aos sete dias.

---

* N de R.T.: No Brasil, o cimento Portland de alto-forno é normalizado pela NBR 5735:1991 e tem o limite de escória estabelecido entre 35 e 70%. É permitido um teor de até 5% de fíler calcário, sendo o restante constituído por clínquer e sulfato de cálcio. Esse cimento é identificado como CP III, e estão normalizadas as classes de resistência de 25, 32 e 40 MPa.

** N de R.T.: No Brasil, existe o cimento Portland composto com escória (CP II E), com composição de 56 a 94% de clínquer Portland + sulfato de cálcio, 6 a 34% de escória de alto-forno e 0 a 10% de material carbonático. Esse cimento é normalizado pela NBR 11578:1991, versão corrigida 1997, e tem as classes de resistência de 25, 32 e 40 MPa.

Cimento supersulfatado

O cimento supersulfatado é produzido pela moagem conjunta de uma mistura de 80 a 85% de escória granulada de alto-forno com 10 a 15% de sulfato de cálcio (na forma totalmente desidratada ou anidrita) e até cerca de 5% de clínquer Portland. São comuns valores de finura entre 400 e 500 m^2/kg. O cimento supersulfatado é, portanto, bastante diferente do cimento Portland, cujo principal componente é o silicato de cálcio. O cimento deve ser armazenado em ambientes bastante secos, ou se deteriora rapidamente.

O cimento supersulfatado é muito utilizado na Bélgica, onde é conhecido como *ciment métallurgique sursulfaté*, e na França, e era fabricado na Alemanha (com a denominação *Sulfathüttenzement*). No Reino Unido, era normalizado pela BS 4248:2004 (cancelada), mas, devido às dificuldades de produção, sua fabricação foi encerrada. A norma europeia para o cimento supersulfatado é a BS EN 15743:2010, que estabelece as exigências físicas e químicas.

O cimento supersulfatado tem alta resistência à água do mar e pode suportar as maiores concentrações de sulfatos normalmente observadas em solos ou águas subterrâneas, sendo também resistente a ácidos húmicos e óleos. Foram observados concretos com relação água/cimento limitada a 0,45 que não se deterioraram quando em contato com soluções fracas de ácidos minerais de pH inferior a 3,5. Por isso, o cimento supersulfatado é utilizado na construção de redes de esgoto e em solos contaminados, embora tenha sido sugerido que ele é menos resistente do que o cimento Portland resistente a sulfatos quando a concentração de sulfatos é maior do que 1%.[2.31]

O cimento supersulfatado tem calor de hidratação bastante baixo, cerca de 170 a 190 J/g aos sete dias e de 190 a 210 J/g aos 28 dias.[2.6] É um cimento adequado, portanto, para construções em concreto massa, mas devem ser tomadas precauções em caso de utilização em tempo frio, pois o desenvolvimento da resistência é bastante reduzido em baixas temperaturas. A velocidade de endurecimento do cimento supersulfatado aumenta com temperaturas de até 50 °C, mas se observou um comportamento anômalo em temperaturas mais elevadas. Dessa forma, não se deve utilizar cura a vapor com temperatura superior a 50 °C sem ensaios prévios. Deve-se destacar, ainda, que o cimento supersulfatado não deve ser misturado com cimentos Portland, já que o hidróxido de cálcio liberado pela hidratação do cimento Portland interfere na reação entre a escória e o sulfato de cálcio.

É essencial a cura úmida por pelo menos quatro dias após a moldagem, já que a secagem precoce resulta em uma camada superficial friável ou pulverulenta, especialmente em tempo quente. Entretanto, a espessura dessa camada não aumenta com o tempo.

O cimento supersulfatado se combina quimicamente com maior quantidade de água do que a requerida para a hidratação do cimento Portland, então não devem ser produzidos concretos com relação água/cimento inferior a 0,40. Misturas mais pobres do que 1:6 não são recomendadas. Há relatos de que a diminuição da resistência causada pelo aumento da relação água/cimento é menor do que com outros cimentos, mas, como o desenvolvimento da resistência inicial depende do tipo de escória utilizado na fabricação do cimento, é recomendável determinar suas reais características de resistência antes do uso. Valores típicos, passíveis de serem alcançados, são apresentados na Tabela 2.8. A BS EN 15743:2010 especifica três classes de resistência: 32,5, 42,5 e 52,5.

Tabela 2.8 Valores típicos da resistência de cimento supersulfatado[2.6]

Idade (dias)	Resistência à compressão	
	Ensaios normalizados em argamassa	Ensaios normalizados em concreto
	MPa	MPa
1	7	5–10
3	28	17–28
7	35–48	28–35
28	38–66	38–45
6 meses	—	52

Pozolanas

Um dos materiais comuns classificados neste livro como cimentícios (embora, na realidade, de forma latente) é a pozolana, um material natural ou artificial que contém sílica em forma reativa. Uma definição mais formal é dada pela ASTM 618-08a, que descreve a pozolana como um material silicoso ou sílicoaluminoso que, por si só, possui pouca ou nenhuma atividade cimentícia, mas que, quando finamente moído e na presença de umidade, reage quimicamente com o hidróxido de cálcio a temperaturas ambientes, formando compostos cimentícios. É essencial que a pozolana esteja finamente moída, pois somente assim a sílica pode se combinar com o hidróxido de cálcio (produzido pelo cimento Portland em hidratação) na presença de água para formar silicatos de cálcio estáveis com propriedades cimentícias. Deve-se destacar que a sílica precisa ser amorfa, ou seja, vítrea, já que a sílica cristalina tem baixíssima reatividade. O teor da sílica vítrea pode ser determinado por espectroscopia de raios X ou por dissolução em ácido clorídrico e hidróxido de potássio.[2.24]

Amplamente falando, os materiais pozolânicos podem ser de origem natural ou artificial. O principal material pozolânico artificial, a cinza volante, será analisado na próxima seção.

As pozolanas naturais mais encontradas são: cinza vulcânica (a pozolana original), pumicita, cherts e folhelhos opalinos, terras diatomáceas calcinadas e argila calcinada. A ASTM C 618-08a classifica esses materiais como Classe N.*

Algumas pozolanas naturais podem gerar problemas por suas propriedades físicas, como as terras diatomáceas, que, devido à sua forma angular e porosa, exigem maior

---

* N. de R.T.: A definição dada pela NBR 12653:2014, versão corrigida 2015, é semelhante à da ASTM 618-08a. São definidos como pozolânicos os seguintes materiais: pozolanas naturais, pozolanas artificiais, argilas calcinadas, cinzas volantes e outros materiais não classificados anteriormente, mas que apresentem atividade pozolânica. Esses materiais são divididos pela NBR 12653:2014, versão corrigida 2015, em três classes, N, C e E, respectivamente: materiais naturais e artificiais que obedeçam aos requisitos da norma citada, cinza volante produzida pela queima de carvão em usinas termoelétricas que atendam aos requisitos da norma e, na Classe E, qualquer pozolana cujos requisitos difiram das classes anteriores e atendam aos requisitos da norma citada.

quantidade de água. Certas pozolanas naturais têm suas atividades melhoradas pela calcinação em temperaturas entre 550 e 1.100 °C, dependendo do material.[2.63]

As cinzas de casca de arroz são um resíduo natural, e há interesse em seu uso no concreto. Elas têm um teor elevado de sílica, e a queima controlada em temperaturas entre 500 e 700 °C origina um material amorfo com estrutura porosa, resultando em uma superfície específica (medida por adsorção de nitrogênio) que pode chegar a 50.000 m^2/kg, mesmo que o grão seja grande, entre 10 e 75 μm.[2.26] Os grãos de cinza de casca de arroz têm formas complexas, refletindo suas plantas originais,[2.27] e, consequentemente, demandam grande quantidade de água, a menos que sejam moídos em conjunto com o clínquer para quebrar a estrutura porosa.

Tem sido observado que a cinza de casca de arroz contribui para a resistência do concreto já entre um e três dias de idade.[2.26]

Entretanto, para se alcançar a trabalhabilidade adequada, bem como elevada resistência, pode ser necessária a utilização de aditivos superplastificantes,[2.28] o que vai de encontro às vantagens econômicas do uso da cinza de casca de arroz em regiões menos desenvolvidas do mundo, onde a coleta desse material para processamento também é problemática. Embora não confirmado, o uso da cinza de casca de arroz pode causar aumento da retração.[2.80]

Existem ainda outros materiais constituídos de sílica amorfa obtidos por processamento. Um deles, o *metacaulim*, é resultado da calcinação de argila caulinítica, pura ou refinada, em temperaturas entre 650 e 850 °C, seguida da moagem até a finura entre 700 e 900 m^2/kg. O material resultante possui elevada pozolanicidade.[2.53, 2.60]

Kohno *et al.*[2.61] sugeriram o uso de argila silicosa, moída a grande finura (superfície específica entre 4.000 e 12.000 m^2/kg, determinada pela adsorção de nitrogênio), como uma pozolana altamente reativa.

Para uma avaliação da atividade pozolânica com cimento, a ASTM C 311-07 prescreve a determinação do *índice de desempenho com cimento Portland*. Ele é estabelecido pela determinação da resistência de uma argamassa com um teor especificado de substituição do cimento por pozolana. O resultado do ensaio é influenciado pelo cimento utilizado, especialmente pela finura e pelo teor de álcalis.[2.25] Também existe o *índice de atividade pozolânica com cal*, que determina a atividade pozolânica total.*

A pozolanicidade dos cimentos pozolânicos, ou seja, dos cimentos que contêm, segundo a BS EN 197-1:2000, entre 11 e 55% de pozolana e sílica ativa, é verificada conforme recomendações da BS EN 196-5:2005. O ensaio compara a quantidade de hidróxido de cálcio presente na fase líquida em contato com o cimento pozolânico hidratado com a quantidade de Ca(OH)$_2$ capaz de saturar um meio de mesma alcalinidade. Se a primeira concentração for menor do que a segunda, considera-se a pozolanicidade do cimento como satisfatória. O método está baseado no princípio de que a atividade pozolânica consiste na fixação do hidróxido de cálcio pela pozo-

---

* N. de R.T: Para a tradução do texto original, *strength activity index*, foi adotada a denominação desse parâmetro no ensaio similar normalizado pela NBR 5752:2014^a, norma brasileira que estabelece o uso de cimento Portland do tipo CP II-F 32. O ensaio com cal, no texto original, determina o *pozzolanic activity index*. No Brasil, esse ensaio é normalizado pela NBR 5751:2012 e determina o índice de atividade pozolânica com cal.

lana, de modo que, quanto menor a quantidade de hidróxido de cálcio resultante, maior a pozolanicidade.*

A pozolanicidade ainda não é totalmente compreendida. Sabe-se que a superfície específica e a composição química desempenham importante papel, mas o problema é complexo, em virtude de elas serem inter-relacionadas. Especula-se que, além da reação com o $Ca(OH)_2$, as pozolanas também reajam com o C_3A ou com seus produtos de hidratação.[2.76] Uma boa revisão sobre pozolanicidade foi elaborada por Massazza & Costa.[2.77]

Existe ainda outro material, a sílica ativa, que, na realidade, é uma pozolana artificial, mas suas propriedades a caracterizam como uma classe própria. Devido a isso, a sílica ativa será tratada em uma seção específica (ver página 89).

Cinza volante

A cinza volante, conhecida como *cinza volante pulverizada*, é a cinza precipitada elétrica ou mecanicamente a partir dos gases de combustão de usinas termoelétricas a carvão mineral. As partículas de cinza volante são esféricas (o que é considerado vantajoso do ponto de vista da demanda de água) e têm finura muito elevada. A maioria das partículas tem diâmetro variando entre menos do que 1 e 100 μm, e a superfície específica medida pelo método Blaine normalmente varia entre 250 e 600 m^2/kg. Este valor elevado implica pronta disponibilidade para a reação com o hidróxido de cálcio.

A superfície específica da cinza volante não é de fácil determinação, porque, no ensaio de permeabilidade ao ar, as partículas esféricas se acomodam de forma mais compacta do que as partículas de formas irregulares do cimento, fazendo a resistência ao ar da cinza volante ser maior. Por outro lado, as partículas porosas de carbono na cinza permitem o fluxo de ar através delas, resultando em um valor de fluxo de ar, ilusoriamente, elevado.[2.62] Além disso, a determinação da massa específica da cinza volante (que entra no cálculo da superfície específica, ver página 22) é influenciada pela presença de esferas ocas (cujas massas específicas podem ser inferiores a 1,0 g/cm^3).[2.62] No outro extremo, algumas pequenas partículas que contêm magnetita ou hematita possuem elevada massa específica. O valor típico da massa específica da cinza volante é de 2,35 g/cm^3. A determinação da superfície específica da cinza volante tem uma importante função na detecção de sua variabilidade.[2.64]

A classificação americana da cinza volante, dada pela ASTM C 618-08a, é baseada no tipo de carvão que a originou. A cinza volante mais comum vem do carvão betuminoso, é principalmente silicosa e é identificada como cinza volante Classe F.

Carvão sub-betuminoso e lignita resultam em uma cinza com elevado teor de cálcio, denominada cinza volante Classe C. Isso será analisado posteriormente nesta seção.

A atividade pozolânica da cinza Classe F não é objeto de dúvida, mas é essencial que a finura e o teor de carbono sejam constantes. Como as partículas de carbono tendem a ser maiores, frequentemente esses dois fatores são interdependentes. Caldeiras modernas produzem cinza volante com teor de carbono aproximado a 3%, mas valores muito mais elevados são encontrados em usinas mais antigas. Considera-se que o teor

---

* N. de R.T.: A NBR 5753:2010 estabelece os critérios para a determinação da pozolanicidade para o cimento Portland pozolânico utilizando o método da comparação do teor de cal na solução.

de carbono seja igual à perda ao fogo, embora esta inclua a água combinada ou o CO_2 fixado presente.[2.64] A norma britânica BS EN 450-01:2005 1:1997 especifica o valor máximo de 12% para o resíduo na peneira 45 µm, parâmetro interessante para a classificação em relação às dimensões.

As principais exigências da ASTM C 618-08a são: teor mínimo conjunto de sílica, alumina e óxido de ferro igual a 70%; SO_3 limitado a 5%; e perda ao fogo de no máximo 10%. Para controlar qualquer reação álcali-agregado, a expansibilidade da mistura com cinza volante não deve exceder a obtida aos 14 dias na mistura de referência produzida com cimento de baixo teor de álcalis. A BS 3892-1:1997 determina, entre outras exigências, teor máximo de SO_3 de 2,5%, e não é mais estabelecida uma limitação do teor de MgO, devido a ele estar presente em forma não reativa.*

Deve ser destacado que a cinza volante pode afetar a cor do concreto produzido, tornando-o mais escuro devido ao carbono presente. Esse pode ser um fator importante do ponto de vista estético, em especial quando concretos com e sem cinza são aplicados lado a lado.

No que se refere à cinza volante Classe C, rica em cálcio e derivada da lignita, pode-se, eventualmente, admitir um teor de óxido de cálcio de até 24%.[2.63] As cinzas com alto teor de cálcio podem ter algumas propriedades cimentícias (hidráulicas) por si só, mas, como o cálcio reage com parte da sílica e da alumina, existirá uma menor quantidade desses componentes disponível para reagir com o hidróxido de cálcio liberado pela hidratação do cimento. O teor de carbono é baixo, a finura é elevada e a coloração é clara, mas o teor de MgO pode ser alto, e parte do composto, bem como do óxido de cálcio, pode causar expansões deletérias. O desenvolvimento da resistência, entretanto, não tem uma relação simples com a temperatura, sendo satisfatório na faixa de 120 a 150 °C, mas não a aproximadamente 200 °C, quando os produtos da reação são substancialmente diferentes.[2.55]

Cimentos pozolânicos

Como as pozolanas são um material com hidraulicidade latente, elas sempre são utilizadas em conjunto com o cimento Portland. Os dois materiais podem ser moídos conjuntamente ou misturados, sendo, em algumas ocasiões, misturados na betoneira. As possibilidades são, portanto, similares às da escória granulada de alto-forno (ver página 81). As pozolanas mais utilizadas são as cinzas volantes silicosas (Classe F).

A norma europeia BS EN 197-1:2000 estabelece duas subclasses de *cimento Portland de cinza volante*: a Classe II/A-V, com teor de cinza volante entre 6 e 20%, e a Classe II/B-V, com teor de cinza volante entre 21 e 35%. A norma britânica para cimentos Portland com cinza volante pulverizada, BS 6588:1996, apresenta valores um pouco diferentes, sendo o teor máximo igual a 40%. Não há um grande significado em estabelecer um limite máximo do teor de cinza volante, entretanto, a BS 6610:1991

---

* N. de R.T.: Conforme já citado, a NBR 12653:2014, versão corrigida 2015, classifica os materiais pozolânicos em três classes (N, C e E), sendo que as cinzas volantes correspondem à Classe C. Os limites estabelecidos para a soma de $SiO_2 + Al_2O_3 + Fe_2O_3$ e para o teor de SO_3 são os mesmos determinados pela ASTM C 618-08a. A perda ao fogo deve ser de no máximo 6%, e o material retido na peneira 45 µm, de no máximo 34%. A reatividade com álcalis do cimento é uma exigência aplicável quando especificada pelo comprador.

determina um teor de cinza volante ainda maior, 53%, no cimento denominado *cimento pozolânico*. Da mesma forma que o cimento de alto-forno (ver página 83), o cimento pozolânico tem baixa resistência aos sete dias (mínimo de 12 MPa) e também aos 28 dias (mínimo de 22,5 MPa). Uma vantagem é a baixa liberação de calor, de modo que o cimento pozolânico é um cimento de baixo calor de hidratação. Além disso, apresenta alguma resistência ao ataque por sulfatos e por ácidos fracos.*

Sílica ativa

A sílica ativa é relativamente nova entre os materiais cimentícios, tendo sido introduzida inicialmente como uma pozolana. No entanto, sua atuação no concreto não é somente a de uma pozolana muito reativa, mas também é benéfica em outros aspectos (ver página 697). Deve ser dito, entretanto, que a sílica ativa tem custo elevado.

A sílica ativa também é denominada *microssílica, fumo de sílica* ou *fumo de sílica condensado*. É um resíduo da produção de silício ou de ligas de ferrossilício, obtido a partir de quartzo de alto grau de pureza e de carvão em forno elétrico a arco submerso. O SiO_2 gasoso que se libera sofre oxidação e se condensa na forma de partículas esféricas extremamente finas de sílica amorfa (SiO_2), daí o nome fumo de sílica.** A sílica na forma vítrea (amorfa) é altamente reativa, e as dimensões mínimas de suas partículas aceleram a reação com o hidróxido de cálcio produzido pela hidratação do cimento Portland. As diminutas partículas da sílica ativa podem entrar nos espaços entre as partículas de cimento, melhorando o empacotamento. Quando o forno tem um sistema eficiente de recuperação de calor, a maior parte do carbono é queimada, de modo que a sílica ativa é praticamente isenta de carbono e tem cor clara. Fornos sem sistemas de recuperação completa de calor deixam resíduos de carbono no material, resultando em uma coloração mais escura.

A produção de ligas de silício incluindo metais não ferrosos, como o ferrocromo, o ferromanganês e o ferromagnésio, também resultam na formação da sílica ativa, mas sua adequação ao uso em concreto ainda não foi determinada.[2.67]

As ligas de ferrossilício usuais têm teores nominais de sílica de 50, 75 e 90%, e quando o teor é de 48%, o produto é denominado silício metálico. Quanto maior o teor de silício na liga, maior o teor de sílica no resíduo resultante. Como o mesmo forno é capaz de produzir diferentes ligas, é importante conhecer a procedência da sílica ativa a ser utilizada no concreto. Em especial, a liga com teor de 50% de silício resulta em um resíduo com cerca de apenas 80% de sílica. Porém, a produção constante de determina-

---

* N. de R.T.: O cimento Portland pozolânico é normalizado no Brasil pela NBR 5736:1991, versão corrigida 1999. É identificado como CP IV, e estão normalizadas as classes de resistência de 25 e 32 MPa. O teor de material pozolânico é estabelecido entre 15 e 50%, sendo permitido um teor máximo de 5% de fíler calcário e o restante constituído por clínquer e sulfato de cálcio. Os valores de resistência mínima para a classe 32 MPa para três e sete dias são, respectivamente, 10 e 20 MPa. A NBR 11578: 1991, versão corrigida 1997, normaliza os cimentos compostos, entre eles o cimento Portland com pozolana, CP II-Z, que tem estabelecida a seguinte composição: clínquer Portland + sulfato de cálcio (76 a 94%), material pozolânico (6 a 14%) e material carbonático (0 a 10%).

** N. de R.T.: No original, o material é denominado *"silica fume"*. No Brasil, a denominação adotada pela norma NBR 13956-1:2012 é sílica ativa, sendo, então, esse o nome utilizada no restante do livro.

da liga gera sílica ativa com propriedades constantes.[2.66] Os teores típicos de sílica (%) são: silício metálico, 94 a 98; ferrossilício 90, 90 a 96; e ferrossilício 75, 86 a 90.[2.66]

A massa específica da sílica ativa é, geralmente, igual a 2,20 g/cm^3, mas é um pouco maior quando o teor de sílica é menor.[2.66] Para fins de comparação, a massa específica do cimento Portland é de 3,15 g/cm^3. As partículas de sílica ativa são extremamente finas, e a maior parte delas tem diâmetro entre 0,03 e 0,3 μm. O diâmetro médio é menor do que 0,1 μm. A superfície específica de um material tão fino não pode ser determinada pelo método Blaine. A adsorção de nitrogênio indica um valor da área específica em torno de 20.000 m^2/kg, que é de 13 a 20 vezes maior do que a superfície específica de outros materiais pozolânicos, determinada pelo *mesmo* método.

Sendo um material tão fino, a sílica ativa tem uma massa unitária muito baixa, entre 200 e 300 kg/m^3. Como seu manuseio é difícil e caro, ela é disponibilizada densificada, na forma de micropéletes, que são aglomerados de partículas individuais (produzidos por aeração), com massa unitária entre 500 e 700 kg/m^3. Outra forma disponível de sílica ativa é como uma pasta constituída de parte iguais, em massa, de água e sílica ativa. A massa específica da pasta varia entre 1.300 e 1.400 kg/m^3. A pasta é estabilizada, e verificou-se que tem um pH aproximado a 5,5, mas isso não influencia seu uso em concreto.[2.68] É necessária a agitação periódica para manter uniforme a distribuição da sílica ativa na pasta. Podem ser incluídos aditivos como redutores de água, superplastificantes ou retardadores na pasta.[2.69]

Cada uma das diferentes formas de disponibilização da sílica ativa tem vantagens operacionais, e todas podem ser utilizadas com sucesso. Afirmações de efeitos benéficos significativos de uma ou outra forma em relação ao concreto resultante não foram comprovadas.[2.70]

Embora a sílica ativa seja normalmente incorporada à mistura na betoneira, em alguns países são produzidos cimentos compostos com sílica ativa, normalmente entre 6,5 e 8%, em massa.[2.71] Esses cimentos facilitam as operações de proporcionamento, mas, obviamente, o teor de sílica no total de material cimentício não pode ser variado para atender a necessidades específicas.

Existem poucas normas para a sílica ativa ou para sua utilização em concreto. A ASTM C 1240-05 estabelece as exigências para a sílica ativa em cimentos compostos, mas a ASTM C 618a, por seu título, as exclui. De fato, o item sobre demanda de água dessa norma pode não ser atendido pela sílica ativa.*

Fílers

Na classificação de cimentos Portland compostos (ver página 66), foi citado que os fílers podem ser adicionados até determinado teor máximo. De fato, há algum tempo os fílers têm sido utilizados em vários países, mas apenas recentemente seu uso foi autorizado no Reino Unido.

Fíler é um material finamente moído, aproximadamente da mesma finura do cimento Portland, que, graças a suas propriedades físicas, exerce um efeito benéfico em

---

* N. de R.T.: No Brasil, a sílica ativa é normalizada pelas normas NBR 13956-1 a 4:2012, sendo que a primeira parte estabelece os requisitos exigidos, a segunda parte aborda os ensaios químicos, a terceira estabelece o método para determinação do índice de desempenho e a última trata da determinação da finura pela peneira 45 μm.

algumas propriedades do concreto, como trabalhabilidade, massa específica, permeabilidade, capilaridade, exsudação e tendência à fissuração. Os fílers são, em geral, quimicamente inertes, mas isso não é uma desvantagem caso eles possuam algumas características hidráulicas ou reajam de maneira não prejudicial com os produtos da pasta de cimento hidratada. De fato, Zielinska[2.44] observou que o $CaCO_3$, que é um fíler comum, reage com o C_3A e o C_4AF, produzindo $3CaO.Al_2O_3.CaCO_3.11H_2O$.

Os fílers podem intensificar a hidratação do cimento Portland, agindo como pontos de nucleação. Esse efeito foi observado em concreto contendo cinza volante e dióxido de titânio na forma de partículas menores do que 1 μm.[2.72] Ramachandran[2.74] constatou que, além do papel de nucleação na hidratação do cimento, o $CaCO_3$ é parcialmente incorporado à fase C-S-H, sendo esse efeito benéfico à estrutura da pasta de cimento hidratada.

Os fílers podem ser materiais de origem natural ou obtidos a partir do processamento de minerais inorgânicos. O essencial é que eles têm propriedades uniformes, especialmente finura. Eles não devem aumentar a demanda de água quando utilizados no concreto, a menos que utilizados com um aditivo redutor de água, nem afetar negativamente a resistência do concreto ao intemperismo ou a proteção dada à armadura pelo concreto. Obviamente, eles não devem causar a diminuição da resistência do concreto em longo prazo, mas esse problema não foi observado.

Devido à ação dos fílers ser predominantemente física, deve existir compatibilidade física com o cimento com que estão misturados. Como o fíler é mais brando do que o clínquer, é preciso moer o material composto por mais tempo, a fim de garantir a presença de uma parte de partículas com maior finura, que são necessárias para as resistências iniciais.

Embora a BS EN 197-1 limite o teor de fíler a 5%, é permitido o uso de calcário em até 35%, desde que garantido que o restante do material cimentício seja constituído somente de cimento Portland. Esse cimento é conhecido como *cimento Portland de calcário* (Classe II/B-L). Como o calcário é um tipo de fíler, pode ser dito que esse cimento tem um teor de fíler de até 35%. Pode-se imaginar que, para alguns usos, os cimentos compostos com teor de fíler de 15%, ou mesmo 20%, sejam comuns no futuro. Um teor mais elevado de fíler pode ocasionar uma diminuição da resistência do concreto, por exemplo, 10% a menos de resistência para um teor de fíler de 10% e 12% de perda de resistência para 20% de fíler.[1.97] Essas perdas podem ser compensadas por uma diminuição da relação entre a água e o total de material aglomerante (a/agl).*

Outros cimentos

Dentre inúmeros cimentos desenvolvidos para fins especiais, um que merece atenção é o *cimento bactericida*. Trata-se de um cimento Portland com moagem conjunta de agentes bactericidas que previnem a fermentação microbiológica. Essa ação bacteriológica é

---

* N. de R.T.: No Brasil, o cimento Portland composto com fíler é normalizado pela NBR 11578:1991, versão corrigida 1997, e a composição permitida é de 90 a 94% de clínquer Portland + sulfato de cálcio e 6 a 10% de material carbonático. O material carbonático é definido como materiais finamente divididos, constituídos principalmente de carbonato de cálcio ($CaCO_3$). Esses cimentos têm classes de resistência de 25, 32 e 40 MPa. Conforme já citado, é permitida a adição de material carbonático em outros tipos de cimento no Brasil. O teor de até 5% é permitido nos cimentos CP I-S, CP III, CP IV e CP V-ARI. Para os cimentos CP II-E e CP II-Z, o teor máximo é de 10%, e para o cimento Portland branco, esse teor chega a 34% para o cimento estrutural e a 50% para o não estrutural.

observada em pisos de concreto de indústrias alimentícias, onde a lixiviação do cimento por ácidos é seguida pela fermentação causada por bactérias na presença de umidade. O cimento bactericida pode ser também utilizado com sucesso em piscinas e em outros locais onde possam existir bactérias e fungos.

Outro cimento especial, denominado *cimento hidrófugo*, apresenta baixa deterioração durante o armazenamento prolongado sob condições adversas. Esse cimento é obtido pela moagem conjunta de cimento Portland com 0,1 a 0,4% de ácido oleico, embora possam também ser utilizados o ácido esteárico ou o pentaclorofenol.[2.10] Essas adições melhoram a moabilidade do clínquer, provavelmente devido às forças eletrostáticas resultantes da orientação polar das moléculas do ácido na superfície das partículas de cimento. O ácido oleico reage com os álcalis do cimento e forma oleatos de sódio e cálcio, que, por sua vez, criam espuma e causam um efeito incorporador de ar. Caso isso não seja desejado, deve ser adicionado um agente desincorporador de ar, como o fosfato de tri-n-butila, durante a moagem.[2.11]

As propriedades hidrófugas são devidas à formação de uma película repelente à água ao redor de cada partícula de cimento. Essa película é rompida durante a mistura do concreto, ocorrendo, normalmente, a hidratação, mas havendo um prejuízo para as resistências iniciais.

O cimento hidrófugo tem aparência similar ao cimento Portland comum, mas possui um odor característico de mofo. Durante o manuseio, esse cimento se apresenta mais fluido do que outros cimentos Portland.

O *cimento de alvenaria*, utilizado em argamassas de assentamento de alvenaria, é produzido pela moagem conjunta de cimento Portland, calcário e um aditivo incorporador de ar ou, alternativamente, cimento Portland, cal hidratada, escória granulada ou um fíler inerte e um aditivo incorporador de ar. Outros ingredientes também estão normalmente presentes. Os cimentos de alvenaria produzem argamassas mais plásticas do que as feitas com cimento Portland comum. Eles têm ainda uma grande capacidade de retenção de água e resultam em menor retração. A resistência dos cimentos de alvenaria é menor do que a do cimento Portland comum, principalmente devido ao elevado teor de ar que é incorporado, mas a baixa resistência é, geralmente, uma vantagem em obras de alvenaria. O cimento de alvenaria não deve ser utilizado em concreto estrutural. Sua especificação é dada pela ASTM C 91-05.*

Podem ser citados três outros cimentos. O primeiro é o *cimento expansivo*, que tem a propriedade de expansão nas primeiras idades para equilibrar a contração causada pela retração por secagem. Por esse motivo, ele será analisado no Capítulo 9.

O segundo é o *cimento para poços petrolíferos*. Trata-se de um produto altamente especializado, baseado no cimento Portland, utilizado em grautes ou pastas que serão bombeadas a profundidades de centenas de metros na crosta terrestre, onde a temperatura pode exceder 150 °C e a pressão pode chegar a 100 MPa. Esses valores são típicos de profundidades de cerca de 5.000 m, mas furos de prospecção em profundidades de 10.000 m já foram executados e grauteados.

---

* N. de R.T.: No Brasil, não é mais produzido cimento de alvenaria. Esse cimento era normalizado pela NBR 10907:1990, cancelada em 2002.

Os cimentos a serem utilizados nessas condições não devem entrar em pega antes de alcançar grandes distâncias, mas devem ganhar resistência rapidamente, a fim de permitir a continuidade das operações de perfuração. Além disso, com frequência é exigida resistência a sulfatos. O American Petroleum Institute, responsável pelas especificações dos cimentos para poços petrolíferos, estabelece diversas classes desses cimentos.[2.21]

Essencialmente, os cimentos para poços petrolíferos devem ter algumas características especiais: (a) uma finura apropriada (para "reter" uma grande quantidade de água); (b) aditivos retardadores ou aceleradores (ver Capítulo 5); (c) redutores de atrito (para melhorar a fluidez); (d) adições leves (como a bentonita) ou pesadas (como a barita ou a hematita), para diminuir ou aumentar a massa específica do graute; e (e) material poazolânico ou sílica ativa (para aumentar a resistência às altas temperaturas).*

Finalmente deve ser mencionado o *cimento natural*. Essa é a denominação dada ao cimento obtido por calcinação e moagem de calcário argiloso**, com teor de argila de até 25%. O cimento resultante é similar ao cimento Portland e é, de fato, um produto intermediário entre o cimento Portland e a cal hidráulica. Devido ao cimento natural ser calcinado a temperaturas muito baixas para ocorrer a sinterização, ele praticamente não contém C_3S e, assim, tem endurecimento lento. Os cimentos naturais têm qualidade bastante variável, já que o ajuste da composição por meio da mistura não é possível. Por esse motivo, bem como por razões econômicas, eles raramente são utilizados atualmente.

Escolha do cimento a utilizar

A grande variedade de tipos (conforme a nomenclatura americana) ou classes (segundo a classificação europeia) de cimentos e, acima de tudo, de materiais cimentícios e outros materiais utilizados nos cimentos compostos pode resultar em um dilema de grandes proporções. Qual é o melhor cimento? Qual cimento deve ser usado para determinado fim?

Não existe uma resposta simples para essas questões, mas uma abordagem racional pode levar a resultados satisfatórios.

Em primeiro lugar, nenhum cimento é o melhor em todas as situações. Mesmo se o custo for ignorado, o cimento Portland comum não é imbatível, embora no passado ele tenha sido, por interesses comerciais, alardeado como um produto puro, sem adulterações. Por volta de 1985, cerca de metade de todos os cimentos produzidos na Europa Ocidental e na China eram compostos. Na Índia e na extinta União Soviética, esse valor chegava a 2/3 da produção, mas na América do Norte e no Reino Unido,[2.29] a proporção era mínima, possivelmente devido à pressão da indústria cimenteira nessas regiões.

Nas décadas de 1980 e de 1990, observou-se um crescimento regular na utilização de cimentos compostos, e pode-se dizer que eles eventualmente serão os mais usados em todo o mundo. Conforme Dutron,[2.29] "os cimentos Portland puros serão tidos como cimentos especiais, reservados para utilizações nas quais seja necessário um desempenho excepcional, em especial o relativo à resistência mecânica". Mesmo essa afirmação não

---

* N. de R.T.: A NBR 9831:2006, versão corrigida 2008, normaliza o cimento Portland destinado à cimentação de poços petrolíferos. São designados como CPP – Classe G ou CPP – Classe Especial, conforme tenham, respectivamente, alta ou moderada resistência a sulfatos. Segundo a norma brasileira, a única adição permitida é o sulfato de cálcio.

** N. de R.T.: Do inglês *cement rock*.

é mais verdadeira, já que concretos de alto desempenho são mais facilmente conseguidos com cimentos compostos. Além do mais, a durabilidade dos cimentos compostos é igual ou, frequentemente, maior do que a do cimento Portland comum.

Portanto, se nenhum cimento é o melhor em todos os sentidos, deve-se analisar qual cimento deve ser utilizado para um fim específico.

Os capítulos seguintes discutem as propriedades do concreto nos estados fresco e endurecido. Muitas dessas propriedades dependem, em maior ou menor grau, das propriedades do cimento utilizado. É com base nisso que deve ser feita a escolha do cimento. Em muitos casos, entretanto, nenhum cimento é o melhor: mais de um tipo ou classe pode ser utilizado. A escolha dependerá da disponibilidade, do custo (um importante elemento decisório em engenharia), das características específicas dos equipamentos, da qualidade da mão de obra, da velocidade de construção e, claro, das exigências da estrutura e do ambiente onde será construído.

As propriedades relevantes dos diferentes cimentos serão discutidas nos capítulos que tratam do concreto fresco, da resistência e, em especial, da durabilidade, bem como no Capítulo 13, referente a concretos especiais. Então, serão encontrados os itens necessários para a escolha ou a adequação dos vários cimentos.

Cimento de elevado teor de alumina

Jules Bied, no início do século XX, em busca de uma solução para o ataque de águas selenitosas às estruturas de concreto de cimento Portland na França, desenvolveu o cimento de elevado teor de alumina.* Esse cimento tem composição e algumas propriedades bastante diferentes do cimento Portland comum ou dos cimentos compostos, de modo que seu uso estrutural é bastante limitado, mas tem em comum com eles as técnicas de lançamento do concreto. Para detalhes aprofundados, sugere-se consultar bibliografia especializada.[1]

Produção

A partir de sua denominação – elevado teor de alumina –, pode ser deduzido que esse cimento contém uma alta proporção de alumina. Normalmente, a alumina e o calcário têm proporções aproximadas a 40% cada, existindo ainda cerca de 15% de óxidos férrico e ferroso e aproximadamente 5% de sílica. Podem existir também pequenas quantidades de TiO_2, MgO e álcalis.

As matérias-primas usuais são o calcário e a bauxita. A bauxita é um depósito residual formado pelo intemperismo, em condições tropicais, de rochas contendo alumínio e consiste em alumina hidratada, óxidos de ferro e de titânio e pequenas quantidades de sílica.

Existem diversos processos de fabricação de cimento de elevado teor de alumina. Em um deles, a bauxita é britada em fragmentos de dimensões máximas de 100 mm. As partículas pequenas e o pó formado durante a britagem são aglutinados em briquetes de dimensões similares, porque o pó tende a abafar o forno. No segundo principal processo, a matéria-prima, normalmente calcário, também é britada em fragmentos de cerca 100 mm.

---

* N. de R.T.: O cimento de elevado teor de alumina (*high-alumina cement* – HAC) é conhecido em alguns países como cimento aluminoso.

[1] A. M. Neville, em colaboração com P. J. Wainwright, *High-alumina Cement Concrete* (Construction Press, Longman Group, 1975).

O calcário e a bauxita, nas proporções necessárias, são inseridos na parte superior de um forno, que é uma combinação entre o forno de cúpula (empilhamento vertical dos materiais) e o forno reverberatório (horizontal). Para a queima, é utilizado carvão pulverizado em uma quantidade aproximada a 22% da massa do cimento produzido. A umidade e o CO_2 são eliminados, e os materiais são aquecidos pelos gases do forno até o ponto de fusão, ou seja, aproximadamente 1.600 °C. A fusão ocorre na parte inferior da pilha de materiais, de modo que o material fundido caia no forno reverberatório e depois, através de uma calha, em panelas de fundição. O material fundido é, então, solidificado em lingotes, fragmentado em um resfriador rotativo e depois moído em um moinho tubular, resultando em um pó de cor cinza bastante escuro, com finura entre 290 e 350 m^2/kg.

Devido à grande dureza do clínquer de cimento de elevado teor de alumina, o consumo de energia e o desgaste dos moinhos são consideráveis. Isso, aliado ao alto custo da bauxita e à elevada temperatura de queima, faz com que o cimento de elevado teor de alumina tenha maior custo quando comparado com o cimento Portland. Entretanto, o preço é compensado por algumas importantes propriedades para fins específicos.

Deve ser destacado que, diferentemente do cimento Portland, a matéria-prima do cimento de elevado teor de alumina é totalmente fundida no forno. Esse fato origina a denominação francesa *ciment fondu*.

Devido à publicidade negativa associada ao cimento de alto teor de alumina nos anos de 1970 no Reino Unido (ver página 102), houve tentativas de utilização de um nome alternativo, *cimento aluminoso*. Esse nome, entretanto, não é correto, pois outros cimentos, como os cimentos supersulfatado e de escória, também contêm significativa proporção de alumina. Um terceiro nome, *cimento de aluminato de cálcio* (CAC), é mais apropriado, mas assim, por coerência, o cimento Portland deveria ser denominado cimento de silicato de cálcio, denominação que nunca é utilizada. Portanto, neste livro, será adotada a denominação tradicional, ou seja, cimento de elevado teor de alumina.

O cimento de elevado teor de alumina não é mais produzido no Reino Unido, mas existe uma norma britânica, a BS 915:1972 (1983), que faz referência à BS 4550-3.1:1978, para a finura, a resistência, o tempo de pega e a expansibilidade. A norma europeia para esse cimento é a BS EN 14647:2005.*

Composição e hidratação

Os principais compostos cimentícios são aluminatos de cálcio de baixa basicidade, principalmente o CA e o $C_{12}A_7$.[2.32] Outros compostos também presentes são o $C_6A_4.FeO.S$ e o $C_6A_4.MgO.S$ amorfo.[2.13] A quantidade de C_2S ou de C_2AS totaliza um pequeno percentual e, obviamente, existem outros compostos secundários, mas não pode existir óxido de cálcio livre. Portanto, a expansibilidade nunca é um problema no cimento de elevado teor de alumina, embora a BS 915:1972 (1983) cite o ensaio convencional de Le Chatelier.

A hidratação do CA, responsável pela maior velocidade de ganho de resistência, resulta na formação de CAH_{10}, com uma pequena quantidade de C_2AH_8 e de gel de alumina ($Al_2O_3.aq$). Com o passar do tempo, os cristais hexagonais de CAH_{10}, que são instáveis tanto a temperaturas normais quanto elevadas, modificam-se para cristais cú-

---

* N. de R.T.: No Brasil, somente o cimento aluminoso para uso em materiais refratários é normalizado, pela NBR 13847:2012. O cimento é dividido em oito classes, conforme os teores mínimo e máximo de Al_2O_3, variando de 38 a 88%.

bicos de C_3AH_6 e gel de alumina. Essa transformação é acelerada por temperaturas elevadas, maior concentração de cal ou elevação da alcalinidade.[2.14]

Assume-se que o $C_{12}A_7$, que também reage rapidamente, hidrate-se na forma de C_2AH_8. O composto C_2S forma C-S-H, sendo que o CaO liberado pela hidrólise reage com a alumina excedente, não existindo $Ca(OH)_2$. As reações de hidratação dos outros compostos, em especial os que contêm ferro, não foram determinadas de maneira confiável, mas se sabe que o ferro retido na fase vítrea é inerte.[2.15] Esses compostos são úteis como fundentes na fabricação do cimento de elevado teor de alumina.

A água de hidratação do cimento de elevado teor de alumina é calculada como até 50% da massa de cimento seco,[2.6] sendo esse valor aproximadamente o dobro do necessário à hidratação do cimento Portland, mas misturas com relação água/cimento baixa, como 0,35, são viáveis e, de fato, desejáveis. O pH da solução dos poros na pasta de cimento de elevado teor de alumina fica entre 11,4 e 12,5.[2.8]

Resistência a ataques químicos

Conforme já mencionado, o cimento de elevado teor de alumina foi desenvolvido inicialmente para resistir ao ataque por sulfatos e, de fato, foi bastante satisfatório nesse aspecto. A resistência a sulfatos se dá devido à ausência de $Ca(OH)_2$ no cimento de elevado teor de alumina hidratado e também devido à influência protetora do gel de alumina relativamente inerte formado durante a hidratação.[2.16] Misturas pobres, entretanto, possuem resistência a sulfatos muito menor.[2.6] Além disso, a resistência química decresce drasticamente após a conversão (ver página 98).

O cimento de elevado teor de alumina não é atacado pelo CO_2 dissolvido em água pura. Ele não é resistente a ácidos, mas pode resistir razoavelmente bem a soluções ácidas bastante diluídas (com pH mais elevado do que aproximadamente 4,0) encontradas em efluentes industriais, desde estas que não sejam de ácidos clorídrico, fluorídrico ou nítrico. Por outro lado, álcalis cáusticos, mesmo em soluções diluídas, atacam fortemente o cimento de elevado teor de alumina por meio da dissolução do gel de alumina. Os álcalis podem ser originados do meio externo (p. ex., por percolação através do concreto de cimento Portland) ou do agregado. O comportamento desse cimento diante de vários agentes foi estudado por Hussey & Robson.[2.16]

Deve ser destacado que, apesar de o cimento de elevado teor de alumina resistir extremamente bem à água do mar, ela não deve ser utilizada como água de amassamento, pois a pega e o endurecimento do cimento são afetados negativamente, possivelmente devido à formação de cloroaluminatos. Da mesma forma, nunca deve ser adicionado cloreto de cálcio a esse cimento.

Propriedades físicas do cimento de elevado teor de alumina

Uma característica do cimento de elevado teor de alumina é sua elevada velocidade de desenvolvimento de resistência. Cerca de 80% da resistência final é alcançada na idade de 24 horas e, mesmo em seis ou oito horas, o concreto tem resistência suficiente para a retirada das fôrmas laterais e para o preparo da próxima concretagem. Um concreto produzido com 400 kg/m^3 desse cimento e com relação água/cimento de 0,40 a 25 °C, pode alcançar resistência à compressão (medida em corpos de prova cúbicos) aproximadamente de 30 MPa em seis horas e de mais de 40 MPa em 24 horas. O rápido desenvolvimento de resistência se deve à rápida hidratação, que, por sua vez, implica em elevada taxa de liberação de calor. Ela pode chegar a 38 J/g por hora, enquanto no cimento Portland de alta resistência inicial esse valor nunca é maior do que 15 J/g por hora. O calor de hidratação *total*, entretanto, é aproximadamente o mesmo para ambos os cimentos.

Deve ser ressaltado que a rapidez no ganho de resistência não é acompanhada por pega rápida. Na realidade, o cimento de elevado teor de alumina é de pega lenta, mas o fim de pega é mais próximo do início de pega do que no caso do cimento Portland. Os valores típicos para o cimento de elevado teor de alumina são: início de pega em duas horas e meia e fim de pega 30 minutos após. Dentre os compostos do cimento de elevado teor de alumina, o $C_{12}A_7$ entra em pega em poucos minutos, enquanto o CA é consideravelmente mais lento, de modo que, quanto maior a relação C:A no cimento, mais rápida será a pega. Por outro lado, quanto maior o teor de fase vítrea no cimento, mais lenta será a pega. É provável que, devido às suas propriedades de pega rápida, o $C_{12}A_7$ seja o responsável pela perda de trabalhabilidade de muitos concretos produzidos com cimento de elevado teor de alumina, muitas vezes ocorrendo em 15 ou 20 minutos de mistura. Temperaturas entre 18 e 30 °C diminuem a pega, mas, quando acima de aproximadamente 30 °C, ela é acelerada. As razões para esse comportamento anômalo não são claras.[2.40]

O tempo de pega do cimento de elevado teor de alumina é bastante afetado pela adição de sulfato de cálcio, cal, cimento Portland e matéria orgânica, e, por essa razão, não devem ser utilizados aditivos.

No caso de misturas entre cimento Portland e cimento de elevado teor de alumina, quando qualquer um dos cimentos constitui entre 20 e 80% da mistura, pode ocorrer

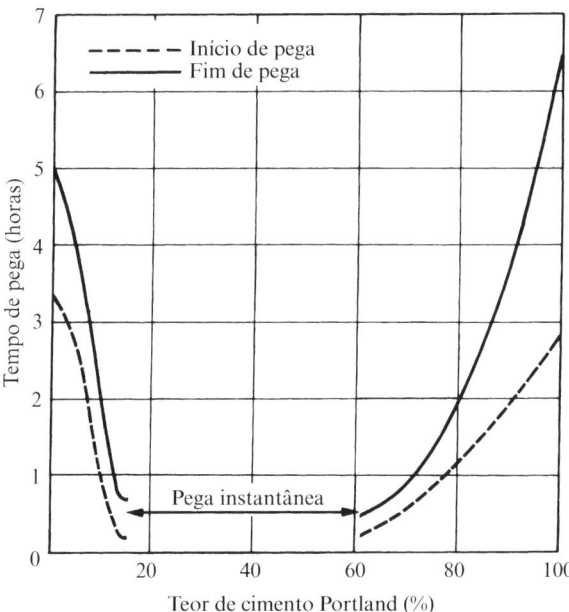

Figura 2.4 Tempos de pega de misturas entre cimento Portland e cimento de elevado teor de alumina.[2.81]

a pega instantânea. Dados típicos$^{2.81}$ estão mostrados na Figura 2.4, mas valores reais variam segundo os diferentes tipos de cimento e devem ser realizados ensaios prévios com os cimentos dados. Quando o teor de cimento Portland é baixo, a pega acelerada se deve à formação de um C_4A hidratado pela adição do CaO do cimento Portland ao aluminato de cálcio do cimento de elevado teor de alumina. Quando o teor baixo é do cimento de elevado teor de alumina, o sulfato de cálcio contido no cimento Portland reage com o aluminato de cálcio hidratado – como consequência, o cimento Portland, agora com pega não controlada, pode apresentar a pega instantânea.

Misturas dos dois cimentos em proporções adequadas são utilizadas quando a pega rápida é de importância vital, como, por exemplo, para interromper o ingresso de água ou para construções temporárias entre marés, mas a resistência final dessas pastas é bastante baixa, exceto quando o teor do cimento de elevado teor de alumina é muito alto. Entretanto, o uso do cimento de elevado teor de alumina para encurtar o tempo de pega é desaconselhado pelo ACI 517.2R-87 (revisado em 1991).$^{2.43}$ Para acelerar a pega desse cimento, podem ser usados sais de lítio.$^{2.57}$

Devido à pega rápida, é essencial que, nas construções, garanta-se que esses dois cimentos não entrem em contato acidentalmente. Dessa maneira, o lançamento do concreto produzido com um dos tipos de cimento sobre o concreto produzido com o outro tipo deve ser defasado em pelo menos 24 horas, caso o cimento de elevado teor de alumina tenha sido lançado antes, ou em um período de três a sete dias, caso o concreto inicial tenha sido produzido com cimento Portland. A contaminação por ferramentas ou em centrais de concreto também deve ser evitada.

Deve ser destacado que, para misturas de mesmas proporções, o cimento de elevado teor de alumina produz uma mistura um pouco mais trabalhável do que quando se utiliza o cimento Portland. Isso ocorre devido à menor superfície específica total das partículas do cimento de elevado teor de alumina, que possuem uma superfície "mais lisa" do que as partículas de cimento Portland. Isso se dá porque o cimento de elevado teor de alumina é produzido por fusão completa das matérias-primas. Por outro lado, aditivos superplastificantes não resultam em boa mobilidade e também afetam negativamente a resistência.$^{2.74}$

Foi constatado que a fluência do concreto produzido com cimento de elevado teor de alumina difere um pouco da fluência do concreto de cimento Portland quando elas são comparadas com base na mesma relação tensão/resistência.$^{2.22}$

Conversão do cimento de elevado teor de alumina

A alta resistência do concreto produzido com cimento de elevado teor de alumina, citada na página 96, é obtida quando a hidratação do CA resulta na formação de CAH_{10} com uma pequena quantidade de C_2AH e de gel de alumina (Al_2O_3.aq). O CAH_{10} hidratado, entretanto, é instável tanto em temperatura elevada como em temperatura normal e se transforma em C_3AH_6 e gel de alumina. Essa mudança é conhecida como conversão e, devido à simetria dos sistemas cristalinos ser pseudo-hexagonal para o CAH_{10} e cúbica para o C_3AH_6 pode ser dito que ela é uma mudança da forma hexagonal para a forma cúbica.

Um importante aspecto da hidratação do cimento de elevado teor de alumina é que, em altas temperaturas, somente pode existir a forma cúbica do aluminato de cálcio hidratado. Em temperatura ambiente, existem ambas as formas, mas os cristais hexagonais se convertem espontaneamente, embora de forma lenta, na forma cúbica. Por sofrerem uma alteração espontânea, diz-se que os cristais hexagonais são instáveis em temperatura ambiente e que o produto final das reações de hidratação é de forma cúbica. Temperaturas mais elevadas aceleram o processo e, quando os períodos de exposição a temperaturas mais altas são intermitentes, o efeito é cumulativo.[2.18] Isto é a conversão: uma mudança inevitável de uma forma de aluminato de cálcio hidratado para outra, e é interessante citar que esse tipo de mudança não é um fenômeno incomum na natureza.

Antes de se discutir a importância da conversão, deve ser descrita, de forma sucinta, a reação. A conversão, tanto do CAH_{10} quanto do C_2AH_8, ocorre diretamente, por exemplo:

$$3CAH_{10} \rightarrow C_3AH_6 + 2AH_3 + 18H.$$

Deve ser destacado que, apesar de a água aparecer como um produto da reação, a conversão somente pode ocorrer na presença de água, e não em concreto seco, devido às ocorrências de redissolução e reprecipitação. Em relação à pasta de cimento, observou-se que, em seções mais espessas do que 25 mm, o interior do cimento em hidratação tem uma umidade relativa equivalente de 100%, independentemente da umidade do ambiente, de modo que seja possível a ocorrência da conversão.[2.46] A influência da umidade do ambiente é, portanto, restrita ao concreto próximo à superfície.

O produto cúbico da conversão, o C_3AH_6, é estável em uma solução de hidróxido de cálcio a 25 °C, mas reage com uma solução de $Ca(OH)_2$–$CaSO_4$, formando $3CaO.Al_2O_3.3CaSO_4.31H_2O$, tanto a 25 °C como em temperaturas mais altas.[2.47]

O grau de conversão é estimado a partir do percentual de C_3AH_6 presente, como uma proporção da soma dos hidratados cúbicos e hexagonais, ou seja, o grau de conversão (%) é:

$$\frac{\text{massa de } C_3AH_6}{\text{massa de } C_3AH_6 + \text{massa de } CAH_{10}} \times 100.$$

As massas relativas dos compostos são obtidas de medições de picos endotérmicos em um termograma de análise termodiferencial.

Contudo, a menos que a determinação possa ser feita sob condições isentas de CO_2, existe o risco de decomposição do C_3AH_6 em AH_3. O grau de conversão pode ser determinado também em termos do último composto, devido a, fortuitamente, as massas de C_3AH_6 e de AH_3 produzidas na conversão não serem muito diferentes. Portanto, pode-se dizer que o grau de conversão (%) é:

$$\frac{\text{massa de } AH_3}{\text{massa de } AH_3 + \text{massa de } CAH_{10}} \times 100.$$

Apesar de as duas expressões não resultarem exatamente no mesmo valor, a diferença não é significativa em graus elevados de conversão. A maioria dos laboratórios apresenta os resultados com aproximação de 5%. Concretos com conversão de 85% são considerados como totalmente convertidos.

A velocidade de conversão depende da temperatura, e alguns dados reais são mostrados na Tabela 2.9. A relação[2.46] entre o tempo necessário para a conversão de metade do CAH_{10} e a temperatura de armazenamento de corpos de prova cúbicos de 13 mm de pasta de cimento pura com relação água/cimento de 0,26 é mostrada na Figura 2.5. É provável que, para os concretos mais porosos resultantes das misturas práticas, os

Tabela 2.9 Desenvolvimento da conversão com a idade[2.51] (Crown copyright)

Faixa de relação água livre/ cimento	Temperatura de armazenamento + (°C)	Grau médio de conversão (%) na idade de:				
		28 dias	3 meses	1 ano	5 anos	8½ anos
0,27–0,40	18	20	20	25	30	45
	38	55	85	80	85	90
0,42–0,50	18	20	20	25	40	50
	38	60	80	80	80	90
0,52–0,67	18	20	20	25	50	65
	38	65	80	80	85	90

períodos sejam bem mais curtos, tendo a conversão total sido observada após 20 anos a 20 °C ou próximo a isso. Desse modo, os dados obtidos com pasta de cimento pura, com relação água/cimento muito baixa, devem ser usados com ressalvas, mas são, apesar disso, de interesse científico.

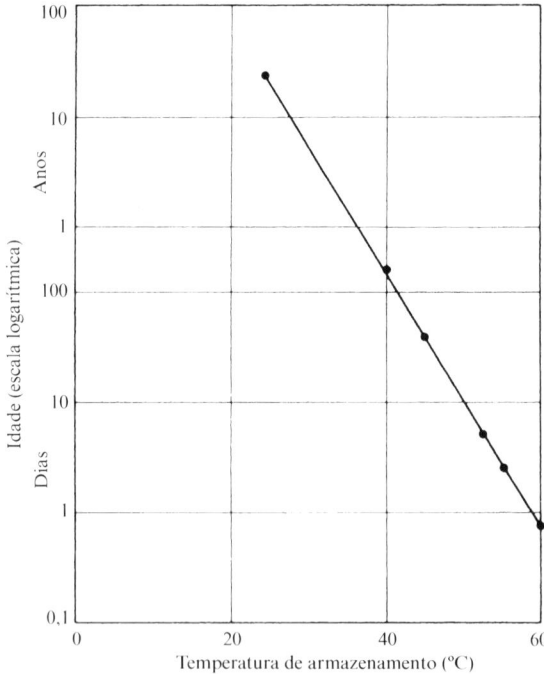

Figura 2.5 Tempo para metade da conversão de pastas puras de cimento de elevado teor de alumina curadas a várias temperaturas (cubos de 13 mm).[2.46] (Crown copyright.)

O interesse prático da conversão está no fato de que ela resulta em perda de resistência do concreto com cimento de elevado teor de alumina. A explicação para isso se baseia na densificação do aluminato de cálcio hidratado. A massa específica típica do CAH_{10} é 1,72 g/cm³, enquanto a do C_3AH_6 é 2,53 g/cm³. Portanto, em condições nas quais as dimensões totais do corpo são constantes (como é o caso da pasta de cimento após a pega), a conversão com a concomitante liberação interna de água resulta em um aumento da porosidade da pasta. Várias comprovações disso estão disponíveis, e uma especialmente convincente é a comparação entre a permeabilidade ao ar do concreto com cimento de elevado teor de alumina convertido e a do não convertido[2.48] (ver Figura 2.6).

Conforme mostrado na página 293, a resistência da pasta de cimento hidratada ou do concreto é bastante afetada pela porosidade. Um valor de porosidade de 5% pode reduzir a resistência em mais de 30%, e uma porosidade de 8% pode causar uma redução de 50%. Essa magnitude de porosidade do concreto pode ser induzida pela conversão do cimento de elevado teor de alumina.

Tem-se, então, que a conversão ocorre em concretos e argamassas, independentemente das proporções das misturas, com a diminuição de resistência quando expostas a elevadas temperaturas, e observa-se um padrão da diminuição de resistência ao longo do tempo similar em todos os casos. O grau de diminuição da resistência, entretanto, é uma função da relação água/cimento da mistura, conforme mostrado na Figura 2.7. As proporções das misturas e os percentuais de perda são dados na Tabela 2.10. Fica claro que a diminuição da resistência, tanto em MPa quanto como um percentual da resistência do concreto curado a frio, é menor em misturas de relações água/cimento menores.[2.33]

Deve ser destacado que a forma da curva da resistência *versus* a relação água/cimento, em água a 18 °C (Figura 2.7), é distinta das curvas usuais obtidas com cimento Portland. Essa é uma característica de concretos produzidos com cimento de elevado

Tabela 2.10 Influência da relação água/cimento na diminuição da resistência devido à conversão

Cimento	Relação água/cimento	Relação agregados/cimento*	Resistência a 1 dia a 18 °C (MPa)**	Resistência do concreto convertido expressa como uma porcentagem da resistência a 18 °C
A	0,29	2,0	91,0	62
	0,35	3,0	84,4	61
	0,45	4,0	72,1	26
	0,65	6,2	42,8	12
B	0,30	2,1	92,4	63
	0,35	3,0	80,7	60
	0,45	4,0	68,6	43
	0,65	6,2	37,2	30
	0,75	7,2	24,5	29

*Dimensão máxima do agregado: 9,5 mm.
**Cubos de 76 mm.

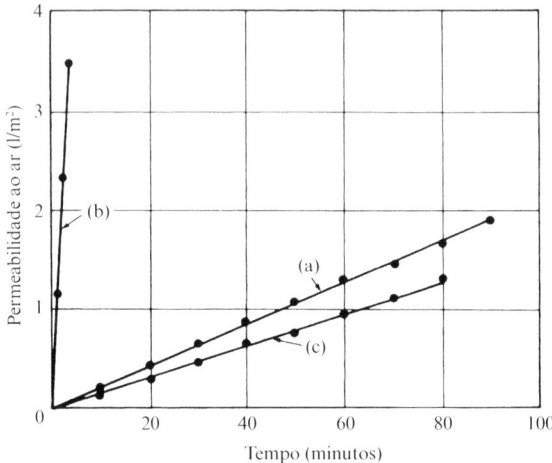

Figura 2.6 Fluxo de ar através do concreto: (*a*) concreto de cimento de elevado teor de alumina não convertido; (*b*) concreto de cimento de elevado teor de alumina convertido; (*c*) concreto de cimento Portland (temperatura entre 22 e 24 °C), umidade relativa entre 36 e 41%; diferença de pressão de 10,7 kPa.[2.48]

teor de alumina, e também foi verificada em ensaios com corpos de prova cilíndricos, seja de dimensões normalizadas,[2.17] seja com outras relações altura/diâmetro.[2.22]

Os valores mostrados na Figura 2.7 são os valores típicos, e obviamente alguma variação pode ser encontrada com cimentos diferentes, mas o padrão de comportamento é o mesmo em todos os casos. É importante destacar que a resistência residual de misturas com relações água/cimento moderadas e elevadas, por exemplo, acima de 0,50, pode ser tão baixa que inviabilize seu uso para fins estruturais.

Um breve histórico em relação ao uso estrutural de cimento de elevado teor de alumina pode ser interessante. Devido à sua resistência inicial extremamente elevada, o concreto com esse cimento foi utilizado na produção de elementos de concreto protendido. As advertências de Neville[2.33] sobre os perigos devido à conversão foram ignoradas, mas estes se mostraram verdadeiros. No início da década de 1970, ocorreram falhas em estruturas na Inglaterra, e o uso estrutural do cimento de elevado teor de alumina foi retirado das normas britânicas. Na maior parte dos demais países, este cimento não é utilizado com fins estruturais, mas, mesmo assim, no início dos anos de 1990, ocorreram problemas com estruturas antigas executadas com este cimento na Espanha. A norma europeia BS EN 14647-2006 aborda o cimento de elevado teor de alumina, mas nela contém um anexo com recomendações sobre seu *uso*. Na opinião do autor desta obra, a recomendação de uso estrutural do cimento de elevado teor de alumina a partir de uma norma de especificação está fora do âmbito de um documento desse tipo.

Argumentos de que, em concretos com relação água/cimento limitada a 0,40 e consumo mínimo de cimento de 400 kg/m³, a resistência após a conversão ainda é satisfatória, não são adequados. Em primeiro lugar, em condições reais de produção de concreto, não é possível *garantir* que a relação água/cimento especificada não seja, eventualmente,

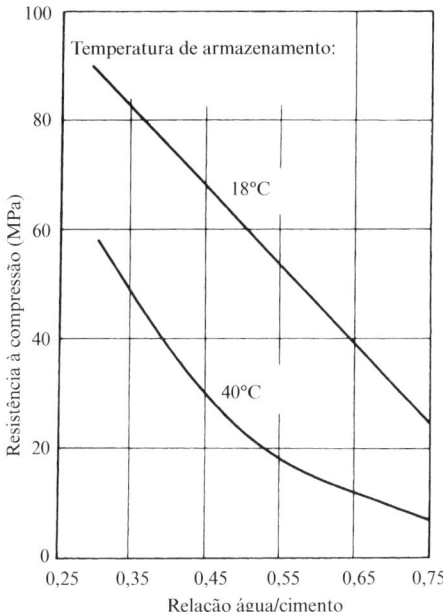

Figura 2.7 Influência da relação água/cimento na resistência de cubos de concreto de cimento de elevado teor de alumina curados por 100 dias em água a 18 e a 40 °C.

ultrapassada em 0,05 ou mesmo em 0,10. Isso tem sido demonstrado repetidas vezes[2.49] (ver página 774). Deve ser destacado que a resistência do cimento de elevado teor de alumina convertido é mais sensível a alterações na relação água/cimento do que antes da conversão. Isso está ilustrado na Figura 2.8, baseada em dados obtidos por George.[2.50]

Sob certas condições de umidade, após a conversão, a hidratação do cimento ainda anidro resulta em algum aumento da resistência. Entretanto, a conversão dos compostos hidratados hexagonais recém-formados conduz a uma renovada e continuada perda de resistência. Desse modo, a resistência cai a valores inferiores ao obtido em 24 horas. Isso ocorre na idade de 8 a 10 anos, em concretos com relação água/cimento de 0,40, e mesmo mais tarde, caso a relação água/cimento seja menor.[2.78] Em todo caso, do ponto de vista estrutural, o valor crítico é a menor resistência em *qualquer* tempo na vida da estrutura.

A diminuição de resistência é menor em condições secas, mas, em concretos de espessura significativa, as condições não são totalmente secas. Uma prova indireta de que no interior de uma grande massa de um concreto rico em cimento existe água suficiente para a reação química é dada por Hobbs.[2.75] Esse autor observou que, em concretos com consumo de cimento entre 500 e 550 kg/m^3, mantidos selados, existe água disponível suficiente para a ocorrência da reação expansiva álcali-sílica. Collins & Gutt[2.78] mostraram que o concreto úmido, ou mesmo eventualmente úmido, pode ter resistência de 10 a 15 MPa inferior ao concreto seco. O umedecimento ocasional, acidentalmente ou, por exemplo, por molhagem para combater um incêndio, pode ocorrer em praticamente qualquer edifício.

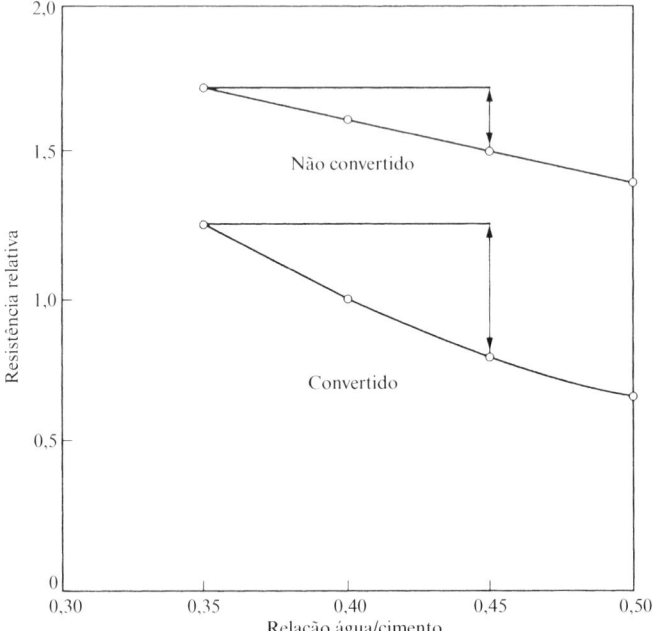

Figura 2.8 Influência da relação água/cimento na resistência de concretos com cimento de elevado teor de alumina, antes e depois da conversão, relativa à resistência após a conversão de um concreto com relação água/cimento de 0,40 (baseada na ref. 2.50).

Os resultados de Collins & Gutt[2.78], obtidos por meio de uma pesquisa desenvolvida no Building Research Establishment, iniciada em 1964, confirmaram as afirmações e as extrapolações feitas em 1963 por Neville.[2.33] Menzies[2.84] afirma que as recomendações apresentadas nas normas iniciais eram um erro. A história dos problemas com a utilização de cimentos de elevado teor de alumina é dada na referência.[2.85]

O segundo argumento relacionado ao uso estrutural do concreto com cimento de elevado teor de alumina convertido, mesmo que ele possua uma resistência adequada, é que a pasta hidratada do cimento convertido é mais porosa do que antes da conversão, sendo, portanto, mais suscetível a ataques químicos. Isso se aplica, em especial, ao ataque por sulfatos, pois caso os íons sulfatos penetrem através da película externa protetora do concreto com cimento de elevado teor de alumina (processo associado à secagem), ocorre a reação expansiva com C_3AH_6.[2.79] Somente o CAH_{10} não convertido é inerte em relação a sulfatos.

Além do mais, o ataque químico pode ocasionar uma diminuição adicional de resistência,[2.81] mas é necessária a presença de água para as reações químicas envolvidas. Como mencionado na página 96, a água de percolação pode trazer consigo hidróxidos de sódio ou de potássio, que aceleram a conversão, além de decompor os produtos de hidratação. Caso exista também CO_2, forma-se o carbonato de cálcio, e o hidróxido alcalino é regenerado para um novo ataque à pasta de cimento hidratada.[2.82] Sob algumas circunstâncias, o resultado pode ser a decomposição completa do aluminato de cálcio hidratado. As reações podem ser escritas da seguinte forma:[2.83]

$$K_2CO_3 + CaO.Al_2O_3.aq \rightarrow CaCO_3 + K_2O.Al_2O_3$$
$$CO_2 + K_2O.Al_2O_3 + aq \rightarrow K_2CO_3 + Al_2O_3.3H_2O.$$

Portanto, como os álcalis atuam como um veículo, a reação global pode ser expressa como:

$$CO_2 + CaO.Al_2O_3.aq \rightarrow CaCO_3 + Al_2O_3.3H_2O.$$

Pode ser dito, então, que o cimento de elevado teor de alumina sofre carbonatação, mas de natureza diferente da observada no cimento Portland (ver página 519).

As normas britânicas não permitem o uso estrutural do cimento de elevado teor de alumina. Nos Estados Unidos, o Strategic Highway Research Program[2.37] decidiu não considerar o uso do concreto produzido com este cimento por causa das consequências da conversão. Entretanto, o cimento tem aplicações especializadas, como para a estabilização de tetos de minas. Nesse caso, um sistema de duas pastas contendo cimento de elevado teor de alumina, sulfato de cálcio, cal e aditivos adequados resulta no desenvolvimento de etringita, que tem uma resistência inicial considerável.[2.72]

$$3CA + 3C\bar{S}H_2 + 2C + 26H \rightarrow C_6A\bar{S}_3H_{32}.$$

$\bar{S}$ significa SO_3.

Madjumdar et al.[2.73] desenvolveram um cimento de elevado teor de alumina composto com escória granulada de alto-forno (em iguais proporções, em massa), em uma tentativa de evitar os problemas de conversão. A escória retira o óxido de cálcio da solução, de modo que a formação do C_3AH_6 é dificultada, sendo o C_2ASH_8 o principal composto hidratado formado em longo prazo. Esse cimento composto, entretanto, não desenvolve a elevada resistência inicial, que é uma característica do cimento de elevado teor de alumina, seu destacado *ponto forte*. Essa pode ser a razão pela qual esse cimento composto não é produzido comercialmente.

Propriedades refratárias do cimento de elevado teor de alumina

O concreto de cimento de elevado teor de alumina é um dos principais materiais refratários, mas é importante ter claro seu desempenho em toda a amplitude de temperaturas. Entre a temperatura ambiente e cerca de 500 °C, o concreto com esse cimento sofre uma diminuição de resistência bem maior do que o concreto de cimento Portland. A partir desse ponto, e até 800 °C, os dois são comparáveis, mas, acima de 1.000 °C, o cimento de elevado teor de alumina apresenta excelente desempenho. A Figura 2.9 mostra o comportamento de concretos com cimento de elevado teor de alumina, produzidos com quatro diferentes agregados em temperaturas de até 1.100 °C.[2.52] A resistência mínima variou entre 5 e 26% do valor inicial, mas, dependendo do agregado, entre 700 e 1.000 °C, houve um ganho de resistência devido ao desenvolvimento de ligações cerâmicas. Essa ligação é estabelecida por sólidas reações entre o cimento e os agregados miúdos e cresce com o aumento da temperatura e com o progresso das reações.

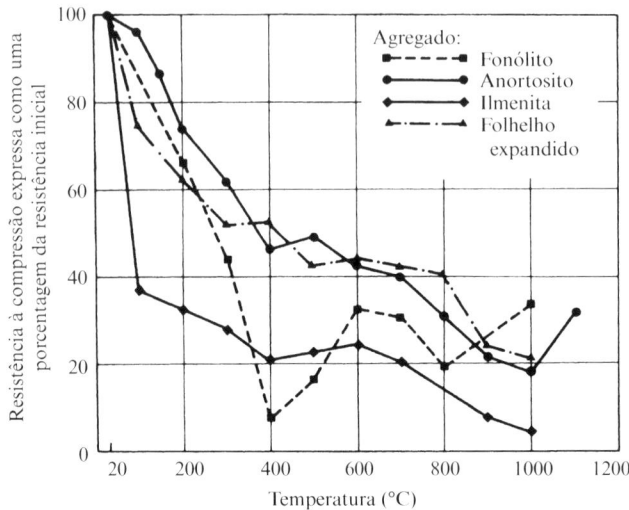

Figura 2.9 Resistência de concretos com cimento de elevado teor de alumina produzidos com diferentes agregados em função da temperatura.[2.52]

Como resultado, o concreto com cimento de elevado teor de alumina pode suportar temperaturas bastante elevadas com agregados britados de tijolos refratários, chegando a 1.350 °C, e até 1.600 °C com agregados especiais, como a alumina fundida ou o carborundo. Temperaturas elevadas, na ordem de 1.800 °C, podem ser suportadas por prolongados períodos de tempo por concreto com cimento branco especial de aluminato de cálcio e agregados de alumina fundida. Esse cimento é produzido com a utilização de alumina como matéria-prima, contendo entre 70 e 80% de Al_2O_3, de 20 a 30% de cálcio e, aproximadamente, somente 1% de ferro e sílica. A composição desse cimento é semelhante a do C_3A_5, e seu preço é bastante elevado.

O concreto refratário produzido com cimento de elevado teor de alumina tem boa resistência ao ataque por ácidos (p. ex., ácidos de gases de chaminés), sendo a resistência química, na realidade, aumentada pelo aquecimento entre 900 e 1.000 °C.[2.16] O concreto pode ser colocado em temperatura de serviço tão logo tenha endurecido, ou seja, não é necessário o pré-aquecimento. Enquanto a alvenaria refratária sofre expansão no aquecimento e, portanto, necessita de juntas de expansão, o concreto com cimento de elevado teor de alumina pode ser moldado monoliticamente, ou somente com juntas de topo (a cada 1 ou 2 m), conforme a forma e a dimensão desejadas. A razão para isso é que a perda de água durante o primeiro aquecimento resulta em uma retração, aproximadamente igual à dilatação térmica no aquecimento, de modo que a variação dimensional final (dependendo do agregado) é pequena. Ocorrendo um resfriamento posterior, por exemplo, durante a parada de uma fábrica, as juntas apresentam pequena abertura devido à contração térmica, mas novamente se fecham no reaquecimento. Vale a pena destacar que o concreto refratário com cimento de elevado teor de alumina pode suportar choques térmicos consideráveis.

Revestimentos refratários podem ser executados com jateamento de argamassa produzida com este cimento.

Para fins de isolamento, quando temperaturas aproximadas a 950 °C são previstas, pode ser produzido um concreto leve com cimento de elevado teor de alumina e agregados leves. Esse concreto tem massa específica entre 500 e 1.000 kg/m^3, e condutividade térmica entre 0,21 e 0,29 J/m^{2}s °C/m.

Referências

2.1 U.S. Bureau of Reclamation, *Concrete Manual*, 8th Edn (Denver, Colorado, 1975).

2.2 H. Woods, Rational development of cement specifications, *J. Portl. Cem. Assoc. Research and Development Laboratories*, **1**, No. 1, pp. 4–11 (Jan. 1959).

2.3 W. H. Price, Factors influencing concrete strength, *J. Amer. Concr. Inst.*, **47**, pp. 417–32 (Feb. 1951).

2.4 H. F. Gonnerman and W. Lerch, Changes in characteristics of portland cement as exhibited by laboratory tests over the period 1904 to 1950, *ASTM Sp. Publ. No. 127* (1951).

2.5 A. Neville, Cementitious materials – a different viewpoint, *Concrete International*, **16**, No. 7, pp. 32–3 (1994).

2.6 F. M. Lea, *The Chemistry of Cement and Concrete* (London, Arnold, 1970).

2.7 R. H. Bogue, Portland cement, *Portl. Cem. Assoc. Fellowship Paper No. 53*, pp. 411–31 (Washington DC, August 1949).

2.8 S. Goñi, G. Andrade and C. L. Page, Corrosion behaviour of steel in high alumina cement mortar samples: effect of chloride, *Cement and Concrete Research*, **21**, No. 4, pp. 635–46 (1991).

2.9 ACI 225R-91, Guide to the selection and use of hydraulic cements, *ACI Manual of Concrete Practice, Part 1: Materials and General Properties of Concrete*, 29 pp. (Detroit, Michigan, 1994).

2.10 R. W. Nurse, Hydrophobic cement, *Cement and Lime Manufacture*, **26**, No. 4, pp. 47–51 (London, July 1953).

2.11 U. W. Stoll, Hydrophobic cement, *ASTM Sp. Tech. Publ.*, *No. 205*, pp. 7–15 (1958).

2.12 J. Bensted, An investigation of the early hydration characteristics of some low alkali Portland cements, *Il Cemento*, **79**, No. 3, pp. 151–8 (July 1992).

2.13 T. W. Parker, La recherche sur la chimie des ciments au Royaume-Uni pendant les années d'après-guerre, *Revue Génerale des Sciences Appliquées*, **1**, No. 3, pp. 74–83 (1952).

2.14 H. Lafuma, Quelques aspects de la physico-chimie des ciments alumineux, *Revue Génerale des Sciences Appliquées*, **1**, No. 3, pp. 66–74.

2.15 F. M. Lea, *Cement and Concrete*, Lecture delivered before the Royal Institute of Chemistry, London, 19 Dec. 1944 (Cambridge, W. Heffer and Sons, 1944).

2.16 A. V. Hussey and T. D. Robson, High-alumina cement as a constructional material in the chemical industry, *Symposium on Materials of Construction in the Chemical Industry*, Birmingham, Soc. Chem. Ind., 1950.

2.17 A. M. Neville, Tests on the strength of high-alumina cement concrete, *J. New Zealand Inst. E.*, **14**, No. 3, pp. 73–6 (March 1959).

2.18 A. M. Neville, The effect of warm storage conditions on the strength of concrete made with high-alumina cement, *Proc. Inst. Civ. Engrs.*, **10**, pp. 185–92 (London, June 1958).

2.19 E. W. Bennett and B. C. Collings, High early strength concrete by means of very fine Portland cement, *Proc. Inst. Civ. Engrs*, pp. 1–10 (July 1969).

2.20 H. Uchikawa, S. Uchida, K. Ogawa and S. Hanehara, Influence of the amount, state and distribution of minor constituents in clinker on the color of white cement, *Il Cemento*, **3**, pp. 153–68 (1986).

2.21 American Petroleum Institute *Specification of Oil-Well Cements and Cement Additives*, 20 pp. (Dallas, Texas, 1992).

2.22 A. M. Neville and H. Kenington, Creep of aluminous cement concrete, *Proc. 4th Int. Symp. on the Chemistry of Cement*, pp. 703–8 (Washington DC, 1960).

2.23 K. Kohno and K. Araki, Fundamental properties of stiff consistency concrete made with jet cement, *Bulletin of Faculty of Engineering, Tokushima University*, **10**, Nos 1 and 2, pp. 25–36 (1974).

2.24 Rilem Draft Recommendations TC FAB-67, Test methods for determining the properties of fly ash and of fly ash for use in building materials, *Materials and Structures*, **22**, No. 130, pp. 299–308 (1989).

2.25 F. Sybertz, Comparison of different methods for testing the pozzolanic activity of fly ashes, in *Fly Ash, Silica Fume, Slag, and Natural Pozzolans in Concrete*, Vol. 1, Ed. V. M. Malhotra, ACI SP-114, pp. 477–97 (Detroit, Michigan, 1989).

2.26 P. K. Mehta, Rice husk ash – a unique supplementary cementing material, in *Advances in Concrete Technology*, Ed. V. M. Malhotra, Energy, Mines and Resources, MSL 92-6(R) pp. 407–31 (Ottawa, Canada, 1992).

2.27 D. M. Roy, Hydration of blended cements containing slag, fly ash, or silica fume, *Proc. of Meeting Institute of Concrete Technology*, Coventry, 29 pp. (29 April–1 May 1987).

2.28 F. Mazlum and M. Uyan, Strength of mortar made with cement containing rice husk ash and cured in sodium sulphate solution, in *Fly Ash, Silica Fume, Slag, and Natural Pozzolans in Concrete*, Vol. 1, Ed. V. M. Malhotra, ACI SP-132, pp. 513–31 (Detroit, Michigan, 1993).

2.29 P. Dutron, Present situation of cement standardization in Europe, *Blended Cements*, Ed. G. Frohnsdorff, *ASTM Sp. Tech. Publ. No. 897*, pp. 144–53 (Philadelphia, 1986).

2.30 G. E. Monfore and G. J. Verbeck, Corrosion of prestressed wire in concrete, *J. Amer. Concr. Inst.* **57**, pp. 491–515 (Nov. 1960).

2.31 E. Burke, Discussion on comparison of chemical resistance of supersulphated and special purpose cements, *Proc. 4th Int. Symp. on the Chemistry of Cement*, pp. 877–9 (Washington DC, 1960).

2.32 P. Lhopitallier, Calcium aluminates and high-alumina cement, *Proc. 4th Int. Symp. on the Chemistry of Cement*, pp. 1007–33 (Washington DC, 1960).

2.33 A. M. Neville, A study of deterioration of structural concrete made with highalumina cement, *Proc. Inst. Civ. Engrs*, **25**, pp. 287–324 (London, July 1963).

2.34 U.S. Bureau of Reclamation, *Concrete Manual*, 5th Edn (Denver, Colorado, 1949).

2.35 Agrément Board, Certificate No. 73/170 for Swiftcrete ultra high early strength cement (18 May 1973).

2.36 E. W. Bennett and D. R. Loat, Shrinkage and creep of concrete as affected by the fineness of Portland cement, *Mag. Concr. Res.*, **22**, No. 71, pp. 69–78 (1970).

2.37 Strategic Highway Research Program, *High Performance Concretes: A State-of-the-Art Report*, NRC, SHRP-C/FR-91-103, 233 pp. (Washington DC, 1991).

2.38 C. J. Lynsdale and J. G. Cabrera, Coloured concrete: a state of the art review, *Concrete*, **23**, No. 1, pp. 29–34 (1989).

2.39 E. Douglas and V. M. Malhotra, *A Review of the Properties and Strength Development of Non-ferrous Slags and Portland Cement Binders*, Canmet Report, No. 85-7E, 37 pp. (Canadian Govt Publishing Centre, Ottawa, 1986).

2.40 S. M. Bushnell-Watson and J. H. Sharp, On the cause of the anomalous setting behaviour with respect to temperature of calcium aluminate cements, *Cement and Concrete Research*, **20**, No. 5, pp. 677–86 (1990).

2.41 E. Douglas, A. Bilodeau and V. M. Malhotra, Properties and durability of alkali-activated slag concrete, *ACI Materials Journal*, **89**, No. 5, pp. 509–16 (1992).

2.42 D. W. Quinion, Superplasticizers in concrete – a review of international experience of long-term reliability, *CIRIA Report 62*, 27 pp. (London, Construction Industry Research and Information Assoc., Sept. 1976).

2.43 ACI 517.2R-87, (Revised 1992), Accelerated curing of concrete at atmospheric pressure – state of the art, *ACI Manual of Concrete Practice Part 5 – 1992: Masonry, Precast Concrete, Special Processes*, 17 pp. (Detroit, Michigan, 1994).

2.44 E. Zielinska, The influence of calcium carbonate on the hydration process in some Portland cement constituents (3Ca.Al2O3 and 4CaO.Al2O3.Fe2O3), *Prace Instytutu Technologii i Organizacji Produkcji Budowlanej*, No. 3 (Warsaw Technical University, 1972).

2.45 G. M. Idorn, The effect of slag cement in concrete, *NRMCA Publ. No. 167*, 10 pp. (Maryland, USA, April 1983).

2.46 H. G. Midgley, The mineralogy of set high-alumina cement, *Trans. Brit. Ceramic Soc.*, **66**, No. 4, pp. 161–87 (1967).

2.47 A. Kelley, Solid–liquid reactions amongst the calcium aluminates and sulphur aluminates, *Canad. J. Chem.*, **38**, pp. 1218–26 (1960).

2.48 H. Martin, A. Rauen and P. Schiessl, Abnahme der Druckfestigkeit von Beton aus Tonerdeschmelzzement, *Aus Unseren Forschungsarbeiten*, **III**, pp. 34–7 (Technische Universität München, Inst. für Massivbau, Dec. 1973).

2.49 A. M. Neville in collaboration with P. J. Wainwright, *High-alumina Cement Concrete*, 201 pp. (Lancaster, Construction Press, Longman Group, 1975).

2.50 C. M. George, Manufacture and performance of aluminous cement: a new perspective, *Calcium Aluminate Cements*, Ed. R. J. Mangabhai, Proc. Int. Symp., Queen Mary and Westfield College, University of London, pp. 181–207 (London, Chapman and Hall, 1990).

2.51 D. C. Teychenné, Long-term research into the characteristics of high-alumina cement concretes, *Mag. Conor. Res.*, **27**, No. 91, pp. 78–102 (1975).

2.52 N. G. Zoldners and V. M. Malhotra, Discussion of reference 2.33, *Proc. Inst. Civ. Engrs*, **28**, pp. 72–3 (May 1964).

2.53 J. Ambroise, S. Martin-Calle and J. Péra, Pozzolanic behaviour of thermally activated kaolin, in *Fly Ash, Silica Fume, Slag, and Natural Pozzolans in Concrete*, Vol. 1, Ed. V. M. Malhotra, ACI SP-132, pp. 731–48 (Detroit, Michigan, 1993).

2.54 W. H. Duda, *Cement-Data-Book*, **2**, 456 pp. (Berlin, Verlag GmbH, 1984).

2.55 K. W. Nasser and H. M. Marzouk, Properties of mass concrete containing fly ash at high temperatures, *J. Amer. Concr. Inst.*, **76**, No. 4, pp. 537–50 (April 1979).

2.56 ACI 3R-87, Ground granulated blast-furnace slag as a cementitious constituent in concrete, *ACI Manual of Concrete Practice, Part 1: Materials and General Properties of Concrete*, 16 pp. (Detroit, Michigan, 1994).

2.57 T. Novinson and J. Crahan, Lithium salts as set accelerators for refractory concretes: correlation of chemical properties with setting times, *ACI Materials Journal*, **85**, No. 1, pp. 12–16 (1988).

2.58 J. Daube and R. Barker, Portland blast-furnace slag cement: a review, *Blended Cements*, Ed. G. Frohnsdorff, *ASTM Sp. Tech. Publ. No. 897*, pp. 5–14 (Philadelphia, 1986).

2.59 G. Frigione, Manufacture and characteristics of Portland blast-furnace slag cements, *Blended Cements*, Ed. G. Frohnsdorff, *ASTM Sp. Tech. Publ. No. 897*, pp. 15–28 (Philadelphia, 1986).

2.60 M. N. A. Saad, W. P. de Andrade and V. A. Paulon, Properties of mass concrete containing an active pozzolan made from clay, *Concrete International*, **4**, No. 7, pp. 59–65 (1982).

2.61 K. Kohno *et al.*, Mix proportion and compressive strength of concrete containing extremely finely ground silica, *Cement Association of Japan*, No. 44, pp. 157–80 (1990).

2.62 B. P. Hughes, PFA fineness and its use in concrete, *Mag. Concr. Res.*, **41**, No. 147, pp. 99–105 (1989).

2.63 W. H. Price, Pozzolans – a review, *J. Amer. Concr. Inst.*, **72**, No. 5, pp. 225–32. (1975).
2.64 ACI 3R-87, Use of fly ash in concrete, *ACI Manual of Concrete Practice, Part 1: Materials and General Properties of Concrete*, 29 pp. (Detroit, Michigan, 1994).
2.65 Y. Efes and P. Schubert, Mörtel- und Betonversuche mit einem Schnellzement, *Betonwerk und Fertigteil-Technik*, No. 11, pp. 541–5 (1976).
2.66 P.-C. Aïtcin, Ed., *Condensed Silica Fume*, Faculté de Sciences Appliquées, Université de Sherbrooke, 52 pp. (Sherbrooke, Canada, 1983).
2.67 ACI Committee 226, Silica fume in concrete: Preliminary report, *ACI Materials Journal*, **84**, No. 2, pp. 158–66 (1987).
2.68 D. G. Parker, Microsilica concrete, Part 2: in use, *Concrete*, **20**, No. 3, pp. 19–21 (1986).
2.69 V. M. Malhotra, G. G. Carrette and V. Sivasundaram, Role of silica fume in concrete: a review, in *Advances in Concrete Technology*, Ed. V. M. Malhotra, Energy, Mines and Resources, MSL 92-6(R) pp. 925–91 (Ottawa, Canada, 1992).
2.70 M. D. Cohen, Silica fume in PCC: the effects of form on engineering performance, *Concrete International*, **11**, No. 11, pp. 43–7 (1989).
2.71 K. H. Khayat and P. C. Aïtcin, Silica fume in concrete – an overview, in *Fly Ash, Silica Fume, Slag, and Natural Pozzolans in Concrete*, Vol. 2, Ed. V. M. Malhotra, ACI SP-132, pp. 835–72 (Detroit, Michigan, 1993).
2.72 S. A. Brooks and J. H. Sharp, Ettringite-based cements, *Calcium Aluminate Cements*, Ed. R. J. Mangabhai, Proc. Int. Symp., Queen Mary and Westfield College, University of London, pp. 335–49 (London, Chapman and Hall, 1990).
2.73 A. J. Majumdar, R. N. Edmonds and B. Singh, Hydration of calcium aluminates in presence of granulated blastfurnace slag, *Calcium Aluminate Cements*, Ed. R. J. Mangabhai, Proc. Int. Symp., Queen Mary and Westfield College, University of London, pp. 259–71 (London, Chapman and Hall, 1990).
2.74 V. S. Ramachandran, Ed., *Concrete Admixtures Handbook: Properties, Science and Technology*, 626 pp. (New Jersey, Noyes Publications, 1984).
2.75 D. W. Hobbs, *Alkali-Silica Reaction in Concrete*, 183 pp. (London, Thomas Telford, 1988).
2.76 M. Collepardi, G. Baldini and M. Pauri, The effect of pozzolanas on the tricalcium aluminate hydration, *Cement and Concrete Research*, **8**, No. 6, pp. 741–51 (1978).
2.77 F. Massazza and U. Costa, Aspects of the pozzolanic activity and properties of pozzolanic cements, *Il Cemento*, **76**, No. 1, pp. 3–18 (1979).
2.78 R. J. Collins and W. Gutt, Research on long-term properties of high alumina cement concrete, *Mag. Concr. Res.*, **40**, No. 145, pp. 195–208 (1988).
2.79 N. J. Crammond, Long-term performance of high alumina cement in sulphatebearing environments, *Calcium Aluminate Cements*, Ed. R. J. Mangabhai, Proc. Int. Symp., Queen Mary and Westfield College, University of London, pp. 208–21 (London, Chapman and Hall, 1990).
2.80 D. J. Cook, R. P. Parma and S. A. Damer, The behaviour of concrete and cement paste containing rice husk ash, *Proc. of a Conference on Hydraulic Cement Pastes: Their Structure and Properties*, pp. 268–82 (London, Cement and Concrete Assoc., 1976).
2.81 T. D. Robson, The characteristics and applications of mixtures of Portland and high-alumina cements, *Chemistry and Industry*, No. 1, pp. 2–7 (London, 5 Jan. 1952).
2.82 Building Research Establishment, Assessment of chemical attack of high alumina cement concrete, *Information Paper, IP 22/81*, 4 pp. (Watford, England, Nov. 1981).
2.83 F. M. Lea, Effect of temperature on high-alumina cement, *Trans. Soc. Chem.*, **59**, pp. 18–21 (1940).
2.84 J. B. Menzies, Hazards, risks and structural safety, *Structural Engineer*, **10**, No. 21, pp. 357–63 (1995).
2.85 A. M. Neville, History of high-alumina cement, *Engineering History and Heritage*, Inst. Civil Engineers, EH2, pp. 81–91 and 93–101 (2009).

3
Propriedades dos agregados

Como pelo menos 3/4 do volume do concreto é composto pelos agregados, não é surpresa que sua qualidade seja de grande importância. Os agregados podem limitar a resistência do concreto – já que, se tiverem propriedades indesejáveis, não conseguem produzir um concreto resistente –, e suas propriedades afetam significativamente a durabilidade e o desempenho estrutural do concreto.

A princípio, os agregados eram tidos como materiais inertes, dispersos na pasta de cimento, e eram utilizados principalmente por razões econômicas. Entretanto, é possível adotar uma visão contrária e considerá-los um material de construção ligado a um todo coeso por meio da pasta de cimento, de modo semelhante à alvenaria. Na realidade, os agregados não são verdadeiramente inertes, já que suas propriedades físicas, térmicas e, algumas vezes, químicas influenciam o desempenho do concreto.

Os agregados são mais baratos do que o cimento, então é econômico utilizá-los na maior quantidade possível, diminuindo, assim, a quantidade de cimento. A economia, entretanto, não é a única razão para o uso dos agregados: eles proveem vantagens técnicas consideráveis ao concreto, que tem maior estabilidade de volume e maior durabilidade do que a pasta de cimento hidratada.*

Classificação geral dos agregados

As dimensões dos agregados utilizados em concreto variam desde dezenas de milímetros até partículas com seção transversal menor do que um décimo de milímetro. A dimensão máxima utilizada, na realidade, varia, mas, em qualquer mistura, são incorporadas partículas de diferentes dimensões. A partir deste ponto, a distribuição das dimensões das partículas será denominada granulometria. Para a produção de concretos de menor exigência de qualidade, algumas vezes são utilizados agregados de jazidas que contêm toda uma variação de dimensões, das maiores às menores, denominados *bica corrida* ou *agregado total*. A alternativa sempre empregada para a produção de concretos de boa qualidade é a obtenção de agregados separados em, pelo menos, dois grupos de dimensões. A separação principal é definida entre os *agregados miúdos*, frequentemente denominados areia (por exemplo, na BS EN 12620:2002), com dimensão inferior a 4 mm, e os *agregados graúdos*, que compreendem o material com dimensão mínima de 5

---

* N. de R.T.: Sempre que possível, serão adotados, para a tradução, os termos normalizados da NBR NM 02:2000.

mm. Nos Estados Unidos, a separação é feita na peneira ASTM N.º 4, equivalente à de abertura 4,75 mm (veja a Tabela 3.14). Mais detalhes em relação à granulometria serão fornecidos posteriormente, mas essa divisão básica possibilita a próxima distinção entre agregados miúdos e graúdos. Deve ser citado que a utilização do termo agregado (para designar somente os agregados graúdos) no lugar de areia não está correta.

Geralmente se considera que a areia natural tem dimensão-limite inferior entre 70 e 60 μm. O material entre 60 e 2 μm é classificado como silte, e partículas ainda menores são denominadas argila. Marga é um material de consistência mole, constituído de areia, silte e argila em, aproximadamente, mesmas proporções. Embora o teor de partículas menores do que 75 μm normalmente seja apresentado em conjunto, as influências do silte e da argila nas propriedades do concreto resultante são, com frequência, significativamente distintas, visto que as dimensões e a composição dessas partículas diferem. Os métodos para a determinação dos materiais menores do que 75 μm e 20 μm são estabelecidos, respectivamente, pela BS 812:103.1:1985 (2000) e pela BS 812:103.2(2000).*

Originalmente, todas as partículas dos agregados naturais faziam parte de uma massa maior. Elas foram fragmentadas por processos naturais de intemperismo e abrasão ou por britagem artificial. Dessa forma, muitas propriedades dos agregados dependem totalmente das propriedades da rocha matriz: composição química e mineral, características petrográficas, massa específica, dureza, resistência, estabilidade físico-química, estrutura de poros e coloração. Por outro lado, algumas propriedades dos agregados não existem na rocha matriz, como forma e dimensões das partículas, textura superficial e absorção. Todas essas propriedades podem exercer considerável influência na qualidade do concreto, tanto no estado fresco quanto no estado endurecido.

É interessante citar que, embora essas diferentes propriedades possam ser analisadas uma a uma, é difícil ter outra definição de bom agregado além da que postula que um agregado é bom quando é possível (para determinadas condições) produzir um bom concreto com ele. Enquanto agregados com todas as propriedades aparentemente satisfatórias sempre produzirão um bom concreto, o inverso não é necessariamente verdadeiro, e por isso deve-se utilizar o critério de desempenho do concreto. Em especial, há agregados que podem ser insatisfatórios em algum aspecto, mas que não resultam em problemas quando utilizados em concreto. Por exemplo, uma amostra de rocha pode desagregar no congelamento, mas não necessariamente quando embebida no concreto, principalmente quando as partículas dos agregados estão bem cobertas por uma pasta de cimento hidratada de baixa permeabilidade. No entanto, é pouco provável que se obtenha um concreto satisfatório com um agregado considerado inadequado em mais de um aspecto, de modo que os ensaios nos agregados ajudam na determinação de sua adequabilidade ao uso em concreto.

---

* N. de R.T.: A norma brasileira NBR 7211:2009 estabelece 4,75 mm como a divisão entre agregados miúdos e agregados graúdos. Agregado total é definido como o agregado resultante da britagem de rochas cujo beneficiamento resulta em uma distribuição granulométrica formada por agregados miúdos e graúdos ou pela mistura intencional de areia natural e agregados britados. A NBR 9935:2011, norma que estabelece os termos relativos a agregados empregados em concretos e argamassas, define o material com as mesmas características do anterior, ou seja, material granular beneficiado com distribuição granulométrica constituída de agregados miúdos e graúdos, como agregado misto. A mesma norma define como materiais pulverulentos as partículas menores do que 75 μm. As definições de silte e argila apresentadas pela NBR 6502:1995, norma que define termos relativos a rochas e solos, são as mesmas citadas pelo autor.

Classificação dos agregados naturais

Até o momento, foram considerados somente os agregados produzidos por materiais naturais, e a maior parte deste capítulo trata desse tipo de material. Os agregados, contudo, podem ser obtidos por processos industriais. Como esses agregados artificiais geralmente são mais pesados ou mais leves do que os agregados comuns, eles serão analisados no Capítulo 13. Os agregados produzidos a partir de resíduos são apresentados na página 725.

Outra distinção pode ser feita entre agregados reduzidos às suas dimensões atuais por processos naturais e agregados britados, obtidos por fragmentação deliberada de rochas.*

Do ponto de vista petrográfico, os agregados, sejam os britados ou os pedregulhos, podem ser divididos em diferentes grupos de rochas com características comuns. A classificação da BS 812:1:1975 é a mais conveniente e é apresentada na Tabela 3.1. A classificação por grupos não implica a adequação de qualquer agregado para a produção de concreto, pois materiais inadequados podem ser encontrados em qualquer grupo – embora alguns grupos tendam a ter melhores resultados do que outros. Deve ser destacado que várias denominações comerciais e habituais são utilizadas e que elas nem sempre correspondem à classificação petrográfica correta. Os tipos de rochas normalmente usados para a produção de agregados estão relacionados na BS 812:102:1989, enquanto os métodos para análise petrográfica são normalizados pela BS 812:104:1994 (2000). A BS 812 foi substituída pelas BS EN 932 e 933.

A norma ASTM C 294-05 descreve alguns dos minerais mais comuns ou importantes encontrados nos agregados. A classificação mineralógica é válida para a identificação das propriedades dos agregados, mas não é capaz de fornecer uma base para a previsão de seu desempenho no concreto, já que não há minerais universalmente desejáveis e que poucos são notadamente indesejáveis. A classificação da ASTM está resumida conforme segue:

Minerais de sílica (quartzo, opala, calcedônia, tridimita, cristobalita)
Feldspatos
Minerais ferromagnesianos
Minerais micáceos
Minerais argilosos
Zeólitos
Minerais carbonáticos
Minerais sulfáticos
Minerais de sulfeto de ferro
Minerais de óxidos de ferro

---

* N. de R.T.: A NBR 9935:2011 define como agregado natural o material que pode ser utilizado como encontrado na natureza, podendo ser submetido a lavagem, classificação ou britagem. Agregado artificial é o material obtido por processo industrial que envolva alteração mineralógica, química ou físico-química da matéria-prima original. Os materiais que podem ser utilizados no concreto como encontrados na natureza são denominados pedregulho ou cascalho. A NBR 6502:1995 distingue pedregulhos de cascalhos, e a segunda denominação é aplicada a pedregulhos arredondados ou semiarredondados, que também podem ser chamados de seixos. Sempre que possível, serão adotadas as denominações normalizadas.

Tabela 3.1 Classificação dos agregados naturais segundo o tipo de rocha (BS 812:1:1975)

Grupo Basalto	Grupo Flint	Grupo Gabro
Andesito	Chert	Diorito básico
Basalto	Flint	Gnaisse básico
Porfiritos básicos		Gabro
Diabásio		Hornblenda
Todos os tipos de doleritos, incluindo teralito e teschenito		Norito
		Peridotito
Epidiorito		Picrito
Lamprófiro		Serpentinito
Quartzo-dolerito		
Espilito		
Grupo Granito	**Grupo Arenito (incluindo rochas vulcânicas fragmentadas)**	**Grupo Hornfels**
Gnaisse		Todos os tipos de rochas de contato alteradas, exceto mármore
Granito		
Granodiorito	Arcósio	
Granulito	Grauvaca	
Pegmatito	Arenito	
Quartzo-diorito	Tufo	
Sienito		
Grupo Calcário	**Grupo Porfirítico**	**Grupo Quartzito**
Dolomito	Aplito	Quartzito
Calcário	Dacito	Arenito quartzítico
Mármore	Felsito	Quartzito recristalizado
	Granófiro	
	Queratófiro	
	Microgranito	
	Pórfiro	
	Quartzo-porfirítico	
	Riolito	
	Traquito	
Grupo Xisto		
Filito		
Xisto		
Ardósia		
Todas as rochas altamente cisalhadas		

Os detalhes dos ensaios mineralógicos e petrográficos não estão no escopo deste livro, mas é importante compreender que a avaliação geológica dos agregados é uma ferramenta útil para a determinação de sua qualidade e, em especial, para a comparação de agregados novos com outros com histórico de uso conhecido. Além disso, propriedades adversas, como a presença de algumas formas instáveis de sílica, podem ser identificadas. Mesmo pequenas quantidades de minerais ou de rochas podem exercer uma grande influência na qualidade do agregado. No caso de agregados artificiais, a influência dos métodos de produção e de processamento também pode ser estudada.

Informações detalhadas sobre agregados para concreto podem ser encontradas na referência 3.38.*

Amostragem

Ensaios de várias propriedades dos agregados são, necessariamente, realizados em amostras do material, e, portanto, os resultados se aplicam, a rigor, somente ao agregado da amostra. Como o interesse está, entretanto, no total de agregado fornecido ou disponível para fornecimento, deve ser garantido que a amostra represente as propriedades médias do agregado. Diz-se que tal amostra é representativa e que certas precauções devem ser tomadas para sua obtenção.

Entretanto, nenhum procedimento detalhado pode ser estabelecido, devido às condições e às situações relacionadas à extração de amostras no campo poderem ser bastante variáveis dependendo de cada caso. Apesar disso, um técnico com experiência pode obter resultados confiáveis se tiver sempre em mente que a amostra retirada deve ser representativa do total do material a ser analisado. Um exemplo desse cuidado pode ser a utilização de uma concha em vez de uma pá, evitando, assim, a perda de material durante a movimentação da pá.

A amostra principal é composta por várias porções retiradas de diferentes partes do todo. O número mínimo dessas porções, denominadas amostras parciais, é dez, e elas não devem constituir uma massa menor do que as fornecidas na Tabela 3.2, variando com a dimensão das partículas, prescritas pela BS 812:102:1989 (substituída pela BS EN 932-1:1997). Entretanto, caso a fonte de onde a amostra esteja sendo obtida seja variável ou segregada, um maior número de amostras parciais deve ser retirado e uma amostra maior deve ser enviada para ensaios. Esse caso é, em especial, a situação de amostragem em pilhas de agregados, em que as amostras parciais devem ser retiradas de todas as partes da pilha, não somente abaixo de sua superfície, mas também de seu centro.**

Tabela 3.2 Massas mínimas das amostras para os ensaios (BS 812:102:1989)

Dimensão máxima das partículas presentes em maior quantidade (mm)	Massa mínima da amostra para ensaios (kg)
Maior do que 28	50
Entre 5 e 28	25
Menor do que 5	13

---

* N. de R.T.: As normas NBR NM 66:1998 e NBR 6502:1995 definem, respectivamente, os termos utilizados na descrição dos constituintes mineralógicos dos agregados naturais utilizados no concreto e os termos relativos aos materiais da crosta terrestre, rochas e solos, para fins de engenharia geotécnica de fundações e obras de terra. Os termos apresentados nesta seção foram baseados, sempre que possível, nessas normas.

** N. de R.T.: A norma NBR NM 26:2009 estabelece os procedimentos de amostragem de agregados e determina um número mínimo de três amostras parciais.

A Tabela 3.2 mostra que a amostra principal pode ser bastante grande, especialmente quando são utilizados agregados de grandes dimensões, então a amostra deve ser reduzida antes dos ensaios. Em todas as fases da redução, é necessário garantir que a característica de representatividade da amostra seja mantida, de modo que a amostra a ser utilizada no ensaio tenha as mesmas propriedades da amostra principal e, consequentemente, da totalidade do agregado.

Há duas maneiras de reduzir o tamanho da amostra, por quarteamento e por separação, e a essência de cada uma delas é a divisão em duas partes iguais. No quarteamento, a amostra principal é cuidadosamente misturada e, no caso de agregados miúdos, umedecida, a fim de evitar a segregação. O material é empilhado em forma de cone e revirado para que um novo cone se forme. Esse procedimento é repetido duas vezes, e o material é sempre depositado no vértice do cone para que as partículas em queda se distribuam uniformemente ao redor da circunferência. O cone final é achatado e dividido em quatro partes, e, em seguida, duas partes diagonalmente opostas são descartadas e as restantes formam a amostra para os ensaios. Caso ainda esteja muito grande, a amostra pode ser reduzida por quarteamento adicional. Deve ser tomada precaução para garantir a inclusão de todo o material fino na parte apropriada.

Como alternativa, a amostra pode ser dividida em duas metades com a utilização de um separador (Figura 3.1). Ele é constituído por uma caixa com divisões paralelas verticais, com descarga alternada entre o lado esquerdo e o lado direito. A amostra é despejada no separador ao longo de toda sua largura, e as duas metades são coletadas em duas caixas posicionadas junto à base do separador. Uma das metades é descartada,

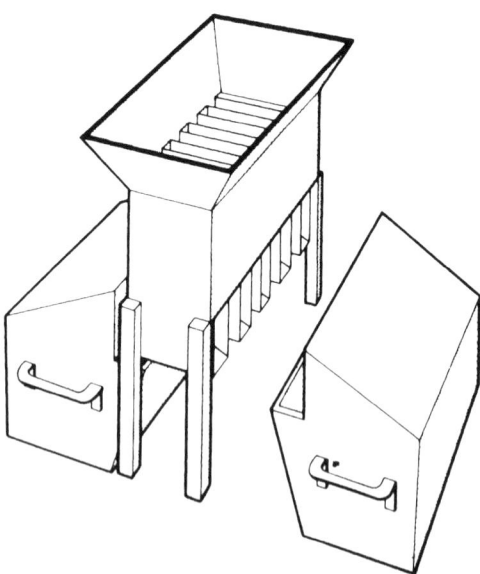

Figura 3.1 Separador.

e o procedimento é repetido até se obter uma amostra do tamanho desejado. O processo de redução por separação resulta em uma menor variabilidade do que a redução por quarteamento. A norma BS EN 12420:2000 descreve um separador usual.*

Forma e textura das partículas

Além da característica petrográfica do agregado, suas características externas, em especial a forma e a textura superficial das partículas, são importantes. No entanto, devido à dificuldade em descrever a forma de corpos tridimensionais, é conveniente definir algumas de suas características geométricas.

O *arredondamento* avalia a agudeza relativa ou a angulosidade das arestas ou dos cantos de uma partícula. Ele é controlado principalmente pelas resistências mecânica e à abrasão da rocha matriz e pelo desgaste ao qual a partícula foi submetida. No caso do agregado britado, a forma da partícula depende não somente da natureza da rocha matriz, mas também do tipo de britador e de sua taxa de redução, isto é, a relação entre as dimensões do material carregado no britador e do material britado. Uma classificação geral do arredondamento é fornecida pela BS 812:1:1975, apresentada na Tabela 3.3. A norma vigente relevante é a BS EN 933-4:2008.

Tabela 3.3 Classificação da forma das partículas (BS 812-1:1975†) com exemplos

Classificação	Descrição	Exemplos
Arredondado	Totalmente desgastado pela ação da água ou totalmente conformado por atrito	Seixo de rio ou de zona litorânea marítima; areias de deserto, de origem eólica e de zona litorânea marítima
Irregular	Naturalmente irregular ou parcialmente conformado por atrito com arestas arredondadas	Outros seixos, flint
Lamelar	Espessura menor do que as outras duas dimensões	Rochas lamelares
Anguloso	Arestas bem definidas na interseção de faces razoavelmente planas	Pedras britadas de todos os tipos, talus e escória britada
Alongado	Em geral, anguloso; comprimento consideravelmente maior do que as outras duas dimensões	---
Lamelar e alongado	Comprimento bem maior do que a largura e largura bem maior do que a espessura	---

† Substituída pela BS EN 933-3:1997.

* N. de R.T.: A norma brasileira para a redução de amostra de campo é a NBR NM 27:2001.

A seguinte classificação algumas vezes é utilizada nos Estados Unidos:

Totalmente arredondado	– sem faces originais
Arredondado	– quase todas as faces inexistentes
Subarredondado	– consideravelmente desgastado, faces com área reduzida
Subanguloso	– algum desgaste, com faces intactas
Anguloso	– poucas evidências de desgaste

Como o grau de empacotamento das partículas de mesmo tamanho depende de sua forma, a angulosidade do agregado pode ser estimada pela proporção de vazios em uma amostra compactada segundo um procedimento padronizado. A norma britânica BS 812-1:1995 define o conceito de índice de angulosidade. Esse índice pode ser obtido diminuindo-se de 67 a porcentagem de volume de sólidos em um recipiente preenchido, de maneira normalizada, com agregados. As dimensões das partículas utilizadas no ensaio devem ser controladas dentro de limites estreitos.

O número 67 na expressão do índice de angulosidade representa a porcentagem de volume de sólidos na maioria dos seixos, de maneira que o índice de angulosidade mede a porcentagem de vazios excedentes em relação ao seixo (ou seja, 33). Quanto maior for o índice, mais anguloso será o agregado, e, em agregados utilizados na prática, esse valor varia entre 0 e 11. O ensaio de angulosidade raramente é realizado.

Um aperfeiçoamento na avaliação da angulosidade do agregado, tanto graúdo como miúdo, é o fator de angulosidade, definido como a relação entre o volume de sólidos de agregados soltos e o volume de esferas de vidro de granulometria especificada.[3.41] Dessa forma, o empacotamento não ocorre e evita-se o erro do operador. Vários métodos indiretos para a determinação da forma de agregados miúdos foram analisados criticamente por Gaynor & Meininger,[3.63] mas nenhum método de aceitação geral está disponível.

O teor de vazios dos agregados pode ser calculado a partir da alteração do volume de ar quando um decréscimo conhecido de pressão é aplicado, o que possibilita a determinação do volume de ar do espaço intersticial.[3.52]

Uma prova simples de que a porcentagem de vazios depende da forma das partículas é mostrada na Figura 3.2, que é baseada em dados de Shergold.[3.1] Em uma amostra constituída de uma mistura de dois agregados – um anguloso e outro arredondado – em proporções variáveis, verifica-se que a porcentagem de vazios diminui conforme aumenta a proporção de partículas arredondadas. O volume de vazios influencia a massa específica do concreto possível de ser obtida.

Outra característica da forma do agregado graúdo é sua *esfericidade*, definida como uma função da relação entre a área superficial da partícula e seu volume. A esfericidade está relacionada à estratificação e à clivagem da rocha matriz e também é influenciada pelo tipo de equipamento de britagem em casos em que houve redução artificial das dimensões. Partículas com elevada relação entre a área superficial e o volume são de especial interesse, já que aumentam a demanda de água para determinada trabalhabilidade do concreto.

É indubitável que a forma das partículas do agregado miúdo influencia as propriedades da mistura, pois as partículas angulosas exigem maior quantidade de água para uma determinada trabalhabilidade. Entretanto, ainda não existe um método objetivo de medir e expressar a forma dessas partículas, apesar de terem sido feitas tentativas utilizando medições da área superficial projetada e outras aproximações geométricas.

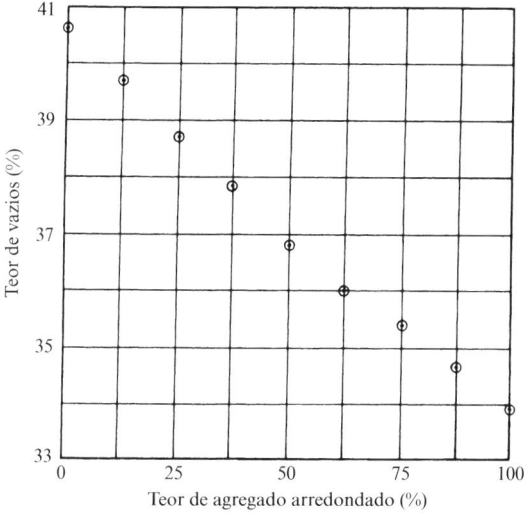

Figura 3.2 Influência da angulosidade do agregado no teor de vazios (Crown copyright).[3.1]

No que diz respeito ao agregado graúdo, a forma equidimensional das partículas é preferida, pois partículas com diferenças significativas entre suas dimensões têm maior superfície específica e empacotam-se de modo anisotrópico. Dois tipos de partículas que se diferenciam das equidimensionais são de interesse: as alongadas e as lamelares. As lamelares também podem afetar negativamente a durabilidade do concreto, pois têm tendência a se orientar em um plano, com formação de vazios e acúmulo de água de exsudação sob elas.

A massa de partículas lamelares expressa como uma porcentagem da amostra é denominada *índice de lamelaridade*. O *índice de alongamento* é definido da mesma maneira. Algumas partículas são, ao mesmo tempo, alongadas e lamelares, sendo então contabilizadas em ambas as categorias.

A classificação é feita por meio de gabaritos, conforme as descrições da BS 812-105.1:1989 e da BS EN 933-3:1997. A BS EN 12620:2002 utiliza relações dimensionais diferentes. A classificação é baseada na hipótese, um tanto arbitrária, de que uma partícula é lamelar se sua espessura (menor dimensão) for 0,6 vezes menor do que a dimensão média da peneira da fração de tamanho a que pertence a partícula. Da mesma forma, diz-se que a partícula é alongada quando seu comprimento (maior dimensão) é 1,8 vezes maior do que a dimensão média da peneira da fração de tamanho à qual ela pertence. A dimensão média é definida como a média aritmética entre a dimensão da peneira em que a partícula ficou retida e a dimensão da peneira anterior. Um controle dimensional rígido é necessário, e as peneiras consideradas não pertencem à série normal para agregados, sendo utilizadas as seguintes peneiras: 75,0; 63,0; 50,0; 37,5; 28,0; 20,0; 14,0; 10,0; e 6,30 mm. Os ensaios de lamelaridade e de alongamento são úteis para uma avaliação dos agregados, mas não descrevem adequadamente a forma da partícula.

O excesso de partículas alongadas, acima de 10 a 15% da massa de agregados graúdos, geralmente é indesejável, mas não são estabelecidos limites. A norma britânica BS 882:1992 limita o índice de lamelaridade do agregado graúdo a 50 e 40, respectivamente, para pedregulho e para agregado britado ou parcialmente britado. Para superfícies sujeitas à abrasão, entretanto, são exigidos índices de lamelaridade menores. As normas mais atuais não prescrevem valores absolutos para essa característica.*

A *textura superficial* do agregado afeta sua aderência à pasta de cimento e influencia a demanda de água da mistura, especialmente no caso dos agregados miúdos.

A classificação da textura superficial é baseada no grau de polimento da superfície das partículas, sejam elas polidas ou opacas, lisas ou ásperas. O tipo de aspereza também deve ser analisado. A textura superficial depende da dureza, das dimensões dos grãos e das características de porosidade da rocha matriz (rochas duras, densas e com grãos finos geralmente têm superfícies de fratura lisas), bem como do grau em que as forças atuantes sobre a superfície das partículas as tenham alisado ou tornado ásperas. A avaliação visual da aspereza é bastante aceitável, mas, para diminuir erros, deve ser adotada a classificação da BS 812-1:1975, apresentada na Tabela 3.4. Essa norma foi substituída pela BS EN 12620:2002. Não existe um método estabelecido para a medida da aspereza superficial, mas a abordagem de Wright[3.2] é interessante. Segundo ela, a interface entre a partícula e a resina em que ela foi disposta é ampliada, e determina-se,

Tabela 3.4   Textura superficial dos agregados (BS 812:1:1975) com exemplos

Grupo	Textura superficial	Características	Exemplos
1	Vítrea	Fratura conchoidal	Flint negro, escória vitrificada
2	Lisa	Desgastado por água ou alisado devido à fratura de rochas laminadas ou de granulação fina	Pedregulho (seixo de rio), chert, ardósia, mármore e alguns riólitos
3	Granular	Fratura mostrando grãos mais ou menos uniformes arredondados	Arenito, oólito
4	Áspera	Fratura áspera de rochas de granulação fina ou média contendo constituintes cristalinos de difícil visualização	Basalto, felsito, pórfiro, calcário
5	Cristalina	Presença de constituintes cristalinos de fácil visualização	Granito, gabro, gnaisse
6	Alveolar	Com poros e cavidades visíveis	Tijolo, pedra-pomes, escória expandida, clínquer, argila expandida

---

* N. de R.T.: A NBR 7809:2006, versão corrigida 2008, normaliza a determinação do índice de forma do agregado graúdo pelo método do paquímetro. Segundo a NBR 7211:2009, esse índice não deve ser superior a 3.

assim, a diferença entre o comprimento do contorno e o comprimento da linha poligonal traçada por uma série de cordas, valor considerado uma média da rugosidade. Embora se consiga a reprodutibilidade dos resultados, esse método é pouco utilizado por ser trabalhoso.

Outro procedimento é utilizar um coeficiente de forma e um coeficiente de textura superficial obtido a partir do método da série Fourier, que, por princípio, considera intervalos do sistema harmônico e também um coeficiente modificado de rugosidade total.[3.53] É questionável se esse tipo de abordagem é útil para a avaliação e a comparação de uma grande variedade de formas e texturas observadas na prática. Algumas outras abordagens foram analisadas por Ozol.[3.65] Um método para determinar a forma de uma partícula de agregado por meio de um *scanner* de mesa foi proposto por True *et al.*, mas é pouco provável que seja utilizado na prática para a avaliação da forma do agregado. O método também possibilita uma medição melhorada da porosidade e diferencia o ar incorporado do ar aprisionado, sendo que o primeiro tem forma esférica com diâmetro máximo de 1 mm, enquanto o segundo é maior e possui forma irregular.

Aparentemente, a forma e a textura superficial dos agregados influenciam consideravelmente a resistência do concreto. A resistência à flexão é mais afetada do que a resistência à compressão, e os efeitos são especialmente significativos no caso de concretos de alta resistência. A Tabela 3.5 reproduz dados obtidos por Kaplan,[3.3] mas eles apenas dão uma indicação do tipo de influência, já que outros fatores podem não ter sido considerados. O verdadeiro papel da forma e da textura do agregado no desenvolvimento da resistência do concreto não é conhecido, mas possivelmente uma textura mais rugosa resulte em maior aderência entre a partícula e a matriz cimentícia. Da mesma forma, a área superficial maior do agregado anguloso implica o desenvolvimento de maior força de aderência.

A forma e a textura dos agregados miúdos têm um efeito significativo na demanda de água da mistura produzida com um determinado agregado. Caso essas propriedades do agregado miúdo sejam expressas indiretamente por seu grau de empacotamento, isto é, pela porcentagem de vazios no estado solto (ver página 133), a influência na demanda de água, então, é bem definida[3.42] (ver Figura 3.3). A influência dos vazios no agregado graúdo não é tão bem definida.[3.42]

A lamelaridade e a forma do agregado graúdo geralmente influenciam significativamente a trabalhabilidade do concreto. A Figura. 3.4, reproduzida de uma publicação de Kaplan, mostra o padrão da relação entre a angulosidade do agregado graúdo e o fator de compactação do concreto produzido com ele. Uma alteração na angulosidade

Tabela 3.5 Importância relativa média das propriedades dos agregados na resistência do concreto[3.3]

Propriedade do concreto	Efeito relativo das propriedades dos agregados (%)		
	Forma	Textura superficial	Módulo de elasticidade
Resistência à flexão	31	26	43
Resistência à compressão	22	44	34

Observação: Os valores representam a relação entre a variação devida a cada propriedade e a variação total das três características do agregado ensaiado em três misturas produzidas com 13 agregados.

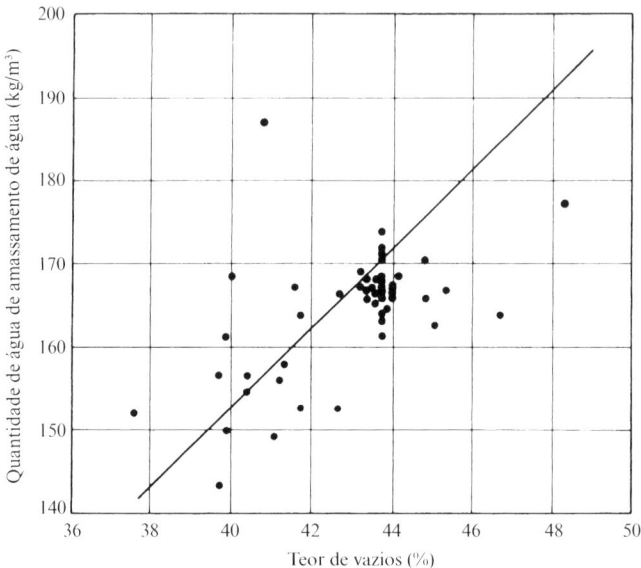

Figura 3.3 Relação entre o teor de vazios da areia em estado solto e a demanda de água do concreto produzido com a areia.[3.42]

de um mínimo para um máximo reduziria o fator de compactação em cerca de 0,09. Entretanto, na prática, obviamente não existe uma relação única entre esses dois fatores, visto que outras propriedades dos agregados também afetam a trabalhabilidade. Os resultados experimentais de Kaplan,[3.4] porém, não confirmam que a textura superficial seja um fator.

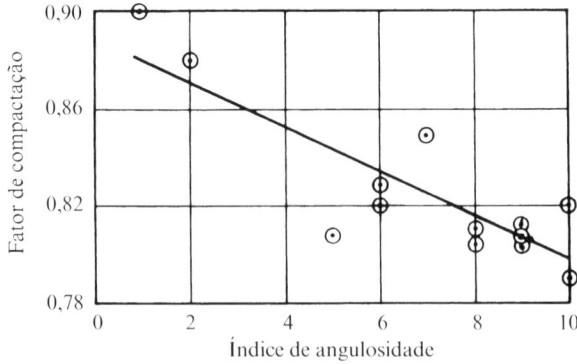

Figura 3.4 Relação entre o índice de angulosidade do agregado e o fator de compactação do concreto produzido com o agregado.[3.4]

Aderência do agregado

A aderência entre os agregados e a pasta de cimento é um importante fator da resistência do concreto, em especial da resistência à flexão, mas a natureza da aderência ainda não foi totalmente compreendida. Ela ocorre, em parte, pelo intertravamento dos agregados e da pasta de cimento hidratada devido à rugosidade da superfície dos primeiros. Uma superfície mais rugosa, como a das partículas britadas, resulta em maior aderência por causa do intertravamento mecânico. Uma maior aderência também é frequentemente obtida com partículas mais macias, porosas e mineralogicamente heterogêneas. Em geral, a textura com características que não possibilitam a penetração das partículas na superfície não resulta em boa aderência. Além disso, a aderência é afetada por outras propriedades físicas e químicas do agregado, relacionadas à sua composição mineralógica e química e à condição eletrostática da superfície da partícula. Por exemplo, pode existir alguma aderência química com calcário, dolomita[3.54] e, possivelmente, agregados silicosos, e algumas forças capilares podem se desenvolver em superfícies de partículas polidas. Entretanto, pouco se conhece sobre esse fenômeno, e ainda é necessário contar com a experiência para prever a aderência entre o agregado e a pasta de cimento hidratada. De qualquer forma, para que a aderência seja boa, é preciso que a superfície do agregado seja limpa.

Como o concreto é um material compósito constituído de agregados e uma matriz de pasta de cimento hidratada, o módulo de elasticidade de cada componente influencia o módulo do compósito. A diferença entre os módulos influencia consideravelmente a aderência do agregado.[3.91]

A determinação da qualidade da aderência do agregado é um tanto difícil, e não existem ensaios reconhecidos para isso. Em geral, quando a aderência é adequada, um corpo de prova de concreto de resistência convencional rompido apresenta algumas partículas de agregados também rompidas e outras, em maior número, arrancadas da pasta. Entretanto, um número excessivo de partículas rompidas pode indicar que o agregado possui resistência muito baixa. A resistência de aderência aumenta com a idade do concreto por depender tanto das propriedades da superfície dos agregados quanto da resistência da pasta de cimento hidratada. Ainda, a relação entre a resistência de aderência e a resistência da pasta de cimento hidratada parece aumentar com o tempo.[3.43] Portanto, contanto que seja adequada, a resistência de aderência em si pode não ser um fator que governe a resistência do concreto convencional. Entretanto, para concretos de alta resistência, existe provavelmente uma tendência de que a resistência de aderência seja menor do que a resistência à tração da pasta de cimento hidratada, de modo que a ruptura ocorre preferencialmente na interface. Na realidade, a interface entre o agregado e a pasta de cimento circundante é importante, pois o agregado graúdo representa uma descontinuidade e induz um efeito parede.

Barnes *et al.*[3.64] encontraram placas de hidróxido de cálcio orientadas paralelamente à interface, com C-S-H atrás. Além disso, a região de interface é rica em partículas finas de cimento e possui uma relação água/cimento mais elevada do que o restante da pasta de cimento. Essas observações explicam o papel especial desempenhado pela sílica ativa na melhoria da resistência do concreto (ver página 700).

O problema da ruptura do concreto é discutido com detalhes no Capítulo 6. Neste estágio, o fato relevante é o sentido da propagação de fissuras sob tensões elevadas. Em um material homogêneo, uma fissura seria normal ao esforço causador de sua abertura, sendo, portanto, uma linha reta ou quase reta. Entretanto, em um material grosseiramente heterogêneo como o concreto, o sentido da fissura pode ser afetado pela presença do agregado graúdo. A fissura, então, pode se desenvolver passando através do agregado ou contornando-o através da região de interface ou da matriz.

Um estudo recente feito por Neville[3.91] mostrou que, com exceção de idades muito pequenas, o sentido da propagação da fissura não é influenciado pela resistência da matriz de argamassa. Os principais fatores são a resistência da rocha matriz e a forma e a textura da superfície das partículas, apesar de não terem sido estabelecidos parâmetros simples ou mensuráveis disso. Contudo, o tema é de interesse prático para o denominado intertravamento de agregados sob cisalhamento. Em especial, a ruptura de agregados de calcário produz superfícies muito polidas para possibilitar a transmissão de cisalhamento.[3.92]

Resistência do agregado

Evidentemente, a resistência à compressão do concreto não pode ser muito mais elevada do que a resistência da *maior* parte dos agregados nele contidos, apesar de não ser fácil determinar a resistência à compressão das partículas isoladas. Na verdade, é difícil realizar ensaios para verificar essa resistência das partículas, e a informação necessária deve ser obtida, em geral, por determinações indiretas, como ensaios de esmagamento de agregados em estado solto, da força necessária para adensá-los e do desempenho do agregado em concreto.

O último ensaio trata simplesmente de experiências anteriores com determinado agregado ou de verificações experimentais utilizando o agregado em uma mistura de concreto reconhecida por resultar em determinada resistência com agregados de qualidade comprovada. Caso o concreto com o agregado em análise resulte em uma resistência à compressão menor, e, em especial, se várias partículas de agregados estiverem rompidas após a ruptura do corpo de prova, pode-se dizer que a resistência do agregado é menor do que a resistência à compressão nominal do concreto. Obviamente, esse agregado pode ser utilizado somente em concretos de baixa resistência, caso da laterita, um material abundante na África, no sul da Ásia e na América do Sul que raramente produz concretos com resistência maior do que 10 MPa.

Agregados com resistência inadequada representam um caso extremo, visto que suas propriedades físicas exercem certa influência na resistência do concreto, mesmo quando sua resistência é suficiente para que não ocorra a ruptura prematura. Comparando concretos produzidos com diferentes agregados, observa-se que a influência do agregado na resistência do concreto é, qualitativamente, a mesma, independentemente das proporções da mistura e de o concreto ser ensaiado à compressão ou à tração.[3.5] É possível que a influência do agregado na resistência do concreto não se deva somente à sua resistência mecânica, mas também, em grau considerável, à sua absorção e a características de aderência.

Em geral, a resistência e a elasticidade do agregado dependem de sua composição, sua textura e sua estrutura. Desse modo, a baixa resistência pode decorrer da baixa resistência dos grãos constituintes ou, então, do fato de estes não apresentarem ligações adequadas entre si, mesmo quando têm resistência adequada.

O módulo de elasticidade do agregado raramente é determinado – o que não significa que não seja importante, já que geralmente o módulo de elasticidade do concreto se eleva conforme o módulo dos agregados constituintes do concreto. O fato, no entanto, é que ele também depende de outros fatores. O módulo de elasticidade do agregado afeta a magnitude da fluência e da retração que o concreto pode apresentar (ver página 470). Uma diferença significativa entre os módulos de elasticidade do concreto e da pasta de cimento hidratada favorece a ocorrência de microfissuração na interface agregado-matriz.

Uma boa média para a resistência à compressão do agregado é de aproximadamente 200 MPa, mas existem excelentes agregados com resistências na faixa de 80 MPa, e um dos valores mais elevados já observados foi o de 530 MPa, para um determinado tipo de quartzito. A Tabela 3.6 apresenta valores de várias rochas.[3.6] Deve ser destacado que a resistência exigida para o agregado é consideravelmente maior do que a gama normal de resistências do concreto. Isso se deve ao fato de que as tensões reais na interface das partículas isoladas no interior do concreto podem ser muito maiores do que a tensão de compressão nominal aplicada.

Por outro lado, agregados com baixos ou moderados valores de resistência e de módulo de elasticidade podem ser úteis para preservar a integridade do concreto. As alterações de volume, decorrentes de causas higrotérmicas, resultam em menores tensões na pasta de cimento hidratada quando o agregado é compressível. Assim, a compressibilidade do agregado pode reduzir os danos no concreto, enquanto agregados resistentes e rígidos podem levar à fissuração da pasta de cimento circundante.

Deve ser ressaltado que não existe uma relação universal entre a resistência e o módulo de elasticidade de diferentes agregados.[3.3] Por exemplo, foram verificados valores de

Tabela 3.6 Resistência à compressão de rochas comumente utilizadas como agregados para concreto nos Estados Unidos[3.6]

		Resistência à compressão		
			Após a exclusão de valores extremos‡	
Tipo de rocha	Número de amostras*	Média† (MPa)	Máximo (MPa)	Mínimo (MPa)
Granito	278	181	257	114
Felsito	12	324	526	120
Basalto	59	283	377	201
Calcário	241	159	241	93
Arenito	79	131	240	44
Mármore	34	117	244	51
Quartzito	26	252	423	124
Gnaisse	36	147	235	94
Xisto	31	170	297	91

* Para a maioria das amostras, a resistência à compressão é uma média de três a 15 corpos de prova.
† Média de todas as amostras.
‡ 10% de todas as amostras ensaiadas com os valores mais altos e mais baixos foram excluídas por não serem características do material.

módulo de elasticidade de 45 GPa para alguns granitos e de 85,5 GPa para o gabro e o basalto, sendo que a resistência à compressão dessas rochas variou entre 145 e 170 MPa. Valores maiores do que 160 GPa já foram observados para o módulo de elasticidade.

Um ensaio para determinar a resistência à compressão de corpos de prova cilíndricos de rocha costumava ser prescrito. Entretanto, seus resultados, que são influenciados pela presença de planos de clivagem na rocha, podem não ser significativos, devido a ela já ter sido britada para o uso em concreto. Na prática, o ensaio de resistência à compressão avalia a qualidade da rocha matriz, e não a qualidade do agregado a ser utilizado no concreto. Por essa razão, esse ensaio raramente é realizado.

Em algumas situações, determina-se a resistência de corpos de prova úmidos e secos, pois a relação entre esses valores mede o efeito de amolecimento. Um valor elevado é indício de uma rocha de baixa durabilidade.

Prescrito pela BS 812-110:1990, um ensaio realizado em agregados soltos, denominado *ensaio do índice de esmagamento do agregado*, mede a resistência à pulverização.[3.38] Esse índice é uma importante ferramenta para a utilização de agregados de desempenho desconhecido, em especial quando há suspeitas de baixa resistência. Não existe uma relação física óbvia entre o índice de esmagamento e a resistência à compressão, mas os valores dos dois ensaios geralmente são concordantes.[3.75]

O material a ser ensaiado para detectar o índice de esmagamento deve passar pela peneira de 14,0 mm e ficar retido na peneira de 10,0 mm. Quando peneiras dessas dimensões não estiverem disponíveis, partículas de outras dimensões podem ser utilizadas, mas, em geral, dimensões maiores resultam em valores de esmagamento mais elevados – enquanto as menores resultam em valores mais baixos – do que em ensaios realizados com a mesma rocha na dimensão normalizada. A amostra deve ser seca em estufa entre 100 e 110 °C por quatro horas, colocada em um molde cilíndrico e, então, compactada segundo o procedimento normalizado. Um êmbolo é colocado no topo dos agregados e todo o conjunto é posicionado em uma máquina de ensaio à compressão, sendo submetido a uma carga de 400 kN (tensão de 22,1 MPa) na área total do pistão. A carga é aumentada gradualmente em um período de 10 minutos e, após o alívio da carga, os agregados são removidos e peneirados – no caso de amostras na faixa de dimensões padrões – em uma peneira de 2,36 mm (ver Tabela 3.14 para dimensões das peneiras). Para agregados de outras dimensões, a dimensão da peneira é prescrita pela norma BS 812-110:1990. A relação entre a massa de material passante na menor peneira e a massa total da amostra é denominada índice de esmagamento do agregado. Foram feitas tentativas de desenvolver um ensaio similar para agregados leves, mas nenhum método foi normalizado.

Esse ensaio é pouco sensível à variação da resistência de agregados mais fracos, ou seja, aqueles com índice de esmagamento maior do que 25. Isso se deve ao fato de o material mais fraco ser esmagado antes da aplicação do carregamento total de 400 kN, o que faz tais materiais serem compactados e, assim, a quantidade total esmagada durante as etapas finais do ensaio ser reduzida. Da mesma forma, partículas lamelares aumentam o índice de esmagamento.[3.38] Por essa razão, foi incluído na BS 812-111:1990 o *ensaio do índice de 10% de finos*, em que o equipamento do ensaio de esmagamento padronizado é utilizado para determinar a carga necessária para produzir 10% de finos a partir de partículas de 14,0 a 10,0 mm. Isso é obtido pela aplicação de uma carga progressivamente maior no êmbolo, o que causa uma penetração em, 10 minutos, de aproximadamente:

15 mm para agregados arredondados,
20 mm para agregados britados e
24 mm para agregados alveolares (como a argila expandida ou a escória expandida).

Essas penetrações devem resultar em uma porcentagem de finos passantes na peneira de 2,36 mm entre 7,5 e 12,5%. Considerando y como a porcentagem real de finos devido à carga máxima de x toneladas, a carga necessária para resultar em 10% de finos é dada por $14x/(y + 4)$.

Deve-se destacar que, neste ensaio, um resultado numérico maior indica uma maior resistência do agregado, diferentemente do ensaio padrão de esmagamento. A BS 882:1992 (substituída pela BS EN 12620:2002) prescreve os valores mínimos de: 150 kN para o ensaio de 10% de finos para agregados a serem usados em acabamentos de pisos sujeitos a uso pesado; 100 kN para agregados de utilização em superfícies de pavimentos de concreto sujeitos à abrasão; e 50 kN para agregados utilizados em outros concretos.

O ensaio do índice de 10% de finos apresenta boa correlação com o ensaio-padrão de esmagamento para agregados resistentes, enquanto, para agregados de menor resistência, o ensaio de 10% é mais preciso e resulta em uma avaliação mais realista das diferenças entre agregados com resistências distinta. Por essa razão, o ensaio é utilizado na análise de agregados leves, mas não existe uma relação simples entre o resultado do ensaio e o limite máximo de resistência do concreto produzido com um determinado agregado.*

Outras propriedades mecânicas dos agregados

Diversas propriedades mecânicas dos agregados merecem atenção, especialmente quando eles serão utilizados em obras de pavimentação ou submetidos à abrasão.

A primeira dessas propriedades é a *tenacidade*, que pode ser definida como a resistência de uma amostra de rocha à ruptura por impacto. Esse ensaio, embora possa revelar efeitos negativos do intemperismo na rocha, não é utilizado.

Pode-se determinar também o valor do *índice de impacto* de agregados soltos – sendo possível relacionar a tenacidade assim determinada ao valor do ensaio de esmagamento. Esse ensaio é, então, utilizado como uma alternativa. As dimensões das partículas ensaiadas são as mesmas do ensaio de esmagamento, bem como os teores admitidos da fração menor do que 2,36 mm. O impacto é dado por 15 quedas de um martelo-padrão, sujeito ao seu próprio peso, sobre o agregado no interior de um recipiente cilíndrico. Esse procedimento resulta em uma fragmentação similar à produzida pelo êmbolo no ensaio de esmagamento. Os detalhes do método de ensaio são apresentados pela BS 812-112:1990, e a BS 882:1992 estabelece os seguintes valores máximos: 25% para o agregado a ser utilizado em pisos submetidos a uso pesado; 30% para quando usado em superfícies de concreto sujeitas à abrasão; e 45% para quando utilizado em outros concretos. Esses números servem como uma referência, mas é claro que a correlação direta entre o valor do esmagamento e o desempenho do agregado no concreto ou a resistência do concreto não é possível.

Uma vantagem do ensaio do índice de impacto é que ele pode ser realizado em campo, com algumas adaptações, como a medição dos materiais em volume em vez de massa, mas o ensaio pode não servir para fins de conformidade às especificações.

---

* N. de R.T.: A NBR 9938:2013 estabelece o método para avaliação da resistência ao esmagamento de agregados graúdos, similar ao método descrito. Os agregados têm dimensão entre 9,5 e 12,5 mm.

Além da resistência e da tenacidade, a dureza ou a resistência ao desgaste é uma importante propriedade dos concretos utilizados em pisos sujeitos a tráfego intenso. Existem vários ensaios disponíveis, devido à possibilidade de o agregado sofrer desgaste por abrasão, ou seja, pela fricção de um material distinto sobre a rocha em avaliação ou pelo atrito de partículas entre si.

Vale a pena destacar que algumas rochas calcárias podem sofrer desgaste e que, portanto, sua utilização em pavimentos de concreto deve ser condicionada aos resultados dos ensaios. Em outras circunstâncias, muitos agregados calcários, mesmo porosos, podem produzir concretos satisfatórios.[3.67]

A abrasão em corpos de prova de rocha não é mais determinada, e, observando a tendência de ensaiar agregados em estado solto, a BS 812-113:1990 prescreve o ensaio para a determinação do *índice de desgaste por abrasão* em partículas de agregados. A amostra é constituída de partículas de agregados entre 14,0 e 10,2 mm que, depois de separadas das partículas lamelares, são incorporadas a uma camada simples de resina. A amostra é submetida à abrasão pela areia Leighton Buzzard (ver página 54), alimentada continuamente a uma determinada razão, por 500 giros em um equipamento padrão. O índice de desgaste por abrasão é definido como a porcentagem de massa perdida por abrasão, de forma que um valor elevado indica baixa resistência à abrasão. A BS 812-113:1990 foi cancelada e substituída pela BS EN 12620:2002. A PD 6682-1:2009 fornece informações sobre ensaios de abrasão.

A norma europeia BS EN 12620:2002 prescreve a determinação do coeficiente micro-Deval, que é a medida do desgaste produzido em partículas de 10 a 14 mm pelo atrito entre elas e por uma carga abrasiva em um tambor rotativo. O coeficiente representa a porcentagem de massa perdida na forma de partículas reduzidas a uma dimensão menor do que 1,6 mm.

O *ensaio de atrito* (*Deval*) também utiliza agregados soltos, mas não é mais realizado devido aos resultados numéricos não apresentarem diferenças significativas, mesmo para agregados bastante diferentes.

O *ensaio Los Angeles*, um método norte-americano, combina atrito e abrasão e é bastante utilizado em outros países devido aos resultados apresentarem boa correlação não somente com o desgaste real dos agregados quando usados em concreto, mas também com as resistências à compressão e à flexão do concreto produzido com esse agregado. Nesse ensaio, o agregado de uma granulometria especificada é colocado em um tambor cilíndrico, montado horizontalmente, que possui uma aleta interna. Então, uma carga de esferas de aço é adicionada e o tambor é girado por um número especificado de rotações. As quedas e os tombamentos do agregado e das esferas implicam abrasão e atrito do agregado, e o resultado é medido da mesma forma que no ensaio de atrito.

O ensaio Los Angeles pode ser realizado em agregados de diferentes dimensões, sendo obtido o mesmo desgaste, desde que a massa da amostra, a carga de esferas e o número de rotações sejam adequados. Esses valores estão prescritos pela ASTM C 131-06. Entretanto, o ensaio Los Angeles não é muito adequado para a determinação do comportamento do agregado miúdo submetido ao atrito nos casos de mistura prolongada, como, por exemplo, o agregado miúdo de origem calcária, que é provavelmente um dos materiais mais comuns que sofrem essa degradação. Por essa razão, agregados miúdos desconhecidos devem ser submetidos, além de aos ensaios padrão, a um ensaio de atrito em condição úmida para determinar quanto material menor do que 75 μm (peneira ASTM N.º 200) é produzido. O grau de degradação do agregado miúdo na betoneira pode ser determinado pelo método prescrito pela ASTM C 1137-05.*

A Tabela 3.7 apresenta valores médios para os ensaios de resistência à compressão, índice de esmagamento do agregado, abrasão, impacto e atrito para os diferentes grupos de rochas da BS 812-1:1975, que foi substituída pela BS EN 12620:2002. Essa norma abrange também agregados reciclados, ou seja, agregados obtidos do processamento de materiais inorgânicos utilizados previamente em construções, assunto que não será tratado neste livro. Em relação aos valores apresentados para hornfels e xistos, deve ser ressaltado que eles se baseiam em poucos corpos de prova, parecendo ser de melhor qualidade do que realmente são, possivelmente por ter sido ensaiado somente material de boa qualidade. Como regra, eles não são adequados para uso em concreto e, por essa razão, o giz não foi incluído no grupo do calcário.

Em relação ao ensaio de resistência à compressão, o basalto é extremamente variável. Basaltos novos, com pequeno teor de olivina, alcançam quase 400 MPa, enquanto no outro extremo da escala basaltos decompostos podem chegar a, no máximo, 100 MPa. O calcário e o pórfiro apresentam variabilidade bem menor nos valores de resistência, sendo que, na Grã-Bretanha, o pórfiro tem um bom desempenho, melhor, inclusive, do que os granitos, que tendem a ser variáveis.

Uma indicação da precisão dos resultados dos diferentes ensaios é apresentada na Tabela 3.8, que mostra o número de amostras que devem ser ensaiadas para garantir, com 90% de probabilidade, que a média das amostras varie nos intervalos de ± 3% e

Tabela 3.7 Valores médios para rochas britânicas de diferentes grupos*

Grupo de rocha	Resistência à compressão (MPa)	Índice de esmagamento do agregado	Índice de desgaste	Índice de impacto	Índice de atrito† Seco	Índice de atrito† Úmido	Massa específica (g/cm³)
Basalto	200	12	17,6	16	3,3	5,5	2,85
Flint	205	17	19,2	17	3,1	2,5	2,55
Gabro	195	–	18,7	19	2,5	3,2	2,95
Granito	185	20	18,7	13	2,9	3,2	2,69
Arenito	220	12	18,1	15	3,0	5,3	2,67
Hornfels	340	11	18,8	17	2,7	3,8	2,88
Calcário	165	24	16,5	9	4,3	7,8	2,69
Pórfiro	230	12	19,0	20	2,6	2,6	2,66
Quartzito	330	16	18,9	16	2,5	3,0	2,62
Xisto	245	–	18,7	13	3,7	4,3	2,76

* Cortesia do falecido professor J. F. Kirkaldy.
† Valores menores indicam melhor desempenho.

---

* N. de R.T.: No Brasil, a avaliação da dureza de agregados é feita pelo ensaio de abrasão Los Angeles, normalizado pela NBR NM 51:2001.

Tabela 3.8 Reprodutibilidade dos resultados dos ensaios com agregados (Crown copyright)[3.40]

Ensaio	Coeficiente de variação + (%)	Número de amostras necessárias para garantir, com 90% de probabilidade, que a média esteja no intervalo:	
		± 3% da média real	± 10% da média real
Atrito seco	5,7	10	1
Atrito úmido	5,6	9	1
Abrasão	9,7	28	3
Impacto em corpo de prova	17,1	90	8
Impacto em agregado solto	3,0	–	–
Resistência à compressão	14,3	60	6
Índice de esmagamento do agregado	1,8	1	–
Ensaio Los Angeles	1,6	1	–

± de 10% em relação à média verdadeira.[3.40] O índice de esmagamento tem resultados bastante consistentes. Por outro lado, os corpos de prova preparados mostram maior dispersão dos resultados do que os obtidos com agregados soltos, como seria esperado. Apesar de os diversos ensaios descritos nesta e nas próximas seções fornecerem uma indicação da qualidade do agregado, não é possível predizer o desenvolvimento de resistência potencial do concreto a partir das propriedades de determinado agregado. Na realidade, ainda não é possível traduzir as propriedades físicas do agregado em propriedades de produção de concreto.

Massa específica*

Como os agregados geralmente contêm poros permeáveis e impermeáveis (ver página 134), o significado de massa específica deve ser cuidadosamente definido. Há, na verdade, diversos tipos de massa específica.

A massa específica *absoluta* se refere ao volume de material sólido, excluídos todos os poros, e pode, portanto, ser definida como a relação entre a massa do sólido no vácuo e a massa de mesmo volume de água destilada, ambas medidas a uma determinada temperatura. Desse modo, para eliminar a influência de poros internos totalmente impermeáveis, o material deve ser moído, ou seja, o ensaio é trabalhoso e sensível. Felizmente, essa determinação não é necessária para a tecnologia do concreto.

---

* N. de R.T.: Tendo em vista a diferença de nomenclaturas e unidades, esta seção foi adaptada às normas vigentes e aos termos brasileiros. A NBR 9935:2011 estabelece que os termos massa específica, densidade de massa e densidade são equivalentes. As definições utilizadas no livro original são adimensionais.

Caso o volume do sólido inclua os poros impermeáveis, mas exclua os poros capilares, obtém-se a massa específica *real**. Esse valor é definido como a relação entre a massa do agregado seco em estufa, com temperatura entre 100 e 110 °C por 24 horas, e a massa de água que ocupa um volume igual à massa do sólido, incluindo os poros impermeáveis. Esta última massa é determinada com a utilização de um recipiente cuidadosamente preenchido com água até um volume especificado. Portanto, sendo *D* a massa de agregados secos em estufa, *B* a massa do recipiente cheio de água e *A* a massa do recipiente com a amostra e preenchido com água, a massa de água que ocupa o mesmo volume que o sólido é $B - (A - D)$. A massa específica real, então, é:

$$\frac{D}{B - A + D}.$$

O recipiente citado, conhecido como picnômetro, normalmente é um frasco de capacidade de 1 litro com uma tampa metálica estanque de formato cônico e com um pequeno orifício na parte superior. Dessa forma, o picnômetro pode ser preenchido com água de maneira que contenha exatamente sempre o mesmo volume.**

Os cálculos referentes ao concreto são, em geral, realizados com agregados na condição *saturada superfície seca – SSS* (ver página 136), visto que a água contida em *todos* os poros do agregado não participa das reações químicas do cimento, podendo, portanto, ser considerada parte do agregado. Assim, se uma amostra de um agregado na condição saturada superfície seca tem massa *C*, a massa específica real bruta é:

$$\frac{C}{B - A + C}.$$

Essa é a massa específica mais frequente e facilmente determinada, utilizada para cálculos de produção do concreto ou da quantidade de agregados necessários para um determinado volume de concreto.

A massa específica real do agregado depende da massa específica de seus minerais constituintes, bem como do teor de vazios. A maioria dos agregados naturais possui

---

* N. de R.T.: A NBR 9935:2011 define densidade real de partículas na condição seca como o quociente entre a massa do agregado seco e o volume de suas partículas, excluídos os poros permeáveis e os vazios entre as partículas. O termo original é *apparent specific gravity*, definido como a relação entre a massa do agregado seco em estufa, nas condições citadas, e a massa de água que ocupa um volume igual ao dos sólidos, incluindo os poros impermeáveis, que equivale à definição de massa específica real da NBR 9935:2011. Para fins de simplificação, sempre que possível, será denominada simplesmente massa específica.

** N. de R.T.: A NBR NM 52:2009 estabelece o método de ensaio para a determinação da massa específica e da massa específica aparente em agregados miúdos. Ela também apresenta as seguintes definições: (1) massa específica é a relação entre a massa do agregado seco e seu volume, excluindo os poros permeáveis, ou seja, é equivalente à massa específica real, conforme definição da NBR 9935:2011; e (2) massa específica aparente é definida como a relação entre a massa do agregado seco e seu volume, incluindo os poros permeáveis, que corresponde à definição de densidade das partículas na condição seca dada pela NBR 9935:2011, ou seja, o quociente entre a massa do agregado na condição seca e o volume de suas partículas, incluindo o volume dos poros permeáveis e impermeáveis e excluídos os vazios entre as partículas. A determinação é feita com a utilização de um frasco normalizado de 500 cm³ de capacidade. A NBR NM 53:2009 estabelece os procedimentos para as determinações em agregados graúdos. Os dois agregados são ensaiados na condição saturada superfície seca.

massa específica entre 2,6 e 2,7 g/cm³, e a variação dos valores é mostrada na Tabela 3.9.[3.7] Os agregados artificiais apresentam variação entre valores bem menores a muito maiores do que os exibidos (ver Capítulo 13).

Conforme mencionado, a massa específica do agregado é utilizada para cálculos de quantidades, e não como um indicativo de qualidade. Por essa razão, o valor da massa específica não deve ser especificado, a menos que esteja sendo utilizado um material com determinada característica petrológica em que a variação da massa específica possa representar a porosidade das partículas. Uma exceção é o caso de construções em concreto massa, como uma barragem de gravidade, em que um valor mínimo para a massa específica do concreto é essencial para a estabilidade da estrutura.

Massa unitária*

Deve ser lembrado que a massa específica se refere somente ao volume de partículas individuais e que não é fisicamente possível compactar essas partículas sem que existam vazios entre elas. Portanto, quando o agregado vai ser proporcionado em volume, é necessário conhecer a massa de agregado que preenche um recipiente de volume unitário. Esse valor é conhecido como a *massa unitária*** do agregado e é utilizado para realizar as conversões entre massa e volume.

A massa unitária depende do nível de compactação do agregado, e, portanto, para um material com determinada massa específica, a massa unitária dependerá da granulometria e da forma das partículas. Partículas de uma única dimensão podem ser compactadas até certo limite, mas partículas menores podem ser adicionadas aos vazios entre as maiores, aumentando, assim, a massa unitária. A forma das partículas afeta significativamente o grau de empacotamento que pode ser alcançado.

Para agregados graúdos com determinada massa específica, um valor elevado de massa unitária implica a existência de poucos vazios a serem preenchidos pelos agregados miúdos e pelo cimento – parâmetro que foi utilizado como base para a dosagem de misturas.

Tabela 3.9 Massa específica real de diferentes grupos de rochas (Crown copyright)[3.7]

Grupo de rocha	Massa específica média (g/cm³)	Intervalo de valores (g/cm³)
Basalto	2,80	2,6–3,0
Flint	2,54	2,4–2,6
Granito	2,69	2,6–3,0
Arenito	2,69	2,6–2,9
Hornfels	2,82	2,7–3,0
Calcário	2,66	2,5–2,8
Pórfiro	2,73	2,6–2,9
Quartzito	2,62	2,6–2,7

---

* N. de R.T.: Tendo em vista a diferença de nomenclaturas e unidades, esta seção foi adaptada às normas e aos termos brasileiros.

** N. de R.T.: Em inglês, *bulk density*.

A massa unitária real do agregado não depende somente das várias características do material que determinam o potencial grau de empacotamento, mas também da compactação obtida em uma dada situação. Por exemplo, com a utilização de partículas esféricas de mesma dimensão, o maior empacotamento é obtido quando seus centros estão nos vértices de um tetraedro imaginário. A massa unitária, então, será 0,74 vezes a massa específica do material. No menor empacotamento, quando os centros das esferas estão localizados nos vértices de um cubo imaginário, a massa unitária será 0,52 vezes a massa específica do sólido.

Dessa forma, o grau de compactação deve ser especificado. A norma BS 812:2:1995 estabelece dois níveis: solto (ou não compactado) e compactado. O ensaio é realizado utilizando um recipiente cilíndrico metálico de diâmetro e altura normalizados de acordo com a dimensão máxima do agregado e com a verificação que será realizada, ou seja, massa unitária compactada ou em estado solto.

Para a determinação da massa unitária no estado solto, o agregado seco é cuidadosamente colocado no recipiente até que haja excesso de material, e, após, a superfície é nivelada pela rolagem de uma haste na parte superior do recipiente. Para a determinação da massa unitária compactada, o recipiente é preenchido em três etapas. Cada terço do volume é socado por um determinado número de golpes de uma haste de ponta arredondada de 16 mm de diâmetro, e o excesso de material é removido. A massa líquida do agregado contido no recipiente dividida pelo seu volume representa a massa unitária de cada grau de compactação. A relação entre a massa unitária em estado solto e a massa unitária compactada, em geral, resulta em valores entre 0,87 e 0,96.[3.55]

Conhecendo-se a massa específica de um agregado na condição saturada superfície seca, s, o índice de vazios pode ser calculado a partir da expressão:

$$\text{índice de vazios} = 1 - \frac{\text{massa unitária}}{s}.$$

Caso o agregado contenha água na superfície, a compactação vai ser menos densa devido ao efeito do inchamento. Esse tema será discutido na página 139. Além disso, tendo em vista que o grau de compactação atingido no laboratório pode não ser o mesmo obtido em campo, a massa unitária determinada em laboratório talvez não seja adequada para a conversão entre massa e volume para fins de proporcionamento em volume.

A massa unitária do agregado é parâmetro de interesse no caso de utilização de agregados leves ou pesados (ver página 763).*

Porosidade e absorção do agregado

A presença de poros internos nas partículas dos agregados foi mencionada, em relação à massa específica dos agregados, e, de fato, as características desses poros são de grande importância no estudo das propriedades dos agregados. A porosidade do agregado,

---

* N. de R.T.: A NBR 9935:2011 cita que os termos massa unitária, densidade de massa aparente e densidade aparente são equivalentes, e são definidos como o quociente entre a massa do agregado e o volume aparente do recipiente no qual está contido, incluindo os poros permeáveis, impermeáveis e os vazios entre as partículas. A determinação da massa unitária de agregados nos estados solto e compactado e do índice de vazios é normalizada pela NBR NM 45:2006.

sua permeabilidade e sua absorção influenciam propriedades como a aderência entre ele e a pasta de cimento hidratada, a resistência do concreto aos ciclos de congelamento e degelo (gelo e degelo), bem como sua estabilidade química e sua resistência à abrasão. Conforme já citado, a massa específica do agregado também depende de sua porosidade, e, consequentemente, a quantidade de concreto produzida por uma dada massa de agregado é afetada (ver página 794).

Os poros dos agregados apresentam grande variação de dimensões. Os maiores são grandes o suficiente para serem visualizados pelo microscópio ou mesmo a olho nu, mas até os menores poros são maiores do que os poros de gel da pasta de cimento. São de especial interesse os poros menores do que 4 μm, já que se acredita que, em geral, eles influenciem a durabilidade dos agregados sujeitos a ciclos de gelo e degelo (ver página 564).

Alguns poros dos agregados são totalmente internos, enquanto outros apresentam aberturas para a superfície das partículas. A pasta de cimento, devido à sua viscosidade, não consegue penetrar em grande profundidade, a não ser nos maiores poros, e, por isso, o volume bruto da partícula é considerado sólido para o cálculo do teor de agregado no concreto. A água, entretanto, pode penetrar nos poros, e a quantidade e a velocidade de penetração dependem de seu tamanho, de sua continuidade e de seu volume total. Valores da porosidade de algumas rochas comuns são apresentados na Tabela 3.10 e, como os agregados representam cerca de 3/4 do volume do concreto, fica claro que a porosidade do agregado contribui para a porosidade total do concreto.

Quando todos os poros no agregado estão cheios, diz-se que ele está saturado e com a superfície seca. Caso esse agregado seja exposto ao ar seco, por exemplo, em um laboratório, parte da água contida nos poros evaporará e o agregado estará um nível abaixo da saturação, ou seja, seco ao ar. A secagem prolongada em estufa reduz ainda mais a quantidade de água do agregado até remover totalmente a umidade, e o agregado, então, é definido como *completamente seco* (ou *seco em estufa*). Esses diversos estágios são mostrados esquematicamente na Figura 3.5, e alguns valores comuns de absorção são fornecidos na Tabela 3.11. No lado direito da Figura. 3.5, o agregado possui umidade superficial e tem coloração mais escura.

A determinação da absorção de água é feita pela medida do acréscimo de massa ocorrido em uma amostra seca em estufa após sua imersão em água por 24 horas (com a água superficial removida). A relação entre o aumento de massa e a massa seca, expressa em porcentagem, é denominada absorção. Os procedimentos normalizados estão estabelecidos na BS 812-2:1995.*

Tabela 3.10 Porosidade de algumas rochas comuns

Grupo de rochas	Porosidade (%)
Arenito	0,0–48,0
Quartzito	1,9–15,1
Calcário	0,0–37,6
Granito	0,4–3,8

---

* N. de R.T.: A absorção de água de agregados graúdos é normalizada pela NBR NM 53:2009; para os agregados miúdos, a determinação é realizada segundo as recomendações da NBR NM 30:2001.

Capítulo 3 Propriedades dos agregados 135

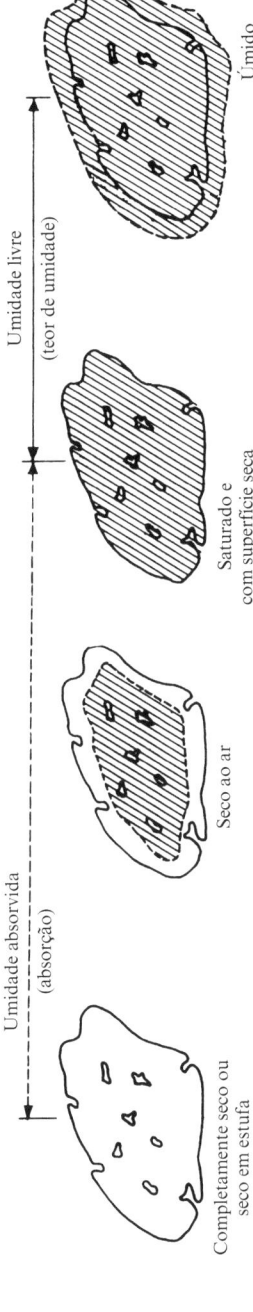

Figura 3.5 Representação esquemática da umidade no agregado.

Tabela 3.11 Valores típicos de absorção de diferentes agregados britânicos[3.8]

Dimensão e tipo do agregado		Forma	Umidade contida no agregado seco ao ar – % da massa seca	Absorção (umidade contida no agregado SSS) – % da massa seca
19,0–9,5 mm Seixo do vale do rio Tâmisa		Irregular	0,47	2,07
9,5–4,8 mm Seixo do vale do rio Tâmisa		Irregular	0,84	3,44
4,8–2,4 mm		Irregular	0,50	3,15
2,4–1,2 mm		Irregular	0,30	2,90
1,2 mm–600 μm	Areia do vale do rio Tâmisa	Irregular	0,30	1,70
600–300 μm		Irregular	0,40	1,10
300–150 μm		Irregular	0,50	1,25
150–75 μm		Irregular	0,60	1,60
4,8 mm–150 μm Areia do vale do rio Tâmisa (zona 2)		Irregular	0,80	1,80
19,0–9,5 mm Seixo de rio para ensaio		Irregular	1,13	3,30
9,5–4,8 mm Seixo de rio para ensaio		Irregular	0,53	4,53
19,0–9,5 mm Seixo de Bridport		Arredondada	0,40	0,93
9,5–4,8 mm Seixo de Bridport		Arredondada	0,50	1,17
19,0–9,5 mm Granito de Mountsorrel		Angular	0,30	0,57
9,5–4,8 mm Granito de Mountsorrel		Angular	0,45	0,80
19,0–9,5 mm Calcário britado		Angular	0,15	0,50
9,5–4,8 mm Calcário britado		Angular	0,20	0,73
850–600 μm Areia padrão de ensaio Leighton Buzzard		Arredondada	0,05	0,20

Com base em dados de Newman, valores característicos de absorção de diferentes agregados são fornecidos na Tabela 3.11.[3.8] O teor de umidade na condição seca ao ar também é apresentado. Nota-se que o pedregulho, em geral, tem maior absorção do que a pedra britada de mesma característica petrológica, devido à sua camada externa ser mais porosa e absorvente em decorrência da ação do intemperismo.

Embora a relação entre a resistência do concreto e a absorção de água do agregado utilizado não seja clara, os poros na superfície da partícula afetam a aderência entre o agregado e a pasta de cimento e, portanto, podem exercer alguma influência na resistência do concreto.

Normalmente, considera-se que o agregado esteja na condição saturada superfície seca no momento da pega do concreto. Caso o agregado seja misturado na condição seca, considera-se que uma quantidade de água, suficiente para saturá-lo, será absorvida pela mistura, e essa água não é incluída na relação água/cimento livre ou efetiva. Essa situação pode ser observada em climas quentes e secos. Entretanto, é possível que, ao utilizar agregados secos, a pasta de cimento rapidamente cubra as partículas, impedindo o ingresso da água necessária para a saturação. Isso ocorre especialmente com os agregados graúdos, em que a água tem que se movimentar desde a superfície da partícula. Como resultado, a relação água/cimento efetiva é maior do que no caso no qual a absorção total da água pelo agregado é possível. Esse efeito é importante, principalmente em misturas ricas em que a rápida cobertura do agregado pode ocorrer. Em misturas pobres e com excesso de água, a saturação do agregado não é afetada. Em situações práticas, o comportamento real da mistura é afetado também pela ordem em que os materiais são adicionados à betoneira.

A absorção de água pelo agregado também resulta em alguma perda de trabalhabilidade com o tempo, mas, antes de 15 minutos, essa perda é pequena.

Devido à absorção de água pelo agregado seco diminuir ou ser interrompida por causa do revestimento das partículas pela pasta de cimento, geralmente é útil determinar a quantidade de água absorvida entre os primeiros 10 e 30 minutos em vez de aguardar a absorção total de água, já que isso pode nunca ocorrer na prática.

Teor de umidade do agregado

Ao analisar a massa específica, foi mencionado que, no concreto fresco, o volume ocupado pelos agregados é o volume das partículas, incluindo todos os poros. Para que não ocorra movimento de água para o agregado, os poros devem estar cheios de água, ou seja, o agregado deve estar saturado. Por outro lado, qualquer quantidade de água existente na superfície do agregado contribuirá para a relação água/cimento da mistura e ocupará um volume além daquele das partículas de agregados. Dessa forma, a condição fundamental dos agregados é a *saturada superfície seca*.

Agregados expostos à chuva incorporam uma quantidade considerável de água à superfície das partículas e, exceto na camada superficial da pilha de agregados, mantêm essa umidade por um longo tempo. Isso é especialmente verdadeiro para agregados miúdos, e a umidade superficial ou livre (excedente à que pode ser retida pelo agregado na condição saturada superfície seca) deve ser levada em conta nos cálculos de quantidade de materiais para a produção de concreto. Os agregados graúdos raramente possuem mais de 1% de umidade superficial, mas, nos agregados miúdos, esse valor pode chegar a 10%. A umidade superficial é expressa como uma porcentagem da massa do agregado saturado superfície seca e é denominada teor de umidade.

Como a absorção representa a água contida no agregado na condição saturada superfície seca e o teor de umidade é a água excedente em relação a essa condição, o teor total de água equivale à soma da absorção e do teor de umidade.

Devido ao teor de umidade do agregado sofrer alterações com a condição climática e também a existirem variações entre as partes de uma pilha, seu valor deve ser determinado com frequência, e, para isso, vários métodos foram desenvolvidos. O mais antigo consiste simplesmente na determinação da perda de massa de uma amostra de agregado quando esta é aquecida em uma bandeja sobre uma fonte de calor. A areia é aquecida até que os grãos possam se movimentar livremente; entretanto, deve-se tomar cuidado para não causar a secagem excessiva. A condição ideal pode ser determinada pelo tato ou moldando uma pilha de areia com o uso de um molde cônico. Quando esse molde é removido, o material deve se desmanchar livremente, enquanto um sinal seguro de secagem excessiva é a coloração marrom adquirida pela areia no ensaio. Esse método de determinação do teor de umidade do agregado, denominado informalmente "método da frigideira", é simples, pode ser utilizado em campo e é bastante confiável. Fornos de micro-ondas também podem ser usados, mas deve-se manter uma precaução em relação ao superaquecimento.

Em laboratório, o teor de umidade pode ser determinado pelo picnômetro. A massa específica do agregado na condição saturada superfície seca, s, deve ser conhecida. Dessa forma, sendo B a massa do picnômetro cheio de água, C a massa da amostra úmida e A a massa do picnômetro com a amostra e preenchido com água, o teor de umidade do agregado é:

$$\left[\frac{C}{A-B}\left(\frac{s-1}{s}\right) - 1\right] \times 100.$$

O ensaio é demorado e exige grande cuidado na execução (por exemplo, todo o ar deve ser retirado da amostra), mas pode ser bastante preciso. Esse método está descrito na **BS 812-109:1990**.

No ensaio do recipiente sifonado,[3.9] é medido o volume de água deslocado por uma massa conhecida de agregado úmido – o sifão torna a determinação mais precisa. É necessária a calibragem preliminar para cada agregado, pois os resultados dependem de sua massa específica, mas, uma vez feito isso, o ensaio é rápido e preciso.

O teor de umidade também pode ser medido com a utilização de uma balança romana para determinação de umidade. Para isso, adiciona-se o agregado úmido a um recipiente com uma quantidade fixa de água, suspenso na extremidade de um dos braços da balança, até que se obtenha o equilíbrio. Nessas condições, mede-se a quantidade de água que deve ser substituída pelo agregado úmido para a obtenção da constância de massa e do volume *total*. Para essa condição, pode ser dito que a quantidade de água deslocada é proporcional ao teor de umidade do agregado. Deve ser obtida uma curva de calibração para qualquer agregado utilizado. O teor de umidade pode ser determinado com precisão de 0,5%.

Em um teste baseado no empuxo,[3.10] o teor de umidade de um agregado de massa específica conhecida é determinado a partir da perda aparente de massa pela imersão em água. O teor de umidade pode ser lido diretamente na balança se o tamanho da amostra for ajustado segundo a massa específica do agregado, de modo que uma amostra em estado saturado superfície seca tenha uma massa padronizada quando imersa. O ensaio é rápido e fornece resultados com precisão de 0,5%. A ASTM C 70-06 apresenta uma versão simplificada do teste, que não é muito utilizada.*

Vários outros métodos foram desenvolvidos. Por exemplo, a umidade pode ser removida pela queima do agregado com álcool metílico, e a perda de massa da amostra é, então, medida. Há também métodos patenteados baseados na medida da pressão do gás formado em um recipiente fechado pela reação de carbureto de cálcio com a umidade da amostra. A ASTM C 566-97 (2004) prescreve um método para a determinação do teor de umidade total do agregado. Embora esse método não tenha alta precisão, o erro gerado é menor do que o erro de amostragem.

É possível ver que existe uma grande variedade de ensaios disponíveis, mas, por mais preciso que seja o método, seu resultado somente será útil se tiver sido utilizada uma amostra representativa.

Além disso, se o teor de umidade do agregado varia entre partes adjacentes de uma pilha, o ajuste das proporções da mistura torna-se trabalhoso. Como a variação do teor de umidade ocorre principalmente no sentido vertical, da base encharcada da pilha até sua superfície seca ou praticamente seca, devem-se observar alguns cuidados na disposição das pilhas de agregados. Armazenar em camadas horizontais, dispor de, pelo menos, duas pilhas, possibilitando que cada pilha drene a água antes do uso, e não utilizar uma altura próxima de 300 mm da base são práticas úteis para minimizar a variação do teor de umidade. Como os agregados graúdos retêm uma quantidade de água muito menor do que os agregados miúdos, sua variação do teor de umidade é menor e, em geral, gera menos dificuldades.

Foram desenvolvidos alguns equipamentos elétricos que fornecem leituras instantâneas ou contínuas do teor de umidade de agregados em silos, baseados na variação da resistência ou da capacitância com a alteração do teor de umidade dos agregados. Em algumas centrais de concreto, medidores desse tipo são utilizados em equipamentos automáticos que controlam a quantidade de água a ser adicionada à betoneira, mas, na prática, não se obtém uma precisão maior do que 1% e é necessária calibração frequente. Medidas da constante dielétrica têm a vantagem de não serem afetadas pela presença de sais. Medidores de absorção de micro-ondas, precisos e estáveis, foram desenvolvidos, mas são de custo elevado. Também se utilizam equipamentos que emitem nêutrons termalizados pelos átomos de hidrogênio na água. Todos esses equipamentos precisam ser posicionados cuidadosamente.

Não restam dúvidas de que a medição contínua da umidade e o ajuste automático da quantidade de água adicionada à betoneira reduzem enormemente a variabilidade da produção de concreto quando o teor de umidade do agregado é variável. No entanto, a adoção generalizada de procedimentos de medição do teor de umidade a cada betonada ainda é um assunto para o futuro.**

---

* N. de R.T.: Trata-se, em essência, do método do picnômetro, com a diferença de que o agregado ensaiado está úmido.

** N. de R.T.: A NBR 9939:2011 estabelece o método de ensaio para a determinação da umidade total de agregados graúdos, enquanto a NBR 9775:2011 normaliza o método de ensaio para a determinação da umidade superficial de agregados graúdos por meio do frasco de Chapman.

Inchamento do agregado miúdo

A presença de umidade nos agregados torna necessária a correção das proporções reais da mistura. A massa de água livre dos agregados deve ser diminuída da massa de água a ser adicionada à mistura, e a massa de agregado úmido deve ser aumentada em mesma quantidade. No caso da areia, há ainda um segundo efeito da presença da umidade: o inchamento. Trata-se do aumento no volume de uma determinada massa de areia causado pelos filmes de água que afastam as partículas de areia. Apesar do inchamento em si não afetar o proporcionamento dos materiais em massa, no caso do proporcionamento em volume, o inchamento resulta em uma massa de areia menor ocupando o mesmo espaço da caixa de medida. Por essa razão, a mistura se torna deficiente em agregados miúdos e fica com brita em excesso, tornando-se suscetível à segregação e à apresentação de falhas após a concretagem. O volume de concreto também é reduzido. A solução óbvia é aumentar o volume aparente de agregado miúdo para corrigir o inchamento.

A amplitude do inchamento depende do teor de umidade da areia e de sua finura. O aumento do volume ocupado por uma areia saturada superfície seca eleva conforme o teor de umidade da areia até valores entre 5 e 8%, quando o inchamento alcança valores entre 20 e 30%. Com a continuidade da adição de água, os filmes se fundem e a água se movimenta para os vazios entre as partículas, de modo que o volume da areia diminui até, quando totalmente saturada, ser aproximadamente o mesmo que o volume de areia seca para o mesmo método de preenchimento do recipiente. Isso pode ser visto na Figura 3.6, que também mostra que areias mais finas apresentam inchamento consideravelmente maior e alcançam o valor máximo de inchamento em teores mais elevados de umidade do que as areias mais grossas. Agregados miúdos obtidos por britagem apresentam maior inchamento do que a areia natural. Areias extremamente finas (contendo um maior número de partículas) são conhecidas por exibirem inchamento de até 40% em teores de umidade de 10%, mas, em todo caso, não são utilizadas para a produção de concretos de boa qualidade.

O aumento de volume devido à presença da água livre em agregados graúdos pode ser desprezado, já que a espessura da película de umidade, em comparação à dimensão da partícula, é muito pequena.

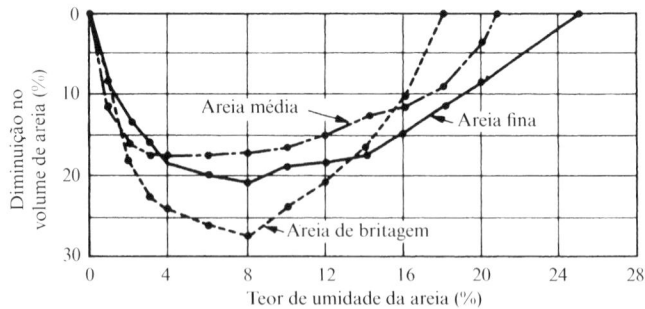

Figura 3.6 Diminuição no volume real de areia devido ao inchamento (para um volume aparente de areia seca constante).

Devido ao volume da areia saturada ser o mesmo da areia seca, a maneira mais conveniente de determinar o inchamento é por meio da medida do decréscimo no volume de uma determinada areia quando ela é saturada. Um recipiente de volume conhecido é preenchido com areia úmida solta. O excesso de areia é retirado, o recipiente é parcialmente preenchido com água, e, então, recoloca-se gradualmente a areia, agitando e adensando para expelir todas as bolhas de ar. O volume de areia no estado saturado, V_s, é então medido. Sendo V_m o volume aparente inicial da areia (ou seja, o volume do recipiente), o inchamento é dado por $(V_m - V_s)/V_s$.

No proporcionamento em volume, o inchamento deve ser considerado pelo aumento do volume total de areia úmida a ser utilizado. Então, o volume V_s é multiplicado pelo fator:

$$1 + \frac{V_m - V_s}{V_s} = \frac{V_m}{V_s},$$

denominado *coeficiente de inchamento*. Um gráfico mostrando a variação do coeficiente de inchamento em relação à umidade de três areias comuns é apresentado na Figura 3.7.

O coeficiente de inchamento também pode ser obtido a partir das massas unitárias da areia úmida e seca, D_d e D_m, respectivamente, e do teor de umidade por unidade de volume da areia, m/V_m. O coeficiente de inchamento, então, é:

$$\frac{D_d}{D_m - \dfrac{m}{V_m}}.$$

Como D_d representa a relação entre a massa de areia seca, w, e o volume bruto do material, V_s (sendo os volumes de areia seca e saturada iguais),

$$\frac{D_d}{D_m - \dfrac{m}{V_m}} = \frac{\dfrac{w}{V_s}}{\dfrac{(w+m)}{V_m} - \dfrac{m}{V_m}} = \frac{V_m}{V_s},$$

isto é, os dois fatores são idênticos.*

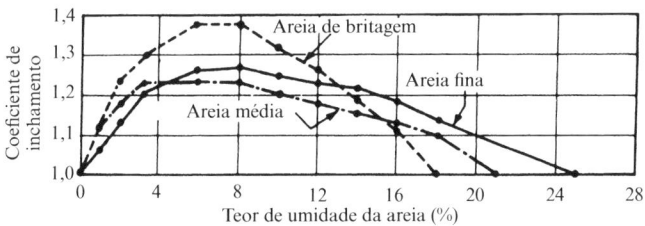

Figura 3.7 Coeficiente de inchamento de areias com diferentes teores de umidade.

---

* N. de R.T.: No Brasil, a determinação do inchamento do agregado miúdo é normalizada pela NBR 6467: 2006, versão corrigida 2:2009, sendo o inchamento determinado a partir da massa unitária do material.

Substâncias deletérias nos agregados

Há três categorias principais de substâncias nocivas possíveis de serem encontradas nos agregados: *impurezas*, que interferem no processo de hidratação do cimento; *películas*, que impedem o desenvolvimento de uma boa aderência entre o agregado e a pasta de cimento hidratada; e algumas partículas específicas que são *fracas* ou *instáveis*. O agregado como um todo, ou parte dele, também pode ser nocivo, devido ao desenvolvimento de reações químicas entre ele e a pasta de cimento. Essas reações são discutidas na página 150.

Impurezas orgânicas

Agregados naturais podem ser suficientemente fortes e resistentes ao desgaste e, mesmo assim, não ser adequados para a produção de concreto, caso contenham impurezas orgânicas que interfiram nas reações químicas da hidratação. A matéria orgânica encontrada no agregado consiste, normalmente, em produtos da decomposição de matéria vegetal (principalmente ácido tânico e seus derivados) e aparece na forma de húmus ou de argila orgânica. Essas impurezas são mais comuns na areia do que nos agregados graúdos, que são lavados facilmente.

Nem toda matéria orgânica é nociva. Portanto, é aconselhável verificar seus efeitos por meio de ensaios de resistência à compressão. Entretanto, de modo geral, poupa-se tempo se for feita uma verificação prévia para determinar se a quantidade de matéria orgânica existente justifica a necessidade de ensaios adicionais. Isso é feito por um procedimento conhecido como ensaio colorimétrico da ASTM C 40-04. Nele, uma quantidade especificada de agregado e uma de solução de NaOH a 3% são colocadas em um recipiente, sendo os ácidos da amostra neutralizados pela solução. A mistura é agitada vigorosamente para permitir o contato íntimo necessário à reação química e, então, é deixada em repouso por 24 horas. Após esse período, o teor de matéria orgânica é analisado pela cor da solução – quanto mais escura for, maior será o teor de matéria orgânica. Caso o líquido acima da amostra não seja mais escuro do que a cor amarela padronizada pela ASTM, considera-se que a amostra contém um teor inofensivo de impurezas orgânicas.

Caso a cor observada seja mais escura do que o amarelo padrão, ou seja, se a solução apresentar cor marrom ou castanha, o agregado possui um alto teor de impurezas orgânicas. Entretanto, isso não significa necessariamente que o agregado não é adequado para o uso em concreto. A matéria orgânica presente pode não ser prejudicial ao concreto, ou a coloração observada pode ser decorrente de minerais que contêm ferro. Em razão disso, outras verificações são necessárias: a ASTM C 87-05 recomenda a realização de ensaios de resistência em duas argamassas, sendo uma produzida com o agregado suspeito e a outra com a mesma areia, só que lavada. O ensaio colorimétrico não consta mais nas normas britânicas.

Em alguns países, a quantidade de matéria orgânica é determinada pela perda de massa de uma amostra tratada com peróxido de hidrogênio (água oxigenada).

É interessante destacar que, em alguns casos, os efeitos da matéria orgânica podem ser somente temporários. Em um estudo,[3.11] observou-se que o concreto produzido com areia contaminada por matéria orgânica tinha, em 24 horas, resistência equivalente a 53% da resistência de um concreto similar produzido com areia isenta de matéria orgânica. Aos três dias, essa relação aumentou para 82%, passando para 92% aos sete dias e igualando a resistência aos 28 dias.*

Argila e outros materiais finos

A argila pode estar presente nos agregados na forma de uma película superficial que interfere na aderência entre o agregado e a pasta de cimento. Como uma boa aderência é essencial para garantir resistência e durabilidade satisfatórias, a presença da argila é um tema importante.

Há dois tipos de materiais finos que podem estar presentes no agregado: o silte e o pó de britagem. O silte é o material com dimensões entre 2 e 60 μm, resultado da ação do intemperismo, podendo ser encontrado em agregados obtidos de depósitos naturais. O pó de britagem é o material fino formado durante o processo de cominuição da rocha em pedra britada ou, com menor frequência, de pedregulho em agregado miúdo britado. Em uma indústria britadora bem equipada, o pó deve ser removido por lavagem. Outros materiais moles ou levemente aderidos também podem ser removidos durante o processamento do agregado. Películas com forte aderência não podem ser removidas, mas, desde que sejam quimicamente estáveis e não causem efeitos deletérios, não há problemas na utilização de agregados com esses materiais, embora a retração possa aumentar. Por outro lado, agregados com películas quimicamente reativas, mesmo sendo fisicamente estáveis, podem originar sérios problemas.

O silte e o pó fino podem formar filmes semelhantes aos da argila ou estar presentes na forma de partículas soltas não aderentes aos agregados graúdos. Mesmo na última forma, o silte e o pó não devem ser excessivos, pois, devido à sua finura e à consequente elevada área superficial, eles aumentam a demanda de água para a molhagem de todas as partículas da mistura.

Tendo em vista o apresentado, é necessário controlar o teor desses materiais nos agregados. Como não existe um ensaio para a determinação, separadamente, do teor de argila, ele não é prescrito nas normas britânicas. Entretanto, a BS 882:1992 (cancelada em 2004 e substituída pela BS EN 12620:2002 e pela PD 6682-1:2009) estabelece um limite máximo para a quantidade de material passante na peneira de 75 μm:

Em agregado graúdo: 2%, admitindo-se até 4% quando constituído totalmente de pedra britada.
Em agregado miúdo: 4%, admitindo-se até 16% quando constituído totalmente de areia de britagem.
Em agregado total: 11%.

Para pisos sujeitos a uso intenso, o limite é 9%. A ASTM 33-08 também estabelece exigências em função da granulometria. A norma europeia BS EN 12620:2002 determina que o teor de finos deve ser declarado.

---

* N. de R.T.: O método colorimétrico é normalizado no Brasil pela NBR NM 49:2001, versão corrigida 2001. A verificação da qualidade de um agregado miúdo suspeito, sob o ponto de vista de impurezas orgânicas, é normalizada pela NBR 7221:2012. A verificação se dá segundo o procedimento descrito.

Na norma BS, o teor de torrões de argila e partículas friáveis é especificado separadamente, sendo de 3% em agregados miúdos e de 2 a 10% em agregados graúdos, dependendo do uso do concreto.

Deve ser mencionado que diferentes métodos de ensaio são prescritos pelas diferentes normas, portanto, os resultados não são diretamente comparáveis.

O teor de argila, silte e pó fino do agregado miúdo pode ser determinado pelo método de sedimentação descrito na BS 812-103.2:1989 (2000). Nele, a amostra é colocada em uma solução de hexametafosfato de sódio em um frasco. Esse frasco é tampado e girado com seu eixo no sentido horizontal por aproximadamente 15 minutos, a uma velocidade de cerca de 80 rotações por minuto. Os sólidos finos se dispersam, e a quantidade de material em suspensão é medida com uma pipeta. Um cálculo simples fornece a porcentagem de argila, silte e pó no agregado miúdo, sendo o limite de separação igual a 20 μm.

Um método similar, com as modificações necessárias, pode ser utilizado para agregados graúdos que contêm muito material fino, mas o peneiramento com lavagem do agregado na peneira de 75 μm é mais simples, conforme estabelecem a BS 812:103.1:1985 (2000) e a ASTM C 117-04. Esse processo de peneiramento é utilizado porque o pó ou a argila aderida às partículas maiores não se separam pelo peneiramento convencional. No peneiramento com lavagem, o agregado é colocado na água e agitado vigorosamente, de forma que o material mais fino fique em suspensão e que, por decantação e peneiramento, todo o material menor do que 75 μm possa ser removido. Para proteger a peneira de 75 μm contra danos causados pelas partículas maiores, coloca-se uma peneira de 1,18 mm sobre ela durante a decantação.

Para areias naturais e de britagem, há também um ensaio de campo fácil e rápido que utiliza pouco equipamento de laboratório. Nesse ensaio não normalizado, coloca-se 50 ml de uma solução de aproximadamente 1% de sal comum em água em uma proveta de 250 ml. A areia, como recebida, é adicionada à proveta até o nível de 100 ml, completando-se com a solução até que o volume total da mistura seja de 150 ml. A proveta é fechada com uma das mãos, agitada energicamente e virada várias vezes, sendo, em seguida, deixada em repouso por três horas. O silte disperso pela agitação se acomoda na forma de uma camada acima da areia, e sua altura pode ser expressa como uma porcentagem da altura da areia abaixo.

Deve ser lembrado que essa é uma relação volumétrica, que não pode ser facilmente convertida para uma relação em massa, devido ao fator de conversão depender da finura do material. Sugere-se que, para a areia natural, a relação em massa seja obtida pela multiplicação da relação volumétrica por 1/4 – valor que, para a areia de britagem, é de 1/2. Para alguns agregados, porém, podem ser esperadas variações maiores. Essas conversões não são confiáveis, de modo que, quando o teor volumétrico exceder 8%, devem ser realizados os ensaios mais precisos descritos anteriormente.*

---

* N. de R.T.: A determinação do teor de torrões de argila e materiais friáveis é normalizada pela NBR 7218:2010, enquanto a NBR NM 46:2003 estabelece os procedimentos para a determinação do teor de material fino passante na peneira de 75 μm por lavagem. Os teores desses materiais estão estabelecidos pela NBR 7211:2009 e são: torrões de argila e materiais friáveis, 3% para agregados miúdos e 1, 2 e 3% para agregados graúdos utilizados, respectivamente, em concretos aparente, sujeito a desgaste superficial e demais concretos. Os teores de material fino (pulverulento) para agregados miúdos são de 3 e 5%, respectivamente, para concreto submetido a desgaste superficial e para concreto protegido do desgaste superficial. Para agregados graúdos, o teor é de 1%. Para agregado total, o valor é de 6,5%.

Contaminação por sais

As areias extraídas da orla marinha ou dragadas do mar ou do estuário de um rio, bem como a areia de deserto, contêm sal e devem ser beneficiadas. No Reino Unido, cerca de 20% da areia natural é dragada do mar com bombas submersíveis que possibilitam a extração em profundidades de até 50 m. O processo mais comum é a lavagem da areia em água doce, mas deve-se tomar cuidado especial com depósitos situados logo acima da linha de maré alta, pois eles podem ter um teor de sal elevado, chegando, algumas vezes, a mais de 6% da massa de areia. Em geral, a areia do leito do mar, mesmo lavada em água do mar, não contém quantidades nocivas de sal.

Devido ao risco de corrosão induzida por cloretos das armaduras, a BS 8110-1:1997 ("Uso estrutural do concreto") especifica um limite total máximo de íons cloreto na mistura, sendo considerados os cloretos de todos os componentes. Em relação ao agregado, a BS 882:1992 apresenta uma orientação sobre o teor máximo tolerável de íons cloreto, embora o teor total na mistura deva ser verificado. A BS 882:1992 (cancelada) limita o teor de íons cloreto em massa, expresso como uma porcentagem da massa total do agregado, conforme segue:

Para concreto protendido,   0,01.
Para concreto armado com
    cimento resistente a sulfatos,   0,03.
Para outros tipos de concreto armado,   0,05.

O método da BS 812-117:1988 (2000) determina o teor de cloretos solúveis em água, mas pode não ser adequado quando o agregado é poroso e os cloretos podem estar no interior das partículas dos agregados.[3.38]

Além do risco de corrosão das armaduras, o sal, caso não removido, irá absorver umidade do ar e causar eflorescências, que são depósitos brancos esteticamente desagradáveis na superfície do concreto (ver página 535).

O agregado graúdo dragado do mar pode conter grande quantidade de conchas. Isso, em geral, não tem efeito negativo na resistência, mas a trabalhabilidade do concreto produzido com agregados que possuem grande quantidade desse material é levemente diminuída.[3.44] O teor de partículas de conchas maiores do que 5 mm pode ser determinado por catação manual, utilizando o método da BS 812-106:1985, substituída pela BS EN 933-7:1998. A norma britânica BS 882:1992 (cancelada) limita o teor de conchas no agregado graúdo a 20% quando a dimensão máxima for de 10 mm e a 8% quando for maior. Apesar disso, agregados com teor de conchas muito elevado têm sido utilizados com sucesso em algumas ilhas do Pacífico. Em agregados miúdos, não é estabelecido um limite para o teor de conchas. A norma vigente é a BS EN 12620:2002.*

Partículas instáveis

Os ensaios em agregados revelam que a maioria dos componentes das partículas é adequada, mas que alguns deles são instáveis e que, portanto, a quantidade dessas partículas deve ser limitada.

---

* N. de R.T.: A NBR 7211:2009 estabelece os teores máximos de cloretos e sulfatos para os agregados miúdos e graúdos, sendo 0,2% para concreto simples, 0,1% para concreto armado e 0,01% para concreto protendido. A determinação de sais, cloretos e sulfatos solúveis é feita pela NBR 9917:2009.

Existem dois tipos principais de partículas instáveis: aquelas que não mantêm sua integridade e as que desagregam no congelamento ou mesmo quando expostas à água. As propriedades de expansão são características de certos grupos de rochas e serão discutidas em relação à durabilidade geral dos agregados (principalmente na próxima seção). Nesta seção, serão tratadas somente as impurezas não duráveis.

Folhelhos e outras partículas de baixa massa específica são considerados instáveis, assim como incrustações moles, por exemplo, torrões de argila, madeira e carvão, pois resultam em cavidades e escamação. Essas partículas, quando presentes em grandes quantidades (acima de um valor de 2 a 5% da massa do agregado), podem afetar negativamente a resistência do concreto, e certamente não devem existir em concretos expostos à abrasão.

O carvão, além de ser uma inclusão mole, é indesejável por outras razões. Ele pode sofrer expansão, causar desagregação do concreto e, se presente em grande quantidade na forma de partículas finas, afetar o processo de hidratação da pasta de cimento. Apesar disso, partículas duras esparsas, não totalizando mais do que 0,25% da massa do agregado, não prejudicam a resistência do concreto.

A presença de carvão e de outros materiais de baixa massa específica pode ser determinada por flotação em um líquido de massa específica adequada – por exemplo, pelo método da ASTM C 123-04. Caso o risco de formação de cavidades ou de escamação não seja importante, ou seja, caso a resistência seja o aspecto principal, deve ser feita uma mistura experimental.

A mica deve ser evitada, pois, na presença de agentes químicos ativos produzidos durante a hidratação do cimento, pode ocorrer alteração da mica para outras formas. Além disso, a mica livre, presente em agregados miúdos, mesmo em pequenos percentuais em relação à massa do agregado, afeta negativamente a demanda de água e a resistência do concreto.[3.45] Fookes & Revie[3.69] observaram que um teor de 5%, em massa, de mica na areia causou uma redução aproximada de 15% na resistência aos 28 dias do concreto produzido com essa areia, mesmo com a relação água/cimento mantida constante. A razão para isso é a provável má aderência entre a pasta de cimento e a superfície das partículas de mica. Aparentemente, a mica muscovita é mais danosa do que a biotita.[3.58] Esses fatores devem ser lembrados quando materiais como areia caulinítica forem utilizados em concreto.

Caso a areia contenha mica, é provável que ela esteja concentrada entre as partículas mais finas, e não existe qualquer método normalizado para a determinação do teor de mica presente na areia, ou mesmo um ensaio para determinar o efeito da mica nas propriedades do concreto. Gaynor & Meininger[3.63] recomendam uma contagem microscópica das partículas de mica entre os grãos de areia de dimensões entre 300 e 150 μm, e, se o resultado for menor do que 15%, provavelmente as propriedades do concreto não serão significativamente afetadas. Deve ser ressaltado que o teor de mica em partículas maiores deve ser muito menor.

O sulfato de cálcio e outros sulfatos não devem existir, e seu teor nos agregados pode ser determinado pela BS 812:118:1998. Outras exigências em relação ao teor de sulfatos são dadas na PD 6682-1:2009. Sua existência em agregados do Oriente Médio gera dificuldades, mas o teor da até 5% de SO_3 em relação à massa de cimento (incluindo o SO_3 do cimento) é, em geral, aceito nessa região.[3.59] Formas hidrossolúveis, como o sulfato de magnésio e o de sódio, são especialmente perigosas. Problemas advindos da presença de vários sais nos agregados obtidos de regiões áridas, como o Oriente Médio, são relatados por Fookes & Collins.[3.56, 3.57]

A pirita e a marcassita representam as inclusões expansivas mais comuns. Esses sulfetos reagem com a água e o oxigênio do ar, formando um sulfato ferroso que se decompõe para formar um hidróxido, enquanto os íons sulfato reagem com o aluminato de cálcio no cimento. Também pode haver a formação de ácido sulfúrico, que pode atacar a pasta de cimento hidratada.[3.76] Há a possibilidade de ocorrer o manchamento superficial do concreto e a desagregação da pasta de cimento (surgimento de pipocamentos [pop-outs] ou vesículas), especialmente em condições quentes e úmidas. A formação das vesículas pode demorar vários anos, até que água e oxigênio estejam presentes.[3.76] O problema estético das vesículas pode ser minimizado pelo uso de agregados de menor dimensão máxima.

Nem todas as formas de pirita são reativas, e, como a decomposição das piritas ocorre somente em água de cal, é possível verificar um agregado suspeito de reatividade pela sua imersão em uma solução saturada em cal.[3.12] Caso o agregado seja reativo, surgirá, em poucos minutos, um precipitado gelatinoso de sulfato de ferro de coloração azul-esverdeada. Esse material, exposto ao ar, se altera para um hidróxido férrico marrom. A ausência dessa reação indica que não há risco de manchamento. A falta de reatividade foi associada[3.12] à presença de cátions metálicos; entretanto, quando estes não estão presentes, a pirita é reativa. Em geral, as partículas de pirita que provavelmente causam problemas têm dimensões entre 5 e 10 mm.

As quantidades admissíveis de partículas instáveis estabelecidas pela ASTM C 33-08 estão resumidas na Tabela 3.12.*

A maioria das impurezas discutidas nesta seção é verificada em jazidas de agregados naturais e é encontrada com menos frequência em agregados britados. Entretanto, alguns agregados processados, como resíduos de mineração, podem conter substâncias nocivas. Pequenas quantidades de chumbo solúvel em água de cal (p. ex., 0,1% de PbO em massa de agregado) causam grande retardo de pega e reduzem a resistência inicial do concreto, apesar de a resistência final não ser afetada.[3.46]

Tabela 3.12 Teores admissíveis de partículas instáveis prescritos pela ASTM C 33-08

Tipo de partícula	Teor máximo (% em relação à massa)	
	Em agregados miúdos	Em agregados graúdos
Partículas friáveis e torrões de argila	3,0	3,0–10,0*
Carvão	0,5–1,0†	0,5–1,0‡†
Chert de fácil desagregação	–	3,0–8,0‡

* Incluindo chert.
† Dependendo da importância da aparência.
‡ Dependendo da exposição.

---

* N. de R.T.: Os teores máximos de substâncias nocivas são estabelecidos pela NBR 7211:2009. Não há norma brasileira para a determinação do teor de materiais carbonosos, sendo adotado o procedimento especificado pela ASTM C 123-04.

Estabilidade* de volume do agregado

Essa é a expressão utilizada para descrever a capacidade do agregado de resistir a excessivas variações no volume em razão de alterações nas condições físicas. A falta de estabilidade, portanto, é distinta da expansão causada por reações químicas entre os agregados e os álcalis do cimento.

As causas físicas das grandes ou permanentes alterações de volume do agregado são ciclos do gelo e degelo, variações térmicas a temperaturas acima do ponto de congelamento e ciclos de molhagem e secagem.

Diz-se que um agregado é instável quando as mudanças de volume, causadas pelas razões citadas, geram a deterioração do concreto. Esta pode variar de uma escamação localizada com pipocamentos a uma fissuração superficial generalizada e desagregação até uma profundidade considerável – variando, então, de danos apenas estéticos a comprometimentos estruturais importantes.

A instabilidade aparece em flints e cherts porosos, especialmente em agregados leves com estrutura de poros de textura fina, em alguns folhelhos, em calcários com argila expansiva lamelar e em outras partículas que contêm minerais argilosos, particularmente dos grupos da montmorillonita ou da ilita. Por exemplo, encontrou-se um dolerito alterado que apresentava alterações de dimensões de até 600×10^{-6} em ciclos de molhagem e secagem, e um concreto produzido com esse agregado poderá apresentar situações de falha nessas condições e certamente o fará nas situações de gelo e degelo. Da mesma forma, a desagregação do chert poroso decorre do congelamento.[3.77]

Um ensaio britânico para a verificação da estabilidade do agregado é prescrito pela BS 812-121:1989 (2000). É a medida da proporção de agregados rompidos em consequência de cinco ciclos alternados de imersão em uma solução saturada de sulfato de magnésio e secagem em estufa. A amostra original contém partículas com dimensões entre 10,0 e 14,0 mm, e a massa de partículas que se mantém maiores do que 10,0 mm é expressa como uma porcentagem da massa original, sendo denominada *índice de sanidade*.

O ensaio americano para a estabilidade do agregado é prescrito pela ASTM C 88-05. Uma amostra de agregado com determinada granulometria é submetida alternadamente à imersão em uma solução saturada de sulfato de sódio ou de magnésio (esta última sendo mais agressiva) e à secagem em estufa. A formação de cristais de sal nos poros do agregado tende a desagregar as partículas, provavelmente da mesma maneira que a ação do gelo. A diminuição das dimensões das partículas, verificada por peneiramento após um dado número de ciclos de exposição, indica o grau de instabilidade. O ensaio tem caráter qualitativo na predição do comportamento do agregado em condições reais de campo e não pode ser utilizado como base para aceitação ou rejeição de um agregado desconhecido. Especificamente, não existe um motivo claro pelo qual a verificação da instabilidade realizada segundo essa norma seria uma avaliação do desempenho de um dado agregado em concretos sujeitos a ciclos de gelo e degelo.

Outros ensaios consistem em submeter os agregados a ciclos alternados de gelo e degelo, e, algumas vezes, esse tratamento é aplicado à argamassa ou ao concreto produzido com o agregado suspeito. Infelizmente, nenhum dos ensaios dá uma indicação clara do comportamento dos agregados em condições reais de umidade e de variação de temperatura acima do ponto de congelamento.

---

* N. de R.T.: Também conhecida no Brasil como sanidade.

Capítulo 3 Propriedades dos agregados

Da mesma forma, não existem ensaios que possam prever satisfatoriamente a durabilidade do agregado em concreto sujeito a gelo e degelo. A principal razão para isso é que o comportamento do agregado é afetado pela presença da pasta de cimento hidratada envolvente, de forma que somente a verificação em condição de serviço pode indicar satisfatoriamente a durabilidade do agregado.

Apesar disso, certos agregados são conhecidos por serem suscetíveis a danos por congelamento, e são esses que devem constituir o foco da atenção. São eles: cherts porosos, folhelhos, alguns calcários – em particular os lamelares – e alguns arenitos. Uma característica comum dessas rochas de mau desempenho é a elevada absorção (ver Figura 3.8),[3.37] mas deve ser ressaltado que várias rochas duráveis também possuem elevada absorção.

Para que o dano por congelamento ocorra, devem existir condições críticas do teor de água e da falta de drenagem. Estas são regidas, entre outras características, pela dimensão, pela forma e pela continuidade dos poros dos agregados, pois elas controlam a velocidade e o teor de absorção, bem como a velocidade com que a água pode sair da partícula do agregado. De fato, essas características dos poros são mais importantes do que simplesmente seu volume total, indicado pelo valor da absorção.

Foi constatado que poros inferiores a 4 e 5 μm são críticos, pois, embora sejam suficientemente grandes para permitir a entrada de água, não o são para permitir sua fácil drenagem sob a pressão do gelo. Essa pressão, em um espaço totalmente confinado a -20 °C, pode chegar a 200 MPa. Portanto, se a ruptura das partículas do agregado e a desagregação da pasta de cimento circundante devem ser evitadas, o fluxo de água em direção aos poros vazios no interior da partícula do agregado ou na pasta que a envolve deve ser possível antes que a pressão hidráulica atinja um valor elevado que cause a desagregação.

Esse argumento ilustra a afirmativa anterior de que a durabilidade do agregado não pode ser totalmente determinada, exceto quando ele está imerso na pasta de cimento hidratada, pois, embora a partícula possa ser suficientemente resistente para suportar a pressão do gelo, a expansão pode causar a desagregação da argamassa envolvente.

Foi dito que a dimensão dos poros é um fator importante para a durabilidade do agregado. Na maior parte deles, existem poros de diferentes dimensões, ou seja, há uma distribuição de dimensões. Um meio de expressar essa distribuição quantitativamente foi desenvolvido por Brunauer, Emmett & Teller.[3.13] A superfície específica do agregado é determinada a partir da quantidade de gás adsorvida necessária para a formação de uma

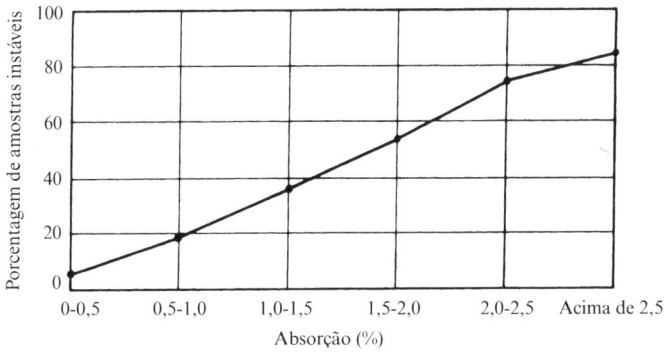

Figura 3.8 Distribuição de amostras de agregados estáveis e instáveis segundo a absorção.[3.37]

película com espessura de uma molécula sobre toda a superfície interna dos poros dos agregados. O volume total de poros é medido pela absorção, e a relação entre o volume de poros e sua superfície representa o raio hidráulico dos poros. Esse valor, comum em problemas de vazão em hidráulica, indica a pressão necessária para produzir a vazão.*

Reação álcali-sílica

Na segunda metade do século XX, observou-se um crescente número de reações químicas deletérias entre o agregado e a pasta de cimento hidratada envolvente. A reação mais comum é a que ocorre entre constituintes de sílica ativa do agregado e os álcalis do cimento, e as formas de sílica reativa são: a opala (amorfa), a calcedônia (criptocristalino fibrosa) e a tridimita (cristalina). Esses materiais reativos ocorrem em cherts opalinos ou calcedônicos, calcários silicosos, riolitos e tufos riolíticos, dacitos e tufos dacíticos, andesitos e tufos andesíticos e filitos.[3.29]

A reação inicia com o ataque aos materiais silicosos dos agregados pelos hidróxidos alcalinos da água dos poros, derivados dos álcalis (Na_2O e K_2O) no cimento. Como resultado, forma-se, nos planos de clivagem ou nos poros dos agregados (onde a sílica reativa está presente), ou na superfície das partículas, um gel álcali-silicato. Na última situação, é produzida uma alteração da superfície, e a aderência entre o agregado e a pasta de cimento circundante é destruída.

O gel tem características de "expansão infinita", pois absorve água com uma tendência ao acréscimo de volume. Devido ao gel estar confinado pela pasta de cimento hidratada, surgem pressões internas que podem, eventualmente, causar expansão, fissuração e desagregação da pasta de cimento hidratada. Desse modo, a expansão, aparentemente, deve-se à pressão hidráulica gerada por meio da osmose, mas também pode ser causada pela pressão do aumento de volume dos produtos da reação álcali-sílica ainda sólidos.[3.30] Por essa razão, acredita-se que o aumento de volume das partículas duras dos agregados seja o mais danoso ao concreto. Posteriormente, parte do gel relativamente mole é lixiviada pela água e depositada nas fissuras formadas pela expansão dos agregados. A dimensão das partículas silicosas afeta a velocidade das reações, com partículas finas (20 a 30 μm) gerando expansão em um período de um a dois meses, enquanto, para dimensões maiores, as reações somente ocorrem após vários anos.[3.60]

Estudos sobre os mecanismos das reações álcali-sílica foram apresentados por Diamond[3.66] e por Helmuth.[3.78] Acredita-se que o gel se forme somente na presença de íons Ca^{++}.[3.73] Isso é fundamental quando se trata da prevenção das reações expansivas pela inclusão de pozolanas, que removem o $Ca(OH)_2$, nas misturas (ver página 542). O progresso das reações é complexo, porém, é importante saber que não é a presença do gel de álcali-sílica em si que leva à fissuração do concreto, mas a resposta físico-química às reações.[3.66]

A reação álcali-sílica ocorre apenas na presença de água. A umidade relativa mínima no interior do concreto para ocorrer a reação é de 85% a 20 °C,[3.79] e, quando a temperatura é mais elevada, a reação pode acontecer com umidade um pouco mais baixa.[3.79] Em geral, uma temperatura mais elevada acelera o progresso da reação álcali-sílica, mas não aumenta a expansão total causada por ela.[3.79] O efeito da temperatura

---

* N. de R.T.: As normas brasileiras avaliam o comportamento dos agregados pela ciclagem. São estabelecidos três processos: ciclagem natural, ciclagem artificial e ciclagem acelerada, normalizados, respectivamente, pelas NBR 12695:1992, NBR 12696:1992 e NBR 12697:1992.

pode ser decorrente do fato de que seu aumento diminui a solubilidade do $Ca(OH)_2$ e eleva a da sílica. O efeito acelerador da temperatura é aproveitado nos ensaios para a verificação da reatividade do agregado.

Como a água é essencial para a continuidade da reação álcali-sílica, a secagem do concreto e a prevenção de futuro contato com a água constituem um meio efetivo para interromper a reação. Na realidade, esse é o único modo. Por outro lado, molhagem e secagem alternadas agravam a migração dos íons alcalinos, que se movem da parte úmida para a parte mais seca do concreto. Um gradiente de umidade tem efeito semelhante.[3.80]

A reação álcali-sílica é muito lenta, e suas consequências se manifestam somente após vários anos. As razões disso são complexas, e os mecanismos envolvidos, relacionados à concentração local dos vários íons, ainda são debatidos.[3.66]

Apesar de ser possível prever a ocorrência da reação álcali-agregado com determinados materiais, geralmente não é possível estimar os efeitos deletérios a partir da determinação das quantidades isoladas do material reativo. Por exemplo, a real reatividade do agregado é afetada por sua dimensão e sua porosidade, que influenciam a área onde a reação pode ocorrer. Quando os álcalis são somente advindos do cimento, sua concentração na superfície reativa do agregado será ditada pelo tamanho de sua área superficial. Dentro de certos limites, a expansão do concreto produzido com um determinado agregado reativo será maior quanto maior for o teor de álcalis do cimento e, para um determinado teor de álcalis no cimento, a expansão será maior quanto mais fino for o cimento.[3.32] Constituintes vítreos de mesma finura que o cimento não são prejudiciais, mas agem como uma pozolana.

Entre outros fatores que influenciam o progresso da reação álcali-agregado, está a permeabilidade da pasta de cimento hidratada, devido ao controle que ela exerce sobre a movimentação de água e de vários íons, bem como do gel de sílica. Pode ser concluído que vários fatores físicos e químicos tornam o problema da reação álcali-agregado altamente complexo. Em especial, a constituição do gel pode se alterar pela absorção e, assim, exercer uma considerável pressão, enquanto, em outros momentos, pode ocorrer a difusão do gel para fora de regiões confinadas.[3.32] Conforme a hidratação do cimento evolui, grande parte dos álcalis vai se concentrando na fase aquosa, e, como consequência, o pH aumenta e todos os minerais de sílica se tornam solúveis.[3.61]

Ensaios para a verificação da reatividade do agregado

A discussão anterior explica a razão pela qual – apesar de se saber que determinados tipos de agregados tendem a ser reativos, sendo que sua presença pode ser estabelecida pela ASTM C 295-08 – não existe um modo simples de determinar se um agregado irá causar expansão excessiva devido à reação com os álcalis do cimento. Dados de utilizações anteriores, em geral, devem ser considerados, mas somente 0,5% dos agregados reativos podem causar danos.[3.61] Caso não existam registros anteriores, é possível determinar apenas a reatividade potencial do agregado, mas não provar que ocorrerá uma reação deletéria. A ASTM C 289-07 prescreve um ensaio químico rápido: determina-se a redução da alcalinidade de uma solução normal de NaOH quando colocada em contato com o agregado pulverizado a 80 °C, e mede-se a quantidade de sílica dissolvida. A interpretação dos resultados, em muitos casos, não é clara, mas, em geral, uma reação potencialmente deletéria é indicada quando os resultados do ensaio, dispostos em gráfico, encontram-se à direita da linha-limite da Figura 3.9, reproduzida da ASTM C 289-

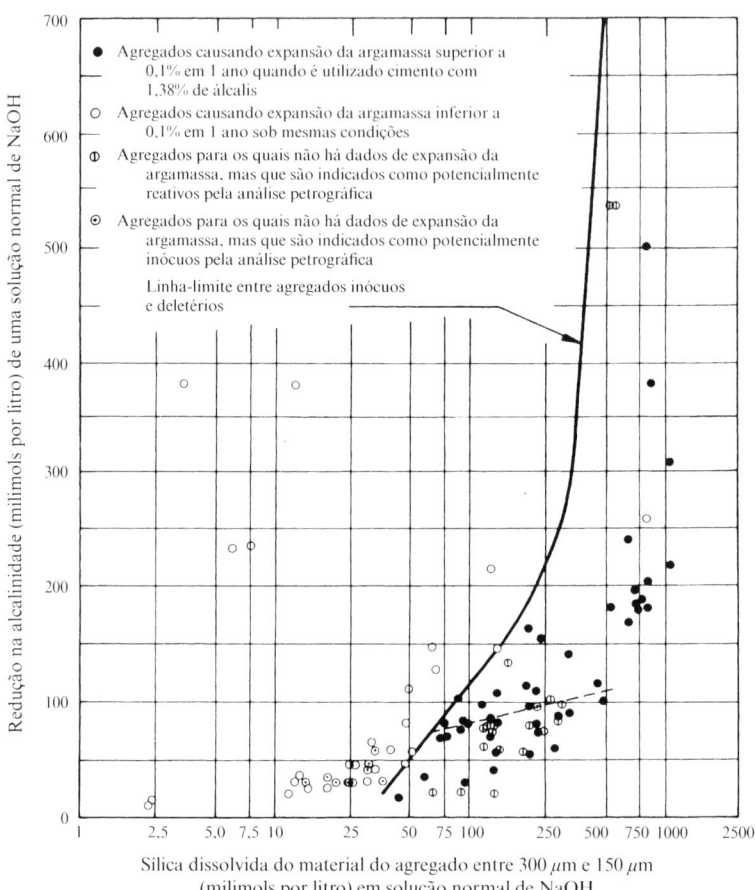

Figura 3.9 Resultados de ensaios químicos da ASTM C 289-07.

07, mas baseada em uma publicação de Mielenz & Witte.[3.33] Entretanto, os agregados potencialmente deletérios, representados por pontos situados acima da linha tracejada da Figura 3.9, podem ser extremamente reativos com álcalis, de modo que uma expansão relativamente pequena pode ocorrer. No caso desses agregados, deve ser, ainda, verificado o quão deletéria é sua reatividade, por meio de ensaios com barras de argamassa, conforme descrito a seguir. Esse ensaio não é útil para agregados leves.[3.68]

A ASTM C 227-10 prescreve o ensaio com barras de argamassa para verificar a reatividade física do agregado. O agregado suspeito – triturado, se necessário, e com granulometria especificada – é utilizado para a produção de barras de cimento e areia, usando-se um cimento com um teor equivalente de álcalis superior a 0,6% (preferencialmente acima de 0,8%). As barras são armazenadas em água a 38 °C, temperatura em que a expansão é mais rápida e normalmente maior do que em temperaturas maiores ou menores.[3.34] A reação também é acelerada pela adoção de uma relação água/cimento relativamente alta. Segundo um apêndice da ASTM C 33-08, o agregado em análise é considerado nocivo se apresentar expansão maior do que 0,10% após seis meses – ou maior do que 0,05% após três meses, caso o resultado de seis meses não seja possível.

O ensaio com barras de argamassa da ASTM C 227-10 tem mostrado boa correlação com a experiência de campo, mas é necessário um tempo razoável antes que a avaliação do agregado possa ser feita. Para agregados que contêm quartzo, a duração do ensaio pode chegar a um ano.[3.81] Por outro lado – conforme mencionado anteriormente –, os resultados do ensaio químico, embora este seja rápido, frequentemente não são conclusivos. Da mesma forma, a apreciação petrográfica, embora seja uma ferramenta útil na identificação dos constituintes minerais, não pode determinar se um mineral resultará em expansão deletéria. Vários ensaios acelerados continuam a ser desenvolvidos, mas, com frequência, utilizam temperatura elevada (acima de 80 °C), o que distorce o comportamento. A norma britânica que prescreve um método de expansão de um prisma de concreto é a BS 812-123:1999.

Há uma carência de resultados de laboratório correlacionáveis com o desempenho em campo de concretos produzidos com os mesmos materiais.[3.82] A provável causa disso é o período excessivamente longo em serviço para que os efeitos da reação álcali--agregado se manifestem, então novos métodos de ensaios não podem ser rapidamente validados. Um método rápido e conclusivo para a reatividade do agregado ainda está por ser desenvolvido. Assim, utilizar mais de um dos métodos existentes é o melhor que pode ser feito no momento.

A discussão sobre a reação álcali-agregado tem por objetivo despertar a consciência para os potenciais problemas ao usar alguns agregados. As consequências da reação álcali-agregado no concreto e os meios de evitá-las são discutidos na página 539. Entretanto, um aprofundamento de um assunto tão vasto não pode ser incluído neste livro. É importante salientar que o risco da reação deletéria álcali-agregado deve ser levado em consideração na seleção de materiais para concreto.*

Reação álcali-carbonato

Outro tipo de reação deletéria com agregados é a que ocorre entre alguns agregados de calcário dolomítico e os álcalis do cimento. O volume resultado dos produtos dessa reação é menor do que o volume dos materiais originais, de modo que a explicação para

---

* N. de R.T.: No Brasil, a série de normas 15577-1:2008 a 15577-6:2008 prescreve os procedimentos para a análise da reatividade álcali-agregado. A parte 1 (versão corrigida 2008) traz um guia para a avaliação da reatividade potencial, com medidas preventivas em que é feita a análise de risco da possibilidade de ocorrência da reação e é apresentada a ação preventiva a ser tomada, em função do tipo de estrutura ou de elemento de concreto e das condições de exposição. A parte 2 determina os procedimentos de coleta e preparação e as periodicidades de ensaios de amostras. A parte 3 (corrigida 2008) apresenta os critérios para a análise petrográfica para a verificação da potencialidade reativa. As partes 4 (versão corrigida 2:2009) e 6 (versão corrigida 2008) estabelecem os procedimentos para a determinação da expansão, respectivamente, em barras de argamassa, por meio de um ensaio acelerado, e em prismas de concreto. A parte 5 apresenta o procedimento para a determinação da mitigação da expansão em barras de argamassa por método acelerado. O agregado é considerado potencialmente inócuo se, no ensaio acelerado (30 dias), apresentar expansão menor do que 0,19%. No ensaio de longa duração, em prismas de concreto, o agregado será julgado potencialmente inócuo se, após um ano, a expansão for menor do que 0,04%.

essa reação deletéria deve ser buscada em um fenômeno diferente dos que estão envolvidos na reação álcali-sílica.[3.83] É provável que o gel formado seja sujeito a um aumento de volume, similar ao que ocorre em argilas expansivas.[3.79] Portanto, sob condições úmidas, se dá a expansão do concreto, e, comumente, formam-se regiões de reação de 2 mm ao redor dos agregados reativos. Dentro desse raio ocorre fissuração, ocasionando uma rede de fissuras e perda de aderência entre o agregado e a pasta de cimento.

Ensaios mostraram que ocorre a desdolomitização, ou seja, a alteração da dolomita, $CaMg(CO_3)_2$, em $CaCO_3$ e $Mg(OH)_2$. As reações envolvidas, entretanto, ainda não são bem conhecidas. Em especial, o papel da argila no agregado não é claro, mas a reação expansiva parece estar quase sempre associada à presença de argila. Além disso, em agregados expansivos, os cristais de dolomita e de calcita são bastante finos.[3.47] Uma hipótese é que a expansão se deva à umidade absorvida pela argila anteriormente seca, sendo a desdolomitização necessária somente para fornecer umidade à argila confinada.[3.48] Outra possível explicação é que a argila aumenta a reatividade do agregado para que a dolomita e o silicato de cálcio hidratado produzam $Mg(OH)_2$, gel de sílica e carbonato de cálcio com um aumento de volume aproximado de 4%.[3.62] Uma boa análise sobre o tema foi desenvolvida por Walker.[3.70]

Deve ser ressaltado que somente *alguns* calcários dolomíticos causam expansão no concreto. Nenhum ensaio simples para sua identificação foi desenvolvido, e, em caso de dúvida, a análise da textura da rocha ou de sua expansão em hidróxido de sódio pode ser útil (ASTM C 586-05). Caso a expansão da amostra no ensaio da ASTM seja maior do que 0,10%, determina-se a variação do comprimento de um concreto produzido com o agregado suspeito e mantido em ar úmido. Esse ensaio é normalizado pela ASTM C 1105-08a, que também fornece procedimentos para a interpretação dos resultados.

Uma distinção importante entre as reações do agregado com a sílica e com o carbonato é que, na última, o álcali é regenerado. Essa provavelmente é a razão pela qual o uso de pozolanas, incluindo a sílica ativa, não é eficaz para controlar a reação álcali-carbonato.[3.84] A escória granulada de alto-forno, entretanto, que reduz a permeabilidade do concreto (ver Capítulo 13), é razoavelmente eficaz.[3.84] Por sorte, as rochas carbonáticas reativas não são muito comuns e normalmente podem ser evitadas.*

Propriedades térmicas do agregado

São três as propriedades térmicas que podem ser importantes para o desempenho do concreto: o coeficiente de dilatação térmica, o calor específico e a condutividade. As duas últimas são de interesse para obras em concreto massa ou em situações em que seja necessário isolamento, mas não para obras de concreto estrutural comum. Elas serão discutidas na seção referente às propriedades térmicas do concreto (ver página 390).

O coeficiente de dilatação térmica do agregado influencia o valor correspondente do concreto que contém esse agregado, sendo que, quanto maior for o coeficiente do agregado, maior será o coeficiente do concreto. Entretanto, o coeficiente do concreto também depende do teor de agregados na mistura e das proporções da mistura em geral.

---

* N. de R.T.: A reação álcali-carbonato não é abrangida pela série de normas NBR 15577:2008 citada no item anterior. A NBR 15577-1:2008 recomenda a avaliação e a prevenção dessa reação pela utilização das normas canadenses CSA A23.2-14A e CSA A23.2-26A. A NBR 10340:1988 estabelece um método de ensaio para a avaliação da reatividade potencial de rochas carbonáticas com os álcalis do cimento.

Existe ainda o outro lado do problema. Tem sido sugerido que, caso os coeficientes de dilatação térmica do agregado graúdo e da pasta de cimento hidratada sejam muito diferentes, uma grande variação na temperatura poderia gerar uma movimentação térmica diferenciada e romper a aderência entre as partículas do agregado graúdo e a pasta que as envolve. Entretanto, provavelmente devido ao movimento diferenciado também ser influenciado por outras forças, como, por exemplo, a retração, uma diferença grande entre os coeficientes não será necessariamente prejudicial quando a temperatura não variar além da faixa de 4 a 60 °C. Apesar disso, quando os coeficientes variam mais do que $5,5 \times 10^{-6}/°C$, a durabilidade do concreto sujeito a ciclos de gelo e degelo pode ser prejudicada.

O coeficiente de dilatação térmica pode ser determinado por meio do dilatômetro, concebido por Verbeck & Hass[3.14] para uso tanto em agregado miúdo quanto graúdo. O coeficiente linear de dilatação térmica varia conforme o tipo de rocha matriz, e a variação para as rochas mais comuns gira entre $0,9 \times 10^{-6}$ e $16 \times 10^{-6}/°C$, mas a maioria dos agregados tem valores entre 5×10^{-6} e $13 \times 10^{-6}/°C$ (ver Tabela 3.13).[3.39] Esse coeficiente, para a pasta de cimento Portland hidratada, varia entre 11×10^{-6} e $16 \times 10^{-6}/°C$, mas valores de até $20,7 \times 10^{-6}/°C$ já foram observados, sendo que o valor varia com o grau de saturação. Dessa forma, uma diferença expressiva entre os coeficientes ocorrerá somente em agregados com expansão muito pequena, como alguns granitos, calcários e mármores.

Caso sejam esperadas temperaturas extremas, as propriedades dos agregados devem ser conhecidas de forma detalhada. Por exemplo, o quartzo sofre uma inversão a 574 °C e tem uma expansão súbita de 0,85%. Isso poderia desagregar o concreto – razão pela qual concretos resistentes a fogo nunca são produzidos com agregado de quartzo.

Análise granulométrica

Essa denominação, um tanto pretensiosa, é dada à simples operação de classificar uma amostra de agregado em frações, cada uma delas constituída por partículas de mesma dimensão. Na prática, cada fração contém partículas entre limites específicos – as aberturas de peneiras de ensaio padronizadas.

As peneiras utilizadas em ensaios de agregados para concreto têm aberturas quadradas, e suas propriedades são prescritas pelas BS 410-1 e 2:2000 e pela ASTM E 11-09. Nesta última, as peneiras maiores são descritas pela dimensão da abertura (em

Tabela 3.13 Coeficiente de dilatação térmica linear de diferentes tipos de rocha[3.39]

Tipo de rocha	Coeficiente de dilatação térmica linear (10^{-6} por °C)
Granito	1,8–11,9
Diorito, andesito	4,1–10,3
Gabro, basalto, diabásio	3,6–9,7
Arenito	4,3–13,9
Dolomita	6,7–8,6
Calcário	0,9–12,2
Chert	7,3–13,1
Mármore	1,1–16,0

polegadas), enquanto as peneiras menores do que cerca de 1/4 de polegada são denominadas pelo número de aberturas por polegada linear. Por exemplo, a peneira N.º 100 contém 100 × 100 aberturas por polegada quadrada. O modo normalizado é a designação das peneiras por sua abertura nominal em milímetros ou micrômetros.*

As peneiras menores do que 4 mm normalmente são produzidas com tela de tecido metálico, embora, caso necessário, esse material possa ser utilizado até 16 mm. A tela metálica é produzida com bronze fosforoso, mas, em algumas peneiras maiores, também podem ser utilizados latão ou aço. A área de peneiramento** – ou seja, a porcentagem da área das aberturas em relação à área total da peneira – varia entre 28 e 56%, sendo maior para aberturas maiores. Peneiras maiores (acima de 4 mm) são feitas de chapa perfurada, com porcentagem de área aberta entre 44 e 65%.

Todas as peneiras são montadas em caixilhos, de forma que podem ser encaixadas umas sobre as outras. Assim, é possível ordenar as peneiras em ordem decrescente de tamanho, e o material retido em cada peneira após o peneiramento representa a fração de agregado maior do que a peneira em questão e menor do que a peneira acima. Caixilhos com diâmetro de 200 mm são utilizados para dimensões iguais ou inferiores a 5 mm, enquanto, para dimensões superiores, são utilizados caixilhos de 300 ou 400 mm. Deve ser lembrado que 5 mm ou 4 mm é o divisor entre agregados miúdos e graúdos.***

As peneiras utilizadas em ensaios de agregados para concreto consistem em uma série em que a área das aberturas de uma peneira é, aproximadamente, metade da abertura da próxima peneira superior. A série de peneiras do ensaio da norma britânica é designada em unidades imperiais, sendo constituída pelas seguintes peneiras: 3; 1 1/2; 3/4; 3/8 e 3/16 polegadas e N.ºs 7; 14; 25; 52; 100; e 200. Os resultados de ensaios nessas peneiras ainda são utilizados. A Tabela 3.14 apresenta as dimensões tradicionais das peneiras, segundo sua descrição pela abertura em milímetros ou micrômetros, e também as antigas designações das normas britânica (BS) e americana (ASTM), com as aberturas aproximadas em polegadas.

Para a identificação de agregados com dimensões muito maiores ou menores na amostra, e em especial para trabalhos de pesquisa em granulometria de agregados, são necessárias peneiras adicionais. A sequência completa de peneiras é baseada teoricamente na relação de $\sqrt[4]{2}$ para as aberturas de duas peneiras consecutivas, sendo 1 mm a base. Contudo, tanto as peneiras da BS 410:1986 quanto as da ASTM E 11-09 foram padronizadas de acordo com a série de peneiras R40/3 da International Organization for Standardization (ISO). Nenhuma dessas dimensões forma uma série verdadeiramente geométrica, pois seguem "números preferenciais". A norma britânica BS 410-1:2000 também utiliza algumas dimensões da série R20 da ISO (ISO 565-1990). Essa série abrange a va-

---

* N. de R.T.: No Brasil, a NBR NM ISO 3310-1:2010 normaliza as peneiras de ensaio com tela de tecido metálico. A designação das peneiras é feita pela abertura nominal, em milímetros para as peneiras iguais ou maiores do que 1 mm e em micrômetros para as de dimensões inferiores a 1 mm. São listadas peneiras entre 20 μm e 125 mm.

** N. de R.T.: Denominada porcentagem de área aberta na NBR NM ISO 2395:1997, que apresenta terminologia para peneiras de ensaio.

*** N. de R.T.: A NBR 7211:2009 define agregado miúdo como o material cujos grãos passam na peneira com abertura de malha de 4,75 mm. Agregado graúdo é definido como o material cujos grãos passam na peneira com abertura de malha de 75 mm e ficam retidos na peneira de 4,75 mm.

Tabela 3.14 Dimensões tradicionais das peneiras, segundo a ASTM e a BS

Abertura – mm ou μm	Equivalente imperial aproximada (pol)	Designação anterior da peneira mais próxima	
		BS	ASTM
125 mm	5	–	5 pol.
106 mm	4,24	4 pol.	4,24 pol.
90 mm	3,5	3½ pol.	3½ pol.
75 mm	3	3 pol.	3 pol.
63 mm	2,5	2½ pol.	2½ pol.
53 mm	2,12	2 pol.	2,12 pol.
45 mm	1,75	1¾ pol.	1¾ pol.
37,5 mm	1,50	1½ pol.	1½ pol.
31,5 mm	1,25	1¼ pol.	1¼ pol.
26,5 mm	1,06	1 pol.	1,06 pol.
22,4 mm	0,875	⅞ pol.	⅞ pol.
19,0 mm	0,750	¾ pol.	¾ pol.
16,0 mm	0,625	⅝ pol.	⅝ pol.
13,2 mm	0,530	½ pol.	0,530 pol.
11,2 mm	0,438	–	⁷⁄₁₆ pol.
9,5 mm	0,375	⅜ pol.	⅜ pol.
8,0 mm	0,312	⁵⁄₁₆ pol.	⁵⁄₁₆ pol.
6,7 mm	0,265	¼ pol.	0,265 pol.
5,6 mm	0,223	–	N.º 3½
4,75 mm	0,187	³⁄₁₆ pol.	N.º 4
4,00 mm	0,157	–	N.º 5
3,35 mm	0,132	N.º 5	N.º 6
2,80 mm	0,111	N.º 6	N.º 7
2,36 mm	0,0937	N.º 7	N.º 8
2,00 mm	0,0787	N.º 8	N.º 10
1,70 mm	0,0661	N.º 10	N.º 12
1,40 mm	0,0555	N.º 12	N.º 14
1,18 mm	0,0469	N.º 14	N.º 16
1,00 mm	0,0394	N.º 16	N.º 18
850 μm	0,0331	N.º 18	N.º 20
710 μm	0,0278	N.º 22	N.º 25
600 μm	0,0234	N.º 25	N.º 30
500 μm	0,0197	N.º 30	N.º 35
425 μm	0,0165	N.º 36	N.º 40
355 μm	0,0139	N.º 44	N.º 45
300 μm	0,0117	N.º 52	N.º 50
250 μm	0,0098	N.º 60	N.º 60
212 μm	0,0083	N.º 72	N.º 70
180 μm	0,0070	N.º 85	N.º 80
150 μm	0,0059	N.º 100	N.º 100
125 μm	0,0049	N.º 120	N.º 120
106 μm	0,0041	N.º 150	N.º 140
90 μm	0,0035	N.º 170	N.º 170
75 μm	0,0029	N.º 200	N.º 200
63 μm	0,0025	N.º 240	N.º 230
53 μm	0,0021	N.º 300	N.º 270
45 μm	0,0017	N.º 350	N.º 325
38 μm	0,0015	–	N.º 400
32 μm	0,0012	–	N.º 450

riação de peneiras entre 125 mm e 63 μm, em incrementos aproximados da razão de 1,2, e tem por base a dimensão de 1 mm. Existe ainda a norma europeia BS EN 933-2:1996, que utiliza as mesmas dimensões da ISO 6274-1982. As diversas peneiras normalizadas são mostradas na Tabela 3.15. Para fins de análise granulométrica, geralmente são utilizadas as peneiras: 75,0; 50,0; 37,5; 20,0; 10,0; 5,00; 2,36 e 1,18 mm, e 600, 300 e 150 μm.*

Pode ser deduzido que, em discussões sobre granulometria de agregados, deve-se decidir entre duas séries de peneiras. Neste livro, os resultados obtidos com as peneiras da série imperial serão apresentados pelo exato equivalente métrico, mas as curvas granulométricas para dosagem de concreto (ver Capítulo 14), sempre que possível, serão baseadas na ASTM vigente ou em peneiras em sistema métrico da BS.

Antes da realização da análise granulométrica, a amostra de agregado deve ser seca ao ar, para evitar que torrões de partículas finas sejam classificados como partículas graúdas e também para prevenir o fechamento das peneiras mais finas. As massas mínimas das amostras reduzidas – conforme recomendação da BS 812-103.1:1985 (2000) – são dadas na Tabela 3.16. A Tabela 3.17 mostra a massa máxima de material que cada peneira pode suportar. Caso a massa em uma peneira seja excedida, o material que realmente for menor do que essa peneira deve ser incluído na porção retida. O material da peneira em questão deve, então, ser dividido em duas partes, e cada uma deve ser peneirada separadamente. O peneiramento pode ser realizado manualmente, cada peneira sendo agitada até que o valor passante seja mínimo. O movimento deve ser feito para frente e para trás, do lado esquerdo para o direito e nos sentidos horário e anti-horário, de modo que cada partícula "tenha uma chance" de passar pela peneira. Na maioria dos laboratórios, existem agitadores mecânicos, normalmente com um temporizador acoplado, para que seja garantida a uniformidade da operação de peneiramento. Não obstante, devem ser tomadas precauções para garantir que nenhuma peneira seja sobrecarregada (ver Tabela 3.17). A quantidade de material menor do que 75 μm pode ser determinada com maior precisão pelo peneiramento com lavagem, segundo a BS 812-103.1:1985 (2000) ou a ASTM C 117-04.

Os resultados da análise granulométrica são mais bem apresentados na forma de tabelas, conforme mostra a Tabela 3.18. A segunda coluna exibe a massa retida em cada peneira, expressa como uma porcentagem da massa total da amostra, conforme indicado na terceira coluna. Agora, analisando no sentido ascendente desde a menor dimensão, pode ser calculada a porcentagem *acumulada* (com aproximação de 1%) passante em cada peneira (quarta coluna), que é utilizada para a elaboração das curvas granulométricas.**

Curvas granulométricas

Os resultados de uma análise granulométrica podem ser mais facilmente compreendidos quando representados graficamente. Por essa razão, são amplamente utilizadas

---

* N. de R.T.: No Brasil, o ensaio de granulometria é normalizado pela NBR NM 248:2003 e utiliza duas séries de peneiras: a série normal e a série intermediária. A série normal é constituída pelas peneiras de 150, 300 e 600 μm e de 1,18, 2,36, 4,75, 9,5, 19, 37,5 e 75 mm. A série intermediária é constituída pelas peneiras, com dimensões em mm, de 6,3, 12,5, 25, 31,5, 50 e 63.

** N. de R.T.: No Brasil, a determinação da composição granulométrica de agregados é prescrita pela NBR NM 248:2003. Esse ensaio, entretanto, diferentemente do apresentado, calcula a porcentagem retida em cada peneira (com precisão de 0,1%) e a porcentagem retida acumulada (com precisão de 1%). Esta última é apresentada na quinta coluna da Tabela 3.18.

Tabela 3.15 Dimensões das peneiras para agregados, segundo diversas normas (mm ou μm)

BS 410:1986	BS 812-103.1:1985 (2000)	BS EN 933-2:1996	ASTM E 11-87 (2009)†
125,0			125
			100
90,0			
	75,0		75,0
63,0	63,0	63,0	
	50,0		50,0
45,0			
	37,5		37,5
31,5		31,5	
	28,0		25,0
22,4			
	20,0		
			19,0
16,0		16,0	
	14,0		
			12,5
11,2	10,0		
			9,5
8,00		8,00	
	6,30		6,30
5,60			
	5,00		
			4,75
4,00		4,00	
	3,35		
2,80			
	2,36		2,36
2,00		2,00	
	1,70		
1,40			
	1,18		1,18
1,00		1,00	
	850		
710			
	600		600
500		500	
	425		
355			
	300		300
250		250	
	212		
180			
	150		150
125		125	
90			
	75		75
63		63	
45			
32			

† Selecionados os valores comuns.

Tabela 3.16 Massa mínima da amostra para análise granulométrica, segundo a BS 812-103.1:1985 (2000)

Dimensão nominal do material (mm)	Massa mínima da amostra para peneiramento (kg)
63	50
50	35
40	15
28	5
20	2
14	1
10	0,5
6 ou 5 ou 3	0,2
Menor do que 3	0,1

Tabela 3.17 Massa máxima retida após peneiramento, segundo a BS 812-103.1:1985 (2000)

Dimensão da peneira BS		Massa máxima para peneiras de diâmetro (kg):		
mm	μm	450 mm	300 mm	200 mm
50,0		14	5	
37,5		10	4	
28,0		8	3	
20,0		6	2,5	
14,0		4	2	
10,0		3	1,5	
6,30		2	1	
5,00		1,5	0,75	0,350
3,35		1	0,55	0,250
2,36			0,45	0,200
1,70			0,375	0,150
1,18			0,300	0,125
	850		0,260	0,115
	600		0,225	0,100
	425		0,180	0,080
	300		0,150	0,065
	212		0,130	0,060
	150		0,110	0,050
	75		0,075	0,030

Capítulo 3 Propriedades dos agregados

Tabela 3.18 Exemplo de análise granulométrica

Dimensão da peneira		Massa retida (g) (2)	Porcentagem retida (g) (3)	Porcentagem passante acumulada (4)	Porcentagem retida acumulada (5)
BS	ASTM (1)				
10,0 mm	⅜ pol.	0	0,0	100	0
5,00 mm	4	6	2,0	98	2
2,36 mm	8	31	10,1	88	12
1,18 mm	16	30	9,8	78	22
600 μm	30	59	19,2	59	41
300 μm	50	107	34,9	24	76
150 μm	100	53	17,3	7	93
<150 μm	<100	21	6,8	–	–
		Total = 307		Total = 246	
				Módulo de finura = 2,46	

as curvas granulométricas. Com o uso de um gráfico, é possível, a partir de uma rápida análise, verificar se a granulometria de um detersminado agregado corresponde à especificação ou se ele é muito grosso ou fino, ou ainda se é deficiente em uma dimensão específica.

Nas curvas granulométricas normalmente utilizadas, as ordenadas representam as porcentagens acumuladas passantes, e as abscissas mostram as aberturas das peneiras em escala logarítmica. Como as aberturas das peneiras da série padrão têm relação de ½, a escala logarítmica mostra essas aberturas em um espaçamento constante. Isso está ilustrado na Figura 3.10, em que estão representados os dados da Tabela 3.18.

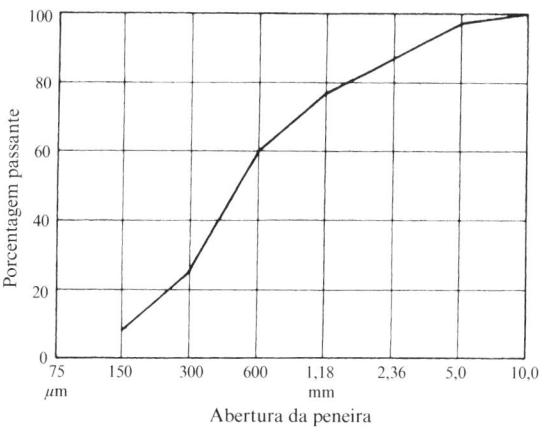

Figura 3.10 Exemplo de uma curva granulométrica (ver Tabela 3.18).

É conveniente escolher uma escala tal que o espaçamento entre duas peneiras adjacentes seja aproximadamente igual a 20% do intervalo do eixo das ordenadas, tornando possível fazer de memória a comparação visual entre diferentes curvas granulométricas.

Módulo de finura

Um parâmetro simples, calculado a partir da análise granulométrica, às vezes é utilizado, especialmente nos Estados Unidos. Esse parâmetro, o módulo de finura, é definido como a soma das porcentagens retidas acumuladas nas peneiras da série normal (150; 300; e 600 μm, e 1,18; 2,36; e 5,00 mm) até a maior peneira utilizada, dividida por 100. Deve ser lembrado que, quando todas as partículas de uma amostra são maiores do que, por exemplo, 600 μm, a porcentagem acumulada retida na peneira de 300 μm é de 100%, e o mesmo valor deve ser adotado para a peneira de 150 μm. O valor do módulo de finura será tão maior quanto maior for o agregado (ver quinta coluna da Tabela 3.18).

O módulo de finura pode ser visto como a dimensão média ponderada da peneira em que o material ficou retido, sendo as peneiras consideradas a partir da mais fina. Popovics[3.49] mostrou que ele é a média logarítmica da distribuição das dimensões das partículas. Por exemplo, pode-se interpretar que um módulo de finura de 4,00 indica que a quarta peneira, de 1,18 mm, é a dimensão máxima. Fica claro, entretanto, que um parâmetro, a média, não pode ser representativo de uma distribuição. Dessa forma, o mesmo módulo de finura pode representar um número infinito de distribuições de dimensões ou curvas granulométricas. O módulo de finura não pode, portanto, ser utilizado como um descritor simples da graduação de um agregado, mas é válido para verificar pequenas variações em agregados de uma mesma origem – por exemplo, como verificação diária. Apesar disso, dentro de certos limites, o módulo de finura fornece uma indicação do provável comportamento de uma mistura de concreto produzido com um agregado de determinada granulometria, e a utilização do módulo de finura na avaliação de agregados e na dosagem das misturas possui muitos adeptos.[3.49]

Requisitos de granulometria

Foi visto como é feita a determinação da granulometria de uma amostra de agregados, mas ainda falta estabelecer quando determinada granulometria é ou não adequada. Um problema associado é como combinar agregados miúdos e graúdos para produzir a granulometria desejada. Quais são, então, as propriedades de uma "boa" curva granulométrica?

Visto que a resistência de um concreto totalmente adensado, com determinada relação água/cimento, é independente da granulometria dos agregados, a granulometria somente é importante quando afeta a trabalhabilidade. Entretanto, para a obtenção da resistência associada a uma determinada relação água/cimento, é necessário o máximo adensamento possível. Como isso somente pode ser obtido com uma mistura suficientemente trabalhável, é preciso produzir uma mistura que possa ser adensada ao máximo com uma quantidade de energia razoável.

Deve ser dito de início que não existe uma curva granulométrica *ideal*, mas um compromisso com esse objetivo. Independentemente das exigências físicas, os aspectos

Capítulo 3 Propriedades dos agregados 163

econômicos não devem ser esquecidos, pois o concreto deve ser produzido com materiais que possam ser feitos de maneira econômica. Dessa forma, não devem ser impostos limites muito estritos aos agregados.

Tem sido sugerido que os principais fatores que controlam a granulometria dos agregados desejada são: a área superficial do agregado, que determina a quantidade de água necessária à molhagem de todos os sólidos; o volume relativo ocupado pelos agregados; a trabalhabilidade da mistura; e a tendência à segregação.

A segregação será discutida na página 214, mas deve ser observado que as exigências de trabalhabilidade e a não ocorrência de segregação tendem a se opor: quanto mais fácil for para partículas de diferentes tamanhos se acomodarem, com as menores passando entre os vazios das maiores, mais fácil será também para as partículas menores serem expulsas dos vazios, ou seja, segregarem no estado seco. Na realidade, a passagem livre da argamassa (a mistura de areia, cimento e água) para fora dos vazios dos agregados graúdos é que deve ser prevenida. Também é essencial que os vazios da mistura de agregados sejam suficientemente pequenos, a fim de impedir a passagem da pasta de cimento fresca entre eles, separando-se.

O problema da segregação é, portanto, similar ao de filtros, embora as exigências de cada caso sejam diametralmente opostas. Para um concreto ser considerado adequado, é essencial que a segregação seja evitada.

Existe ainda outra condição para que uma mistura seja satisfatoriamente coesa e trabalhável: ela deve conter uma quantidade suficiente de material menor do que 300 μm. Como as partículas de cimento estão incluídas nesse material, misturas ricas requerem menor teor de agregados miúdos do que misturas pobres. Caso a granulometria do agregado miúdo seja deficiente em partículas finas, o aumento da relação agregado miúdo/agregado graúdo pode não ser uma alternativa satisfatória, já que pode causar um excesso de partículas intermediárias e, possivelmente, uma mistura áspera. Uma mistura é dita áspera quando existe excesso de partículas de uma dada dimensão, mostrado por um salto abrupto no meio da curva granulométrica, ocorrendo uma interferência entre as partículas. Essa necessidade de uma quantidade adequada de materiais finos (desde que sejam estáveis) explica a razão de serem estabelecidos teores mínimos de partículas passantes na peneira de 300 μm e, algumas vezes, na peneira de 150 μm, como, por exemplo, nas Tabelas 3.22 e 3.23 (página 174). Entretanto, atualmente se considera que as exigências do U.S. Bureau of Reclamation para a porcentagem mínima de material passante nessas peneiras, apresentadas na Tabela 3.23, são excessivas.

Ainda, deve ser lembrado que todos os materiais cimentícios automaticamente proporcionam determinada quantidade de materiais "ultrafinos". São assim considerados os materiais menores do que 125 μm de todas as fontes, ou seja, agregados, fíler e cimento. Entretanto, existem algumas diferenças no comportamento, já que a hidratação inicial do cimento remove rapidamente parte da água da mistura, enquanto outras partículas são inertes. O volume de ar incorporado pode ser considerado como equivalente à metade do volume de finos. A norma alemã DIN 1045:1988[3.86] estabelece a dimensão de 125 μm como definição para material ultrafino. Nenhum valor mínimo de ultrafinos é especificado, devido a eles, normalmente, serem encontrados nos materiais utilizados, mas uma quantidade adequada de ultrafinos é essencial para o concreto bombeado e para concretos lançados em seções esbeltas ou com armadura densa, bem como para estruturas de reservação de água. Por outro lado, uma quantidade excessiva de ultrafinos é prejudicial do ponto de vista da resistência ao gelo e degelo, aos sais descongelantes e à abrasão. A quantidade máxima de 350 kg/m³ de concreto é prescrita para misturas com consumo de cimento de até 300 kg/m³. Quando o consumo de cimento for de 350 kg/m³, a quantidade máxima de ultrafinos é de 400 kg/m³, sendo permitidos teores mais elevados para maiores consumos de cimento. Esses valores são aplicáveis a misturas com agregados de dimensões máximas entre 16 e 63 mm. O efeito benéfico de ultrafinos menores do que 50 μm na demanda de água do concreto fresco e, portanto, na resistência foi confirmado.[3.85]

O requisito de que os agregados ocupem o maior volume relativo possível é, em princípio, econômico, já que os agregados são mais baratos do que a pasta de cimento, mas também existem fortes razões técnicas para as misturas ricas não serem consideradas adequadas. Ainda, é admitido que, quanto maior for a quantidade de partículas sólidas que podem ser acomodadas em determinado volume de concreto, maior será sua massa específica e, portanto, sua resistência. A teoria da máxima massa específica levou à defesa de curvas granulométricas de forma parabólica, ou parcialmente parabólica e parcialmente reta (quando plotadas em escala natural), conforme mostra a Figura 3.11. Entretanto, verificou-se que agregados graduados para resultar em máxima massa específica eram a misturas ásperas e de baixa trabalhabilidade. A trabalhabilidade melhora quando existe um excesso de pasta em relação à necessária para o preenchimento dos vazios entre os grãos da areia e, da mesma forma, quando há um excesso de argamassa (agregado miúdo e pasta de cimento) em relação àquela que seria necessária para o preenchimento dos vazios entre os agregados graúdos.

O conceito de uma curva granulométrica "ideal", como a mostrada na Figura 3.11, ainda tem uma boa acolhida, embora distintas formas de curvas "ideais" sejam recomendadas por diferentes pesquisadores.[3.87]

Uma granulometria "ideal" originada na indústria do asfalto, na qual é importante minimizar o volume de aglomerante, é descrita a seguir. Monta-se um gráfico em que

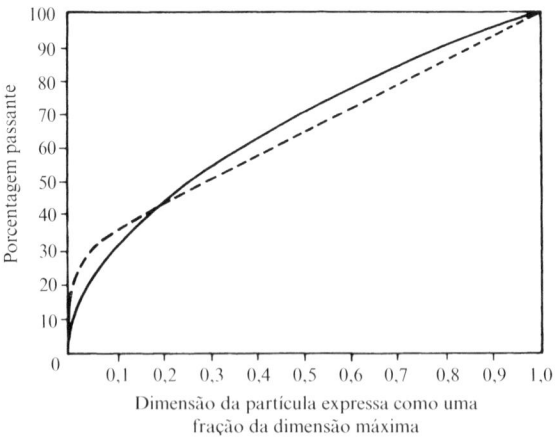

Figura 3.11 Curvas granulométricas de Fuller.

as ordenadas são as porcentagens acumuladas passantes e as abscissas são as aberturas das peneiras elevadas a 0,45. Traça-se uma linha reta ligando o ponto correspondente à maior abertura onde restou material retido ao ponto correspondente à abertura aonde não chegou nenhum material durante o peneiramento. A granulometria "ideal" deve seguir essa linha, com exceção da porcentagem passante na peneira de 600 μm, a qual deve estar abaixo da linha – que não leva em conta o cimento (também um material fino). Considera-se que as granulometrias que não se afastam demais da linha reta, quer seja para cima ou para baixo, produzem concretos densos. Essa teoria da "curva granulométrica da potência 0,45" não foi comprovada e não é muito utilizada.

Um problema, na prática, é que agregados de diferentes fontes, mesmo que nominalmente de mesma granulometria, apresentam variações na distribuição real de dimensões das partículas dentro de determinada fração de dimensão, bem como em outras propriedades das partículas, como a forma e a textura. Deve ainda ser dito que o volume total de vazios no concreto diminui quando a variação das dimensões das partículas, desde o agregado de maior tamanho até o de menor dimensão, é a maior possível, ou seja, quando partículas extremamente finas são incluídas na mistura, por exemplo, a sílica ativa, material analisado na página 89.

Será analisada agora a área superficial das partículas de agregados. A relação água/cimento é, em geral, fixada a partir de aspectos relacionados à resistência. Ao mesmo tempo, a quantidade de pasta de cimento fresca deve ser suficiente para cobrir a superfície de todas as partículas, de modo que, quanto menor for a área superficial dos agregados, menor será a quantidade de pasta e, portanto, menos água será necessária.

Considerando, para simplificação, que uma esfera de diâmetro D representa a forma do agregado, a relação entre a área superficial e o volume será $6/D$. Essa relação (ou entre a área superficial e a massa, quando as partículas tiverem a mesma massa específica) é denominada superfície específica. Para partículas de diferentes formas, deve ser obtido um coeficiente distinto de $6/D$, mas a área superficial ainda é inversamente proporcional à dimensão da partícula, conforme mostrado na Figura 3.12, reproduzida do estudo de Shacklock & Walker.[3.15] Deve ser destacado que a escala logarítmica é usada tanto para as ordenadas quanto para as abscissas, devido às dimensões das peneiras variarem em progressão geométrica.

No caso de agregados graduados, a granulometria e a superfície específica total são relacionadas entre si, embora seja evidente que existem várias curvas granulométricas que correspondem à mesma área específica. Caso a granulometria abranja um agregado de máxima dimensão, a superfície específica total diminui e a demanda de água também, mas a relação não é linear. Por exemplo, o aumento da dimensão máxima do agregado de 10 mm para 63 mm pode, em determinadas condições, reduzir a demanda de água para uma trabalhabilidade constante em cerca de 50 kg/m^3 de concreto. A correspondente redução na relação água/cimento pode chegar a 0,15.[3.16] Alguns valores comuns são mostrados na Figura 3.13.

Os limites práticos da dimensão máxima do agregado que pode ser utilizado em dadas condições e o problema da influência da dimensão máxima na resistência em geral serão discutidos na página 180.

Pode ser visto que, tendo sido escolhidas a dimensão máxima do agregado e sua granulometria, a área superficial total das partículas pode ser expressa pela superfície específica, e é esse parâmetro que determina a demanda de água ou a trabalhabilidade

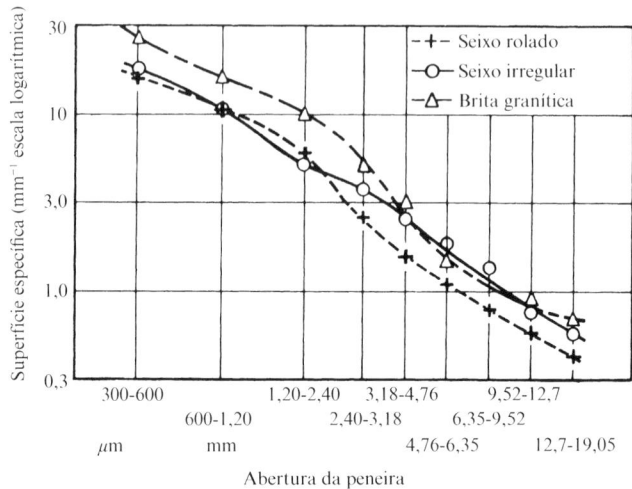

Figura 3.12 Relação entre a superfície específica e a dimensão da partícula.[3.15]

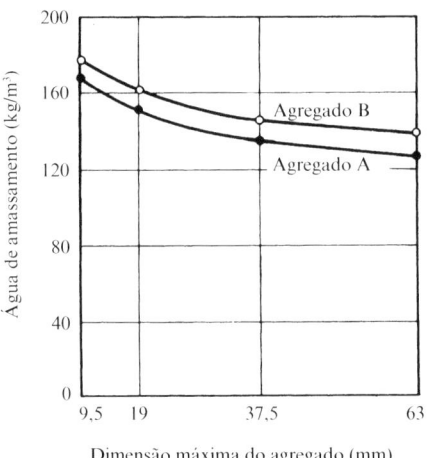

Figura 3.13 Influência da dimensão máxima do agregado na demanda de água de amassamento para abatimento de tronco de cone constante.[3.16]

da mistura. A dosagem de concreto com base na superfície específica do agregado foi sugerida por Edwards[3.50] em 1918, e o interesse nesse método foi retomado após 40 anos. A superfície específica pode ser determinada pelo método de permeabilidade à água,[3.17] mas não existe um ensaio de campo simples, e o tratamento matemático é difícil devido à variação da forma das partículas dos diferentes agregados.

Essa, entretanto, não é a única razão pela qual a dosagem do concreto baseada na superfície específica do agregado não é universalmente recomendada. A aplicação dos procedimentos de cálculo da superfície específica não é coerente para partículas de agregados menores do que, aproximadamente, 150 μm e para o cimento. Essas partículas, bem como algumas partículas maiores de areia, aparentemente atuam como um lubrificante na mistura e parecem não necessitar de molhagem, exatamente da mesma forma que os agregados graúdos. Uma indicação disso foi encontrada em alguns ensaios realizados por Glanville *et al.*[3.18]

Devido à superfície específica dar uma indicação um tanto enganosa da trabalhabilidade a ser obtida, em grande parte por superestimar o efeito das partículas finas, Murdock[3.19] propôs um índice de superfície empírico, e seus valores, bem como os de superfície específica, são apresentados na Tabela 3.19.

O efeito global da área superficial de um agregado de determinada granulometria é obtido pela multiplicação da porcentagem, em massa, de suas frações pelo coeficiente correspondente a essa fração e pela posterior soma de todos os produtos. Conforme Murdock,[3.19] o índice de superfície, modificado pelo índice de angulosidade, deve ser utilizado, e, de fato, os valores desses índices são baseados em resultados empíricos. Por outro lado, Davey[3.20] observou que, para a mesma superfície específica total do agregado, a demanda de água e a resistência à compressão do concreto são as mesmas para grandes variações da granulometria do agregado. Isso se aplica tanto a agregados de granulometria contínua quanto descontínua, e, de fato, três das quatro granulometrias apresentadas na Tabela 3.20, reproduzida de uma publicação de Davey, são descontínuas.

O aumento da superfície específica do agregado acarreta diminuição da resistência do concreto, mantida constante a relação água/cimento, conforme mostram os resultados de Newman & Teychenné,[3.21] apresentados na Tabela 3.21. A razão disso não é bem clara, mas é possível que a redução na massa específica do concreto, em consequência do aumento da finura da areia natural, seja o elemento causador da diminuição da resistência do concreto.[3.22]

Tabela 3.19 Valores relativos de área superficial e índice de superfície

Fração da dimensão da partícula	Área superficial relativa	Índice de superfície de Murdock[3.19]
76,2–38,1 mm	½	½
38,1–19,05 mm	1	1
19,05–9,52 mm	2	2
9,52–4,76 mm	4	4
4,76–2,40 mm	8	8
2,40–1,20 mm	16	12
1,20 mm–600 μm	32	15
600–300 μm	64	12
300–150 μm	128	10
< 150 μm	–	1

Tabela 3.20 Propriedades de concretos produzidos com agregados de mesma superfície específica[3.20]

Fração de dimensão	Granulometria do agregado (%)							Área específica (m²/kg)	Relação água/cimento	Resistência à compressão (MPa)		Módulo de ruptura (MPa)	
	300-150 μm	600-300 μm	1,20 mm-600 μm	2,40-1,20 mm	4,76-2,40 mm	9,52-4,76 mm	19,05-9,52 mm			7 dias	28 dias	7 dias	28 dias
Granulometria													
A	11,2	11,2	11,2	11,2	11,2	22,0	22,0	3,2	0,575	23,7	32,9	3,72	4,38
B	12,9	12,9	12,9	0	0	30,6	30,7	3,2	0,575	24,2	32,3	3,74	4,48
C	15,4	15,4	0	0	0	34,6	34,6	3,2	0,575	24,6	32,8	3,84	4,54
D	25,4	0	0	0	0	0	74,6	3,2	0,575	23,3	32,1	3,46	4,16

Tabela 3.21 Superfície específica do agregado e resistência do concreto para uma mistura 1:6 com relação água/cimento de 0,60[3.21]

Superfície específica do agregado (m²/kg)	Resistência à compressão do concreto aos 28 dias (MPa)	Massa específica do concreto fresco (kg/m³)
2,24	36,1	2.330
2,80	34,9	2.325
4,37	30,3	2.305
5,71	27,5	2.260

Aparentemente, a trabalhabilidade não é uma função direta da superfície específica do agregado. De fato, Hobbs[3.88] demonstrou que concretos que possuíam agregados miúdos com granulometrias significativamente diferentes geravam resultados de abatimento de tronco de cone ou de fator de compactação similares. Entretanto, a porcentagem de agregado miúdo no agregado total foi ajustada. Portanto, a superfície específica do agregado parece ser um importante fator para a determinação da trabalhabilidade da mistura, enquanto o papel exato desempenhado pelas partículas mais finas ainda está por ser determinado.

As granulometrias padrão da Road Note N.º 4[3.23] são uma contribuição inicial fundamental para o entendimento da granulometria dos agregados e representam diferentes valores de superfície específica total. Por exemplo, quando são utilizados areia de rio e cascalho, as quatro curvas granulométricas (N.ᵒˢ 1 a 4 da Figura 3.14) apresentam valores de superfície específica de 1,6, 2,0, 2,5 e 3,3 m²/kg, respectivamente.[3.21] Na prática, quando são feitas tentativas de aproximação das granulometrias padrão, as propriedades da mistura permanecem praticamente inalteradas ao se aplicar a compensação de uma leve deficiência de finos por meio de um pequeno excesso de agregado graúdo.

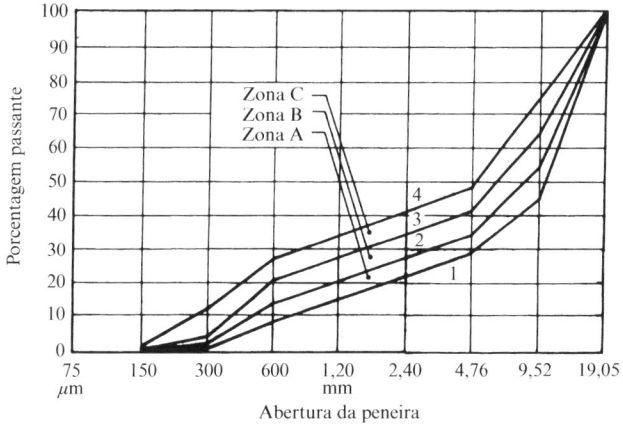

Figura 3.14 Curvas granulométricas padrão da Road Note N.º 4 para agregados de 19,05 mm (Crown copyright).[3.23]

No entanto, o afastamento não deve ser muito grande. Obviamente, a deficiência e o excesso são mutuamente intercambiáveis.

Portanto, não há dúvidas de que a granulometria do agregado seja um fator preponderante para a trabalhabilidade do concreto. A trabalhabilidade, por sua vez, afeta as demandas de água e cimento, controla a segregação, exerce algum efeito na exsudação e influencia o lançamento e o acabamento do concreto. Esses fatores representam importantes características do concreto fresco e também afetam propriedades do concreto endurecido, como resistência, retração e durabilidade.

A granulometria, portanto, é de vital importância na dosagem de concreto, mas seu papel exato em termos matemáticos ainda não foi determinado, e o comportamento dessa mistura semilíquida, constituída de materiais granulares, ainda não é totalmente compreendido. Apesar disso, enquanto a garantia da granulometria adequada dos agregados é de considerável importância, a imposição arbitrária de limites que podem ser antieconômicos, ou até mesmo praticamente impossíveis, em determinadas situações é inadequada.

Finalmente, deve ser lembrado que muito mais importante do que recomendar uma "boa" granulometria é garantir que esta seja mantida constante, sob risco de obtenção de resultados variáveis de trabalhabilidade. Quando as correções desta última são feitas pela alteração da quantidade de água na betoneira, o resultado é a variabilidade da resistência do concreto.

Granulometrias práticas

A partir da breve revisão na seção anterior, pode-se ver a importância da utilização de agregados com uma granulometria que possibilite a obtenção de um concreto com trabalhabilidade razoável e com mínima segregação. A importância desta última exigência nunca pode ser subestimada, pois, caso ocorra segregação, um concreto trabalhável que *poderia* produzir um concreto resistente e econômico terá falhas de concretagem e será fraco e não durável, ou seja, um produto final variável.

O processo de cálculo das proporções de agregados de diferentes dimensões para a obtenção da granulometria desejada será apresentado no Capítulo 14, junto com o conteúdo de dosagem. Aqui, serão discutidas as propriedades de algumas "boas" curvas granulométricas. Deve ser lembrado, entretanto, que, na prática, devem ser utilizados agregados disponíveis no local ou a uma distância econômica – em geral, é possível produzir um concreto satisfatório com uma abordagem inteligente e cuidadosa. Para agregados que incluem areia natural, pode ser útil, como base de comparação, a utilização das curvas da Road Research Note N.º 4 sobre dosagem de concretos.[3.23] Elas foram preparadas para agregados de dimensões máximas de 19,05 e 38,1 mm e estão reproduzidas, respectivamente, nas Figuras 3.14 e 3.15. Curvas similares para agregados de dimensão máxima de 9,52 mm foram preparadas por McIntosh & Erntroy[3.24] e são apresentadas na Figura 3.16.

São mostradas quatro curvas para cada dimensão máxima de agregados, mas, devido à presença de agregados maiores e menores, bem como à variação *dentro* de cada fração de dimensão, o mais provável é que as granulometrias práticas estejam na proximidade dessas curvas do que exatamente ajustadas. Portanto, é preferível considerar a granulometria em zonas, que estão marcadas em todas as figuras.

Capítulo 3 Propriedades dos agregados 171

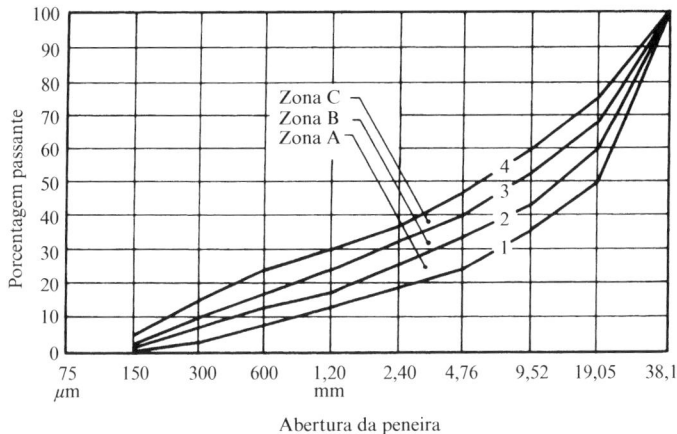

Figura 3.15 Curva granulométrica padrão da Road Note N.º 4 para agregados de 38,1 mm (Crown copyright).[3.23]

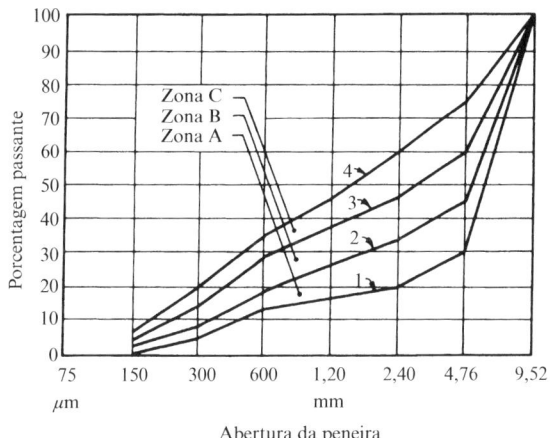

Figura 3.16 Curva granulométrica padrão de McIntosh & Erntroy para agregados de 9,52 mm.[3.24]

A curva N.º 1 representa a granulometria mais grossa nas Figuras 3.14 a 3.16. Essas granulometrias são relativamente trabalháveis e podem, assim, ser utilizadas para misturas de baixa relação água/cimento ou para misturas ricas. Porém, é necessário ter certeza de que não irá ocorrer segregação. No outro extremo, a curva N.º 4 representa uma granulometria fina que será coesa, mas não muito trabalhável. Em especial, um excesso de material entre as peneiras de 1,20 e 4,76 mm produzirá um concreto áspero, que pode ser adequado para o adensamento mecânico, mas é de difícil lançamento manual. Caso a mesma trabalhabilidade seja obtida com agregados das curvas N.º 1 e N.º 4, a demanda de água desta última será consideravelmente maior, resultando em menor resistência se ambos os concretos possuírem a mesma relação agregado/cimento. Para produzir a mesma resistência, o concreto produzido com agregados menores deve ser consideravelmente mais rico, ou seja, ter mais cimento por metro cúbico do que o concreto produzido com agregados mais grossos.

A alteração entre as granulometrias extremas é progressiva. Entretanto, no caso de uma distribuição granulométrica situada parcialmente entre duas zonas, há o risco de segregação quando muitas dimensões intermediárias estiverem faltando (vide granulometria descontínua). Por outro lado, se existir um excesso de agregados de dimensões intermediárias, a mistura será áspera e de difícil adensamento manual ou até mesmo por vibração mecânica. Por essa razão, é preferível usar agregados com granulometrias similares às curvas padrão do que a outras totalmente diferentes.

As Figuras 3.17 e 3.18, apresentadas por McIntosh,[3.25] mostram, respectivamente, as faixas granulométricas utilizadas com agregados de 152,4 mm e 76,2 mm. As granulometrias reais, como sempre, correm paralelas às curvas-limite, em vez de passarem de uma para outra.

Na prática, a utilização em separado de agregados miúdos e graúdos implica na possibilidade de configurar uma granulometria conforme a uma curva padrão em um ponto intermediário, geralmente com dimensão de 5 mm. Bons ajustes, em geral, também podem ser obtidos nas extremidades da curva (utilizando a abertura de 150 μm e a dimensão máxima). Caso o agregado graúdo seja fornecido em frações de dimensão única, como geralmente é o caso, o ajuste em pontos adicionais acima de 5 mm pode ser obtido, mas, para dimensões inferiores a 5 mm, é necessária a mistura de dois ou mais agregados miúdos.

Granulometria de agregados miúdos e graúdos

Tendo em vista que, exceto em obras de menor importância, os agregados miúdos e graúdos são medidos separadamente, a granulometria de cada agregado deve ser conhecida e controlada.

Ao longo dos anos, houve vários processos para especificar as exigências de granulometria do agregado miúdo. Inicialmente, foram apresentadas curvas padrão como representativas de "boa" granulometria.[3.23] Na edição de 1973 da BS 882, foram introduzidas quatro zonas granulométricas, divididas com base, principalmente, na porcentagem de material passante na peneira de 600 μm. A principal razão para isso foi que uma grande quantidade de areias naturais se divide nessa dimensão, e as granulometrias acima e abaixo são aproximadamente uniformes. Além disso, o teor de partículas menores do que 600 μm tem importante influência na trabalhabilidade da mistura e dá uma indicação confiável da superfície específica total da areia.

Desse modo, as zonas granulométricas representam grande parte das areias naturais existentes no Reino Unido. Hoje, poucas dessas areias estão disponíveis para a produção de concreto, e isso é refletido pelos critérios menos restritivos, em relação à granulometria, apresentados pela BS 882:1992. Isso, entretanto, não deve ser traduzido como "qualquer granulometria serve". Em vez disso, dado que a granulometria nada mais é do que uma característica do agregado, uma grande variação de granulometrias pode ser aceita, mas é necessária uma avaliação por meio de tentativa e erro.

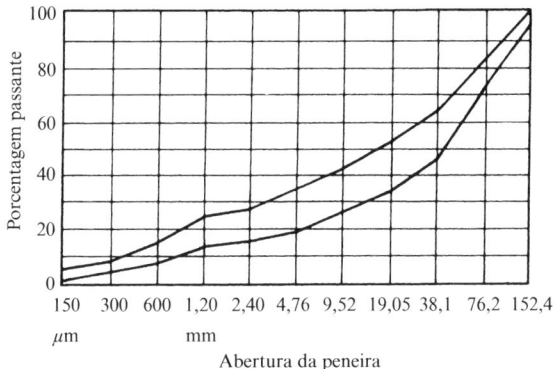

Figura 3.17 Faixa granulométrica utilizada com agregados de 152,4 mm.[3.25]

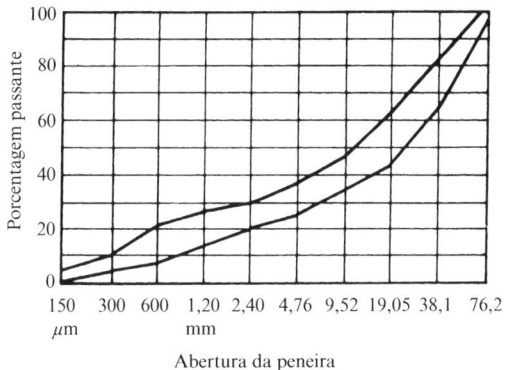

Figura 3.18 Faixa granulométrica utilizada com agregados de 76,2 mm.[3.25]

A BS 882:1992 (cancelada em 2004) exige que todo agregado miúdo atenda aos limites de granulometria geral da Tabela 3.22 e também a um dos três limites granulométricos adicionais da mesma tabela, permitindo que, no máximo, uma a cada dez amostras não atenda aos limites adicionais. Os limites adicionais são, na realidade, uma granulometria grossa, uma média e uma fina. A norma vigente é a BS EN 12620:2002.

Os requisitos da BS 882:1992 podem não ser adequados para alguns concretos destinados a pré-moldados e não devem ser utilizados nesses casos.

Para comparação, parte das exigências da ASTM C 33-08 está incluída na Tabela 3.22. Essa norma também estabelece que o agregado miúdo tenha um módulo de finura entre 2,3 e 3,1. As exigências do U.S. Bureau of Reclamation[3.74] são apresentadas na Tabela 3.23. Deve ser destacado que, no caso de concretos com ar incorporado, são admitidas menores quantidades das partículas mais finas, já que o ar incorporado age efetivamente como um agregado muito fino. A ASTM C 33-08 também permi-

Tabela 3.22 Exigências granulométricas para agregados miúdos, segundo a BS e a ASTM

Dimensão da peneira		Porcentagem passante, em massa				
		BS 882: 1992				
BS	ASTM N.º	Granulometria total	Granulometria grossa	Granulometria média	Granulometria fina	ASTM C 33-08
10,0 mm	⅜ pol.	100				100
5,0 mm	³⁄₁₆ pol.	89–100				95–100
2,36 mm	8	60–100	60–100	65–100	80–100	80–100
1,18 mm	16	30–100	30–90	45–100	70–100	50–85
600 μm	30	15–100	15–54	25–80	55–100	25–60
300 μm	50	5–70	5–40	5–48	5–70	5–30
150 μm	100	0–15†				0–10

† Para agregado miúdo de britagem de rocha, o limite admitido é aumentado para 20%, exceto para utilização em pisos sujeitos a tráfego pesado.

Tabela 3.23 Exigências granulométricas para agregados miúdos segundo o U.S. Bureau de Reclamation[3.74]

Dimensão da peneira		
BS	ASTM N.º	Porcentagem retida individual, em massa
4,75 mm	4	0–5
2,36 mm	8	5–15 ⎫ ou ⎧ 5–20
1,18 mm	16	10–25 ⎭ ⎩ 10–20
600 μm	30	10–30
300 μm	50	15–35
150 μm	100	12–20
<150 μm	<100	3–7

te porcentagens passantes menores nas peneiras de 300 e 150 μm para concretos com consumo de cimento superior a 297 kg/m³ ou com consumo mínimo de 237 kg/m³, quando for utilizado ar incorporado.

Os agregados miúdos que atendem a qualquer uma das granulometrias adicionais da BS 882:1992 podem, em geral, ser utilizados em concreto, embora, sob certas condições, a adequação de um determinado agregado miúdo possa depender da granulometria e da forma do agregado graúdo.

O agregado miúdo britado tende a ter granulometria diferente da maioria das areias naturais. Em especial, existe menos material entre as dimensões de 600 e 300 μm, juntamente com uma quantidade superior de material maior do que 1,18 mm e de material muito fino, menor do que 150 μm ou 75 μm. A maioria das especificações reconhece esta última característica e admite um maior teor de partículas muito finas em agregados miúdos britados. É importante garantir que o material muito fino não inclua argila ou silte.

Foi mostrado[3.71] que o aumento entre 10 e 25% no teor de partículas menores do que 150 μm em agregados miúdos britados resulta, somente, em uma pequena redução da resistência à compressão do concreto, geralmente de cerca de 10%.

A respeito dos efeitos de uma grande quantidade de material muito fino nos agregados, é interessante destacar que, quando o material for bem arredondado e liso, a trabalhabilidade é melhorada – e isso é uma vantagem em relação à redução da demanda de água. As areias finas provenientes de dunas possuem essa característica.[3.38]

Em termos gerais, a relação entre os agregados graúdos e miúdos deve ser maior quanto mais fina for a granulometria do agregado miúdo. Quando se utilizam agregados graúdos britados em vez de cascalhos, é necessária uma proporção um pouco maior de agregados miúdos para compensar a diminuição da trabalhabilidade causada pela forma mais angulosa e pontiaguda das partículas britadas.

As exigências da BS 882:1992 em relação à granulometria de agregados graúdos são mostradas na Tabela 3.24, sendo apresentados os valores para agregados graduados e para agregados de dimensão nominal única. A norma britânica vigente, a BS EN 12620:2000, é complementada pela PD 6682-1:2009. Para fins de comparação, alguns limites da ASTM C 33-08 são fornecidos na Tabela 3.25.

As exigências granulométricas reais dependem, até certo ponto, da forma e das características da superfície das partículas. Por exemplo, partículas pontiagudas e angulosas com superfícies rugosas devem ter uma granulometria um pouco mais fina, para reduzir a possibilidade de intertravamento e para compensar o atrito elevado entre as partículas. A granulometria real do agregado britado é influenciada, principalmente, pelo tipo de equipamento de britagem empregado. Um britador de rolos normalmente produz menos finos do que outros britadores, mas a granulometria depende também da quantidade de material colocada no britador.

Os limites granulométricos para agregado total prescritos pela BS 882:1992 (mantidos na essência pela PD 6682-1:2009) estão reproduzidos na Tabela 3.26. Deve ser lembrado que esse tipo de agregado não é utilizado, exceto para obras pequenas e de menor importância, principalmente devido a ser difícil evitar a segregação nas pilhas.*

Agregados grandes e pequenos**

A exata concordância com limites de dimensões dos agregados não é possível, pois o manuseio pode causar quebras, gerando partículas de menor tamanho, e peneiras desgastadas na pedreira ou no britador podem resultar em partículas maiores.

---

* N. de R.T.: A NBR 7211:2009 define agregado total como o agregado resultante da britagem de rocha cujo beneficiamento resulta em uma distribuição granulométrica constituída de agregados graúdos e miúdos ou de uma mistura intencional de agregados britados e areia natural ou de britagem.

** N. de R.T.: *Oversize* e *undersize*, em inglês. Serão utilizadas as denominações "grandes" e "pequenos" para designar agregados com dimensões maiores ou menores do que determinada dimensão normalizada.

Tabela 3.24 Exigências granulométricas para agregados graúdos, segundo a BS 882: 1992

Porcentagem passante, em massa (peneira BS)

Dimensão da peneira (mm)	Dimensão nominal do agregado graduado			Dimensão nominal do agregado de dimensão única			
	40 a 5 mm	20 a 5 mm	14 a 5 mm	40 mm	20 mm	14 mm	10 mm
50,0	100	–	–	100	–	–	–
37,5	90–100	100	–	85–100	100	–	–
20,0	35–70	90–100	100	0–25	85–100	100	–
14,0	25–55	40–80	90–100	–	0–70	85–100	100
10,0	10–40	30–60	50–85	0–5	0–25	0–50	85–100
5,0	0–5	0–10	0–10	–	0–5	0–10	0–25
2,36	–	–	–	–	–	–	0–5

Tabela 3.25 Exigências granulométricas para agregados graúdos, segundo a ASTM C 33-08

Dimensão da peneira (mm)	Porcentagem passante, em massa				
	Dimensão nominal do agregado graduado			Dimensão nominal do agregado de dimensão única	
	37,5 a 4,75 mm	19,0 a 4,75 mm	12,5 a 4,75 mm	63 mm	37,5 mm
75	–	–	–	100	–
63,0	–	–	–	90–100	–
50,0	100	–	–	35–70	100
38,1	95–100	–	–	0–15	90–100
25,0	–	100	–	–	20–55
19,0	35–70	90–100	100	0–5	0–15
12,5	–	–	90–100	–	–
9,5	10–30	20–55	40–70	–	0–5
4,75	0–5	0–10	0–15	–	–
2,36	–	0–5	0–5	–	–

Tabela 3.26 Exigências granulométricas* para agregado total, segundo a BS 882: 1992

Dimensão da peneira	Porcentagem passante, em massa		
	Dimensão nominal de 40 mm	Dimensão nominal de 20 mm	Dimensão nominal de 10 mm
50,0 mm	100	–	–
37,5 mm	95–100	100	–
20,0 mm	45–80	95–100	–
14,0 mm	–	–	100
10,0 mm	–	–	95–100
5,0 mm	25–50	35–55	30–65
2,36 mm	–	–	20–50
1,18 mm	–	–	15–40
600 μm	8–30	10–35	10–30
300 μm	–	–	5–15
150 μm	0–8†	0–8†	0–8†

* N. de R.T.: Os limites da distribuição granulométrica para agregados para concreto são estabelecidos pela NBR 7211:2009. Para agregados miúdos, são estabelecidas uma zona granulométrica ótima, com módulo de finura variando entre 2,20 e 2,90, e duas zonas utilizáveis, uma inferior e outra superior. O módulo de finura da primeira varia entre 1,55 e 2,20, enquanto o da última varia entre 2,90 e 3,50. Para agregados graúdos, são estabelecidas cinco zonas granulométricas, determinadas pela menor e pela maior dimensões do agregado graúdo. São elas: 4,75/12,5; 9,5/25; 19/31,5; 25/50; e 37,5/75 mm.
† Aumentada para 10% para agregados miúdos de rocha britada.

Nos Estados Unidos, é comum a especificação de peneiras grandes e pequenas, respectivamente 7/6 e 5/6, em relação à dimensão nominal[3.74] – os valores reais são apresentados na Tabela 3.27. As quantidades de agregados menores do que o limite inferior (agregados pequenos) ou maiores do que o limite superior (agregados grandes) são rigorosamente limitadas.

As exigências de granulometria da BS 882:1992 permitem agregados grandes e pequenos em agregados graúdos, e os valores mostrados na Tabela 3.24 indicam uma tolerância de 5 a 10% de agregados grandes. Entretanto, nenhum agregado deve ficar retido na peneira imediatamente acima (série normal) da dimensão nominal máxima. No caso de agregados de dimensão única, o agregado pequeno também é permitido, e a quantidade de material passante na peneira imediatamente inferior à dimensão nominal também é estabelecida.

É importante que a fração fina do agregado graúdo não seja desprezada no cálculo da granulometria real.

Para agregados miúdos, a BS 882:1992 admite 11% de material grande (ver Tabela 3.22). Os requisitos gerais de granulometria para agregados graúdos e miúdos são dados pela BS EN 12620:2002, em função da maior dimensão D e da menor dimensão d, sendo a razão $D/d \geq 1,4$.

Granulometria descontínua

Conforme mencionado anteriormente, as partículas de agregado de uma determinada dimensão se acomodam de tal modo que os vazios formados entre elas somente podem ser preenchidos se as partículas da dimensão imediatamente inferior forem suficientemente pequenas, ou seja, não deve haver interferência entre elas. Isso significa que deve haver uma diferença mínima entre as dimensões de duas frações de partículas adjacentes ou, em outras palavras, dimensões pouco diferentes não podem ser utilizadas juntas. Isso resultou no conceito de agregados de granulometria descontínua.

A granulometria descontínua pode ser definida como aquela em que uma ou mais frações intermediárias são omitidas. A denominação *granulometria contínua* é adotada para descrever a granulometria convencional quando é necessário distingui-la da granulometria descontínua. Na curva granulométrica, a lacuna é representada por uma linha horizontal na faixa de dimensões omitidas. Por exemplo, a curva granulométrica superior

Tabela 3.27 Dimensões de peneiras grandes e pequenas do U.S. Bureau of Reclamation[3.74]

	Peneira de ensaio para:	
Dimensão nominal da fração (mm)	Pequeno (mm)	Grande (mm)
4,76–9,52	4,0	11,2
9,52–19,0	8,0	22,4
19,0–38,1	16,0	45
38,1–76,2	31,5	90
76,2–152,4	63	178

da Figura 3.19 mostra que não existem partículas entre 10,0 e 2,36 mm. Em alguns casos, a descontinuidade entre 10,0 e 1,18 mm é considerada aceitável. A omissão dessas dimensões reduz o número de pilhas no estoque de agregados e gera economia. No caso do agregado de dimensão máxima de 20,0 mm, poderiam existir somente duas pilhas: uma de 20,0 a 10,0 mm e outra de agregados miúdos passantes na peneira de 1,18 mm. As partículas menores do que 1,18 mm podem preencher com facilidade os vazios entre os agregados graúdos, de modo que a trabalhabilidade da mistura pode se tornar maior do que a produzida com granulometria contínua e mesma quantidade de agregados miúdos.

Ensaios realizados por Shacklock[3.26] mostraram que, para determinadas relações agregado/cimento e água/cimento, uma maior trabalhabilidade é obtida com um menor teor de agregado miúdo, no caso da utilização de granulometria descontínua em vez de granulometria contínua. Entretanto, na faixa de misturas mais trabalháveis, a granulometria descontínua apresentou maior tendência à segregação. Por essa razão, a granulometria descontínua é recomendada principalmente para misturas de trabalhabilidade relativamente baixa, já que elas respondem bem à vibração. Um bom controle e, mais importante, cuidado no manuseio são essenciais para evitar a segregação.

Deve ser destacado que existe descontinuidade na granulometria mesmo quando alguns agregados "comuns" são utilizados. Por exemplo, o uso de areia muito fina, como verificado em muitos países, implica em uma deficiência de partículas entre 5,00 e 2,36 ou 1,18 mm. Desse modo, utilizar uma areia como essa, sem misturá-la com uma areia mais grossa, significa usar um agregado de granulometria descontínua.

O bombeamento de concreto produzido com agregados de granulometria descontínua é mais difícil, devido ao risco de segregação, e tal concreto não é adequado para a execução de pavimentação com fôrmas deslizantes. Fora nessas situações, agregados com granulometria descontínua podem ser utilizados em qualquer concreto, mas exis-

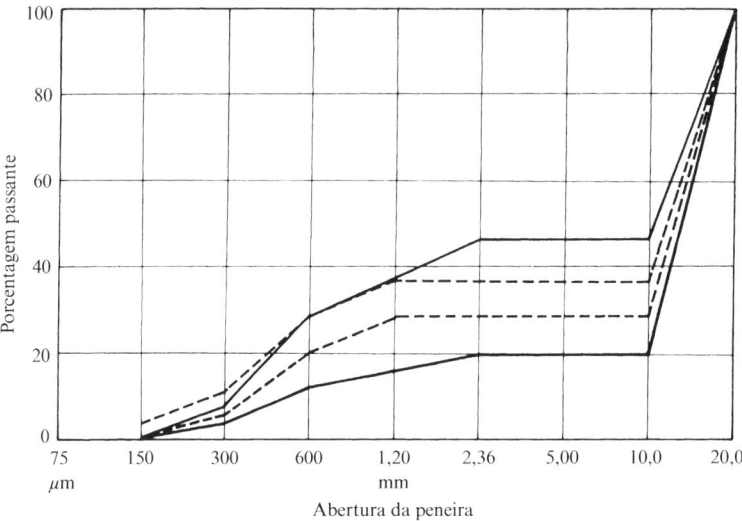

Figura 3.19 Curvas granulométricas descontínuas típicas.

tem dois casos interessantes: concreto com agregado pré-colocado (ver página 240) e concreto com agregados expostos. Neste último, o efeito estético é obtido pela exposição dos agregados graúdos de dimensão única após o tratamento.

Periodicamente, surgem afirmações sobre as propriedades superiores do concreto produzido com agregados de granulometria descontínua, mas, aparentemente, elas nunca foram fundamentadas. A resistência, quer seja à compressão, quer seja à tração, parece não ser afetada. A Figura 3.20 mostra resultados de McIntosh[3.27] que confirmam que, utilizando determinados materiais e relação água/cimento constante (mas com ajuste do teor de agregados miúdos), são obtidas as mesmas trabalhabilidade e resistência com granulometria descontínua ou contínua. Uma leve diminuição da resistência ao usar granulometria descontínua foi citada por Brodda & Weber.[3.72]

Da mesma forma, não existe diferença na retração de concretos produzidos com os dois tipos de granulometria,[3.26] embora pudesse ser esperado que a estrutura de agregados graúdos quase se tocando resultasse em uma menor variação dimensional total na secagem. A resistência do concreto ao gelo e degelo é menor quando se utilizam agregados com granulometria descontínua.[3.26]

Portanto, parece que as alegações, um tanto exageradas, feitas pelos defensores da granulometria descontínua não são confirmadas. A explicação provável está no fato de que, enquanto a granulometria descontínua torna possível o máximo empacotamento das partículas, não há meios de garantir que ele *realmente* irá ocorrer. Ambas as granulometrias podem ser utilizadas para produzir um bom concreto, mas, em cada caso, deve ser escolhida a porcentagem adequada de agregados miúdos. Desse modo, mais uma vez pode ser visto que não se deve buscar uma granulometria ideal, mas a melhor combinação com os agregados disponíveis.

Dimensão máxima do agregado

Foi mencionado anteriormente que, quanto maior for a partícula do agregado, menor será a área superficial a ser molhada por unidade de massa. Assim, levar a distribuição granulométrica do agregado até uma dimensão máxima maior resultará em menor demanda de água de amassamento, ou seja, para uma determinada trabalhabilidade e um dado consumo de cimento, a relação água/cimento pode ser reduzida com um consequente aumento da resistência.

Esse comportamento foi verificado em ensaios com agregados de dimensão máxima de até 38,1 mm,[3.28] e acredita-se que isso também possa ocorrer em dimensões ainda maiores. Entretanto, os resultados experimentais mostram que, acima dessa dimensão máxima, o ganho de resistência devido à menor demanda de água é equilibrado pelos efeitos negativos da menor área de aderência (de modo que as variações de volume na pasta causam tensões maiores nas interfaces) e pelas descontinuidades introduzidas pelas partículas muito grandes, especialmente nas misturas ricas. O concreto se torna bastante heterogêneo, e a diminuição de resistência resultante possivelmente é igual à causada pelo aumento do tamanho dos cristais e da aspereza da textura de rochas.

Esse efeito adverso do aumento da dimensão das maiores partículas de agregado na mistura existe, na realidade, em todas as faixas de dimensões, mas, abaixo de 38,1 mm, o efeito da diminuição da demanda de água é predominante. Para dimensões maiores, o equilíbrio entre os dois efeitos depende da riqueza da mistura,[3.42,3.51] conforme mostrado na Figura 3.21. Foi confirmado por um estudo de Nichols[3.89] que, para

Capítulo 3 Propriedades dos agregados

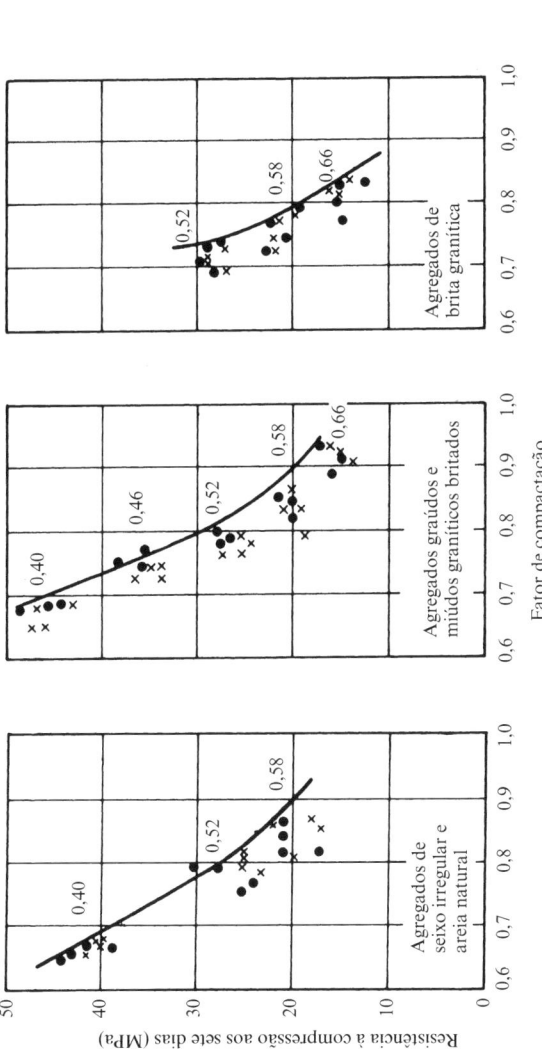

Figura 3.20 Trabalhabilidade e resistência de concretos 1:6, produzidos com agregados de granulometrias descontínua e contínua.[3.27] As cruzes e os círculos denotam, respectivamente, as misturas com granulometria descontínua e as com granulometria contínua. Cada grupo de pontos representa misturas com a relação água/cimento indicada, mas diferentes teores de areia.

182 Propriedades do Concreto

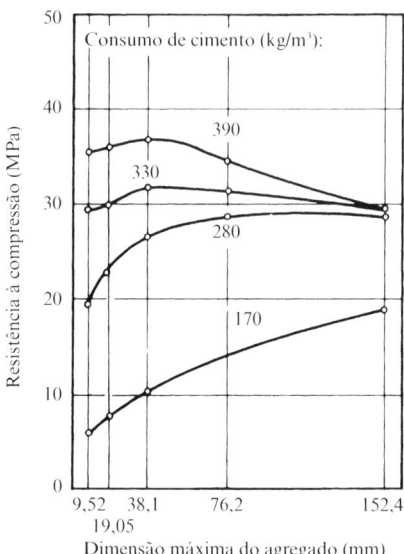

Figura 3.21 Influência da dimensão máxima do agregado na resistência à compressão aos 28 dias de concretos com diferentes teores de cimento.[3.51]

qualquer resistência do concreto dada, ou seja, para uma determinada relação água/cimento, existe uma dimensão máxima ótima do agregado.

Portanto, do ponto de vista da resistência, a maior dimensão máxima do agregado é resultado da riqueza da mistura. Em especial, em concretos pobres (165 kg de cimento por m^3), o uso de agregado de 150 mm é vantajoso. Contudo, em concretos estruturais de proporções usuais, em relação à resistência, não há vantagem na utilização de agregados de dimensão máxima superior a 25 ou 40 mm. Além do mais, o uso de um agregado maior pode exigir o manuseio de uma pilha separada e aumentar o risco de segregação, especialmente quando a dimensão máxima for 150 mm. A decisão, entretanto, deve ser baseada na disponibilidade e no custo das diferentes dimensões. A seleção da dimensão máxima de agregados para concretos de alto desempenho é discutida na página 706.

É claro que também existem limitações estruturais: a dimensão máxima do agregado não deve exceder o intervalo de 1/5 a 1/4 da espessura da seção de concreto, estando também relacionada ao espaçamento entre as barras da armadura. Os valores são estabelecidos pelas normas de execução de estruturas.*

---

* N. de R.T.: Segundo a NBR 7211:2009, a dimensão máxima característica do agregado corresponde à peneira (série normal ou intermediária) em que a porcentagem retida acumulada seja igual ou imediatamente inferior a 5%. Em relação à dimensão do agregado, a NBR 6118:2014, versão corrigida 2014, estabelece que a dimensão máxima característica do agregado graúdo não deve superar em 20% a espessura do cobrimento nominal da armadura. Além disso, na mesma norma, são apresentadas relações máximas entre a dimensão do agregado graúdo e o espaçamento mínimo entre as barras da armadura dos elementos estruturais.

Pedras de mão

A ideia original de utilizar agregados como um enchimento inerte pode ser estendida à inclusão de grandes pedras no concreto convencional, aumentando o rendimento aparente de concreto para determinada quantidade de cimento. O produto resultante é denominado concreto ciclópico.

Essas pedras grandes, denominadas pedras de mão, são utilizadas em grandes volumes de concreto e podem chegar a uma dimensão de 300 mm; entretanto, não devem ser maiores do que um terço da menor dimensão a ser concretada. O volume de pedras de mão não deve exceder de 20 a 30% do volume total do concreto pronto, e elas precisam ser bem distribuídas por toda a massa. Isso é obtido pela colocação, alternadamente, de uma camada de concreto convencional, seguida pelo espalhamento das pedras de mão, e assim por diante. Cada camada deve ter espessura tal que garanta, no mínimo, 100 mm de concreto ao redor de cada pedra da mão. É necessário tomar precauções para garantir que não reste ar aprisionado embaixo das pedras e que o concreto sob elas não seja expulso. As pedras de mão devem ser isentas de materiais aderentes à superfície, pois, caso contrário, as descontinuidades entre elas e o concreto podem resultar em fissuração e influenciar negativamente a permeabilidade.

A colocação das pedras de mão requer uso intensivo de mão de obra, além de quebrar a continuidade da concretagem. Portanto, não é surpresa que, com a atual relação elevada entre o custo da mão de obra e o custo do cimento, o uso de pedras de mão não seja econômico, exceto em condições especiais.*

Manuseio do agregado

O manuseio e a estocagem dos agregados graúdos podem, facilmente, resultar em segregação, em especial quando a descarga e o empilhamento permitem que o agregado role pelas superfícies inclinadas das pilhas. Um exemplo natural dessa segregação são os depósitos de talus, em que a dimensão das partículas é graduada uniformemente, das maiores na base para as menores no topo.

Uma descrição das precauções necessárias nas operações de manuseio está fora do escopo deste livro, mas deve ser mencionada uma recomendação vital: o agregado graúdo deve ser dividido em seis frações – por exemplo, de 5 a 10, 10 a 20, 20 a 40 mm, etc. Essas frações deveriam ser manuseadas e estocadas separadamente e somente misturadas, nas proporções desejadas, no momento do carregamento da betoneira. Dessa forma, a segregação ocorreria apenas no pequeno limite de dimensões de cada fração, podendo, ainda, ser reduzida com um manuseio cuidadoso.

Deve-se prestar atenção para evitar a quebra de partículas de agregados: por exemplo, as partículas maiores do que 40 mm devem ser descarregadas nas caixas de agregados por meio de esteiras, e não despejadas de certa altura.

Em obras grandes e de importância, a consequência da segregação e da quebra no manuseio, ou seja, o excesso de partículas menores, é eliminada por um peneiramento final feito imediatamente antes do carregamento das caixas de agregados. As proporções das diferentes dimensões são, portanto, mais bem controladas, mas a complexida-

---

* N. de R.T.: A NBR 6502:1995 define pedra de mão como o fragmento de rocha com diâmetro entre 60 e 200 mm.

de e o custo das operações são proporcionalmente aumentados. Entretanto, essa despesa pode ser compensada pelo lançamento facilitado de um concreto de trabalhabilidade uniforme e por uma possível economia de cimento, devido à uniformidade do concreto.

O manuseio inadequado dos agregados pode resultar em contaminação por outros agregados ou por materiais deletérios. Por exemplo, em certa ocasião, verificou-se o transporte de agregados em sacos anteriormente contaminados por açúcar (ver página 265).

Agregados especiais

Este capítulo tratou somente dos agregados naturais de massa específica normal – os agregados leves são discutidos no Capítulo 13. Entretanto, existem outros agregados de massa específica normal, ou aproximadamente normal, de origem artificial. As razões para o início de sua utilização no concreto são apresentadas a seguir.

Os aspectos ambientais estão, cada vez mais, influenciando o fornecimento de agregados. Há grandes restrições para a abertura de cavas, bem como de pedreiras. Ao mesmo tempo, existem problemas em relação à disposição de resíduos de demolição de obras e de resíduos domésticos. Ambos os resíduos podem ser processados e transformados em agregados para uso em concreto, uma prática que está cada vez mais difundida.

Agregado reciclado de concreto

O agregado obtido pela cominuição de concreto proveniente de demolições é conhecido como agregado de reciclado de concreto (ARC). Até o momento, os usos principais do ARC são em obras de pavimentação e em concretos não estruturais. Não há dúvidas de que o uso estrutural do ARC irá aumentar, mas são necessárias precauções. Segundo a ASTM C 294-05, o ARC é classificado como um agregado artificial. Os seguintes itens específicos devem ser considerados ao se utilizar concreto endurecido como agregado para a produção de concreto novo. Em razão de o ARC ser, em parte, constituído por argamassa envelhecida, a massa específica do concreto com ARC é menor do que a do concreto produzido com agregados convencionais. Pela mesma razão, o concreto com ARC possui maior porosidade e absorção. A absorção mais elevada do ARC pode ser favorável se o agregado tiver sido saturado antes da mistura, pois a água absorvida gera uma cura interna. Em especial, essa é a situação do ARC com grande quantidade de tijolos e blocos cerâmicos.

A resistência à compressão potencial do novo concreto é controlada, principalmente, pela resistência do concreto velho, desde que seja garantido que o agregado miúdo seja proveniente de britagem de rocha ou de areia natural de boa qualidade. Uma diminuição significativa na resistência à compressão pode ocorrer se o agregado miúdo convencional for substituído, parcial ou totalmente, por agregados miúdos obtidos do concreto velho. Além disso, qualquer partícula menor do que 2 mm deve ser descartada. O uso de ARC diminui a trabalhabilidade do concreto fresco com qualquer quantidade de água, aumenta a demanda de água para uma determinada consistência, aumenta a retração por secagem para uma dada quantidade de água e reduz o módulo de elasticidade para uma determinada relação água/cimento. Esses efeitos são maiores quando o concreto antigo é utilizado tanto como agregado graúdo quanto como miúdo. A resistência aos ciclos de gelo e degelo do novo concreto depende do sistema de poros e da resistência do concreto antigo, bem como das propriedades do novo concreto.

Aditivos químicos, incorporadores de ar e adições minerais existentes no concreto antigo não causam alterações significativas nas propriedades do concreto novo. Entretanto, concentrações elevadas de íons cloreto no concreto antigo podem contribuir para a aceleração da corrosão das armaduras existentes no concreto novo. Possíveis fontes de concreto antigo podem ser inviáveis caso tenham sido submetidas a ataques químicos agressivos ou à lixiviação, danificadas por incêndios, expostas a altas temperaturas em serviço, etc.

O nível de contaminantes, como substâncias nocivas, tóxicas ou radioativas, no concreto antigo deve ser analisado considerando o uso da nova estrutura. Enquanto a presença de materiais betuminosos pode prejudicar a incorporação de ar, concentrações apreciáveis de materiais orgânicos podem causar incorporação excessiva de ar. Inclusões metálicas podem gerar oxidação ou aparecimento de vesículas nas superfícies, e fragmentos de vidro podem levar à reação álcali-agregado.

Um método para a determinação da composição do ARC é prescrito pela BS 8500-2:2002.

O tratamento necessário dos resíduos não é simples, e a utilização de agregados produzidos com resíduos requer o conhecimento de especialistas, já que nenhum material é normalizado.* Em particular, o entulho de construção pode conter quantidades prejudiciais de cerâmica, vidro, gesso ou cloretos.[3.31,3.35,3.36] O processamento de resíduos de demolição – a fim de transformá-los em agregados adequados, livres de contaminantes – ainda está em desenvolvimento. Uma redução no intertravamento dos agregados no concreto produzido com agregado reciclado foi confirmada por González et al.[3.90] A influência do tipo de agregado no intertravamento foi discutida por Regan.[3.91]

No que diz respeito ao uso de resíduos domésticos, a cinza do incinerador, após a remoção de metais ferrosos e não ferrosos, pode ser triturada até que se obtenha um pó fino, misturada com argila, peletizada e queimada em um forno para produzir agregado artificial. O material é capaz de produzir concreto com resistência à compressão de até 50 MPa aos 28 dias. Existem, é claro, problemas com variações na composição da cinza, e as características de durabilidade em longo prazo do material ainda devem ser determinadas, embora os resultados até agora sejam promissores.

Esses tópicos não estão no escopo deste livro, mas os leitores devem estar cientes das novas e crescentes possibilidades da utilização de resíduos processados como agregados.[3.93,] **

---

* N. de R.T.: A NBR 15116:2004 estabelece os requisitos para a utilização de agregados de resíduos sólidos da construção civil em obras de pavimentação e em concreto sem função estrutural. A NBR 7211:2009, que determina as especificações para agregados destinados ao uso em concreto, não se aplica a agregados reciclados, exceto os agregados recuperados de concreto fresco por lavagem.

** N. de R.T.: A NBR 9935:2011, que define os termos relativos a agregados utilizados em concreto e argamassa, apresenta as definições a seguir. Agregado reciclado é o material obtido de processos de reciclagem de rejeitos ou subprodutos da produção industrial, mineração ou construção ou demolição de construção civil e inclui agregados recuperados de concreto fresco por lavagem. Agregado reciclado de resíduo de construção civil é o material granular obtido pelo beneficiamento de resíduos de construção ou demolição civil, previamente triados e pertencentes à classe "A" (resíduos reutilizáveis ou recicláveis como agregados, conforme Resolução 307 do Conselho Nacional do Meio Ambiente/CONAMA). Esse material é classificado em dois tipos: agregado reciclado de concreto (ARC) e agregado reciclado misto (ARM). O primeiro é definido como o material granular obtido por reciclagem de resíduos de concreto fresco ou endurecido, constituído na fração graúda (> 4,75 mm) de, no mínimo, 90%, em massa, de fragmentos à base de cimento ou de material pétreo. O ARM é um material de mesmas características, mas sua fração grossa é constituída por menos de 90%, em massa, de fragmentos à base de cimento ou de material pétreo.

Referências

3.1 F. A. Shergold, The percentage voids in compacted gravel as a measure of its angularity, *Mag. Concr. Res.*, **5**, No. 13, pp. 3–10 (1953).

3.2 P. J. F. Wright, A method of measuring the surface texture of aggregate, *Mag. Concr. Res.*, **5**, No. 2, pp. 151–60 (1955).

3.3 M. F. Kaplan, Flexural and compressive strength of concrete as affected by the properties of coarse aggregates, *J. Amer. Concr. Inst.*, **55**, pp. 1193–208 (1959).

3.4 M. F. Kaplan, The effects of the properties of coarse aggregates on the workability of concrete, *Mag. Concr. Res.*, **10**, No. 29, pp. 63–74 (1958).

3.5 S. Walker and D. L. Bloem, Studies of flexural strength of concrete, Part 1: Effects of different gravels and cements, *Nat. Ready-mixed Concr. Assoc. Joint Research Laboratory Publ. No. 3* (Washington DC, July 1956).

3.6 D. O. Woolf, Toughness, hardness, abrasion, strength, and elastic properties, *ASTM Sp. Tech. Publ. No. 169*, pp. 314–24 (1956).

3.7 Road Research Laboratory, Roadstone test data presented in tabular form, *DSIR Road Note No. 24* (London, HMSO, 1959).

3.8 K. Newman, The effect of water absorption by aggregates on the water–cement ratio of concrete, *Mag. Concr. Res.*, **11**, No. 33, pp. 135–42 (1959).

3.9 J. D. McIntosh, The siphon-can test for measuring the moisture content of aggregates, *Cement Concr. Assoc. Tech. Rep. TRA/198* (London, July 1955).

3.10 R. H. H. Kirkham, A buoyancy meter for rapidly estimating the moisture content of concrete aggregates, *Civil Engineering*, **50**, No. 591, pp. 979–80 (London, 1955).

3.11 National Ready-mixed Concrete Association, *Technical Information Letter No. 141* (Washington DC, 15 Sept. 1959).

3.12 H. G. Midgley, The staining of concrete by pyrite, *Mag. Concr. Res.*, **10**, No. 29, pp. 75–8 (1958).

3.13 S. Brunauer, P. H. Emmett and E. Teller, Adsorption of gases in multimolecular layers, *J. Amer. Chem. Soc.*, **60**, pp. 309–18 (1938).

3.14 G. J. Verbeck and W. E. Hass, Dilatometer method for determination of thermal coefficient of expansion of fine and coarse aggregate, *Proc. Highw. Res. Bd.*, **30**, pp. 187–93 (1951).

3.15 B. W. Shacklock and W. R. Walker, The specific surface of concrete aggregates and its relation to the workability of concrete, *Cement Concr. Assoc. Res. Rep. No. 4* (London, July 1958).

3.16 S. Walker, D. L. Bloem and R. D. Gaynor, Relationship of concrete strength to maximum size of aggregate, *Proc. Highw. Res. Bd.*, **38**, pp. 367–79 (Washington DC, 1959).

3.17 A. G. Loudon, The computation of permeability from simple soil tests, *Géotechnique*, **3**, No. 4, pp. 165–83 (Dec. 1952).

3.18 W. H. Glanville, A. R. Collins and D. D. Matthews, The grading of aggregates and workability of concrete, *Road Research Tech. Paper No. 5* (London, HMSO, 1947).

3.19 L. J. Murdock, The workability of concrete, *Mag. Concr. Res.*, **12**, No. 36, pp. 135–44 (1960).

3.20 N. Davey, Concrete mixes for various building purposes, *Proc. of a Symposium on Mix Design and Quality Control of Concrete*, pp. 28–41 (London, Cement and Concrete Assoc., 1954).

3.21 A. J. Newman and D. C. Teychenné, A classification of natural sands and its use in concrete mix design, *Proc. of a Symposium on Mix Design and Quality Control of Concrete*, pp. 175–93 (London, Cement and Concrete Assoc., 1954).

3.22 B. W. Shacklock, Discussion on reference 3.21, pp. 199–200.

3.23 Road Research Laboratory, Design of concrete mixes, *DSIR Road Note No. 4* (London, HMSO, 1950).

3.24 J. D. McIntosh and H. C. Erntroy, The workability of concrete mixes with ⅜ in. aggregates, *Cement Concr. Assoc. Res. Rep. No. 2* (London, 1955).

3.25 J. D. McIntosh, The use in mass concrete of aggregate of large maximum size, *Civil Engineering*, **52**, No. 615, pp. 1011–15 (London, Sept. 1957).

3.26 B. W. Shacklock, Comparison of gap- and continuously graded concrete mixes, *Cement Concr. Assoc. Tech. Rep. TRA/240* (London, Sept. 1959).

3.27 J. D. McIntosh, The selection of natural aggregates for various types of concrete work, *Reinf. Concr. Rev.*, **4**, No. 5, pp. 281–305 (London, 1957).

3.28 D. L. Bloem, Effect of maximum size of aggregate on strength of concrete, *National Sand and Gravel Assoc. Circular No. 74* (Washington DC, Feb. 1959).

3.29 A. J. Goldbeck, Needed research, *ASTM Sp. Tech. Publ. No. 169*, pp. 26–34 (1956).

3.30 T. C. Powers and H. H. Steinour, An interpretation of published researches on the alkali–aggregate reaction, *J. Amer. Concr. Inst.*, **51**, pp. 497–516 (Feb. 1955) and pp. 785–811 (April 1955).

3.31 A. M. Neville, *Concrete: Neville's Insights and Issues* (London, ICE, 2006).

3.32 Highway Research Board, The alkali–aggregate reaction in concrete, *Research Report 18-C* (Washington DC, 1958).

3.33 R. C. Mielenz and L. P. Witte, Tests used by Bureau of Reclamation for identifying reactive concrete aggregates, *Proc. ASTM*, **48**, pp. 1071–103 (1948).

3.34 W. Lerch, Concrete aggregates – chemical reactions, *ASTM Sp. Tech. Publ. No. 169*, pp. 334–45 (1956).

3.35 E. K. Lauritzen, Ed., Demolition and reuse of concrete and masonry, *Proc. Third Int. RILEM Symp. on Demolition and Reuse of Concrete and Masonry*, Odense, Denmark, 534 pp. (London, E & FN Spon, 1994).

3.36 ACI 221R-89, Guide for use of normal weight aggregates in concrete, *ACI Manual of Concrete Practice, Part 1: Materials and General Properties of Concrete*, 23 pp. (Detroit, Michigan, 1994).

3.37 C. E. Wuerpel, *Aggregates for Concrete* (Washington, National Sand and Gravel Assoc., 1944).

3.38 L. Collis and R. A. Fox (Eds), Aggregates: sand, gravel and crushed rock aggregates for construction purposes, *Engineering Geology Special Publication, No. 1*, 220 pp. (London, The Geological Society, 1985).

3.39 R. Rhoades and R. C. Mielenz, Petrography of concrete aggregates, *J. Amer. Concr. Inst.*, **42**, pp. 581–600 (June 1946).

3.40 F. A. Shergold, A review of available information on the significance of roadstone tests, *Road Research Tech. Paper No. 10* (London, HMSO, 1948).

3.41 B. P. Hughes and B. Bahramian, A laboratory test for determining the angularity of aggregate, *Mag. Concr. Res.*, **18**, No. 56, pp. 147–52 (1966).

3.42 D. L. Bloem and R. D. Gaynor, Effects of aggregate properties on strength of concrete, *J. Amer. Concr. Inst.*, **60**, pp. 1429–55 (Oct. 1963).

3.43 K. M. Alexander, A study of concrete strength and mode of fracture in terms of matrix, bond and aggregate strengths, *Tewksbury Symp. on Fracture*, University of Melbourne, 27 pp. (August 1963).

3.44 G. P. Chapman and A. R. Roeder, The effects of sea-shells in concrete aggregates, *Concrete*, **4**, No. 2, pp. 71–9 (London, 1970).

3.45 J. D. Dewar, Effect of mica in the fine aggregate on the water requirement and strength of concrete, *Cement Concr. Assoc. Tech. Rep. TRA/370* (London, April 1963).

3.46 H. G. Midgley, The effect of lead compounds in aggregate upon the setting of Portland cement, *Mag. Concr. Res.*, **22**, No. 70, pp. 42–4 (1970).

3.47 W. C. Hansen, Chemical reactions, *ASTM Sp. Tech. Publ. No. 169A*, pp. 487–96 (1966).

3.48 E. G. Swenson and J. E. Gillott, Alkali reactivity of dolomitic limestone aggregate, *Mag. Concr. Res.*, **19**, No. 59, pp. 95–104 (1967).
3.49 S. Popovics, The use of the fineness modulus for the grading evaluation of aggregates for concrete, *Mag. Concr. Res.*, **18**, No. 56, pp. 131–40 (1966).
3.50 L. N. Edwards, Proportioning the materials of mortars and concretes by surface area of aggregates, *Proc. ASTM*, **18**, Part II, pp. 235–302 (1918).
3.51 E. C. Higginson, G. B. Wallace and E. L. Ore, Effect of maximum size of aggregate on compressive strength of mass concrete, *Symp. on Mass Concrete*, ACI SP-6, pp. 219–56 (Detroit, Michigan, 1963).
3.52 E. Kempster, Measuring void content: new apparatus for aggregates, sands and fillers, *Current Paper CP 19/69* (Building Research Station, Garston, May 1969).
3.53 E. T. Czarnecka and J. E. Gillott, A modified Fourier method of shape and surface area analysis of planar sections of particles, *J. Test. Eval.*, **5**, pp. 292–302 (April 1977).
3.54 B. Penkala, R. Krzywoblocka-Laurow and J. Piasta, The behaviour of dolomite and limestone aggregates in Portland cement pastes and mortars, *Prace Instytutu Technologii i Organizacji Produkcji Budowlanej*, No. 2, pp. 141–55 (Warsaw Technical University, 1972).
3.55 W. H. Harrison, Synthetic aggregate sources and resources, *Concrete*, **8**, No. 11, pp. 41–6 (London, 1974).
3.56 P. G. Fookes and L. Collis, Problems in the Middle East, *Concrete*, **9**, No. 7, pp. 12–17 (London, 1975).
3.57 P. G. Fookes and L. Collis, Aggregates and the Middle East, *Concrete*, **9**, No. 11, pp. 14–19 (London, 1975).
3.58 O. H. MÿIler, Some aspects of the effect of micaceous sand on concrete, *Civ. Engr. in S. Africa*, pp. 313–15 (Sept. 1971).
3.59 M. A. Samarai, The disintegration of concrete containing sulphate contaminated aggregates, *Mag. Concr. Res.*, **28**, No. 96, pp. 130–42 (1976).
3.60 S. Diamond and N. Thaulow, A study of expansion due to alkali–silica reaction as conditioned by the grain size of the reactive aggregate, *Cement and Concrete Research*, **4**, No. 4, pp. 591–607 (1974).
3.61 W. J. French and A. B. Poole, Alkali–aggregate reactions and the Middle East, *Concrete*, **10**, No. 1, pp. 18–20 (London, 1976).
3.62 W. J. French and A. B. Poole, Deleterious reactions between dolomites from Bahrein and cement paste, *Cement and Concrete Research*, **4**, No. 6, pp. 925–38 (1974).
3.63 R. D. Gaynor and R. C. Meininger, Evaluating concrete sands, *Concrete International*, **5**, No. 12, pp. 53–60 (1984).
3.64 B. D. Barnes, S. Diamond and W. L. Dolch, Micromorphology of the interfacial zone around aggregates in Portland cement mortar, *J. Amer. Ceram. Soc.*, **62**, Nos 1–2, pp. 21–4 (1979).
3.65 M. A. Ozol, Shape, surface texture, surface area, and coatings, *ASTM Sp. Tech. Publ. No. 169B*, pp. 584–628 (1978).
3.66 S. Diamond, Mechanisms of alkali–silica reaction, in *Alkali–aggregate Reaction*, Proc. 8th International Conference, Kyoto, pp. 83–94 (ICAAR, 1989).
3.67 P. Soongswang, M. Tia and D. Bloomquist, Factors affecting the strength and permeability of concrete made with porous limestone, *ACI Material Journal*, **88**, No. 4, pp. 400–6 (1991).
3.68 W. B. Ledbetter, Synthetic aggregates from clay and shale: a recommended criteria for evaluation, *Highw. Res. Record*, No. 430, pp. 159–77 (1964).
3.69 P. G. Fookes and W. A. Revie, Mica in concrete – a case history from Eastern Nepal, *Concrete*, **16**, No. 3, pp. 12–16 (1982).
3.70 H. N. Walker, Chemical reactions of carbonate aggregates in cement paste, *ASTM Sp. Tech. Publ. No. 169B*, pp. 722–43 (1978).

3.71 D. C. Teychenné, Concrete made with crushed rock aggregates, *Quarry Management and Products*, **5**, pp. 122–37 (May 1978).
3.72 R. Brodda and J. W. Weber, Leicht- und Normalbetone mit Ausfallkörnung und stetiger Sieblinie, *Beton*, **27**, No. 9, pp. 340–2 (1977).
3.73 S. Chatterji, The role of Ca(OH)2 in the breakdown of Portland cement concrete due to alkali–silica reaction, *Cement and Concrete Research*, **9**, No. 2, pp. 185–8 (1979).
3.74 U.S. Bureau of Reclamation, *Concrete Manual*, 8th Edn (Denver, 1975).
3.75 R. C. Meininger, Aggregate abrasion resistance, strength, toughness and related properties, *ASTM Sp. Tech. Publ. No. 169B*, pp. 657–94 (1978).
3.76 A. Shayan, Deterioration of a concrete surface due to the oxidation of pyrite contained in pyritic aggregates, *Cement and Concrete Research*, **18**, No. 5, pp. 723–30 (1988).
3.77 B. Mather, Discussion on use of chert in concrete structures in Jordan by S. S. Qaqish and N. Marar *ACI Materials Journal*, **87**, No. 1, p. 80 (1990).
3.78 Strategic Highway Research Program, *Alkali–silica Reactivity: An Overview of Research*, R. Helmuth *et al.*, SHRP-C-342, National Research Council, 105 pp. (Washington DC, 1993).
3.79 J. Baron and J.-P. Ollivier, Eds, *La Durabilité des Bétons*, 456 pp. (Presse Nationale des Ponts et Chaussées, 1992).
3.80 Z. Xu, P. Gu and J. J. Beaudoin, Application of A.C. impedance techniques in studies of porous cementitious materials, *Cement and Concrete Research*, **23**, No. 4, pp. 853–62 (1993).
3.81 R. E. Oberholster and G. Davies, An accelerated method for testing the potential alkali reactivity of siliceous aggregates, *Cement and Concrete Research*, **16**, No. 2, pp. 181–9 (1986).
3.82 D. W. Hobbs, Deleterious alkali–silica reactivity in the laboratory and under field conditions, *Mag. Concr. Res.*, **45**, No. 163, pp. 103–12 (1993).
3.83 D. W. Hobbs, *Alkali–silica Reaction in Concrete*, 183 pp. (London, Thomas Telford, 1988).
3.84 H. Chen, J. A. Soles and V. M. malhotra, CANMET investigations of supplementary cementing materials for reducing alkali–aggregate reactions, *International Workshop on Alkali–Aggregate Reactions in Concrete*, Halifax, NS, 20 pp. (Ottawa, CANMET, 1990).
3.85 A. Kronlšf, Effect of very fine aggregate, *Materials and Structures*, **27**, No. 165, pp. 15–25 (1994).
3.86 DIN 1045, *Concrete and Reinforced Concrete – Design and Construction*, Deutsche Normen (1988).
3.87 A. Lecomte and A. Thomas, Caractère fractal des mélanges granulaires pour bétons de haute compacité, *Materials and Structures*, **25**, No. 149, pp. 255–64 (1992).
3.88 D. W. Hobbs, Workability and water demand, in *Special Concretes: Workability and Mixing*, Ed. P. J. M. Bartos, International RILEM Workshop, pp. 55–65 (London, Spon, 1994).
3.89 F. P. Nichols, Manufactured sand and crushed stone in Portland cement concrete, *Concrete International*, **4**, No. 8, pp. 56–63 (1982).
3.90 B. Gonzales Fonteboa *et al.*, Shear friction capacity of recycled concretes, *Materiales de Construcci—n*, **60**, No. 299, pp. 53–67.
3.91 P. E. Regan *et al.*, The influence of aggregate type on the shear resistance of reinforced concrete, *The Structural Engineer*, 6 Dec., pp. 27–32 (2005).
3.92 G. True and D. Searle, Digital imaging and analysis – cores, aggregate particles and flat surfaces. *Concrete*, **46**, No. 6, pp. 16–18, 20.
3.93 A. Peyvandi et al.; Recycled glass concrete, *Concrete International*, **35**, January 2013, pp. 29–32.

4
Concreto fresco

Embora o concreto fresco não seja o foco principal, deve ser destacado que a resistência do concreto com uma mistura de determinadas proporções é bastante influenciada por seu grau de adensamento. Assim, é fundamental que a consistência da mistura seja tal que o concreto possa ser transportado, lançado, adensado e acabado facilmente e sem segregação. Este capítulo, portanto, é dedicado às propriedades do concreto no estado fresco que contribuem para esse objetivo.

Antes de analisar o concreto fresco, deve ser observado que os três primeiros capítulos discutiram somente dois dos três materiais essenciais para o concreto: o cimento e os agregados. O terceiro ingrediente essencial é a água, que será discutida a seguir.

É adequado citar aqui que a maioria dos concretos, senão todos, também contém aditivos – tema do Capítulo 5.

Qualidade da água de amassamento

A principal influência da quantidade de água de amassamento na resistência do concreto será abordada no Capítulo 6. De qualquer forma, as pesquisas sobre concreto geralmente têm demonstrado pouco interesse na água de amassamento. Reconhecidamente, a água é necessária para produzir uma mistura de trabalhabilidade adequada e, é claro, para hidratar o cimento, ou, conforme mencionado anteriormente, somente parte do cimento. Assim, relativamente poucos estudos acerca da qualidade da água são desenvolvidos.

A água, entretanto, não é somente um líquido utilizado para produzir concreto: ela está envolvida em toda a vida útil do concreto, para o bem e para o mal. Excluídas as ações decorrentes do carregamento, a maioria das ações atuantes no concreto em serviço envolve a água, seja pura, seja transportando sais ou sólidos. A água, além de atuar na trabalhabilidade e na resistência, exerce importante influência nos seguintes aspectos: pega, hidratação, exsudação, retração por secagem, fluência, ingresso de sais, ruptura brusca de concretos de relação água/cimento muito baixa, colmatação autógena, manchamento superficial, ataque químico ao concreto, corrosão de armaduras, gelo e degelo, carbonatação, reação álcali-agregado, propriedades térmicas, resistividade elétrica, cavitação e erosão e qualidade da água potável passante por tubos de concreto ou tubos revestidos com argamassa.

Como algumas influências são benéficas e outras são nocivas, pode ser dito que a água e o concreto têm uma relação de amor e ódio. De fato, esse é o título de um capítulo do livro *Neville on concrete: an examination of issues in concrete practice*.[4.122] Outro capítulo do mesmo livro é intitulado "Water: Cinderella ingredient of concrete".

Por essas razões, a adequabilidade das águas de amassamento e para cura deve ser estudada. Deve ser feita a distinção entre a qualidade da água de amassamento e o ataque ao concreto por águas agressivas. Na realidade, algumas águas que afetam negativamente o concreto endurecido podem ser inofensivas, ou até mesmo benéficas, quando utilizadas para o amassamento.[4.15] A qualidade da água usada para cura do concreto é analisada na página 338.

A água de amassamento não deve conter substâncias orgânicas indesejáveis ou constituintes inorgânicos em quantidades excessivas. No entanto, os limites de constituintes prejudiciais não são bem conhecidos. Além disso, não devem ser impostas restrições desnecessárias que possam ser economicamente prejudiciais. Alguns limites são especificados na BS EN 1008:2002.*

Em muitas especificações, a qualidade da água é estabelecida por uma cláusula que cita que a água deve ser potável. Essa água raramente contém sólidos inorgânicos dissolvidos em quantidade superior a 2.000 partes por milhão (ppm) e, como regra geral, contém menos do que 1.000 ppm. Para uma relação água/cimento de 0,50, este último teor corresponde a uma quantidade de sólidos de 0,05% da massa de cimento, e qualquer efeito dos sólidos comuns será mínimo.

Embora a utilização de água potável seja, em geral, aceita para o amassamento do concreto, existem algumas exceções. Por exemplo, em algumas regiões áridas, a água potável local é salina e pode conter uma quantidade excessiva de cloretos. Além disso, algumas águas minerais contêm quantidades indesejáveis de carbonatos e bicarbonatos alcalinos que podem contribuir para a reação álcali-sílica.

Por outro lado, algumas águas não adequadas ao consumo humano podem ser utilizadas satisfatoriamente para a produção de concreto. Como regra, a água com pH entre 6,0 e 8,0,[4.33] ou, possivelmente, até 9,0, que não tenha sabor salobro é adequada para o uso, mas coloração escura ou mau cheiro não significam, necessariamente, que existam substâncias deletérias.[4.16] Uma maneira simples de determinar a adequação dessa água é comparar o tempo de pega do cimento e a resistência de cubos de argamassa utilizando a água em questão com os resultados obtidos utilizando uma água reconhecida como "boa" ou destilada (não há diferença significativa entre o comportamento da água destilada e o da água potável comum). Uma tolerância de cerca de 10% é normalmente admitida para considerar variações aleatórias da resistência.[4.15] A BS EN 1008-2002 também especifica o valor de 10%. Esses ensaios são recomendados para águas que não possuam histórico de uso e que contenham sólidos acima de 2.000 ppm ou carbonatos ou bicarbonatos alcalinos acima de 1.000 ppm. Quando existirem sólidos incomuns, também se recomenda o ensaio. Os limites de cloretos, de sulfatos e de álcalis são dados pela BS EN 1008:2002 e pela ASTM C 1602-06.

Devido a grandes quantidades de argila e de silte serem indesejáveis no concreto, a água de amassamento com elevado teor de sólidos em suspensão deve ser mantida em uma bacia de decantação antes do uso.[4.7] Entretanto, a água utilizada para a lavagem de caminhões-betoneira é adequada para o uso como água de amassamento, desde que,

---

* N. de R.T.: A NBR 15900-1:2009 determina os requisitos para a água de amassamento do concreto. São estabelecidas exigências, entre outros aspectos, em relação aos teores de cloretos, de sulfatos e de álcalis. Há também exigências em relação aos tempos de início e fim de pega e à resistência à compressão.

obviamente, tenha sido considerada adequada na primeira utilização. A ASTM C 94-94-09a e a BS EN 1008-2002 estabelecem os requisitos para o uso da água de lavagem. Claramente, cimentos e aditivos diferentes dos utilizados originalmente não devem ser incluídos. O uso de água de lavagem de caminhões é um importante tópico, mas está fora do escopo deste livro.*

Águas naturais levemente ácidas são inofensivas, mas as águas que contêm ácidos húmicos ou orgânicos podem influenciar negativamente o endurecimento do concreto. Estas águas, bem como a água altamente alcalina, devem ser ensaiadas. Os efeitos dos diversos íons são variados, conforme relatado por Steinour.[4.15]

É interessante destacar que a presença de algas na água de amassamento resulta em incorporação de ar e em uma consequente diminuição da resistência.[4.13] Conforme o apêndice da BS 3148:1980, as algas formadoras de limo verde ou marrom devem ser vistas com ressalvas, e a água que as contém deve ser ensaiada.

A água salobra contém cloretos e sulfatos. Quando o cloreto não excede 500 ppm ou o SO_3 não é superior a 1.000 ppm, a água é considerada inofensiva, mas águas com teores de sal ainda maiores têm sido utilizadas satisfatoriamente.[4.35] O apêndice da BS 3148:1980 estabelece limites para cloretos e para SO_3 iguais aos citados e recomenda também que os carbonatos e bicarbonatos alcalinos não excedam 1.000 ppm. Limites um pouco menos rigorosos são citados na literatura americana.[4.33]

A água do mar tem salinidade total aproximada de 3,5% (78% dos sólidos dissolvidos são $NaCl$ e 15% são $MgCl_2$ e $MgSO_4$; ver página 537) e produz uma resistência inicial um pouco mais alta, mas uma resistência final menor; a diminuição da resistência costuma ser inferior a 15%,[4.25] o que frequentemente é tolerado. Enquanto alguns ensaios sugerem que a água do mar acelera levemente o tempo de pega do cimento, outros[4.27] mostram uma redução significativa no tempo de início de pega, mas que não necessariamente influencia o tempo de fim de pega. Em geral, os efeitos sobre a pega não são importantes se a água for aceitável para os aspectos relacionados à resistência. A BS EN 1008-2002 especifica uma tolerância de 25 minutos para tempo de início de pega e de 12 horas para o tempo de fim de pega.

A água que contém grandes quantidades de cloretos (por exemplo, a água do mar) tende a gerar umidade constante e eflorescências. Essa água, portanto, não deve ser utilizada em obras de concreto simples, em que a aparência dele é importante, nem onde será aplicado acabamento à base de gesso.[4.9] Muito mais importante é a presença de cloretos em concreto contendo armaduras, já que estes podem induzir a corrosão das armaduras. Os limites máximos de íons cloreto no concreto são apresentados na página 587.

Em relação a isso, e também às impurezas na água, é importante lembrar que a água colocada na betoneira não é a única fonte de água da mistura. Os agregados normalmente possuem umidade superficial (ver página 137). Esta água pode representar uma parcela substancial da água total de amassamento, então é importante que ela também seja isenta de materiais nocivos.

---

* N. de R.T.: A NBR 15900-1:2009 define água de lavagem como a água recuperada de processos de preparo do concreto e inclui, além da utilizada para a limpeza interna de betoneiras e de bombas de concreto, a água proveniente do processo de recuperação de agregados de concreto fresco. A mesma norma estabelece os critérios e as limitações para a utilização dessa água.

Ensaios realizados com uma variedade de águas para o uso em concreto não mostraram influência na estrutura da pasta de cimento hidratada.[4.103]

As discussões anteriores focaram o concreto estrutural, armado ou protendido. Em situações especiais, como, por exemplo, na construção de contenções em minas, podem ser utilizadas águas com alto grau de contaminação. Al-Manaseer *et al.*[4.102] mostraram que a utilização de água com teores muito elevados de sais de sódio, potássio, cálcio e magnésio para a produção de um concreto com cimento Portland composto com cinza volante não exerceu influência negativa na resistência. Entretanto, não há informações sobre o comportamento em longo prazo. Também têm sido realizadas pesquisas sobre o uso de água residual doméstica tratada biologicamente como água de amassamento,[4.40] mas ainda faltam informações sobre a variabilidade dessas águas, sobre os riscos à saúde e sobre o comportamento em longo prazo.

Na página 190, foi feita referência ao possível efeito do cimento no interior de um tubo de concreto sobre a água destinada ao consumo humano. Enquanto a água circular pelo tubo de concreto (ou por um conduto revestido com argamassa) com velocidade, não ocorrerá qualquer reação química importante com o cimento. No entanto, quando a água estiver quase parada, como, por exemplo, durante a noite em condutos de água doméstica, pode ocorrer a lixiviação do cimento. Isso pode elevar o pH da água e aumentar os teores de $CaCO_3$, elevando a dureza da água. O aumento de $CaCO_3$ é provocado pelo CO_2 dissolvido na água, e a reação com o $Ca(OH)_2$ em água pode também aumentar o teor de alumínio, de cálcio, de sódio, de potássio e de inibidores de corrosão na mistura.[4.122]

A água de cura deve, em geral, atender às exigências da água de amassamento, mas deve ser isenta de substâncias que ataquem o concreto endurecido. A água pura corrente dissolve o $Ca(OH)_2$ e causa erosão superficial. Já a cura de concreto de baixa idade em água do mar pode levar ao ataque às armaduras.*

Massa específica do concreto fresco

A massa específica do concreto pode ser determinada experimentalmente pelo ensaio estabelecido pela ASTM C 138-09 ou pela BS EN 12350-6:2009. A massa específica teórica pode ser calculada pela soma das massas de todos os ingredientes necessários para a produção de uma betonada de concreto dividida pelo volume ocupado por esse concreto.

Ainda, conhecendo-se a massa específica do concreto fresco, o rendimento por betonada pode ser determinado por meio da divisão da massa de todos os ingredientes da betonada pela massa específica do concreto fresco.**

---

* N. de R.T.: As normas NBR 15900-2:2009 a NBR 15900-11:2009 estabelecem critérios para a coleta de amostra, a análise preliminar e a análise química da água de amassamento. A água de esgoto e a proveniente de esgoto tratado são consideradas como não adequadas ao uso em concreto. A água salobra somente pode ser utilizada em concreto simples.

** N. de R.T.: A NBR 12655:2015, versão corrigida 2015, define betonada como a menor quantidade de concreto dosado e misturado que pode ser considerada uma unidade. A determinação da massa específica do concreto fresco é normalizada, no Brasil, pela NBR 9833:2008, versão corrigida 2009. A mesma norma estabelece os procedimentos para os cálculos do rendimento e do teor de ar do concreto.

Definição de trabalhabilidade

Um concreto que pode ser facilmente adensado é considerado um concreto trabalhável. Entretanto, dizer que trabalhabilidade significa simplesmente facilidade de lançamento e resistência à segregação é dar uma definição muito vaga a essa importante propriedade. Além disso, a trabalhabilidade necessária para uma situação específica pode depender dos meios de adensamento disponíveis. Da mesma forma, a trabalhabilidade adequada para concreto massa não necessariamente é suficiente para seções esbeltas, de difícil acesso ou densamente armadas. Por essas razões, a trabalhabilidade deve ser definida como uma propriedade física do concreto em si, sem referência às situações de um tipo de construção específico.

Para chegar a essa definição, é necessário considerar o que acontece quando o concreto está sendo adensado. Seja o adensamento obtido por apiloamento ou por vibração, o processo consiste, essencialmente, na eliminação do ar aprisionado no concreto até a obtenção da configuração mais densa possível para determinada mistura. Assim, a energia aplicada é utilizada para vencer os atritos entre as partículas individuais no concreto e entre o concreto e a superfície da fôrma ou da armadura. Estes podem ser denominados, respectivamente, atrito interno e atrito superficial. Além disso, parte da energia é despendida na vibração da fôrma ou de parcelas do concreto já totalmente adensado. Portanto a energia empregada pode ser considerada, em parte, "desperdiçada" e, em parte, "útil", devido a esta ser a que abrange o esforço para superar os atritos interno e superficial. Como somente o atrito interno é uma propriedade intrínseca da mistura, a trabalhabilidade pode ser mais bem definida como a quantidade de energia interna útil necessária para produzir o adensamento completo. Essa definição foi apresentada por Glanville *et al.*,[4.1] que estudaram profundamente o tema de adensamento e trabalhabilidade. A ASTM C 125-09a define trabalhabilidade de um modo mais qualitativo: "é a propriedade determinante do esforço necessário ao manuseio de uma quantidade de concreto recém-misturado com a mínima perda de homogeneidade". Já a definição apresentada no ACI 116R-90[4.46] é: "a propriedade do concreto ou da argamassa recém-misturados que determina a facilidade e a homogeneidade com que podem ser misturados, lançados, adensados e acabados".

Outro termo utilizado para descrever a condição do concreto fresco é *consistência*. Em linguagem comum, essa palavra se refere à firmeza da forma de uma substância ou à facilidade com a qual ela flui. No caso do concreto, algumas vezes, a consistência é adotada para traduzir o grau de umidade (a quantidade de água na mistura), pois, dentro de certos limites, concretos mais úmidos são mais trabalháveis do que concretos secos (com menor quantidade de água). Contudo, concretos de mesma consistência podem ter diferentes trabalhabilidades. O ACI define consistência como "a mobilidade relativa ou a capacidade de fluidez do concreto ou da argamassa recém-misturados",[4.46] e ela é medida pelo abatimento de tronco de cone.

Existe uma abundância de variações de definições de trabalhabilidade e de consistência na literatura técnica, mas são todas de caráter qualitativo e mais decorrentes de opiniões pessoais do que de fundamento científico. O mesmo se aplica à grande quantidade de termos, como fluidez, mobilidade e bombeabilidade. Há também o termo "estabilidade", que se refere à coesão da mistura, ou seja, à sua resistência à segregação. Esses termos realmente têm significados específicos, mas dependem do contexto, pois raramente podem ser utilizados como uma descrição objetiva e quantitativa de um concreto.

Uma boa revisão das tentativas de definir esses diversos termos é apresentada por Bartos,[4.56] entre outros.

A necessidade de trabalhabilidade suficiente

Até o momento, a trabalhabilidade foi discutida simplesmente como uma propriedade do concreto fresco. Entretanto, ela é uma propriedade vital em relação ao produto acabado, pois o concreto deve ter uma trabalhabilidade que permita o máximo adensamento possível com uma quantidade razoável de energia ou com a quantidade de esforço que for possível aplicar em determinadas condições.

A necessidade de adensamento se torna aparente a partir da análise da relação entre o grau de adensamento e a resistência resultante. É interessante expressar essa relação como uma massa relativa, ou seja, a relação entre a massa específica real de um determinado concreto e a massa específica da mesma mistura totalmente adensada. Da mesma forma, a relação entre a resistência do concreto parcialmente adensado e a resistência da mesma mistura totalmente adensada pode ser denominada resistência relativa. Portanto, a relação entre a resistência relativa e a massa específica relativa tem a forma apresentada na Figura 4.1. A presença de vazios no concreto causa uma grande redução em sua resistência: 5% de vazios implicam em uma redução de 30%, e até mesmo 2% de vazios podem resultar em uma diminuição da resistência superior a 10%.[4.1] Isso, é claro, está em conformidade com a expressão de Féret, que relaciona a resistência com a soma dos volumes da água e do ar na pasta de cimento endurecida (ver página 285).

Os vazios no concreto são constituídos tanto por bolhas de ar aprisionado quanto por espaços originados após o excesso de água ter sido removido. O volume deste último depende principalmente da relação água/cimento da mistura, e, em menor escala, podem existir vazios advindos da água aprisionada embaixo das grandes partículas de agregados ou das armaduras. As bolhas de ar representam o "ar acidental", ou seja, vazios entre os grãos dos agregados originalmente em estado solto. Elas são determinadas pela granulometria das partículas mais finas da mistura e são removidas mais facilmente de misturas mais úmidas do que de misturas secas. Conclui-se, então, que,

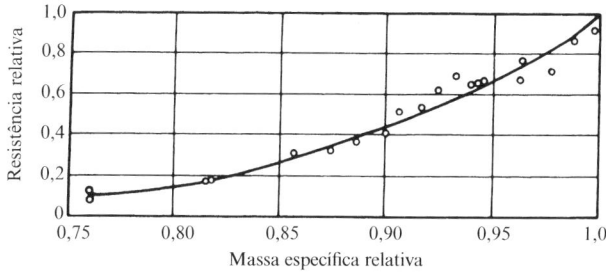

Figura 4.1 Relação entre a resistência relativa e a massa específica relativa. (Crown copyright)[4.1]

para determinado método de adensamento, deve existir um teor ótimo de água na mistura, de forma que a soma dos volumes das bolhas de ar e dos espaços decorrentes da água seja mínima. A maior massa específica relativa do concreto será obtida com esse teor ótimo de água. Pode ser visto, no entanto, que o teor ótimo de água varia para os diferentes métodos de adensamento.

Fatores que afetam a trabalhabilidade

O principal fator é o *teor* de água na mistura, expresso em quilogramas (ou litros) de água por metro cúbico de concreto. É interessante considerar, mesmo que aproximadamente, que, para determinados tipo e granulometria do agregado e trabalhabilidade do concreto, o teor de água é independente da relação agregado/cimento ou do teor de cimento da mistura. Com base nessa consideração, é possível estimar as proporções de concretos com diferentes consumos de cimento. Na Tabela 4.1, são apresentados valores típicos do teor de água para diferentes abatimentos e dimensões máximas do agregado. Esses valores são aplicáveis somente a concretos sem ar incorporado. Nos casos de concretos com ar incorporado, o teor de água pode ser reduzido, conforme os dados da Figura 4.2.[4.2] Esses dados são somente indicativos, pois o efeito do ar incorporado na trabalhabilidade depende das proporções da mistura, conforme descrito detalhadamente na página 583.

Caso o teor de água e as outras proporções da mistura sejam constantes, a trabalhabilidade é determinada pela dimensão máxima do agregado, sua granulometria, sua forma e sua textura. A influência desses fatores foi discutida no Capítulo 3. A granulometria e a relação água/cimento, entretanto, devem ser analisadas em conjunto, já que uma granulometria que produz um concreto mais trabalhável com uma relação água/cimento específica pode não ser a melhor granulometria para uma relação diferente.

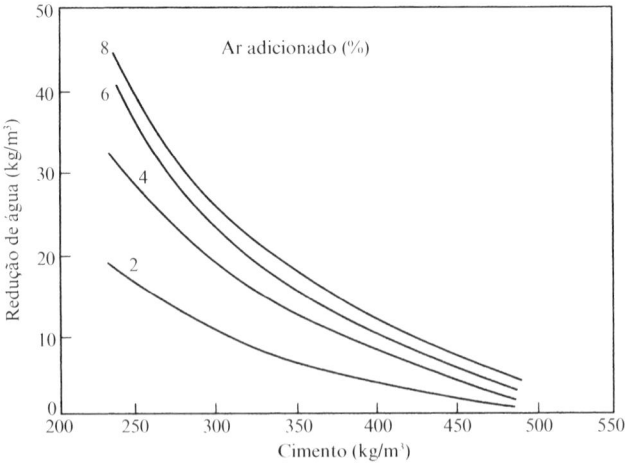

Figura 4.2 Redução na demanda da água de amassamento devido à adição de ar por aditivo incorporador de ar.[4.2]

Tabela 4.1 Teores de água aproximados para diferentes abatimentos de tronco de cone e dimensões máximas do agregado (baseados parcialmente no método da National Aggregates Association dos Estados Unidos)

Dimensão máxima do agregado (mm)	Teor de água do concreto (kg/m³)					
	Abatimento de 25-50 mm		Abatimento de 75-100 mm		Abatimento de 150-175 mm	
	Agregado arredondado	Agregado anguloso	Agregado arredondado	Agregado anguloso	Agregado arredondado	Agregado anguloso
9,5	185	210	200	225	220	250
12,7	175	200	195	215	210	235
19,0	165	190	185	205	200	220
25,4	155	175	175	200	195	210
38,1	150	165	165	185	185	200
50,8	140	160	160	180	170	185
76,2	135	155	155	170	165	180

Em especial, quanto maior for a relação água/cimento, mais fina será a granulometria necessária para uma maior trabalhabilidade. Na realidade, para uma dada relação água/cimento, existe uma relação entre agregado graúdo e agregado miúdo (para determinados materiais) que resulta em maior trabalhabilidade.[4.1]

Por outro lado, para determinada trabalhabilidade, existe uma relação agregado graúdo/agregado miúdo que demanda menor quantidade de água. A influência desses fatores foi discutida no Capítulo 3.

Entretanto, deve ser lembrado que, quando foram discutidas as granulometrias de agregados necessárias para uma trabalhabilidade satisfatória, foram estabelecidas proporções em massa, portanto, isso somente será válido para agregados de massa específica constante. Na realidade, a trabalhabilidade é determinada pelas proporções volumétricas das partículas de diferentes dimensões, de modo que, quando são utilizados agregados de diferentes massas específicas (por exemplo, nos casos de alguns agregados leves ou de misturas com agregados comuns e leves), as proporções da mistura devem ser estimadas com base no volume absoluto de cada fração de dimensão. Isso também se aplica ao concreto com ar incorporado, devido ao ar se comportar como partículas finas sem peso. Um exemplo de cálculo baseado no volume absoluto é dado na página 777. A influência das propriedades do agregado na trabalhabilidade diminui com o aumento do consumo de cimento da mistura e, possivelmente, desaparece completamente quando a relação agregado/cimento for menor do que 2 1/2 ou 2.

Na prática, a previsão da influência das proporções da mistura na trabalhabilidade requer cuidado, já que, dos três fatores – a relação água/cimento, a relação agregado/cimento e o teor de água –, somente dois são independentes. Por exemplo, caso a relação agregado/cimento seja reduzida e a relação água/cimento seja mantida constante, o teor de água aumentará e, em consequência disso, a trabalhabilidade também aumentará. Por outro lado, se o teor de água for mantido constante e a relação agregado/cimento for reduzida, a relação água/cimento diminuirá, mas a trabalhabilidade não será significativamente afetada.

Uma última restrição é necessária, devido a alguns efeitos secundários: uma relação agregado/cimento menor implica uma maior área superficial total de sólidos (agregados e cimento), de forma que a mesma quantidade de água resulta em uma trabalhabilidade um pouco menor. Isso pode ser compensado pelo uso de agregados com granulometria um pouco mais grossa. Também existem outros fatores secundários, como a finura do cimento, mas sua influência ainda é controversa.

Medida da trabalhabilidade

Infelizmente, não existe um método aceito que avalie diretamente a trabalhabilidade, segundo qualquer uma das definições apresentadas na página 195. Inúmeras tentativas têm sido feitas para correlacionar a trabalhabilidade com alguma medida física de fácil determinação, mas nenhuma delas é totalmente satisfatória, embora possam fornecer informações úteis, com certa variação, sobre a trabalhabilidade.

Abatimento de tronco de cone

Esse é um ensaio bastante utilizado em canteiros de obras em todo o mundo. O ensaio de abatimento não mede a trabalhabilidade do concreto, embora seja descrito pelo ACI

116R-90$^{4.46}$ como uma medida da consistência, mas é bastante útil na identificação de variações na uniformidade de uma mistura de determinadas proporções.

O ensaio de abatimento de tronco de cone é prescrito pela ASTM C 143-10 e pela BS 1881:103:1993. O molde para o ensaio é um tronco de cone de 300 mm de altura. Ele é posicionado sobre uma superfície lisa, com a menor abertura para cima, e preenchido com concreto em três camadas. Cada camada recebe 25 golpes de uma haste metálica padronizada com diâmetro de 16 mm e com a ponta arredondada. A camada final é rasada por uma desempenadeira e pela ação de movimentos de rolagem da haste metálica. O molde deve estar firmemente imobilizado contra sua base durante toda a operação, tarefa facilitada pelas alças e pelos apoios para os pés existentes no molde.

Imediatamente após o preenchimento, o molde é erguido lentamente e o concreto liberado sofre um abatimento, daí o nome do ensaio.* A diminuição na altura do concreto após a realização do ensaio é denominada *abatimento de tronco de cone* e é medida com uma aproximação de 5 mm. Conforme a BS EN 12350-2:2009, o abatimento deve ser medido no ponto mais elevado – ou no "centro inicial deslocado", segundo a ASTM C 143-10. Com o objetivo de reduzir a influência do atrito superficial no resultado, a superfície interna do molde e sua base devem ser umedecidos antes da realização de cada ensaio, e, antes da elevação do molde, devem ser retirados quaisquer resíduos de concreto que possam ter caído acidentalmente na área ao redor da base do molde.**

Caso, em vez de resultar em um abatimento uniforme – como no abatimento verdadeiro (Figura 4.3) –, uma das metades do cone deslize segundo um plano inclinado, diz-se que ocorreu um abatimento cisalhado, e o ensaio deve, então, ser repetido. A ocorrência continuada de abatimento cisalhado pode ser um indicativo de misturas ásperas, o que aponta para uma falta de coesão na mistura.

Misturas de consistência seca têm abatimento zero, de modo que, no campo das misturas secas, nenhuma variação pode ser detectada entre misturas de diferentes trabalhabilidades. Misturas ricas apresentam comportamento satisfatório, e o abatimento de tronco de cone é sensível a variações na trabalhabilidade. Entretanto, em misturas pobres com tendência à aspereza, um abatimento verdadeiro pode facilmente se tornar cisalhado ou até mesmo colapsado (Figura 4.3), e valores com grandes variações podem ser obtidos de diferentes amostras da mesma mistura.

As faixas de variação aproximada do abatimento para diferentes trabalhabilidades (em uma forma modificada das propostas por Bartos$^{4.56}$) são dadas na Tabela 4.2. A Tabela 4.3, por sua vez, mostra a classificação europeia proposta na BS EN 206-1:2000. Uma das razões para as diferenças entre as duas tabelas é que o procedimento europeu determina a medição com uma aproximação de 10 mm. Contudo, deve ser lembrado que, com diferentes agregados (especialmente com diferentes teores de agregados miúdos), o mesmo abatimento pode ser associado a diferentes trabalhabilidades, já que ele não tem qualquer relação inequívoca com a trabalhabilidade. Além disso, o abatimento não avalia a facilida-

---

* N. de R.T.: É comumente utilizada a denominação do ensaio em língua inglesa, *slump test*, ou simplesmente *slump*.

** N. de R.T.: No Brasil, o ensaio de abatimento de tronco de cone é normalizado pela NBR NM 67:1998. Os procedimentos são semelhantes aos citados, e a medida do abatimento do concreto é feita na posição equivalente à altura média do concreto desmoldado.

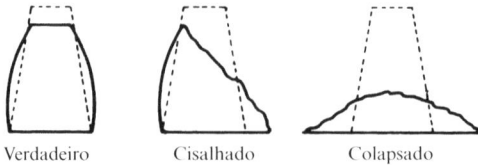

Figura 4.3 Abatimentos verdadeiro, cisalhado e colapsado.

Tabela 4.2 Tipos de trabalhabilidade e variações do abatimento

Tipo de trabalhabilidade	Abatimento (mm)
Abatimento zero	0
Muito baixa	5–10
Baixa	15–30
Média	35–75
Alta	80–155
Muito alta	160 ao colapso

Tabela 4.3 Classes de trabalhabilidade e variações do abatimento

Classe de trabalhabilidade	Abatimento (mm)
S1	10–40
S2	50–90
S3	100–150
S4	≥ 160

de de adensamento do concreto e, como o abatimento acontece somente pelo peso próprio do concreto, ele não reflete o comportamento em condições dinâmicas, como vibração, acabamento, bombeamento ou movimentação por tubo tremonha (ou tubo *tremie*). Pode-se dizer que o abatimento mostra a "deformação"[4.110] do concreto fresco.*

Apesar dessas limitações, o ensaio de abatimento é muito útil em canteiros de obras para verificar a variação, ao longo de um período de tempo ou entre betonadas, dos materiais que estão sendo carregados na betoneira. Um aumento do abatimento pode indicar, por exemplo, que o teor de umidade dos agregados apresentou uma elevação inesperada. Outra causa pode ser uma alteração na granulometria dos agregados, como

---

* N. de R.T.: A NBR 8953:2015 apresenta a classificação dos concretos estruturais em relação a resistência, massa específica e consistência. Em relação a este último aspecto são estabelecidas cinco classes, com o abatimento (A), medido em mm, variando entre dois limites. São elas: S10 (10 ≤ A < 50); S50 (50 ≤ A < 100); S100 (100 ≤ A < 160); S160 (160 ≤ A < 220); e S200 (A ≥ 220). Também são citados exemplos de aplicações típicas de cada classe.

uma deficiência de areia. Um abatimento muito alto ou muito baixo dá um aviso imediato e permite que o operador corrija a situação. A aplicabilidade do ensaio de abatimento, bem como sua simplicidade, são responsáveis pelo seu uso disseminado.

Um ensaio de miniabatimento foi desenvolvido com o objetivo de determinar a influência de aditivos redutores de água e de superplastificantes na pasta de cimento pura.[4.105] O ensaio pode ser útil para esse fim específico, mas é importante lembrar que a trabalhabilidade do concreto também é afetada por outros fatores além das propriedades da pasta.

Ensaio do fator de compactação

Não existe um método de aceitação geral para determinar, de forma direta, a quantidade de trabalho necessária para a obtenção do adensamento completo, que é a definição de trabalhabilidade.[4.1] Provavelmente, o melhor ensaio ainda disponível utiliza um princípio inverso: a determinação do grau de adensamento obtido pela aplicação de uma determinada quantidade de trabalho. O esforço aplicado inclui necessariamente aquele realizado para vencer o atrito superficial, mas este é reduzido ao mínimo, apesar de o atrito real provavelmente variar com a trabalhabilidade da mistura.

O grau de adensamento, denominado *fator de compactação*, é determinado pela massa específica relativa, ou seja, a relação entre a massa específica real, obtida no ensaio, e a massa específica do mesmo concreto totalmente adensado.

O ensaio, conhecido como ensaio do fator de compactação, está descrito na BS 1881-103:1993 e no ACI 211.3-75 (revisado em 1987) (reaprovado em 1992)[4.70] e é adequado para concretos com agregados de dimensão máxima de até 40 mm. O equipamento consiste essencialmente em dois funis, cada um na forma de um tronco de cone, e em um cilindro, e os três são posicionados um em cima do outro. Os funis possuem portas articuladas na parte inferior, conforme mostrado na Figura 4.4. Todas as superfícies internas são polidas para reduzir o atrito.

O funil superior é preenchido cuidadosamente com concreto, de modo que, nesta etapa, não seja aplicado qualquer esforço ao concreto que possa resultar em seu adensamento. A porta inferior do funil é, então, aberta e o concreto cai no funil abaixo. Este funil, menor do que o superior, é preenchido até extravasar, contendo, assim, aproximadamente sempre a mesma quantidade de concreto na condição padrão. Isso reduz a influência do operador no preenchimento do funil superior. A porta inferior do funil inferior é aberta e o concreto cai no cilindro. O excesso de concreto é rasado por duas réguas deslizantes, e assim é determinada a massa líquida do concreto no cilindro de volume conhecido.

A massa específica do concreto no cilindro é calculada, e o valor obtido é dividido pela massa específica do concreto totalmente adensado; o resultado da divisão é definido como o fator de compactação. O valor da última massa específica pode ser obtido pelo preenchimento do cilindro com concreto em quatro camadas, cada uma delas compactada ou vibrada – também podendo ser calculado a partir dos volumes absolutos dos ingredientes da mistura. O fator de compactação ainda pode ser calculado a partir da redução de volume que ocorre quando há adensamento total de um volume definido de concreto parcialmente adensado (pela passagem através dos funis).

O equipamento do ensaio do fator de compactação mostrado na Figura 4.4 tem cerca de 1,2 m de altura e seu uso é, em geral, limitado a obras de pavimentação e a indústrias de pré-moldados de concreto.

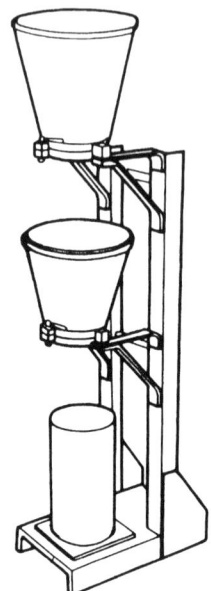

Figura 4.4 Aparelho do ensaio do fator de compactação.

A Tabela 4.4 apresenta valores do fator de compactação para diferentes trabalhabilidades.[4.3] Diferentemente do que ocorre no ensaio de abatimento, as variações na trabalhabilidade de concretos secos são mostradas com uma grande variação no fator de compactação, ou seja, o ensaio é mais sensível na extremidade da escala correspondente à baixa trabalhabilidade do que na de elevada trabalhabilidade. Apesar disso, misturas muito secas tendem a aderir a um ou a ambos os funis, e o material deve ser solto com golpes suaves de uma haste metálica. Além disso, para um concreto de trabalhabilidade muito baixa, aparentemente o trabalho real necessário para o adensamento total depende da riqueza da mistura, enquanto o fator de compactação não: misturas pobres necessitam de maior esforço do que as ricas.[4.4] Isso significa dizer que o conceito implícito de que todas as misturas com mesmo fator de compactação exigem a mesma quantidade de esforço não é sempre válido. Da mesma maneira, a hipótese mencionada anterior-

Tabela 4.4 Tipos de trabalhabilidade e fatores de compactação[4.3]

Tipo de trabalhabilidade	Fator de compactação	Abatimento correspondente (mm)
Muito baixa	0,78	0–25
Baixa	0,85	25–50
Média	0,92	50–100
Alta	0,95	100–175

mente de que o trabalho desperdiçado representa uma proporção constante do trabalho total realizado, independentemente das propriedades da mistura, não é totalmente correta. Apesar disso, o ensaio do fator de compactação fornece, indiscutivelmente, uma boa avaliação da trabalhabilidade.

Ensaio de fluidez da ASTM

Esse ensaio de laboratório dá uma indicação da consistência do concreto e de sua tendência à segregação pela medida do espalhamento de um monte de concreto em uma mesa submetida a quedas controladas. Ele também fornece uma boa avaliação da consistência de misturas rijas, ricas e bastante coesas. O ensaio era normalizado pela ASTM C 124-39 (reaprovada em 1966), que foi cancelada em 1974 devido ao ensaio ser pouco utilizado, mas não devido a ser inadequado.

Ensaio de remoldagem

A mesa com queda controlada é utilizada nesse outro ensaio, no qual a verificação da trabalhabilidade é feita com base no esforço realizado para alterar a forma de uma amostra de concreto. Esse ensaio, conhecido como ensaio de remoldagem, foi desenvolvido por Powers.[4.5]

O equipamento é mostrado esquematicamente na Figura 4.5. Um tronco de cone normalizado do ensaio de abatimento é colocado no interior de um cilindro com diâmetro de 305 mm e altura de 203 mm, fixado firmemente a uma mesa de fluidez*, ajustada para possibilitar uma queda de 6,3 mm. No interior do cilindro principal existe um anel com diâmetro de 210 mm e altura de 127 mm. A distância entre a base do anel interno e a base do cilindro principal pode ser regulada entre 67 e 76 mm.

O tronco de cone de abatimento é preenchido de modo normalizado e removido, e, em seguida, é colocado um disco ligado a uma haste (com massa de 1,9 kg) sobre o concreto. A mesa é movimentada com uma velocidade de uma queda por segundo até que o disco esteja 81 mm acima da base. Nesse estágio, a forma do concreto foi alterada de um tronco de cone para um cilindro. O esforço necessário para a obtenção dessa remoldagem é expresso pelo número de quedas realizadas, sendo que, para misturas secas, esse número é bastante elevado.

É um ensaio, acima de tudo, de laboratório, mas é válido devido ao esforço de remoldagem aparentemente ter grande relação com a trabalhabilidade.

Ensaio Vebe

Esse é um aperfeiçoamento do ensaio de remoldagem em que o anel interno do aparelho de Powers é retirado e o adensamento é obtido por vibração, em vez de ser por meio de quedas da mesa. O aparelho é mostrado de forma esquemática na Figura 4.6. O nome "Vebe" é derivado das iniciais de V. Bährner, sueco que desenvolveu o ensaio.

---

* N. de R.T.: A mesa de fluidez é um equipamento utilizado em ensaios de argamassa e de concreto com o objetivo de determinar a consistência. Consiste em uma mesa circular metálica apoiada sobre uma haste também metálica fixada na posição central. Essa haste recebe um movimento vertical ascendente de um dispositivo excêntrico, o que ocasiona sua queda de uma altura determinada.

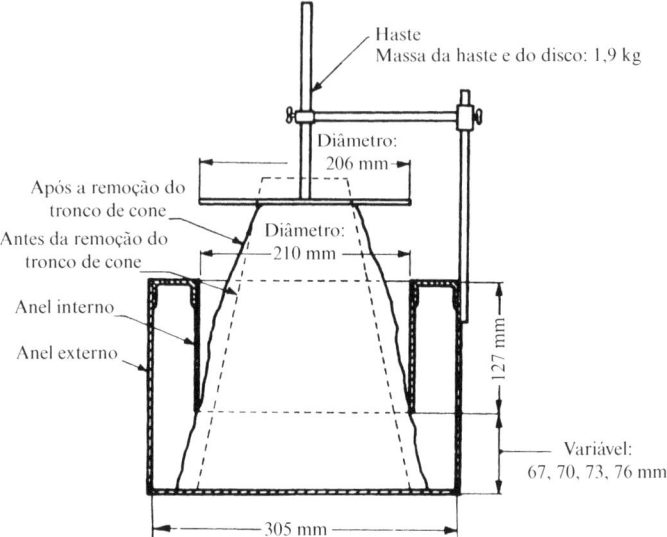

Figura 4.5 Aparelho do ensaio de remoldagem.

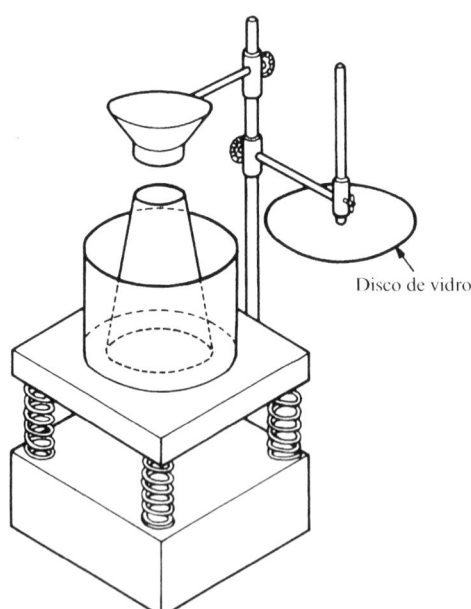

Figura 4.6 Aparelho do ensaio Vebe.

Esse ensaio é normalizado pelas normas BS EN 12350-3:2009 e ACI 211.3-75 (revisado em 1987).[4.70]

Considera-se que a remoldagem está completa quando o disco de vidro estiver totalmente coberto com concreto e todas as cavidades na superfície do concreto tiverem desaparecido. Essa avaliação é visual, e a dificuldade em estabelecer o fim do ensaio pode ser uma fonte de erro. Para superar tal dificuldade, pode ser instalado um equipamento de operação automática para registrar o movimento da placa em relação ao tempo.

O adensamento é obtido pela utilização de uma mesa vibratória com uma massa excêntrica girando entre 50 e 60 Hz e com uma aceleração máxima entre $3g$ e $4g$. Considera-se que a energia aplicada para o adensamento é uma medida da trabalhabilidade da mistura. Essa medida é expressa pelo tempo (denominado *tempo Vebe*), em segundos, necessário para a completa remoldagem. Em algumas ocasiões, é aplicada uma correção para a alteração do volume do concreto de V_2, antes da vibração, para V_1, após a vibração, multiplicando o tempo por V_2/V_1. O ensaio é adequado para misturas com tempo Vebe entre três e 30 segundos.

O Vebe é um bom ensaio de laboratório, em especial para misturas muito secas. Essa é uma diferença em relação ao ensaio do fator de compactação, em que um erro pode ser introduzido pela tendência de algumas misturas secas a aderir aos funis. Outra vantagem do ensaio Vebe é o fato de o manuseio do concreto durante o ensaio ser relativamente próximo aos métodos de lançamento na prática. Tanto o ensaio Vebe quanto o de remoldagem determinam o tempo necessário para a obtenção do adensamento, que é relacionado ao trabalho total executado.

Ensaio da mesa de espalhamento

Esse ensaio, desenvolvido na Alemanha em 1933, era normalizado pela BS 1881:105:1984, e é adequado para concretos de alta e muito alta trabalhabilidade, incluindo concretos fluidos (ver página 272), que apresentariam abatimento colapsado.

O aparelho, com massa total de 16 kg, consiste em uma placa de madeira coberta por uma chapa de aço. Essa placa é unida, através de dobradiças de um dos lados, a uma placa-base – ambas quadradas com 700 mm de lado. A placa superior pode ser erguida até determinado ponto, onde existe uma peça que limita a elevação da borda livre a 40 mm. Marcas indicam a posição para a colocação do concreto na placa.

A parte superior da placa é umedecida, e um tronco de cone – de 200 mm de altura, 200 mm de diâmetro inferior e 130 mm de diâmetro superior – é posicionado sobre ela. O tronco de cone é preenchido com concreto e levemente compactado com um soquete de madeira, conforme procedimento prescrito. O excesso de concreto é removido, a mesa é limpa e, após um intervalo de 30 segundos, a placa superior é erguida 15 vezes em um intervalo de 45 a 75 segundos, evitando-se um impacto significativo no limitador. Devido às quedas, o concreto se espalha, e o espalhamento máximo paralelo aos dois lados da placa é medido. A média desses dois valores, com aproximação de milímetro, representa o *espalhamento*. O ensaio é adequado para misturas com espalhamento entre 340 e 600 mm. A falta de uniformidade e de coesão do concreto espalhado é um indício de falta de coesão da mistura. A norma atual é a BS EN 12350-5:2010.

Uma pesquisa realizada em laboratório[4.39] mostrou uma relação linear entre o espalhamento e o abatimento, mas os ensaios realizados tinham âmbito limitado, já que incluíam somente um tipo de agregado e uma granulometria. Além disso, não foram considerados os efeitos das condições locais. Em função disso, os resultados não podem ser generalizados, e seria imprudente considerar os ensaios de abatimento e de espalhamento como permutáveis. Em princípio, os dois ensaios não medem o mesmo fenômeno físico, de forma que não há razão para esperar uma relação simples entre eles quando a granulometria, a forma do agregado ou o teor de material fino da mistura forem diferentes. Para fins práticos, deve-se adotar um ensaio adequado que possibilite identificar um desvio em relação às proporções especificadas de uma mistura. Esse é o ponto de interesse em uma obra.*

Ensaio de penetração de bola e ensaio de adensabilidade

O ensaio de penetração de bola é um ensaio de campo simples que consiste na determinação da profundidade de penetração, no concreto fresco, de um hemisfério metálico com 152 mm de diâmetro e 13,6 kg de massa sob a ação do peso próprio. Um esboço do equipamento, concebido por J. W. Kelly e conhecido como bola de Kelly, é mostrado na Figura 4.7.

A utilização desse ensaio é similar à do ensaio de abatimento de tronco de cone, ou seja, uma verificação de rotina da consistência para fins de controle. Esse é um ensaio americano, e raramente é utilizado em outros lugares. No entanto, é válido considerar o ensaio da bola de Kelly como uma alternativa ao ensaio de abatimento, em relação ao qual apresenta algumas vantagens. Em especial, o ensaio da bola é mais simples, mais rápido e, mais importante, pode ser aplicado ao concreto em um carrinho de mão ou até mesmo nas fôrmas. Com o objetivo de evitar o efeito parede, a profundidade do concreto a ser ensaiado não deve ser menor do que 200 mm, e a distância lateral mínima deve ser de 460 mm.

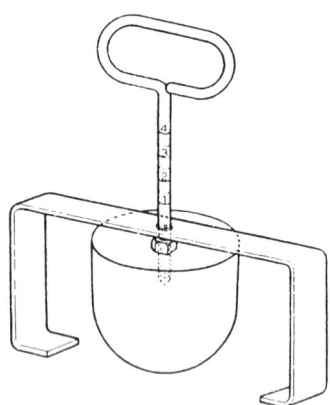

Figura 4.7 Bola de Kelly.

---

* N. de R.T.: No Brasil, o ensaio da mesa de espalhamento, denominada *mesa de Graff*, é normalizado pela NBR NM 68:1996.

Como esperado, não há uma correlação simples entre a penetração e o abatimento, já que nenhum dos ensaios avalia uma propriedade básica do concreto, somente a resposta a condições específicas. Em uma obra, quando se utiliza uma determinada mistura, pode ser obtida uma correlação, por exemplo, como a mostrada na Figura 4.8.[4.6] Na prática, o ensaio da bola é essencialmente utilizado para avaliar variações na mistura, como as decorrentes da variação do teor de umidade dos agregados.

Um ensaio de adensabilidade, introduzido pela BS EN 12350-4:2009, determina a redução do volume, após a vibração, do concreto colocado sem adensamento em um cilindro. O *grau de adensabilidade* é a relação entre a altura do cilindro e a altura do concreto adensado. O adensamento é realizado por uma mesa vibratória ou por um vibrador interno.

Ensaio K de Nasser

Entre as diversas tentativas de desenvolver um ensaio simples de trabalhabilidade, o ensaio da sonda de Nasser[4.41] merece destaque. Esse ensaio utiliza uma sonda tubular de 19 mm de diâmetro com aberturas que permitem a entrada de argamassa no tubo. A sonda é inserida verticalmente no concreto fresco em campo (evitando, assim, a amostragem). São medidas a altura de argamassa no tubo após um minuto e a altura residual após a retirada da sonda.

Considera-se[4.42,4.106] que as leituras dão uma indicação da consistência e da trabalhabilidade do concreto, por serem influenciadas pelas forças internas de coesão, adesão e atrito da mistura. Desse modo, uma mistura muito úmida, de elevado abatimento, resultaria em um nível relativamente baixo de argamassa retida na sonda, fato que é decorrente da segregação. A altura residual de argamassa na sonda parece estar relacionada com o abatimento, desde que este não seja superior a 80 mm.[4.41] Não obstante, a sonda K pode ser utilizada para concretos fluidos.[4.106] Entretanto, esse ensaio não é normalizado, nem de uso generalizado.

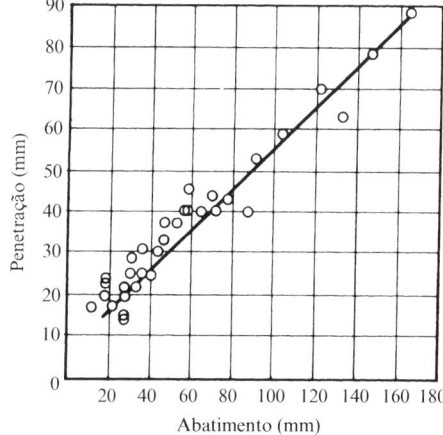

Figura 4.8 Relação entre a penetração da bola de Kelly e o abatimento.[4.6]

Ensaio dos dois pontos (ensaio Tattersall)

Tattersall[4.43] apresentou, repetidas vezes, críticas a todos os ensaios de trabalhabilidade existentes, com o argumento de que eles medem somente um parâmetro. O argumento apresentado é que o escoamento do concreto fresco deve ser descrito pelo modelo de Bingham, ou seja, pela equação

$$\tau = \tau_0 + \mu \dot{\gamma}$$

onde τ = tensão de cisalhamento à velocidade de cisalhamento $\dot{\gamma}$
  τ_0 = tensão de escoamento
  μ = viscosidade plástica.

Devido a existirem duas incógnitas, são necessárias medidas de cisalhamento em duas velocidades – daí a denominação "ensaio dos dois pontos". A tensão de escoamento representa o valor-limite para o início do escoamento e está intimamente relacionada com o abatimento.[4.107] A viscosidade plástica reflete o aumento da tensão de cisalhamento conforme o aumento da velocidade de escoamento.

Tattersall[4.43] desenvolveu técnicas para a determinação do torque utilizando uma batedeira de bolo modificada. A partir disso, foram obtidos dados experimentais relacionados à tensão de cisalhamento a uma determinada velocidade de cisalhamento e a constantes representando a tensão de escoamento, τ_0, e a viscosidade plástica, μ, da mistura. Estas duas últimas, em seu ponto de vista, dão uma medida das propriedades reológicas fundamentais do concreto. Suas determinações exigem a medida do torque necessária para a rotação do misturador a duas velocidades. O equipamento foi modificado tanto por Tattersall[4.43] quanto por Wallevik & Gjørv,[4.104] que afirmam que seu equipamento é mais confiável e, além disso, apresenta um valor mensurável da suscetibilidade da mistura à segregação.

Os problemas na utilização do método se devem ao equipamento ser pesado, complicado e requerer prática na interpretação das leituras, pois elas não são diretamente utilizáveis, diferentemente do abatimento. Por essas razões, esse método é inadequado para tarefas em campo como uma forma de controle, mas pode ser importante no laboratório.

Em relação à descrição da trabalhabilidade por meio de dois pontos, vale a pena destacar que, para concreto lançado por robôs, é importante estabelecer o valor da viscosidade e da tensão de escoamento, bem como a variação desses dois parâmetros com a temperatura e o prazo decorrido desde a mistura. Murata & Kikukawa[4.107] desenvolveram equações para a previsão da viscosidade baseadas na equação da viscosidade de suspensões de alta concentração, considerando as propriedades dos agregados e utilizando constantes experimentais. Os mesmos autores também desenvolveram uma equação para o valor do escoamento do concreto baseada no abatimento. A validade dessa abordagem ainda necessita de confirmação.

Comparação dos ensaios

Deve ser dito de início que nenhuma comparação é possível, já que cada ensaio mede o comportamento do concreto sob diferentes condições. A utilização específica de cada método foi citada, mas vale a pena destacar que a BS 1881:1983 (cancelada, mas ainda útil) relaciona os métodos de ensaio adequados a concretos de diferentes trabalhabilidades, conforme mostra a Tabela 4.5.

O ensaio do fator de compactação é bastante relacionado ao inverso da trabalhabilidade, enquanto os ensaios de remoldagem, espalhamento e Vebe são funções diretas dela. O ensaio Vebe mede propriedades do concreto sob vibração em comparação com as condições de queda livre do ensaio do fator de compactação e de impactos devido às quedas dos ensaios de remoldagem e de espalhamento. Todos esses quatro ensaios são satisfatórios em laboratório. Entretanto, o aparelho do fator de compactação também é adequado para uso em campo.

Uma indicação da relação entre o fator de compactação e o tempo Vebe é dada na Figura 4.9, mas somente é aplicável às misturas utilizadas, e a relação não deve ser considerada como de aplicação geral devido a depender de fatores como a forma e a textura do agregado ou a existência de ar incorporado, bem como das proporções das misturas. Para misturas específicas, foi obtida uma relação entre o fator de compactação e o abatimento, sendo ela também uma função das propriedades da mistura. A relação entre o número de impactos no ensaio de remoldagem de Powers e o abatimento (Figura 4.10) também é definida somente de forma genérica.[4.58] Uma indicação geral do comportamento da relação entre o fator de compactação, o tempo Vebe e o abatimento é mostrada na Figura 4.11.[4.14] A influência do teor de cimento na mistura em duas dessas relações é clara. A falta de influência no caso da relação entre o abatimento e o tempo Vebe é ilusória, devido ao abatimento não ter sensibilidade em uma extremidade da escala (baixa trabalhabilidade), enquanto, para o tempo Vebe, ocorre o mesmo na outra extremidade, o que justifica a existência de duas linhas assintóticas conectando-se somente em um pequeno trecho.

O ensaio de espalhamento é válido para a determinação da coesão e da trabalhabilidade de concretos de trabalhabilidade muito elevada ou de concretos fluidos.

O abatimento e os ensaios de penetração são meramente comparativos, e, nesse aspecto, ambos são muito úteis, tirando o fato de que o abatimento não é confiável para misturas pobres, nas quais, com frequência, um bom controle é importante. O ensaio de abatimento frequentemente é citado como inútil e como um mau indicador da resistência do concreto.[4.52,4.111] Essas críticas não têm fundamento, pois esse ensaio não implica uma medida da resistência potencial do concreto. Seu objetivo é verificar a uniformidade do abatimento, betonada a betonada, e nada mais do que isso. Essa verificação é útil ao assegurar que o concreto, como lançado, tem a trabalhabilidade

Tabela 4.5 Ensaios adequados para misturas de diferentes trabalhabilidades, conforme a BS 1881:1983

Trabalhabilidade	Método
Muito baixa	Tempo Vebe
Baixa	Tempo Vebe, fator de compactação
Média	Fator de compactação, abatimento
Alta	Fator de compactação, abatimento, espalhamento
Muito alta	Espalhamento

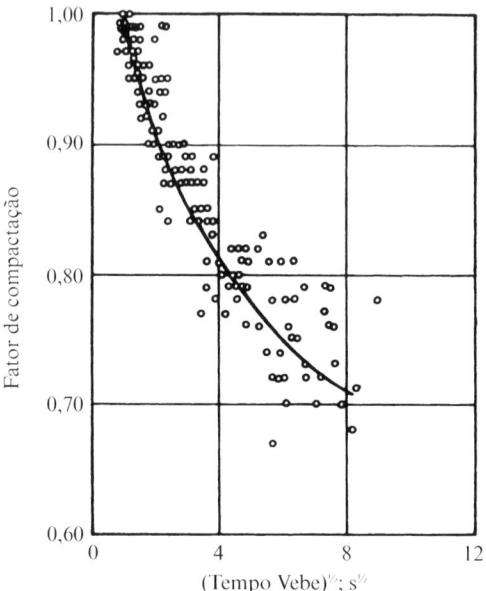

Figura 4.9 Relação entre o fator de compactação e o tempo Vebe.[4.4]

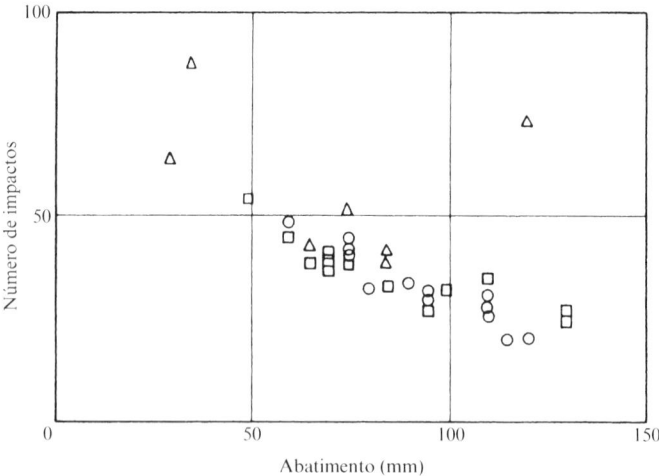

Figura 4.10 Relação entre o número de impactos com o aparelho de remoldagem de Powers e o abatimento para misturas com agregados miúdos de diferentes finuras.[4.58]

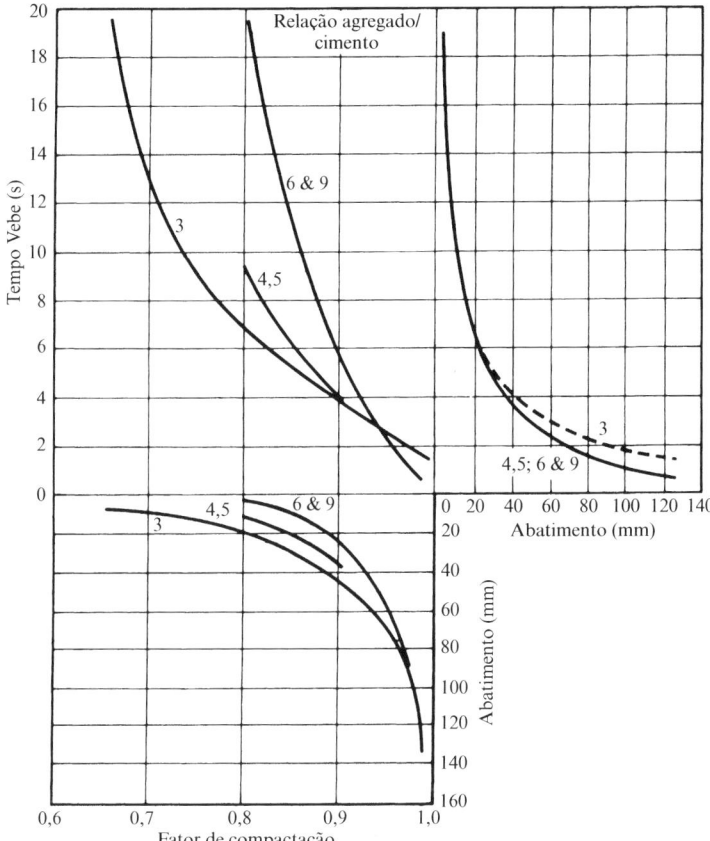

Figura 4.11 Padrão geral das relações entre os ensaios de trabalhabilidade para misturas de relações agregado/cimento variáveis.[4.14]

desejada. Além do mais, a simples menção da realização de ensaios concentra a atenção na central de concreto, e o efeito psicológico desse fato é prevenir a atitude de que "qualquer coisa serve".

Deve ser admitido que o ensaio de abatimento, que representa uma situação de uma única velocidade de cisalhamento, não pode caracterizar completamente a trabalhabilidade do concreto. O ensaio pode, entretanto, fornecer valores comparativos da trabalhabilidade se a única variável for a quantidade de água da mistura, pois, nessas condições, as linhas retas que representam as equações de Bingham não se cruzam.[4.43] Um ensaio prático perfeito ainda está por ser desenvolvido. Embora possa parecer rudimentar, é válida a observação visual da trabalhabilidade pela manipulação do concreto com uma colher de pedreiro para verificar sua facilidade de acabamento. É necessária experiência, mas, uma vez adquirida, o ensaio "a olho", em especial para fins de verificação da uniformidade, é tanto rápido quanto confiável.

Tempo de enrijecimento do concreto

É possível determinar se ocorreu, até um determinado grau, o enrijecimento do concreto a partir de ensaios na argamassa obtida pelo peneiramento do concreto em uma peneira de 5 mm de abertura. Uma sonda impulsionada por uma mola, conhecida como agulha de Proctor, é utilizada para determinar os tempos de obtenção de resistência à penetração de 3,5 MPa e de 27,6 MPa. O primeiro é denominado início de pega e indica que o concreto se tornou muito rijo para ser vibrado. O tempo de fim de pega é registrado quando a resistência à penetração alcança o valor de 27,6 MPa. A resistência à compressão do concreto medida em corpos de prova cilíndricos normalizados, neste segundo momento, é cerca de 0,7 MPa. Esses tempos de pega são distintos dos tempos de pega do cimento.

O ensaio é normalizado pela ASTM C 403-08 e pode ser utilizado para fins comparativos. Essa medida não pode ser tomada como absoluta devido ao ensaio ser realizado em argamassa, e não no concreto original. A norma britânica BS 5075-1:1982 (substituída pelas BS EN 480 e 934) também prescreve um ensaio de tempo de enrijecimento.*

Efeitos do tempo e da temperatura na trabalhabilidade

O concreto recém-misturado enrijece com o tempo. Esse fenômeno não deve ser confundido com a pega do cimento. Ele ocorre simplesmente porque parte da água é absorvida pelos agregados, se não estiverem saturados, parte é perdida por evaporação, em especial se o concreto estiver exposto ao sol e ao vento, e parte é removida pelas reações químicas iniciais. O fator de compactação diminui até 0,1 durante o período de uma hora desde a mistura.

O valor exato da perda de trabalhabilidade depende de diversos fatores. Em primeiro lugar, quanto maior for a trabalhabilidade inicial, maior será a perda de abatimento. Em segundo, a velocidade de perda de abatimento é maior em misturas ricas. Além disso, a velocidade também depende de propriedades do cimento utilizado, sendo maior quando o teor de álcalis é elevado[4.108] e quando o teor de sulfatos é muito baixo.[4.62] Um exemplo da relação do abatimento com o tempo para um concreto produzido com um cimento com teor de álcalis de 0,58 e relação água/cimento de 0,40 é mostrado na Figura 4.12.[4.60]

A alteração da trabalhabilidade com o tempo também depende da condição de umidade do agregado (para um determinado teor total de água), sendo, como esperado, maior a perda com agregados secos, devido à absorção da água pelo agregado. Embora os aditivos redutores de água retardem o enrijecimento inicial, eles frequentemente causam um pequeno aumento na velocidade de perda de abatimento com o tempo.

---

* N. de R.T.: No Brasil, existe um ensaio, normalizado pela NBR 14278:2012, com a utilização da agulha de Proctor, mas com finalidade distinta da citada. Ele se destina à determinação da consistência do concreto projetado.

A trabalhabilidade da mistura também é afetada pela temperatura ambiente, embora, estritamente falando, o enfoque deva estar na temperatura do concreto em si. A Figura 4.13 apresenta um exemplo do efeito da temperatura no abatimento de um concreto produzido em laboratório.[4.7] Fica claro que, em um dia quente, o teor de água da mistura deve ser aumentado para manter constante a trabalhabilidade inicial. A perda

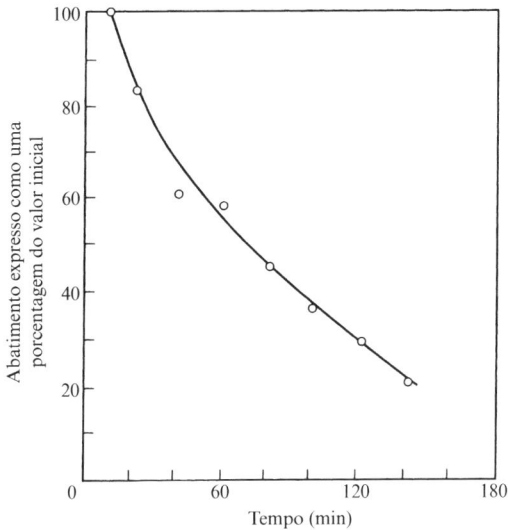

Figura 4.12 Perda de abatimento em função do tempo desde a mistura (baseada na ref. 4.60).

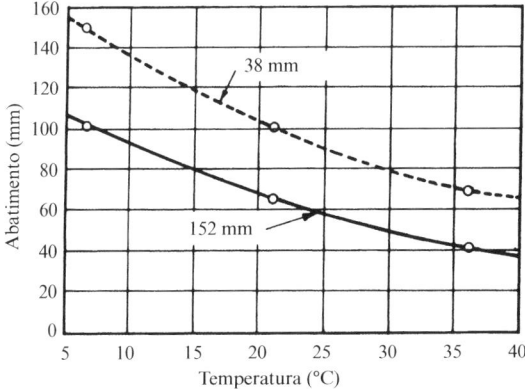

Figura 4.13 Influência da temperatura no abatimento de concretos com agregados de diferentes dimensões máximas.[4.7]

de abatimento em misturas rijas é menos influenciada pela temperatura, devido a elas serem menos afetadas pelas alterações da quantidade de água. A Figura 4.14 mostra que, conforme aumenta a temperatura do concreto, o aumento percentual de água necessária para alterar 25 mm no abatimento também eleva.[4.8] A perda de abatimento com o tempo também é afetada pela temperatura, conforme mostra a Figura 4.15.

Os efeitos da temperatura no concreto são discutidos no Capítulo 8.

Em razão de a trabalhabilidade diminuir com o tempo, é importante medir, por exemplo, o abatimento após certo período predeterminado desde a mistura. É válido realizar a determinação do abatimento imediatamente após a descarga do concreto da betoneira para controlar a produção. Também é importante fazer a verificação do abatimento no momento do lançamento do concreto nas fôrmas para garantir que a trabalhabilidade seja apropriada para os processos de adensamento a serem utilizados.*

Segregação

Ao tratar sobre a trabalhabilidade do concreto em termos gerais, foi dito que um concreto trabalhável não deve segregar com facilidade, ou seja, que ele deve ser coeso. Entretanto, estritamente falando, a não tendência à segregação não está incluída na definição de uma mistura trabalhável. Apesar disso, a ausência de segregação significativa é essencial, já que o adensamento total de uma mistura segregada é impossível.

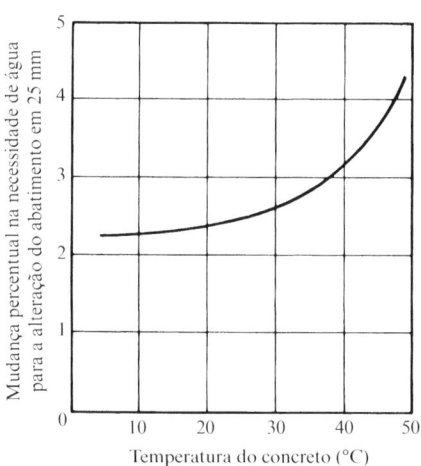

Figura 4.14 Influência da temperatura na quantidade de água necessária para alterar o abatimento.[4.8]

---

* N. de R.T.: A norma NBR 10342:2012 estabelece o procedimento de ensaio para a determinação da perda de abatimento do concreto com o tempo. Cabe ressaltar que esse é um procedimento laboratorial.

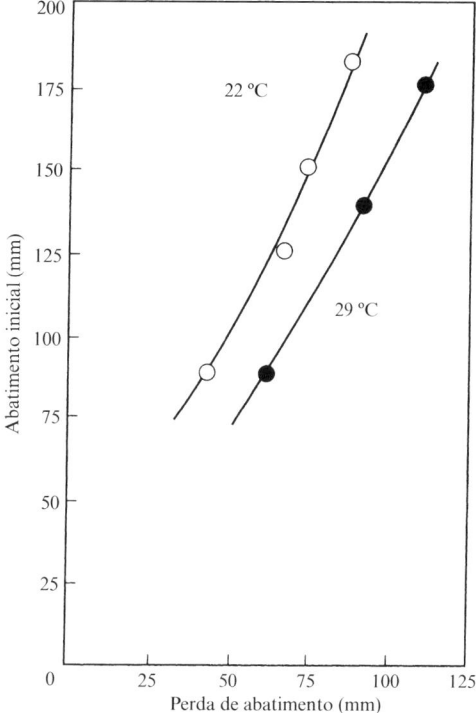

Figura 4.15 Influência da temperatura na perda de abatimento após 90 minutos para um concreto com consumo de cimento de 306 kg/m³ (baseada na ref. 4.61).

A segregação pode ser definida como a separação dos constituintes de uma mistura heterogênea, de modo que suas distribuições não sejam mais uniformes. No caso do concreto, as diferenças entre as dimensões das partículas e entre as massas específicas dos constituintes da mistura são as principais causas da segregação, mas seu grau pode ser controlado pela escolha de uma granulometria apropriada e pelo manuseio cuidadoso.

É importante ressaltar que, quanto maior for a viscosidade da pasta de cimento fresca, maior será a resistência ao movimento descendente das partículas mais pesadas. Em decorrência disso, misturas com baixas relações água/cimento são menos propensas à segregação.[4.48]

Existem duas formas de segregação. Na primeira, as partículas maiores tendem a se separar em virtude de suas tendências de se deslocar em superfícies inclinadas e de se assentar mais do que partículas mais finas. A segunda forma de segregação ocorre principalmente em misturas com excesso de água e é manifestada pela separação da pasta (cimento e água) da mistura. Com algumas granulometrias, quando uma mistura pobre é utilizada, o primeiro tipo de segregação pode ocorrer se a mistura for muito seca – adicionar água pode melhorar a coesão da mistura, mas, quando a mistura se torna muito úmida, pode ocorrer a segunda forma de segregação.

A influência da granulometria na segregação foi discutida em detalhes no Capítulo 3, mas a extensão real da segregação depende do método de manuseio e de lançamento do concreto. Caso o concreto não precise ser transportado por grandes distâncias e seja lançado diretamente da caçamba ou de carrinhos de mão em sua posição final nas fôrmas, o risco de segregação é pequeno. Por outro lado, o lançamento do concreto de alturas consideráveis, passando por calhas, em especial com mudanças de direção e com descarga contra um obstáculo, favorece a ocorrência de segregação. Nessas circunstâncias, portanto, devem ser utilizadas misturas de maior coesão. Com métodos adequados de manuseio, transporte e lançamento, a probabilidade de ocorrência de segregação pode ser bastante diminuída. Ainda, existem muitas regras práticas relacionadas na ACI 304R-85.[4.79]

Todavia, é necessário ressaltar que o concreto deve sempre ser lançado diretamente em sua posição final e que não se deve permitir que ele seja movimentado ou trabalhado ao longo das fôrmas. Essa proibição inclui o uso de vibrador para espalhar um monte de concreto em uma área maior. A vibração é o melhor meio de adensar um concreto, mas, devido à grande quantidade de energia exercida no concreto, o risco de segregação (no lançamento, diferentemente de no manuseio) é aumentado pelo uso indevido do vibrador. Isso é especialmente verídico quando a vibração dura um tempo excessivo. Em muitas misturas, pode ocorrer a separação do agregado graúdo em direção ao fundo da fôrma e da pasta de cimento em direção ao topo. Esse concreto será, obviamente, fraco, e a nata em sua superfície será muito rica e terá excesso de água, de maneira que possa resultar em uma superfície fissurada com tendência à formação de pó. A formação de nata deve ser diferenciada da água de exsudação, assunto da próxima seção.

Deve ser destacado que o uso de ar incorporado diminui o risco de segregação. Por outro lado, o uso de agregados graúdos com massa específica significativamente diferente daquela do agregado miúdo pode aumentar a segregação.

A avaliação quantitativa da segregação é difícil, mas ela é facilmente detectável quando o concreto é manuseado na obra de qualquer uma das maneiras inadequadas citadas anteriormente. Uma boa ideia da coesão da mistura é dada pelo ensaio de espalhamento. O impacto aplicado durante o ensaio favorece a segregação, e, caso a mistura não seja coesa, as partículas maiores do agregado irão se separar e se movimentar em direção à borda da mesa. Outra forma de segregação é possível: em uma mistura com excesso de água, a pasta de cimento tende a fluir a partir do centro da mesa, deixando o material maior para trás.

Em relação à tendência à segregação devido ao excesso de vibração, um bom ensaio é realizar a vibração de um cilindro ou cubo de concreto por aproximadamente 10 minutos e, em seguida, retirar o molde e observar a distribuição do agregado graúdo, o que fará com que qualquer segregação seja facilmente visualizada.

Exsudação

A exsudação é uma forma de segregação na qual parte da água da mistura tende a migrar para a superfície do concreto recém-lançado. Isso é causado pela incapacidade de os constituintes sólidos da mistura reterem toda a água de amassamento quando se assentam em direção ao fundo, já que a água tem a menor massa específica entre todos os constituintes da mistura. Isso se refere à sedimentação, e Powers[4.10] considera a exsudação um caso especial de sedimentação. A exsudação pode ser expressa quantitativamente como o assentamento total por unidade de altura do concreto ou como uma porcentagem da água de amassamento. Em casos extremos, este último valor pode chegar a 20%.[4.112] A ASTM C 232-09 estabelece dois métodos para a determinação da exsudação total. A velocidade de exsudação também pode ser determinada experimentalmente.*

A exsudação inicial ocorre a uma taxa constante, mas, subsequentemente, a taxa diminui regularmente. A exsudação do concreto acontece até que a pasta de cimento tenha enrijecimento suficiente para cessar o processo de sedimentação.

Caso a água de exsudação seja remisturada durante o acabamento da superfície, será formada uma superfície com excesso de nata e baixa resistência ao desgaste. Isso pode ser evitado atrasando as operações de acabamento até que a água de exsudação tenha evaporado, bem como utilizando desempenadeiras de madeira, impedindo, assim, o desempeno excessivo da superfície. Por outro lado, caso a evaporação da água superficial seja mais rápida do que a taxa de exsudação, pode ocorrer a retração plástica (ver página 440).

Parte da água ascendente fica aprisionada sob as partículas do agregado graúdo ou sob a armadura, criando regiões de baixa aderência. Essa água deixa bolsas ou lentes de ar, e, devido a todos os vazios estarem orientados na mesma direção, a permeabilidade do concreto no plano horizontal pode aumentar. Em consequência disso, o ingresso de um agente agressivo no concreto é facilitado. Também pode ser formada uma região horizontal mais fraca, que é confirmada por meio de ensaios de tração na direção da moldagem e em direções perpendiculares a ela.[4.65] O acúmulo de uma grande quantidade de água de exsudação também deve ser evitado devido ao risco de danos por congelamento, especialmente em pavimentos rodoviários.

Alguma exsudação é inevitável. Porém, em elementos estruturais altos, como pilares e paredes, com o movimento ascendente da água, a relação água/cimento na parte inferior do elemento diminui, mas a água aprisionada no concreto da parte superior, agora mais rijo, resulta em uma relação água/cimento maior e, com isso, em uma diminuição da resistência (ver página 296).

A água de exsudação também pode realizar o movimento ascendente junto às fôrmas. Caso, devido a alguma imperfeição na superfície da fôrma, se forme um canal, será criado um caminho preferencial de drenagem com resultante formação de veios na superfície. Canais verticais de exsudação também podem se formar no interior do concreto.

A exsudação não é necessariamente nociva. Caso a superfície do concreto venha a receber tratamento superficial a vácuo (ver página 246), a remoção da água é facilitada. Caso a exsudação não seja perturbada e a água evapore, a relação água/cimento efetiva pode diminuir, resultando no aumento da resistência. Por outro lado, se a água exsudada carregar uma quantidade grande das partículas mais finas do cimento, será formada uma camada de nata que, se localizada no topo de uma laje, resultará em uma superfície porosa e de baixa resistência, com formação constante de pó. No caso de essa camada se localizar no topo de uma camada de concreto, pode se formar um plano de fraqueza,

---

* N. de R.T.: A determinação da exsudação em concreto é normalizada pela NBR 15558:2008 e estabelece o volume de água exsudada.

prejudicando a aderência à próxima camada. Por essa razão, a camada de nata deve sempre ser removida por escovação e lavagem.

A tendência à exsudação depende, em grande parte, das propriedades do cimento. Ela diminui com o aumento da finura do cimento, possivelmente devido às partículas finas se hidratarem antes e à sua velocidade de sedimentação ser menor. Outras propriedades do cimento também afetam a exsudação. Um teor elevado de álcalis ou de C_3A ou a adição de cloreto de cálcio (para restrições ao uso do cloreto de cálcio, ver página 587) diminuem a exsudação. Os métodos de determinação de exsudação em pastas de cimento e em argamassa eram normalizados pela ASTM C 243-85 (cancelada).

Entretanto, as propriedades do cimento não são os únicos fatores influentes na exsudação do concreto,[4.120] de modo que outros fatores devem ser citados. Uma proporção adequada de partículas muito finas de agregado (em especial as menores do que 150 μm) reduz significativamente a exsudação.[4.12] O uso de areia de britagem não leva, necessariamente, a uma maior exsudação do que a areia arredondada. Na realidade, quando o agregado miúdo britado contém excesso de material muito fino (até cerca de 15% passante na peneira de 150 μm), a exsudação é diminuída,[4.37] mas esse material muito fino deve ser constituído somente de material britado, e não de argila.

Misturas ricas são menos propensas à exsudação do que as mais pobres. Obtém-se a redução da exsudação pela adição de pozolanas, de outros materiais finos ou de pó de alumínio. Schiessl & Schmidt[4.66] observaram que a adição de cinza volante ou de sílica ativa à argamassa reduz significativamente a exsudação. Isso não ocorre necessariamente no concreto, dependendo da base de comparação – por exemplo, se os materiais cimentícios são utilizados como adição ou como substituição de parte do cimento Portland. A incorporação de ar efetivamente reduz a exsudação, de modo que o acabamento pode ser realizado logo após o lançamento.

Uma temperatura mais elevada, dentro da faixa normal, aumenta a velocidade de exsudação, mas a capacidade total de exsudação provavelmente permanece inalterada. Uma temperatura muito baixa, entretanto, pode aumentar a capacidade de exsudação, provavelmente devido a transcorrer um período de tempo maior antes do enrijecimento do concreto, que impede a ocorrência da exsudação.[4.68]

A influência dos aditivos não é direta. Os superplastificantes, em geral, diminuem a exsudação, exceto nos casos de abatimento muito elevado.[4.67] Entretanto, se utilizados com um retardador, pode ocorrer um aumento da exsudação,[4.68] provavelmente devido ao retardo implicar em mais tempo para a ocorrência da exsudação. Caso seja utilizado, ao mesmo tempo, um aditivo incorporador de ar, seu efeito redutor da exsudação pode ser dominante.

A mistura do concreto

É fundamental que os ingredientes da mistura, cujas propriedades foram discutidas nos capítulos anteriores, sejam adequadamente misturados para que se produza um concreto fresco, em que as superfícies de todas as partículas de agregados sejam revestidas pela pasta de cimento, que seja homogêneo em macroescala e, como consequência, que possua propriedades uniformes. A mistura é praticamente sempre realizada por meios mecânicos.

Betoneiras

As betoneiras não devem garantir somente a uniformidade da mistura, conforme citado, mas também sua descarga sem prejudicar tal uniformidade. Na realidade, o método de descarga é uma das bases de classificação das betoneiras, pois existem vários tipos. Na *betoneira basculante*,* a câmara de mistura, conhecida como tambor, é inclinada para a descarga. Na *betoneira não basculante*,** o eixo é sempre horizontal, e a descarga é feita pela introdução de um tubo no interior do tambor ou pela reversão da direção da rotação do tambor (*betoneira de tambor reversível*), ou ainda, raramente, pela abertura do tambor. Existem também betoneiras de eixo vertical, de operação semelhante à de batedeiras de bolo. Estas são denominadas *betoneiras de mistura forçada*,*** distinguindo-se das betoneiras basculantes e não basculantes, que fazem a mistura por queda livre do concreto no interior do tambor.

As betoneiras basculantes geralmente têm um tambor de forma cônica ou arredondada com paletas internas. A eficiência da mistura depende de detalhes de projeto, mas a descarga é sempre boa, já que todo o concreto pode ser despejado de forma rápida e sem segregação assim que o tambor é inclinado. Por essa razão, a betoneira basculante é a mais utilizada para misturas de baixa trabalhabilidade e para aquelas que contêm agregados de grandes dimensões.

Por outro lado, devido à velocidade de descarga um tanto baixa das betoneiras de eixo horizontal, o concreto fica, algumas vezes, suscetível à segregação. Em especial, o agregado de maior dimensão tende a ficar na betoneira, de maneira que a descarga, algumas vezes, inicia pela argamassa e termina com um amontoado de partículas de agregado graúdo revestidas. Atualmente, essas betoneiras são menos utilizadas.

As betoneiras de eixo horizontal são sempre carregadas por meio de uma caçamba, que também é utilizada com betoneiras basculantes de grandes dimensões. É importante que toda a carga da caçamba seja transferida para o interior da betoneira a cada ciclo, sem que reste material aderido. Algumas vezes, um agitador montado na caçamba auxilia na descarga.

Em geral, as betoneiras de eixo vertical não são móveis e são, portanto, utilizadas em centrais de concreto, em fábricas de pré-moldados ou, em uma versão reduzida, em laboratórios de concreto. Essas betoneiras consistem essencialmente em um recipiente circular que gira em torno de seu eixo, com um ou dois conjuntos de pás que giram em torno de um eixo vertical *não* coincidente com o eixo do recipiente. Algumas vezes, o recipiente está parado, e o eixo do conjunto de pás percorre um trajeto circular em torno do eixo do recipiente. Em ambos os casos, o movimento relativo entre as pás e o concreto é o mesmo, e o material, em qualquer posição do recipiente, é totalmente misturado. Lâminas raspadoras evitam que reste argamassa aderida aos lados do recipiente, e a altura das pás pode ser ajustada para prevenir a formação de uma camada de argamassa no fundo do recipiente.

Essas betoneiras possibilitam a observação do concreto durante a mistura e, portanto, a realização de ajustes. As betoneiras de eixo vertical são particularmente efi-

---

* N. de R.T.: Ou eixo inclinado.
** N. de R.T.: Ou eixo horizontal ou fixa.
*** N. de R.T.: Ou planetária.

cientes com misturas rijas e coesivas e são, por isso, frequentemente utilizadas na produção de concreto pré-moldado. Também são adequadas, devido aos mecanismos de raspagem, para a mistura de quantidades bastante pequenas de cimento, daí seu uso em laboratório.

É importante citar que, nas betoneiras de tambor, não é feita nenhuma raspagem das paredes durante a mistura, portanto, uma determinada quantidade de argamassa resta aderida às paredes do tambor, ali permanecendo até que seja realizada a limpeza da betoneira. Como consequência, no início da concretagem, a primeira mistura pode perder grande parte de sua argamassa no interior da betoneira e, assim, a descarga pode consistir principalmente em partículas de agregados graúdos revestidas com argamassa. Essa betonada inicial não deveria ser utilizada, mas, como alternativa, uma determinada quantidade de argamassa pode ser adicionada à betoneira antes da mistura do concreto, procedimento conhecido como imprimação. Um modo simples e conveniente de fazer isso é alimentar a betoneira com as quantidades especificadas de cimento, água e agregado miúdo, omitindo o agregado graúdo. Essa mistura é particularmente adequada para o lançamento em uma junta fria. A necessidade de imprimação não deve ser esquecida durante a utilização de uma betoneira em laboratório.

O tamanho nominal da betoneira é descrito pelo volume de concreto após o adensamento (BS 1305:1974 – obsoleta), que pode ser até metade do volume dos materiais não misturados em estado solto. Existem betoneiras de diversos tamanhos, desde 0,04 m^3, para uso laboratorial, até 13 m^3. Caso a quantidade misturada represente menos do que 1/3 da capacidade *nominal* da betoneira, a mistura resultante pode não ser uniforme, e a operação certamente será antieconômica. A sobrecarga em até 10%, em geral, não é prejudicial.

Todas as betoneiras descritas até agora produzem betonadas individuais, ou seja, são intermitentes: uma betonada de concreto é misturada e descarregada antes de mais materiais serem carregados. De forma oposta, uma *betoneira contínua* descarrega concreto misturado de modo contínuo, sem interrupções, e é alimentada por meio de um sistema contínuo de dosagem em volume ou em massa.* A betoneira em si consiste em uma lâmina espiral que gira a uma velocidade relativamente alta em uma cuba fechada, levemente inclinada. A ASTM C 685-10 prescreve os requisitos para concretos produzidos por dosagem em volume e por mistura contínua, e o ACI 304.6R-91[4.113] apresenta um guia para a utilização dos equipamentos mais importantes. Betoneiras contínuas modernas produzem concretos de uniformidade elevada.[4.113] Com a utilização de uma betoneira de alimentação contínua, é possível realizar o lançamento, o adensamento e o acabamento em até 15 minutos após a adição da água à mistura.[4.101] Betoneiras com dosagem em volume são usadas também para concretos com agregados reciclados.[4.123]

Outras betoneiras devem ser citadas de forma resumida. Entre elas estão os caminhões-betoneira com tambor rotativo, mencionados na página 228. Também foram de-

---

* N. de R.T.: O termo dosagem – ou proporcionamento – é definido pela NBR 12655:2015, versão corrigida 2015, como a medida dos materiais para o preparo do concreto. A mesma norma define estudo de dosagem como os procedimentos necessários para a obtenção de um traço de concreto que atenda aos requisitos especificados.

senvolvidos caminhões-betoneira com lâminas duplas e bicos de água distribuídos pelo interior do tambor, mas não existem dados confiáveis sobre seu desempenho.

Betoneiras específicas são utilizadas para concreto projetado e para argamassa em concretos com agregados pré-colocados. No misturador "coloidal", o cimento e a água são transformados em uma pasta coloidal pela passagem, a uma velocidade de 2.000 rpm, através de uma abertura estreita, e a areia é adicionada à pasta posteriormente. A mistura prévia do cimento e da água possibilita uma hidratação posterior melhor e, quando usada em concreto, resulta em uma maior resistência para uma mesma relação água/cimento do que a mistura tradicional. Por exemplo, para relações água/cimento entre 0,45 e 0,50, foi verificado um ganho de 10% na resistência.[4.26] Entretanto, uma grande quantidade de calor é gerada em relações água/cimento muito baixas.[4.64] Além do mais, a mistura em duas etapas representa, sem sombra de dúvidas, um custo maior, e somente é justificável em casos especiais.

Uniformidade da mistura

Em qualquer betoneira, é essencial que ocorra uma suficiente alternância dos materiais entre as diferentes partes do tambor, de modo que seja produzido um concreto uniforme. A eficiência da betoneira pode ser avaliada pela variabilidade da mistura descarregada em um determinado número de recipientes, sem interrupção do fluxo de concreto. Por exemplo, o ensaio, um tanto rígido, da ASTM C 94-09a (formalmente aplicável somente a caminhões-betoneira) estabelece que devem ser retiradas amostras de cerca de 1/6 a 5/6 da betonada, e as diferenças entre as propriedades das duas amostras não devem exceder os seguintes valores:

Massa específica do concreto:	16 kg/m^3
Teor de ar:	1%
Abatimento de tronco de cone:	25 mm quando a média for menor do que 100 mm e 40 mm quando a média estiver entre 100 e 150 mm
Porcentagem de agregado retido na peneira de 4,75 mm:	6%
Massa específica da argamassa sem ar:	1,6%
Resistência à compressão (valor médio de três corpos de prova cilíndricos ensaiados aos sete dias):	7,5%.

No Reino Unido, a BS 3963:1974 (1980) fornece orientações para a verificação do desempenho de betoneiras utilizando um concreto especificado. Os ensaios são realizados em duas amostras de cada quarto de uma betonada. Cada amostra é submetida à análise em estado úmido, e as seguintes determinações são feitas:

Teor de água, expresso como uma porcentagem dos sólidos (precisão de 0,1%)
Teor de agregados miúdos, expresso como uma porcentagem do agregado total
 (precisão de 0,5%)
Cimento, expresso como uma porcentagem do agregado total (precisão de 0,01%)
Relação água/cimento (precisão de 0,01).

A precisão da amostragem é garantida por um limite na amplitude média de pares. Caso dois elementos de um par apresentem diferença excessiva, ou seja, variação discrepante[1], os dois resultados são descartados.

O desempenho da betoneira é avaliado pela diferença média entre a maior e a menor média dos pares de quatro amostras em cada uma de três betonadas ensaiadas. Dessa forma, uma operação inadequada de mistura não condena a betoneira. As variabilidades máximas aceitáveis das porcentagens já citadas são estabelecidas pela obsoleta norma britânica BS 1305:1974 para diferentes dimensões máximas de agregados.

Pesquisas realizadas na Suécia[4.115] mostraram que a uniformidade do teor de cimento é a melhor medida da uniformidade da mistura, sendo considerada satisfatória se o coeficiente de variação (ver página 669) não for maior do que 6%, para misturas com abatimento mínimo de 20 mm, e 8%, para misturas com menor trabalhabilidade.

Um método para a determinação da distribuição da água ou de aditivos na mistura por traçadores radioativos foi desenvolvido na França.[4.116]

No que diz respeito às betoneiras de alimentação volumétrica contínua, a uniformidade da mistura deve ser avaliada por tolerâncias nas proporções dos ingredientes da mistura. A ASTM C 685-10 prescreve as seguintes porcentagens, em massa:

Cimento:	0 a + 4
Água:	± 1
Agregado miúdo:	± 2
Agregado graúdo:	± 2
Aditivos:	± 3

O método de ensaio do US Army Corps of Engineers, CRD-C 55-92,[4.117] especifica, para betoneiras estacionárias, a retirada de amostras de cada terço. Para concreto massa, os requisitos de conformidade são estabelecidos pelo Corps of Engineers Guide Specification 03305, que são iguais aos da ASTM C 94-09a, mas a variação admitida na massa específica é de 32 kg/m^3 e, na resistência à compressão, 10%. Esses valores aparentemente elevados são um reflexo do fato de que são utilizadas três amostras, em vez de duas, como nos ensaios da ASTM C 94-09a.

Ainda pode ser dito que os ensaios de verificação da uniformidade da mistura avaliam não somente o desempenho de uma betoneira, mas também os efeitos da ordem de carregamento da betoneira.*

Tempo de mistura

No canteiro, costuma-se misturar o concreto tão rápido quanto possível. Em razão disso, é importante conhecer o tempo mínimo de mistura necessário para a produção de um concreto de composição uniforme e, consequentemente, de resistência adequada. Esse tempo varia conforme o tipo de betoneira e, na realidade, não é o tempo de

---

[1] Consultar, por exemplo, J. B. Kennedy and A. M. Neville, *Basic Statistical Methods for Engineers and Scientists*, 3rd Edn., 613 pp. (New York and London, Harper and Row, 1986).

* N. de R.T.: A norma NBR 12655:2015, versão corrigida 2015, cita que a mistura do concreto pode ser executada na obra, na central de concreto ou em um caminhão-betoneira, e que o equipamento utilizado e sua operação devem atender às recomendações do fabricante em relação à capacidade de carga, à velocidade e ao tempo de mistura.

mistura que define sua qualidade, mas o número de rotações da betoneira. Em geral, 20 rotações são adequadas. Em razão de existir uma velocidade de mistura ótima recomendada pelo fabricante, o número de rotações e o tempo de mistura são interdependentes.

Para cada betoneira, existe uma relação entre o tempo de mistura e sua uniformidade. Dados típicos dessa relação, baseados em ensaios de Shalon & Reinitz,[4.22] são mostrados na Figura 4.16, com a variabilidade sendo representada como a variação da resistência de corpos de prova produzidos a partir de uma determinada mistura após o tempo de mistura especificado. A Figura 4.17 mostra os resultados dos mesmos ensaios, representados como o coeficiente de variação em função do tempo de mistura. Fica aparente que misturar por menos de um minuto a um minuto e 15 segundos resulta em um concreto razoavelmente mais variável, mas tempos de mistura além desses valores não causam melhoria significativa na uniformidade.

A resistência média do concreto também é elevada com o aumento do tempo de mistura, conforme mostram, por exemplo, ensaios realizados por Abrams.[4.23] A taxa de crescimento diminui rapidamente após aproximadamente um minuto e não é significativa além de dois minutos – algumas vezes, até um leve decréscimo da resistência foi observado.[4.44] Entretanto, dentro do primeiro minuto, a influência do tempo de mistura é de importância considerável.[4.22]

Conforme mencionado, o valor exato do tempo mínimo de mistura, que é fornecido pelo fabricante da betoneira, varia conforme o tipo de mistura e depende também de seu tamanho. O aspecto essencial é garantir a uniformidade da mistura, que, em geral, pode ser obtida com um tempo mínimo de mistura de um minuto para uma betoneira de 750 litros e 15 segundos adicionais para mais 750 litros. Essa orientação é dada tanto pela ASTM C 94-09a quanto pelo ACI 304.R-89.[4.76] De acordo com a primeira, o tempo de mistura é contado desde o momento em que todos os materiais sólidos tenham

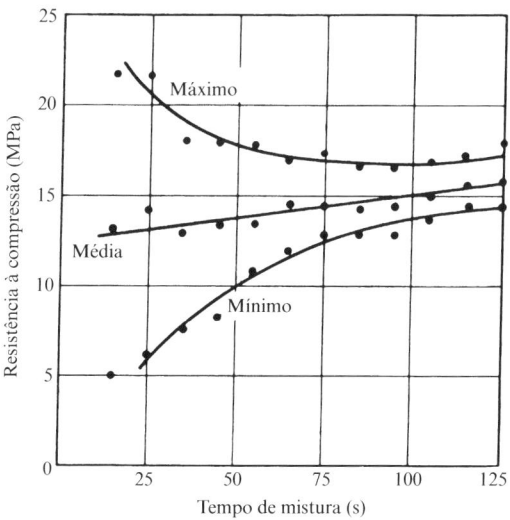

Figura 4.16 Relação entre a resistência à compressão e o tempo de mistura.[4.22]

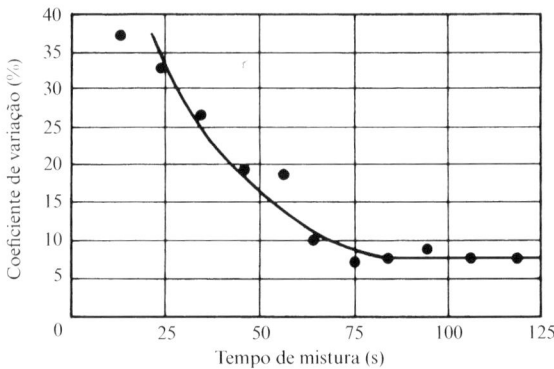

Figura 4.17 Relação entre o coeficiente de variação da resistência e o tempo de mistura.[4.22]

sido carregados na betoneira, e a norma exige também que toda a água seja adicionada em até um quarto do tempo de mistura. O ACI 304.R-89 considera o tempo de mistura desde o momento em que todos os ingredientes tenham sido colocados na betoneira.*

As figuras citadas são referentes a betoneiras comuns, mas existem várias betoneiras modernas de grande capacidade que apresentam resultados satisfatórios com tempos de mistura entre um minuto e um minuto e meio. Em betoneiras de eixo vertical de alta velocidade, o tempo de mistura é curto, podendo chegar apenas a 35 segundos. Por outro lado, quando se utilizam agregados leves, o tempo de mistura não deve ser inferior a cinco minutos, e, algumas vezes, é dividido em dois minutos de mistura dos agregados com água seguidos de três minutos após a adição do cimento. Em geral, a duração do tempo de mistura necessário para uma mistura suficientemente uniforme depende da eficiência da mistura dos materiais durante o carregamento da betoneira – e o carregamento simultâneo é benéfico.

Será abordado agora o outro extremo: a mistura por um período longo. Em geral, ocorre a evaporação da água do concreto, com consequente diminuição da trabalhabilidade e aumento da resistência. Um efeito secundário é a fragmentação do agregado, especialmente quando ele é macio, fato que torna a granulometria mais fina e diminui a trabalhabilidade. O efeito do atrito produz um aumento na temperatura da mistura.

No caso de concretos com ar incorporado, a mistura prolongada diminui o teor de ar em cerca de 1/6 por hora, dependendo do tipo de agente incorporador de ar, enquanto uma demora no lançamento sem realização de mistura contínua causa uma redução no teor de ar de somente cerca de 1/10 por hora. Por outro lado, uma diminuição no tempo de mistura para menos de dois ou três minutos pode resultar em incorporação de ar inadequada.

---

* N. de R.T.: Para o concreto produzido em betoneiras estacionárias, a NBR 12655:2015, versão corrigida 2015, cita que devem obedecidas as recomendações do fabricante do equipamento. Para a mistura realizada em centrais misturadoras e em caminhões-betoneira, devem ser obedecidas as recomendações da NBR 7212:2012, que trata de concreto dosado em central. Em relação a caminhões-betoneira, essa norma cita que devem ser obedecidas as especificações dos equipamentos, desde que atendido o tempo mínimo de 30 s/m^3 de concreto e três minutos em velocidade de mistura de 14 ± 2 rpm.

A remistura intermitente por até três horas – e, em alguns casos, por até seis horas – não é prejudicial em relação à resistência e à durabilidade, mas a trabalhabilidade diminui com o tempo, a menos que a perda de umidade da betoneira seja prevenida. A adição de água para reestabelecer a trabalhabilidade, conhecida como redosagem, diminuir a resistência do concreto. Esse assunto será tratado na página 229.

Nenhuma regra para a ordem de colocação de materiais na betoneira pode ser dada, já que ela depende das propriedades da mistura e da betoneira. Em geral, uma pequena quantidade de água deve ser colocada em primeiro lugar, seguida por todos os materiais sólidos, de preferência, carregados uniforme e simultaneamente na betoneira. Sendo possível, a maior parte da água deve ser adicionada ao mesmo tempo, e o restante deve ser colocado após os sólidos. Quando são utilizadas misturas muito secas em algumas betoneiras de tambor, é necessário colocar, inicialmente, parte da água juntamente com o agregado graúdo, pois, caso contrário, sua superfície não fica suficientemente molhada. Além do mais, caso não haja agregado graúdo no início da mistura, a areia ou a areia e o cimento se aglutinam na entrada da betoneira e não se incorporam à mistura. Se a adição da água ou do cimento for feita muito rapidamente ou se tais materiais estiverem muito quentes, há o risco de formação de pelotas de cimento, algumas vezes de até 70 mm de diâmetro. Nas pequenas betoneiras de eixo vertical de laboratório e misturas muito rijas, observou-se ser adequada a colocação da areia em primeiro lugar, seguida de parte do agregado graúdo e do cimento, seguidos da água e, finalmente, do restante do agregado graúdo, a fim de desmanchar qualquer nódulo de argamassa.

Ensaios com concreto fluido com superplastificante[4.118] mostraram que o abatimento é maior quando o cimento e o agregado miúdo são misturados juntos inicialmente e menor quando a mistura inicial é feita com o cimento e a água juntos. A mistura de todos os ingredientes simultaneamente resultou em um abatimento intermediário. A Figura 4.18 ilustra essa situação e também mostra que a velocidade da perda de abatimento foi maior quando o cimento e o agregado miúdo foram misturados juntos no início. A perda de abatimento foi menor quando todos os materiais foram misturados simultaneamente. Parece, então, que, para minimizar a perda de abatimento, a técnica de mistura convencional é a mais adequada.

Em relação à mistura de concreto fluido, vale a pena destacar que a avaliação visual da consistência da mistura pelo operador da betoneira não é possível, já que a mistura se apresenta simplesmente como fluido.

Mistura manual

Em algumas ocasiões raras, pode ser necessário misturar manualmente pequenas quantidades de concreto, e, devido a ser mais difícil a obtenção de uma mistura uniforme, nesses casos são demandados cuidados especiais. Para garantir que essa importante matéria não seja esquecida, um procedimento adequado será descrito.

O agregado deve ser espalhado, em uma camada uniforme, sobre uma base firme, limpa e não porosa. O cimento é, então, espalhado sobre o agregado, e os materiais secos são misturados, revirados sobre a base, até que a mistura pareça uniforme. Em geral, são necessárias três viradas. Em seguida, a água é adicionada de forma gradual de modo que ela não escape da mistura nem sozinha, nem misturada ao cimento. A mistura é novamente revirada, em geral três vezes, até que apresente uniformidade de coloração e de consistência.

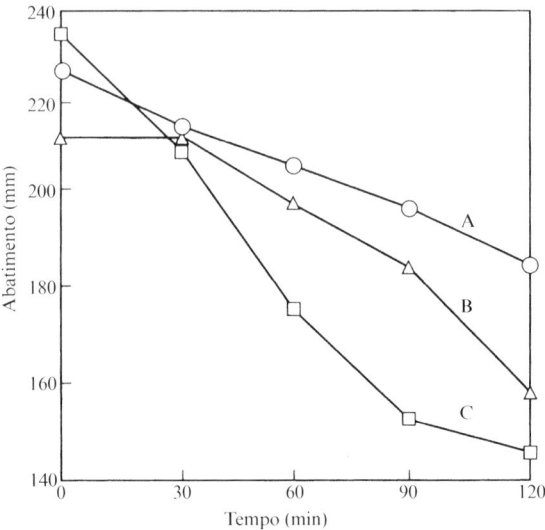

Figura 4.18 Perda de abatimento com o tempo de concretos com relação água/cimento de 0,25 e aditivo superplastificante para diferentes sequências de carregamento: (A) todos os materiais simultaneamente; (B) cimento e água primeiramente; (C) cimento e agregado miúdo primeiramente (baseada na ref. 4.118).

É evidente que, durante a mistura manual, não deve ocorrer contaminação pelo solo ou por outro material estranho.

Concreto dosado em central

O concreto dosado em central costumava ser tratado como um tópico separado, mas, atualmente, como grande parte do concreto, em muitos países, é proveniente de centrais, nesta seção serão consideradas somente algumas características especiais do concreto dosado em central.

O concreto dosado em central é especialmente útil em canteiros congestionados ou em construções de rodovias onde exista pouco espaço para a produção de concreto e para grandes estoques de agregados. Entretanto, talvez a maior vantagem do concreto produzido em central seja o fato de que ele é produzido em melhores condições de controle do que as normalmente possíveis em qualquer canteiro de obras. O controle deve ser obrigatório, mas, como a central opera quase em condições industriais, é possível um controle bastante rigoroso de todas as operações de produção do concreto fresco. Os cuidados necessários durante o transporte do concreto também são garantidos pelo uso de caminhões dotados de dispositivos de agitação, mas o lançamento e o adensamento continuam sendo responsabilidade da equipe da obra. O concreto dosado em central também é vantajoso quando pequenas quantidades de concreto são necessárias ou quando o concreto é lançado apenas em intervalos.

Existem duas principais categorias de concreto pré-misturado. Na primeira, a mistura é feita na central e o concreto misturado é transportado, geralmente, por um caminhão dotado de um dispositivo de agitação que revolve lentamente o concreto para prevenir a segregação e o enrijecimento indevido da mistura. Esse concreto é conhecido como *concreto misturado em central*, diferentemente da outra categoria, o *concreto misturado em trânsito* ou *misturado no caminhão*. Nessa segunda categoria, os materiais são dosados na central, mas são misturados em um caminhão-betoneira, seja em trânsito ou imediatamente antes da descarga do concreto no canteiro. A mistura em trânsito permite um deslocamento maior e é menos sensível a atrasos. Entretanto, a capacidade do caminhão-betoneira é de somente 63% ou menos, enquanto para o concreto misturado em central, esse valor é de 80%. Algumas vezes, para aumentar a capacidade do caminhão com agitação, o concreto é parcialmente misturado na central, e a mistura é completada em *trânsito*. Esse concreto é conhecido como *concreto parcialmente misturado*, mas raramente é utilizado. Os caminhões-betoneira têm capacidade entre 6 e 7,5 m^3.*

Deve ser explicado que agitação se diferencia de mistura somente pela velocidade da rotação da betoneira. A velocidade de agitação é de 2 a 6 rpm, enquanto a velocidade de mistura é de 4 a 16 rpm, existindo, portanto, uma superposição nas definições. Destaque-se que a velocidade de mistura afeta a velocidade de enrijecimento do concreto, enquanto o número de rotações controla a uniformidade da mistura. A menos que o concreto tenha sido parcialmente misturado, são necessárias de 70 a 100 rotações, em velocidade de mistura, no caminhão-betoneira. A ASTM C 94-09a estabelece um limite máximo total de 300 rotações. Esse limite pode ser considerado desnecessário,[4.78] a menos que os agregados, em especial a fração fina, sejam moles e passíveis de trituração.**

Caso a parte final da água seja adicionada à betoneira imediatamente antes da descarga do concreto (como pode ser desejável em tempo quente), a ASTM C 94-09a exige 30 rotações adicionais na velocidade de mistura antes da descarga.***

O principal problema na produção de concreto dosado em central é a manutenção da trabalhabilidade da mistura até o momento do lançamento. O concreto enrijece com o tempo e isso pode ser agravado por uma mistura prolongada e por uma temperatura elevada. No caso da mistura em trânsito, a água não precisa ser adicionada até um momento próximo ao início da mistura. Entretanto, segundo a ASTM C 94-09a, o tempo máximo que o cimento e os agregados úmidos podem permanecer em contato é de 90 minutos. A BS 5328:3:1990, substituída pela BS EN 206-1:2000, permite duas horas. O

---

* N. de R.T.: No Brasil, atualmente existem caminhões de até 10 m^3 de capacidade, sendo os de 8m^3 de uso mais comum.

** N. de R.T.: A NBR 7212:2012 estabelece as seguintes modalidades de mistura do concreto: a) mistura em centrais dosadoras, em que os materiais são dosados, colocados em um misturador e descarregados em um veículo para o transporte até a obra; b) mistura em centrais dosadoras, em que os materiais são colocados, nas quantidades totais, em um caminhão-betoneira que realiza a mistura; e c) mistura parcial na central e complementação na obra, em que os materiais são colocados no caminhão-betoneira com parte da água, que é complementada na obra antes da mistura final e da descarga.

*** N. de R.T.: A NBR 7212:2012 cita que, em relação ao tempo de mistura em caminhões-betoneira, devem ser seguidas as especificações do fabricante, desde que atendidos os limites de 30 s/m^3 de concreto e três minutos em velocidade de mistura de 14 ± 2 rpm.

limite de 90 minutos pode ser flexibilizado pelo contratante do concreto, pois existem evidências[4.83] de que, com a utilização de retardadores, o tempo máximo pode ser estendido para três ou até mesmo quatro horas, desde que seja garantido que a temperatura do concreto na entrega seja inferior a 32 °C.

O U.S. Bureau of Reclamation possibilita um aumento do tempo de contato entre o cimento e os agregados úmidos durante o transporte, antes da mistura, de duas a seis horas. Para isso, é necessária a adição extra de 5% de cimento para cada hora entre esses limites. Portanto, de 5 a 20% de cimento a mais podem ser requeridos.[4.97]

Redosagem de água

A perda de abatimento com o tempo foi discutida na página 214. Existem duas razões para esse fenômeno. A primeira é que as reações químicas de hidratação entre o cimento e a água iniciam no momento em que esses dois materiais entram em contato. Como essas reações envolvem a fixação da água, o resultado é uma menor quantidade de água para "lubrificar" o movimento das partículas na mistura. A segunda razão é que, na maioria das condições ambientais, parte da água da mistura é perdida por evaporação para o ambiente, e isso ocorre de forma mais rápida quanto mais elevada for a temperatura e menor for a umidade relativa do ar.

Pode-se concluir, portanto, que, se há a necessidade de determinada trabalhabilidade no local de descarga do concreto depois de transcorrido certo período de tempo, isso deve ser garantido por uma dosagem adequada dos componentes da mistura e por procedimentos de transporte apropriados. Eventualmente, atrasos devido ao transporte ou a outros contratempos impedem a descarga do concreto no tempo adequado. Caso ocorra a perda de abatimento durante esse período, a questão que surge é se o abatimento pode ser reestabelecido pela adição de água, juntamente com nova mistura. Essa operação é denominada redosagem.

Como a redosagem de água aumenta a relação água/cimento original da mistura, pode-se dizer que esse procedimento não deve ser permitido quando a relação água/cimento for uma especificação direta ou indireta. Essa postura é correta em algumas situações, mas, em outras, uma solução mais flexível e sensata pode ser adequada, a partir do entendimento e da avaliação das consequências da redosagem.

Para iniciar, deve ser analisada a relação água/cimento total, constituída pela água de amassamento original e pela água redosada. Existe evidência considerável[4.24,4.45] de que nem toda água redosada deve ser considerada como parte da água livre para fins de cálculo da relação água/cimento. A razão para esse comportamento provavelmente é que a quantidade de água que repõe a água perdida por evaporação não deve ser incluída na relação água/cimento efetiva. Somente a água que substitui a utilizada no início da hidratação constitui parte da relação água/cimento efetiva.

Como consequência do exposto, a correlação entre a resistência e a relação água/cimento total para o concreto redosado é levemente mais favorável do que a habitual entre a resistência e a relação água livre/cimento. Um exemplo dessas duas correlações foi obtido por Hanayneh & Itani.[4.90]

Apesar disso, a redosagem de água inevitavelmente resulta em alguma diminuição de resistência em comparação ao concreto original. Perdas de 7 a 10% foram constatadas,[4.90] mas a perda pode ser muito maior, dependendo da quantidade extra de água

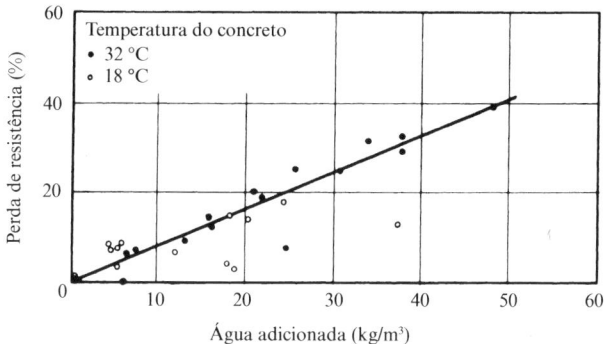

Figura 4.19 Efeito da redosagem de água na resistência do concreto.[4.28]

adicionada à mistura[4.28] (ver Figura 4.19). Algumas relações empíricas têm sido sugeridas,[4.88] mas, na prática, a quantidade exata de água adicionada pode não ser conhecida, principalmente se parte da descarga já tiver ocorrido antes da perda de abatimento.*

A quantidade de água necessária para elevar o abatimento em 75 mm depende do abatimento original, sendo maior para abatimentos menores. Burg[4.89] verificou os seguintes valores (em litros por metro cúbico de concreto):

22 a 32 para abatimento inferior a 75 mm;
14 a 18 para abatimento entre 75 e 125 mm; e
4 a 9 para abatimento entre 125 e 150 mm.

Outro modo de analisar os dados anteriores é dizer que, quanto menor for a relação água/cimento, maior será a quantidade de água a ser adicionada. A quantidade de água também aumenta abruptamente com o aumento da temperatura, de modo que, a 50 °C, ela pode ser o dobro da quantidade necessária a 30 °C.[4.121]

Concreto bombeado

Como o objetivo deste livro é cobrir as propriedades do concreto, os detalhes das formas de transporte e de lançamento do concreto não são analisados. Eles são tratados, por exemplo, no ACI Guide 304.R-89.[4.76] Entretanto, deve ser feita uma exceção no

---

* N. de R.T.: A NBR 7212:2012 contempla duas situações em relação à adição de água na obra. A primeira, denominada adição de água complementar, é definida como a quantidade de água adicionada ao concreto, imediatamente antes da mistura final e da descarga, que não ultrapassa a prevista na dosagem. Essa adição de água é prevista na modalidade de mistura parcial na central e complementação na obra. Caso, na verificação do abatimento do concreto, realizada antes do início da descarga, seja constatado que o concreto atende à consistência especificada, não é admitida a adição suplementar de água. Esta é a segunda situação, água suplementar, definida como a quantidade de água adicionada ao concreto que ultrapassa a prevista na dosagem. Cabe destacar que, segundo a NBR 7212:2012, qualquer adição demandada pelo contratante exime a central da responsabilidade em relação às características do concreto.

caso do concreto bombeado, visto que esse meio de transporte exige o uso de misturas com propriedades especiais.

Bombas de concreto

O sistema de bombeamento consiste essencialmente em uma moega, onde o concreto é descarregado da betoneira, em uma bomba de concreto de um dos tipos mostrados nas Figuras 4.20 e 4.21 e em tubos pelos quais o concreto é bombeado.

Várias bombas são de ação direta, ou seja, consistem em um pistão horizontal* com válvulas semirrotativas montadas de forma a garantir a passagem das maiores partículas do agregado em uso, pois, desse modo, não há obstrução. A bomba é alimentada com concreto por gravidade e parcialmente por sucção, durante a aspiração. As válvulas se abrem e se fecham em determinados intervalos de tempo, de modo que o concreto se move em uma série de pulsos; entretanto, a tubulação permanece sempre cheia. As bombas de pistão modernas são altamente eficientes.

Também existem pequenas bombas portáteis do tipo *peristáltico* – em algumas ocasiões, denominadas bombas do tipo bisnaga ou de tubo deformável, para uso com tubos de diâmetros menores (até 75 ou 100 mm). Esse tipo de bomba é mostrado na Figura 4.21. O concreto depositado em uma moega coletora é enviado, por lâminas rotativas, a um tubo flexível conectado à câmara de bombeamento sob vácuo. Isso garante que,

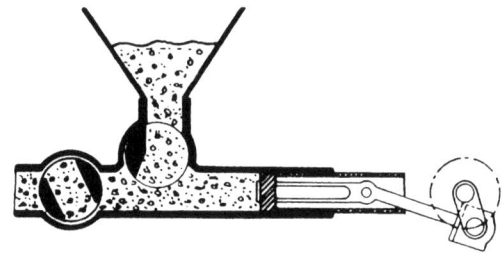

Figura 4.20 Bomba de ação direta (bomba de pistão).

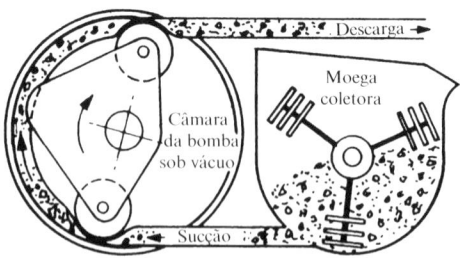

Figura 4.21 Bomba de tubo deformável.

---

* N. de R.T.: Ou bomba de cilindro.

exceto quando estiver sendo pressionado por um rolete, o tubo mantenha sua forma original (cilíndrica), permitindo um fluxo contínuo de concreto. Dois roletes rotativos comprimem progressivamente o tubo flexível e, assim, bombeiam o concreto no tubo de sucção em direção ao tubo de descarga.

Bombas de tubo deformável transportam concreto por distâncias de até 90 metros horizontalmente ou 30 metros verticalmente. Entretanto, com a utilização de bombas de pistão, o concreto pode ser transportado por até 1.000 m horizontalmente ou 120 m verticalmente – ou por uma combinação entre altura e distância. Deve ser destacado que a relação entre as distâncias horizontal e vertical varia conforme a consistência da mistura e a velocidade do concreto na tubulação. Quanto maior for a velocidade, menor será a relação[4.29] – por exemplo, a uma velocidade de 0,1 m/s, a relação é 24; a 0,7 m/s, somente 4,5. Bombas especiais, operando a elevadas pressões, podem bombear concreto por distâncias de até 1.400 m horizontalmente ou 430 m na vertical.[4.114] Novos recordes continuam sendo noticiados – recentemente, 600 m foram alcançados.

Se forem necessárias curvas, quanto menos, melhor. Elas nunca devem ser acentuadas, e a perda de carga deve ser considerada no dimensionamento da distância de bombeamento. *Grosso modo*, pode ser considerado que cada 10° são equivalentes a até 1 m de comprimento de tubo.

Existem bombas de diferentes capacidades, e, da mesma forma, tubos de vários diâmetros são utilizados, mas o diâmetro do tubo deve ser, no mínimo, três vezes maior do que a dimensão máxima do agregado. É importante destacar que não devem ser tolerados agregados de tamanho excessivo, a fim de evitar o entupimento nas curvas.*

Com bombas de tubo deformável, é possível obter uma produção de até 20 m^3 de concreto por hora utilizando uma tubulação de 75 mm de diâmetro, mas, com bombas de pistão com tubos de 200 mm, podem ser atingidos valores de até 130 m^3/h.

As bombas podem ser montadas sobre caminhões ou ser rebocadas, e podem lançar o concreto através de uma tubulação retrátil. No Japão, algumas vezes é utilizado um distribuidor de concreto horizontal que controla automaticamente a posição da tubulação,[4.87] reduzindo, assim, o duro trabalho de controlar a extremidade do tubo durante o lançamento.

Uso do bombeamento

O bombeamento é econômico se puder ser utilizado sem interrupções, pois, no início de cada etapa de trabalho, a tubulação deve ser lubrificada com argamassa (em uma relação de cerca de 0,25 m^3 a cada 100 m para um tubo de 150 mm de diâmetro) e, também, devido a, no fim da operação, ser necessário um trabalho razoável para a limpeza dos tubos. Entretanto, mudanças na tubulação podem ser feitas rapidamente com o uso de sistemas especiais de acoplamento. Um pequeno segmento flexível junto à extremidade de descarga facilita o lançamento, mas aumenta a perda por atrito. Tubos de alumínio não devem ser utilizados devido ao metal reagir com os álcalis do cimento, gerando hidrogênio. Esse gás gera vazios no concreto endurecido, o que causa uma diminuição da resistência – a menos que o concreto seja lançado em um espaço confinado.

---

* N. de R.T.: A NBR 14931:2004 recomenda que o diâmetro interno do tubo seja no mínimo quatro vezes o diâmetro máximo do agregado.

A principal vantagem do concreto bombeado é o fato de ele poder ser lançado em pontos situados em uma grande área que não seriam facilmente acessados de outra forma, sem a necessidade de equipamentos de mistura na obra. Esse aspecto é, em particular, vantajoso em canteiros congestionados ou em aplicações especiais, como revestimentos de túneis, etc. Como o bombeamento lança o concreto nas fôrmas diretamente da betoneira, evita-se o duplo manuseio. O lançamento pode ser feito conforme a produção da betoneira – ou de diversas betoneiras – e não é afetado por limitações de equipamentos de transporte e de lançamento. Atualmente, grande parte do concreto produzido em central é bombeada.

Além disso, o concreto bombeado não segrega, mas, para ser bombeável, a mistura deve atender a certos requisitos. Ainda deve ser citado que um concreto não adequado não pode ser bombeado, de modo que qualquer concreto bombeado é adequado no que se refere a suas propriedades no estado fresco. O controle da mistura é realizado pelo esforço demandado para a agitação do concreto na moega e pela pressão necessária ao bombeamento.

Requisitos para o concreto bombeado

O concreto destinado ao bombeamento deve ser bem misturado antes de ser passado para a bomba, e, algumas vezes, é realizada a remistura na tremonha pelo uso de um agitador. De modo geral, a mistura não deve ser áspera ou viscosa, nem muito seca ou muito úmida, isto é, sua consistência é crítica. Normalmente, é recomendado um abatimento entre 50 e 150 mm, mas o bombeamento produz um adensamento parcial, fazendo com que, no ponto de descarga, o abatimento possa estar diminuído entre 10 e 25 mm. Com baixa relação água/cimento, as partículas maiores, em vez de se movimentarem longitudinalmente em suspensão em uma massa consistente, passam a exercer uma pressão nas paredes da tubulação. Quando a relação água/cimento está no valor correto, ou crítico, o atrito ocorre somente entre a superfície dos tubos e uma fina camada, de 1 a 2,5 mm, da argamassa lubrificante. Assim, todo o concreto se move a uma mesma velocidade, ou seja, por um escoamento pistonado (tipo *plug flow*). É possível que a formação do filme lubrificante seja facilitada pelo fato de a ação dinâmica do pistão ser transmitida ao tubo, mas esse filme também é resultado do alisamento do concreto pelo aço. Para possibilitar a formação do filme no tubo, é necessário que haja um teor de cimento um pouco maior do que o habitual. A magnitude do atrito desenvolvido depende da consistência da mistura, mas não deve haver água em excesso, devido à possibilidade de segregação.

Pode ser válido considerar os problemas de atrito e de segregação em termos mais gerais. Em um tubo por onde um material é bombeado, existe um gradiente de pressão na direção do fluxo devido a dois efeitos: a altura do material e o atrito. Essa é outra maneira de dizer que o material deve ser capaz de transmitir uma pressão suficiente para vencer todas as resistências da tubulação. De todos os componentes do concreto, somente a água é bombeável em seu estado natural, e, portanto, é ela que transmite a pressão para os outros componentes da mistura.

Podem ocorrer dois tipos de bloqueio. Em um deles, a água escapa através da mistura, de modo que a pressão não é transmitida aos sólidos, que, então, não se movem. Isso ocorre quando os vazios no concreto não são suficientemente pequenos nem estão intrincados de um modo que garanta um atrito interno suficiente na mistura para superar a resistência da tubulação. Portanto, deve existir uma quantidade adequada de material fino intimamente adensado para criar um efeito de "filtro entupido", que permite à água transmitir a pressão, mas não escapar da mistura. Em outras palavras, a pressão a qual ocorre segregação deve ser maior do que a pressão necessária ao bombeamento do concreto.[4.30] Deve ser lembrado, é claro, que, quanto mais materiais finos houver, maior será a superfície específica dos sólidos e, portanto, maior será a resistência por atrito nos tubos.

Será analisado agora como a segunda forma de entupimento ocorre. Caso o teor de material fino seja muito elevado, o atrito da mistura pode ser grande demais, a ponto de a pressão exercida pelo pistão através da água não ser suficiente para mover a massa de concreto, que fica, então, acumulada. Esse tipo de problema é mais comum em misturas de alta resistência ou em misturas contendo uma proporção elevada de material muito fino, como pó de pedra ou cinza volante, enquanto o problema de segregação é mais comum em misturas de resistência média ou baixa com granulometria irregular ou descontínua.

Portanto, a situação ótima é produzir o máximo de atrito na mistura com vazios de menor dimensão possível e o mínimo de atrito junto às paredes da tubulação com uma menor área superficial do agregado. Isso quer dizer que o teor de agregado graúdo deve ser elevado, mas a granulometria deve ser tal que exista um baixo teor de vazios, de modo que somente uma pequena quantidade de material muito fino seja necessária para produzir o efeito de "filtro entupido".

O teor de agregado graúdo deve ser maior quando a areia for fina. Por exemplo, o ACI 304.2R[4.114] recomenda, para agregados de dimensão máxima de 20 mm, que o volume de agregado graúdo compactado esteja entre 0,56 e 0,66 quando o módulo de finura da areia for 2,40 e entre 0,50 e 0,60 quando o módulo de finura for 3,00. Devido ao volume compactado (ver página 133) compensar automaticamente as diferenças na forma das partículas, os valores citados são igualmente apropriados para agregados arredondados e angulosos. É importante lembrar que, conforme o método de ensaio da ASTM C 29-09, o volume compactado é determinado como uma relação entre o volume compactado do agregado graúdo e o volume do concreto. Essa relação é totalmente distinta do teor, em massa, de agregado graúdo por metro cúbico de concreto na mistura real.

O agregado miúdo que atenda à ASTM C 33-08, mas com limites mais estritos em ambos os extremos admitidos, é adequado para o uso em concreto bombeado. A experiência tem mostrado que, para tubos de diâmetro menor do que 125 mm, entre 15 e 30% do agregado miúdo deve ser menor do que 300 μm, e 5 a 10% deve ser menor do que 150 μm.[4.114] As deficiências podem ser sanadas pela mistura com material muito fino, como pó de pedra ou cinza volante. A areia de britagem pode se tornar adequada com uma pequena adição de areia arredondada.[4.114] As zonas granulométricas aceitas como satisfatórias, com base na experiência, são mostradas na Tabela 4.6.

Ensaios britânicos[4.49] mostraram que, em geral, o teor do cimento (com massa unitária adotada de 2.450 kg/m^3), em volume, deve ser no mínimo igual ao teor de vazios do agregado, mas outro material fino além do cimento pode ser incluído. O padrão do efeito da relação entre o teor de cimento e o teor de vazios na bombeabilidade é mostrado na Figura 4.22.[4.50] Entretanto, deve ser dito que as estimativas teóricas não são muito úteis, devido à forma das partículas dos agregados influenciar o teor de vazios. Alguns dados experimentais indicando que o limite superior de bombeabilidade pode ser ultrapassado com sucesso com misturas muito ricas são mostrados na Figura 4.23.[4.59]

Tabela 4.6 Granulometrias recomendadas para concreto bombeado (conforme o ACI 304.2R-91)[4.114]

Dimensão	Porcentagem acumulada passante	
	Dimensão máxima de 25 mm	Dimensão máxima de 20 mm
25 mm	100	–
20 mm	80–88	100
13 mm	64–75	75–82
9,50 mm	55–70	61–72
4,75 mm	40–58	40–58
2,36 mm	28–47	28–47
1,18 mm	18–35	18–35
600 μm	12–25	12–25
300 μm	7–14	7–14
150 μm	3–8	3–8
75 μm	0	0

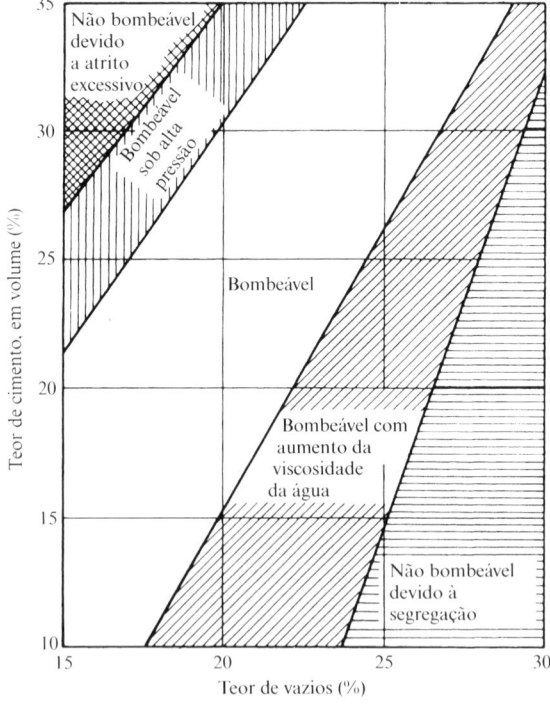

Figura 4.22 Bombeabilidade do concreto em relação ao teor de cimento e ao teor de vazios do agregado.[4.50]

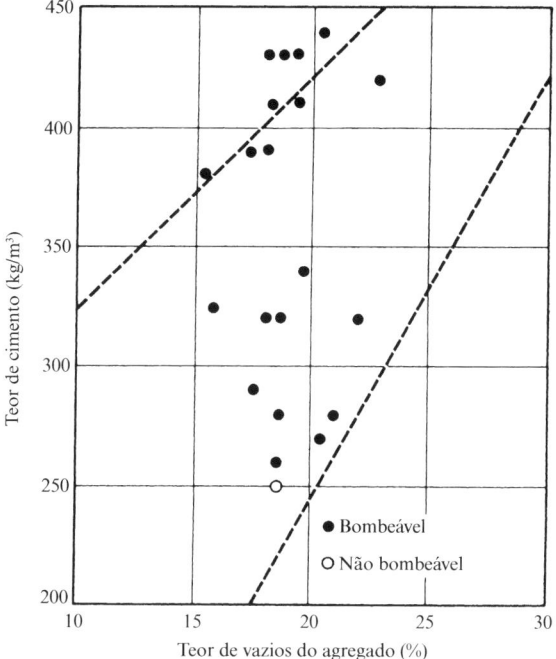

Figura 4.23 Limites do teor de cimento para agregados com teores de vazios variáveis em relação à bombeabilidade.[4.59]

Deve ser citado que um aumento repentino na pressão causado por uma restrição ou pela redução do diâmetro do tubo pode ocasionar segregação do agregado, que é deixado para trás, enquanto o cimento supera o obstáculo.[4.31]

A forma do agregado influencia as proporções ótimas da mistura para uma boa bombeabilidade, mas tanto os agregados arredondados quanto os angulosos podem ser utilizados, e estes últimos requerem um maior volume de argamassa na mistura.[4.114] As areias naturais são, com frequência, mais adequadas ao bombeamento devido à sua forma arredondada, bem como à sua granulometria real ser mais contínua do que a da areia de britagem, na qual, dentro de cada fração de dimensão, existe menor variedade de dimensões. Por essas duas razões, o teor de vazios é baixo.[4.49] Por outro lado, utilizando-se combinações de frações de dimensões de agregados britados, é possível obter um teor de vazios adequado. Contudo, é necessário ter cuidado, já que muitos agregados miúdos britados possuem deficiência na fração de dimensão entre 300 e 600 μm, mas têm excesso de material menor do que 150 μm. Ao utilizar agregado graúdo britado, deve ser lembrado que o pó de pedra precisa estar presente, e isso deve ser levado em conta ao considerar a granulometria do agregado miúdo. Em geral, com agregado graúdo britado, o teor de agregado miúdo deve ser aumentado em cerca de 2%.[4.51]

O concreto fluido pode ser bombeado, mas deve ser utilizada uma mistura bastante coesiva, com teor de areia mais alto.[4.119]

Qualquer mistura destinada a bombeamento deve ser submetida a ensaios. Embora bombas de laboratório tenham sido utilizadas para a previsão da bombeabilidade do concreto,[4.79] o desempenho de qualquer mistura deve ser verificado em condições reais, incluindo o equipamento a ser utilizado e a distância pela qual o concreto será bombeado.

Vários produtos que melhoram a bombeabilidade[4.67] têm o objetivo de melhorar a coesão da mistura pelo aumento da viscosidade da água e da lubrificação das paredes dos tubos. Os aditivos para bombeamento devem ser utilizados em conjunto com uma dosagem de materiais adequada, e não substitui-la. A incorporação de uma quantidade limitada de ar, 5 ou 6%, também é útil.[4.79] Entretanto, o excesso de ar pode diminuir a eficiência do bombeamento, já que o ar pode ficar comprimido.

Bombeamento de concreto com agregado leve

No início do desenvolvimento do bombeamento, houve dificuldades com o uso de agregados leves cujas superfícies não eram seladas. A razão para isso é que, sob pressão, o ar nos vazios do agregado se contrai e a água é compelida a ingressar nos poros, o que resulta em uma mistura muito seca.

A solução encontrada foi a molhagem prévia dos agregados graúdos e miúdos por um período de dois a três dias ou por meio de uma saturação bastante rápida a vácuo.[4.114] Ainda que a água absorvida não faça parte da água livre da mistura (ver página 290), ela afeta as proporções, em massa, do traço. Já foram relatados bombeamentos de concreto leve em alturas de até 320 m.

O uso de agregado saturado pode ter consequências na resistência do concreto ao gelo e degelo, e um período de várias semanas antes da exposição pode ser necessário.[4.114] Entretanto, a temperaturas muito baixas, o tempo de espera não é uma medida confiável, sendo necessário o uso de agregado com absorção muito baixa associado ao uso de um agente especial. Esse agente é adicionado à mistura e ingressa nos poros próximos à superfície do agregado, mas, quando a hidratação inicial do cimento Portland eleva o pH, a viscosidade do produto aumenta, formando uma camada de alta viscosidade que dificulta a absorção de água devido à pressão de bombeamento.[4.82]

Concreto projetado

Essa é a denominação dada à argamassa ou ao concreto transportado através de uma mangueira e projetado pneumaticamente, a alta velocidade, sobre um substrato. A energia do impacto do jato na superfície adensa o material, de modo que ele possa permanecer aderido sem sofrer deslocamento ou escorrimento, mesmo em uma superfície vertical ou em um teto. Outras denominações são utilizadas para alguns tipos de concreto projetado, como, por exemplo, *gunite,* mas somente *concreto jateado* (*sprayed concrete*) é razoavelmente disseminado – sendo este o termo preferido na Comunidade Europeia.*

---

* N. de R.T.: Será adotada a denominação "concreto projetado", normalizada no Brasil pela NBR 14026:2012.

As propriedades do concreto projetado não são diferentes das propriedades da argamassa e do concreto de proporções similares, aplicados por processos convencionais. É o método de lançamento que confere vantagens significativas ao concreto projetado em várias aplicações. Ao mesmo tempo, são necessárias perícia e experiência em sua aplicação, de modo que sua qualidade depende, em grande parte, da atuação dos operadores envolvidos (mangoteiros), em especial no controle do lançamento através do bico (mangote).

Como o concreto é projetado pneumaticamente sobre uma superfície, em camadas sucessivas, e o aumento da espessura é gradual, somente um lado da fôrma ou um substrato é necessário. Isso representa economia, especialmente quando se leva em consideração a ausência de fôrmas e demais componentes. Por outro lado, o teor de cimentos do concreto projetado é elevado, e o equipamento necessário ao processo de lançamento é mais caro do que o referente ao concreto convencional. Por essas razões, o concreto projetado é utilizado principalmente em determinados tipos de construção: seções esbeltas com pouca armadura – como tetos, em especial cascas –, lajes plissadas, revestimentos de túneis e reservatórios protendidos. O concreto projetado também é usado em reparos de concreto deteriorado, estabilizações de taludes rochosos, revestimento de estruturas metálicas contra fogo e como um revestimento de pequena espessura de concreto, alvenaria ou aço. Caso o concreto projetado seja aplicado em uma superfície com água corrente, deve ser utilizado um agente acelerador para provocar a pega instantânea, como o carbonato de sódio. Esse produto tem efeito adverso sobre a resistência, mas torna possível o serviço de reparo. Aditivos para concreto projetado são especificados pela BS EN 934-5:2007. Em geral, o concreto projetado é aplicado em camadas de até 100 mm.

Existem dois processos principais de aplicação do concreto projetado. No *processo de mistura por via seca* (o mais comum em várias partes do mundo), o cimento e os agregados umedecidos são intimamente misturados e lançados em uma alimentadora mecânica ou em uma bomba. A mistura é, então, transferida por um rotor ou um distribuidor (a uma velocidade conhecida) a uma corrente de ar comprimido em um mangote ligado ao bico de projeção. O bico é acoplado a um tubo, através do qual água pressurizada é introduzida e intimamente misturada com os outros ingredientes. A mistura é, então, projetada a alta velocidade sobre a superfície a ser concretada.

A principal característica do *processo de mistura por via úmida* é que todos os ingredientes, incluindo a água de mistura, são pré-misturados. A mistura é, então, introduzida na câmara do equipamento de lançamento e transportada pneumaticamente ou por uma bomba de deslocamento positivo, similar à mostrada na Figura 4.21. O ar comprimido (ou, no caso de misturas transportadas pneumaticamente, o ar adicional) é injetado no bico, e o material é projetado a alta velocidade sobre a superfície.

Ambos os processos podem produzir excelentes concretos projetados, mas o processo por via seca é adequado para o uso com agregados leves porosos e com aditivos aceleradores de pega instantânea, sendo também capaz de lançamentos a maiores distâncias, bem como de operação intermitente.[4.34] A consistência da mistura é controlada diretamente no bico, e elevadas resistências (até 50 MPa) podem ser facilmente obtidas.[4.34] Por outro lado, o processo por via úmida resulta em um melhor controle de quantidade de água de mistura (que é medida, e não controlada pelo mangoteiro) e de qualquer aditivo utilizado. O processo por via úmida também resulta em menor produção de pó e, possivelmente, em menor reflexão. O processo é adequado para o lançamento de grandes volumes de concreto.

Devido à alta velocidade de impacto, nem todo material projetado na superfície permanece na posição, ou seja, parte do material é refletida. Este material é formado pelas partículas maiores da mistura, de modo que o concreto projetado em campo é mais rico do que seria esperado a partir das quantidades de materiais dosadas. Isso pode resultar em um pequeno aumento da retração. A reflexão* é maior nas camadas iniciais e torna-se menor com a continuidade da projeção. Valores típicos (%) do índice de reflexão são fornecidos a seguir:[4.34]

	Por via seca	Por via úmida
Em pisos e lajes:	5 a 15	0 a 5
Em taludes ou superfícies verticais:	15 a 30	5 a 10
Em forros:	25 a 50	10 a 20.

A importância da reflexão não se deve tanto ao desperdício de material quanto ao risco de acúmulo de material refletido em uma posição em que fique incorporado às camadas subsequentes de concreto projetado. Isso pode ocorrer em cantos internos, em bases de paredes, atrás de armaduras ou de tubos embutidos e em superfícies horizontais. Portanto, é necessário que a projeção seja cuidadosa, e o uso de armaduras densas não é recomendado, pois há o risco de originar espaços vazios atrás dos obstáculos do jato.

O concreto projetado deve ter uma consistência relativamente seca, de modo que o material possa permanecer por si só em qualquer posição. Ao mesmo tempo, a mistura deve ser suficientemente úmida para a obtenção do adensamento sem reflexão excessiva. A faixa usual das relações água/cimento varia entre 0,30 e 0,50 para a mistura por via seca e entre 0,40 e 0,55 para a mistura por via úmida.[4.34] As granulometrias recomendadas dos agregados são dadas na Tabela 4.7. A cura do concreto projetado é bastante importante em razão de a elevada relação superfície/volume poder causar uma secagem rápida. As práticas recomendadas são dadas pelo ACI 506.R-90[4.34] e pela BS EN 14487-2:2006.

O concreto projetado possui durabilidade comparável ao concreto convencional. A única ressalva é relacionada à resistência ao gelo e degelo, especialmente em água salgada.[4.91] A incorporação de ar ao concreto projetado é possível no processo por via úmida, mas pode ser difícil a obtenção de um fator de espaçamento de bolhas adequado, ou seja, baixo (ver página 567).[4.94] Entretanto, a adição de sílica ativa (entre 7 e 11%, em relação à massa de cimento) resulta em uma resistência adequada ao gelo e degelo.[4.95] Tem sido constatado que, de forma geral, a adição de 10 a 15% de sílica ativa, em relação à massa de cimento, melhora a coesão e a aderência do concreto projetado e reduz a reflexão.[4.32] Esse concreto projetado pode ser posto em serviço com pouca idade.[4.96] Para a entrada em serviço com idades muito pequenas, o concreto por

---

* N. de R.T.: A NBR 14279:1999 define reflexão como o fenômeno pelo qual parte do material projetado é refletida, não sendo incorporada à estrutura.

Tabela 4.7 Granulometrias recomendadas de agregados para concreto projetado[4.34]

Dimensão da peneira	Porcentagem acumulada passante		
	Granulometria N.º 1	Granulometria N.º 2	Granulometria N.º 3
19 mm	–	–	100
12 mm	–	100	80–95
10 mm	100	90–100	70–90
4,75 mm	95–100	70–85	50–70
2,40 mm	80–100	50–70	35–55
1,20 mm	50–85	35–55	20–40
600 μm	25–60	20–35	10–30
300 μm	10–30	8–20	5–17
150 μm	2–10	2–10	2–10

via seca pode ser produzido com cimento de pega controlada,[4.92] sendo a durabilidade deste concreto adequada.*

Concretagem submersa

O lançamento do concreto sob a água apresenta alguns problemas específicos. Em primeiro lugar, deve ser evitado o carreamento do concreto pela água. Para isso, o concreto é lançado através de um tubo metálico, cuja ponta está imersa no concreto já lançado, mas ainda plástico. Esse tubo, conhecido como *tubo tremonha* ou *tremie*, deve permanecer cheio com concreto durante toda a operação de lançamento. De certa forma, o lançamento pelo *tremie* é similar ao concreto bombeado, mas, nesse caso, o fluxo do concreto ocorre somente pela ação da gravidade. Já foram efetuados lançamentos a profundidades de até 250 m.

A descarga contínua do concreto faz com que ele seja capaz de fluir lateralmente, sendo, então, essencial que o concreto tenha características de fluidez adequadas. Essas características não podem ser observadas diretamente. É necessário um abatimento entre 150 e 250 mm, dependendo da presença de itens embutidos. O uso de um aditivo antissegregante é uma medida eficaz,[4.100] pois permite que o concreto flua quando bombeado ou movimentado, ao mesmo tempo que confere elevada viscosidade ao concreto em repouso.[4.98]

Tradicionalmente, são recomendadas misturas relativamente ricas, com consumo mínimo de material cimentício igual a 360 kg/m³, incluindo cerca de 15% de pozolanas, com o objetivo de melhorar a fluidez do concreto.[4.76] Gerwick & Holland,[4.100] entretanto, indicaram que, em lançamentos submersos de grandes volumes, a temperatura

---

* N. de R.T.: A NBR 14026:1997 estabelece os critérios e as condições para o emprego do concreto projetado, e a NBR 14279:1999 estabelece os parâmetros para a aplicação de concreto projetado por via seca. Existem várias outras normas brasileiras referentes a ensaios para o controle do concreto projetado.

interna do concreto, junto ao centro, pode chegar a valores entre 70 e 95 °C, o que, com o resfriamento subsequente, pode resultar em fissuração. Caso o concreto seja não armado, as fissuras podem ter aberturas bastante pronunciadas. Em virtude disso, os mesmos autores[4.100] sugerem o uso de cimentos compostos constituídos por cerca de 16% de cimento Portland, 78% de escória granulada grossa e 6% de sílica ativa. O concreto é resfriado a 4 °C antes da descarga no tubo *tremie*. Normalmente, a relação água/cimento utilizada varia entre 0,40 e 0,45.

A concretagem submersa é uma operação delicada que, se mal executada, pode gerar problemas não detectáveis e de sérias consequências. Portanto, é importante o uso de pessoal com experiência.

Concreto com agregado pré-colocado

Esse tipo de concreto é produzido em duas etapas. Na primeira, o agregado graúdo, de granulometria uniforme, é colocado nas fôrmas, podendo ser utilizado agregado arredondado ou anguloso. Em áreas densamente armadas, deve ser realizada compactação. O volume de agregado graúdo representa de 65 a 70% do volume total a ser concretado. A etapa seguinte é o preenchimento dos vazios com argamassa.

Fica claro que o agregado no concreto resultante possui granulometria descontínua. Exemplos de granulometrias típicas de agregados graúdos e miúdos são apresentados, respectivamente, nas Tabelas 4.8 e 4.9. O empacotamento ótimo das partículas do agregado resulta em grandes vantagens teóricas, mas não necessariamente obtidas na prática.

O agregado graúdo deve ser isento de sujidades e de pó, pois estes podem afetar a aderência, já que não serão removidos pela mistura. A limpeza do agregado já colocado pode causar o acúmulo de pó na parte inferior da camada, que pode se tornar uma zona de fraqueza. O agregado deve ser saturado, preferencialmente de maneira gradual.

A segunda operação consiste no bombeamento sob pressão da argamassa através de tubos perfurados, normalmente com diâmetro de 35 mm e espaçados a cada 2 m, de centro a centro. O bombeamento inicia na base e os tubos são retirados gradualmente. É possível o bombeamento através de grandes distâncias. O ACI 304.1R-92[4.75] descreve várias técnicas de lançamento da argamassa.

Tabela 4.8 Granulometrias típicas de agregados graúdos para concreto com agregado pré-colocado[4.75]

Dimensão da peneira (mm)	38	25	19	13	10
Porcentagem acumulada passante	95–100	40–80	20–45	0–10	0–2

Tabela 4.9 Granulometrias típicas de agregados miúdos para concreto com agregado pré-colocado[4.75]

Dimensão da peneira	2,36 mm	1,18 mm	600 μm	300 μm	150 μm	75 μm
Porcentagem acumulada passante	100	95–100	55–80	30–55	10–30	0–10

Uma argamassa típica é constituída por uma mistura de cimento Portland e pozolana, em uma proporção entre 2,5:1 e 3,5:1, em massa. O material cimentício é misturado com a areia em uma proporção entre 1:1 e 1:1,5, com a relação água/cimento entre 0,42 e 0,50. Com os objetivos de melhorar a fluidez da argamassa e de manter os constituintes sólidos em suspensão, é adicionado um agente facilitador de intrusão. Esse agente também causa um leve atraso no enrijecimento da argamassa e contém uma pequena quantidade de alumínio em pó, que gera uma leve expansão antes da pega. Resistências aproximadas a 40 MPa são comuns, mas valores mais elevados também são possíveis.[4.75]

O concreto com agregado pré-colocado pode ser aplicado em locais de difícil acesso pelas técnicas convencionais de concretagem. Ele também pode ser utilizado em seções que contenham uma grande quantidade de itens embutidos que necessitem de uma localização precisa. Isso ocorre, por exemplo, em blindagens nucleares. Além disso, o risco de segregação dos agregados graúdos pesados, em especial dos agregados metálicos, é eliminado, devido à colocação separada dos agregados graúdos e miúdos. Nessas obras, a pozolana não deve ser utilizada, pois ela causa a redução da massa específica do concreto e fixa menos água.[4.63] Devido à segregação reduzida, o concreto com agregado pré-colocado também é adequado para construções submersas.

A retração por secagem do concreto com agregado pré-colocado é menor do que a do concreto comum, em geral de 200×10^{-6} a 400×10^{-6}. Isso se deve ao contato ponto a ponto das partículas de agregados graúdos, sem espaço livre para a pasta de cimento necessária ao concreto comum. Esse contato diminui a retração total passível de ocorrer, mas, eventualmente, podem surgir fissuras de retração.[4.53] Devido à baixa retração, esse tipo de concreto é adequado para obras de reservatórios de água e de grandes estruturas monolíticas de concreto, bem como para obras de reparos. A baixa permeabilidade do concreto com agregado pré-colocado determina a alta resistência ao gelo e degelo.

O concreto com agregado pré-colocado pode ser utilizado em obras de concreto massa em que a elevação de temperatura deva ser controlada, pois o resfriamento pode ser realizado pela circulação de água resfriada em volta dos agregados. Essa água é, posteriormente, expulsa pela argamassa ascendente. No outro extremo, em climas frios, em que há a possibilidade de danos por congelamento, pode ser feita a circulação de vapor entre os agregados.

O concreto com agregado pré-colocado também é utilizado para produzir um acabamento com agregados expostos. Agregados especiais são colocados voltados para as superfícies e, posteriormente, ficam expostos a partir de jateamento com areia ou de lavagem com ácido.

O concreto com agregado pré-colocado aparentemente possui várias características vantajosas, mas, devido a inúmeras dificuldades práticas, são necessárias perícia e experiência na aplicação desse processo para a obtenção de bons resultados.

Vibração do concreto

O objetivo da compactação do concreto, conhecida também como *adensamento*, é a obtenção de um concreto com a maior massa específica possível. Os meios de adensamento mais antigos são por socamento ou por apiloamento, mas, hoje em dia, essas técnicas raramente são utilizadas, e o método usual é a vibração.

Logo após o concreto ser lançado na fôrma, as bolhas de ar podem ocupar entre 5% (em uma mistura de trabalhabilidade elevada) e 20% (em um concreto de baixo abatimento). A vibração tem o efeito de fluidificar a parte de argamassa da mistura, de modo que o atrito interno é reduzido, ocorrendo, então, a acomodação dos agregados graúdos. A grande importância da forma das partículas (ver página 119) está relacionada à obtenção do arranjo mais próximo possível entre as partículas de agregados graúdos. A continuidade da vibração expulsa a maior parte do ar aprisionado remanescente, mas é praticamente impossível a retirada de todo o ar.

A vibração deve ser aplicada uniformemente em toda a massa de concreto, senão algumas partes podem não ser totalmente adensadas, enquanto outras podem apresentar segregação devido à vibração excessiva. Entretanto, com uma mistura suficientemente rija e bem graduada, os efeitos nocivos da vibração excessiva podem ser, em grande parte, eliminados. Diferentes consistências demandam diferentes vibradores para a obtenção de um adensamento mais eficiente. Sendo assim, a consistência do concreto e as características do vibrador disponível devem ser ajustadas. Vale a pena destacar que o concreto fluido, embora possa ser autonivelante, não alcança o adensamento completo somente pela ação da gravidade. Entretanto, a duração necessária da vibração pode ser reduzida quase pela metade em comparação ao concreto comum.[4.47]

Um bom guia prático sobre o adensamento do concreto é dado por Mass[4.72] e também pelo ACI Guide 309R-87.[4.73]

Vibradores internos

Dos diversos tipos de vibradores, esse é o mais comum. Consiste em um tubo metálico* que contém em seu interior um eixo excêntrico movimentado por motor por meio de um eixo flexível. A agulha é imersa no concreto, aplicando, assim, esforços aproximadamente harmônicos no concreto. Em razão disso, tem como nomes alternativos *vibrador de agulha* ou *vibrador de imersão*.

A frequência de vibração de um vibrador imerso no concreto chega a até 12.000 ciclos de vibração por minuto – e o valor mínimo desejável sugerido fica entre 3.500 e 5.000, com uma aceleração mínima de $4g$, mas, recentemente, a vibração entre 4.000 e 7.000 ciclos tem sido aceita.

A agulha é movimentada com facilidade de um local a outro e é aplicada a cada 0,5 a 1,0 m durante cinco a 30 segundos, dependendo da consistência da mistura, mas, em algumas misturas, podem ser necessários até dois minutos. A relação entre o raio de ação do vibrador e a frequência e a amplitude é discutida no ACI 309.1R-93.[4.74]

O término da vibração pode ser avaliado, na prática, pela aparência da superfície do concreto, que não deve possuir nem vazios nem excesso de argamassa. É recomendada a retirada gradual da agulha, a uma velocidade de cerca de 80 mm/s, de maneira que a cavidade deixada pelo vibrador se feche totalmente, sem deixar ar aprisionado.[4.17] O vibrador deve ser imerso rapidamente através de toda a altura do concreto fresco recém-lançado e na camada inferior, se ela ainda estiver plástica ou puder ser tornada plástica novamente. Dessa maneira, evita-se a formação de um plano de fraqueza na união entre as duas camadas, obtendo-se, assim, um concreto monolítico. Em camadas de espessura

---

* N. de R.T.: *Agulha* ou *ponteira*.

superior a 50 cm, o vibrador pode não ser eficiente na retirada do ar da parte inferior da camada. Um vibrador de imersão não irá retirar o ar da região próxima às fôrmas, de modo que é necessário fazer um "corte" ao longo da fôrma com o uso de uma ferramenta plana. A utilização de revestimentos absorventes nas fôrmas é válido nesses casos.

Os vibradores internos são comparativamente eficientes devido à energia ser aplicada diretamente no concreto, diferentemente de outros vibradores. As agulhas são fabricadas com diâmetros a partir de 20 mm, de modo que são utilizáveis mesmo em seções densamente armadas ou relativamente inacessíveis. O ACI Guide 309R-87$^{4.73}$ fornece informações úteis sobre vibradores internos e a seleção dos tipos mais adequados. Em alguns países, existem vibradores internos operados por robôs.*

Vibradores externos

Esse tipo de vibrador é rigidamente fixado às fôrmas, que são apoiadas sobre um suporte elástico, de modo que tanto a fôrma quanto o concreto são vibrados. Como resultado, uma parte considerável da energia aplicada é usada para a vibração da fôrma, que deve ser resistente e estanque para prevenir deformações e vazamentos de nata.

O princípio do vibrador externo é o mesmo do interno, mas a frequência normalmente varia entre 3.000 e 6.000 ciclos de vibração por minuto, embora alguns alcancem 9.000 ciclos por minuto. Algumas informações dos fabricantes devem ser analisadas cuidadosamente, pois, às vezes, o número de "impulsos" é indicado – um impulso sendo igual a *meio* ciclo. O Bureau of Reclamation$^{4.7}$ recomenda no mínimo 8.000 ciclos. A energia produzida varia entre 80 e 1.100 W.

Os vibradores externos são utilizados em pré-moldados ou em seções moldadas em campo, com forma ou espessura que não permita a utilização de um vibrador interno. Esses vibradores são eficazes para seções de concreto de até 600 mm de espessura.$^{4.73}$

Quando um vibrador externo é utilizado, o concreto deve ser lançado em camadas de altura adequada, senão o ar não pode ser expelido através da grande espessura de concreto. A posição do vibrador talvez precise ser mudada com o andamento da concretagem se a altura for maior do que 750 mm.$^{4.73}$

Vibradores externos portáteis, não fixáveis, podem ser utilizados em seções não acessíveis de outra forma. Entretanto, o alcance do adensamento desse tipo de vibrador é muito limitado. Outro vibrador é um martelete elétrico, usado, algumas vezes, para o adensamento de corpos de prova de concreto.

Mesas vibratórias

Uma mesa vibratória pode ser considerada uma fôrma acoplada a um vibrador, diferentemente dos tipos anteriores, mas o princípio de vibração do concreto e da fôrma em conjunto não é alterado.

A fonte de vibração também é similar. Em geral, uma massa excêntrica rotativa de grande velocidade faz a mesa vibrar em um movimento circular. Com dois eixos girando em sentidos contrários, a componente horizontal da vibração pode ser neutralizada, de modo que a mesa esteja sujeita a um movimento harmônico simples somente na

---

* N. de R.T.: A NBR 14931:2004 estabelece que a altura máxima das camadas adensadas por vibração deve ser de 50 cm.

direção vertical. Também existem algumas mesas vibratórias pequenas de boa qualidade, movidas por meio eletromagnético e corrente alternada. A gama de frequências utilizada varia de 50 até cerca de 120 Hz. É desejável uma aceleração entre $4g$ e $7g$.[4.17] Acredita-se que uma aceleração de $1,5g$ e uma amplitude de 40 μm sejam os valores mínimos requeridos para o adensamento,[4.18] mas, com esses valores, podem ser necessários longos períodos de vibração. Para o movimento harmônico simples, a amplitude a e a frequência f são relacionadas pela equação:

$$\text{aceleração} = a(2\pi f)^2.$$

Quando devem ser vibradas seções de concreto de diferentes dimensões e em uso laboratorial, uma tabela com amplitude variável deve ser utilizada. A frequência variável da vibração é uma vantagem adicional.

Na prática, a frequência raramente pode ser variada durante a vibração, mas, ao menos teoricamente, existem consideráveis vantagens no aumento da frequência e na diminuição da amplitude com o andamento do adensamento. A razão para isso está no fato de que, inicialmente, as partículas da mistura estão afastadas, e o movimento induzido deve ser de magnitude correspondente. Por outro lado, uma vez ocorrido um adensamento parcial, o uso de uma frequência mais elevada permite um maior número de movimentos de assentamento em um determinado tempo. Uma amplitude reduzida significa que o movimento não é muito grande para o espaço disponível. A vibração em uma amplitude muito grande em relação ao espaço entre as partículas resulta na permanência de uma mistura em um estado de escoamento contínuo, de forma que o adensamento pleno nunca seja obtido. Bresson & Brusin[4.71] observaram que existe uma quantidade ótima de energia de vibração para cada mistura e que várias combinações de frequência e aceleração são adequadas. Entretanto, a previsão do ótimo em termos de parâmetros da mistura não é possível.

A mesa vibratória fornece um meio de adensamento confiável para elementos de concreto pré-moldado e tem a vantagem de garantir um tratamento uniforme.

Uma variação da mesa vibratória é a *mesa de impacto*, utilizada, algumas vezes, na produção de concreto pré-moldado. O princípio desse processo de adensamento é um pouco diferente da elevada frequência de vibração discutida anteriormente. Em uma mesa de impacto, são aplicados violentos golpes verticais em uma frequência de dois a quatro por segundo. Os impactos são produzidos por uma queda de 3 a 13 mm, obtida por meio de excêntricos. O concreto é lançado na fôrma, em camadas de pouca espessura, enquanto o tratamento com impacto continua. Resultados extremamente satisfatórios têm sido relatados, mas o processo é bastante especializado e não é amplamente utilizado.

Outros vibradores

Vários tipos de vibradores foram desenvolvidos para usos específicos, mas somente um breve comentário sobre eles será feito.

Um vibrador de superfície aplica vibração através de uma placa plana diretamente sobre a superfície do concreto. Dessa forma, o concreto é restrito em todas as direções, de maneira que a tendência à segregação seja diminuída. Assim, pode ser utilizada uma vibração mais intensa.

Um martelete hidráulico pode ser usado como um vibrador de superfície quando acoplado a uma ponteira plana de grande dimensão, como, por exemplo, 100 mm × 100 mm. Uma das principais aplicações é no adensamento de corpos de prova cúbicos.

Um rolo vibratório é utilizado para o adensamento de lajes finas. Existem várias réguas vibratórias e acabadoras para obras de pavimentação, equipamentos que são discutidos no ACI 309R-87.[4.73] Uma desempenadeira mecânica é utilizada, principalmente, em pisos de granolíticos,* a fim de causar a aderência da camada de granitina ao corpo principal do concreto. Entretanto, é mais um processo de acabamento do que de adensamento.

Revibração

O procedimento habitual é a realização da vibração do concreto imediatamente após o lançamento, de modo que o adensamento geralmente é completado antes de o concreto ter enrijecido. Todas as seções anteriores abordaram esse tipo de vibração.

Entretanto, foi citado que, com o objetivo de garantir uma aderência adequada entre camadas, a parte superior da camada abaixo deve ser revibrada, desde que possa recuperar o estado plástico. Dessa forma, as fissuras decorrentes do assentamento plástico e os efeitos internos da exsudação podem ser eliminados.

Essa aplicação bem-sucedida de revibração levanta a questão de se a revibração pode ser mais amplamente utilizada do que em geral é. Aparentemente, com base em resultados experimentais, o concreto pode ser revibrado com sucesso em até quatro horas após a mistura,[4.19] desde que seja garantido que o vibrador penetre, por peso próprio, no concreto.[4.72] Foi observado que a revibração realizada uma ou duas horas após o lançamento resultou no aumento da resistência à compressão do concreto, conforme mostrado na Figura 4.24. A comparação foi feita tendo como base a duração total da vibração, aplicada tanto imediatamente após o lançamento quanto parte no lançamento e parte após o tempo especificado. Foi relatado um aumento de aproximadamente 14%,[4.19] mas os valores reais dependem da trabalhabilidade da mistura e de detalhes do procedimento. Outros pesquisadores observaram um aumento de 3 a 9%.[4.80] Em geral,

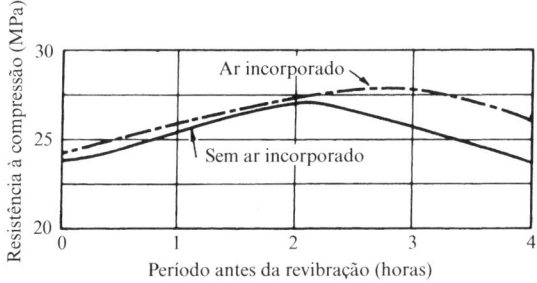

Figura 4.24 Relação entre a resistência aos 28 dias e o tempo de revibração.[4.19]

---

* N. de R.T.: Conhecidos no Brasil como granitinas, granilites e marmorites.

o aumento da resistência é mais pronunciado nas idades iniciais e é maior em concretos passíveis de grande exsudação,[4.20] devido à água aprisionada ser expelida pela revibração. Pela mesma razão, a revibração aumenta significativamente a estanqueidade da água.[4.72] A aderência entre o concreto e a armadura junto à superfície do concreto também é melhorada, já que a água exsudada aprisionada é expulsa. É possível ainda que parte da melhoria da resistência decorra do alívio das tensões devidas à retração plástica no entorno das partículas dos agregados.

Apesar dessas vantagens, a revibração não é amplamente utilizada, pois implica uma etapa adicional na produção de concreto e, com isso, um aumento de custo. Além disso, se aplicada muito tarde, a revibração pode prejudicar o concreto.

Concreto tratado a vácuo*

Uma solução para o problema de combinar uma trabalhabilidade razoavelmente elevada com a mínima relação água/cimento é dada pelo tratamento a vácuo do concreto recém-lançado.

O procedimento será apresentado de forma resumida a seguir. Uma mistura de trabalhabilidade média é lançada de modo usual nas fôrmas. Como o concreto fresco contém um sistema contínuo de canais preenchidos com água, a aplicação de vácuo na superfície do concreto resulta na extração de uma grande quantidade de água até uma dada profundidade do concreto. Em outras palavras, a água denominada "água de trabalhabilidade" é removida assim que não é mais necessária. Deve ser destacado que bolhas de ar são removidas somente da superfície, já que não constituem um sistema contínuo.

A relação água/cimento final é, portanto, reduzida antes da pega do concreto, e, como essa relação controla, em grande parte, a resistência, o concreto tratado a vácuo possui maior resistência, maior massa específica, menor permeabilidade, maior durabilidade e maior resistência à abrasão do que as obtidas de outra forma. Entretanto, parte da água extraída deixa vazios, de modo que todas as vantagens teóricas podem não ser obtidas na prática.[4.54] De fato, o aumento da resistência no tratamento a vácuo é proporcional à quantidade de água removida até um valor crítico além do qual não há aumento significativo, portanto, o tratamento a vácuo prolongado não é interessante. O valor crítico depende da espessura do concreto e das proporções da mistura.[4.55] De qualquer forma, a resistência do concreto tratado a vácuo praticamente obedece à dependência usual da relação água/cimento final, conforme mostra a Figura 4.25.

O vácuo é aplicado através de mantas porosas conectadas a uma bomba de vácuo. As mantas são colocadas sobre coxins de filtro fino que evitam a remoção do cimento juntamente com a água. As mantas podem ser colocadas na superfície de concreto logo após o nivelamento e também podem ser incorporadas às faces internas de fôrmas verticais.

O vácuo é criado pela bomba de vácuo, e sua capacidade é determinada pelo perímetro da manta, e não por sua área. A magnitude do vácuo aplicado é, em geral, cerca de 0,08 MPa, e esse vácuo reduz a quantidade de água em até 20%. A redução é maior quanto mais próximo o vácuo estiver da manta, e é comum considerar que a sucção somente é totalmente eficaz até uma profundidade de 100 a 150 mm. A retirada de água

---

* N. de R.T.: No original, *vaccum-dewatered concrete*.

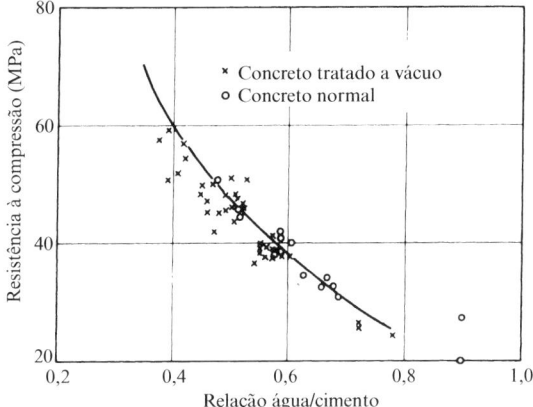

Figura 4.25 Relação entre a resistência do concreto e a relação água/cimento calculada após o tratamento a vácuo.[4.55]

produz o assentamento do concreto em até aproximadamente 3% da profundidade alcançada pela sucção. A velocidade de retirada de água reduz com o tempo, e tem sido constatado que a operação de 15 a 25 minutos é normalmente mais econômica e que, após 30 minutos, a diminuição da quantidade de água é muito pequena.

Na realidade, não ocorre qualquer sucção durante o tratamento a vácuo. Simplesmente é aplicada uma queda de pressão inferior à atmosférica ao fluido intersticial do concreto fresco, podendo ser dito que ocorre um adensamento pela pressão atmosférica. Portanto a quantidade de água removida seria igual à contração do volume total de concreto e não seriam produzidos vazios. Na prática, entretanto, alguns vazios se formam, e tem sido constatado que, para a mesma relação água/cimento final, o concreto comum tem uma resistência um pouco maior do que o concreto tratado a vácuo. Esse fato é perceptível na Figura 4.25.

A formação de vazios pode ser evitada se, além do tratamento a vácuo, for aplicada vibração intermitente. Nessas condições, é obtido um maior grau de adensamento, e a quantidade de água retirada pode ser aproximadamente o dobro. Em ensaios realizados por Garnett,[4.21] foram alcançados bons resultados com tratamento a vácuo por 20 minutos associado à vibração entre o 4° e o 8° minuto e, novamente, entre o 14° e o 18° minuto.

O tratamento a vácuo pode ser utilizado em uma ampla faixa de relações agregado/cimento e de granulometrias de agregados, mas uma granulometria mais grossa resulta em mais água do que uma mais fina. Além disso, parte do material mais fino é removida pela operação, e materiais finos, como as pozolanas, podem não ser incorporados à mistura. Têm sido feitas recomendações[4.109] para que o consumo de cimento seja limitado a 350 kg/m³ e para que se utilizem aditivos redutores de água, de modo que o abatimento não seja maior do que 120 mm.

O concreto tratado a vácuo enrijece rapidamente, assim, as fôrmas podem ser removidas cerca de 30 minutos após o lançamento, mesmo em pilares de 4,5 m de altura.

Esse é um importante aspecto econômico, especialmente em fábricas de pré-moldados, já que as fôrmas podem ser reutilizadas em menor tempo. Entretanto, a cura normal é essencial.

A superfície do concreto tratado a vácuo é totalmente livre de orifícios e, até a espessura de 1 mm, é altamente resistente à abrasão. Essas características são de extrema importância em concretos que estarão em contato com água corrente a alta velocidade. Outra característica interessante do concreto tratado a vácuo é sua boa aderência ao concreto já existente, o que significa que ele pode ser utilizado para o recapeamento de pavimentos rodoviários e outros serviços de reparos. Portanto, o tratamento a vácuo parece ser um processo bastante interessante e é muito usado em alguns países, especialmente em lajes e pisos.[4.54]

Fôrmas drenantes

Um desenvolvimento recente, de certa forma conceitualmente similar ao tratamento a vácuo, é o uso de fôrmas drenantes*. Nesse caso, as fôrmas das superfícies verticais são constituídas por um têxtil de polipropileno fixado à chapa de compensado da fôrma que contém furos para drenagem. Desse modo, a fôrma age como um filtro através do qual o ar e a água de exsudação passam, mas o cimento, em sua maior parte, fica retido no corpo do concreto, embora seja carreado em direção à fôrma. Foi relatado um aumento localizado no consumo de cimento de 20 a 70 kg/m^3.[4.93]

Além de reduzirem a pressão nas fôrmas, as fôrmas drenantes diminuem a relação água/cimento na região superficial até uma profundidade de 20 mm. A relação varia uniformemente de cerca de 0,15 junto às fôrmas até um valor desprezável na profundidade de 20 mm.[4.99] O efeito dessa relação bastante reduzida é a diminuição da absorção e da permeabilidade à água nas regiões expostas do concreto, o que, frequentemente, é um aspecto crítico do ponto de vista da durabilidade. Entretanto, deve ser destacado que 20 mm é um valor menor do que o cobrimento de armadura em condições severas de exposição. A dureza superficial do concreto também é aumentada, e esse aspecto melhora a resistência do concreto à cavitação e à erosão.

Como grande parte da água excedente escapa na direção horizontal, a quantidade de água exsudada na superfície superior é diminuída. Esse fato permite que as operações de acabamento da superfície iniciem mais cedo, mas, quando as condições ambientais são propícias à secagem rápida, a falta da exsudação pode resultar em fissuração por retração plástica, e medidas apropriadas devem ser adotadas.

A superfície produzida pelas fôrmas drenantes é isenta de veios de exsudação e de cavidades devidas ao ar aprisionado, melhorando, assim, a aparência das superfícies expostas. Embora a cura úmida, após a remoção das fôrmas, seja recomendável, sua não realização é menos danosa do que no caso das fôrmas impermeáveis usuais.

Análise do concreto fresco

Ao considerar os ingredientes constituintes de um concreto, foi presumido, até o momento, que as proporções reais correspondem às especificadas. Centrais modernas de dosagem podem fornecer os registros dos materiais de cada mistura, mas nestes não es-

---

* N. de R.T.: No original, *permeable formwork*, cuja tradução literal é "fôrmas permeáveis".

tão incluídas informações sobre a granulometria e o teor de umidade dos agregados (ver página 137). Além do mais, se os registros fossem sempre totalmente confiáveis, haveria pouca necessidade de verificações da resistência do concreto endurecido. Entretanto, na prática, podem ocorrer erros ou até mesmo ações deliberadas que resultam em misturas com proporções incorretas, o que torna necessário determinar a composição da mistura o quanto antes. Os dois valores de maior interesse são a quantidade de cimento e a relação água/cimento. Os procedimentos para a determinação desses valores são denominados análise do concreto fresco.

Os métodos de ensaio da ASTM para a determinação das quantidades de cimento e de água foram cancelados. O procedimento denominado equipamento para análise expedita (*rapid analysis machine*), descrito nas referências 4.57, 4.84 e 4.85, não se mostrou confiável.

O U.S. Army[4.77] utiliza um ensaio baseado na titulação de cloretos para a determinação do teor de água e na titulação de cálcio para a do teor de cimento. O ensaio pode ser realizado em campo e não demora mais do que 15 minutos. Entretanto, a parte fina (menor do que 150 μm) de agregados calcários não pode ser distinguida do cimento.

O princípio da flotação para determinar a relação água/cimento da mistura foi utilizado por Naik & Ramme,[4.86] mas exige que seja conhecida a relação agregado/cimento da mistura, que pode ser uma incerteza ou não confiável.

Foi desenvolvido um método de filtragem sob pressão em que o material menor do que 150 μm é separado por filtragem e por pressão a seco.[4.36] A massa de cimento é considerada como a massa dessa fração, corrigida em relação ao agregado menor do que 150 μm da dosagem. Isso é uma fonte provável de erro. Também se desenvolveu a separação do cimento por flotação.[4.81]

Uma abordagem totalmente diferente para a determinação do teor de cimento no concreto fresco é baseada na separação do cimento utilizando um líquido pesado e uma centrífuga.[4.38] Não se têm obtido bons resultados com esse processo, especialmente quando as partículas mais finas do agregado não possuem massa específica significativamente menor do que as do cimento.

Um desenvolvimento recente é a determinação da relação água/cimento por meio da medida da resistividade elétrica utilizando uma sonda imersa no concreto fresco. Esse método somente é confiável para uma determinada mistura, e a alteração da resistividade é uma indicação de um afastamento da relação água/cimento esperada.

Quanto ao teor de água no concreto fresco, a determinação pode ser feita por meio da medida do grau de dispersão de nêutrons térmicos emitidos por uma fonte colocada dentro do volume de agregado ou no interior de uma amostra da mistura.[4.69] O hidrogênio é o principal elemento influente na dispersão e no retardo dos nêutrons térmicos, e, como ele é quase inteiramente ligado à água, o método nuclear pode dar um valor do teor de água com precisão de ± 0,3%. A massa unitária do agregado seco também deve ser considerada no método, e seu valor é determinado a partir do retroespalhamento de radiação gama de uma segunda fonte. O equipamento completo é constituído por fontes de nêutrons térmicos e de raios gama, por detectores de nêutrons e de cintilação e pelos contadores associados. A calibragem é realizada em campo e é um processo que requer tempo. O processo de secagem em um forno de micro-ondas foi proposto.

É possível perceber que não há nenhum procedimento confiável e prático para a determinação da relação água/cimento do concreto fresco. De fato, não existe nenhum ensaio para a determinação da composição do concreto fresco que seja conveniente e suficientemente confiável para ser utilizado como um ensaio prévio ao lançamento.*

Concreto autoadensável

Esse tipo de concreto expulsa o ar aprisionado sem vibração e se movimenta por obstáculos, como a armadura, para preencher todos os espaços nas fôrmas. Seu uso é interessante em elementos com intrincadas disposições de cordoalhas de concreto protendido e em áreas de difícil acesso junto às ancoragens. A vibração é uma operação com elevado nível de ruído e, portanto, incômoda à vizinhança, especialmente à noite e aos fins de semana. Evitar esse ruído é o segundo argumento para o uso do concreto autoadensável.

Existe ainda uma terceira razão, que está relacionada aos efeitos nocivos à saúde dos operadores de vibradores de imersão. O manuseio do vibrador prejudica nervos e vasos sanguíneos e causa uma doença profissional conhecida como "síndrome dos dedos brancos ou da mão branca" ou "vibração de mãos e braços". Esse aspecto, é claro, é socialmente indesejável, e, no Reino Unido, existe regulamentação sobre o uso de vibradores manuais. Entretanto, até o momento, o concreto autoadensável não é amplamente utilizado no Reino Unido, enquanto Japão, Suécia e Holanda são os líderes nesse campo. Nos Estados Unidos, a Prescast/Prestressed Concrete Institute (PCI) já possui um guia sobre concreto autoadensável, e o ACI elaborou a publicação 237R-07, bastante útil.

Curiosamente, o impulso para o desenvolvimento do concreto autoadensável veio do Japão, com o objetivo de minimizar a utilização de mão de obra não especializada. Não há dúvida de que o uso deste concreto se difundirá em um futuro próximo, mesmo para o concreto leve.

Há três requisitos para o concreto ser considerado autoadensável: fluidez, capacidade de passagem por armaduras com espaçamento reduzido e resistência à segregação. Existem vários ensaios propostos para cada uma das três propriedades, mas nenhum método de ensaio completo foi normalizado. Em 2010, foram publicadas cinco normas, denominadas BS EN 12350 – Part 8: slump-flow, Part 9: V-funnel test, Part 10: L-box test, Part 11: sieve segregation test e Part 12: J-ring test.

Os meios de obtenção do concreto autoadensável são: uso de mais finos (menores do que 600 μm) do que o usual; obtenção de uma viscosidade adequada pelo uso de um agente controlador; relação água/cimento em torno de 0,40; uso de aditivo superplastificante; agregados de forma e textura adequadas; e menos agregados graúdos do que o usual (50% em relação ao volume de todos os sólidos). Esses itens resultam em um menor intertravamento entre os agregados, o que é benéfico em relação à resistência ao cisalhamento. Claramente, é necessário um controle muito bom da produção.

---

* N. de R.T.: No Brasil, o método para a reconstituição de traço (consumo de cimento e relação água/cimento) do concreto fresco era normalizado pela NBR 9605:1992, mas essa norma foi cancelada em 30/11/2012.

O concreto autoadensável é bastante útil em elementos densamente armados de qualquer forma, tanto em concreto pré-moldado quanto moldado em campo. A única limitação é que a superfície superior deve ser horizontal. A BS EN 206-9; 2010 e a ASTM C 1712-09 são normas recentes.*

Referências

4.1 W. H. Glanville, A. R. Collins and D. D. Matthews, The grading of aggregates and workability of concrete, *Road Research Tech. Paper No. 5* (London, HMSO, 1947).

4.2 National Ready-mixed Concrete Association, *Outline and Tables for Proportioning Normal Weight Concrete*, 6 pp. (Silver Spring, Maryland, Oct. 1993).

4.3 Road Research Laboratory: Design of concrete mixes, *D.S.I.R. Road Note No. 4* (London, HMSO, 1950).

4.4 A. R. Cusens, The measurement of the workability of dry concrete mixes, *Mag. Concr. Res.*, **8**, No. 22, pp. 23–30 (1956).

4.5 T. C. Powers, Studies of workability of concrete, *J. Amer. Concr. Inst.*, **28**, pp. 419–48 (1932).

4.6 J. W. Kelly and M. Polivka, Ball test for field control of concrete consistency, *J. Amer. Concr. Inst.*, **51**, pp. 881–8 (May 1955).

4.7 U.S. Bureau of Reclamation, *Concrete Manual*, 8th Edn (Denver, 1975).

4.8 P. Klieger, Effect of mixing and curing temperature on concrete strength, *J. Amer. Concr. Inst.*, **54**, pp. 1063–81 (June 1958).

4.9 F. M. Lea, *The Chemistry of Cement and Concrete* (London, Arnold, 1956).

4.10 T. C. Powers, The bleeding of portland cement paste, mortar and concrete, *Portl. Cem. Assoc. Bull. No. 2* (Chicago, July 1939).

4.11 H. H. Steinour, Further studies of the bleeding of portland cement paste, *Portl. Cem. Assoc. Bull. No. 4* (Chicago, Dec. 1945).

4.12 I. L. Tyler, Uniformity, segregation and bleeding, *ASTM Sp. Tech. Publ. No. 169*, pp. 37–41 (1956).

4.13 B. C. Doell, Effect of algae infested water on the strength of concrete, *J. Amer. Concr. Inst.*, **51**, pp. 333–42 (Dec. 1954).

4.14 J. D. Dewar, Relations between various workability control tests for ready-mixed concrete, *Cement Concr. Assoc. Tech. Report TRA/375* (London, Feb. 1964).

4.15 H. H. Steinour, Concrete mix water – how impure can it be? *J. Portl. Cem. Assoc. Research and Development Laboratories*, **3**, No. 3, pp. 32–50 (Sept. 1960).

4.16 W. J. McCoy, Water for mixing and curing concrete, *ASTM Sp. Tech. Publ. No. 169*, pp. 355–60 (1956).

4.17 Joint Committee of the I.C.E. and the I. Struct. E., *The Vibration of Concrete* (London, 1956).

4.18 J. Kolek, The external vibration of concrete, *Civil Engineering*, **54**, No. 633, pp. 321–5 (London, 1959).

---

* N. de R.T.: No Brasil, existem seis normas sobre concreto autoadensável. São as normas NBR 15823-1 a 6:2010. A primeira trata da classificação, do controle e da aceitação do concreto no estado fresco. As demais, da NBR 15823-2 a 6, normalizam os métodos de ensaio, respectivamente: determinação do espalhamento e do tempo de escoamento – Método do cone de Abrams; determinação da habilidade passante – Método do anel J; determinação da habilidade passante – Método da caixa L; determinação da viscosidade – Método do funil V; e determinação da resistência à segregação – Método da coluna de segregação.

4.19 C. A. Vollick, Effects of revibrating concrete, *J. Amer. Concr. Inst.*, **54**, pp. 721–32 (March 1958).
4.20 E. N. Mattison, Delayed screeding of concrete, *Constructional Review*, **32**, No. 7, p. 30 (Sydney, 1959).
4.21 J. B. Garnett, The effect of vacuum processing on some properties of concrete, *Cement Concr. Assoc. Tech. Report TRA/326* (London, Oct. 1959).
4.22 R. Shalon and R. C. Reinitz, Mixing time of concrete – technological and economic aspects, *Research Paper No. 7* (Building Research Station, Technion, Haifa, 1958).
4.23 D. A. Abrams, Effect of time of mixing on the strength of concrete, *The Canadian Engineer* (25 July, 1 Aug., 8 Aug. 1918, reprinted by Lewis Institute, Chicago).
4.24 G. C. Cook, Effect of time of haul on strength and consistency of ready-mixed concrete, *J. Amer. Concr. Inst.*, **39**, pp. 413–26 (April 1943).
4.25 D. A. Abrams, Tests of impure waters for mixing concrete, *J. Amer. Concr. Inst.*, **20**, pp. 442–86 (1924).
4.26 W. Jurecka, Neuere Entwicklungen und Entwicklungstendenzen von Betonmischern und Mischanlagen, *...sterreichischer Ingenieur-Zeitschrift*, **10**, No. 2, pp. 27–43 (1967).
4.27 K. Thomas and W. E. A. Lisk, Effect of sea water from tropical areas on setting times of cements, *Materials and Structures*, **3**, No. 14, pp. 101–5 (1970).
4.28 R. C. Meininger, Study of ASTM limits on delivery time, *Nat. Ready-mixed Concr. Assoc. Publ. No. 131*, 17 pp. (Washington DC, Feb. 1969).
4.29 R. Weber, Rohrförderung von Beton, Düsseldorf Beton-Verlag GmbH (1963), The transport of concrete by pipeline (London, Cement and Concrete Assoc. Translation No. 129, 1968).
4.30 E. Kempster, Pumpable concrete, Current Paper 26/69, 8 pp. (Building Research Station, Garston, 1968).
4.31 E. Kempster, Pumpability of mortars, Contract Journal, 217, pp. 28–30 (4 May 1967).
4.32 T. C. Holland and M. D. Luther, Improving concrete quality with silica fume, in Concrete and Concrete Construction, Lewis H. Tuthill Int. Symposium, ACI SP-104, pp. 107–22 (Detroit, Michigan, 1987).
4.33 W. J. McCoy, Mixing and curing water for concrete, ASTM Sp. Tech. Publ. No. 169B, pp. 765–73 (1978).
4.34 ACI 506.R-90, Guide to shotcrete, ACI Manual of Concrete Practice, Part 5: Masonry, Precast Concrete, Special Processes, 41 pp. (Detroit, Michigan, 1994).
4.35 Building Research Station, Analysis of water encountered in construction, Digest No. 90 (HMSO, London, July 1956).
4.36 R. Bavelja, A rapid method for the wet analysis of fresh concrete, Concrete, 4, No. 9, pp. 351–3 (London, 1970).
4.37 F. P. Nichols, Manufactured sand and crushed stone in portland cement concrete, Concrete International, 4, No. 8, pp. 56–63 (1982).
4.38 W. G. Hime and R. A. Willis, A method for the determination of the cement content of plastic concrete, ASTM Bull. No. 209, pp. 37–43 (Oct. 1955).
4.39 A. Mor and D. Ravina, The DIN ûow table, Concrete International, 8, No. 12, pp. 53–6 (1986).
4.40 O. Z. Cebeci and A. M. Saatci, Domestic sewage as mixing water in concrete, ACI Materials Journal, 86, No. 5, pp. 503–6 (1989).
4.41 K. W. Nasser, New and simple tester for slump of concrete, J. Amer. Concr. Inst., 73, pp. 561–5 (Oct. 1976).
4.42 K. W. Nasser and N. M. Rezk, New probe for testing workability and compaction of fresh concrete, J. Amer. Concr. Inst., 69, pp. 270–5 (May 1972).

4.43   G. H. Tattersall, Workability and Quality Control of Concrete, 262 pp. (E & FN Spon, London, 1991).
4.44   E. Neubarth, Einûuss einer Unterschreitung der Mindestmischdauer auf die Betondruckfestigkeit, Beton, 20, No. 12, pp. 537–8 (1970).
4.45   F. W. Beaufait and P. G. Hoadley, Mix time and retempering studies on readymixed concrete, J. Amer. Concr. Inst., 70, pp. 810–13 (Dec. 1973).
4.46   ACI 116R-90, Cement and concrete terminology, ACI Manual of Concrete Practice, Part 1: Materials and General Properties of Concrete, 68 pp. (Detroit, Michigan, 1994).
4.47   L. Forssblad, Need for consolidation of superplasticized concrete mixes, in Consolidation of Concrete, Ed. S. H. Gebler, ACI SP-96, pp. 19–37 (Detroit, Michigan, 1987).
4.48   G. Hill Betancourt, Admixtures, workability, vibration and segregation, Materials and Structures, 21, No. 124, pp. 286–8 (1988).
4.49   Department of the Environment, Guide to Concrete Pumping, 49 pp. (HMSO, London, 1972).
4.50   A. Johansson and K. Tuutti, Pumped concrete and pumping of concrete, CBI Research Reports, 10: 76 (Swedish Cement and Concrete Research Inst., 1976).
4.51   J. R. Illingworth, Concrete pumps planning considerations, Concrete, 5, No. 12, p. 387 (London, 1969).
4.52   M. Mittelacher, Re-evaluating the slump test, Concrete International, 14, No. 10, pp. 53–6 (1992).
4.53   CUR Report, Underwater concrete, *Heron*, **19**, No. 3, 52 pp. (Delft, 1973).
4.54   R. Malinowski and H. Wenander, Factors determining characteristics and composition of vacuum dewatered concrete, *J. Amer. Concr. Inst.*, **72**, pp. 98–101 (March 1975).
4.55   G. Dahl, Vacuum concrete, *CBI Reports*, 7: 75, Part 1, 10 pp. (Swedish Cement and Concrete Research Inst., 1975).
4.56   P. Bartos, *Fresh Concrete*, 292 pp. (Amsterdam, Elsevier, 1992).
4.57   I. Cooper and P. Barber, *Field Investigation of the Accuracy of the Determination of the Cement Content of Fresh Concrete by Use of the C. & C.A. Rapid Analysis Machine (R.A.M.)*, 19 pp. (British Ready Mixed Concrete Assoc., Dec. 1976).
4.58   R. Hard and N. Petersons, Workability of concrete – a testing method, *CBI Reports*, 2: 76, pp. 2–12 (Swedish Cement and Concrete Research Inst., 1976).
4.59   A. Johansson, N. Petersons and K. Tuutti, Pumpable concrete and concrete pumping, *CBI Reports*, 2: 76, pp. 13–28 (Swedish Cement and Concrete Research Inst., 1976).
4.60   L. M. Meyer and W. F. Perenchio, *Theory of Concrete Slump Loss Related to Use of Chemical Admixtures*, PCA Research and Developmen Bulletin RD069.01T, 8 pp. (Skokie, Illinois, 1980).
4.61   V. Dodson, *Concrete Admixtures*, 211 pp. (New York, Van Nostrand Reinhold, 1990).
4.62   V. S. Ramachandran, Ed., *Concrete Admixtures Handbook' Properties, Science and Technology*, 626 pp. (New Jersey, Noyes Publications, 1984).
4.63   B. A. Lamberton, Preplaced aggregate concrete, *ASTM Sp. Tech. Publ. No. 169B*, pp. 528–38 (1978).
4.64   M. L. Brown, H. M. Jennings and W. B. Ledbetter, On the generation of heat during the mixing of cement pastes, *Cement and Concrete Research*, **20**, No. 3, pp. 471–4 (1990).
4.65   T. Soshiroda, Effects of bleeding and segregation on the internal structure of hardened concrete, in *Properties of Fresh Concrete*, Ed. H.-J. Wierig, pp. 253–60 (London, Chapman and Hall, 1990).
4.66   P. Schiessl and R. Schmidt, Bleeding of concrete, in *Properties of Fresh Concrete*, Ed. H.-J. Wierig, pp. 24–32 (London, Chapman and Hall, 1990).
4.67   ACI 212.3R-91, Chemical admixtures for concrete, *ACI Manual of Concrete Practice, Part 1: Materials and General Properties of Concrete*, 31 pp. (Detroit, Michigan, 1994).

4.68 Y. Yamamoto and S. Kobayashi, Effect of temperature on the properties of superplasticized concrete, *ACI Journal*, **83**, No. 1, pp. 80–8 (1986).

4.69 J.-P. Baron, Détermination de la teneur en eau des granulats et du béton frais par méthode neutronique, *Rapport de Recherche LPC No. 72*, 56 pp. (Laboratoire Central des Ponts et Chaussées, Nov. 1977).

4.70 ACI 211.3-75, Revised 1987, Reapproved 1992, Standard practice for selecting proportions for no-slump concrete, *ACI Manual of Concrete Practice, Part 1: Materials and General Properties of Concrete*, 19 pp. (Detroit, Michigan, 1994).

4.71 J. Bresson and M. Brusin, Etude de l'influence des paramètres de la vibration sur le comportement des bétons, *CERIB Publication No. 32*, 23 pp. (Centre d'Etudes et de Recherche de l'Industrie du Béton Manufacturé, 1977).

4.72 G. R. Mass, Consolidation of concrete, in *Concrete and Concrete Construction, Lewis H. Tuthill Symposium*, ACI SP 104-10, pp. 185–203 (Detroit, Michigan, 1987).

4.73 ACI 309R-87, Guide for consolidation of concrete, *ACI Manual of Concrete Practice, Part 2: Construction Practices and Inspection Pavements*, 19 pp. (Detroit, Michigan, 1994).

4.74 ACI 309.1 R-93, Behavior of fresh concrete during vibration, *ACI Manual of Concrete Practice, Part 2: Construction Practices and Inspection Pavements*, 19 pp. (Detroit, Michigan, 1994).

4.75 ACI 304.1R-92, Guide for the use of preplaced aggregate concrete for structural and mass concrete applications, *ACI Manual of Concrete Practice, Part 2: Construction Practices and Inspection Pavements*, 19 pp. (Detroit, Michigan, 1994).

4.76 ACI 304.R-89, Guide for measuring, mixing, transporting, and placing concrete, *ACI Manual of Concrete Practice, Part 2: Construction Practices and Inspection Pavements*, 49 pp. (Detroit, Michigan, 1994).

4.77 P. A. Howdyshell, Revised operations guide for a chemical technique to determine water and cement content of fresh concrete, *Technical Report M-212*, 36 pp. (US Army Construction Engineering Research Laboratory, April 1977).

4.78 R. D. Gaynor, Ready-mixed concrete, in *Significance of Tests and Properties of Concrete and Concrete-Making Materials*, Eds P. Klieger and J. F. Lamond, *ASTM Sp. Tech. Publ. No. 169C*, pp. 511–21 (Philadelphia, Pa, 1994).

4.79 J. F. Best and R. O. Lane, Testing for optimum pumpability of concrete, *Concrete International*, **2**, No. 10, pp. 9–17 (1980).

4.80 C. MacInnis and P. W. Kosteniuk, Effectiveness of revibration and high-speed slurry mixing for producing high-strength concrete. *J. Amer. Concr. Inst.*, **76**, pp. 1255–65 (Dec. 1979).

4.81 E. Nägele and H. K. Hilsdorf, A new method for cement content determination of fresh concrete, *Cement and Concrete Research*, **10**, No. 1, pp. 23–34 (1980).

4.82 T. Yonezawa *et al.*, Pumping of lightweight concrete using non-presoaked lightweight aggregate, *Takenaka Technical Report*, No. 39, pp. 119–32 (May 1988).

4.83 F. A. Kozeliski, Extended mix time concrete, *Concrete International*, **11**, No. 11, pp. 22–6 (1989).

4.84 A. C. Edwards and G. D. Goodsall, Analysis of fresh concrete: repeatability and reproducibility by the rapid analysis machine, *Transport and Road Research Laboratory Supplementary Report 714*, 22 pp. (Crowthorne, U.K. 1982).

4.85 R. K. Dhir, J. G. I. Munday and N. Y. Ho, Analysis of fresh concrete: determination of cement content by the rapid analysis machine, *Mag. Concr. Res.*, **34**, No. 119, pp. 59–73 (1982).

4.86 T. R. Naik and B. W. Ramme, Determination of the water–cement ratio of concrete by the buoyancy principle, *ACI Materials Journal*, **86**, No. 1, pp. 3–9 (1989).

4.87 Y. Kajioka and T. Fujimori, Automating concrete work in Japan, *Concrete International*, **12**, No. 6, pp. 27–32 (1990).
4.88 K. H. Cheong and S. C. Lee, Strength of retempered concrete. *ACI Materials Journal*, **90**, No. 3, pp. 203–6 (1993).
4.89 G. R. U. Burg, Slump loss, air loss, and field performance of concrete, *ACI Journal*, **80**, No. 4, pp. 332–9 (1983).
4.90 B. J. Hanayneh and R. Y. Itani, Effect of retempering on the engineering properties of superplasticized concrete, *Materials and Structures*, **22**, No. 129, pp. 212–19 (1989).
4.91 G. W. Seegebrecht, A. Litvin and S. H. Gebler, Durability of dry-mix shotcrete *Concrete International*, **11**, No. 10, pp. 47–50 (1989).
4.92 S. H. Gebler, Durability of dry-mix shotcrete containining regulated-set cement *Concrete International*, **11**, No. 10, pp. 56–8 (1989).
4.93 Y. Kasai *et al.*, Comparison of cement contents in concrete surface prepared in permeable form and conventional form, *CAJ Review*, pp. 298–301 (1988).
4.94 D. R. Morgan, Freeze–thaw durability of shotcrete, *Concrete International*, **11**, No. 8, pp. 86–93 (1989).
4.95 I. L. Glassgold, Shotcrete durability: an evaluation, *Concrete International*, **11**, No. 8, pp. 78–85 (1989).
4.96 D. R. Morgan, Dry-mix silica fume shotcrete in Western Canada, *Concrete International*, **10**, No. 1, pp. 24–32 (1988).
4.97 U.S. Bureau of Reclamation, Specifications for ready-mixed concrete, 4094-92, *Concrete Manual, Part 2*, 9th Edn, pp. 143–59 (Denver, Colorado, 1992).
4.98 K. H. Khayat, B. C. Gerwick Jnr and W. T. Hester, Self-levelling and stiff consolidated concretes for casting high-performance flat slabs in water, *Concrete International*, **15**, No. 8, pp. 36–43 (1993).
4.99 W. F. Price and S. J. Widdows, The effects of permeable formwork on the surface properties of concrete, *Mag. Concr. Res.*, **43**, No. 155, pp. 93–104 (1991).
4.100 B. C. Gerwick Jnr and T. C. Holland, Underwater concreting: advancing the state of the art for structural tremie concrete, in *Concrete and Concrete Construction*, ACI SP-104, pp. 123–43 (Detroit, Michigan, 1987).
4.101 N. A. Cumming and P. T. Seabrook, Quality assurance program for volumebatched high--strength concrete, *Concrete International*, **10**, No. 8, pp. 28–32 (1988).
4.102 A. A. Al-Manaseer, M. D. Haug and K. W. Nasser, Compressive strength of concrete containing fly ash, brine, and admixtures, *ACI Materials Journal*, **85**, No. 2, pp. 109–16 (1988).
4.103 H. Y. Ghorab, M. S. Hilal and E. A. Kishar, Effect of mixing and curing waters on the behaviour of cement pastes and concrete. Part I: microstructure of cement pastes, *Cement and Concrete Research*, **19**, No. 6, pp. 868–78 (1989).
4.104 O. H. Wallevik and O. E. Gjørv, Modification of the two-point workability apparatus, *Mag. Concr. Res.*, **42**, No. 152, pp. 135–42 (1990).
4.105 D. L. Kantro, Influence of water-reducing admixtures on properties of cement paste – a miniature slump test, *Research and Development Bulletin*, RD079.01T, Portland Cement Assn, 8 pp. (1981).
4.106 A. A. Al-Manaseer, K. W. Nasser and M. D. Haug, Consistency and workability of flowing concrete, *Concrete International*, **11**, No. 10, pp. 40–4 (1989).
4.107 J. Murata and H. Kikukawa, Viscosity equation for fresh concrete, *ACI Materials Journal*, **89**, No. 3, pp. 230–7 (1992).
4.108 B. Erlin and W. G. Hime, Concrete slump loss and field examples of placement problems, *Concrete International*, **1**, No. 1, pp. 48–51 (1979).
4.109 S. S. Pickard, Vacuum-dewatered concrete, *Concrete International*, **3**, No. 11, pp. 49–55 (1981).

4.110 S. Smeplass, Applicability of the Bingham model to high strength concrete, RILEM International Workshop on *Special Concretes: Workability and Mixing*, pp. 179–85 (University of Paisley, Scotland, 1993).

4.111 J. M. Shilstone Snr, Interpreting the slump test, *Concrete International*, **10**, No. 11, pp. 68–70 (1988).

4.112 B. Schwamborn, Über das Bluten von Frischbeton, in Proceedings of a colloquium, *Frischmörtel, Zementleim, Frischbeton*, University of Hanover, Publication No. 55, pp. 283–97 (Oct. 1987).

4.113 ACI 304.6R-91, Guide for the use of volumetric-measuring and continuous-mixing concrete equipment, *ACI Manual of Concrete Practice, Part 2: Construction Practices and Inspection Pavements*, 14 pp. (Detroit, Michigan, 1994).

4.114 ACI 304.2R-91, Placing concrete by pumping methods, *ACI Manual of Concrete Practice, Part 2: Construction Practices and Inspection Pavements*, 17 pp. (Detroit, Michigan, 1994).

4.115 Ö. Petersson, Swedish method to measure the effectiveness of concrete mixers, RILEM International Workshop on *Special Concretes: Workability and Mixing*, pp. 19–27 (University of Paisley, Scotland, 1993).

4.116 R. Boussion and Y. Charonat, Les bétonnières portées sont-elles des mélangeurs?, *Bulletin Liaison Laboratoires des Ponts et Chaussées*, 149, pp. 75–81 (May–June, 1987).

4.117 U.S. Army Corps of Engineers, Standard test method for within-batch uniformity of freshly mixed concrete, CRD-C 55–92, *Handbook for Concrete and Cement*, 6 pp. (Vicksburg, Miss., Sept. 1992).

4.118 M. Kakizaki et al., Effect of mixing method on mechanical properties and pore structure of ultra high-strength concrete, *Katri Report*, No. 90, 19 pp. (Kajima Corporation, Tokyo, 1992) [and also in ACI SP-132, Detroit, Michigan, 1992].

4.119 P. C. Hewlett, Ed., *Cement Admixtures, Use and Applications*, 2nd Edn, for The Cement Admixtures Association, 166 pp. (Harlow, Longman, 1988).

4.120 E. Bielak, Testing of cement, cement paste and concrete, including bleeding. Part 1: laboratory test methods, in *Properties of Fresh Concrete*, Ed. H.-J. Wierig, pp. 154–66 (London, Chapman and Hall, 1990).

4.121 S. Sasiadek and M. Sliwinski, Means of prolongation of workability of fresh concrete in hot climate conditions, in *Properties of Fresh Concrete*, Ed. H.-J. Wierig, Proc. RILEM Colloquium, Hanover, pp. 109–15 (Cambridge, University Press, 1990).

4.122 A. Neville, *Neville on Concrete: An Examination of Issues in Concrete Practice*, 2nd Edition (Book Surge, LLC, and www.amazon.com, 2006).

4.123 I. Bradbury, Volumetric mixing with recycled aggregates, *Concrete*, **44**, No. 11, pp. 40–41 (2010).

4.124 M. Manzio et al., Instantaneous in-situ determination of water-cement ratio of fresh concrete, *ACI Materials Journal*, **107**, No. 6, pp. 586–92 (2010).

5
Aditivos

Nos capítulos anteriores, foram descritas as propriedades do cimento Portland e de uma grande variedade de materiais cimentícios, bem como dos agregados utilizados para a produção do concreto. Além disso, discutiu-se a influência desses materiais e de suas combinações nas propriedades do concreto fresco, e, menos detalhadamente, também foi considerada sua influência nas propriedades do concreto endurecido. Antes do aprofundamento deste último aspecto, é importante fazer a revisão de mais um componente do concreto: os aditivos.

Embora os aditivos, diferentemente do cimento, dos agregados e da água, não sejam um componente essencial da mistura de concreto, eles são um componente importante e cada vez mais difundido. Em vários países, uma mistura sem aditivos pode ser considerada uma exceção.

Benefícios dos aditivos

A razão para o uso crescente dos aditivos é o fato de estes serem capazes de conferir consideráveis vantagens físicas e econômicas ao concreto. Esses benefícios incluem a utilização do concreto em situações em que antes existiam dificuldades consideráveis ou mesmo insuperáveis. Eles também possibilitam o uso de uma maior variedade de componentes na mistura.

Os aditivos, embora nem sempre sejam baratos, não representam necessariamente uma despesa adicional, já que seu uso pode resultar em economia, por exemplo, no custo da mão de obra necessária para o adensamento, no consumo de cimento ou, ainda, na melhoria da trabalhabilidade sem o emprego de medidas adicionais.

Deve ser destacado que, quando adequadamente utilizados, os aditivos são benéficos ao concreto. Entretanto, eles não são uma solução para a má qualidade dos componentes da mistura nem para o uso de proporções incorretas na mistura, tampouco para a mão de obra deficiente no transporte, no lançamento e no adensamento.

Tipos de aditivos

Um aditivo pode ser definido como um produto químico que, exceto em casos especiais, é adicionado ao concreto em quantidades máximas de 5%, em relação à massa de cimento, durante a mistura ou durante uma mistura complementar antes do lançamento do concreto, com o objetivo de obter uma alteração específica, ou alterações, nas propriedades normais do concreto.

Os aditivos podem ter composição orgânica ou inorgânica, mas seu atributo químico, diferenciado de mineral, é sua principal característica. Na nomenclatura americana, eles são denominados *aditivos químicos*, mas, neste livro, essa classificação é desnecessária, pois os produtos minerais incorporados ao concreto, quase sempre em teores maiores do que 5% da massa de cimento, são denominados materiais cimentícios ou adições.*

Os aditivos são normalmente classificados conforme sua função no concreto, mas, frequentemente, eles possuem ações adicionais. A classificação da ASTM C 494-10 é a seguinte:

Tipo A: Redutor de água
Tipo B: Retardador
Tipo C: Acelerador
Tipo D: Redutor de água e retardador
Tipo E: Redutor de água e acelerador
Tipo F: Redutor de água de elevado desempenho ou superplastificante
Tipo G: Redutor de água de elevado desempenho e retardador ou superplastificante e retardador
Tipo S: Desempenho específico

A norma britânica para aditivos é a BS EN 934-2:2009 – e também são importantes diversas partes da BS EN 480.**

Na prática, os aditivos são comercializados como produtos patenteados, e, algumas vezes, o material promocional inclui informações sobre grandes e variados benefícios. Apesar de poderem ser verdadeiras, algumas dessas vantagens ocorrem somente de forma indireta, em decorrência de circunstâncias especiais, de modo que é importante compreender os efeitos específicos dos aditivos antes de utilizá-los. Além do mais, como a ASTM C 494-10 cita, os efeitos específicos produzidos podem variar de acordo com as propriedades e as proporções dos outros ingredientes da mistura.

---

* N. de R.T.: A NBR 11768:2011 é a norma brasileira que especifica os requisitos para aditivos químicos para concreto. Estes são definidos como o produto adicionado durante o processo de preparo do concreto, em quantidade máxima de 5% da massa de material cimentício, com o objetivo de modificar propriedades do concreto no estado fresco e/ou no estado endurecido. Da mesma forma citada pelo autor, no Brasil são usuais o termo simplificado "aditivo" para esse material e os termos "adições" ou "adições minerais" para os materiais adicionados em teores superiores a 5%, em relação à massa de cimento.

** N. de R.T.: A NBR 11768:2011 classifica os aditivos para concreto de acordo com seguintes tipos e designações: redutor de água ou plastificante (PN); de alta redução de água ou superplastificante tipo I (SP-I); de alta redução de água ou superplastificante tipo II (SP-II); incorporador de ar (IA); acelerador de pega (AP); acelerador de resistência (AR); retardador de pega (RP); redutor de água e retardador de pega ou plastificante retardador (PR); de alta redução de água e retardador de pega ou superplastificante retardador tipos I e II (SP-I R e SP-II R); redutor de água e acelerador de pega ou plastificante acelerador (PA); e de alta redução de água e acelerador de pega ou superplastificante acelerador tipos I e II (SP-I A e SP-II A).

Os aditivos podem ser utilizados nos estados sólido ou líquido. Este último é mais comum, tendo em vista ser possível sua dispersão uniforme de forma mais rápida durante a mistura do concreto. São utilizados dosadores calibrados, sendo o aditivo adicionado à água de amassamento – ou separadamente, em forma diluída, mas simultaneamente com a água de amassamento –, em geral durante a parte final da adição de água. Os superplastificantes estão sujeitos a métodos especiais de incorporação à mistura.

As dosagens dos diversos tipos de aditivos, normalmente expressas como uma porcentagem da massa de cimento na mistura, são recomendadas pelos fabricantes, mas frequentemente apresentam variações em função das circunstâncias.

A eficiência de qualquer aditivo pode variar dependendo de sua dosagem e, também, dos constituintes da mistura, especialmente das propriedades do cimento. Para alguns aditivos, a dosagem importante é o teor de sólidos, e não a massa total de aditivos na forma líquida. Entretanto, no que diz respeito à quantidade de água da mistura, o volume total dos aditivos líquidos deve ser levado em conta, mas o teor de sólidos dos superplastificantes deve ser excluído.

É importante que o efeito de qualquer aditivo não seja muito sensível a pequenas variações em sua dosagem, já que essas variações podem ocorrer acidentalmente durante a produção do concreto. Os efeitos dos aditivos são influenciados pela temperatura, portanto, seu desempenho em temperaturas extremas deve ser verificado antes do uso.

Em geral, não deve ser permitido o contato dos aditivos com a pele ou com os olhos.

Além dos aditivos discutidos neste capítulo, existem ainda os aditivos incorporadores de ar, que serão tratados no Capítulo 11.

Aditivos aceleradores

Abreviadamente, esses aditivos, Tipo C da ASTM, serão tratados como *aceleradores*. Sua função principal é acelerar a resistência inicial do concreto, ou seja, seu endurecimento (ver página 19), embora eles também possam, simultaneamente, acelerar a pega do concreto. Caso seja necessária uma distinção entre as duas ações, pode ser útil recorrer às propriedades de aceleração da pega.

Os aceleradores podem ser utilizados quando o concreto tiver de ser lançado a baixas temperaturas – de 2 a 4 °C, por exemplo – na produção de pré-moldados (em que uma rápida remoção de fôrmas é desejável) ou em serviços urgentes de reparo. Outros benefícios da utilização de aceleradores são as possibilidades de antecipação do acabamento da superfície de concreto, aplicação de isolamento para a proteção e, também, colocação da estrutura em serviço em menor prazo.

Por outro lado, em temperaturas elevadas, os aceleradores podem causar o aumento pronunciado da taxa de liberação de calor, ocasionando fissuração por retração.[5.4]

Embora os aceleradores frequentemente sejam utilizados em temperaturas muito baixas, eles não são agentes anticongelantes, pois diminuem o ponto de congelamento do concreto em, no máximo, 2 °C. Portanto, as precauções usuais anticongelamento devem ser sempre adotadas (ver página 421). Existem agentes anticongelantes em processo de desenvolvimento,[5.8,5.9] mas ainda não estão totalmente aprovados.

O acelerador mais comum, utilizado por décadas, era o cloreto de cálcio. Esse produto é eficiente na aceleração da hidratação dos silicatos de cálcio, principalmente o C_3S, possivelmente por causar uma leve alteração na alcalinidade da água dos poros ou por atuar como um catalisador das reações de hidratação. Embora o mecanismo dessa ação ainda não seja totalmente entendido, não há dúvidas de que o cloreto de cálcio seja um acelerador eficiente e barato, apesar de ter um sério defeito: a presença de íons cloreto na proximidade da armadura ou de outro aço embutido é altamente favorável à ocorrência de corrosão. Esse tópico será discutido no Capítulo 11.

Embora as reações de corrosão ocorram somente na presença de água e de oxigênio, os riscos relacionados à presença de íons cloretos no concreto que contém armaduras são tais que o cloreto de cálcio nunca deveria ser incorporado ao concreto armado. Para o concreto protendido, os riscos são ainda maiores. Em virtude disso, várias normas e regulamentos proíbem o uso de cloreto de cálcio em concretos que contenham aço ou alumínio embutido. Além do mais, mesmo em concreto simples, quando a durabilidade pode ser prejudicada por agentes externos, o uso dos cloretos de cálcio pode não ser aconselhado. Por exemplo, a resistência do cimento ao ataque por sulfatos é diminuída pela adição de $CaCl_2$ a misturas pobres, e o risco da reação álcali--agregado, quando o agregado for reativo, aumenta.[5.24] Entretanto, quando essa reação é efetivamente controlada pelo uso de cimento com baixo teor de álcalis e pela adição de pozolanas, o efeito do $CaCl_2$ é muito pequeno. Outros aspectos indesejáveis da adição do $CaCl_2$ são o aumento da retração por secagem – geralmente entre 10 e 15% ou mais,[5.24] em algumas situações – e também um possível aumento da fluência.*

Embora a adição de $CaCl_2$ reduza o risco de danos por congelamento durante os primeiros dias após o lançamento, a resistência do concreto com ar incorporado ao gelo e degelo nas idades mais avançadas é afetada negativamente. Algumas indicações desse fato são dadas na Figura 5.1.

Pelo lado positivo, constatou-se que o $CaCl_2$ aumenta a resistência do concreto à erosão e à abrasão – efeito que persiste ao longo do tempo.[5.24] Quando o concreto simples é curado em vapor, o $CaCl_2$ aumenta a resistência do concreto e possibilita a elevação mais rápida da temperatura durante o ciclo de cura (ver página 384).[5.25]

A ação do cloreto de sódio é similar à ação do cloreto de cálcio, mas de menor intensidade. Os efeitos do NaCl também são mais variáveis, e foi observada uma diminuição no calor de hidratação, com consequente perda de resistência a partir dos sete dias. Por essa razão, o NaCl é indesejável. Tem sido sugerido o uso de cloreto de bário, mas sua ação aceleradora ocorre apenas em condições de temperaturas mais altas.[5.44]

Alguns pesquisadores sugerem que a utilização do cloreto de cálcio não contribui significativamente para a corrosão da armadura se o concreto for bem dosado e adensado e se o cobrimento da armadura for adequado.[5.53] Em obras, infelizmente, essa perfeição pode, vez ou outra, não ser obtida, e o risco do uso de cloreto de cálcio supera enormemente seus benefícios. Além do mais, a experiência tem mostrado que, sob as condições extremas de exposição existentes em alguns países, somente um concreto de alto desempenho poderia proteger a armadura contra a corrosão (ver Capítulo 13).

Devido a essa preocupação em relação à corrosão das armaduras, a utilização, as propriedades e os efeitos do cloreto de cálcio não serão mais tratados neste livro. Essa preocupação levou à busca de aceleradores isentos de cloretos. Entretanto, nenhum

---

* N. de R.T.: A NBR 6118:2014, versão corrigida 2014, proíbe o uso de aditivos à base de cloretos em estruturas de concreto. A NBR 11768:2011 define que aditivos com teor de cloretos menor ou igual a 0,15%, em massa, correspondem a aditivos isentos de cloretos.

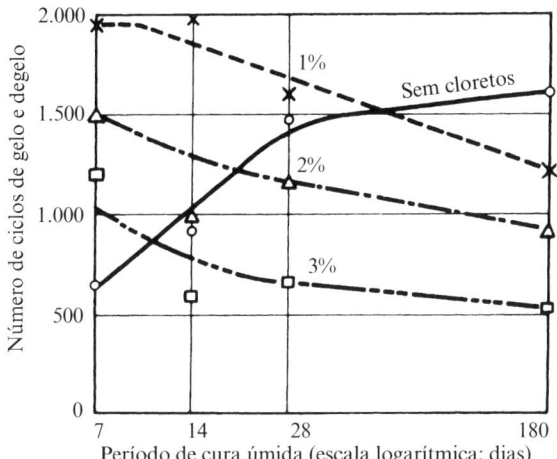

Figura 5.1 Resistência ao gelo e degelo do concreto submetido à cura úmida a 4 °C para diferentes teores de $CaCl_2$.[5.24]

acelerador se tornou amplamente aceito, mas uma descrição dos possíveis aceleradores a serem utilizados pode ser útil.

O nitrito de cálcio e o nitrato de cálcio são possíveis aceleradores, sendo que o primeiro também exerce uma ação inibidora de corrosão.[5.1] O formiato de cálcio e o formiato de sódio também são possibilidades, embora o último possa introduzir sódio na mistura, um álcali que é conhecido por influenciar a hidratação e também por ser potencialmente reativo com alguns agregados (ver página 151).

O formiato de cálcio somente é eficiente quando utilizado com cimentos que possuam uma relação mínima entre C_3A e SO_3 igual a 4 e um baixo teor de SO_3. Cimentos produzidos com o uso de carvão com teor relativamente elevado de enxofre não satisfazem essa exigência.[5.7] Por essa razão, devem ser realizadas misturas experimentais com os cimentos disponíveis para uso. Também deve ser destacado que o formiato de cálcio tem solubilidade muito baixa em água.[5.1] Quando utilizado em teores de 2 a 3%, em relação à massa de cimento, o formiato de cálcio aumenta a resistência do concreto até cerca de 24 horas – efeito que é maior em cimentos com baixo teor de C_3A.[5.3]

Massazza & Testolin[5.13] observaram que o concreto com formiato de cálcio pode alcançar, em quatro horas e meia a resistência que, sem o aditivo, somente seria obtida em nove horas, conforme mostra o exemplo da Figura 5.2. É importante destacar que o formiato de cálcio não causa um retrocesso da resistência. Por outro lado, os possíveis efeitos colaterais desse acelerador não foram eliminados.[5.12,5.33]

A trietanolamina é um possível acelerador, mas é bastante sensível à variação de dosagem e à composição do cimento.[5.34] Por essa razão, esse produto não é utilizado, exceto para compensar o efeito retardador de alguns aditivos redutores de água.

A forma exata da ação dos aceleradores ainda é desconhecida. Além do mais, o efeito dos aceleradores na resistência inicial do concreto depende muito do acelerador utilizado, bem como do cimento, mesmo para cimentos de mesmo tipo. A composição

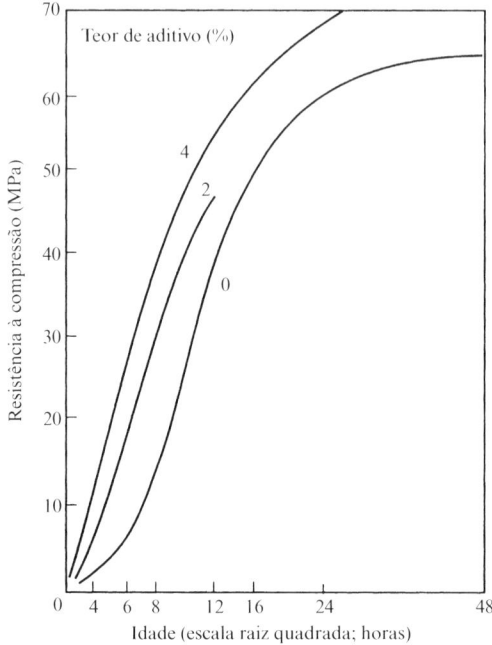

Figura 5.2 Influência de vários teores de formiato de cálcio (em relação à massa de cimento) no desenvolvimento da resistência do concreto com consumo de cimento de 420 kg/m³ e relação água/cimento de 0,35 (citada na ref. 5.13).

completa real dos aditivos normalmente não é disponibilizada por razões comerciais, de modo que é necessário verificar o desempenho de qualquer combinação cimento-aditivo.

A extensão do problema foi mostrada por Rear & Chin[5.20] ao ensaiarem concretos de mesmas proporções de mistura (relação água/cimento igual a 0,54) produzidos com cinco cimentos Portland Tipo I ASTM e três aditivos em três teores. O primeiro era um aditivo à base de nitrito de cálcio, o segundo, à base de nitrato de cálcio e o terceiro, à base de tiocianato de sódio. Os teores dos compostos dos cimentos em porcentagem apresentavam as seguintes variações:

C_3S: 49 a 59
C_2S: 16 a 26
C_3A: 5 a 10
C_4AF: 7 a 11.

A finura do cimento, medida pelo método Blaine, variou de 327 a 429 m²/kg.

A partir dos resultados de resistência à compressão determinados a 20 °C, apresentados na Tabela 5.1, pode ser visto que há uma grande variação no desempenho de cada aditivo quando utilizado com diferentes cimentos, bem como entre os três aditivos em si. Em todos os casos, a resistência está expressa como uma porcentagem da resistência do concreto sem aditivo.

Tabela 5.1 Efeitos dos aceleradores na resistência de concretos produzidos com diferentes cimentos[5.20]

Acelerador N.º	Dosagem (ml/100 kg de cimento)	Faixa de variação da resistência (%) na idade de:		
		1 dia	3 dias	7 dias
1	0	100	100	100
	1.300	100–173	105–115	97–114
	2.600	112–175	107–141	111–129
	3.900	111–166	111–143	113–156
2	0	100	100	100
	740	64–130	90–113	100–116
	1.480	65–157	95–113	105–132
	2.220	58–114	99–115	107–123
3	0	100	100	100
	195	111–149	115–131	100–120
	390	123–185	101–132	107–130
	585	121–171	115–136	104–129

A norma ASTM C 494-10 inclui a exigência de que, quando for utilizado um aditivo Tipo C, o início de pega – medido pelo ensaio de resistência à penetração prescrito pela ASTM C 403-10 – deve ser antecipado em, no mínimo, uma hora, mas em não mais do que três horas e meia em relação à mistura de controle. A resistência à compressão aos três dias deve ser 125% da resistência do concreto de controle. Admite-se que a resistência além de 28 dias seja inferior à resistência do concreto de controle, mas o retrocesso da resistência não é permitido. A BS EN 934-2:2009 prescreve tempo de início de pega, resistência e teor de ar. Essa norma também estabelece requisitos para os demais tipos de aditivos.*

A discussão anterior indica que nenhum acelerador é amplamente aceito. Ao mesmo tempo, é importante destacar que a demanda por aceleradores diminuiu, especialmente na produção de concreto pré-moldado, visto que há outras formas de se obter uma resistência inicial elevada, como pelo uso de relações água/cimento muito baixas em conjunto com superplastificantes. No entanto, o uso de aceleradores em lançamentos realizados em baixas temperaturas ainda continua.

---

* N. de R.T.: A NBR 11768:2011 diferencia aditivo acelerador de resistência e aditivo acelerador de pega. O primeiro é definido como o aditivo que aumenta a taxa de desenvolvimento das resistências iniciais do concreto, com ou sem aumento de pega, enquanto o segundo é definido como o aditivo que diminui o tempo de transição entre o estado plástico e o estado endurecido do concreto. O aditivo acelerador de pega deve adiantar a pega em, no mínimo, 30 minutos em relação à argamassa de referência, e sua resistência aos 28 dias deve ser, no mínimo, 80% do valor da resistência do concreto de referência. Quanto ao aditivo acelerador de resistência, as exigências são: a resistência em 24 horas deve ser, no mínimo, 120% da resistência do concreto de referência e, aos 28 dias, o valor deve ser, no mínimo, 90% do valor de referência. Para ambos os aditivos, é feita a limitação em relação ao teor de ar no concreto fresco, devendo ser de, no máximo, 2% em relação ao concreto de referência.

Aditivos retardadores

Um atraso no tempo de pega da pasta de cimento pode ser obtido pela incorporação de um aditivo retardador (Tipo B da ASTM) à mistura, denominado, a partir de agora, simplesmente *retardador*. Esses aditivos, em geral, também retardam o endurecimento da pasta, embora alguns sais possam acelerar a pega, mas inibir o desenvolvimento da resistência. Os retardadores não alteram a composição ou a identidade dos produtos de hidratação.[5.45]

Os retardadores são úteis nas concretagens em condições de alta temperatura ambiente, em que o tempo de pega normal é diminuído pela temperatura elevada, e na prevenção da formação de juntas frias. Em geral, eles prolongam o tempo pelo qual o concreto pode ser transportado, lançado e adensado. O atraso no endurecimento causado pelos retardadores pode ser explorado para a obtenção de acabamentos com agregados expostos. Nesse caso, o retardador é aplicado na face interna da fôrma para que o endurecimento do cimento adjacente seja atrasado. Após a retirada das fôrmas, esse cimento pode ser eliminado por escovação, o que resulta em uma superfície com agregados expostos.

Algumas vezes, o uso de retardadores pode exercer influência sobre o projeto estrutural – podem ser realizados, por exemplo, lançamentos contínuos de uma grande quantidade de concreto com retardo controlado das várias etapas do lançamento, em vez de uma construção segmentada (ver página 411).

A ação de retardo é exibida pelo açúcar, por derivados de carboidratos, por sais solúveis de zinco, por boratos solúveis e por alguns outros sais.[5.51] O metanol também é um possível retardador.[5.12] Na prática, são mais utilizados os retardadores que também possuem ação de redução de água (Tipo D da ASTM), descritos na próxima seção.

A forma de ação dos retardadores ainda não está bem determinada. É provável que eles modifiquem o crescimento ou a morfologia dos cristais,[5.37] sendo adsorvidos pela membrana de cimento hidratado que foi rapidamente formada.[5.11] Dessa maneira, eles retardam o crescimento dos núcleos de hidróxido de cálcio, o que resulta em uma barreira mais eficiente à continuidade da hidratação do que em uma mistura sem aditivo. Posteriormente, os aditivos são removidos da solução e incorporados ao material hidratado, mas isso não significa, necessariamente, que haja formação de compostos hidratados diferentes.[5.36] Esse também é o caso dos aditivos redutores de água e retardadores, identificados como Classe D pela ASTM. Khalil & Ward[5.43] mostraram que a relação linear existente entre o calor de hidratação e a massa de água não evaporável não é afetada pelo uso de um aditivo à base de lignossulfonato (ver Figura 5.3).

É necessária bastante precaução no uso de retardadores, pois, em quantidades incorretas, eles podem inibir totalmente a pega e o endurecimento do concreto. São conhecidos casos de resultados de resistência aparentemente inexplicáveis quando sacos de açúcar foram utilizados para o transporte de amostras de agregado para o laboratório ou quando sacos de melaço foram utilizados para o transporte de concreto recém-misturado. Os efeitos do açúcar dependem, em grande parte, da quantidade usada, mas resultados conflitantes já foram observados.[5.6] Aparentemente, quando utilizada de maneira cuidadosa, uma pequena quantidade de açúcar (cerca de 0,05%, em relação à massa de cimento) atua como um retardador aceitável, e o retardo de pega é de cerca de quatro horas.[5.55] A ação retardante do açúcar ocorre, provavelmente, devido à prevenção da formação de C-S-H,[5.50] mas os efeitos exatos do açúcar dependem fortemente da composição química do cimento. Por essa razão, o desempenho do açúcar – e, na

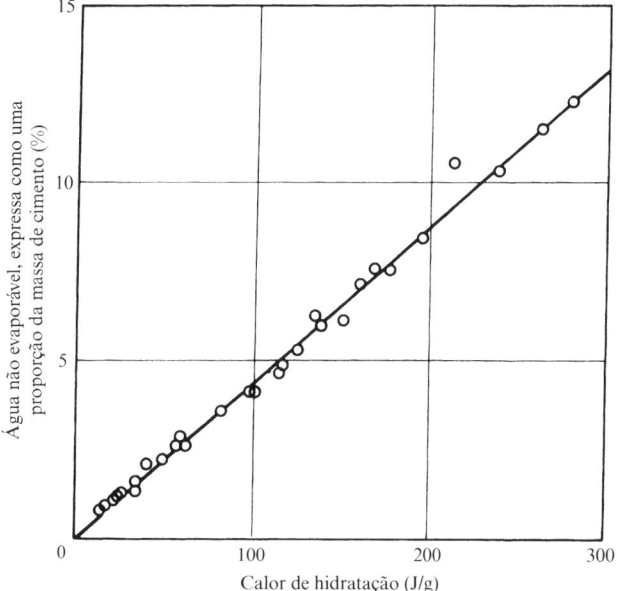

Figura 5.3 Relação entre o teor de água não evaporável do cimento e o calor de hidratação, com e sem aditivo retardador.[5.43]

verdade, de qualquer retardador – deve ser determinado por misturas experimentais com o cimento que será utilizado na obra.

Uma grande quantidade de açúcar – entre 0,2 e 1% da massa de cimento, por exemplo – irá praticamente impedir a pega do cimento. Contudo, essas quantidades de açúcar podem ser utilizadas como um inibidor barato, por exemplo, quando um caminhão-betoneira não puder ser descarregado devido a um problema mecânico. O melaço já foi usado para evitar a pega de sobras de concreto em ocasiões nas quais a lavagem das betoneiras não era possível.

A resistência inicial do concreto é bastante reduzida quando o açúcar é utilizado, de maneira controlada, como um retardador.[5.26] Todavia, além de cerca de sete dias, ocorre um aumento significativo da resistência em comparação à mistura sem retardador.[5.55] Isso, provavelmente, deve-se ao fato de que a pega retardada produz um gel de cimento mais denso (ver página 375).

É interessante destacar que a eficiência de um aditivo depende do momento da adição à mistura. Um atraso, mesmo de dois minutos, após a água entrar em contato com o cimento aumenta o retardo. Tal atraso pode ser obtido, às vezes, por uma sequência apropriada de alimentação da betoneira. O retardo ampliado ocorre, especialmente, em cimentos com teor de C_3A elevado, pois, uma vez que parte do C_3A tenha reagido com o sulfato de cálcio, ele não adsorve o aditivo, restando, então, mais aditivo para retardar a hidratação dos silicatos de cálcio, que ocorre por meio da adsorção nos núcleos de hidróxido de cálcio.[5.36]

266 Propriedades do Concreto

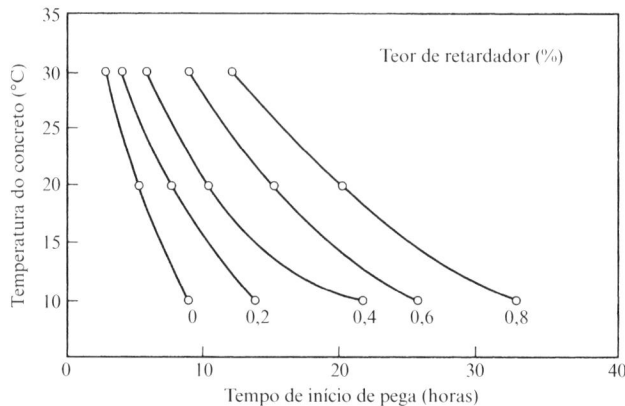

Figura 5.4 Influência da temperatura no tempo de início de pega de concretos com vários teores de aditivo retardador (em relação à massa de cimento) (citada na ref. 5.13).

Como os retardadores são frequentemente utilizados em climas quentes, é importante destacar que seu efeito é menor em temperaturas mais elevadas (ver Figura 5.4), e alguns retardadores, inclusive, deixam de agir em temperaturas extremamente elevadas, de aproximadamente 60 °C.[5.13] A Tabela 5.2 mostra dados obtidos por Fattuhi[5.10] sobre a eficiência de vários aditivos redutores de água e retardadores em relação ao início de pega do concreto. Verifica-se que o efeito da temperatura elevada no tempo de fim de pega é muito menor.

Os retardadores tendem a aumentar a retração plástica, devido à duração do estado plástico ser estendida, mas a retração por secagem não é afetada.[5.38]

A ASTM C 4 94-10 estabelece que os aditivos Tipo B devem retardar o início de pega em, pelo menos, uma hora, mas em não mais do que três horas e meia, em compa-

Tabela 5.2 Influência da temperatura do ar no retardo do tempo de início de pega do concreto† por aditivos redutores de água e retardadores de pega[5.10] (Copyright ASTM – reproduzida com permissão)*

Tipo de aditivo, segundo a ASTM C 494-10	Natureza do aditivo	Retardo no tempo de início de pega (h:min) à temperatura de:		
		30 °C	40 °C	50 °C
D	Sal de sódio	4:57	1:15	1:10
D	À base de lignina e cálcio	2:20	0:42	0:53
D	À base de lignossulfonato de cálcio	3:37	1:07	1:25
B	À base de fosfato	—	3:20	2:30

† Determinado pela resistência à penetração, segundo a ASTM C 403-08.
* N. de R.T.: A NBR 11768:2011 define aditivo retardador como aquele que aumenta o tempo de transição do estado fresco para o estado endurecido do concreto. As exigências estabelecidas são: o início de pega deve ser atrasado em pelo menos 90 minutos e o fim de pega deve ocorrer em no máximo 360 minutos, sendo os tempos medidos em relação à argamassa de referência.

ração à mistura de controle. Admite-se que a resistência à compressão na idade de três dias em diante seja 10% menor do que a resistência do concreto de controle – e as exigências da BS 5075-1:1982 são praticamente iguais. A especificação dos diversos tipos de aditivos é fornecida pela BS EN 934-2:2009 e pela ASTM C 494-10.

Aditivos redutores de água

De acordo com a ASTM C 494-10, os aditivos somente com o efeito de redução de água são identificados como Tipo A, mas, se as propriedades de redução de água estiverem associadas ao retardo, o aditivo é classificado como Tipo D. Existem também aditivos redutores de água e aceleradores (Tipo E), mas estes são de pouco interesse. Entretanto, caso o aditivo redutor de água apresente, como efeito colateral, retardo de pega, é possível controlar esse aspecto com o uso de um aditivo acelerador pleno na mistura. Conforme já citado na página 264, o acelerador mais comum é a trietanolamina.

Como seu nome indica, a função dos aditivos redutores de água é reduzir o teor da água da mistura – geralmente, de 5 a 10%, chegando, algumas vezes, até 15% (em concretos de trabalhabilidade muito alta). Dessa forma, os objetivos do uso de um aditivo redutor de água no concreto incluem possibilitar uma redução da relação água/cimento, enquanto a trabalhabilidade requerida é mantida, ou aumentar a trabalhabilidade para uma determinada relação água/cimento. Considerando que agregados de má granulometria evidente não deveriam ser utilizados, os aditivos redutores de água melhoram as propriedades do concreto fresco produzido com esses agregados, ou seja, com uma mistura áspera (ver páginas 173 e 777). O concreto que contém um aditivo redutor de água, em geral, apresenta baixa segregação e boa "fluidez".

Os dois principais grupos de aditivos Tipo D são: a) ácidos lignossulfônicos e seus sais e b) ácidos carboxílicos hidroxilados e seus sais. As modificações e os derivados deles não agem como retardadores e podem até mesmo se comportar como aceleradores (ver Figura 5.5).[5.28] Portanto, são dos Tipos A ou E (ver página 258).*

Os principais componentes ativos desses aditivos são agentes tensoativos ou surfactantes.[5.27] São substâncias que se concentram na interface entre duas fases miscíveis e alteram as forças físico-químicas que ali atuam. Essas substâncias são adsorvidas nas partículas de cimento, dotando-as de carga negativa, o que causa, então, a repulsão entre elas, ou seja, sua defloculação, e estabiliza sua dispersão. As bolhas de ar também são repelidas e não podem se fixar às partículas de cimento. A floculação faz com que certa quantidade de água fique aprisionada, e, assim, com menos água disponível, ocorre o contato entre as partículas de cimento, ou seja, essas regiões de contato não ficam disponíveis para o início da hidratação. Ao usar um aditivo redutor de água, a área superficial de cimento sujeita à hidratação inicial, bem como a quantidade de água disponível para a hidratação, são aumentadas.

---

* N. de R.T.: A NBR 11768:2011 define como aditivo redutor de água ou plastificante o aditivo que, sem modificar a consistência do concreto, permite reduzir seu conteúdo de água ou que, sem alterar a quantidade de água, modifica a consistência do concreto, aumentando o abatimento e a fluidez. É estabelecido que, mantida a consistência do concreto, deve haver uma redução de água mínima de 5% em relação ao concreto de referência. Esses aditivos são classificados como neutros (PN), quando não modificam a pega, retardadores (PR), quando a retardam, e aceleradores (PA), quando aceleram a pega.

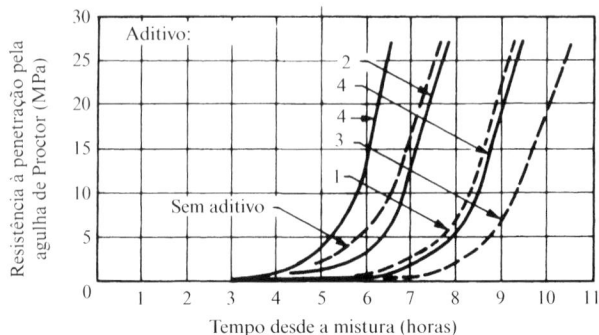

Figura. 5.5 Efeitos de vários aditivos redutores de água no tempo de pega do concreto.[5.28] Os números 1 e 2 são à base de lignossulfonato, e os números 3 e 4 são à base de ácido carboxílico hidroxilado.

Além disso, as cargas eletrostáticas causam a formação, ao redor de cada partícula, de um revestimento, constituído por moléculas orientadas de água, que evita que as partículas fiquem muito próximas umas das outras. Desse modo, as partículas têm maior mobilidade, e a água, livre da influência impeditiva do sistema floculado, fica disponível para lubrificar a mistura e, com isso, aumentar sua trabalhabilidade.[5.27] Alguns aditivos Tipo D também são adsorvidos pelos produtos de hidratação.

Como um dos efeitos, já mencionado, da dispersão das partículas de cimento é a exposição de uma maior área superficial do cimento à hidratação – que, assim, ocorre a uma maior velocidade nos estágios iniciais –, há um aumento na resistência do concreto em comparação a uma mistura de *mesma* relação água/cimento, mas sem aditivo. A distribuição mais uniforme do cimento disperso por todo o concreto pode também contribuir para o aumento da resistência,[5.27] devido ao processo de hidratação ser melhorado. O aumento da resistência é especialmente visível em concretos muito novos,[5.29] mas, sob certas condições, esse efeito persiste por bastante tempo.

Embora os aditivos redutores de água afetem a velocidade de hidratação do cimento, a natureza dos produtos de hidratação não é alterada,[5.33] tampouco a estrutura da pasta de cimento hidratada. Dessa forma, o uso de aditivos redutores de água não afeta a resistência do concreto ao gelo e degelo.[5.2] Essa afirmação é válida desde que a relação água/cimento não seja aumentada juntamente com a utilização do aditivo. De forma mais geral, ao avaliar os benefícios do uso de aditivos redutores de água, é vital utilizar uma base própria para qualquer comparação, e não simplesmente se apoiar em informações comerciais. Deve ser destacado que, embora alguns aditivos possam apresentar retardo de pega, eles nem sempre reduzem a velocidade de perda de trabalhabilidade com o tempo.[5.29] Outros aspectos a considerar são os riscos de segregação e de exsudação do concreto.

A eficiência dos aditivos redutores de água em relação à resistência varia consideravelmente de acordo com a composição do cimento – sendo maior quando utilizados com cimentos com baixo teor de álcalis ou baixo teor de C_3A. Massazza & Testolin[5.13] citam um exemplo da melhora da trabalhabilidade da mistura com determinados teores

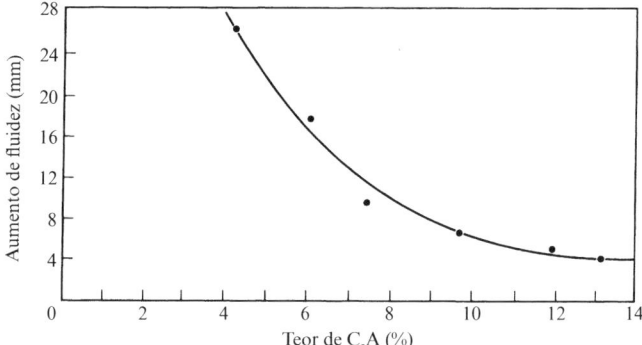

Figura 5.6 Influência do teor de C_3A do cimento (com relação entre C_3S e C_2S constante) no aumento da fluidez da argamassa (em relação a uma argamassa sem aditivo) com um teor de 0,2% de aditivo à base de lignossulfonato (citada na ref. 5.13).

de água e de um aditivo à base de lignossulfonato, em função do teor de C_3A do cimento Portland usado. Esse exemplo é mostrado na Figura 5.6.

Geralmente, a dosagem de aditivos por 100 kg de cimento é mais baixa em misturas com elevado consumo de cimento. Alguns aditivos redutores de água são mais eficazes quando utilizados em misturas contendo pozolanas do que em misturas somente com cimento Portland.

Embora um aumento da dosagem de aditivos resulte no aumento da trabalhabilidade[5.2] (ver Figura 5.7), ele também está associado a um retardo considerável da pega, o que é inaceitável. A resistência em longo prazo, entretanto, não é afetada.[5.28]

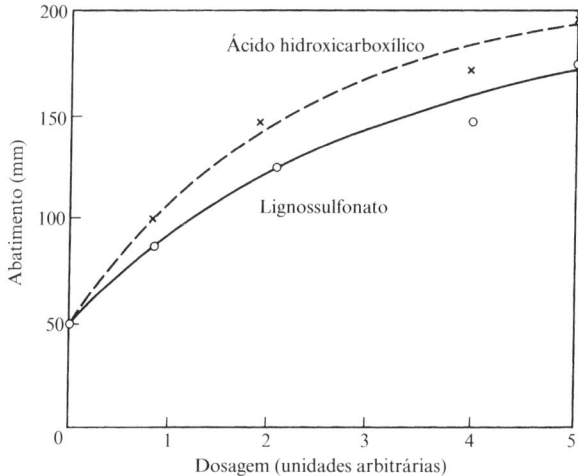

Figura 5.7 Influência da dosagem de retardadores no abatimento (baseada na ref. 5.2).

Para muitos aditivos redutores de água, um pequeno atraso na incorporação dos aditivos à mistura (mesmo um atraso tão pequeno quanto 20 segundos após o momento de contato entre o cimento e a água) melhora o desempenho do aditivo.

A ação dispersante do aditivo redutor de água também exerce algum efeito na dispersão do ar contido na água,[5.1] de modo que alguns aditivos, em especial os à base de lignossulfonato, podem causar incorporação de ar, o que resulta na redução da resistência do concreto (ver página 582), efeito que é indesejável. Em contrapartida, a incorporação de ar melhora a trabalhabilidade e pode ser contrabalançada pela inclusão de uma pequena quantidade de um agente desincorporador ao aditivo redutor de água – um produto comumente utilizado é o fosfato de tributila.[5.2]

Os aditivos à base de lignossulfonato aumentam a retração, mas outros aditivos redutores de água não apresentaram esse efeito.[5.13]

A influência dos aditivos redutores de água em alguns cimentos é muito pequena, mas, em linhas gerais, os aditivos são eficazes com todos os tipos de cimento Portland, bem como com cimentos com elevado teor de alumina. A verdadeira eficiência de qualquer aditivo redutor de água depende dos teores de cimento e de água, do tipo de agregado utilizado, da presença de agentes incorporadores de ar ou de pozolanas, bem como da temperatura. Portanto, é essencial a realização de ensaios prévios com os materiais a serem usados para a determinação do tipo e da quantidade de aditivo para a obtenção do melhor desempenho, ou seja, os dados dos fabricantes não devem ser aceitos sem comprovação.

Superplastificantes

Os superplastificantes são aditivos redutores de água, mas com ação significativamente maior do que os aditivos analisados na seção anterior. Em geral, os superplastificantes também são de natureza bastante distinta e possibilitam a produção de concretos substancialmente diferentes, nos estados fresco e endurecido, daqueles produzidos com aditivos redutores de água dos Tipos A, D ou E. Isso ocorre devido ao valor bastante baixo da relação água/cimento que pode ser obtido.

Por essas razões, a ASTM C 494-10 classifica os superplastificantes separadamente, e eles também são discutidos separadamente neste livro. A ASTM C 494-10 se refere aos superplastificantes como "aditivos redutores de água de elevado desempenho", mas essa denominação parece muito longa e complexa. Por outro lado, deve-se admitir que o nome "superplastificante" sugere algo "super comercial", mas essa denominação se tornou disseminada e tem o mérito de ser concisa. Neste livro, portanto, será utilizado o termo superplastificante.

Na terminologia da ASTM, os superplastificantes são citados como aditivos Tipo F. Quando também possuem ação retardante, são aditivos Tipo G.*

---

* N. de R.T.: A NBR 11768:2011 classifica esses aditivos de alta redução de água (superplastificantes) em dois tipos. O tipo I (SP-I) é definido como o aditivo que, sem modificar a consistência, permite elevada redução de água do concreto ou que, sem alterar a quantidade de água, aumenta consideravelmente o abatimento e a fluidez. A definição do tipo II (SP-II) é bastante similar, havendo apenas a substituição de "alta redução" por "elevadíssima redução". Esses aditivos podem ser neutros, retardadores ou aceleradores.

Natureza dos superplastificantes

Existem quatro categorias principais de superplastificantes: condensados sulfonados de melamina-formaldeído; condensados sulfonados de naftaleno-formaldeído; lignossulfonatos modificados; e outros, como ésteres de ácido sulfônico e ésteres de carboidratos.

Os dois primeiros são os mais comuns e, para simplificação, serão denominados, respectivamente, superplastificantes à base de melamina e superplastificantes à base de naftaleno.

Os superplastificantes são polímeros orgânicos solúveis em água que são sintetizados por um complexo processo de polimerização, que produz longas moléculas de elevada massa molecular; em razão disso, são relativamente caros. Por outro lado, devido a serem produzidos para um fim específico, suas características podem ser otimizadas em relação ao comprimento das moléculas com o mínimo entrelaçamento. Eles também possuem um baixo teor de impurezas, de modo que, mesmo em dosagens elevadas, não exibem efeitos colaterais prejudiciais.

A elevada massa molecular, dentro de certos limites, melhora a eficiência dos superplastificantes. Sua natureza química também influencia, mas não é possível fazer generalizações sobre a superioridade dos aditivos com qualquer uma das duas bases, provavelmente devido a mais de uma propriedade do superplastificante afetar seu desempenho. Além disso, as propriedades químicas do cimento também exercem alguma influência.[5.21]

A maioria dos superplastificantes está na forma de sais de sódio, mas sais de cálcio, cuja solubilidade é mais baixa, também são produzidos. Uma consequência da utilização de sais de sódio é a introdução de álcalis adicionais no concreto, fato que pode ser relevante para as reações de hidratação do cimento e para uma potencial reação álcali-sílica. Por essa razão, o teor de hidróxido de sódio dos aditivos deve ser conhecido e, em alguns países – como na Alemanha, por exemplo –, o teor de hidróxido de sódio é limitado a 0,02% em relação à massa de cimento.[5.22]

Desenvolveu-se uma modificação no superplastificante à base de naftaleno pela inclusão de um copolímero com um grupo funcional sulfônico e outro carboxílico. Essa modificação mantém a carga eletrostática nas partículas de cimento e evita a floculação por adsorção nas superfícies dessas partículas. O copolímero é mais ativo em temperaturas elevadas, o que é particularmente benéfico para a concretagem em tempo quente, em que uma trabalhabilidade alta pode ser mantida por até uma hora após a mistura.[5.35]

Na falta de informações detalhadas acerca da natureza de um superplastificante, ensaios químicos especializados podem fornecer muitos dados.[5.15]

Ensaios físicos possibilitam uma rápida distinção entre superplastificantes e aditivos redutores de água.[5.16]

Efeitos dos superplastificantes

A principal ação das longas moléculas é envolver as partículas de cimento, o que atribui a estas uma carga altamente negativa, de modo que elas se repelem ou agem por repulsão estérica. Isso resulta na defloculação e na dispersão das partículas de cimento. A melhoria resultante na trabalhabilidade pode ser explorada de duas maneiras: pela produção de um concreto com trabalhabilidade muito elevada ou de um concreto com resistência muito alta.

A ação dispersante do superplastificante aumenta a trabalhabilidade de um concreto com determinadas relação água/cimento e quantidade de água, normalmente alterando o abatimento de 75 para 200 mm e mantendo a mistura coesa (ver Figura 5.8).[5.42] Abatimentos ainda maiores podem ser obtidos em concreto autoadensável (CAA). O concreto resultante pode ser lançado com pouco ou nenhum adensamento e não está sujeito à exsudação excessiva ou à segregação. Esse concreto, também denominado *concreto fluido*, é útil para lançamentos em seções densamente armadas, em áreas inacessíveis, em pisos e em situações em que um lançamento rápido seja exigido. Considera-se que um concreto fluido adequadamente adensado desenvolva aderência normal à armadura.[5.52] Deve ser lembrado, ao projetar as fôrmas, que o concreto fluido exerce pressão totalmente hidrostática.*

O segundo uso dos superplastificantes é na produção de um concreto de trabalhabilidade normal, mas com resistência extremamente elevada, decorrente de uma redução significativa na relação água/cimento – por exemplo, valores de até 0,20 foram utilizados para a obtenção de resistências de cerca de 150 MPa aos 28 dias em corpos de prova cilíndricos. De forma geral, os superplastificantes podem diminuir a quantidade de água, para uma determinada trabalhabilidade, entre 25 e 35% (em comparação a menos da metade desse valor no caso dos aditivos redutores de água convencionais) e aumentar a resistência em 24 horas entre 50 e 75%,[5.39] sendo que, em idades um pouco menores, o aumento é ainda maior. Ensaios realizados em corpos de prova cúbicos moldados com misturas práticas resultaram em uma resistência de 30 MPa em sete horas (ver Figura

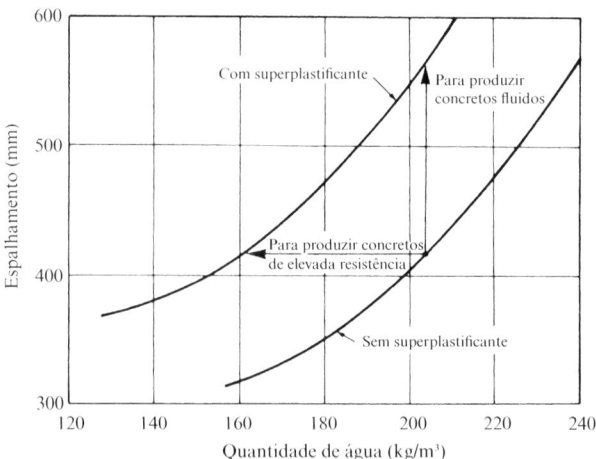

Figura 5.8 Relação entre o resultado do ensaio na mesa de espalhamento e o teor de água do concreto, com e sem superplastificante.[5.42]

---

* N. de R.T.: A NBR 15823-1:2010 define concreto autoadensável como o concreto que é capaz de fluir e autoadensar-se pelo peso próprio.

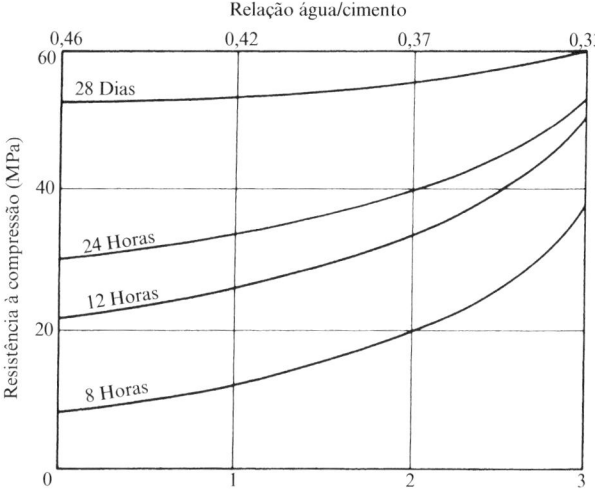

Figura. 5.9 Influência da adição de superplastificante na resistência inicial (determinada em corpos de prova cúbicos) de um concreto com consumo de cimento de 370 kg/m^3 e moldado a temperatura ambiente. Cimento Tipo III ASTM; todos os concretos com mesma trabalhabilidade.[5.46]

5.9).[5.39] A utilização de cura a vapor ou de cura a vapor à alta pressão possibilita uma resistência ainda maior.

Os requisitos de desempenho dos superplastificantes para a produção de concretos fluidos e de resistência elevada são dados, respectivamente, pelas ASTM C 1017-07 e ASTM C 494-10. A BS EN 934-2:2009 fornece os requisitos para ambos os tipos de concreto.

Deve ser ressaltado que as exigências estabelecidas pelas normas para a melhoria da trabalhabilidade e da resistência são facilmente superadas pelos superplastificantes disponíveis comercialmente.

Os superplastificantes não alteram a essência da estrutura da pasta de cimento hidratada. Seu principal efeito é a melhor distribuição das partículas de cimento e, devido a isso, uma melhor hidratação. Isso pode explicar o porquê de, em alguns casos, ter sido observado que o uso de superplastificantes causava o aumento da resistência de concretos com relação água/cimento constante. Foram registrados aumentos de 10% em 24 horas e de 20% aos 28 dias, mas esse comportamento não foi confirmado de forma geral.[5.13]

O importante é que nenhum caso de regressão da resistência em longo prazo foi relatado.

Embora a forma de ação dos superplastificantes ainda não tenha sido totalmente explicada, sabe-se que eles interagem com o C_3A, causando o retardo de sua hidratação. A consequência física é a formação de pequenos cristais de etringita de forma aproximadamente cúbica, em vez de cristais em forma de agulha. A forma cúbica melhora a mobilidade da pasta de cimento,[5.21] mas é improvável que este seja o principal mecanismo de ação dos superplastificantes, já que eles também melhoram a trabalhabilidade do cimento parcialmente hidratado, no qual os cristais de etringita já estão formados. Ainda não se sabe a que ponto os superplastificantes podem chegar.[5.49]

Alguns superplastificantes não produzem um retardo de pega apreciável, mas existem superplastificantes retardadores, classificados pela ASTM C 494-10 como Tipo G. Nos casos de superplastificantes à base de naftaleno em que há retardo, Aïtcin *et al.*[5.5] mostraram que esse fato ocorre principalmente em partículas de cimento com dimensões de 4 a 30 μm. As partículas menores do que 4 μm não são afetadas, já que são ricas em SO_3 e em álcalis. As partículas maiores sofrem uma pequena hidratação inicial, independentemente da presença ou não de um superplastificante.[5.5]

Devido aos superplastificantes não afetarem significativamente a tensão superficial da água, eles não incorporam grandes quantidades de ar e, portanto, podem ser utilizados em dosagens elevadas.*

Dosagem de superplastificantes

Para aumentar a trabalhabilidade, a dosagem habitual de superplastificantes é de 1 a 3 litros por metro cúbico de concreto, sendo que o produto na forma líquida é composto por aproximadamente 40% de agente ativo. Quando os superplastificantes são utilizados para a redução de água da mistura, a dosagem pode ser bem maior, variando entre 5 e 20 litros por metro cúbico de concreto. O volume de água do aditivo deve ser levado em consideração nos cálculos da relação água/cimento e das proporções da mistura.

Vale a pena destacar que a concentração de sólidos nos superplastificantes comerciais varia, de modo que qualquer comparação de desempenho não deve ser feita com base na massa total de aditivo, e sim na quantidade de sólidos. Para efeitos práticos, a comparação deve ser realizada com base no custo necessário para a obtenção de um determinado efeito.

A eficiência de uma determinada dosagem de superplastificante depende da relação água/cimento da mistura. Especificamente, para uma dada dosagem de superplastificante, a porcentagem de redução de água que mantém a trabalhabilidade constante é muito maior em baixas relações água/cimento do que em altas. Por exemplo, com uma relação água/cimento de 0,40, a redução de água verificada foi de 23%; com uma relação água/cimento de 0,55, essa porcentagem foi de 11%.[5.13]

Quando os superplastificantes são utilizados em dosagens muito baixas para produzir um concreto de resistência normal e alta trabalhabilidade, existem poucos problemas na seleção da combinação entre aditivo e cimento. Em dosagens altas, a situação é significativamente diferente. Não basta que o superplastificante e o cimento, *separadamente,* atendam a suas respectivas normas, é preciso existir compatibilidade entre os dois. O problema de compatibilidade é discutido na página 708.

---

* N. de R.T.: Segundo a NBR 11768:2011, os superplastificantes são divididos nos tipos I e II. O primeiro deve permitir a redução mínima de 12% na quantidade de água para a obtenção de um concreto de mesma consistência que o concreto de referência, sendo a consistência medida pelo abatimento. Já o aditivo tipo II deve permitir que essa redução mínima seja de 20%. Quando a verificação é realizada com a manutenção da relação água/cimento, o aditivo tipo I deve possibilitar a obtenção de um concreto com abatimento mínimo de 160 mm, a partir de um abatimento inicial de 40 ± 10 mm (sem aditivo), enquanto o aditivo tipo II deve possibilitar que o abatimento mínimo chegue a 220 mm, partindo da mesma condição.

Perda de trabalhabilidade

É coerente considerar que a primeira dosagem do superplastificante deva ocorrer assim que o cimento entre em contato com a água. De outra forma, as reações iniciais de hidratação poderiam impossibilitar que o aditivo agisse de forma eficiente na defloculação das partículas de cimento. Dados sobre variações dessa afirmativa já foram relatados, mas não explicados.[5.1]

Teoricamente, o instante ótimo para a adição do superplastificante é o que poderia ser considerado o início do período de dormência sem o aditivo. De fato, verificou-se que a adição nesse momento foi a que resultou na maior trabalhabilidade inicial e na menor velocidade de perda de trabalhabilidade. Esse momento específico depende das propriedades do cimento e deve ser determinado por ensaios. Em situações reais, é a praticidade da adição que vai comandar.

A eficiência dos superplastificantes na prevenção da reaglutinação das partículas de cimento dura somente enquanto as moléculas do aditivo estiverem disponíveis para cobrir a superfície exposta das partículas de cimento. Como parte das moléculas do superplastificante fica aprisionada nos produtos hidratados do cimento ou reage com o C_3A, a quantidade de aditivo se torna insuficiente, e a trabalhabilidade da mistura é rapidamente perdida. É provável que, com mistura prolongada ou agitação, parte dos produtos da hidratação inicial do cimento cause o desbaste da superfície das partículas de cimento. Isso possibilita a hidratação do cimento até então não exposto. Tanto a presença dos produtos de hidratação destacados quanto a hidratação adicional contribuem para a redução da trabalhabilidade da mistura.

Um exemplo[5.31] da perda da trabalhabilidade do concreto produzido com superplastificante à base de naftaleno é mostrado na Figura 5.10. Para fins de comparação, a perda de trabalhabilidade de um concreto sem aditivo e com mesmo abatimento inicial é mostrada na mesma figura. É possível ver que a perda ocorre muito mais rapidamente com um superplastificante, mas é evidente que o concreto com esse aditivo tem uma menor relação água/cimento e, portanto, uma maior resistência.

Devido à eficiência dos superplastificantes ter duração limitada, pode ser interessante adicionar o aditivo à mistura em dois, ou até três, momentos. Essa adição repetida, ou redosagem, é possível se um caminhão-betoneira for utilizado para a entrega do concreto à obra. Caso, após determinado tempo desde a mistura, seja necessário restaurar a trabalhabilidade por redosagem, a quantidade de aditivo deve ser adequada para agir tanto com as partículas de cimento quanto com os produtos de hidratação. Em razão disso, é necessário um alto teor de aditivo na redosagem, pois um baixo teor seria ineficaz.[5.23]

Embora a adição repetida de superplastificante à mistura seja benéfica em relação à trabalhabilidade, esse procedimento pode aumentar a exsudação e a segregação. Outros possíveis efeitos colaterais são o retardo da pega e a alteração (para mais ou para menos) do teor de ar incorporado.[5.4] Além disso, a trabalhabilidade restaurada pela segunda adição pode diminuir a uma taxa elevada, de modo que a redosagem deve ser feita, de preferência, antes do lançamento e do adensamento do concreto.

Um exemplo do efeito da redosagem de um superplastificante à base de naftaleno na trabalhabilidade é mostrado na Figura 5.11 para um concreto com relação água/cimento igual a 0,50. O teor de aditivo da dosagem inicial foi o mesmo das três dosagens seguintes: 0,40% de sólidos em relação à massa de cimento.

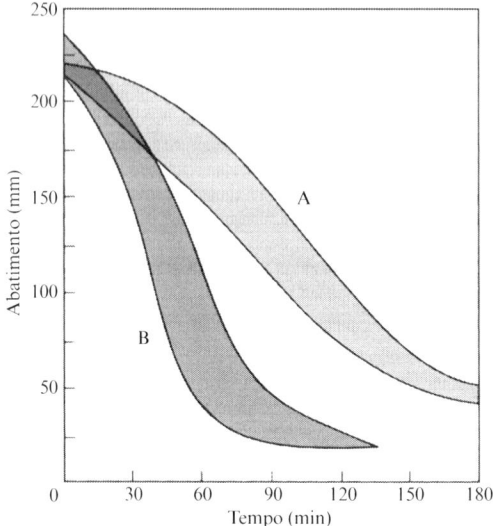

Figura 5.10 Perda de abatimento com o tempo de concretos: (A) relação água/cimento de 0,58 e sem aditivo; (B) relação água/cimento de 0,47 e com aditivo superplastificante (baseada na ref. 5.31).

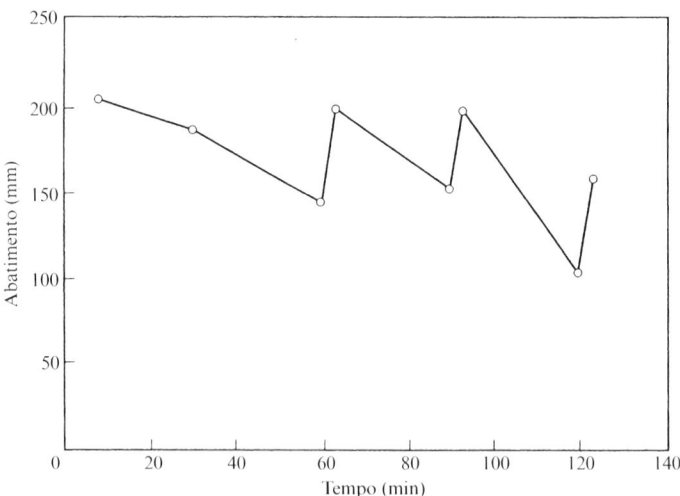

Figura 5.11 Influência de repetidas redosagens de superplastificante à base de naftaleno no abatimento (baseado na ref. 5.1).

A quantidade de superplastificante que deve ser adicionada para reestabelecer a trabalhabilidade aumenta com a temperatura na faixa de 30 a 60 °C e é muito maior com uma relação água/cimento próxima de 0,40 do que com relações água/cimento mais elevadas. Apesar de a trabalhabilidade ser restaurada pela segunda ou pela terceira adição de superplastificante, a perda de trabalhabilidade subsequente se torna mais rápida. Entretanto, a taxa de perda não é aumentada por temperaturas mais altas.[5.18]

Atualmente, existem superplastificantes com um longo período de eficiência, de modo que a redosagem imediatamente antes do lançamento pode ser evitada. O uso desses aditivos permite um controle melhor das proporções da mistura, sendo, portanto, preferível.*,[5.52]

Compatibilidade cimento-superplastificante

Caso seja necessária uma dosagem excessiva de superplastificante para obter uma relação água/cimento muito baixa ou não seja possível a redosagem, é importante determinar uma combinação cimento-superplastificante compatível. Quando os dois materiais são bem ajustados, uma única dosagem alta pode levar à manutenção da trabalhabilidade elevada por um período suficientemente longo. Períodos de 60 a 90 minutos podem ser alcançados; eventualmente, até duas horas.

Para a determinação da compatibilidade, deve-se verificar a dosagem necessária de superplastificante. O processo habitual é determinar a porcentagem de redução de água que resultará na mesma trabalhabilidade de uma mistura sem aditivo, utilizando o método da mesa de espalhamento da ASTM C 230-08 ou da BS 1881-105:1984 (cancelada). Um método alternativo – o ensaio conhecido como miniabatimento ou *mini-slump* –, desenvolvido por Kantro,[5.54] pode ser utilizado. Aïtcin *et al.*[5.21] preferem o uso do cone de Marsh para a determinação do tempo necessário para um volume especificado de argamassa, produzida com determinados cimento e superplastificante, fluir através de um orifício. Em geral, esse tempo, conhecido como índice de fluidez de Marsh, diminui de acordo com o aumento do teor de aditivo até um determinado ponto além do qual não há melhora significativa. Essa é a dosagem ótima. Independentemente das razões econômicas, uma dosagem excessiva de superplastificante é indesejável, já que resulta em segregação. Além disso, deve existir uma diferença muito pequena entre a trabalhabilidade (medida pelo índice de fluidez de Marsh) aos cinco e aos 60 minutos após a mistura. Uma discussão aprofundada sobre esse tópico é feita na página 708.

A dosagem de superplastificante em laboratório deve ser confirmada por ensaios em condições reais, mas é um meio válido para a rápida verificação da compatibilidade de determinado aditivo com um dado cimento. Várias propriedades do cimento são importantes: quanto mais fino for o cimento, por exemplo, maior será a dosagem de superplastificante necessária para a obtenção de certa trabalhabilidade.[5.17] As propriedades químicas do cimento, como um teor elevado de C_3A (que reduz a eficiência de uma determinada dosagem de aditivo) e a natureza do sulfato de cálcio utilizado como retardador, também afetam o desempenho dos superplastificantes.[5.21]

---

* N. de R.T.: A NBR 11768:2009 estabelece limites para a perda de consistência de concretos produzidos com aditivos superplastificantes, e a verificação é realizada pelo abatimento de tronco de cone. O procedimento para a determinação da perda de abatimento do concreto é normalizado no Brasil pela NBR 10342:2012, embora essa norma não seja citada na NBR 11768:2009.

A partir da discussão anterior, pode ser visto que um valor único de dosagem, algumas vezes recomendado pelo fabricante do aditivo, é de pouca serventia.

Na busca de uma combinação adequada entre cimento e superplastificante, às vezes é mais fácil variar os aditivos, enquanto em outras existe uma seleção de cimentos disponíveis. O que não deve ser considerado é que qualquer combinação indiscriminada dos dois materiais será adequada, principalmente levando em conta que existem meios disponíveis e confiáveis para a determinação da compatibilidade entre o cimento Portland e o superplastificante.[5.17]

O uso dos superplastificantes

A disponibilidade de superplastificantes revolucionou o uso do concreto de várias formas, permitindo lançá-lo de modo fácil em situações em que isso antes era impossível. Os superplastificantes também tornaram possível a produção de um concreto com resistência significativamente maior e com outras propriedades bastante melhoradas, sendo este, a partir de agora, denominado *concreto de alto desempenho* (ver Capítulo 13).

Os superplastificantes não afetam de maneira significativa o tempo de pega do concreto, exceto quando utilizados com cimentos contendo um teor muito baixo de C_3A, situação em que pode ocorrer um retardo elevado. Eles podem ser usados com sucesso em concreto com cinza volante[5.47] e são especialmente valiosos em misturas com sílica ativa, devido a este material aumentar a demanda de água.[5.32] Entretanto, se a redosagem for necessária, a quantidade de aditivo requerida será maior do que em concretos sem sílica ativa.[5.19]

Os superplastificantes não influenciam a retração, a fluência, o módulo de elasticidade[5.41] ou a resistência ao gelo e degelo.[5.40] Eles, por si só, não exercem efeito sobre a durabilidade do concreto,[5.14] e, em especial, a durabilidade diante de sulfatos não é afetada.[5.41] O uso desses aditivos com um aditivo incorporador de ar exige atenção, já que, algumas vezes, a quantidade real de ar incorporado é modificada pelos superplastificantes. A influência dos superplastificantes na incorporação de ar e na resistência resultante do concreto ao gelo e degelo é analisada na página 584.

Aditivos especiais

Além dos aditivos considerados até então, também existem aditivos para outros fins, como desincorporação de ar, ação bactericida e impermeabilização. Entretanto, esses aditivos não possuem normas suficientes para serem feitas considerações generalizadas. Além do mais, algumas denominações comerciais adotadas dão uma impressão exagerada de seus desempenhos.

Isso não quer dizer que esses aditivos sejam inúteis. Em várias situações, eles são bastante eficientes, mas seus desempenhos devem ser cuidadosamente verificados antes do uso.*

---

* N. de R.T.: A NBR 11768:2011 cita que aditivos especiais, não classificados por ela, podem ser utilizados em comum acordo entre os interessados.

Aditivos impermeabilizantes

O concreto absorve água devido à tensão superficial nos poros capilares da pasta de cimento hidratada "sugar" a água por sucção capilar. O objetivo dos aditivos impermeabilizantes é prevenir essa penetração de água no concreto. Seu desempenho é muito dependente da pressão de água aplicada, ou seja, se ela é baixa – como nos casos de chuva (exceto se impelida pelo vento) ou de ascensão capilar – ou se é aplicada uma pressão hidrostática – como nos casos de estruturas de armazenamento de água ou de estruturas como porões em terrenos saturados. O termo "impermeabilizante", portanto, é de validade contestada.

Os aditivos impermeabilizantes podem atuar de diversas maneiras, mas seu principal efeito é tornar o concreto hidrófugo. Isso pode ser traduzido como um aumento no ângulo de contato entre as paredes dos poros capilares e a água, de modo que ela seja repelida dos poros.

Uma ação dos aditivos impermeabilizantes ocorre pela reação do hidróxido de cálcio na pasta de cimento hidratada. Exemplos de produtos que têm essa ação hidrofugante são o ácido esteárico e algumas gorduras vegetais e animais.

Outra ação desses aditivos se dá pela coalescência em contato com a pasta de cimento hidratada, que, devido a sua alcalinidade, rompe a emulsão "impermeabilizante". Um exemplo é a emulsão de cera finamente dividida, que possui o mesmo efeito de tornar o concreto hidrófugo.

O terceiro tipo de aditivo impermeabilizante é um material muito fino que contém estearato de cálcio ou algumas resinas hidrocarbonadas ou alcatrão de carvão. Esse material produz superfícies hidrófugas.[5.2]

Apesar de a melhoria das propriedades hidrófugas do concreto ser válida, o revestimento total de todas as superfícies dos poros capilares é, na prática, de difícil alcance. Em virtude disso, a obtenção da impermeabilidade é improvável.[5.3]

Alguns aditivos impermeabilizantes possuem, além da ação hidrofugante, uma ação de bloqueio dos poros por meio de um componente coalescente. Infelizmente, existe pouca informação disponível para explicar e classificar as ações envolvidas, de forma que sua confiabilidade é baseada em dados dos fabricantes, juntamente com resultados experimentais do desempenho de um aditivo específico. Deve-se destacar que a experiência de uso deve ser feita por um período suficientemente longo para determinar a estabilidade do aditivo impermeabilizante.

Um efeito colateral de alguns aditivos impermeabilizantes é o incremento da trabalhabilidade da mistura devido à presença de cera finamente dividida ou de emulsões betuminosas, que incorporam determinada quantidade de ar. Eles também melhoram a coesão do concreto, mas podem resultar em uma mistura viscosa.[5.3]

Devido à natureza dos aditivos impermeabilizantes, eles não são eficientes na resistência ao ataque por gases agressivos.[5.2]

Um aspecto final a citar em relação aos impermeabilizantes é que, em razão de sua composição exata raramente ser conhecida, é vital se assegurar de que eles não contenham cloretos, pois, caso contrário, existe a probabilidade de o concreto estar em uma situação propícia à corrosão induzida por cloretos.

Os aditivos impermeabilizantes devem ser diferenciados dos produtos *hidrorrepelentes*, baseados em resinas de silicone, que são aplicados na superfície do concreto. As *membranas impermeabilizantes* são revestimentos baseados em emulsões betuminosas, possivelmente com látex, que produzem um filme resistente com certa elasticidade. A análise desses materiais está fora do escopo deste livro.

Aditivos bactericidas e similares

Alguns organismos, como bactérias, fungos e insetos, podem afetar negativamente o concreto. Os mecanismos possíveis[5.3] são: liberação, por meio do metabolismo, de produtos químicos corrosivos e formação de um ambiente que provoque a corrosão do aço, podendo ocorrer, também, o manchamento da superfície.

O agente usual no ataque bacteriológico é um ácido orgânico ou mineral que reage com a pasta de cimento hidratada. Inicialmente, a água alcalina dos poros na pasta de cimento hidratada neutraliza o ácido, mas a ação continuada da bactéria resulta em um ataque mais profundo.

A limpeza da superfície não é eficiente devido à superfície rugosa do concreto servir como abrigo às bactérias, sendo, então, necessária a incorporação de aditivos especiais à mistura, que sejam tóxicos aos organismos agressores. Esses produtos podem ser bactericidas, fungicidas ou inseticidas.

Mais detalhes de ataques por bactérias são dados por Ramachandran,[5.3] e informações úteis sobre aditivos bactericidas são apresentadas no ACI 212.3R-91,[5.4] que lista alguns aditivos eficientes. Deve ser citado ainda que o sulfato de cobre e o pentaclorofenol controlam o crescimento de algas e de liquens no concreto endurecido, mas sua eficiência é perdida com o tempo.[5.48] É evidente que aditivos que se mostrem tóxicos não devem ser utilizados.

Por outro lado, algumas bactérias introduzidas na mistura podem selar fissuras pela precipitação de calcita. Essas bactérias são formadoras de esporos e são resistentes aos álcalis.[5.56] Ensaios em laboratório demonstraram o sucesso da colmatação das fissuras quando ocorre a penetração de água nelas. Entretanto, é requerida um substrato de carbono orgânico, mas esse carbono na mistura pode ser deletério. Dessa forma, são necessários mais estudos sobre isso, além de sobre a questão do custo da incorporação da bactéria à mistura.

Observações sobre o uso de aditivos

Aditivos com desempenho conhecido em temperaturas ambientes normais podem se comportar de forma diferente em temperaturas muito elevadas ou baixas.

Alguns aditivos não suportam a exposição à temperatura de congelamento durante o armazenamento, o que os torna inutilizáveis. Para a maioria dos demais, podem ser necessários o descongelamento e a remistura; uma quantidade muito pequena não é influenciada pelas temperaturas de congelamento.

Aditivos que, quando utilizados separadamente, têm bom desempenho podem não ser compatíveis quando utilizados em conjunto. Por essa razão, é essencial que, antes do uso, sejam feitas misturas experimentais para as combinações de aditivos.

Mesmo dois aditivos que sejam compatíveis, quando introduzidos na mistura, podem apresentar uma interação negativa se misturados antes da adição à betoneira. Por exemplo, esse é o caso da combinação de um aditivo redutor de água à base de lignossulfonato com um incorporador de ar à base de resina vinsol.[5.29] Em razão disso, é uma boa precaução adicionar os aditivos à betoneira separadamente, em locais diferentes e, se possível, em instantes diferentes. Detalhes sobre sistemas de proporcionamento de aditivos são fornecidos no ACI 212.3R-91.[5.4]

Quando os aditivos estão sendo adicionados à betoneira, é importante, além de medi-los cuidadosamente verificar se a descarga está sendo feita na parte correta do ciclo de mistura e na vazão correta. Alterações no procedimento de mistura do concreto podem afetar o desempenho dos aditivos.

É importante saber se algum aditivo utilizado possui cloretos, pois, em geral, há um limite especificado para o teor *total* de íons cloreto no concreto, de modo que todas as fontes de cloretos devem ser consideradas (ver Capítulo 11). Mesmo os aditivos considerados como isentos de cloretos podem conter pequenas quantidades de íons cloreto advindos da água utilizada na fabricação do aditivo. Quando houver uma exigência rígida em relação ao teor de cloretos no concreto, como, por exemplo, nas estruturas de concreto protendido, o teor exato de cloretos deverá ser determinado.[5.4]

Referências

5.1 V. Dodson, *Concrete Admixtures*, 211 pp. (New York, Van Nostrand Reinhold, 1990).
5.2 M. R. Rixom and N. P. Malivaganam, *Chemical Admixtures for Concrete*, 2nd Edn, 306 pp. (London/New York, E. & F. N. Spon, 1986).
5.3 V. S. Ramachandran, Ed., *Concrete Admixtures Handbook: Properties, Science and Technology*, 626 pp. (New Jersey, Noyes Publications, 1984).
5.4 ACI 212.3R-91, Chemical admixtures for concrete, in *ACI Manual of Concrete Practice, Part 1: Materials and General Properties of Concrete*, 31 pp. (Detroit, Michigan, 1994).
5.5 P.-C. Aïtcin, S. L. Sarkar, M. Regourd and D. Volant, Retardation effect of superplasticizer on different cement fractions, *Cement and Concrete Research*, **17**, No. 6, pp. 995–9 (1987).
5.6 F. M. Lea, *The Chemistry of Cement and Concrete* (London, Arnold, 1970).
5.7 S. Gebler, Evaluation of calcium formate and sodium formate as accelerating admixtures for portland cement concrete, *ACI Journal*, **80**, No. 5, pp. 439–44 (1983).
5.8 K. Sakai, H. Watanabe, H. Nomaci and K. Hamabe, Preventing freezing of fresh concrete, *Concrete International*, **13**, No. 3, pp. 26–30 (1991).
5.9 C. J. Korhonen and E. R. Cortez, Antifreeze admixtures for cold weather concreting, *Concrete International*, **13**, No. 3, pp. 38–41 (1991).
5.10 N. J. Fattuhi, Influence of air temperature on the setting of concrete containing set retarding admixtures, *Cement, Concrete and Aggregates*, **7**, No. 1, pp. 15–18 (Summer 1985).
5.11 P. F. G. Banfill, The relationship between the sorption of organic compounds on cement and the retardation of hydration, *Cement and Concrete Research*, **16**, No. 3, pp. 399–410 (1986).
5.12 V. S. Ramachandran and J. J. Beaudoin, Use of methanol as an admixture, *Il Cemento*, **84**, No. 2, pp. 165–72 (1987).
5.13 F. Massaza and M. Testolin, Latest developments in the use of admixtures for cement and concrete, *Il Cemento*, **77**, No. 2, pp. 73–146 (1980).
5.14 V. M. Malhotra, Superplasticizers: a global review with emphasis on durability and innovative concretes, in *Superplasticizers and Other Chemical Admixtures in Concrete*, Proc. Third International Conference, Ottawa, Ed. V. M. Malhotra, ACI SP-119, pp. 1–17 (Detroit, Michigan, 1989).
5.15 E. Ista and A. Verhasselt, Chemical characterization of plasticizers and superplasticizers, in *Superplasticizers and Other Chemical Admixtures in Concrete*, Proc. Third International

Conference, Ottawa, Ed. V. M. Malhotra, ACI SP-119, pp. 99–116 (Detroit, Michigan, 1989).

5.16 A. Verhasselt and J. Pairon, Rapid methods of distinguishing plasticizer from superplasticizer and assessing superplasticizer dosage, in *Superplasticizers and Other Chemical Admixtures in Concrete*, Proc. Third International Conference, Ottawa, Ed. V. M. Malhotra, ACI SP-119, pp. 133–56 (Detroit, Michigan, 1989).

5.17 E. Hanna, K. Luke, D. Perraton and P.-C. Aïtcin, Rheological behavior of portland cement in the presence of a superplasticizer, in *Superplasticizers and Other Chemical Admixtures in Concrete*, Proc. Third International Conference, Ottawa, Ed. V. M. Malhotra, ACI SP-119, pp. 171–88 (Detroit, Michigan, 1989).

5.18 M. A. Samarai, V. Ramakrishnan and V. M. Malhotra, Effect of retempering with superplasticizer on properties of fresh and hardened concrete mixed at higher ambient temperatures, in *Superplasticizers and Other Chemical Admixtures in Concrete*, Proc. Third International Conference, Ottawa, Ed. V. M. Malhotra, ACI SP-119, pp. 273–96 (Detroit, Michigan, 1989).

5.19 A. M. Paillère and J. Serrano, Influence of dosage and addition method of superplasticizers on the workability retention of high strength concrete with and without silica fume (in French), in *Admixtures for Concrete: Improvement of Properties*, Proc. ASTM Int. Symposium, Barcelona, Spain, Ed. E. Vázquez, pp. 63–79 (London, Chapman and Hall, 1990).

5.20 K. Rear and D. Chin, Non-chloride accelerating admixtures for early compressive strength, *Concrete International*, **12**, No. 10, pp. 55–8 (1990).

5.21 P.-C. Aïtcin, C. Jolicoeur and J. G. MacGregor, A look at certain characteristics of superplasticizers and their use in the industry, *Concrete International*, **16**, No. 15, pp. 45–52 (1994).

5.22 T. A. Bürge and A. Rudd, Novel admixtures, in *Cement Admixtures, Use and Applications*, 2nd Edn, Ed. P. C. Hewlett, for The Cement Admixtures Association, pp. 144–9 (Harlow, Longman, 1988).

5.23 D. Ravina and A. Mor, Effects of superplasticizers, *Concrete International*, **8**, No. 7, pp. 53–5 (July 1986).

5.24 J. J. Shideler, Calcium chloride in concrete, *J. Amer. Concr. Inst.*, **48**, pp. 537–59 (March 1952).

5.25 A. G. A. Saul, Steam curing and its effect upon mix design, *Proc. of a Symposium on Mix Design and Quality Control of Concrete*, pp. 132–42 (London, Cement and Concrete Assoc., 1954).

5.26 D. L. Bloem, Preliminary tests of effect of sugar on strength of mortar, *Nat. Readymixed Concr. Assoc. Publ.* (Washington DC, August 1959).

5.27 M. E. Prior and A. B. Adams, Introduction to producers' papers on water-reducing admixtures and set-retarding admixtures for concrete, *ASTM Sp. Tech. Publ. No. 266*, pp. 170–9 (1960).

5.28 C. A. Vollick, Effect of water-reducing admixtures and set-retarding admixtures on the properties of plastic concrete, *ASTM Sp. Tech. Publ. No. 266*, pp. 180–200 (1960).

5.29 B. Foster, Summary: Symposium on effect of water-reducing admixtures and set-retarding admixtures on properties of concrete, *ASTM Sp. Tech. Publ. No. 266*, pp. 240–6 (1960).

5.30 G. Chiocchio, T. Mangialardi and A. E. Paolini, Effects of addition time of superplasticizers in workability of portland cement pastes with different mineralogical composition, *Il Cemento*, **83**, No. 2, pp. 69–79 (1986).

5.31 S. H. Gebler, The effects of high-range water reducers on the properties of freshly mixed and hardened flowing concrete, *Research and Development Bulletin* RD081.01T, Portland Cement Association, 12 pp. (1982).

5.32 T. Mangialardi and A. E. Paolini, Workability of superplasticized microsilica– Portland cement concretes, *Cement and Concrete Research*, **18**, No. 3, pp. 351–62 (1988).

5.33 P. C. Hewlett, Ed., *Cement Admixtures, Use and Applications*, 2nd Edn, for The Cement Admixtures Association, 166 pp. (Harlow, Longman, 1988).

5.34 J. M. Dransfield and P. Egan, Accelerators, in *Cement Admixtures, Use and Applications*, 2nd Edn, Ed. P. C. Hewlett, for The Cement Admixtures Association, pp. 102–29 (Harlow, Longman, 1988).

5.35 K. Mitsui *et al.*, Properties of high-strength concrete with silica fume using high-range water reducer of slump retaining type, in *Superplasticizers and Other Chemical Admixtures in Concrete*, Ed. V. M. Malhotra, ACI SP-119, pp. 79–97 (Detroit, Michigan, 1989).

5.36 J. F. Young, A review of the mechanisms of set-retardation of cement pastes containing organic admixtures, *Cement and Concrete Research*, **2**, No. 4, pp. 415–33 (1972).

5.37 J. F. Young, R. L. Berger and F. V. Lawrence, Studies on the hydration of tricalcium silicate pastes. III Influence of admixtures on hydration and strength development, *Cement and Concrete Research*, **3**, No. 6, pp. 689–700 (1973).

5.38 C. F. Scholer, The influence of retarding admixtures on volume changes in concrete, *Joint Highway Res. Project Report JHRP-75-21*, 30 pp. (Purdue University, Oct. 1975).

5.39 P. C. Hewlett and M. R. Rixom, Current practice sheet No. 33 – superplasticized concrete, *Concrete*, **10**, No. 9, pp. 39–42 (London, 1976).

5.40 V. M. Malhotra, Superplasticizers in concrete, *CANMET Report MRP/MSL 77-213*, 20 pp. (Canada Centre for Mineral and Energy Technology, Ottawa, Aug. 1977).

5.41 J. J. Brooks, P. J. Wainwright and A. M. Neville, Time-dependent properties of concrete containing a superplasticizing admixture, in *Superplasticizers in Concrete*, ACI SP-62, pp. 293–314 (Detroit, Michigan, 1979).

5.42 A. Meyer, Experiences in the use of superplasticizers in Germany, in *Superplasticizers in Concrete*, ACI SP-62, pp. 21–36 (Detroit, Michigan, 1979).

5.43 S. M. Khalil and M. A. Ward, Influence of a lignin-based admixture on the hydration of Portland cements, *Cement and Concrete Research*, **3**, No. 6, pp. 677–88 (1973).

5.44 L. H. McCurrich, M. P. Hardman and S. A. Lammiman, Chloride-free accelerators, *Concrete*, **13**, No. 3, pp. 29–32 (London, 1979).

5.45 P. Seligmann and N. R. Greening, Studies of early hydration reactions of portland cement by X-ray diffraction, *Highway Research Record*, No. 62, pp. 80–105 (Washington DC, 1964).

5.46 A. Meyer, Steigerung der Frühfestigkeit von Beton, *Il Cemento*, **75**, No. 3, pp. 271–6 (1978).

5.47 V. M. Malhotra, Mechanical properties and durability of superplasticized semilightweight concrete, *CANMET Mineral Sciences Laboratory Report MRP/MSL 79-131*, 29 pp. (Canada Centre for Mineral and Energy Technology, Ottawa, Sept. 1979).

5.48 Concrete Society, Admixtures for concrete, *Technical Report TRCS 1*, 12 pp. (London, Dec. 1967).

5.49 F. P. Glasser, Progress in the immobilization of radioactive wastes in cement, *Cement and Concrete Research*, **22**, Nos 2/3, pp. 201–16 (1992).

5.50 J. R. Birchall and N. L. Thomas, The mechanism of retardation of setting of OPC by sugars, in *The Chemistry and Chemically-Related Properties of Cement*, Ed. F. P. Glasser, British Ceramic Proceedings No. 35, pp. 305–315 (Stoke-on-Trent, 1984).

5.51 V. S. Ramachandran *et al.*, The role of phosphonates in the hydration of Portland cement, *Materials and Structures*, **26**, No. 161, pp. 425–32 (1993).

5.52 ACI 212.4R-94, Guide for the use of high-range water-reducing admixtures (superplasticizers) in concrete, in *ACI Manual of Concrete Practice, Part 1: Materials and General Properties of Concrete*, 8 pp. (Detroit, Michigan, 1994).

5.53 B. Mather, Chemical admixtures, in *Concrete and Concrete-Making Materials*, Eds. P. Klieger and J. F. Lamond, *ASTM Sp. Tech. Publ. No. 169C*, pp. 491–9 (Detroit, Michigan, 1994).

5.54 D. L. Kantro, Influence of water-reducing admixtures on properties of cement paste – a miniature slump test, *Research and Development Bulletin*, RD079.01T, Portland Cement Assn, 8 pp. (1981).

5.55 R. Ashworth, Some investigations into the use of sugar as an admixture to concrete, *Proc. Inst. Civ. Engrs*, **31**, pp. 129–45 (London, June 1965).

5.56 H. M. Jonkers and E. Schlangen, Self-healing of cracked concrete: A bacterial approach, *Fracture Mechanics of Concrete and Concrete Structures*, **3**, pp. 1821–1826 (2007).

6
Resistência do concreto

A resistência do concreto normalmente é considerada sua propriedade mais importante, embora, em muitas situações práticas, outras características, como a durabilidade e a permeabilidade, possam ser mais relevantes. No entanto, a resistência costuma fornecer uma ideia geral da qualidade do concreto, visto que está diretamente relacionada à estrutura da pasta de cimento hidratada. Além do mais, a resistência é, quase invariavelmente, um elemento fundamental no projeto estrutural, e é especificada para fins de controle.

A resistência mecânica do gel de cimento foi discutida na página 34; neste capítulo, serão abordadas algumas relações empíricas referentes à resistência do concreto.

Relação água/cimento

Na prática, considera-se que a resistência do concreto em uma determinada idade e submetido à cura úmida a uma temperatura especificada depende principalmente apenas de dois fatores: a relação água/cimento e o grau de adensamento. A influência dos vazios na resistência foi discutida na página 195; a partir de agora, será considerado que o concreto está completamente adensado. Para fins de dosagem, isso significa que o concreto contém cerca de 1% de vazios devidos ao ar.

Quando o concreto está plenamente adensado, sua resistência é considerada inversamente proporcional à relação água/cimento. Essa relação foi precedida pela denominada "lei" – na realidade, uma regra – estabelecida por Duff Abrams, em 1919, que descobriu que a resistência é igual a:

$$f_c = \frac{K_1}{K_2^{a/c}}$$

onde a/c representa a relação água/cimento da mistura (originalmente considerada em volume) e K_1 e K_2 são constantes empíricas. A forma geral da variação da resistência com a relação água/cimento é apresentada na Figura 6.1.

A regra de Abrams, embora estabelecida separadamente, é similar à regra geral formulada por René Féret em 1896, pois ambas relacionam a resistência do concreto com os volumes de água e de cimento. A regra de Féret apresenta a seguinte expressão:

$$f_c = K\left(\frac{c}{c + a + v}\right)^2$$

onde f_c é a resistência do concreto. c, a e v são as proporções volumétricas absolutas, respectivamente, do cimento, da água e do ar e K é uma constante.

Deve ser pontuado que a relação água/cimento determina a porosidade da pasta de cimento endurecida em qualquer estágio de hidratação (ver página 30). Dessa forma, tanto a relação água/cimento quanto o grau de adensamento afetam o volume de vazios do concreto, sendo essa a razão de o volume de ar estar incluído na expressão de Féret.

A relação entre a resistência e o volume de vazios será discutida com mais detalhes na próxima seção. No momento, será tratada a relação prática entre a resistência e a relação água/cimento. A Figura 6.1 mostra que a faixa de validade da regra da relação água/cimento é limitada. Em relações água/cimento muito baixas, a curva deixa de ser obedecida quando o adensamento pleno não é mais possível. A posição real do ponto de afastamento depende dos meios de adensamento disponíveis. Aparentemente, misturas com relação água/cimento muito baixa e consumo de cimento extremamente elevado (provavelmente acima de 530 kg/m³) apresentam retrocesso na resistência quando são utilizados agregados de grandes dimensões. Dessa forma, nas idades mais avançadas, esse tipo de mistura não resultará em uma maior resistência. Esse comportamento pode decorrer das tensões induzidas pela retração, que, restringida pelas partículas de agregado, causa a fissuração da pasta de cimento ou a perda da aderência entre o cimento e o agregado.

De tempos em tempos, surgem críticas à regra da relação água/cimento, sob o argumento de que ela não é suficientemente fundamental. Apesar disso, *na prática*, a relação água/cimento é o maior fator individual da resistência de um concreto totalmente adensado. Talvez a melhor declaração sobre a situação seja a dada por Gilkey:[6.74]

"Para um determinado cimento e agregados aceitáveis, a resistência que pode ser obtida de uma mistura trabalhável de cimento, agregados e água, adequadamente lançada (e misturada, curada e ensaiada nas mesmas condições), é influenciada por:

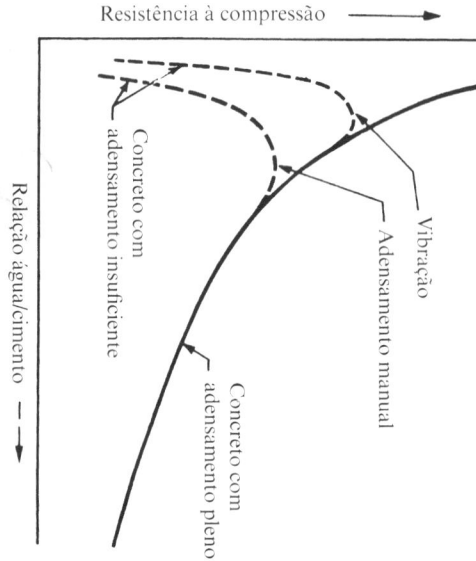

Figura 6.1 Relação entre a resistência do concreto e sua relação água/cimento.

(a) Relação entre cimento e água.
(b) Relação entre cimento e agregado.
(c) Granulometria, textura superficial, forma, resistência e rigidez das partículas de agregado.
(d) Dimensão máxima do agregado."

Pode-se dizer que os fatores (b) a (d) são menos importantes do que o fator (a) quando são empregados agregados de dimensões comuns, ou seja, de até 40 mm. Apesar disso, esses fatores estão presentes, pois, conforme citado por Walker & Bloem,[6.74] "a resistência do concreto resulta de: (1) resistência da argamassa; (2) aderência entre a argamassa e o agregado graúdo; e (3) resistência da partícula do agregado graúdo, ou seja, de sua capacidade de resistir à tensão aplicada".

A Figura 6.2 mostra que o gráfico da resistência *versus* a relação água/cimento tem a forma aproximada de uma hipérbole, sendo que isso se aplica a concretos produzidos com qualquer tipo de agregado, em qualquer idade. É uma propriedade geométrica da hipérbole $y = k/x$ em que y plotado em relação a $1/x$ resulta em uma linha reta. Dessa forma, a relação entre a resistência e a relação *cimento/água* é aproximadamente linear na variação das relações cimento/água entre 1,2 e 2,5. Essa relação linear, proposta inicialmente na referência 6.4 e confirmada por Alexander & Ivanusec[6.112] e por Kakizaki *et al.*[6.58], nitidamente é de uso mais fácil do que a curva da relação água/cimento, em especial quando é necessária interpolação. A Figura 6.3 mostra os dados da Figura 6.2 plotados com a relação cimento/água na abscissa. Os valores utilizados são válidos para um determinado cimento. Ou seja, em qualquer caso prático deve ser determinada a relação cimento/água real.

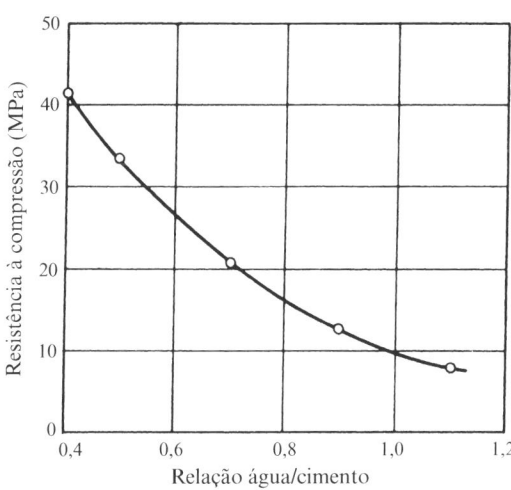

Figura 6.2 Relação entre a resistência aos sete dias e a relação água/cimento de um concreto produzido com cimento Portland de alta resistência inicial.

A linearidade da relação entre a resistência e a relação cimento/água não continua além da relação cimento/água de 2,6, que corresponde à relação água/cimento de 0,38. Na realidade, para relações cimento/água maiores do que 2,6, há uma relação diferente, embora ainda linear, com a resistência,[6.59] conforme mostra a Figura 6.4. Essa figura apresenta os valores calculados para pastas de cimento com o maior grau de hidratação possível. Para relações água/cimento menores do que 0,38, a máxima hidratação pos-

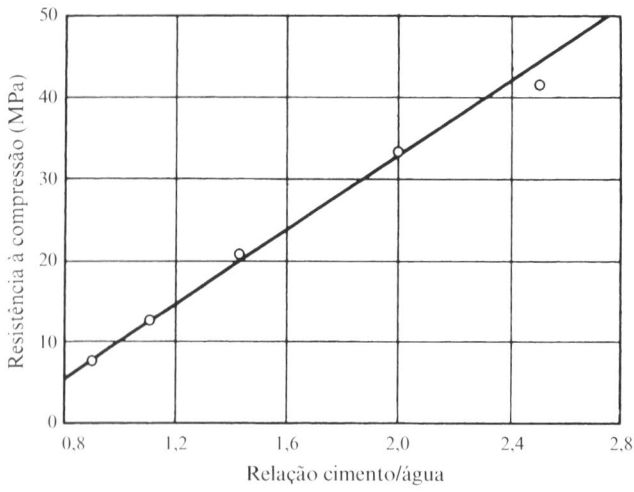

Figura 6.3 Gráfico da resistência *versus* a relação cimento/água para os dados da Figura 6.2.

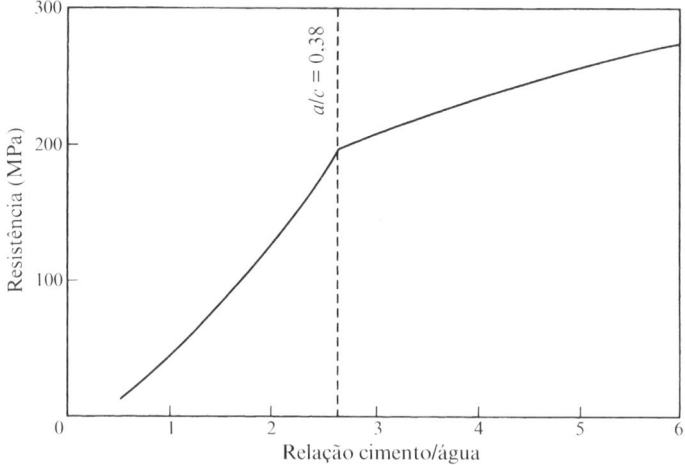

Figura 6.4 Relação entre a resistência calculada da pasta de cimento pura e a relação cimento/água, considerando a ocorrência do maior grau de hidratação possível (baseada na referência 6.59).

sível é menor do que 100% (ver página 27). Consequentemente, a inclinação da curva é diferente daquela para valores de relações água/cimento mais elevados. Essa observação é relevante, já que, atualmente, misturas com relações água/cimento um pouco menores e um pouco maiores do que 0,38 são utilizadas com frequência.

O padrão de resistência do concreto com cimento com elevado teor de alumina é um pouco diferente daquele do concreto produzido com cimento Portland, uma vez que a resistência aumenta com a relação cimento/água em uma taxa progressivamente decrescente.[6.4]

É preciso admitir que as relações discutidas não são precisas e que outras aproximações podem ser feitas. Por exemplo, foi sugerido que, como uma aproximação, a relação entre o logaritmo da resistência e o valor real da relação água/cimento pode ser considerada linear[6.3] (conforme a expressão de Abrams). Como exemplo, a Figura 6.5 apresenta a resistência relativa de misturas com diferentes relações água/cimento, considerando o valor 0,4 como a unidade.

Água efetiva na mistura

As relações práticas discutidas até o momento envolvem a quantidade de água na mistura, então, uma definição mais precisa é necessária. É considerada efetiva a quantidade de água que ocupa espaço externo às partículas de agregado quando o volume total de concreto se estabiliza, ou seja, aproximadamente no momento da pega. Por isso os termos relação água/cimento *efetiva*, *livre* ou *líquida*.

Em geral, a água no concreto é constituída por aquela adicionada à mistura e por aquela retida pelos agregados no momento de sua colocação na betoneira. Parte da pri-

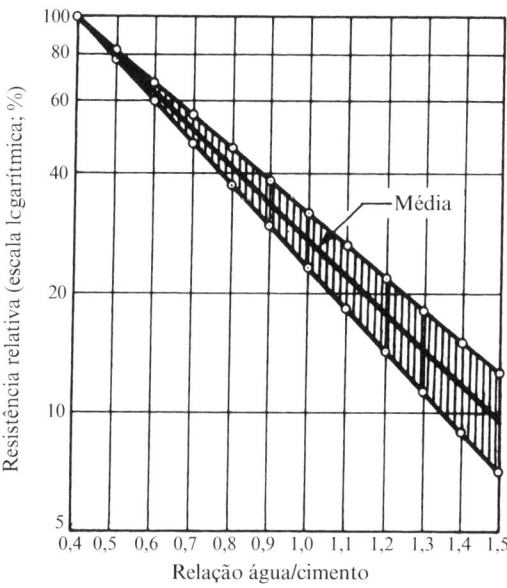

Figura 6.5 Relação entre o logaritmo da resistência e a relação água/cimento.

meira está absorvida na estrutura de poros do agregado (ver página 134), enquanto outra parte está na forma de água livre na superfície do agregado e, portanto, não difere da água adicionada diretamente à betoneira. Por outro lado, quando o agregado não estiver saturado – e, assim, alguns de seus poros estão preenchidos com ar –, parte da água da mistura será absorvida pelo agregado durante os primeiros 30 minutos ou, então, após a mistura. Nessas circunstâncias, a delimitação entre a água absorvida e a água livre é um tanto quanto difícil.

Em um canteiro de obras, como regra geral, os agregados estão úmidos, e a água excedente à necessária para o agregado estar na condição saturada superfície seca é considerada a água efetiva na mistura. Por essa razão, os dados para a dosagem da mistura são, normalmente, baseados na água excedente da absorvida pelos agregados, que consiste na água livre. Por outro lado, alguns ensaios de laboratório fazem referência à água *total* adicionada a um agregado seco. Sendo assim, é necessário cuidado na passagem de resultados de laboratório para as proporções de misturas a serem utilizadas em obras, e qualquer referência à relação água/cimento deve destacar se está sendo considerada a água total ou a água livre.

Relação gel/espaço

A influência da relação água/cimento na resistência não é verdadeiramente uma lei porque a regra da relação água/cimento não inclui muitas restrições necessárias para sua validade. Em especial, a resistência, com qualquer relação água/cimento, depende: do grau de hidratação do cimento e de suas propriedades físicas e químicas, da temperatura na qual ocorre a hidratação; do teor de ar do concreto; e também da modificação da relação água/cimento efetiva e da formação de fissuras devidas à exsudação.[6.5] O teor de cimento da mistura e as propriedades da interface entre o agregado e a pasta de cimento também são importantes.

Portanto, é mais correto relacionar a resistência à concentração de produtos sólidos de hidratação do cimento no espaço disponível para eles. Referente a esse fato, pode ser relevante mencionar novamente a Figura 1.10. Powers[6.6] determinou a relação entre o desenvolvimento da resistência e a relação gel/espaço. Esta é definida como a relação entre o volume da pasta de cimento hidratada e a soma dos volumes do cimento hidratado e dos poros capilares.

Na página 27, foi mostrado que o cimento hidratado ocupa mais do que o dobro de seu volume original. Nos cálculos seguintes, será considerado que os produtos de hidratação de 1 ml de cimento ocupam 2,06 ml. Nem todo material hidratado é gel, mas, para aproximação, assim será considerado. Sendo:

c = massa de cimento
v_c = volume específico do cimento, ou seja, volume da massa unitária
a_o = volume da água de mistura
α = porcentagem de cimento hidratado

o volume de gel é $2,06 v_c \alpha$ e o espaço total disponível para o gel é $v_c \alpha + a_o$. Assim, a relação gel/espaço é

$$r = \frac{2,06 v_c \alpha}{v_c \alpha + \frac{a_o}{c}}.$$

Considerando o volume específico do cimento seco como 0,319 ml/g, a relação gel/espaço será:

$$r = \frac{0{,}657\alpha}{0{,}319\alpha + \dfrac{a_o}{c}}.$$

Powers[6.7] obteve, para a resistência à compressão do concreto, o valor de $234r^3$ MPa, independentemente da idade do concreto e das proporções da mistura. A relação real entre a resistência à compressão de uma argamassa e a relação gel/espaço é mostrada na Figura 6.6. Pode ser percebido que a resistência é aproximadamente proporcional ao cubo da relação gel/espaço, e o valor 234 MPa representa a resistência intrínseca do gel para o tipo de cimento e o corpo de prova utilizado.[6.8] Os valores numéricos apresentam pouca diferença para a variação comum de cimento Portland, exceto pelo fato de que um teor elevado de C_3A resulta em menor resistência para uma determinada relação gel/espaço.[6.5]

Para levar em conta o fato de a massa específica da água adsorvida ser de 1,1 g/ml, esses cálculos requerem uma pequena modificação (ver página 37). Portanto, o volume real de vazios é um pouco maior do que o considerado.

Sendo A o volume de ar presente na pasta de cimento, a relação a_o/c na expressão anterior é substituída por $(a_o + A)/c$ (ver Figura 6.7). A expressão resultante para a resistência é similar à de Féret, mas a relação utilizada aqui envolve uma quantidade proporcional ao volume de cimento hidratado, em vez do volume total de cimento, e é, assim, aplicável a qualquer idade.

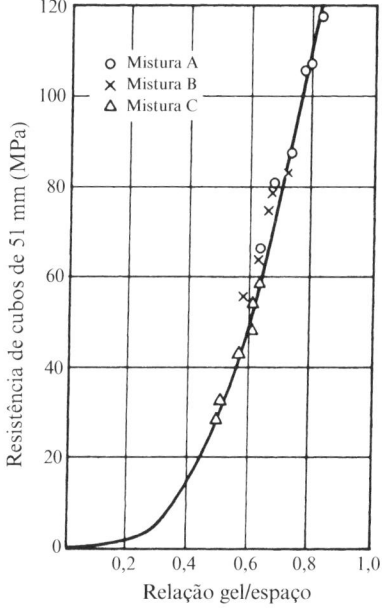

Figura 6.6 Relação entre a resistência à compressão de uma argamassa e a relação gel/espaço.[6.8]

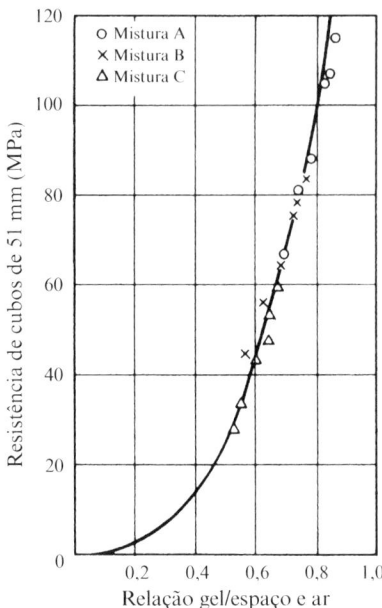

Figura 6.7 Relação entre a resistência à compressão de uma argamassa e a relação gel/espaço, modificada para considerar os vazios devidos ao ar aprisionado.[6.7]

A expressão que relaciona a resistência à relação gel/espaço pode ser escrita de várias formas. Pode ser conveniente fazer uso do fato de que o volume de água não evaporável, a_n, é proporcional ao volume de gel e, também, do fato de que o volume de água de mistura, a_o, está relacionado ao espaço disponível para o gel. A resistência, f_c, para valores superiores a 14 MPa, quando a relação é aproximadamente linear, pode ser escrita da seguinte forma:[6.6]

$$f_c = 34.200 \frac{a_n}{a_o} - 3.600.$$

Alternativamente, a área superficial do gel, V_m, pode ser usada, resultando em:

$$f_c = 12.0000 \frac{V_m}{a_o} - 3.600.$$

A Figura 6.8 apresenta os dados reais de Powers[6.6] para cimentos com baixos teores de C_3A.

As expressões anteriores foram validadas para vários cimentos, mas os coeficientes numéricos podem depender da resistência intrínseca do gel produzido por um determinado cimento. Em outras palavras, a resistência da pasta de cimento depende, em primeiro lugar, da estrutura física do gel, mas os efeitos da composição química do cimento não podem ser esquecidos. Entretanto, em idades maiores, esses efeitos se tornam menos importantes. Outro modo de reconhecer as propriedades do gel é dizer que

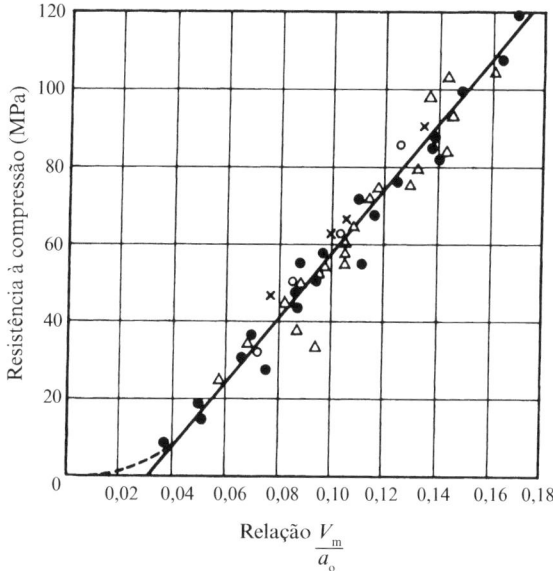

Figura 6.8 Relação[6.6] entre a resistência da pasta de cimento e a relação entre a área superficial do gel, V_m, e o volume de água de mistura, a_o.

a resistência depende, principalmente, da porosidade, mas que também é afetada pela capacidade do material em resistir à propagação de fissuras, que é uma função da aderência. A má aderência entre dois cristais pode ser considerada uma fissura.[6.35]

Porosidade

A discussão nas duas seções anteriores mostrou que a resistência do concreto é, principalmente, uma função do volume de vazios contidos nele. A relação entre a resistência e o volume total de vazios não é uma propriedade exclusiva do concreto, sendo encontrada também em outros materiais frágeis em que a água deixa vazios. A resistência do gesso, por exemplo, também tem relação direta com seu teor de vazios[6.1] (ver Figura 6.9). Além do mais, se as resistências de diferentes materiais são expressas como uma fração de suas respectivas resistências com porosidade igual a zero, uma grande quantidade de materiais obedece à mesma relação entre resistência relativa e porosidade, conforme mostra a Figura 6.10 para gesso, aço, ferro,[6.72] alumínio e zircônio.[6.73] Esse comportamento geral é válido para a compreensão do papel dos vazios na resistência do concreto. A relação da Figura 6.10 deixa clara a razão pela qual os compactos de cimento (ver página 295), que possuem porosidade muito baixa, resultam em resistência bastante elevada.

A rigor, a resistência do concreto é influenciada pelo volume de todos os vazios: ar aprisionado, poros capilares, poros de gel e, se utilizado, ar incorporado.[6.10] Um exemplo da determinação do valor total de vazios pode ser útil e será apresentado a seguir.

Considere-se um concreto com as seguintes proporções de cimento, agregado miúdo, agregado graúdo e relação água/cimento, respectivamente: 1 : 3,4 : 4,2 e 0,80. O

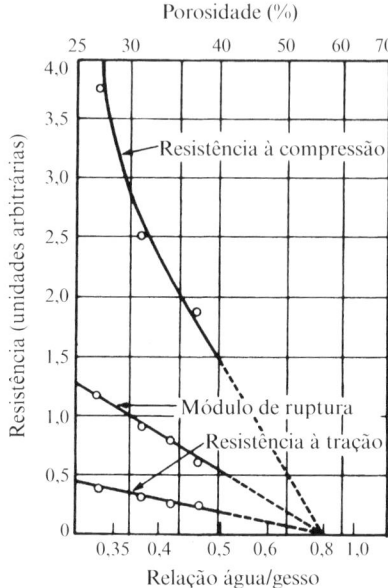

Figura 6.9 Resistência do gesso em função do volume de vazios.[6.1]

teor de ar aprisionado medido foi de 2,3%. Sendo as massas específicas dos agregados miúdos e graúdos, respectivamente, 2,60 e 2,65 g/cm^3 e adotando-se o valor de 3,15 para a massa específica do cimento, as proporções, em volume, entre o cimento e os materiais serão:

$$(1/3,15) : (3,4/2,60) : (4,2/2,65) : (0,80) = 0,318 : 1,31 : 1,58 : 0,80.$$

Devido ao teor de ar ser igual a 2,3%, os volumes dos materiais devem constituir 97,7% do volume total de concreto. Desse modo, os volumes percentuais são:

```
Cimento (seco)   = 7,8
Agregado miúdo   = 32,0
Agregado graúdo  = 38,5
Água             = 19,4
Total            = 97,7%.
```

Sabe-se que, no caso citado, 0,7 do cimento foi hidratado após sete dias de cura em água (ver, por exemplo, a referência 6.32), portanto, ainda em volumes percentuais, o volume de cimento hidratado é 5,5 e o volume de cimento não hidratado é 2,3.

O volume de água combinada é 0,23 da massa de cimento hidratado (ver página 26), ou seja, $0,23 \times 5,5 \times 3,15 = 4,0$. Na hidratação, o volume dos produtos sólidos hidratados é igual à soma dos volumes do cimento e da água diminuída em 0,254 do volume de água combinada (ver página 26). Portanto, o volume de produtos sólidos hidratados é:

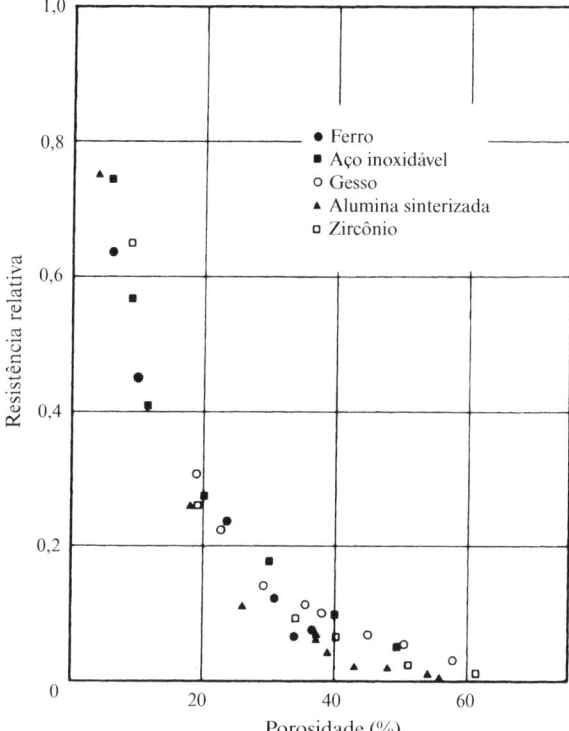

Figura 6.10 Influência da porosidade na resistência relativa de diversos materiais.

$5,5 + (1 - 0,254) \times 4,0 = 8,5$.

Como o gel tem uma porosidade característica de 28% (ver página 26), o volume de poros de gel é w_g, de modo que $w_g/(8,5 + w_g) = 0,28$, de onde o volume de poros de gel é 3,3. Portanto, o volume da pasta de cimento hidratada, incluindo os poros de gel, é $8,5 + 3,3 = 11,8$. Dessa forma, o volume de cimento que foi hidratado e da água de amassamento é $5,5 + 19,4 = 24,9$ e o volume de poros capilares é $24,9 - 11,8 = 13,1$. Assim, os vazios são:

Poros capilares	= 13,1
Poros de gel	= 3,3
Ar	= 2,3
Teor total de vazios	= 18,7%.

A influência do volume de poros na resistência pode ser expressa por uma função exponencial do tipo:

$$f_c = f_{c,0}(1 - p)^n$$

onde: p = porosidade, ou seja, o volume de vazios expresso como uma fração do volume total do concreto
f_c = resistência do concreto com porosidade p
$f_{c,0}$ = resistência com porosidade zero
n = coeficiente, não necessariamente constante.[6.33]

A forma exata da relação, entretanto, é incerta. Ensaios realizados em compactos de cimento prensados e tratados termicamente, bem como em pastas de cimento comum, ainda deixam dúvidas de se o logaritmo da porosidade tem uma relação linear com a resistência ou com seu logaritmo. As Figuras 6.11 e 6.12 mostram essa incerteza. No que diz respeito à resistência dos componentes individuais do cimento, constata-se que a relação com a porosidade é linear (ver Figura 6.13).[6.65]

Além de seu volume, a forma e a dimensão dos poros também influenciam. Há influência, ainda, da forma das partículas sólidas e de seu módulo de elasticidade na distribuição de tensões e, portanto, na concentração de tensões no interior do concreto. Um exemplo da distribuição de poros no concreto é apresentado na Figura 6.14.[6.68] Resultados semelhantes foram encontrados por Hearn & Hooton.[6.113]

Há diversos estudos sobre o efeito da porosidade na resistência da pasta de cimento hidratada. É necessário cuidado na passagem de observações realizadas em corpos de prova de pasta de cimento pura produzidos em laboratório para informações utilizáveis no concreto. Entretanto, é importante compreender o efeito da porosidade na resistência da pasta de cimento hidratada.

Não resta dúvida de que a porosidade – definida como o volume total de poros maiores do que os poros de gel, que é expresso como uma porcentagem do volume total da pasta de cimento hidratada – seja um fator influente básico na resistência da pasta de cimento.

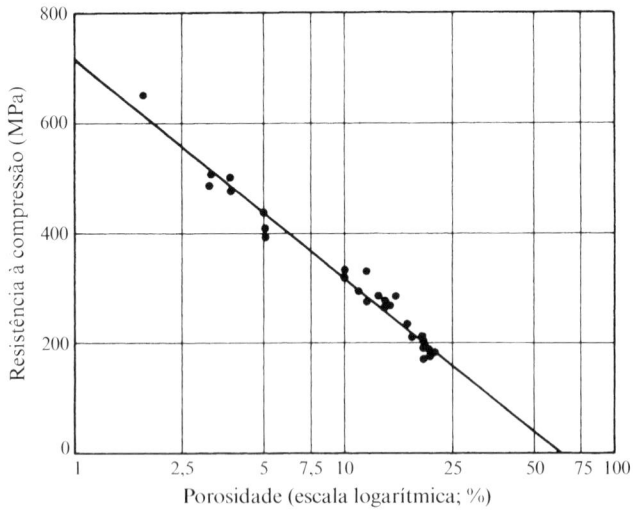

Figura 6.11   Relação entre a resistência à compressão e o logaritmo da porosidade de compactos de pasta de cimento para diferentes tratamentos de pressão e alta temperatura.[6.34]

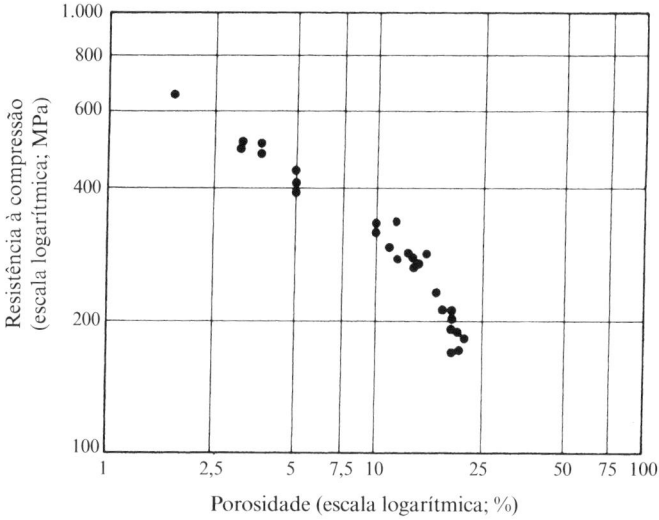

Figura 6.12 Relação entre o logaritmo da resistência à compressão e o logaritmo da porosidade de compactos de pasta de cimento para diferentes tratamentos de pressão e alta temperatura (segundo a ref. 6.34).

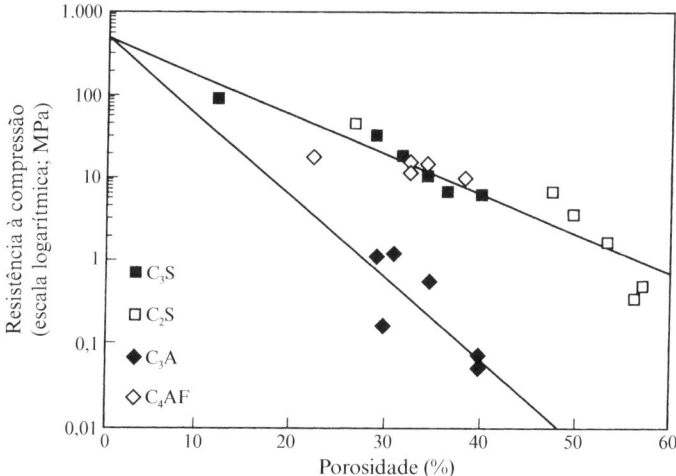

Figura 6.13 Relação entre a resistência à compressão e a porosidade de compostos puros.[6.65]

Rössler & Odler[6.63] estabeleceram uma relação linear entre a resistência e a porosidade, dentro de uma variação de 5 a 28% desta última. Observou-se que o efeito dos poros com diâmetro inferior a 20 nm é desprezável.[6.64] A relação entre a resistência da argamassa e

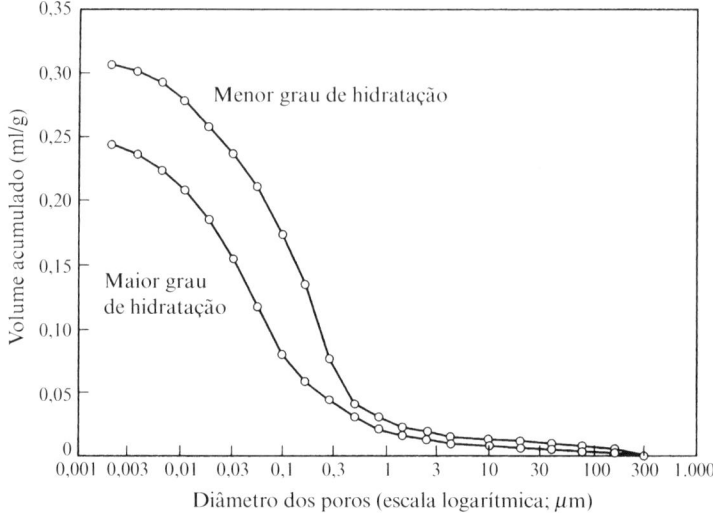

Figura 6.14 Volume acumulado de poros maiores do que o diâmetro indicado em concreto com relação água/cimento de 0,45 a 20°C (baseada na referência 6.68).

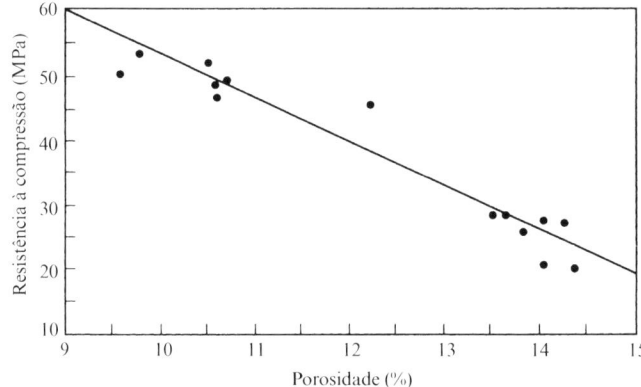

Figura 6.15 Relação entre a resistência à compressão da argamassa e a porosidade, calculada a partir do volume de poros de diâmetro superior a 20 nm (baseada na referência 6.66).

a porosidade, baseada no volume de poros maiores do que 20 nm, é apontada na Figura 6.15.[6.66] Em razão disso, além da porosidade total, a influência da distribuição das dimensões dos poros na resistência deve ser levada em consideração. Em geral, para uma determinada porosidade, poros menores resultam em uma pasta de cimento de maior resistência.

Embora a dimensão do poro seja, por conveniência, expressa como um diâmetro, nenhum poro é cilíndrico ou esférico. O "diâmetro" representa uma esfera com a mesma relação entre o volume e a área superficial como a totalidade dos poros. Somente os macroporos, ou seja, aqueles com diâmetro maior do que cerca de 100 nm, são aproximadamente esféricos. A Figura 6.16 mostra uma representação esquemática dos diversos tipos de poros. Essa figura é uma extensão modificada da Figura 1.13. Os poros esféricos se originam das bolhas de ar residual ou do empacotamento imperfeito das partículas de cimento, mas não são facilmente detectados nas medidas por porosímetro, já que somente são acessíveis através de poros que possuem uma abertura estreita (ver Figura 6.16).

A dependência da resistência da pasta de cimento hidratada em relação à sua porosidade e à distribuição das dimensões dos poros é fundamental. Ocasionalmente, são publicados resultados de pesquisas citando uma relação entre a resistência e o teor de sulfato de cálcio no cimento, mas isso decorre da influência que esse teor exerce no progresso da hidratação do cimento e, portanto, na distribuição de poros na pasta de cimento hidratada. O problema, entretanto, é complicado pelo fato de que diferentes métodos de determinação da porosidade nem sempre resultam nos mesmos valores.[6.69] A principal razão para isso é que o processo de medida por porosímetro, especialmente se envolver a remoção ou a adição de água, afeta a estrutura da pasta de cimento hidratada.[6.67] O uso de intrusão de mercúrio em estudos do sistema de poros na pasta de cimento foi discutido por Cook & Hover.[6.114] Esse método considera que os poros se estreitam conforme a profundidade, enquanto, na realidade, alguns poros possuem uma abertura estreita, o que distorce o valor da porosidade medida pela intrusão de mercúrio.[6.115]

Conforme mencionado, a maior parte dos trabalhos experimentais sobre a porosidade da pasta de cimento hidratada foi realizada em corpos de prova de pasta de cimento puro ou de argamassa. No concreto, as características dos poros do cimento hidratado são um tanto diferentes, devido à influência das partículas de agregados graúdos sobre a pasta de cimento ao seu redor. Winslow & Liu[6.68] observaram que, com pastas de mesma composição e mesmo grau de hidratação, a presença do agregado graúdo resulta em um aumento da porosidade. O mesmo efeito é verificado, embora em menor grau, na presença do agregado miúdo. A diferença entre a porosidade do concreto e a da pasta de cimento pura com mesma relação água/cimento aumenta com o progresso

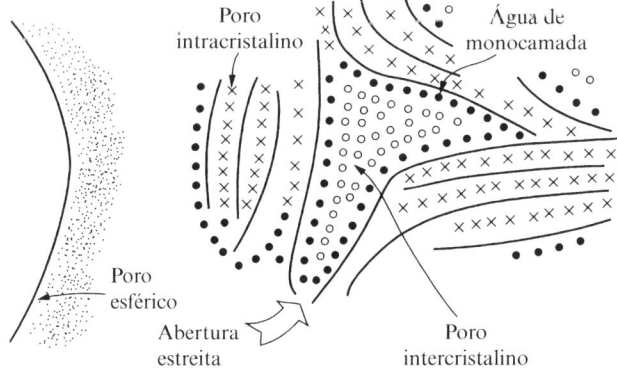

Figura 6.16 Representação esquemática do sistema de poros na pasta de cimento hidratada (baseada no modelo de Rahman da referência 6.70).

da hidratação, sendo resultado da presença, no concreto, de alguns poros maiores do que o permitido na pasta de cimento pura.

Compactos de cimento

Compactos de cimento são produzidos pela aplicação simultânea de pressão bastante elevada e alta temperatura. Eles não são, portanto, classificados como concreto, mas são relevantes para elucidar o papel da porosidade na resistência, já que valores de porosidade tão baixos quanto 1% podem ser obtidos.[6.34]

Um dos materiais à base de cimento mais resistentes já produzidos[6.62] tinha uma relação água/cimento de 0,08 e, quando adensado, resultou na resistência de 345 MPa. Compactos produzidos com a aplicação de uma pressão de 340 MPa e uma temperatura de 250 °C atingiram uma resistência à compressão próxima de 660 MPa e uma resistência à tração por compressão diametral de 64 MPa.[6.34]

A extrapolação de uma relação experimental entre a porosidade e a resistência à compressão de corpos de prova de compostos individuais do cimento Portland com uma relação água/sólido de 0,45 sugere que, com porosidade zero, a resistência é próxima de 500 MPa.[6.65] Esse valor pode ser comparado com o calculado por Nielsen,[6.59] que estima a resistência da pasta de cimento hidratada com porosidade zero em 450 MPa.

Esses valores, embora não coincidentes, representam a resistência intrínseca da pasta de cimento Portland endurecida.

Influência das propriedades do agregado graúdo na resistência

Embora a relação entre a resistência e a relação água/cimento seja, em geral, válida, a resistência também depende de outros fatores. Um deles será discutido nesta seção.

A fissuração vertical em um corpo de prova submetido à compressão uniaxial inicia em uma carga entre 50 e 75% do carregamento final. Esse fato foi determinado a partir de medidas da velocidade do som transmitido através do concreto[6.22] e, também, com o uso de técnicas de determinação da velocidade de propagação de ondas ultrassônicas.[6.23] A tensão na qual a fissuração inicia depende bastante das propriedades do agregado graúdo: seixos lisos resultam em uma fissuração em tensões mais baixas do que pedras britadas angulosas e ásperas. A provável causa para isso é o fato de a ligação mecânica ser influenciada pelas propriedades da superfície e, em certo grau, pela forma do agregado graúdo.[6.19]

As propriedades do agregado influenciam a carga de fissuração da mesma forma tanto para a resistência à compressão quanto para a resistência à flexão, diferentemente da carga de ruptura. Desse modo, a relação entre essas duas grandezas não depende do tipo de agregado utilizado. A Figura 6.17 mostra resultados obtidos por Jones & Kaplan[6.19], sendo que cada símbolo representa um tipo de agregado graúdo. Por outro lado, a relação entre as *resistências* à tração na flexão e à compressão depende do tipo de agregado graúdo utilizado (ver Figura 6.18) – com exceção do concreto de alta resistência –, devido às propriedades do agregado, em especial sua forma e sua textura superficial, – afetarem a resistência à compressão final em um grau muito menor do que a resistência à tração ou do que a carga de fissuração à compressão. Esse comportamento foi confirmado por Knab.[6.71]

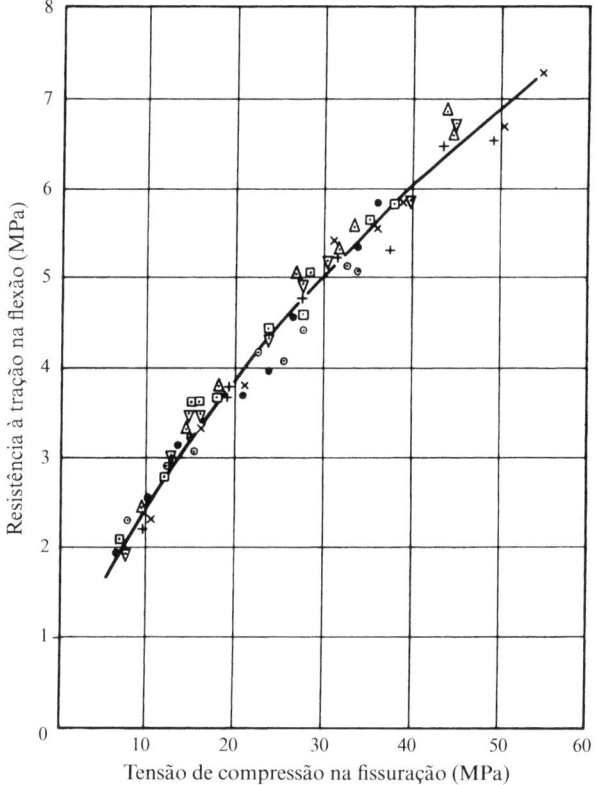

Figura 6.17 Relação entre a resistência à tração na flexão e a tensão de compressão na fissuração para concretos produzidos com diferentes agregados graúdos (Crown copyright).[6.19]

Em um concreto experimental produzido com agregados graúdos totalmente lisos, os resultados de resistência à compressão obtidos foram menores do que quando a superfície dos agregados era áspera. A diferença típica ficou em 10%.[6.38]

A influência do tipo de agregado graúdo na resistência do concreto é variável e depende da relação água/cimento da mistura. Para relações menores do que 0,40, a utilização de agregado britado resultou em resistências até 38% maiores do que no caso da utilização de seixo. O comportamento com relação água/cimento igual a 0,50 é apresentado na Figura 6.19.[6.39] Com o aumento da relação água/cimento, a influência do agregado diminui, provavelmente devido à resistência da pasta de cimento hidratada se tornar primordial. Com relação água/cimento de 0,65, não foi observada diferença entre as resistências de concretos produzidos com pedra britada ou com seixo.[6.24]

A influência do agregado na resistência à tração na flexão aparentemente também depende da condição de umidade do concreto no momento do ensaio.[6.60]

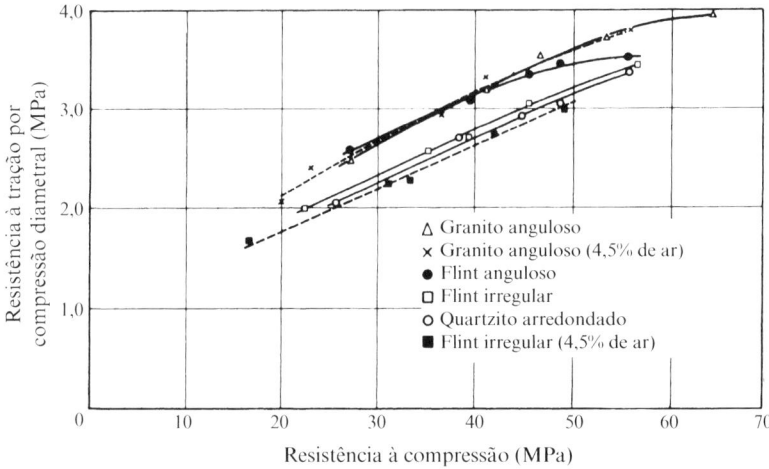

Figura 6.18 Relação entre a resistência à compressão e a resistência à tração por compressão diametral para concretos de trabalhabilidade constante produzidos com diversos agregados (relação água/cimento entre 0,33 e 0,68 e relação agregado/cimento entre 2,8 e 10,1) (Crown copyright).[6.39]

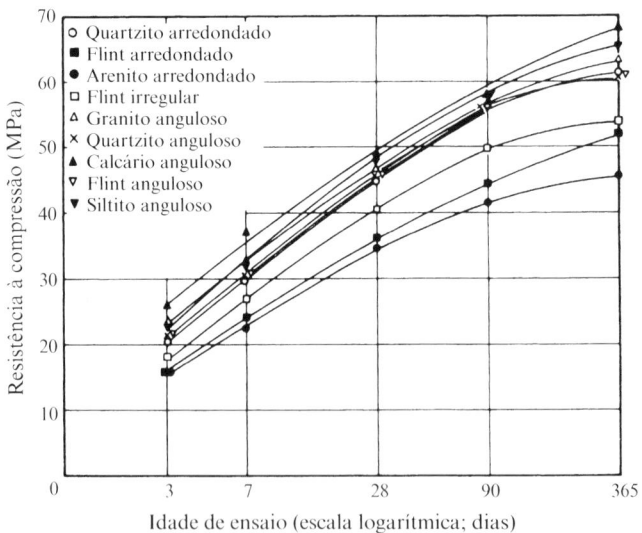

Figura 6.19 Relação entre a resistência à compressão e a idade para concretos produzidos com vários agregados (relação água/cimento igual a 0,5) (Crown copyright).[6.39]

A forma e a textura superficial do agregado graúdo também afetam a resistência do concreto ao impacto – influência que é, qualitativamente, a mesma na resistência à tração na flexão.[6.61]

Kaplan[6.25] verificou que a resistência à tração na flexão do concreto geralmente é menor do que a obtida na argamassa correspondente. Portanto, a argamassa parece definir o limite superior da resistência à tração na flexão do concreto, e a presença do agregado graúdo, em geral, reduz esse valor. Por outro lado, a resistência à compressão do concreto é mais alta do que a da argamassa, o que, segundo Kaplan, indica que o intertravamento mecânico do agregado graúdo contribui para a resistência do concreto na compressão. Esse comportamento, entretanto, não foi confirmado para ser aplicado de forma generalizada, e o tema da influência do agregado na resistência ainda será analisado na próxima seção. No momento, é válido ressaltar que as partículas de agregado graúdo agem como bloqueadores das fissuras, de forma que, sob um carregamento crescente, outra fissura provavelmente surgirá. A ruptura, portanto, é gradual, e, mesmo na tração, existe um trecho descendente da curva tensão-deformação.

Influência da relação agregado/cimento na resistência

O comportamento anômalo de misturas extremamente ricas em relação à resistência foi mencionado na página 270. Entretanto, o consumo de cimento da mistura influencia a resistência dos concretos de média ou elevada resistência, ou seja, com resistência próxima de 35 MPa ou mais. Não há dúvida de que a relação agregado/cimento é somente um fator secundário na resistência do concreto, mas foi constatado que, para uma mesma relação água/cimento, uma mistura com menor consumo de cimento resulta em uma maior resistência[6.12] (ver Figura 6.20).

As razões para esse comportamento não são claras. Em alguns casos, parte da água pode ser absorvida pelo agregado. Assim, uma quantidade maior de agregados absorve uma maior quantidade de água, de modo que a relação água/cimento efetiva é reduzida.

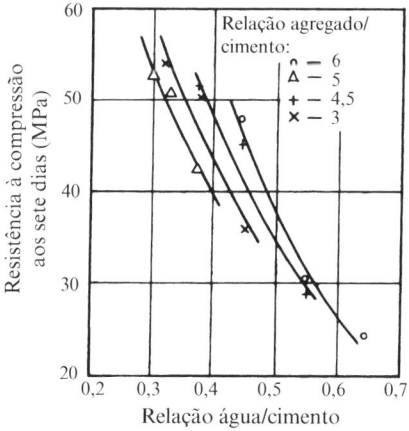

Figura 6.20 Influência da relação agregado/cimento sobre a resistência do concreto.[6.13]

Em outros casos, um teor maior de agregados pode resultar em retração e exsudação menores, portanto, ocorrem menos danos à aderência entre o agregado e a pasta de cimento e, da mesma forma, as variações térmicas causadas pelo calor de hidratação do cimento são menores.[6.80] Entretanto, a explicação mais provável está no fato de a quantidade total de água por metro cúbico de concreto ser menor em misturas pobres do que em misturas ricas. Em consequência disso, em uma mistura mais pobre, os vazios, que exercem um efeito negativo sobre a resistência, constituem um percentual menor do volume total de concreto.

Estudos sobre a influência do teor de agregados na resistência do concreto com uma pasta de cimento de determinada qualidade indicam que, quando o volume de agregado (expresso como uma porcentagem do volume total) aumenta de 0 a 20, ocorre uma diminuição na resistência à compressão, mas entre 40 e 80% se observa um aumento.[6.40] O padrão de comportamento é mostrado na Figura 6.21. As razões para esse efeito não são claras, mas tal efeito é o mesmo para diversas relações água/cimento.[6.41] A influência do volume de agregados na resistência à tração é, de modo geral, similar[6.40] (ver Figura 6.22).

Esses efeitos são menores em ensaios realizados em cubos do que naqueles realizados em cilindros ou em prismas. Devido a isso, a relação entre a resistência de corpos de prova cilíndricos e a resistência de corpos de prova cúbicos (ver página 619) diminui conforme o volume de agregados aumenta de 0 a 40%. A explicação provável é que há uma maior influência do agregado no padrão de fissuração quando não há influência dos pratos da prensa (ver página 610).

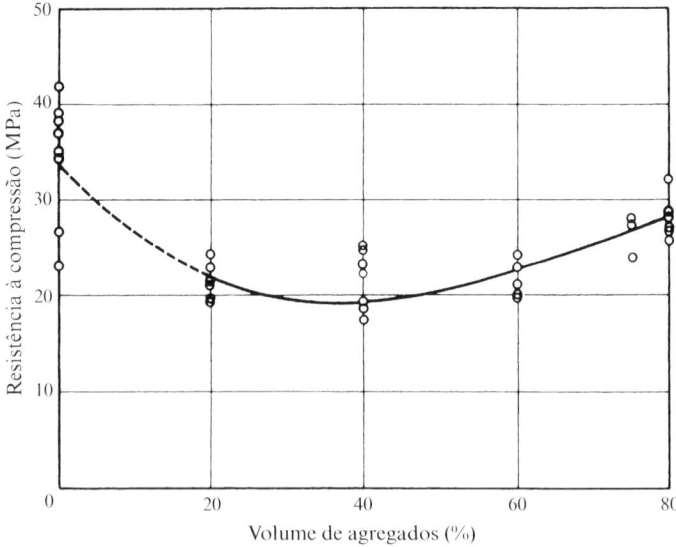

Figura 6.21 Relação[6.40] entre a resistência à compressão de corpos de prova cilíndricos (diâmetro de 100 mm e altura de 300 mm) e o volume de agregados, com relação água/cimento constante igual a 0,50.

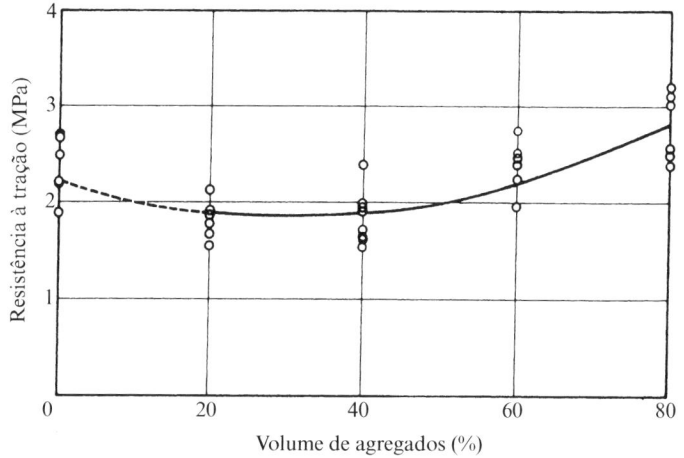

Figura 6.22 Relação[6.40] entre a resistência à tração direta e o volume de agregados, com relação água/cimento constante igual a 0,50.

Natureza da resistência do concreto

A principal influência dos vazios do concreto em sua resistência foi mencionada diversas vezes, de modo que já deve ser possível relacionar esse fator com o mecanismo de ruptura real. Para esse objetivo, o concreto é considerado um material frágil, ainda que exiba um leve comportamento plástico, já que a ruptura sob carga estática ocorre com uma deformação total razoavelmente pequena. Uma deformação entre 0,001 e 0,005 na ruptura tem sido sugerida como o limite do comportamento frágil. O concreto de alta resistência é mais frágil do que o concreto de resistência normal, mas não existe um método quantitativo para expressar a fragilidade do concreto, cujo comportamento, na prática, situa-se entre os tipos frágil e dúctil.

Resistência à tração

A resistência real (técnica) da pasta de cimento hidratada e de materiais frágeis similares, como a pedra, é muito menor do que o valor teórico estimado com base na coesão molecular e calculado a partir da energia de superfície de um sólido considerado perfeitamente homogêneo e sem falhas. A resistência teórica foi estimada em até 10,5 GPa.

Essa discrepância pode ser explicada, conforme estabelecido por Griffith[6.17], pela presença de falhas que resultam em elevadas concentrações de tensões no material submetido a um carregamento, de modo que tensões muito elevadas ocorrem em pequenos volumes do corpo de prova e, consequentemente, causam fraturas microscópicas, enquanto a tensão (nominal) média em todo o corpo de prova é relativamente baixa. As falhas têm tamanhos variados, e são somente as poucas falhas maiores que ocasionam a ruptura. Portanto, a resistência de um corpo de prova é um problema de probabilidade estatística, e a dimensão do corpo de prova afeta a provável tensão nominal em que ocorre a ruptura.

Sabe-se que a pasta de cimento hidratada contém diversas descontinuidades, como poros, microfissuras e vazios, mas o mecanismo exato pelo qual elas afetam a resistência não é conhecido. Os vazios em si não agem necessariamente como falhas, mas fissuras nos cristais individuais podem estar associadas aos vazios[6.14] ou ser causadas pela retração ou pela má aderência. Essa situação não surpreende, tendo em vista a natureza heterogênea do concreto e a forma de combinação das várias fases desse material compósito em um todo. Alford *et al.*[6.81] confirmaram que os poros na pasta de cimento não são as únicas falhas críticas possíveis. Em um concreto sem segregação, os vazios se distribuem de forma aleatória,[6.15] condição necessária para a aplicação da hipótese de Griffith. Apesar de não se saber o mecanismo exato da ruptura do concreto, ele está, possivelmente, relacionado à coesão interna da pasta de cimento hidratada e à aderência entre a pasta e o agregado.

A hipótese de Griffith sugere uma ruptura microscópica no local de uma falha, e, normalmente, considera-se que a "unidade de volume" que contém a falha mais fraca determina a resistência do elemento. Essa afirmação implica que qualquer fissura irá se propagar por toda a seção do corpo de prova sujeito a uma determinada tensão ou, em outras palavras, um evento que ocorre em um elemento é identificado com o mesmo evento que ocorre no corpo como um todo.

Esse comportamento pode ser verificado somente sob uma distribuição uniforme de tensão, com a condição adicional de que a "segunda falha mais fraca" não seja forte o suficiente para resistir à tensão de $n/(n-1)$ vezes a tensão na qual ocorreu a ruptura da falha mais fraca, onde n é o número de elementos na seção sob carga, cada elemento contendo uma falha.

Considerando que a ruptura localizada inicia em um ponto e é controlada pelas condições nesse ponto, apenas saber a tensão no ponto de maior tensão em um corpo não é suficiente para prever a ruptura. Também é necessário conhecer a distribuição de tensões em um volume suficientemente extenso ao redor desse ponto, devido à resposta deformacional interna do material – em especial próximo à ocorrência da ruptura – ser dependente do comportamento e do estado do material circundante ao ponto crítico, sendo que a possibilidade de propagação da fissura é bastante afetada por esse estado. Isso poderia explicar, por exemplo, por que as tensões máximas das fibras em corpos de provas submetidos à tração na flexão, no momento inicial da ruptura, são maiores do que a resistência determinada por tração direta uniforme. Neste último caso, a propagação da ruptura não é bloqueada pelo material circundante. Alguns dados reais da relação entre a resistência à tração na flexão e a resistência à tração por compressão diametral são apresentados na Figura 12.8.

Pode ser observado que, em um determinado corpo de prova, tensões diferentes irão causar rupturas em diferentes pontos, mas não é fisicamente possível verificar a resistência de um elemento individual sem alterar sua condição em relação ao resto do corpo. Caso a resistência do corpo de prova seja estabelecida por seu elemento mais fraco, o problema se torna aquele do provérbio "romper a corrente por seu elo mais fraco". Em termos estatísticos, determina-se o valor mínimo (ou seja, a resistência da falha mais eficaz) em uma amostra de tamanho n, onde n é o número de falhas no corpo de prova. A analogia da corrente pode não ser totalmente exata, uma vez que, no concreto, os elos podem estar organizados tanto em paralelo quanto em série, mas cálculos baseados na hipótese do elo mais fraco apresentam resultados de magnitude correta. É em virtude disso que a resistência de um material frágil como o concreto não pode ser descrita somente por um valor médio. Deve ser fornecida uma indicação da variabilidade da resistência, bem como informações sobre a dimensão e a forma dos corpos de prova. Esses fatores serão analisados no Capítulo 12.

Fissuração e ruptura na compressão

A hipótese de Griffith se aplica à ruptura sob a ação de um esforço de tração, mas ela pode ser estendida à ruptura sob estados duplos ou triplos de tensões, bem como sob compressão uniaxial. Mesmo quando as duas tensões principais são de compressão, a tensão ao longo da borda da falha, em alguns pontos, é de tração, de modo que a ruptura pode ocorrer. Orowan[6.16] determinou a tensão de tração máxima na ponta da falha de orientação mais perigosa relacionada ao principal eixo de tensão como uma função das duas tensões principais P e Q. Os critérios de ruptura estão representados graficamente na Figura 6.23, em que K é a resistência à tração na tração direta. A ruptura ocorre sob uma combinação de P e Q, de modo que o ponto que representa o estado de tensão cruze a curva em direção ao lado externo sombreado.

A partir da Figura 6.23, é possível ver que pode ocorrer ruptura quando a compressão uniaxial é aplicada. Isso foi, de fato, observado em ensaios de corpos de prova de concreto submetidos à compressão.[6.18] A resistência nominal nesse caso é $8K$, ou seja, oito vezes a resistência à tração determinada por ensaio de tração direta. Esse valor está bem de acordo com os valores observados para a relação entre as resistências à compressão e à tração do concreto. Entretanto, existem dificuldades para harmonizar certos aspectos da hipótese de Griffith com a direção das fissuras observada em corpos de prova de ensaios à compressão. Ainda, é possível que a ruptura nesses corpos de prova seja controlada pela deformação transversal induzida pelo coeficiente de Poisson. O coeficiente de Poisson do concreto é tal que, para elementos suficientemente afastados dos pratos da prensa, a deformação transversal resultante pode ser maior do que a deformação final do concreto à tração. A ruptura, então, ocorre pela fratura em ângulos retos à direção do carregamento, de forma semelhante ao ensaio de tração por compressão diametral (ver página 624), e isso tem sido frequentemente observado, especialmente em corpos de prova com altura maior do que sua largura.[6.18] A hipótese de

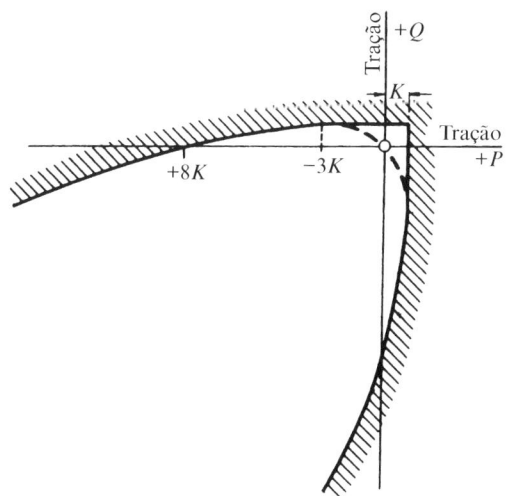

Figura 6.23 Critérios de Orowan para a ruptura sob estado duplo de tensões.[6.16]

que o concreto rompe por tração quando submetido à compressão uniaxial ou biaxial foi confirmada por Yin *et al.*[6.86]

Existem fortes indícios, inicialmente desenvolvidos na referência 6.14, de que não é uma tensão-limite, mas uma deformação-limite por tração que determina a resistência do concreto sujeito a um carregamento estático, sendo, em geral, considerada entre 100×10^{-6} e 200×10^{-6}. O critério de ruptura por deformação-limite de tração é amparado por uma análise promovida por Lowe.[6.36] Observou-se que, no instante inicial da fissuração, a deformação na face tracionada de uma viga submetida à flexão e a deformação transversal de tração em um corpo de prova cilíndrico sob compressão uniaxial são de magnitude similar.[6.21] A deformação por tração na viga na fissuração é:

$$\frac{\text{tensão de tração na fissuração}}{E}$$

onde E é o módulo de elasticidade do concreto no intervalo de linearidade da deformação. Então, a deformação transversal em um corpo de prova submetido à compressão quando a primeira fissura é observada é:

$$\frac{\mu \times \text{tensão de compressão na fissuração}}{E}$$

onde μ é o coeficiente de Poisson estático. A partir da igualdade observada das duas deformações, obtém-se:

$$\mu = \frac{\text{tensão de tração na fissuração por flexão}}{\text{tensão de compressão na fissuração no corpo de prova de compressão}}.$$

Em geral, o coeficiente de Poisson varia entre aproximadamente 0,15 – para concretos de alta resistência – e 0,22 – para concretos de baixa resistência (ver página 437) –, e vale ressaltar que a relação entre as resistências nominais à tração e à compressão para diferentes concretos apresenta variação similar e, aproximadamente, nos mesmos limites. Dessa forma, há uma possível ligação entre a relação das resistências nominais e o coeficiente de Poisson, e existem bons argumentos para sugerir que o mecanismo que produz as fissuras iniciais na compressão uniaxial e na flexão seja o mesmo,[6.19] embora a natureza desse mecanismo ainda não tenha sido demonstrada. É provável que a fissuração ocorra devido a falhas localizadas na aderência entre o cimento e o agregado.[6.20] O mecanismo básico da ruptura do concreto por compressão, entretanto, ainda não foi demonstrado de forma confiável, e até mesmo a definição de ruptura do concreto não é óbvia. Uma abordagem é associar a ruptura ao denominado ponto de descontinuidade, que é o ponto em que a deformação volumétrica é interrompida e o coeficiente de Poisson começa a aumentar de forma abrupta.[6.52,6.53] Nesse estágio, inicia-se o desenvolvimento de uma fissuração extensiva da argamassa (ver página 314). Esse é o início da instabilidade e a manutenção do carregamento após esse ponto resulta na ruptura. A deformação transversal na descontinuidade depende do nível de compressão axial e é maior quanto maior for a resistência do concreto; Carino & Slate[6.53] observaram um valor médio de aproximadamente 300×10^{-6} a uma tensão de 7,5 MPa. Entretanto, deve ser pontuado que outros pesquisadores[6.119] relataram que a pasta de cimento hidratada é progressivamente deteriorada e que o ponto de descontinuidade não é um fator significativo.

A ruptura final sob a ação de uma compressão uniaxial pode decorrer da ruptura dos cristais de cimento por tração ou da aderência em uma direção perpendicular à carga aplicada, podendo ainda ser um colapso causado pelo desenvolvimento de planos inclinados de cisalhamento.[6.20] É provável que a deformação final seja o critério de ruptura, mas o nível de deformação varia dependendo da resistência do concreto, sendo que, quanto maior for a resistência, menor será a deformação final. Embora valores reais dependam dos métodos de ensaio, alguns valores típicos são apresentados na Tabela 6.1.

Ruptura sob estado múltiplo de tensões

Sob compressão triaxial, quando as tensões transversais são elevadas, é provável que a ruptura ocorra por esmagamento. Portanto, o mecanismo é diferente do descrito anteriormente, com o comportamento do concreto sendo alterado de frágil para dúctil. Um aumento na compressão transversal aumenta a carga axial que pode ser suportada, conforme apresentado, por exemplo, na Figura 6.24.[6.26] Resistências extremamente altas com tensões transversais também bastante elevadas foram registradas[6.11] (Figura 6.25). Deve ser ressaltado que a resistência aparente é mais elevada se o desenvolvimento da pressão da água nos poros do concreto for limitado, possibilitando que a água dos poros seja deslocada pelos pratos da prensa.[6.75] Portanto, na prática, o possível desenvolvimento de pressão nos poros é importante.[6.84]

Foi relatado que uma tensão confinante transversal de 520 MPa resultou em uma tensão axial de 1.200 MPa.[6.82] Caso a tensão transversal de compressão seja aumentada progressivamente com o aumento na tensão axial, valores ainda mais elevados podem ser obtidos. Associado a uma significativa redução da porosidade, já foi atingido o valor de 2.080 MPa.[6.82]

A tensão transversal de tração tem uma influência semelhante, mas, obviamente, de modo inverso.[6.11] Esse comportamento está de acordo com as considerações teóricas anteriores.

Na prática, a ruptura do concreto ocorre ao longo de um intervalo de tensões, ou seja, não é um fenômeno instantâneo, de modo que a ruptura final é resultado do tipo de carregamento.[6.19] Esse fato é particularmente relevante quando carregamentos repetidos são aplicados, uma condição frequentemente observada na prática. A resistência à fadiga é analisada no Capítulo 7.

Uma curva geral de interação de tensão biaxial é apresentada na Figura 6.26.[6.78] Uma interação maior é observada quando há uma restrição considerável por atrito dos pratos da prensa, mas o efeito é muito menor quando a restrição dos topos é efetivamente eliminada, por exemplo, pelo uso de pratos de escova (ver página 612). Pode ser visto na Figura 6.26 que, sob um estado duplo de tensões $\sigma_1 = \sigma_3$, a resistência é somen-

Tabela 6.1 Valores típicos de deformação por compressão na ruptura

Resistência nominal à compressão (MPa)	Deformação máxima na ruptura (10^{-3})
7	4,5
14	4
35	3
70	2

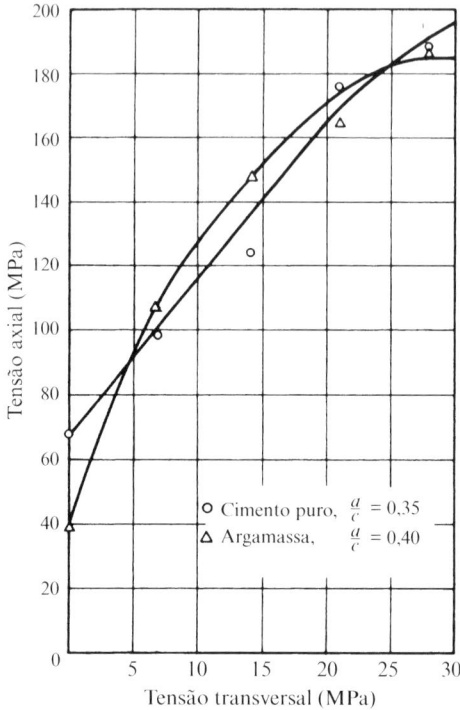

Figura 6.24 Influência da tensão transversal na tensão axial na ruptura de pasta de cimento pura e de argamassa.[6.26]

te 16% mais elevada do que na compressão uniaxial. A resistência à tração biaxial não apresenta diferença em relação à resistência à tração uniaxial.[6.78] Essas constatações foram confirmadas por outros pesquisadores.[6.9,6.54,6.86] Foram observadas, entretanto, algumas diferenças decorrentes da variação na velocidade de carregamento e do tipo de agregado graúdo do concreto. Dados experimentais sobre a interação são apresentados na Figura 6.27. Eles foram obtidos com pratos de escova e pelo uso de membranas fluidas e de pratos maciços.[6.46] Alguns resultados contraditórios de outros pesquisadores podem ser explicados pela utilização de restrições de topo não confiáveis.

O nível de resistência à compressão simples praticamente não afeta a forma da curva ou a magnitude dos valores dela resultantes[6.78]; a resistência dos prismas ensaiados variou entre 19 e 58 MPa, e tanto a relação água/cimento quanto o consumo de cimento apresentaram amplas variações. Entretanto, na compressão-tração e na tração biaxial, a resistência relativa em qualquer combinação de tensões biaxiais diminui com o aumento da resistência à compressão uniaxial,[6.78] o que está de acordo com a observação geral de que a relação entre a resistência à tração uniaxial e a resistência à compressão uniaxial diminui com o aumento da resistência à compressão (ver página 325). Nesses ensaios, as relações foram 0,11, 0,09 e 0,08 para resistências à compressão uniaxial de, respectivamente, 19, 31 e 58 MPa.[6.78]

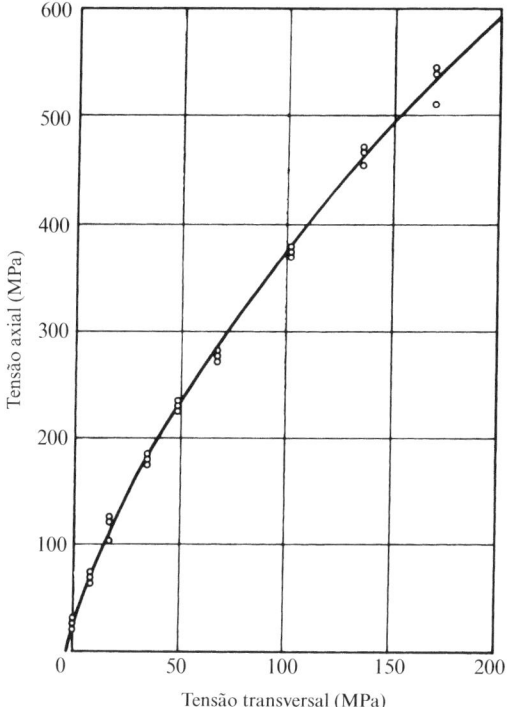

Figura 6.25 Influência da tensão transversal elevada na tensão axial na ruptura de concreto.[6.11]

Em geral, a compressão triaxial aumenta relativamente mais a resistência de concretos de menor resistência ou de menor consumo de cimento do que de concretos mais resistentes ou de maior consumo de cimento.[6.47] Hobbs[6.47] observou, em concretos convencionais, que, sob compressão triaxial, a maior tensão principal na ruptura, σ_1, pode ser expressa, em média, como:

$$\frac{\sigma_1}{f_{cyl}} = 1 + 4{,}8 \frac{\sigma_3}{f_{cyl}}$$

onde: σ_3 = menor tensão principal
f_{cyl} = resistência do corpo de prova cilíndrico.

As limitadas informações sobre concretos com agregados leves sugerem que a influência de σ_3 não seja tão significativa quanto nos concretos com agregados normais.[6.46] Portanto, o concreto com coeficiente de 4,8 na equação anterior pode ser reduzido para aproximadamente 3,2.

Os resultados para a resistência combinada em concretos sob compressão triaxial e sob compressão biaxial e tração podem ser representados[6.47] pela equação:

$$\frac{\sigma_1}{f_{cyl}} = \left(1 + \frac{\sigma_3}{f_t}\right)^n \qquad (1)$$

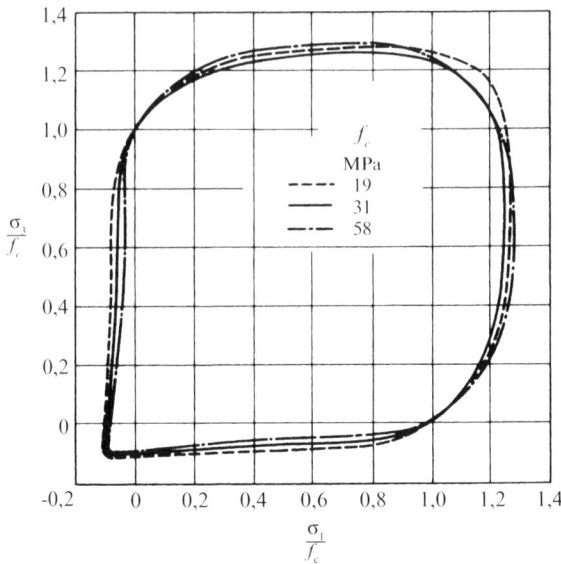

Figura 6.26 Curva de interação para tensões biaxiais quando a restrição dos topos é efetivamente eliminada[6.78] (σ_1 e σ_3 são as tensões biaxiais aplicadas).

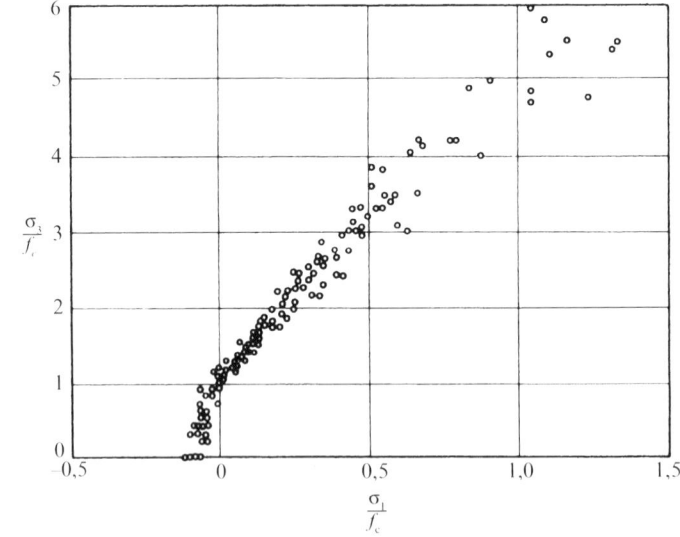

Figura 6.27 Resistência do concreto sob tensões multiaxiais, conforme determinações de vários pesquisadores. Concreto úmido ou seco ao ar[6.46] (f_c = resistência à compressão).

onde: $f_t = 0{,}018 f_{cyl} + 2{,}3$ = resistência à tração (2)

$$n = \frac{7{,}7}{f_{cyl}} + 0{,}4 \tag{3}$$

sendo todos valores médios em MPa e a compressão considerada positiva.

Os valores fornecidos nas equações (2) e (3) se aplicam somente a concretos convencionais, e não a pastas de cimento ou argamassas.

Substituindo as equações (2) e (3) na equação (1), mas utilizando os valores dos limites inferiores, e não os médios, o resultado do critério de ruptura para o concreto convencional é:

$$\frac{\sigma_1}{f_{cyl}} = \left(1 + \frac{\sigma_3}{0{,}014 f_{cyl} + 2{,}16}\right)^{\frac{7{,}1}{f_{cyl}} + 0{,}38}$$

Essa equação é apresentada na Figura 6.28 para vários valores de resistência de corpos de prova cilíndricos, f_{cyl}. A generalidade dessa equação não deve ser superestimada, pois, conforme relatado por Hobbs,[6.47] as resistências à tração e à compressão do concreto não são afetadas da mesma forma pelo tipo e pela granulometria do agregado, nem pela direção da tensão aplicada em relação à direção de moldagem. Em cada caso, a resistência à tração é mais sensível. Também deve ser destacado que a tensão principal intermediária, σ_2, influencia o valor de σ.[6.85]

A discussão anterior mostrou que, enquanto a resistência do concreto é uma propriedade inerente do material, sua medida, na prática, também é uma função do sis-

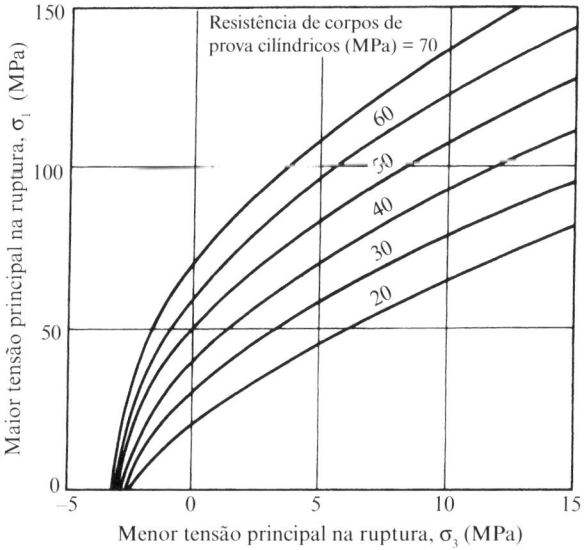

Figura 6.28 Tensões de ruptura em concreto sob estado duplo de tensões.[6.47]

tema de tensões atuantes. Mather[6.77] indicou que, em uma situação ideal, deveria ser possível expressar os critérios de ruptura em todas as combinações de tensões possíveis por meio de um único parâmetro de tensão, como a resistência à tração uniaxial. Entretanto, essa solução ainda não foi determinada.

Berg[6.56] desenvolveu uma equação de resistência para o concreto cujos parâmetros são: a tensão no início da propagação de fissuras, a resistência à tração por compressão diametral e a resistência à compressão uniaxial. Essa equação pode ser utilizada para uma avaliação analítica da ruptura do concreto sob estados combinados de tensões, mas sua aplicação termina quando a resistência à tração não pode ser alcançada. Outras abordagens[6.79] também têm uma validade um tanto limitada.

O entendimento completo sobre o comportamento de ruptura do concreto requer considerações sobre a energia de ruptura, ou seja, a energia absorvida por unidade de área de superfície de fissura. Isso é tema de estudos da mecânica da fratura, tratado em publicações especializadas, como as das referências 6.87 e 6.88. Entretanto, a mecânica da fratura até o momento, não teve sucesso em desenvolver parâmetros dos materiais que possam quantificar de forma adequada a resistência do concreto à fissuração.

Microfissuração

Como a ruptura do concreto é uma consequência da fissuração, é importante que se faça uma análise detalhada desse tema. Nesta seção, somente a microfissuração será abordada – aspectos gerais sobre a fissuração serão tratados no Capítulo 10, já que, para isso, são necessárias considerações prévias sobre a relação tensão-deformação do concreto.

Pesquisas mostraram que, mesmo antes da aplicação da carga, existem fissuras ínfimas na interface entre o agregado graúdo e a pasta de cimento.[6.76] Provavelmente, elas derivam de diferenças inevitáveis das propriedades mecânicas entre o agregado graúdo e a pasta de cimento hidratada, aliadas à retração ou à movimentação térmica. A microfissuração foi observada não somente em concretos de resistência normal, mas também em concretos com relação água/cimento de 0,25 submetidos à cura úmida que ainda não haviam sido sujeitos a carregamento.[6.92] Segundo Slate & Hover,[6.91] a microfissuração antes do carregamento é, em grande parte, responsável pela baixa resistência do concreto à tração.

Não há uma definição universal para as dimensões das microfissuras, mas foi sugerido um limite máximo de 0,1 mm,[6.91] a menor dimensão que geralmente pode ser detectada a olho nu. Para fins de engenharia, o limite inferior pode ser considerado como a menor fissura que pode ser observada através de um microscópio ótico. Com a aplicação de um carregamento crescente, essas microfissuras permanecem estáveis até cerca de 30%, ou mais, da carga final; a partir daí, o comprimento, a abertura e o número de fissuras aumentam. A tensão total sob a qual elas se desenvolvem é sensível à relação água/cimento da pasta. Esse é o estágio de propagação lenta das fissuras.

Com o aumento do carregamento, até valores entre 70 e 90% da resistência final, as fissuras se propagam pela argamassa (pasta de cimento e agregado miúdo), formando uma ligação entre as fissuras e, assim, um padrão de fissuração contínua.[6.76] Esse é o estágio de propagação rápida das fissuras. O nível de tensão do início desse estágio é maior em concretos de alta resistência do que em concretos normais.[6.90] O uso de radiografia com nêutrons mostrou que o aumento no comprimento acumulado das microfissuras é grande.[6.116] Entretanto, concretos de alta resistência possuem menor comprimento acumulado de microfissuras do que concretos de resistência normal.[6.90]

O início do estágio de propagação rápida de fissuras corresponde ao ponto de descontinuidade na deformação volumétrica (mencionada na página 439). Caso a carga seja mantida, a ruptura pode ocorrer com o tempo, independentemente de se tratar de um concreto normal ou de um de alta resistência.[6.90]

Resultados interessantes sobre a medição do comprimento de fissuras são apresentados na Figura 6.29.[6.37] Pode ser visto que há um aumento muito pequeno no comprimento total entre o início do carregamento e uma tensão próxima de 0,85 da resistência do prisma.[6.37] Um acréscimo na tensão resulta em um incremento maior no comprimento total das fissuras. Em uma relação tensão/resistência próxima de 0,95, estão presentes não somente as fissuras de interface (aderência), mas também as fissuras na argamassa, e várias delas tendem a se orientar, de forma aproximadamente paralela, à direção da carga aplicada. Uma vez que o corpo de prova tenha atingido o ramo descendente da curva tensão/deformação, a velocidade de aumento do comprimento e a abertura da fissura crescem de forma significativa.

A Figura 6.29 também mostra o desenvolvimento de fissuras sob tensão cíclica, alternando entre zero e 0,85 da resistência do prisma. Imediatamente antes da ruptura, as fissuras se tornam longas e suas aberturas ficam grandes. Da mesma forma, a carga mantida em uma relação tensão/resistência de 0,85 resulta em aumento da fissuração antes da ruptura.[6.37]

A discussão anterior mostrou que a microfissuração é uma característica geral do concreto. Desde que as fissuras estejam estabilizadas, sua presença não é prejudicial.

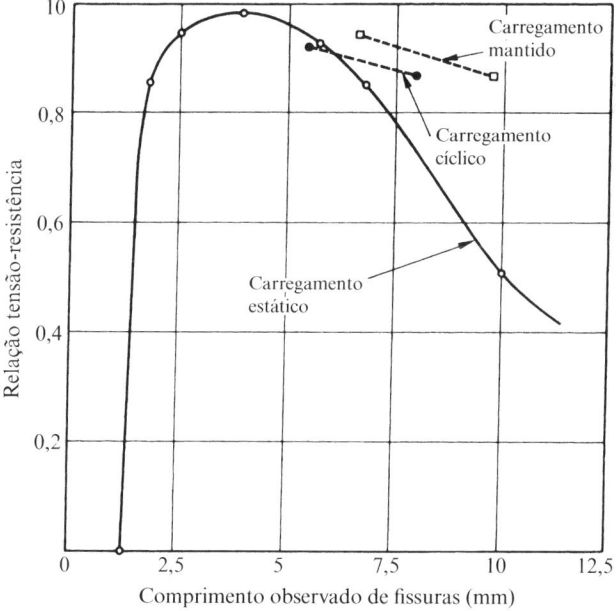

Figura 6.29 Relação entre o comprimentos observado de fissuras em uma área de 100 mm² e a relação tensão/resistência à compressão (baseada em prismas).[6.37]

Paradoxalmente, apesar de a interface entre o agregado graúdo e a pasta de cimento hidratada ser o local das primeiras microfissuras, é a presença de agregados graúdos que previne o surgimento de uma fissura de maior abertura. Essas partículas agem como controladoras das microfissuras, e, portanto, a heterogeneidade do concreto é vantajosa. As superfícies de aderência entre o agregado e a pasta formam todos os ângulos possíveis com a direção da força externa. Como resultado, a tensão local varia substancialmente acima e abaixo da tensão nominal aplicada. A interface agregado-pasta será discutida na próxima seção.

Foi observada a existência de fissuras microscópicas, definidas como fissuras detectadas por microscópio eletrônico de varredura em uma ampliação mínima de 1.250 vezes.[6.111] Isso não é surpresa, afinal, existem descontinuidades no concreto em qualquer nível, porém de pequenas dimensões. Entretanto, não há evidências de que as fissuras microscópicas influenciem a resistência do concreto.

Interface agregado-pasta de cimento

As constatações de que a microfissuração inicia na interface entre o agregado graúdo e a argamassa circundante e que, na ruptura, o padrão de fissuras inclui a interface evidenciam a importância dessa região do concreto. Assim, é necessário entender as propriedades e o comportamento dessa *zona de interface*, também conhecida como *zona de transição*.

O primeiro aspecto a destacar é que a microfissuração da pasta de cimento hidratada na região contígua às partículas de agregados graúdos é diferente daquela que ocorre na parte principal da pasta de cimento. A principal razão disso é que, durante a mistura, as partículas de cimento seco são incapazes de se acomodar de maneira adensada junto às partículas relativamente grandes do agregado. Essa situação é similar ao "efeito parede", que ocorre em superfícies moldadas de concreto (ver página 636), embora em escala muito menor. Portanto, existe menos cimento disponível para hidratar e preencher os vazios originais. Em virtude disso, a zona de transição tem uma porosidade muito maior do que a pasta de cimento hidratada distante do agregado graúdo[6.94] (ver Figura 6.30). A influência da porosidade na resistência, já discutida neste capítulo, explica a menor resistência da zona de interface.

A microestrutura da zona de transição pode ser descrita como feito a seguir. A superfície do agregado é coberta por uma camada de $Ca(OH)_2$ cristalino orientado com cerca de 0,5 μm de espessura, atrás da qual há uma camada de C-S-H de, aproximadamente, mesma espessura. Esse arranjo é denominado película duplex. Afastando-se do agregado, existe uma zona de interface principal, com espessura aproximada de 50μm, que contém produtos de hidratação do cimento com cristais maiores de $Ca(OH)_2$, mas sem cimento anidro.[6.57]

A importância da distribuição citada é dupla. Em primeiro lugar, a hidratação completa do cimento indica que a relação água/cimento na interface é mais elevada do que nas demais regiões. Em segundo lugar, a presença de cristais grandes de $Ca(OH)_2$ indica que a porosidade na região de interface é maior do que no restante. Isso confirma o "efeito parede" mencionado anteriormente.

A resistência da zona de transição pode aumentar com o tempo, em consequência da reação secundária entre o $Ca(OH)_2$ presente e uma pozolana. A sílica ativa, muito mais fina do que as partículas de cimento, é particularmente eficaz. Esse tema será discutido no Capítulo 13.

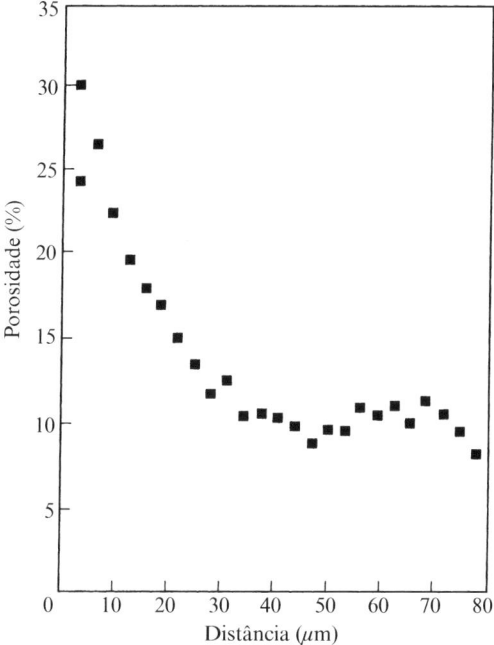

Figura 6.30 Variação na porosidade da pasta de cimento hidratada com a distância da superfície de uma partícula de agregado (baseada na referência 6.94).

Embora a zona de transição de maior interesse seja a que há junto às partículas de agregado graúdo, uma zona de características semelhantes também se forma ao redor das partículas de agregado miúdo.[6.93] Neste caso, a espessura é menor, mas os efeitos das superfícies originados das partículas menores interferem nos efeitos do agregado graúdo, afetando, assim, a extensão total da zona de interface.[6.93]

As características mineralógicas do agregado miúdo afetam a microestrutura da zona de transição. No caso do calcário, existe uma reação química deste com a pasta de cimento; em consequência disso, é formada uma zona de transição mais densa.[6.95]

Em relação aos agregados leves, se eles possuírem uma camada externa densa, a situação na interface será a mesma dos agregados normais.[6.89] Entretanto, agregados leves com uma camada externa mais porosa, que favorece a migração de íons em sua direção,[6.96] propiciam a formação de uma zona de interface mais densa e também um melhor intertravamento mecânico entre as partículas de agregado e a pasta de cimento hidratada.[6.89]

O estudo da zona de transição no concreto real é difícil. Em virtude disso, foram realizados experimentos na interface entre uma partícula isolada de agregado e a pasta de cimento. Os resultados desses ensaios, entretanto, podem ser enganosos, já que não incluem os efeitos da interferência das demais partículas de agregado graúdo[6.94] ou mesmo do agregado miúdo. Além do mais, os produtos de laboratório com uma partícula isolada coberta por pasta de cimento não passaram pelo processo de mistura, em que a ação de cisalhamento influencia a microestrutura da pasta no momento da pega. Adicionalmente, no concreto real, a exsudação pode causar o preenchimento dos vazios abaixo das partículas de agregado graúdo, e é nesse tipo de interface que foram observados os grandes cristais de Ca(OH)$_2$. De forma geral, a interface entre a pasta de cimento e o agregado graúdo é uma zona de concentração de tensões advindas da diferença entre os módulos de elasticidade e os coeficientes de Poisson dos dois materiais.

Efeito da idade na resistência do concreto

A relação entre a relação água/cimento e a resistência do concreto se aplica somente a um tipo de cimento e a uma única idade, considerando condições de cura úmida. Por outro lado, a associação entre a resistência e a relação gel/espaço é de aplicação mais geral, devido à quantidade de gel presente na pasta de cimento em qualquer idade ser, por si mesma, uma função da idade e do tipo de cimento. Esta última relação, portanto, considera o fato de que diferentes tipos de cimento requerem tempos diferentes para produzir a mesma quantidade de gel.

A velocidade de aumento da resistência de diferentes cimentos foi tratada no Capítulo 2, e as Figuras 2.1 e 2.2 mostram curvas típicas entre resistência e tempo. A influência das condições de cura no desenvolvimento da resistência será abordada no Capítulo 7, mas, nesta seção, será analisado o problema prático da resistência do concreto em diferentes idades.

Na prática, a resistência do concreto é tradicionalmente considerada aos 28 dias de idade, e, com frequência, outras propriedades são referenciadas à resistência aos 28 dias. Não existe uma razão científica para a escolha dessa idade. Ela simplesmente se deve ao fato de que os cimentos mais antigos desenvolviam resistência lentamente, e era necessário basear a descrição da resistência em um estágio em que já houvesse ocorrido uma hidratação significativa. A escolha específica de um múltiplo de semanas, muito provavelmente foi feita de modo que os ensaios, bem como o lançamento, fossem realizados em um dia útil. Nos cimentos Portland modernos, a velocidade de hidratação é muito maior do que no passado, tanto por eles serem muito mais finos quanto por possuírem um teor maior de C$_3$S. Entretanto, esse não é, necessariamente, o caso dos cimentos compostos.

Pode-se discutir se um período menor não poderia ser adotado para a caracterização da resistência, mas a idade de 28 dias parece ter adquirido uma posição imutável. Sendo assim, a verificação da conformidade é quase sempre estabelecida em termos da resistência aos 28 dias. Caso, por qualquer razão, a resistência aos 28 dias deva ser estimada a partir da resistência determinada em uma idade anterior, como, por exemplo, sete dias, a relação entre essas idades deve ser estabelecida experimentalmente para o concreto em questão. Por esse motivo, as várias expressões para a relação entre duas resistências não são mais consideradas confiáveis e não serão discutidas. As consequências das alterações nas características de desenvolvimento da resistência que ocorreram nos anos de 1970 serão discutidas na página 350.

Não somente as propriedades do cimento mas também a relação água/cimento influenciam o ganho de resistência do concreto. Misturas com baixa relação água/cimento apresentam ganho de resistência – expresso como uma porcentagem da resistência em longo prazo – maior do que misturas com relações água/cimento maiores[6.83] (Figura 6.31). Isso se deve a, no primeiro caso, os grãos de cimento estarem mais próximos uns dos outros e um sistema contínuo de gel ser estabelecido mais rapidamente. Deve ser ressaltado que, em climas quentes, o ganho de resistência inicial é elevado e a relação

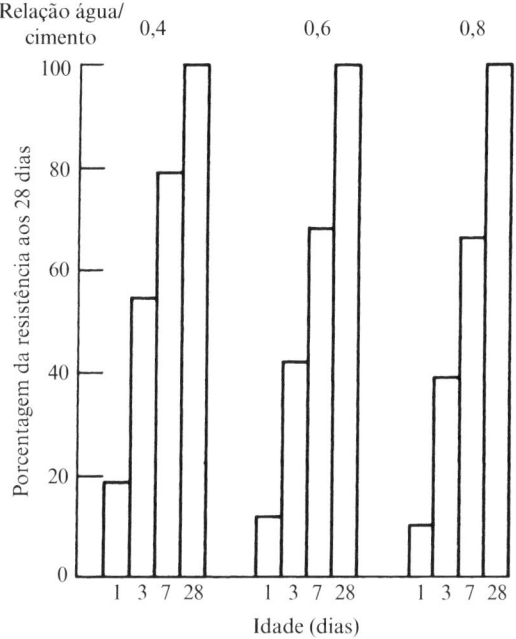

Figura 6.31 Ganho relativo de resistência com o tempo em concretos com diferentes relações água/cimento produzidos com cimento Portland comum.[6.83]

entre as resistências aos 28 dias e aos sete dias tende a ser menor do que em climas mais frios. Esse fato ocorre também em concretos com agregados leves.

O conhecimento da relação resistência/tempo é importante quando a estrutura vai ser posta em serviço, ou seja, submetida ao carregamento pleno, em idades maiores. Nesse caso, o ganho de resistência após a idade de 28 dias pode ser levado em consideração no dimensionamento estrutural. Em outras situações, como, por exemplo, em concretos pré-moldados ou protendidos ou quando é necessária a remoção precoce das fôrmas, a resistência em uma idade menor deve ser conhecida.

Dados do desenvolvimento da resistência de concretos produzidos em 1948, com relações água/cimento de 0,40, 0,53 e 0,71 e cimentos Tipo I mantidos em condição úmida permanente são mostrados na Figura 6.32.[6.117]

Em relação à resistência em longo prazo, os cimentos Portland americanos produzidos no início do século (que continham um elevado teor de C_2S e uma pequena superfície específica) resultaram em um aumento na resistência do concreto exposto ao ar que era proporcional ao logaritmo da idade até 50 anos. A resistência aos 50 anos era, geralmente, 2,4 vezes maior do que a resistência aos 28 dias. Contudo, cimentos produzidos desde 1930 (com menor teor de C_2S e maior superfície específica) atingem seu pico de resistência entre 10 e 25 anos e, depois, apresentam certo retrocesso da resistência.[6.48] Os cimentos Portland alemães produzidos em 1941, quando utilizados em concretos expostos ao ar, resultaram, após 30 anos, em uma resistência 2,3 vezes maior do que aquela aos 28 dias.

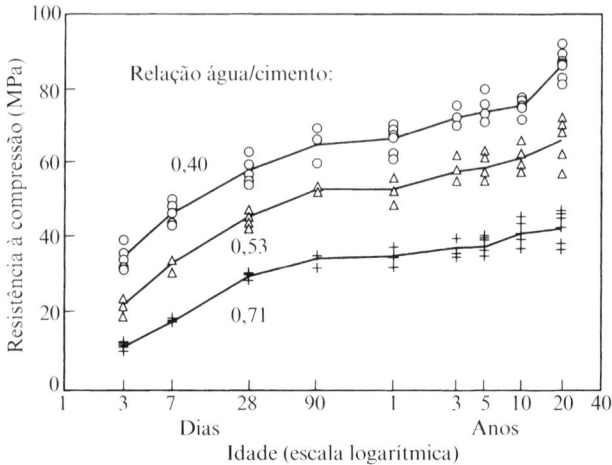

Figura 6.32 Desenvolvimento da resistência do concreto (determinada em corpos de prova cúbicos modificados de 150 mm) em um período de 20 anos, com armazenamento em ambiente úmido.[6.117]

O aumento relativo da resistência foi maior com elevadas relações água/cimento. Para fins de comparação, o cimento de alto-forno resultou em um aumento de 3,1 vezes.[6.49]

Maturidade do concreto

Os fatos de a resistência do concreto aumentar com o progresso da hidratação do cimento, e de velocidade de hidratação do cimento aumentar com a elevação da temperatura, em conjunto, resultaram na ideia da expressão da resistência como uma função da combinação tempo-temperatura. A influência da temperatura uniforme no desenvolvimento da resistência é mostrada na Figura 6.33, obtida a partir de ensaios em corpos de prova moldados, selados e curados nas temperaturas indicadas.[6.11] O efeito da temperatura no momento da pega, com posterior armazenamento em qualquer outra temperatura, é analisado na página 376.

Como a resistência do concreto depende tanto da sua idade quanto da temperatura, pode-se dizer que a resistência é uma função de Σ (intervalo de tempo × temperatura), somatório que é denominado maturidade. A temperatura é considerada a partir de um ponto definido experimentalmente entre –12 e –10 °C. Isso se deve ao fato de o concreto, em temperaturas abaixo do ponto de congelamento e próximas de até –12 °C, apresentar um leve aumento na resistência com o tempo. É evidente, entretanto, que a temperatura baixa não deve ser aplicada até o concreto ter entrado em pega e ganho resistência suficiente para resistir aos danos decorrentes da ação do congelamento. Normalmente, é necessário um período de "espera" de 24 horas. Abaixo de –12 °C, aparentemente, o concreto não apresenta ganho de resistência com o tempo.

O ponto de partida geralmente utilizado é –10 °C, e a adequação desse valor para idades de até 28 dias[6.101] e temperaturas entre 0 e 20 °C foi confirmada. Para temperaturas mais elevadas, um ponto de partida mais alto pode ser adequado.[6.100] A ASTM C 1074-04 descreve um método para a determinação da temperatura de partida.

A maturidade é medida em °C × horas ou em °C × dias. As Figuras 6.34 e 6.35 mostram que as resistências à compressão e à tração, plotadas em relação ao logaritmo da maturidade, resultam em uma linha reta.[6.50] Portanto, é possível expressar a resistência S_2 a qualquer maturidade como uma porcentagem da resistência do concreto a qualquer outra maturidade S_1. Esta última é frequentemente considerada como 19.800 °C.h,

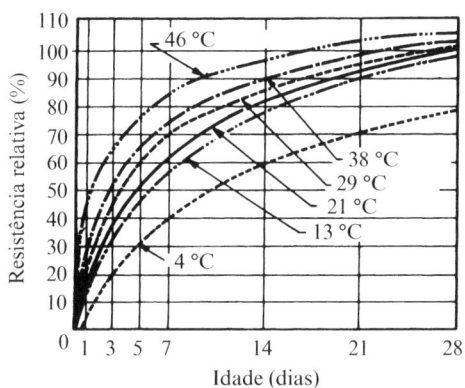

Figura 6.33 Relação entre a resistência de concretos curados a diferentes temperaturas e a resistência aos 28 dias de concreto curado a 21 °C (relação água/cimento = 0,50; os corpos de prova foram moldados, selados e curados nas temperaturas indicadas).[6.11]

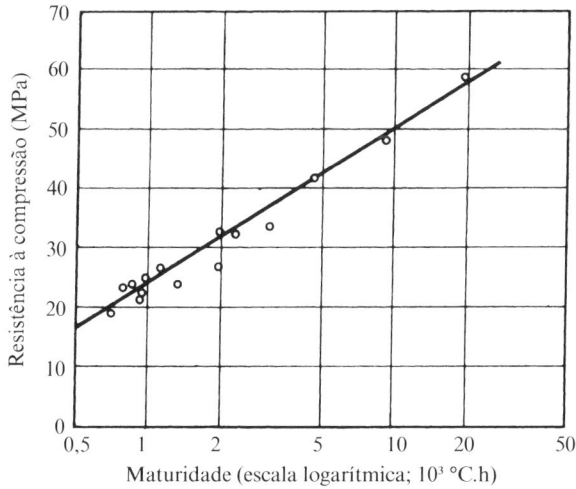

Figura 6.34 Relação entre o logaritmo da maturidade e a resistência à compressão de corpos de prova cúbicos.[6.42]

sendo a maturidade do concreto curado a 18 °C por 28 dias. Essa relação de resistência, expressa como uma porcentagem, pode ser escrita como:

$$S_1/S_2 = A + B.\log_{10}(\text{maturidade} \times 10^{-3}).$$

Os valores dos coeficientes A e B dependem do nível de resistência do concreto, isto é, da relação água/cimento. Os coeficientes sugeridos por Plowman[6.42] são apresentados na Tabela 6.2.

A partir da Figura 6.36, é possível ver que a linearidade da relação entre a resistência e o logaritmo da maturidade se aplica somente a partir de uma determinada maturidade mínima. A mesma figura mostra que a relação depende da relação água/cimento e, também, do tipo de cimento utilizado, especialmente se for composto.

Além disso, a temperatura inicial também afeta a relação exata entre resistência e maturidade, incluindo sua forma.[6.43] Em especial, os efeitos de um período de exposição

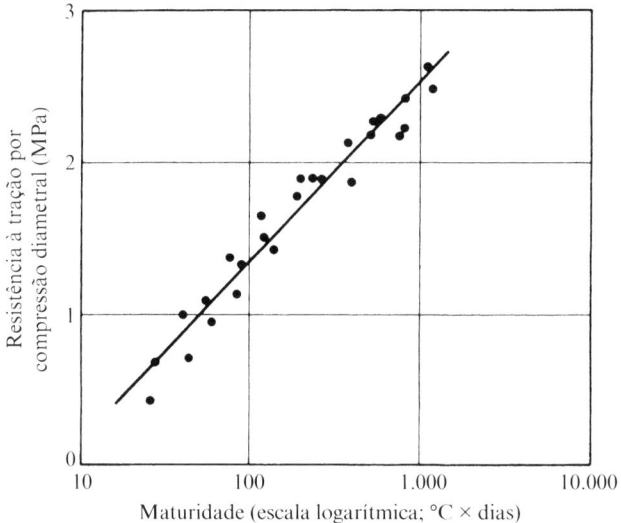

Figura 6.35 Relação entre o logaritmo da maturidade e a resistência à tração por compressão diametral (ensaios realizados a 2, 13 e 23 °C até os 42 dias).[6.50]

Tabela 6.2 Coeficientes de Plowman para a equação de maturidade[6.42]

Resistência após 28 dias a 18 °C (maturidade de 19.800 °C.h) – MPa	Coeficiente	
	B	A (°C.h)
<17	68	10
17–35	61	21
35–52	54	32
52–69	46,5	42

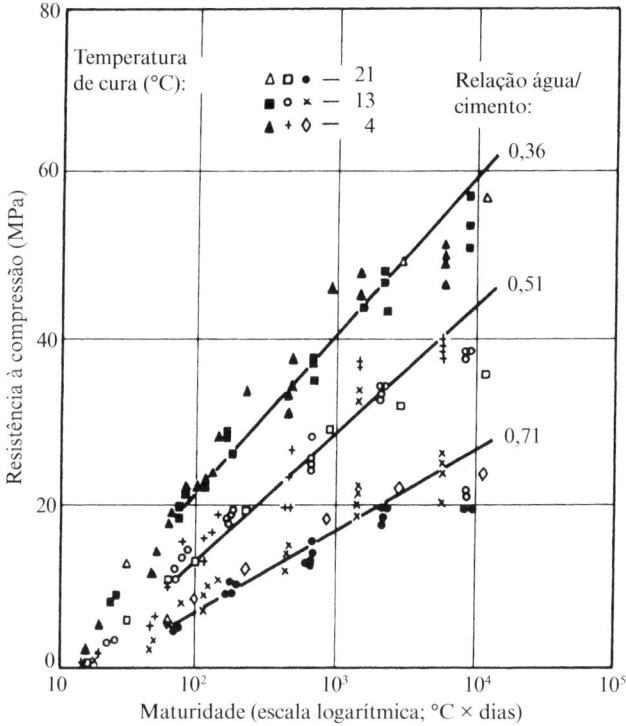

Figura 6.36 Relação entre a resistência à compressão do concreto com cimento Portland comum (Tipo I) e a maturidade para os dados de Gruenwald[6.51], tratados por Lew & Reichard[6.55].

a uma temperatura mais elevada não são os mesmos quando isso ocorre imediatamente após a moldagem ou posteriormente na vida do concreto. Especificamente, uma temperatura inicial elevada resulta em uma resistência menor para determinada maturidade total do que quando o aquecimento é atrasado em, pelo menos, uma semana, ou não é aplicado. Observou-se que o concreto mantido entre 60 e 80 °C possui uma resistência em longo prazo de aproximadamente 70% da resistência do concreto armazenado a 20 °C, mas a resistência em longo prazo foi obtida mais rapidamente em temperaturas mais elevadas.[6.102] A influência da temperatura inicial na resistência em uma idade maior foi confirmada por Carino.[6.99] Esse aspecto é de interesse para a cura a vapor. O Capítulo 8 conta com um tópico geral sobre a influência da temperatura na resistência.

O fato de a relação resistência/maturidade original não ser aplicável a um grande intervalo de condições encorajou alguns pesquisadores a desenvolver funções de maturidade "melhoradas". Algumas são realmente melhorias, mas com o lado negativo de trazerem complicações ao desenvolvimento e ao uso das funções. Outras funções modificadas oferecem uma previsão melhorada da resistência em certo intervalo de idades e temperaturas, entretanto, em outros intervalos, a previsão não melhora tanto. Uma das abordagens utiliza a conversão de um intervalo de cura a qualquer temperatura para um intervalo equivalente para uma temperatura de referência, normalmente 20 °C. O conceito usado é o da idade equivalente, ou seja, a idade à temperatura de referência na qual é obtida a mesma proporção da resistência final que poderia ser atingida a outras temperaturas.[6.97]

Apesar das críticas e do desenvolvimento dos métodos em laboratório, é razoável considerar que a função original de maturidade, conforme proposta por Plowman,[6.42] é uma ferramenta valiosa para uso em situações práticas. As normas ASTM C 918-07 e C 1074-04 são úteis nesse aspecto.

A ASTM C 918-07 ressalta o importante aspecto de que não existe nenhuma relação simples entre a resistência do concreto na estrutura e a resistência de corpos de prova associados. Embora se pretenda que eles forneçam uma simulação bem aproximada do concreto em campo, obtém-se apenas um indício. Tendo isso em vista, a ASTM C 918-07 considera que o uso da equação da maturidade, desenvolvida a partir de ensaios à compressão de resistência de corpos de prova normalizados, é um bom método para estimar a resistência potencial do concreto em qualquer idade desejada, como uma determinação direta da resistência. Os corpos de prova para a resistência à compressão devem ser ensaiados na idade mínima de 24 horas e até a idade em que a estimativa da resistência for necessária – em geral, 28 dias. A relação de maturidade é estabelecida pela plotagem da resistência *versus* o logaritmo da maturidade. A inclinação dessa linha, b, possibilita estimar a resistência S_2 à maturidade m_2, a partir da resistência S_1 à maturidade m_1, utilizando a equação:

$$S_2 = S_1 + b(\log m_2 - \log m_1).$$

É claro que a relação se aplica somente ao concreto com determinada composição.

Caso o objetivo seja a estimativa da resistência de um concreto com um histórico conhecido de temperatura, a ASTM C 1074-04 apresenta modos de desenvolvimento e de uso de uma função de maturidade. Isso é útil para decisões acerca da remoção de fôrmas ou escoramentos, da aplicação de protensão em concreto protendido com armadura pós-tracionada e da conclusão da proteção em tempo frio.

Existem medidores de maturidade comercialmente disponíveis. Tratam-se de medidores de temperatura inseridos no concreto que integram a temperatura do concreto em relação ao tempo e apresentam uma leitura em °C.horas. O uso desses medidores retira a incerteza sobre a resistência em períodos de temperatura variável (que podem ocorrer acidentalmente, mesmo em fábricas de pré-moldados), já que eles determinam a temperatura real do concreto e podem ser alocados nas regiões do concreto que são mais sensíveis à temperatura.[6.98]

A equação de maturidade deve ser utilizada somente para concretos submetidos à cura úmida.[6.44] Já foram feitas tentativas para considerar a umidade relativa em outras condições de armazenamento,[6.101] mas os resultados obtidos não são válidos, pois o efeito da umidade relativa depende da forma e da dimensão do elemento de concreto.

Relação entre as resistências à compressão e à tração

A resistência à compressão do concreto é, normalmente, a propriedade considerada no dimensionamento estrutural, mas, para alguns fins, a resistência à tração pode ser o objeto de interesse. Exemplos disso são os projetos de pisos rodoviários e de pistas de pouso, e dimensionamento ao cisalhamento e resistência à fissuração. A partir das discussões sobre a natureza da resistência do concreto, é de esperar que os dois tipos de resistência estejam intimamente relacionados. Isso realmente é verdade, mas não há uma proporcionalidade direta, já que a relação entre as duas resistências depende do nível geral de resistência do concreto. Em outras palavras, conforme a resistência à compressão, f_c, aumenta, a resistência à tração, f_t, também aumenta, embora a uma taxa decrescente.

Inúmeros fatores afetam a relação entre as duas resistências. O efeito benéfico do agregado graúdo britado na resistência à tração na flexão foi discutido na página 301, mas, aparentemente, as propriedades do agregado miúdo também influenciam a relação f_t/f_c.[6.27] Além disso, a relação é influenciada pela granulometria dos agregados.[6.28] Isso ocorre provavelmente devido às diferentes magnitudes do efeito parede em vigas e em corpos de prova de ensaios à compressão. Suas relações superfície/volume são distintas, de modo que diferentes quantidades de argamassa são necessárias para o adensamento pleno.

A idade também é um fator influente na relação entre f_t e f_c: após aproximadamente um mês, a resistência à tração aumenta mais lentamente do que a resistência à compressão, de modo que a relação f_t/f_c diminui com o tempo.[6.29,6.103] Esse aspecto está de acordo com a tendência geral da diminuição da relação com o aumento da resistência à compressão.

A resistência à tração do concreto pode ser determinada por métodos de ensaio extremamente diferentes, tração na flexão, tração direta e tração por compressão diametral –, sendo que os valores obtidos não são os mesmos, conforme será discutido no Capítulo 12. Em consequência disso, o valor numérico da relação entre as resistências à tração e à compressão também não é o mesmo. A propósito, o valor da resistência à compressão também não é único, sendo influenciado pela forma do corpo de prova (ver Capítulo 12). Em virtude de tudo isso, ao expressar a relação entre as resistências à tração e à compressão, o método de ensaio deve ser declarado claramente. Um exemplo da relação entre a resistência à tração por compressão diametral e a resistência à compressão em corpos de prova cilíndricos, obtido por Oluokun[6.106] a partir de uma grande quantidade de ensaios realizados por diferentes pesquisadores, é apresentado na Figura 6.37. Caso o valor desejado seja a tração na flexão, deve ser aplicado um coeficiente que relacione essa resistência com a resistência à tração por compressão diametral.[6.104]

A resistência à tração do concreto é mais sensível à cura inadequada do que a resistência à compressão,[6.30] devido, possivelmente, aos efeitos da retração não uniforme nos prismas ensaiados à flexão serem bastante sérios. Dessa forma, concretos curados em ar possuem menor relação f_t/f_c do que concretos curados em água e ensaiados em condição úmida. A incorporação de ar influencia a relação f_t/f_c porque a presença de ar causa uma maior diminuição na resistência à compressão do que na resistência à tração, especialmente nos casos de misturas ricas e de alta resistência.[6.30] A influência do adensamento imperfeito é similar à do ar incorporado.[6.31]

O concreto leve obedece, de forma geral, ao padrão da relação entre f_t e f_c do concreto normal. Em resistências muito baixas (2 MPa, por exemplo), a relação f_t/f_c pode alcançar o valor de 0,3, mas, em resistências mais elevadas, o valor é igual ao de concretos normais. A secagem, entretanto, reduz a relação em aproximadamente 20%, de modo que, no projeto estrutural do concreto leve, é utilizado um valor reduzido da relação f_t/f_c.

Foram propostas diversas fórmulas empíricas relacionando f_t e f_c, sendo que a maioria é do tipo:

$$f_t = k(f_c)^n$$

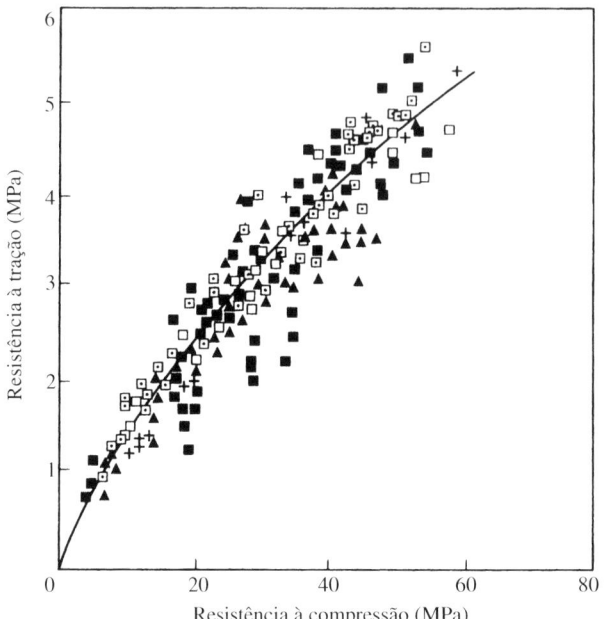

Figura 6.37 Relação entre a resistência à tração por compressão diametral e a resistência à compressao (determinada em corpos de prova cilíndricos normalizados) obtida a partir de experimentos de diversos pesquisadores (compilados por Oluokun).[6.106]

onde k e n são coeficientes, e foram sugeridos valores entre 1/2 e 3/4 para n. O primeiro valor é utilizado pelo American Concrete Institute (ACI), mas Gardner & Poon[6.120] observaram um valor mais próximo do segundo; em ambos os casos, foram usados corpos de prova cilíndricos. Provavelmente o melhor ajuste seja dado pela expressão:

$$f'_t = 0{,}3(f'_c)^{2/3}$$

onde f'_t é a resistência à tração por compressão diametral e f'_c é a resistência à compressão de corpos de prova cilíndricos, ambas em MPa. A expressão anterior foi proposta por Raphael,[6.110] e uma modificação sugerida por Oluokun[6.106] é:

$$f_t = 0{,}2(f_c)^{0{,}7}$$

onde as resistências estão em MPa.

Uma expressão adotada pela British Code of Practice BS 8007:1987 (substituída pela BS EN 1992-3:2006 Eurocode 2) é similar, a saber:

$$f_t = 0{,}12(f_c)^{0{,}7}$$

devendo ser lembrado que a resistência à compressão é determinada em corpos de prova cúbicos (em MPa) e que f_t representa a resistência à tração direta.

As diferenças entre as diversas expressões não são grandes. Entretanto, o que é importante é que o expoente utilizado no ACI Building Code 318-02[6.118] é muito pequeno, de modo que a resistência à tração por compressão diametral é superestimada nas resistências à compressão baixas e subestimada nas resistências à compressão elevadas.[6.105]

Aderência entre o concreto e a armadura

Como o concreto estrutural é, na grande maioria dos casos, utilizado com armadura, a resistência da aderência entre os dois materiais é de importância considerável em relação ao comportamento estrutural, incluindo a fissuração devida à retração e os efeitos térmicos iniciais. A aderência se origina principalmente do atrito e da aderência entre o concreto e o aço, bem como do intertravamento mecânico, no caso de barras nervuradas. A aderência também pode ser afetada positivamente pela retração do concreto relativa ao aço.

Em uma estrutura, a resistência de aderência envolve não somente propriedades do concreto, mas também outros fatores. Entre eles estão a geometria da armadura e a da estrutura, como, por exemplo, a espessura do cobrimento da armadura. A condição da superfície da barra também é um fator influente. A presença de produtos de corrosão na superfície, desde que sejam bem aderentes às barras, melhora a aderência de barras lisas e não prejudica a aderência de barras nervuradas.[6.108] A galvanização e o revestimento com epóxi afetam negativamente a aderência.

Essas considerações colocam o assunto da aderência bastante fora do escopo deste livro, exceto no que se refere às propriedades do concreto que influenciam a resistência da aderência, o que, a propósito, não é de fácil determinação.

A propriedade crítica é a resistência à tração do concreto. Por essa razão, as equações de projeto para a resistência de aderência geralmente são expressas como proporcionais à raiz quadrada da resistência à compressão. Conforme mencionado anteriormente, a resistência à tração do concreto é proporcional a uma potência um pouco maior da resistência à compressão (0,7, por exemplo). Em virtude disso, as expressões utilizadas em várias normas não são uma representação correta da dependência indireta que a resistência de aderência tem em relação à resistência à compressão do concreto. Apesar disso, a resistência de aderência de barras nervuradas apresenta crescimento com o aumento da resistência à compressão, embora a uma taxa decrescente, para resistências de concretos de até, aproximadamente, 95 MPa.[6.107,6.109]

O aumento da temperatura reduz a resistência de aderência do concreto. Entre 200 e 300 °C, pode ocorrer uma perda de metade da resistência obtida em temperatura ambiente.

Referências

6.1 K. K. Schiller, Porosity and strength of brittle solids (with particular reference to gypsum), *Mechanical Properties of Non-metallic Brittle Materials*, pp. 35–45 (London, Butterworth, 1958).
6.2 National Sand and Gravel Association, *Joint Tech. Information Letter No. 155* (Washington DC, 29 April 1959).
6.3 A. Hummel, *Das Beton – ABC* (Berlin, W. Ernst, 1959).
6.4 A. M. Neville, Tests on the strength of high-alumina cement concrete, *J. New Zealand Inst. E.*, **14**, No. 3, pp. 73–7 (1959).
6.5 T. C. Powers, The non-evaporable water content of hardened portland cement paste: its significance for concrete research and its method of determination, *ASTM Bull. No. 158*, pp. 68–76 (May 1949).

6.6 T. C. Powers and T. L. Brownyard, Studies of the physical properties of hardened portland cement paste (Nine parts), *J. Amer. Concr. Inst.*, **43** (Oct. 1946 to April 1947).
6.7 T. C. Powers, The physical structure and engineering properties of concrete, *Portl. Cem. Assoc. Res. Dept. Bull. 90* (Chicago, July 1958).
6.8 T. C. Powers, Structure and physical properties of hardened portland cement paste, *J. Amer. Ceramic Soc.*, **41**, pp. 1–6 (Jan. 1958).
6.9 L. J. M. Nelissen, Biaxial testing of normal concrete, *Heron*, **18**, No. 1, pp. 1–90 (1972).
6.10 M. A. Ward, A. M. Neville and S. P. Singh, Creep of air-entrained concrete, *Mag. Concr. Res.*, **21**, No. 69, pp. 205–10 (1969).
6.11 W. H. Price, Factors influencing concrete strength, *J. Amer. Concr. Inst.*, **47**, pp. 417–32 (Feb. 1951).
6.12 H. C. Erntroy and B. W. Shacklock, Design of high-strength concrete mixes, *Proc. of a Symposium on Mix Design and Quality Control of Concrete*, pp. 55–73 (Cement and Concrete Assoc., London, May 1954).
6.13 B. G. Singh, Specific surface of aggregates related to compressive and flexural strength of concrete, *J. Amer. Concr. Inst.*, **54**, pp. 897–907 (April 1958).
6.14 A. M. Neville, Some aspects of the strength of concrete, *Civil Engineering* (London), **54**, Part 1, Oct. 1959, pp. 1153–6; Part 2, Nov. 1959, pp. 1308–10; Part 3, Dec. 1959, pp. 1435–8.
6.15 A. M. Neville, The influence of the direction of loading on the strength of concrete test cubes, *ASTM Bull. No. 239*, pp. 63–5 (July 1959).
6.16 E. Orowan, Fracture and strength of solids, *Reports on Progress in Physics*, **12**, pp. 185–232 (Physical Society, London, 1948–49).
6.17 A. A. Griffith, The phenomena of rupture and flow in solids, *Philosophical Transactions*, Series A, **221**, pp. 163–98 (Royal Society, 1920).
6.18 A. M. Neville, The failure of concrete compression test specimens, *Civil Engineering* (London), **52**, pp. 773–4 (July 1957).
6.19 R. Jones and M. F. Kaplan, The effects of coarse aggregate on the mode of failure of concrete in compression and flexure, *Mag. Concr. Res.*, **9**, No. 26, pp. 89–94 (1957).
6.20 F. M. Lea, Cement research: retrospect and prospect, *Proc. 4th Int. Symp. on the Chemistry of Cement*, pp. 5–8 (Washington DC, 1960).
6.21 O. Y. Berg, Strength and plasticity of concrete, *Doklady Akademii Nauk S.S.S.R.*, **70**, No. 4, pp. 617–20 (1950).
6.22 R. L'Hermite, Idées actuelles sur la technologie du béton, *Institut Technique du Bâtiment et des Travaux Publics* (Paris, 1955).
6.23 R. Jones and E. N. Gatfield, Testing concrete by an ultrasonic pulse technique, *Road Research Tech. Paper No. 34* (HMSO, London, 1955).
6.24 W. Kuczynski, Wplyw kruszywa grubego na wytrzymalosc betonu (L'influence de l'emploi d'agrégats gros sur la résistance du béton). *Archiwum Inzynierii Ladowej*, **4**, No. 2, pp. 181–209 (1958).
6.25 M. F. Kaplan, Flexural and compressive strength of concrete as affected by the properties of coarse aggregates, *J. Amer. Concr. Inst.*, **55**, pp. 1193–208 (May 1959).
6.26 US Bureau of Reclamation, Triaxial strength tests of neat cement and mortar cylinders, *Concrete Laboratory Report No. C-779* (Denver, Colorado, Nov. 1954).
6.27 P. J. F. Wright, Crushing and flexural strengths of concrete made with limestone aggregate, *Road Res. Lab. Note RN/3320/PJFW* (London, HMSO, Oct. 1958).
6.28 L. Shuman and J. Tucker, *J. Res. Nat. Bur. Stand. Paper No. RP1552*, **31**, pp. 107–24 (1943).
6.29 A. G. A. Saul, A comparison of the compressive, flexural, and tensile strengths of concrete, *Cement Concr. Assoc. Tech. Rep. TRA/333* (London, June 1960).

6.30 B. W. Shacklock and P. W. Keene, Comparison of the compressive and flexural strengths of concrete with and without entrained air, Civil Engineering (London), 54, pp. 77–80 (Jan. 1959).
6.31 M. F. Kaplan, Effects of incomplete consolidation on compressive and flexural strength, ultrasonic pulse velocity, and dynamic modulus of elasticity of concrete, J. Amer. Concr. Inst., 56, pp. 853–67 (March 1960).
6.32 G. Verbeck, Energetics of the hydration of Portland cement, Proc. 4th Int. Symp. on the Chemistry of Cement pp. 453–65, Washington DC (1960).
6.33 A. Grudemo, Development of strength properties of hydrating cement pastes and their relation to structural features, Proc. Symp. on Some Recent Research on Cement Hydration, 8 pp. (Cembureau, 1975).
6.34 D. M. Roy and G. R. Gouda, Porosity strength relation in cementitious materials with very high strengths, J. Amer. Ceramic Soc., 53, No. 10, pp. 549–50 (1973).
6.35 R. F. Feldman and J. J. Beaudoin, Microstructure and strength of hydrated cement, Cement and Concrete Research, 6, No. 3, pp. 389–400 (1976).
6.36 P. G. Lowe, Deformation and fracture of plain concrete, Mag. Concr. Res., 30, No. 105, pp. 200–4 (1978).
6.37 S. D. Santiago and H. K. Hilsdorf, Fracture mechanisms of concrete under compressive loads, Cement and Concrete Research, 3, No. 4, pp. 363–88 (1973).
6.38 C. Perry and J. E. Gillott, The influence of mortar aggregate bond strength on the behaviour of concrete in uniaxial compression, Cement and Concrete Research, 7, No. 5, pp. 553–64 (1977).
6.39 R. E. Franklin and T. M. J. King, Relations between compressive and indirecttensile strengths of concrete, Road. Res. Lab. Rep. LR412, 32 pp. (Crowthorne, Berks., 1971).
6.40 A. F. Stock, D. J. Hannant and R. I. T. Williams, The effect of aggregate concentration upon the strength and modulus of elasticity of concrete, Mag. Concr. Res., 31, No. 109, pp. 225–34 (1979).
6.41 H. Kawakami, Effect of gravel size on strength of concrete with particular reference to sand content, Proc. Int. Conf. on Mechanical Behaviour of Materials, Kyoto, 1971 Vol. IV, Concrete and Cement Paste Glass and Ceramics, pp. 96–103 (Kyoto, Japan, Society of Materials Science, 1972).
6.42 J. M. Plowman, Maturity and the strength of concrete, Mag. Concr. Res., 8, No. 22, pp. 13–22 (1956).
6.43 P. Klieger, Effect of mixing and curing temperature on concrete strength, J. Amer. Concr. Inst., 54, pp. 1063–81 (June 1958).
6.44 P. Klieger, Discussion on: Maturity and the strength of concrete, Mag. Concr. Res., 8, No. 24, pp. 175–8 (1956).
6.45 C. D. Pomeroy, D. C. Spooner and D. W. Hobbs, The dependence of the compressive strength of concrete on aggregate volume concentration for different shapes of specimen, Cement Concr. Assoc. Departmental Note DN 4016, 17 pp. (Slough, U.K., March 1971).
6.46 D. W. Hobbs, C. D. Pomeroy and J. B. Newman, Design stresses for concrete structures subject to multiaxial stresses, The Structural Engineer., 55, No. 4, pp. 151–64 (1977).
6.47 D. W. Hobbs, Strength and deformation properties of plain concrete subject to combined stress, Part 3: results obtained on a range of flint gravel aggregate concretes, Cement Concr. Assoc. Tech. Rep. TRA/42.497, 20 pp. (London, July 1974).
6.48 G. W. Washa and K. F. Wendt, Fifty year properties of concrete, *J. Amer. Concr. Inst.*, 72, No. 1, pp. 20–8 (1975).
6.49 K. Walz, Festigkeitsentwicklung von Beton bis zum Alter von 30 und 50 Jahren, *Beton*, 26, No. 3, pp. 95–8 (1976).

6.50 H. S. Lew and T. W. Reichard, Mechanical properties of concrete at early ages, *J. Amer. Concr. Inst.*, **75**, No. 10, pp. 533–42 (1978).
6.51 E. Gruenwald, Cold weather concreting with high-early strength cement, *Proc. RILEM Symp. on Winter Concreting, Theory and Practice*, Copenhagen, 1956, 30 pp. (Danish National Inst., of Building Research, 1956).
6.52 K. Newman, Criteria for the behaviour of plain concrete under complex states of stress, *Proc. Int. Conf. on the Structure of Concrete*, London, Sept. 1965, pp. 255–74 (London, Cement and Concrete Assoc., 1968).
6.53 N. J. Carino and F. O. Slate, Limiting tensile strain criterion for failure of concrete, *J. Amer. Concr. Inst.*, **73**, No. 3, pp. 160–5 (1976).
6.54 M. E. Tasuji, A. H. Nilson and F. O. Slate, Biaxial stress–strain relationships for concrete, *Mag. Concr. Res.*, **31**, No. 109, pp. 217–24 (1979).
6.55 H. S. Lew and T. W. Reichard, Prediction of strength of concrete from maturity, in *Accelerated Strength Testing*, ACI SP-56, pp. 229–48 (Detroit, Michigan, 1978).
6.56 O. Y. Berg, Research on the concrete strength theory, *Building Research and Documentation, Contributions and Discussions*, First CIB Congress, pp. 60–9 (Rotterdam, 1959).
6.57 L. A. Larbi, Microstructure of the interfacial zone around aggregate particles in concrete, *Heron*, **38**, No. 1, 69 pp. (1993).
6.58 M. Kakizaki, H. Edahiro, T. Tochigi and T. Niki, *Effect of Mixing Method on Mechanical Properties and Pore Structure of Ultra High-Strength Concrete*, Katri Report No. 90, 19 pp. (Kajima Corporation, Tokyo, 1992) (and also in ACI SP-132 (Detroit, Michigan, 1992)).
6.59 L. F. Nielsen, Strength development in hardened cement paste: examination of some empirical equations, *Materials and Structures*, **26**, No. 159, pp. 255–60 (1993).
6.60 S. Walker and D. L. Bloem, Studies of flexural strength of concrete, Part 3: Effects of variation in testing procedures, *Proc. ASTM*, **57**, pp. 1122–39 (1957).
6.61 H. Green, Impact testing of concrete, *Mechanical Properties of Non-metallic Brittle Materials*, pp. 300–13 (London, Butterworth, 1958).
6.62 B. Mather, Comment on "Water-cement ratio is passé", *Concrete International*, **11**, No. 11, p. 77 (1989).
6.63 M. Ršssler and I. Odler, Investigations on the relationship between porosity, structure and strength of hydrated Portland cement pastes. I. Effect of porosity, *Cement and Concrete Research*, **15**, No. 2, pp. 320–30 (1985).
6.64 I. Odler and M. Ršssler, Investigations on the relationship between porosity, structure and strength of hydrated Portland cement pastes. II. Effect of pore structure and the degree of hydration, *Cement and Concrete Research*, **15**, No. 3, pp. 401–10 (1985).
6.65 J. J. Beaudoin and V. S. Ramachandran, A new perspective on the hydration characteristics of cement phases, *Cement and Concrete Research*, **22**, No. 4, pp. 689–94 (1992).
6.66 R. Sersale, R. Cioffi, G. Frigione and F. Zenone, Relationship between gypsum content, porosity, and strength of cement, *Cement and Concrete Research*, **21**, No. 1, pp. 120–6 (1991).
6.67 R. F. Feldman, Application of the helium inflow technique for measuring surface area and hydraulic radius of hydrated Portland cement, *Cement and Concrete Research*, **10**, No. 5, pp. 657–64 (1980).
6.68 D. Winslow and Ding Liu, The pore structure of paste in concrete, *Cement and Concrete Research*, **20**, No. 2, pp. 227–84 (1990).
6.69 R. L. Day and B. K. Marsh, Measurement of porosity in blended cement pastes, *Cement and Concrete Research*, **18**, No. 1, pp. 63–73 (1988).

6.70 A. A. Rahman, Characterization of the porosity of hydrated cement pastes, in *The Chemistry and Chemically-Related Properties of Concrete*, Ed. F. P. Glasser, British Ceramic Proceedings No. 35, pp. 249–63 (Stoke-on-Trent, 1984).

6.71 L. I. Knab, J. R. Clifton and J. B. Inge, Effects of maximum void size and aggregate characteristics on the strength of mortar, *Cement and Concrete Research*, **13**, No. 3, pp. 383–90 (1983).

6.72 E. M. Krokosky, Strength vs. structure: a study for hydraulic cements, *Materials and Structures*, **3**, No. 17, pp. 313–23 (Paris, Sept.–Oct. 1970).

6.73 E. Ryshkewich, Compression strength of porous sintered alumina and zirconia, *J. Amer. Ceramic Soc.*, **36**, pp. 66–8 (Feb. 1953).

6.74 Discussion of paper by H. J. Gilkey: Water/cement ratio versus strength – another look, *J. Amer. Concr. Inst.*, Part 2, **58**, pp. 1851–78 (Dec. 1961).

6.75 D. W. Hobbs, Strength and deformation properties of plain concrete subject to combined stress, Part 1: strength results obtained on one concrete, *Cement Concr. Assoc. Tech. Rep. TRA/42.451* (London, Nov. 1970).

6.76 T. T. C. Hsu, F. O. Slate, G. M. Sturman and G. Winter, Microcracking of plain concrete and the shape of the stress–strain curve, *J. Amer. Concr. Inst.*, **60**, pp. 209–24 (Feb. 1963).

6.77 B. Mather, What do we need to know about the response of plain concrete and its matrix to combined loadings?, *Proc. 1st Conf. on the Behavior of Structural Concrete Subjected to Combined Loadings*, pp. 7–9 (West Virginia Univ., 1969).

6.78 H. Kupfer, H. K. Hilsdorf and H. RŸsch, Behaviour of concrete under biaxial stresses, *J. Amer. Concr. Inst.*, **66**, pp. 656–66 (Aug. 1969).

6.79 B. Bresler and K. S. Pister, Strength of concrete under combined stresses, *J. Amer. Concr. Inst.*, **55**, pp. 321–45 (Sept. 1958).

6.80 S. Popovics, Analysis of the concrete strength versus water–cement ratio relationship, *ACI Materials Journal*, **57**, No. 5, pp. 517–29 (1990).

6.81 N. McN. Alford, G. W. Groves and D. D. Double, Physical properties of high strength cement paste, *Cement and Concrete Research*, **12**, No. 3, pp. 349–58 (1982).

6.82 Z. P. Ba2ant, F. C. Bishop and Ta-Peng Chang, Confined compression tests of cement paste and concrete up to 300 ksi, *ACI Journal*, **83**, No. 4, pp. 553–60 (1986).

6.83 A. Meyer, Über den Einfluss des Wasserzementwertes auf die Frühfestigkeit von Beton, *Betonstein Zeitung*, No. 8, pp. 391–4 (1963).

6.84 L. Bjerkeli, J. J. Jensen and R. Lenschow, Strain development and static compressive strength of concrete exposed to water pressure loading, *ACI Structural Journal*, **90**, No. 3, pp. 310–15 (1993).

6.85 Chuan-Zhi Wang, Zhen-Hai Guo and Xiu-Qin, Zhang, Experimental investigation of biaxial and triaxial compressive concrete strength, *ACI Materials Journal*, **84**, No. 2, pp. 92–6 (1987).

6.86 W. S. Yin, E. C. M. Su, M. A. Mansur and T. C. Hsu, Biaxial tests of plain and fiber concrete, *ACI Materials Journal*, **86**, No. 3, pp. 236–43 (1989).

6.87 S. P. Shah, Fracture toughness for high-strength concrete, *ACI Materials Journal*, **87**, No. 3, pp. 260–5 (1990).

6.88 G. Giaccio, C. Rocco and R. Zerbino, The fracture energy (*GF*) of high-strength concretes, *Materials and Structures*, **26**, No. 161, pp. 381–6 (1993).

6.89 Mun-Hong Zhang and O. E. Gj¿rv, Microstructure of the interfacial zone between lightweight aggregate and cement paste, *Cement and Concrete Research*, **20**, No. 4, pp. 610–18 (1990).

6.90 M. M. Smadi and F. O. Slate, Microcracking of high and normal strength concretes under short- and long-term loadings, *ACI Materials Journal*, **86**, No. 2, pp. 117–27 (1989).

6.91 E. O. Slate and K. C. Hover, Microcracking in concrete, in *Fracture Mechanics of Concrete: Material Characterization and Testing*, Eds A. Carpinteri and A. R. Ingraffea, pp. 137–58 (The Hague, Martinus Nijhoff, 1984).

6.92 A. Jornet, E. Guidali and U. MŸhlethaler, Microcracking in high performance concrete, in *Proceedings of the Fourth Euroseminar on Microscopy Applied to Building Materials*, Eds J. E. Lindqvist and B. Nitz, Sp. Report 1993: 15, 6 pp. (Swedish National Testing and Research Institute: Building Technology, 1993).

6.93 P. J. M. Monteiro, J. C. Maso and J. P. Ollivier, The aggregate–mortar interface, *Cement and Concrete Research*, **15**, No. 6, pp. 953–8 (1985).

6.94 K. L. Scrivener and E. M. Gariner, Microstructural gradients in cement paste around aggregate particles, *Materials Research Symposium Proc.*, **114**, pp. 77–85 (1988).

6.95 Xie Ping, J. J. Beaudoin and R. Brousseau, Effect of aggregate size on the transition zone properties at the Portland cement paste interface, *Cement and Concrete Research*, **21**, No. 6, pp. 999–1005 (1991).

6.96 J. C. Maso, La liaison pâte-granulats, in *Le BŽton Hydraulique*, Eds J. Baron and R. Sauterey, pp. 247–59 (Presses de l'École Nationale des Ponts et Chaussées, Paris, 1982).

6.97 N. J. Carino and R. C. Tank, Maturity functions for concretes made with various cements and admixtures, *ACI Materials Journal*, **89**, No. 2, pp. 188–96 (1992).

6.98 R. I. Pearson, Maturity meter speeds post-tensioning of structural concrete frame, *Concrete International*, **9**, No. 5, pp. 63–4 (April 1987).

6.99 N. J. Carino and H. S. Lew, Temperature effects on strength–maturity relations of mortar, *ACI Journal*, **80**, No. 3, pp. 177–82 (1983).

6.100 N. J. Carino, The maturity method: theory and application, *Cement, Concrete, and Aggregates*, **6**, No. 2, pp. 61–73 (1984).

6.101 K. Ayuta, M. Hayashi and H. Sakurai, Relation between concrete strength and cumulative temperature, *Cement Association of Japan Review*, pp. 236–9 (1988).

6.102 E. Gauthier and M. Regourd, The hardening of cement in function of temperature, in *Proceedings of RILEM International Conference on Concrete of Early Ages*, Vol. 1, pp. 145–55 (Paris, Anciens ENPC, 1982).

6.103 K. Komlos, Comments on the long-term tensile strength of plain concrete, *Mag. Concr. Res.*, **22**, No. 73, pp. 232–8 (1970).

6.104 L. Bortolotti, Interdependence of concrete strength parameters, *ACI Materials Journal*, **87**, No. 1, pp. 25–6 (1990).

6.105 N. J. Carino and H. S. Lew, Re-examination of the relation between splitting tensile and compressive strength of normal weight concrete, *ACI Journal*, **79**, No. 3, pp. 214–19 (1982).

6.106 F. A. Oluokun, Prediction of concrete tensile strength from compressive strength: evaluation of existing relations for normal weight concrete, *ACI Materials Journal*, **88**, No. 3, pp. 302–9 (1991).

6.107 O. E. Gj¿rv, P. J. M. Monteiro and P. K. Mehta, Effect of condensed silica fume on the steel–concrete bond, *ACI Materials Journal*, **87**, No. 6, pp. 573–80 (1990).

6.108 F. G. Murphy, *The Effect of Initial Rusting on the Bond Performance of Reinforcement*, CIRIA Report 71, 36 pp. (London, 1977).

6.109 I. Schaller, F. de Larrard and J. Fuchs, Adhérence des armatures passives dans le béton à très hautes performances, *Bulletin liaison Labo. Ponts et ChaussŽes*, **167**, pp. 13–21 (May–June 1990).

6.110 J. M. Raphael, Tensile strength of concrete, *ACI Materials Journal*, **81**, No. 2, pp. 158–65 (1984).

6.111 E. K. Attiogbe and D. Darwin, Submicrocracking in cement paste and mortar, *ACI Materials Journal*, **84**, No. 6, pp. 491–500 (1987).

6.112 K. M. Alexander and I. Ivanusec, Long term effects of cement SO3 content on the properties of normal and high-strength concrete, Part I. The effect on strength, *Cement and Concrete Research*, **12**, No. 1, pp. 51–60 (1982).

6.113 N. Hearn and R. D. Hooton, Sample mass and dimension effects on mercury intrusion porosimetry results, *Cement and Concrete Research*, **22**, No. 5, pp. 970–80 (1992).

6.114 R. A. Cook and K. C. Hover, Mercury porosimetry of cement-based materials and associated correction factors, *ACI Materials Journal*, **90**, No. 2, pp. 152–61 (1993).

6.115 N. Hearn, R. D. Hooton and R. H. Mills, Pore structure and permeability, in *Concrete and Concrete-Making Materials*, *ASTM Sp. Tech. Publ. No. 169C* pp. 241–62 (Philadelphia, 1994).

6.116 W. S. Najjar and K. C. Hover, Neutron radiography for microcrack studies of concrete cylinders subjected to concentric and excentric compressive loads, *ACI Materials Journal*, **86**, No. 4, pp. 354–9 (1989).

6.117 S. L. Wood, Evaluation of the long-term properties of concrete, *ACI Materials Journal*, **88**, No. 6, pp. 630–43 (1991).

6.118 ACI 318-02, Building code requirements for structural concrete, *ACI Manual of Concrete Practice, Part 3: Use of Concrete in Buildings – Design, Specifications, and Related Topics*, 443 pp.

6.119 D. C. Spooner, C. D. Pomeroy and J. W. Dougill, Damage and energy dissipation in cement pastes in compression, *Mag. Concr. Res.*, **28**, No. 94, pp. 21–9 (1976).

6.120 N. J. Gardner and S. M. Poon, Time and temperature effects on tensile, bond, and compressive strengths, *J. Amer. Concr. Inst.*, **73**, No. 7, pp. 405–9 (1976).

7

Outras características do concreto endurecido

No capítulo anterior, foram analisados os principais fatores que influenciam a resistência do concreto. Neste, alguns aspectos adicionais da resistência serão discutidos, como a fadiga e o impacto. Também será feita uma breve descrição das propriedades elétricas e acústicas do concreto.

Cura do concreto

Para obter um bom concreto, o lançamento de uma mistura adequada deve ser seguido pela cura em um ambiente apropriado durante os estágios iniciais de endurecimento. Cura é a denominação dada aos procedimentos adotados para promover a hidratação do cimento e consiste no controle da temperatura e da entrada e saída de água do concreto. Os aspectos relacionados à temperatura serão tratados no Capítulo 8.

De forma mais específica, o objetivo da cura é manter o concreto saturado, ou o mais próximo possível disso, até que os espaços originalmente preenchidos com água na pasta de cimento fresca tenham sido preenchidos pela quantidade requerida de produtos de hidratação do cimento. No caso de concreto nas obras, a cura quase sempre é interrompida bem antes de a máxima hidratação ter ocorrido.

Foi mostrado por Powers[7.36] que a hidratação é bastante reduzida quando a umidade relativa no interior dos poros capilares cai a valores inferiores a 80%, fato confirmado por Patel *et al.*[7.3] A hidratação em velocidade máxima somente pode ocorrer sob certas condições de saturação. A Figura 7.1 mostra o grau de hidratação do cimento após seis meses de armazenamento em diferentes umidades relativas, e fica claro que, abaixo de uma pressão de vapor equivalente a 80% da pressão de saturação, o grau de hidratação é baixo, sendo desprezível abaixo de 30% da pressão de saturação.[7.36]

Conclui-se, então, que, para a continuidade da hidratação, a umidade relativa no interior do concreto deve ser mantida, no mínimo, em 80%. Caso a umidade relativa do ar ambiente seja, no mínimo, esse valor, haverá pouca movimentação de água entre o concreto e o ar ambiente e não será necessário nenhum procedimento de cura para garantir a continuidade da hidratação. A rigor, a afirmação anterior somente é válida caso não ocorra a intervenção de nenhum outro fator, ou seja, não exista vento, não exista diferença de temperatura entre o concreto e o ar, nem exposição do concreto à radiação solar. Portanto, na prática, a cura apenas não será necessária em condições de clima muito úmido com temperatura estável. É importante destacar que, em muitas partes do

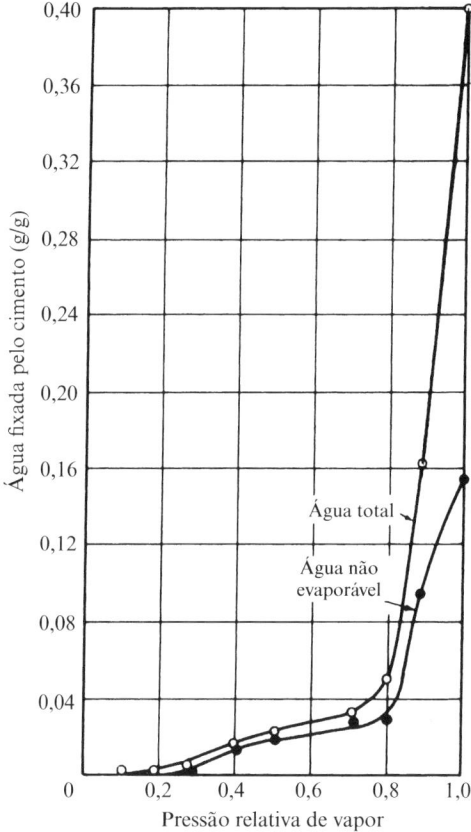

Figura 7.1 Água fixada pelo cimento seco exposto durante seis meses a diferentes pressões de vapor.[7.36]

mundo, a umidade relativa cai a valores inferiores a 80% durante o dia, de modo que a crença na "cura natural", somente devido ao clima ser úmido, é infundada.

Indícios da influência da evaporação a partir da superfície do concreto, da temperatura e da umidade relativa do ar circundante e da velocidade do vento são fornecidos nas Figuras 7.2, 7.3 e 7.4, com base nos resultados de Lerch.[7.37] A diferença entre as temperaturas do concreto e do ar também influencia a perda de água, conforme mostra a Figura 7.5. Dessa forma, o concreto saturado durante o dia perderia água durante a noite, e esse também seria o caso do concreto lançado em tempo frio, mesmo em ar saturado. Os exemplos citados são apenas típicos, já que a perda real de água depende da relação superfície/volume do corpo de prova.[7.38]

A prevenção da perda de água do concreto é relevante não somente devido ao efeito adverso da perda de água no desenvolvimento da resistência, mas também porque essa perda resulta em retração plástica, aumento da permeabilidade e redução da resistência à abrasão.

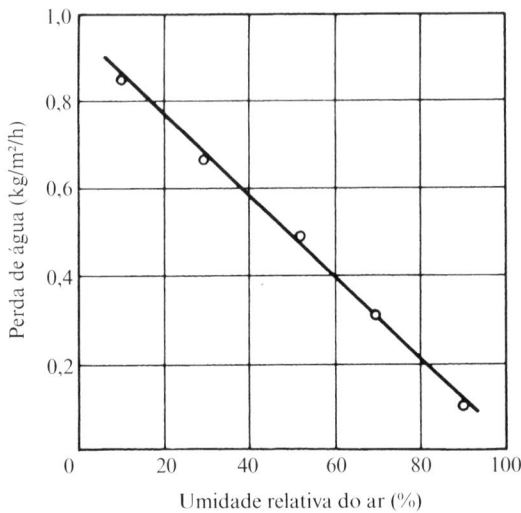

Figura 7.2 Influência da umidade relativa do ar na perda de água do concreto nas primeiras idades após o lançamento (temperatura do ar igual a 21 °C e velocidade do vento igual a 4,5 m/s).

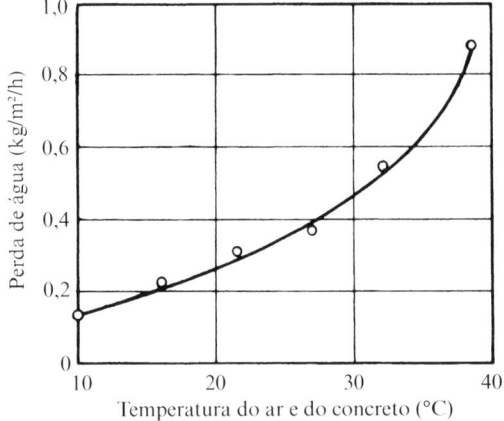

Figura 7.3 Influência da temperatura do ar e do concreto na perda de água do concreto nas primeiras idades após o lançamento (umidade relativa do ar igual a 70% e velocidade do vento igual a 4,5 m/s).

A partir da discussão anterior, poderia ser deduzido que, para a continuidade da hidratação do cimento, é suficiente evitar a perda de água do concreto. Isso é válido somente se a relação água/cimento do concreto for suficientemente elevada para que a quantidade de água da mistura seja adequada para a continuidade da hidratação.

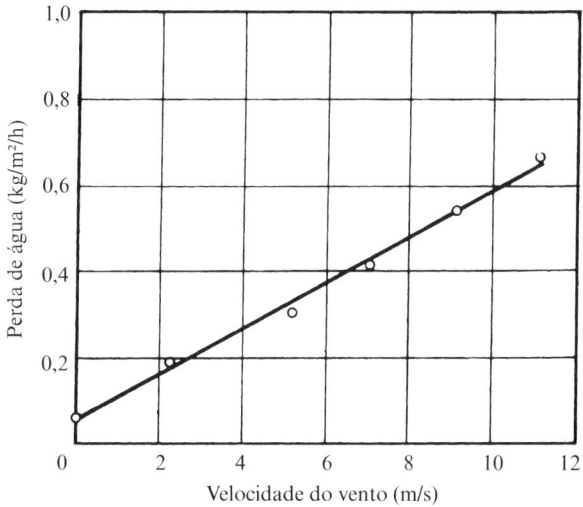

Figura 7.4 Influência da velocidade do vento na perda de água do concreto nas primeiras idades após o lançamento (umidade relativa do ar igual a 70% e temperatura igual a 21 °C).

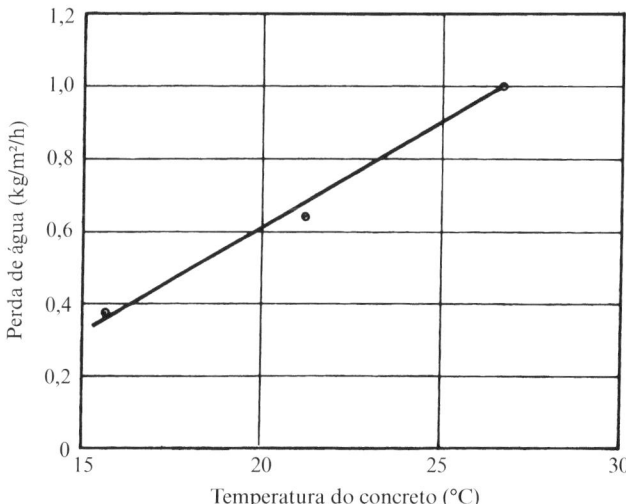

Figura 7.5 Influência da temperatura do concreto (à temperatura do ar igual a 4,5 °C) na perda de água do concreto nas primeiras idades após o lançamento (umidade relativa do ar igual a 100% e velocidade do vento igual a 4,5 m/s).

Foi mostrado no Capítulo 1 que a hidratação do cimento ocorre somente nos poros capilares preenchidos com água – razão pela qual a perda de água por evaporação dos capilares deve ser evitada. Além disso, a água perdida internamente por autodessecação (devido às reações químicas de hidratação do cimento) precisa ser reposta pela água do exterior, ou seja, o ingresso de água no concreto deve ser possível.

Deve ser lembrado que a hidratação de um corpo de prova selado pode ocorrer apenas se a quantidade de água presente na pasta for, pelo menos, o dobro da água já combinada. Portanto, a autodessecação é importante para misturas com relação água/cimento inferior a 0,50. Para relações água/cimento maiores, a velocidade de hidratação de um corpo de prova selado é igual à de um corpo de prova saturado.[7.35] Entretanto, não deve ser esquecido que somente metade da água presente na pasta de cimento pode ser utilizada para a reação química. Isso é válido mesmo se o total de água presente for menor do que a água necessária para a combinação química.[7.36]

Tendo em vista o exposto, podem ser identificadas necessidades de cura em situações em que, por um lado, somente deve ser prevenida a perda de água do concreto e, por outro, situações em que o ingresso de água externa é necessário para a continuação da hidratação. A relação água/cimento igual a, aproximadamente, 0,50 é a linha divisória. Como muitos concretos são produzidos atualmente com uma relação água/cimento inferior a 0,50, é aconselhável a promoção da hidratação pelo ingresso de água no concreto.

Ainda deve ser citado que o concreto afastado da superfície – ou seja, no interior do elemento – dificilmente está sujeito à movimentação de umidade, que afeta somente a região mais externa, normalmente 30 mm de profundidade, mas, às vezes, até 50 mm. Em elementos de concreto armado, essa profundidade representa todo ou quase todo o cobrimento da armadura.

Desse modo, o concreto no interior de um elemento estrutural geralmente não é influenciado pela cura, de forma que a realização de cura tem pouca importância em relação à resistência estrutural, exceto nos casos de elementos muito delgados. Por outro lado, as propriedades do concreto na região mais externa são bastante afetadas pela cura. É o concreto dessa região que está sujeito às intempéries, à carbonatação e à abrasão, e a permeabilidade do concreto nessa região tem importância fundamental na proteção das armaduras contra a corrosão (ver Capítulo 11).

Uma indicação da profundidade da região externa afetada pela cura pode ser obtida a partir dos ensaios realizados por Parrott[7.2] em concretos com relação água/cimento igual a 0,59, mantidos a 20 °C, com umidade relativa do ar de 60%. Foram constatados os seguintes períodos de tempo para que a umidade relativa no interior do concreto chegasse a 90% em uma determinada profundidade: 12 dias para 7,5 mm; 45 dias para 15,5 mm; e 172 dias para 33,5 mm. Com relações água/cimento menores, comuns nos concretos atuais, esses períodos podem ser maiores.

Observou-se que a redução da umidade relativa do ambiente de 100 para 94% aumenta significativamente a capacidade de absorção de água do concreto – um indício da extensão do sistema contínuo de grandes poros no concreto.[7.5] A cura a uma umidade relativa externa inferior a cerca de 80% resultou em um grande aumento do volume de poros maiores do que 37 nm, que são relevantes para a durabilidade do concreto.[7.3]

A partir da discussão anterior, é possível concluir que os efeitos da cura na região externa do concreto deveriam ser estudados. Entretanto, eles são normalmente expressos em termos da influência da cura em relação à resistência, ou seja, da comparação entre a resistência de corpos de prova armazenados em água (ou em vapor) e a resistência de corpos de prova armazenados em algumas outras condições por diferentes períodos. Isso é tomado como uma demonstração da eficácia da cura e de seu efeito benéfico. Um exemplo é apresentado na Figura 7.6, obtida para concretos com relação água/cimento de 0,50. A perda de resistência devido à cura inadequada é mais pronunciada em corpos de prova menores, mas é menor em concretos com agregados leves.[7.55] As resistências à compressão e à tração são afetadas de maneira similar, sendo que, nos dois casos, misturas com maior consumo de cimento são ligeiramente mais sensíveis.[7.56]

A perda de resistência aos 28 dias parece estar diretamente relacionada à perda de água ocorrida nos primeiros três dias, e a temperatura (20 ou 40 °C) não exerce influência (ver Figura 7.7).[7.7]

O efeito da cura inadequada na resistência é maior em concretos com relações água/cimento maiores e também em concretos com menor velocidade de desenvolvimento de resistência.[7.29] Assim, a resistência de concretos produzidos com cimento Portland comum (Tipo I) é mais influenciada pela cura inadequada. Da mesma forma, concretos contendo cinza volante ou escória granulada de alto-forno são mais afetados do que os produzidos somente com cimento Portland comum.

Deve ser enfatizado que, para um desenvolvimento adequado da resistência, não é necessária a hidratação de todo cimento – na realidade, apenas em raras oportunidades isso é obtido em situações práticas. Como mostrado no Capítulo 6, a qualidade do concreto depende principalmente da relação gel/espaço da pasta. Entretanto, se os espaços preenchidos com água no concreto fresco forem maiores do que o volume que pode ser preenchido pelos produtos de hidratação, quanto maior for a hidratação, maior será a resistência e menor será a permeabilidade.

Métodos de cura

Há dois tipos principais de procedimentos de cura cujos princípios serão analisados nesta seção, reconhecendo-se que os procedimentos realmente utilizados variam bastante conforme as condições da obra e a dimensão, a forma e a posição do elemento de concreto.

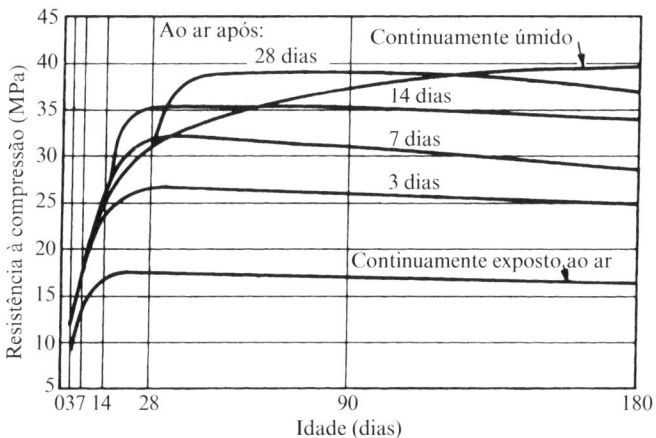

Figura 7.6 Influência da cura úmida na resistência do concreto com relação água/cimento igual a 0,50.[7.11]

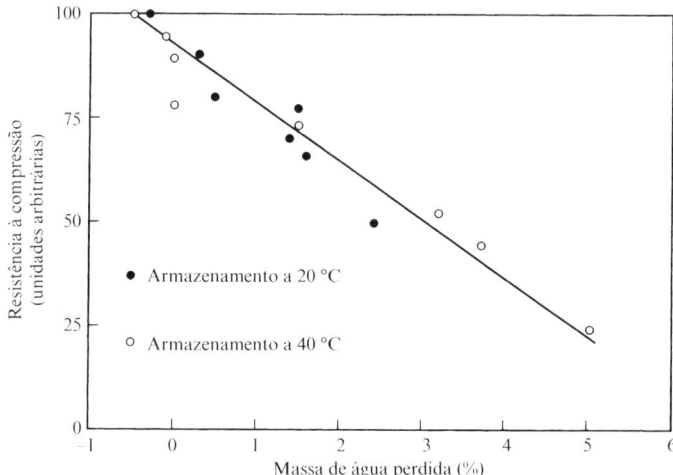

Figura 7.7 Relação entre a resistência à compressão do concreto aos 28 dias e a perda de água (em relação à massa de concreto) durante os três primeiros dias (baseada na ref. 7.7).

Esses métodos podem ser descritos, de forma geral, como *cura úmida* e *cura por membrana*, respectivamente.

O primeiro método consiste em disponibilizar água que possa ser absorvida pelo concreto. Esse procedimento exige que a superfície do concreto esteja permanentemente em contato com a água por um período de tempo especificado, iniciando assim que a superfície do concreto não esteja mais sujeita a danos. Essa condição pode ser obtida por aspersão contínua, por represamento ou pela cobertura do concreto com areia ou serragem úmida, devendo ser tomada precaução para que não surjam manchas. Tecidos de aniagem umedecidos periodicamente ou produtos absorventes também podem ser utilizados, por meio de sua colocação sobre as superfícies de concreto.* Em superfícies inclinadas ou verticais, pode ser feita a molhagem com mangueiras. O abastecimento contínuo de água é, naturalmente, mais eficiente do que a molhagem intermitente; na Figura 7.8, é mostrada uma comparação entre o desenvolvimento de resistência de corpos de prova cilíndricos cujas bases foram imersas durante as primeiras 24 horas e o de corpos de prova com tecido de juta umedecido.[7.77] A diferença é perceptível somente para relações água/cimento inferiores a cerca de 0,40, em que a autodessecação resulta em uma falta de água no concreto. É possível concluir que, para baixas relações água/cimento, a cura úmida é altamente recomendável. A duração da cura é tratada na BS EN 13670-2009.

A qualidade da água utilizada para a cura deve ser, preferencialmente, a mesma da água de amassamento (ver página 191). A água do mar pode resultar em corrosão das armaduras. A presença de ferro ou de matéria orgânica, por sua vez, pode causar manchamentos, em especial se a água escoar lentamente sobre o concreto e evaporar rapidamente. Em alguns casos, a mudança de cor não é importante.

---

* N. de R.T.: Existem produtos industrializados com a função de diminuir a perda de água pela superfície do concreto, em geral comercializados no Brasil sob a denominação mantas de cura.

Capítulo 7 Outras características do concreto endurecido

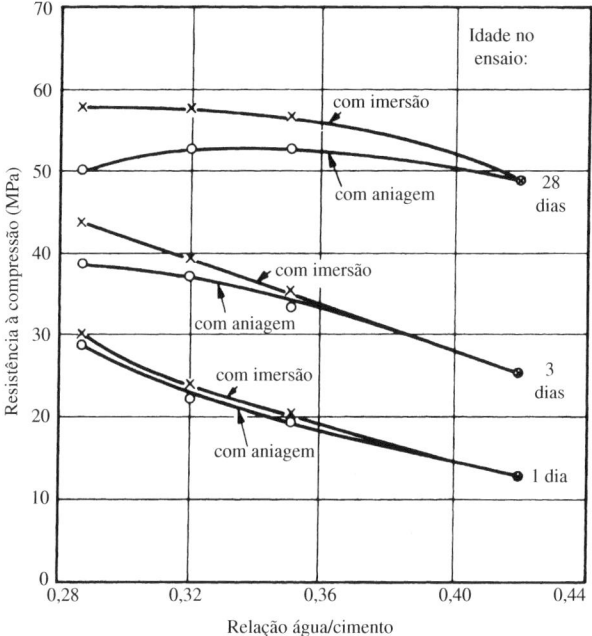

Figura 7.8 Influência das condições de cura na resistência dos corpos de prova cilíndricos.[7.77]

A ocorrência ou não de manchamento não pode ser determinada por análise química – deve ser verificada por um ensaio de desempenho. O U.S. Army Corps of Engineers[7.40] recomenda um ensaio preliminar em que 300 ml da água a ser utilizada pela cura são evaporados a partir de uma cavidade de 100 mm de diâmetro, executada na superfície de um corpo de prova de pasta pura de cimento branco ou de gesso. Caso a coloração resultante não seja considerada prejudicial, deve ser realizado outro ensaio. Neste, 150 litros de água são escoados por uma viga de concreto de 150 × 150 × 750 mm com a superfície superior em forma de canaleta, posicionada em um ângulo entre 15 e 20° em relação à horizontal. A velocidade do fluxo é de 4 litros em três a quatro horas. A evaporação é acelerada por circulação forçada de ar e aquecimento por lâmpadas elétricas, o que causa a deposição dos resíduos. Esse ensaio também é avaliado somente por observação, e, caso necessário, deve ser realizado um ensaio em condições de campo: a cura de uma laje de 2 m².

É essencial que a água de cura esteja livre de substâncias que possam atacar o concreto endurecido, assunto que será discutido nos Capítulos 10 e 11.*

---

* N. de R.T.: A NBR 14931:2004 recomenda que a água utilizada para cura seja potável ou satisfaça as exigências da NBR 12654:1992, versão corrigida 2000, cancelada em 19/02/2015 e substituída pela NBR 12655:2015, versão corrigida 2015. Esta última cita que a água destinada ao preparo do concreto deve atender à NBR 15900-1:2009, que estabelece os requisitos para água de amassamento. Não é feita uma exigência específica para a água destinada à cura, apenas para a água de amassamento.

A temperatura da água não deve ser muito mais baixa do que a do concreto, a fim de evitar choque térmico ou grandes gradientes de temperatura. O ACI 308-92 recomenda uma diferença máxima de 11 °C.[7.9]

O segundo método de cura consiste na prevenção de perda de água da superfície do concreto sem a possibilidade de ingresso de água do meio externo. Ele pode ser denominado método da barreira de água. As técnicas utilizadas incluem a cobertura da superfície do concreto com lâminas de polietileno sobrepostas ou com papel reforçado. As lâminas podem ser de cor escura, preferíveis em climas frios, ou branca, que têm a vantagem da reflexão da radiação solar em climas quentes. Também existem papéis com superfície branca. A cobertura com lâminas pode causar descoloração ou manchamentos devido à condensação não uniforme da água abaixo das lâminas.

Outra técnica consiste na aplicação por aspersão de agentes de cura que formam uma película. Os agentes mais comuns são resinas sintéticas de hidrocarbonetos com solventes bastante voláteis, incluindo, em algumas situações, corantes não permanentes, cujo objetivo é indicar as regiões em que não foi feita uma aplicação adequada. Também é bastante eficaz incluir um pigmento branco ou de alumínio para reduzir o ganho de calor devido à exposição ao sol. Existem ainda outras resinas, como acrílica, vinil ou estireno-butadieno e borracha clorada. Além disso, podem ser utilizadas emulsões à base de cera, mas elas ocasionam superfícies escorregadias e de difícil remoção, enquanto as resinas de hidrocarbonetos possuem baixa aderência ao concreto e são degradadas pela luz ultravioleta – características que são desejáveis.

A especificação para agentes formadores de película de cura é dada pela ASTM C 309-07. A ASTM C 171-07 fornece a especificação para os materiais laminados.

Uma questão frequente é qual método ou técnica de cura deve ser utilizado. Para concretos com relação água/cimento menor do que cerca de 0,50 – e certamente para aqueles com relação menor do que 0,40 –, deve ser utilizada a cura úmida, mas somente se for possível a aplicação integral e contínua. Caso não seja possível garantir essas condições, a membrana de cura é preferível, entretanto, esta também deve ser bem executada.

É evidente que a membrana deve ser contínua e sem danos. O momento de aspersão também é crítico; a cura por aspersão deve ser aplicada após a exsudação deixar de trazer água para a superfície do concreto, mas antes da secagem. O tempo ótimo é o momento em que a água livre da superfície do concreto tiver desaparecido, de forma que o espelhamento causado pela água não seja mais visível. Entretanto, caso a exsudação não cesse, a membrana de cura não deve ser aplicada, mesmo que a superfície do concreto pareça seca em consequência de uma elevada taxa de evaporação. Para esse objetivo, a taxa de evaporação de 1 kg/m^2 por hora pode ser considerada elevada. A velocidade de evaporação pode ser determinada por meio das Figuras 7.2 a 7.5, baseadas em resultados obtidos por Lerch.[7.37] Como alternativa, pode ser utilizado o gráfico da ACI 308R-86, baseado na mesma fonte.

Quando uma taxa de evaporação elevada remove a água mais rapidamente do que ela é trazida pela exsudação, Mather[7.6] recomenda a molhagem do concreto e o retardo na aplicação do agente de cura até o término da exsudação.

Alguns concretos, como, por exemplo, os que contêm sílica ativa, não apresentam exsudação, situação em que a membrana de cura pode ser aplicada imediatamente. Caso o agente de cura seja aplicado em uma superfície já seca, ele irá penetrar no concreto e impedir a continuidade da hidratação da região externa. Além disso, uma membrana contínua não será formada.[7.6]

Em obras com fôrmas deslizantes, em que a fôrma é retirada após algumas horas, a aplicação imediata da cura é importante caso existam requisitos de durabilidade ou aspectos relacionados à resistência, no caso de elementos delgados. Por outro lado, a manutenção das fôrmas convencionais é um meio de prevenir a perda de água em superfícies verticais, sendo possível a molhagem após sua remoção.

Ensaios em agentes de cura

A eficiência dos agentes de cura, em função da quantidade de água perdida pela superfície de uma argamassa padrão, pode ser determinada por ensaios. A norma britânica BS 7542:1992 utiliza uma argamassa 1:3 com relação água/cimento igual a 0,44, exposição a 38 °C e umidade relativa de 35% por 72 horas. A redução percentual da perda de água em comparação a um corpo de prova sem a membrana é considerada representativa da eficiência da cura. O método de ensaio da ASTM C 156-09a é similar, mas o desempenho do agente é expresso como a perda de água por unidade de área; entretanto, a reprodutibilidade desse ensaio é tida como baixa.[7.4]

Nem o ensaio britânico nem o americano avaliam a qualidade do concreto curado na região superficial, que é o objeto de interesse na prática. Entretanto, essa determinação não é fácil. Outros métodos propostos são de difícil execução para fins práticos ou interferem no concreto em análise.

Nos ensaios, a superfície da argamassa é nivelada e acabada com uma desempenadeira. Na prática, a superfície do concreto pode ser escovada de forma grosseira (acabamento vassourado) ou ranhurada (como no caso de pavimentos rodoviários), fato que afeta a quantidade necessária de agente de cura. Além disso, nessas condições, é difícil a obtenção de uma membrana uniforme e contínua, o que pode impedir que um bom resultado de retenção de água nos ensaios seja atingido na prática.

Duração da cura

O período de cura necessário na prática não pode ser prescrito de modo simples: os fatores relevantes incluem a severidade das condições de secagem e os requisitos de durabilidade esperados. Como exemplo, os períodos mínimos de cura para condições externas – incluindo gelo e degelo, mas sem a utilização de agentes descongelantes – e para exposição a agentes químicos agressivos são fornecidos na Tabela 7.1, adaptada

Tabela 7.1 Duração mínima de cura (em dias), conforme recomendações da BS EN 206-1:2007

Velocidade de desenvolvimento de resistência do concreto	Rápida*			Média			Lenta		
Temperatura do concreto (°C)	5	10	15	5	10	15	5	10	15
Condições ambientais durante a cura									
Sem sol, UR ≥ 80	2	2	1	3	3	2	3	3	2
Sol ou vento médio ou UR ≥ 50	4	3	2	6	4	3	8	5	4
Sol ou vento forte ou UR < 50	4	3	2	8	6	5	10	8	5

UR = umidade relativa (%).
*Baixa relação água/cimento e cimento de alta resistência inicial.

da BS EN 206-1:2007. Caso o concreto venha a ser exposto à abrasão, é aconselhável o dobro do tempo. Os períodos mínimos de cura são dados pela BS 8110-1:1997.

As exigências para a retirada das fôrmas são determinadas pela resistência do concreto, que pode ser estimada pela sua maturidade (ver página 320), por ensaios de resistência à compressão em corpos de prova irmãos (ver página 606) ou, ainda, por ensaios não destrutivos. Harrison[7.8] apresenta orientações sobre o assunto.

Foi citado anteriormente que a cura deve ser iniciada o mais cedo possível e que ela deve ser contínua. Ocasionalmente, é aplicada uma cura intermitente, e é válido analisar seu efeito. No caso de concretos com baixa relação água/cimento, a cura contínua nas primeiras idades é vital, já que a hidratação parcial torna os capilares descontínuos. Na continuação da cura, a água não é capaz de penetrar no concreto, o que interrompe a hidratação. Entretanto, concretos com elevada relação água/cimento sempre possuem um grande volume de capilares, de forma que a cura pode ser retomada de maneira efetiva a qualquer momento – mas quanto mais cedo, melhor.

Na discussão anterior, foi reforçada a importância da cura adequada; a cura é sempre especificada, mas raramente é executada de maneira apropriada. A cura inadequada é responsável por grande parte dos problemas de durabilidade do concreto, especialmente em concreto armado. Por essa razão, a importância da cura não pode ser subestimada.*

Colmatação autógena

Fissuras de pequenas aberturas existentes em um elemento rompido de concreto, caso sejam mantidas fechadas e sem movimentação tangencial, colmatarão completamente sob condições úmidas. Esse fenômeno é conhecido como colmatação autógena e deve-se, principalmente, à hidratação do cimento ainda não hidratado que entra em contato com a água ingressante pelas fissuras. A colmatação também é facilitada pela formação, caso ocorra carbonatação, de carbonato de cálcio insolúvel, derivado do hidróxido de cálcio do cimento hidratado. Ainda podem ocorrer alguns bloqueios mecânicos das fissuras, se existir material fino em suspensão na água.

A abertura máxima de fissuras que podem sofrer colmatação autógena é estimada entre 0,1 e 0,2 mm, e as condições necessárias de umidade incluem molhagem periódica e frequente, bem como imersão,[7.28] mas não fluxo de água em alta velocidade ou água em alta pressão, que não são propícios à redução da movimentação de água através da fissura. A aplicação de pressão através da fissura contribui para a colmatação.

Em concretos novos, fissuras com abertura de 0,1 mm podem colmatar após alguns dias, mas fissuras com abertura de 0,2 mm demoram várias semanas para colmatar.[7.28] Em geral, quanto mais novo for o concreto, ou seja, quanto mais cimento não hidratado ele contiver, maior será a resistência recuperada – embora a colmatação sem diminuição de resistência tenha sido registrada em idades de até três anos. Também se observou[7.31]

---

* N. de R.T.: A NBR 15696:2009 e a NBR 14931:2004 estabelecem que, para a retirada das fôrmas e dos escoramentos, devem ser obedecidos os valores mínimos de resistência à compressão e de módulo de elasticidade. Em relação à duração da cura, a NBR 14931:2004 cita que, para elementos estruturais de superfície, a cura deve durar até ser atingida a resistência característica à compressão mínima de 15 MPa, não havendo uma especificação em função de período de tempo.

que, mesmo quando colmatadas, as fissuras apresentam uma região de fragilidade, onde novas fissuras podem surgir sob futuras condições adversas.

Maneiras de incrementar a colmatação autógena por meio da incorporação de bactérias apropriadas à mistura têm sido estudadas em ensaios laboratoriais (ver página 280).

Variabilidade da resistência do cimento

Até o momento, a resistência do cimento não foi considerada como uma variável da resistência do concreto. Essa afirmação não está relacionada às diferenças ligadas à resistência dos cimentos de diferentes tipos, mas à variação entre cimentos de mesmo tipo nominal. Eles apresentam grande variação, e esse será o tema desta seção.

As exigências de resistência do cimento foram analisadas no Capítulo 2. Tradicionalmente, somente a resistência mínima em determinadas idades tem sido prescrita, de modo que não deveria haver objeção a um cimento com resistência muito maior. Os fabricantes de cimento tiram proveito desse argumento e são indiferentes aos usuários que desejam obter vantagens econômicas da resistência *real* mais elevada e àqueles que reclamam quando a margem de resistência acima do valor mínimo especificado é significativamente reduzida.

Uma consequência da falta de um limite superior para a resistência é a superposição das resistências dos cimentos Tipo I e Tipo III. Já foram relatados casos de cimentos Tipo I com resistência duas vezes maior do que o valor mínimo especificado.[7.41]

A falta da especificação de resistência máxima persiste na maioria das normas. Entretanto, a europeia BS EN 197-1:2000, a britânica BS 12:1996 e as alemãs (pioneiras nesse tema) prescrevem uma resistência máxima de até 20 MPa acima do valor mínimo para a maioria das classes de cimento. Essa faixa de resistências para uma determinada classe de cimento é elevada, embora talvez seja justificada por razões econômicas para a produção em massa de um produto com grande variedade de uso.

A variação da resistência do cimento decorre, em grande parte, da falta de uniformidade das matérias-primas utilizadas em sua produção, não somente entre diferentes fontes, mas também dentro da mesma jazida. Além disso, diferenças em detalhes do processo de produção e, acima de tudo, a variação no teor de cinza do carvão usado como combustível do forno contribuem para a variação das propriedades dos cimentos comerciais. Isso não quer dizer que a fabricação moderna do cimento não seja um processo altamente sofisticado.

Walker & Bloem[7.42] produziram o primeiro estudo sobre a variação da resistência do cimento, que contribuiu para o desenvolvimento de um método de ensaio para a verificação da uniformidade da resistência do cimento de uma única origem: o método da ASTM C 917-05. Esse método utiliza o ensaio de resistência de corpos de prova cúbicos de argamassa da ASTM C 109-08 e se baseia na média móvel de cinco amostras individuais (discretas). A Figura 7.9 apresenta um exemplo da variabilidade de uma fábrica em um período de três anos. Pode ser observado que ocorreu uma diminuição da variabilidade entre 1982 e 1984. O desvio padrão[1] da resistência aos sete dias ao fim desse período foi de 1,4 MPa. Ensaios realizados[7.14] em 87 fábricas de cimento nos Estados Unidos, em 1991, mostraram que 81% delas possuíam um desvio padrão da resis-

---

[1] Os termos estatísticos estão definidos na página 642.

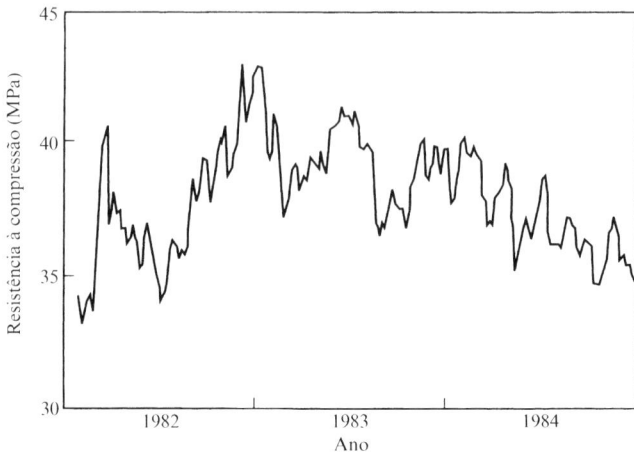

Figura 7.9 Representação das médias móveis da resistência aos 28 dias de cinco ensaios em corpos de prova cúbicos de argamassa (moldados segundo a ASTM C 109), com a utilização de cimento de uma única fábrica entre os anos de 1982 e 1984 (baseado na ref. 7.13).

tência aos sete dias inferior a 2,10 MPa e que, aos 28 dias, somente 43% das fábricas possuíam um desvio padrão menor do que esse valor. O aumento do desvio padrão com a idade é típico de cimentos americanos,[7.12] mas não necessariamente de cimentos produzidos em outros locais.*

A grande faixa de resistências do cimento de uma única fábrica na Figura 7.9 deve ser destacada: a variação de 7 MPa na resistência aos 28 dias em um período de poucos meses não é incomum. Claramente, a utilização de um cimento com uma variabilidade menor e conhecida pode resultar em uma vantagem econômica a partir da confiança no valor mínimo de resistência. Entretanto, permanece o problema da precisão relativamente baixa do ensaio em argamassa da ASTM C 109-08, usado para determinar a resistência do cimento. Apesar disso, grandes consumidores de cimento podem influenciar sua variabilidade por meio da exigência dos ensaios conforme a ASTM C917-05 e acordando limites adequados.

É importante que o uso de amostras individuais e de médias móveis fique claro. Valores de amostras individuais podem não ser representativos e podem ser excessivamente influenciados por erros de ensaio. Por outro lado, amostras compostas, que são obtidas pela combinação de subamostras da produção durante 24 horas, resultam em valores que amenizam bastante os resultados.

Qual é o aspecto relevante da resistência do cimento para a resistência do concreto produzido com esse cimento? O lógico é esperar uma influência direta[7.78] (ver Figura

---

* N. de R.T.: As normas brasileiras citadas no Capítulo 2 estabelecem um limite superior de 49,0 MPa para a resistência aos 28 dias dos cimentos Portland comum (CP I), Portland composto (CP II), Portland de alto-forno (CP III), Portland pozolânico (CP IV) e Portland branco estrutural, todos de classe 32, ou seja, com resistência especificada de 32 MPa aos 28 dias. Para os cimentos que também possuem classe 40 (CP I, CP II e CP III), não há limite superior para a resistência.

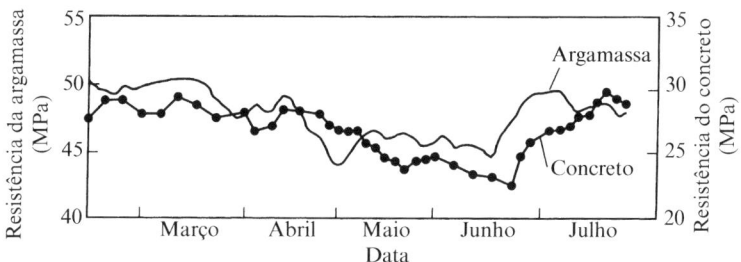

Figura 7.10 Média móvel da resistência de corpos de prova cúbicos de argamassa (moldados segundo a ASTM C 109) e resistência média de corpos de prova cilíndricos de concreto, ambas aos 28 dias, no período de março a julho de 1980 (baseada na ref. 7.78). (As ordenadas para a argamassa e para o concreto não são as mesmas. As duas curvas foram aproximadas.)

7.10), ainda que vários outros fatores também influenciem a resistência do concreto. Essa relação entre as resistências do cimento e do concreto pode parecer óbvia, mas, no passado, era afirmado[7.32] que não havia correlação entre elas, conforme demonstrado pelos ensaios utilizados pelos fabricantes de cimento.

Esse tipo de argumento falha no ponto crucial: a amostra composta do cimento, obtida em um período de 24 horas, representa as propriedades *médias* das milhares de toneladas de cimento produzidas nesse período. Inevitavelmente, existem variações dentro dessa massa de cimento, e somente uma parte muito pequena dela é usada para a produção de uma determinada betonada de concreto. Ao mesmo tempo, a produção do concreto também introduz variabilidade.

Como um adendo, é válido comentar sobre a utilização dos relatórios de ensaio fornecidos pelos fabricantes em trabalhos de pesquisa. Com frequência, as propriedades do cimento, como, por exemplo, a composição químicas, apresentadas em um relatório de ensaio são usadas pelo pesquisador como um parâmetro de ensaio. Caso o relatório refira-se à média da produção de 24 horas, as propriedades citadas podem não ser necessariamente aplicáveis ao verdadeiro cimento usado na pesquisa. Se essas propriedades forem consideradas, podem ser obtidos valores espúrios na propriedade em análise, ou o trabalho experimental pode falhar em mostrar uma correlação real e sem falha por parte do pesquisador.[7.33]

Deve ficar claro que é possível que o uso de aditivos influencie a relação entre as resistências do cimento e do concreto; a influência exata dos aditivos depende das propriedades do cimento utilizado, enquanto os ensaios de resistência do cimento usam de uma argamassa sem aditivos.

Com a implementação das especificações do cimento baseadas no desempenho, é importante ter um melhor entendimento sobre as reais características da resistência do cimento que podem influenciar a resistência do concreto produzido com esse cimento. A situação se torna mais complicada quando o cimento vem de diferentes fontes.

A variação da resistência do cimento proveniente de diferentes fábricas é, obviamente, muito maior do que quando o fornecedor é uma única fábrica. A Tabela 7.2 mostra dados de 87 fábricas nos Estados Unidos ensaiadas em 1991.[7.14] As resistências foram obtidas de corpos de prova cúbicos de argamassa, segundo a ASTM C 109-08. Entretanto, não deve ser esquecido que a variação do cimento representa, no máximo,

Tabela 7.2 Resistência do cimento produzido em 87 fábricas norte-americanas em 1991[7.14] (mostrada como uma porcentagem das fábricas com resistência média inferior à indicada) (copyright ASTM – reproduzida com permissão)

Resistência aos 7 dias (MPa)	Porcentagem	Resistência aos 28 dias (MPa)	Porcentagem
40,6	100	52,5	100
39,2	99	50,8	99
37,8	98	49,0	98
36,4	97	47,3	93
35,0	93	45,5	89
33,6	78	43,8	69
32,2	53	42,0	48
30,8	23	40,3	24
29,4	7	38,5	7
28,0	0	36,8	1
		35,0	1
		33,3	0

metade da variação da resistência dos corpos de prova. Dados do U.S. Bureau of Reclamation[7.57] sugerem um valor típico de um terço. A variação da resistência de corpos de prova cúbicos moldados em obra é discutida na página 666. Estudos mais recentes sobre a variabilidade da resistência do cimento podem ser encontrados na ref. 7.102.

Por fim, deve ser enfatizado que a variação do cimento exerce uma importante influência sobre a resistência inicial do concreto, que é a mais frequentemente verificada pelos ensaios, mas não necessariamente a de maior importância prática. Além do mais, a resistência não é a única característica importante do concreto. A partir de considerações sobre a durabilidade e a permeabilidade, pode ser exigido um consumo de cimento maior do que o necessário para a resistência, situação em que a variabilidade do cimento não tem importância.

Variações das propriedades do cimento

Na seção anterior, foi analisada a variação da resistência do cimento produzido em uma única fábrica durante um período de alguns meses ou um ano. Foram citadas também diferenças entre as resistências de cimentos produzidos em fábricas distintas durante um ano. Além disso, há uma mudança sistemática na resistência do cimento com o tempo. De fato, em consequência dos avanços na fabricação de cimento, tem sido verificada uma alteração contínua ao longo de vários anos (ver Figura 7.11).[7.10,7.39]

Em primeiro lugar, será apresentado um exemplo[7.1] da diferença da variação das propriedades médias de cimentos produzidos em 1923 e em 1937. Duas séries de ensaios abrangendo um período de 50 anos de concretos mantidos ao ar livre em Wisconsin, EUA, fornecem dados sobre a evolução da resistência. Os concretos de 1923 foram produzidos com cimentos com elevado teor de C_2S e baixa finura, e suas resistências à compressão aumentaram proporcionalmente ao logaritmo da idade até 25 ou 50 anos. Os concretos produzidos em 1937 utilizaram cimentos com menor teor

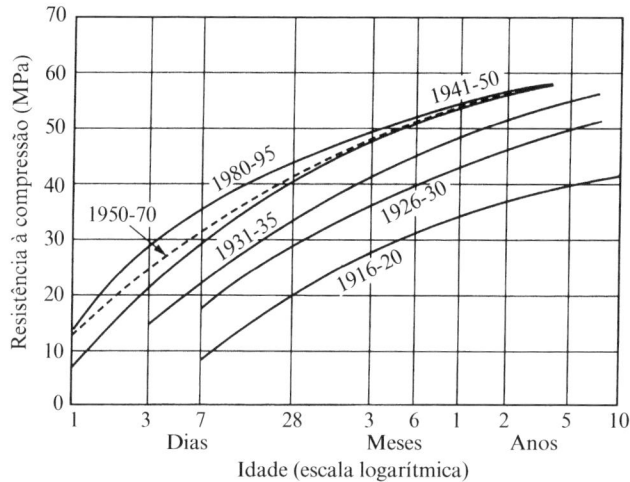

Figura 7.11 Alterações no ganho de resistência (medida em corpos de prova cilíndricos com relação água/cimento igual a 0,53) de cimentos com a idade entre 1916 e a década de 1990 (baseada nas refs. 7.10 e 7.39 e em dados próprios).

de C_2S e elevada finura. Suas resistências à compressão evoluíram proporcionalmente ao logaritmo da idade por cerca de 10 anos, mas, depois disso, diminuíram ou permaneceram constantes.[7.1] Essa mudança de comportamento é de relevância, principalmente, histórica, mas ajuda no entendimento das diferenças de comportamento de concretos de várias idades.

Uma alteração mais recente, ocorrida por volta da década de 1960, merece atenção especial por causar grandes consequências na prática de produção do concreto.

As mudanças nos cimentos britânicos estão bem documentadas,[7.16,7.21] mas elas também ocorreram em outros países. A alteração de maior interesse prático foi o aumento da resistência aos 28 dias – e também da resistência aos sete dias – da argamassa produzida com uma relação água/cimento fixa. A principal razão para esse fato foi o grande aumento no teor médio de C_3S, que passou de cerca de 47% em 1960 para aproximadamente 54% nos anos de 1970.[7.16] Ao mesmo tempo, houve uma diminuição correspondente no teor de C_2S, de modo que o teor total de silicatos de cálcio permaneceu constante entre 70 e 71%. Essa alteração foi possível devido a melhoramentos nos métodos de fabricação do cimento, mas também foi impelida pelos benefícios da utilização de um cimento mais "forte" conforme o entendimento dos usuários, isto é, redução do consumo de cimento para uma determinada resistência especificada, remoção antecipada das fôrmas e maior ritmo de construção. Esses benefícios foram, infelizmente, associados a desvantagens.

Não houve mudança significativa na finura do cimento – fato que não surpreende, devido ao alto custo de moagem do clínquer.[7.16,7.20]

A elevada taxa de desenvolvimento da resistência até sete dias e o aumento da taxa de crescimento entre sete e 28 dias ocorreram em consequência de um maior teor de álcalis nos cimentos modernos, bem como devido à mudança na relação entre C_3S e C_2S.

A relação entre a resistência aos 28 dias e a resistência aos sete dias diminuiu significativamente. Para um concreto com relação água/cimento de 0,60, foi observada a diminuição dessa relação de 1,6 antes de 1950 para cerca de 1,3 nos anos de 1980.[7.20] Esses números são somente exemplos do comportamento de alguns cimentos britânicos e não têm necessariamente uma validade geral. Com menores relações água/cimento, a relação entre as resistências aos 28 dias e aos sete dias é menor. Da mesma forma, o aumento da resistência além da idade de 28 dias é bastante reduzido quando cimentos modernos são utilizados, de modo que ele não deveria mais ser considerado no dimensionamento de estruturas que serão submetidas a carregamento pleno apenas em maiores idades.

Um exemplo da mudança da resistência do cimento aos 28 dias entre 1970 e 1984 é mostrado na Figura 7.12.[7.21] Pode ser visto que um concreto com resistência característica, medida em corpos de prova cúbicos, de 32,5 MPa, em 1970, obtinha esse valor com uma relação água/cimento de 0,50. Já em 1984, a relação água/cimento para a obtenção da mesma resistência era de 0,57. Considerando que, para manter a mesma trabalhabilidade, a quantidade de água de, por exemplo, 175 l/m³, foi mantida constante, tornou-se possível reduzir o consumo de cimento de 350 para 307 kg/m³.

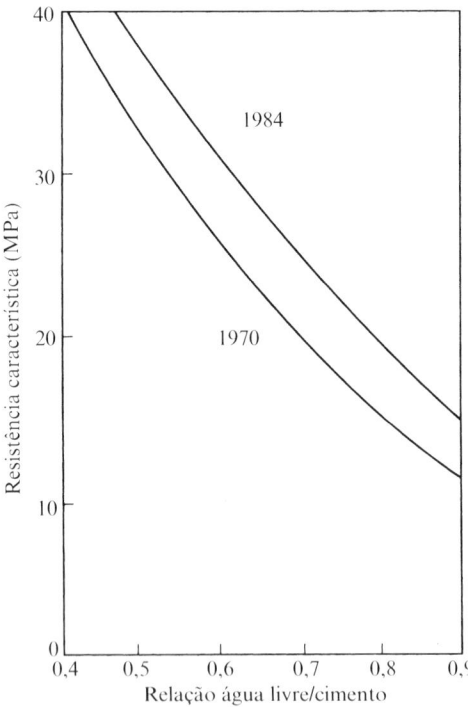

Figura 7.12 Relação entre a resistência característica do concreto e a relação água/cimento para concretos produzidos em 1970 e em 1984, com agregado de dimensão máxima de 20 mm e abatimento de 50 mm (baseada na ref. 7.21).

De modo mais geral, durante o longo período entre as décadas de 1950 e de 1980, para um concreto de determinadas resistência e trabalhabilidade, foi possível reduzir o consumo de cimento entre 60 e 100 kg/m³ de concreto e, ao mesmo tempo, aumentar a relação água/cimento entre 0,09 e 0,13.[7.20]

Apesar de uma resistência de concreto mais elevada aos 28 dias, para uma determinada relação água/cimento, poder ser aproveitada economicamente, existem algumas consequências negativas. Um concreto com a mesma resistência aos 28 dias de antes (quando eram utilizados os cimentos "antigos") pode ser produzido com uma relação água/cimento maior e com um menor consumo de cimento, conforme evidenciado no parágrafo anterior. Essas alterações concomitantes resultam em concretos de maior permeabilidade e, portanto, mais suscetíveis à carbonatação e à penetração de agentes agressivos. Em geral, esses concretos também têm menor durabilidade.

Além do mais, a ausência de um aumento significativo da resistência além da idade de 28 dias[7.20,7.21] terminou com a melhoria do concreto em longo prazo, o que tranquilizava os usuários antigamente – mesmo se essa melhoria não fosse levada em consideração no projeto.

O rápido ganho de resistência ainda significa que as resistências necessárias para a remoção das fôrmas são obtidas mais cedo do que com o uso de cimentos "antigos", o que faz com que a cura também seja interrompida mais cedo.[7.17] As consequências negativas disso foram discutidas anteriormente neste capítulo.

Essas consequências não foram previstas, em parte devido a muitos consumidores de concreto estarem preocupados em aproveitar as elevadas resistências iniciais do cimento e em parte devido às normas de concreto terem sido concebidas predominantemente em termos da resistência aos 28 dias, que permaneceu a mesma, como se os cimentos "antigos" fossem utilizados.

Embora os dados anteriores sejam referentes a cimentos britânicos, as mudanças ocorreram em todo o mundo, mas não ao mesmo tempo, e a força motriz foi a modernização das fábricas de cimento. Dados da França podem ser interessantes: entre a metade da década de 1960 e 1989, o teor médio de C_3S no cimento Portland aumentou de 42 para 58,4%, com a diminuição simultânea do teor médio de C_2S de 28 para 13%.[7.15]

Aparentemente, o aumento da resistência média aos 28 dias continua. Nos Estados Unidos, entre 1977 e 1991, a resistência da argamassa produzida conforme a ASTM C 109-93 aumentou de 37,8 para 41,5 MPa.[7.14]

Fadiga do concreto

No Capítulo 6, somente a resistência do concreto submetido a carregamento estático foi analisada. Entretanto, em muitas estruturas, ocorrem carregamentos cíclicos. Exemplos típicos são as estruturas *offshore* sujeitas a ações de ondas e ventos, as pontes, os pavimentos rodoviários e aeroviários e os dormentes de ferrovias. O número de ciclos de carregamentos aplicados durante a vida da estrutura pode chegar a 10 milhões e, eventualmente, até mesmo a 50 milhões.

Define-se que houve ruptura por fadiga quando um material se rompe sob um número de ações repetidas, todas menores do que a resistência à compressão estática. Tanto o concreto quanto o aço possuem as características de ruptura por fadiga, mas, neste livro, somente o comportamento do concreto será analisado.

Considere-se um elemento de concreto sujeito a tensões de compressão alternadas entre os valores σ_l (≥ 0) e σ_h ($> \sigma_l$). A curva tensão-deformação varia conforme o número de repetições de carregamentos, mudando da forma côncava em direção ao eixo das deformações (com um laço de histerese no descarregamento) para uma linha reta, que se desloca a uma velocidade decrescente (ou seja, existe alguma deformação irreversível) e, eventualmente, se torna côncava em direção ao eixo das tensões. O grau dessa última concavidade é um indício do quão perto o concreto está da ruptura. Entretanto, esta somente ocorrerá acima de um determinado valor-limite de σ_h, conhecido como *limite de fadiga*. Caso σ_h seja inferior ao limite de fadiga, a curva tensão-deformação permanecerá indefinidamente reta, e não ocorrerá a ruptura por fadiga. As mudanças na curva tensão-deformação com o número de ciclos estão ilustradas na Figura 7.13, para carregamentos à compressão, e na Figura 7.14, para tração direta.[7.94]

Pode ser dito que a variação da deformação conforme o número de ciclos consiste em três fases.[7.83] Na primeira fase, ou seja, na fase inicial, a deformação aumenta rapidamente, mas a uma velocidade progressivamente decrescente, com o número de ciclos. Na segunda fase, que representa a fase estável, a deformação aumenta de maneira aproximadamente linear com o número de ciclos. Na terceira fase, que representa a instabilidade, a deformação aumenta a uma velocidade progressivamente crescente até a ocorrência da ruptura por fadiga. Um exemplo desse comportamento é mostrado na Figura 7.15.

Caso a curva tensão-deformação no descarregamento também fosse traçada na Figura 7.13, seria possível perceber um laço de histerese em cada ciclo. A área do laço diminui a cada ciclo sucessivo e, eventualmente, aumenta antes da ruptura por fadiga.[7.43] Não parece haver esse aumento em elementos de concreto que não sofrem ruptura por fadiga. Plotando a área de cada laço sucessivo de histerese como uma porcentagem da área do primeiro laço, a variação com o número de ciclos é a mostrada na Figura 7.16.

O interesse no laço de histerese vem do fato de que sua área representa a energia de deformação irreversível e é manifestada pelo aumento da temperatura do corpo de prova. A deformação irreversível implicada provavelmente se manifesta na forma de microfissuração. Medidas de velocidade de pulso ultrassônico mostraram[7.43] que o

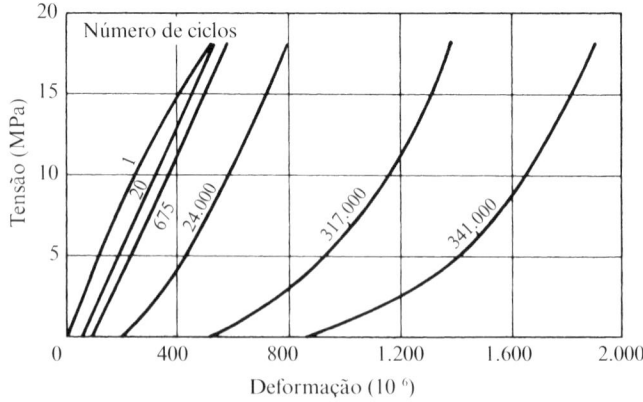

Figura 7.13 Curva tensão-deformação do concreto sob carregamento cíclico à compressão.

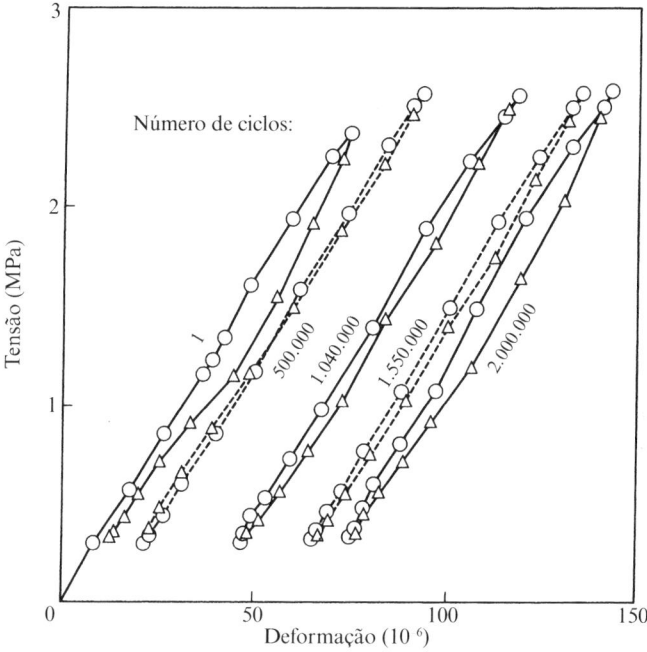

Figura 7.14 Curva tensão-deformação do concreto sob carregamento cíclico à tração direta (baseada na ref. 7.94).

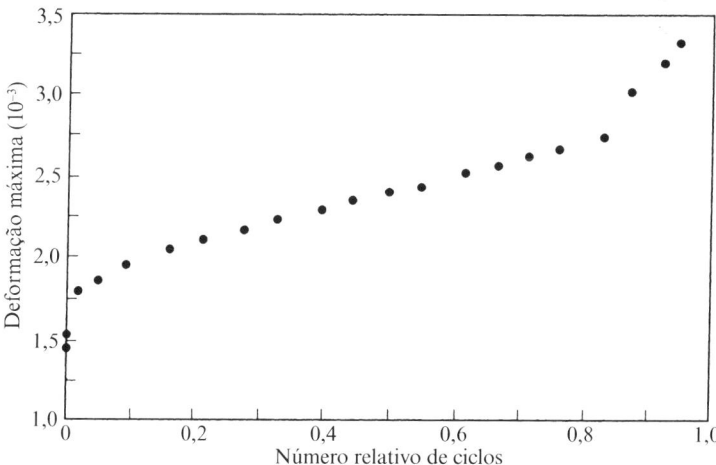

Figura 7.15 Relação entre a tensão e o número relativo de ciclos de carregamentos à compressão, expressa como uma proporção do número de ciclos até a ruptura (tensão máxima igual a 0,75 da resistência estática; tensão mínima igual a 0,05 da resistência estática; baseada na ref. 7.83).

desenvolvimento de fissuras é o fator responsável pela mudança de comportamento próximo à ruptura.

A deformação na ruptura por fadiga é muito maior do que na ruptura estática, podendo chegar a 4×10^{-3} após 13 milhões de ciclos a 3 Hz. Em geral, elementos com maior vida útil à fadiga possuem maior deformação não elástica na ruptura (Figura 7.17).

A deformação elástica também aumenta progressivamente com os ciclos. Isso é apontado na Figura 7.18 pela redução do módulo secante de elasticidade (ver página 430), com um aumento na porcentagem da "vida útil à fadiga" utilizada até o momento. Essa relação é independente do nível de tensão no ensaio de fadiga e, portanto, é relevante para a determinação da vida útil à fadiga restante de um determinado concreto.

A deformação transversal também é influenciada pelo progresso do carregamento cíclico, e o coeficiente de Poisson diminui progressivamente.

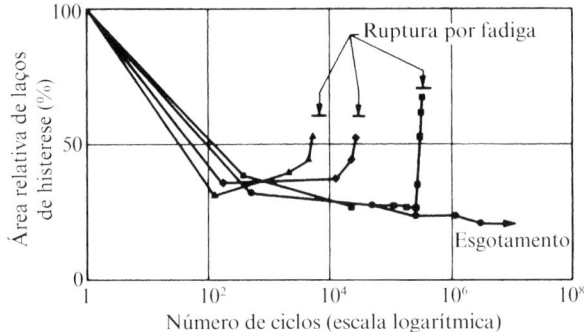

Figura 7.16 Variação da área do laço de histerese, expressa como uma porcentagem do primeiro laço com o número de ciclos.[7.43]

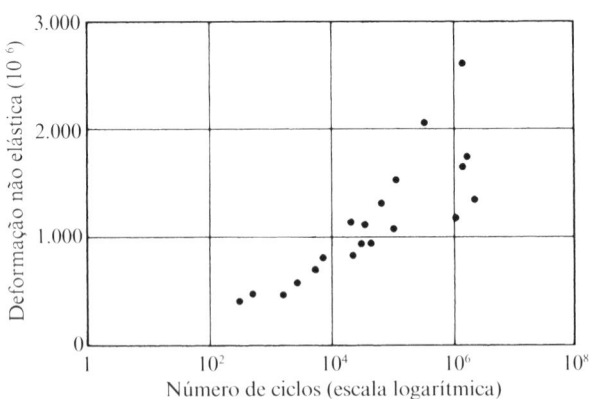

Figura 7.17 Relação entre a deformação não elástica próximo à ruptura e o número de ciclos na ruptura.[7.43]

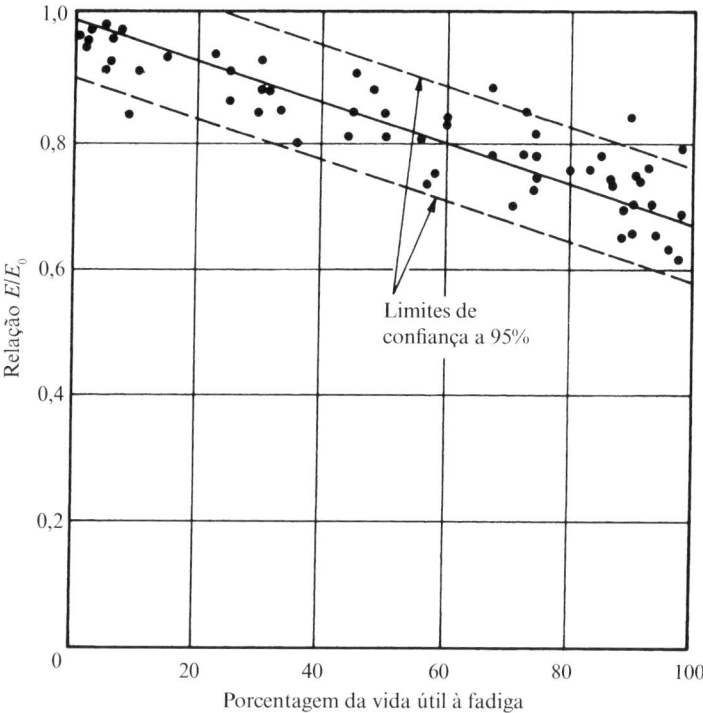

Figura 7.18 Relação entre o módulo secante de elasticidade em um determinado momento (E) e o módulo no início dos ciclos (E_0) e a porcentagem da vida útil à fadiga utilizada.[7.43]

O carregamento cíclico menor do que o limite de fadiga melhora a resistência do concreto à fadiga, ou seja, um concreto carregado um número de vezes abaixo de seu limite de fadiga, quando carregado subsequentemente acima do limite, apresentará maior resistência à fadiga do que um concreto que nunca foi submetido aos ciclos iniciais. O primeiro concreto também terá maior resistência estática, em torno de 5 a 15%, mas já foram registrados valores de até 39%.[7.85] Provavelmente, esse acréscimo de resistência decorre da densificação do concreto causada pelo ciclo inicial de baixo nível de tensão, de modo semelhante à melhoria da resistência sob carregamento moderado mantido.[7.45] Essa propriedade é semelhante à deformação a frio dos metais (encruamento) e é particularmente interessante devido ao concreto sob carregamento estático ser um material que sofre mais abrandamento do que encruamento.

A rigor, o concreto parece não possuir um limite de fadiga, ou seja, uma resistência à fadiga a um número infinito de ciclos (exceto quando ocorre tensão reversa). Portanto, é comum fazer referência à resistência à fadiga a um grande número de ciclos, como, por exemplo, 10 milhões, mas, para algumas estruturas marítimas, pode ser necessário um valor ainda maior.

A resistência à fadiga pode ser representada pelo diagrama modificado de Goodman (ver Figura 7.19). A ordenada a partir de uma linha a 45° passando através da origem mostra o intervalo de tensões ($\sigma_h - \sigma_l$) para um determinado número de ciclos. Em geral, σ_l é maior do que zero, em função da carga permanente, enquanto σ_h é devido à carga permanente somada às cargas acidentais. Assim, o intervalo de tensões em que um determinado concreto pode suportar um número especificados de ciclos pode ser obtido a partir do diagrama. Para um determinado σ_l, o número de ciclos é muito sensível ao intervalo de tensões. Por exemplo, foi observado que um aumento no intervalo de 57,5 para 65% da resistência estática final diminui o número de ciclos em um fator igual a 40.[7.46]

O diagrama modificado de Goodman (ver Figura 7.19) mostra que, para um intervalo constante de tensões, quanto maior for o valor da tensão mínima, menor será o número de ciclos que determinado concreto poderá suportar. Isso é significativo em relação à carga permanente de um elemento de concreto projetado para suportar uma carga acidental de certa magnitude.

Em razão de as linhas da Figura 7.19 ascenderem para a direita, pode ser visto que a resistência do concreto à fadiga será menor quanto maior for a relação σ_h/σ_l.

A frequência das cargas alternadas, pelo menos dentro dos limites de 1,2 a 33 Hz, não influencia a resistência à fadiga resultante,[7.47] e frequências maiores têm pouco significado prático. Isso se aplica tanto à compressão quanto à flexão, e a similaridade entre o comportamento à fadiga dos dois tipos de carregamento, bem como à tração por compressão diametral,[7.63] sugere que o mecanismo de ruptura é o mesmo.[7.48] De fato, o comportamento à fadiga na flexão se parece muito com o comportamento na compressão (Figura 7.20). Verificou-se que a resistência à fadiga na flexão (para 10 milhões de ciclos) é 55% da resistência estática,[7.84] tendo sido registrados valores de 64 a 72%.[7.99] Para comparação, na compressão, foi relatada resistência à fadiga entre 60 e 64% após o mesmo número de ciclos, mas o valor de 55% também foi citado.[7.85] Devido

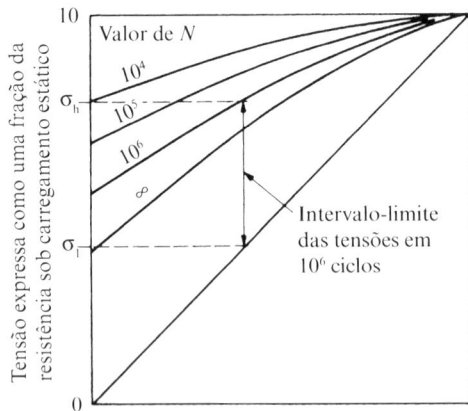

Figura 7.19 Diagrama modificado de Goodman para o concreto sujeito à fadiga por compressão (N é o número de ciclos).

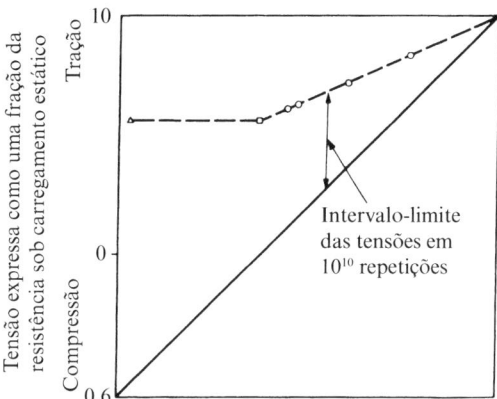

Figura 7.20 Diagrama modificado de Goodman para o concreto sujeito à fadiga por flexão.[7.44]

à elevada dispersão nos resultados de ensaios de fadiga, o conceito probabilístico de sobrevivência na fadiga tem sido utilizado em projetos.[7.95]

Alguns ensaios mostraram que a pressão transversal aumenta a vida útil à fadiga do concreto, mas não em tensões muito elevadas.[7.58] Em geral, o padrão de comportamento à fadiga de elementos de superfície (em forma de placa) em estado duplo de tensões de compressão é bastante similar ao observado sob compressão simples. Verificou-se que a tensão de compressão transversal de 0,2 a 0,5 da tensão axial aumenta a vida útil à fadiga em até 50% em comparação ao elemento submetido à compressão uniaxial.[7.87] Também foi observado um aumento na vida útil à fadiga de corpos de prova cúbicos submetidos ao estado duplo de tensões de compressão.[7.96] Provavelmente, a razão para isso é o fato de a tensão de compressão transversal restringir o desenvolvimento de microfissuras, que são responsáveis pela ruptura por fadiga. Essa observação é importante, já que, em várias situações estruturais, a compressão transversal está presente.

Alguns ensaios mostraram que a condição de umidade do concreto antes do carregamento influencia sua resistência à fadiga na flexão, com os corpos de prova secos em estufa apresentando a maior resistência, os parcialmente secos, a menor e os úmidos, um valor intermediário (Figura 7.21). A explicação para esse comportamento está nas deformações diferenciais induzidas pelo gradiente de umidade.[7.59] Os ensaios mostram esse efeito aparente. A submersão em água não influencia a vida útil à fadiga.[7.86]

De modo geral, a relação entre a resistência à fadiga e a resistência estática é independente da relação água/cimento, do consumo de cimento, do tipo de agregado e da idade de carregamento, devido a esses fatores afetarem do mesmo modo tanto a resistência estática quanto a resistência à fadiga.

Como a resistência aumenta com a idade, a resistência à fadiga, tanto na compressão quanto na flexão, também aumenta.[7.63] O ponto importante é que, para um determinado número de ciclos, a ruptura por fadiga ocorre na mesma fração de resistência final e é, portanto, independente da magnitude dessa resistência (tanto à compressão quanto à tração por compressão diametral)[7.64] e da idade do concreto,[7.47] embora alguns

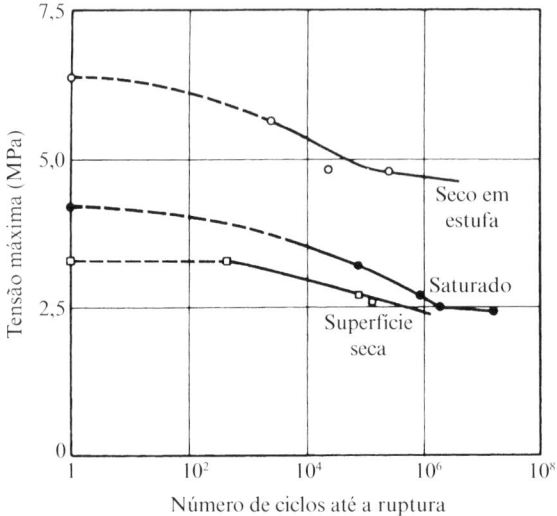

Figura 7.21 Efeito da condição de umidade no desempenho à fadiga de corpos de prova de concreto (Crown copyright).[7.59]

resultados de ensaios sugiram um aumento da vida útil à fadiga com a idade.[7.59] Pode, então, ser visto que um único parâmetro é crítico na ruptura à fadiga. Murdock[7.47] apresentou a hipótese de que a deterioração da aderência entre a pasta de cimento hidratada e o agregado é responsável por essa ruptura. Ensaios mostraram que os corpos de prova de fadiga possuíam menos partículas de agregado rompidas do que corpos de prova rompidos em ensaios estáticos.[7.49] Dessa forma, a ruptura da interface agregado-pasta é, provavelmente, dominante na fadiga. Em argamassa, acredita-se que a ruptura por fadiga ocorra na interface das partículas de agregados miúdos.[7.43] É provável que uma menor dimensão máxima do agregado resulte em uma maior resistência à fadiga,[7.60] possivelmente devido à maior homogeneidade do concreto.

Os concretos com ar incorporado e com agregados leves possuem o mesmo comportamento à fadiga que os concretos produzidos com agregados normais,[7.50,7.61,7.86] embora o ar incorporado possa reduzir a vida útil à fadiga na flexão.[7.98] A fadiga em corpos de prova cilíndricos ocorre da mesma forma que em grandes elementos sujeitos a carregamentos de baixa frequência.[7.62]

Concretos de alta resistência também apresentam comportamento similar ao concreto normal, mas menor deformação (provavelmente devido ao maior módulo de elasticidade) e maior vida útil à fadiga sob elevados valores de tensões máximas.[7.83] O desempenho do concreto de alta resistência à fadiga pode, então, ser considerado bom, mas a ruptura é um tanto abrupta.[7.83]

A resistência à fadiga do concreto é aumentada por períodos de repouso (isso não se aplica quando existem tensões reversas), proporcionalmente à duração deles, entre um e cinco minutos. Além de cinco minutos não se verifica aumento da resistência. Com períodos de repouso em sua duração eficaz máxima, a frequência é que determina o efeito benéfico.[7.47] O aumento na resistência causado pelos períodos de repouso provavelmente se deve à relaxação do concreto (ligações primárias, que permaneceram intactas, restabelecendo a configuração original da estrutura interna), como evidenciado pelo decréscimo na deformação total. Esse decréscimo ocorre logo após a interrupção do carregamento.

Murdock[7.47] sugeriu que a ruptura por fadiga ocorre a uma deformação constante, independentemente do nível de tensão aplicada ou do número de ciclos necessário para causar a ruptura. Esse comportamento pode corroborar o conceito da deformação final como critério de ruptura.

A maioria dos ensaios de fadiga é realizada com carregamentos cíclicos de configuração constante. Entretanto, estruturas como as sujeitas à ação de ondas sofrem ações de amplitude variável. Ensaios com níveis de tensões variáveis mostraram que a sequência de ciclos de baixas tensões e altas tensões influencia a vida útil à fadiga. Em especial, se os ciclos de altas tensões sucedem os ciclos de baixas tensões, a resistência à fadiga é reduzida. Conclui-se que a hipótese de Miner[7.88] sobre acumulação linear de danos (válida para metais) não se aplica ao concreto[7.44,7.65,7.89] e pode ser prejudicial à segurança. Uma modificação na hipótese de Miner que leva em consideração a sequência de carregamentos de amplitude variável foi desenvolvida por Oh,[7.100] mas sua validade geral ainda está por ser estabelecida.

Deve ser destacado que, para uma determinada tensão máxima no ciclo – já que a amplitude das tensões diminui –, a preocupação não é mais a fadiga, mas a carga de longa duração que resulta em fluência (ver página 493). Portanto, a duração dos ciclos se torna importante. Hsu[7.90] desenvolveu expressões que levam em conta esses aspectos, pois considera que sejam necessárias distintas equações para a vida útil à fadiga para carregamentos de poucos ciclos, como os causados por sismos, já que a aplicação direta dos resultados de ensaios laboratoriais a altas frequências pode não ser segura.[7.97]

Embora este livro não trate do comportamento à fadiga de concreto armado e protendido, deve ser destacado que as fissuras por fadiga no concreto agem como concentradores de tensões, aumentando, assim, a vulnerabilidade do aço à ruptura por fadiga,[7.51] caso a tensão existente seja maior do que sua tensão crítica de fadiga.

Outra observação relevante em relação ao concreto armado é que a resistência à fadiga da aderência do concreto à armadura é o fator determinante no concreto armado sujeito a carregamentos cíclicos.[7.86] Como a aderência é melhorada pela adição de sílica ativa ao concreto, isso pode explicar a razão pela qual a presença de sílica ativa em concretos de alta resistência com agregados leves aumenta a resistência à fadiga de elementos de concreto armado, em comparação a elementos produzidos com concretos de mesma resistência, mas sem sílica ativa.

É possível que a fadiga da aderência à armadura seja mais bem representada em termos de deformação acumulada – ou seja, escorregamento – no ensaio estático de aderência.[7.82],*

---

* N. de R.T.: A norma brasileira para projetos de estruturas de concreto, a NBR 6118:2014, versão corrigida 2014, aborda a verificação da fadiga. Não são tratadas as ações de fadiga de alta intensidade, capazes de provocar danos com menos de 20.000 repetições, sendo consideradas somente as ações de fadiga de média e baixa intensidade e número de repetições de até 2.000.000 de ciclos.

Resistência ao impacto

A resistência ao impacto é importante quando o concreto está sujeito a quedas repetidas de objetos, como em um bate-estacas, ou a um único impacto de uma grande massa a uma alta velocidade. Os principais critérios são as capacidades de o elemento suportar golpes repetidos e ele absorver energia.

Green[7.52] estudou a quantidade de golpes de um pêndulo balístico que corpos de prova cúbicos de concreto de 100 mm de aresta conseguiam suportar antes de chegar à condição em que não ocorria mais rebote – estágio que indica o estado definitivo de deterioração. O autor observou que os ensaios de impacto em corpos de prova de compressão, quando realizados com um pequeno percussor de 25 mm de diâmetro, resultavam em uma maior dispersão dos resultados do que os ensaios de resistência à compressão estática do concreto. Isso decorre do fato de que, nos ensaios de compressão normalizados, ocorre algum alívio de tensões da região enfraquecida, em grande parte devido à fluência, enquanto nos ensaios de impacto a redistribuição de tensões não é possível durante um período muito curto de deformação. Portanto, a fragilização localizada exerce grande influência na resistência ao impacto registrada em um corpo de prova.

Em geral, a resistência ao impacto aumenta com a resistência à compressão,[7.92] mas, quanto maior for a resistência à compressão estática do concreto, menor será a energia absorvida por golpe antes da fissuração.[7.52]

A Figura 7.22 mostra alguns exemplos da relação entre a resistência ao impacto e a resistência à compressão.[7.52] Pode ser visto que a relação é diferente para cada agregado graúdo e cada condição de armazenamento do concreto. Para a mesma resistência à compressão, a resistência ao impacto é maior em agregados graúdos mais angulosos

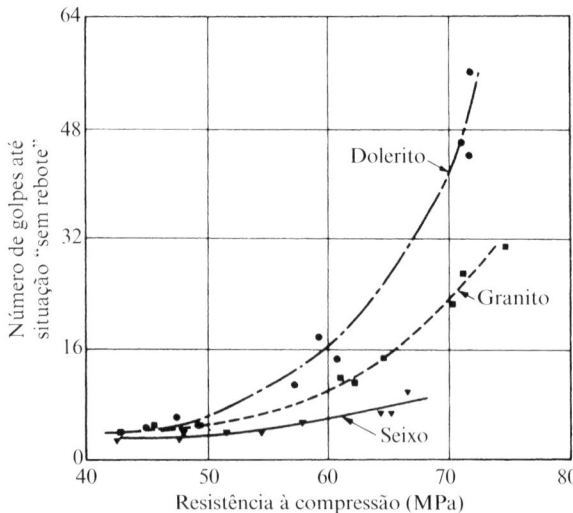

Figura 7.22 Relação entre a resistência à compressão e o número de golpes até a situação "sem rebote" para concretos produzidos com diferentes agregados e cimento Tipo I e armazenados em água.[7.52]

e de superfície mais áspera. Essa observação foi confirmada por Dahms[7.66] e ampara a sugestão[7.53] de que a resistência ao impacto está mais intimamente relacionada à resistência à tração do concreto do que à resistência à compressão. Sendo assim, concretos produzidos com seixos possuem baixa resistência ao impacto, com a ruptura ocorrendo devido à aderência insuficiente entre a argamassa e o agregado graúdo. Por outro lado, quando a superfície do agregado é rugosa, o concreto é capaz de tirar proveito da resistência do agregado na região da ruptura.

Agregados com dimensão máxima menor aumentam significativamente a resistência ao impacto, tanto na compressão[7.66] quanto na tração por compressão diametral.[7.93] A resistência ao impacto na compressão é melhorada pelo uso de agregados de baixo módulo de elasticidade e baixo coeficiente de Poisson.[7.66] O consumo de cimento inferior a 400 kg/m³ é benéfico.[7.66] A influência do agregado miúdo não está bem definida, mas o uso de areia fina normalmente resulta em uma resistência ao impacto ligeiramente menor. Dahms[7.66] cita como vantajoso um elevado teor de areia. É possível tentar generalizar e dizer que uma seleção de materiais com pouca variação das propriedades é favorável a uma boa resistência ao impacto. Uma grande quantidade de ensaios de resistência ao impacto foi realizada por Hughes & Gregory.[7.54]

As condições de armazenamento influenciam a resistência ao impacto de modo distinto da resistência à compressão. Especificamente, a resistência ao impacto de concretos mantidos em água é menor do que a de concretos secos, embora os primeiros consigam suportar mais golpes antes da fissuração. Dessa forma, como já dito, a resistência à compressão sem a referência das condições de armazenamento não dá uma indicação satisfatória da resistência ao impacto.[7.52]

Ensaios de impactos repetidos em placas também foram realizados,[7.92] sendo a perfuração da placa o ponto final do ensaio. Esses ensaios são, em geral, direcionados à aplicação estrutural direta e, com frequência, envolvem concreto reforçado com fibras. Também podem ser realizados ensaios de tração por compressão diametral.

Existem evidências de que, sob carga de impacto aplicada uniformemente (situação que dificilmente ocorre na prática), a resistência ao impacto do concreto é significativamente maior do que sua resistência à compressão estática. Esse aumento de resistência pode explicar a maior capacidade do concreto de absorver energia de deformação sob impacto uniforme. A Figura 7.23 mostra que a resistência aumenta de forma significativa quando a velocidade de aplicação de tensão é maior do que cerca de 500 GPa/s, alcançando, a 4,9 TPa/s, mais do que o dobro do valor a velocidades normais de carregamento (cerca de 0,5 MPa/s).[7.67] Impactos a velocidades de carregamento seis ordens de grandeza maiores do que no ensaio estático resultam em 50% de aumento da resistência à compressão estática.[7.91] Na resistência à tração por compressão diametral, o mesmo aumento da velocidade de carregamento resultou em 80% de aumento da resistência estática.[7.93]

A influência da velocidade de aplicação da deformação na resistência à compressão é mostrada na Figura 7.24. Pode ser visto que, em velocidades muito elevadas, há um grande aumento da resistência à compressão, provavelmente devido à resistência inercial do concreto à microfissuração.[7.80] Em baixas velocidades, o efeito da fluência pode ser predominante. A influência da velocidade de deformação sobre a resistência à tração é ainda maior,[7.81] e a água livre da pasta endurecida tem uma função importante.[7.79] O tema da influência da velocidade de carregamento sobre a resistência também é analisado, em relação aos ensaios, no Capítulo 12.

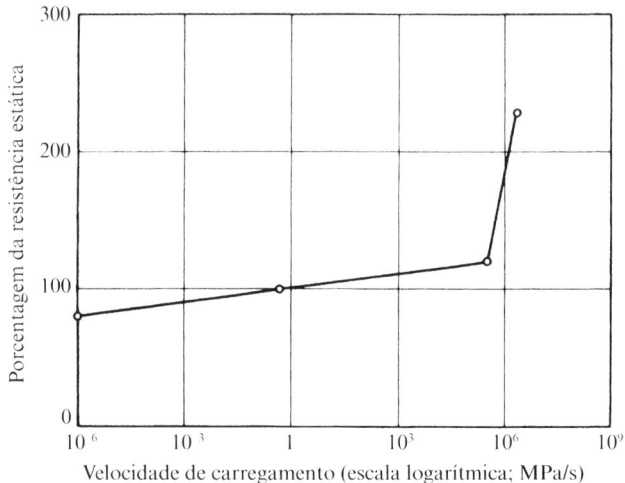

Figura 7.23 Relação entre a resistência à compressão e a velocidade de carregamento até o nível de impacto.[7.67]

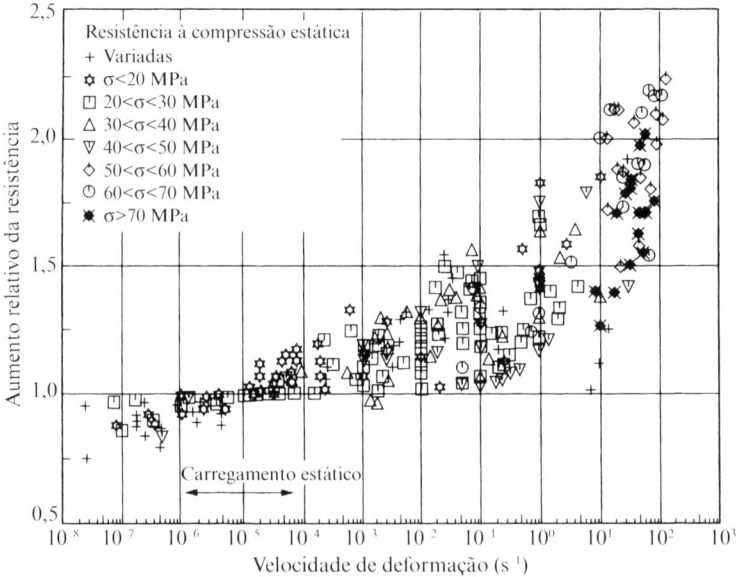

Figura 7.24 Relação entre o aumento relativo da resistência à compressão (expressa como uma proporção da resistência estática) e a velocidade de deformação para concretos de diferentes resistências (baseada na ref. 7.80).

Propriedades elétricas do concreto

As propriedades elétricas são importantes para algumas aplicações específicas, como dormentes de ferrovias, em que a resistividade inadequada pode afetar alguns sistemas de sinalização, ou em estruturas em que o concreto é utilizado para a proteção de correntes de fuga. A resistência elétrica do concreto também influencia o progresso da corrosão da armadura. Além disso, propriedades elétricas são de interesse em estudos tanto do concreto fresco quanto do concreto endurecido.

Na proximidade de cabos subterrâneos, o concreto pode ficar sujeito à atividade elétrica, mas, em condições normais de operação, ele oferece alta resistência à passagem de corrente elétrica para a – ou a partir da – armadura. Isso se deve, em grande parte, ao efeito eletroquímico que o concreto exerce sobre o aço em contato com ele, decorrente da alcalinidade do eletrólito no interior do concreto. Essa proteção se aplica à diferença de potencial de +0,6 a –1,0 V (em relação ao eletrodo de sulfato de cobre), e a corrente é controlada, principalmente, pelos efeitos de polarização, e não pela resistência ôhmica do concreto.[7.69]

O concreto úmido se comporta essencialmente como um eletrólito com *resistividade* de até 100 Ωm, ou seja, encontra-se no campo dos semicondutores. O concreto seco ao ar possui resistividade da ordem de 10^4 Ωm.[7.19] Por outro lado, o concreto seco em estufa possui resistividade da ordem de 10^9 Ωm, o que o classifica como um bom isolante.[7.70] As propriedades isolantes ou dielétricas foram profundamente estudadas por Halabe *et al*.[7.27]

O grande aumento da resistividade do concreto com a remoção de água é interpretado como a corrente elétrica sendo conduzida através do concreto úmido, essencialmente por meios eletrolíticos, ou seja, pelos íons da água evaporável. Entretanto, quando os capilares estão segmentados, ocorre a passagem da corrente elétrica através da água de gel. A resistividade do agregado normal é infinitamente maior. A secagem ao ar aumenta a resistividade da região superficial de um concreto com determinadas proporções. Por exemplo, Tritthart & Geymayer[7.34] relataram um aumento de onze vezes com relação água/cimento igual a 0,50 e aumentos ainda maiores com relações água/cimento mais altas.

Portanto, pode ser esperado que qualquer acréscimo no volume de água e na concentração de íons presentes na água dos poros diminua a resistividade da pasta de cimento, e, de fato, a resistividade diminui bruscamente com o aumento da relação água/cimento. Esse fato é mostrado na Tabela 7.3, para pasta de cimento hidratada, e na Figura 7.25, para concreto. A diminuição do consumo de cimento do concreto também resulta em um aumento da resistividade,[7.18] devido a – a uma relação água/cimento constante, mas com um consumo de cimento menor – existir menos eletrólito disponível para a passagem da corrente.

A resistividade de concretos com composições variadas é mostrada por Hughes *et al*.[7.18] Caso necessário, os valores de resistividade da pasta de cimento hidratada podem ser convertidos em resistividade do concreto que inclui a pasta, aproximadamente pela razão inversa do volume relativo de pasta de cimento hidratada.[7.19]

As reações de longa duração que envolvem a escória granulada de alto-forno no concreto causam o aumento contínuo da resistividade elétrica. Esse valor pode chegar a uma ordem de grandeza, em comparação ao concreto produzido somente com cimento Portland comum.[7.30] A sílica ativa também aumenta a resistividade. Os efeitos da escória

Tabela 7.3 Influência da relação água/cimento e da duração da cura úmida sobre a resistividade da pasta de cimento[7.70]

Tipo de cimento	Teor equivalente de Na₂O (%)	Relação água/cimento	Resistividade (a 1.000 Hz, 4V; Ωm) na idade de:		
			7 dias	28 dias	90 dias
Portland comum	0,19	0,4	10,3	11,7	15,7
		0,5	7,9	8,8	10,9
		0,6	5,3	7,0	7,6
Portland comum	1,01	0,4	12,3	13,6	16,6
		0,5	8,2	9,5	12,0
		0,6	5,7	7,3	7,9

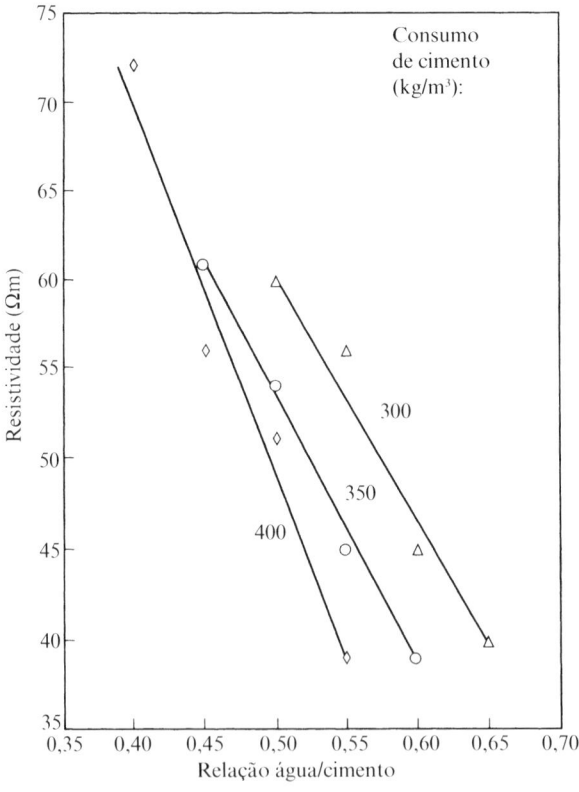

Figura 7.25 Relação entre a resistividade elétrica e a relação água/cimento para concretos com agregado de dimensão máxima igual a 40 mm, produzidos com cimento Portland comum (Tipo I), ensaiados aos 28 dias (baseada na ref. 7.18).

granulada de alto-forno e da sílica ativa são de importância quando a evolução da corrosão da armadura é controlada pela resistência elétrica do concreto (ver Capítulo 11).

Assim como outros íons na água dos poros, os cloretos reduzem significativamente a resistividade do concreto e da argamassa, sendo que, para a argamassa, foi relatada uma diminuição de 15 vezes.[7.71] A influência da salinidade da água de amassamento na resistividade é maior em concretos com relações água/cimento elevadas e bastante pequena em concretos de alta resistência.[7.72]

Durante as primeiras horas após a mistura, a resistividade do concreto aumenta muito lentamente, depois, aumenta rapidamente até a idade de cerca de um dia e, depois disso, aumenta em menor velocidade ou se torna constante,[7.18] a menos que o concreto seja submetido à secagem, o que aumenta a resistividade.

A resistividade do concreto imerso em água do mar pode ser significativamente aumentada pela formação de uma fina camada de hidróxido de magnésio e carbonato de cálcio.[7.101] Caso essa camada seja removida, a resistividade será a mesma que a de concretos mantidos em água doce.

A relação entre a resistividade do concreto e a fração de volume ocupado pela água pode ser deduzida a partir das leis de condutividade em condutores heterogêneos. Entretanto, para a faixa de traços de concretos usuais, a quantidade de água varia relativamente pouco para determinadas granulometria de agregado e trabalhabilidade, e a resistividade se torna mais dependente do cimento utilizado,[7.73] já que a composição química do cimento controla a quantidade de íons presentes na água evaporável. Uma ideia da influência do cimento sobre a resistividade pode ser obtida a partir da Tabela 7.4, em que pode ser visto que a resistividade do concreto produzido com cimento de elevado teor de alumina é de 10 a 15 vezes maior do que quando é usado cimento Portland comum nas mesmas proporções[7.73] (ver Figura 7.26).

Os aditivos geralmente não reduzem a resistividade do concreto.[7.70] Entretanto, podem ser utilizadas adições especiais para modificar a resistividade. Por exemplo, a adição de material betuminoso finamente moído ao concreto, com um subsequente tratamento térmico a 138 °C, aumenta a resistividade, em especial, sob condições úmidas.[7.75] Por outro lado, em casos em que a eletricidade estática é indesejável e uma diminuição da resistência de isolamento do concreto é requerida, resultados satisfatórios podem ser obtidos pela adição de negro de fumo de acetileno (2 a 3% em relação à massa de cimento).[7.75] É possível a obtenção de um concreto condutor de eletricidade a partir da substituição de agregados miúdos por um material granular condutor constituído de carbono cristalino praticamente puro, preparado como um produto patenteado. A resistividade fica entre 0,005 e 0,2 Ωm, e é citado que a resistência à compressão e outras propriedades não são significativamente afetadas.[7.76]

A resistividade do concreto aumenta com o aumento da tensão elétrica.[7.74] A Figura 7.26 ilustra essa relação para concretos secos em estufa, sem absorção de umidade durante os ensaios. Por outro lado, a resistividade do concreto diminui com o aumento da temperatura.[7.19]

A maior parte dos valores citados nesta seção é dada para corrente alternada. A resistividade em corrente contínua pode ser diferente, já que esta possui um efeito polarizador, mas, a 50 Hz, não existe diferença significativa de resistividade entre corrente contínua e alternada.[7.74] Em geral, para concretos maturados ao ar, a resistência com corrente contínua é aproximadamente igual à impedância com corrente alternada.[7.74]

Tabela 7.4 Propriedades elétricas típicas do concreto (baseada na ref. 7.74)

Traço e relação água/cimento	Tipo de cimento	Duração da cura ao ar (dias)	Resistividade (10³ Ωm)				Reatância capacitiva (10³ Ω)			Capacitância (mF)		
			Corrente contínua	50 Hz	500 Hz	25.000 Hz	50 Hz	500 Hz	25.000 Hz	50 Hz	500 Hz	25.000 Hz
1:2:4* 0,49	Portland comum	7	10	9	9	9	159	159	32	0,020	0,0020	0,0002
		42		31	31	30	637	455	64	0,005	0,0007	0,0001
		113	90	82	80	73	1.061	398	64	0,003	0,0008	0,0001
	Portland de alta resistência inicial	39		28	27	27	796	398	64	0,004	0,0008	0,0001
	Elevado teor de alumina	5		189	173	139	398	228	106	0,008	0,0014	0,00006
		18		390	351	275	664	398	127	0,005	0,0008	0,00005
		40		652	577	441	910	569	159	0,003	0,0006	0,00004
1:2:4† 0,49	Portland comum	126		59	58	58	118	228	127	0,027	0,0014	0,00005
	Portland de alta resistência inicial	123		47	47	46	118	212	32	0,027	0,0015	0,00020
	Elevado teor de alumina	138		1.236	1.080	840	531	398	106	0,006	0,0008	0,00006
		182		1.578	1.380	1.059	692	424	127	0,005	0,0007	0,00005
Pasta de cimento‡ 0,23	Portland comum	9	7	6	6	6	9	10	3	0,350	0,0300	0,0020
	Portland de alta resistência inicial	9	5	5	5	5	6	6	2	0,500	0,0540	0,0026
	Elevado teor de alumina	13	240	220	192	128	80	41	21	0,040	0,0077	0,0003

* Corpos de prova cúbicos de 102 mm e eletrodos externos.
† Corpos de prova cúbicos de 152 mm e eletrodos embutidos.
‡ Prismas de 25 mm de espessura e eletrodos externos.

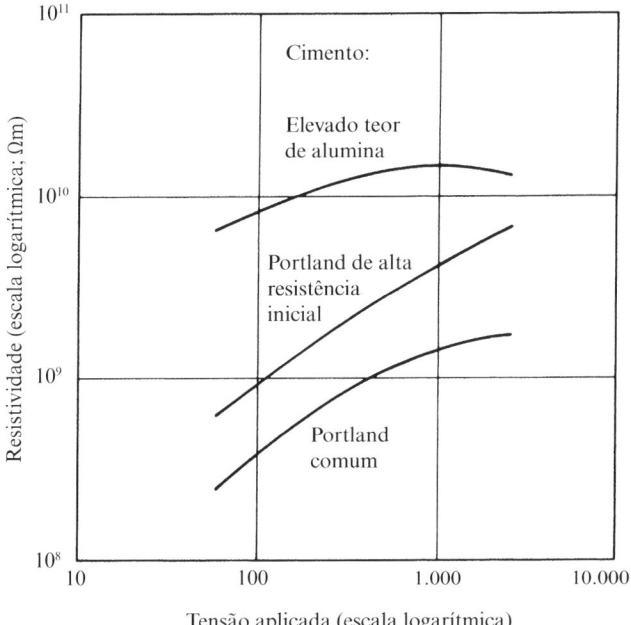

Figura 7.26 Relação entre a resistividade e a tensão aplicada para um concreto 1:2:4 com relação água/cimento de 0,49, seco em estufa e resfriado em dissecador.[7.74]

Hammond & Robson[7.74] concluíram que isso era um indicativo de que a capacitância do concreto é muito maior do que sua resistência, portanto, somente esta última contribui significativamente para a impedância. Consequentemente, o fator de potência é próximo à unidade. Dados típicos para a corrente alternada são apresentados na Tabela 7.4.

A capacitância do concreto diminui com a idade e com o aumento da frequência.[7.74] A pasta de cimento pura com relação água/cimento igual a 0,23 possui capacitância muito maior do que o concreto com relação água/cimento igual a 0,49 na mesma idade.[7.74]

Dados sobre a resistência dielétrica do concreto são apresentados na Tabela 7.5. Pode ser visto que a resistência dielétrica do concreto produzido com cimento de elevado teor de alumina é levemente maior do que a do concreto com cimento Portland comum. A tabela também mostra que, apesar do maior teor de umidade – e, portanto, da menor resistividade – do concreto mantido ao ar em comparação ao concreto seco em estufa, a resistência dielétrica é aproximadamente a mesma para as duas condições de armazenamento e parece, então, não ser influenciada pelo teor de umidade.

Propriedades acústicas

Em muitos edifícios, as propriedades acústicas são importantes, e elas podem ser bastante influenciadas pelo material utilizado e por detalhes estruturais. Neste livro, somente serão analisadas as propriedades dos materiais, pois a influência da forma estrutural e de detalhes construtivos constitui um tópico especializado.

Tabela 7.5 Resistência dielétrica do concreto (traço 1:2:4 e relação água/cimento igual a 0,49) [7.74,*]

			Resistência dielétrica (10^6 V/m)		
Condição do concreto	Corrente	Ruptura	Cimento Portland comum	Cimento Portland de alta resistência inicial	Cimento de elevado teor de alumina
Armazenado ao ar	Pulsos positivos 1/44 µs		1,44	1,46	1,84
	Corrente contínua negativa	Primeira	1,59	1,33	1,77
		Segunda	1,18	1,06	1,24
Seco a 104 °C, resfriado ao ar		Terceira	1,25	0,79	1,28
	Corrente alternada (50 Hz), valores de pico	Primeira	1,43	1,19	1,58
		Segunda	1,03	1,00	1,21
		Terceira	1,00	0,97	0,95

* N. de R.T.: A NBR 9204:2012 estabelece os procedimentos de ensaio para a determinação da resistividade elétrico-volumétrica do concreto endurecido.

Basicamente, duas propriedades acústicas de um material de construção podem ser citadas: a absorção e a transmissão sonora. A primeira é de interesse quando a origem do som e o ouvinte estão no mesmo ambiente. Quando as ondas sonoras se chocam contra uma parede, uma parte de sua energia é absorvida e a outra parte é refletida, e o *coeficiente de absorção acústica* pode ser definido como a proporção de energia sonora que é absorvida pela superfície atingida. O coeficiente é normalmente dado em relação a uma frequência específica. Algumas vezes, a expressão "coeficiente de redução de ruído" é utilizada como uma indicação da média dos coeficientes de absorção acústica a 250, 500, 1.000 e 2.000 Hz em intervalos de oitavas. Um valor típico para concretos não pintados com agregados normais de textura média é de 0,27. O valor correspondente para concretos produzidos com folhelho expandido é de 0,45. Essa diferença está relacionada à textura, à porosidade e à estrutura, pois, quando existe a possibilidade de fluxo de ar, há um grande aumento na absorção sonora pela transformação de energia sonora em calor, devido ao atrito. Dessa forma, o concreto celular, que contém bolhas de ar discretas, possui menor absorção sonora do que o concreto produzido com agregados leves porosos.

A transmissão sonora é de interesse quando o ouvinte está em um ambiente adjacente ao que contém a fonte sonora. A *perda de transmissão sonora* (ou isolamento sonoro) é definida como a diferença, medida em decibéis (dB), entre a energia sonora incidente e a energia sonora transmitida (que irradia para o ambiente adjacente). A definição do que é considerada uma perda de transmissão satisfatória depende do uso de um determinado ambiente, mas valores entre 45 e 55 dB são tidos como adequados entre unidades habitacionais autônomas.[7.22,7.25,*]

* N. de R.T.: Os requisitos em relação ao desempenho de edifícios habitacionais são definidos pela série de normas NBR 15575-1 a 15575-6:2013, sendo que os aspectos relativos aos sistemas de vedações verticais internas e externas, incluindo exigências de isolamento acústico, são tratados na NBR 15575-4:2013.

O principal fator da perda de transmissão é a unidade de massa da divisória por metro quadrado de área. A perda aumenta com a frequência da onda sonora e, normalmente, é determinada em um intervalo de frequências. A relação entre a perda de transmissão e a massa da divisória é, em termos gerais, independente do tipo de material utilizado –, desde que seja garantido que não existem poros contínuos – e é, algumas vezes, citada como a "lei da massa". A Figura 7.27 ilustra essa relação para o caso de divisórias com as extremidades "firmemente fixadas", ou seja, quando as paredes adjacentes são do mesmo material. A partir da Figura 7.27, pode ser visto que uma parede de concreto não revestido de 150 a 175 mm de espessura pode garantir uma perda de transmissão adequada entre habitações. Informações sobre o isolamento acústico de paredes divisórias são dadas nas refs. 7.22, 7.23 e 7.24, e aspectos gerais sobre as propriedades acústicas do concreto são apresentados na ref. 7.26.

A transmissão de som em torno de um "obstáculo sonoro" certamente deve ser considerada, mas, em relação à divisória em si, existem alguns aspectos adicionais à massa: a estanqueidade ao ar, a rigidez à flexão e a presença de vazios.

A rigidez de uma divisória é importante porque, caso o comprimento de onda atuante sobre a parede seja igual ao comprimento de onda de flexão da parede, surge uma situação de transmissão de som através da parede. As coincidências entre os comprimentos de onda somente podem ocorrer acima de um valor de frequência crítico, em que a velocidade das ondas de flexão da parede é a mesma das ondas sonoras no ar paralelas à parede. Acima dessa frequência, é possível uma combinação da incidência de ondas no ar com a frequência em que pode ocorrer a coincidência entre ondas no ar na interface e a onda de flexão da estrutura. O efeito é normalmente limitado a paredes esbeltas,[7.68] e o valor de frequência crítico é dado por:

$$q_c = \frac{v^2}{2\pi h}\left[\frac{12\rho(1-\mu^2)}{E}\right]^{1/2}$$

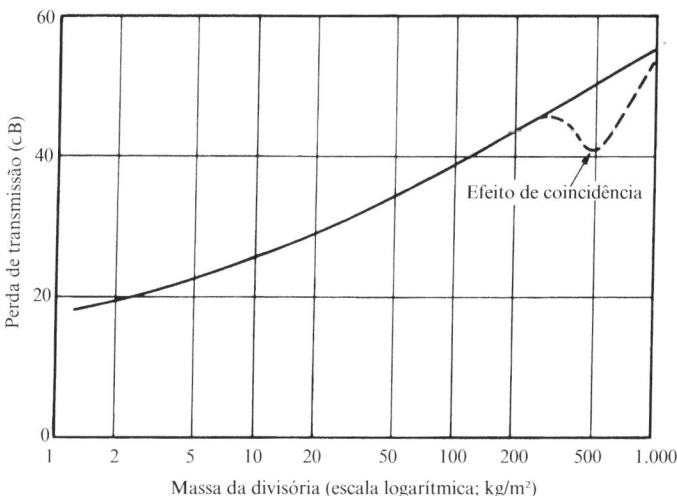

Figura 7.27 Relação entre a perda de transmissão e a unidade de massa da divisória.[7.68]

onde: v = velocidade do som no ar
h = espessura da divisória
ρ = massa específica do concreto
E = módulo de elasticidade do concreto
μ = coeficiente de Poisson do concreto.

A influência do efeito de coincidência na relação entre a perda de transmissão sonora e a unidade de massa da divisória pode ser vista na linha tracejada da Figura 7.27.

A presença de vazios também afeta essa relação: os vazios aumentam a perda de transmissão sonora, de modo que a utilização de uma determinada espessura de concreto na forma de duas paredes (parede dupla) é vantajosa. O comportamento quantitativo depende da largura do espaço vazio, do grau de isolamento entre as paredes e da presença ou ausência de uma superfície selada faceando a cavidade, caso o material da parede seja poroso.

A partir do exposto, fica visível que, em grande parte, as exigências de elevadas absorção e perda de transmissão sonora são conflitantes. Por exemplo, o concreto leve poroso possui boas propriedades de absorção acústica, mas uma alta transmissão sonora. Entretanto, caso uma das faces do concreto seja selada, a perda de transmissão é melhorada e pode se tornar igual à de outros materiais de mesma massa por unidade de área. É preferível selar o lado afastado da fonte sonora, senão a absorção sonora fica comprometida. Contudo, não há razões para crer que o concreto leve garanta inerentemente melhor isolamento acústico em relação à transmissão sonora.

Referências

7.1 G. W. Washa, J. C. Saemann and S. M. Cramer Fifty-year properties of concrete made in 1937, *ACI Materials Journal*, **86**, No. 4, pp. 367–71 (1989).
7.2 L. J. Parrott, Moisture profiles in drying concrete, *Advances in Cement Research*, **1**, No. 3, pp. 164–70 (1988).
7.3 R. G. Patel, D. C. Killoh, L. J. Parrott and W. A. Gutteridge, Influence of curing at different relative humidities upon compound reactions and porosity of Portland cement paste, *Materials and Structures*, **21**, No. 123, pp. 192–7 (1988).
7.4 E. Senbetta, Concrete curing practices in the United States, *Concrete International*, **10**, No. 11, pp. 64–7 (1988).
7.5 D. W. S. Ho, Q. Y. Cui and D. J. Ritchie, Influence of humidity and curing time on the quality of concrete, *Cement and Concrete Research*, **19**, No. 3, pp. 457–64 (1989).
7.6 B. Mather, Curing compounds, *Concrete International*, **12**, No. 2, pp. 40–1 (1990).
7.7 P. Nischer, General report: effects of early overloading and insufficient curing on the properties of concrete after complete hardening, in *Proceedings of RILEM International Conference on Concrete of Early Ages*, Vol. II, pp. 117–26 (Paris, Anciens ENPC, 1982).
7.8 T. A. Harrison, *Formwork Striking Times – Methods of Assessment*, Report 73, 40 pp. (London, CIRIA, 1987).
7.9 ACI 308-92, Standard practice for curing concrete, *ACI Manual of Concrete Practice, Part 2: Construction Practices and Inspection Pavements*, 11 pp. (Detroit, Michigan, 1994).
7.10 H. F. Gonnerman and W. Lerch, Changes in characteristics of portland cement as exhibited by laboratory tests over the period 1904 to 1950, *ASTM Sp. Tech. Publ. No. 127* (1951).
7.11 W. H. Price, Factors influencing concrete strength, *J. Amer. Concr. Inst.*, **47**, pp. 417–32 (Feb. 1951).
7.12 T. S. Poole, Summary of statistical analyses of specification mortar cube test results from various cement suppliers, including four types of cement approved for Corps of Engi-

neers projects, in *Uniformity of Cement Strength ASTM Sp. Tech. Publ. No. 961*, pp. 14–21 (Philadelphia, Pa, 1986).
7.13 J. R. Oglesby, Experience with cement strength uniformity, in *Uniformity of Cement Strength ASTM Sp. Tech. Publ. No. 961*, pp. 3 14 (Philadelphia, Pa, 1986).
7.14 R. D. Gaynor, *Cement Strength Data for 1991*, ASTM Committee C-1 on Cement, 4 pp. (Philadelphia, Pa, 1993).
7.15 L. Divet, Évolution de la composition des ciments Portland artificiels de 1964 à 1989: Exemple d'utilization de la banque de données du LCPC sur les ciments, *Bulletin Liaison Laboratoire Ponts et Chaussées*, **176**, pp. 73 80 (Nov. Dec. 1991).
7.16 A. T. Corish and P. J. Jackson, Portland cement properties, *Concrete*, **16**, No. 7, pp. 16–18 (1982).
7.17 A. M. Neville, Why we have concrete durability problems, in *Concrete Durability: Katharine and Bryant Mather International Conference*, Vol. 1, ACI SP-100, pp. 21–30 (Detroit, Michigan, 1987).
7.18 B. P. Hughes, A. K. O. Soleit and R. W. Brierley, New technique for determining the electrical resistivity of concrete, *Mag. Concr. Res.*, **37**, No. 133, pp. 243–8 (1985).
7.19 H. W. Whittington, J. McCarter and M. C. Forde, The conduction of electricity through concrete, *Mag. Concr. Res.*, **33**, No. 114, pp. 48–60 (1981).
7.20 P. J. Nixon, *Changes in Portland Cement Properties and their Effects on Concrete*, Building Research Establishment Information Paper, 3 pp. (March 1986).
7.21 Concrete Society Working Party, *Report on Changes in Cement Properties and their Effects on Concrete*, Technical Report No. 29, 15 pp. (Slough, U.K., 1987).
7.22 A. Litvin and H. B. Belliston, Sound transmission loss through concrete and concrete masonry walls, *J. Amer. Concr. Inst.*, **75**, pp. 641 6 (Dec. 1978).
7.23 Building Research Establishment *Sound Insulation in Party Walls*, Digest No. 252, 4 pp. (Aug. 1981).
7.24 Building Research Establishment *Sound Insulation: Basic Principles*, Digest No. 337, 8 pp. (Oct. 1988).
7.25 A. C. C. Warnock, *Factors Affecting Sound Transmission Loss*, Canadian Building Digest, CDN 239, 4 pp. (July 1985).
7.26 C. Huet, Propriétés acoustiques in *Le béton hydraulique*, pp. 423–52 (Paris, Presses de l'École Nationale des Ponts et Chaussées, 1982).
7.27 U. B. Halabe, A. Sotoodehnia, K. R. Maser and E. A. Kausel, Modeling the electromagnetic properties of concrete, *ACI Materials Journal*, **90**, No. 6, pp. 552–63 (1993).
7.28 P. Schiessl and C. Reuter, Massgebende Einflussgrössen auf die Wasserdurchlässigkeit von gerissenen Stahlbetonbauteilen, *Annual Report*, Institut für Bauforschung, Aachen, pp. 223 8 (1992).
7.29 M. Ben-Bassat, P. J. Nixon and J. Hardcastle, The effect of differences in the composition of Portland cement on the properties of hardened concrete, *Mag. Conc. Res.*, **42**, No. 151, pp. 59–66 (1990).
7.30 I. L. H. Hansson and C. M. Hansson, Electrical resistivity measurements of portland cement based material, *Cement and Concrete Research*, **13**, No. 5, pp. 675 83 (1983).
7.31 Y. Abdel-Jawad and R. Haddad, Effect of early overloading of concrete on strength at later ages, *Cement and Concrete Research*, **22**, No. 5, pp. 927–36 (1992).
7.32 W. S. Weaver, H. L. Isabelle and F. Williamson, A study of cement and concrete correlation, *Journal of Testing and Evaluation*, **2**, No. 4, pp. 260–303 (1974).
7.33 A. Neville, Cement and concrete: their interaction in practice, in *Advances in Cement and Concrete*, American Soc. Civil Engineers, pp. 1–14 (New York, 1994).
7.34 J. Tritthart and H. G. Geymayer, Änderungen des elektrischen Widerstandes in austrocknendem Beton, *Zement und Beton*, **30**, No. 1, pp. 23–8 (1985).

7.35 L. E. Copeland and R. H. Bragg, Self-desiccation in portland cement pastes, *ASTM Bull. No. 204*, pp. 34–9 (Feb. 1955).
7.36 T. C. Powers, A discussion of cement hydration in relation to the curing of concrete, *Proc. Highw. Res. Bd*, **27**, pp. 178–88 (Washington DC, 1947).
7.37 W. Lerch, Plastic shrinkage, *J. Amer. Concr. Inst.*, **53**, pp. 797–802 (Feb. 1957).
7.38 A. D. Ross, Shape, size, and shrinkage, *Concrete and Constructional Engineering*, pp. 193–9 (London, Aug. 1944).
7.39 F. R. McMillan and L. H. Tuthill, Concete primer, ACI SP-1 3rd Edn, 96 pp. (Detroit, Michigan, 1973).
7.40 U.S. Army Corps of Engineers, *Handbook for Concrete and Cement* (Vicksburg, Miss., 1954).
7.41 F. M. Lea, Would the strength grading of ordinary Portland cement be a contribution to structural economy? *Proc. Inst. Civ. Engrs*, **2**, No. 3, pp. 450–7 (London, Dec. 1953).
7.42 S. Walker and D. L. Bloem, Variations in portland cement, *Proc. ASTM*, **58**, pp. 1009–32 (1958).
7.43 E. W. Bennett and N. K. Raju, Cumulative fatigue damage of plain concrete in compression, *Proc. Int. Conf. on Structure, Solid Mechanics and Engineering Design*, Southampton, April 1969, Part 2, pp. 1089–102 (New York, Wiley-Interscience, 1971).
7.44 J. P. Lloyd, J. L. Lott and C. E. Kesler, Final summary report: fatigue of concrete, *T. & A. M. Report No. 675*, Department of Theoretical and Applied Mechanics, University of Illinois, 33 pp. (Sept. 1967).
7.45 A. M. Neville, Current problems regarding concrete under sustained loading, *Int. Assoc. for Bridge and Structural Engineering, Publications*, No. 26, pp. 337–43 (1966).
7.46 F. S. Ople Jr and C. L. Hulsbos, Probable fatigue life of plain concrete with stress gradient, *J. Amer. Concr. Inst.*, **63**, pp. 59–81 (Jan. 1966).
7.47 J. W. Murdock, The mechanism of fatigue failure in concrete, Thesis submitted to the University of Illinois for the degree of Ph.D., 131 pp. (1960).
7.48 J. A. Neal and C. E. Kesler, The fatigue of plain concrete, *Proc. Int. Conf. on the Structure of Concrete*, pp. 226–37 (London, Cement and Concrete Assoc., 1968).
7.49 B. M. Assimacopoulos, R. F. Warner and C. E. Ekberg, Jr, High speed fatigue tests on small specimens of plain concrete, *J. Prestressed Concr. Inst.*, **4**, pp. 53–70 (Sept. 1959).
7.50 W. H. Gray, J. F. McLaughlin and J. D. Antrim, Fatigue properties of lightweight aggregate concrete, *J. Amer. Concr. Inst.*, **58**, pp. 149–62 (Aug. 1961).
7.51 A. M. Ozell, Discussion of paper by J. P. Romualdi and G. B. Batson: Mechanics of crack arrest in concrete, *J. Eng. Mech. Div., A.S.C.E.*, **89**, No. EM 4, p. 103 (Aug. 1963).
7.52 H. Green, Impact strength of concrete, *Proc. Inst. Civ. Engrs.*, **28**, pp. 383–96 (London, July 1964).
7.53 G. B. Welch and B. Haisman, Fracture toughness measurements of concrete, *Report No. R42*, University of New South Wales, Kensington, Australia (Jan. 1969).
7.54 B. P. Hughes and R. Gregory, The impact strength of concrete using Green's ballistic pendulum, *Proc. Inst. Civ. Engrs.*, **41**, pp. 731–50 (London, Dec. 1968).
7.55 U. Bellander, Concrete strength in finished structure, Part 1: Destructive testing methods. Reasonable requirements, *CBI Research*, 13: 76, 205 pp. (Swedish Cement and Concrete Research Inst., 1976).
7.56 D. C. Teychenné, Concrete made with crushed rock aggregates, *Quarry Management and Products*, **5**, pp. 122–37 (May 1978).
7.57 R. L. McKisson, Cement uniformity on Bureau of Reclamation projects, *U.S. Bureau of Reclamation, Laboratory Report C-1245*, 41 pp. (Denver, Colorado, Aug. 1967).
7.58 S. S. Takhar, I. J. Jordaan and B. R. Gamble, Fatigue of concrete under lateral confining pressure, in *Abeles Symp. on Fatigue of Concrete*, ACI SP-41, pp. 59–69 (Detroit, Michigan, 1974).

7.59 K. D. Raithby and J. W. Galloway, Effects of moisture condition, age, and rate of loading on fatigue of plain concrete, in *Abeles Symp. on Fatigue of Concrete*, ACI SP-41, pp. 15–34 (Detroit, Michigan, 1974).
7.60 H. Sommer, Zum Einfluss der Kornzusammensetzung auf die Dauerfestigkeit von Beton, *Zement und Beton*, **22**, No. 3, pp. 106–9 (1977).
7.61 R. Tepfers and T. Kutti, Fatigue strength of plain, ordinary and lightweight concrete, *J. Amer. Concr. Inst.*, **76**, No. 5, pp. 635–52 (1979).
7.62 R. Tepfers, C. Fridén and L. Georgsson, A study of the applicability to the fatigue of concrete of the Palmgren–Miner partial damage hypothesis, *Mag. Concr. Res.*, **29**, No. 100, pp. 123–30 (1977).
7.63 R. Tepfers, Tensile fatigue strength of plain concrete, *J. Amer. Concr. Inst.*, **76**, No. 8, pp. 919–33 (1979).
7.64 J. W. Galloway, H. M. Harding and K. D. Raithby, Effects of age on flexural, fatigue and compressive strength of concrete, *Transport and Road Res. Lab. Rep. TRRL 865*, 20 pp. (Crowthorne, Berks., 1979).
7.65 J. van Leeuwen and A. J. M. Siemes, Miner's rule with respect to plain concrete, *Heron*, **24**, No. 1, 34 pp. (Delft, 1979).
7.66 J. Dahms, Die Schlagfestigkeit des Betons, *Schriftenreihe der Zement Industrie*, No. 34, 135 pp. (Düsseldorf, 1968).
7.67 C. Popp, Untersuchen Ÿber das Verhalten von Beton bei schlagartigen Beanspruchung, *Deutscher Ausschuss fŸr Stahlbeton*, No. 281, 66 pp. (Berlin, 1977).
7.68 A. G. Loudon and E. F. Stacey, The thermal and acoustic properties of lightweight concretes, *Structural Concrete*, **3**, No. 2, pp. 58–96 (London, 1966).
7.69 D. A. Hausmann, Electrochemical behavior of steel in concrete, *J. Amer. Concr. Inst.*, **61**, No. 2, pp. 171–88 (Feb. 1964).
7.70 G. E. Monfore, The electrical resistivity of concrete, *J. Portl. Cem. Assoc. Research and Development Laboratories*, **10**, No. 2, pp. 35–48 (May 1968).
7.71 R. Cigna, Measurement of the electrical conductivity of cement mortars, *Annali di Chimica*, **66**, pp. 483–94 (Jan. 1966).
7.72 R. L. Henry, Water vapor transmission and electrical resistivity of concrete, *Technical Report R-244* (US Naval Civil Engineering Laboratory, Port Hueneme, California, 30 June 1963).
7.73 V. P. Ganin, Electrical resistance of concrete as a function of its composition, *Beton i Zhelezobeton*, No. 10, pp. 462–5 (1964).
7.74 E. Hammond and T. D. Robson, Comparison of electrical properties of various cements and concretes, *The Engineer*, **199**, pp. 78–80 (21 Jan. 1955); pp. 114–15 (28 Jan. 1955).
7.75 Anon, Electrical properties of concrete, *Concrete and Constructional Engineering*, **58**, No. 5, p. 195 (London, 1963).
7.76 J. R. Farrar, Electrically conductive concrete, *GEC J. of Science and Technol.*, **45**, No. 1, pp. 45–8 (1978).
7.77 P. Klieger, Early high strength concrete for prestressing, *Proc. of World Conference on Prestressed Concrete*, pp. A5-1–14 (San Francisco, July 1957).
7.78 B. M. Scott, Cement strength uniformity – a ready-mix producer's point of view, *NRMCA Publication No. 165*, 3 pp. (Silver Spring, Maryland, 1981).
7.79 P. Rossi *et al.* Effect of loading rate on the strength of concrete subjected to uniaxial tension, *Materials and Structures*, **27**, No. 169, pp. 260–4 (1994).
7.80 B. H. Bischoff and S. H. Perry, Compressive behaviour of concrete at high strain rates, *Materials and Structures*, **24**, No. 144, pp. 425–50 (1991).
7.81 C. A. Ross, P. Y. Thompson and J. W. Tedesco, Split-Hopkinson pressure-bar tests on concrete and mortar in tension and compression, *ACI Materials Journal*, **86**, No. 5, pp. 475–81 (1989).

7.82 G. L. Balázs, Fatigue of bond, *ACI Materials Journal*, **88**, No. 6, pp. 620–9 (1991).
7.83 Minh-Tan Do, Fatigue des bétons à hautes performances, Ph.D. thesis, University of Sherbrooke, 187 pp. (Sherbrooke, Canada, 1994).
7.84 X. P. Shi, T. F. Fwa and S. A. Tan, Flexural fatigue strength of plain concrete, *ACI Materials Journal*, **90**, No. 5, pp. 435–40 (1993).
7.85 E. L. Nelson, R. L. Carrasquillo and D. W. Fowler, Behavior and failure of high-strength concrete subjected to biaxial-cyclic compression loading, *ACI Materials Journal*, **85**, No. 4, pp. 248–53 (1988).
7.86 A. Mor, B. C. Gerwick and W. T. Hester, Fatigue of high-strength reinforced concrete, *ACI Materials Journal*, **89**, No. 2, pp. 197–207 (1992).
7.87 E. C. M. Su and T. T. C. Hsu, Biaxial compression fatigue and discontinuity of concrete, *ACI Materials Journal*, **85**, No. 3, pp. 178–88 (1988).
7.88 M. A. Miner, Cumulative damage in fatigue, *Journal of Applied Mechanics*, **67**, pp. 159–64 (Sept. 1954).
7.89 P. A. Daerga and D. Pöntinen, A fatigue failure criterion for concrete based on deformation, in *Nordic Concrete Research*, Publication 13-2/93, pp. 6–20 (Oslo, Dec. 1993).
7.90 T. T. C. Hsu, Fatigue of plain concrete, *ACI Journal*, **78**, No. 4, pp. 292–305 (1981).
7.91 S. H. Perry and P. H. Bischoff, Measurement of the compressive impact strength of concrete using a thin loadcell, *Mag. Concr. Res.*, **42**, No. 151, pp. 75–81 (1990).
7.92 J. R. Clifton and L. I. Knab, Impact testing of concrete, *Cement and Concrete Research*, **13**, No. 4 pp. 541–8 (1983).
7.93 A. J. Zielinski and H. W. Reinhardt, Impact stress–strain behaviour in concrete in tension, in *Proceedings RILEM–CEB–IABSE–IASS–Interassociation Symposium on Structures under Impact and Impulsive Loading*, pp. 112–24 (Berlin, 1982).
7.94 M. Saito and S. Imai, Direct tensile fatigue of concrete by the use of friction grips, *ACI Journal*, **80**, No. 5, pp. 431–8 (1983).
7.95 Minh-Tan Do, O. Chaallal and P.-C. Aïtcin, Fatigue behavior of highperformance concrete, *Journal of Materials in Civil Engineering*, **5**, No. 1, pp. 96–111 (1993).
7.96 L. A. Traina and A. A. Jeragh, Fatigue of plain concrete subjected to biaxialcyclical loading, in *Fatigue of Concrete Structures*, Ed. S. P. Shah, ACI SP-75, pp. 217–34 (Detroit, Michigan, 1982).
7.97 P. R. Sparks, The influence of rate of loading and material variability on the fatigue characteristics of concrete, in *Fatigue of Concrete Structures*, Ed. S. P. Shah, ACI SP-75, pp. 331–41 (Detroit, Michigan, 1982).
7.98 F. W. Klaiber and Dah-Yin Lee, The effects of air content, water-cement ratio, and aggregate type on the flexural fatigue strength of plain concrete, in *Fatigue of Concrete Structures*, Ed. S. P. Shah, ACI SP-75, pp. 111–31 (Detroit, Michigan, 1982).
7.99 J. W. Galloway, H. M. Harding and K. D. Raithby, *Effects of Moisture Changes on Flexural and Fatigue Strength of Concrete*, Transport and Road Research Report No. 864, 18 pp. (Crowthorne, Berks., 1977).
7.100 B. H. Oh, Cumulative damage theory of concrete under variable-amplitude fatigue loadings, *ACI Materials Journal*, **88**, No. 1, pp. 41–8 (1991).
7.101 N. R. Buenfeld, J. B. Newman and C. L. Page, The resistivity of mortars immersed in sea-water, *Cement and Concrete Research*, **16**, No. 4, pp. 511–24 (1986).
7.102 E. Farkas and P. Klieger, Eds, *Uniformity of Cement Strength*, ASTM Special Technical Publication 961 (Philadelphia, PA, 1986).

8
Efeitos da temperatura no concreto

Os ensaios de laboratório com concreto em geral são realizados em temperaturas controladas, normalmente constantes. Como antigamente os ensaios eram feitos em climas temperados, a temperatura padrão escolhida geralmente variava entre 18 e 21 °C, de modo que hoje muitas das propriedades básicas dos concretos fresco e endurecido são baseadas no comportamento do concreto nessas temperaturas. Entretanto, na prática, o concreto é misturado em um grande intervalo de temperaturas e também permanece em serviço em diferentes temperaturas. De fato, o intervalo real das temperaturas se ampliou bastante, e hoje muitas obras ocorrem em países de tempo quente. Além disso, novos empreendimentos, principalmente *offshore*, têm surgido em regiões de tempo muito frio.

Em virtude disso, é de fundamental importância conhecer os efeitos da temperatura no concreto, e esse é o assunto deste capítulo. Inicialmente, será discutida a influência da temperatura do concreto fresco na resistência, seguida por uma revisão dos tratamentos térmicos após o lançamento do concreto, ou seja, a cura a vapor à pressão atmosférica e à alta pressão. Em seguida, serão discutidos os efeitos do aumento da temperatura do concreto devidos à liberação do calor de hidratação do cimento, seguidos pela discussão sobre a concretagem em tempos* quente e frio. Por fim, serão abordadas as propriedades térmicas do concreto endurecido e a influência de temperaturas muito elevadas e muito baixas em serviço, incluindo os efeitos do fogo.

Influência da temperatura inicial na resistência do concreto

Foi mencionado que a elevação da temperatura de cura acelera as reações químicas de hidratação e, desse modo, traz benefícios à resistência inicial do concreto, sem qualquer efeito nocivo sobre a resistência subsequente. Uma temperatura mais elevada durante e após o contato inicial entre o cimento e a água reduz a duração do período de latência, de modo que *toda* a estrutura da pasta de cimento hidratada se estabiliza precocemente.

Embora a temperatura elevada durante o lançamento e a cura acelere a resistência nas primeiras idades, pode ser que ocorra um efeito adverso sobre a resistência a partir

---

* N. de R.T.: Os termos "tempo" e "clima" foram distinguidos conforme as seguintes definições, adotadas pelo Instituto Nacional de Meteorologia (INMET): tempo é o estado físico das condições atmosféricas em determinado momento e local, enquanto clima é o estudo médio do tempo para determinado período em uma certa localidade.

dos sete dias. A explicação para isso é que a rápida hidratação inicial aparentemente forma produtos de pior estrutura física, provavelmente mais porosos, de modo que uma parte dos poros sempre permanece vazia. A partir da regra da relação gel/espaço, é possível concluir que isso resulta em uma resistência menor do que a de uma pasta de cimento menos porosa – embora de hidratação lenta –, em que, eventualmente, é obtida uma relação gel/espaço elevada.

Essa explicação sobre os efeitos adversos da elevada temperatura inicial na resistência final foi aprofundada por Verbeck & Helmuth,[8.77] que sugeriram que a elevada velocidade de hidratação inicial em temperaturas mais altas retarda a hidratação subsequente e resulta em uma distribuição não uniforme dos produtos de hidratação no interior da pasta. A razão para isso é que, com uma velocidade de hidratação inicial elevada, não há tempo suficiente para que haja uma difusão dos produtos de hidratação longe da partícula de cimento nem para que ocorra uma precipitação uniforme no espaço intersticial (como no caso de temperaturas mais baixas). Isso ocasiona uma alta concentração de produtos de hidratação na proximidade das partículas em hidratação – uma das causas do atraso da hidratação subsequente –, o que afeta negativamente a resistência em longo prazo. A presença de C-S-H poroso entre as partículas de cimento foi atestada por imagens de elétrons retroespalhados (BSE).[8.74]

Além disso, a distribuição não uniforme dos produtos de hidratação em si afeta negativamente a resistência devido à relação gel/espaço nos interstícios ser menor do que seria caso houvesse um mesmo grau de hidratação: as áreas mais fracas localizadas diminuem a resistência de toda a pasta de cimento hidratada.

Ainda em relação à influência da temperatura durante as idades iniciais do concreto na estrutura da pasta de cimento hidratada como um todo, é importante lembrar que um desenvolvimento lento da resistência inicial também tem um efeito benéfico na resistência quando a hidratação é atrasada pelo uso de aditivos retardadores. Foi constatado que os aditivos redutores de água e retardadores de pega trazem benefícios por compensarem a redução da resistência em longo prazo dos concretos sem aditivos lançados em temperaturas elevadas.[8.24] Entretanto, deve ficar claro que seus efeitos vêm da redução de água e, portanto, resultam em uma menor relação água/cimento.[8.14] Além do mais, a velocidade de perda de abatimento é maior quando esses aditivos são utilizados.[8.14]

A Figura 8.1 apresenta dados obtidos por Price[8.11] sobre o efeito da temperatura durante as primeiras duas horas após a mistura no desenvolvimento da resistência do concreto com relação água/cimento de 0,53. O intervalo de temperaturas pesquisado foi de 4 a 46 °C, e, depois da idade de duas horas, todos os corpos de prova foram curados a 21 °C. Os corpos de prova foram selados para prevenir a movimentação de umidade. Os ensaios em corpos de prova cilíndricos submetidos à cura úmida durante as primeiras 24 horas a 2 °C e a 18 °C e, depois, a 18 °C mostraram que, aos 28 dias, a resistência dos que foram primeiramente submetidos a 2 °C era 10% mais elevada.[8.80]

Outros dados de ensaios serão apresentados a seguir, mas é difícil realizar uma comparação direta, devido a terem sido utilizadas diferentes combinações de temperatura e tempo nesses estudos. Um aumento da resistência do concreto às 24 horas, aliado à diminuição da resistência aos 28 dias – devido à elevada temperatura durante as primeiras quatro horas –, foi observado por Petscharnig[8.26] (ver Figura 8.2). O autor observou que o efeito é mais pronunciado em um cimento de desenvolvimento de resistência mais rápido e com um maior consumo de cimento.

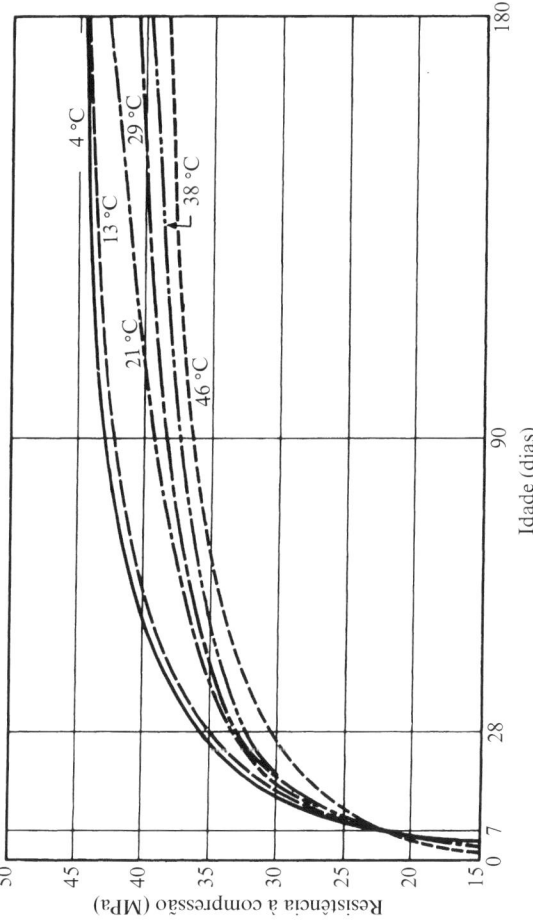

Figura 8.1 Efeito da temperatura durante as duas primeiras horas após a moldagem sobre o desenvolvimento da resistência (todos os corpos de prova selados e, após, curados por duas horas a 21 °C).[8.11]

378 Propriedades do Concreto

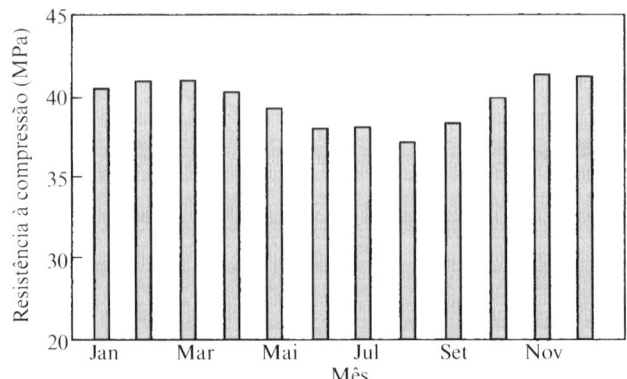

Figura 8.2 Influência da temperatura inicial sobre a média mensal da resistência à compressão de concretos curados a uma temperatura constante desde a idade de quatro horas: a temperatura pode ser deduzida a partir da época do ano em que os corpos de prova foram produzidos ao ar livre na Áustria (baseada na ref. 8.26).

Foi citado que a temperatura de 38 °C durante as primeiras 24 horas resultou em uma diminuição na resistência do concreto aos 28 dias entre 9 e 12%, em comparação ao mesmo concreto curado continuamente a 23 °C.[8.25] A resistência do concreto aos 28 dias, medida em corpos de prova cilíndricos normalizados, era 28 MPa.

Um estudo sobre o efeito da temperatura elevada durante os primeiros dias na resistência de corpos de prova cilíndricos,[8.58] em comparação a corpos de prova curados de modo normalizado, apresentou uma redução significativa dos resultados aos 28 dias, sendo que um dia a 38 °C resultou em uma redução de aproximadamente 10 % e três dias na mesma temperatura resultaram em uma redução de cerca de 22%.

Alguns ensaios de campo confirmaram a influência da temperatura na resistência no momento do lançamento do concreto: normalmente, um aumento de 5 °C resultava em uma redução de 1,9 MPa na resistência.[8.85]

A influência da temperatura nas idades iniciais da pasta de cimento (a partir das 24 horas) sobre a estrutura da pasta de cimento hidratada foi demonstrada por Goto & Roy,[8.113] que constataram que a cura a 60 °C resulta em uma quantidade muito maior de poros maiores do que 150 nm de diâmetro, em comparação a uma cura realizada a 27°C. A porosidade total variou inversamente, mas são os grandes poros que controlam a permeabilidade, propriedade de grande importância para a durabilidade.

A influência da temperatura de cura sobre a resistência do concreto (ensaiado após o resfriamento) a um e a 28 dias pode ser observada na Figura 8.3.[8.77] Entretanto, a temperatura no momento do ensaio também parece ser um fator importante, pelo menos no caso de compactos de pasta de cimento pura, produzida com cimento Portland comum, com relação água/cimento igual a 0,14.[8.81] A temperatura foi mantida constante desde o início da hidratação. Quando ensaiados (aos 64 e aos 128 dias) na temperatura de cura, os corpos de prova resultaram em uma menor resistência em temperaturas mais elevadas (Figura 8.4), mas, se resfriados a 20 °C por duas horas antes do ensaio, somente temperaturas acima de 65 °C apresentaram efeitos deletérios (Figura 8.5).

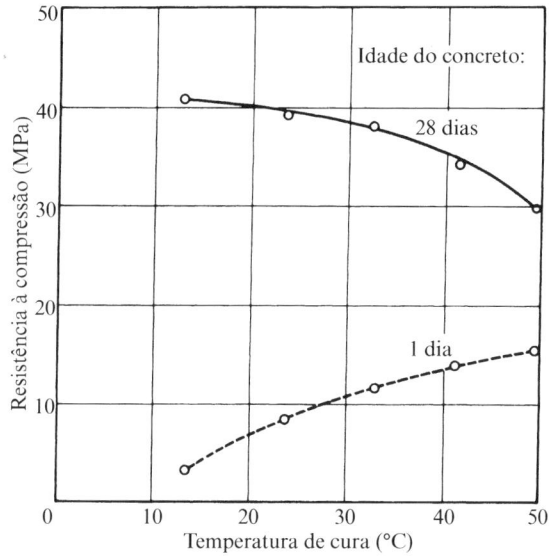

Figura 8.3 Influência da temperatura de cura na resistência à compressão a um e a 28 dias (corpos de prova ensaiados após resfriamento a 23 °C por um período de duas horas).[8.77]

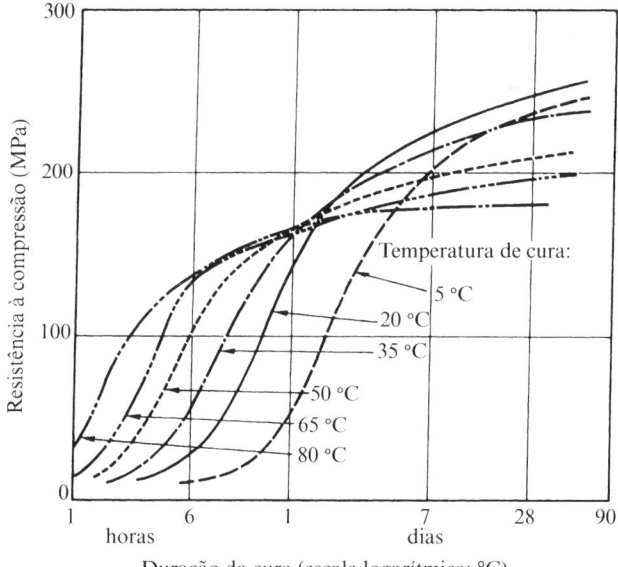

Figura 8.4 Relação entre a resistência à compressão e a duração da cura de compactos de pasta de cimento pura em diferentes temperaturas de cura. A temperatura dos corpos de prova foi mantida constante até e durante o período de ensaio.[8.81]

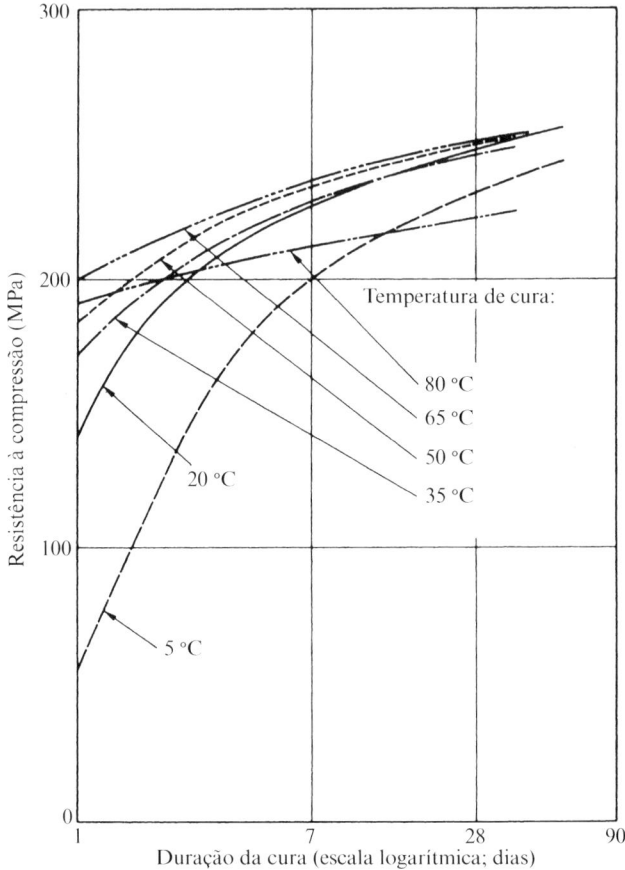

Figura 8.5 Relação entre a resistência à compressão e a duração da cura de compactos de pasta de cimento pura em diferentes temperaturas de cura. A temperatura dos corpos de prova foi diminuída, em uma velocidade constante, até 20 °C por um período de duas horas antes do ensaio (relação água/cimento = 0,14 e cimento Tipo I).[8.81]

Também foram realizados ensaios em concretos mantidos em água. a diferentes temperaturas, por um período de 28 dias e, em seguida, a 23 °C.[8.70] Da mesma forma que nos ensaios realizados por Price, uma temperatura mais elevada resultou em uma maior resistência durante os primeiros dias após a moldagem, mas, além da idade de uma ou quatro semanas, a situação mudou radicalmente. Todos os corpos de prova curados a temperaturas entre 4 e 23 °C até a idade de 28 dias apresentaram maior resistência do que os curados entre 32 e 49 °C. Entre estes últimos, quanto maior a temperatura, maior a retrogressão, mas, na menor faixa de temperaturas, há, aparentemente, uma temperatura ótima que resulta em uma maior resistência. É interessante destacar que mesmo um concreto moldado a 4 °C e mantido, por quatro semanas, a uma temperatura de até

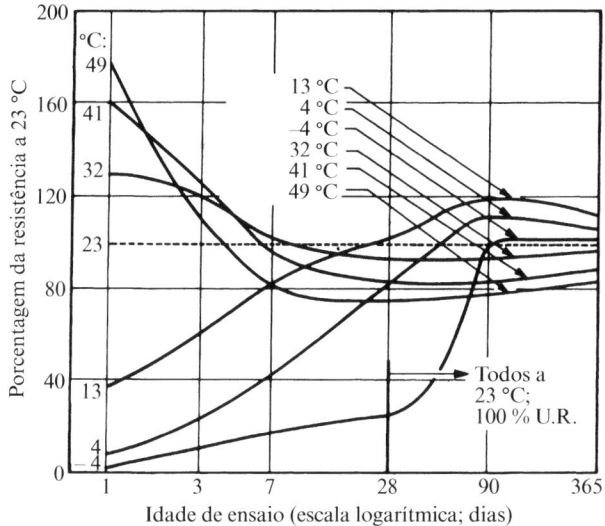

Figura 8.6 Efeito da temperatura durante os primeiros 28 dias sobre a resistência do concreto (relação água/cimento = 0,41; teor de ar incorporado = 4,5 %; cimento Portland comum).[8.70]

–4 °C e, após, a 23 °C possui, a partir dos três meses, uma resistência superior à de um concreto semelhante mantido permanentemente a 23 °C. A Figura 8.6 apresenta curvas típicas para concretos com 307 kg de cimento Portland comum por metro cúbico de concreto e 4,5% de ar incorporado. Foi observado um comportamento similar quando há utilização de cimento Portland de alta resistência inicial e de cimentos compostos.

Em elementos de concreto com consumo de cimento elevado, como é o caso do concreto de alto desempenho, ocorre um aumento considerável de temperatura – mesmo em elementos estruturais comuns, como vigas e pilares. Quanto maior for o aumento de temperatura, maior será a resistência aos sete dias. Por exemplo, quando a temperatura era 20 °C, a resistência obtida foi 96 MPa, mas, quando a temperatura máxima era 75 °C, a resistência foi 115 MPa. Entretanto, aos 28 dias, houve uma inversão nos valores de resistência: a menor temperatura resultou em uma resistência de 122 MPa, enquanto a temperatura mais elevada resultou em uma resistência reduzida a 112 MPa. Temperaturas máximas entre 45 e 65 °C levaram a um pequeno aumento da resistência entre as idades de 7 e 28 dias.[8.57]

Em relação à resistência do concreto curado em temperaturas muito baixas, Aïtcin *et al.*[8.23] verificaram que concretos com relação água/cimento entre 0,45 e 0,55, moldados e mantidos por nove horas a uma temperatura mínima de 4 °C, com armazenamento posterior em água do mar a 0 °C, resultaram em um aumento da resistência. Esse aumento foi inicialmente muito lento, mas, na idade de quatro dias, os corpos de prova imersos em água do mar atingiram cerca de metade da resistência de corpos de prova submetidos à cura normalizada. A diferença entre as resistências para as duas condições de armazenamento diminuiu gradualmente: após dois meses, atingiu 10 MPa, sendo que esse valor perdurou por, no mínimo, um ano. Concretos com relações água/cimento mais baixas apresentaram melhores resultados do que concretos com relações água/cimento mais elevadas.[8.18,8.23]

Ensaios realizados por Klieger[8.70] indicaram que existe uma temperatura ótima nas primeiras idades do concreto que resultará na maior resistência a uma determinada idade. Para concretos produzidos em laboratório com cimento Portland comum ou composto, essa temperatura é cerca de 13 °C; com cimento de alta resistência inicial, a temperatura ótima é aproximadamente 4 °C. Entretanto, não deve ser esquecido que, após o período inicial de pega e endurecimento, a influência da temperatura (dentro de certos limites) é coerente com a lei da maturidade, ou seja, uma temperatura elevada acelera o desenvolvimento da resistência.

Todos os ensaios descritos até o momento foram produzidos em laboratório ou sob condições conhecidas, mas o comportamento no campo, em temperatura ambiente elevada, pode não ser o mesmo. Neste caso, existe a ação de outros fatores, como a umidade do ambiente, a radiação solar direta, a velocidade do vento e o método de cura. Também deve ser lembrado que a qualidade do concreto depende de *sua* temperatura, e não daquela do ar circundante, de modo que a dimensão do elemento também entra em cena, já que influencia a elevação de temperatura causada pela hidratação do cimento. Da mesma forma, a cura por represamento em tempo com muito vento resulta em uma perda de calor, devido à evaporação. Portanto, a temperatura do concreto fica mais baixa do que quando um agente de cura é utilizado. Esses fatores ainda serão discutidos no presente capítulo.

Cura a vapor à pressão atmosférica

Devido à elevação da temperatura de cura aumentar a velocidade de desenvolvimento da resistência do concreto, é possível acelerar esse processo por meio da cura do concreto com uso de vapor. Quando o vapor está à pressão atmosférica, ou seja, quando a temperatura é inferior a 100 °C, o processo pode ser visto como um caso especial de cura úmida em que a atmosfera saturada com vapor garante o fornecimento de água. Além disso, a condensação do vapor libera calor latente. A cura a vapor à alta pressão (autoclavagem) é um processo totalmente diferente, que será tratado na próxima seção.

O objetivo principal da cura a vapor é obter uma resistência inicial alta o suficiente para permitir que os produtos de concreto sejam manuseados logo após a moldagem – as fôrmas podem ser removidas ou a pista de protensão pode ser liberada antes do que seria possível com uma cura úmida comum –, além de haver uma menor necessidade de espaço físico para armazenamento. Todos esses aspectos representam vantagens econômicas. Para muitas aplicações, a resistência do concreto em longo prazo tem pouca importância.

Em razão do tipo de operações envolvidas na cura a vapor, esse processo é utilizado, principalmente, com elementos pré-moldados. A cura a vapor à baixa pressão normalmente é aplicada em câmaras ou túneis especiais através dos quais os elementos de concreto são movimentados com uma correia transportadora. Como alternativa, podem ser colocadas coberturas plásticas sobre os elementos pré-moldados, e a alimentação de vapor pode ser feita por tubos flexíveis.

Devido à influência da temperatura nos estágios iniciais do endurecimento sobre a resistência final, deve ser feito um equilíbrio entre as temperaturas que resultam em resistências inicial e final elevadas. A Figura 8.7 mostra valores típicos da resistência do concreto produzido com cimento composto (Tipo II) e relação água/cimento igual a 0,55, com a cura a vapor tendo sido aplicada imediatamente após a moldagem. Foi observada retrogressão em longo prazo.

Uma explicação provável, possivelmente parcial, para a redução da resistência em longo prazo do concreto curado a vapor está na presença de fissuras muito finas, decorrentes da expansão das bolhas de ar na pasta de cimento. A dilatação térmica do ar é, pelo menos, duas ordens de grandeza maior do que a do material sólido circundante. A expansão das bolhas de ar é restringida, de modo que o ar fica submetido à pressão, e, para contrabalancear essa pressão, são induzidas tensões de tração na pasta de cimento circundante que, por sua vez, podem causar fissuras bastante finas. A rigor, portanto, o que está ocorrendo não é uma perda de resistência em longo prazo, mas em todas as idades.[8.82] Entretanto, até a idade de 28 dias, essa perda é encoberta pelo efeito benéfico de uma temperatura mais elevada de cura sobre a resistência.

O papel das bolhas de ar expandidas, bem como o da água, estão indiretamente demonstrados pelo coeficiente de dilatação térmica bastante elevado do concreto fresco (30×10^{-6}), em comparação com o coeficiente após quatro horas ($11,5 \times 10^{-6}$), conforme Mamillan.[8.37]

Os efeitos desagregadores da expansão das bolhas de ar podem ser reduzidos por um tempo de espera prolongado antes da cura a vapor, durante o qual a resistência

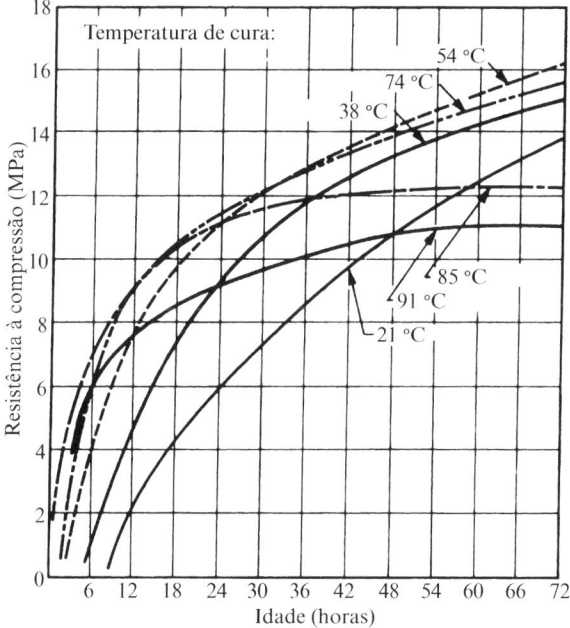

Figura 8.7 Resistência do concreto curado a vapor a diferentes temperaturas (relação água/cimento = 0,55; cura a vapor aplicada imediatamente após a moldagem).[8.71]

à tração do concreto aumenta, ou por uma velocidade de elevação da temperatura menor, já que o aumento da pressão do ar corresponde ao aumento da resistência da pasta de cimento circundante. Como alternativa, pode ser utilizado o aquecimento em fôrmas fechadas ou em câmaras de pressão.[8.82] Em períodos curtos de cura (duas a cinco horas) e a temperaturas moderadas, a retrogressão real provavelmente é pequena, e a baixa resistência aparente em maiores idades é devida à falta de cura úmida prolongada.[8.83]

Como os efeitos adversos da cura a vapor sobre a resistência em longo prazo decorrem das alterações na porosidade e no tamanho dos poros da pasta de cimento hidratada, é possível que a cura a vapor influencie a durabilidade do concreto, tema discutido na página 504.

Para reduzir a retrogressão da resistência em longo prazo, dois aspectos do ciclo de cura a vapor devem ser controlados: o tempo de espera do início do aquecimento e a velocidade de elevação da temperatura.

Como é a temperatura no momento da pega que exerce a maior influência na resistência nas idades finais, um atraso na aplicação da cura a vapor torna-se útil. Alguns indícios da influência do tempo de espera do aquecimento na resistência podem ser observados na Figura 8.8, elaborada por Saul[8.72] a partir de dados obtidos por Shideler & Chamberlin.[8.73] O concreto utilizado foi produzido com cimento Tipo II e tinha relação água/cimento igual a 0,60. A linha cheia mostra o ganho de resistência do concreto submetido à cura úmida em temperatura ambiente, plotado em função da maturidade. As linhas tracejadas se referem a diferentes temperaturas de cura, entre 38 e 85 °C, e o número junto a cada ponto indica o atraso, em horas, antes da temperatura mais elevada de cura ter sido aplicada.

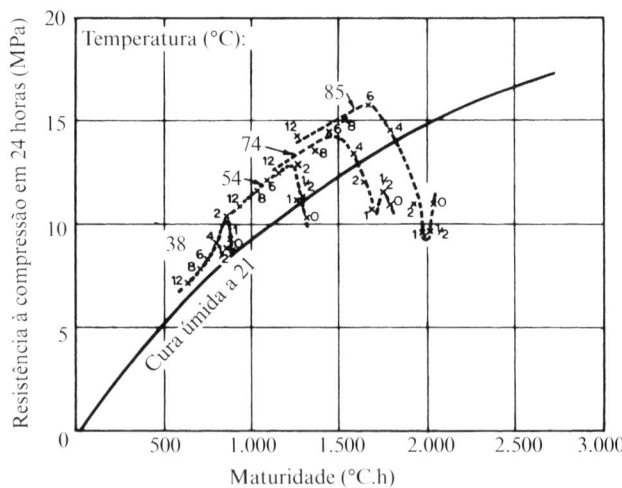

Figura 8.8 Efeito do tempo de espera da aplicação da cura a vapor no ganho inicial de resistência em função da maturidade.[8.72] Os números menores repreentam a espera, em horas, antes da cura na temperatura indicada.

A partir da Figura 8.8, é possível observar que, para cada temperatura de cura, existe uma parte da curva que apresenta a velocidade normal de ganho de resistência com a maturidade. Em outras palavras, após uma espera suficiente, o rápido aquecimento não causa um efeito adverso. Esse tempo de espera é de, aproximadamente, duas, três, cinco e seis horas para, respectivamente, 38, 54, 74 e 85 °C. Entretanto, se o concreto é exposto a uma temperatura mais elevada com um tempo inferior de espera, a resistência é afetada negativamente, conforme mostrado pelo trecho direito de cada curva tracejada. Quanto maior for a temperatura de cura, mais grave será o efeito. Sem o período de espera, a perda na resistência aos 28 dias do concreto com relação água/cimento de 0,50, curado a vapor a 75 °C, pode chegar a 40%.[8.37]

Outro argumento que reforça a necessidade do tempo de espera é o fato de que ele possibilita a reação do sulfato de cálcio com o C_3A. Em temperaturas mais elevadas, a solubilidade do sulfato de cálcio é reduzida, de modo que parte dele possa acabar não reagindo com o C_3A, somente mais tarde, causando, assim, uma reação expansiva conhecida como ataque por sulfatos (ver página 528).[8.31] Essa hipótese ainda não foi confirmada.

A Figura 8.8 também mostra que, dentro de poucas horas após a moldagem, a velocidade de ganho da resistência é maior do que seria esperado a partir dos cálculos de maturidade. Isso confirma a observação anterior de que a *idade* em que uma temperatura mais elevada é aplicada é um fator que influencia a lei da maturidade.

A duração desejável do período de espera (momento em que a temperatura do ambiente deve ser equivalente à do concreto) depende da dimensão e da forma dos elementos de concreto a serem curados, do teor de água no concreto e do tipo de cimento: quando a velocidade de endurecimento é baixa, o tempo de espera deve ser maior. Entretanto, se uma grande área superficial for exposta, poderá ser necessária a aspersão de água para prevenir a fissuração por retração plástica. Orientações sobre a escolha do tempo de espera são fornecidas pelo ACI 517.2R-87 (revisado em 1992).[8.27]

A velocidade subsequente de elevação da temperatura também deve ser controlada, dependendo da natureza dos elementos de concreto, para prevenir a ocorrência de gradientes abruptos de temperatura no concreto, sendo necessária uma abordagem por tentativa e erro. O ACI 517.2R-87 (revisado em 1992)[8.27] recomenda velocidades entre 33 °C por hora, para elementos pequenos, e 11 °C por hora, para elementos grandes. A velocidade de elevação da temperatura tem pouca influência sobre a resistência em longo prazo, mas a temperatura máxima é um aspecto importante: temperaturas entre 70 e 80 °C resultam em uma redução de aproximadamente 5% na resistência aos 28 dias.[8.27]

Esse efeito precisa ser balanceado, em termos econômicos, pois uma menor temperatura máxima implica uma maior duração de cura a vapor. Entretanto, deve ser ressaltado que o fornecimento de calor não precisa ser contínuo quando a temperatura do concreto tiver se estabilizado em um valor máximo. Esse período de tempo é denominado período isotérmico.

O período de cura a vapor à temperatura máxima é seguido por resfriamento – que pode, no caso de elementos pequenos, ser rápido, mas não para elementos grandes, já que um resfriamento rápido pode causar fissuração superficial. A cura úmida suplementar pode auxiliar na prevenção da secagem rápida, além de contribuir para o aumento subsequente da resistência.[8.83] Concretos com baixas relações água/cimento apresentam uma resposta muito melhor à cura a vapor do que aqueles com elevadas relações água/cimento.

Em resumo, o ciclo de cura consiste em um período de espera, também conhecido como *período de ajuste*, um período de elevação de temperatura, um período de vapor (que inclui o período isotérmico) a uma temperatura máxima e um período de resfriamento, possivelmente seguido por cura úmida. Na prática, os ciclos de cura são determinados pelo equilíbrio entre as exigências das resistências inicial e final, mas também pelo tempo disponível, por exemplo, a duração dos turnos de trabalho. Fatores econômicos estabelecem se o ciclo de cura deve ser ajustado para um determinado concreto ou, alternativamente, se o concreto deve ser dosado de forma que se ajuste a um ciclo de cura a vapor cômodo. Enquanto detalhes para um ciclo de cura ótimo dependem do tipo de produto de concreto produzido, um ciclo satisfatório comum consistiria no seguinte:[8.27] período de espera de duas a cinco horas, aquecimento a uma velocidade de 22 a 44 °C por hora até uma temperatura máxima de 50 a 82 °C, seguido por manutenção dessa temperatura e, finalmente, período de resfriamento, com a duração do ciclo total (fora o período de espera), de preferência, não sendo maior do que 18 horas.

O CIRIA Report C660, publicado em 2007, oferece orientações para a temperatura máxima e para a velocidade de elevação da temperatura de concretos que serão expostos a condições agressivas.

Os concretos com agregados leves podem ser aquecidos, no máximo, até temperaturas entre 82 e 88 °C, mas o ciclo ótimo não é diferente daquele dos concretos com agregados normais.[8.79]

A cura a vapor tem sido utilizada com sucesso em diferentes tipos de cimento Portland, bem como em cimentos compostos, mas não deve ser usada em cimentos de elevado teor de alumina, devido aos efeitos adversos das condições úmidas e quentes sobre a resistência desse cimento. A cura a vapor de concretos com cinza volante acelera a reação pozolânica com o $Ca(OH)_2$, mas somente acima da temperatura de 88 °C. Uma situação semelhante ocorre com a escória granulada de alto-forno, mas acima de 60 °C. O aumento da finura da escória (acima de 600 m²/kg) é vantajoso em relação aos efeitos da cura a vapor sobre a resistência.[8.28] A escória também resulta na diminuição da dimensão média dos poros da pasta de cimento curada a vapor.[8.28]

Cura a vapor à alta pressão (autoclavagem)

Esse processo é bastante diferente da cura a vapor à pressão atmosférica, tanto no método de execução quanto na natureza do concreto resultante.

Como estão envolvidas pressões maiores do que a pressão atmosférica, a câmara de cura deve ser do tipo vaso de pressão, com um fornecimento de vapor saturado. Deve-se evitar que o vapor superaquecido entre em contato com o concreto, pois isso causaria a secagem do concreto. Esse vaso de pressão é conhecido como autoclave, e o processo de cura a vapor à alta pressão também é denominado autoclavagem.

A cura a vapor à alta pressão foi utilizada pela primeira vez na fabricação de blocos silicocalcários e de concreto celular, sendo ainda bastante usada para esse fim. Na área do concreto, a cura a vapor à alta pressão normalmente é utilizada para a produção de elementos pré-moldados, em geral pequenos, mas também de elementos de treliças de pontes (tanto em concreto normal quanto em concreto leve), quando alguma das propriedades a seguir é desejada:

(a) Resistência inicial elevada: com a cura a vapor à alta pressão, é possível atingir, em aproximadamente 24 horas, a resistência que seria obtida somente aos 28 dias com uma cura normal, havendo registros de resistências entre 80 e 100 MPa.[8.29]
(b) Alta durabilidade: esse sistema de cura melhora a resistência dos concretos a sulfatos e outras formas de ataques químicos, bem como ao gelo e degelo, e reduz as eflorescências.
(c) Redução da retração por secagem e das trocas de umidade.

Foi determinado experimentalmente que a temperatura ótima de cura é cerca de 177 °C,[8.75] que corresponde a uma pressão de vapor de 0,8 MPa acima da pressão atmosférica.

A cura a vapor à alta pressão é mais eficaz quando sílica finamente moída é adicionada ao cimento, devido às reações químicas entre a sílica e o $Ca(OH)_2$ liberado na hidratação do C_3S (ver Figura 8.9). Cimentos com alto teor de C_3S são mais capazes de desenvolver uma resistência elevada quando curados à alta pressão do que cimentos com teor de C_2S elevado, embora cimentos com relação C_3S/C_2S moderada deem bons resultados quando curados por curtos períodos à alta pressão.[8.76] A temperatura elevada durante a cura também influencia as reações de hidratação do cimento em si – parte do C_3S pode se hidratar na forma de C_3SH_x, por exemplo.

A finura da sílica deve ser, no mínimo, igual à do cimento. Foi verificado[8.29] que uma finura mais elevada, de 600 m²/kg, resultou em um aumento na resistência de 7 para 17% em comparação a uma sílica de finura de 200 m²/kg. O cimento e a sílica devem ser intimamente misturados antes de serem carregados na betoneira. A quantidade

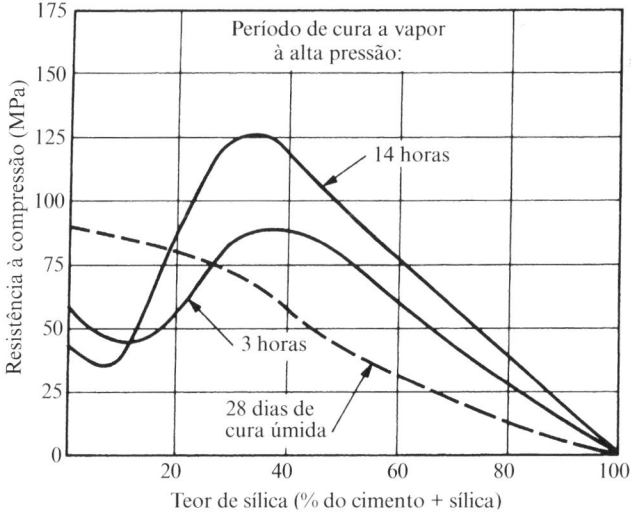

Figura 8.9 Influência do teor de sílica pulverizada sobre a resistência do concreto submetido à cura a vapor à alta pressão (idade de início da cura = 24 horas; temperatura de cura = 177 °C).[8.75]

ótima de sílica depende das proporções da mistura, mas, em geral, varia entre 0,4 e 0,7 da massa de cimento.

É essencial que a velocidade de aquecimento durante a cura a vapor à alta pressão não seja muito elevada, afinal, pode ocorrer interferência na pega e no processo de endurecimento, de modo similar ao que foi discutido em relação à cura a vapor à pressão atmosférica. Um ciclo típico de aquecimento consiste em um aumento gradual até a temperatura máxima de 182 °C (correspondente à pressão de 1 MPa) por um período de três horas. Essa temperatura é mantida entre cinco e oito horas, diminuindo-se, após, a pressão em cerca de 20 a 30 minutos. A diminuição rápida acelera a secagem do concreto, de modo que a retração em campo seja reduzida. Para cada temperatura, existe um período ótimo de cura (ver Figura 8.10).[8.84]

Vale a pena ressaltar que um período de cura mais longo a uma temperatura mais baixa resulta em uma maior resistência ótima do que quando é aplicada uma temperatura mais elevada por um período mais curto. Para qualquer período de cura, existe uma temperatura que resulta em uma resistência ótima. Para um determinado conjunto de materiais, também é possível traçar uma linha unindo os pontos de resistência ótima a diversos períodos e temperaturas de cura,[8.84] conforme mostra a Figura 8.10.

Na prática, os detalhes do ciclo de vapor dependem da fábrica e do tamanho dos elementos de concreto submetidos à cura. A duração do período de cura normal anterior à colocação na autoclave não afeta a qualidade do concreto curado a vapor, e a

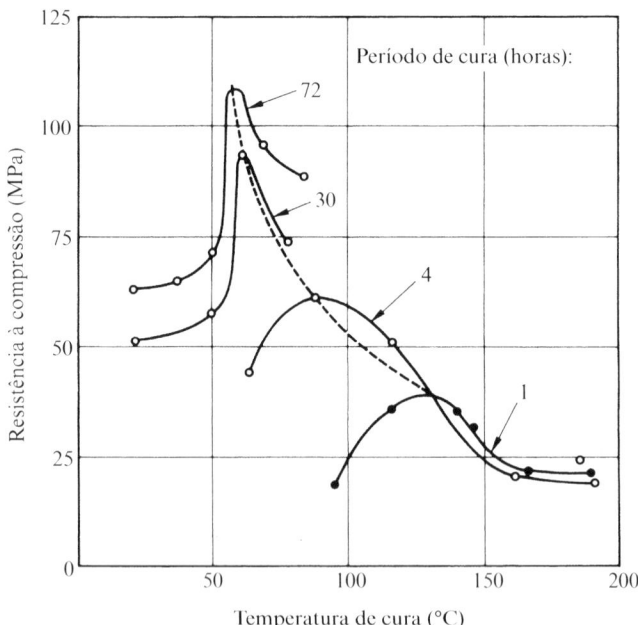

Figura 8.10 Desenvolvimento da resistência do concreto a diferentes temperaturas para vários períodos de cura.[8.84]

determinação de um período adequado é regulada pela rigidez da mistura, que deve ter resistência suficiente para permitir o manuseio. No caso de concretos leves, os detalhes do ciclo de vapor devem ser determinados experimentalmente para se adequarem aos materiais utilizados.

A cura a vapor deve ser aplicada somente em concretos produzidos com cimento Portland, pois cimentos de elevado teor de alumina e supersulfatados podem ser afetados negativamente pela temperatura elevada.

A resistência é influenciada pelo tipo de cimento Portland, mas não necessariamente do mesmo modo que em temperaturas normais, embora nenhum estudo sistemático tenha sido realizado. Entretanto, sabe-se que a escória granulada de alto-forno pode causar problemas caso possua um teor de enxofre elevado. A cura a vapor à alta pressão acelera o endurecimento do concreto que contém cloreto de cálcio, mas o aumento relativo da resistência é menor do que quando o cloreto de cálcio não é utilizado.

A cura a vapor à alta pressão produz uma pasta de cimento hidratada de pequena superfície específica, de aproximadamente 7.000 m²/kg. Como essa área é, portanto, somente cerca de 1/20 da superfície específica do cimento curado à temperatura normal, aparentemente no máximo 5% da pasta curada a vapor à alta pressão pode ser considerada gel. Isso significa que os produtos de hidratação são grossos e bastante cristalinos. Por essa razão, o concreto curado dessa forma possui uma retração significativamente reduzida, de cerca de 1/6 a 1/3 do valor do concreto curado a temperaturas normais. Quando sílica é adicionada ao concreto, a retração é maior, mas, mesmo assim, o valor é somente metade da retração observada no concreto curado a temperaturas normais. Por outro lado, como à cura a vapor à baixa pressão não produz uma pasta de cimento hidratada microcristalina, não se verifica nenhuma redução na retração. A fluência também é significativamente reduzida pelo processo de cura a vapor à alta pressão.

Os produtos de hidratação do cimento submetido à cura a vapor à alta pressão, bem como os das reações cálcio-sílica secundárias, são estáveis, não ocorrendo retrogressão da resistência. Na idade de 1 ano, a resistência do concreto curado de modo normal é aproximadamente a mesma do concreto curado a vapor à alta pressão de mesmas proporções. A relação água/cimento influencia a resistência do concreto curado em autoclave de maneira habitual, mas os valores reais das resistências iniciais são, evidentemente, diferentes daqueles dos concretos curados de modo normal. Aparentemente, o coeficiente de dilatação térmica e o módulo de elasticidade do concreto não são afetados pela cura a vapor à alta pressão.[8.75]

Esse processo de cura melhora a resistência do concreto ao ataque por sulfatos. Isso ocorre devido a vários motivos, mas principalmente pela formação de aluminatos mais estáveis na presença de sulfatos do que os formados em temperaturas mais baixas. Por essa razão, a relativa melhoria da resistência ao ataque por sulfatos é maior em cimentos com teor de C_3A elevado do que em cimentos resistentes a sulfatos. Outro fator importante é a redução do hidróxido de cálcio na pasta de cimento decorrente da reação cálcio-sílica. Outra melhoria em relação à resistência a sulfatos se deve ao aumento da resistência e à diminuição da permeabilidade do concreto curado a vapor e, também, à existência de hidratos em forma cristalina bem definida.

A cura a vapor à alta pressão também reduz a ocorrência de eflorescências, já que não existe hidróxido de cálcio para ser lixiviado.

O concreto curado por esse método tende a ser um tanto frágil. Além disso, a resistência de aderência pode ser reduzida com barras lisas, mas não com barras nervuradas. Foi registrada uma boa resistência ao impacto nesses concretos.[8.86] Em geral, a cura a vapor à alta pressão produz concretos de boa qualidade, densos e duráveis. A coloração esbranquiçada os distingue do concreto de cimento Portland curado de modo convencional.

Outros métodos de cura térmica

Há diversos outros métodos de aplicação de calor ao concreto com o objetivo de acelerar o desenvolvimento de resistência. Todos são especializados e aplicáveis somente em certos casos. Por essa razão, serão feitos, a seguir, somente alguns pequenos comentários.

O método de *mistura a quente** consiste na elevação da temperatura do concreto fresco até, no mínimo, 32 °C. A resistência em longo prazo, consequentemente, é reduzida entre 10 e 20% em comparação ao concreto curado de modo convencional, mas as fôrmas podem ser removidas dentro de poucas horas. A elevação da temperatura é obtida tanto pelo aquecimento do agregado e da água quanto pela injeção de vapor na betoneira. Nos dois casos, é necessário ter cautela no controle da quantidade total de água da mistura. Também é preciso que as fôrmas sejam aquecidas ou isoladas.

Existem diversos métodos de *cura por eletricidade*. Em um deles, a corrente elétrica passa através do concreto fresco, entre eletrodos externos. Deve ser utilizada uma corrente alternada, já que a corrente contínua pode causar a hidrólise da pasta de cimento. Em outro método, uma corrente intensa, à baixa tensão, é passada pela armadura do elemento de concreto. Em um terceiro método, são utilizadas mantas para aquecer a superfície de placas. Há também um método que usa resistências isoladas embutidas no elemento de concreto, que, após a cura, são cortadas e deixadas no concreto.

A *cura por radiação infravermelha* é utilizada em alguns países.

As fôrmas metálicas podem ser aquecidas eletricamente ou pela circulação de água ou óleo quente.

Esses diversos métodos especializados de cura são discutidos no ACI 517.2R-87[8.27] e em algumas outras publicações.[8.35,8.36,8.37]

Propriedades térmicas do concreto

As propriedades térmicas do concreto são de interesse por diversas razões, e alguns exemplos são dados a seguir. A condutividade e a difusividade térmicas são relevantes para o desenvolvimento de gradientes de temperatura, deformações térmicas, empenamento e fissuração nas idades iniciais do concreto, além de serem importantes para a isolação térmica do concreto em serviço. Conhecimentos sobre dilatação térmica são necessários para o projeto de juntas de dilatação e contração, para a disposição da movimentação horizontal e vertical de apoios de pontes e para o projeto de estruturas estaticamente indeterminadas sujeitas a variações de temperatura. Esses conhecimentos também são requeridos para a determinação dos gradientes térmicos no concreto e para o projeto de elementos em concreto protendido. O comportamento em altas tem-

---

* N. de R.T.: No original, *hot-mix*.

peraturas deve ser conhecido em algumas aplicações especiais e, também, na consideração dos efeitos do fogo. Os efeitos térmicos no concreto massa são de interesse especial e serão discutidos em uma seção posterior.

Condutividade térmica

A condutividade térmica mede a capacidade de um material de conduzir calor e é definida como a relação entre o fluxo de calor e o gradiente de temperatura. A condutividade térmica é medida em joules por segundo por metro quadrado de área de um corpo quando a diferença de temperatura é de 1 °C por metro de espessura do corpo.*

A condutividade do concreto comum depende de sua composição e, quando o concreto está saturado, varia, normalmente, entre cerca de 1,4 e 3,6 J/m²·s °C/m.[8.10] A massa específica não influencia significativamente a condutividade do concreto comum, mas, devido à baixa condutividade do ar, a condutividade térmica do concreto leve varia com sua massa específica (ver Figura 13.16).[8.87] A Tabela 8.1 apresenta valores típicos de condutividade. Dados mais detalhados foram fornecidos por Scanlon & McDonald[8.10] e também pelo ACI 207.1R.[8.53] A partir da Tabela 8.1, pode ser observado que a característica mineralógica do agregado exerce grande influência sobre a condutividade do concreto produzido com ele. Em termos gerais, o basalto e o traquito possuem baixa condutividade, o dolomito e o calcário possuem uma condutividade intermediária e o quartzito possui a maior condutividade, que também depende da direção do fluxo de calor em relação à orientação dos cristais. Em geral, a cristalinidade da rocha aumenta sua condutividade.

O grau de saturação do concreto é o principal fator influente, devido à condutividade do ar ser menor do que a da água. No caso de concretos leves, por exemplo, um aumento de 10% no teor de umidade aumenta a condutividade em cerca de metade.

Tabela 8.1 Valores típicos de condutividade térmica de concreto (selecionados da ref. 8.10)

Tipo de agregado	Massa específica úmida do concreto (kg/m³)	Condutividade (J/m²·s °C/m)
Quartzito	2.440	3,5
Dolomito	2.500	3,3
Calcário	2.450	3,2
Arenito	2.400	2,9
Granito	2.420	2,6
Basalto	2.520	2,0
Barita	3.040	2,0
Folhelho expandido	1.590	0,85

---

* N. de R.T.: A NBR 12820:2012 estabelece o procedimento para a determinação da condutividade térmica do concreto endurecido, sendo seu valor expresso em unidade SI (W/m.K), que é equivalente a J/m²·s °C/m.

Por outro lado, a condutividade da água é menor do que a metade da condutividade da pasta de cimento hidratada, de forma que, quanto menor for a quantidade de água da *mistura*, maior será a condutividade do concreto endurecido.

Uma dificuldade prática recorrente é determinar o verdadeiro teor de umidade do concreto. Os valores de teor de umidade apresentados, como porcentagens do volume, no topo da Tabela 8.2 foram considerados típicos por Loudon & Stacey,[8.97] e, com base nisso, eles recomendaram o uso dos valores de condutividade mostrados na tabela.

A condutividade não é muito afetada pela temperatura na faixa das temperaturas ambientes. Em temperaturas mais elevadas, a variação da condutividade fica complexa. Ela aumenta lentamente com a elevação da temperatura até um valor máximo, aproximadamente, entre 50 e 60 °C. Com a perda de água do concreto, devida ao aumento da temperatura até 120 °C, a condutividade diminui abruptamente. Em temperaturas acima de 120 a 140 °C, o valor da condutividade tende a estabilizar,[8.37] sendo que, a 800 °C, é cerca de metade do valor a 20 °C.[8.98]

A condutividade térmica normalmente é calculada a partir da difusividade (que é mais fácil de medir), mas a determinação direta da condutividade é, evidentemente, possível. Entretanto, o método de ensaio pode influenciar o valor obtido. Por exemplo, os métodos de regime permanente (placa quente e caixa quente) resultam na mesma condutividade térmica para concretos secos, mas apresentam valores muito baixos para concretos úmidos, pois o gradiente de temperatura causa migração de umidade. Por essa razão, é preferível determinar a condutividade do concreto úmido por métodos transientes – o método de fio quente é considerado bem-sucedido.[8.99,*]

Difusividade térmica

A difusividade representa a velocidade de variação da temperatura no interior de uma massa, ou seja, é um índice da facilidade com que o concreto tolera variações de temperatura. A difusividade (δ) tem relação direta com a condutividade (K) por meio da equação:

$$\delta = \frac{K}{c\rho}$$

onde c é o calor específico e ρ é a massa específica do concreto.

A partir dessa expressão, é possível ver que a condutividade e a difusividade variam ao mesmo tempo. Devido a essa relação direta, a difusividade é influenciada pelo teor de umidade do concreto, que depende do teor original de água da mistura, do grau de hidratação do cimento e da exposição à secagem.

Os valores típicos de difusividade do concreto comum variam em um intervalo entre 0,002 e 0,006 m²/h, dependendo do tipo de agregado utilizado. As rochas a seguir estão em ordem crescente de difusividade: basalto, calcário e quartzito.[8.10]

A medida da difusividade consiste essencialmente na determinação da relação entre o tempo e o diferencial de temperatura entre o interior e a superfície do corpo de prova de concreto, ambos inicialmente a uma mesma temperatura, no momento em que

---

* N. de R.T.: O método de ensaio prescrito pela NBR 12820:2012 é realizado com o concreto saturado.

Tabela 8.2 Valores de condutividade térmica recomendados por Loudon & Stacey[8.97]

	Condutividade (J/m²·s °C/m)								
Teor de umidade (% em volume)	Concretos protegidos das intempéries					Concretos expostos às intempéries			
	5	5	5	2,5	8	8	8	8	
Massa específica (kg/m³)	Concreto celular	Concreto leve com escória expandida	Concreto leve com argila expandida ou cinza sinterizada	Concreto normal	Concreto celular	Concreto leve com escória expandida	Concreto leve com argila expandida ou cinza sinterizada	Concreto normal	
320	0,109	0,087	0,130		0,123	0,100	0,145		
480	0,145	0,116	0,173		0,166	0,130	0,187		
640	0,203	0,159	0,230		0,223	0,173	0,260		
800	0,260	0,203	0,303		0,273	0,230	0,332		
960	0,315	0,260	0,376		0,360	0,289	0,433		
1.120	0,389	0,315	0,462		0,433	0,360	0,519		
1.280	0,476	0,389	0,562		0,533	0,433	0,635		
1.440		0,462	0,678						
1.600		0,549	0,794	0,706				0,808	
1.760		0,649	0,952	0,838				0,952	
1.920				1,056				1,194	
2.080				1,315				1,488	
2.240				1,696				1,904	
2.400				2,267				2,561	

a temperatura da superfície é alterada. Detalhes do procedimento e cálculos são fornecidos no U.S. Bureau of Reclamation 4909-92.[8.8] Devido à influência da umidade do concreto em suas propriedades térmicas, a difusividade deve ser determinada em corpos de prova com um teor de umidade existirá na estrutura real.*

Calor específico

O calor específico representa a capacidade térmica do concreto e é pouco influenciado pelas características mineralógicas do agregado, mas aumenta bastante com a elevação do teor de umidade do concreto. Ele também aumenta com a elevação da temperatura e com a diminuição da massa específica do concreto.[8.110] O intervalo de valores comum para concretos normais é entre 840 e 1.170 J/kg °C. O calor específico do concreto é determinado por métodos elementares da física.

Outra propriedade térmica do concreto é a *absortividade térmica*, que é interessante para a consideração dos efeitos do fogo. Ela é definida como $(K\rho c)^{1/2}$, onde K é a condutividade térmica, ρ é a massa específica e c é o calor específico. O valor de 2.190 J/m²·s$^{1/2}$ °C foi registrado[8.33] como a absortividade térmica do concreto normal, e o valor de 930 J/m²·s$^{1/2}$ °C foi relatado como a absortividade térmica do concreto leve com massa específica de 1.450 kg/m³.**

Coeficiente de dilatação térmica

Assim como a maioria dos materiais de engenharia, o concreto possui um coeficiente de dilatação térmica positivo, mas seu valor depende tanto da composição da mistura quanto do estado higroscópico do concreto no momento da variação de temperatura.

A influência das proporções da mistura vem do fato de que os dois principais componentes do concreto, a pasta cimento hidratada e o agregado, possuem coeficientes de dilatação térmica diferentes – o coeficiente do concreto é a resultante dos dois valores. O coeficiente de dilatação térmica linear da pasta de cimento hidratada varia entre cerca de 11×10^{-6} e 20×10^{-6}/°C,[8.88] e é mais elevado do que o do agregado. Em termos gerais, o coeficiente de dilatação térmica do concreto é uma função do teor de agregado da mistura (ver Tabela 8.3) e do coeficiente do agregado em si.[8.89] A influência do coeficiente do agregado em si pode ser vista na Figura 8.11, e a Tabela 8.4 apresenta os valores do coeficiente de dilatação térmica de concretos 1:6 produzidos com diferentes agregados.[8.90] A importância da diferença entre os coeficientes do agregado e da pasta de cimento hidratada foi discutida na página 154. Ainda, essa diferença[8.5,8.34] pode ter efeitos prejudiciais quando combinada com outras ações. Observou-se que o choque térmico que produz um diferencial de temperatura de 50 °C entre a superfície do concreto e seu interior resulta em fissuração.[8.114]

A influência da condição de umidade se aplica ao componente pasta e decorre do fato de o coeficiente de dilatação térmica ser composto de duas partes: o coeficiente cinético em si e a pressão de expansão. Esta é devida à diminuição da tensão capilar

---

* N. de R.T.: A NBR 12818:2012 estabelece o método de ensaio para a determinação da difusividade térmica do concreto.

** N. de R.T.: A NBR 12817:2012 estabelece o método de ensaio para a determinação do calor específico do concreto endurecido. Nessa norma, calor específico é definido como a quantidade de calor necessária para elevar em 1 °C a temperatura de uma massa unitária de material, sendo expresso em J/g °C.

Tabela 8.3 Influência do teor de agregado sobre o coeficiente de dilatação térmica[8.94]

Relação cimento/areia	Coeficiente de dilatação térmica linear na idade de 2 anos ($10^{-6}/°C$)
Pasta	18,5
1:1	13,5
1:3	11,2
1:6	10,1

da água retida na pasta de cimento hidratada[8.91] e da água adsorvida em função de um aumento de temperatura.[8.40]

A parte do coeficiente de dilatação térmica que depende da umidade não abrange a movimentação da água livre para fora ou para o interior do concreto que resulta, respectivamente, em retração e expansão. Como a resposta relacionada à umidade às variações de temperatura leva tempo, a parte resultante do coeficiente de dilatação térmica apenas pode ser determinada quando o equilíbrio é alcançado. Entretanto, quando a pasta de cimento está seca, ou seja, os capilares não são capazes de fornecer água para o gel, não é possível a ocorrência de expansão. Da mesma forma, quando a pasta de cimento hidratada está saturada, não existem meniscos

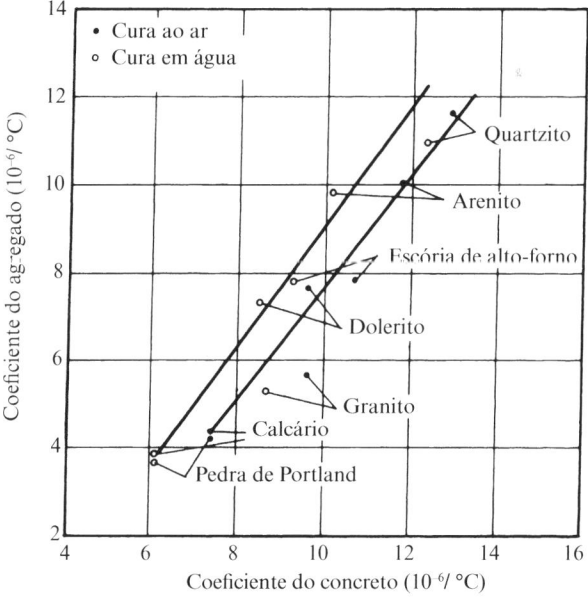

Figura 8.11 Influência do coeficiente de dilatação térmica linear do agregado sobre o coeficiente de dilatação térmica de um concreto 1:6 (Crown copyright).[8.90]

Tabela 8.4 Coeficientes de dilatação térmica de concretos 1:6 produzidos com diferentes agregados[8.90]

Tipo de agregado	Coeficiente de dilatação térmica linear (10^{-6}/ °C)		
	Concreto curado ao ar	Concreto curado em água	Concreto curado ao ar e molhado
Seixo	13,1	12,2	11,7
Granito	9,5	8,6	7,7
Quartzito	12,8	12,2	11,7
Dolerito	9,5	8,5	7,9
Arenito	11,7	10,1	8,6
Calcário	7,4	6,1	5,9
Pedra de Portland	7,4	6,1	6,5
Escória de alto-forno	10,6	9,2	8,8
Escória expandida	12,1	9,2	8,5

capilares e, portanto, não há consequências de variações de temperatura. É possível concluir, então, que, nesses dois extremos, o coeficiente de dilatação térmica é menor do que quando a pasta está parcialmente saturada. Quando a pasta sofre autossecagem, o coeficiente é maior, devido a não haver água suficiente para que ocorra troca de umidade entre os poros capilares e os poros de gel após a variação de temperatura.

Quando a pasta saturada é aquecida, a difusão de umidade do gel para os poros capilares, em determinada quantidade de água de gel, é parcialmente compensada pela contração que ocorre devido à perda de água pelo gel, de modo que o coeficiente aparente é menor.[8.100] No resfriamento, por outro lado, a contração decorrente da difusão de umidade dos poros capilares para os poros de gel, em determinada quantidade de água de gel, é parcialmente compensada pela expansão que ocorre quando o gel absorve água.[8.100]

Valores reais são apresentados na Figura 8.12, e pode-se observar que, para pastas novas, o coeficiente é máximo quando a umidade relativa está próxima de 70%. Esse valor diminui com a idade, chegando a cerca de 50% para pastas de grande idade (Figura 8.13).[8.88] Da mesma forma, o coeficiente em si diminui com a idade, devido à redução da pressão potencial de expansão que ocorre em virtude do aumento da quantidade de material "cristalino" na pasta endurecida. Wittmann & Lukas,[8.107] utilizando concreto saturado, confirmaram a diminuição do coeficiente com a idade quando a temperatura está acima do ponto de congelamento. Nenhuma variação no coeficiente de dilatação térmica é verificada na pasta de cimento curada a vapor à alta pressão, uma vez que ela não contém gel (Figura 8.12). Somente os valores determinados a partir de corpos de prova saturados ou secos podem ser considerados realmente representativos do "verdadeiro" coeficiente de dilatação térmica, mas os valores em umidades intermediárias é que são aplicáveis a muitos concretos em condições reais.

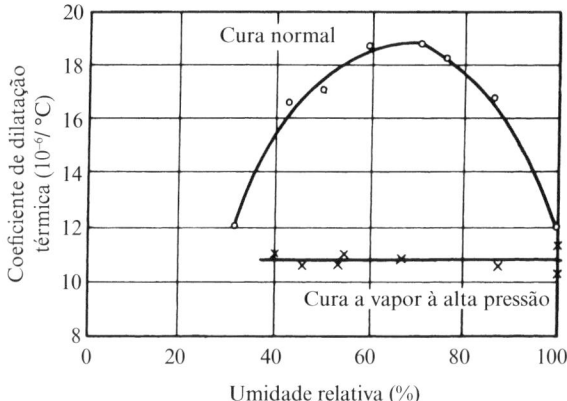

Figura 8.12 Relação entre a umidade relativa do ambiente e o coeficiente de dilatação térmica linear de pasta de cimento curada normalmente e a vapor à alta pressão.[8.88]

A composição química e a finura do cimento afetam a dilatação térmica somente em relação à influência que elas exercem sobre as propriedades do gel nas primeiras idades. A presença de vazios não é um fator relevante.

As Figuras 8.12 e 8.13 se referem a pastas de cimento, mas os efeitos também podem ser percebidos no concreto. Neste caso, entretanto, a variação do coeficiente é menor, já que somente o componente pasta é afetado pela umidade relativa e pela idade. Medidas do coeficiente de dilatação térmica do concreto realizadas em vigas ao ar livre confirmaram que o coeficiente varia de acordo com o teor de umidade do concreto e que ele é mais alto, talvez até cerca de $10^{-6}/\,°C$, quando o concreto está em processo de

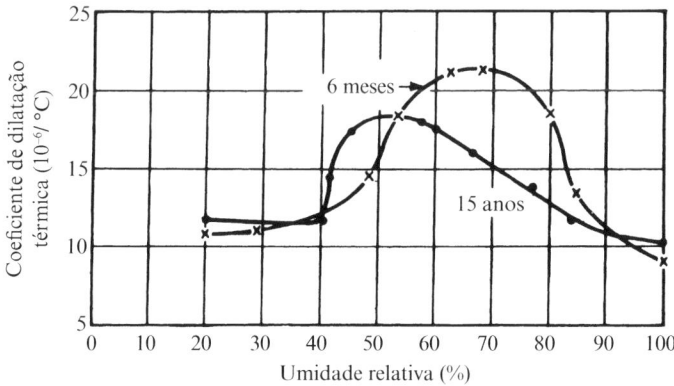

Figura 8.13 Coeficiente de dilatação térmica linear de pasta de cimento em diferentes idades.[8.88]

secagem.[8.39] Para o mesmo concreto, registraram-se coeficientes de dilatação térmica de $11 \times 10^{-6}/\,°C$ no inverno e de $13 \times 10^{-6}/\,°C$ no verão.[8.39]

A Tabela 8.4 apresenta valores do coeficiente para concretos 1:6 curados ao ar em uma umidade relativa de 64%, saturados (curados em água) e molhados após cura ao ar. A ASTM C 531-00 (2005) estabelece um método para a determinação do coeficiente de dilatação térmica linear de argamassa "quimicamente resistente" seca em estufa, enquanto a norma CRD-C 39-81, do U.S. Corps of Engineers, estabelece um método para concreto saturado.[8.30],*

Os dados apresentados até agora se aplicam somente a temperaturas acima do ponto de congelamento e abaixo de cerca de 65 °C. Entretanto, temperaturas consideravelmente maiores podem ser encontradas em algumas aplicações industriais e em pistas de pouso utilizadas para decolagens verticais, onde já foi registrada uma temperatura do concreto de 350 °C.[8.38] Antes de analisar os efeitos das temperaturas elevadas sobre o coeficiente de dilatação térmica do concreto, vale a pena ressaltar que o coeficiente da pasta de cimento diminui acima de uma temperatura aproximada de 150 °C e se torna negativo em temperaturas entre 200 e 500 °C, já tendo sido registrado o valor de $-32,8 \times 10^{-6}/\,°C$.[8.32] A alteração do sinal do coeficiente de dilatação térmica se dá em uma temperatura mais baixa quando a elevação de temperatura ocorre mais lentamente.[8.32] A razão para isso está na perda de água pela pasta de cimento hidratada e na possível ocorrência de um colapso interno. O agregado, por sua vez, possui um coeficiente de dilatação térmica positivo em todas as temperaturas, efeito que predomina na dilatação do concreto, que ocorre com o aumento das temperaturas até valores mais elevados. A Tabela 8.5 apresenta valores do coeficiente de dilatação térmica em temperaturas elevadas.[8.92]

No outro extremo, a temperatura próxima do congelamento resulta em um coeficiente de dilatação térmica positivo mínimo. Em temperaturas ainda menores, o coeficiente fica novamente mais alto, na verdade, até um pouco maior do que em temperatura ambiente.[8.107] A Figura 8.14 mostra os valores do coeficiente de dilatação térmica para a pasta de cimento hidratada saturada ensaiada em ar saturado. Em concretos moderadamente secos após um período de cura inicial que, então, são mantidos em uma umidade relativa de 90% e ensaiados nessa umidade, não se verificou a diminuição do coeficiente de dilatação em baixas temperaturas (Figura 8.14).

Ensaios realizados em laboratório mostraram que concretos com um coeficiente de dilatação térmica mais alto são menos resistentes a variações de temperatura do que concretos com um coeficiente menor.[8.89] A Figura 8.15 apresenta os resultados de ensaios em concretos aquecidos e resfriados repetidamente entre 4 e 60 °C, a uma velocidade de 2,2 °C por minuto. Entretanto, os dados não são suficientes para que o coeficiente de dilatação térmica seja considerado uma medida quantitativa da durabilidade do concreto sujeito a variações frequentes ou rápidas de temperatura (conforme a página 154).

---

* N. de R.T.: A NBR 12815:2012 estabelece o método de ensaio para a determinação do coeficiente de dilatação térmica linear do concreto. O coeficiente é definido como a relação entre a variação de uma dimensão linear, por unidade de comprimento, e a variação de temperatura que provocou a primeira variação, sendo expresso em m/m/ °C.

Tabela 8.5 Coeficientes de dilatação térmica do concreto em altas temperaturas[8.92]

Condição de cura	Relação água/cimento	Consumo de cimento (kg/m³)	Agregado	Coeficiente de dilatação térmica linear ($10^{-6}/°C$) na idade de:			
				28 dias		90 dias	
				< 260 °C	> 430 °C	< 260 °C	> 430 °C
Úmida	0,4	435	Seixo	7,6	20,3	6,5	11,2
	0,6	310	Calcário	12,8	20,5	8,4	22,5
	0,8	245		11,0	21,1	16,7	32,8
Ao ar com umidade relativa de 50%	0,4	435	Seixo	7,7	18,9	12,2	20,7
	0,6	310	Calcário	7,7	21,1	8,8	20,2
	0,8	245		9,6	20,7	11,7	21,6
Ao ar úmido	0,68	355	Folhelho	6,1	7,5	—	—
Seco ao ar	0,68	355	Expandido	4,7	9,7	5,0	8,8

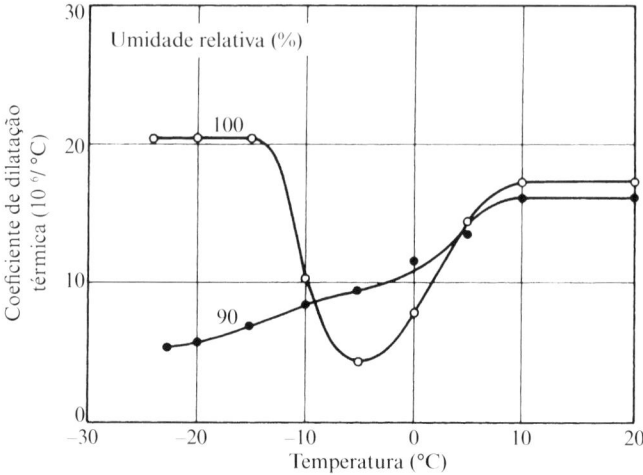

Figura 8.14 Relação entre o coeficiente de dilatação térmica linear e a temperatura de corpos de prova de pasta de cimento hidratada (com relação água/cimento de 0,40), armazenados e ensaiados aos 55 dias em diferentes condições de umidade.[8.107]

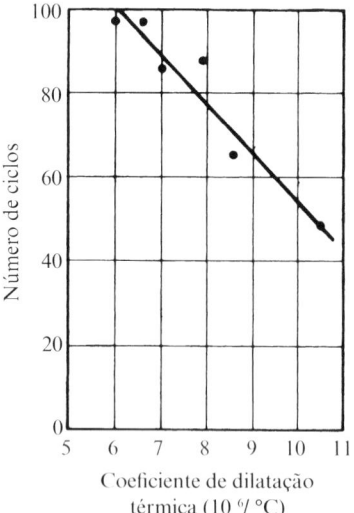

Figura 8.15 Relação entre o coeficiente de dilatação térmica linear do concreto e o número de ciclos de aquecimento necessários para produzir uma redução de 75% no módulo de ruptura.[8.89]

Apesar disso, variações rápidas de temperatura, geralmente, mais rápidas do que as que ocorrem em condições normais, podem resultar em deterioração do concreto. A Figura 8.16 mostra os efeitos do resfriamento brusco após o aquecimento à temperatura indicada.[8.93]

Resistência do concreto a altas temperaturas e ao fogo

Os resultados de ensaios realizados para determinar o efeito da exposição do concreto a altas temperaturas, até aproximadamente 600 °C, são muito variáveis. Entre as causas para esse fato, podem ser citadas: diferenças entre as tensões atuantes e a condição de umidade do concreto em aquecimento; diferenças na duração da exposição à temperatura elevada; e diferenças nas propriedades dos agregados. Em virtude disso, é difícil estabelecer correlações de validade geral. Além do mais, para diferentes situações práticas, pode ser necessário saber a resistência do concreto; por exemplo, no caso de um incêndio, a exposição a temperaturas elevadas ocorre somente em um período curto, mas a massa de concreto fica sujeita a um intenso fluxo de calor. Já no corte de concreto por lança térmica, a exposição a uma alta temperatura é de poucos segundos, e o fluxo de calor aplicado é muito baixo. A seguir, serão citados dados de diversas pesquisas, que devem ser interpretados à luz desses comentários. Os efeitos adversos são decorrentes da decomposição do gel de CSH e do C_2S.[8.116]

A Figura 8.17 apresenta as resistências à compressão e à tração por compressão diametral de um concreto produzido com calcário, exposto a altas temperaturas por períodos entre um e oito meses.[8.45] Foram ensaiados corpos de prova cilíndricos de 100 × 200 mm, submetidos à cura úmida por 28 dias e, então, mantidos em laboratório por 16

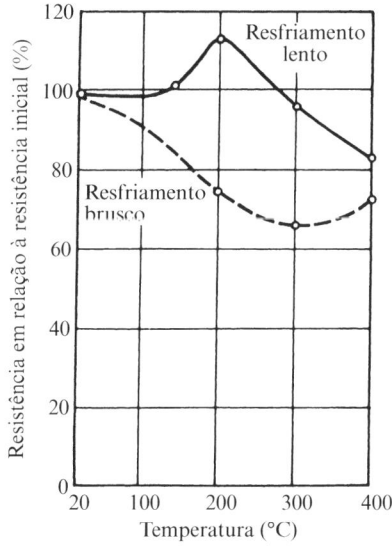

Figura 8.16 Efeito da velocidade de resfriamento sobre a resistência do concreto produzido com agregado de arenito e previamente aquecido a diferentes temperaturas.[8.93]

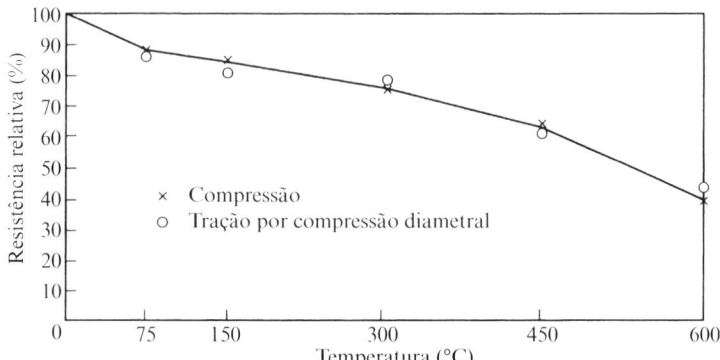

Figura 8.17 Influência da exposição a altas temperaturas sobre as resistências à compressão e à tração por compressão diametral do concreto produzido com relação água/cimento igual a 0,45, em relação à resistência antes da exposição (baseado na ref. 8.45).

semanas. Após esse período, foram aquecidos a uma velocidade de até 20 °C por hora, em condições que tornassem possível a perda de água pelo concreto. Pode-se observar, na Figura 8.17, que, em relação à resistência antes da exposição a uma alta temperatura, existe uma perda uniforme de resistência com o aumento da temperatura. É mínima a diferença entre a perda relativa da resistência à compressão do concreto com relação água/cimento de 0,60 e a do concreto com relação água/cimento de 0,45; a perda daquele é um pouco menor do que a deste. Essa tendência não necessariamente se mantém até a relação água/cimento de 0,33.[8.42] Entretanto, parece que misturas com menor consumo de cimento sofrem uma perda relativa menor do que misturas mais ricas.[8.95]

A influência da relação água/cimento na perda de resistência não é perceptível na resistência à tração por compressão diametral, sendo que a perda dessa resistência é similar à da resistência à compressão.[8.45] Ainda pode ser mencionado que não foi observado nenhum efeito da duração da exposição (entre um e oito meses). Também não foi verificada nenhuma diferença na perda relativa de resistência entre concretos produzidos somente com cimento Portland e concretos com cinza volante ou escória granulada de alto-forno.[8.45]

Outros ensaios realizados pelos mesmos pesquisadores[8.42] mostraram que o aumento da duração da exposição, de dois para 120 dias, a uma temperatura de 150 °C ou maior, aumenta a perda de resistência à compressão, embora a maior parte da perda ocorra no início.[8.42] Ensaios[8.44] realizados em concreto com basalto indicaram que a parte principal da perda de resistência ocorre dentro de duas horas desde o início da elevação de temperatura. Entretanto, deve-se ressaltar que a temperatura de exposição não é necessariamente a mesma temperatura do interior do concreto – enfatizando-se novamente que, embora os detalhes do método de ensaio influenciem o resultado obtido, eles nem sempre podem ser totalmente avaliados a partir da descrição dos métodos. Todos esses fatores resultam em uma grande faixa de perda de resistência em função da temperatura, conforme mostra a Tabela 8.6.

Tabela 8.6 Resistência à compressão em função da resistência aos 28 dias em temperatura ambiente (baseada na ref. 8.44)

Temperatura máxima (°C)	20	200	400	600	800
Intervalo da resistência residual (%)	100	50–92	45–83	38–69	20–36

O concreto com agregados leves apresenta uma perda de resistência à compressão muito menor do que o concreto normal, tendo sido registrada uma resistência residual de no mínimo 50% após a exposição a 600 °C.[8.112]

Ensaios[8.48] realizados em concretos de alta resistência (89 MPa) sugerem uma perda relativa mais elevada nestes do que em concretos de resistência normal. O aspecto mais importante em relação ao concreto de alto desempenho, que contém sílica ativa, é a ocorrência de lascamento* associado à alta temperatura. Esse comportamento foi observado por Hertz[8.47] em concretos aquecidos a temperaturas acima de aproximadamente 300 °C, mesmo a uma velocidade de aquecimento relativamente baixa (60 °C por hora, que é uma ordem de grandeza menor do que no caso de incêndios). O lascamento explosivo foi confirmado em ensaios realizados em concretos contendo sílica ativa e com relação água/cimento de 0,26.[8.43] Isso pode parecer surpreendente, devido ao volume de água em questão ser baixo, mas, por outro lado, a permeabilidade é extremamente baixa.

De forma mais geral, pode-se dizer que, quanto menor for a permeabilidade do concreto e maior for a velocidade de elevação da temperatura, maior será o risco de lascamento explosivo. Uma observação associada a esse fato é que a perda de resistência em temperaturas elevadas é maior em concretos saturados do que em concretos secos, sendo o teor de umidade no momento da aplicação da carga o responsável por essa diferença.[8.101]

A influência do teor de umidade sobre a resistência também pode ser vista em ensaios de resistência do concreto ao fogo, em que a umidade excessiva no momento da exposição ao fogo é a principal causa do lascamento. Em geral, o teor de umidade do concreto é o fator mais importante na determinação de seu comportamento estrutural em temperaturas elevadas.[8.111] Em elementos de grande volume de concreto, a troca de água é extremamente lenta, de modo que, embora a perda de água seja prevenida, os efeitos decorrentes de uma alta temperatura podem ser mais sérios do que em elementos delgados. A adição de fibras de polipropileno ao concreto pode ser útil nesse aspecto.

Uma das alterações que ocorrem quando a temperatura sobe até cerca de 400 °C é a decomposição do hidróxido de cálcio, restando CaO, em virtude da secagem.[8.7] Entretanto, caso, após o resfriamento, entre água no concreto, a reidratação do CaO pode causar desagregação, e a manifestação do dano pode ocorrer após o incêndio. Desse ponto de vista, é útil adicionar pozolanas à mistura, pois elas removem o hidróxido de cálcio.

---

* N. de R.T.: Também conhecido no Brasil pelo termo em inglês, *spalling* (lascamento explosivo).

Embora o comportamento do concreto seja o aspecto de interesse prático, seu comportamento geral pode encobrir algumas das alterações que ocorrem em corpos de prova de pequenas dimensões de pasta de cimento hidratada. Ensaios[8.46] realizados em corpos de prova de pastas com relação água/cimento igual a 0,30, submetidos à cura úmida por 14 semanas, aquecidos e ensaiados à compressão ainda quentes apresentaram uma redução da resistência com o aumento da temperatura até 120 °C. Em temperaturas mais elevadas, observou-se que a resistência obtida era, aproximadamente, igual ao valor original. Essa resistência é mantida até 300 °C. Entretanto, em temperaturas ainda mais elevadas, ocorre uma severa e progressiva diminuição da resistência. A resistência inalterada na temperatura intermediaria é atribuída por Dias et al.[8.46] ao desaparecimento da pressão de desagregação e à densificação do gel. No concreto, essas alterações seriam limitadas pela dificuldade de uma secagem eficaz.

Módulo de elasticidade do concreto a altas temperaturas

O comportamento das estruturas geralmente depende do módulo de elasticidade do concreto, que é fortemente afetado pela temperatura. O padrão de influência da temperatura sobre o módulo de elasticidade é apresentado na Figura 8.18. Para concreto massa curado, não existe diferença no módulo de elasticidade no intervalo de 21 a 96 °C,[8.102] mas seu valor é reduzido em temperaturas superiores a 121 °C.[8.56] Entretanto, quando a água pode ser expulsa do concreto, ocorre uma redução progressiva do módulo de elasticidade entre cerca de 50 e 800 °C (ver Figura 8.18),[8.43,8.104] devido à relaxação da aderência. O alcance dessa diminuição depende do agregado utilizado, mas é difícil fazer uma generalização sobre esse tema. Em termos gerais, a resistência e o módulo variam da mesma forma com a temperatura.

Comportamento do concreto ao fogo

Apesar de o fogo ter sido mencionado em diversas oportunidades, o estudo aprofundado da resistência do concreto ao fogo está fora do escopo deste livro, devido à resistência ao fogo se aplicar, na realidade, mais a elementos do edifício do que ao material de construção. Entretanto, pode ser dito que, em geral, o concreto possui boas propriedades em relação à resistência ao fogo: o concreto é um material incombustível, continua

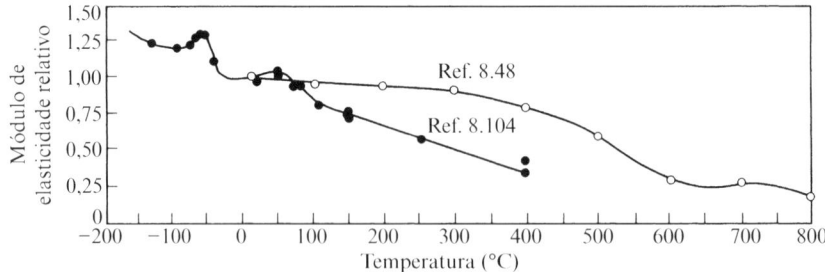

Figura 8.18 Influência da temperatura sobre o módulo de elasticidade do concreto (baseada nas refs. 8.48 e 8.104).

a apresentar um desempenho satisfatório durante um período de exposição ao fogo relativamente grande e não emite gases tóxicos. Os critérios relevantes de desempenho são: capacidade de suporte de cargas, resistência à penetração de chamas e resistência à transferência de calor quando o concreto é utilizado como um material de proteção ao aço. Uma revisão geral sobre a resistência do concreto ao fogo foi realizada por Smith.[8.6]

Na prática, o que se quer do concreto estrutural é que ele preserve sua ação estrutural por um determinado período de tempo,* o que é um aspecto diferente de ser resistente ao fogo.[8.78] Considerando o comportamento do concreto como um material, deve ser ressaltado que o fogo introduz grandes gradientes de temperatura e, como consequência, as camadas superficiais aquecidas tendem a lascar e se separar do interior mais frio. A formação de fissuras fica concentrada nas juntas, em regiões mal adensadas do concreto, ou nos planos das barras da armadura. Quando a armadura fica exposta, a ação da alta temperatura é acelerada, já que a armadura conduz calor.

O tipo de agregado influencia a resposta do concreto à alta temperatura. A diminuição da resistência é consideravelmente menor quando o agregado não contém sílica (algumas formas podem sofrer alterações), como, por exemplo, calcário, rochas ígneas básicas e, especialmente, tijolos britados e escória de alto-forno. Concretos com baixa condutividade térmica apresentam maior resistência ao fogo; nesse aspecto, o concreto leve é, portanto, melhor do que o concreto comum.

É interessante destacar que o seixo de dolomita resulta em uma excelente resistência do concreto ao fogo. Isso ocorre em razão de a calcinação do agregado de carbonato ser endotérmica.[8.103] Desse modo, o calor é absorvido e a velocidade de elevação da temperatura diminui. Além disso, o material calcinado possui uma menor massa específica, proporcionando, portanto, uma espécie de isolamento da superfície. Esse efeito é significativo em elementos de grande espessura. Por outro lado, caso haja pirita no agregado, a lenta oxidação a cerca de 150 °C causa a desintegração do agregado e, consequentemente, a ruptura do concreto.[8.42]

Foi confirmado por Abrams[8.108] que, em temperaturas superiores a 430 °C, o concreto com agregado silicoso apresenta maior diminuição de resistência do que os concretos produzidos com calcário ou com agregados leves, mas, uma vez que a temperatura atinja valores próximos a 800 °C, a diferença não existe mais (Figura 8.19). Para fins práticos, a temperatura próxima a 600 °C pode ser considerada a temperatura-limite para manter a integridade estrutural do concreto produzido com cimento Portland. Para temperaturas mais elevadas, deve ser utilizado cimento refratário (ver página 106). A temperatura relevante é a do próprio concreto, e não a das chamas ou a dos gases. Sullivan[8.117] mostrou que o lascamento explosivo ocorre especialmente com relação água/cimento de 0,35, devido ao concreto possuir uma permeabilidade superficial particularmente baixa (ver também página 716).

Foi constatado, com todos os agregados, que a porcentagem de perda de resistência não depende do nível da resistência inicial, mas que a sequência de aquecimento e carregamento influencia a resistência residual. Em especial, o concreto aquecido sob

---

* N. de R.T.: Período denominado tempo de resistência ao fogo, segundo a NBR 15200:2012, que trata do projeto de estruturas de concreto em situações de incêndio.

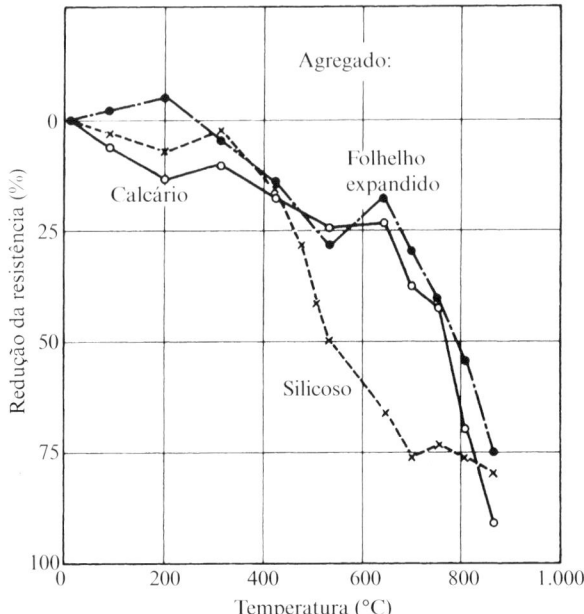

Figura 8.19 Redução na resistência à compressão do concreto aquecido sem aplicação de carga e ensaiado ainda quente; resistência média inicial igual a 28 MPa.[8.108]

carga conserva a maior parte de sua resistência, enquanto o aquecimento de corpos de prova sem carga resulta na menor resistência do concreto após o resfriamento. A aplicação da carga no momento em que o concreto ainda está quente resulta em valores intermediários. Valores típicos são apresentados na Figura 8.20 (a Figura 2.9 também pode ser de interesse).

A aplicação de água em um incêndio é equivalente a um resfriamento brusco: há uma elevada redução da resistência, devido aos grandes gradientes de temperatura que surgem no concreto.

Concretos produzidos com agregados silicosos ou de calcário apresentam mudança de coloração com a temperatura. Como essa mudança depende da presença de certos compostos de ferro, há diferença entre as respostas de diferentes concretos. A mudança é permanente, de modo que a temperatura máxima ocorrida durante o incêndio pode ser estimada posteriormente. A sequência de cores aproximada é: rosa ou vermelho entre 300 e 600 °C, cinza até cerca de 900 °C e amarelo acima de 900 °C.[8.93] Desse modo, a resistência residual do concreto pode ser aproximadamente determinada. Em geral, consideram-se suspeitos concretos com coloração acima de rosa, e concretos de cor acima de cinza são, provavelmente, friáveis e porosos.[8.1]

Foram feitas tentativas de determinar a temperatura máxima atingida pelo concreto durante um incêndio, por meio da medida da redução da termoluminescência. Trata-se de um sinal luminoso que é uma função da temperatura. Entretanto, a luz emitida é

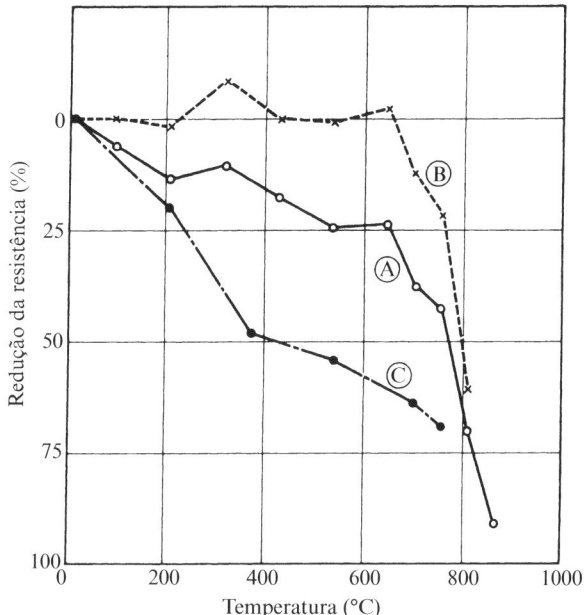

Figura 8.20 Redução na resistência à compressão do concreto produzido com agregado de cálcario: (A) aquecido sem aplicação de carga e ensaiado quente; (B) aquecido sob uma relação inicial tensão/resistência de 0,4 e ensaiado quente; (C) aquecido sem aplicação de carga e ensaiado após sete dias de armazenamento a 21 °C.[8.108]

influenciada pela duração da exposição à alta temperatura, de modo que a redução da resistência do concreto exposto ao fogo por um período prolongado pode ser significativamente subestimada.[8.41]

Para a limpeza a fogo de superfícies de concreto, é aplicada uma temperatura muito elevada sobre uma área pequena. Esse procedimento não danifica o concreto além da espessura removida, entre 1 e 2 mm, desde que o maçarico seja movimentado na velocidade estabelecida.[8.109] Nessas circunstâncias, ainda que a temperatura da chama seja de cerca de 3.100 °C, a temperatura máxima do concreto não passará de 200 °C.

Resistência do concreto a temperaturas muito baixas

O desenvolvimento da resistência do concreto a temperaturas acima de −11 °C foi analisado na página 319, sendo essa a menor temperatura em que ocorrem a hidratação e um ganho de resistência. Entretanto, existem situações reais de exposição a temperaturas criogênicas de concretos que endureceram em temperatura ambiente – é o caso, por exemplo, de tanques de armazenamento de gás liquefeito natural, cujo ponto de ebulição é −162 °C. O efeito dessas temperaturas muito baixas será analisado a seguir.

A resistência do concreto é destacadamente maior a temperaturas variando do ponto de congelamento da água até aproximadamente −200 °C do que à temperatura ambiente. A resistência à compressão pode ser de duas a três vezes maior do que a resistência à temperatura ambiente quando o concreto está úmido enquanto é resfriado, mas o aumento da resistência à compressão do concreto seco ao ar é bem menor.

A diferença no aumento da resistência entre o concreto seco e o úmido está relacionada à formação de gelo na pasta de cimento hidratada. Quanto menor for o diâmetro dos poros, menor será o ponto de congelamento da água de gel, de modo que toda a água adsorvida congela em temperaturas entre −80 e −95 °C. Como o gelo pode resistir a tensões, diferentemente da água que está sendo substituída, o concreto congelado possui porosidade efetiva extremamente baixa e, portanto, alta resistência. A resistência do gelo e seu coeficiente de dilatação térmica variam com a temperatura, de modo que as alterações que ocorrem na pasta de cimento hidratada são complexas.[8.49]

Caso o concreto não seja exposto a baixas temperaturas, os poros vazios assim permanecem, então, o aumento de resistência é pequeno.

O padrão da relação entre a resistência à compressão e a temperatura do concreto leve, tanto seco como úmido, está apresentado na Figura 8.21, e os dados correspondentes à resistência à tração por compressão diametral, na Figura 8.22.

A partir desta figura, é possível ver que o aumento da resistência à tração ocorre, principalmente, entre −7 e −87 °C. O aumento relativo da resistência à tração do concreto seco ao ar também é menor do que o aumento relativo da resistência à compressão. Os dados das Figuras 8.21 e 8.22 se referem a concretos com agregados leves, que, para fins criogênicos, têm a vantagem de possuir boas propriedades isolantes. No concreto normal, entretanto, o aumento da resistência a baixas temperaturas é maior do que no concreto com agregados leves.

O padrão do aumento da resistência à compressão com o aumento do teor de umidade não depende da relação água/cimento. Um exemplo dessa relação para concretos a −160 °C é apresentado na Figura 8.23,[8.50] e um comportamento similar é observado no concreto com resistência de 80 MPa à temperatura normal.[8.51]

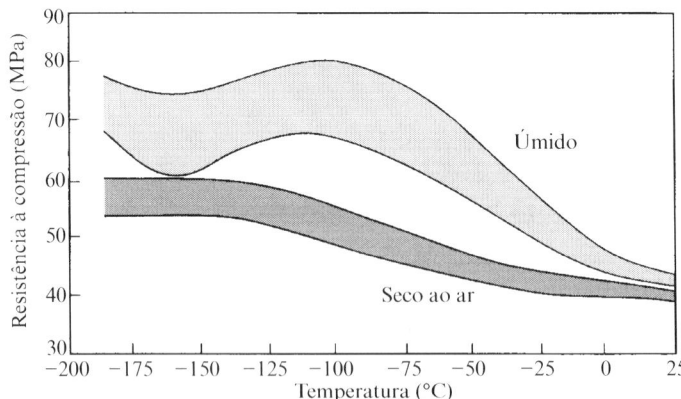

Figura 8.21 Efeito de temperaturas muito baixas na resistência à compressão do concreto (determinada em corpos de prova cilíndricos; baseada na ref. 8.49).

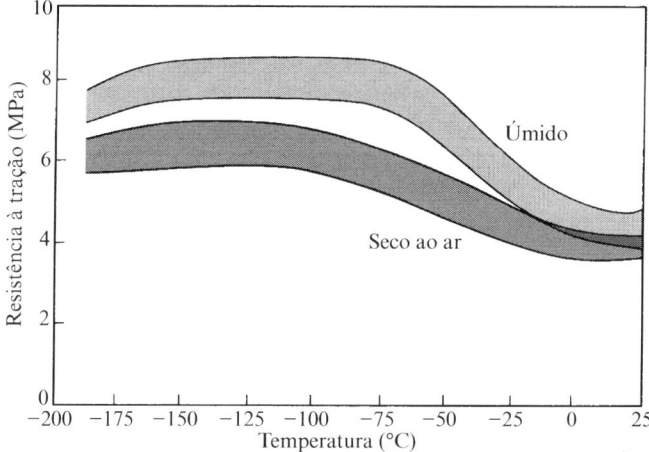

Figura 8.22 Efeito de temperaturas muito baixas na resistência à tração por compressão diametral do concreto (baseada na ref. 8.49).

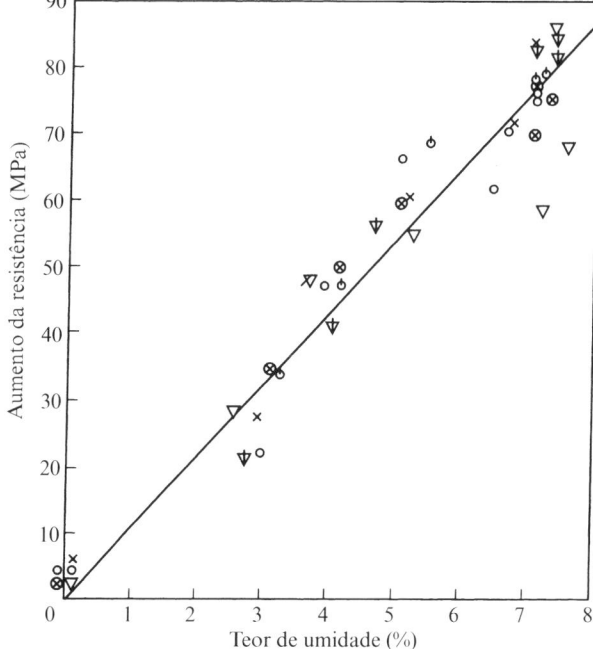

Figura 8.23 Relação entre o aumento da resistência à compressão a −160 °C além da resistência à temperatura ambiente e o teor para umidade para concretos com relações água/cimento de 0,45 e 0,55 (baseada na ref. 8.51).

A Figura 8.21 mostra que existe pouco ou nenhum aumento adicional de resistência à compressão quando a temperatura cai a cerca de −120 °C. A razão para isso é que, nessa faixa de temperatura, ocorrem alterações na estrutura do gelo. Mais especificamente, a −113 °C, a estrutura do gelo muda de hexagonal para ortorrômbica, alteração que ocasiona uma diminuição de cerca de 20% do volume. O padrão do desenvolvimento de tensões com a diminuição da temperatura e o comportamento do concreto sob temperaturas cíclicas foram profundamente estudados por Miura.[8.50]

Deve-se destacar que os efeitos dos gradientes de temperatura e dos ciclos de temperatura têm de ser considerados no projeto estrutural.

O módulo de elasticidade do concreto úmido aumenta de forma constante com a diminuição de temperaturas abaixo de −190 °C. Nessa temperatura, o módulo de elasticidade é cerca de 1,75 vezes o módulo à temperatura ambiente; para o concreto seco ao ar, o valor correspondente é aproximadamente 1,65.[8.49]

Concreto massa

Antigamente, o termo "concreto massa" se aplicava somente a concretos de grandes dimensões, como barragens de gravidade, mas, atualmente, os aspectos tecnológicos do concreto massa são relevantes para qualquer elemento de concreto com dimensões tais que o comportamento térmico possa resultar em fissuração, caso não sejam tomadas medidas apropriadas. Portanto, o aspecto fundamental do concreto massa é seu comportamento térmico, sendo um dos objetivos do projeto evitar – ou reduzir – e controlar a abertura e o espaçamento das fissuras.

Deve ser relembrado, do Capítulo 1, que a hidratação do cimento Portland gera calor, o que causa uma elevação na temperatura do concreto. Caso esse aumento de temperatura ocorra de forma uniforme por todo o elemento de concreto, sem nenhuma restrição externa, é possível que ele se dilate até que a temperatura máxima seja atingida. Em seguida, em razão do resfriamento do concreto devido à perda de calor para o ambiente, ocorre a contração uniforme do elemento. Desse modo, não haveria tensões térmicas no interior do elemento. Entretanto, na prática, existem restrições em todos os elementos, exceto nos de pequenas dimensões. Há dois tipos de restrições: internas e externas.

As *restrições internas* são decorrentes do fato de que, quando a superfície do concreto pode perder calor para o ambiente, surge um diferencial de temperatura entre o exterior, mais frio, e o núcleo quente do elemento de concreto. Devido à baixa difusividade térmica do concreto, o calor não é dissipado para o exterior com rapidez suficiente, o que resulta em uma dilatação térmica *livre* desigual nas diversas partes do elemento de concreto. A restrição à dilatação livre leva a tensões de compressão em uma parte do elemento e de tração em outra. Caso as tensões de tração na superfície do elemento, decorrentes da dilatação do núcleo, sejam maiores do que a resistência à tração do concreto ou resultem em deformação por tração maior do que sua capacidade (ver página 308), ocorrerá a fissuração superficial.

A situação real é complexa porque a fluência, que é elevada em concretos muito novos, alivia parte da tensão de compressão induzida no núcleo, de forma que a *velocidade de mudança* da temperatura também se torna um fator influente. Esse comportamento é discutido na página 493.

A restrição interna também pode ocorrer quando o concreto é lançado sobre uma superfície com uma temperatura muito inferior, como no solo frio ou em fôrmas sem isolamento em tempo frio. Nessas situações, as diferentes partes do elemento de concreto entram em pega em diferentes temperaturas. Posteriormente, quando o núcleo do elemento de concreto esfria, sua contração térmica é restringida pela parte externa, já resfriada, o que pode ocasionar a fissuração no interior.

As Figuras 8.24 e 8.25 apresentam exemplos de variações de temperatura que levam à fissuração quando a diferença de temperatura é maior do que 20 °C, limite sugerido por FitzGibbon.[8.65,8.66] Para a diferença de 20 °C, considerando o coeficiente de dilatação térmica do concreto como 10×10^{-6}/ °C (ver Tabela 8.4), a deformação diferencial é 200×10^{-6}. Essa é uma estimativa realista da deformação por tração (ver página 306). Pode-se mencionar, ainda, a experiência prática a seguir.

Em um pilar de concreto armado de seção quadrada de lado igual a 1,1 m, produzido com 500 kg/m³ de cimento Tipo I e 30 kg/m³ de sílica ativa, foi constatada uma elevação de 45 °C acima da temperatura ambiente em 30 horas após o lançamento.[8.52]

Uma elevação de temperatura semelhante pode ocorrer até mesmo em seções com menor dimensão, igual a 0,5 m. Não se deve permitir que a superfície do concreto resfrie muito rapidamente, ou seja, as propriedades isolantes das fôrmas e o prazo para sua remoção devem ser controlados.

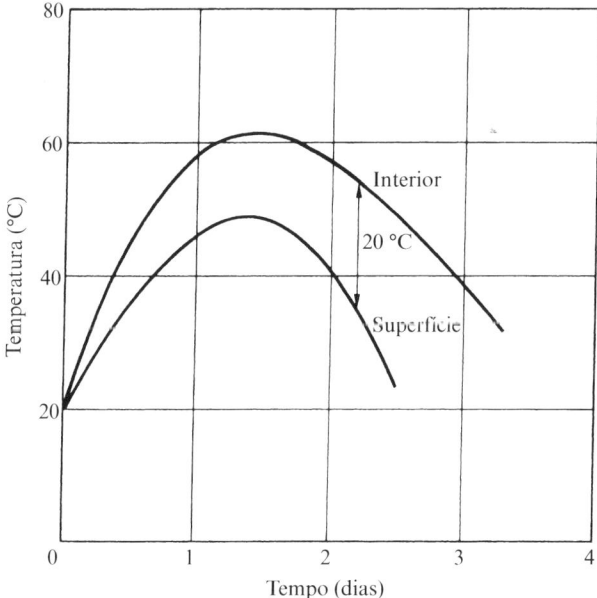

Figura 8.24 Exemplo do padrão de variação de temperatura que ocasiona fissuração externa em uma grande massa de concreto. A diferença de temperatura crítica de 20 °C ocorre durante o resfriamento.[8.66]

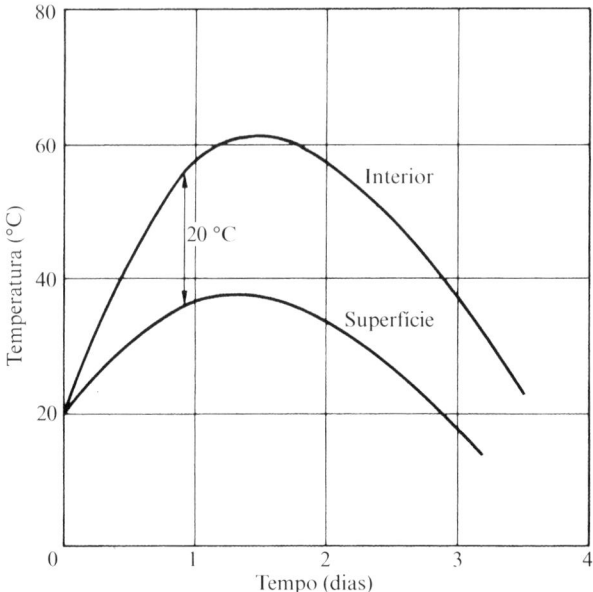

Figura 8.25 Exemplo do padrão de variação de temperatura que ocasiona fissuração interna em uma grande massa de concreto. A diferença de temperatura crítica de 20 °C ocorre durante o aquecimento, mas as fissuras surgem somente quando o interior tiver sido resfriado em função de uma variação de temperatura maior do que o exterior.[8.66]

Na seção anterior, foi mostrado que a maior causa do diferencial de temperatura em um elemento de concreto é a geração de calor pela hidratação do cimento. Esse tema foi discutido na página 38, em que o calor de hidratação por unidade de massa de diferentes cimentos foi abordado. Portanto, é possível escolher um cimento Portland com uma composição química que resulte em uma baixa taxa de liberação de calor. Entretanto, em cimentos compostos, a estimativa do calor de hidratação é mais complicada. Além do mais, do ponto de vista do desenvolvimento do diferencial de temperatura, não somente o calor de hidratação total mas também a velocidade de liberação são importantes. Deve ser lembrado que, quanto maior for a finura do cimento, mais rápida será a hidratação, de forma que evitar cimentos de elevada superfície específica pode ser útil.

A seleção do cimento, entretanto, é somente uma solução parcial, pois é o consumo de cimento por metro cúbico de concreto que determina, em grande parte, a geração de calor. Portanto, a solução está na utilização de baixos consumos de cimento, bem como na adoção de cimentos compostos, pois o cimento Portland é o responsável pela liberação de calor nas primeiras idades e pela reação química mais lenta das pozolanas. É possível concluir que, com o uso de baixos consumos de cimentos compostos contendo grandes proporções de pozolanas, a elevação máxima da temperatura pode ser reduzida e sua ocorrência pode ser atrasada. Os benefícios desse atraso são que o concreto terá maior resistência à tração e será menos suscetível à fissuração.

Em qualquer cimento, a velocidade de hidratação é maior a temperaturas mais altas, de modo que resfriar o concreto fresco abaixo da temperatura ambiente (ver na próxima seção) e realizar seu lançamento em uma temperatura baixa diminui a velocidade de liberação de calor. Além disso, a diferença entre a temperatura máxima do concreto e a temperatura ambiente *final* é reduzida.

Em grandes estruturas de concreto *simples*, pode ser útil o uso de agregados com grande dimensão máxima, 75 mm ou até mesmo 150 mm, pois, com isso, é possível obter a redução da quantidade de água da mistura para uma determinada trabalhabilidade. Portanto, com uma relação água/cimento fixa, o consumo de cimento pode ser diminuído. Em estruturas como barragens de gravidade, a relação água/cimento pode ser alta (até 0,75), já que a resistência do concreto, nesse caso, tem pouca importância estrutural, ao contrário da prevenção da fissuração e da durabilidade, que são pontos críticos. De qualquer forma, é a resistência nas maiores idades que, provavelmente, é importante. Já foram utilizadas misturas com consumo de cimento composto de 109 kg/m^3, 67% constituído por pozolanas. O consumo de água era de 48 l/m^3, o abatimento, de 40 mm e a resistência em corpos de prova cilíndricos aos 28 dias, igual a 14 MPa.[8.67] Deve ser ressaltado que utilizar um consumo de cimento muito baixo não é somente econômico em si, mas também resulta em economia em outras medidas usadas para controlar os efeitos indesejáveis do calor de hidratação do cimento, como o resfriamento do concreto em canteiro por meio da circulação de água gelada através de tubos embutidos no concreto.[8.67]

Pode-se, ainda, mencionar que algumas obras recentes de barragens foram construídas a partir do uso de concreto compactado com rolo com consumo de cimento de somente 66 kg/m^3, dos quais 30% eram cinza volante.[8.54] Esse, entretanto, é um material especializado, e a tecnologia associada está fora do escopo deste livro.

Será analisado agora o concreto *armado*, em que é exigida uma resistência à compressão muito maior, em geral aos 28 dias, e em que o uso de agregados de grandes dimensões pode ser impraticável, devido ao espaçamento das armaduras ou devido à obtenção desses agregados possivelmente não ser muito econômica. Além disso, não é permitida a incorporação de tubulação. Apesar disso, o maior problema é o mesmo do concreto simples: se a perda de calor na superfície for elevada, o interior da massa de concreto irá se aquecer mais do que o exterior. Caso a diferença entre as temperaturas interna e externa seja grande o bastante, irá ocorrer fissuração. Entretanto, a abertura e o espaçamento das fissuras podem ser controlados com um adequado detalhamento da armadura. Fitz Gibbon[8.65,8.66] estimou que a elevação da temperatura, em condições adiabáticas, é de 12 °C para cada 100 kg de cimento por metro cúbico de concreto, independentemente do tipo de cimento utilizado, para consumos de cimento entre 300 e 600 kg/m^3.

A solução para o problema não é limitar a elevação de temperatura no interior, mas prevenir a perda de calor pela superfície. Dessa forma, é admitido o aquecimento de toda a massa de concreto, aproximadamente ao mesmo nível, e, portanto, a expansão *sem restrição* é permitida. Com o tempo ocorre o resfriamento, de modo mais ou menos uniforme, e a estrutura atinge suas dimensões finais, novamente sem restrição. Para evitar uma grande perda de calor, as fôrmas e a superfície superior da estrutura devem ser adequadamente isoladas com poliestireno ou uretano. Nas arestas e nos cantos, onde a perda de calor ocorre em mais de uma direção, bem como em outras partes sensíveis da estrutura, é necessário isolamento adicional.

Na prática, a temperatura deve ser monitorada com o uso de termopares em vários pontos, ajustando-se o isolamento de acordo. O isolamento precisa controlar a perda de calor por evaporação, condução e radiação. Para a primeira, devem ser utilizados membranas plásticas ou agentes de cura, mas não aspersão ou represamento, já que ambos possuem efeito de resfriamento. Acolchoados com revestimento plástico são válidos para todas as formas de perda de calor, mas placas de madeira reconstituída (como *softboards*) também podem ser usadas. O isolamento deve ser mantido até que o diferencial de temperatura tenha sido reduzido a 10 °C.

Outras medidas específicas também são necessárias para obter uma estrutura monolítica, sem juntas frias. Uma dessas medidas é o uso diferencial de aditivos retardadores, de modo que o concreto na parte inferior permaneça plástico até o término do lançamento, possivelmente em 12 horas. A exsudação também deve ser controlada. Até o momento, um dos maiores lançamentos contínuos de concreto foi em uma fundação em concreto armado contendo 12.000 m³ de concreto.[8.53]

É importante ressaltar que é necessário cuidado caso sejam lançados, para a produção de um mesmo elemento monolítico, concretos com propriedades térmicas diferentes. Um exemplo disso é uma placa de pavimento rodoviário lançada em duas camadas (para tornar possível a inserção das barras de transferência nas juntas de contração) que contenha diferentes cimentos compostos.[8.2]

A *restrição externa* da movimentação térmica pode resultar em fissuração dos elementos, mesmo os delgados, de concreto armado. Esse é o caso de paredes moldadas sobre uma fundação existente que restrinja a movimentação térmica devido à elevação da temperatura da parede de concreto. As fissuras verticais através de toda a espessura da parede e de sua base podem se estender por uma considerável distância no sentido da altura da parede. A prevenção da fissuração pode ser obtida com um adequado detalhamento das armaduras, mas compreender o comportamento térmico do concreto é essencial para reduzir a gravidade do problema.

A longa discussão anterior sobre a elevação da temperatura em uma massa de concreto mostrou que a temperatura depende da posição do elemento estrutural, bem como da idade do concreto e dos detalhes do isolamento. As propriedades do concreto em uma região específica podem ser determinadas pela adoção de *cura combinada à temperatura*. Essa é uma técnica em que um termopar inserido em uma determinada posição do concreto controla a temperatura de um banho na qual o corpo de prova de concreto esteja colocado, estando o corpo de prova isolado da água. A resistência e a fluência são as propriedades de maior relevância nos concretos curados com esse procedimento. Saber a resistência pode ser útil para a determinação dos prazos de retirada das fôrmas ou para a aplicação de protensão. A fluência é relevante para o projeto estrutural.

A determinação da temperatura em diferentes posições no interior da massa de concreto pode ser utilizada para ajustar o isolamento térmico, a fim de minimizar os gradientes de temperatura no interior da massa.

Um tipo específico de lançamento contínuo de concreto é adotado em certos tipos de estruturas, como arranha-céus e torres. Nesses casos, a fôrma é elevada de forma contínua – ou aproximadamente contínua – por um período de dias ou semanas, processo conhecido como fôrmas deslizantes.[8.115] Fôrmas deslizantes horizontais podem ser utilizadas para a construção de meios-fios.

Concretagem em tempo quente

Há alguns problemas específicos nas concretagens realizadas em tempo quente, decorrentes tanto da temperatura mais elevada do concreto quanto, em muitos casos, do aumento da velocidade de evaporação da água do concreto fresco. Esses problemas afetam a mistura, o lançamento e a cura do concreto.

A concretagem em temperaturas altas não é um processo tão incomum ou especializado. Na verdade, é necessário adotar algumas medidas já conhecidas para minimizar ou controlar os efeitos da temperatura ambiente elevada, da alta temperatura do concreto, da baixa umidade relativa, da alta velocidade do vento e da elevada incidência de radiação solar. O que é necessário em todas as obras expostas a uma ou mais das condições anteriores é que sejam desenvolvidos técnicas e procedimentos apropriados e que eles sejam seguidos à risca. A uniformidade é fundamental, e desvios em relação aos procedimentos estabelecidos ocasionam problemas.

A temperatura elevada acelera o tempo de pega do concreto, conforme definido pela ASTM C 403-08. Ensaios realizados em argamassa de cimento e areia,[8.3] no traço 1:2, mostraram que o tempo de início de pega foi reduzido a, aproximadamente, metade pela variação de temperatura do concreto de 28 para 46 °C. O efeito foi semelhante em relações água/cimento entre 0,40 e 0,60, mas o tempo de pega real era menor quanto menor fosse a relação água/cimento.[8.3]

A temperatura ambiente elevada causa uma demanda maior de água pelo concreto e aumenta a temperatura do concreto fresco. As consequências disso são o aumento da velocidade de perda de abatimento e uma hidratação mais rápida, que resultam em pega acelerada e em uma menor resistência do concreto em longo prazo (ver página 359). Além disso, a evaporação rápida pode causar *fissuração por retração plástica* e *mapeamento*, sendo que o resfriamento subsequente do concreto endurecido pode induzir a tensões de tração. Em geral, acredita-se que a fissuração por retração plástica provavelmente ocorre quando a velocidade de evaporação é maior do que a velocidade com que a água de exsudação sobe à superfície, entretanto, foi observado que as fissuras também se formam sob uma película de água, e isso só fica aparente após a secagem.[8.61] A velocidade de evaporação acima de 1,0 kg/m² por hora é considerada crítica.[8.14]

As fissuras por retração plástica podem ser bastante profundas, com aberturas variando entre 0,1 e 3 mm, e podem ser bem curtas ou chegar a 1 m.[8.62] Uma vez formadas, dificilmente se fecham permanentemente.[8.14] A diminuição da umidade relativa do ar favorece esse tipo de fissuração,[8.9] de modo que, na realidade, as causas dessa manifestação parecem bastante complexas. Segundo o ACI 305R-91,[8.14] o risco de fissuração plástica é o mesmo para as seguintes combinações de temperatura e umidade relativa:

    41 °C e 90%
    35 °C e 70%
    24 °C e 30%.

Uma velocidade do vento superior a 4,5 m/s agrava a situação,[8.14] ou seja, proteções contra o vento, bem como contra a radiação solar, são bastante úteis.[8.20],*

Outro tipo de fissuração na superfície do concreto fresco é causado pelo assentamento diferenciado do concreto fresco devido a obstáculos ao assentamento, como grandes partículas de agregado ou barras da armadura. A *fissuração por assentamento plástico* pode ser evitada pelo uso de misturas mais secas, por um bom adensamento e pela não permitissão de uma velocidade muito rápida de execução do concreto. A fissuração por assentamento plástico também pode ocorrer em temperaturas normais, mas, em tempo quente, algumas vezes, a fissuração por retração plástica e a por assentamento plástico são confundidas entre si.

Existem, ainda, algumas outras dificuldades na concretagem em tempo quente: a incorporação de ar é mais difícil, embora isso possa ser solucionado com o uso de maiores quantidades de aditivos incorporadores de ar. Um problema relacionado a isso é que, se for permitida a expansão de um concreto relativamente frio quando lançado a uma temperatura mais elevada, os vazios se expandirão e a resistência será reduzida. Isso ocorreria, por exemplo, em painéis horizontais, mas não em verticais em fôrmas metálicas, em que a expansão é impedida.[8.64]

Serão analisados a seguir os passos que podem ser adotados para evitar ou reduzir os efeitos nocivos do tempo quente. Antes, costumava haver um limite máximo de temperatura em que a concretagem era admitida, uma restrição que não era viável em países com temperaturas ambientes muito elevadas. Apesar disso, o limite para o lançamento de concreto que será exposto a ambientes úmidos ou agressivos é de 30 °C. A norma britânica vigente sobre concretagem em altas temperaturas é a BS 8500-1:2006. Sempre que possível, é aconselhável o lançamento do concreto na parte do dia em que as temperaturas sejam mais amenas e, preferencialmente, em um momento em que a elevação da temperatura ambiente ocorra logo após a pega do concreto, ou seja, depois da meia-noite ou nas primeiras horas da manhã. Vale ressaltar que devem ser realizadas misturas prévias do concreto na temperatura de lançamento esperada, e não em qualquer outra temperatura, como temperaturas de laboratório entre 20 e 25 °C.

Existem várias medidas preventivas que podem ser adotadas. Inicialmente, o consumo de cimento deve ser mantido o mais baixo possível, para que o calor de hidratação não agrave os efeitos da temperatura ambiente elevada. A temperatura do concreto fresco pode ser reduzida com o pré-resfriamento de um ou mais componentes da mistura. O lançamento do concreto à temperatura de 10 °C é aconselhável, embora possa ser impraticável.

A temperatura T do concreto recém-misturado pode ser facilmente calculada a partir das temperaturas de seus componentes, com a seguinte expressão:

---

* N. de R.T.: A NBR 14931:2004, que normaliza os procedimentos de execução de estruturas de concreto, cita que devem ser adotadas medidas para evitar a perda de consistência e para reduzir a temperatura da massa de concreto nos casos de realização de concretagem em temperatura ambiente ≥ 35 °C, especialmente com umidade relativa baixa (≤ 50 %) e velocidade do vento alta. A norma estabelece que, logo após o lançamento e o adensamento, devem ser realizados procedimentos para reduzir a perda de água do concreto. Quando a temperatura for superior a 40 °C, a menos que haja disposições estabelecidas no projeto ou pelo responsável técnico pela obra, a concretagem deve ser suspensa.

$$T = \frac{0{,}22(T_a AG_a + T_c AG_c) + T_{ag} AG_{ag}}{0{,}22(AG_a + AG_c) + AG_{ag}}$$

onde T indica a temperatura (°C) do concreto, AG indica a massa do componente por unidade de volume de concreto e os sufixos a, c e ag se referem, respectivamente, aos agregados, ao cimento e à água (tanto a adicionada como a contida nos agregados). O valor 0,22 representa a relação aproximada entre o calor específico dos componentes secos e o da água. Deve ser ressaltado que, durante a noite, os agregados e a água não se resfriam com a mesma velocidade que o ar, ou seja, suas temperaturas não podem ser consideradas iguais à temperatura do ar.

A temperatura real do concreto será um pouco maior do que a calculada pela expressão anterior, devido ao trabalho mecânico realizado na mistura, e ainda irá aumentar, devido ao desenvolvimento do calor de molhagem e hidratação do cimento, bem como ao calor transferido pelo ar e pelas fôrmas, que devem ser resfriadas antes do lançamento do concreto. Por exemplo, supondo-se uma relação água/cimento do concreto de 0,50 e uma relação agregado/cimento de 5,6, a diminuição da temperatura do concreto fresco em 1 °C pode ser obtida pela redução da temperatura do cimento em 9 °C, da água em 3,6 °C ou dos agregados em 1,6 °C. Pode ser observado que a temperatura do cimento, devido à sua quantidade relativamente pequena no concreto, não é importante.

A utilização de cimento quente em si não é prejudicial à resistência, mas é melhor que não seja usado cimento com temperaturas superiores a 75 °C. Esse argumento é relevante porque há certa desconfiança em relação ao cimento quente; por vezes, inclusive, diversos efeitos prejudiciais são atribuídos ao seu uso. Entretanto, caso o cimento quente seja umedecido por uma pequena quantidade de água antes de se dispersar com os outros sólidos, ele pode entrar em pega rapidamente e formar grumos de cimento.

Existem diversas maneiras de resfriar o agregado e a água de amassamento. Os agregados graúdos podem ser resfriados pela aspersão de água gelada ou por encharcamento. Outro método é o resfriamento por evaporação por meio de jatos de ar, de preferência frios, através do agregado úmido. Os agregados miúdos também podem ser resfriados por ar – inclusive, já foi experimentado o congelamento com nitrogênio líquido,[8.19] mas, para isso, a superfície do agregado deve estar seca. O resfriamento prévio do agregado em uma betoneira fechada por meio de gás carbônico liquefeito (gelo seco), cujo ponto de fusão é –78 °C, também já foi experimentado.[8.15]

A água de amassamento pode ser resfriada ou substituída, normalmente apenas em parte, por gelo triturado ou em escamas. O gelo é um meio altamente eficiente para o resfriamento, pois 1 kg de gelo absorve 334 kJ quando se funde a 0 °C, quantidade de calor quatro vezes maior do que a obtida com água a 20 °C. Todo o gelo deve se fundir antes do término da operação de mistura. O nitrogênio líquido, que absorve 240 kJ/kg quando se vaporiza a –196 °C, também pode ser utilizado para resfriar a água até 1 °C ou pode ser diretamente injetado em uma betoneira estacionária ou em um caminhão-betoneira, imediatamente antes da descarga, embora os custos do nitrogênio líquido e do equipamento necessário sejam elevados. Considerando o custo para diminuir 1 °C na temperatura do concreto, o uso de bombas de calor para refrigeração da água é bastante econômico,[8.13] mas, obviamente, é aplicável apenas em centrais com betoneiras estacionárias. Uma variedade de técnicas de resfriamento é descrita no ACI 207.4R-93[8.4], e no ACI 305R-91[8.14] é possível obter orientações sobre o isolamento e sobre a pintura de branco do equipamento utilizado para o armazenamento dos componentes do concreto, bem como sobre a mistura e o transporte do concreto.

Após o lançamento, o concreto deve ser protegido da radiação solar, pois, caso haja uma noite fria em seguida, existe a probabilidade de ocorrência de fissuração, cuja extensão estará diretamente relacionada à diferença de temperatura. Um método eficiente de resfriamento em tempo seco consiste em molhar o concreto e deixar que a água evapore. Nesse método, não ocorre resfriamento quando são utilizadas membranas de cura, de modo que são atingidas temperaturas mais altas. Grandes áreas expostas, como pavimentos rodoviários e aeroviários, são particularmente vulneráveis.

A cura apropriada em tempo quente pode ter menor duração. Isso acontece porque um grau de hidratação avançado é atingido mais rapidamente do que em baixas temperaturas. A ênfase na palavra "apropriada" se deve, como já mencionado, ao fato de a elevada temperatura também promover uma secagem mais rápida do concreto.[8.60]

O maior interesse em relação a concretagem em tempo quente está relacionado às condições quentes e secas. Informações gerais sobre o comportamento e as propriedades do concreto lançado em condição climática quente e continuamente úmida não são disponibilizadas. Dados obtidos de pesquisas específicas[8.22] apresentam grandes variações. O que pode ser dito é que a ausência de secagem nas idades mais precoces do concreto é equivalente à provisão de cura úmida, o que é vantajoso do ponto de vista de ganho gradual de resistência e de redução da retração por secagem. Apesar disso, a temperatura inicial elevada exerce um efeito adverso sobre a resistência em longo prazo. Também é importante considerar que a retração plástica pode ocorrer, dependendo das características de exsudação do concreto e da exposição ao vento.

Outras pesquisas[8.21,8.59] também indicaram que os efeitos da temperatura elevada nas primeiras idades são menos prejudiciais à resistência em longo prazo do que a falta de cura úmida. Essa observação deve ser interpretada com extremo cuidado ao ser posta em prática: considerando que a cura úmida é de extrema importância, os efeitos nocivos da alta temperatura nas primeiras idades também são uma realidade.

Concretagem em tempo frio

Antes de discutir as operações de concretagem reais, deve ser analisada a ação do congelamento sobre o concreto fresco. A durabilidade do concreto endurecido sujeito a repetidos ciclos de gelo e degelo será tratada no Capítulo 11.

No Capítulo 6, foi mencionado que a hidratação do cimento ocorre mesmo em temperaturas inferiores a −10 °C, portanto, é racional questionar: de que importa, então, a temperatura em que a água congela? Caso o concreto que ainda não tenha entrado em pega congele, a ação do congelamento será um tanto parecida com o que ocorre em um solo saturado sujeito à expansão por congelamento: a água de amassamento congela, com um consequente aumento do volume total do concreto. Além do mais, devido a não haver água disponível para as reações químicas, a pega e o endurecimento do concreto são atrasados. A partir dessa última observação, conclui-se que, caso o concreto congele imediatamente após ter sido lançado, não ocorrerá a pega e, assim, não haverá pasta de cimento capaz de interromper a formação de gelo. Enquanto a baixa temperatura durar, o processo de pega permanecerá paralisado. Após o degelo, o concreto deverá ser revibrado e, então, entrará em pega e endurecerá sem perda de resistência. Entretanto, devido à dilatação da água de amassamento durante o congelamento, a falta de revibração pode fazer com que o concreto entre em pega com um grande volume de poros e, consequentemente, sua resistência pode ser bastante baixa. A revibração no descongelamento pode produzir um concreto adequado, mas esse procedimento não é recomendado, exceto quando for inevitável.

Caso o congelamento ocorra após o concreto ter iniciado a pega, mas antes do desenvolvimento de uma resistência razoável, a dilatação associada à formação do gelo causará desagregação e uma perda irreparável da resistência. Entretanto, se o concreto tiver adquirido resistência suficiente, ele será capaz de resistir à temperatura de congelamento sem danos, não somente em virtude de sua maior resistência à pressão do gelo, mas também devido ao fato de que grande parte da água de amassamento terá reagido com o cimento ou estará localizada em pequenos poros, ou seja, não poderá congelar. No entanto, é difícil determinar quando essa situação ocorre, pois a pega e o endurecimento do cimento dependem da temperatura durante o período *anterior* ao real advento do congelamento. Segundo o ACI 306R-88,[8.55] o concreto, ao alcançar a resistência à compressão de 3,5 MPa, possui um grau de saturação abaixo do volume crítico, desde que não tenha ocorrido ingresso de água externa no concreto. Nesse estágio, o concreto é capaz de suportar *um* ciclo de gelo e degelo. Valores mais elevados de resistência são recomendados em alguns outros países, mas não há dados confiáveis disponíveis sobre a resistência em que o concreto pode suportar, com sucesso, temperaturas inferiores a 0 °C.

Em geral, quanto mais avançada estiver a hidratação do cimento e maior for a resistência do concreto, menor será a vulnerabilidade ao congelamento. Essa situação pode ser expressa por meio do prazo mínimo de manutenção do concreto a uma determinada temperatura para que, quando exposto ao congelamento, não sofra danos. Valores típicos, resultantes da média de diversas fontes,[8.105,8.106] são apresentados na Tabela 8.7. A Figura 8.26 mostra a influência da idade na ocorrência do primeiro congelamento sobre a expansão do concreto: é importante ressaltar a considerável diminuição na magnitude da expansão do concreto cujo endurecimento foi realizado por aproximadamente 24 horas, e fica evidente que a proteção do concreto contra a ação do congelamento durante esse período é altamente recomendável.

A resistência a ciclos alternados de gelo e degelo também depende da idade do concreto quando ocorre o primeiro ciclo, mas esse tipo de exposição é mais severo do que o congelamento prolongado sem períodos de degelo — e ciclos demais podem causar danos mesmo a concretos curados a 20 °C por 24 horas.[8.68] Deve ser ressaltado que não existe relação direta entre a resistência ao congelamento do concreto novo e a durabilidade do concreto maduro submetido a diversos ciclos de gelo e degelo,[8.69] tópico tratado no Capítulo 11. A Figura 11.2, no capítulo citado, mostra a ausência de expansão durante o primeiro congelamento quando isso ocorre em idade maior do que um dia. Isso embasa o ponto de vista expresso no ACI 306R-88 em relação ao efeito de que a maioria dos concretos "bem dosados" armazenados a 10 °C atinge a resistência de 3,5 MPa no segundo dia.[8.55]

Tabela 8.7 Idade do concreto em que a exposição ao congelamento não causa danos

Tipo de cimento	Relação água/ cimento	Idade (horas) na exposição quando a temperatura de cura anterior foi:			
		5 °C	10 °C	15 °C	20 °C
Portland comum	0,4	35	25	15	12
	0,5	50	35	25	17
	0,6	70	45	35	25
Portland de alta resistência inicial	0,4	20	15	10	7
	0,5	30	20	15	10
	0,6	40	30	20	15

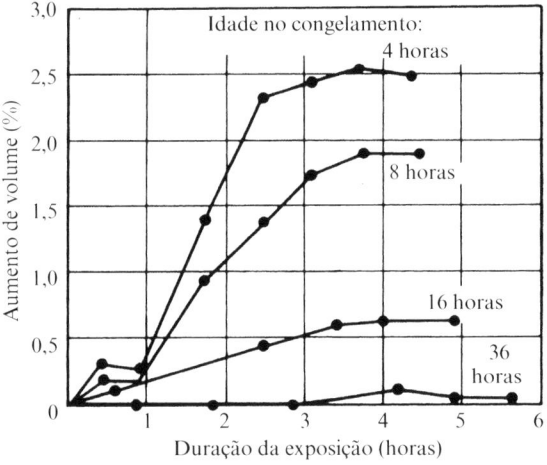

Figura 8.26 Aumento do volume do concreto durante o congelamento prolongado em função da idade no início do congelamento.[8.68]

Operações de concretagem

Quando a temperatura ambiente está continuamente inferior a 0 °C, o tempo pode ser, sem sombra de dúvida, considerado frio. A situação é menos nítida quando existe uma grande variação diurna na temperatura. Por praticidade, a definição de "tempo frio" adotada pelo ACI 306R-88[8.55] pode ser utilizada, segundo a qual o tempo frio é obtido quando existem duas condições: a média das temperaturas máximas e mínimas registradas em três dias consecutivos é menor do que 5 °C, *bem como* a temperatura do ar durante, no mínimo, 12 horas em um período de 24 horas é de 10 °C ou menor.

Nessas circunstâncias, o concreto normal não deve ser lançado, a menos que *sua* temperatura seja no mínimo 13 °C, para seções delgadas, ou pelo menos 5 °C, quando a menor dimensão do elemento de concreto for, no mínimo, 1,8 m.[8.55] O concreto com agregados leves, que possui menor condutividade térmica, pode estar um pouco mais frio quando lançado. Esse concreto também possui menor calor específico, de modo que um determinado calor de hidratação do cimento protege de forma mais eficiente um concreto agregado leve do congelamento do que um concreto com agregados normais.

Também é possível se beneficiar da utilização de cimentos de alta resistência inicial, de misturas com maior consumo de cimento e baixa relação água/cimento e de cimentos com alta taxa de liberação de calor, ou seja, que possuem elevados teores de C_3S e C_3A. Podem ser usados aditivos aceleradores, mas os aditivos à base de cloretos devem ser evitados caso haja armaduras.*

Quando os agregados, a água e o ar estão frios, os componentes do concreto podem ser aquecidos para que as temperaturas mínimas mencionadas sejam atingidas. A água pode ser facilmente aquecida, mas não é aconselhável ultrapassar temperaturas de 60 a 80 °C, devido a uma possível ocorrência da pega instantânea do cimento. A probabilidade de isso acontecer vai depender da diferença entre as temperaturas da água e do cimento. É importante evitar que o cimento entre em contato com a água quente, assim, a ordem de colocação de materiais na betoneira deve ser adequadamente controlada.

Caso o aquecimento da água não resulte em uma elevação suficiente da temperatura do concreto, os agregados também podem ser aquecidos. Isso deve ser feito, preferencialmente, pela passagem de vapor por serpentina, em vez de vapor direto, pois métodos que utilizaram este último processo resultaram em uma variação nos teores de umidade dos agregados. O aquecimento do agregado acima de 52 °C não é aconselhável,[8.63] e, por outro lado, é importante que os agregados não contenham gelo, já que o calor necessário à sua fusão resultaria em uma grande redução da temperatura do concreto.

A temperatura dos componentes da mistura deve controlada, e a temperatura do concreto resultante deve ser calculada antecipadamente (ver página 416), considerando-se, inclusive, a perda de calor durante o transporte do concreto. Os objetivos incluem garantir que a temperatura do concreto seja alta o suficiente para prevenir o congelamento prematuro e assegurar que a pega não ocorra a uma temperatura muito alta, o que poderia influenciar negativamente o desenvolvimento da resistência do concreto (ver página 375). Além disso, a alta temperatura do concreto fresco diminui sua trabalhabilidade e pode resultar em uma grande retração térmica.

Portanto, é desejável que o concreto entre em pega entre 7 e 21 °C. A temperatura de 7 °C se aplica a situações em que a temperatura do ar não é inferior a −1 °C e o

---

* N. de R.T.: A NBR 14931:2004, em relação à concretagem em temperatura muito baixa, estabelece que a temperatura da massa de concreto não deve ser menor do que 5 °C e que, a menos que existam disposições estabelecidas em projeto ou definidas pelo responsável técnico pela obra, não deve ser realizada concretagem quando houver previsão de queda de temperatura para menos de 0 °C nas 48 horas seguintes. Em relação a aditivos, a mesma norma cita que deve haver comprovação prévia do desempenho, e os aditivos à base de cloretos não podem ser utilizados em estruturas de concreto, conforme a NBR 6118:2014, versão corrigida 2014.

elemento de concreto tem grande espessura. O valor de 21 °C é aplicável a quando a temperatura do ar é inferior a −18 °C e a seção de concreto possui menos de 300 mm de espessura.

Em alguns países,[8.12,8.37] toda a mistura de concreto é aquecida entre 40 e 60 °C. Essas temperaturas exercem um efeito adverso na trabalhabilidade e na resistência em longo prazo, mas estas podem ser equilibradas (justificadas) por aspectos econômicos, como reutilizar as fôrmas rapidamente e tornar desnecessário o aquecimento após o lançamento. Além disso, a temperatura inicial elevada acelera o processo de hidratação, de modo que um aquecimento "sem custos" é gerado.

O lançamento sobre solo congelado não deve ser permitido, e as fôrmas, se possível, devem ser aquecidas.

Após o lançamento, o concreto deve ser protegido contra o congelamento por, pelo menos, 24 horas. A secagem da superfície também deve ser prevenida, em especial quando o concreto está muito mais quente do que o ar ambiente. Entretanto, não deve ser aplicado nenhum processo de cura úmida, de modo que o concreto torne-se menos do que saturado. Apesar de isso ir contra as recomendações usuais sobre a cura úmida, deve ser destacado que o ar frio (abaixo de 10 °C) não causa secagem excessiva.

Vários tipos de isolamento para o concreto lançado em tempo frio são descritos no ACI 306R-88 (reaprovado em 2007).[8.55] Um aspecto importante é a remoção do isolamento de uma maneira que evite uma variação abrupta da temperatura na superfície do concreto e o desenvolvimento de um gradiente de temperatura excessivo no interior do elemento de concreto. O ACI 306R-88 também fornece informações sobre a proteção e o aquecimento do concreto em tempo frio. É importante destacar que os meios de aquecimento não devem: fazer com que o concreto seque rapidamente; permitir que alguma parte seja aquecida excessivamente; e resultar em alta concentração de CO_2 na atmosfera. Este último aspecto indica que os aquecedores à combustão, a menos que disponham de ventilação, não devem ser utilizados em ambientes fechados.

Uma alternativa para o lançamento do concreto de uma maneira que a água de amassamento normal não congele é a diminuição do ponto de congelamento da água para um valor bem inferior a 0 °C. É possível fazer isso com a utilização de *aditivos anticongelantes*. O carbonato de potássio (potassa), por exemplo, foi um dos primeiros desses aditivos a ser utilizado[8.96] – desenvolvimentos mais recentes incluem o uso de nitrito de cálcio e nitrito de sódio. Deve ser lembrado que esses sais inorgânicos atuam como aceleradores (ver página 259) e não são corrosivos em relação ao aço. Foram executados concretos com nitritos que resultaram em resistências significativas a temperaturas inferiores a −10 °C.[8.17] Algumas vezes, como acontece em relação aos aditivos, surgem alegações[8.16], por exemplo, de que aditivos anticongelantes de composição desconhecida resultaram em concretos com ar incorporado com ganhos de resistência a uma temperatura de −7 °C ou até mesmo a uma temperatura inferior, de −19 °C. Neste último caso, entretanto, o teor de sólidos dos aditivos é de 47%, de modo que a provisão de uma quantidade adequada de água de amassamento pode não ser possível. A aceitação prática de aditivos desse tipo ainda está por vir.

Sem a utilização de aditivos anticongelantes, é possível lançar concretos com ar incorporado a 0 °C, pois, assim que a hidratação inicia, o ponto de congelamento da água dos poros é reduzido para que não ocorra o congelamento acima de aproximadamente −2 °C. O desenvolvimento da resistência de concretos com relações água/cimento de

0,35 e 0,45, moldados a 0 °C e armazenados em água do mar no laboratório a 0 °C, foi verificado por Gardner.[8.18] O autor observou que as resistências em longo prazo, tanto à compressão quanto à tração, podem ser comparadas aos valores obtidos em concretos armazenados a 16 °C. Esta última conclusão é semelhante à de Aïtcin.[8.23] Ambos os estudos indicam que a manutenção do concreto em água do mar a 0 °C não é prejudicial. Esse pode não ser o caso da manutenção ao ar à mesma temperatura. Em todo caso, em condições naturais de exposição, a não ocorrência de queda de temperatura abaixo de 0 °C não pode ser assegurada.

Referências

8.1 F. M. Lea and N. Davey, The deterioration of concrete in structures, *J. Inst. Civ. Engrs.* No. 7, pp. 248–95 (London, May 1949).
8.2 A. Neville, Cement and concrete: their interaction in practice, in *Advances in Cement and Concrete*, American Soc. Civil Engineers, pp. 1–14 (New York, 1994).
8.3 N. I. Fattuhi, The setting of mortar mixes subjected to different temperatures, *Cement and Concrete Research*, **18**, No. 5, pp. 669–73 (1988).
8.4 ACI 207.4R-93, Cooling and insulating systems for mass concrete, *ACI Manual of Concrete Practice, Part 1 – 1992: Materials and General Properties of Concrete*, 22 pp. (Detroit, Michigan, 1994).
8.5 A. J. Al-Tayyib *et al.*, The effect of thermal cycling on the durability of concrete made from local materials in the Arabian Gulf countries, *Cement and Concrete Research*, **19**, No. 1, pp. 131–42 (1989).
8.6 P. Smith, Resistance to fire and high temperature, in *Concrete and Concrete-Making*, Eds P. Klieger and J. F. Lamond, *ASTM Sp. Tech. Publ. No. 169C*, pp. 282–95 (Philadelphia, Pa, 1994).
8.7 F. M. Lea, *The Chemistry of Cement and Concrete* (London, Arnold, 1970).
8.8 U.S. Bureau of Reclamation, 4909–92, Procedure for thermal diffusivity of concrete, *Concrete Manual, Part 2*, 9th Edn, pp. 685–94 (Denver, Colorado, 1992).
8.9 R. Shalon and D. Ravina, Studies in concreting in hot countries, *RILEM Int. Symp. on Concrete and Reinforced Concrete in Hot Countries* (Haifa, July 1960).
8.10 J. M. Scanlon and J. E. McDonald, Thermal properties, in *Concrete and Concrete-Making*, Eds P. Klieger and J. F. Lamond, *ASTM Sp. Tech. Publ. No. 169C*, pp. 299–39 (Philadelphia, Pa, 1994).
8.11 W. H. Price, Factors influencing concrete strength, *J. Amer. Concr. Inst.*, **47**, pp. 417–32 (Feb. 1951).
8.12 E. Kilpi and H. Kukko, Properties of hot concrete and its use in winter concreting, *Nordic Concrete Research Publication*, No. 1, 11 pp. (1982).
8.13 J. M. Scanlon, Controlling concrete during hot and cold weather, *ACI Tuthill Symposium*, ACI SP-104, pp. 241–59 (Detroit, Michigan, 1987).
8.14 ACI 305R-91, Hot weather concreting, *ACI Manual of Concrete Practice, Part 2 – 1992: Construction Practices and Inspection Pavements*, 20 pp. (Detroit, Michigan, 1994).
8.15 H. Takeuchi, Y. Tsuji and A. Nanni, Concrete precooling method by means of dry ice, *Concrete International*, **15**, No. 11, pp. 52–6 (1993).
8.16 J. W. Brook *et al.*, Cold weather admixture, *Concrete International*, **10**, No. 10, pp. 44–9 (1988).
8.17 C. J. Korhonen, E. R. Cortez and B. A. Charest, Strength development of concrete cured at low temperature, *Concrete International*, **14**, No. 12, pp. 34–9 (1992).
8.18 N. J. Gardner, P. L. Sau and M. S. Cheung, Strength development and durability of concrete, *ACI Materials Journal*, **85**, No. 6, pp. 529–36 (1988).

8.19 M. Kurita et al., Precooling concrete using frozen sand, *Concrete International*, **12**, No. 6, pp. 60–5 (1990).
8.20 G. S. Hasanain, T. A. Kahallaf and K. Mahmood, Water evaporation from freshly placed concrete surfaces in hot weather, *Cement and Concrete Research*, **19**, No. 3, pp. 465–75 (1989).
8.21 O. Z. Cebeci, Strength of concrete in warm and dry environment, *Materials and Structures*, **20**, No. 118, pp. 270–72 (1987).
8.22 M. A. Mustafa and K. M. Yusof, Mechanical properties of hardened concrete in hot–humid climate, *Cement and Concrete Research*, **21**, No. 4, pp. 601–13 (1991).
8.23 P-C. Aïtcin, M. S. Cheung and V. K. Shah, Strength development of concrete cured under arctic sea conditions, in *Temperature Effects on Concrete, ASTM Sp. Tech. Publ. No. 858*, pp. 3–20 (Philadelphia, Pa, 1983).
8.24 M. Mittelacher, Effect of hot weather conditions on the strength performance of set-retarded field concrete, in *Temperature Effects on Concrete, ASTM Sp. Tech. Publ. No. 858*, pp. 88–106 (Philadelphia, Pa, 1983).
8.25 R. D. Gaynor, R. C. Meininger and T. S. Khan, Effect of temperature and delivery time on concrete proportions, in *Temperature Effects on Concrete, ASTM Sp. Tech. Publ. No. 858*, pp. 68–87 (Philadelphia, Pa, 1983).
8.26 F. Petscharnig, Einflüsse der jahreszeitlichen Temperaturschwankungen auf die Betondruckfestigkeit, *Zement und Beton*, **32**, No. 4, pp. 162–3 (1987).
8.27 ACI 517.2R-87, Revised 1992, Accelerated curing of concrete at atmospheric pressure – state of the art, *ACI Manual of Concrete Practice Part 5 – 1992: Masonry, Precast Concrete, Special Processes*, 17 pp. (Detroit, Michigan, 1994).
8.28 Y. Dan, T. Chikada and K. Nagahama, Properties of steam cured concrete used with ground granulated blast-furnace slag, *CAJ Proceedings of Cement and Concrete*, No. 45, pp. 222–7 (1991).
8.29 G. P. Tognon and G. Coppetti, Concrete fast curing by two-stage low and high pressure steam cycle, *Proceedings International Congress of the Precast Concrete Industry*, Stresa, 15 pp.
8.30 U.S. Army Corps of Engineers, Test method for coefficient of linear thermal expansion of concrete, CRD-C 39-81 *Handbook for Concrete and Cement*, 2 pp. (Vicksburg, Miss., 1981).
8.31 V. Dodson, *Concrete Admixtures*, 211 pp. (New York, Van Nostrand Reinhold, 1990).
8.32 C. R. Cruz and M. Gillen, Thermal expansion of Portland cement paste, mortar, and concrete at high temperatures, *Fire and Materials*, **4**, No. 2, pp. 66–70 (1980).
8.33 T. Z. Harmathy and J. R. Mehaffey, Design of buildings for prescribed levels of structural fire safety, *Fire Safety: Science and Engineering, ASTM Sp. Tech. Publ. No. 882*, pp. 160–75 (Philadelphia, Pa, 1985).
8.34 S. D. Venecanin, Thermal incompatibility of concrete components and thermal properties of carbonate rocks, *ACI Materials Journal*, **87**, No. 6, pp. 602–7 (1990).
8.35 S. Bredenkamp, D. Kruger and G. L. Bredenkamp, Direct electric curing of concrete, *Mag. Concr. Res.*, **45**, No. 162, pp. 71–4 (1993).
8.36 U. Menzel, Heat treatment of concrete, *Concrete Precasting Plant and Technology*, Issue 12, pp. 92–7 (1991).
8.37 M. Mamillan, Traitement thermique des bétons, in *Le béton hydraulique*, ap. 261–9 (Presses de l'École Nationale des Ponts de Chaussées, Paris, 1982).
8.38 S. A. Austin, P. J. Robins and M. R. Richards, Jetblast temperature-resistant concrete for Harrier aircraft pavements, *The Structural Engineer*, **79**, Nos 23/24, a. 427–32 (1992).
8.39 M. Diruy, Variations du coefficient de dilatation et du retrait de dessiccation des bétons en place dans les ouvrages, *Bull. Liaison Laboratoires Ponts et Chaussés*, **186**, pp. 45–54 (July–Aug. 1993).

8.40 H. Dettling, The thermal expansion of hardened cement paste, aggregates, and concretes, *Deutscher Ausschuss für Stahlbeton, Part 2*, No. 164, pp. 1–65 (1964).

8.41 M. Y. L. Chew, Effect of heat exposure duration on the thermoluminescence of concrete, *ACI Materials Journal*, **90**, No. 4, pp. 319–22 (1993).

8.42 G. G. Carette and V. M. Malhotra, Performance of dolostone and limestone concretes at sustained high temperatures, in *Temperature Effects on Concrete, ASTM Sp. Tech. Publ. No. 858*, pp. 38–67 (Philadelphia, Pa, 1983).

8.43 U.-M. Jumppanen, Effect of strength on fire behaviour of concrete, *Nordic Concrete Research*, Publication No. 8, pp. 116–27 (Oslo, Dec. 1989).

8.44 G. T. G. Mohamedbhai, Effect of exposure time and rates of heating and cooling on residual strength of heated concrete, *Mag. Concr. Res.* **38**, No. 136, pp. 151–8 (1986).

8.45 G. G. Carette, K. E. Painter and V. M. Malhotra, Sustained high temperature effect on concretes made with normal portland cement, normal portland cement and slag, or normal portland cement and fly ash. *Concrete International*, **4**, No. 7, ap. 41–51 (1982).

8.46 W. P. S. Dias, G. A. Khoury and P. J. E. Sullivan, Mechanical properties of hardened cement paste exposed to temperature up to 700 C (1292 F), *ACI Materials Journal*, **87**, No. 2, pp. 160–6 (1990).

8.47 K. D. Hertz, Danish investigations on silica fume concrete at elevated temperatures, *ACI Materials Journal*, **89**, No. 4, pp. 345–7 (1992).

8.48 C. Castillo and A. J. Duranni, Effect of transient high temperature on high-strength concrete, *ACI Materials Journal*, **87**, No. 1, pp. 47–53 (1990).

8.49 D. Berner, B. C. Gerwick, Jnr and M. Polivka, Static and cyclic behavior of structural lightweight concrete at cryogenic temperatures, in *Temperature Effects on Concrete, ASTM Sp. Tech. Publ. No. 858*, pp. 21–37 (Philadelphia, Pa, 1983).

8.50 T. Miura, The properties of concrete at very low temperatures, *Materials and Structures*, **22**, No. 130, pp. 243–54 (1989).

8.51 Y. Goto and T. Miura, Experimental studies on properties of concrete cooled to about minus 160 °C, *Technical Reports, Tohoku University*, **44**, No. 2, pp. 357–85 (1979).

8.52 P.-C. Aïtcin and N. Riad, Curing temperature and very high strength concrete, *Concrete International*, **10**, No. 10, pp. 69–72 (1988).

8.53 B. Wilde, Concrete comments, *Concrete International*, **15**, No. 6, p. 80 (1993).

8.54 ACI 207.1R-87, Mass concrete, *ACI Manual of Concrete Practice, Part 1 – 1992: Materials and General Properties of Concrete*, 44 pp. (Detroit, Michigan, 1994).

8.55 ACI 306R-88, Cold weather concreting, *ACI Manual of Concrete Practice, Part 2 – 1992: Construction Practices and Inspection Pavements*, 23 pp. (Detroit, Michigan, 1994).

8.56 K. W. Nasser and M. Chakraborty, Effects on strength and elasticity of concrete, in *Temperature Effects on Concrete, ASTM Sp. Tech. Publ. No. 858*, a. 118–33 (Philadelphia, Pa, 1983).

8.57 T. Kanda, F. Sakuramoto and K. Suzuki, Compressive strength of silica fume concrete at higher temperatures, in *Silica Fume, Slag, and Natural Pozzolans in Concrete*, Vol. II, Ed. V. M. Malhotra, ACI SP-132, pp. 1089–103 (1992).

8.58 D. N. Richardson, Review of variables that influence measured concrete compressive strength, *Journal of Materials in Civil Engineering*, **3**, No. 2, pp. 95–112 (1991).

8.59 A. Bentur and C. Jaegermann, Effect of curing and composition on the properties of the outer skin of concrete, *Journal of Materials in Civil Engineering*, **3**, No. 4, pp. 252–62 (1991).

8.60 ACI 308-92, Standard practice for curing concrete, in *ACI Manual of Concrete Practice, Part 2 – 1992: Construction Practices and Inspection Pavements*, 11 pp. (Detroit, Michigan, 1994).

8.61 F. D. Beresford and F. A. Blakey, Discussion on paper by W. Lerch: Plastic shrinkage, *J. Amer. Concr. Inst.*, **56**, Part II, pp. 1342–3 (Dec. 1957).

8.62 R. Shalon, Report on behaviour of concrete in hot climate, *Materials and Structures*, **11**, No. 62, pp. 127–31 (1978).
8.63 National Ready Mixed Concrete Association, Cold weather ready mixed concrete, *Publ. No. 34* (Washington DC, Sept. 1960).
8.64 O. Berge, Improving the properties of hot-mixed concrete using retarding admixtures. *J. Amer. Concr. Inst.* **73**, pp. 394–8 (July 1976).
8.65 M. E. FitzGibbon, Large pours for reinforced concrete structures, *Concrete*, **10**, No. 3, p. 41 (London, March 1976).
8.66 M. E. FitzGibbon, Large pours – 2, heat generation and control, *Concrete*, **10**, No. 12, pp. 33–5 (London, Dec. 1976).
8.67 B. Mather, Use of concrete of low portland cement in combination with pozzolans and other admixtures in construction of concrete dams. *J. Amer. Concr. Inst.*, **71**, pp. 589–99 (Dec. 1974).
8.68 G. Moller, Tests of resistance of concrete to early frost action, *RILEM Symposium on Winter Concreting* (Copenhagen, 1956).
8.69 E. G. Swenson, Winter concreting trends in Europe. *J. Amer. Concr. Inst.*, **54**, pp. 369–84 (Nov. 1957).
8.70 P. Klieger, Effect of mixing and curing temperature on concrete strength, *J. Amer. Concr. Inst.*, **54**, pp. 1063–81 (June 1958).
8.71 U.S. Bureau of Reclamation, *Concrete Manual*, 8th Edn (Denver, Colorado, 1975).
8.72 A. G. A. Saul, Steam curing and its effect upon mix design, *Proc. of a Symposium on Mix Design and Quality Control of Concrete*, pp. 132–42 (London, Cement and Concrete Assoc., 1954).
8.73 J. J. Shideler and W. H. Chamberlin, Early strength of concretes as affected by steam curing temperatures, *J. Amer. Concr. Inst.*, **46**, pp. 273–82 (Dec. 1949).
8.74 K. O. Kjellsen, R. J. Detwiler and O. E. Gjørv, Backscattered electron imaging of cement pastes hydrated at different temperatures, *Cement and Concrete Research*, **20**, No. 2, pp. 308–11 (1990).
8.75 H. F. Gonnerman, *Annotated Bibliography on High-pressure Steam Curing of Concrete and Related Subjects* (National Concrete Masonry Assoc., Chicago, 1954).
8.76 T. Thorvaldson, Effect of chemical nature of aggregate on strength of steam-cured portland cement mortars, *J. Amer. Concr. Inst.*, **52**, pp. 771–80 (1956).
8.77 G. J. Verbeck and R. A. Helmuth, Structures and physical properties of cement paste, *Proc. 5th Int. Symp. on the Chemistry of Cement*, Tokyo, Vol. 3, pp. 1–32 (1968).
8.78 C. N. Nagaraj and A. K. Sinha, Heat-resisting concrete, *Indian Concrete J.*, **48**, No. 4, pp. 132–7 (April 1974).
8.79 J. A. Hanson, Optimum steam curing procedures for structural lightweight concrete, *J. Amer. Concr. Inst.*, **62**, pp. 661–72 (June 1965).
8.80 B. D. Barnes, R. L. Orndorff and J. E. Roten, Low initial curing temperature improves the strength of concrete test cylinders. *J. Amer. Concr. Inst.*, **74**, No. 12, pp. 612–15 (1977).
8.81 Cement and Concrete Association, Research and development – Research on materials. *Annual Report*, pp. 14–19 (Slough, 1976).
8.82 J. Alexanderson, Strength loss in heat curing – causes and countermeasures, *Behavior of Concrete under Temperature Extremes*, ACI SP-39, pp. 91–107 (Detroit, Michigan, 1973).
8.83 I. Soroka, C. H. Jaegermann and A. Bentur, Short-term steam-curing and concrete later-age strength, *Materials and Structures*, **11**, No. 62, pp. 93–6 (1978).
8.84 G. Verbeck and L. E. Copeland, Some physical and chemical aspects of high-pressure steam curing, *Menzel Symposium on High-Pressure Steam Curing*, ACI SP-32, pp. 1–13 (Detroit, Michigan, 1972).

8.85 C. J. Dodson and K. S. Rajagopalan, Field tests verify temperature effects on concrete strength, *Concrete International*, **1**, No. 12, pp. 26–30 (1979).
8.86 R. Sugiki, Accelerated hardening of concrete (in Japanese), *Concrete Journal*, **12**, No. 8, pp. 1–14 (1974).
8.87 N. Davey, Concrete mixes for various building purposes, *Proc. of a Symposium on Mix Design and Quality Control of Concrete*, pp. 28–41 (London, Cement and Concrete Assn, 1954).
8.88 S. L. Meyers, How temperature and moisture changes may affect the durability of concrete. *Rock Products*, pp. 153–7 (Chicago, Aug. 1951).
8.89 S. Walker, D. L. Bloem and W. G. Mullen, Effects of temperature changes on concrete as influenced by aggregates, *J. Amer. Concr. Inst.*, **48**, pp. 661–79 (April 1952).
8.90 D. G. R. Bonnell and F. C. Harper, The thermal expansion of concrete, *National Building Studies, Technical Paper No. 7* (London, HMSO, 1951).
8.91 T. C. Powers and T. L. Brownyard, Studies of the physical properties of hardened portland cement paste (Nine parts), *J. Amer. Concr. Inst.*, **43** (Oct. 1946 to April 1947).
8.92 R. Philleo, Some physical properties of concrete at high temperatures, *J. Amer Concr. Inst.*, **54**, pp. 857–64 (April 1958).
8.93 N. G. Zoldners, Effect of high temperatures on concretes incorporating different aggregates, *Mines Branch Research Report R.64*, Department of Mines and Technical Surveys (Ottawa, May 1960).
8.94 S. L. Meyers, Thermal coefficient of expansion of portland cement – Long-time tests, *Industrial and Engineering Chemistry*, **32**, No. 8, pp. 1107–12 (Easton, Pa, 1940).
8.95 H. L. Malhotra, The effect of temperature on the compressive strength of concrete, *Mag. Concr. Res.*, **8**, No. 23, pp. 85–94 (1956).
8.96 M. G. Davidson, *A New Cold Weather Concrete Technology* (*Potash as a Frost-resistant Admixture*) (Moscow, Lenizdat, 1966).
8.97 A. G. Loudon and E. F. Stacey, The thermal and acoustic properties of light-weight concretes, *Structural Concrete*, **3**, No. 2, pp. 58–95 (London, 1966).
8.98 T. Harada, J. Takeda, S. Yamane and F. Furumura, Strength, elasticity and the thermal properties of concrete subjected to elevated temperatures, *Int. Seminar on Concrete for Nuclear Reactors*, ACI SP-34, **1**, pp. 377–406 (Detroit, Michigan, 1972).
8.99 H. W. Brewer, General relation of heat flow factors to the unit weight of concrete, *J. Portl. Cem. Assoc. Research and Development Laboratories*, **9**, No. 1, pp. 48–60 (Jan. 1967).
8.100 R. A. Helmuth, Dimensional changes of hardened portland cement pastes caused by temperature changes, *Proc. Highw. Res. Board*, **40**, pp. 315–36 (1961).
8.101 D. J. Hannant, Effects of heat on concrete strength, *Engineering*, **197**, p. 302 (London, Feb. 21, 1964).
8.102 K. W. Nasser and A. M. Neville, Creep of concrete at elevated temperatures, *J. Amer. Concr. Inst.*, **62**, pp. 1567–79 (Dec. 1965).
8.103 M. S. Abrams and A. H. Gustaferro, Fire endurance of concrete slabs as influenced by thickness, aggregate type, and moisture, *J. Portl. Cem. Assoc. Research and Development Laboratories*, **10**, No. 2, pp. 9–24 (May 1968).
8.104 J. C. Maréchal, Variations in the modulus of elasticity and Poisson's ratio with temperature, *Int. Seminar on Concrete for Nuclear Reactors*, ACI SP-34, **1**, pp. 495–503 (Detroit, Michigan, 1972).
8.105 Rilem Winter Construction Committee, Recommandations pour le bétonnage en hiver, *Supplément aux Annales de l'Institut Technique du Bâtiment et des Travaux Publics, No. 190, Béton, Béton Armé No. 72*, pp. 1012–37 (Oct. 1963).
8.106 U. Trüb, *Baustoff Beton* (Wildegg, Switzerland, Technische Forschungs und Beratungsstelle der Schweizerischen Zementindustrie, 1968).

8.107 F. Wittmann and J. Lukas, Experimental study of thermal expansion of hardened cement paste, *Materials and Structures*, **7**, No. 40, pp. 247–52 (1974).
8.108 M. S. Abrams, Compressive strength of concrete at temperatures to 1600F, *Temperature and Concrete*, ACI SP-25, pp. 33–58 (Detroit, Michigan, 1971).
8.109 L. Johansson, Flame cleaning of concrete, *CBI Reports*, 15:75, 6 pp. (Swedish Cement and Concrete Research Inst., 1975).
8.110 D. Whiting, A. Litvin and S. E. Goodwin, Specific heat of selected concretes, *J. Amer. Concr. Inst.*, **75**, No. 7, pp. 299–305 (1978).
8.111 D. R. Lankard, D. L. Birkimer, F. F. Fondriest and M. J. Snyder, Effects of moisture content on the structural properties of portland cement concrete exposed to temperatures up to 500F, *Temperature and Concrete*, ACI SP-25, pp. 59–102 (Detroit, Michigan, 1971).
8.112 R. Sarshar and G. A. Khoury, Material and environmental factors influencing the compressive strength of unsealed cement paste and concrete at high temperatures, *Mag. Concr. Res.*, **45**, No. 162, pp. 51–61 (1993).
8.113 S. Goto and D. M. Roy, The effect of w/c ratio and curing temperature on the permeability of hardened cement paste, *Cement and Concrete Research*, **11**, No. 4, pp. 575–9 (1981).
8.114 L. Kristensen and T. C. Hansen, Cracks in concrete core due to fire or thermal heating shock, *ACI Materials Journal*, **91**, No. 5, pp. 453–9 (1994).
8.115 A. Neville, *Neville on Concrete: An Examination of Issues in Concrete Practice*, Second Edition (Book Surge LLC, www.createspace.com, 2006).
8.116 E. Menéndez and L. Vega, Analysis of behaviour of the structural concrete after the fire at the Windsor Building in Madrid, *Fire and Materials*, **34**, pp. 95–107 (2009).
8.117 P. J. E. Sullivan, A probabilistic method of testing for the assessment of deterioration and explosive spalling of high strength concrete beams in flexure at high temperature, *Cement and Concrete Composites*, **26**, pp. 155–162 (2004).

9

Elasticidade, retração e fluência

Muitas das discussões nos capítulos anteriores eram sobre a resistência do concreto, que é de suma importância no projeto de estruturas de concreto. Entretanto, existe sempre uma deformação associada a qualquer tensão – e vice-versa. A deformação também pode decorrer de outras causas que não a tensão aplicada. A relação entre tensão e deformação, em um amplo intervalo, é vital no projeto estrutural. O tema deformação e, de forma mais geral, os diferentes tipos de deformação a que o concreto está sujeito constituem o assunto deste capítulo.

Assim como vários outros materiais estruturais, o concreto é, até certo ponto, elástico. Um material é considerado perfeitamente elástico quando a deformação surge e desaparece imediatamente na aplicação e na retirada da tensão. Essa definição não implica uma relação tensão-deformação linear; o comportamento elástico com relação tensão-deformação não linear é verificado, por exemplo, no vidro e em algumas rochas.

Quando o concreto é submetido à carga de longa duração (carga mantida), a deformação aumenta com o tempo, ou seja, o concreto apresenta fluência. Além disso, sendo ou não submetido a um carregamento, o concreto sofre contração na secagem, o que resulta em retração. As magnitudes da retração e da fluência são de mesma ordem que a deformação elástica decorrente de tensões dentro do intervalo usual, de modo que os diversos tipos de deformação devem ser sempre considerados.

Relação tensão-deformação e módulo de elasticidade

A Figura 9.1 apresenta uma representação esquemática da relação tensão-deformação de um corpo de prova de concreto carregado e descarregado por compressão ou por tração até uma tensão bem menor do que a resistência final. Em ensaios de compressão, algumas vezes, é observada uma pequena concavidade voltada para cima no início do carregamento. Isso decorre do fechamento de fissuras de pequena abertura pré-existentes devido à retração. A partir da Figura 9.1, pode ser visto que a expressão módulo de elasticidade de Young, a rigor, somente pode ser atribuída à parte reta da curva tensão-deformação ou, quando não houver um trecho reto, à tangente da curva na origem. Esse é o *módulo de elasticidade tangente inicial*, mas sua importância prática é limitada. É possível encontrar o módulo tangente em qualquer ponto da curva tensão-deformação, porém, esse módulo se aplica somente a variações muito pequenas da carga acima ou abaixo da carga em que o módulo tangente é considerado.

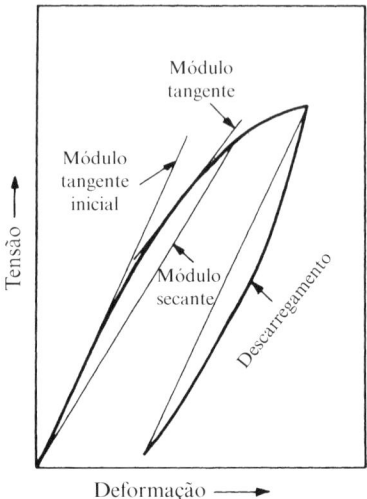

Figura 9.1 Representação esquemática da relação tensão-deformação do concreto.

A magnitude das deformações observadas e a curvatura da relação tensão-deformação dependem, pelo menos em parte, da velocidade de aplicação da tensão. Quando a carga é aplicada de modo extremamente rápido – por exemplo, em menos de 0,01 segundo –, as deformações observadas são bastante reduzidas, e a curvatura da curva tensão-deformação se torna muito pequena. Um aumento de cinco segundos para cerca de dois minutos no tempo de carregamento pode aumentar a deformação em até 15%, mas, no intervalo de dois a 10 ou até mesmo 20 minutos (normalmente, o tempo necessário para ensaiar um corpo de prova em uma máquina comum de ensaios), o aumento da deformação é bastante pequeno. A relação entre a velocidade de deformação e a resistência, discutida na página 648, pode ser importante.

O aumento da deformação enquanto a carga, ou parte dela, está atuando ocorre devido à fluência do concreto, mas a dependência da deformação imediata na velocidade de carregamento torna difícil a delimitação entre as deformações elástica e por fluência. Para fins práticos, é feita uma distinção arbitrária, conforme segue: a deformação que ocorre durante o carregamento é considerada elástica, e o subsequente aumento da deformação é atribuído à fluência. O módulo de elasticidade que atende a esse requisito é o *módulo secante* da Figura 9.1, também conhecido como *módulo cordal*. O módulo secante é um *módulo estático*, pois é determinado a partir de uma relação tensão-deformação experimental em corpos de prova cilíndricos, ao contrário do módulo dinâmico, analisado na página 438.

Como o módulo secante diminui conforme o aumento da tensão, a tensão em que ele foi obtido deve sempre ser citada. Para fins de comparação, a máxima tensão aplicada é selecionada como uma proporção fixa da resistência final. Esse valor é estabelecido pela BS 1881-121:1983 como 33% e pela ASTM C 469-02 como 40%. Para eliminar a fluência e instalar os medidores de deformação (extensômetros), são necessários, pelo menos, dois ciclos de pré-carregamento até a tensão máxima. A tensão mínima deve ser tal que o corpo de prova cilíndrico não se mova. O valor mínimo é especificado pela BS

1881-121:1983 em 0,5 MPa, e a ASTM C 469-02 estabelece uma deformação mínima de 50×10^{-6}. A curva tensão-deformação no terceiro ou no quarto carregamento apresenta somente uma pequena curvatura.*

É importante destacar que dois componentes do concreto (a pasta de cimento hidratada e o agregado), quando submetidos individualmente a carregamento, apresentam uma curva tensão-deformação sensivelmente linear (Figura 9.2), embora existam alguns indícios da não linearidade da relação tensão-deformação da pasta de cimento hidratada.[9.100] A forma de curva no material composto, ou seja, o concreto, deve-se à presença de interfaces entre a pasta de cimento e o agregado e ao desenvolvimento de microfissuras de aderência nessas interfaces.[9.42] O desenvolvimento progressivo da microfissuração foi confirmado por meio de radiografia com nêutrons.[9.62]

Esse desenvolvimento de microfissuras significa que a energia de deformação armazenada é transformada na energia superficial das novas faces das fissuras. Em razão de as fissuras se desenvolverem de forma progressiva nas interfaces, fazendo ângulos variáveis com a carga aplicada em resposta à tensão localizada, ocorre um aumento progressivo da intensidade da tensão localizada e da magnitude da deformação. Em outras palavras, uma consequência do desenvolvimento das fissuras é uma redução na área efetiva resistente à carga aplicada, de forma que a tensão local seja maior do que a tensão nominal baseada na seção transversal total do elemento. Essas alterações indicam que a deformação aumenta em maior velocidade do que a tensão nominal aplicada, e, assim, a curva tensão-deformação continua a se curvar, com um comportamento aparentemente pseudoplástico.[9.43]

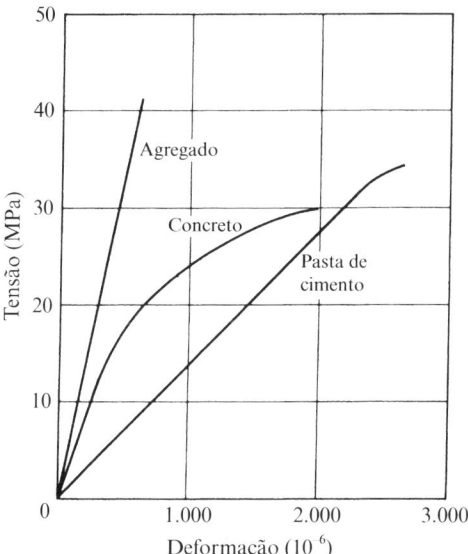

Figura 9.2 Curvas tensão-deformação da pasta de cimento, do agregado e do concreto.

---

* N. de R.T.: A NBR 8522:2008 estabelece que, para a determinação do módulo de elasticidade, o carregamento deve ser aplicado até alcançar uma tensão aproximada de 30% da resistência à compressão do concreto.

Quando a tensão aplicada atinge um valor maior do que aproximadamente 70% da resistência final, ocorre a fissuração da argamassa – conectando as fissuras de aderência (ver página 314) – e a curva tensão-deformação se curva a uma taxa constante. O desenvolvimento de um sistema contínuo de fissuras reduz o número de trajetos de suporte de carga[9.65] e, em determinado momento, a resistência final do corpo de prova é atingida. Esse é o pico da curva tensão-deformação.

Caso a máquina de ensaios possibilite a redução da carga aplicada, a deformação continuará a aumentar com a diminuição da tensão nominal aplicada. Essa é a parte *pós-pico* da curva tensão-deformação, que representa o amolecimento por deformação do concreto. A parte descendente observada na curva tensão-deformação, entretanto, não é uma propriedade do *material*,[9.65] mas é influenciada pelas condições de ensaio. Os principais fatores influentes são a rigidez da máquina de ensaios em relação à rigidez do corpo de prova e a taxa de deformação.[9.67] Uma curva tensão-deformação completa típica é apresentada na Figura 9.3.[9.36]

É possível observar que, se a curva tensão-deformação termina abruptamente no pico, o material pode ser classificado como frágil. Quanto menos íngreme for a parte descendente da curva tensão-deformação, mais dúctil será o comportamento. Caso a inclinação após o pico seja zero, pode-se dizer que o material é perfeitamente plástico.

No projeto estrutural de concreto armado, toda a curva tensão-deformação, frequentemente em uma forma idealizada, deve ser considerada. Por essa razão, o comportamento do concreto de resistência muito alta é de interesse especial. Esses concretos apresentam uma menor quantidade de fissuras do que o concreto de resistência normal, durante todos os estágios de carregamento.[9.66] Consequentemente, a parte ascendente da curva tensão-deformação é mais íngreme e linear até uma grande proporção da resistência final. A parte descendente da curva também é bastante íngreme (ver Figura 9.4), de modo que o concreto de alta resistência é mais frágil do que o concreto normal; na

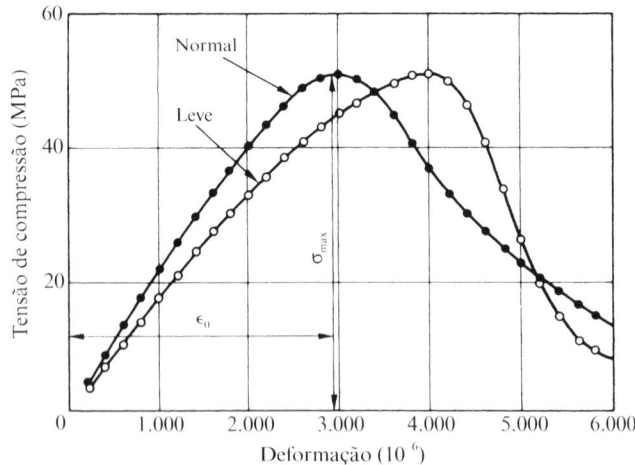

Figura 9.3 Curvas tensão-deformação de concretos ensaiados à compressão a uma taxa constante de deformação.[9.36]

realidade, geralmente se verifica a ruptura explosiva de corpos de prova de concretos de alta resistência ensaiados à compressão. Entretanto, o aparente comportamento frágil do concreto de alta resistência não é necessariamente refletido no comportamento de elementos de concreto armado produzidos com esse concreto.[9.63,9.64]

O comportamento do concreto de alta resistência também é de interesse em relação à deformação nos diferentes níveis de tensão. Caso a tensão considerada – por exemplo, a tensão de serviço – seja expressa como uma fração da resistência final, referida como *relação tensão/resistência*, podem ser feitas as seguintes observações. Com a mesma relação tensão/resistência, quanto maior for a resistência, maior será a deformação. Na tensão máxima, ou seja, aquela correspondente à resistência final, em um concreto de 100 MPa, a deformação normalmente é de 3×10^{-3} a 4×10^{-3}; em um concreto de 20 MPa, é de cerca de 2×10^{-3}. Entretanto, sob a mesma tensão, independentemente da resistência, quanto mais resistente for o concreto, menor será a deformação. É possível concluir, então, que o concreto de alta resistência possui um maior módulo de elasticidade, conforme visto na Figura 9.4.

Aproveitando, pode ser verificado que esse comportamento é contrastante com o observado em diferentes categorias de aço, possivelmente porque a resistência da pas-

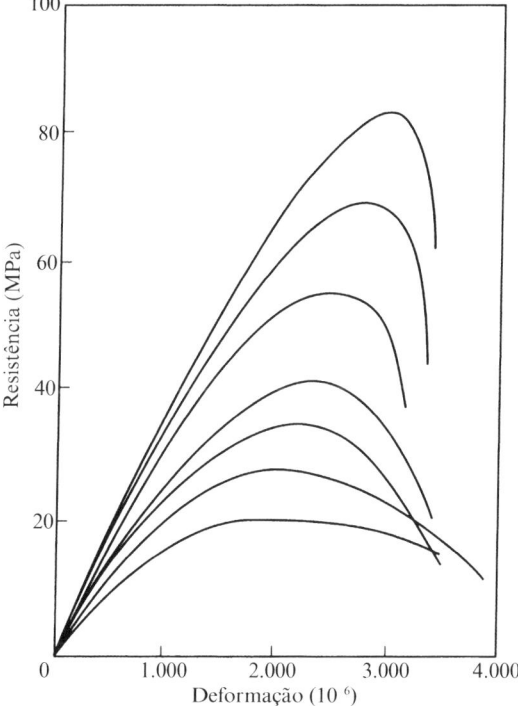

Figura 9.4 Exemplos de curvas tensão-deformação de corpos de prova cilíndricos de concreto com resistência à compressão de até 85 MPa.

ta de cimento hidratada é controlada pela relação gel/espaço, que, supõe-se, também influencia a rigidez do material cimentício. Por outro lado, a resistência do aço está relacionada à estrutura e aos limites entre os cristais, mas não aos vazios, de forma que a rigidez do material não é influenciada por sua resistência.

O concreto com agregados leves apresenta um trecho descendente mais inclinado da curva tensão-deformação (ver Figura 9.3),[9.36] ou seja, tem um comportamento um pouco mais frágil do que o concreto normal.

A curva tensão-deformação na tração possui forma semelhante à observada na compressão (ver Figura 9.5); entretanto, é necessária uma máquina de ensaios especial.[9.61] Na tração direta, o desenvolvimento de fissuras exerce tanto o efeito de reduzir a área efetiva resistente à tensão quanto o de aumentar a contribuição das fissuras para a deformação total. Essa pode ser a razão pela qual o afastamento da linearidade da curva tensão-deformação na tração ocorre em uma relação tensão/resistência ligeiramente menor do que na compressão.[9.34]

Expressões para a curva tensão-deformação

Como a forma exata da curva tensão-deformação completa do concreto não é uma propriedade do material em si, mas dependente das disposições dos ensaios, a formulação de uma equação para a relação tensão-deformação é de pouca importância. Entretanto, isso não contradiz a utilidade dessa equação na análise estrutural. Foram feitas várias tentativas de desenvolvimento de equações, mas provavelmente a melhor foi a sugerida por Desayi & Krishnan:[9.44]

$$\sigma = \frac{E\varepsilon}{1 + \left(\dfrac{\varepsilon}{\varepsilon_0}\right)^2}$$

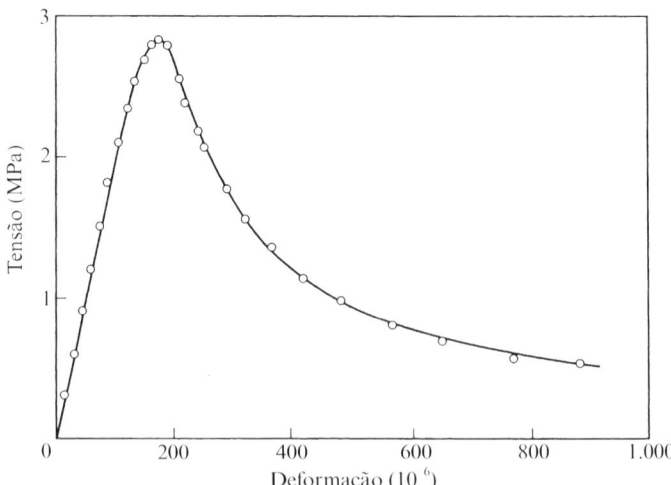

Figura 9.5 Exemplos de curvas tensão-deformação em tração direta (baseada na ref. 9.61).

onde: ε = deformação
σ = tensão
ε_0 = deformação na tensão máxima
E = módulo tangente inicial, considerado o dobro do módulo secante na tensão máxima σ_{max}, ou seja,

$$E = \frac{2\sigma_{max}}{\varepsilon_0}.$$

A última consideração é questionável, porque tanto σ_{max} quanto ε_0 são fortemente influenciadas pelas condições de ensaio, e uma forma mais geral da equação, não condicionada por essa consideração, foi desenvolvida por Carreira & Chu.[9.67]

Expressões para o módulo de elasticidade

Não há dúvidas de que o módulo de elasticidade aumente conforme o aumento da resistência à compressão do concreto, mas não existe uma concordância sobre a forma exata dessa relação. Isso não é surpresa, tendo em vista o fato de que o módulo de elasticidade do concreto é influenciado pelo módulo de elasticidade do agregado e pela proporção volumétrica do agregado no concreto. O primeiro raramente é conhecido, de modo que algumas expressões, como, por exemplo, a apresentada pelo ACI 318-02,[9.98] consideram o módulo de elasticidade do concreto por meio de um coeficiente que é uma função da massa específica do concreto, em geral, elevando a massa específica à potência 1,5.

Tudo o que pode ser dito de modo confiável é que o aumento do módulo de elasticidade do concreto é progressivamente menor do que o aumento da resistência à compressão. Conforme o ACI 318-02,[9.98] o módulo é proporcional à resistência elevada à potência 0,5. A expressão para o módulo de elasticidade secante do concreto, E_c, recomendada pelo ACI 318-02[9.98] para cálculos estruturais, aplicável a concretos normais, é:

$$E_c = 4{,}73(f'_c)^{0,5}.$$

onde f'_c é a resistência à compressão medida em corpos de prova cilíndricos normalizados, expressa em MPa e E_c expresso em GPa. Algumas expressões utilizam a potência 0,33, em vez de 0,5, e também adicionam um termo constante à equação.

Para concretos com resistências de até 83 MPa, o ACI 363R-92[9.99] apresenta a seguinte expressão:

$$E_c = 3{,}32(f'_c)^{0,5} + 6{,}9$$

onde E_c é expresso em GPa e f'_c em MPa. No intervalo de resistências entre 80 e 140 MPa, Kakizaki *et al.*[9.95] obtiveram que o módulo de elasticidade, E_c, é, aproximadamente, relacionado à resistência f'_c por meio da expressão:

$$E_c = 3{,}65(f'_c)^{0,5}$$

com as mesmas unidades anteriores. Foi verificado que o módulo não é influenciado pela cura, mas pelo módulo de elasticidade do agregado graúdo do concreto. Essa dependência é uma consequência da natureza bifásica do concreto.[9.84] A qualidade da aderência entre as duas fases é importante e pode influenciar o valor do módulo de elasticidade do concreto quando a aderência é especialmente forte, como no caso do concreto de alto desempenho (ver página 706). Além do mais, como esse concreto é produzido com agregados de alta resistência, que têm maior probabilidade de possuir um alto módulo de elasticidade, existe uma tendência de esse concreto apresentar um módulo de elasticidade maior do que o que seria esperado a partir de uma extrapolação das expressões do concreto comum.*

Quando a massa específica do concreto, ρ, varia entre cerca de 2.300 e 2.500 kg/m³ (faixa considerada como a usual para o concreto normal), o módulo de elasticidade, em GPa, dado pelo ACI 318-02[9.98] é:

$$E_c = 43\rho^{1.5}(f'_c)^{0.5} \times 10^{-6}.$$

O uso do coeficiente de potência 1,5 aplicado à massa específica do concreto pode não ser correto. Segundo Lydon & Balendran,[9.70] o módulo de elasticidade do agregado é proporcional ao quadrado de sua massa específica. Qualquer que seja o valor do expoente, o princípio é que, com um teor fixo de agregado, a massa específica do concreto aumenta conforme o aumento da massa específica do agregado.

A natureza bifásica do concreto também implica que as proporções volumétricas do agregado e da pasta de cimento hidratada exercem influência sobre o valor do módulo de elasticidade a uma determinada resistência do concreto. Como o agregado normal apresenta maior módulo de elasticidade do que a pasta de cimento hidratada, um maior teor de um determinado agregado resulta em um maior módulo de elasticidade do concreto a uma determinada resistência à compressão.

O agregado leve possui menor massa específica do que a pasta de cimento hidratada e exerce influência sobre o módulo de elasticidade de modo condizente. Com a consideração da massa específica do concreto na expressão do ACI 318-02,[9.98] o concreto leve pode ser abrangido pela mesma expressão. Deve ser destacado que, devido ao módulo de elasticidade do agregado leve apresentar pouca diferença em relação ao módulo da pasta de cimento endurecida, as proporções da mistura não influenciam o módulo de elasticidade do concreto com agregados leves.[9.7]

---

* N. de R.T.: A NBR 6118:2014, versão corrigida 2014, estabelece que o módulo de elasticidade (E_{ci}) deve ser determinado experimentalmente por meio do ensaio normalizado pela NBR 8522:2008, sendo considerado o módulo de deformação tangente inicial. Quando não forem realizados ensaios, o valor do módulo de elasticidade inicial pode ser estimado pelas seguintes expressões: $E_{ci} = \alpha_E \cdot 5.600\sqrt{f_{ck}}$, para resistências características à compressão (f_{ck}) de 20 a 50 MPa, e $E_{ci} = 21,5 \cdot 10^3 \cdot \alpha_E \cdot \left(\dfrac{f_{ck}}{10} + 1,25\right)^{1/3}$, para resistências características à compressão (f_{ck}) de 55 a 90 MPa. O coeficiente α_E varia em função do agregado, conforme os seguintes valores: 1,2 (basalto e diabásio), 1,0 (granito e gnaisse), 0,9 (calcário) e 0,7 (arenito). E_{ci} e f_{ck} são expressos em MPa. O módulo de deformação secante pode ser obtido pela NBR 8522:2008 ou pela expressão $E_{cs} = \alpha_i \cdot E_{ci}$, sendo $\alpha_i = 0,8 + 0,2 \cdot \dfrac{f_{ck}}{80} \leq 1,0$. Embora haja expressões para idades menores do que 28 dias, as expressões apresentadas são para a idade de 28 dias. Cabe destacar que a NBR 6118:2014, versão corrigida 2014, se aplica a concretos normais, com massa específica entre 2.000 e 2.800 kg/m³.

Foi verificado que, para concretos moldados e mantidos a 0 °C, a taxa de variação do módulo de elasticidade com o aumento da resistência do concreto é um pouco mais brusca do que em temperatura ambiente,[9.59] mas a diferença, aparentemente, não é importante.

Até o momento, tratou-se do módulo de elasticidade na compressão. Existem poucos dados disponíveis sobre o módulo de elasticidade do concreto na tração. Seu valor pode ser determinado por tração direta ou a partir da medida de deformações de corpos de prova submetidos à flexão; quando necessário, deve ser aplicada uma correção em função do cisalhamento.[9.5] A melhor hipótese que pode ser formulada em relação ao módulo de elasticidade na tração é que ele é igual ao módulo na compressão. Isso foi amplamente verificado por meio de ensaios[9.34,9.70] e também pode ser visto a partir de uma comparação entre as Figuras 9.4 e 9.5.

O módulo de elasticidade no cisalhamento (módulo de rigidez), normalmente, não é determinado por medidas diretas.

Acredita-se que as condições de cura em si não influenciem o módulo de elasticidade além do efeito da cura sobre a resistência. Alguns relatos contrários[9.69] possivelmente sejam explicados pelo fato de ter sido considerada a resistência de corpos de prova normalizados, em vez da resistência do concreto em situações reais. Além do mais, é necessário distinguir a influência da cura sobre o módulo de elasticidade, que também afeta a resistência, da influência da condição de umidade durante o ensaio. Os efeitos desta última sobre o módulo de elasticidade e sobre a resistência não são necessariamente os mesmos – tema que será discutido na página 626.

Módulo de elasticidade dinâmico

A seção anterior tratou exclusivamente do módulo de elasticidade estático, que dá a deformação como resposta a uma tensão aplicada de intensidade conhecida. Existe outro tipo de módulo, designado como módulo dinâmico, que é determinado pela vibração de um corpo de prova de concreto com a aplicação de uma tensão insignificante. O procedimento para a determinação do módulo de elasticidade dinâmico é descrito na página 636.

Em razão da ausência de uma tensão significativa, não há indução de microfissuração no concreto e não ocorre fluência. Consequentemente, o módulo dinâmico se refere a efeitos quase puramente elásticos. Por essa razão, o módulo dinâmico é considerado aproximadamente igual ao módulo tangente inicial determinado em ensaio estático e, portanto, é razoavelmente maior do que o módulo secante determinado por meio da aplicação de carga ao corpo de prova de concreto. Esse ponto de vista, contudo, tem sido questionado,[9.68] e deve ser reconhecido que a heterogeneidade do concreto influencia os dois módulos de formas distintas.[9.1] Portanto, não se deve esperar que exista uma relação simples, baseada no comportamento físico, entre os dois módulos.

A relação entre o módulo de elasticidade estático e o módulo dinâmico, que sempre é um valor menor do que a unidade, é maior quanto mais alta for a resistência do concreto[9.9] – e, provavelmente devido a isso, aumenta com a idade.[9.1] A relação variável entre os módulos implica a inexistência de uma conversão simples do valor do módulo dinâmico, E_d, de fácil determinação, em uma estimativa do módulo estático, E_c, cujo valor é necessário no projeto estrutural. Apesar disso, várias relações empíricas, válidas somente em um intervalo limitado, foram desenvolvidas. A mais simples é a proposta por Lydon & Balendran,[9.70] conforme segue:

$$E_c = 0{,}83 E_d.$$

Uma expressão que fazia parte da norma britânica sobre o dimensionamento de estruturas de concreto, a BS CP 110:1972, é:

$$E_c = 1{,}25 E_d - 19$$

em que ambos os módulos estão expressos em GPa. Essa expressão não se aplica a concretos contendo mais de 500 kg de cimento por m³ de concreto ou a concretos com agregados leves. Para estes últimos, foi sugerida a seguinte expressão:[9.39]

$$E_c = 1{,}04 E_d - 4{,}1.$$

Popovics[9.57] sugeriu, tanto para concretos leves quanto para normais, que a relação entre os módulos estático e dinâmico seja uma função da massa específica do concreto, da mesma forma que na relação entre o módulo estático e a resistência, a saber:

$$E_c = k E_d^{1{,}4} \rho^{-1}$$

onde ρ é a massa específica do concreto e k é uma constante dependente das unidades de medida.

Qualquer que seja a relação entre os módulos, considera-se que ela não seja influenciada pelo ar incorporado, pelo método de cura, pela condição no ensaio ou pelo tipo de cimento utilizado.[9.11]

O módulo dinâmico de elasticidade tem considerável importância para o estudo de variações em um único corpo de prova, como, por exemplo, aquelas decorrentes de ataque químico.

Coeficiente de Poisson

Quando uma carga uniaxial é aplicada a um corpo de prova de concreto, isso produz uma deformação longitudinal no sentido da carga aplicada e, ao mesmo tempo, uma deformação transversal de sinal contrário. A relação entre a deformação transversal e a deformação longitudinal é denominada *coeficiente de Poisson*, independentemente do sinal da relação. Em geral, o interesse está nas consequências de uma compressão aplicada, de modo que a deformação transversal é de tração, mas a situação é análoga quando é aplicada uma carga de tração.

Para um material isotrópico e elástico-linear, o coeficiente de Poisson é constante, mas, no concreto, o coeficiente pode ser influenciado por condições específicas. Entretanto, para tensões em que a relação entre a tensão aplicada e a deformação longitudinal seja linear, o valor do coeficiente de Poisson do concreto é, aproximadamente, constante. Esse valor, dependendo das propriedades do agregado utilizado, geralmente varia entre 0,15 e 0,22 quando é determinado a partir de medidas de deformações sob cargas de compressão. O valor do coeficiente de Poisson sob cargas de tração é, aparentemente, o mesmo do valor à compressão.[9.70]

Não existem dados sistemáticos sobre a influência dos diversos fatores sobre o coeficiente de Poisson. Foi relatado que o concreto com agregados leves apresenta coeficiente de Poisson no limite inferior do intervalo.$^{9.70}$ Não se verificou$^{9.94}$ a existência de influência do aumento da resistência com a idade ou do consumo de cimento sobre o valor do coeficiente de Poisson. Essa observação necessita de confirmação, pois seria esperado que as propriedades elásticas do agregado graúdo exercessem influência sobre o comportamento elástico do concreto. Portanto, não podem ser feitas generalizações sobre o coeficiente de Poisson, mas essa falta de informação não é crítica, tendo em vista que, para a maioria dos concretos, a variação de valores é pequena – entre 0,17 e 0,20.*

Ensaios em argamassa saturada mostraram que o valor do coeficiente de Poisson é maior com maiores velocidades de deformação. Por exemplo, verificou-se$^{9.60}$ que o aumento da velocidade de deformação de 3×10^{-6} por segundo para 0,15 por segundo ocasionou um aumento do coeficiente de 0,20 para 0,27. Esse efeito pode não ser de validade geral.

A Figura 9.6 apresenta representações típicas da deformação longitudinal e da deformação transversal sob uma carga de compressão axial rápida e uniformemente crescente aplicada a um corpo de prova cilíndrico. A deformação volumétrica também está representada. Pode ser visto que, acima de uma determinada tensão, o coeficiente de Poisson aumenta de forma rápida. Isso é causado pela extensa fissuração vertical, de modo que, de fato, trata-se de um coeficiente de Poisson *aparente*. Com um novo aumento de tensão, a velocidade de alteração da deformação volumétrica muda de sinal. Continuando, o coeficiente de Poisson ultrapassa o valor de 0,5, e a deformação volu-

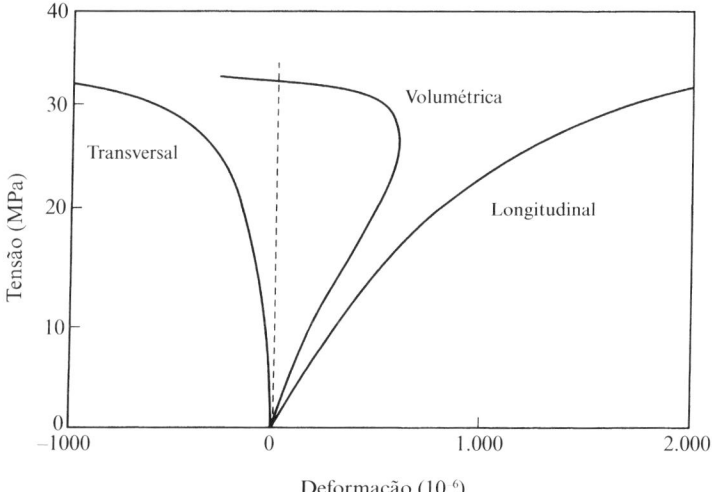

Figura 9.6 Deformações longitudinal, transversal e volumétrica em um corpo de prova cilíndrico sob tensão crescente.

---

* N. de R.T.: A NBR 6118:2014, versão corrigida 2014, estabelece, para tensões de compressão menores do que $0,5 \cdot f_c$ (resistência à compressão) e tensões de tração menores do que f_{ct} (resistência à tração direta), o valor de 0,2 para o coeficiente de Poisson.

métrica se torna de tração. O concreto, então, não é mais um corpo verdadeiramente contínuo – sendo esse, portanto, o estágio de ruptura (ver página 308).

Também é possível determinar o coeficiente de Poisson dinamicamente. A situação física nesse ensaio é distinta da situação sob carregamento estático, como é o caso da determinação do módulo dinâmico de elasticidade (ver página 661). Devido a isso, o valor do coeficiente de Poisson determinado dinamicamente é maior do que o obtido em ensaios estáticos, sendo 0,24 um valor médio.[9.5]

O método dinâmico de determinação do coeficiente de Poisson requer a medida da velocidade de pulso, V, e também da frequência fundamental de ressonância, n, da vibração longitudinal de uma viga de comprimento L (ver página 663). O coeficiente de Poisson, μ, pode ser calculado a partir da expressão:[9.12]

$$\left(\frac{V}{2nL}\right)^2 = \frac{1-\mu}{(1+\mu)(1-2\mu)}$$

uma vez que $E_d/\rho = (2nL)^2$, onde ρ é a massa específica do concreto.

O coeficiente de Poisson também pode ser encontrado a partir do módulo de elasticidade dinâmico, E_d, como determinado no modo de vibração longitudinal ou transversal (ver página 634), e do módulo de rigidez, G, utilizando a expressão:

$$\mu = \frac{E_d}{2G} - 1.$$

O valor de G geralmente é determinado a partir da frequência de ressonância de vibração à torção (ver página 661). Os valores de μ obtidos por esse método são intermediários entre os encontrados por determinações estáticas diretas e a partir de ensaios dinâmicos.

Sob tensões mantidas, a relação entre a deformação transversal e a deformação longitudinal pode ser denominada *coeficiente de Poisson na fluência*. Os dados sobre essa relação são escassos. Em baixas tensões, o coeficiente de Poisson na fluência não é influenciado pelo nível de tensão, o que indica que as deformações longitudinal e transversal decorrentes da fluência possuem a mesma proporção que as deformações elásticas correspondentes. Isso implica dizer que o volume do concreto diminui conforme a evolução da fluência. Acima de uma relação tensão/resistência aproximada de 0,5, o coeficiente de Poisson na fluência aumenta significativa e progressivamente com o aumento da tensão mantida.[9.93] Com uma relação tensão mantida/resistência acima de 0,8 a 0,9, o coeficiente de Poisson na fluência é maior do que 0,5, e, com o passar do tempo sob tensão mantida, ocorre a ruptura[9.102] (ver página 474).

Sob compressão multiaxial mantida,[9.45] o coeficiente de Poisson na fluência é menor, entre 0,09 e 0,17.

Variações de volume nas primeiras idades

Quando a água sai de um corpo poroso não totalmente rígido, ocorre a retração. No concreto, essa movimentação de água geralmente ocorre desde seu estado fresco até idades mais avançadas. Serão analisados agora os diversos tipos de movimentação de água e suas consequências.

Quando foi discutida a evolução da hidratação do cimento, foram citadas as alterações no volume resultantes. A principal delas é a redução de volume do sistema cimento + água. Enquanto a pasta de cimento é plástica, ela sofre uma contração volumétrica cuja magnitude é da ordem de 1% do volume absoluto do cimento seco.[9.13] Entretanto, a extensão da hidratação antes da pega é pequena, e, uma vez desenvolvida certa rigidez do sistema da pasta de cimento hidratada, a contração induzida pela perda de água devida à hidratação é bastante restringida.

A água também pode ser perdida pela evaporação através da superfície do concreto enquanto ele ainda está no estado plástico. Uma perda semelhante ocorre a partir da sucção pelas camadas inferiores de concreto ou solo seco.[9.14] Essa contração é conhecida como *retração plástica*, em razão de o concreto ainda estar no estado plástico. A intensidade da retração plástica é afetada pela quantidade de água perdida a partir da superfície do concreto, que é influenciada pela temperatura, pela umidade relativa do ambiente e pela velocidade do vento (ver Tabela 9.1). Entretanto, a velocidade da perda de água em si não possibilita prever a retração plástica,[9.103] pois ela depende bastante da rigidez da mistura. Caso a quantidade de água perdida por unidade de área supere a quantidade de água trazida à superfície pela exsudação (ver página 216) e seja grande, pode ocorrer fissuração superficial. Esse é o fenômeno conhecido como *fissuração por retração plástica*, citado na página 415. A prevenção total da evaporação de água, imediatamente após o lançamento, elimina a fissuração.[9.47]

Conforme mencionado na seção "Concretagem em tempo quente", o meio eficaz para prevenir a fissuração por retração plástica é manter baixa a velocidade de evaporação da água a partir da superfície do concreto. É aconselhável que o valor de 1 kg/m²/hora não seja ultrapassado.[9.97] Deve ser lembrado que a evaporação aumenta quando a temperatura do concreto é muito maior do que a temperatura ambiente. Nessas circunstâncias, pode ocorrer a retração plástica, até mesmo se a umidade relativa do ar for elevada. Portanto, o melhor é proteger o concreto contra o sol e o vento, lançar e realizar o acabamento de forma rápida e iniciar a cura assim que possível após a etapa anterior. O lançamento do concreto em um subleito seco deve ser evitado.

A fissuração também se desenvolve sobre obstruções ao assentamento uniforme, como, por exemplo, armaduras ou grandes partículas de agregado. Esta é denominada *fissuração por assentamento plástico* e é discutida na seção "Concretagem em tempo quente". Esse tipo de fissuração também pode ocorrer quando uma grande área horizontal de concreto apresenta contração no sentido horizontal mais difícil do que verti-

Tabela 9.1 Retração plástica de pasta de cimento pura mantida ao ar a uma umidade relativa de 50% e temperatura de 20 °C[9.14]

Velocidade do vento (m/s)	Retração em oito horas após o lançamento (10^{-6})
0	1.700
0,6	6.000
1,0	7.300
7 a 8	14.000

calmente, sendo formadas fissuras profundas com um padrão irregular.[9.15] Essas fissuras podem ser denominadas, de forma apropriada, *fissuras pré-pega*. As fissuras típicas de retração plástica geralmente apresentam paralelismo entre si, são espaçadas de 0,30 a 1m e possuem considerável profundidade. Normalmente, não se estendem até as bordas livres do concreto, em razão de, nesse local, ser possível a contração não restringida.

A retração plástica será maior quanto maior for o consumo de cimento do concreto[9.14] (Figura 9.7) e menor for a relação água/cimento.[9.73] A relação entre a exsudação e a retração plástica não é direta.[9.15] Por exemplo, o retardo da pega possibilita a ocorrência de mais exsudação e resulta em maior retração plástica.[9.73] Por outro lado, uma maior capacidade de exsudação previne uma secagem muito rápida da superfície do concreto, reduzindo, assim, a *fissuração* por retração plástica. Na prática, o que importa é a fissuração.

Retração autógena

Também acontecem variações de volume após a pega ter ocorrido, tanto na forma de retração quanto de expansão. A continuidade da hidratação, quando existe um suprimento de água, resulta em expansão (ver na próxima seção), mas, quando a movimentação de água para a ou da pasta de cimento não é possível, ocorre retração. Essa retração é a consequência da saída de água dos poros capilares em função da hidratação do cimento ainda não hidratado, processo que é conhecido como *autodessecação*.

A retração desse sistema conservativo é designada como retração autógena ou *variação autógena de volume* e, na prática, ocorre no interior da massa de concreto. A contração da pasta de cimento é restringida pelo esqueleto rígido da pasta de cimento

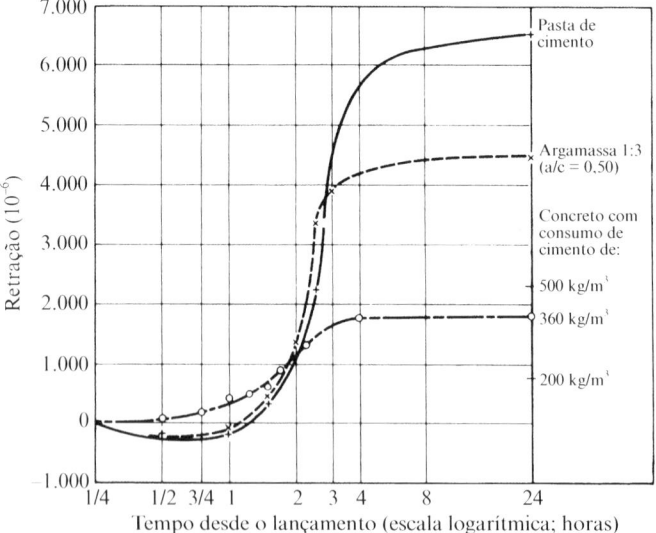

Figura 9.7 Influência do consumo de cimento do concreto sobre a retração inicial ao ar a 20 °C e umidade relativa de 50%, com velocidade do vento de 1,0 m/s.[9.14]

já hidratada (mencionado na seção anterior), bem como pelas partículas de agregado. Consequentemente, a retração autógena do concreto é uma ordem de grandeza menor do que a da pasta de cimento pura.[9.74]

Embora a retração autógena seja tridimensional, ela normalmente é expressa como uma deformação linear, de modo que possa ser considerada juntamente com a retração por secagem. Os valores típicos de retração autógena são, aproximadamente, 40×10^{-6} na idade de um mês, e 100×10^{-6}, após cinco anos.[9.17] A retração autógena tende a aumentar com temperaturas altas, com consumos elevados de cimento e, possivelmente, com cimentos mais finos[9.46] e com aqueles contendo elevados teores de C_3A e C_4AF. Com um teor constante de cimento composto, um teor mais alto de cinza volante resulta em menor retração autógena.[9.46] Como a autodessecação é maior com menores relações água/cimento, poderia ser esperado que a retração autógena aumentasse, mas isso não ocorre, devido à estrutura mais rígida da pasta de cimento hidratada nas baixas relações água/cimento. Apesar disso, com relações água/cimento muito baixas, a retração autógena é bastante alta, já tendo sido registrado[9.88] um valor de 700×10^{-6} para um concreto com relação água/cimento de 0,17.

Conforme mencionado no parágrafo anterior, a retração autógena é relativamente pequena, exceto em relações água/cimento extremamente baixas. Para fins práticos (exceto em grandes estruturas de concreto massa), como no caso do concreto de alto desempenho, a retração autógena não necessita ser distinguida da retração causada pela secagem do concreto. Esta última é conhecida como retração por secagem e, na prática, normalmente inclui a contração que ocorre devido à variação autógena do volume.

Uma visão integrada dos diversos tipos de retração é fornecida na ref. 9.159.

Expansão

A pasta de cimento ou o concreto, quando curados de forma contínua em água desde o momento do lançamento, apresentam um aumento líquido de volume e de massa. Essa expansão decorre da absorção de água pelo gel de cimento. As moléculas de água agem contra as forças de coesão e tendem a afastar as partículas de gel, e o resultado é uma pressão de expansão. Além disso, o ingresso de água diminui a tensão superficial do gel, o que ocasiona uma pequena expansão adicional.[9.18]

Os valores típicos da expansão linear da pasta de cimento pura, em relação às dimensões tomadas 24 horas após a moldagem, são:[9.14]

1.300×10^{-6} após 100 dias;
2.000×10^{-6} após 1.000 dias; e
2.200×10^{-6} após 2.000 dias.

Esses valores de expansão, assim como os de retração e de fluência, são expressos como uma deformação linear em metros por metro.

A expansão do concreto é consideravelmente menor, cerca de 100×10^{-6} a 150×10^{-6} para um concreto com consumo de cimento de 300 kg/m^3.[9.14] Esse valor é alcançado de seis a 12 meses depois da moldagem; posteriormente, ocorre apenas uma pequena expansão adicional.

A expansão é acompanhada por um aumento de massa, na ordem de 1%.[9.14] Portanto, o aumento de massa é consideravelmente maior do que o aumento de volume.

Isso se deve ao fato de a água ocupar o espaço criado pela diminuição de volume em razão da hidratação do sistema cimento água.

A expansão é maior em água do mar e também sob altas pressões, condições que existem em estruturas de águas profundas. Sob a pressão de 10 MPa, correspondente à profundidade de 100 m, a magnitude da expansão após três anos pode ser cerca de oito vezes maior do que sob pressão atmosférica.[9.10] A expansão que ocasiona a entrada de água do mar no concreto tem implicações em relação ao ingresso de cloretos (ver página 590).

Retração por secagem

A saída de água do concreto mantido ao ar não saturado causa a retração por secagem. Uma parte dessa saída de água é irreversível e deve ser diferenciada da movimentação de água reversível ocasionada por condições alternadas de conservação em ambientes secos e úmidos.

Mecanismo de retração

A variação de volume do concreto durante a secagem não é igual ao volume de água removida. A perda de água livre, que ocorre primeiramente, causa pouca ou nenhuma retração. Com a continuidade da secagem, a água adsorvida é removida, e a variação de volume da pasta de cimento hidratada não restringida, neste estágio, é aproximadamente igual à perda de uma camada de água, com espessura de uma molécula de água, da superfície de todas as partículas de gel. Como a "espessura" dessa molécula de água é cerca de 1% da dimensão da partícula de gel, pode-se esperar[9.18] que a variação linear das dimensões da pasta de cimento, na secagem total, seja da ordem de 10.000×10^{-6}, e já foram observados valores reais de 4.000×10^{-6}.[9.19]

A influência da dimensão da partícula de gel sobre a secagem é mostrada pela pequena retração de várias pedras de construção de granulação grosseira, mesmo quando altamente porosas, e pela elevada retração de folhelhos de granulação fina.[9.18] A pasta de cimento curada em vapor a alta pressão, que é microcristalina e possui uma pequena superfície específica, apresenta retração de cinco a 10 vezes,[9.14] ou até 17 vezes,[9.20] menor do que uma pasta semelhante curada de modo convencional.

Também é possível que a retração, ou parte dela, esteja relacionada à remoção da água intracristalina. Foi verificado que o silicato de cálcio hidratado sofre uma variação do espaçamento da rede cristalina de 1,4 para 0,9 nm devido à secagem.[9.21] O C_3A hidratado e o sulfoaluminato de cálcio apresentam comportamento similar.[9.22] Não está comprovado se a movimentação de água associada à retração é inter ou intracristalina. Entretanto, devido às pastas produzidas tanto com cimento Portland quanto com cimento de elevado teor de alumina, e também com monoaluminato de cálcio moído, apresentarem, essencialmente, retração semelhante, a causa principal da retração deve ser buscada na estrutura física do gel, em vez de em suas características químicas ou mineralógicas.[9.22]

A relação entre a massa de água perdida e a retração é mostrada na Figura 9.8. Para pastas de cimento puras, as duas quantidades são proporcionais entre si, já que não existe água capilar presente e somente a água adsorvida é removida. Entretanto, misturas às quais sílica pulverizada foi adicionada e que, por razões de trabalhabilidade, exigiram maior relação água/cimento contêm poros capilares, mesmo quando completamente hi-

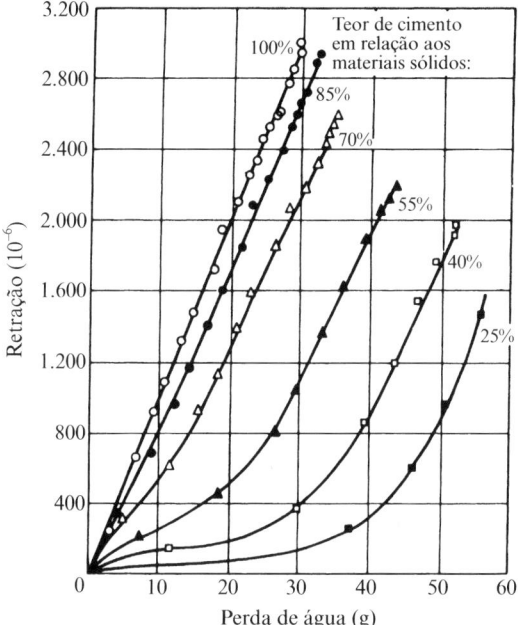

Figura 9.8 Relação entre a retração e a perda de água de corpos de prova de pasta de cimento e sílica pulverizada curados por sete dias a 21 °C e, então, secos.[9.18]

dratadas. O esvaziamento dos capilares causa a perda de água sem retração, mas, uma vez que a água capilar tenha sido perdida, ocorre a remoção da água adsorvida, o que ocasiona a retração de mesmo modo que na pasta de cimento pura. Assim, a inclinação final das curvas da Figura 9.8 é a mesma. Com concretos que contêm um pouco de água nos poros do agregado e em grandes cavidades (acidentais), foi verificada uma variação ainda maior na forma das curvas de perda de água em função da retração.

Em elementos de concreto, a perda de água com o tempo depende da dimensão do elemento. Um padrão geral da perda de água com a distância das superfícies de secagem foi desenvolvido por Mensi *et al.*,[9.75] considerando que a velocidade de difusão do vapor seja proporcional à raiz quadrada do tempo decorrido. Os autores sugeriram que o que ocorre em um cilindro de diâmetro D_1 em um tempo t_1 ocorrerá em um cilindro geometricamente semelhante de diâmetro kD_1 em um tempo k^2t_1. Em elementos reais de concreto, a situação é mais complicada, devido à presença das bordas[9.55] (ver Figura 9.9). Dados sobre o tempo necessário para que um concreto perca 80% da água evaporável, com a secagem ocorrendo somente através de uma superfície, são fornecidos na Tabela 9.2.

Para a interpretação dos dados da perda de água na retração, existe um complicador adicional. Enquanto nos corpos de prova de pequenas dimensões utilizados em laboratório a fissuração superficial é mínima e a retração potencial é alcançada, em elementos de dimensões reais a fissuração superficial influencia a retração *efetiva* e causa a redistribuição das tensões internas. A fissuração, possivelmente, também aumenta a

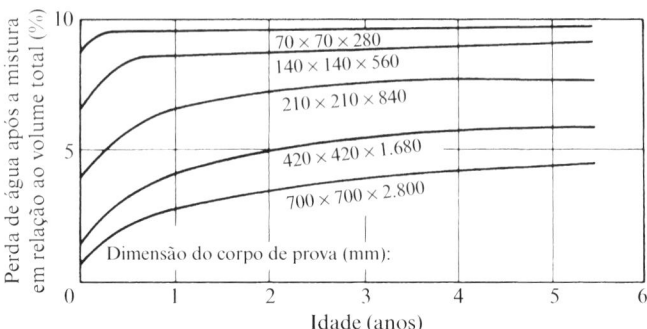

Figura 9.9 Perda de água em prismas de diversas dimensões (umidade relativa do ar = 55%).[9.55]

Tabela 9.2 Indicativos de períodos de secagem do concreto[1,9.56]

Temperatura (°C)	Resistência	Umidade relativa	Condutividade de umidade	Duração da secagem para distâncias desde a superfície exposta de: (mm)		
				50	100	200
5	Baixa	Baixa	Alta	3 m	1 a	4 a
	Média	Média	Média	5 a	20 a	80 a
	Alta	Alta	Baixa	50 a	200 a	800 a
20	Baixa	Baixa	Alta	1 m	5 m	$1\frac{1}{2}$ a
	Média	Média	Média	$2\frac{1}{2}$ a	10 a	40 a
	Alta	Alta	Baixa	25 a	100 a	400 a
50	Baixa	Baixa	Alta	10 d	1 m	5 m
	Média	Média	Média	1 a	4 a	15 a
	Alta	Alta	Baixa	10 a	40 a	150 a
100	Baixa	Baixa	Alta	1 d	4 d	15 d
	Média	Média	Média	1 m	5 m	$1\frac{1}{2}$ a
	Alta	Alta	Baixa	1 a	6 a	25 a

d = dias; m = meses; a = anos.
[1] A secagem é considerada como a perda de 80% da água evaporável.

velocidade de perda de água. O tema da influência da dimensão do elemento de concreto sobre a retração é tratado na página 456.

Fatores que influenciam a retração

No que diz respeito à retração da pasta de cimento hidratada em si, ela será maior quanto maior for a relação água/cimento, devido a esta última determinar a quantidade de água evaporável existente na pasta de cimento e a velocidade com que a água pode se mover em direção à superfície do elemento. Brooks[9.77] demonstrou que a retração da pasta de cimento hidratada é diretamente proporcional à relação água/cimento entre os valores de cerca de 0,20 e 0,60. Com maiores relações água/cimento, a água adicional é removida durante a secagem sem ter como resultado a retração[9.77] (Figura 9.8).

A Tabela 9.3 apresenta valores típicos de retração por secagem de corpos de prova de argamassa e de concreto, com seção quadrada de 127 mm de lado, mantidos à temperatura de 21 °C e à umidade relativa de 50% por seis meses. Esses valores não são mais do que uma orientação, pois a retração é influenciada por diversos fatores.

A maior influência é exercida pelo agregado, que restringe a retração que pode realmente ocorrer. A relação entre a retração do concreto, S_c, e a retração da pasta de cimento pura, S_p, depende do teor de agregado no concreto, a, e é:[9.23]

$$S_c = S_p(1-a)^n.$$

Os valores experimentais de n variam entre 1,2 e 1,7,[9.14] com alguma variação decorrente do alívio de tensões na pasta de cimento pela fluência.[9.35] A Figura 9.10 mostra resultados típicos para $n = 1,7$.

A validade da estimativa da retração do concreto a partir da retração da pasta de cimento pura – com a mesma relação água/cimento e o mesmo grau de hidratação, levando em conta o teor de agregado e o módulo de elasticidade do agregado – foi confirmada por Hansen & Almudaiheem.[9.72]

A dimensão e a granulometria do agregado em si não influenciam a magnitude da retração, mas agregados maiores possibilitam o uso de misturas com menor consumo de cimento, resultando, então, em menor retração. A alteração da dimensão máxima do agregado de 6,3 para 152 mm implica que o teor de agregado pode ser aumentado de 60 para 80% do volume total do concreto, causando, assim, uma redução da retração em três vezes, conforme mostra a Figura 9.10.

Da mesma forma, para uma determinada resistência, o concreto de baixa trabalhabilidade contém mais agregado do que uma mistura de alta trabalhabilidade produzida com agregado de mesma dimensão, e, devido a isso, o primeiro apresenta menor retração.[9.18] Por exemplo, o aumento do teor de agregado de 71 para 74% (para a mesma relação água/cimento) causará uma redução da retração em, aproximadamente, 20% (Figura 9.10).

Tabela 9.3 Valores típicos de retração de corpos de prova de argamassa e de concreto, com seção quadrada de 127 mm de lado, mantidos à umidade relativa de 50% e a 21 °C[9.19]

Relação agregado/cimento	Retração após seis meses (10^{-6}) para relações água/cimento de:			
	0,40	**0,50**	**0,60**	**0,70**
3	800	1.200	–	–
4	550	850	1.050	–
5	400	600	750	850
6	300	400	550	650
7	200	300	400	500

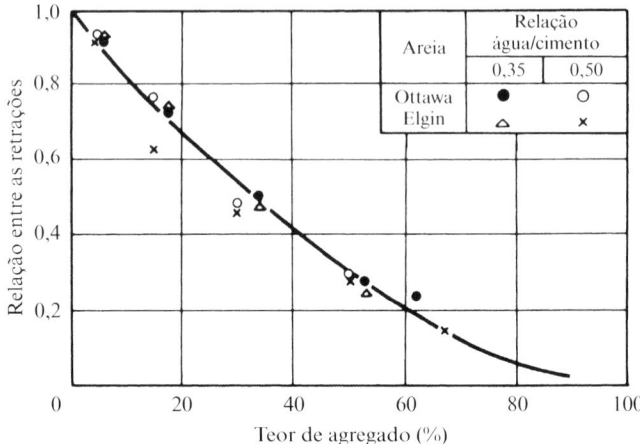

Figura 9.10 Influência do teor de agregado no concreto (em volume) sobre a relação entre a retração do concreto e a retração da pasta de cimento pura.[9.23]

As influências em conjunto da relação água/cimento e do teor de agregado (Tabela 9.3 e Figura 9.10) podem ser combinadas em um gráfico – e é o que foi feito na Figura 9.11 –, mas deve ser lembrado que os valores de retração fornecidos não são nada mais do que típicos para a secagem em clima temperado. Em termos práticos, com relação água/cimento constante, a retração aumenta com o aumento do teor de cimento, devido a isso resultar em um maior volume de pasta de cimento hidratada, que é passível de retração. Entretanto, para uma dada trabalhabilidade – que implica aproximadamente uma quantidade de água constante –, a retração não é afetada pelo aumento do con-

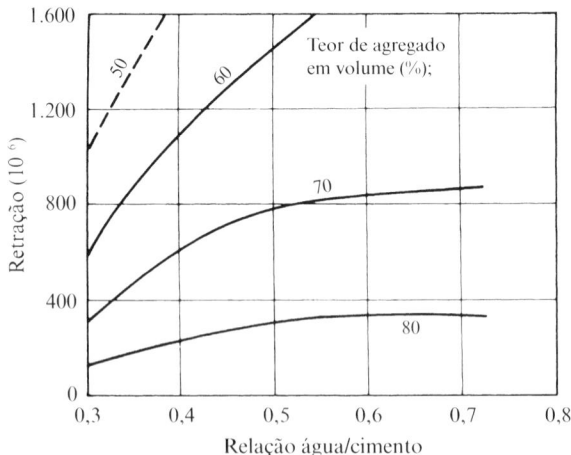

Figura 9.11 Influência da relação água/cimento e do teor de agregado sobre a retração.[9.48]

sumo de cimento ou pode até mesmo diminuir, uma vez que a relação água/cimento é reduzida e o concreto, portanto, tem maior capacidade de resistir à retração. O padrão geral dessas influências sobre a retração[9.76] é mostrado na Figura 9.12.

O teor de água do concreto influencia a retração na medida em que reduz o volume de agregado que exerce restrição. Sendo assim, em geral, a quantidade de água da mistura pode indicar a extensão da retração a ser esperada, seguindo o padrão geral da Figura 9.13, mas o teor de água em si não é um fator primário. Em consequência disso, misturas com mesma quantidade de água, mas com composições bastante diferentes, podem apresentar diferentes valores de retração.[9.82]

Retorna-se agora ao efeito de restrição do agregado sobre a retração. As propriedades elásticas do agregado determinam o grau de restrição dada. Por exemplo, agregados de aço resultam em uma retração 1/3 menor do que o agregado comum.[9.6] Com folhelho expandido, o valor é 1/3 maior. Essa influência do agregado foi confirmada por Reichard,[9.49] que obteve uma correlação entre a retração e o módulo de elasticidade do concreto, que depende da compressibilidade do agregado utilizado (Figura 9.14). A presença de argila no agregado diminui o efeito de restrição e, como a argila em si está sujeita à retração, a existência de películas de argila nos agregados pode aumentar a retração em até 70%.[9.18]

Mesmo no âmbito dos agregados comuns, existe uma considerável variação na retração do concreto resultante (Figura 9.15). O agregado natural comum em si não está normalmente sujeito à retração, mas existem rochas que retraem até 900×10^{-6} na secagem, aproximadamente a mesma magnitude da retração do concreto produzido com agregado sem retração. Agregados propensos à retração estão dispersos por diversos locais da Escócia, mas existem também em outras regiões. São, principalmente, *alguns* doleritos e basaltos e algumas rochas sedimentares, como a grauvaca e o argilito. Por outro lado, o granito, o calcário e o quartzito têm provado, de forma consistente, não ser propensos à retração.

O concreto produzido com agregados que sofrem retração e que, portanto, apresenta grande retração pode levar a problemas de utilização das estruturas, devido à excessiva deflexão ou ao empenamento. Caso a retração elevada resulte em fissuração, a durabilidade

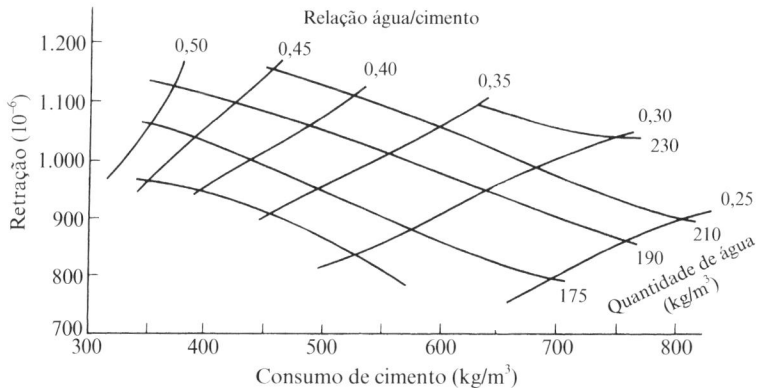

Figura 9.12 Padrão da retração em função do consumo de cimento, da quantidade de água e da relação água/cimento; concreto submetido à cura úmida por 28 dias e, após, seco por 450 dias.[9.76]

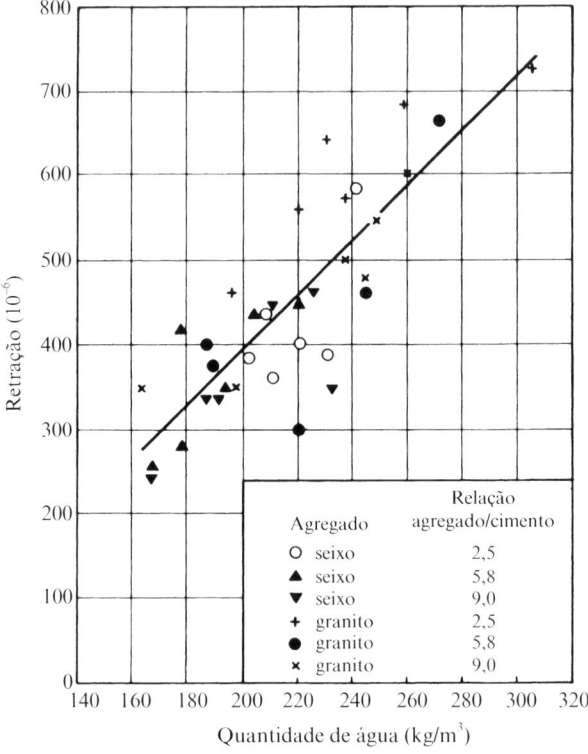

Figura 9.13 Relação entre a quantidade de água do concreto fresco e a retração por secagem.[9.25]

da estrutura pode ser afetada. Por essas razões, é aconselhável a determinação da retração de qualquer agregado suspeito. O método de ensaio é estabelecido pela BS 812-120:1983, e por meio dele é determinada a retração de um concreto de proporções fixas e com um dado agregado pela secagem a 105 °C. O ensaio não é para uso de rotina. Quanto a isso, é válido destacar que rochas que apresentam retração, em geral, também possuem elevada absorção, o que pode ser visto como um sinal de alerta de que o agregado deve ser cuidadosamente investigado em relação às suas características de retração. Uma forma possível de lidar com esses agregados é utilizar misturas de agregados de alta e baixa retração.

O concreto com agregados leves normalmente resulta em maior retração, em grande parte porque o agregado – por possuir menor módulo de elasticidade – oferece menor restrição à retração potencial da pasta de cimento. Os agregados leves que possuem uma grande proporção de material fino menor do que 75 μm têm, ainda, uma elevada retração, já que o material fino resulta em maior teor de vazios.

As propriedades de cimento exercem pouca influência sobre a retração do concreto, e Swayze[9.26] mostrou que uma maior retração da pasta de cimento pura não implica, necessariamente, uma maior retração do concreto produzido com um determinado cimento. A finura do cimento é um fator relevante somente na medida em que as partícu-

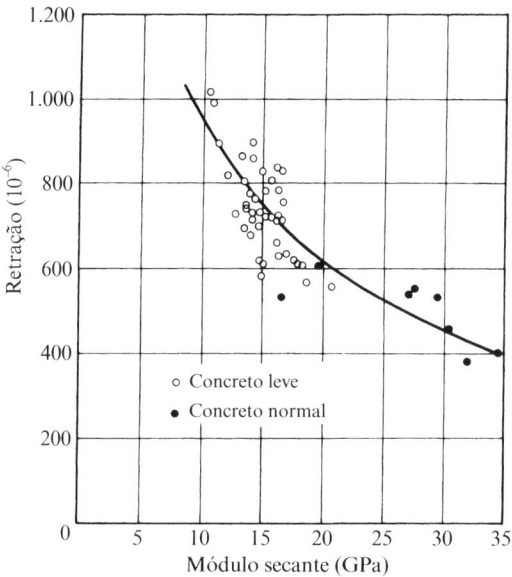

Figura 9.14 Relação entre a retração por secagem após dois anos e o módulo de elasticidade secante do concreto (à relação tensão/resistência de 0,4) aos 28 dias.[9.49]

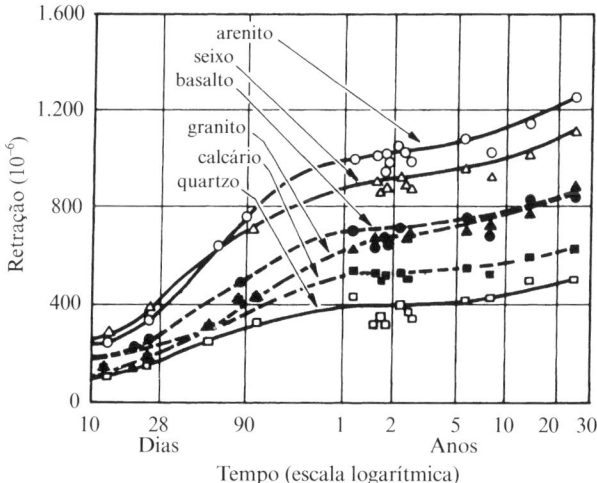

Figura 9.15 Retração de concretos de proporções fixas, mas produzidos com diferentes agregados, e mantidos ao ar a 21 °C e à umidade relativa de 50%.[9.24] O tempo foi contado desde o término da cura úmida aos 28 dias.

las maiores do que, por exemplo, 75 μm – que resultam, comparativamente, em pouca hidratação – exercem um efeito de restrição similar ao do agregado. Fora isso, ao contrário de algumas sugestões anteriores, o cimento mais fino não aumenta a retração do concreto produzido com agregado normal[9.26,9.41] ou leve[9.106], embora a retração da pasta de cimento pura seja aumentada.[9.40] Atualmente, acredita-se que a composição química do cimento não influencie a retração – com exceção de cimentos com deficiência de sulfato de cálcio, que apresentam uma retração bastante aumentada[9.27] devido à estrutura inicial formada durante a pega determinar a estrutura subsequente da pasta de cimento hidratada,[9.22] influenciando também, portanto, a relação gel/espaço, a resistência e a fluência. Do ponto de vista do atraso da reação do cimento, o teor ótimo de sulfato de cálcio é um pouco menor do que o que resulta na mínima retração.[9.28] Para qualquer cimento dado, o intervalo dos teores de sulfato de cálcio que é satisfatório em relação à retração é mais estreito do que para o controle da pega.

A retração do concreto produzido com cimento de elevado teor de alumina é da mesma magnitude de quando é utilizado cimento Portland comum, mas ocorre de forma muito mais rápida.[9.19]

A adição de cinza volante ou de escória granulada de alto-forno aumenta a retração. Especificamente, com uma relação água/cimento constante, uma alta proporção de cinza volante ou de escória nos cimentos compostos resulta em aumento de retração – até 20% de aumento no caso da cinza rolante e até 60% com altos teores de escória.[9.71] A sílica ativa aumenta a retração em longo prazo.[9.81]

Provavelmente, os aditivos redutores de água em si causem um pequeno aumento da retração. O principal efeito é indireto, já que o uso desses aditivos pode resultar em alterações na quantidade de água ou no consumo de cimento do concreto – ou em ambos –, e é a ação combinada dessas variações que influencia a retração.[9.71] Foi verificado[9.71] que os superplastificantes causam aumento da retração entre 10 e 20%. Entretanto, as alterações na retração observada foram muito pequenas para serem consideradas confiáveis e de validade geral.

A partir das considerações anteriores, pode ser esperado que a retração do concreto de resistência muito alta, que contém superplastificante, seja simplesmente a consequência de fatores relevantes e opostos: uma relação água/cimento muito baixa e uma autodessecação elevada concomitante, que resultam em baixa retração, e um elevado consumo de cimento, que leva a alta retração. Dessa forma, a abordagem habitual de estimativa da retração também se aplica ao concreto de resistência muito alta. Entretanto, a estrutura mais rígida desse concreto oferece restrição à magnitude da retração efetiva.

Foi verificado que a incorporação de ar não exerce efeito sobre a retração.[9.29] O cloreto de cálcio adicionado aumenta a retração, em geral, entre 10 e 50%,[9.30] provavelmente em razão de ser produzido um gel mais fino e possivelmente devido à maior carbonatação dos corpos de prova mais maduros com cloreto de cálcio.[9.50]

Influência da cura e das condições de conservação

A retração ocorre ao longo de grandes períodos, com algumas movimentações tendo sido observadas até mesmo após 28 anos[9.24] (ver Figura 9.16), mas uma parte da retração em longo prazo provavelmente decorre da carbonatação. A Figura 9.16 (em que o tempo está apresentado em escala logarítmica) mostra que a velocidade de retração diminui rapidamente com o tempo.

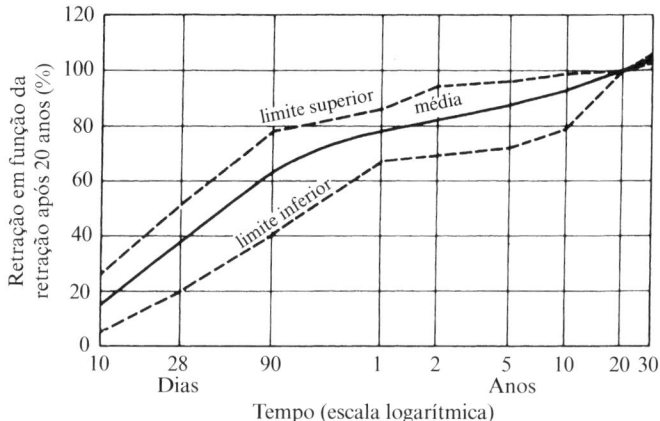

Figura 9.16 Intervalo de curvas retração-tempo para diferentes concretos mantidos em umidades relativas de 50 e 70%.[9.24]

A cura úmida prolongada atrasa a ocorrência da retração, mas o efeito da cura sobre a extensão da retração é pequeno, embora bastante complexo. Em relação à pasta de cimento pura, quanto maior for a quantidade de cimento hidratado, menor será o volume de partículas de cimento não hidratado que restringem a retração. Dessa forma, poderia ser esperado que a cura prolongada resultasse em maior retração;[9.18] entretanto, a pasta de cimento hidratada possui menos água e se torna mais resistente com a idade, sendo capaz de atingir grande parte de sua retração potencial sem a ocorrência de fissuras. Contudo, caso ocorra a fissuração no concreto – por exemplo, em volta das partículas de agregados –, a retração total, medida no elemento de concreto, aparentemente diminui. Concretos bem curados retraem mais rapidamente,[9.40] e, portanto, o alívio das tensões de retração por fluência é menor. Além disso, o concreto, sendo mais resistente, possui uma inerente baixa capacidade de fluência. Esses fatores podem superar a resistência à tração mais alta do concreto bem curado, resultando em fissuração. Em vista disso, não surpreende que sejam relatados resultados contraditórios sobre os efeitos da cura sobre a retração, mas, em geral, a duração da cura não é um fator importante em relação à retração.

A amplitude da retração é pouco influenciada pela velocidade de secagem, mas transferir o concreto diretamente da água para uma umidade muito baixa pode resultar em ruptura. A secagem rápida não possibilita o alívio de tensões por fluência e pode ocasionar uma fissuração mais pronunciada. Entretanto, nem o vento nem a convecção forçada exercem qualquer efeito sobre a velocidade de secagem do concreto endurecido (exceto durante os estágios mais precoces), devido à condutividade de umidade do concreto ser tão reduzida que somente uma evaporação em velocidade muito baixa é possível; a velocidade não pode ser aumentada pelo movimento do ar.[9.51] Esse fato foi confirmado experimentalmente[9.52] (consultar a página 319 para a evaporação a partir do concreto fresco).

A umidade relativa do meio em que o concreto está inserido exerce grande influência sobre a intensidade da retração, conforme apresentado, por exemplo, na Figura

454 Propriedades do Concreto

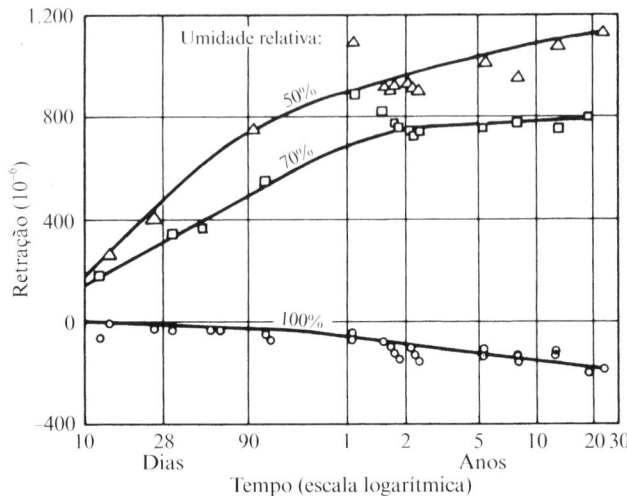

Figura 9.17 Relação entre a retração e o tempo para concretos mantidos em diferentes umidades relativas.[9.24] Tempo medido desde o término da cura úmida aos 28 dias.

9.17. A mesma figura também ilustra a maior retração absoluta comparada à expansão na água; a expansão é cerca de seis vezes menor do que a retração ao ar com umidade relativa de 70% ou oito vezes menor do que a retração ao ar com umidade de 50%.

Pode ser visto, então, que o concreto mantido ao ar "seco" (não saturado) sofre retração, mas expande em água ou em ar com umidade relativa de 100%. Isso pode indicar que a pressão de vapor no interior da pasta de cimento é sempre menor do que a pressão de vapor saturado, e é natural esperar que exista uma umidade intermediária em que a pasta esteja em equilíbrio higroscópico. De fato, Lorman[9.31] cita que essa umidade é de 94%, mas, na realidade, o equilíbrio somente é possível em corpos de prova pequenos e praticamente sem restrição.

Quando se deseja estimar a retração em uma determinada umidade relativa com base em um valor conhecido de retração em outra umidade relativa, pode ser utilizada a relação do ACI 209R-92.[9.80] Isso é mostrado na Figura 9.18, que inclui também a relação proposta por Hansen & Almudaiheen.[9.72] Esta última indica um valor de retração relativa mais baixo do que o fornecido pelo ACI 209R-92 em umidades relativas acima de 50%. Os mesmos autores também apresentam valores de retração relativa no intervalo de 11 a 40%, para o qual o ACI 209R-92 não apresenta nenhum valor.

Previsão da retração

Segundo o ACI 209R-92,[9.80] o desenvolvimento da retração com o tempo obedece à equação:

$$s_t = \frac{t}{35 + t} s_{ult}$$

Capítulo 9 Elasticidade, retração e fluência 455

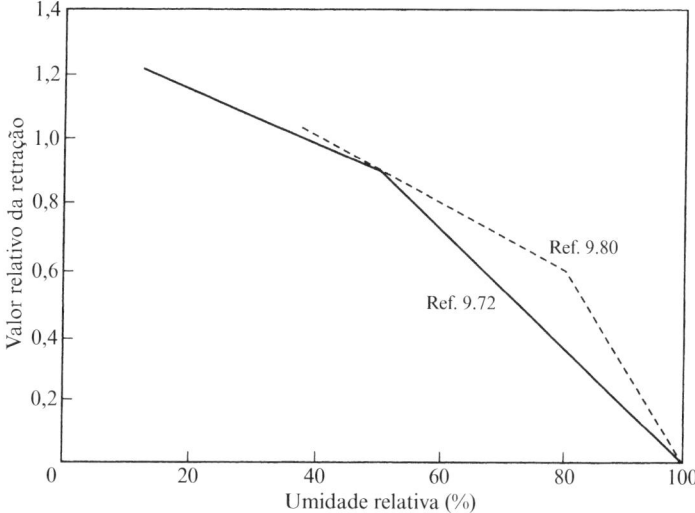

Figura 9.18 Valor relativo da retração em função da umidade relativa do ambiente, conforme o ACI 209R-92[9.80] e Hansen & Almudaiheem[9.72].

onde: s_t = retração após t dias desde o término da cura úmida de sete dias;
s_{ult} = retração final; e
t = tempo, em dias, desde o fim da cura úmida.

A previsão da evolução da retração pela equação apresentada está sujeita a uma grande variabilidade, mas a equação pode ser utilizada para estimar a retração final de um grande intervalo de concretos submetidos à cura úmida. É possível ver que espera-se que metade da retração final ocorra após uma secagem de 35 dias. Para concretos curados a vapor, o valor de 35 no denominador é substituído por 55, e o tempo t é contado desde o fim da cura a vapor de um a três dias.

O ACI 209R-92[9.80] fornece uma expressão geral para a previsão da retração por meio da modificação do valor padronizado por diversos coeficientes que considerem vários fatores. Deve ser esperado um grande erro nessa abordagem.

Várias expressões para o cálculo da retração foram discutidas por Neville *et al.*[9.84] Essas expressões podem ser utilizadas para a estimativa da retração em longo prazo a partir de ensaios de curta duração em concretos reais. Esses ensaios são necessários para uma previsão da retração com razoável confiança.

A BS 1881-5:1984 estabelece um método para a determinação da retração em curto prazo. Os corpos de prova são secos, por um período especificado, sob condições estabelecidas de temperatura e de umidade. A retração que ocorre nessas condições é aproximadamente a mesma que a verificada após uma longa exposição ao ar com umidade relativa de cerca de 65%[9.19] e é maior do que a retração observada em ambientes externos nas Ilhas Britânicas. A magnitude da retração pode ser determinada pela utilização de um quadro de medida acoplado a um micrômetro ou a um relógio comparador com leitura de deformações de até 10^{-5} ou pelo uso de um extensômetro. O ensaio americano é normalizado pela ASTM C 157-93. A movimentação do ar pelo corpo de prova deve ser cuidadosamente controlada, e a umidade relativa deve ser mantida em 50%. O método da ISO é descrito pela BS ISO 1920:2009.*

Retração diferencial

Foi mencionado que a retração potencial da pasta de cimento pura é restringida pelo agregado. Além disso, também surge alguma restrição em função da retração não uniforme no interior do elemento de concreto em si. A perda de umidade ocorre somente na superfície, de modo que um gradiente de umidade se forma no elemento de concreto, que, então, fica sujeito à retração diferencial. A retração potencial é compensada pelas deformações decorrentes de tensões internas – de tração, próximo à superfície, e de compressão, no núcleo. A ocorrência da secagem assimétrica pode resultar em empenamento.

É válido mencionar que os valores de retração citados são, em geral, os de *retração livre* ou *retração potencial*, ou seja, a retração sem restrições, quer sejam internas ou externas, em um elemento estrutural. Ao considerar o efeito das forças de restrição no valor real da retração, é importante ter em mente que as tensões induzidas são modificadas pela relaxação, que pode evitar a fissuração, conforme discutido na página 458. Como a relaxação ocorre somente lentamente, ela pode prevenir a fissuração quando a retração se desenvolve de forma lenta. Entretanto, se a mesma magnitude de retração ocorrer de modo rápido, ela poderá induzir a fissuração. É a *fissuração por retração* que é de principal interesse.

O progresso da retração se dá gradualmente a partir da superfície em processo de secagem para o interior do concreto, mas de forma muita lenta. Foi verificado que a dessecação alcança a profundidade de 75 mm em um mês, mas somente 600 mm após 10 anos.[9.14] Resultados[9.55] de L'Hermite são mostrados na Figura 9.19, que permite observar uma expansão inicial no interior. Ross[9.32] verificou que a diferença entre a retração em uma placa de argamassa na superfície e na profundidade de 150 mm é 470×10^{-6} após 200 dias. Caso o módulo de elasticidade da argamassa seja 21 GPa, a retração diferencial pode induzir uma tensão de 10 MPa. Como a tensão aumenta gradualmente, ela é aliviada pela fluência, mas, mesmo assim, pode ocorrer fissuração na superfície.

Em razão de a secagem ocorrer na superfície do concreto, a magnitude da retração varia consideravelmente conforme o tamanho e a forma do elemento, sendo uma função da relação superfície/volume.[9.32] Parte do efeito do tamanho pode também decorrer da pronunciada retração por carbonatação de corpos de prova pequenos (ver página 461). Assim, para fins práticos, a retração não pode ser considerada simplesmente uma propriedade inerente ao concreto, sem que seja feita referência à dimensão do elemento de concreto.

---

* N. de R.T.: A NBR 6118:2014, versão corrigida 2014, estabelece que, em casos em que não seja necessária grande precisão, o valor final da deformação específica de retração pode ser obtido a partir de valores já tabelados. Esses valores tabelados variam em função da umidade relativa média ambiente e da temperatura do concreto, e são válidos para concretos plásticos produzidos com cimento Portland comum. Para situações mais rigorosas, é apresentado um modelo para cálculo.

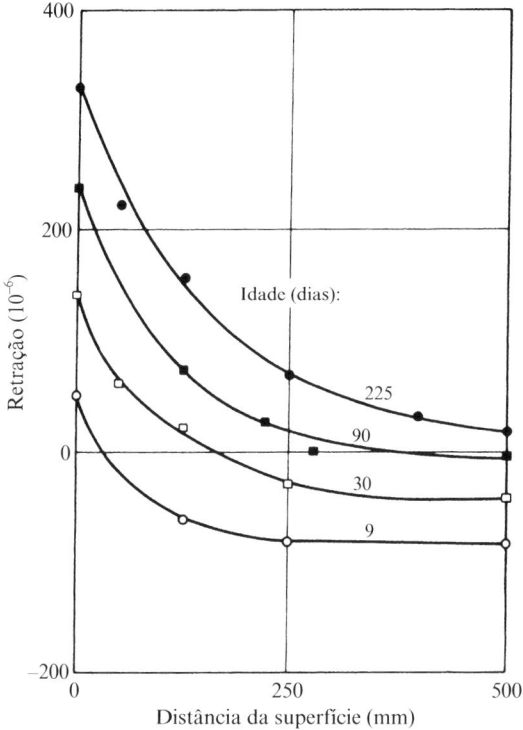

Figura 9.19 Evolução da retração com o tempo, expressa como uma função da distância da superfície em processo de secagem (não sendo possível a secagem nas demais direções). (Valores da retração corrigidos em função das diferenças de temperatura.)[9.55]

Diversas pesquisas mostraram, de fato, a influência do tamanho do elemento na retração. A retração observada diminui com o aumento da dimensão, mas, acima de um determinado valor, o efeito no início é menor, embora pronunciado posteriormente (Figura 9.20). Aparentemente, a forma do elemento também influencia, porém, como uma primeira aproximação, a retração pode ser expressa como uma função da relação volume/superfície do elemento, e, em princípio, a correlação entre essa relação e o logaritmo da retração é linear[9.53] (Figura 9.21). Além disso, a relação tem correlação linear com o logaritmo do tempo necessário para ocorrer metade da retração. Esta última correlação se aplica a concretos com diferentes agregados, de forma que, enquanto a magnitude da retração é influenciada pelo tipo de agregado utilizado, a taxa na qual a retração final é alcançada não é afetada.[9.53] Tem sido argumentado[9.16,9.83] que, teoricamente, a retração final é independente da dimensão do elemento de concreto, mas, para períodos reais, deve ser aceito que a retração é menor em elementos maiores.

A influência da forma é secundária. Corpos de prova em forma de perfil "I" apresentam menor retração do que os cilíndricos com mesma relação volume/superfície,

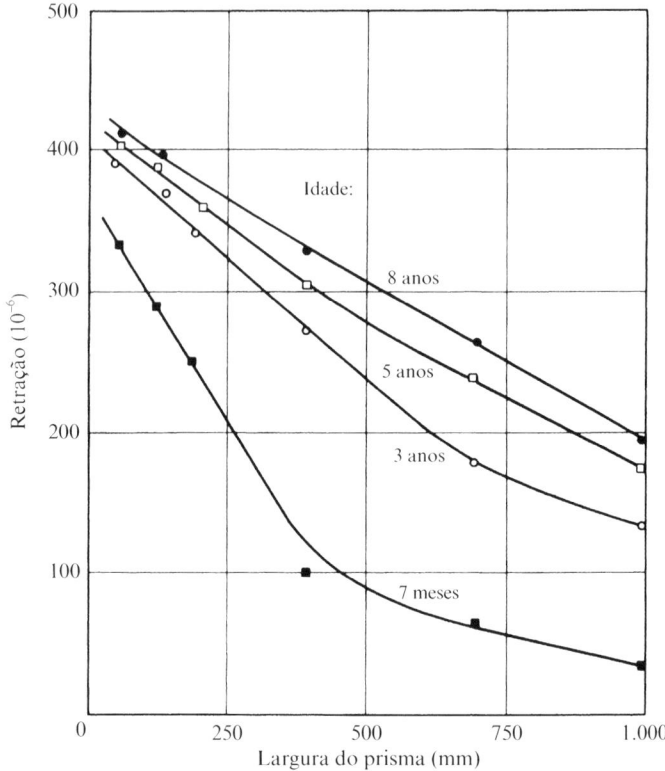

Figura 9.20 Relação entre a retração axial e a largura de prismas de concreto de seção quadrada e relação comprimento/largura igual a 4 (admitida a secagem em todas as superfícies).[9.55]

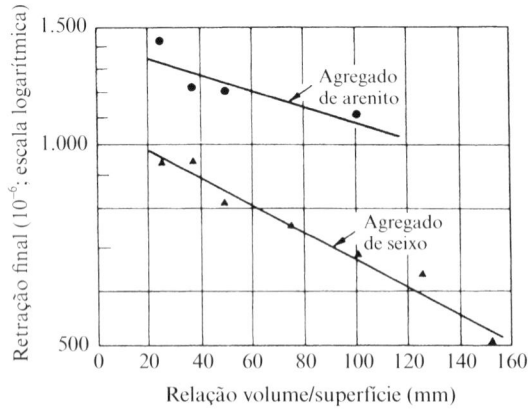

Figura 9.21 Relação entre a retração final e a relação volume/superfície.[9.53]

com uma diferença média de 14%.[9.53] Essa diferença pode ser explicada em termos da variação da distância média que a água deve percorrer até a superfície, portanto, não é significativa para fins de dimensionamento estrutural.

Fissuração induzida pela retração

Conforme mencionado, a importância da retração diferencial em estruturas está, em grande parte, relacionada à fissuração. A rigor, o objeto de preocupação é a *tendência à fissuração*, devido à ocorrência ou não de fissuração não depender somente da retração potencial, mas também da extensibilidade do concreto, de sua resistência e de seu grau de restrição à deformação que pode resultar em fissuração.[9.54] A restrição na forma da armadura ou de um gradiente de tensões aumenta a extensibilidade do concreto, possibilitando o desenvolvimento de deformações bem superiores às correspondentes à tensão máxima. Em geral, é desejada uma alta extensibilidade do concreto, pois ela permite que o concreto suporte maiores variações de volume.

O padrão esquemático de desenvolvimento de fissuras quando a tensão é aliviada pela fluência é mostrado na Figura 9.22. A fissuração somente pode ser evitada se a tensão induzida pela deformação devido à retração livre, diminuída pela fluência, for sempre menor do que a resistência à tração do concreto. Dessa forma, o tempo possui efeito duplo: a resistência aumenta, reduzindo, assim, o risco de fissuração, mas, por outro lado, o módulo de elasticidade também aumenta, de forma que a tensão induzida por uma determinada retração se torna maior. Além disso, o alívio por fluência diminui com a idade, de modo que a tendência à fissuração se torna maior. Um aspecto prático menor é que, caso as fissuras decorrentes da retração restringida se formem nas primeiras idades – e, em consequência disso, ocorra ingresso de umidade através das fissuras –, várias delas se fecham por colmatação autógena.

Um dos mais importantes fatores quanto à fissuração é a relação água/cimento da mistura, pois seu aumento tem a tendência de aumentar a retração e, ao mesmo tempo, reduzir a resistência do concreto. O aumento no consumo de cimento também aumenta a retração e, portanto, a tendência à retração, mas o efeito sobre a resistência é posi-

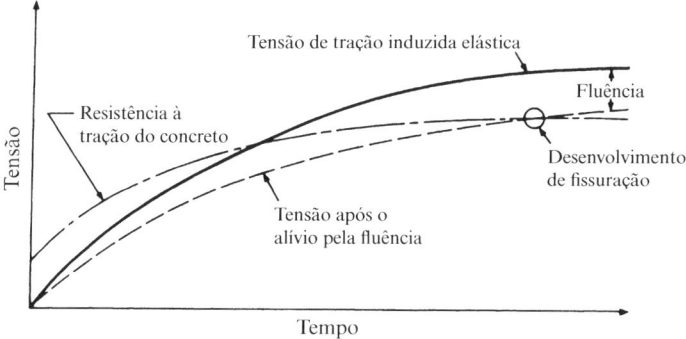

Figura 9.22 Padrão esquemático do desenvolvimento de fissuras quando a tensão de tração devida à retração restringida é aliviada pela fluência.

tivo. Isso se aplica à retração por secagem. Embora a carbonatação produza retração, ela também reduz a movimentação de umidade, sendo, portanto, vantajosa do ponto de vista da tendência à fissuração. Por outro lado, a presença de argila nos agregados resulta tanto em maior retração quanto em maior fissuração.

O uso de aditivos pode influenciar a tendência à fissuração por uma ação combinada de efeitos do endurecimento, da retração e da fluência. Em especial, os retardadores podem resultar em uma maior retração a ser acomodada na forma de retração plástica (ver página 441) e, possivelmente, aumentam a extensibilidade do concreto, reduzindo, portanto, a fissuração. Por outro lado, caso o concreto tenha atingido a rigidez rapidamente, não é possível a acomodação da provável retração plástica, e, sendo de baixa resistência, ocorrem as fissuras.

A temperatura no lançamento determina as dimensões do concreto no momento em que ele deixa de apresentar deformação plástica, ou seja, sem perda de continuidade. Uma queda subsequente da temperatura irá produzir uma contração potencial. Assim, o lançamento do concreto em tempo quente implica maior tendência à fissuração. Diferenças abruptas de temperatura ou de umidade produzem severas restrições internas, representando, portanto, maior tendência à fissuração. Da mesma forma, a restrição por meio da base de um elemento ou por outros elementos pode resultar em fissuração.

Esses são alguns fatores que devem ser considerados. A fissuração real e a ruptura dependem de uma combinação de fatores, e, na realidade, é raro que um único fator adverso seja responsável pela fissuração do concreto. A fissuração térmica nas primeiras idades é analisada pela CIRIA.[9.160]

Não existem métodos de ensaio normalizados para a determinação da fissuração devida à retração restringida, mas o uso de um corpo de prova em forma de anel, restringido por um anel interno de aço, pode ser informativo – no que se refere a comparar a resistência à fissuração de diferentes concretos.[9.78,9.79] A fissuração decorrente de diversas causas é analisada no Capítulo 10.

Movimentação de umidade

Um concreto que tenha sido seco ao ar, em determinada umidade relativa, sofrerá expansão caso seja, em seguida, colocado em água (ou exposto a uma umidade mais elevada). Entretanto, mesmo depois de uma prolongada permanência em água, não será recuperada toda a retração por secagem inicial. Para os concretos usuais, a parte irreversível da retração representa entre 0,3 e 0,6 da retração por secagem[9.14] – com o menor valor sendo o mais frequente.[9.25] A inexistência de um comportamento totalmente reversível provavelmente se deve à introdução de ligações adicionais no interior do gel durante o período de secagem, quando é estabelecido um contato mais próximo entre as partículas de gel. Caso a pasta de cimento tenha sido hidratada até um grau considerável antes da secagem, ela será menos afetada por essa configuração mais próxima do gel quando estiver seca. De fato, foi constatado que a pasta de cimento pura curada em água por seis meses e, então, submetida à secagem não apresenta retração residual durante uma nova molhagem.[9.33] Por outro lado, caso a secagem seja acompanhada por carbonatação, a pasta de cimento se torna menos sensível à movimentação de umidade, de forma que a retração residual é aumentada.[9.14]

Capítulo 9 Elasticidade, retração e fluência   461

As influências da cura, antes da secagem, e da carbonatação, durante a secagem, na movimentação de umidade podem explicar a razão pela qual não existe uma relação simples entre a magnitude da movimentação de umidade e a retração.

A Figura 9.23 mostra a movimentação de umidade, expressa como uma deformação linear, da pasta de cimento submetida ao armazenamento alternado em água e ao ar com umidade relativa de 50%.[9.33] A amplitude da movimentação de umidade varia conforme o intervalo de umidade e conforme ao composição do concreto (Tabela 9.4). O concreto leve apresenta maior movimentação de umidade do que o concreto produzido com agregados comuns.

Para um determinado concreto, existe uma redução gradual na movimentação de umidade durante ciclos sucessivos, provavelmente devido à criação de ligações adicionais no interior do gel.[9.22] Caso os períodos de armazenamento em água sejam de duração suficiente, a continuidade da hidratação do cimento resulta em certa expansão adicional, de forma que o aumento líquido das dimensões se sobrepõe à variação reversível decorrente da secagem e molhagem.[9.19] Na Figura 9.23, isso é indicado pela leve inclinação da linha tracejada superior.

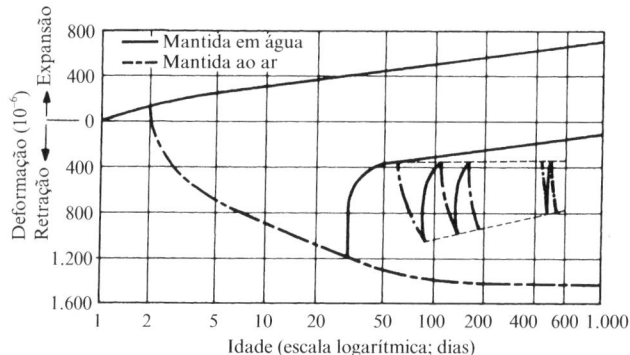

Figura 9.23 Movimentação de umidade de uma mistura 1:1 de cimento e basalto pulverizado, mantida alternadamente em água e ao ar com 50% de umidade relativa, em períodos de 28 dias.[9.33]

Tabela 9.4 Valores típicos de movimentação de umidade de argamassas e concretos submetidos à secagem a 50 °C e imersos em água.[9.19]

Proporções da mistura (em massa)	Movimentação de umidade (deformação linear, 10^{-6})
Cimento puro	1.000
Argamassa 1:1	400
Argamassa 1:2	300
Argamassa 1:3	200
Concreto 1:2:4	300

Retração por carbonatação

Além da retração por secagem, a região superficial do concreto sofre retração por carbonatação, e alguns resultados experimentais sobre a retração por secagem incluem os efeitos da carbonatação. Entretanto, as retrações por secagem e por carbonatação são de naturezas bastante distintas.

O processo de carbonatação será discutido no Capítulo 10; neste, o objetivo é limitado à retração por carbonatação. Entretanto, deve ser destacado que, devido ao dióxido de carbono ser fixado pela pasta de cimento hidratada, a massa da pasta aumenta. Em consequência disso, também ocorre um aumento de massa do concreto. Quando o concreto sofre secagem e carbonatação simultaneamente, o acréscimo de massa devido à carbonatação pode, em algum ponto, dar uma ideia errônea de que o processo de secagem atingiu um estágio de massa constante, ou seja, o equilíbrio (ver Figura 9.24). Essa interpretação de dados deve ser feita de forma cuidadosa.[9.58]

A retração por carbonatação provavelmente é causada pela dissolução de cristais de $Ca(OH)_2$, enquanto sob tensões de compressão (impostas pela retração por secagem), e pela deposição do $CaCO_3$ em espaços livres de tensões. A compressibilidade da pasta de cimento hidratada é, portanto, temporariamente aumentada. Caso a carbonatação continue até o estágio de desidratação do C-S-H, também é produzida retração por carbonatação.[9.104]

A Figura 9.25 mostra a retração por secagem de corpos de prova de argamassa submetidos à secagem ao ar livre de CO_2 em diferentes umidades relativas e também a retração após a carbonatação subsequente. A carbonatação aumenta a retração nas umidades intermediárias, mas não em 100% ou 25%. Neste último caso, não existe água suficiente nos poros do interior da pasta de cimento para que o CO_2 forme o ácido

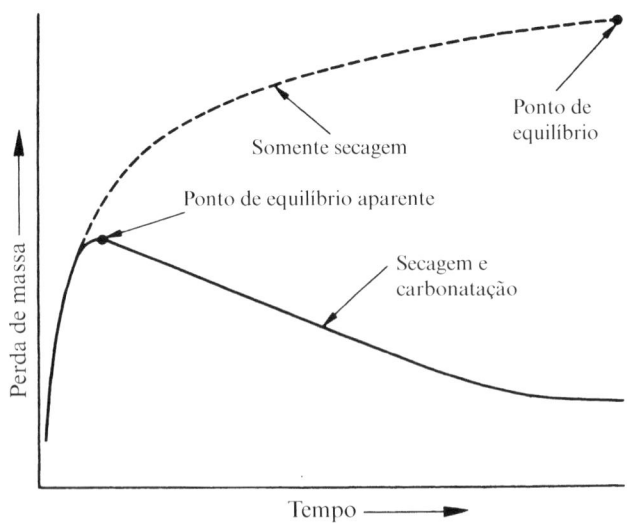

Figura 9.24 Perda de massa do concreto devida à secagem e à carbonatação.[9.58]

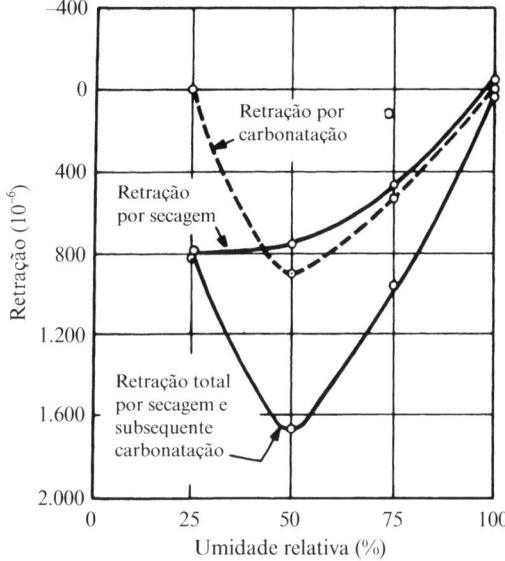

Figura 9.25 Retração por secagem e por carbonatação de argamassa em diferentes umidades relativas.[9.37]

carbônico. Por outro lado, quando os poros estão cheios de água, a difusão do CO_2 na pasta de cimento é muito lenta. Também é possível que a difusão dos íons cálcio a partir da pasta resulte na precipitação do $CaCO_3$ – e em uma consequente obstrução dos poros superficiais.[9.37]

A sequência de secagem e carbonatação exerce grande influência sobre a intensidade total da retração. A ocorrência simultânea desses dois fenômenos produz menor retração total do que quando a secagem é seguida pela carbonatação (ver Figura 9.26), devido a, no primeiro caso, grande parte da carbonatação ocorrer em umidades relativas acima de 50%. Nessas condições, a retração por carbonatação é reduzida (Figura 9.25). A retração por carbonatação de concretos curados a vapor à alta pressão é muito pequena.

Quando o concreto está sujeito a ciclos alternados de molhagem e secagem ao ar contendo CO_2, a retração devida à carbonatação (durante o ciclo de secagem) se torna progressivamente mais perceptível. A retração total, em qualquer estágio, é maior do que se a secagem ocorresse ao ar livre de CO_2,[9.37] de modo que a carbonatação aumenta a intensidade da retração irreversível e pode contribuir para a ocorrência de fissuras mapeadas no concreto exposto. Essas fissuras são pouco profundas e são induzidas pela retração restringida da região superficial, em oposição ao interior do concreto sem retração.

Entretanto, a carbonatação do concreto antes da exposição aos ciclos alternados de molhagem e secagem reduz a movimentação de umidade, em algumas situações, em até aproximadamente a metade.[9.38] Uma aplicação prática disso é realizar a pré-car-

464 Propriedades do Concreto

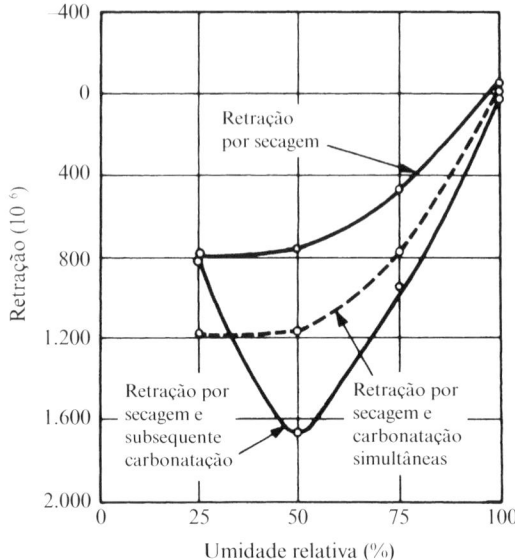

Figura 9.26 Influência da sequência de secagem e carbonatação da argamassa na retração.[9.37]

bonatação de elementos pré-moldados imediatamente após a desmoldagem, por meio da exposição aos gases de exaustão, o que resulta, então, na obtenção de um concreto com baixa movimentação de umidade. Entretanto, as condições de umidade durante a carbonatação devem ser cuidadosamente controladas. Várias técnicas de carbonatação de produtos de concreto são descritas no ACI 517.2R-87.[9.96]

Compensação da retração pelo uso de cimentos expansivos[2]

A discussão anterior sobre a retração por secagem deve ter deixado claro que a retração é provavelmente uma das propriedades do concreto menos desejáveis. Quando a retração é restringida, ela pode resultar em fissuração por retração, o que afeta esteticamente o concreto, bem como o torna mais vulnerável ao ataque por agentes externos, influenciando, assim, a durabilidade. Entretanto, até mesmo a retração não restringida é prejudicial. Os elementos de concreto adjacentes sofrem retração e se afastam um do outro, gerando, assim, "fissuras externas". A retração também é responsável por parte da perda de tensão inicial nas armaduras de concreto protendido.

Portanto, não é surpresa que tenham sido feitas várias tentativas de desenvolvimento de um cimento que, na hidratação, possa contrabalançar a deformação induzida pela retração. Em casos especiais, até mesmo a expansão do concreto durante o endurecimento pode ser vantajosa. O concreto com esse cimento expansivo apresenta expansão

---
[2] Essa seção foi, em grande parte, publicada na ref. 9.105.

nos primeiros dias, e um tipo de protensão é obtido pela restrição de sua expansão com uma armadura. O aço é submetido à tração e o concreto, à compressão. Também é possível a restrição por meios externos. Esse concreto é conhecido como *concreto com retração compensada*.

Também é possível a utilização de cimentos expansivos para produzir *concreto autotensionante*, no qual a expansão restringida, remanescente após a ocorrência de maior parte da retração, é alta o suficiente para induzir tensões de compressão significativas no concreto[9.3] (até cerca de 7 MPa).

Embora consideravelmente mais caro do que o cimento Portland, o cimento expansivo é de grande valia para estruturas de concreto em que a redução da fissuração seja importante, como, por exemplo, tabuleiros de pontes, placas de pavimentos e tanques para armazenamento de líquidos.

Deve ficar claro que o uso desses cimentos não evita a ocorrência da fissuração. O fato que ocorre é que a expansão inicial restringida equilibra, de forma aproximada, a retração normal subsequente, e isso é mostrado na Figura 9.27. Normalmente, busca-se uma pequena expansão residual, pois manter alguma tensão de compressão no concreto implica não haver desenvolvimento da fissuração por retração.

Tipos de cimentos expansivos

Os primeiros cimentos expansivos foram desenvolvidos na Rússia e na França, onde Lossier[9.2] utilizou uma mistura de cimento Portland, um agente expansor e um estabilizador. O agente expansor foi obtido pela calcinação de uma mistura de gipsita, bauxita e giz, formando sulfato de cálcio e aluminato de cálcio (principalmente C_5A_3). Na presença de água, esses compostos reagem, formando sulfoaluminato de cálcio hidratado (etringita), com consequente expansão da pasta de cimento. O estabilizador, uma

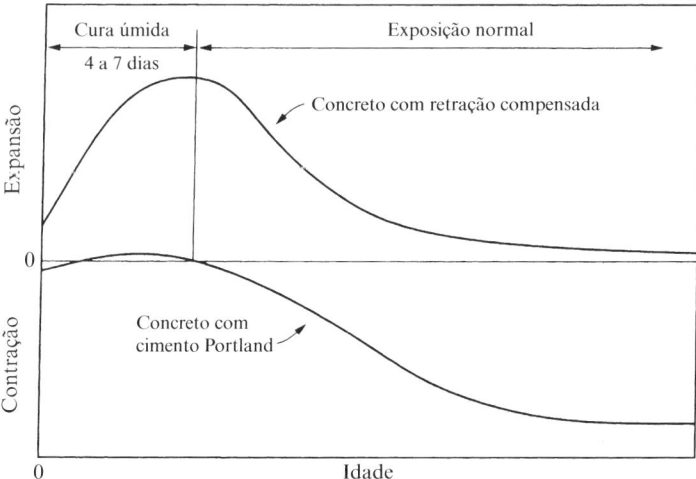

Figura 9.27 Representação esquemática das variações de comprimento de concretos com cimento Portland e com retração compensada (baseada na ref. 9.91).

escória de alto-forno, lentamente retém o excesso de sulfato de cálcio e termina com a expansão.

Atualmente, são produzidos três tipos principais de cimento expansivo, mas somente um, o Tipo K, está disponível comercialmente nos Estados Unidos. A ASTM C 845-04 classifica os cimentos expansivos, coletivamente denominados Tipo E-1, conforme o agente expansor utilizado com cimento Portland e sulfato de cálcio. Em cada caso, o agente é uma fonte de aluminato reativo que reage com os sulfatos no cimento Portland, formando a etringita expansiva. Por exemplo, no cimento Tipo K, a reação é:

$$4CaO \cdot 3Al_2O_3 \cdot SO_3 + 8[CaO \cdot SO_3 \cdot 2H_2O] + 6[CaO \cdot H_2O] + 74H_2O$$
$$\rightarrow 3[3CaO \cdot Al_2O_3 \cdot 3CaSO_4 \cdot 32H_2O].$$

O composto resultante é conhecido como etringita.

O sulfato de cálcio reage rapidamente com o $4CaO \cdot 3Al_2O_3 \cdot SO_3$ devido a estar presente em uma forma isolada,[9.85] diferentemente do C_3A, que faz parte do clínquer de cimento Portland.

Enquanto a formação de etringita no concreto maduro é prejudicial (ver página 530), sua formação controlada nas idades iniciais após o lançamento do concreto é utilizada para a obtenção do efeito de compensação da retração.

Os três tipos de cimento expansivo normalizados pelo ACI 223R-93[9.91] e pela ASTM C 845-04 são:

Tipo K   que contém $4CaO \cdot 3Al_2O_3 \cdot SO_3$ e CaO livre;
Tipo M   que contém os aluminatos de cálcio CA e $C_{12}A_7$; e
Tipo S   que contém C_3A em quantidade maior do que a normalmente presente no cimento Portland.

No Japão, é produzido um cimento expansivo, denominado Tipo O, que utiliza um óxido de cálcio[9.8] processado especialmente para produzir a expansão a partir do CaO livre.

O cimento Tipo K é produzido pela calcinação completa dos componentes ou pela moagem conjunta. Também é possível, como feito no Japão,[9.8] adicionar o agente expansor ao concreto na central.

Cimentos expansivos especiais, contendo cimento de elevado teor de alumina, para usos específicos em que seja necessária uma expansão extremamente elevada, também podem ser produzidos.[9.92]

Concreto com retração compensada

A expansão da pasta de cimento resultante da formação da etringita é iniciada assim que a água é adicionada à mistura, mas somente a expansão *restringida* é benéfica; entretanto, não existe nenhuma restrição enquanto o concreto estiver no estado plástico ou tiver resistência muito baixa. Por essa razão, devem ser evitadas a mistura prolongada[9.86] e a demora antes do lançamento do concreto com cimento expansivo.

Por outro lado, a expansão tardia no concreto em serviço pode causar desagregação, como é o caso do ataque por sulfatos externos (ver página 530). Portanto, é importante que a formação da etringita termine após alguns dias, e isso ocorre quando o SO_3 ou o Al_2O_3 é esgotado.

A ASTM C 845-04 prescreve, para argamassas, uma expansão máxima em sete dias entre 400×10^{-6} e 1.000×10^{-6}, e a expansão aos 28 dias deve ser, no máximo, 15% maior do que o valor aos sete dias. A expansão aos 28 dias é uma verificação da expansão tardia.

Como a formação da etringita exige uma grande quantidade de água, é necessária a cura úmida do concreto com cimento expansivo para que os benefícios plenos do uso desse cimento sejam obtidos.[9.87]

O ACI 223R-93[9.91] apresenta informações sobre o uso de cimentos expansivos, bem como sobre a obtenção de concretos com retração compensada, mas algumas características desse tipo de concreto devem ser comentadas. Sua demanda de água é cerca de 15% maior do que quando somente cimento Portland é utilizado. Entretanto, como parte dessa água adicional é combinada muito precocemente, a resistência do concreto é pouco afetada.[9.91] Outra forma de interpretar essa situação é dizer que, para a mesma relação água/cimento, o concreto produzido com cimento expansivo Tipo K resulta em uma resistência à compressão aos 28 dias aproximadamente 25% maior do que o concreto produzido somente com cimento Portland.[9.4,9.85]

Para uma determinada quantidade de água, a trabalhabilidade do concreto com cimento expansivo é menor e a perda de abatimento é maior.[9.86]

Os aditivos usuais podem ser utilizados com o concreto com retração compensada, mas são necessárias misturas experimentais prévias, em razão de alguns aditivos, em especial os incorporadores de ar, poderem não ser compatíveis com alguns cimentos expansivos.[9.55,9.86]

Como o cimento expansivo apresenta maior teor de sulfato de cálcio, que é mais mole do que o clínquer de cimento Portland, esse cimento possui uma elevada superfície específica, normalmente 430 kg/m^2. A finura excessiva, ao provocar a rápida hidratação, pode levar à expansão prematura,[9.91] o que é ineficaz, pois o concreto em idade muito precoce é incapaz de oferecer restrição. A expansão será maior quanto maior for o consumo de cimento do concreto e quanto maior for o módulo de elasticidade do agregado,[9.3] devido a este último restringir a expansão da pasta de cimento. A ASTM 878-09 estabelece um método de ensaio para a determinação da expansão restringida do concreto com retração compensada. Esse método de ensaio pode ser utilizado para o estudo da influência de vários fatores sobre a expansão.

Sílica ativa pode ser adicionada ao concreto com retração compensada com o objetivo de controlar a expansão excessiva.[9.90] Ensaios realizados em pasta de cimento Tipo K[9.89] mostraram que a presença de sílica ativa acelera a expansão; a expansão, entretanto, é interrompida antes de o $CaO.3Al_2O_3.SO_3$ ser utilizado, provavelmente devido à diminuição do pH. É desejável que não ocorra expansão em longo prazo, portanto, é adequada a diminuição do período de cura úmida para quatro dias.

Caso, após as reações expansivas, o cimento apresente deficiência em sulfatos, o concreto fica suscetível ao ataque por sulfatos (ver página 529), e esse pode ser o caso dos cimentos Tipo M e Tipo S.[9.4]

Fluência do concreto[3]

Foi visto que a relação entre a tensão e a deformação do concreto é uma função do tempo. O aumento gradual da deformação com o tempo, sob a ação de uma carga, decorre da fluência. Fluência pode, então, ser definida como o aumento da deformação sob uma tensão mantida (Figura 9.28), e, como esse aumento pode ser, em diversas

---

[3] Para informações completas sobre este tema, consultar A. M. Neville, W. Dilger and J. J. Brooks, *Creep of Plain and Structural Concrete* (London, Construction Press, Longman Group, 1983).

ocasiões, tão grande quanto a deformação no carregamento, a fluência é de grande importância nas estruturas.

A fluência também pode ser vista a partir de outro ponto de vista. Caso a restrição seja tal que um elemento de concreto sob tensão fique sujeito a uma deformação constante, a fluência irá se manifestar como uma diminuição progressiva da tensão com o tempo.[9.107] Essa forma de relaxação é mostrada na Figura 9.29.

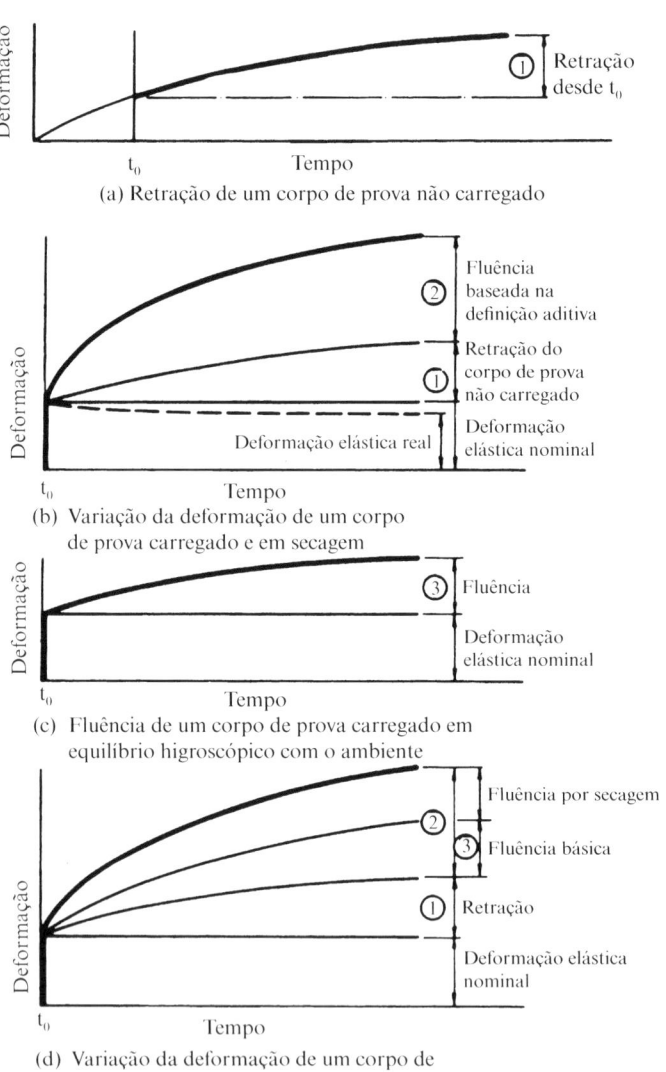

Figura 9.28 Deformações dependentes do tempo no concreto submetido a uma carga mantida.

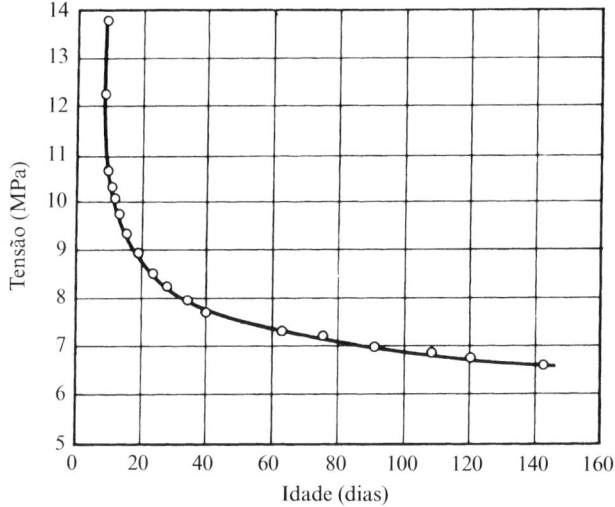

Figura 9.29 Relaxação[9.107] da tensão sob deformação constante de 360×10^{-6}.

Em condições normais de carregamento, a deformação instantânea observada depende da velocidade de aplicação da carga e inclui não somente a deformação elástica, mas também parte da fluência. É difícil distinguir, de forma precisa, a deformação elástica imediata da fluência inicial; entretanto, não há interesse prático nisso, já que é a deformação total induzida pela aplicação da carga que importa. Como o módulo de elasticidade do concreto aumenta com a idade, a deformação elástica diminui gradualmente, e, a rigor, a fluência deve ser considerada uma deformação excedente à deformação elástica no momento em que a fluência começa a ser determinada (Figura 9.28). Com frequência, o módulo de elasticidade não é determinado em diferentes idades, e a fluência é simplesmente considerada um incremento da deformação além da deformação elástica *inicial*. Essa definição alternativa, embora teoricamente menos exata, não introduz um erro severo e frequentemente é de uso mais conveniente, exceto em análises muito rigorosas.

Até o momento, foi analisada a fluência do concreto mantido em condições em que não ocorre retração nem expansão. Caso o elemento esteja em processo de secagem durante a aplicação da carga, normalmente se considera que a fluência e a retração são aditivas. A fluência é, então, calculada como a diferença entre a deformação total com o tempo do elemento carregado e a retração de um elemento semelhante não carregado e mantido em mesmas condições, pelo mesmo período (Figura 9.28). Essa é uma simplificação conveniente, mas, como mostrado na página 478, a retração e a fluência não são fenômenos independentes aos quais o princípio da superposição possa ser aplicado, e, de fato, o efeito da retração sobre a fluência é o aumento da magnitude desta última. No caso de diversas estruturas reais, entretanto, a fluência e a retração ocorrem de forma simultânea, e o tratamento das duas em conjunto é, do ponto de vista prático, frequentemente conveniente.

Por essa razão, e também devido à grande maioria dos dados disponíveis sobre a fluência ter sido obtida com base na consideração das propriedades aditivas da fluência e da retração, a discussão neste capítulo irá considerar, em sua maior parte, a fluência como uma deformação a mais em relação à retração. Entretanto, quando houver a necessidade de uma abordagem mais profunda, será feita a distinção entre a fluência do concreto sem movimentação de umidade entre ele e o meio (*fluência verdadeira* ou *básica*) e a fluência adicional ocasionada pela secagem (*fluência por secagem*). Os termos e as definições envolvidos são apresentados na Figura 9.28.

Caso a carga mantida seja removida, a deformação diminui imediatamente, em uma proporção igual à deformação elástica na mesma idade, em geral menor do que a deformação elástica no carregamento. Essa *recuperação instantânea* é seguida por uma diminuição gradual da deformação, denominada *recuperação da fluência* (Figura 9.30). A forma da curva de recuperação da fluência é bastante parecida com a da curva da fluência, exceto que a recuperação alcança seu valor máximo muito mais rapidamente.[9.108] A recuperação da fluência não é completa, e a fluência não é um fenômeno simplesmente reversível, de modo que qualquer período de carga mantida, mesmo somente por um dia, resulta em uma deformação residual. A recuperação da fluência é importante para a previsão da deformação do concreto sob o efeito de uma tensão variável no tempo.

Fatores que influenciam a fluência

Na maioria das pesquisas, a fluência foi estudada de forma empírica para determinar de que maneira ela é afetada pelas diversas propriedades do concreto. Uma dificuldade na interpretação dos dados disponíveis está no fato de que, ao dosar o concreto, não é possível alterar um fator sem provocar uma alteração em, pelo menos, um outro. Por exemplo, o consumo de cimento e a relação água/cimento de uma mistura, para uma determinada trabalhabilidade, variam ao mesmo tempo. Entretanto, determinadas influências são aparentes.

Algumas se originam de propriedades intrínsecas da mistura e outras, de condições externas. Em primeiro lugar, deve ser destacado que o papel do agregado é, principalmente, de restrição e que é a pasta de cimento hidratada que sofre fluência. Os agregados normais habituais não são passíveis de fluência sob as tensões existentes no concreto.

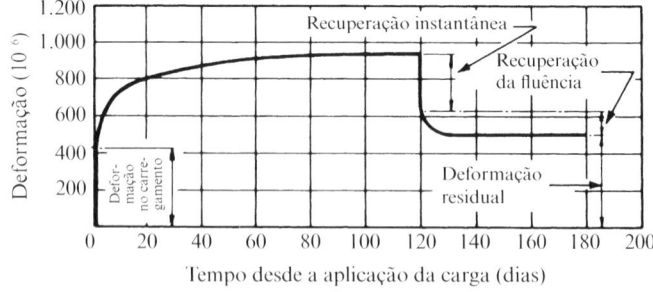

Figura 9.30 Fluência e recuperação da fluência de um corpo de prova de argamassa, mantido ao ar em umidade relativa de 95%, submetido a uma tensão de 14,8 MPa e, em seguida, descarregado.[9.108]

Portanto, a situação é semelhante ao caso da retração (ver página 447). A fluência, então, é uma função do teor volumétrico de pasta de cimento no concreto, mas essa relação não é linear. Foi mostrado[9.109] que a fluência do concreto, c, o teor volumétrico de agregado, g, e o teor volumétrico de cimento não hidratado, u, estão relacionados por meio de:

$$\log \frac{c_p}{c} = \alpha \log \frac{1}{1 - g - u}$$

onde c_p é a fluência da pasta de cimento pura de mesma qualidade que a utilizada no concreto, e:

$$\alpha = \frac{3(1 - \mu)}{1 + \mu + 2(1 - 2\mu_a)\dfrac{E}{E_a}}.$$

Nesse caso, μ_a e μ são, respectivamente, o coeficiente de Poisson do agregado e o do material envolvente (concreto), e E_a e E são, respectivamente, o módulo de elasticidade do agregado e o do material envolvente. Essa relação se aplica tanto ao concreto produzido com agregados normais quanto ao concreto com agregados leves.[9.110]

A Figura 9.31 mostra a relação entre a fluência do concreto e seu teor de agregado (ignorando o volume de cimento não hidratado). Deve ser destacado que, na maioria dos concretos usuais, a variação do teor de agregado é pequena, mas um

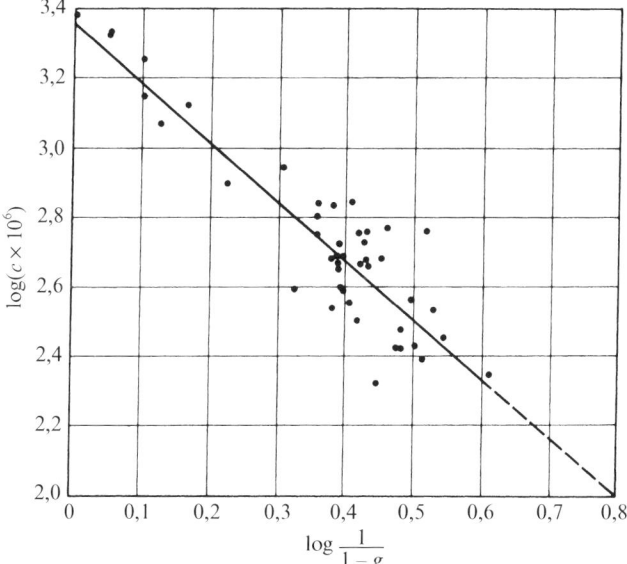

Figura 9.31 Relação entre a fluência c após 28 dias de carregamento e o teor de agregado g para corpos de prova mantidos em condição úmida e carregados na idade de 14 dias até uma relação tensão/resistência de 0,50.[9.109]

aumento nesse teor, em volume, de 65 para 75% pode causar uma diminuição de até 10% na fluência.

A granulometria, a dimensão máxima e a forma do agregado têm sido indicadas como fatores influentes na fluência. Entretanto, sua principal influência está no efeito que exercem, direta ou indiretamente, sobre o teor de agregado,[9.109] desde que o adensamento pleno do concreto seja obtido em todos os casos.

Existem algumas propriedades físicas do agregado que influenciam a fluência do concreto, e o módulo de elasticidade do agregado provavelmente é o fator mais importante. Quanto maior for o módulo, maior será a restrição dada pelo agregado à fluência potencial da pasta de cimento hidratada. Isso fica evidente a partir da expressão de α, mostrada anteriormente.

A porosidade do agregado também influencia a fluência do concreto, mas, em razão de os agregados de porosidade elevada geralmente terem menor módulo de elasticidade, é possível que a porosidade não seja um fator independente em relação à fluência. Por outro lado, pode-se perceber que a porosidade do agregado e, mais ainda, sua absorção apresentam um papel direto na movimentação de umidade no interior do concreto. Essas trocas de umidade podem ser associadas à fluência na medida em que produzem condições que contribuem para o desenvolvimento da fluência por secagem. Essa pode ser a explicação para a elevada fluência inicial que ocorre com alguns agregados leves misturados em condição seca.

Devido à grande variação, dentro de um mesmo tipo mineralógico e petrológico, dos agregados, não é possível estabelecer uma regra geral sobre a magnitude da fluência do concreto produzido com diferentes tipos de agregados. Entretanto, os dados da Figura 9.32 são de considerável importância. Após 20 anos de armazenamento em umi-

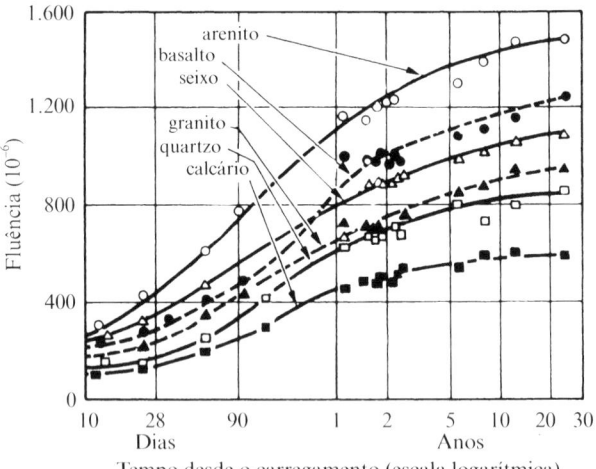

Figura 9.32 Fluência de concretos com proporções constantes, mas produzidos com diferentes agregados, carregados na idade de 28 dias e mantidos ao ar a 21 °C e com umidade relativa de 50%.[9.24]

dade relativa de 50%, o concreto com arenito apresentou uma fluência duas vezes maior do que a do concreto produzido com calcário. Uma diferença ainda maior entre as deformações por fluência de concretos produzidos com diferentes agregados foi encontrada por Rüsch et al.[9.111] Após 18 meses sob carregamento, em umidade relativa de 65%, verificou-se que a fluência máxima foi cinco vezes maior do que o valor mínimo, e os agregados, em ordem crescente de fluência, foram: basalto; quartzo; seixo, mármore e granito; e arenito.

Não existe uma diferença importante entre os agregados normais e leves quando as propriedades da fluência são consideradas, e a maior fluência dos concretos com agregados leves somente reflete o menor módulo de elasticidade do agregado. A velocidade de fluência dos concretos com agregados leves diminui com o tempo de forma mais lenta do que no concreto normal. Como regra geral, pode ser dito que a fluência de um concreto leve estrutural é, aproximadamente, a mesma do concreto produzido com agregado normal. É importante que, em qualquer comparação entre concretos comuns e leves, os teores de agregados não sejam muito diferentes. Além do mais, devido à deformação elástica do concreto leve ser normalmente maior do que a do concreto comum, a relação entre a fluência e a deformação elástica é menor para concretos com agregados leves.[9.112]

Influência da tensão e da resistência

Nesta etapa, é interessante analisar a influência da tensão sobre a fluência. Existe uma proporcionalidade direta entre a fluência e a tensão aplicada,[9.113] com a possível exceção de elementos carregados em idade muito precoce. Não existe limite inferior de proporcionalidade, devido ao concreto sofrer fluência mesmo com tensões muito pequenas. O limite superior de proporcionalidade é alcançado quando se desenvolve uma microfissuração severa no concreto. Ela ocorre em uma tensão, expressa como uma fração da resistência, que é menor em materiais mais heterogêneos. Assim, o limite no concreto normalmente se situa entre 0,4 e 0,6, mas, ocasionalmente, pode ser 0,3 ou chegar a 0,75. Este último valor se aplica aos concretos de alta resistência.[9.66] Em argamassas, o limite se situa entre 0,80 e 0,85.[9.112]

Parece sensato concluir que, dentro do intervalo de tensões de estruturas em serviço, a proporcionalidade entre a fluência e a tensão é válida, e as expressões da fluência assim consideram. A recuperação da fluência também é proporcional à tensão previamente aplicada.[9.114]

Acima do limite de proporcionalidade, a fluência aumenta com o aumento da tensão a uma taxa crescente, e existe uma relação tensão/resistência acima da qual a fluência produz a *ruptura por fluência*. Essa relação tensão/resistência se situa na faixa de 0,8 a 0,9 da resistência estática em curto prazo. A fluência aumenta a deformação total até que ela atinja o valor-limite correspondente à deformação final do concreto em questão. Essa afirmação implica o conceito de ruptura por uma deformação-limite, pelo menos na pasta de cimento endurecida (ver página 308).

A resistência do concreto exerce uma considerável influência sobre a fluência. Dentro de um amplo intervalo, a fluência é inversamente proporcional à resistência do concreto no momento de aplicação da carga. Isso é indicado, por exemplo, pelos dados da Tabela 9.5. É possível, então, expressar a fluência como uma função linear

Tabela 9.5 Fluência específica final de concretos de diferentes resistências, carregados na idade de sete dias

Resistência à compressão do concreto (MPa)	Fluência específica final (10^{-6}/MPa)	Produto da fluência específica e da resistência (10^{-3})
14	203	2,8
28	116	3,2
41	80	3,3
55	58	3,2

da relação tensão/deformação[9.115] (Figura 9.33), e essa proporcionalidade foi amplamente confirmada. Pode não ser uma relação fundamental, mas é a mais conveniente, pois, na prática, a resistência do concreto é especificada e a tensão sob carga mantida é calculada pelo projetista estrutural. Por essa razão, a abordagem da relação tensão/resistência é considerada mais prática do que levar em conta o tipo de cimento, a relação água/cimento e a idade. No tratamento deste livro, apesar de o papel da relação água/cimento ser reconhecido, é aproveitado o fato de que, para a mesma relação tensão/resistência, a fluência é sensivelmente independente da relação água/cimento. Da mesma forma, a idade é ignorada, já que sua influência se dá, principalmente, pelo aumento da resistência do concreto. É válido destacar que mesmo concretos bastante antigos apresentam fluência, conforme demonstrado por ensaios em concretos com 50 anos de idade.[9.116]

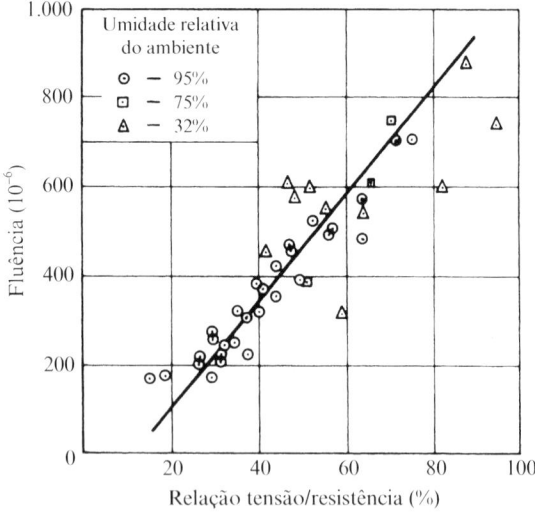

Figura 9.33 Fluência de corpos de prova de argamassa curados e mantidos continuamente em diversas umidades.[9.117]

Influência das propriedades do cimento

O tipo de cimento afeta a fluência ao influenciar a resistência do concreto no momento da aplicação da carga. Por essa razão, qualquer comparação de fluências de concretos produzidos com diferentes cimentos deve levar em conta a influência do tipo de cimento sobre a resistência do concreto no momento da aplicação da carga. Com base nisso, tanto os diversos tipos de cimentos Portland quanto o cimento de elevado teor de alumina resultam praticamente na mesma fluência,[9.123,9.124] mas a velocidade de aumento da resistência exerce alguma influência, conforme mostrado a seguir.

A finura do cimento influencia o desenvolvimento da resistência nas idades iniciais, afetando, assim, a fluência. Entretanto, não parece que a finura em si seja um fator da fluência; os resultados contraditórios podem decorrer da influência indireta do sulfato de cálcio. Quanto mais fino for o cimento, maior será o teor de sulfato de cálcio necessário, de forma que a remoagem de um cimento em laboratório, sem a adição de sulfato de cálcio, produz um cimento inadequadamente mais lento, que apresenta alta retração e elevada fluência.[9.28] Cimentos extremamente finos, com uma superfície específica de até 740 kg/m², resultam em maior fluência inicial, mas de menor valor após um ou dois anos sob carga.[9.41] Isso provavelmente se deve ao elevado desenvolvimento de resistência do cimento mais fino, com a resultante rápida diminuição da relação tensão/resistência real.[9.133]

A variação da resistência do concreto sob carregamento é importante para a avaliação da afirmação anterior de que a fluência não é influenciada pelo tipo de cimento. Para a mesma relação tensão/resistência no momento da aplicação da carga, a fluência será menor quanto maior for o aumento relativo da resistência além do momento do carregamento.[9.133] Assim, a fluência aumenta na seguinte ordem de tipos de cimento: de baixo calor de hidratação, comum e de alta resistência inicial. Entretanto, não há dúvidas de que, para uma tensão aplicada constante (não a relação tensão/resistência) em uma mesma idade (inicial), a fluência aumenta na seguinte ordem de cimentos: de alta resistência inicial, comum e de baixo calor de hidratação. Essas duas afirmações mostram, de forma clara, a necessidade de informações completas sobre os fatores da fluência.

A influência da resistência do concreto no momento da aplicação da carga sobre a fluência também é verificada quando são utilizados diferentes materiais cimentícios. Caso contrário, não seriam possíveis generalizações *quantitativas* sobre a fluência de concretos com cinza volante ou com escória granulada de alto-forno, já que cada um dos estudos publicados apresenta resultados obtidos com a utilização de condições de ensaio diferentes e específicas. Esses dados não podem ser usados para a previsão da fluência do concreto no momento do projeto estrutural. Tudo o que pode ser dito de forma confiável é que o *padrão* de desenvolvimento da fluência e da recuperação da fluência não é afetado pela presença de cinza volante Classe C ou Classe F,[9.144,9.153] de escória granulada de alto-forno[9.151] ou de sílica ativa, nem mesmo por combinações desses materiais.

Entretanto, podem existir influências na fluência da estrutura do cimento hidratado resultante da adição dos diversos materiais cimentícios. A influência sobre a fluência por secagem, em que a permeabilidade e a difusividade da pasta de cimento hidratada são importantes, pode ser diferente da influência sobre a fluência básica. Por exemplo, o uso de escória de alto-forno resulta em menor fluência básica, mas em uma fluência por secagem maior.[9.14,9.125,9.152] Deve ser lembrado que os diversos materiais cimentícios possuem diferentes velocidades de hidratação e, portanto, distintos ganhos de resistência enquanto o concreto está sob carga. A velocidade de ganho de resistência influencia a fluência, conforme citado anteriormente nesta seção.

Um exemplo da influência da hidratação sobre a fluência é fornecido por ensaios realizados por Buil & Acker,[9.150] que constataram que a sílica ativa não tem efeito sobre a fluência básica, mas reduz significativamente a fluência por secagem. A explicação mais provável está no fato de que as reações de hidratação da sílica ativa reduzem a quantidade de água disponível para o movimento de saída do gel. Em geral, devido à hidratação em longo prazo – e ao consequente aumento da resistência sob carga mantida – dos concreto com cinza volante ou com escória granulada de alto-forno, a fluência em longo prazo é menor nesses concretos.

A fluência do concreto produzido com cimento expansivo é maior do que a verificada em concretos produzidos somente com cimento Portland.[9.156]

Constatou-se que os aditivos redutores de água e retardadores de pega aumentam a fluência básica em diversos – mas não em todos os – casos.[9.134,9.135] Existem indícios de que os aditivos à base de lignossulfonato resultam em maior aumento do que os à base de ácido carboxílico.[9.71] Em relação à fluência por secagem, não foi estabelecido um padrão confiável da influência desses aditivos.[9.71] A mesma situação existe quanto aos superplastificantes.[9.71] Em razão dessa situação insatisfatória, conclui-se que, caso a fluência seja um aspecto importante para uma determinada estrutura, a influência de qualquer aditivo a ser utilizado deve ser cuidadosamente verificada.

Alguns comentários gerais sobre as diferenças na fluência obtidas por diversos pesquisadores podem ser feitos. Em diversas pesquisas, as diferenças observadas na fluência são de mesma magnitude que a dispersão dos resultados de qualquer série de ensaios. Portanto, não é sensato considerar essas diferenças como significativas, e elas não devem ser utilizadas como base para a previsão da fluência. São necessários ensaios com materiais reais. Esses ensaios, que devem ser executados em condições que possivelmente ocorrerão em serviço, podem ser de curta duração. A extrapolação, empregando a expressão discutida na página 489, pode ser utilizada para a estimativa da fluência em longo prazo.

Analisando a correlação entre a fluência e a relação tensão/resistência, pode ser destacado que, para um *dado* concreto, devido ao fato de a resistência e o módulo de elasticidade estarem relacionados entre si, a fluência e o módulo de elasticidade também estão. A Figura 9.34 mostra valores experimentais da fluência em um tempo t qualquer em função da relação entre o módulo de elasticidade no tempo t e o módulo no momento da aplicação da carga.[9.118] As idades em que a carga foi aplicada e em que a fluência foi determinada foram bastante variáveis, mas somente uma mistura foi utilizada. O módulo no momento da aplicação da carga mostra um indício da resistência nesse momento, e o aumento do módulo reflete a duração da carga.

Influência da umidade relativa do ambiente

Um dos fatores externos que mais influenciam a fluência é a umidade relativa do ar que envolve o concreto. De uma ampla perspectiva, é possível dizer que, para um determinado concreto, quanto menor for a umidade relativa, maior será a fluência. Isso

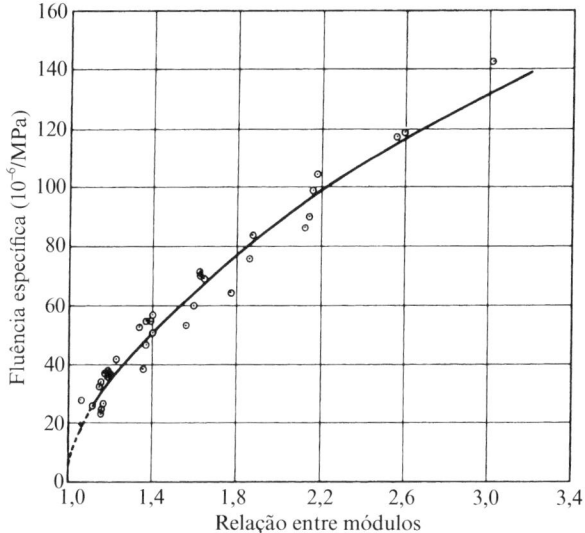

Figura 9.34 Relação entre a fluência em um tempo t qualquer e a relação entre o módulo de elasticidade do concreto no tempo t e o módulo no momento da aplicação da carga. Vários concretos, idades de carregamento e períodos sob carga foram utilizados.[9.118]

é mostrado na Figura 9.35 para corpos de prova curados em umidade relativa de 100% e, então, carregados e expostos a diferentes umidades. Esse tratamento resulta em uma grande variação de retração nos diversos corpos de prova durante os estágios iniciais após a aplicação da carga mantida. As velocidades de fluência durante esse período va-

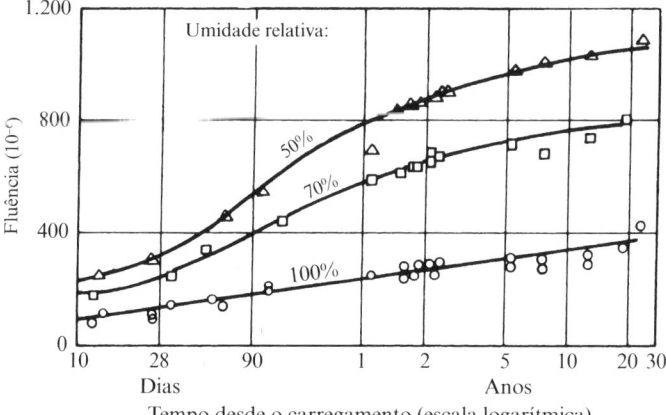

Figura 9.35 Fluência do concreto curado em névoa por 28 dias e, então, carregado e mantido em diferentes umidades relativas.[9.24]

riam de forma correspondente, mas, em idades mais avançadas, as velocidades parecem ser mais próximas entre si. Dessa forma, a ocorrência de secagem enquanto o concreto está carregado aumenta sua fluência, ou seja, induz a fluência adicional por secagem (Figura 9.28). A influência da umidade relativa é muito menor, ou inexistente, no caso de corpos de prova em equilíbrio higrotérmico com o meio antes da aplicação da carga[9.117] (Figura 9.35). Sendo assim, não é a umidade relativa, na realidade, que afeta a fluência, mas o processo de secagem, ou melhor, a ocorrência de fluência por secagem.

A fluência por secagem pode estar relacionada à – ou ser influenciada pela – tensão de tração induzida na região externa do elemento de concreto pela retração restringida e pela fissuração resultante.[9.149] A tensão de compressão decorrente da aplicação de uma carga de compressão anula essa fissuração.[9.148] Em virtude disso, a retração real de um elemento carregado é maior do que a retração medida em um elemento que sofreu fissuração superficial. Portanto, a abordagem que considera a fluência e a retração como aditivas pressupõe um valor muito pequeno para a retração. A diferença entre essa retração considerada e a retração real em elementos carregados representa a fluência por secagem. Essa hipótese, entretanto, não foi confirmada por ensaios realizados com argamassa,[9.145] em que foi verificada uma grande fluência por secagem na inexistência de fissuração por retração de corpos de prova irmãos não carregados. Day & Illston[9.154] também relataram que corpos de prova de dimensões muito reduzidas de pasta de cimento hidratada apresentaram fluência por secagem e concluíram que a fluência por secagem é uma propriedade intrínseca da pasta de cimento hidratada.

Bažant & Xi[9.157] sugeriram que, em vez da fluência por secagem, exista uma retração induzida por tensões causadas pela movimentação de água entre os poros capilares e os poros de gel. Entretanto, até que haja evidências confiáveis, o conceito de fluência por secagem, como definido na Figura 9.28, deve ser mantido.

Neste momento, é adequado destacar que o concreto que apresenta elevada retração também apresenta, em geral, elevada fluência.[9.14] Isso não quer dizer que os dois fenômenos decorrem da mesma causa, mas que ambos possam estar relacionados ao mesmo aspecto da estrutura da pasta de cimento hidratada. Não deve ser esquecido que o concreto curado e carregado em uma umidade relativa constante apresenta fluência, que produz uma perda de água não significativa do concreto para o meio;[9.120,9.121] também não há ganho de massa durante a recuperação da fluência.[9.121] Um pequeno aumento de massa, ocasionalmente observado durante o período de fluência ou de recuperação da fluência, pode decorrer da carbonatação.

Uma indicação adicional da inter-relação entre a retração e a fluência é dada na Figura 9.36. Corpos de prova carregados por 600 dias e, então, descarregados e deixados para a recuperação de sua fluência apresentaram, após subsequente imersão em água, uma expansão proporcional à tensão que havia sido removida ao longo dos dois anos anteriores. A deformação residual após a expansão possui uma proporcionalidade semelhante.

A Figura 9.37 mostra a deformação com o tempo de corpos de prova carregados e mantidos, alternadamente, em água e ao ar com umidade relativa de 50%. As ordenadas representam a variação da deformação desde aquela existente após 600 dias sob carregamento ao ar. Pode ser visto que, quando estão na água, os corpos de prova carregados apresentam fluência relativa à expansão do corpo de prova não carregado, mas, ao ar, a variação da deformação de todos os corpos de prova é a mesma. O aumen-

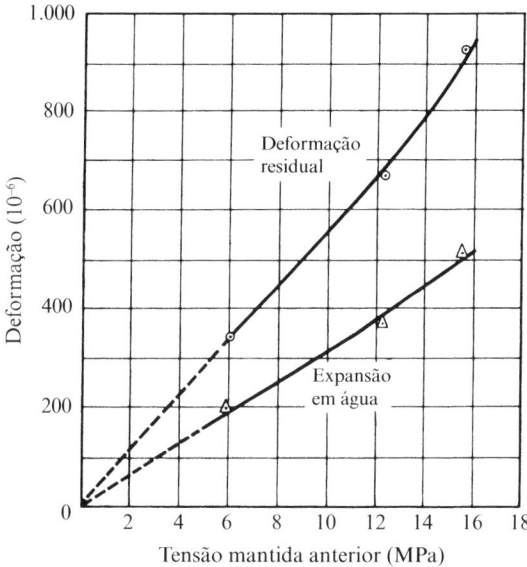

Figura 9.36 Relação entre a tensão original mantida e: (a) a expansão em água e (b) a deformação residual do concreto.[9.113]

to da fluência na imersão em água desse concreto antigo pode decorrer da ruptura de algumas ligações formadas durante o período de secagem (ver página 460). A Figura 9.38 mostra os dados da Figura 9.37 plotados como uma deformação relativa à deformação do corpo de prova não carregado. Uma conclusão prática dessas observações é que a molhagem e a secagem alternadas aumentam a magnitude da fluência. Portanto, os resultados de ensaios realizados em laboratório podem subestimar a fluência sob condições climáticas normais.

Foi constatado que a fluência diminui conforme a dimensão do elemento aumenta. Isso provavelmente decorre dos efeitos da retração e do fato de a fluência na superfície ocorrer em condições de secagem e, portanto, ser maior do que no interior do elemento, onde as condições se aproximam da cura de grandes massas de concreto. Mesmo se, com o tempo, a secagem alcançar o núcleo, ele terá sofrido extensa hidratação e atingido uma resistência maior, o que resultará em menor fluência. Em concreto selado, nenhum efeito de dimensões pode ocorrer.

O efeito das dimensões pode ser mais bem expresso em termos da relação volume/superfície do elemento de concreto, e assim é mostrado na Figura 9.39. É possível observar que a forma real do elemento é de importância ainda menor do que no caso da retração. A diminuição da fluência com o aumento da dimensão é menor do que no caso da retração (ver Figura 9.21). Entretanto, as velocidades de aumento da fluência e da retração são as mesmas, o que indica que ambos os fenômenos são a mesma função da relação volume/superfície. Esses dados se aplicam à retração e à fluência em umidade relativa de 50%.[9.53]

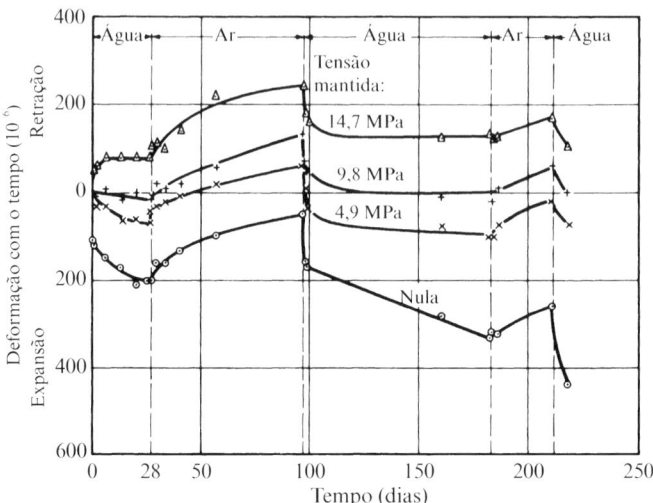

Figura 9.37 Deformação com o tempo de concreto submetido a diferentes tensões e mantido, alternadamente, em água e ao ar com umidade relativa de 50%.[9.14] As deformações na origem do tempo (após 600 dias sob carga ao ar) são:

Tensão (MPa)	Deformação (10^{-6})
0	280
4,9	1.000
9,8	1.800
14,7	2.900

Outras influências

A influência da temperatura sobre a fluência é relevante para vasos de pressão de reatores nucleares em concreto protendido, bem como para outros tipos de estrutura, como, por exemplo, pontes. A velocidade da fluência aumenta com a temperatura até cerca de 70 °C, quando, para uma mistura de 1:7 com relação água/cimento de 0,60, é aproximadamente 3,5 vezes maior do que a 21 °C. Entre 70 e 96 °C, a velocidade diminui para 1,7 vezes a velocidade a 21 °C.[9.116] Essas diferenças persistem por, no mínimo, 15 meses quando sob carga. A Figura 9.40 ilustra a evolução da fluência. Acredita-se que esse comportamento decorra da desadsorção da água da superfície do gel, de modo que o gel em si gradualmente se torne a única fase sujeita à difusão molecular e ao escoamento tangencial. Em virtude disso, a velocidade de fluência diminui. Também é possível que parte do aumento da fluência no concreto carregado a temperaturas elevadas ocorra devido à menor resistência do concreto nessas temperaturas[9.147] (ver página 375).

No que diz respeito às baixas temperaturas, o congelamento produz uma velocidade inicial de fluência maior, mas a velocidade rapidamente decresce a zero.[9.137] Em temperaturas entre −10 e −30 °C, a fluência é cerca de metade da fluência a 20 °C.[9.155] A Figura 9.41 mostra a fluência do concreto em um amplo intervalo de temperaturas.[9.136]

Capítulo 9 Elasticidade, retração e fluência 481

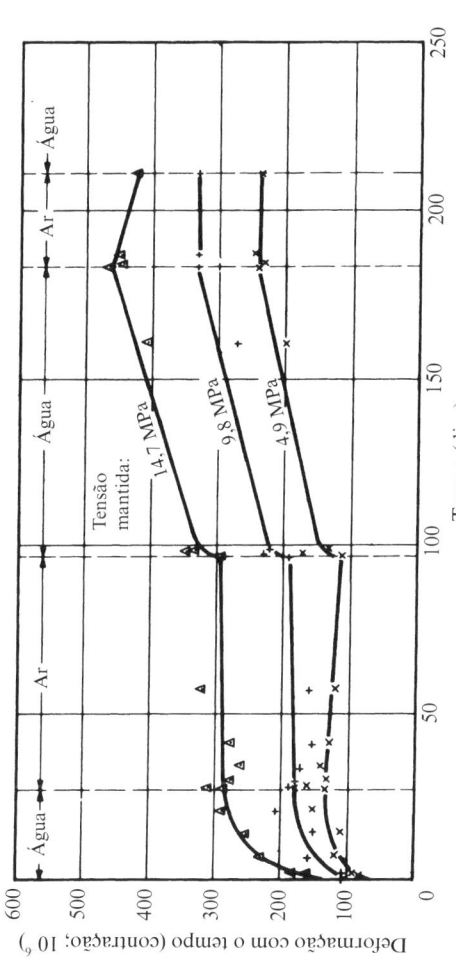

Figura 9.38 Deformação com o tempo dos corpos de prova carregados da Figura 9.37, plotados em relação à deformação do corpo de prova não carregado.[9.14]

482 Propriedades do Concreto

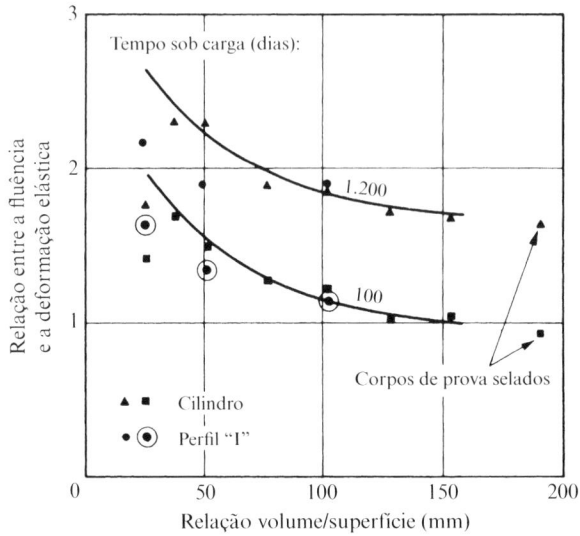

Figura 9.39 Relação entre a correlação fluência/deformação elástica e a correlação volume/superfície.[9.53]

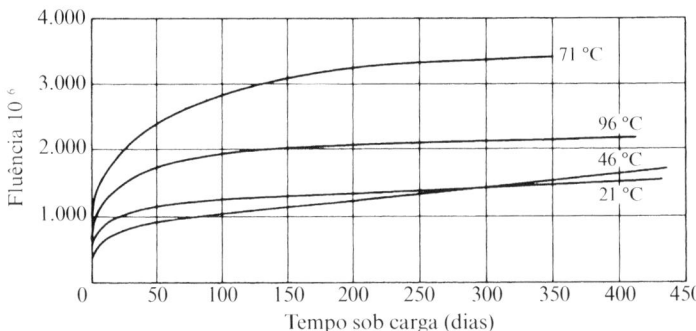

Figura 9.40 Relação entre a fluência e o tempo sob carga para concretos mantidos a diferentes temperaturas (relação tensão/resistência de 0,70).[9.116]

A maioria dos dados experimentais sobre a fluência foi obtida sob uma tensão mantida constante, mas, em algumas situações, a carga real oscila entre alguns limites. Foi observado que uma carga alternada, com uma determinada relação tensão/resistência média, resulta em uma deformação com o tempo maior do que a carga estática correspondente à mesma relação tensão/resistência.[9.139] Isso está ilustrado na Figura 9.42 para o caso em que a carga alternada variou entre uma relação tensão/resistência de 0,35 e 0,05, enquanto a carga estática representava uma relação tensão/resistência de 0,35. A mesma figura também apresenta a deformação sob uma relação tensão/resistência média de 0,35 (variando entre 0,45 e 0,25). A deformação é ainda mais alta. A deformação sob carregamento cícli-

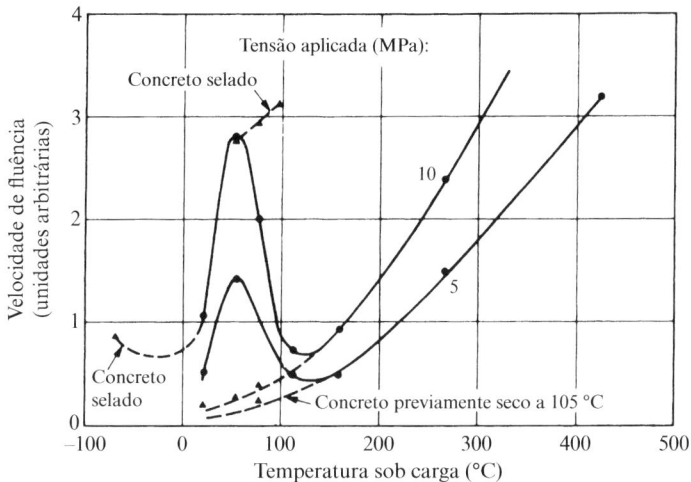

Figura 9.41 Influência da temperatura na velocidade de fluência.[9.136]

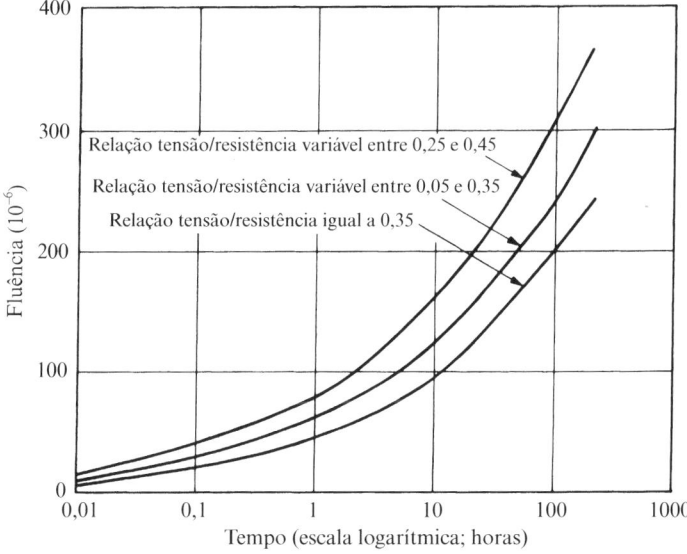

Figura 9.42 Fluência sob carregamento alternado e carregamento estático.

co é provavelmente causada pelo mesmo mecanismo da fluência sob uma carga estática, de modo que o uso do termo "fluência" nos dois casos pode ser justificado. Aparentemente, os carregamentos cíclicos resultam em maior velocidade de fluência nas primeiras idades e também em maior valor em longo prazo.[9.140] Assim, o uso de dados de fluência obtidos a partir de ensaios estáticos pode subestimar a fluência quando a carga for cíclica.

A discussão anterior foi feita em relação à compressão uniaxial, mas a fluência também ocorre em outras situações de carregamento, e as informações sobre o comportamento da fluência nessas condições são especialmente úteis para a determinação de sua natureza e para alguns problemas de projeto. Infelizmente, os dados experimentais são limitados, e, em muitos casos, não é possível realizar a avaliação e a comparação quantitativas com o comportamento à compressão. Por essa razão, serão apresentados somente alguns comentários qualitativos gerais.

A fluência do concreto massa sob tração uniaxial é de 20 a 30% mais elevada do que sob uma tensão de compressão de mesma ordem. A diferença depende da idade de carregamento e pode chegar a 100% para o armazenamento em umidade relativa de 50% de concretos carregados nas idades iniciais. Entretanto, também existem evidências contraditórias,[9.101] de modo que não podem ser feitas afirmações confiáveis sobre a fluência na tração. A forma das curvas fluência-tempo na tração é bastante semelhante à observada na compressão, mas a diminuição da velocidade de fluência com o tempo é muito menos pronunciada no primeiro caso, devido ao aumento da resistência com a idade ser menor. A secagem aumenta a fluência na tração da mesma forma que na compressão. Na tração direta, a ruptura por fluência ocorre de modo semelhante à ruptura na compressão uniaxial, mas a relação tensão/resistência crítica provavelmente é apenas 0,7.[9.158]

A fluência ocorre sob carregamento de torção e é influenciada pela tensão, pela relação água/cimento e pela umidade relativa do ambiente da mesma maneira, qualitativamente, que a fluência na compressão. A curva fluência-tempo também possui a mesma forma.[9.119] Foi verificado que a relação entre a fluência e a deformação elástica na torção é a mesma do carregamento à compressão.[9.138]

Sob compressão uniaxial, a fluência não ocorre somente na direção axial, mas também nas direções normais. Isso é denominado *fluência transversal*. O coeficiente de Poisson da fluência foi visto na página 439. Partindo do fato de que existe uma fluência transversal induzida por uma tensão axial, é possível concluir que, sob tensões multiaxiais, em qualquer direção existe uma fluência devida à tensão aplicada nessa direção e também uma decorrente do efeito do coeficiente de Poisson das deformações por fluência nas duas direções normais. Existem evidências[9.45] de que não é válida a superposição de deformações por fluência decorrentes de cada tensão em separado, de forma que a fluência sob tensões multiaxiais não pode ser prevista simplesmente a partir de medidas da fluência uniaxial. Especificamente, a fluência sob compressão multiaxial é menor do que a sob compressão uniaxial de mesma magnitude em uma determinada direção (Figura 9.43). Entretanto, mesmo sob compressão hidrostática, existe uma fluência considerável.

Relação entre a fluência e o tempo

A fluência é normalmente determinada pela variação com o tempo da deformação de um corpo de prova submetido a uma tensão constante e mantido em condições apropriadas. A ASTM C 512-02 descreve uma estrutura acoplada a uma mola que mantém uma carga constante em um corpo de prova cilíndrico, independentemente de qualquer variação em seu comprimento. Entretanto, para ensaios comparativos de concretos com agregados desconhecidos ou aditivos, pode ser utilizado um aparelho de ensaio ainda mais simples[9.141] (Figura 9.44). Nesse caso, a carga deve ser ajustada periodicamente, e seu valor é determinado por um dinamômetro em série com os corpos de prova de concreto.

Capítulo 9 Elasticidade, retração e fluência 485

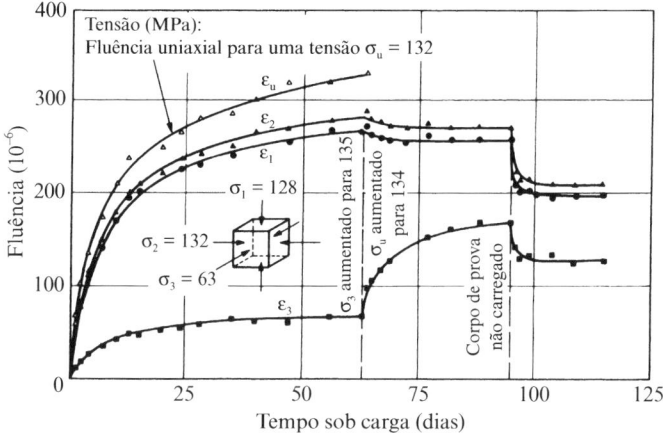

Figura 9.43 Curvas fluência-tempo típicas para concretos sob compressão triaxial.

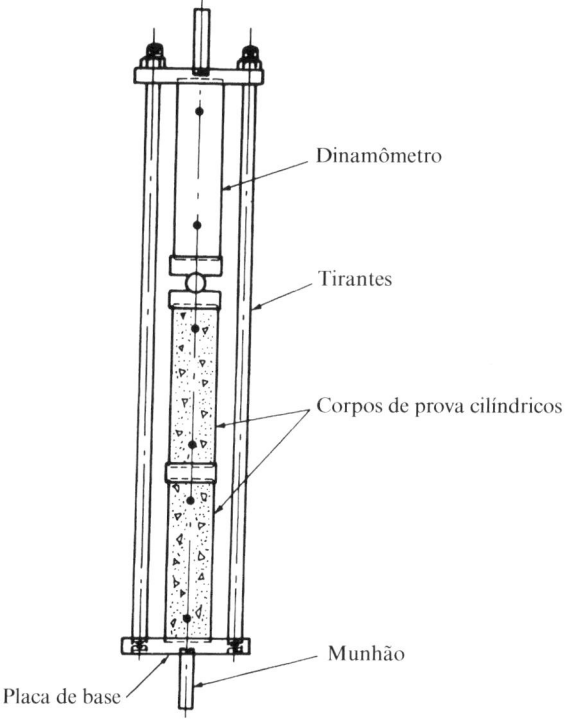

Figura 9.44 Um equipamento simples para a determinação da fluência do concreto sob uma tensão aproximadamente constante.[9.141]

O equipamento da Figura 9.44 pode ser utilizado para ensaios acelerados de fluência, por meio da imersão em água a uma temperatura entre 45 e 65 °C. Conforme mencionado anteriormente, uma temperatura maior resulta em maior fluência, de modo que, após sete dias, qualquer diferença entre um concreto desconhecido e um concreto de referência pode ser facilmente identificada.*

Essa fluência acelerada, aparentemente, está linearmente relacionada à fluência aos 100 dias em temperatura normal para uma grande variedade de concretos e agregados,[9.141] conforme mostra a Figura 9.45.

A fluência continua por um longo tempo, se não indefinidamente. A determinação de maior duração até o momento indica que um pequeno incremento na fluência ocorre após um período de até 30 anos[9.24] (Figura 9.46). Os ensaios foram interrompidos devido à interferência por carbonatação dos corpos de prova. Entretanto, a velocidade de fluência diminui a uma taxa constante, e, em geral, considera-se que a fluência tende a um valor-limite após um tempo infinito sob carga. Contudo, isso ainda não foi comprovado.

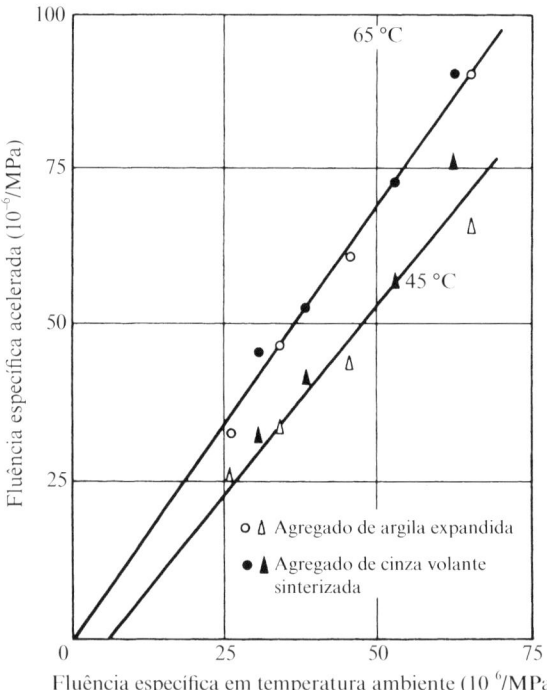

Figura 9.45 Relação entre a fluência no ensaio acelerado de sete dias em temperatura elevada e a fluência aos 100 dias em temperatura normal para diversos concretos.[9.141]

---

* N. de R.T.: A fluência do concreto é determinada pela NBR 8224:2012.

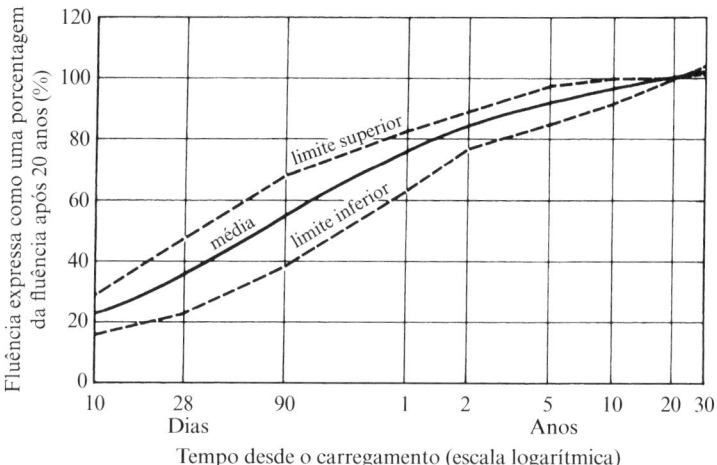

Figura 9.46 Intervalo das curvas fluência-tempo para diferentes concretos mantidos em várias umidades relativas.[9.24]

A Figura 9.46 apresenta determinações em longo prazo realizadas por Troxell *et al.*[9.24]. Pode ser visto que, caso a fluência após um ano sob carga seja considerada como unidade, os valores médios da fluência em idades maiores são:

1,14 após dois anos;
1,20 após cinco anos;
1,26 após 10 anos;
1,33 após 20 anos; e
1,36 após 30 anos.

Esses valores mostram que a fluência final pode ser 1,36 vezes maior do que a fluência em um ano, embora, para fins de cálculo, frequentemente se considere que a fluência em 30 anos representa seu valor final.

Várias expressões matemáticas relacionando a fluência com o tempo foram sugeridas. Uma das mais práticas é a expressão hiperbólica, apresentada por Ross[9.122] e por Lorman[9.31]. Ross expressa a fluência c após um tempo t sob carga como:

$$c = \frac{t}{a + bt}.$$

Quando $t = \infty$, $c = 1/b$, ou seja, $1/b$ é o valor-limite da fluência. Os símbolos a e b representam constantes determinadas a partir de resultados experimentais. Plotando t/c em função de t, obtém-se uma linha reta de inclinação b, e a intersecção com o eixo t/c é igual a a. A linha reta deve ser traçada de forma que passe através dos pontos das idades mais avançadas, havendo, em geral, alguns desvios da linha reta durante o período inicial após a aplicação da carga.

O ACI 209R-92[9.80] utiliza uma expressão de Ross modificada – a principal diferença é a aplicação do expoente 0,6 ao tempo t. O ACI 209R-92 também apresenta valores de coeficientes para considerar os diversos fatores influentes na fluência.

O U.S. Bureau of Reclamation – que realizou um exaustivo estudo sobre a fluência do concreto em barragens, onde somente a fluência básica ocorre – verificou que a fluência pode ser representada por uma expressão do tipo:

$$c = F(K) \log_e (t + 1)$$

onde: K = idade em que a carga é aplicada,
$F(K)$ = uma função que representa a velocidade de deformação por fluência com o tempo e
t = tempo sob carga (em dias).

$F(K)$ é obtida a partir de um gráfico em papel semilogarítmico.

Algumas vezes, os valores da fluência por unidades de tensão são fornecidos em unidades de 10^{-6}/MPa, o que ficou conhecido como *fluência específica* ou *fluência unitária*. A fluência também pode ser expressa como uma relação entre a fluência e a deformação plástica inicial. Essa relação é conhecida como *coeficiente de fluência* ou *fluência característica*. O mérito dessa abordagem é considerar as propriedades elásticas do agregado, que influenciam a fluência e a deformação elástica da mesma maneira.

Expressões abrangentes, embora complexas, foram desenvolvidas por Bažant e colaboradores, que publicaram também uma forma simplificada, mas não simples, das expressões para a previsão da fluência.[9.146]

A variedade de expressões para a fluência pode parecer confusa, mas uma previsão confiável da fluência de qualquer concreto, em qualquer condição, não é possível. São necessários ensaios de curta duração, como, por exemplo, 28 dias sob carregamento, e, então, é possível a extrapolação. Foi relatado que,[9.142] para períodos sob carga de até cinco anos, aparentemente a expressão exponencial é a que melhor se ajusta aos dados experimentais para a fluência básica e que a expressão exponencial logarítmica é a mais apropriada para a fluência básica mais a fluência por secagem. Para a maioria dos concretos, independentemente da relação água/cimento ou do tipo de agregado, a fluência específica na idade de t dias ($t > 28$), c_t, pode ser relacionada à fluência específica após 28 dias sob carga, c_{28}, pelas expressões:

fluência básica: $c_t = c_{28} \times 0{,}50 t^{0{,}21}$
fluência total: $c_t = c_{28} \times (-6{,}19 + 2{,}15 \log_e t)^{0{,}38}$

onde c_t = fluência específica em longo prazo, expressa em 10^{-6}/MPa.

Natureza da fluência

A partir da Figura 9.30, fica perceptível que a fluência e a recuperação da fluência são fenômenos relacionados, mas que sua natureza não é nada clara. O fato de a fluência ser parcialmente reversível sugere que ela possa ser constituída por uma deformação viscoelástica parcialmente reversível (consistindo em uma fase puramente viscosa e outra puramente elástica) e, possivelmente, também por uma deformação plástica irreversível.

Uma deformação *elástica* sempre é recuperável com o descarregamento. Uma deformação *plástica* nunca é recuperável e pode ser dependente do tempo; não existe proporcionalidade entre a deformação plástica e a tensão aplicada nem entre a tensão e a velocidade de deformação. Uma deformação *viscosa* nunca é recuperável no descarregamento e sempre é dependente do tempo; sempre existe proporcionalidade entre a velocidade de deformação viscosa e a tensão aplicada e, consequentemente, entre a tensão e a deformação em um determinado tempo.[9.129] Esses diversos tipos de deformação podem ser resumidos como apresentado na Tabela 9.6.

Um possível tratamento da recuperação parcial da fluência observada é pelo princípio da superposição de deformações, desenvolvido por McHenry.[9.126] Ele estabelece que as deformações produzidas no concreto em qualquer tempo t por um incremento na tensão aplicada em qualquer tempo t_0 são independentes dos efeitos de qualquer tensão aplicada anteriormente ou posteriormente a t_0. Entende-se que o incremento possa ser tanto na tensão de compressão quanto na de tração, ou seja, também um alívio de carga. É possível concluir, então, que, caso a tensão de compressão em um corpo de prova seja removida na idade t_1, a recuperação de fluência resultante será a mesma da fluência de um corpo de prova semelhante submetido à mesma tensão de compressão na mesma idade t_1. A Figura 9.47 ilustra essa afirmação, e pode ser visto que a recuperação da fluência é representada pela diferença entre a deformação real em qualquer tempo e a deformação que existiria nesse mesmo tempo se o corpo de prova tivesse ficado sujeito à tensão de compressão original.

A Figura 9.48 mostra uma comparação entre as deformações real e calculada (e os valores calculados são, na realidade, a diferença entre duas curvas experimentais) para o concreto selado, ou seja, sujeito somente à fluência básica.[9.127] É visível, em todos os casos, que a deformação real após a remoção da carga é mais elevada do que a deformação residual prevista pelo princípio da superposição. Dessa forma, a fluência real é menor do que a esperada. Um erro semelhante é observado quando o princípio é aplicado a corpos de prova sob tensão variável.[9.107] Parece, então, que

Tabela 9.6 Tipos de deformação

Tipo de deformação	Instantânea	Dependente do tempo
Reversível	Elástica	Elástica-retardada
Irreversível	Plástica	Viscosa

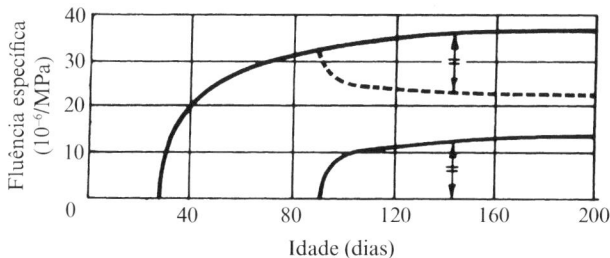

Figura 9.47 Exemplo do princípio da superposição de deformações de McHenry.[9.126]

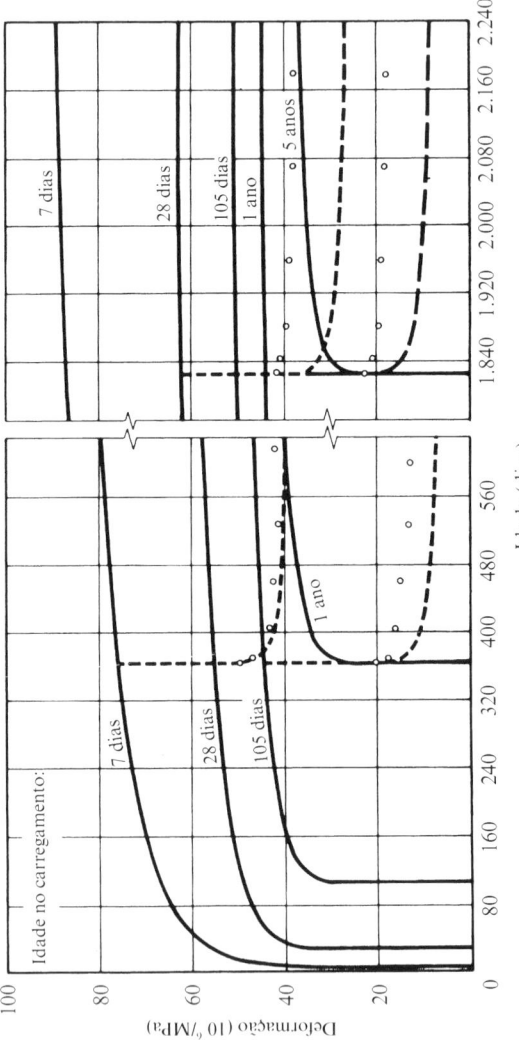

Figura 9.48 Comparação entre as deformações medida e calculada, baseada no princípio da superposição de McHenry.[9.127]

o princípio da superposição não atende totalmente aos fenômenos da fluência e da recuperação da fluência.

Apesar disso, o princípio da superposição de deformações é uma hipótese de trabalho conveniente. Ela implica dizer que a fluência é um fenômeno elástico retardado, no qual a recuperação total é geralmente impedida pela hidratação progressiva do cimento. Como as propriedades do concreto antigo se alteram muito pouco com a idade, poderia ser esperado que a fluência de um concreto submetido a carregamento mantido em uma idade de vários anos fosse totalmente recuperável. Entretanto, isso não foi comprovado experimentalmente. Deve ser destacado que o princípio da superposição resulta em um erro aceitável sob condições de cura de concreto massa, ou seja, quando somente a fluência básica ocorre. Quando existe fluência por secagem, o erro é significativo, já que a recuperação da fluência é bastante superestimada.

O problema da natureza da fluência ainda é controverso$^{9.128}$ e não pode ser discutido plenamente neste livro. A localização da fluência é a pasta de cimento hidratada e a fluência está relacionada à movimentação interna da água adsorvida ou intercristalina, isto é, à percolação interna. Ensaios realizados por Glucklich$^{9.132}$ mostraram que o concreto do qual toda a água evaporável tenha sido removida praticamente não apresenta fluência. Entretanto, as variações do comportamento da fluência do concreto em altas temperaturas sugerem que, nesse estágio, a água deixe de exercer influência e o gel em si fique sujeito à deformação por fluência.

Como a fluência pode ocorrer em concreto massa, conclui-se que a percolação de água para o exterior do concreto não é essencial à evolução da fluência básica, embora esse processo também possa ocorrer na fluência por secagem. Entretanto, é possível a percolação interna da água das camadas adsorvidas para os vazios, como os vazios capilares. Uma comprovação indireta do papel desses vazios é dada pela relação entre a fluência e a resistência da pasta de cimento hidratada. Isso pode indicar que a fluência seja uma função da quantidade relativa dos espaços vazios, e pode ser especulado que sejam os vazios do gel que controlam tanto a resistência quanto a fluência. Neste último caso, os vazios podem ser relacionados à percolação. O volume de vazios é, naturalmente, uma função da relação água/cimento e é influenciado pelo grau de hidratação.

Deve ser lembrado que os vazios capilares não permanecem cheios, mesmo com a pressão hidrostática de uma imersão em água. Desse modo, a percolação interna é possível sob qualquer condição de armazenamento. O fato de a fluência de corpos de prova não sujeitos à retração ser independente da umidade relativa do ambiente pode indicar que a causa fundamental da fluência "ao ar" e "em água" seja a mesma.

A curva fluência-tempo mostra uma diminuição clara em sua inclinação, e, então, surge a questão de se isso representa uma alteração, possivelmente gradual, no mecanismo da fluência. É concebível que a inclinação diminua sempre segundo o mesmo mecanismo, mas é sensato imaginar que, após vários anos sob carga, a espessura das camadas de água adsorvida possa ter sido reduzida ao ponto de não ser possível a ocorrência de mais nenhuma redução sob a mesma tensão; contudo, até mesmo após 30 anos se verificou fluência. Portanto, é provável que, em longo prazo, a parte lenta da fluência decorra de outras causas que não a percolação. Entretanto, a deformação somente pode evoluir na presença de alguma água evaporável. Isso poderia sugerir um escoamento ou um escorregamento viscoso entre as partículas de gel. Esses mecanismos são compatíveis com a influência da temperatura sobre a fluência e podem explicar também o caráter em grande parte irreversível da fluência.

Observações sobre a fluência sob carregamento cíclico e, em especial, sobre a elevação de temperatura no interior do concreto sob esse carregamento resultaram em uma hipótese modificada da fluência. Como já mencionado, a fluência sob tensões cíclicas é maior quando comparada à fluência sob uma tensão estática igual à média das tensões cíclicas.[9.140] Essa fluência aumentada é, em grande parte, irrecuperável e consiste na fluência acelerada decorrente do aumento do escorregamento viscoso das partículas de gel e da fluência aumentada devido à quantidade limitada de microfissuração nas idades mais precoces do processo de fluência. Outros dados experimentais sobre a fluência na tração e na compressão[9.143] sugerem que o comportamento seja melhor explicado por uma combinação de percolação e de teorias de cisalhamento viscoso da fluência.

Em geral, o papel da microfissuração é pequeno e, exceto na fluência cíclica, provavelmente se limita a concretos carregados em idades muito precoces e com elevadas relações tensão/resistência – maiores do que 0,6.

Dito tudo isso, deve ser admitido que o mecanismo exato da fluência continua incerto.

Efeitos da fluência

A fluência influencia as deformações, as deflexões e, com frequência, também a distribuição de tensões, mas os efeitos variam conforme o tipo de estrutura.[9.130]

A fluência de concreto simples em si não afeta a resistência, embora, sob tensões *muito* elevadas, a fluência acelere a aproximação da deformação-limite na qual ocorre a ruptura. Isso somente se aplica à carga mantida que seja maior do que 85 ou 90% da carga estática final aplicada de forma rápida.[9.115] Sob uma tensão mantida pequena, o volume do concreto diminui (já que o coeficiente de Poisson da fluência é menor do que 0,5), e, com isso, poderia ser esperado um aumento da resistência do concreto. Entretanto, esse efeito provavelmente é pequeno.

A influência da fluência sobre o comportamento e a resistência de estruturas de concreto armado e protendido é amplamente discutida na ref. 9.84. Entretanto, pode ser válido mencionar que, em pilares de concreto armado, a fluência resulta em uma transferência gradual de carga do concreto para a armadura. Uma vez que o aço atinja o escoamento, qualquer aumento na carga é suportado pelo concreto, de forma que a resistência plena, tanto do aço quanto do concreto, é desenvolvida antes da ocorrência da ruptura, fato que é reconhecido pelos critérios de projeto. Entretanto, em pilares com carregamento excêntrico, a fluência aumenta a deflexão e pode levar à flambagem. Em estruturas estaticamente indeterminadas, a fluência pode aliviar a concentração de tensões induzidas pela retração, por variações de temperatura ou pelo movimento das fundações. Em todas as estruturas de concreto, a fluência reduz as internas decorrentes da retração não uniforme, de modo que ocorre uma redução na fissuração. Ao calcular os efeitos da fluência nas estruturas, é importante ter em mente que a verdadeira deformação dependente do tempo não é a fluência "livre" do concreto, mas um valor modificado pela quantidade e pela posição da armadura.

Por outro lado, em concreto massa, a fluência em si pode ser a causa de fissuração quando uma massa de concreto restringida sofre um ciclo de variação de temperatura

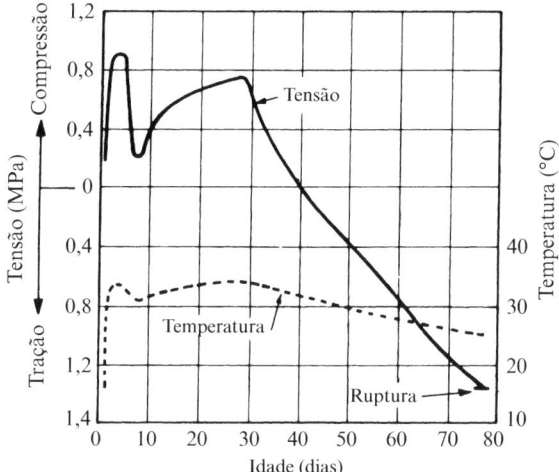

Figura 9.49 Tensão em um concreto submetido a um ciclo de temperatura de duração constante.[9.131]

devido à liberação de calor de hidratação e ao subsequente resfriamento. É induzida, então, uma tensão de compressão em função da rápida elevação da temperatura no interior do concreto. Essa tensão é baixa, em razão de o módulo de elasticidade do concreto muito novo ser baixo. A resistência desse concreto muito novo também é baixa, de forma que sua fluência é elevada. Isso causa um alívio das tensões de compressão, e a compressão remanescente desaparece assim que algum resfriamento ocorre. Com a continuidade do resfriamento, são desenvolvidas tensões de tração, e, devido à velocidade de fluência ser reduzida com a idade, pode ocorrer fissuração mesmo antes de a temperatura ter diminuído até o valor inicial no lançamento (ver Figura 9.49). Por essa razão, a elevação da temperatura no interior de uma grande massa de concreto deve ser controlada (ver página 493).

A fluência também pode resultar em deflexão excessiva de elementos estruturais e causar outros problemas em serviço, especialmente em edifícios altos e em pontes extensas.

A perda de protensão devida à fluência é bem conhecida e, de fato, colaborou para a ruptura de tentativas iniciais de protensão.

Os efeitos da fluência podem ser prejudiciais, mas, no geral, a fluência, diferentemente da retração, é benéfica ao aliviar as concentrações de tensões e tem contribuído muito para o sucesso do concreto como material estrutural. Foram desenvolvidos métodos racionais de dimensionamento que consideram a fluência em diversos tipos de estruturas.*

---

* N. de R.T.: A NBR 6118:2014, versão corrigida 2014, estabelece que o valor final do coeficiente de fluência do concreto pode ser obtido a partir de valores já tabelados para casos em que não seja necessária grande precisão. Para situações mais rigorosas, é apresentado um modelo para cálculo.

Referências

9.1 R. E. Philleo, Comparison of results of three methods for determining Young's modulus of elasticity of concrete, *J. Amer. Concr. Inst.*, **51**, pp. 461–9 (Jan. 1955).

9.2 H. Lossier, Cements with controlled expansions and their applications to pre-stressed concrete, *The Structural Engineer*, **24**, No. 10, pp. 505–34 (1946).

9.3 M. Polivka, Factors influencing expansion of expansive cement concretes. *Klein Symp. on Expansive Cement*, ACI SP-38, pp. 239–50 (Detroit, Michigan, 1973).

9.4 M. Polivka and C. Willson, Properties of shrinkage-compensating concretes, *Klein Symp. on Expansive Cement*, ACI SP-38, pp. 227–37 (Detroit, Michigan, 1973).

9.5 L. W. Teller, Elastic properties, *ASTM Sp. Tech. Publ. No. 169*, pp. 94–103 (1956).

9.6 J. J. Shideler, Lightweight aggregate concrete for structural use, *J. Amer. Concr. Inst.*, **54**, pp. 299–328 (Oct. 1957).

9.7 P. Klieger, Early high-strength concrete for prestressing. *Proc. World Conference on Prestressed Concrete*, pp. A5-1–14, (San Francisco, 1957).

9.8 M. Kokubu, Use of expansive components for concrete in Japan. *Klein Symp. on Expansive Cement*, ACI SP-38, pp. 353–78 (Detroit, Michigan, 1973).

9.9 T. Takabayashi, Comparison of dynamic Young's modulus and static Young's modulus for concrete, *RILEM Int. Symp. on Non-destructive Testing of Materials and Structures* **1**, pp. 34–44, (1954).

9.10 J. Bijen and G. van der Wegen, Swelling of concrete in deep seawater, *Durability of Concrete*, Ed. V. M. Malhotra, ACI SP-145, pp. 389–407 (Detroit, Michigan, 1994).

9.11 B. W. Shacklock and P. W. Keene, A comparison of the compressive and flexural strengths of concrete with and without entrained air, *Civil Engineering* (London), pp. 77–80 (Jan. 1959).

9.12 R. Jones, Testing concrete by an ultrasonic pulse technique, *D.S.I.R. Road Research Technical Paper No. 34* (London, HMSO, 1955).

9.13 M. A. Swayze, Early concrete volume changes and their control, *J. Amer. Concr. Inst.*, **38**, pp. 425–40 (April 1942).

9.14 R. L'Hermite, Volume changes of concrete, *Proc. 4th Int. Symp. on the Chemistry of Cement*, Washington DC, pp. 659–94 (1960).

9.15 W. Lerch, Plastic shrinkage, *J. Amer. Concr. Inst.*, **53**, pp. 797–802 (Feb. 1957).

9.16 D. W. Hobbs, Influence of specimen geometry upon weight change and shrinkage of air-dried concrete specimens, *Mag. Concr. Res.*, **29**, No. 99, pp. 70–80 (1977).

9.17 H. E. Davis, Autogenous volume changes of concrete, *Proc. ASTM.*, **40**, pp. 1103–10 (1940).

9.18 T. C. Powers, Causes and control of volume change, *J. Portl. Cem. Assoc. Research and Development Laboratories*, **1**, No. 1, pp. 29–39 (Jan. 1959).

9.19 F. M. Lea, *The Chemistry of Cement and Concrete* (London, Arnold, 1970).

9.20 J. D. Bernal, J. W. Jeffery and H. F. W. Taylor, Crystallographic research on the hydration of Portland cement: A first report on investigations in progress, *Mag. Concr. Res.*, **3**, No. 11, pp. 49–54 (1952).

9.21 J. D. Bernal, The structures of cement hydration compounds, *Proc. 3rd Int. Symp. on the Chemistry of Cement*, London, pp. 216–36 (1952).

9.22 F. M. Lea, Cement research: Retrospect and prospect, *Proc. 4th Int. Symp. on the Chemistry of Cement*, Washington DC, pp. 5–8 (1960).

9.23 G. Pickett, Effect of aggregate on shrinkage of concrete and hypothesis concern-ing shrinkage. *J. Amer. Concr. Inst.*, **52**, pp. 581–90 (Jan. 1956).

9.24 G. E. Troxell, J. M. Raphael and R. E. Davis, Long-time creep and shrinkage tests of plain and reinforced concrete, *Proc. ASTM.*, **58**, pp. 1101–20 (1958).

9.25 B. W. Shacklock and P. W. Keene, The effect of mix proportions and testing conditions on drying shrinkage and moisture movement of concrete, *Cement Concr. Assoc. Tech. Report TRA/266* (London, June 1957).

9.26 M. A. Swayze, Discussion on: Volume changes of concrete. *Proc. 4th Int. Symp. on the Chemistry of Cement*, Washington DC, pp. 700–2 (1960).

9.27 G. Pickett, Effect of gypsum content and other factors on shrinkage of concrete prisms, *J. Amer. Concr. Inst.*, **44**, pp. 149–75 (Oct. 1947).

9.28 W. Lerch, The influence of gypsum on the hydration and properties of portland cement pastes, *Proc. ASTM.*, **46**, pp. 1252–92 (1946).

9.29 P. W. Keene, The effect of air-entrainment on the shrinkage of concrete stored in laboratory air, *Cement Concr. Assoc. Tech. Report TRA/331* (London, Jan. 1960).

9.30 J. J. Shideler, Calcium chloride in concrete, *J. Amer. Concr. Inst.*, **48**, pp. 537–59 (March 1952).

9.31 W. R. Lorman, The theory of concrete creep, *Proc. ASTM.*, **40**, pp. 1082–102 (1940).

9.32 A. D. Ross, Shape, size, and shrinkage, *Concrete and Constructional Engineering*, pp. 193–9 (London, Aug. 1944).

9.33 R. L'Hermite, J. Chefdeville and J. J. Grieu, Nouvelle contribution à l'étude du retrait des ciments, *Annales de l'Institut Technique du Bâtiment et de Travaux Publics No. 106*. Liants Hydrauliques No. 5 (Dec. 1949).

9.34 J. W. Galloway and H. M. Harding, Elastic moduli of a lean and a pavement quality concrete under uniaxial tension and compression, *Materials and Structures*, **9**, No. 49, pp. 13–18 (1976).

9.35 A. M. Neville, Discussion on: Effect of aggregate on shrinkage of concrete and hypothesis concerning shrinkage, *J. Amer. Concr. Inst.*, **52**, Part 2, pp. 1380–1 (Dec. 1956).

9.36 P. T. Wang, S. P. Shah and A. E. Naaman, Stress–strain curves of normal and lightweight concrete in compression, *J. Amer. Concr. Inst.*, **75**, pp. 603–11 (Nov. 1978).

9.37 G. J. Verbeck, Carbonation of hydrated portland cement, *ASTM. Sp. Tech. Publ. No. 205*, pp. 17–36 (1958).

9.38 J. J. Shideler, Investigation of the moisture-volume stability of concrete masonry units, *Portl. Cem. Assoc. Development Bull. D.3* (March 1955).

9.39 R. N. Swamy and A. K. Bandyopadhyay, The elastic properties of structural lightweight concrete, *Proc. Inst. Civ. Engrs.*, Part 2, **59**, pp. 381–94 (Sept. 1975).

9.40 A. M. Neville, Shrinkage and creep in concrete, *Structural Concrete*, **1**, No. 2, pp. 49–85 (London, March 1962).

9.41 E. W. Bennett and D. R. Loat, Shrinkage and creep of concrete as affected by the fineness of Portland cement, *Mag. Concr. Res.*, **22**, No. 71, pp. 69–78 (1970).

9.42 S. P. Shah and G. Winter, Inelastic behaviour and fracture of concrete, *Symp. on Causes, Mechanism, and Control of Cracking in Concrete*, ACI SP-20, pp. 5–28 (Detroit, Michigan, 1968).

9.43 A. M. Neville, Some problems in inelasticity of concrete and its behaviour under sustained loading, *Structural Concrete*, **3**, No. 4, pp. 261–8 (London, 1966).

9.44 P. Desayi and S. Krishnan, Equation for the stress–strain curve of concrete, *J. Amer. Concr. Inst.*, **61**, pp. 345–50 (March 1964).

9.45 K. S. Gopalakrishnan, A. M. Neville and A. Ghali, Creep Poisson's ratio of concrete under multiaxial compression, *J. Amer. Concr. Inst.*, **66**, pp. 1008–20 (Dec. 1969).

9.46 I. E. Houk, O. E. Borge and D. L. Houghton, Studies of autogenous volume change in concrete for Dworshak Dam, *J. Amer. Concr. Inst.*, **66**, pp. 560–8 (July 1969).

9.47 D. Ravina and R. Shalon, Plastic shrinkage cracking. *J. Amer. Concr. Inst.*, **65**, pp. 282–92 (April 1968).

9.48 S. T. A. Ödman, Effects of variations in volume, surface area exposed to drying, and composition of concrete on shrinkage, *RILEM/CEMBUREAU Int. Colloquium on the Shrinkage of Hydraulic Concretes*, **1**, 20 pp. (Madrid, 1968).

9.49 T. W. Reichard, Creep and drying shrinkage of lightweight and normal weight concretes. *Nat. Bur. Stand. Monograph*, **74**, (Washington DC, March 1964).

9.50 K. Mather, High strength, high density concrete, *J. Amer. Concr. Inst.*, **62**, No. 8, pp. 951–62 (1965).

9.51 S. E. Pihlajavaara, Notes on the drying of concrete, *Reports*, Series 3, No. 79 (Helsinki, The State Institute for Technical Research, 1963).

9.52 T. C. Hansen, Effect of wind on creep and drying shrinkage of hardened cement mortar and concrete, *ASTM Mat. Res. & Stand.*, **6**, pp. 16–19 (Jan. 1966).

9.53 T. C. Hansen and A. H. Mattock, The influence of size and shape of member on the shrinkage and creep of concrete, *J. Amer. Concr. Inst.*, **63**, pp. 267–90 (Feb. 1966).

9.54 J. W. Kelly, Cracks in concrete – the causes and cures, *Concrete Construction*, **9**, pp. 89–93 (April 1964). 9.55 R. G. L'Hermite, Quelques problèmes mal connus de la technologie du béton, *Il Cemento*, **75**, No. 3, pp. 231–46 (1978).

9.56 S. E. Pihlajavaara, On practical estimation of moisture content of drying con- crete structures, *Il Cemento*, **73**, No. 3, pp. 129–38 (1976).

9.57 S. Popovics, Verification of relationships between mechanical properties of concrete-like materials, *Materials and Structures*, **8**, No. 45, pp. 183–91 (1975).

9.58 S. E. Pihlajavaara, Carbonation – an important effect on the surfaces of cement- based materials, *RILEM/ASTM/CIB Symp. on Evaluation of the Performance of External Surfaces of Buildings*; Paper No. 9, 9 pp. (Otaniemi, Finland, Aug. 1977).

9.59 N. J. Gardner, P. L. Sau and M. S. Cheung, Strength development and durability of concrete, *ACI Materials Journal*, **85**, No. 6, pp. 529–36 (1988).

9.60 S. Harsh, Z. Shen and D. Darwin, Strain-rate sensitive behavior of cement paste and mortar in compression, *ACI Materials Journal*, **87**, No. 5, pp. 508–16 (1990).

9.61 Z.-H. Guo and X.-Q. Zhang, Investigation of complete stress–deformation curves for concrete in tension, *ACI Materials Journal*, **84**, No. 4, pp. 278–85 (1987).

9.62 W. S. Najjar and K. C. Hover, Neutron radiography for microcrack studies of concrete cylinders subjected to concentric and eccentric compressive loads, *ACI Materials Journal*, **86**, No. 4, pp. 354–9 (1989).

9.63 F. de Larrard, E. Saint-Dizier and C. Boulay, Comportement post-rupture de béton à hautes ou très hautes performances armé en compression, *Bulletin Liaison Laboratoires Ponts et Chaussées*, **179**, pp. 11–20 (May–June 1992).

9.64 N. H. Olsen, H. Krenchel and S. P. Shah, Mechanical properties of high strength concrete, *IABSE Symposium, Concrete Structures for the Future, Paris – Versailles*, pp. 395–400 (1987).

9.65 W. F. Chen, Concrete plasticity: macro- and microapproaches, *Int. Journal of Mechanical Sciences*, **35**, No. 12, pp. 1097–109 (1993).

9.66 M. M. Smadi and F. O. Slate, Microcracking of high and normal strength concretes under short- and long-term loadings, *ACI Materials Journal*, **86**, No. 2, pp. 117–27 (1989).

9.67 D. J. Carreira and K.-H. Chu, Stress–strain relationship for plain concrete in compression, *ACI Journal*, **82**, No. 6, pp. 797–804 (1985).

9.68 K. J. Bastgen and V. Hermann, Experience made in determining the static modulus of elasticity of concrete, *Materials and Structures*, **10**, No. 60, pp. 357–64 (1977).

9.69 P.-C. Aïtcin, M. S. Cheung and V. K. Shah, Strength development of concrete cured under arctic sea conditions, in *Temperature Effects on Concrete, ASTM Sp. Tech. Publ. No. 858*, pp. 3–20 (Philadelphia, Pa, 1983).

9.70 F. D. Lydon and R. V. Balendran, Some observations on elastic properties of plain concrete, *Cement and Concrete Research*, **16**, No. 3, pp. 314–24 (1986).
9.71 J. J. Brooks and A. Neville, Creep and shrinkage of concrete as affected by admixtures and cement replacement materials, in *Creep and Shrinkage of Concrete: Effect of Materials and Environment*, ACI SP-135, pp. 19–36 (Detroit, Michigan, 1992).
9.72 W. Hansen and J. A. Almudaiheem, Ultimate drying shrinkage of concrete – influence of major parameters, *ACI Materials Journal*, **84**, No. 3, pp. 217–23 (1987).
9.73 J. Baron, Les retraits de la pâte de ciment, in *Le Béton Hydraulique – Connaissance et Pratique*, Eds J. Baron and R. Santeray, pp. 485–501 (Paris, Presses de l'École Nationale des Ponts et Chaussées, 1982).
9.74 J.-M. Torrenti *et al.*, Contraintes initiales dans le béton, *Bulletin Liaison Ponts et Chaussées*, **158**, pp. 39–44 (Nov.–Dec. 1988).
9.75 R. Mensi, P. Acker and A. Attolou, Séchage du béton: analyse et modélisation, *Materials and Structures*, **21**, No. 121, pp. 3–12 (1988).
9.76 M. Shoya, Drying shrinkage and moisture loss of super plasticizer admixed con- crete of low water cement ratio, *Transactions of the Japan Concrete Institute*, II – 5, pp. 103–10 (1979).
9.77 J. J. Brooks, Influence of mix proportions, plasticizers and superplasticizers on creep and drying shrinkage of concrete, *Mag. Concr. Res.* **41**, No. 148, pp. 145–54 (1989).
9.78 R. W. Carlson and T. J. Reading, Model study of shrinkage cracking in concrete building walls, *ACI Structural Journal*, **85**, No. 4, pp. 395–404 (1988).
9.79 M. Grzybowski and S. P. Shah, Shrinkage cracking of fiber reinforced concrete, *ACI Materials Journal*, **87**, No. 2, pp. 138–48 (1990).
9.80 ACI 209R-92, Prediction of creep, shrinkage, and temperature effects in concrete structures, *ACI Manual of Concrete Practice Part 1: Materials and General Properties of Concrete*, 47 pp. (Detroit, Michigan, 1994).
9.81 E. J. Sellevold, Shrinkage of concrete: effect of binder composition and aggregate volume fraction from 0 to 60%, *Nordic Concrete Research*, Publication No. 11, pp. 139–52 (Oslo, The Nordic Concrete Federation, Feb. 1992).
9.82 R. D. Gaynor, R. C. Meininger and T. S. Khan, Effect of temperature and delivery time on concrete proportions, in *Temperature Effects on Concrete, ASTM Sp. Tech. Publ. No. 858*, pp. 68–87 (Philadelphia, Pa, 1983).
9.83 J. A. Almudaiheem and W. Hansen, Effect of specimen size and shape on drying shrinkage, *ACI Materials Journal*, **84**, No. 2, pp. 130–4 (1987).
9.84 A. M. Neville, W. H. Dilger and J. J. Brooks, *Creep of Plain and Structural Concrete*, 361 pp. (London, Construction Press, Longman Group, 1983).
9.85 G. C. Hoff and K. Mather, A look at Type K shrinkage-compensating cement production and specifications, *Cedric Willson Symposium on Expansive Cement*, ACI SP-64, pp. 153–80 (Detroit, Michigan, 1977).
9.86 R. W. Cusick and C. E. Kesler, Behavior of shrinkage-compensating concretes suitable for use in bridge decks, *Cedric Willson Symposium on Expansive Cement*, ACI SP-64, pp. 293–301 (Detroit, Michigan, 1977).
9.87 B. Mather, Curing of concrete, *Lewis H. Tuthill International Symposium on Concrete and Concrete Construction*, ACI SP-104, pp. 145–59 (Detroit, Michigan, 1987).
9.88 E. Tazawa and S. Miyazawa, Autogenous shrinkage of concrete and its importance in concrete, in *Creep and Shrinkage in Concrete*, Eds Z. P. Bazant and I. Carol, Proc. 5th International RILEM Symposium, pp. 159–68 (London, E & FN Spon, 1993).
9.89 C. Lobo and M. D. Cohen, Hydration of Type K expansive cement paste and the effect of silica fume: II. Pore solution analysis and proposed hydration mechanism, *Cement and Concrete Research*, **23**, No. 1, pp. 104–14 (1993).

9.90 M. D. Cohen, J. Olek and B. Mather, Silica fume improves expansive cement concrete, *Concrete International*, **13**, No. 3, pp. 31–7 (1991).

9.91 ACI 223-93, Standard practice for the use of shrinkage-compensating concrete, *ACI Manual of Concrete Practice Part 1: Materials and General Properties of Concrete*, 26 pp. (Detroit, Michigan, 1994).

9.92 Yan Fu, S. A. Sheikh and R. D. Hooton, Microstructure of highly expansive cement paste, *ACI Materials Journal*, **91**, No. 1, pp. 46–54 (1994).

9.93 G. Giaccio *et al.*, High-strength concretes incorporating different coarse aggregates, *ACI Materials Journal*, **89**, No. 3, pp. 242–6 (1992).

9.94 F. A. Oluokun, Prediction of concrete tensile strength from its compressive strength: evaluation of existing relations for normal weight concrete, *ACI Materials Journal*, **88**, No. 3, pp. 302–9 (1991).

9.95 M. Kakizaki *et al.*, *Effect of Mixing Method on Mechanical Properties and Pore Structure of Ultra High-Strength Concrete*, Katri Report No. 90, 19 pp. (Tokyo, Kajima Corporation, 1992) (and also in ACI SP-132, CANMET/ACI, 1992).

9.96 ACI 517.2R-87, Revised 1992, Accelerated curing of concrete at atmospheric pressure – state of the art, *ACI Manual of Concrete Practice Part 5: Masonry, Precast Concrete, Special Processes*, 17 pp. (Detroit, Michigan, 1994).

9.97 ACI 305R-91, Hot weather concreting, *ACI Manual of Concrete Practice Part 2: Construction Practices and Inspection Pavements*, 20 pp. (Detroit, Michigan, 1994).

9.98 ACI 318-02 Building code requirements for structural concrete, *ACI Manual of Concrete Practice Part 3: Use of Concrete in Buildings – Design, Specifications, and Related Topics*, 443 pp.

9.99 ACI 363R-92, State-of-the-art report on high-strength concrete, *ACI Manual of Concrete Practice Part 1: Materials and General Properties of Concrete*, 55 pp. (Detroit, Michigan, 1994).

9.100 E. K. Attiogbe and D. Darwin, Submicrocracking in cement paste and mortar, *ACI Materials Journal*, **84**, No. 6, pp. 491–500 (1987).

9.101 A. Yonekura, M. Kusaka and S. Tanaka, Tensile creep of early age concrete with compressive stress history, *Cement Association of Japan Review*, pp. 158–61 (1988).

9.102 Y. H. Loo and G. D. Base, Variation of creep Poisson's ratio with stress in concrete under short-term uniaxial compression, *Mag. Concr. Res.*, **42**, No. 151, pp. 67–73 (1990).

9.103 M. D. Cohen, J. Olek and W. L. Dolch, Mechanism of plastic shrinkage cracking in portland cement and portland cement–silica fume paste and mortar, *Cement and Concrete Research*, **20**, No. 1, pp. 103–19 (1990).

9.104 Y. F. Houst, Influence of shrinkage on carbonation shrinkage kinetics of hydrated cement paste, in *Creep and Shrinkage of Concrete*, Eds. Z. P. Bazant and I. Carol, Proc. 5th Int. RILEM Symp, Barcelona, pp. 121–6 (London, E & FN Spon, 1993).

9.105 A. Neville, Whither expansive cement?, *Concrete International*, **16**, No. 9, pp. 34–5 (1994).

9.106 R. N. Swamy, Shrinkage characteristics of ultra-rapid-hardening cement, *Indian Concrete J.*, **48**, No. 4, pp. 127–31 (1974).

9.107 A. D. Ross, Creep of concrete under variable stress, *J. Amer. Concr. Inst.*, **54**, pp. 739–58 (March 1958).

9.108 A. M. Neville, Creep recovery of mortars made with different cements, *J. Amer. Concr. Inst.*, **56**, pp. 167–74 (Aug. 1959).

9.109 A. M. Neville, Creep of concrete as a function of its cement paste content, *Mag. Concr. Res.*, **16**, No. 46, pp. 21–30 (1964).

9.110 S. E. Rutledge and A. M. Neville, Influence of cement paste content on creep of lightweight aggregate concrete, *Mag. Concr. Res.*, **18**, No. 55, pp. 69–74 (1966).

9.111 H. Rüsch, K. Kordina and H. Hilsdorf, Der Einfluss des mineralogischen Charakters der Zuschläge auf das Kriechen von Beton, *Deutscher Ausschuss für Stahlbeton*, No. 146, pp. 19–133 (Berlin, 1963).
9.112 A. M. Neville, *Creep of Concrete: plain, and prestressed* (North-Holland, Amsterdam, 1970).
9.113 A. M. Neville, The relation between creep of concrete and the stress–strength ratio, *Applied Scientific Research*, Section A, **9**, pp. 285–92 (The Hague, 1960).
9.114 L. L. Yue and L. Taerwe, Creep recovery of plain concrete and its mathematical modelling, *Magazine of Concrete Research*, **44**, No. 161, pp. 281–90 (1992).
9.115 A. M. Neville, Rôle of cement in the creep of mortar, *J. Amer. Concr. Inst.*, **55**, pp. 963–84 (March 1959).
9.116 K. W. Nasser and A. M. Neville, Creep of concrete at elevated temperatures, *J. Amer. Concr. Inst.*, **62**, pp. 1567–79 (Dec. 1965).
9.117 A. M. Neville, Tests on the influence of the properties of cement on the creep of mortar, *RILEM Bull. No. 4*, pp. 5–17 (Oct. 1959).
9.118 U.S. Bureau of Reclamation, A 10-year study of creep properties of concrete, *Concrete Laboratory Report No. SP-38* (Denver, Colorado, 28 July 1953).
9.119 B. Le Camus, Recherches expérimentales sur la déformation du béton et du béton armé, *Comptes Rendues des Recherches des Laboratoires du Bâtiment et des Travaux Publics* (Pairs, 1945–46).
9.120 G. A. Maney, Concrete under sustained working loads; evidence that shrinkage dominates time yield, *Proc. ASTM.*, **41**, pp. 1021–30 (1941).
9.121 A. M. Neville, Recovery of creep and observations on the mechanism of creep of concrete, *Applied Scientific Research*, Section A, **9**, pp. 71–84 (The Hague, 1960).
9.122 A. D. Ross, Concrete creep data, *The Structural Engineer*, **15**, pp. 314–26 (London, 1937).
9.123 A. M. Neville and H. W. Kenington, Creep of aluminous cement concrete, *Proc. 4th Int. Symp. on the Chemistry of Cement*, Washington DC, pp. 703–8 (1960).
9.124 A. M. Neville, The influence of cement on creep of concrete in mortar, *J. Pre-stressed Concrete Inst.*, pp. 12–18 (Gainesville, Florida, March 1958).
9.125 A. D. Ross, The creep of Portland blast-furnace cement concrete, *J. Inst. Civ. Engrs.*, pp. 43–52 (London, Feb. 1938).
9.126 D. McHenry, A new aspect of creep in concrete and its application to design, *Proc. ASTM.*, **43**, pp. 1069–84 (1943).
9.127 U.S. Bureau of Reclamation, Supplemental Report – 5-year creep and strain recovery of concrete for Hungry Horse Dam, *Concrete Laboratory Report No. C-179A* (Denver, Colorado, 6 Jan. 1959).
9.128 A. M. Neville, Theories of creep in concrete. *J. Amer. Conor. Inst.*, **52**, pp. 47–60 (Sept. 1955).
9.129 T. C. Hansen, Creep of concrete – a discussion of some fundamental problems, *Swedish Cement and Concrete Research Inst., Bull, No. 33* (Sept. 1958).
9.130 A. M. Neville, Non-elastic deformations in concrete structures, *J. New Zealand Inst. E.*, **12**, pp. 114–20 (April 1957).
9.131 R. E. Davis, H. E. Davis and E. H. Brown, Plastic flow and volume change of concrete, *Proc. ASTM*, **37**, Part II, pp. 317–30 (1937).
9.132 J. Glucklich, Creep mechanism in cement mortar, *J. Amer. Conor. Inst.*, **59**, pp. 923–48 (July 1962).
9.133 A. M. Neville, M. M. Staunton and G. M. Bonn, A study of the relation between creep and the gain of strength of concrete, *Symp. on Structure of Portland Cement Paste and Concrete*, Highw. Res. Bd, Special Report No. 90, pp. 186–203 (Washington DC, 1966).

9.134 B. B. Hope, A. M. Neville and A. Guruswami, Influence of admixtures on creep of concrete containing normal weight aggregate, *RILEM Int. Symp. on Admixtures for Mortar and Concrete*, pp. 17–32 (Brussels, Sept. 1967).

9.135 E. L. Jessop, M. A. Ward and A. M. Neville, Influence of water reducing and set retarding admixtures on creep of lightweight aggregate concrete, *RILEM Int. Symp. on Admixtures for Mortar and Concrete*, pp. 35–46 (Brussels, Sept. 1967).

9.136 J. C. Maréchal, Le fluage du béton en fonction de la température, *Materials and Structures*, **2**, No. 8, pp. 111–15 (1969).

9.137 R. Johansen and C. H. Best, Creep of concrete with and without ice in the system, *RILEM Bull. No. 16*, pp. 47–57 (Paris, Sept. 1962).

9.138 H. Lambotte, Le fluage du béton en torsion, *RILEM Bull. No. 17*, pp. 3–12 (Paris, Dec. 1962).

9.139 A. M. Neville and C. P. Whaley, Non-elastic deformation of concrete under cyclic compression, *Mag. Concr. Res.*, **25**, No. 84, pp. 145–54 (1973).

9.140 A. M. Neville and G. Hirst, Mechanism of cyclic creep of concrete, *Douglas McHenry International Symposium on Concrete and Concrete Structures*, ACI SP-55 pp. 83–101 (Detroit, Michigan, 1978).

9.141 A. M. Neville and W. Z. Liszka, Accelerated determination of creep of lightweight aggregate concrete, *Civil Engineering*, **68**, pp. 515–19 (London, June 1973).

9.142 J. J. Brooks and A. M. Neville, Predicting long-term creep and shrinkage from short-term tests, *Mag. Concr. Res.*, **30**, No. 103, pp. 51–61 (1978).

9.143 J. J. Brooks and A. M. Neville, A comparison of creep, elasticity and strength of concrete in tension and in compression, *Mag. Concr. Res.*, **29**, No. 100, pp. 131–41 (1977).

9.144 M. D. Luther and W. Hansen, Comparison of creep and shrinkage of high-strength silica fume concretes with fly ash concretes of similar strengths, in *Fly Ash, Silica Fume, Slag, and Natural Pozzolans in Concretes, Proc. 3rd International Conference*, Trondheim, Norway, Vol. 1, ACI SP-114, pp. 573–91 (Detroit, Michigan, 1989).

9.145 A. Benaïssa, P. Morlier and C. Viguier, Fluage et retrait du béton de sable, *Materials and Structures*, **26**, No. 160, pp. 333–9 (1993).

9.146 Z. P. Ba2ant *et al.*, Improved prediction model for time-dependent deformations of concrete: Part 6 – simplified code-type formulation, *Materials and Structures*, **25**, No. 148, pp. 219–23 (1992).

9.147 W. P. S. Dias, G. A. Khoury and P. J. E. Sullivan, The thermal and structural effects of elevated temperatures on the basic creep of hardened cement paste, *Materials and Structures*, **23**, No. 138, pp. 418–425 (1990).

9.148 P. Rossi and P. Acker, A new approach to the basic creep and relaxation of concrete, *Cement and Concrete Research*, **18**, No. 5, pp. 799–803 (1988).

9.149 F. H. Wittmann and P. E. Roelfstra, Total deformation of loaded drying concrete, *Cement and Concrete Research*, **10**, No. 5, pp. 601–10 (1980).

9.150 M. Buil and P. Acker, Creep of silica fume concrete, *Cement and Concrete Research*, **15**, No. 3, pp. 463–7 (1985).

9.151 E. Tazawa, A. Yonekura and S. Tanaka, Drying shrinkage and creep of concrete containing granulated blast furnace slag, in *Fly Ash, Silica Fume, Slag, and Natural Pozzolans in Concretes, Proc. 3rd International Conference*, Trondheim, Norway, Vol. 2, ACI SP-114, pp. 1325–43 (Detroit, Michigan, 1989).

9.152 J.-C. Chern and Y.-W. Chan, Deformations of concrete made with blast-furnace slag cement and ordinary portland cement, *ACI Materials Journal*, **86**, No. 4, pp. 372–82 (1989).

9.153 K. W. Nasser and A. A. Al-Manaseer, Creep of concrete containing fly ash and superplasticizer at different stress/strength ratios, *ACI Journal*, **83**, No. 4, pp. 668–73 (1986).

9.154 R. L. Day and J. M. Illston, The effect of rate of drying on the drying/wetting behaviour of hardened cement paste, *Cement and Concrete Research*, **13**, No. 1, pp. 7–17 (1983).
9.155 F. H. Turner, Concrete and Cryogenics – Part 1, *Concrete*, **14**, No. 5, pp. 39–40 (1980).
9.156 H. G. Russell, Performance of shrinkage-compensating concrete in slabs, *Research and Development Bulletin, RD057.01D*, 12 pp. (Skokie, Ill., Portland Cement Association, 1978).
9.157 Z. P. Ba2ant and Yunping Xi, Drying creep of concrete: constitutive model and new experiments separating its mechanisms, *Materials and Structures*, **27**, No. 165, pp. 3–15 (1994).
9.158 H. T. Shkoukani, Behaviour of concrete under concentric and eccentric tensile loading, *Darmstadt Concrete*, **4**, pp. 113–232 (1989).
9.159 A. Neville, *Neville on Concrete: An Examination of Issues in Concrete Practice*, Second Edition (Book Surge, LLC, www.createspace.com, 2006).
9.160 CIRIA, Early age thermal crack control in concrete, *Report C 660*, 2007.

10
Durabilidade do concreto

É essencial que cada estrutura de concreto continue a desempenhar suas funções previstas, ou seja, mantenha sua resistência necessária e sua condição de utilização durante um tempo especificado ou uma vida útil tradicionalmente esperada. Conclui-se que o concreto deve ser capaz de suportar o processo de deterioração a que estará exposto. Esse concreto é considerado durável.

É interessante citar que a durabilidade não significa uma vida infinita, tampouco a resistência do concreto a *qualquer* ação. Além disso, hoje se sabe que, em muitas situações, são necessárias operações rotineiras de manutenção do concreto.[10.68] Um exemplo de procedimentos de manutenção é dado por Carter.[10.72]

O fato de a durabilidade não ter sido, até o momento, considerada neste livro poderia indicar que esse tema é de menor importância em relação às demais propriedades do concreto, em especial a resistência. Não é o caso, e, na verdade, em várias situações, a durabilidade é de importância primordial. Apesar disso, até recentemente, os avanços em cimento e na tecnologia do concreto concentraram-se na obtenção de resistências cada vez mais elevadas (ver página 348). Havia uma suposição de que um "concreto resistente é um concreto durável", e as únicas considerações especiais feitas eram em relação aos efeitos dos ciclos de gelo e degelo e a algumas formas de ataques químicos. Sabe-se agora que, para várias condições de exposição das estruturas de concreto, ambas, resistência e durabilidade, devem ser consideradas explicitamente na etapa de projeto. A ênfase na palavra "ambas" é intencional, visto que pode ser um erro substituir a ênfase na resistência pela ênfase na durabilidade. Os requisitos de durabilidade para uma vida útil de 50 e uma de 100 anos são dados pela BS 8500-1:2006.

Este capítulo considera vários aspectos da durabilidade, mas dois tópicos especiais, o efeito do gelo e degelo, incluindo a ação de agentes descongelantes, e o ataque por cloretos, são temas do Capítulo 11.

Causas da durabilidade inadequada

A durabilidade inadequada se manifesta pela deterioração, que pode decorrer tanto de fatores externos quanto de causas internas ao concreto. As ações podem ser físicas, mecânicas ou químicas. Os danos mecânicos são causados por impacto (analisado na página 360), abrasão, erosão ou cavitação. Os três últimos serão discutidos no fim do capítulo. As causas químicas de deterioração incluem as reações álcali-sílica e álcali-

-carbonato, que também serão discutidas neste capítulo. O ataque químico externo ocorre, principalmente, por meio de íons agressivos, como os cloretos, os sulfatos, ou pelo dióxido de carbono (gás carbônico), bem como por vários líquidos e gases industriais ou naturais. As ações deletérias podem ser de vários tipos e podem ser diretas ou indiretas.

As causas físicas de deterioração incluem os efeitos da alta temperatura ou das diferenças entre os coeficientes de dilatação térmica do agregado e da pasta de cimento endurecida (tema discutido no Capítulo 8). Uma importante fonte de danos é o ciclo de gelo e degelo do concreto e a ação associada dos sais descongelantes, tópicos que serão tratados no Capítulo 11.

Deve ser destacado que os processos de deterioração químicos e físicos podem atuar de forma sinérgica. Os diversos fatores que influenciam a durabilidade do concreto são assunto deste capítulo. Nesta etapa, é válido destacar que a deterioração do concreto raramente é decorrente de uma única causa. O concreto, com frequência, pode ser satisfatório apesar de apresentar algumas características indesejáveis, mas, com um fator adverso adicional, o dano irá ocorrer. Por essa razão, em algumas situações, é difícil atribuir a deterioração a um fator específico, mas a qualidade do concreto, no sentido amplo da palavra – ainda que com destaque para a permeabilidade –, quase sempre faz parte da cena. De fato, exceto no que se refere às causas mecânicas, todas as influências negativas sobre a durabilidade envolvem o transporte de fluidos através do concreto. Por essa razão, a análise da durabilidade requer o entendimento dos fenômenos envolvidos.

Transporte de fluidos no concreto

Existem três fluidos muito importantes para a durabilidade que podem penetrar no concreto: a água, pura ou com íons agressivos, o gás carbônico e o oxigênio. Eles podem se movimentar através do concreto de diferentes formas, mas todo o transporte depende, essencialmente, da estrutura da pasta de cimento hidratada. Como mencionado anteriormente, a durabilidade do concreto depende muito da facilidade com que os fluidos, sejam líquidos ou gases, podem penetrar e se movimentar no interior do concreto – característica que normalmente é denominada permeabilidade do concreto. A rigor, permeabilidade se refere ao fluxo através de um meio poroso. O movimento dos diversos fluidos através do concreto ocorre não somente pelo escoamento por meio de um sistema de poros, mas também por difusão e por sorção, de modo que o interesse real é pela *penetrabilidade* do concreto. Apesar disso, o termo normalmente aceito, "permeabilidade", será utilizado para a movimentação geral de fluidos para o interior e através do concreto, exceto quando, para maior clareza, forem necessárias distinções entre os vários tipos de movimentação.

Próximo do fim de 2010, foi publicado um estudo[10.142] descrevendo e discutindo os fenômenos de transporte envolvidos na determinação de cloretos no concreto. Foi listado um total de 11 fenômenos. Essa publicação é extremamente valiosa como contribuição para o entendimento dos fenômenos envolvidos. Infelizmente, na realidade, os fluidos no concreto não obedecem a um único modo de transporte, tampouco um único íon está envolvido. Isso não diminui o valor da publicação, simplesmente ilustra a necessidade de *entendimento* dos fenômenos que devem ser aplicados a uma determinada situação.

Influência do sistema de poros

O aspecto da estrutura da pasta de cimento endurecida relevante para a permeabilidade é a natureza do sistema de poros no interior da pasta de cimento e também na região próxima à interface entre a pasta de cimento e o agregado. A zona de transição ocupa entre um terço e metade do volume total da pasta de cimento endurecida no concreto e tem, reconhecidamente, uma microestrutura diferente em relação ao restante da pasta. A interface também é o ponto de início da fissuração nas primeiras idades. Por essas razões, pode ser esperado que a zona de transição contribua significativamente para a permeabilidade do concreto.[10.44] Contudo, Larbi[10.49] concluiu que, apesar da maior porosidade da zona de transição, a permeabilidade do concreto é controlada pela parte principal da pasta de cimento hidratada, que é a única fase contínua no concreto.

O fato de a permeabilidade da pasta de cimento endurecida não ser menor do que a do concreto com uma pasta de cimento semelhante reforça o ponto de vista de Larbi. Porém, também é relevante para o concreto o fato de que qualquer movimentação de fluidos deve seguir um caminho maior e mais tortuoso, devido à presença do agregado, que também reduz a área efetiva para o fluxo. Desse modo, a importância da zona de transição em relação à permeabilidade continua incerta. Mesmo de forma mais geral, deve ser admitido que a relação entre a permeabilidade e a estrutura de poros da pasta de cimento endurecida é, na melhor das hipóteses, qualitativa.[10.97]

Os poros importantes para a permeabilidade são os poros, necessariamente contínuos, com diâmetro mínimo de 120 ou de 160 nm. Entre os poros irrelevantes para o escoamento, ou seja, para a permeabilidade, estão incluídos, além dos poros descontínuos, aqueles que contêm água adsorvida e os que possuem aberturas estreitas, mesmo que os poros em si sejam grandes (ver Figura 6.16).

Os agregados também podem ter poros, mas, em geral, eles são descontínuos. Além do mais, as partículas de agregado estão envoltas pela pasta de cimento, de modo que os poros no agregado não contribuem para a permeabilidade do concreto. O mesmo se aplica aos vazios de ar discretos, como as bolhas de ar incorporado (ver página 567). Além disso, o concreto como um todo possui vazios causados pelo adensamento imperfeito ou pela água exsudada aprisionada. Esses vazios podem ocupar entre 1 e 10% do volume do concreto, sendo que esta última fração representa um concreto com muitas falhas e com resistência muito baixa. Concretos como esse ou concretos com vazamento de nata não devem ser produzidos e não serão mais discutidos.

Escoamento, difusão e sorção

Devido à existência de diferentes tipos de poros, com alguns contribuindo para a permeabilidade e outros não, é importante a distinção entre porosidade e permeabilidade. *Porosidade* é a medida da proporção do volume total ocupado por poros e normalmente é expressa em porcentagem. Caso a porosidade seja elevada e os poros se intercomuniquem, eles contribuem para o transporte de fluidos através do concreto, de modo que sua permeabilidade também é elevada. Por outro lado, caso os poros sejam descontínuos ou, de alguma maneira, ineficazes para o transporte, o concreto tem baixa permeabilidade, mesmo que sua porosidade seja elevada.

A porosidade pode ser medida por intrusão de mercúrio (também podem ser utilizados outros fluidos) – tema que foi tratado na página 297 e exaustivamente analisado por Cook & Hover.[10.46] Uma indicação da porosidade pode ser obtida a partir da determinação da absorção do concreto, conforme tratado na página 510.

No que diz respeito à facilidade de movimentação de fluidos através do concreto, denominada, de forma geral, permeabilidade, podem ser distinguidos três mecanismos. *Permeabilidade* se refere ao fluxo sob um diferencial de pressão. *Difusão* é o processo de movimentação de fluidos decorrente de um diferencial de concentração, e *difusividade* é a propriedade relevante do concreto. Os gases podem se difundir através de espaços preenchidos com água ou com ar, sendo que, no primeiro caso, o processo é de 10^4 a 10^5 vezes mais lento do que no último.

Sorção é o resultado do movimento capilar nos poros do concreto abertos ao meio ambiente. Conclui-se, então, que a sucção capilar somente pode ocorrer em concretos parcialmente secos. Não existe sorção de água em concretos totalmente secos ou saturados.

Devido à penetrabilidade do concreto ser descrita na literatura por termos variados, é importante apresentar, de forma resumida, as expressões matemáticas relevantes e estabelecer, de forma clara, as unidades de medida. Uma discussão extensa sobre os vários aspectos da permeabilidade é apresentada pela referência 10.96.

Coeficiente de permeabilidade

O fluxo nos poros capilares em um concreto saturado obedece à lei de Darcy para fluxo laminar através de um meio poroso:

$$\frac{dq}{dt}\frac{1}{A} = \frac{K'\rho g}{\eta}\frac{\Delta h}{L}$$

onde: dq/dt = taxa de fluxo de água (m³/s)
A = área da seção transversal do corpo de prova (m²)
Δh = queda na coluna de água através do corpo de prova (m)
L = espessura do corpo de prova (m)
η = viscosidade dinâmica do fluido (N·s/m²)
ρ = massa específica do fluido (kg/m³)
g = aceleração da gravidade (m/s²).

O coeficiente K' é expresso em metros ao quadrado e representa a *permeabilidade intrínseca* do material, independentemente do fluido envolvido.

Como o fluido, em geral, é a água, pode ser dito:

$$K = \frac{K'\rho g}{\eta}.$$

O coeficiente K, agora expresso em metros por segundo, é denominado *coeficiente de permeabilidade* do concreto, e deve ser citado que ele se refere à água em temperatura ambiente. Esta última observação vem do fato de a viscosidade da água mudar conforme a temperatura. A equação de fluxo pode, então, ser escrita como:

$$\frac{dq}{dt}\frac{1}{A} = K\frac{\Delta h}{L}$$

e, quando se atinge um estado de fluxo dq/dt contínuo, K é determinado diretamente.

Difusão

Como mencionado anteriormente, quando o transporte de um gás ou de um vapor através do concreto é o resultado de um gradiente de concentração, e não de um diferencial de pressão, ocorre a difusão.

Em relação à difusão de gases, o dióxido de carbono e o oxigênio constituem o foco principal. O primeiro leva à carbonatação da pasta de cimento hidratada, e o segundo torna possível o progresso da corrosão da armadura do concreto armado. O primeiro desses mecanismos de deterioração será discutido ainda neste capítulo, mas a corrosão será tratada somente no Capítulo 11. Nesta etapa, é interessante destacar que o coeficiente de difusividade de um gás é inversamente proporcional à raiz quadrada de sua massa molecular.[10.130] Dessa forma, por exemplo, o oxigênio se difunde, teoricamente, 1,17 vezes mais rapidamente do que o dióxido de carbono. Essa relação possibilita calcular o coeficiente de difusão de um gás a partir de dados experimentais de outro gás.

Coeficiente de difusão

A equação de difusão aplicável ao vapor de água e ao ar pode ser expressa pela primeira lei de Fick, conforme segue:

$$J = -D \frac{dc}{dL}$$

onde: dc/dL = gradiente de concentração (kg/m^4 ou $moles/m^4$)
D = coeficiente de difusão (m^2/s)
J = taxa de transporte de massa ($kg/m^2 \cdot s$ ou $moles/m^2 \cdot s$)
L = espessura do corpo de prova (m).

Mesmo que a difusão ocorra somente através dos poros, os valores de J e de D se referem à seção transversal do corpo de prova de concreto. Dessa forma, D, na realidade, é o *coeficiente de difusão efetivo*.

O coeficiente de difusão de um gás pode ser determinado experimentalmente sob um sistema de regime estável, com duas faces do corpo de prova de concreto sendo expostas, cada uma a um gás puro diferente. Determina-se a massa dos gases no lado oposto ao que eles estavam originalmente. A pressão em cada face do corpo de prova deve ser a mesma, já que a força que causa a movimentação por difusão é a diferença de concentração molar, e não o diferencial de pressão.

Difusão através do ar e da água

Papadakis *et al.*[10.130] apresentaram expressões para o coeficiente de difusão efetivo do dióxido de carbono como uma função da umidade relativa do ar e da porosidade da pasta de cimento endurecida ou da resistência à compressão do concreto. A difusão através da água é quatro ordens de grandeza mais lenta do que através do ar. Deve ser destacado que o coeficiente de difusão se altera conforme a idade, devido ao sistema de poros no concreto mudar com o tempo, especialmente com a continuidade da hidratação do cimento.

A difusão do oxigênio através do concreto é bastante afetada pela cura úmida,[10.96] e a cura prolongada reduz o coeficiente de difusão por um fator aproximado a seis.

A condição de umidade do concreto no ensaio também tem uma grande influência, pois a água dos poros causa uma diminuição significativa na difusão. Como exemplo, o coeficiente de difusão do oxigênio de um concreto bem curado e mantido em umidade relativa de 55% é menor do que 5×10^{-8} m²/s para um concreto de alta qualidade e maior do que 50×10^{-8} m²/s para um concreto de baixa qualidade.[10.96]

O movimento de vapor de água através do concreto pode ocorrer como resultado de uma diferença de umidade nas duas faces opostas.[10.12] A umidade relativa das duas faces do concreto deve ser conhecida, em virtude de o aumento da umidade relativa diminuir, nos poros, os espaços preenchidos com ar disponíveis para difusão. Como resultado disso, se a face úmida estiver, por exemplo, saturada, o aumento da umidade relativa na face seca reduzirá a permeabilidade ao vapor. A transmissão do vapor de água é, geralmente, afetada de modo semelhante à permeabilidade ao ar.

Além da difusão de gases, os íons agressivos, em especial os cloretos e os sulfatos, se movem por difusão na água dos poros. É na água dos poros que ocorrem as reações com a pasta de cimento hidratada, de modo que a *difusão iônica* é importante em relação ao ataque ao concreto por sulfatos e ao ataque às armaduras por cloretos. A difusão iônica é mais efetiva quando os poros da pasta de cimento endurecida estão saturados, mas ela também pode ocorrer em concreto parcialmente saturado.

Da mesma forma que a permeabilidade, a difusão é menor com relações água/cimento mais baixas, mas a influência da relação água/cimento na difusão é muito menor do que na permeabilidade.

Absorção

O volume de poros no concreto é medido pela absorção e é diferente da facilidade com a qual os fluidos podem penetrar no concreto. Essas duas grandezas não estão necessariamente relacionadas. A absorção normalmente é medida pela secagem de um corpo de prova até atingir uma massa constante, seguida por sua imersão em água e pela verificação do aumento de massa como uma porcentagem da massa seca. Diversos procedimentos podem ser utilizados, e resultados bastante variáveis são obtidos, conforme mostrado na Tabela 10.1. Uma razão para essa variação de valores é que, em um extremo, a secagem em temperatura normal pode não ser eficiente para a remoção de toda a água. Por outro lado, a secagem em altas temperaturas pode remover parte da água combinada. Por esse motivo, a absorção não pode ser utilizada como uma medida da qualidade do concreto, mas a maioria dos bons concretos tem absorção bem menor do que 10%, em massa. Caso o volume ocupado pela água necessite ser calculado, deve ser levada em conta a diferença entre as massas específicas da água e do concreto.

Um ensaio de absorção em vários fragmentos de pequenas dimensões de concreto é prescrito pela ASTM C 642-06. São realizadas a secagem entre 100 e 110 °C e a imersão em água a 21 °C por pelo menos 48 horas. As exigências da BS 1881-122:1983 são similares, exceto que o ensaio é realizado em corpos de prova inteiros extraídos.

Os ensaios de absorção não são utilizados com frequência, exceto para o controle de qualidade de rotina de produtos pré-fabricados, como peças de pavimentação, lajes e meios-fios. A absorção é determinada a partir de corpos de prova de pequenas di-

Propriedades do Concreto

Tabela 10.1 Valores de absorção de concretos obtidos por vários procedimentos[10.7]

Condição de secagem	Condição de imersão	Absorção (%) para o concreto					
		A	B	C	D	E	F
100 °C	Água por 30 minutos	4,7	3,2	8,9	12,3		
100 °C	Água por 24 horas	7,4	6,9	9,1	12,9		
100 °C	Água por 48 horas	7,5	7,0	9,2	13,1		
100 °C	Água por 48 horas mais 5 horas de fervura	8,1	7,3	14,1	18,2		
65 °C	5 horas de fervura	6,4	6,4	13,2	17,2		
105 °C até uma massa constante	1 hora					3,0	7,4
	24 horas					3,4	7,7
	7 dias					3,5	7,8
20 °C no vácuo sobre cal por 30 dias	1 hora					1,9	5,9
	24 horas					2,2	6,3
	7 dias					2,3	6,4

mensões obtidos por serragem, secos por 72 horas a 105 °C e imersos em água por 30 minutos e por 24 horas.*

Ensaios de absorção superficial

Para fins práticos, são as características da região externa do concreto (que protege a armadura) que são de maior interesse e, em razão disso, foram desenvolvidos ensaios de absorção superficial.

Um ensaio para a determinação da *absorção superficial inicial* é estabelecido pela BS 1881-5:1984 (cancelada). Em essência, a velocidade de absorção de água pela região superficial do concreto é determinada em um período de tempo especificado (variável entre 10 minutos e uma hora) sob uma coluna de água de 200 mm. Essa coluna é um pouco maior do que a causada por chuva dirigida (chuva e vento). A velocidade de absorção superficial inicial é expressa em ml/m²·s.

Uma absorção inicial superior a 0,50 ml/m²·s após 10 minutos pode ser considerada elevada – e baixa quando esse valor for inferior a 0,25 ml/m²·s. Os valores correspondentes após duas horas são, respectivamente, maiores do que 0,15 ml/m²·s e menores do que 0,07 ml/m²·s.[10.96]

Uma deficiência do ensaio de absorção superficial inicial é o fato de o fluxo de água através do concreto não ser unidirecional. Para solucionar isso, foram propostos vários ensaios modificados, mas nenhum deles obteve aceitação geral.

A massa de água que é absorvida pelo concreto durante o ensaio depende do teor de umidade preexistente. Por essa razão, os resultados da absorção superficial inicial

---

* N. de R.T.: A NBR 9778:2005, versão corrigida 2:2009, que também faz a determinação do índice de vazios e da massa específica, utiliza o procedimento da diferença entre a massa do corpo de prova saturado e a massa do corpo de prova seco em estufa.

não podem ser interpretados prontamente, a menos que o concreto tenha sido acondicionado, antes do ensaio, a uma condição higrométrica conhecida. Essa condição não pode ser atendida em concretos em campo. Como consequência, um valor baixo de absorção superficial inicial pode decorrer das características de baixa absorção próprias do concreto ensaiado ou do fato de os poros de um concreto de baixa qualidade já estarem preenchidos com água.

Tendo a limitação anterior em mente, o ensaio de absorção superficial inicial pode ser utilizado para comparar a eficiência da cura na região externa do concreto.

Um ensaio que fornece alguma ideia da facilidade com que a água ou o ar penetram no concreto em campo foi desenvolvido por Figg.[10.22] Um pequeno orifício é aberto e, depois, ele é selado com borracha de silicone. Esse plugue é perfurado por uma agulha hipodérmica conectada a uma bomba de vácuo, e, então, a pressão no sistema é reduzida até um dado valor. O tempo necessário para o ar permear através do concreto e aumentar a pressão na cavidade até um valor especificado é uma indicação da "permeabilidade" ao ar do concreto. Outro modelo do aparelho possibilita determinar a permeabilidade do concreto à água, pela medida do tempo necessário para um determinado volume de água penetrar no concreto.[10.22] Várias modificações do aparelho de Figg foram desenvolvidas.[10.96]

Deve ser destacado que o termo "permeabilidade" não é realmente válido, já que os resultados dos ensaios de Figg não estão diretamente relacionados ao coeficiente de permeabilidade como corretamente definido. Apesar disso, os ensaios são úteis para fins de comparação.

Sortividade

Devido às dificuldades associadas aos ensaios de absorção, por um lado, e, por outro, devido aos ensaios de permeabilidade medirem a resposta do concreto à pressão, que raramente é a força que impele os fluidos para o interior do concreto, um outro tipo de ensaio é necessário. Esse tipo de ensaio mede a taxa de absorção da água por sucção capilar de um concreto não saturado colocado em contato com a água, não existindo coluna de água.

Essencialmente, o *ensaio de sortividade* determina a taxa de absorção pela ascensão capilar por um prisma de concreto apoiado sobre pequenos suportes, de maneira que somente de 2 a 5 mm inferiores do prisma estejam imersos. O incremento na massa do prisma com o tempo é registrado.

Foi mostrado[10.98] que existe uma relação na forma:

$$i = St^{0,5}$$

onde: i = incremento de massa desde o início do ensaio por unidade de área da seção transversal em contato com a água. Em unidades SI, i pode ser expresso em mm.

t = tempo no qual a massa foi determinada (minutos)
S = sortividade (mm/min^{0,5}).

Na prática, é mais fácil medir o valor de i como uma elevação do nível de água no concreto, que se manifesta por uma coloração mais escura. Nesse caso, i é medido diretamente em mm. Caso a sortividade seja expressa em unidades SI, deve ser utilizada a seguinte conversão:

$$1 \text{ mm/min}^{0,5} = 1{,}29 \times 10^{-4} \text{ m/s}^{0,5}.$$

No ensaio, são feitas várias medições em um período de até quatro horas, e é ajustada uma linha reta no gráfico dos incrementos de massa, ou a ascensão de água *versus* a raiz quadrada do tempo. O ponto de origem, e possivelmente também o das leituras iniciais, é ignorado, pois ocorre um pequeno acréscimo na massa no momento em que os poros superficiais abertos nos 2 a 5 mm inferiores do prisma são imersos (ver Figura 10.1).

Alguns valores típicos de sortividade são: 0,09 mm/min^{0,5} para concretos com relação água/cimento de 0,4; e 0,17 mm/min^{0,5} para concretos com relação água/cimento igual a 0,6. Esses valores devem ser considerados apenas como exemplos.

Assim como no ensaio de absorção superficial inicial, quanto maior for o teor de umidade do concreto, menor será a sortividade medida, de modo que, se possível, o corpo de prova deve ser mantido a 105 °C antes do ensaio. Como alternativa, pode ser indicada a condição de umidade do corpo de prova.*

Permeabilidade do concreto à água

Os princípios do fluxo de água através do concreto sob pressão foram discutidos na página 505, considerando o fluxo através de um corpo poroso. Agora, serão analisadas algumas características mais específicas da permeabilidade do concreto.

Inicialmente, é possível notar que a pasta de cimento endurecida é composta por partículas conectadas somente por uma pequena fração de sua superfície total. Por essa razão, parte da água é interna do campo de força da fase sólida, ou seja, está adsorvida. Essa água tem uma elevada viscosidade, mas, apesar disso, é móvel e faz parte do fluxo.$^{10.2}$ Como já exposto, a permeabilidade do concreto não é uma função simples de sua porosidade, pois também depende da dimensão, da forma, da tortuosidade e da continuidade dos poros. Dessa forma, embora o gel de cimento tenha uma porosidade de 28%, sua permeabilidade$^{10.3}$ é de somente 7×10^{-16} m/s. Isso se deve à textura extrema-

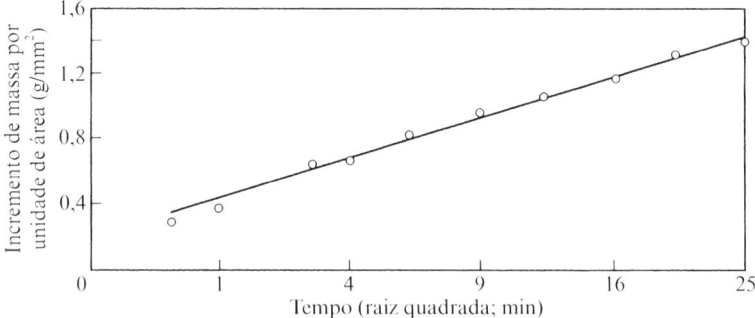

Figura 10.1 Exemplo da relação entre o incremento de massa de água por unidade de área e o tempo utilizado para o cálculo da sortividade.

---

* N. de R.T.: A NBR 9779:2012 estabelece o procedimento para a determinação da absorção de água por capilaridade em concreto endurecido. O método de ensaio é semelhante ao descrito, e o resultado é expresso em g/cm².

mente fina da pasta de cimento endurecida: os poros e as partículas sólidas são muito pequenas e numerosas, enquanto, nas rochas, os poros, mesmo em menor número, são muito maiores, o que resulta em maior permeabilidade. Pela mesma razão, a água pode fluir mais facilmente através dos poros capilares do que através dos poros muito menores de gel. A pasta de cimento como um todo é de 20 a 100 vezes mais permeável do que o gel em si.[10.3] Conclui-se, então, que a permeabilidade da pasta de cimento endurecida é controlada pela porosidade capilar. A relação entre essas duas grandezas é mostrada na Figura 10.2. Para fins de comparação, a Tabela 10.2 lista as relações água/cimento de pastas com a mesma permeabilidade, bem como de algumas rochas comuns.[10.3] É interessante ver que a permeabilidade do granito é aproximadamente a mesma da pasta de cimento madura com relação água/cimento de 0,70, isto é, de qualidade não tão boa.

A permeabilidade da pasta de cimento varia conforme a evolução da hidratação. Na pasta fresca, o fluxo de água é controlado pela dimensão, pela forma e pela concentração

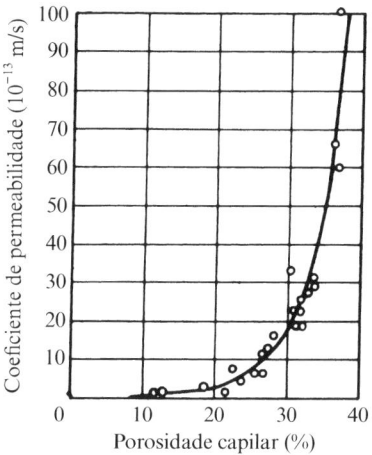

Figura 10.2 Relação entre a permeabilidade e a porosidade capilar da pasta de cimento.[10.3]

Tabela 10.2 Comparação entre permeabilidades de rochas e de pastas de cimento[10.3]

Tipo de rocha	Coeficiente de permeabilidade (m/s)	Relação água/cimento da pasta de cimento madura de mesma permeabilidade
Basalto denso	$2,47 \times 10^{-14}$	0,38
Quartzo diorito	$8,24 \times 10^{-14}$	0,42
Mármore	$2,39 \times 10^{-13}$	0,48
Mármore	$5,77 \times 10^{-12}$	0,66
Granito	$5,35 \times 10^{-11}$	0,70
Arenito	$1,23 \times 10^{-10}$	0,71
Granito	$1,56 \times 10^{-10}$	0,71

das partículas originais de cimento. Com o progresso da hidratação, a permeabilidade diminui rapidamente, devido ao volume total de gel (incluindo os poros de gel) ser aproximadamente 2,1 vezes o volume do cimento não hidratado. Desse modo, o gel preenche, de forma gradual, parte dos vazios originalmente preenchidos com água. Na pasta madura, a permeabilidade depende da dimensão, da forma e da concentração das partículas de gel e do fato de os capilares terem ou não se tornado descontínuos.[10.4] A Tabela 10.3 mostra valores do coeficiente de permeabilidade[10.5] em diferentes idades para uma pasta de cimento com relação água/cimento igual a 0,70. A diminuição no coeficiente de permeabilidade será mais rápida quanto menor for a relação água/cimento da pasta, de modo que ocorre uma pequena diminuição após a realização de cura úmida por um período de:[10.21]

sete dias quando a relação água/cimento é 0,45,
28 dias quando a relação água/cimento é 0,60,
90 dias quando a relação água/cimento é 0,70.

Para pastas de cimento com mesmo grau de hidratação, a permeabilidade será menor quanto maior for o consumo de cimento da pasta, ou seja, quanto menor for a relação água/cimento. A Figura 10.3 mostra valores obtidos para pastas com 93% de cimento já hidratado.[10.5] A inclinação da curva é consideravelmente menor para pastas com relações água/cimento inferiores a, aproximadamente, 0,60, isto é, pastas em que alguns capilares foram segmentados (ver página 33). A partir da Figura 10.3, pode ser visto que a redução da relação água/cimento de, por exemplo, 0,70 para 0,30 diminui o coeficiente de permeabilidade em três ordens de grandeza. A mesma redução ocorre em uma pasta com relação água/cimento de 0,70 entre as idades de sete dias e um ano.

No concreto, o valor do coeficiente de permeabilidade diminui substancialmente com a diminuição da relação água/cimento. Em uma faixa de relações água/cimento de 0,75 a 0,26, o coeficiente diminui até quatro ordens de grandeza,[10.51] e, no intervalo de 0,75 a 0,45, em duas ordens de grandeza. Especificamente, com relação água/cimento de 0,75, o coeficiente de permeabilidade é geralmente 10^{-10} m/s, e esse valor pode ser considerado representativo de um concreto com elevada permeabilidade. Com relação água/cimento igual a 0,45, o coeficiente típico é 10^{-11} ou 10^{-12} m/s. Permeabilidades de uma ordem de grandeza menor do que o último valor são representativas de concretos com permeabilidade muito baixa.

Tabela 10.3 Redução na permeabilidade da pasta de cimento (relação água/cimento = 0,70) com a evolução da hidratação[10.5]

Idade (dias)	Coeficiente de permeabilidade (K; m/s)
Fresco	2×10^{-6}
5	4×10^{-10}
6	1×10^{-10}
8	4×10^{-11}
13	5×10^{-12}
24	1×10^{-12}
Final	6×10^{-13} (estimado)

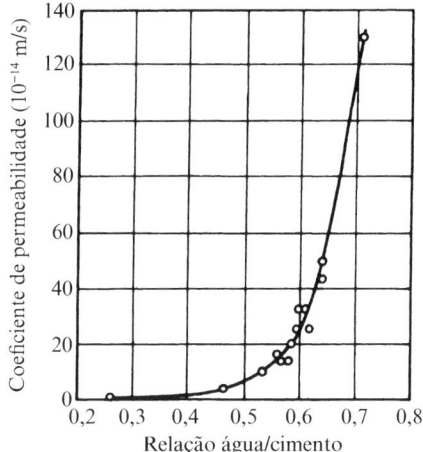

Figura 10.3 Relação entre a permeabilidade e a relação água/cimento para pastas de cimento maduras[10.5] (93% de cimento hidratado).

Em relação a esse tema, é interessante fazer referência novamente à Figura 10.3, que trata de pastas maduras. Ocorre um grande aumento na permeabilidade em relações água/cimento maiores do que, aproximadamente, 0,40. Próximo a esse valor de relação água/cimento, os capilares se tornam segmentados, de modo que existe uma diferença substancial entre a permeabilidade de pastas de cimento maduras com relação água/cimento menor do que 0,40 e a de pastas com esse valor mais elevado. Essa diferença tem consequências quanto ao ingresso de íons agressivos no concreto. A permeabilidade do concreto também é de interesse em relação à estanqueidade à água de estruturas destinadas à contenção de líquidos e de algumas outras estruturas, e também no que diz respeito ao problema de pressão hidrostática no interior de barragens. Além disso, o ingresso de umidade no concreto influencia suas propriedades de isolamento térmico (ver páginas 390 e 737).

Foi constatado que, para concretos com relação água/cimento muito alta, o aumento do período de cura úmida de um para sete dias[10.51] reduz a permeabilidade à água em cinco vezes.

A permeabilidade do concreto é influenciada também pelas propriedades do cimento. Para a mesma relação água/cimento, cimentos mais grossos tendem a produzir uma pasta de cimento endurecida com maior porosidade do que cimentos mais finos.[10.5] O teor dos compostos do cimento afeta a permeabilidade, já que influencia a velocidade de hidratação, mas a porosidade e a permeabilidade finais não são afetadas.[10.5] Em termos gerais, é possível afirmar que, quanto maior for a resistência da pasta de cimento endurecida, menor será sua permeabilidade. Isso já é esperado, pois a resistência é uma função do volume relativo de gel no espaço disponível. Existe uma exceção a essa afirmação: a secagem da pasta de cimento aumenta sua permeabilidade, provavelmente devido à retração poder causar a ruptura de parte do gel entre os capilares e, assim, abrir novas passagens para a água.[10.5]

A diferença entre a permeabilidade da pasta de cimento endurecida e a do concreto contendo uma pasta de mesma relação água/cimento deve ser analisada em função da influência da permeabilidade do agregado no comportamento do concreto (ver Tabela 10.2). Caso o agregado tenha permeabilidade muito baixa, sua presença reduz a área efetiva onde o fluxo pode ocorrer. Além disso, como o caminho do fluxo tem de contornar as partículas dos agregados, o caminho efetivo se torna consideravelmente maior, de modo que o efeito do agregado na redução da permeabilidade pode ser considerável. Aparentemente, a zona de transição não contribui para o fluxo. Em geral, a influência do teor de agregado na mistura é pequena, e, devido às partículas de agregado estarem envoltas pela pasta de cimento, em um concreto com adensamento pleno, é a permeabilidade da pasta de cimento endurecida que exerce maior influência na permeabilidade do concreto, conforme citado na página 504.

A permeabilidade do concreto em condições criogênicas, como, por exemplo, ao nitrogênio líquido a −196 °C, envolve outros mecanismos, pois o gelo reduz o fluxo e, aparentemente, os agregados têm uma influência substancial.[10.50] Foram citados valores típicos de 10^{-18} a 10^{-17} m² para o coeficiente de permeabilidade intrínseca.[10.50]

Ensaios de permeabilidade

Não há uma normalização geral dos ensaios de permeabilidade do concreto,[10.123] portanto os valores dos coeficientes citados em diferentes publicações podem não ser comparáveis. Nesses ensaios, é medido o fluxo de água no concreto pelo escoamento em regime permanente decorrente de um diferencial de pressão, sendo utilizada a lei de Darcy (ver página 505) para o cálculo do coeficiente de permeabilidade, K.

No procedimento 4913-92,[10.43] prescrito pelo U.S. Bureau of Reclamation, é usada uma pressão de água de 2,76 Mpa, que equivale a uma coluna de água de 282 m. Também existem ensaios canadenses[10.45,10.109] e um ensaio alemão normalizado pela DIN 1048-1991.[10.131] Nesses métodos, a pressão com que a água é forçada a escoar pelo concreto é alta, o que pode alterar a condição natural do concreto. Há também a possibilidade de ela bloquear parte dos poros com material fino. Além do mais, durante a realização do ensaio, o cimento ainda não hidratado pode sofrer reação, levando o valor do coeficiente de permeabilidade a diminuir com o tempo.

O procedimento 4913-92[10.43] estabelece uma correção em relação à idade do corpo de prova no momento do ensaio, conforme mostra a Figura 10.4. Esse procedimento é relevante para o comportamento do concreto em grandes barragens. Por outro lado, para estruturas comuns, o fluxo de água sob alta pressão não é representativo das condições de uso.

É importante destacar que resultados de ensaios de permeabilidade realizados em concretos semelhantes e de mesma idade, com os mesmos equipamentos, apresentam grande dispersão. Diferenças entre, por exemplo, 2×10^{-12} e 6×10^{-12} m/s não são significativas, de modo que é importante citar a ordem de grandeza ou adotar uma aproximação máxima de 5×10^{-12} m/s. Diferenças menores no valor do coeficiente de permeabilidade não são significativas e podem ser enganosas.*

---

* N. de R.T.: A NBR 10786:2013 determina o coeficiente de permeabilidade à água do concreto endurecido, sendo aplicada uma pressão de 2,0 MPa.

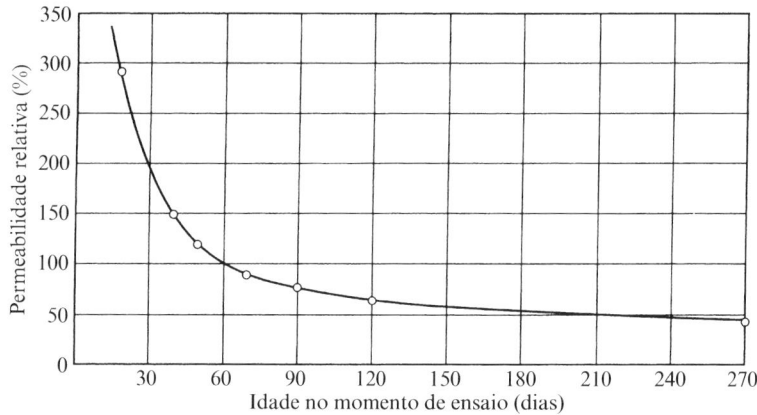

Figura 10.4 Correção relativa à idade para o ensaio de permeabilidade do concreto do U.S. Bureau of Reclamation: na ordenada, a permeabilidade em qualquer idade está representada como uma porcentagem da permeabilidade na idade de 60 dias.[10.43]

Ensaio de penetração de água

Existe mais um problema em relação aos ensaios de permeabilidade: em um concreto de boa qualidade, não há fluxo de água *através* do concreto. A água penetra *no* concreto até certa profundidade, e uma expressão foi desenvolvida por Valenta[10.48] para converter a profundidade de penetração no coeficiente de permeabilidade, K (em m/s), equivalente ao utilizado na lei de Darcy:

$$K = \frac{e^2 v}{2ht}$$

onde: e = profundidade de penetração no concreto (m)
h = coluna de água (m)
t = tempo sob pressão (s)
v = fração do volume do concreto ocupado por poros.

O valor de v representa os poros discretos, como as bolhas de ar, que não são preenchidos com água, exceto sob pressão. Esse valor pode ser calculado a partir do aumento de massa do concreto durante o ensaio, lembrando que somente devem ser considerados os vazios na parte do corpo de prova em que houve penetração de água. O valor de v[10.47], normalmente, varia entre 0,02 e 0,06.

A coluna de água é aplicada sob pressão, geralmente variável entre 0,1 e 0,7 MPa.[10.21] A profundidade de penetração é obtida pela visualização da superfície rompida do corpo de prova (o concreto umedecido se torna mais escuro) após um determinado tempo. Esse é o valor de e na expressão de Valenta.

A profundidade de penetração da água também pode ser utilizada como uma avaliação qualitativa do concreto. Concretos com valores de profundidade inferiores a 50 mm são considerados "impermeáveis"; com a profundidade de penetração menor do que 30 mm, os concretos são considerados "impermeáveis em condições agressivas". [10.21.]*

Permeabilidade ao ar e ao vapor

Conforme mencionado anteriormente, a facilidade com que o ar, alguns gases e o vapor de água podem penetrar no concreto é importante para sua durabilidade em diversas condições de exposição. Deve ser feita uma distinção entre a situação em que a força atuante é um diferencial de pressões e aquela em que a pressão e a temperatura são as mesmas nos dois lados do corpo de prova ou do elemento, mas existem dois gases diferentes nos dois lados. Neste último caso, os gases se movimentam através do concreto por difusão, enquanto, no primeiro, o fenômeno é a permeabilidade.

Lawrence[10.52] reviu a dedução e a medida da difusividade do concreto aos gases, em m^2/s, e mostrou que, em uma escala log-log, existe uma relação linear entre a difusividade e a permeabilidade intrínseca do concreto, em m^2. Um exemplo dessa relação para o oxigênio é mostrado na Figura 10.5. A relação pode ser utilizada para estabelecer o valor de difusividade a partir de ensaios de permeabilidade, que são mais fáceis de realizar.[10.52]

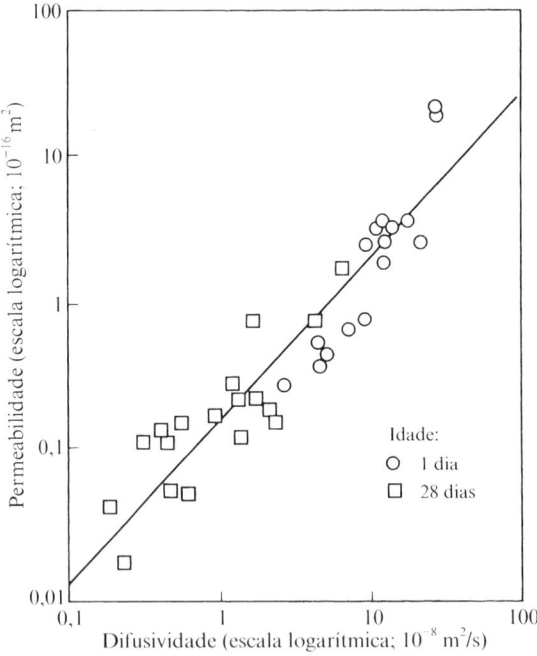

Figura 10.5 Relação entre a permeabilidade intrínseca e a difusividade do concreto.[10.52]

---

* N. de R.T.: A NBR 10787:2011 estabelece os procedimentos para a determinação da penetração de água sob pressão no concreto endurecido. As pressões aplicadas variam de 0,1 a 0,7 MPa.

Como os gases são compressíveis, a pressão, p_0, em que a vazão, q (em m³/s), é medida deve ser considerada, além das pressões de entrada, p, e de saída, p_a – todas as pressões em N/m².

O coeficiente de permeabilidade intrínseca, K, em m², é:[10.96]

$$K = \frac{2qp_0 L\eta}{A(p^2 - p_a^2)}$$

onde: A = área da seção transversal do corpo de prova (m²)
L = espessura do corpo de prova (m)
η = viscosidade dinâmica (N·s/m²).

Para o oxigênio a 20 °C, $\eta = 20{,}2 \times 10^{-6}$ N·s/m².

Teoricamente, o coeficiente de permeabilidade intrínseca de um determinado concreto deve ser o mesmo, independentemente de ser utilizado gás ou líquido no ensaio. Os gases, entretanto, resultam em um maior valor de coeficiente, devido ao fenômeno de deslizamento dos gases. Isso significa que, no limite de fluxo, o gás tem uma velocidade finita. A diferença entre a permeabilidade aos gases e aos líquidos é maior com valores menores de coeficiente de permeabilidade intrínseca, e a relação entre a primeiro e a segunda varia de 6 até aproximadamente 100.[10.132]

A permeabilidade ao ar é bastante afetada pela cura, especialmente em concretos de baixas e médias resistências.[10.92] A Figura 10.6 mostra esse efeito para um concreto

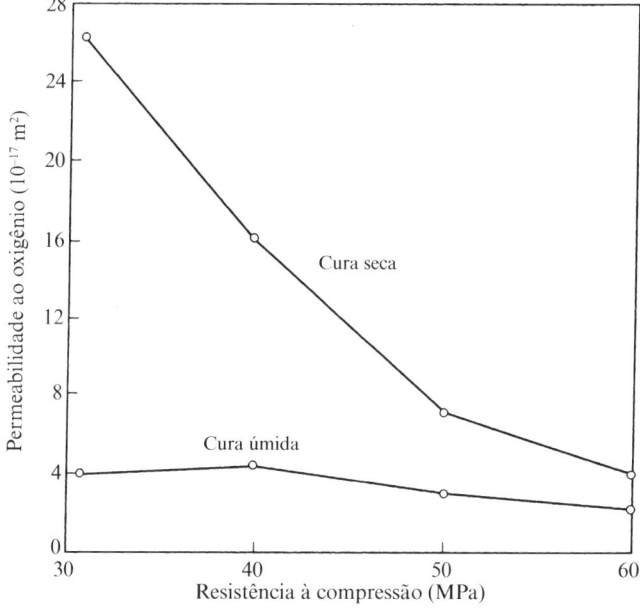

Figura 10.6 Relação entre a permeabilidade ao oxigênio e a resistência à compressão de concretos curados por 28 dias em água e ao ar com umidade relativa de 65% (baseada na referência 10.92).

curado por 28 dias (a) em água e (b) ao ar com umidade relativa de 65% e, posteriormente, mantido por um ano ao ar a 20 °C e com umidade relativa de 65%.

Para fins de ilustração,[10.132] pode ser dito que a ordem de grandeza da permeabilidade intrínseca (com a utilização de gás) do concreto com relação água/cimento igual a 0,33 é de 10^{-18} m².

A permeabilidade ao ar do concreto é fortemente afetada por seu teor de umidade. Foi observado que a mudança de uma condição próxima à saturação para uma condição de secagem em estufa implicou o aumento do coeficiente de permeabilidade ao gás em aproximadamente duas ordens de grandeza. Por essa razão, em todos os ensaios, a condição do concreto deve ser claramente definida. Do ponto de vista da facilidade de execução do ensaio, a condição preferencial é a seca em estufa. Entretanto, essa condição não é representativa do concreto em serviço, e é a permeabilidade do concreto ao oxigênio em condições reais que é relevante para a corrosão da armadura.

O condicionamento do corpo de prova ao ar em uma condição constante de umidade, mesmo por períodos longos como 28 dias, não resulta, necessariamente, em uma condição de umidade uniforme no interior do concreto.[10.59]

A permeabilidade do concreto ao oxigênio pode ser determinada pelo método desenvolvido pelo Cembureau.[10.53] Entretanto, não existe um método de aceitação geral.

Carbonatação

A discussão sobre o comportamento do concreto é, em geral, baseada na consideração de que o meio ambiente é o ar que não reage com a pasta de cimento hidratada. Na realidade, entretanto, o ar contém CO_2, que, na presença de umidade, reage com o cimento hidratado. Cabe ressaltar que, na verdade, o agente é o gás carbônico, pois o CO_2 gasoso não é reativo.

A ação do CO_2 ocorre mesmo com pequenas concentrações, como as presentes no ambiente rural, onde o teor de CO_2 é cerca de 0,03%, em volume. Em um laboratório não ventilado, esse teor pode chegar a mais de 0,1%, e, em cidades grandes, o valor médio é 0,3% e, excepcionalmente, chega a 1%. Um exemplo de concreto exposto a uma concentração muito elevada de CO_2 é o concreto utilizado em revestimentos de túneis para veículos. A velocidade de carbonatação aumenta com o aumento do teor de CO_2, especialmente com relações água/cimento elevadas,[10.107] em que o transporte de CO_2 ocorre pelo sistema de poros da pasta de cimento endurecida.

Dos produtos hidratados da pasta de cimento, o de reação mais rápida com o CO_2 é o $Ca(OH)_2$, e o $CaCO_3$ é o produto da reação, embora outros produtos hidratados também sejam decompostos, produzindo sílica, alumina e óxido de ferro hidratados.[10.7] Teoricamente, a decomposição completa dos compostos de cálcio no cimento hidratado é quimicamente possível, mesmo com a baixa concentração de CO_2 na atmosfera normal;[10.101] entretanto, na prática, isso não é um problema. Em concretos que contêm somente cimento Portland, apenas a carbonatação do $Ca(OH)_2$ é relevante. Contudo, quando o $Ca(OH)_2$ é esgotado, por exemplo, por uma reação secundária com sílica pozolânica, a carbonatação do silicato de cálcio hidratado, C-S-H, também é possível. Quando isso ocorre, além de mais $CaCO_3$, forma-se, ao mesmo tempo, gel de sílica nos poros maiores do que 100 nm, o que favorece a ocorrência de mais carbonatação.[10.67] A carbonatação do C-S-H será discutida posteriormente, em conjunto com a carbonatação de concretos produzidos com cimentos compostos.

Efeitos da carbonatação

A carbonatação em si não causa a deterioração do concreto, mas tem severas consequências. Uma delas é a retração por carbonatação, que foi discutida na página 461. Em relação à durabilidade, a importância da carbonatação está no fato de ela reduzir o pH da água de poros da pasta de cimento endurecida, de um valor entre 12,6 e 13,5 para um valor próximo de 9. Quando todo o $Ca(OH)_2$ é carbonatado, o valor do pH é reduzido para 8,3. [10.35] A importância desse fato será apresentada a seguir.

O aço embutido na pasta de cimento hidratada rapidamente forma uma fina *camada de passivação*. Essa camada de óxido adere fortemente ao aço e prové a ele uma proteção completa contra a reação com o oxigênio e a água, ou seja, contra a ocorrência de corrosão, assunto tratado no Capítulo 11. Diz-se que o aço nesse estado está passivado ou em *passivação*. A manutenção desse estado é condicionada a um pH adequadamente elevado da água de poros em contato com a camada de passivação. Desse modo, quando o pH baixo atinge a região próxima à armadura, o filme de óxido protetor é removido, possibilitando a ocorrência da corrosão – desde que haja o oxigênio e a umidade necessários para as reações. Por essa razão, é importante conhecer a profundidade de carbonatação e, em especial, saber se a frente de carbonatação atingiu a superfície da armadura. Na realidade, devido à presença do agregado graúdo, a "frente" de carbonatação não avança como uma linha reta perfeita. Deve ser destacado que, caso existam fissuras, o CO_2 pode ingressar através delas, de modo que a "frente" avance localmente a partir das fissuras por onde houve o ingresso. Em muitos casos, caso tenha ocorrido a carbonatação parcial, pode haver corrosão, mesmo quando a região com carbonatação total ainda estiver alguns milímetros distante da superfície do aço.[10.61]

Velocidade de carbonatação

A carbonatação se dá progressivamente a partir do exterior do concreto exposto ao CO_2, entretanto, a uma velocidade decrescente, devido ao ingresso do CO_2 ocorrer por difusão através do sistema de poros, incluindo a região superficial já carbonatada. Essa difusão é um processo lento caso os poros na pasta de cimento hidratada estejam preenchidos com água, pois a difusão do CO_2 em água é quatro ordens de grandeza mais lenta do que ao ar. Por outro lado, caso a água nos poros seja insuficiente, o CO_2 permanece na forma gasosa e não reage com o cimento hidratado. Portanto, conclui-se que a velocidade de carbonatação depende do teor de umidade do concreto, que varia com a distância em relação à superfície. Em virtude dessa condição variável, a velocidade de transporte de CO_2 para o avanço da frente de carbonatação no concreto não pode ser prontamente determinada a partir da equação de difusão (ver página 506). A relação entre a difusividade e a permeabilidade intrínseca mostrada na Figura 10.5 possivelmente pode ser utilizada.

A maior taxa de carbonatação ocorre em umidades relativas entre 50 e 70%. Essa situação pode ser comparada à umidade relativa de 65%, típica de um laboratório comum. Em ambientes externos no sul da Inglaterra, a umidade relativa é de 86% no inverno e de 73% no verão.

Em condições higrométricas uniformes, a profundidade de carbonatação aumenta na proporção da raiz quadrada do tempo, o que é mais uma característica da sortividade do que da difusão. Entretanto, a carbonatação envolve a interação entre o CO_2 e o sistema de poros. Portanto, é possível expressar a profundidade de carbonatação, D (em mm), como:

$$D = Kt^{0.5}$$

onde: K = coeficiente de carbonatação (mm/ano$^{0.5}$)
t = tempo de exposição (anos).

Os valores de K são, com frequência, maiores do que 3 ou 4 mm/ano$^{0.5}$ para concretos de baixa resistência.[10.58] Outro modo de fornecer uma ideia geral é dizer que, em um concreto com relação água/cimento de 0,60, a espessura de carbonatação de 15 mm será alcançada após 15 anos, mas, com relação água/cimento de 0,45, apenas após 100 anos. Um exemplo[10.124] da evolução da carbonatação em um período de 16 anos é apresentado na Figura 10.7.

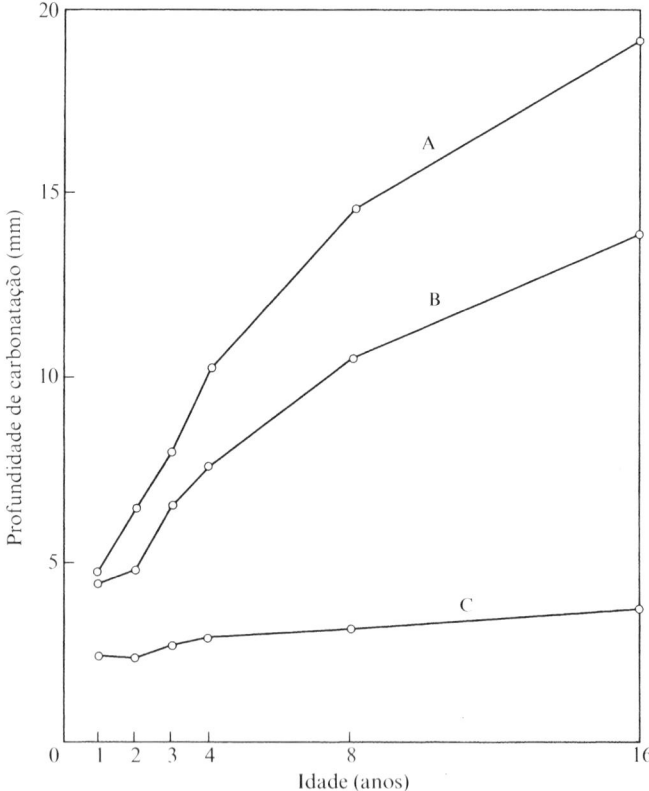

Figura 10.7 Evolução da carbonatação com o tempo sob diferentes condições: (A) 20 °C e 65% de umidade relativa; (B) ambiente externo, protegido por cobertura; e (C) superfície horizontal em ambiente externo na Alemanha. Os valores são médios para concretos com relações água/cimento de 0,45, 0,60 e 0,80 submetidos à cura úmida por sete dias (baseada na referência 10.124).

A expressão que envolve a raiz quadrada do tempo não é aplicável a condições de exposição não uniformes. Em especial, caso a superfície do concreto seja exposta a uma umidade variável, com molhagem periódica, a velocidade de carbonatação é reduzida, devido à diminuição da difusão de CO_2 através dos poros saturados da pasta de cimento endurecida. Por outro lado, partes protegidas da estrutura sofrem carbonatação em maior velocidade do que aquelas expostas a chuvas, que reduzem significativamente a evolução da carbonatação. No interior de edifícios, as velocidades de carbonatação podem ser elevadas, mas não há consequências nocivas em relação à corrosão da armadura (ver página 586), a menos que o concreto carbonatado seja umedecido na sequência. Isso pode ocorrer quando a água ingressa através do revestimento do edifício e alcança a região carbonatada a partir do interior.

A influência significativa do teor de umidade do concreto na carbonatação implica que, mesmo em um único edifício, todo produzido com o mesmo concreto, pode existir uma considerável variação na profundidade de carbonatação em uma determinada idade. As paredes mais expostas às chuvas terão menor profundidade de carbonatação, e o mesmo ocorrerá com superfícies inclinadas que possam ser lavadas pela chuva ou com paredes que possam ser completamente secas por forte insolação. De modo geral, a maior profundidade de carbonatação pode ser 50% maior do que a menor profundidade.[10.57]

Pequenas variações na temperatura têm pouca influência na carbonatação, mas a temperatura elevada aumenta a velocidade de carbonatação, a menos que a secagem sobressaia em relação ao efeito da temperatura.

Os fenômenos físico-químicos que influenciam a velocidade de carbonatação são discutidos por Papadakis *et al.*[10.56]

Fatores que influenciam a carbonatação

O principal fator de controle da carbonatação é a difusividade da pasta de cimento endurecida. A difusividade é uma função do sistema de poros da pasta enquanto ocorre a difusão do CO_2. Portanto, o tipo de cimento, a relação água/cimento e o grau de hidratação são relevantes. Como esses fatores também influenciam a resistência do concreto contendo qualquer pasta de cimento endurecida, é comum mencionar que a velocidade de carbonatação é uma função simples da resistência do concreto. Embora bastante correta, essa afirmação é uma simplificação inadequada, já que o valor de resistência considerado não é aquele aplicado ao concreto em campo quando exposto ao CO_2, mas, normalmente, o valor da resistência obtido em corpos de prova curados de modo normalizado, que, invariavelmente, é melhor que a cura realizada na obra.

Alternativas ao uso da resistência como parâmetro incluem a expressão da carbonatação como uma função da relação água/cimento ou do consumo de cimento – ou de ambos. Não existe fundamento físico para a consideração do consumo de cimento e, no que se refere à relação água/cimento, seu uso não é melhor do que a adoção da resistência como parâmetro. De fato, nem a resistência nem a relação água/cimento são indicativos da microestrutura da pasta de cimento endurecida na região superficial do concreto *durante* o processo de difusão do CO_2. Um fator com grande influência na região externa é o histórico de cura do concreto.

O efeito da cura na carbonatação é considerável. A Figura 10.8 mostra a profundidade de carbonatação de concretos com resistência à compressão aos 28 dias (avaliada em corpos de prova cúbicos) variável entre 30 e 60 MPa. A cura foi realizada de duas maneiras: (a) em água por 28 dias e (b) ao ar com umidade relativa de 65%. Em seguida, todos os corpos de prova foram armazenados por dois anos a 20 °C e em umidade relativa de 65%.[10.92] O efeito deletério da falta de cura úmida, com uma maior porosidade resultante, é evidente. Outros pesquisadores[10.133] relataram que o aumento do período de cura úmida de um para três dias causou a redução da profundidade de carbonatação em aproximadamente 40%.

Entretanto, deve ser destacado que a exposição ao ar livre, em várias partes do mundo, inclui períodos frequentes ou prolongados de alta umidade. Dessa forma, a hidratação do cimento é continuada e, de fato, ocorre a cura natural tardia da região superficial. Apesar disso, os efeitos da ausência de cura inicial na carbonatação persistem, em geral, por vários anos, resultando em uma microestrutura da pasta de cimento endurecida na região externa do concreto que favorece a difusão do CO_2.

De forma geral, pode ser dito que, em uma situação favorável à continuação da carbonatação, concretos com resistência menor do que 30 MPa têm alta probabilidade de sofrer carbonatação até uma profundidade de, no mínimo, 15 mm em um período de alguns anos.[10.62]

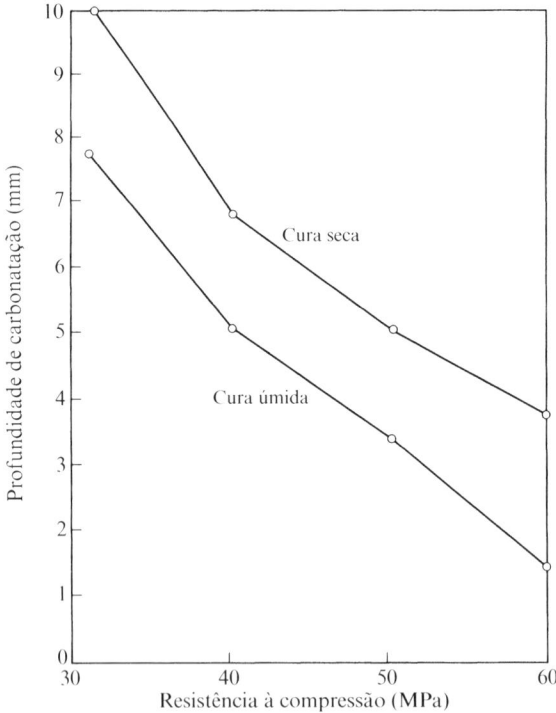

Figura 10.8 Relação entre a profundidade de carbonatação e a resistência à compressão do concreto após exposição ao ar com umidade relativa de 65% por dois anos (baseada na referência 10.92).

Apesar da grande variabilidade da velocidade de carbonatação em diferentes locais, são válidos os valores típicos apresentados por Parrott[10.55] e mostrados na Tabela 10.4. Entretanto, esses valores não devem ser tomados como regra. A partir desses dados, é possível dizer que, para concretos ao ar livre, mas protegidos, no Reino Unido ou em climas similares, em 90% dos casos, a profundidade de carbonatação não irá superar os valores apresentados na Tabela 10.4. Pelas razões fornecidas anteriormente, em alguns casos, a profundidade de carbonatação será maior do que o limite superior de 90% e, em outros, será muito menor. Apesar disso, os valores mostrados nas Tabelas 10.4 e 10.5, bem como outros dados apresentados neste capítulo, oferecem a garantia de que a profundidade de carbonatação esperada durante a vida útil da estrutura seja menor do que a espessura do cobrimento da armadura. Sendo assim, em relação à proteção das armaduras, a espessura necessária do cobrimento e a qualidade efetiva do concreto são interdependentes, devendo, portanto, ser especificadas em conjunto. O tema do cobrimento é discutido na página 596.

Carbonatação de concretos com cimentos compostos

Hoje em dia, com a ampla utilização de cimentos compostos, é importante conhecer o comportamento da carbonatação de concretos que contêm cinza volante e escória granulada de alto-forno. Vários artigos publicados apresentam resultados comparando ensaios de carbonatação em concretos com e sem esses materiais cimentícios. Entretanto, essas comparações foram realizadas sob bases variáveis, e os dados obtidos não são úteis para estabelecer generalizações válidas; contudo, o importante ao selecionar uma mistura é determinar as características referentes à carbonatação da mistura proposta.

O início dessa determinação é feito a partir do conhecimento da microestrutura – e de outras propriedades da pasta de cimento endurecida resultante da utilização dos materiais cimentícios. É importante saber como essas propriedades físicas e químicas

Tabela 10.4 Profundidade de carbonatação em função da resistência[10.55]

Condição de exposição	Profundidade de carbonatação após 50 anos (mm)	
	Concreto de 25 MPa	Concreto de 50 MPa
Externa protegida	60 a 70	20 a 30
Exposta à chuva	10 a 20	1 a 2

Tabela 10.5 Profundidade de carbonatação máxima em concretos externos protegidos no Reino Unido[10.55]

Resistência aos 28 dias (MPa)	Profundidade de carbonatação após 30 anos (mm)
20	45
40	17
60	5
80	2

influenciam a carbonatação. As propriedades relevantes serão discutidas no Capítulo 13, mas, na etapa atual, devem ser feitas duas observações em relação à cinza volante Classe F. Inicialmente, a sílica presente na cinza volante reage com o $Ca(OH)_2$ resultante da hidratação do cimento Portland. Em virtude disso, os cimentos compostos resultam em um menor teor de $Ca(OH)_2$ na pasta de cimento endurecida, e, desse modo, é necessária uma quantidade menor de CO_2 para a remoção de todo o $Ca(OH)_2$ pela produção do $CaCO_3$. Bier[10.67] mostrou que a profundidade de carbonatação é maior quando a quantidade de $Ca(OH)_2$ é menor. Conclui-se que a presença da cinza volante resulta em uma maior velocidade de carbonatação. Entretanto, existe outro efeito da reação entre a sílica pozolânica e o $Ca(OH)_2$: esse processo resulta em uma pasta de cimento endurecida com estrutura mais densa, de modo que a difusividade é reduzida e a carbonatação é abrandada.

A questão que fica é: qual é o efeito predominante? Um aspecto importante é a qualidade da cura. Uma cura adequada é necessária para que as reações pozolânicas ocorram (ver página 685). Já foram realizados ensaios de concretos com cinza volante envolvendo cura de somente um dia.[10.55,10.66] O objetivo desses ensaios era demonstrar a alta carbonatação do concreto com cinza volante; entretanto, eles estavam fundamentados em uma prática inadequada de execução de concreto. Os efeitos da cura inadequada na carbonatação do concreto contendo cinza volante persistem por um longo período.[10.63] Por outro lado, concretos produzidos com cimento contendo até 30% de cinza volante e com resistências reais acima de 35 MPa não apresentaram aumento – ou somente um acréscimo mínimo – na carbonatação quando a cinza volante foi incorporada à mistura.[10.63,10.67]

O uso de escória granulada de alto-forno na mistura implica uma necessidade ainda maior de cura adequada. Consequentemente, um concreto contendo escória de alto-forno mal curado exibe uma carbonatação muito elevada, e já foram relatadas profundidades de 10 a 20 mm após um ano de exposição.[10.64] Elevados teores de escória resultam em maior profundidade de carbonatação.[10.64, 10.65] Entretanto, quando o teor de escória de alto-forno no cimento composto é inferior a 50% e o concreto é exposto a uma concentração de CO_2 de 0,03%, registra-se somente um leve aumento na carbonatação.[10.67]

Considerando a utilização de fíleres nos cimentos modernos (ver página 91), é válido mencionar que eles não exercem nenhum efeito na microestrutura da pasta de cimento endurecida e, portanto, não influenciam a carbonatação.[10.60]

Os cimentos resistentes a sulfatos apresentam uma profundidade de carbonatação 50% maior do que o cimento Portland comum.[10.108] Por essa razão, pode ser necessário o aumento do cobrimento da armadura quando aquele cimento é utilizado. A carbonatação também é aumentada em concretos produzidos com cimento de pega regulada.[10.137]

A carbonatação também ocorre em concretos com cimento de elevado teor de alumina, mas, como a hidratação desse cimento não produz $Ca(OH)_2$, são os aluminatos de cálcio hidratados, CAH_{10} e C_3AH_6, que reagem com o CO_2. Os produtos formados são o $CaCO_3$ e o gel de alumina, que possuem menor resistência do que os hidratos. Concretos produzidos com cimento de elevado teor de alumina têm o dobro de carbonatação em relação a concretos de mesma resistência produzidos com cimento Portland.[10.124]

A carbonatação da pasta endurecida de cimento de elevado teor de alumina pode resultar na despassivação da armadura, que, em todos os casos, está em contato com água de poros em um pH menor do que no caso do cimento Portland, a saber, um valor entre 11,4 e 11,8. A velocidade de carbonatação da pasta de cimento de elevado teor de alumina que sofreu conversão (ver página 99) é muito maior do que antes da conversão.

Medida da carbonatação

Entre as técnicas de laboratório que podem ser utilizadas para a determinação da profundidade de carbonatação estão a análise química, a difração de raios X, a espectroscopia de infravermelho e a análise termogravimétrica. Um método comum e simples para a determinação da extensão da carbonatação é por meio do tratamento de uma superfície de concreto recém-rompida com uma solução de fenolftaleína diluída em álcool. O $Ca(OH)_2$ livre apresenta coloração rosada, enquanto a parte carbonatada é incolor. Com o progresso da carbonatação da superfície recentemente exposta, a cor rosa desaparece gradualmente. Esse procedimento é prescrito pelo RILEM.[10.54] O ensaio é rápido e de fácil realização, mas deve ser lembrado que a cor rosa somente indica a presença de $Ca(OH)_2$, e não necessariamente a ausência total de carbonatação. De fato, o ensaio de fenolftaleína mede o pH (a cor rosa indica um valor mais elevado do que 9,5), mas não distingue se o baixo pH foi causado pela carbonatação ou por outros gases ácidos. Quando a preocupação for a corrosão das armaduras, a causa do baixo valor do pH não é importante, mas deve ser tomado cuidado na interpretação das colorações observadas.

O ensaio de fenolftaleína não pode ser utilizado com cimento de elevado teor de alumina, pois ele não possui cal livre.

Caso não seja possível obter uma superfície rompida, amostras de pó do concreto podem ser obtidas por perfurações com brocas em profundidades sucessivamente maiores, e, então, elas podem ser verificadas com fenolftaleína. É necessário cuidado para evitar que a cal livre de um concreto não carbonatado contamine a amostra, situação em que toda ela se tornaria rosa, resultando na ideia de ausência de carbonatação.

Em certas circunstâncias, a medida da frente de carbonatação a partir das superfícies de uma fissura pode ser utilizada para indicar se a fissura é antiga. Quando existem fissuras de idades conhecidas, a idade de uma fissura pode ser estimada por meio de comparações.[10.140]

Para determinar a velocidade provável de carbonatação de um determinado concreto, pode ser realizado um ensaio acelerado. Este consiste na exposição de um corpo de prova de concreto a uma elevada concentração de CO_2, de $c_t\%$. A profundidade de carbonatação após um determinado tempo de exposição, t_t, pode, então, ser transformada em uma estimativa do tempo, t_s, para a mesma profundidade ser obtida em uma concentração de serviço de CO_2 de $c_s\%$, considerando que o tempo é inversamente proporcional à concentração de CO_2:

$$t_t:t_s = c_s:100.$$

No método suíço,[10.125] não mais utilizado, é empregada uma concentração de CO_2 de 100%, mas é mais frequente uma concentração de 4 ou 5%.[10.36] Para a ocorrência da carbonatação, a umidade relativa deve estar entre 60 e 70%.

Deve ser tomado um extremo cuidado na análise de ensaios acelerados, não somente devido à carbonatação em campo ser bastante influenciada pelas condições reais de exposição, especialmente no que diz respeito à molhagem pelas chuvas e à secagem pelo sol e pelo vento, mas também devido à elevada concentração de CO_2 distorcer os fenômenos envolvidos. Por exemplo, ao utilizar uma concentração de CO_2 de

2%. Bier[10.67] observou que a profundidade de carbonatação de um concreto contendo cinza volante ou escória de alto-forno e adequadamente curado é, pelo menos, duas vezes maior do que quando somente o cimento Portland comum é utilizado. Com uma concentração de CO_2 de 0,03%, não houve aumento da profundidade de carbonatação quando o teor de cinza volante era inferior a 30% e o de escória era menor do que 50%. Uma provável explicação para tal comportamento diferente pode ser que, com uma alta concentração de CO_2, a carbonatação do $Ca(OH)_2$ tenha sido seguida pela carbonatação do C-S-H.

Uma extensa carbonatação do C-S-H em concreto em uso foi relatada por Kobayashi et al.,[10.110] mas não há informações sobre o tipo de cimento utilizado.

Aspectos adicionais da carbonatação

A carbonatação pode ter algumas consequências positivas. Como o $CaCO_3$ ocupa um volume maior do que o $Ca(OH)_2$ que o substitui, a porosidade do concreto carbonatado é diminuída. Além disso, a água liberada pelo $Ca(OH)_2$ na carbonatação pode contribuir para a hidratação do cimento ainda não hidratado. Essas alterações são benéficas e resultam em aumento da dureza e da resistência superficial[10.104] e em redução da permeabilidade superficial.[10.102] Ainda, o fluxo de água diminui[10.103] e a resistência aos mecanismos de ataque que são controlados pela permeabilidade aumenta. Por outro lado, a carbonatação acelera a corrosão das armaduras induzida por cloretos (ver página 593).

Diferentemente do cimento Portland, com cimento supersulfatado ocorre diminuição de resistência com a carbonatação, mas, devido a isso se aplicar somente à região superficial, esse fato não é estruturalmente significante.

Como a carbonatação afeta a porosidade e também a distribuição das dimensões dos poros (causando uma diminuição no volume de poros, especialmente os menores) da região externa do concreto, a penetração de tintas no concreto pode variar. Como consequência, a aderência da tinta e a coloração são afetadas pela carbonatação.[10.100] Como esta última depende da umidade relativa do ar e da idade, é fácil perceber que diferenças de cor e de qualidade de pintura podem surgir rapidamente.

Sakuta et al.[10.138] propuseram o uso de aditivos para absorver o dióxido de carbono que ingressa no concreto, prevenindo, assim, a carbonatação.

Ataque por ácidos

Em geral, o concreto possui boa resistência a ataques químicos, desde que uma mistura adequada tenha sido utilizada e o concreto esteja adequadamente adensado. Entretanto, existem algumas exceções.

Para começar, o concreto que contém cimento Portland é altamente alcalino, não sendo, portanto, resistente ao ataque por ácidos fortes ou por compostos que possam se converter em ácidos. Em virtude disso, a menos que seja protegido, o concreto não deve ser utilizado quando esse tipo de ataque for possível.

De forma geral, o ataque químico ao concreto ocorre por meio da decomposição dos produtos de hidratação e da formação de novos compostos que, caso sejam solúveis, podem ser lixiviados e, caso não sejam solúveis, podem causar desagregação em campo. Os compostos agressivos devem estar na forma de solução. O composto hidratado mais vulnerável é o $Ca(OH)_2$, mas o C-S-H também pode ser atacado. Agregados calcários também são passíveis de ataques.

Uma das formas mais comuns de ataque, pelo CO_2, foi analisada na seção anterior, enquanto o ataque por sulfatos e a ação da água do mar serão discutidos posteriormente neste capítulo. Listas abrangentes sobre as substâncias que podem atacar o concreto, em vários graus, podem ser obtidas no ACI 515.1R (revisado em 1985),[10.93] no ACI 201.2R-92[10.42] e no livro de Biczok.[10.71] Uma versão resumida está apresentada na Tabela 10.6, e, adicionalmente, é feita menção a algumas substâncias agressivas.

O concreto pode ser atacado por líquidos com pH abaixo de 6,5,[10.26] mas o ataque somente é severo com pH inferior a 5,5; abaixo de 4,5, o ataque é muito severo. Uma concentração de CO_2 de 30 a 60 ppm resulta em um ataque severo; acima de 60 ppm, o ataque é muito severo.

O ataque acontece em uma velocidade aproximadamente proporcional à raiz quadrada do tempo, já que a substância agressiva deve percorrer a camada residual de produtos de baixa solubilidade remanescentes após o $Ca(OH)_2$ ter sido dissolvido. Portanto, não somente o pH mas também a capacidade de os íons agressivos serem transportados influenciam a evolução do ataque.[10.26] Além disso, a velocidade do ataque diminui quando o agregado é exposto, uma vez que a superfície vulnerável é menor e o agente agressivo tem que contornar as partículas de agregado.[10.26]

O concreto também é atacado por água contendo CO_2 livre, como águas pantanosas ou minerais, que também podem conter sulfeto de hidrogênio. Nem todo CO_2 é agressivo, pois parte dele é necessária para formar e estabilizar o bicarbonato de cálcio na solução. A água pura corrente formada por degelo ou por condensação (em uma usina de dessalinização, por exemplo) contendo pequeno teor de CO_2 também provoca a dissolução do $Ca(OH)_2$, causando, assim, erosão superficial. A água turfosa contendo CO_2 é especialmente agressiva, já que pode ter um pH bastante baixo – na faixa de 4,4.[10.31] Esse tipo de ataque pode ser significativo em condutos em regiões montanhosas, não somente do ponto de vista da durabilidade, mas também devido à lixiviação do cimento hidratado deixar, como consequência, agregados expostos, o que aumenta a rugosidade da tubulação. Para

Tabela 10.6 Algumas substâncias severamente agressivas ao concreto

Ácidos	
Inorgânicos	*Orgânicos*
Carbônico	Acético
Clorídrico	Cítrico
Fluorídrico	Fórmico
Nítrico	Húmico
Fosfórico	Lático
Sulfúrico	Tânico
Outras substâncias	
Cloreto de alumínio	Gorduras vegetais e animais
Sais de amônia	Óleos vegetais
Sulfeto de hidrogênio	Sulfatos

evitar esse problema, é aconselhável[10.10] o uso de agregados calcários, em vez de silicosos, pois, dessa forma, tanto o agregado quanto a pasta de cimento são erodidos.

A chuva ácida, constituída principalmente pelos ácidos sulfúrico e nítrico e com pH entre 4,0 e 4,5, pode causar deterioração superficial do concreto exposto.[10.70]

Embora o esgoto doméstico seja alcalino e não ataque o concreto, já foram observados sérios danos a tubulações de esgoto, em especial em temperaturas relativamente elevadas,[10.10] quando ocorre a redução dos compostos sulfurosos em H_2S por bactérias anaeróbicas. O H_2S não é um agente agressivo em si, mas, dissolvido em películas de umidade na superfície exposta do concreto sofre oxidação por bactérias aeróbicas e produz ácido sulfúrico. O ataque ocorre, portanto, acima do nível do fluxo do esgoto na tubulação, com a pasta de cimento endurecida sendo gradualmente dissolvida, possibilitando, então, a progressiva deterioração do concreto.[10.27] Um ataque um tanto quanto parecido pode ocorrer em tanques de armazenamento de óleo em estruturas *offshore*.[10.134]

O ácido sulfúrico é particularmente agressivo, devido a, além do ataque por sulfatos à fase aluminato, ocorrer também o ataque ácido ao $Ca(OH)_2$ e ao C-S-H. Portanto, a redução do consumo de cimento é benéfica,[10.78] desde que seja garantida a obtenção de um concreto denso.

Em geral, o concreto, devido ao seu pH elevado, é resistente a ataques biológicos. Apesar disso, em determinadas condições tropicais, felizmente raras, algumas algas, fungos e bactérias podem utilizar o nitrogênio do ar para a produção de ácido nítrico, que é agressivo ao concreto.[10.73]

Óleos lubrificantes e fluidos hidráulicos, algumas vezes derramados em pátios de aeronaves, sofrem fracionamento quando aquecidos por gases de exaustão e reagem com o $Ca(OH)_2$, causando lixiviação.[10.69]

Vários ensaios físicos e químicos para a avaliação da resistência do concreto a ácidos foram desenvolvidos,[10.7] mas não há procedimentos normalizados. É fundamental que os ensaios sejam realizados em condições realistas, devido à utilização de ácidos concentrados causar a dissolução de todo o cimento, o que impossibilita, então, a determinação da qualidade relativa. Por essa razão, é necessário ter cautela na interpretação de resultados de ensaios acelerados.

A necessidade de ensaios em condições específicas vem do fato de o pH sozinho não ser um indicador adequado do ataque potencial, já que a presença do CO_2 em relação à dureza da água também influencia essa situação. O aumento da velocidade do fluxo do meio agressivo, bem como o aumento de sua temperatura e o de sua pressão, também aumentam o ataque.

O uso de cimentos compostos com escória granulada de alto-forno, pozolanas e, em especial, sílica ativa é benéfico na redução do ingresso de substâncias agressivas. A ação pozolânica também fixa o $Ca(OH)_2$, que é normalmente o produto da hidratação do cimento mais vulnerável ao ataque ácido. O desempenho do concreto, entretanto, depende mais de sua qualidade do que do tipo de cimento utilizado. A resistência do concreto ao ataque químico é aumentada por uma secagem antes da exposição, mas após a realização de uma cura adequada. Uma fina camada de carbonato de cálcio (produzido pela ação do CO_2 no hidróxido de cálcio) é, então, formada, bloqueando os poros e reduzindo a permeabilidade da região superficial. Conclui-se que o concreto pré-moldado é, em geral, menos vulnerável ao ataque do que o concreto moldado em campo. Uma boa proteção do concreto contra o ataque ácido é obtida pela exposição do concreto pré-moldado à ação do gás tetrafluoreto de silício no vácuo.[10.11] Esse gás reage com o hidróxido de cálcio conforme segue:

$$2Ca(OH)^2 + SiF_4 \rightarrow 2CaF^2 + Si(OH)_4.$$

O $Ca(OH)_2$ também pode ser fixado por tratamento com silicato de sódio diluído (vidro líquido), que forma silicatos de cálcio que preenchem os poros. Também é possível o tratamento com fluorsilicato de magnésio. Os poros são preenchidos e a resistência do concreto aos ácidos é levemente aumentada, provavelmente devido à formação do gel silicofluórico coloidal. Existem vários métodos[10.93] de tratamento superficial, mas esse assunto está fora do escopo deste livro.

Ataque por sulfatos

Os sais sólidos não atacam o concreto, mas, quando estão presentes na forma de solução, podem reagir com a pasta de cimento hidratada. Em especial, são bastante comuns os sulfatos de sódio, de potássio, de magnésio e de cálcio que ocorrem nos solos ou no lençol freático. Como a solubilidade do sulfato de cálcio é baixa, águas subterrâneas com elevado teor de sulfatos contêm, além do sulfato de cálcio, os outros sulfatos. A importância desse aspecto está no fato de que os demais sulfatos reagem com os diversos produtos da hidratação do cimento, e não somente com o $Ca(OH)_2$.

Os sulfatos na água do lençol freático são, normalmente, de origem natural, mas também podem provir de fertilizantes e de efluentes industriais. Estes últimos, algumas vezes, podem conter sulfato de amônio, que ataca a pasta de cimento hidratada,[10.83] produzindo sulfato de cálcio hidratado.[10.95] Os solos de algumas áreas industriais desativadas, em especial de serviços de gás, podem conter sulfatos e, com frequência, outras substâncias agressivas. Os sulfetos podem se oxidar em sulfatos sob certas condições, como, por exemplo, sob ar comprimido utilizado em escavações.

As reações dos diversos sulfatos com a pasta de cimento hidratada são apresentadas a seguir. O *sulfato de sódio* ataca o $Ca(OH)_2$:

$$Ca(OH)_2 + Na_2SO_4.10H_2O \rightarrow CaSO_4.2H_2O + 2NaOH + 8H_2O.$$

Esse é um ataque do tipo ácido. Em água corrente, o $Ca(OH)_2$ pode ser totalmente lixiviado, mas, caso ocorra acúmulo de NaOH, o equilíbrio é atingido e somente parte do SO_3 é depositada como sulfato de cálcio di-hidratado (gipsita).

A reação com o aluminato de cálcio hidratado pode ser expressa da seguinte maneira:[10.7]

$$2(3CaO.Al_2O_3.12H_2O) + 3(Na_2SO_4.10H_2O)$$
$$\rightarrow 3CaO.Al_2O_3.3CaSO_4.32H_2O + 2Al(OH)_3 + 6NaOH + 17H_2O.$$

O *sulfato de cálcio* ataca somente o aluminato de cálcio hidratado, formando sulfoaluminato de cálcio ($3CaO.Al_2O_3.3CaSO_4.32H_2O$), conhecido como *etringita*. O número de moléculas de água pode ser 32 ou 31, dependendo da pressão de vapor do ambiente.[10.74]

Por outro lado, o *sulfato de magnésio* ataca os silicatos de cálcio hidratados, bem como o $Ca(OH)_2$ e o aluminato de cálcio hidratado. A reação é:

$$3CaO.2SiO_2.aq + 3MgSO_4.7H_2O$$
$$\rightarrow 3CaSO_4.2H_2O + 3Mg(OH)_2 + 2SiO_2.aq. + xH_2O.$$

Devido à solubilidade muito baixa do $Mg(OH)_2$, essa reação prossegue até sua conclusão, de modo que, em certas condições, o ataque por sulfato de magnésio é mais severo do que o ataque por outros sulfatos. Outra reação entre o $Mg(OH)_2$ e o gel de sílica é possível e também pode causar deterioração.[10.23] A consequência principal do ataque por sulfato de magnésio é a destruição do C-S-H.

Ataque por sulfatos com formação de taumasita

Esse tipo de ataque ocorre em concretos enterrados. Problemas da taumasita foram verificados em vários elementos de fundações de pontes no Reino Unido, mas não são muito comuns. Em temperaturas inferiores a 15 °C, na presença de sulfatos, carbonatos e água, o C-S-H pode se converter em taumasita, sem função aglomerante, com composição de $CaSiO_3.CaCO_3.CaSO_4.15H_2O$.[10.139] O carbonato pode estar presente no agregado (calcário ou dolomito) ou como bicarbonato na água subterrânea. Concretos com escória granulada de alto-forno fornecem resistência à formação da taumasita.

Formação da etringita tardia

Esse fenômeno, conhecido como DEF (*delayed ettringite formation*), ganhou destaque nos anos de 1990 e atraiu um grande número de pesquisas acadêmicas. Entretanto, o interesse apresentou algum declínio desde então.

A formação da etringita no cimento expansivo Tipo K foi discutida na página 465 – é uma expansão controlada nas primeiras idades. Entretanto, a formação da etringita no concreto maduro tende a ser prejudicial e destruidora. A reação é uma forma de ataque por sulfatos que resulta na composição de $3CaO.Al_2O_3.3CaSO_4.32H_2O$.

A elevada temperatura durante a hidratação pode ser o resultado do calor aplicado ou devida à geração de calor no lançamento de uma grande quantidade de concreto quando a dissipação natural do calor não for adequada. Caso a temperatura no interior do concreto atinja de 70 a 80 °C, a lenta formação da etringita pode levar à expansão e à fissuração. Para que os efeitos nocivos ocorram após o retorno à temperatura ambiente, é necessário que o concreto seja molhado ou umedecido permanente ou intermitentemente.[10.143] Os efeitos nocivos são a perda de resistência, a diminuição do módulo de elasticidade e, em algumas situações, a fissuração.

Ocasionalmente, ocorre o problema da distinção entre a formação da etringita tardia e a reação álcali-sílica. Esse problema, inclusive, resultou em uma questão judicial envolvendo dormentes de linhas férreas protendidos curados a vapor. Uma razão para essa confusão é que a etringita pode ser pequena a ponto de acabar se assemelhando ao gel de álcali-sílica.[10.144]

A formação da etringita tardia pode ser, com frequência, evitada por meio da seleção de um cimento composto adequado que não resulte em excessiva elevação de calor.

Mecanismos de ataque

O mecanismo da expansão da etringita tardia ainda é controverso, existindo duas principais escolas de pensamento.

Mather[10.81] e muitos outros creem que a reação entre o sulfato de cálcio e o C_3A seja topoquímica, ou seja, uma reação de estado sólido que não envolva solução e reprecipitação, que poderiam possibilitar a movimentação do produto recém-formado para longe do local original. Essa movimentação não resultaria em desenvolvimento de pressão. Caso o produto da reação topoquímica ocupe um volume maior do que o volume dos dois componentes originais, são geradas, então, forças expansivas e desagregadoras. No caso da reação entre o sulfato de cálcio e o $Ca(OH)_2$, não há aumento do volume total,[10.74] mas, devido às diferenças entre a solubilidade do C_3A e a da gipsita, é formada etringita orientada acicular na superfície do C_3A. Dessa forma, ocorre um aumento localizado de volume e, ao mesmo tempo, um aumento na porosidade em outros locais.[10.75]

A segunda linha de pensamento, que tem Mehta[10.83] como figura principal, atribui o desenvolvimento das forças expansivas à pressão de expansão gerada pela adsorção de água pela etringita originalmente coloidal precipitada na solução na presença de hidróxido de cálcio. Dessa maneira, a formação de etringita em si é considerada a causa da expansão. Entretanto, Odler & Glasser[10.75] salientaram que a obtenção de água do ambiente não é uma condição necessária para a ocorrência da expansão. Apesar disso, o processo de expansão tem um significativo aumento em condições úmidas,[10.75] de modo que é provável que ambos os mecanismos de expansão discutidos estejam envolvidos em diferentes etapas.[10.82] Deve ser citado que o conceito de forças expansivas causadas pela cristalização em si, apregoado por alguns pesquisadores, aparentemente não é correto.

A etringita também pode ser formada a partir da reação entre sulfatos e o C_4AF, mas essa etringita é praticamente amorfa, e não há relatos de expansão deletéria.[10.75] Apesar disso, a ASTM C 150-09 estabelece um limite do teor combinado de C_3A e C_4AF (ver página 78) quando é exigida a resistência a sulfatos.

As consequências do ataque por sulfatos incluem, além da expansão e da desagregação, a perda de resistência do concreto decorrente da perda de coesão na pasta de cimento hidratada e da perda da adesão entre ela e as partículas de agregados. O concreto atacado por sulfatos tem uma aparência esbranquiçada característica. Os danos normalmente iniciam pelas bordas e pelos cantos; em seguida, ocorrem a fissuração progressiva e o lascamento, o que resulta em um concreto friável e até mesmo mole.

O ataque ocorre somente quando a concentração de sulfatos excede certo limite. Acima dele, a velocidade do ataque aumenta conforme a concentração da solução, mas, em concentrações acima de aproximadamente 0,5%, no caso do $MgSO_4$, ou de 1%, no $NaSO_4$, a taxa de crescimento da intensidade do ataque se torna menor.[10.7] Uma solução caso do saturada de $MgSO_1$ resulta em severa deterioração do concreto, mas, mesmo com baixa relação água/cimento, ocorre somente após dois a três anos.[10.13] A BS EN 206-1:2000 expressa os sulfatos em SO_3, enquanto o ACI utiliza o SO_4. A multiplicação do primeiro por 1,2 resulta no segundo. São considerados os sulfatos solúveis em água e os não solúveis em ácido. A classificação da severidade de exposição recomendada pelas normas ACI 318-08[10.42] e BS EN 206-1:2000 é dada na Tabela 10.7. Como a extração de sulfatos do solo depende de sua compactação e da taxa de extração de água do solo, a determinação dos sulfatos em águas subterrâneas é mais confiável. Os limites das classes são, de certa forma, arbitrários, devido a não terem sido calibrados por determinações de registros de incidência de danos causados por ataques por sulfatos. Além do mais, as condições reais de exposição podem variar durante a vida útil da estrutura, em razão da variação do lençol freático ou do padrão de escoamento.

A classificação da severidade da exposição recomendada pelo ACI 201.2R-92[10.42] é dada na Tabela 10.7. A abordagem da BS 8110-1:1985 (substituída pelo Eurocode

Tabela 10.7 Classificação da agressividade do ambiente em relação a sulfatos

	Segundo o ACI 318-08		Segundo a BS EN 206-1:2000	
	Concentração de sulfatos solúveis em água (em SO_4)		Concentração de sulfatos solúveis em água (em SO_3)	
Grau de exposição	Em solos (%)	Em água (ppm)	Grau de exposição	Em água (ppm)
Leve	< 0,1	< 150	Moderadamente agressivo	600 a 3.000
Moderado	0,1 a 0,2	150 a 1.500		
Severo	0,2 a 2,0	1.500 a 10.000	Altamente agressivo	3.000 a 6.000
Muito severo	> 2,0	> 10.000		

2:2008) é um pouco mais complexa, afinal, existem mais subdivisões correspondentes à condição de exposição "severa" do que no ACI 201.2R-92. *

Deve ser destacado que, em certas condições, a concentração de sulfatos na água pode ser bastante aumentada pela evaporação. Esse é o caso de respingos de água do mar em superfícies horizontais e em superfícies de torres de resfriamento.[10.79]

Além da concentração de sulfatos, a velocidade com que o concreto é atacado também depende da taxa a que o sulfato removido pela reação com o cimento é reposto. Dessa forma, ao estimar o risco de ataque por sulfatos, o movimento da água subterrânea deve ser conhecido. Quando o concreto é exposto à pressão de água contendo sulfatos em um dos lados, a velocidade do ataque é maior. Da mesma forma, ciclos de saturação e secagem resultam em rápida deterioração. Por outro lado, quando o concreto é completamente enterrado, sem uma passagem para águas subterrâneas, as condições são muito menos severas.

Mitigação do ataque por sulfatos

O objetivo da classificação da severidade da exposição a sulfatos mostrada na Tabela 10.7 é sugerir medidas preventivas. Podem ser adotadas duas abordagens. A primeira trata da diminuição do teor de C_3A no cimento, ou seja, da utilização de cimentos resistentes a sulfatos, conforme discutido na página 78. A segunda é focada na redução da quantidade de $Ca(OH)_2$ na pasta de cimento hidratada pelo uso de cimentos compostos com escória de alto-forno ou pozolanas. O efeito do uso das pozolanas é duplo, pois elas reagem com o $Ca(OH)_2$, de modo que ele não fica mais disponível para a reação com sulfatos, e, além disso, em comparação com o cimento Portland comum, os cimentos com adições resultam em menor quantidade de $Ca(OH)_2$ por metro cúbico de concreto

---

* N. de R.T.: A NBR 12655:2015, versão corrigida 2015, estabelece critérios de agressividade ambiental em relação a sulfatos. São três níveis de agressividade: fraca, moderada e severa. Os dois primeiros níveis correspondem aos dois primeiros limites do ACI 318-08, e a condição severa da norma brasileira abrange os valores maiores do que os limites superiores do segundo nível da norma americana, ou seja, acima de 0,2% ou de 1.500 ppm, não existindo a condição de exposição muito severa. Os sulfatos são expressos em SO_4. Além disso, a norma brasileira recomenda valores máximos de relação água/cimento e valores mínimos de f_{ck} em função da agressividade do ambiente, bem como obriga o uso de cimentos com resistência a sulfatos para a classe de agressividade severa.

para um mesmo consumo de cimento. Essas medidas são úteis, mas ainda mais importante é a prevenção do ingresso de sulfatos no concreto, a qual é obtida pela produção de um concreto o mais denso possível e com a menor permeabilidade possível. Esse fato nunca deve ser esquecido, pois, por exemplo, o uso de concreto magro como base para redes de esgoto produz partes vulneráveis em uma obra que possivelmente seria durável.

No que diz respeito à escolha do cimento, o ACI 201.2R-92$^{10.42}$ recomenda, para um grau moderado de exposição, o uso do cimento Tipo II ou de um cimento composto com escória de alto-forno ou pozolanas. Para exposição severa, o cimento resistente a sulfatos é a opção preferencial. Em situações de exposição muito severa, é necessário o uso de uma mistura de cimento resistente a sulfatos e pozolanas (entre 25 e 40% em relação à massa do total de material cimentício) ou escória de alto-forno (no mínimo, 70% em massa) que *comprovadamente* melhorem a resistência a sulfatos.$^{10.135}$ A propriedade importante da escória de alto-forno é seu teor de alumina,$^{10.80}$ informação que é fornecida pela ASTM C 989-09a e pela referência 10.135. Também deve ser destacado que nem todas as pozolanas são benéficas: um baixo teor de óxido de cálcio é desejável$^{10.77}$ – em especial, a cinza volante Classe C diminui a resistência a sulfatos.*$^{,10.76}$

A razão pela qual o cimento resistente a sulfatos isoladamente não é adequado em condições severas de ataque é que não somente o sulfato de cálcio mas também outros sulfatos estão presentes. Desse modo, embora o cimento resistente a sulfatos não contenha uma quantidade de C_3A suficiente para a formação da etringita expansiva, o $Ca(OH)_2$ presente e, possivelmente, também o C-S-H são vulneráveis ao ataque do tipo ácido por sulfatos.

As recomendações do ACI 201.2R-92$^{10.42}$ refletem o efeito benéfico, em relação à resistência aos sulfatos, das pozolanas e da escória de alto-forno usadas em conjunto com o cimento Portland. As pozolanas também devem ser usadas com cimento de pega regulada, que, sozinho, apresenta baixa resistência aos sulfatos. Entretanto, a substituição parcial (20%) desse cimento por pozolanas reduz a resistência inicial do concreto,$^{10.24}$ de modo que a praticidade do uso do cimento de pega regulada em condições sujeitas ao ataque por sulfatos é questionável.

A sílica ativa incorporada ao concreto é benéfica em relação à permeabilidade, mas ensaios em *pasta* de cimento endurecida indicaram que seu efeito em vários ambientes com sulfatos não é claro.$^{10.126}$

O cimento supersulfatado oferece uma resistência a sulfatos muito alta, especialmente se sua porção de cimento Portland for do tipo resistente a sulfatos.

A cura a vapor à alta pressão melhora a resistência do concreto ao ataque por sulfatos. Isso se aplica tanto ao concreto produzido com cimento Portland resistente a

---

* N. de R.T.: Os cimentos resistentes a sulfatos são normalizados, no Brasil, pela NBR 5737:1992, sendo considerados resistentes a sulfatos: (a) cimentos cujo teor de C_3A seja ≤ 8% e cujo teor de adições carbonáticas seja ≤ 5% da massa do aglomerante total; e/ou (b) cimentos Portland de alto-forno (CP-III) cujo teor de escória granulada de alto-forno esteja entre 60 e 70%; e/ou (c) cimentos Portland pozolânicos (CP-IV) cujo teor de materiais pozolânicos esteja entre 25 e 40%; e/ou (d) cimentos que tenham antecedentes com base em resultados de ensaios de longa duração ou em referências de obras que comprovadamente indiquem resistência a sulfatos. Os cimentos Portland resistentes a sulfatos são designados pela sigla original de seu tipo acrescida de "RS".

sulfatos quanto ao concreto com cimento Portland comum, pois a melhora decorre da alteração do C_3AH_6 em uma fase menos reativa, bem como da remoção do $Ca(OH)_2$ por meio da reação com a sílica.

Vale destacar que, devido às alterações na solubilidade com a temperatura, a expansão causada pela formação da etringita é muito lenta em temperaturas acima de 30 °C.[10.127]

Conforme já mencionado neste capítulo, a baixa permeabilidade é resultado de uma microestrutura apropriada da pasta de cimento endurecida. Para que isso seja obtido, as proporções da mistura devem ser especificadas. Existem três possíveis alternativas, sendo uma ou mais delas adotadas por várias normas: especificação de uma relação água/cimento máxima, especificação de uma resistência mínima e especificação de um consumo de cimento mínimo. A mesma escolha se aplica quando o objetivo é uma baixa permeabilidade do concreto para a proteção contra outras formas de ataque.

O conceito de garantir a proteção contra o ataque por sulfatos por meio da especificação de um consumo mínimo de cimento não tem base científica. Conforme indicado por Mather,[10.25] com 356 kg de cimento Portland comum por metro cúbico de concreto, por exemplo, é possível a obtenção de concretos com resistências variáveis entre 14 e 41 MPa, dependendo da relação água/cimento e do abatimento. A durabilidade desses concretos, evidentemente, será muito variável.

A utilização da resistência para fins de especificação é conveniente, mas a resistência é apenas um reflexo da relação água/cimento, e este é o aspecto relevante para a compacidade e a permeabilidade, conforme discutido na página 286. Entretanto, a especificação da relação água/cimento, independentemente do tipo de cimento utilizado, é inadequada, pois, nesta seção, a influência dos vários tipos de cimentos compostos na resistência a sulfatos já foi analisada.

Ensaios de resistência a sulfatos

A resistência do concreto ao ataque por sulfatos pode ser verificada em laboratório pelo acondicionamento de corpos de prova em uma solução de sulfato de sódio ou de magnésio – ou em uma mistura dos dois. Ciclos de molhagem e secagem aceleram os danos decorrentes da cristalização dos sais nos poros do concreto. Os efeitos da exposição podem ser estimados pela diminuição da resistência do corpo de prova, pelas alterações no seu módulo de elasticidade dinâmico, por sua expansão, por sua perda de massa e até mesmo visualmente.

A Figura 10.9 mostra a alteração no módulo dinâmico de uma argamassa 1:3 imersa (após 78 dias de cura úmida) em uma solução a 5% de diversos sulfatos.[10.9] O método de ensaio da ASTM C 1012-09 utiliza a imersão de uma argamassa bem hidratada em uma solução de sulfato e considera a expansão excessiva como um critério de falha sob ataque por sulfatos. Esse ensaio pode ser usado para determinar os efeitos da utilização de diversos materiais cimentícios na mistura. Entretanto, como os ensaios são realizados em argamassa e não em concreto, alguns efeitos físicos de materiais como a sílica ativa ou os fílers não aparecem no ensaio. Outra desvantagem do ensaio é que ele tem longa duração. Algumas vezes, são necessários vários meses antes da verificação da ocorrência ou não da ruptura.

Como alternativa à imersão na solução de sulfatos, a ASTM C 452-06 prescreve um método em que uma determinada quantidade de gipsita é incluída na mistura inicial da argamassa. Isso acelera a reação com o C_3A, mas o método não é adequado para o

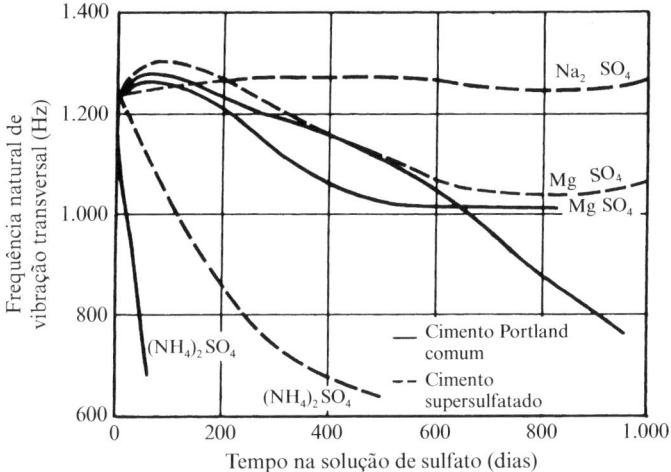

Figura 10.9 Efeito da imersão em uma solução de sulfatos a 5% sobre o módulo de elasticidade dinâmico de argamassas 1:3 produzidas com os cimentos Portland comum e supersulfatado.[10.9]

uso com cimentos compostos, nos quais parte dos materiais cimentícios ainda não sofreu hidratação no momento do contato com os sulfatos, já que, nesse ensaio da ASTM, o critério de resistência a sulfatos é a expansão na idade de 14 dias.

Pode ser importante mencionar mais um ensaio, normalizado pela ASTM C 1038-04, que determina a expansão da argamassa produzida com o cimento Portland do qual o sulfato faz parte. Dessa forma, o ensaio identifica mais o teor excessivo de sulfato de um cimento Portland do que o ataque por sulfatos externos.

Todos os ensaios da ASTM são realizados em argamassas de proporções especificadas e, com isso, são mais sensíveis à resistência química do cimento do que à estrutura física da pasta de cimento endurecida no concreto em condições reais.*

Eflorescências

Conforme já mencionado, a lixiviação dos compostos de calcário pode, em dadas circunstâncias, levar à formação de depósitos de sais na superfície do concreto, conhecidos como eflorescências. Elas são vistas, por exemplo, em situações em que haja a percolação de água através de um concreto mal adensado, ou através de fissuras, ou por juntas mal executadas, bem como situações em que seja possível ocorrer a evaporação na superfície do concreto. O carbonato de cálcio formado pela reação do $Ca(OH)_2$ com o CO_2 é encontrado na forma de um depósito esbranquiçado, e também é possível observar depósitos de sulfato de cálcio.

A maior probabilidade de ocorrência de eflorescências é em concretos com poros junto à superfície. Desse modo, o tipo de fôrma pode ter uma influência que vá além

---

* N. de R.T.: A NBR 13583:2014 estabelece o método de ensaio para a determinação da variação dimensional de barras de argamassa de cimento Portland expostas a uma solução de sulfato de sódio.

do grau de adensamento e da relação água/cimento.[10.28] A ocorrência de eflorescências é maior quando um tempo frio e úmido é seguido por um período quente seco. Nessa sequência, ocorre pouca carbonatação, a cal é dissolvida pela umidade superficial e o $Ca(OH)_2$ é levado para a superfície.[10.28]

Eflorescências também podem ser causadas pelo uso de agregados provenientes de regiões marinhas sem lavagem prévia. O sal que recobre a superfície das partículas de agregado pode, em certo tempo, formar depósitos de cor branca na superfície do concreto. O sulfato de cálcio e os álcalis nos agregados têm efeito semelhante. Sais transportados do solo através do concreto poroso até uma superfície passível de secagem também podem resultar em eflorescências.

Fora a questão da lixiviação, as eflorescências somente têm importância em relação à estética da superfície.

As eflorescências novas podem ser removidas com escovação e água; entretanto, depósitos maiores podem exigir a limpeza da superfície do concreto com ácido. Este tratamento também pode ser utilizado para a remoção de nata em concretos arquitetônicos e para a recuperação da rugosidade da superfície de pisos.[10.29] O ácido utilizado é o HCl diluído na proporção de 1:20 ou de 1:10. Normalmente, a espessura da camada de ácido (aplicada com esponja) deve ser de 0,5 mm, e a quantidade da solução 1:10 utilizada é de 200 g/m^2, removendo-se concreto até uma profundidade de 0,01 mm. A ação do ácido cessa quando ele é utilizado pela reação com o hidróxido de cálcio, mas o concreto deve ser lavado para a remoção dos sais formados.[10.29]

Como o hidróxido de cálcio é removido pelo ácido, a superfície do concreto se torna mais escura. Por essa razão, bem como para evitar excessos localizados, o ácido deve ser aplicado de maneira uniforme em termos de concentração, de quantidade e de duração da ação. O tratamento com ácido é uma operação muito delicada, o que torna fundamental a realização de testes prévios em amostras de concreto.

Outro defeito superficial é o aparecimento de manchas escuras de forma irregular, que, dependendo da direção da luz, são visíveis. Sua origem é totalmente distinta das eflorescências; trata-se de compactos de pasta de cimento, praticamente sem poros. Podem ser causados pela aglomeração de partículas maiores de cimento que sofreram pouca hidratação em locais onde a relação água/cimento era muito baixa. A ausência de hidratação e a produção de hidróxido de cálcio resultam na coloração escura. Essa segregação de partículas maiores do cimento pode ser causada pela ação de filtro de fôrmas não estanques ou de partículas de agregados. Com o passar do tempo, pode ocorrer a hidratação e, com isso, o desaparecimento da cor escura.[10.30]

Efeitos da água do mar no concreto

O concreto exposto à água do mar pode ser submetido a várias ações químicas e físicas. Entre elas, estão incluídos ataques químicos, corrosão das armaduras induzida por cloretos, ataque por gelo e degelo, desgaste por ação de sais e abrasão pela areia em suspensão e pelo gelo. A presença e a intensidade dessas várias formas de ataque dependem da posição do concreto em relação ao nível da água do mar. Essas formas de ataque serão analisadas posteriormente, no Capítulo 11, mas agora será abordado o ataque químico, que é o tema principal desta seção.

A ação química da água do mar no concreto vem do fato de essa água conter um grande número de sais dissolvidos. A salinidade total típica é de 3,5%, e alguns valores específicos são citados a seguir: 0,7% no Mar Báltico; 3,3% no Mar do Norte; 3,6% nos Oceanos Atlântico e Índico; 3,9% no Mar Mediterrâneo; 4,0% no Mar Vermelho; e 4,3% no Golfo Pérsico. Em todos os mares, a proporção de sais individuais é praticamente constante. No Oceano Atlântico, por exemplo, as concentrações de íons (%) são as seguintes: 2,00 de cloretos; 0,28 de sulfatos; 1,11 de sódio; 0,14 de magnésio; 0,05 de cálcio; e 0,04 de potássio. A água do mar também contém um pouco de CO_2 dissolvido. Águas costeiras rasas em climas quentes, onde a evaporação é elevada, podem ser muito salgadas. O Mar Morto é o caso extremo, pois sua salinidade é de 31,5%, ou seja, cerca de nove vezes a dos oceanos, mas sua concentração de sulfatos é menor.[10.91]

O pH da água do mar varia entre 7,5 e 8,4, sendo 8,2 o valor médio em equilíbrio com o CO_2 atmosférico.[10.79] O ingresso da água do mar em si no concreto não necessariamente diminui o pH da água dos poros da pasta de cimento endurecida – 12,0 é o menor valor registrado.[10.86]

A presença de uma grande quantidade de sulfatos na água do mar pode levar à expectativa de ataque por sulfatos. De fato, íons sulfato reagem tanto com o C_3A quanto com o C-S-H, resultando na formação da etringita, mas isso não está associado à expansão deletéria, já que a etringita, bem como a gipsita, são solúveis na presença de cloretos e podem ser lixiviadas pela água do mar.[10.7] Conclui-se, então, que a utilização de cimento resistente a sulfatos em concretos expostos à água do mar não é essencial; entretanto, é recomendado o limite de 8% de C_3A quando o teor de SO_3 for menor do que 3%. Cimentos com um teor de até 10% de C_3A podem ser utilizados somente se o teor de SO_3 não for maior do que 2,5%.[10.90] Aparentemente, é o excesso de SO_3 que resulta na expansão tardia do concreto. Os mesmos ensaios[10.90] confirmaram que o C_4AF também leva à formação da etringita. Dessa forma, as exigências da primeira versão da ASTM C 150-09 no que se refere ao teor de $2C_3A + C_4AF$ ser menor do que 25% do clínquer do cimento resistente a sulfatos devem ser observadas.

Os comentários anteriores e as exigências se aplicam a concretos permanentemente imersos em água, os quais representam condições de exposição relativamente protegidas,[10.88] pois a estabilidade das condições de saturação e de concentração de sais foi alcançada e, assim, a difusão dos íons é muito reduzida. A molhagem e a secagem alternadas representam uma condição muito mais severa, devido à possibilidade de acúmulo de sais no interior do concreto, em consequência do ingresso da água do mar, seguido pela evaporação da água pura, deixando os sais. Como o efeito mais prejudicial da água do mar nas estruturas de concreto vem da ação dos cloretos na armadura, esse tema será discutido no Capítulo 11, na seção referente ao ataque por cloretos.

A ação química da água do mar no concreto ocorre conforme segue. O íon magnésio presente na água do mar substitui o íon cálcio:

$$MgSO_4 + Ca(OH)_2 \rightarrow CaSO_4 + Mg(OH)_2.$$

O $Mg(OH)_2$ resultante, conhecido como brucita, precipita nos poros da superfície do concreto, formando, assim, uma camada protetora que impede reações adicionais. Também pode existir um pouco de $CaCO_3$ precipitado na forma de aragonita, originado da reação do $Ca(OH)_2$ com o CO_2. Rapidamente se formam depósitos de precipitados, normalmente com 20 a 50 μm de espessura;[10.84] eles já foram observados em várias estruturas marítimas totalmente submersas. A característica bloqueadora da brucita torna sua formação autolimitante. Entretanto, caso a abrasão remova o depósito superficial, a reação com o íon magnésio livre disponível na água do mar continua.

Essa situação é um exemplo da ação sinérgica dos diferentes modos de ataque pelo mar: a ação das ondas aumenta o ataque químico, e, este, pela formação e cristalização de sais, torna o concreto mais vulnerável à erosão pela ação das ondas e à abrasão pela areia em suspensão na água do mar.

Deterioração por sais

Quando o concreto é repetidamente molhado pela água do mar, com períodos alternados de secagem, durante os quais a água evapora, parte dos sais dissolvidos é deixada na forma de cristais, principalmente os sulfatos. Esses cristais se reidratam e aumentam de tamanho com a molhagem subsequente e, assim, exercem uma força de expansão sobre a pasta de cimento endurecida circundante. Essa deterioração superficial progressiva, conhecida como deterioração por sais, ocorre especialmente quando a temperatura é alta e a insolação é forte, de modo que a secagem nos poros é rápida até uma determinada profundidade a partir da superfície. Dessa forma, superfícies intermitentemente molhadas são vulneráveis – elas são as partes da estrutura de concreto na linha de maré e na região de respingos. As superfícies horizontais ou inclinadas são especialmente propensas a esse processo de deterioração, assim como as superfícies molhadas repetidamente, mas não em intervalos curtos, de modo que a secagem completa seja possibilitada. A água do mar também pode ascender por ação capilar, e a evaporação da água da superfície deixa cristais de sais que, quando novamente molhados, causam a desagregação.

A deterioração por sais pode ocorrer não somente em consequência dos borrifos diretos da água do mar, mas também quando os sais transportados pelo ar, depositados na superfície do concreto, são dissolvidos pelo orvalho, seguindo-se a evaporação. Esse comportamento foi verificado em áreas desérticas, onde a grande queda de temperatura na madrugada diminui a umidade relativa do ar ao ponto da ocorrer a condensação na forma de orvalho. A desagregação por sais pode atingir uma profundidade de vários milímetros, com a remoção da pasta de cimento endurecida e das partículas de agregado miúdo, restando apenas partículas de agregado graúdo expostas. Com o tempo, essas partículas podem se soltar, expondo mais a pasta de cimento endurecida, que, por sua vez, se torna suscetível à deterioração por sais. O processo, em princípio, é similar ao ataque por sais em rochas porosas. Mesmo quando o sulfato de sódio está envolvido, o mecanismo de ataque é físico, de forma que não se comporta como um ataque por sulfatos.

Ainda deve ser citado que, a menos que o agregado seja denso e tenha absorção muito baixa, ele mesmo é suscetível ao ataque. Claramente, agregados que não atendam a essas condições não devem ser utilizados em concretos expostos a condições propícias à deterioração por sais, de maneira que a seleção de agregados adequados é fundamental.[10.85] Como o ataque do concreto por sais é de natureza física, o tipo de cimento em si tem pouca importância na garantia da baixa permeabilidade da região superficial do concreto, mas a escolha das proporções do concreto é crítica.

A deterioração por sais também pode resultar do uso de sais descongelantes em superfícies de concreto em climas frios. Esse fenômeno é conhecido como *descamação por sais* e será apresentado no Capítulo 11.

Uma forma peculiar de ataque marinho ao concreto em água do mar muito quente foi citada por Bijen.[10.129] Quando existe calcário, uma espécie de ostra e uma de esponja consomem a cal, produzindo cavidades de até 10 mm de diâmetro e 150 mm de profundidade. A velocidade do ataque chega a 10 mm por ano.

Seleção de concretos para a exposição à água do mar

A discussão anterior sobre os vários processos de ataque por água do mar enfatizou a importância da baixa permeabilidade do concreto exposto. Isso pode ser obtido pela adoção de uma relação água/cimento baixa, pela escolha adequada de materiais cimentícios, pelo adensamento adequado e pela ausência de fissuras devidas à retração, a efeitos térmicos ou a tensões de serviço. É importante que o concreto seja adequadamente curado antes da exposição à água do mar. A consideração de que a água do mar também possibilita a cura é errônea (ver página 596), a menos que o concreto, depois de imerso na água do mar, fique permanentemente submerso. Ensaios realizados em argamassa levaram à recomendação de um período mínimo de sete dias de cura em água doce, independentemente do tipo de cimento utilizado.[10.89]

Uma menção à seleção do tipo de cimento em casos de concretos totalmente imersos foi feita na página 537. Para outras condições de exposição, o risco de ingresso de cloretos influencia a seleção do cimento, portanto, esse tópico será discutido na seção que trata do ataque por cloretos no Capítulo 11.

Desagregação por reação álcali-sílica

As reações entre os álcalis e a sílica reativa e alguns carbonatos presentes no agregado foram discutidas no Capítulo 3. Agora, serão analisadas as consequências da reação álcali-sílica e os meios de evitar suas consequências.

A reação pode causar desagregação e se manifesta por fissuração. A abertura das fissuras pode variar de 0,1 a até 10 mm, em casos extremos. Fissuras com profundidade maior do que 25 mm são raras, chegando, no máximo, a 50 mm.[10.136] Assim, na maioria dos casos, o efeito negativo da reação álcali-sílica ocorre mais em relação à aparência e à utilização da estrutura do que em relação à sua integridade. Em especial, a resistência à compressão do concreto na direção da tensão aplicada não é significativamente afetada.[10.115] Apesar disso, a fissuração pode facilitar o ingresso de agentes agressivos.

O padrão de fissuração superficial gerado pela reação álcali-sílica é irregular, lembrando uma grande teia de aranha. Esse padrão, entretanto, não é necessariamente distinto daqueles causados pelo ataque por sulfatos, pelo gelo e degelo ou mesmo por uma importante retração plástica. Para garantir que a fissuração observada decorra da reação álcali-sílica, o procedimento sugerido pela British Cement Association[10.112] pode ser seguido. Internamente ao concreto, muitas das fissuras causadas pela reação podem ser vistas passando através das partículas de agregado, mas também através da pasta de cimento circundante.

Caso a única fonte de álcalis no concreto seja o cimento Portland, a limitação do teor de álcalis no cimento prevenirá a ocorrência de reações deletérias. O teor mínimo necessário de álcalis no cimento para a ocorrência da reação expansiva é de 0,6%, em termos de equivalente em óxido de sódio. Esse cálculo é feito por estequiometria, a partir do teor real de Na_2O mais 0,658 vezes o teor de K_2O do clínquer. Esse procedimento de cálculo do teor de álcalis, que não diferencia entre sódio e potássio, é prático, mas simplista. Chatterji[10.119] observou que os íons potássio são transportados em direção à sílica de forma mais rápida do que os íons sódio e que, portanto, são potencialmente mais perigosos.

O limite de 0,6% de equivalente em óxido de sódio, em relação à massa de cimento, decorre da origem dos *cimentos com baixo teor de álcali* (ver página 48) e, de fato, é sua definição. Apesar disso, em casos excepcionais, foram observados casos de expansão, mesmo com cimentos com baixo teor de álcalis.[10.1]

A experiência de Hobbs[10.128] sobre os cimentos com baixo teor de álcalis pode ser de interesse. A reação álcali-sílica somente ocorre em altas concentrações de OH⁻, ou seja, em elevados teores valores de pH da água dos poros, entretanto, o pH da água dos poros é dependente do teor de álcalis do cimento. Especificamente, cimentos com elevado teor de álcalis resultam em pH entre 13,5 e 13,9, enquanto cimentos com baixo teor de álcalis resultam em pH entre 12,7 e 13,1.[10.128] Dado que o incremento de 1,0 no pH representa um aumento de 10 vezes na concentração do íon hidroxila, nos cimentos com baixo teor de álcalis, a concentração desse íon é aproximadamente 10 vezes menor do que quando se utiliza cimento com alto teor de álcalis. Esse é o fundamento lógico para a utilização de cimentos com baixo teor de álcalis com agregados potencialmente reativos.

A consideração da prevenção da reação álcali-sílica deletéria por meio da limitação do teor de álcalis no cimento somente é válida quando são satisfeitas duas condições: não há outra fonte de álcalis no concreto e não ocorre a concentração de álcalis em certas regiões em detrimento de outras. Essa concentração pode ser causada por gradientes de umidade ou por ciclos alternados de molhagem e secagem.[10.118] Também é interessante citar que a concentração de álcalis pode decorrer da passagem de corrente elétrica através do concreto, fato que pode ocorrer, por exemplo, quando é utilizada proteção catódica para prevenir a corrosão da armadura.[10.114]

Entre as fontes adicionais de álcalis no concreto, está incluído o cloreto de sódio presente em areia não lavada obtida por dragagem do mar ou no deserto. A utilização dessa areia em concreto armado não deve ser permitida, devido aos cloretos causarem a corrosão da armadura (ver Capítulo 11). Outras fontes internas de álcalis são alguns aditivos, especialmente os superplastificantes, ou até mesmo a água de amassamento. Esses álcalis, bem como os provenientes de cinza volante e de escória de alto-forno, devem ser incluídos no cálculo do total de álcalis presentes, mas somente considerando uma proporção do teor real de álcalis nesses materiais cimentícios. Não existe consenso sobre o valor dessa proporção, mas a BS 5328:4:1990 (substituída pela BS EN 206-1-2000) cita os valores de 17% para a cinza volante e de 50% para a escória granulada de alto-forno.

Devido à variada procedência dos álcalis, limitar seu teor total no concreto é uma atitude lógica. A norma britânica BS 5328-1:1991 (cancelada) especifica o valor máximo de 3,0 kg de álcalis (expresso em equivalente de óxido de sódio) por metro cúbico de concreto que contenha agregados potencialmente reativos. Esse valor de álcalis reativos é determinado por um método britânico distinto do prescrito pela BS EN 196-21:1992 (cancelada), que resulta em um valor de álcalis cerca de 0,025% maior do que o método britânico. Dessa forma, quando os requisitos estabelecidos forem da BS 5328-1:1997 (cancelada), é importante a escolha do método para a determinação do teor de álcalis no cimento.

É válido reafirmar que são três as condições necessárias para a ocorrência da reação álcali-sílica: álcalis, sílica reativa e umidade adequada. Em relação a esta última, normalmente, o valor mínimo adotado é de 85% (comum em ambientes externos noturnos no Reino Unido ou no inverno e também no interior de elementos de concreto, devido à umidade residual). Os álcalis sempre estão presentes no cimento Portland, mas existem cimentos Portland com baixo teor de álcalis (ver página 48). Além disso, o BRE Digest 330.3 cita cimentos de moderada e elevada resistência a álcalis. Certos aditivos também podem conter álcalis. As normas britânicas relevantes sobre o assunto são a BS EN 206-1:2000 e a BS 8500-2:2002.

A partir das considerações anteriores, é possível concluir que devem ser utilizados agregados com baixa reatividade a álcalis, que estão normalmente disponíveis no Reino Unido. Entretanto, o NaCl é uma fonte de álcalis – e pode existir NaCl residual em areias obtidas por dragagem do leito marinho deficientemente lavadas e em sais de degelo.

Na prática, não é fácil eliminar totalmente a reação álcali-sílica, mas a minimização da reação deve ser um objetivo. Esse tópico é discutido na referência 10.141. A incorporação de escória granulada de alto-forno ou de cinza volante, em um valor mínimo de 25% da massa de cimento, minimiza a reação álcali-sílica, mas há um paradoxo, já que ambas as adições contêm álcalis, embora em forma vítrea.

Medidas preventivas

A discussão sobre a reação álcali-sílica apresentada no Capítulo 3 deixa claro que a evolução e as consequências da reação são influenciadas pelas proporções dos diversos íons na água dos poros e pela disponibilidade de álcalis e de sílica. Em especial, a expansão causada pela reação álcali-sílica será maior quanto maior for o teor de sílica reativa, mas somente até certo limite, já que, em teores mais elevados, a expansão será menor – e isso é mostrado na Figura 10.10.[10.6] Existe um teor de sílica mínimo para a reação, e ele é maior em concretos com menores relações água/cimento e maiores consumos de

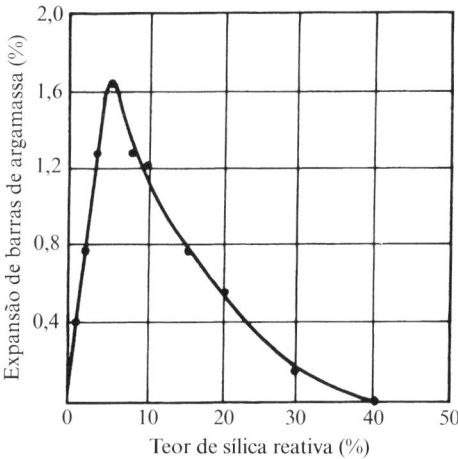

Figura 10.10 Relação entre a expansão após 224 dias e o teor de sílica reativa no agregado.[10.6]

cimento.[10.128] A relação entre sílica reativa e álcalis que corresponde à máxima expansão normalmente varia entre 3,5 e 5,5.[10.128]

A partir do exposto, conclui-se que a variação do teor de sílica no concreto pode afastar a relação sílica/álcalis da situação mais desfavorável. Especificamente, foi constatado que a expansão devida à reação álcali-sílica pode ser reduzida ou eliminada pela adição de sílica reativa finamente moída à mistura. Esse aparente paradoxo pode ser explicado pela referência 10.10, que apresenta a relação entre a expansão de barras de argamassa e o teor de sílica reativa de dimensão entre 850 e 300 μm, ou seja, não na forma de pó.[10.6] Na faixa dos teores menores de sílica, quanto maior for a quantidade de sílica para uma determinada quantidade de álcalis, maior será a expansão; entretanto, com teores mais elevados de sílica, a situação é invertida: quanto maior for a área superficial do agregado reativo, menor será a quantidade de álcalis disponível por unidade dessa área e menor será a quantidade de gel de álcali-sílica formada.[10.6] Por outro lado, devido à mobilidade extremamente baixa do hidróxido de cálcio, somente aqueles próximos à superfície do agregado estão disponíveis para a reação, de modo que a quantidade de hidróxido de cálcio por unidade de área de agregado é independente da magnitude da área superficial total do agregado. Dessa forma, o aumento da área superficial causa um incremento na relação hidróxido de cálcio/álcali da solução nas proximidades do agregado. Nessas circunstâncias, é produzido um silicato de álcali e cálcio inócuo (não expansivo).[10.8]

No mesmo raciocínio, um material silicoso finamente dividido adicionado às partículas reativas maiores já existentes pode reduzir a expansão, embora a reação com os álcalis ainda ocorra. A eficiência das adições pozolânicas, como vidro pirex triturado ou cinza volante, na diminuição da penetração nas partículas maiores do agregado foi constatada. A cinza volante não deve conter mais do que 2 ou 3% de álcalis em relação à massa.[10.136] Entretanto, verificou-se que a utilização de cinza volante Classe F em um teor de 58% em relação à massa total de material cimentício foi altamente eficiente na prevenção da expansão, mesmo quando o teor total de álcalis era de 5 kg/m³ de concreto.[10.117] É importante que a cinza volante seja fina, podendo ser realizada moagem, se necessário, para a melhoria de sua eficiência na redução da expansão.

A utilização de pozolanas nas misturas também é benéfica, devido à redução da permeabilidade do concreto (ver Capítulo 13) e, portanto, à diminuição da mobilidade dos agentes agressivos, tanto os presentes no interior do concreto quanto os externos que podem ingressar. Além disso, o C-S-H formado pela atividade pozolânica incorpora uma quantidade de álcalis e, com isso, reduz o pH,[10.136] cuja influência na reação álcali-sílica foi discutida anteriormente nesta seção.

A sílica ativa é particularmente eficiente porque reage preferencialmente com os álcalis. Embora o produto da reação seja o mesmo gerado pela reação entre os álcalis e a sílica reativa dos agregados, a reação ocorre na grande área superficial das pequenas partículas de sílica ativa (ver página 90). Como consequência, a reação não resulta em expansão.[10.116]

A escória granulada de alto-forno também é eficaz na mitigação ou na prevenção dos efeitos deletérios da reação álcali-sílica. Deve ser destacado que a presença de escória granulada de alto-forno resulta em uma menor permeabilidade do concreto (ver Capítulo 13). Existem evidências de que, quando é utilizado cimento Portland de alto-forno, o teor máximo de álcalis de 0,9% não é prejudicial se o teor de escória for maior do que 50%.[10.99] Até mesmo um teor maior de álcalis, como 1,1%, é considerado tolerável pela BS 5328-1:1991, substituída pela BS EN 206-1:2000. Em relação à expansão deletéria da reação álcali-sílica, existem evidências não científicas dos efeitos benéficos da adição de escória granulada de alto-forno. Na Holanda, foram observados casos de expansão deletéria em várias estruturas, mas não onde foi utilizado cimento de alto-forno.[10.122]

Para serem eficazes, essas adições devem ser incluídas em proporções adequadas em relação à massa total de materiais cimentícios. Essas proporções, em massa, são: cinza volante Classe F, mínimo de 30 ou 40%; sílica ativa, mínimo de 20%; escória granulada de alto-forno, de 50 a 65%.[10.120,10.136] Teores inadequados podem, na realidade, agravar a situação e aumentar a expansão se um teor particularmente danoso da relação sílica/álcali for alcançado (conforme a referência 10.10). Deve ser verificado o desempenho de qualquer pozolana ou escória granulada de alto-forno na prevenção da expansão excessiva devida à reação álcali-sílica, conforme a ASTM C 441-05. As recomendações contidas no apêndice da norma canadense A23.1-94 são muito úteis.[10.111]

A adição de sílica ativa ou de cinza volante ao concreto não será eficaz na prevenção da expansão caso os álcalis continuem a penetrar no concreto.[10.113,10.119] De forma geral, ao considerar o teor de álcalis no concreto, deve ser considerado que os álcalis transportados pela água podem ingressar no concreto a partir do exterior, como, por exemplo, de materiais adjacentes ou do cloreto de sódio utilizado como agente descongelante.

Alguns ensaios indicam que os sais de lítio podem inibir as reações expansivas, mas os mecanismos relevantes não foram determinados.[10.121]

Deve ser destacado que, embora o gel de sílica resultante da reação álcali-sílica possa ser formado no interior de bolhas de ar, isso não significa que a incorporação de ar represente um meio de evitar os efeitos deletérios da reação.*

Abrasão do concreto

Em determinadas situações, as superfícies de concreto estão sujeitas ao desgaste, que pode ocorrer devido ao atrito por arraste, por raspagem ou por impactos.[10.14] No caso de estruturas hidráulicas, a ação de materiais abrasivos carreados pela água causa erosão. A cavitação é outra causa de danos ao concreto em água corrente.

Ensaios de resistência à abrasão

A determinação da resistência à abrasão do concreto é de difícil realização, devido ao processo de deterioração variar em função da causa do desgaste, e nenhum ensaio é satisfatório na avaliação de todas as condições: ensaios de atrito, como rolamento de esferas, coroas de desbaste ou jatos de areia, podem ser adequados em diferentes casos.

A ASTM C 418-05 prescreve o procedimento para a determinação do desgaste por jatos de areia – a perda de volume do concreto é uma base para a avaliação, mas não um critério da resistência ao desgaste em diferentes condições. A ASTM C 779-05 prescreve três procedimentos para realização em laboratório ou em campo. No *ensaio do disco*

---

* N. de R.T.: A NBR 15577-1:2008, versão corrigida 2008, estabelece medidas de mitigação da reação álcali-agregado que preveem a limitação do teor de álcalis no concreto, o uso de cimentos com pozolanas ou escória de alto-forno e a utilização de inibidores de reação (sílica ativa e *metacaulim*), conforme a classificação da necessidade de ação preventiva (mínima, moderada ou forte). Essa classificação é feita segundo o tipo de estrutura ou do elemento de concreto e as condições de exposição.

giratório, é aplicado um movimento giratório de três superfícies planas em um percurso circular a 0,2 Hz, com cada placa girando em torno de seu próprio eixo a 4,6 Hz. O carbeto de silício é utilizado como material abrasivo. No método de *ensaio de abrasão das esferas de aço*, a carga é aplicada a uma extremidade rotatória que é afastada do corpo de prova por esferas de aço. O ensaio é realizado com a circulação de água para a remoção do material desgastado. O *ensaio de coroas de desbaste* utiliza uma furadeira de bancada modificada para aplicar uma carga a três conjuntos de sete coroas de desbaste rotativas que estão em contato com o corpo de prova. A extremidade rotatória é acionada por 30 minutos a 0,92 Hz. Em todos os casos, a profundidade de desgaste do corpo de prova é utilizada como medida da abrasão.

Quando o objetivo é a realização de ensaios em testemunhos (que são muito pequenos para os ensaios da ASTM C 418-05 e C 779-05), pode ser utilizado o ensaio da ASTM C 944-99 (2005). Neste ensaio, duas coroas de desgaste montadas em uma furadeira de bancada são aplicadas, com uma carga determinada, à superfície do concreto, e a perda de massa é, então, determinada. A profundidade de desgaste também pode ser medida.

Os ensaios tentam simular os modos de abrasão observados na realidade, mas isso não é uma tarefa fácil, e, de fato, a principal dificuldade nos ensaios de abrasão é garantir que os resultados dos ensaios representem a resistência comparativa do concreto a um determinado tipo de desgaste. Os ensaios prescritos pela ASTM 779-05 são válidos para a determinação da resistência do concreto ao trânsito intenso de pessoas e de veículos, bem como a pneus com correntes e veículos com esteiras. Em geral, quanto maior for a abrasão em serviço, maior validade terão os ensaios na ordem crescente de solicitação: disco giratório, coroas de desbaste e esferas de aço.[10.32]

A Figura 10.11 mostra os resultados dos três ensaios da ASTM 779-05 em diferentes concretos. Devido às condições arbitrárias de ensaio, os valores obtidos não são quantitativamente comparáveis, mas, em todos os casos, verifica-se que a resistência à abrasão é proporcional à resistência à compressão do concreto.[10.20] O ensaio com esferas de aço, aparentemente, tem maior consistência e é mais sensível do que os demais.

A resistência do concreto, à abrasão, por sólidos transportados por água pode ser determinada pela ASTM C 1138-05. Nesse ensaio, o comportamento da água em redemoinho contendo partículas suspensas é simulado pelo movimento em alta velocidade de esferas de aço de diversos tamanhos em um tanque por um período de 72 horas, e a profundidade de desgaste da superfície do concreto é tomada como uma medida comparativa.

Uma abordagem totalmente distinta para a determinação da resistência à abrasão do concreto é o ensaio com esclerômetro (ver página 653), em que o valor obtido é sensível a alguns fatores que influenciam a resistência à abrasão do concreto.*,[10.37]

Fatores que influenciam a resistência à abrasão

Aparentemente, no desgaste por abrasão, há a ocorrência de tensões localizadas de alta intensidade, de modo que a resistência e a dureza da região superficial do concreto

---

* N. de R.T.: No Brasil, há um método normalizado para a verificação da resistência à abrasão de materiais inorgânicos, estabelecido pela NBR 12042:2012, que utiliza um processo de desgaste por meio de um disco giratório, com o uso de areia seca como material abrasivo.

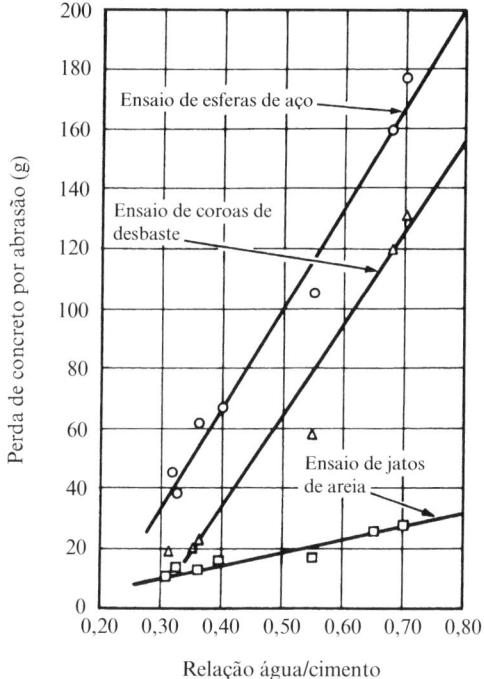

Figura 10.11 Influência da relação água/cimento do concreto sobre a perda por abrasão em diferentes ensaios.[10.20]

exercem grande influência na resistência à abrasão. Portanto, a resistência à compressão do concreto é o principal fator influente na resistência à abrasão, e a resistência mínima necessária depende da severidade da abrasão esperada. Concretos de resistência muito elevada possuem alta resistência à abrasão. Por exemplo, o aumento da resistência à compressão de 50 para 100 MPa resulta no incremento de 50% na resistência à abrasão, e, com 150 MPa, a resistência à abrasão do concreto é equivalente à de granitos de alta qualidade.[10.40]

As propriedades do concreto na região superficial são fortemente influenciadas pelas operações de acabamento, que podem reduzir a relação água/cimento e melhorar a compacidade. O tratamento superficial a vácuo é benéfico, e a presença de nata deve ser evitada. Uma cura bem realizada é importante, sendo desejável um período de cura com o dobro da duração da cura normal, a fim de obter uma boa resistência à abrasão.

Misturas ricas não são adequadas – o consumo de 350 kg/m^3 é provavelmente o máximo, já que os agregados graúdos devem estar presentes logo abaixo da superfície do concreto.

Em relação ao agregado, o acréscimo de uma determinada quantidade de areia de britagem é interessante,[10.40] bem como a utilização de agregados resistentes e duros.[10.38]

Apesar disso, a resistência à abrasão do agregado determinada pelo ensaio Los Angeles (ver página 129) aparentemente não é um bom indicativo da resistência à abrasão do concreto produzido com determinado agregado.[10.39] Agregados leves de elevada qualidade possuem boa resistência à abrasão, devido a serem, em essência, materiais cerâmicos, mas, em razão de sua estrutura porosa, não são resistentes ao impacto que pode estar associado à abrasão.[10.87]

O concreto com retração compensada possui uma resistência à abrasão[10.94] significativamente melhorada, provavelmente devido à inexistência das finas fissuras que podem contribuir para a propagação da abrasão.

A análise da utilização de endurecedores incorporados à região superficial do concreto está fora do escopo deste livro.

Resistência à erosão

A erosão do concreto é um importante tipo de desgaste que pode ocorrer no concreto em contato com água corrente. É importante fazer a distinção entre a erosão decorrente das partículas sólidas carreadas pela água e os danos causados pela formação de cavidades em fluxos de água em grande velocidade. Este tema será tratado na próxima seção.

A velocidade de erosão depende da quantidade, da forma, da dimensão e da dureza das partículas transportadas, de sua velocidade, da presença de redemoinhos e também da qualidade do concreto.[10.41] Como no caso da abrasão em geral, essa qualidade parece ser mais bem avaliada pela resistência à compressão do concreto. Entretanto, a composição da mistura também é relevante. Em especial, concretos com grandes agregados sofrem menor erosão do que uma argamassa de mesma resistência, e agregados duros aumentam a resistência à erosão. Entretanto, em determinadas situações de desgaste, agregados menores resultam em uma erosão superficial mais uniforme. Em geral, com abatimento constante, a resistência à erosão aumenta com a diminuição do consumo de cimento,[10.15] e a diminuição da nata superficial ainda é uma vantagem. Com consumo de cimento constante, a resistência melhora com a redução do abatimento,[10.15] possivelmente em conformidade com a influência geral da resistência à compressão.

Em todo caso, somente a qualidade na região superficial do concreto é importante, mas até mesmo o melhor concreto dificilmente irá suportar erosão severa por períodos prolongados. O tratamento a vácuo e o uso de fôrmas permeáveis são benéficos.

A propensão à erosão por sólidos em água corrente pode ser avaliada pelo *ensaio com jato abrasivo*, em que 2.000 fragmentos de aço (com dimensão de 850 μm) são lançados, a partir de um bocal (com diâmetro de 6,3 mm), por uma pressão de ar de 0,62 MPa, sobre um corpo de prova de concreto situado a 102 mm de distância.

Resistência à cavitação

Embora um concreto de boa qualidade seja capaz de suportar um fluxo uniforme e tangencial de água de alta velocidade, a presença de cavitação rapidamente causa sérios danos. Cavitação é a formação de bolhas de vapor quando a pressão absoluta local cai ao nível da pressão de vapor da água à temperatura ambiente. As bolhas podem ser isoladas e grandes, que se rompem posteriormente, ou podem ser uma névoa de pequenas bolhas.[10.16] Elas fluem juntamente com a água e, ao entrar em áreas de maior pressão, rompem-se com grande impacto, causando a entrada de água a grande velocidade nos espaços anteriormente ocupados por vapor. Dessa forma, uma pressão extremamente elevada é gerada em uma pequena área por um curto período de tempo. É o impacto continuado em uma determinada região da superfície do concreto que causa a formação de cavidades. Os maiores danos são ocasionados por nuvens de bolhas minúsculas verificadas em redemoinhos. Elas normalmente se aglomeram momentaneamente em bolhas maiores que colapsam muito rapidamente.[10.17] Várias dessas bolhas pulsam em alta frequência, e isso, aparentemente, agrava os danos em uma área maior.[10.18]

Os danos por cavitação ocorrem em canais abertos, em geral em velocidades acima de 12 m/s,[10.41] mas, em condutos fechados, mesmo em velocidades bem menores, há a possibilidade da queda da pressão a um valor bem inferior à pressão atmosférica. Essa queda de pressão pode ser causada por sifonamento, pela inércia no lado interno de uma curva ou até mesmo por irregularidades superficiais. Com frequência, ocorre uma combinação das causas. O descolamento do fluxo de água da superfície de concreto em um canal aberto é uma causa frequente de cavitação. Embora o fenômeno da cavitação dependa, essencialmente, das mudanças de pressão (e, consequentemente, também das mudanças de velocidade), é muito provável sua ocorrência na presença de pequenas quantidades de ar não dissolvido na água. Essas bolhas de ar se comportam como núcleos em que a mudança de fase de líquido para vapor pode ocorrer mais rapidamente. As partículas de pó têm efeito semelhante, possivelmente devido a alojarem o ar não dissolvido. Por outro lado, pequenas bolhas de ar livre em grandes quantidades (até 8% em volume, próximas à superfície do concreto), apesar de causarem cavitação, amortecem o colapso da cavidade, diminuindo os danos da cavitação.[10.19] Dessa forma, a aeração da água pode ser interessante.[10.41]

A superfície do concreto atingida por cavitação é irregular, denteada e com cavidades, em comparação com a superfície lisa do concreto desgastado por sólidos transportados pela água. Os danos por cavitação não ocorrem a uma taxa constante. Normalmente, após um período inicial de pequenos danos, ocorre uma rápida deterioração, seguida pela continuidade dos danos em menor velocidade.[10.19]

A maior resistência à cavitação é obtida pelo uso de concreto de alta resistência, possivelmente produzido com um revestimento absorvente que reduza a relação água/cimento local. A dimensão máxima do agregado próximo à superfície não deve ser maior do que 20 mm,[10.19] devido à cavitação ter a tendência de remover as partículas maiores. A dureza do agregado não é importante (diferentemente do caso da resistência à erosão), mas uma boa aderência entre o agregado e a argamassa é vital.

O uso de polímeros, fibras de aço ou revestimentos resilientes pode melhorar a resistência à cavitação, mas esses assuntos não fazem parte do escopo deste livro. Entretanto, enquanto a utilização de um concreto adequado pode reduzir os danos por cavitação, nem mesmo o melhor concreto pode suportar as forças da cavitação por um tempo indefinido. Portanto, a solução para os danos por cavitação está, principalmente, na redução da cavitação. Isso pode ser obtido com superfícies lisas e bem alinhadas, isentas de irregularidades como depressões, saliências, juntas e desalinhamentos, e pela não existência de mudanças bruscas de inclinação ou de curvaturas que tenham a tendência de afastar o fluxo da superfície. Sempre que possível, o aumento localizado da velocidade da água deve ser evitado, já que os danos são proporcionais à sexta ou à sétima potência da velocidade.[10.19]

Tipos de fissuras

Como a fissuração pode diminuir a durabilidade do concreto ao permitir o ingresso de agentes agressivos, é importante rever, de forma resumida, seus tipos e suas causas. Além disso, a fissuração pode afetar negativamente a estanqueidade à água ou a transmissão de sons das estruturas, bem como prejudicar a aparência. Em relação a este aspecto, a abertura aceitável da fissura depende da distância de onde ela é percebida e da função da estrutura – por exemplo, um prédio público em um extremo e um armazém em outro. Pode ser válido citar que o ingresso de sujidades torna a fissura mais perceptível, da mesma forma que a utilização de cimento branco no concreto.

No que se refere à estanqueidade à água, fissuras muito estreitas, estabilizadas, com abertura entre 0,12 e 0,20 mm, tendem a apresentar infiltração no início.[10.33,10.34] Entretanto, o hidróxido de cálcio dissolvido é lentamente transportado por percolação da água e pode reagir com o dióxido de carbono da atmosfera, precipitando como carbonato de cálcio e resultando na selagem da fissura[10.33] (ver página 345).

As fissuras originadas do estado fresco – ou seja, decorrentes da retração plástica e do assentamento plástico – foram discutidas no Capítulo 9. Outro tipo de fissuração precoce é conhecido como *mapeamento* e pode ocorrer em paredes e lajes quando a superfície do concreto tem um teor de água mais elevado do que o interior. O padrão de fissuração se assemelha a uma rede irregular, com espaçamentos de até cerca de 100 mm. As fissuras são bastante rasas e desenvolvem-se precocemente, mas podem não ser percebidas até estarem marcadas com sujeira. Essas fissuras, exceto por sua aparência, são de pouca importância.

Outro tipo de dano superficial são as *bolhas*, que podem ocorrer quando parte da água exsudada ou grandes bolhas de ar são retidas logo abaixo da superfície do concreto por uma fina camada de nata gerada pelo acabamento. As bolhas possuem diâmetro entre 10 e 100 mm e espessura 2 a 10 mm. Quando em serviço, a camada de nata se desprende, deixando depressões rasas.

No concreto endurecido, a fissuração pode ser causada por retração por secagem ou por movimentações térmicas precoces restringidas, temas que foram discutidos nos Capítulos 9 e 8, respectivamente. Os diversos tipos de fissuras não estruturais estão listados na Tabela 10.8 e mostrados de forma esquemática na Figura 10.12.[10.33] É importante destacar que, mesmo que uma causa específica inicie a fissura, seu desenvolvimento pode decorrer de outra causa.[10.33] Dessa forma, o diagnóstico das causas da fissuração nem sempre é simples.

A fissuração também pode ser causada por sobrecarga em relação à resistência real do elemento de concreto, mas esse fato é consequência de um projeto estrutural inadequado ou de uma execução não realizada conforme as especificações. É importante lembrar que, no concreto armado em serviço, a tração é induzida na armadura e no concreto que a envolve. Portanto, a fissuração superficial é inevitável, mas, com projeto e detalhamento estrutural adequados, as fissuras terão pequena abertura e dificilmente serão percebidas. Fissuras induzidas por tensões têm a máxima largura na superfície do concreto, afunilando-se em direção à armadura, mas a diferença na largura pode diminuir com o tempo.[10.34] A abertura da fissura na superfície será maior quanto maior for o cobrimento de armadura.

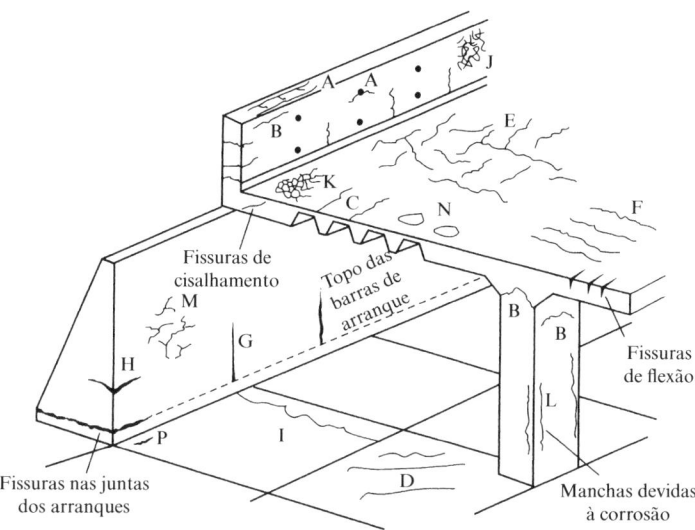

Figura 10.12 Representação esquemática dos vários tipos de fissuras possíveis de ocorrer no concreto (ver Tabela 10.8; baseada na referência 10.33).

Deve ser destacado que, a partir das considerações de energia, é mais fácil prolongar uma fissura existente do que formar uma nova. Isso explica a razão pela qual, sob uma carga aplicada, cada nova fissura ocorre sob uma carga maior do que a fissura anterior. O número total de fissuras surgidas é determinado pela dimensão do elemento de concreto, e a distância entre as fissuras depende da dimensão máxima do agregado utilizado.[10.106]

Em razão de, em certas condições físicas, a abertura total das fissuras por unidade de comprimento do concreto ser fixada – e objetiva-se que essas fissuras sejam o mais finas possível –, é admissível haver um número maior de fissuras. Por essa razão, a restrição à fissuração deve ser uniforme ao longo do comprimento do elemento estrutural. A utilização de armadura controla a fissuração por retração por meio da redução da abertura de cada fissura, mas não a abertura total de todas as fissuras consideradas em conjunto. Esse tema está fora do objetivo deste livro.

A importância da fissuração e da abertura mínima para a fissura ser considerada significativa depende da função do elemento estrutural e das condições de exposição do concreto. Reis *et al.*[10.105] sugerem as seguintes aberturas máximas de fissuras, que ainda se mantêm como uma orientação válida:

Elementos internos	0,35 mm
Elementos externos em condições normais de exposição	0,25 mm
Elementos externos expostos a ambientes particularmente agressivos	0,15 mm

Tabela 10.8 Classificação de fissuras intrínsecas (baseada na referência 10.33)

Tipo de fissura	Símbolo na Figura 10.12	Subdivisão	Localização mais comum	Causa principal (excluindo restrição)	Causas secundárias/fatores	Correção (considerando que seja impossível refazer o projeto); em todos os casos, reduzir restrição	Tempo de aparecimento	Referência neste livro
Assentamento plástico	A	Sobre a armadura	Seções espessas	Exsudação excessiva	Condições para secagem precoce	Reduzir a exsudação ou revibrar	10 min a 3 horas	páginas 415 e 442
	B	Em arco	Topo de pilares					
	C	Mudança de espessura	Lajes nervuradas					
Retração plástica	D	Diagonal	Pisos e lajes	Secagem precoce	Velocidade de exsudação baixa	Melhorar cura inicial	30 min a 6 h	páginas 415 e 441
	E	Aleatória	Lajes armadas					
	F	Sobre a armadura	Lajes armadas	Secagem precoce ou armadura próxima à superfície				
Retração térmica inicial	G	Restrição externa	Paredes espessas	Geração excessiva de calor de hidratação	Resfriamento rápido	Reduzir o calor e/ou isolar	1 dia a 2 ou 3 semanas	páginas 410 e 415
	H	Restrição interna	Lajes espessas	Gradientes de temperatura excessivos				

Capítulo 10 Durabilidade do concreto

Retração por secagem em longo prazo	I	Lajes finas e paredes	Juntas ineficientes	Retração excessiva ou cura ineficiente	Reduzir a quantidade de água ou melhorar a cura	Várias semanas a meses	página 458
Mapeamento	J	Paredes	Fôrmas impermeáveis	Misturas ricas ou cura inadequada	Melhorar a cura e o acabamento	1 a 7 dias, algumas vezes mais tarde	página 550
	K	Junto às formas					
		Concreto desempenado					
		Lajes	Excesso de desempeno				
Corrosão de armadura	L	Pilares e vigas	Cobrimento insuficiente	Concreto de baixa qualidade	Eliminar as causas listadas	Mais de 2 anos	página 587
		Carbonatação					
		Cloretos					
Reação álcali-agregado	M	Locais úmidos	Agregados reativos e cimento com alto teor de álcalis		Eliminar as causas listadas	Mais de 5 anos	página 537
Bolhas	N	Lajes	Água de exsudação aprisionada	Uso de desempenadeira metálica	Eliminar as causas listadas	Ao toque	página 549
Fissuração	P	Bordas livres de lajes	Agregados danificados por congelamento		Reduzir dimensão do agregado	Mais de 10 anos	página 566

É importante ressaltar que, apesar de existirem diferenças entre os observadores, a abertura mínima passível de ser visualizada a olho nu é de aproximadamente 0,13 mm. A determinação da dimensão da abertura das fissuras pode ser feita por instrumentos simples de aumento. Várias técnicas especializadas, como pinturas eletrocondutoras e resistores dependentes de luz (LDR), possibilitam determinar o desenvolvimento da fissuração; entretanto, fissuras de abertura muito pequena são muito comuns, mas não prejudiciais, de modo que a busca intensiva por fissuras não é importante.*

Referências

10.1 W. C. Hanna, Additional information on inhibiting alkali–aggregate expansion, *J. Amer. Concr. Inst.*, **48**, p. 513 (Feb. 1952).
10.2 T. C. Powers, H. M. Mann and L. E. Copeland, The flow of water in hardened portland cement paste, *Highw. Res. Bd Sp. Rep. No. 40*, pp. 308–23 (Washington DC, July 1959).
10.3 T. C. Powers, Structure and physical properties of hardened portland cement paste, *J. Amer. Ceramic Soc.*, **41**, pp. 1–6 (Jan. 1958).
10.4 T. C. Powers, L. E. Copeland and H. M. Mann, Capillary continuity or discontinuity in cement pastes, *J. Portl. Cem. Assoc. Research and Development Labortories*, **1**, No. 2, pp. 38–48 (May 1959).
10.5 T. C. Powers, L. E. Copeland, J. C. Hayes and H. M. Mann, Permeability of Portland cement paste, *J. Amer. Concr. Inst.*, **51**, pp. 285–98 (Nov. 1954).
10.6 H. E. Vivian, Studies in cement–aggregate reaction: X. The effect on mortar expansion of amount of reactive component, *Commonwealth Scientific and Industrial Research Organization Bull. No. 256*, pp. 13–20 (Melbourne, 1950).
10.7 F. M. Lea, *The Chemistry of Cement and Concrete* (London, Arnold, 1970).
10.8 G. J. Verbeck and C. Gramlich, Osmotic studies and hypothesis concerning alkali–aggregate reaction, *Proc. ASTM*, **55**, pp. 1110–28 (1955).
10.9 J. H. P. van Aardt, The resistance of concrete and mortar to chemical attack – progress report on concrete corrosion studies, *National Building Research Institute, Bull. No. 13*, pp. 44–60 (South African Council for Scientific and Industrial Research, March 1955).
10.10 J. H. P. van Aardt, Chemical and physical aspects of weathering and corrosion of cement products with special reference to the influence of warm climate, *RILEM Symposium on Concrete and Reinforced Concrete in Hot Countries* (Haifa, 1960).
10.11 L. H. Tuthill, Resistance to chemical attack, *ASTM Sp. Tech. Publ. No. 169*, pp. 188–200 (1956).
10.12 R. L. Henry and G. K. Kurtz, Water vapor transmission of concrete and of aggregates. *U.S. Naval Civil Engineering Laboratory*, Port Hueneme, California, 71 pp. (June 1963).
10.13 A. M. Neville, Behaviour of concrete in saturated and weak solutions of magnesium sulphate and calcium chloride, *J. Mat., ASTM*, **4**, No. 4, pp. 781–816 (Dec. 1969).
10.14 M. E. Prior, Abrasion resistance, *ASTM Sp. Tech. Publ. No. 169A*, pp. 246–60 (1966).
10.15 U.S. Army Corps of Engineers, Concrete abrasion study, Bonneville Spillway Dam, *Report 15-1* (Bonneville, Or., Oct. 1943).
10.16 J. M. Hobbs, Current ideas on cavitation erosion, *Pumping*, **5**, No. 51, pp. 142–9 (March 1963).

---

* N. de R.T.: A NBR 6118:2014, versão corrigida 2014, estabelece as exigências para a fissuração em função da agressividade ambiental e do tipo de concreto (simples, armado ou protendido). A norma também cita que deve ser realizado o controle de fissuração em relação à funcionalidade da estrutura e à aceitabilidade sensorial (fissuras que podem causar desconforto psicológico aos usuários).

10.17 M. J. Kenn, Cavitation eddies and their incipient damage to concrete, *Civil Engineering*, **61**, No. 724, pp. 1404–5 (London, Nov. 1966).

10.18 S. P. Kozirev, Cavitation and cavitation-abrasive wear caused by the flow of liquid carrying abrasive particles over rough surfaces, *Translation by The British Hydro-mechanics Research Association* (Feb. 1965).

10.19 M. J. Kenn, Factors influencing the erosion of concrete by cavitation, *CIRIA*, 15 pp. (London, July 1968).

10.20 F. L. Smith, Effect of aggregate quality on resistance of concrete to abrasion, *ASTM Sp. Tech. Publ. No. 205*, pp. 91–105 (1958).

10.21 J. Bonzel, Der Einfluss des Zements, des W/Z Wertes, des Alters und der Lagerung auf die Wasserundurchlässigkeit des Betons, *Beton*, No. 9, pp. 379–83; No. 10, pp. 417–21 (1966).

10.22 J. W. Figg, Methods of measuring the air and water permeability of concrete, *Mag. Concr. Res.*, **25**, No. 85, pp. 213–19 (Dec. 1973).

10.23 P. J. Sereda and V. S. Ramachandran, Predictability gaps between science and technology of cements – 2, Physical and mechanical behavior of hydrated cements. *J. Amer. Ceramic Soc.*, **58**, Nos 5–6, pp. 249–53 (1975).

10.24 G. J. Osborne and M. A. Smith, Sulphate resistance and long-term strength proper- ties of regulated-set cements, *Mag. Concr. Res.*, **29**, No. 101, pp. 213–24 (1977).

10.25 B. Mather, How soon is soon enough?, *J. Amer. Concr. Inst.*, **73**, No. 3, pp. 147–50 (1976).

10.26 L. Rombèn, Aspects of testing methods for acid attack on concrete. *CBI Research*, 1: 78, 61 pp. (Swedish Cement and Concrete Research Inst., 1978).

10.27 H. T. Thornton, Acid attack of concrete caused by sulfur bacteria action, *J. Amer. Concr. Inst.*, **75**, No. 11, pp. 577–84 (1978).

10.28 H. U. Christen, Conditions météorologiques et efflorescences de chaux, *Bulletin du Ciment*, **44**, No. 6, 8 pp. (Wildegg, Switzerland, June 1976).

10.29 Bulletin du Ciment, Traitement des surfaces de béton à l'acide, **45**, No. 21, 6 pp. (Wildegg, Switzerland, Sept. 1977).

10.30 Bulletin du Ciment, Coloration sombre du béton, **45**, No. 23, 6 pp. (Wildegg, Switzerland, Nov. 1977).

10.31 L. H. Tuthill, Resistance to chemical attack, *ASTM Sp. Tech. Publ. No. 169B*, pp. 369–87 (1978).

10.32 R. O. Lane, Abrasion resistance, *ASTM Sp. Tech. Publ. No. 169B*, pp. 332–50 (1978).

10.33 Concrete Society Report, *Non-structural Cracks in Concrete*, Technical Report No. 22, 4th Edn, 62 pp. (London, Concrete Society, 2010).

10.34 ACI 207.2R-90, Effect of restraint, volume change, and reinforcement on cracking of mass concrete, *ACI Manual of Concrete Practice, Part 1: Materials and General Properties of Concrete*, 18 pp. (Detroit, Michigan, 1994).

10.35 V. G. Papadakis, M. N. Fardis and C. G. Vayenas, Effect of composition, environmental factors and cement-lime mortar coating on concrete carbonation, *Materials and Structures*, **25**, No. 149, pp. 293–304 (1992).

10.36 D. W. S. Ho and R. K. Lewis, The specification of concrete for reinforcement protection – performance criteria and compliance by strength, *Cement and Concrete Research*, **18**, No. 4, pp. 584–94 (1988).

10.37 M. Sadegzadeh and R. Kettle, Indirect and non-destructive methods for assessing abrasion resistance of concrete, *Mag. Concr. Res.*, **38**, No. 137, pp. 183–90 (1986).

10.38 P. Laplante, P.-C. Aïtcin and D. Vézina, Abrasion resistance of concrete, *Journal of Materials in Civil Engineering*, **3**, No. 1, pp. 19–28 (1991).

10.39 T. C. Liu, Abrasion resistance of concrete, *ACI Journal*, **78**, No. 5, pp. 341–50 (1981).

10.40 O. E. Gjørv, T. Baerland and H. H. Ronning, Increasing service life of road- ways and bridges, *Concrete International*, **12**, No. 1, pp. 45–8 (1990).

10.41 ACI 210R-93, Erosion of concrete in hydraulic structures, *ACI Manual of Concrete Practice, Part 1: Materials and General Properties of Concrete*, 24 pp. (Detroit, Michigan, 1994).
10.42 ACI 201.2R-1992, Guide to durable concrete, *ACI Manual of Concrete Practice, Part 1: Materials and General Properties of Concrete*, 41 pp. (Detroit, Michigan, 1994).
10.43 U.S. Bureau of Reclamation, 4913-92, Procedure for water permeability of concrete, *Concrete Manual, Part 2*, 9th Edn, pp. 714–25 (Denver, Colorado, 1992).
10.44 J. F. Young, A review of the pore structure of cement paste and concrete and its influence on permeability, in *Permeability of Concrete*, ACI SP-108, pp. 1–18 (Detroit, Michigan, 1988).
10.45 A. Bisaillon and V. M. Malhotra, Permeability of concrete: using a uniaxial water-flow method, in *Permeability of Concrete*, ACI SP-108, pp. 173–93 (Detroit, Michigan, 1988).
10.46 R. A. Cook and K. C. Hover, Mercury porosimetry of cement-based materials and associated correction factors, *ACI Materials Journal*, **90**, No. 2, pp. 152–61 (1993).
10.47 J. Vuorinen, Applications of diffusion theory to permeability tests on concrete Part I: Depth of water penetration into concrete and coefficient of permeability, *Mag. Concr. Res.*, **37**, No. 132, pp. 145–52 (1985).
10.48 O. Valenta, Kinetics of water penetration into concrete as an important factor of its deterioration and of reinforcement corrosion, *RILEM International Symposium on the Durability of Concrete*, Prague, Part I, pp. 177–93 (1969).
10.49 L. A. Larbi, Microstructure of the interfacial zone around aggregate particles in concrete, *Heron*, **38**, No. 1, 69 pp. (1993).
10.50 A. Hanaor and P. J. E. Sullivan, Factors affecting concrete permeability to cryogenic fluids, *Mag. Concr. Res.*, **35**, No. 124, pp. 142–50 (1983).
10.51 D. Whiting, Permeability of selected concretes, in *Permeability of Concrete*, ACI SP-108, pp. 195–221 (Detroit, Michigan, 1988).
10.52 C. D. Lawrence, Transport of oxygen through concrete, in *The Chemistry and Chemically-Related Properties of Cement*, Ed. F. P. Glasser, British Ceramic Proceedings, No. 35, pp. 277–93 (1984).
10.53 J. J. Kollek, The determination of the permeability of concrete to oxygen by the Cembureau method – a recommendation, *Materials and Structures*, **22**, No. 129, pp. 225–30 (1989).
10.54 RILEM Recommendations CPC-18, Measurement of hardened concrete carbonation depth, *Materials and Structures*, **21**, No. 126, pp. 453–5 (1988).
10.55 L. J. Parrott, *A Review of Carbonation in Reinforced Concrete*, Cement and Concrete Assn, 42 pp. (Slough, U.K., July 1987).
10.56 V. G. Papadakis, C. G. Vayenas and M. N. Fardis, Fundamental modeling and experimental investigation of concrete carbonation, *ACI Materials Journal*, **88**, No. 4, pp. 363–73 (1991).
10.57 M. Sohui, Case study on durability, *Darmstadt Concrete*, **3**, pp. 199–207 (1988).
10.58 R. J. Currie, Carbonation depths in structural-quality concrete. *Building Research Establishment Report*, 19 pp. (Watford, U.K., 1986).
10.59 L. Tang and L.-O. Nilsson, Effect of drying at an early age on moisture distributions in concrete specimens used for air permeability test, in *Nordic Concrete Research*, Publication 13/2/93, pp. 88–97 (Oslo, Dec. 1993).
10.60 G. K. Moir and S. Kelham, *Durability 1, Performance of Limestone-filled Cements*, Proc. Seminar of BRE/BCA Working Party, pp. 7.1–7.8 (Watford, U.K. 1989).
10.61 L. J. Parrott and D. C. Killoch, Carbonation in 36 year old, in-situ concrete, *Cement and Concrete Research*, **19**, No. 4, pp. 649–56 (1989).
10.62 P. Nischer, Einfluss der Betongüte auf die Karbonatisierung, *Zement und Beton*, **29**, No. 1, pp. 11–15 (1984).

10.63 M. D. A. Thomas and J. D. Matthews, Carbonation of fly ash concrete, *Mag. Concr. Res.*, **44**, No. 160, pp. 217–28 (1992).

10.64 G. J. Osborne, Carbonation of blastfurnace slag cement concretes, *Durability of Building Materials*, **4**, pp. 81–96 (Amsterdam, Elsevier Science, 1986).

10.65 K. Horiguchi *et al.*, The rate of carbonation in concrete made with blended cement, in *Durability of Concrete*, ACI SP-145, pp. 917–31 (Detroit, Michigan, 1994).

10.66 D. W. Hobbs, Carbonation of concrete containing pfa, *Mag. Concr. Res.*, **40**, No. 143, pp. 69–78 (1988).

10.67 Th. A. Bier, Influence of type of cement and curing on carbonation progress and pore structure of hydrated cement paste, *Materials Research Society Symposium*, **85**, pp. 123–34 (1987).

10.68 RILEM Recommendations TC 71-PSL, Systematic methodology for service life. Prediction of building materials and components, *Materials and Structures*, **22**, No. 131, pp. 385–92 (1988).

10.69 M. C. McVay, L. D. Smithson and C. Manzione, Chemical damage to airfield concrete aprons from heat and oils, *ACI Materials Journal*, **90**, No. 3, pp. 253–8 (1993).

10.70 H. L. Kong and J. G. Orbison, Concrete deterioration due to acid precipitation, *ACI Materials Journal*, **84**, No. 3, pp. 110–16 (1987).

10.71 I. Biczok, *Concrete Corrosion and Concrete Protection*, 8th Edn, 545 pp. (Budapest, Akademiai Kiado, 1972).

10.72 P. D. Carter, Preventive maintenance of concrete bridge decks, *Concrete International*, **11**, No. 11, pp. 33–6 (1989).

10.73 M. R. Silva and F.-X. Deloye, Dégradation biologique des bétons, *Bulletin Liaison Laboratoires Ponts et Chausseés*, **176**, pp. 87–91 (Nov.–Dec. 1991).

10.74 R. Dron and F. Brivot, Le gonflement ettringitique, *Bulletin Liaison Laboratoires Ponts et Chausseés*, **161**, pp. 25–32 (May–June 1989).

10.75 I. Odler and M. Glasser, Mechanism of sulfate expansion in hydrated portland cement, *J. Amer. Ceramic Soc.*, **71**, No. 11, pp. 1015–20 (1988).

10.76 K. Mather, Factors affecting sulfate resistance of mortars, *Proceedings 7th International Congress on Chemistry of Cement*, Paris, Vol. IV, pp. 580–5 (1981).

10.77 P. J. Tikalsky and R. L. Carrasquillo, Influence of fly ash on the sulfate resistance of concrete. *ACI Materials Journal*, **89**, No. 1, pp. 69–75 (1992).

10.78 N. I. Fattuhi and B. P. Hughes, The performance of cement paste and concrete subjected to sulphuric acid attack, *Cement and Concrete Research*, **18**, No. 4, pp. 545–53 (1988).

10.79 K. R. Lauer, Classification of concrete damage caused by chemical attack, RILEM Recommendation 104-DDC: Damage Classification of Concrete Structures, *Materials and Structures*, **23**, No. 135, pp. 223–9 (1990).

10.80 G. J. Osborne, The sulphate resistance of Portland and blastfurnace slag cement concretes, in *Durability of Concrete*, Vol. II, Proceedings 2nd International Conference, Montreal, ACI SP-126, pp. 1047–61 (1991).

10.81 B. Mather, A discussion of the paper "Theories of expansion in sulfoaluminate- type expansive cements: schools of thought," by M. D. Cohen, *Cement and Concrete Research*, **14**, pp. 603–9 (1984).

10.82 V. A. Rossetti, G. Chiocchio and A. E. Paolini, Expansive properties of the mixture C_4AsH_{12}-2Cs, III. Effects of temperature and restraint. *Cement and Concrete Research*, **13**, No. 1, pp. 23–33 (1983).

10.83 P. K. Mehta, Sulfate attack on concrete – a critical review, *Materials Science of Concrete III*, Ed. J. Skalny, American Ceramic Society, pp. 105–30 (1993).

10.84 M. L. Conjeaud, Mechanism of sea water attack on cement mortar, in *Performance of Concrete in Marine Environment*, ACI SP-65, pp. 39–61 (Detroit, Michigan, 1980).

10.85 K. Mather, Concrete weathering at Treat Island, Maine, in *Performance of Concrete in Marine Environment*, ACI SP-65, pp. 101–11 (Detroit, Michigan, 1980).
10.86 O. E. Gjørv and O. Vennesland, Sea salts and alkalinity of concrete, *ACI Journal*, **73**, No. 9, pp. 512–16 (1976).
10.87 R. E. Philleo, Report of materials working group, *Proceedings of International Workshop on the Performance of Offshore Concrete Structures in the Arctic Environment*, National Bureau of Standards, pp. 19–25 (Washington DC, 1983).
10.88 B. Mather, Effects of seawater on concrete, *Highway Research Record*, No. 113, Highway Research Board, pp. 33–42 (1966).
10.89 A. M. Paillière *et al.*, Influence of curing time on behaviour in seawater of high-strength mortar with silica fume, in *Durability of Concrete*, ACI SP-126, pp. 559–75 (Detroit, Michigan, 1991).
10.90 A. M. Paillière, M. Raverdy and J. J. Serrano, Long term study of the influence of the mineralogical composition of cements on resistance to seawater: tests in artificial seawater and in the Channel, in *Durability of Concrete*, ACI SP-145, pp. 423–43 (Detroit, Michigan, 1994).
10.91 L. Heller and M. Ben-Yair, Effect of Dead Sea water on Portland cement, *Journal of Applied Chemistry*, No. 12, pp. 481–5 (1962).
10.92 M. Ben Bassat, P. J. Nixon and J. Hardcastle, The effect of differences in the composition of Portland cement on the properties of hardened concrete, *Mag. Concr. Res.*, **42**, No. 151, pp. 59–66 (1990).
10.93 ACI 515.1R-79 Revised 1985, A guide to the use of waterproofing, dampproofing, protective, and decorative barrier systems for concrete, *ACI Manual of Concrete Practice, Part 5: Masonry, Precast Concrete, Special Processes*, 44 pp. (Detroit, Michigan, 1994).
10.94 ACI 223-93, Standard practice for the use of shrinkage-compensating concrete, *ACI Manual of Concrete Practice, Part 1: Materials and General Properties of Concrete*, 29 pp. (Detroit, Michigan, 1994).
10.95 U. Schneider *et al.*, Stress corrosion of cementitious materials in sulphate solutions. *Materials and Structures*, **23**, No. 134, pp. 110–15 (1990).
10.96 Concrete Society Working Party, *Permeability Testing of Site Concrete – A Review of Methods and Experience*, Technical Report No. 31, 95 pp. (London, The Concrete Society, 1987).
10.97 D. M. Roy *et al.*, Concrete microstructure and its relationships to pore structure, permeability, and general durability, in *Durability of Concrete, G. M. Idorn International Symposium*, ACI SP-131, pp. 137–49 (Detroit, Michigan, 1992).
10.98 C. Hall, Water sorptivity of mortars and concretes: a review, *Mag. Concr. Res.*, **41**, No. 147, pp. 51–61 (1989).
10.99 W. H. Duda, *Cement-Data-Book*, 2, 456 pp. (Berlin, Verlag GmbH, 1984).
10.100 G. Pickett, Effect of gypsum content and other factors on shrinkage of concrete prisms, *J. Amer. Concr. Inst.*, **44**, pp. 149–75 (Oct. 1947).
10.101 H. H. Steinour, Some effects of carbon dioxide on mortars and concrete – discussion, *J. Amer. Concr. Inst.*, **55**, pp. 905–7 (Feb. 1959).
10.102 G. J. Verbeck, Carbonation of hydrated portland cement, *ASTM. Sp. Tech. Publ. No. 205*, pp. 17–36 (1958).
10.103 J. J. Shideler, Investigation of the moisture-volume stability of concrete masonry units, *Portl. Cem. Assoc. Development Bull, D.3* (March 1955).
10.104 I. Leber and F. A. Blakey, Some effects of carbon dioxide on mortars and concrete, *J. Amer. Concr. Inst.*, **53**, pp. 295–308 (Sept. 1956).
10.105 E. E. Reis, J. D. Mozer, A. C. Bianchini and C. E. Kesler, Causes and control of cracking in concrete reinforced with high-strength steel bars – a review of research, *University of Illinois Engineering Experiment Station Bull. No. 479* (1965).

10.106 T. C. Hansen, Cracking and fracture of concrete and cement paste, Symp. on Causes, Mechanism, and Control of Cracking in Concrete, ACI SP-20, pp. 5–28 (Detroit, Michigan, 1968).

10.107 P. Schubert and K. Wesche, Einfluss der Karbonatisierung auf die Eigenshaften von Zementmörteln, *Research Report No. F16*, 28 pp. (Institut für Bauforschung BWTH Aachen, Nov. 1974).

10.108 A. Meyer, Investigations on the carbonation of concrete, *Proc. 5th Int. Symp. on the Chemistry of Cement*, Tokyo, Vol. 3, pp. 394–401 (1968).

10.109 A. S. El-Dieb and R. D. Hooton, A high pressure triaxial cell with improved measurement sensitivity for saturated water permeability of high performance concrete, *Cement and Concrete Research*, **24**, No. 5, pp. 854–62 (1994).

10.110 K. Kobayashi, K. Suzuki and Y. Uno, Carbonation of concrete structures and decomposition of C-S-H, *Cement and Concrete Research*, **24**, No. 1, pp. 55–62 (1994).

10.111 Canadian Standards Assn, A23.1-94, *Concrete Materials and Methods of Concrete Construction*, 14 pp. (Toronto, Canada, 1994).

10.112 British Cement Association Working Party Report, *The Diagnosis of Alkali–Silica Reaction*, 2nd Edn, Publication 45.042, 44 pp. (Slough, BCA, 1992).

10.113 M. M. Alasali, V. M. Malhotra and J. A. Soles, Performance of various test methods for assessing the potential alkali reactivity of some Canadian aggregates, *ACI Materials Journal*, **88**, No. 6, pp. 613–19 (1991).

10.114 M. G. Ali and Rasheeduzzafar, Cathodic protection current accelerates alkali–silica reaction. *ACI Materials Journal*, **90**, No. 3, pp. 247–52 (1993).

10.115 J. G. M. Wood and R. A. Johnson, The appraisal and maintenance of structures with alkali–silica reaction, *The Structural Engineer*, **71**, No. 2, pp. 19–23 (1993).

10.116 H. Wang and J. E. Gillott, Competitive nature of alkali–silica fume and alkali–aggregate (silica) reaction. *Mag. Concr. Res.*, **44**, No. 161, pp. 235–9 (1992).

10.117 M. M. Alasali and V. M. Malhotra, Role of concrete incorporating high volumes of fly ash in controlling expansion due to alkali–aggregate reaction, *ACI Materials Journal*, **88**, No. 2, pp. 159–63 (1991).

10.118 Z. Xu, P. Gu and J. J. Beaudoin, Application of A.C. impedance techniques in studies of porous cementitious materials. *Cement and Concrete Research*, **23**, No. 4, pp. 853–62 (1993).

10.119 S. Chatterji, N. Thaulow and A. D. Jensen, Studies of alkali–silica reaction. Part 6. Practical implications of a proposed reaction mechanism, *Cement and Concrete Research*, **18**, No. 3, pp. 363–6 (1988).

10.120 H. Chen, J. A. Soles and V. M. Malhotra, CANMET investigations of supplementary cementing materials for reducing alkali–aggregate reactions, *International Workshop on Alkali–Aggregate Reactions in Concrete*, Halifax, N.S., 20 pp. (Ottawa, CANMET, 1990).

10.121 D. C. Stark, Lithium admixtures – an alternative method to prevent expansive alkali–silica reactivity. *Proc. 9th International Conference on Alkali–Aggregate Reaction in Concrete*, London, Vol. 2, pp. 1017–21 (The Concrete Society, 1992).

10.122 W. M. M. Heijnen, Alkali–aggregate reactions in The Netherlands, *Proc. 9th International Conference on Alkali–Aggregate Reaction in Concrete*, London, Vol. 1, pp. 432–7 (The Concrete Society, 1992).

10.123 D. Ludirdja, R. L. Berger and J. F. Young, Simple method for measuring water permeability of concrete, *ACI Materials Journal*, **86**, No. 5, pp. 433–9 (1989).

10.124 H.-J. Wierig, Longtime studies on the carbonation of concrete under normal outdoor exposure, *RILEM Symposium on Durability of Concrete under Normal Outdoor Exposure*, Hanover, pp. 182–96 (March 1984).

10.125 Bulletin du Ciment, Détermination rapide de la carbonatation du béton, *Service de Recherches et Conseils Techniques de l'Industrie Suisse du Ciment*, **56**, No. 8, 8 pp. (Wildegg, Switzerland, 1988).

10.126　M. D. Cohen and A. Bentur, Durability of portland cement–silica fume pastes in magnesium sulfate and sodium sulfate solutions, *ACI Materials Journal*, **85**, No. 3, pp. 148–57 (1988).

10.127　STUVO, *Concrete in Hot Countries*, Report of STUVO, Dutch member group of FIP, 68 pp. (The Netherlands, 1986).

10.128　D. W. Hobbs, *Alkali–Silica Reaction in Concrete*, 183 pp. (London, Thomas Telford, 1988).

10.129　J. Bijen, Advantages in the use of portland blastfurnace slag cement concrete in marine environment in hot countries, in *Technology of Concrete when Pozzolans, Slags and Chemical Admixtures are Used*, Int. Symp., University of Nuevo León, pp. 483–599 (Monterrey, Mexico, March 1985).

10.130　V. G. Papadakis, C. G. Vayenas and M. N. Fardis, Physical and chemical characteristics affecting the durability of concrete, *ACI Materials Journal*, **88**, No. 2, pp. 186–96 (1991).

10.131　DIN 1048, Testing of hardened concrete specimens prepared in moulds, *Deutsche Normen*, Part 5 (1991).

10.132　P. B. Bamforth, The relationship between permeability coefficients for concrete obtained using liquid and gas, *Mag. Concr. Res.*, **39**, No. 138, pp. 3–11 (1987).

10.133　J. D. Matthews, Carbonation of ten-year concretes with and without pulverisedfuel ash, in *Proc. ASHTECH Conf.*, 12 pp. (London, Sept. 1984).

10.134　G. A. Khoury, *Effect of Bacterial Activity on North Sea Concrete*, 126 pp. (London, Health and Safety Executive, 1994).

10.135　Building Research Establishment, Sulfate and acid resistance of concrete in the ground, *Digest*, No. 363, 12 pp. (London, HMSO, January 1996).

10.136　J. Baron and J.-P. Ollivier, Eds, *La Durabilité des Bétons*, 456 pp. (Presse Nationale des Ponts et Chaussées, 1992).

10.137　P. Schubert and Y. Efes, The carbonation of mortar and concrete made with jet cement, *Proc. RILEM Int. Symp. on Carbonation of Concrete*, Wexham Springs, April 1976, 2 pp. (Paris, 1976).

10.138　M. Sakuta *et al.*, Measures to restrain rate of carbonation in concrete, in *Concrete Durability*, Vol. 2, ACI SP-100, pp. 1963–77 (Detroit, Michigan, 1987).

10.139　J. Bensted, Scientific background to thaumasite formation in concrete, *World Cement Research*, Nov. pp. 102–105 (1998).

10.140　A. Neville, Can we determine the age of cracks by measuring carbonation? *Concrete International*, **25**, No. 12, pp. 76–79 (2003) and **26**, No. 1, pp 88–91 (2004).

10.141　A. Neville, Background to minimising alkali–silica reaction in concrete, *The Structural Engineer*, pp. 18–19 (20 September 2005).

10.142　D. S. Lane, R. L. Detwiler and R. D. Hooton, Testing transport properties in concrete, *Concrete International*, **32**, No. 11, pp. 33–38 (2010).

10.143　H. F. W. Taylor, C. Famy and K. L. Scrivener, Delayed ettringite formation, *Cement and Concrete Research*, **31**, pp. 683–93 (2001).

10.144　W. G. Hime, Delayed ettringite formation. *PCI Journal*, **41**, No. 4, pp. 26–30 (1996).

11

Efeitos do gelo e degelo e de cloretos

Este capítulo trata de dois mecanismos de deterioração do concreto. O primeiro deles, embora somente importante em climas frios, é a maior causa da falta de durabilidade do concreto, a menos que sejam tomadas medidas preventivas adequadas. O segundo mecanismo, a ação de cloretos, é relevante apenas em concreto armado, mas também pode resultar em significativos danos às estruturas. A ação de cloretos é verificada tanto em climas frios quanto quentes, mas os detalhes da ação variam conforme as condições.

Ação do congelamento

No Capítulo 8, foram analisados os efeitos do congelamento sobre o concreto fresco e os métodos para evitar sua ocorrência. O que, entretanto, não pode ser evitado é a exposição do concreto maduro a ciclos alternados de gelo e degelo, fenômeno que é frequentemente observado na natureza.

Como a temperatura do concreto saturado em serviço é diminuída, a água retida nos poros capilares da pasta de cimento endurecida congela de um modo similar ao congelamento dos poros de rochas, o que causa a expansão do concreto. Caso haja um novo congelamento após o degelo subsequente, ocorre uma nova expansão, ou seja, os ciclos repetidos de gelo e degelo têm efeito cumulativo. O fenômeno ocorre, principalmente, na pasta de concreto endurecida: os maiores vazios do concreto, decorrentes de adensamento incompleto, geralmente contêm ar e, portanto, estão menos sujeitos à ação do congelamento.[11.4]

O congelamento é um processo gradual, em parte devido à velocidade de transferência de calor através do concreto, em parte devido ao aumento progressivo da concentração de sais dissolvidos na água dos poros ainda não congelada (que baixam o ponto de congelamento) e em parte devido ao ponto de congelamento variar com a dimensão dos poros. Como a tensão superficial dos cristais de gelo nos poros capilares os submete a uma pressão – que é maior quanto menor for o cristal –, o congelamento inicia nos poros maiores e, aos poucos, espalha-se para os menores. Os poros de gel são pequenos demais para possibilitar a formação de pontos de nucleação de gelo a temperaturas superiores a −78°C, de modo que, na prática, não se forma gelo em seu interior.[11.4] Entretanto, com uma diminuição da temperatura, devido à diferença de entropia entre a água de gel e o gelo, a primeira adquire energia potencial, o que possibilita seu movimento para o interior dos poros capilares contendo gelo. A difusão da água de gel que ocorre resulta em aumento do volume de gelo e em expansão.[11.4]

Há, então, duas origens possíveis da pressão de expansão. Na primeira, o congelamento da água resulta em um aumento do volume de aproximadamente 9%, de forma que a água excedente na cavidade é expulsa. A velocidade de congelamento irá determinar a velocidade com que a água deslocada pelo avanço da frente de gelo irá sair, e a pressão hidráulica desenvolvida dependerá da resistência ao escoamento, ou seja, da extensão do trajeto e da permeabilidade da pasta de cimento endurecida na região entre a cavidade em processo de congelamento e o vazio que pode acomodar o excesso de água.[11.5]

A segunda força de expansão no concreto é causada pela difusão da água que resulta no crescimento de um número relativamente pequeno de cristais de gelo. Embora a ação do gelo e do degelo sobre o concreto ainda esteja em discussão, acredita-se que o último mecanismo seja particularmente influente na deterioração do concreto.[11.6] Essa difusão é causada pela pressão osmótica gerada por aumentos localizados na concentração de solutos devidos à separação da água pura congelada da água de poros. Uma laje congelando desde a superfície será seriamente danificada caso a água tenha acesso a partir do fundo e possa atravessar a espessura da laje, devido à pressão osmótica. O teor total de umidade do concreto se tornará, então, maior do que antes do congelamento e, em alguns poucos casos, foram observados danos por segregação dos cristais de gelo em camadas.[11.7, 11.47]

A pressão osmótica surge também de outra fonte. Quando são utilizados sais para o degelo de pavimentos rodoviários ou de pontes, ocorre a absorção desses sais pela parte superior do concreto. Isso acaba produzindo uma elevada pressão osmótica, com a consequente movimentação da água em direção à região mais fria onde o congelamento está ocorrendo. A ação de sais descongelantes será analisada em uma seção posterior neste capítulo.

A deterioração ocorre quando a pressão de expansão no concreto é maior do que sua resistência à tração. O alcance dos danos vai desde uma escamação superficial até a desintegração completa enquanto ocorre a formação do gelo, tendo início na superfície exposta do concreto e progredindo por toda sua espessura. Nas condições predominantes em climas temperados, os meios-fios, que permanecem úmidos por longos períodos, ficam mais vulneráveis ao congelamento do que qualquer outro concreto. A segunda condição mais severa é a que ocorre em placas de pavimentos rodoviários, em especial quando é utilizado sal para o degelo. Em países com climas frios, os danos devidos ao congelamento são mais generalizados e, a menos que sejam adotadas medidas preventivas, são mais sérios.

No momento, pode ser interessante considerar o porquê de o gelo e degelo *alternado* causar o dano progressivo. Cada ciclo de congelamento ocasiona a migração da água para locais onde possa ocorrer seu congelamento. Entre esses locais, estão as fissuras de pequenas dimensões, que se tornam maiores em razão da pressão do gelo e permanecem maiores durante o degelo, quando são preenchidas com água. O congelamento subsequente repete o desenvolvimento da pressão e de suas consequências.

Apesar de a resistência do concreto ao gelo e degelo depender de diversas de suas propriedades (como, por exemplo, resistência da pasta de cimento endurecida, extensibilidade e fluência), os principais fatores a serem considerados são o grau de saturação e o sistema de poros da pasta de cimento endurecida. A influência geral da saturação é apresentada na Figura 11.1: abaixo de um valor crítico de saturação, o concreto é altamente resistente ao congelamento,[11.2] e o concreto seco permanece totalmente intacto. Em outras palavras, caso o concreto *nunca* venha a estar saturado, não existe risco de

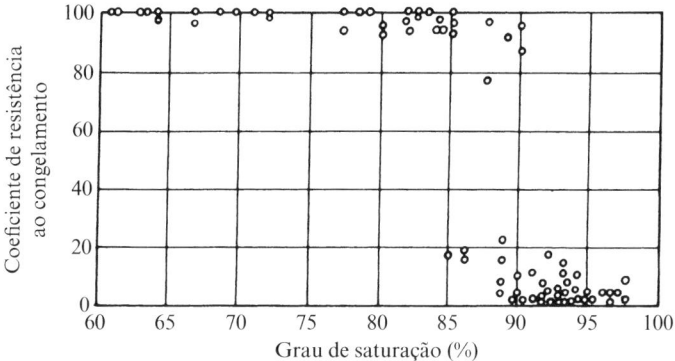

Figura 11.1 Influência da saturação do concreto sobre sua resistência ao congelamento, expressa por um coeficiente arbitrário.[11.2]

danos devidos ao gelo e degelo. Pode ser ressaltado que, mesmo em corpos de prova curados em água, nem todo o espaço residual é preenchido com água, e, de fato, essa é a razão para que esse corpo de prova não falhe no primeiro congelamento.[11.8] Uma grande parte do concreto em serviço apresenta secagem parcial, pelo menos em alguma etapa de sua vida, e, em um novo umedecimento, esse concreto não irá reabsorver a mesma quantidade de água perdida.[11.9] Portanto, é aconselhável permitir que o concreto seque antes da exposição às condições de inverno, pois, sem esse processo, a severidade dos danos por congelamento irá aumentar. Um exemplo da influência da idade em que ocorre o primeiro congelamento sobre os danos no concreto é mostrado na Figura 11.2.[11.3]

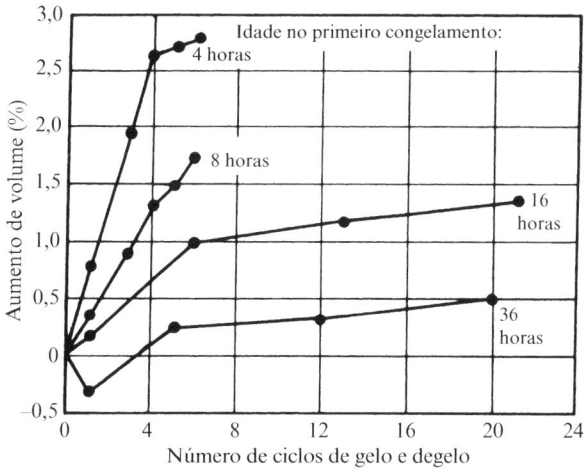

Figura 11.2 Aumento do volume do concreto submetido ao gelo e degelo em função da idade no primeiro congelamento.[11.3]

O que se entende por valor crítico de saturação? Um recipiente fechado com mais de 91,7% de seu volume ocupado por água irá, no congelamento, encher-se de gelo e ficará sujeito à pressão de rompimento. Sendo assim, o valor de 91,7% pode ser considerado a saturação crítica em um recipiente fechado. Entretanto, esse não é o caso de corpos porosos, em que a saturação crítica depende do tamanho do corpo, de sua homogeneidade e da velocidade de congelamento. O espaço disponível para a água expulsa deve ser bastante próximo da cavidade onde o gelo está sendo formado, sendo essa a base da incorporação de ar. Caso a pasta de cimento endurecida seja subdividida, por bolhas de ar, em camadas suficientemente finas, não ocorre a saturação crítica.

As bolhas de ar podem ser introduzidas pela incorporação de ar, tema que será discutido posteriormente neste capítulo. Embora a incorporação de ar aumente significativamente a resistência do concreto aos ciclos de gelo e degelo, é fundamental que o concreto tenha baixa relação água/cimento, de modo que o volume dos poros capilares seja pequeno. Também é essencial que grande parte da hidratação ocorra antes da exposição ao congelamento. Esse concreto possui baixa permeabilidade e absorve menos água em climas úmidos.

A Figura 11.3 mostra o efeito geral da absorção do concreto sobre sua resistência ao gelo e degelo,[11.99] e a Figura 11.4 ilustra a influência da relação água/cimento sobre

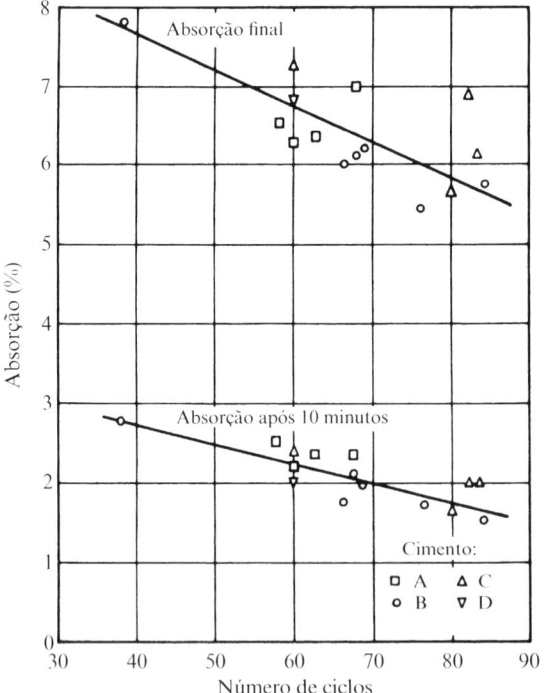

Figura 11.3 Relação entre a absorção do concreto e o número de ciclos de gelo e degelo necessário para causar uma diminuição de 2% na massa do corpo de prova.[11.99]

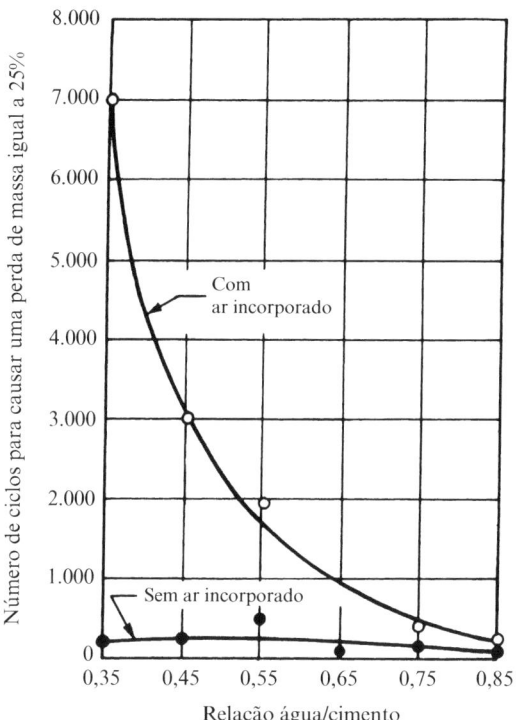

Figura 11.4 Influência da relação água/cimento sobre a resistência ao gelo e degelo do concreto submetido à cura úmida por 14 dias e, então, conservado em umidade relativa de 50% por 76 dias.[11.11]

a resistência ao gelo e degelo de um concreto submetido à cura úmida por 14 dias e, posteriormente, armazenado ao ar livre com 50% de umidade relativa por 76 dias antes da exposição ao gelo e degelo.[11.11]

A cura adequada é essencial para reduzir a quantidade de água congelável da pasta, e a Figura 11.5 apresenta essa situação para um concreto com relação água/cimento de 0,41. A figura também mostra que a temperatura de congelamento diminui com a idade, devido ao aumento da concentração de sais na água congelável remanescente. Em todos os casos, uma pequena quantidade de água congela a 0 °C, mas isso provavelmente ocorre na água livre superficial do corpo de prova. Verificou-se que as temperaturas para o início do congelamento da água capilar são, aproximadamente, −1 °C aos 3 dias, −3 °C aos 7 dias e −5 °C aos 28 dias.[11.12]

Para determinar se um determinado concreto é vulnerável ao congelamento, seja devido à expansão da pasta de cimento endurecida ou do agregado, é necessário fazer o resfriamento do corpo de prova até a faixa de congelamento e medir sua variação de volume. O concreto resistente ao gelo irá apresentar contração quando a água for transferida por osmose a partir da pasta de cimento endurecida para as bolhas de ar, mas o concreto vulnerável irá sofrer expansão, conforme mostra a Figura 11.6.

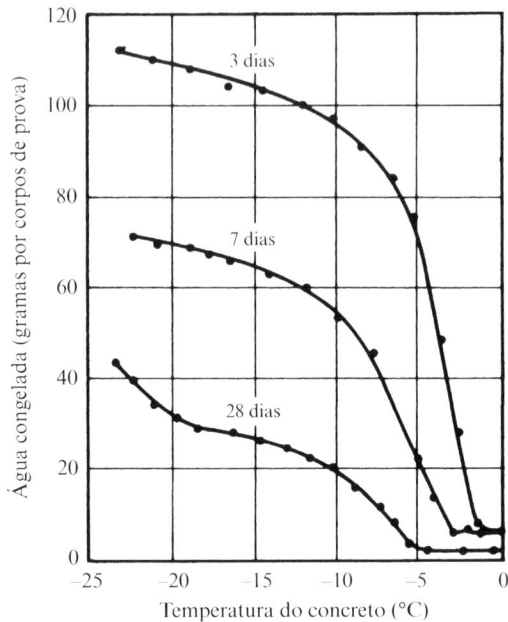

Figura 11.5 Efeito da idade do concreto sobre a quantidade de água congelada em função da temperatura.[11.12]

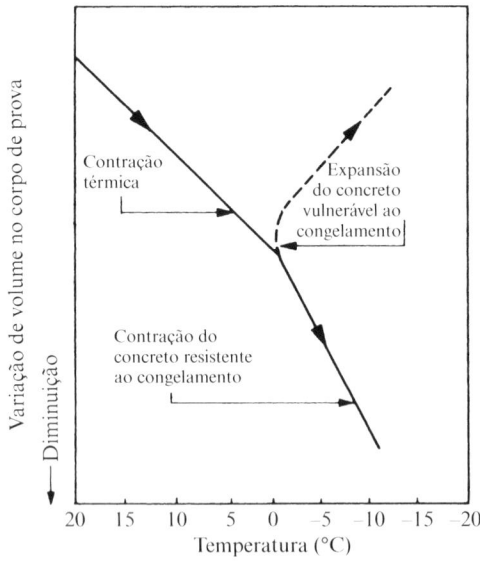

Figura 11.6 Variação de volume de concretos resistentes e vulneráveis ao congelamento.[11.4]

Esse ensaio de um ciclo é bastante útil.[11.23] Foi constatado que a expansão máxima no primeiro congelamento apresenta correlação linear com a expansão residual no degelo subsequente; esse fato também pode ser utilizado como um indicativo da vulnerabilidade do concreto.[11.26]

A ASTM C 671-94 prescrevia um método de ensaio para a determinação da expansão crítica do concreto submetido a ciclos repetidos de duas semanas de congelamento rápido e armazenamento prolongado em água. A duração do tempo até a ocorrência da expansão crítica pode ser utilizada para classificar concretos em relação à resistência ao gelo e degelo sob determinadas condições. Essa norma foi cancelada.

Comportamento das partículas de agregado graúdo

As considerações sobre a saturação crítica também se aplicam às partículas individuais de agregado graúdo. Uma partícula de agregado *propriamente dita* não será vulnerável se possuir porosidade bastante baixa ou se seu sistema capilar for interrompido por um número suficiente de macroporos. Entretanto, uma partícula de agregado no concreto pode ser considerada como um recipiente fechado, devido à baixa permeabilidade da pasta de cimento endurecida circundante não possibilitar uma movimentação suficientemente rápida da água para os vazios. Assim, uma partícula de agregado saturada acima de 91,7% irá, durante o congelamento, destruir a argamassa circundante.[11.4] Deve-se ressaltar que os agregados comuns possuem porosidade entre 0 e 5%, e é aconselhável evitar agregados de porosidade elevada. Entretanto, o uso desses agregados não resulta, necessariamente, em deterioração por congelamento. De fato, os grandes poros presentes no concreto celular e no concreto sem finos provavelmente contribuem para a resistência ao congelamento desses materiais. Além do mais, mesmo com agregados comuns, não foi estabelecida uma relação simples entre a porosidade do agregado e a resistência ao gelo e degelo do concreto.

Caso uma partícula vulnerável esteja próxima à superfície do concreto, em vez da desagregação da pasta de cimento endurecida circundante, pode ocorrer um *pipocamento*.

O efeito da secagem do agregado, antes da mistura, sobre a durabilidade do concreto é mostrado na Figura 11.7. Pode-se perceber que a presença de agregados saturados, em especial de grandes dimensões, pode resultar na destruição do concreto, havendo ou não ar incorporado nele. Por outro lado, se o agregado não estiver saturado no momento da mistura – ou se for permitida sua secagem parcial após o lançamento e os capilares da pasta estiverem descontínuos –, não será fácil a ocorrência de uma nova saturação, exceto durante um longo período de tempo frio.[11.1] Em uma nova molhagem, é a pasta de cimento endurecida que tende a estar mais próxima da saturação do que o agregado, visto que a água somente pode alcançar o agregado através da pasta e que a textura mais refinada da pasta possui maior atração capilar. Como resultado, a pasta de cimento endurecida é mais vulnerável, mas ela pode ser protegida pela incorporação de ar.

A incorporação de ar na pasta de cimento não atenua os efeitos do congelamento nas partículas de agregado graúdo.[11.92] Apesar disso, o agregado deve ser ensaiado em concreto com ar incorporado para eliminar o efeito da durabilidade da pasta de cimento endurecida circundante. Por essa razão, a ASTM C 682-94 (cancelada) prescreve a avaliação da resistência ao congelamento do agregado graúdo, quando utilizado em concreto com ar incorporado, pelo ensaio da ASTM C 671-94 (cancelada) para a determinação da expansão crítica do concreto sujeito a congelamento.

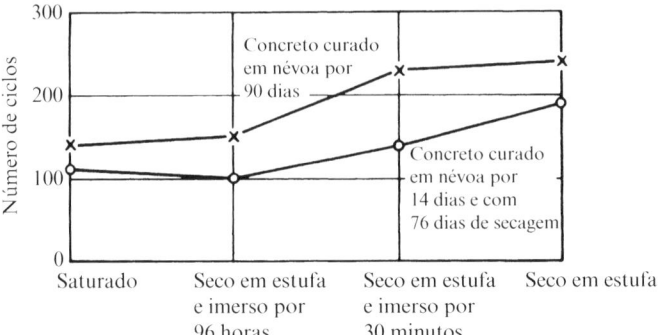

Figura 11.7 Relação entre a condição do agregado antes da mistura e o número de ciclos de gelo e degelo que ocasiona 25% de perda de massa do corpo de prova.[11.10]

Um ensaio para a expansão por congelamento do agregado *isolado* é estabelecido pela BS 812:124:2009. Embora não seja diretamente aplicável ao agregado no concreto, o ensaio pode ser válido para a investigação preliminar de agregados ainda não utilizados para a produção de concreto.

Existe um tipo de fissuração do concreto de superfícies de rodovias, pontes e pistas de pouso que está especificamente relacionado ao agregado. Esse tipo é denominado *fissuração-D* e consiste no desenvolvimento de fissuras de pequenas dimensões próximas às bordas livres das placas, mas a fissuração inicial surge nas partes inferiores da placa, onde ocorre o acúmulo de água e o agregado graúdo se torna saturado ao nível crítico. Dessa forma, o que ocorre é, essencialmente, a ruptura do agregado, que, com o gelo e degelo cíclico, lentamente se torna saturado e causa a ruptura da argamassa circundante.[11.25] A fissuração-D pode se manifestar muito lentamente, atingindo, algumas vezes, o topo da placa somente após 10 ou 15 anos, de modo que se torna difícil a verificação do que causou a falha.

Os agregados associados a esse tipo de fissuração são, quase sempre, de origem sedimentar, podendo ser calcários ou silicosos – seixo ou pedra britada. Enquanto as características de absorção do agregado são claramente relevantes para a tendência do concreto à fissuração-D, a absorção de água em si não permite a distinção entre agregados duráveis ou não. Os ensaios laboratoriais de gelo e degelo do concreto com determinado agregado resultam em uma boa indicação do provável comportamento em serviço. Caso a expansão, após 350 ciclos, seja menor do que 0,035%, a fissuração-D não ocorre.[11.25] Deve ser ressaltado que a mesma rocha-matriz resulta em menor fissuração-D quando as partículas de agregado são menores (ver Figura 11.8), ou seja, a cominuição de um determinado agregado pode reduzir o risco do problema.[11.25]

De modo geral, as partículas maiores de agregados são mais vulneráveis ao congelamento.[11.34] Além disso, o uso de agregados com grande dimensão máxima ou grande proporção de partículas lamelares é desaconselhável, já que podem se formar bolsas de água exsudada na parte inferior das partículas de agregados graúdos. É importante mencionar que a incorporação de ar reduz a exsudação.

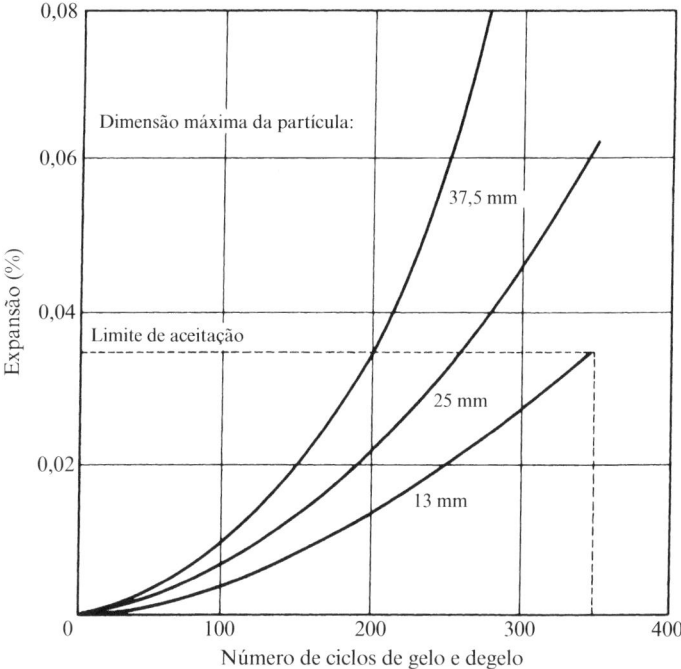

Figura 11.8 Relação entre a dimensão máxima da partícula de agregado e a expansão em ensaios laboratoriais de gelo e degelo. O critério de ruptura equivalente à expansão de 0,035% em 350 ciclos ou menos está indicado.[11.25]

Incorporação de ar

Devido à ação deletéria do gelo e degelo envolver a expansão da água no congelamento, é lógico esperar que, se for possível que o excesso de água escape rapidamente para espaços adjacentes *preenchidos com ar*, não ocorram danos ao concreto. Esse é o princípio fundamental da incorporação de ar. Entretanto, deve ser enfatizado que, inicialmente, o volume de poros capilares deve ser diminuído, pois, caso contrário, o volume de água congelável excede o volume possível de ser acomodado nos vazios deliberadamente incorporados ao concreto. Essa exigência se traduz na necessidade de uma relação água/cimento adequadamente baixa, que também garanta a resistência do concreto, de forma que ele resista às forças prejudiciais induzidas pelo congelamento. Conforme o ACI 201.2R,[11.92] para ser resistente ao gelo e degelo, o concreto deve possuir relação água/cimento máxima de 0,50, sendo reduzida para 0,45 em seções delgadas, incluindo tabuleiros de pontes e meios-fios. Como alternativa, o concreto não deve ser exposto a ciclos de gelo e degelo até que sua resistência tenha alcançado 24 MPa.

O ar incorporado ao concreto é definido como o ar intencionalmente incorporado por meio de um agente apropriado. Esse ar deve ser claramente distinguido do ar acidentalmente aprisionado. Os dois se diferenciam pela dimensão das bolhas de ar: as do ar incorporado possuem, tipicamente, diâmetro de aproximadamente 50 μm, enquanto o ar acidental geralmente forma bolhas muito maiores, algumas tão grandes como as conhecidas, embora indesejadas, que surgem na superfície do concreto nas fôrmas.

O ar incorporado produz bolhas discretas, aproximadamente esféricas, na pasta de cimento, de modo que não são formados canais para o fluxo da água e a permeabilidade do concreto não é aumentada. Os vazios nunca são preenchidos com os produtos de hidratação do cimento, já que o gel se forma somente na água.

A resistência melhorada do concreto com ar incorporado ao ataque por congelamento foi descoberta acidentalmente quando se verificou que o cimento moído com gordura animal, adicionada como agente auxiliar de moagem, resultou em um concreto mais durável do que aquele sem esse agente de moagem. Os principais tipos de agentes incorporadores de ar são:

(a) Sais de ácidos graxos derivados de gorduras animal e vegetal e de óleos.
(b) Sais alcalinos de resinas de madeira.
(c) Sais alcalinos de compostos orgânicos sulfatados e sulfonados.

Todos esses agentes são tensoativos, ou seja, são moléculas de cadeias longas que se orientam para reduzir a tensão superficial da água, enquanto a outra extremidade da molécula fica direcionada ao ar. Dessa forma, as bolhas de ar formadas durante a mistura se estabilizam. Elas são cobertas por uma capa de moléculas incorporadoras de ar que se repelem, prevenindo, assim, a coalescência e garantindo uma distribuição uniforme do ar incorporado.

Existem diversos tipos de agentes incorporadores de ar disponíveis na forma de aditivos comerciais, mas o desempenho de aditivos desconhecidos deve ser verificado por meio de misturas experimentais. A ASTM C 260-06 e a BS EN 934-2320, bem como a BS EN 934-6:2001, estabelecem requisitos de desempenho dos agentes incorporadores de ar, normalmente denominados aditivos. Os requisitos essenciais de um aditivo incorporador de ar são que ele produza rapidamente um sistema estável de espuma finamente dividida e que as bolhas individuais resistam à coalescência. A espuma não deve exercer nenhum efeito quimicamente nocivo ao cimento.

O aditivo incorporador de ar normalmente é administrado diretamente na betoneira, na forma de solução. O controle ao colocar o aditivo na betoneira é importante para garantir uma distribuição uniforme e uma mistura adequada para a formação da espuma. Caso outros aditivos também sejam utilizados, eles não devem entrar em contato com o incorporador de ar antes da colocação na betoneira, já que a interação entre eles pode influenciar seus desempenhos.

Os agentes incorporadores de ar também podem ser moídos junto com o cimento, mas isso não possibilita flexibilidade no teor de ar do concreto, de forma que o uso de cimentos com incorporador de ar, em geral, é limitado a obras menos importantes.*

---

* N. de R.T.: O aditivo incorporador de ar é normalizado pela NBR 11768:2011.

Características do sistema de vazios de ar

Como a resistência à movimentação de água através da pasta de cimento endurecida não deve ser excessiva a ponto de impedir o fluxo, é possível concluir que a água, onde quer que esteja, deve estar suficientemente próxima a espaços com ar, ou seja, a bolhas de ar incorporado. Assim, o requisito fundamental que garante a eficácia do incorporador de ar é o limite da distância máxima que a água deve percorrer. O fator prático é o espaçamento entre as bolhas de ar, ou seja, a espessura da pasta de cimento endurecida entre bolhas de ar adjacentes, que é o dobro da distância máxima mencionada anteriormente. Powers[11.15] calculou que é necessário um espaçamento médio de 250 μm entre os vazios para que haja uma proteção plena contra a deterioração por congelamento (Figura 11.9). Atualmente, em geral, é recomendado o valor de 200 μm.[11.94]

Como o volume total de vazios em um determinado volume de concreto influencia a resistência do concreto (ver página 294), conclui-se que, para um determinado espaçamento, as bolhas de ar devem ter o menor tamanho possível. Suas dimensões dependem, em grande parte, do processo utilizado para a formação de espuma. De fato, as bolhas não são todas do mesmo tamanho, e é conveniente expressar suas dimensões em termos de superfície específica (mm²/mm³).

Não se deve esquecer que o ar acidental (aprisionado) está presente em qualquer concreto, seja com ar incorporado ou não, e, como os dois tipos de vazios não podem ser distinguidos um do outro, a não ser por observação direta, a superfície

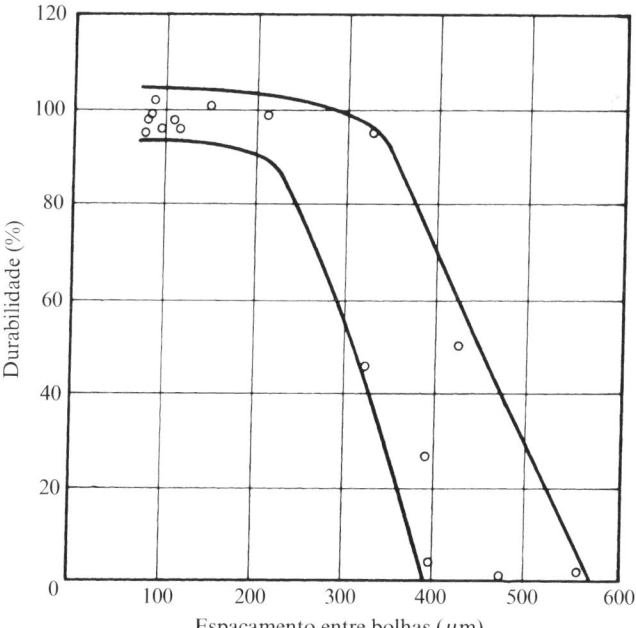

Figura 11.9 Relação entre a durabilidade e o espaçamento entre bolhas de ar incorporado.[11.16]

específica representa um valor médio de todos os vazios em uma determinada pasta de cimento. A superfície específica dos vazios em um concreto com ar incorporado de qualidade aceitável varia, aproximadamente, entre 16 e 24 mm^{-1}, mas, algumas vezes, chega a 32 mm^{-1}. Como comparação, a superfície específica do ar acidental é inferior a 12 mm^{-1}.[11.15]

A adequação do ar incorporado a um dado concreto endurecido pode ser estimada pelo fator de espaçamento, $\bar{L}$, determinado por um método de ensaio prescrito na ASTM C 457-10a. O fator de espaçamento é um índice útil da distância máxima entre qualquer ponto na pasta de cimento endurecida e a região periférica de uma bolha. O cálculo do fator é baseado na consideração de que todos os vazios são esferas de mesmo tamanho, arranjadas em uma rede cúbica simples. O cálculo é estabelecido pela ASTM C 457-10a e requer o conhecimento: do teor de ar do concreto, utilizando um microscópio transversal linear para determinar o número médio de seções de bolhas por unidade de comprimento ou a média das cordas que interceptam os vazios; e do teor de pasta de cimento endurecida por volume. O fator de espaçamento é expresso em milímetros, e geralmente um valor não superior a 200 μm é o máximo necessário para a proteção adequada contra o gelo e degelo.*

Pode ser útil citar que a água que, durante o congelamento, se move para as bolhas de ar retorna para os menores poros capilares da pasta de cimento endurecida durante o degelo. Assim, a proteção pelo ar incorporado permanece para ciclos repetidos de gelo e degelo.[11.17] Um degelo rápido seguido por congelamento não é prejudicial, já que a água já está nas bolhas de ar. Por outro lado, o degelo lento seguido por rápido congelamento pode não permitir o deslocamento suficiente de água.

Exigências de ar incorporado

A partir da exigência de um espaçamento máximo entre as bolhas de ar, é possível calcular o volume mínimo de ar incorporado na pasta de cimento endurecida. Para cada mistura, há um volume mínimo de vazios necessário. Foi citado por Klieger[11.14] que esse volume corresponde a 9% do volume de *argamassa*. Como o volume de pasta de cimento endurecida, em que somente o ar é incorporado, varia com o consumo de cimento da mistura, o teor de ar necessário do *concreto* depende das proporções da mistura. Na prática, a dimensão máxima do agregado é utilizada como parâmetro.

Para um determinado teor de ar, o espaçamento entre as bolhas depende da relação água/cimento da mistura, conforme mostra a Figura 11.10. Especificamente, quanto maior for a relação água/cimento, maior será o espaçamento entre as bolhas (e menor será a superfície específica), pois as bolhas pequenas coalescem.[11.42] A estabilidade das bolhas de ar será analisada na página 573.

A Tabela 11.1 apresenta valores típicos da quantidade de ar incorporado necessária para a obtenção do espaçamento de 250 μm, para diferentes concretos, com base em resultados obtidos por Powers.[11.15] Uma superfície específica maior, que corresponde a

---

* N. de R.T.: A NBR 11768:2011 estabelece, como requisito facultativo, que o fator de espaçamento deve ser ≤ 0,200 mm, sendo que a determinação das características dos poros de ar no concreto endurecido somente se aplica quando existir a necessidade de comprovação de resistência a ciclos de gelo e degelo.

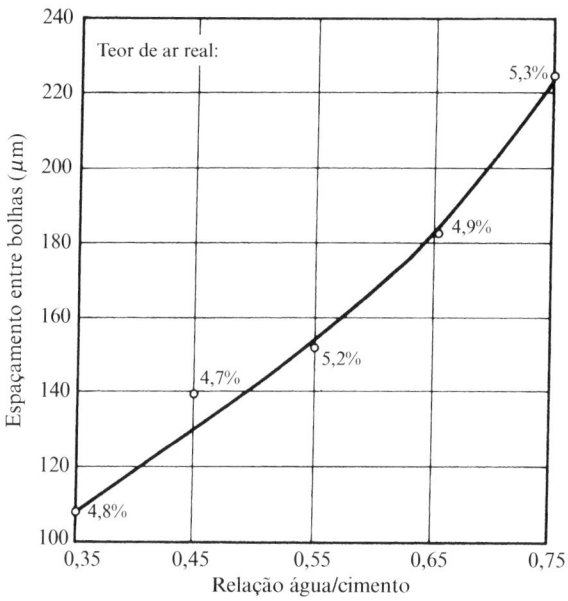

Figura 11.10 Influência da relação água/cimento sobre o espaçamento entre bolhas em um concreto com teor médio de ar de 5%.[11.11]

Tabela 11.1 Teor de ar necessário para o espaçamento entre bolhas de 250 μm[11.15]

Consumo aproximado de cimento do concreto (kg/m³)	Relação água/cimento	Teor de ar necessário, em % do volume de concreto, para uma superfície específica de bolhas (mm⁻¹) de:				
		14	18	20	24	31
445		8,5	6,4	5,0	3,4	1,8
390	0,35	7,5	5,6	4,4	3,0	1,6
330		6,4	4,8	3,8	2,5	1,3
445		10,2	7,6	6,0	4,0	2,1
390	0,49	8,9	6,7	5,3	3,5	1,9
330		7,6	5,7	4,5	3,0	1,6
280		6,4	4,8	3,8	2,5	1,3
445		12,4	9,4	7,4	5,0	2,6
390		10,9	8,2	6,4	4,3	2,3
330	0,66	9,3	7,0	5,5	3,7	1,9
280		7,8	5,8	4,6	3,1	1,6
225		6,2	4,7	3,7	2,5	1,3

bolhas menores, é desejável para minimizar o efeito adverso do ar no concreto sobre sua resistência. A Tabela 11.1 indica que, para um dado valor de superfície específica de bolhas de ar, as misturas mais ricas exigem maior volume de ar incorporado do que as de menor consumo de cimento. Entretanto, quanto maior for o consumo de cimento do concreto, maior será a superfície específica das bolhas para um determinado teor de ar. Isso é mostrado na Tabela 11.2, baseada na ref. 11.14.

Deve-se destacar que podem ser necessários valores mais elevados para a calda de injeção de bainhas de concreto protendido. Os vazios induzidos por alumínio em pó, que reage com os álcalis e é utilizado para garantir o completo preenchimento da bainha, são insuficientes para a proteção contra o congelamento.

A severidade da exposição do concreto influencia o valor do teor de ar especificado,[11.92] como mostrado na Tabela 11.3, em que "exposição severa" descreve condições em que o concreto pode estar em contato praticamente contínuo com umidade antes do congelamento ou em que são utilizados sais para degelo. O teor de ar da argamassa deve ser de 9%. A "exposição moderada" descreve situações em que o concreto é apenas ocasionalmente exposto à umidade antes do congelamento e em que não são utilizados sais para degelo. Nesse caso, o teor de ar na argamassa deve ser de 7%.

Tabela 11.2 Exemplo da influência do consumo de cimento da mistura sobre a superfície específica dos vazios em um concreto com dimensão máxima de agregado de 19 mm (baseada na ref. 11.14)

Consumo de cimento (kg/m^3)	Teor ótimo de ar (%)	Superfície específica dos vazios (mm^{-1})
223	6,5	13
307	6,0	17
391	6,0	23

Tabela 11.3 Teor de ar recomendado para concretos contendo agregados de diferentes dimensões máximas

Dimensão máxima de agregado (mm)	Teor total de ar recomendado (%) para o concreto em exposição:		
	ACI 201.2R-01[11.92]		BS 8110:1:1997*
	Moderada	Severa	Sujeita a sais para degelo
9,5	6	7,5	7
12,5	5,5	7	–
14	–	–	6
19	5	6	5
25	5	6	–
37,5	4,5	5,5	4
75	3,5	4,5	–
150	3	4	–

*Substituída pela BS EN 1992-1-1:2004.

Admite-se uma tolerância de ±1,5% em relação aos valores apresentados na Tabela 11.3. Essa tabela também inclui as exigências britânicas, que são menos rigorosas do que as estabelecidas pelo ACI 201.2R-92.[11.92] Por outro lado, as exigências suecas são semelhantes às do ACI 201.2R-92, mas a tolerância admitida em condições muito agressivas é de somente ±1%.[11.43]

Algumas normas não somente especificam o valor máximo do espaçamento entre bolhas, mas também o valor mínimo da superfície específica do ar no concreto, a fim de garantir a presença de bolhas de ar de pequenas dimensões. Isso proporciona maior proteção em relação ao gelo e degelo, assim como uma menor perda de resistência decorrente da presença de vazios no concreto.

Fatores que influenciam a incorporação de ar

O volume de ar incorporado em um determinado concreto não depende do volume de ar aprisionado, e sim, principalmente, da quantidade de aditivo incorporador de ar utilizada. Quanto maior for a quantidade de aditivo, mais ar será incorporado. Entretanto, para qualquer aditivo, há uma quantidade máxima, além da qual não há acréscimo no volume de vazios.

Para obter o teor desejado de ar incorporado no concreto, há uma dosagem recomendada para cada aditivo. Contudo, a quantidade real de ar que é incorporada é influenciada por vários fatores. De modo geral, para uma determinada porcentagem de ar incorporado, é necessária uma quantidade maior de aditivo nas seguintes condições:

Quando o cimento é mais fino.
Quando o cimento possui um baixo teor de álcalis.
Quando cinza volante é adicionada à mistura, sendo maior quanto maior for o teor de carbono na cinza volante.
Quando o agregado possui elevado teor de material ultrafino ou quando são utilizados pigmentos muito finos.
Quando a temperatura do concreto é alta.
Quando a trabalhabilidade da mistura é baixa.
Quando a água de amassamento é dura.

Em relação à água, pode ser mencionado que a água utilizada para a lavagem de caminhões-betoneira é muito dura, em especial se a mistura usada possuía um aditivo incorporador de ar. A dificuldade de incorporação de ar é diminuída caso o aditivo não seja adicionado com a água de lavagem, mas com água adicional limpa ou com a areia.[11.95]

Misturas com consumos de cimento elevados, de cerca de 500 kg/m³, e com relações água/cimento muito baixas, entre 0,30 e 0,32, normalmente utilizadas em concretos com abatimento baixo, destinados à recuperação (*overlay*) de tabuleiros de pontes, exigem dosagens extremamente altas.[11.48]

O ar incorporado pode ser usado com vários tipos de cimento; entretanto, observam-se dificuldades em misturas contendo cinza volante. A principal razão para isso é que o carbono presente na cinza volante, resultante da queima incompleta, pode absorver o agente tensoativo, reduzindo, assim, sua eficácia.[11.38] Consequentemente, pode ser necessário um aumento no teor de aditivo, mas, se o teor de carbono ativo não for uniforme, o resultado pode ser um teor de ar variável.

Além disso, observou-se, em algumas ocasiões, que o ar adequadamente incorporado pode se desestabilizar na presença de partículas de carbono na cinza volante, o que resulta na diminuição do teor de ar antes do lançamento. Isso pode ser decorrente da adsorção das bolhas de ar da mistura sobre as partículas de carbono altamente tensoativas.[11.38] Foram desenvolvidos aditivos incorporadores de ar especiais contendo elementos polares, preferencialmente adsorvidos pelo carbono, mas eles não conseguem corrigir as dificuldades, a menos que a natureza do carvão permaneça constante.[11.38]

A incorporação de ar pode ser utilizada em concretos com sílica ativa; a resistência ao gelo e degelo é garantida pelo tradicional fator de espaçamento inferior a 200 μm.[11.35]

Os aditivos incorporadores de ar podem ser usados em conjunto com outros aditivos no concreto. Quando aditivos redutores de água são utilizados junto com incorporadores de ar, em geral, é necessária uma menor quantidade de incorporadores para a obtenção de um determinado teor de ar, mesmo se o redutor de água não possuir nenhum efeito incorporador de ar em si. A explicação está no fato de o ambiente físico ou químico ser alterado para permitir que o aditivo incorporador de ar funcione de forma mais efetiva.[11.27] Deve ser ressaltado que as combinações de alguns aditivos podem ser incompatíveis, de modo que sempre devem ser realizados ensaios com os materiais que realmente serão utilizados para a produção do concreto. De fato, é altamente recomendada a realização de misturas experimentais prévias para qualquer aditivo incorporador de ar.

Alguns superplastificantes, combinados com determinados cimentos e aditivos incorporadores de ar, podem produzir um sistema de vazios instável. Portanto, é fundamental verificar a compatibilidade entre eles.[11.44] Determinada essa compatibilidade, é possível a incorporação de ar em um concreto com superplastificante, mas, em geral, ocorre um pequeno aumento das dimensões das bolhas e, consequentemente, um aumento do fator de espaçamento.[11.52] Por essa razão, é necessário um aumento da dosagem do aditivo incorporador de ar.[11.51] Apesar disso, em relações água/cimento inferiores a 0,40, os concretos com aditivos superplastificantes apresentam boa resistência ao gelo e degelo quando o fator de espaçamento é um pouco maior do que o normalmente exigido, até 240 μm.[11.100] De fato, as normas canadenses admitem um fator de espaçamento máximo de 230 μm.

As condições reais de mistura também influenciam o teor de ar resultante, e a sequência de carregamento dos materiais na betoneira pode ter um impacto significativo. O cimento deve ser bem disperso e a mistura deve estar uniforme antes de o aditivo incorporador de ar ser adicionado.[11.46] Caso o tempo de mistura seja muito pequeno, o aditivo não se dispersa adequadamente, mas um tempo excessivo expulsa, gradualmente, parte do ar, ou seja, existe um tempo de mistura ótimo. Na prática, o tempo de mistura é determinado a partir de outros aspectos, em geral, de um tempo menor do que o mínimo necessário para a dispersão total do aditivo; portanto, a quantidade de incorporador de ar deve ser ajustada de acordo. A quantidade de ar incorporado aumenta com a rotação a alta velocidade da betoneira, e a agitação até 300 rotações parece resultar somente em uma pequena perda de ar (ver Figura 11.11),[11.28] mas, após duas horas, pode ocorrer a perda de até 20% do ar original.[11.33] Em alguns casos, foram registradas perdas de até 50%.[11.50]

Operações de acabamento excessivas podem levar à perda de ar incorporado da região superficial do concreto, que é particularmente vulnerável ao gelo e degelo, bem como à ação de agentes descongelantes.

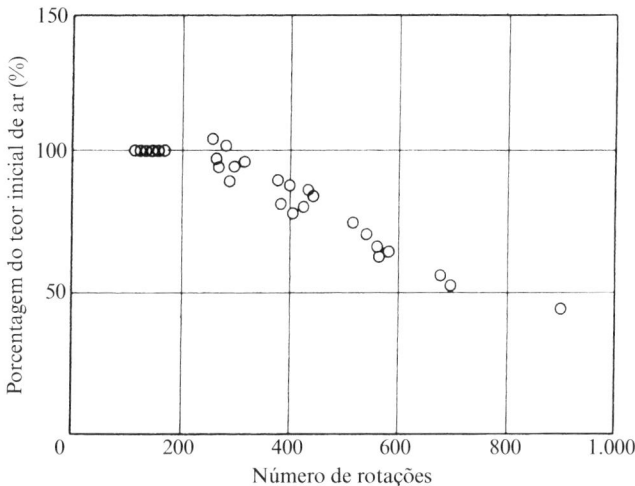

Figura 11.11 Relação entre o teor de ar incorporado e o número de rotações da betoneira. Betonadas de 6 m³ foram misturadas a 18 rpm e agitadas a 4 rpm.[11.28]

Estabilidade do ar incorporado

A garantia de uma porcentagem adequada de ar no concreto fresco não é suficiente. As bolhas devem ser estáveis, de modo que permaneçam em sua posição quando o concreto endurecer. De fato, o que é crucial não é o teor total de ar, mas o espaçamento entre as pequenas bolhas de ar.

Podem ocorrer três mecanismos de instabilidade.[11.42] No primeiro, durante o transporte e o adensamento do concreto, bolhas *grandes* se deslocam para cima, por meio de flutuação (e também em direção às fôrmas laterais), e se perdem. O efeito sobre a resistência ao gelo e degelo é pequeno e pode até mesmo ser benéfico, considerando que a perda de resistência do concreto devida à inclusão de vazios é reduzida.

O segundo mecanismo envolve o colapso das bolhas por pressão decorrente da tensão superficial, que é maior nas bolhas *menores*, com o ar sendo dissolvido na água dos poros. A perda dessas bolhas exerce efeito negativo sobre a resistência do concreto ao gelo e degelo. Provavelmente, esse processo de perda das bolhas menores é inevitável e explica a frequente inexistência de bolhas menores do que cerca de 10 μm.[11.42]

O terceiro mecanismo consiste na coalescência das bolhas pequenas em bolhas maiores, também em consequência da relação entre a solubilidade do ar e a dimensão da bolha. A explicação física desse mecanismo é um tanto quanto complexa.[11.42] A formação de bolhas maiores – e, portanto, de um maior espaçamento entre as bolhas – é prejudicial à resistência do concreto ao gelo e degelo. Além do mais, devido à pressão em uma bolha maior ser menor do que na bolha original, a menor, o volume total da bolha coalescida é maior. Isso pode explicar por que, às vezes, o volume de ar incorporado no concreto endurecido é maior do que era no concreto fresco.[11.42] O volume aumentado total de ar tem efeito negativo sobre a resistência do concreto.

No que diz respeito à influência do cimento sobre a estabilidade, parece que esta aumenta conforme o aumento do teor de álcalis do cimento.[11.45] A sílica ativa, pelo menos até 10% em cimentos compostos, não influencia a estabilidade do sistema de vazios de ar.[11.57]

Na prática, a perda de ar ocorre no transporte e durante o adensamento do concreto, sendo, em geral, inferior a 1%, mas ligeiramente maior em concretos de trabalhabilidade elevada. Na maioria das vezes, as bolhas grandes é que são expulsas, de forma que o efeito sobre a resistência do concreto ao gelo e degelo é pequeno. Em condições normais de bombeamento, a perda de ar fica entre 1 e 1,5%.[11.54] Entretanto, pode ocorrer uma perda muito maior durante o bombeamento quando a lança é utilizada na posição vertical, de modo que o concreto na tubulação pode deslizar para baixo sob a ação da gravidade. As bolhas de ar, então, expandem, mas não conseguem se refazer quando o concreto deixa a tubulação. Uma solução é oferecer resistência antes da descarga por meio de uma extensão adicional, dada por uma mangueira flexível na horizontal.[11.54]

Devido à possível perda, o teor de ar deve ser determinado no concreto lançado, e não somente no ponto de descarga da betoneira. Entretanto, a determinação na betoneira pode ser útil como uma forma de controle de betonadas.

Deve ser pontuado que a cura a vapor do concreto com ar incorporado pode resultar em fissuração incipiente, devido à expansão do ar.

Incorporação de ar por microesferas

A principal dificuldade no uso de aditivos incorporadores de ar é que o teor de ar do concreto não pode ser controlado diretamente. A quantidade de aditivo é conhecida, mas, conforme mencionado anteriormente, o teor real de ar no concreto endurecido e o espaçamento entre as bolhas de ar são influenciados por diversos fatores. Essa dificuldade é evitada se, em vez de bolhas de ar, forem utilizadas partículas, com dimensões adequadas, de espuma rígida. Essas microesferas plásticas ocas, facilmente compressíveis (modeladas em microcápsulas de medicamentos), são fabricadas.[11.29] Elas têm diâmetro entre 10 e 60 μm, que é um intervalo mais estreito do que no caso das bolhas de ar incorporado. Consequentemente, pode ser utilizado um volume menor de microesferas para a mesma proteção em relação ao gelo e degelo, de modo que a perda de resistência do concreto é menor. A utilização de 2,8% de microesferas em relação ao volume de pasta de cimento endurecida resulta em um fator de espaçamento de 70 μm,[11.29] que é bem menor do que o valor de 250 μm normalmente recomendado para a incorporação de ar.

A massa específica das microesferas é de 45 kg/m³, e elas melhoram a trabalhabilidade do concreto na mesma proporção do ar incorporado, ainda que seu volume total na mistura seja menor. A razão para isso é o fato de *todas* serem pequenas.

As microesferas estão disponíveis, pré-misturadas com 90% de água, na forma de pasta e são estáveis, exceto no caso de concretos misturados por um tempo excessivo. Elas não interagem com outros aditivos, mas foram registradas falhas no uso com superplastificantes.[11.53] A principal desvantagem é seu custo elevado, portanto sua utilização é restrita a aplicações especiais.

O uso de materiais particulados altamente porosos, como a vermiculita, a perlita ou a pedra-pomes,[11.49] embora atraente quando o concreto é extrudado ou tratado a vácuo, resulta em uma elevada perda de resistência e é limitado a altas relações água/cimento.

Determinação do teor de ar

Existem três métodos de determinação do teor *total* de ar do concreto fresco. Como esses métodos de ensaio não conseguem distinguir o ar incorporado das grandes bolhas de ar aprisionado, é importante que o concreto ensaiado esteja adequadamente adensado.

O método *gravimétrico* é o mais antigo deles. Ele consiste simplesmente na comparação da massa específica do concreto adensado com ar, ρ_a, com a massa específica calculada do concreto, de mesmas proporções, sem ar, ρ. O teor de ar, expresso como uma porcentagem do volume total do concreto, é $1 - \rho_a/\rho$. Esse método é abordado pela ASTM C 138-09 e pode ser utilizado quando a massa específica do agregado e as proporções da mistura são constantes. Não é incomum haver um erro de 1% no teor de ar calculado. Essa margem de erro pode ser esperada da simples experiência de determinação da massa específica de corpos de prova de concreto, nominalmente semelhantes, sem ar incorporado.*

No método *volumétrico*, é determinada a diferença entre os volumes de uma amostra de concreto adensado antes e após o ar ter sido expelido. O ar é removido pela manipulação de um recipiente especial, constituído de duas partes. Nesse processo, a amostra é agitada, virada, girada e sacudida. Os detalhes desse ensaio são estabelecidos pela ASTM C 173-10. A principal dificuldade está no fato de que a massa de água que substitui o ar é pequena, em comparação à massa total do concreto. O método é aplicável a concretos produzidos com qualquer tipo de agregado.

O método mais popular, e mais adequado para o uso em campo, é o método *pressométrico*. Ele baseia-se na relação entre o volume de ar e a pressão aplicada – a uma temperatura constante – dada pela lei de Boyle. Não é necessário saber as proporções da mistura ou outras propriedades dos materiais, e, quando são utilizados medidores comerciais, não é preciso fazer cálculos, já que são fornecidas escalas que permitem a leitura direta do percentual de ar. Entretanto, em altitudes elevadas, o medidor deve ser recalibrado. O método não é adequado para o uso com agregados porosos ou com concreto leve.

A Figura 11.12 mostra um típico medidor de ar pressométrico. Na essência, o procedimento consiste na observação da diminuição do volume da amostra adensada de concreto quando submetida a uma pressão conhecida. A pressão é aplicada por uma pequena bomba, como as utilizadas em bicicletas, e medida por um manômetro. Devido ao aumento da pressão acima da atmosférica, o volume de ar do concreto diminui, o que ocasiona uma diminuição do nível da água acima do concreto. A leitura do teor de ar pode ser feita diretamente, mesmo por um operador não experiente, em um tubo graduado que mede a variação do nível de água.

O ensaio é tratado pelas normas ASTM C 231-09b e BS EN 12350-7:2009 e é o método mais preciso e confiável de determinação do teor de ar no concreto.

Os ensaios devem ser realizados no momento do lançamento do concreto, para não considerar o ar perdido no transporte; preferivelmente, o concreto deveter sido adensa-

---

* N. de R.T.: A NBR 9833:2008, versão corrigida 2009, estabelece o procedimento para a determinação da massa específica, do rendimento e do teor de ar incorporado do concreto fresco pelo método gravimétrico.

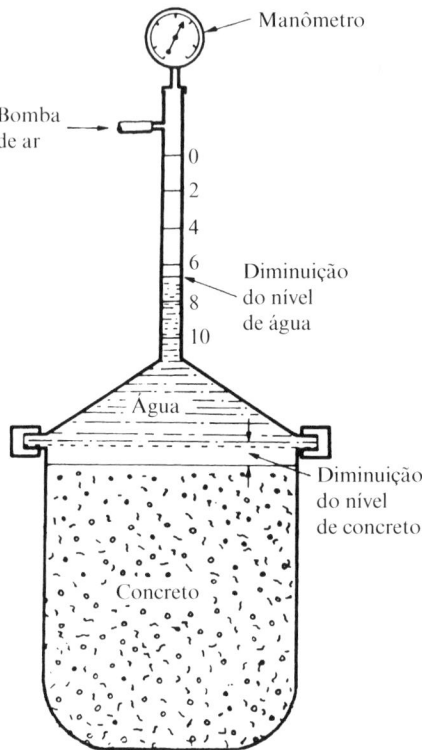

Figura 11.12 Medidor de ar pressométrico.

do. É importante lembrar que o que é medido é o volume total de ar no concreto, e não somente o ar incorporado com as características dos vazios desejadas.

Por outro lado, o conhecimento detalhado do sistema de vazios do concreto *endurecido* pode ser obtido a partir de seções polidas de concreto, por meio de um microscópio com a técnica transversal linear (microscópio de retícula)[11.19] ou de um método modificado de contagem de pontos, prescrito pela ASTM C 457-10a.*

Ensaios da resistência do concreto ao gelo e degelo

Não há métodos normalizados para a determinação da resistência do concreto a ciclos de gelo e degelo que correspondam às situações que podem realmente ocorrer em serviço. Entretanto, a ASTM C 666-03 (2008) prescreve dois procedimentos para a determinação da resistência do concreto a ciclos rápidos de gelo e degelo, e esses procedimentos podem ser utilizados para comparar diferentes concretos. No procedimento A, o congelamento e o degelo ocorrem em água. No procedimento B, o congelamento ocorre ao

---

* N. de R.T.: Esse método é normalizado no Brasil pela NBR NM 47:2002.

ar livre, mas o degelo ocorre em água. O congelamento do concreto saturado em água é muito mais severo do que ao ar livre,[11.21] e o grau de saturação do corpo de prova no início dos ensaios também influencia a velocidade de deterioração. A norma britânica BS 5075:2:1982 também prescreve o congelamento em água.

A deterioração do concreto pode ser determinada por diversos métodos. O mais comum é o cálculo da variação do módulo dinâmico de elasticidade do corpo de prova, pois a redução do módulo após um número de ciclos de gelo e degelo expressa a deterioração do concreto. Esse método indica os danos antes de eles serem detectados visualmente ou por outros métodos, embora existam algumas dúvidas sobre a interpretação da diminuição do módulo após os primeiros ciclos de gelo e degelo.[11.20]

Nos métodos da ASTM, é comum serem realizados cerca de 300 ciclos de gelo e degelo ou até que o módulo dinâmico de elasticidade seja reduzido a 60% de seu valor original – o que ocorrer primeiro. A durabilidade pode, então, ser determinada como:

$$\text{fator de durabilidade} = \frac{\text{número de ciclos ao fim do ensaio} \times \text{porcentagem do módulo original}}{300}$$

Não há critério preestabelecido para a aceitação ou a rejeição do concreto em relação ao fator de durabilidade. Seu valor serve, principalmente, para a comparação de concretos diferentes, de preferência quando somente uma variável – por exemplo, o agregado – é alterada. Entretanto, algumas orientações para a interpretação podem ser obtidas do seguinte: um fator inferior a 40 indica que o concreto provavelmente não é adequado para a resistência ao gelo e degelo; 40 a 60 é o intervalo para concretos com desempenho discutível; acima de 60, o concreto provavelmente é satisfatório; e, em torno de 100, pode ser esperado um concreto satisfatório.

Os efeitos do gelo e degelo também podem ser determinados a partir do cálculo da perda de resistência à compressão ou à flexão ou por observações da variação do comprimento[11.20] (método utilizado pela ASTM C 666-03 [2008] e pela BS 5075-2:1992) ou da massa do corpo de prova. Uma grande variação no comprimento é um indício de fissuração interna, e o valor de 200×10^{-6}, para ensaios em água, representa deterioração severa.[11.60]

A medida da diminuição da massa do corpo de prova é adequada quando os danos ocorrem, principalmente, na superfície do corpo de prova, mas não é confiável em casos de danos internos. Os resultados também dependem da dimensão do corpo de prova. Deve ser destacado que, caso o dano decorra, principalmente, de agregados expansivos, ele é mais rápido e severo do que quando a pasta de cimento endurecida é deteriorada antes. Ainda deve ser dito que os ensaios da ASTM C 666-03 (2008) são utilizados para avaliar a possibilidade de desenvolvimento da fissuração-D devido à instabilidade do agregado graúdo.[11.36]

Outro método de ensaio que determinava a expansão do concreto submetido ao congelamento lento e era prescrito pela ASTM C 671-94 (cancelada) foi citado na página 565.

É possível ver que há diversos métodos e maneiras para avaliar os resultados, e não é surpresa alguma que a interpretação dos resultados dos ensaios seja difícil. Caso o objetivo dos ensaios seja fornecer informações indicativas sobre o comportamento do concreto em situações reais, as condições de ensaio não devem ser muito diferentes das condições de campo. A maior dificuldade está no fato de que um ensaio precisa ser acelerado quando é comparado às condições de exposição externas, e não se sabe em que nível a aceleração influencia a validade dos resultados. Uma diferença entre as condições de laboratório e as condições reais de exposição é que, nestas últimas, existe a secagem sazonal durante o verão, mas, com a saturação permanente imposta em alguns métodos laboratoriais, todos os vazios podem, eventualmente, se tornar saturados, com a consequente deterioração do concreto. De fato, provavelmente o fator mais importante que influencia a resistência do concreto a ciclos de gelo e degelo é seu grau de saturação,[11.58] que pode ser aumentado pelo acúmulo de gelo durante o período de congelamento. Um exemplo dessa condição de exposição são as águas no Ártico. Portanto, a duração do período de congelamento em água é importante.

Uma característica importante dos ensaios da ASTM C 666-03 (2008) é que o resfriamento ocorre a uma velocidade de até 11 °C/h, enquanto, na prática, é mais comum uma velocidade de 3 °C/h. Fagerlund[11.58] cita que a velocidade máxima de resfriamento do ar externo na Europa é de 6 °C/h. Entretanto, na ocorrência de radiação com céu limpo em noites de inverno, a temperatura superficial do concreto pode diminuir a uma velocidade de 12 °C/h, mesmo que a temperatura ambiente diminua a 6 °C/h.

A influência da velocidade de resfriamento sobre a resistência do concreto a ciclos de gelo e degelo foi demonstrada por Pigeon *et al.*[11.59] Conforme apresentado na Figura 11.13, quanto maior é a velocidade de resfriamento, menor é o fator de espaçamento necessário para a proteção do concreto.

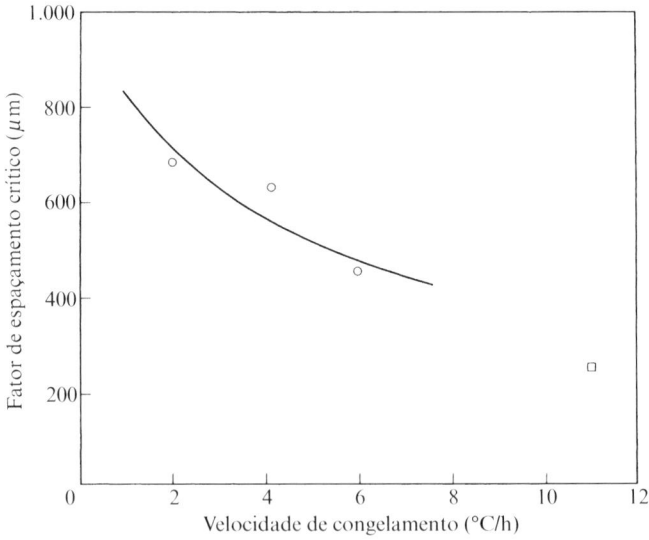

Figura 11.13 Relação entre a velocidade de congelamento e o fator de espaçamento necessário para a proteção do concreto com relação água/cimento de 0,50. A linha e os pontos representam, respectivamente, dados das refs. 11.59 e 11.15.

A vulnerabilidade do concreto em serviço, com relação água/cimento menor do que 0,50, ao gelo e degelo depende do grau de hidratação da pasta de cimento, já que é necessário tempo para ser formada uma estrutura de poros densa. O procedimento tradicional da ASTM C 666-03 (2008) estabelece ensaios na idade de 14 dias, o que pode ser muito cedo. Entretanto, o método de ensaio admite que outra idade seja escolhida.

Deve ser mencionado que alguns ensaios acelerados de gelo e degelo resultam na destruição de um concreto que, na prática, poderia ser satisfatório.[11.22] Entretanto, a capacidade do concreto de suportar um número considerável de ciclos de gelo e degelo em laboratório, como, por exemplo, 150, provavelmente é um indício de elevado nível de durabilidade em condições de serviço. Os ensaios da ASTM C 666-03 (2008), contudo, mostram uma elevada dispersão no intervalo médio de durabilidade. Embora não haja uma relação simples entre o número de ciclos de gelo e degelo em um ensaio e no concreto em condições reais, é interessante mencionar que, na maior parte dos Estados Unidos, ocorrem mais de 50 ciclos por ano.

O número de ciclos de gelo e degelo a que um elemento específico de concreto será exposto em condição de serviço não é determinado facilmente. Os registros da temperatura do ar são inadequados. Por exemplo, a situação é complicada em um dia ensolarado, parcialmente nublado. A temperatura da superfície do concreto diretamente exposta ao sol pode ser 10 °C mais elevada do que a temperatura do ar. Quando o céu está coberto por nuvens, ocorre o resfriamento do concreto.[11.96] Dessa forma, podem ocorrer diversos ciclos de gelo e degelo durante o dia. Esses eventos são influenciados pelo ângulo de incidência da radiação solar, de modo que, no Hemisfério Norte, a exposição para o sul pode ser mais prejudicial. Essas variações rápidas de temperatura na superfície do concreto também podem provocar gradientes de temperatura prejudiciais.[11.96] Deve ser mencionado que, em algumas regiões do Hemisfério Norte, ocorre somente um ciclo de gelo e degelo por ano, com duração de seis meses.

Efeitos adicionais da incorporação de ar

O objetivo original da incorporação de ar era produzir um concreto resistente ao gelo e degelo. Essa ainda é a razão mais comum para tal procedimento, mas existem alguns outros efeitos da incorporação de ar sobre as propriedades do concreto – alguns benéficos e outros não. Um dos mais importantes é a influência dos vazios sobre a resistência do concreto em todas as idades. Deve ser lembrado que a resistência do concreto é uma função direta de sua massa específica e que os vazios originados do ar incorporado irão afetar a resistência da mesma forma que os vazios de qualquer outra origem. A Figura 11.14 mostra que, com a adição de ar à mistura, sem nenhuma outra alteração nas proporções da mistura, a diminuição da resistência do concreto é proporcional ao volume de ar presente. Foi considerado um intervalo de até 8% de ar, razão pela qual a parte curvada da relação entre resistência e vazios não está visível (ver Figura 4.1). É possível observar, na Figura 11.14, que a origem dos vazios é irrelevante para a relação entre resistência e vazios, conforme mostra a linha tracejada para os vazios decorrentes do adensamento inadequado e a contínua para os vazios decorrentes do ar incorporado. O intervalo de ensaios abrangeu concretos com relações água/cimento entre 0,45 e 0,72, e isso mostra que a perda de resistência, expressa como uma fração da resistência do concreto de ar incorporado, não depende das proporções da mistura. A diminuição média

582 Propriedades do Concreto

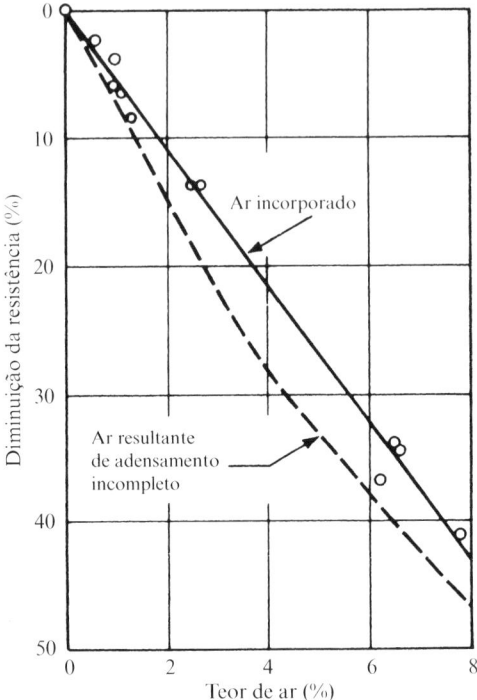

Figura 11.14 Efeitos do ar incorporado e do ar aprisionado sobre a resistência do concreto.[11.18]

de resistência à compressão chega a 5,5% para cada ponto percentual de ar presente.[11.18] O efeito sobre a resistência à flexão é bem menor. A relação entre o volume de vazios no concreto e a diminuição da resistência foi confirmada por Whiting et al.[11.55]

Deve ser ressaltado que a resistência é influenciada pelo volume total de todos os vazios presentes, ou seja, do ar aprisionado, do ar incorporado, dos poros capilares e dos poros de gel. Quando há ar incorporado no concreto, o volume total de poros capilares é menor, devido a parte do volume bruto da pasta de cimento endurecida ser constituída pelo ar incorporado. Esse não é um fator desprezável, tendo em vista que o volume de ar incorporado representa uma proporção significativa do volume bruto da pasta de cimento endurecida. Por exemplo, constatou-se que os poros capilares ocupam 13,1% do volume de um concreto de proporções 1:3,4:4,2, com relação água/cimento igual a 0,80, aos sete dias de idade. Em um concreto de mesma trabalhabilidade, com ar incorporado, proporções 1:3,0:4,2 e relação água/cimento de 0,68, os poros capilares ocupam 10,7%, mas o volume de ar (incorporado e aprisionado) é de 6,8%, em vez dos 2,3% do concreto original.[11.24]

Essa é uma das razões pelas quais a incorporação de ar não causa tanta perda de resistência quanto seria de esperar, mas a razão mais importante é que a incorporação de ar traz importantes benefícios à trabalhabilidade do concreto. Como resultado disso, para manter a trabalhabilidade constante, a adição de ar incorporado pode ser acompanhada de uma redução da relação água/cimento, em comparação a um concreto semelhante sem ar incorporado. Para misturas de consumo de cimento muito baixo, por exemplo, com relação agregado/cimento superior a 8, e, em especial, quando são utilizados agregados angulosos, a melhora da trabalhabilidade devida à incorporação de ar é tal que a consequente diminuição da relação água/cimento compensa plenamente a diminuição da resistência associada à presença dos vazios. No caso de estruturas de grandes dimensões, em que frequentemente o desenvolvimento do calor de hidratação, e não a resistência, é o principal aspecto, a incorporação de ar possibilita o uso de misturas com baixos consumos de cimento e, portanto, uma menor elevação de temperatura. Em concretos com consumo de cimento elevado, o efeito da incorporação de ar sobre a trabalhabilidade é menor, de modo que a diminuição da relação água/cimento é pequena e ocorre uma perda de resistência. Em termos gerais, a incorporação de 5% de ar aumenta o fator de compactação do concreto em cerca de 0,03 a 0,07 e o abatimento de 15 a 50 mm,[11.18] mas os valores reais variam de acordo com as propriedades da mistura. A incorporação de ar também é eficaz na melhora da trabalhabilidade de misturas ásperas produzidas com agregados leves.

A razão para a melhora da trabalhabilidade com o uso de ar incorporado provavelmente se deve ao fato de as bolhas de ar, mantidas esféricas pela tensão superficial, atuarem como um agregado miúdo de atrito superficial muito baixo e de considerável elasticidade. A incorporação de ar ao concreto faz com que ele se comporte como se houvesse excesso de areia e, por esse motivo, a adição de ar incorporado deve ser acompanhada pela redução do teor de areia. Essa alteração possibilita uma redução adicional da quantidade de água do concreto, ou seja, outra compensação para a perda de resistência devida à presença de vazios.

É interessante destacar que a incorporação de ar influencia a consistência ou a "mobilidade" da mistura de forma qualitativa, podendo ser dito que a mistura fica mais "plástica", de modo que, para a *mesma* trabalhabilidade medida – pelo fator de compactação, por exemplo –, o lançamento e o adensamento da mistura com ar incorporado ficam mais fáceis em relação àquela sem ar incorporado.

A presença de ar incorporado também é benéfica na redução da exsudação. As bolhas de ar, aparentemente, mantêm as partículas sólidas em suspensão, de forma que a sedimentação é reduzida e a água não é expelida. Por essa razão, a permeabilidade e a formação de nata também são reduzidas, o que resulta em uma maior resistência ao gelo e degelo da camada superior de uma laje ou de uma camada de lançamento. Isso é importante para o efeito benéfico da incorporação de ar sobre a ação destrutiva dos agentes descongelantes. A incorporação de ar reduz a segregação durante o manuseio e o transporte, devido à mistura ser mais coesa, mas a segregação decorrente do excesso de vibração ainda pode ocorrer, pois, nessa condição, as bolhas de ar são expelidas.

A adição de ar incorporado diminui a massa específica do concreto e possibilita obter mais do cimento e do agregado. Esse aumento de rendimento é uma vantagem econômica, mas é contrabalançada pelos custos do aditivo incorporador de ar e das operações associadas.

Efeitos de agentes descongelantes

Superfícies horizontais – como placas de pavimentos rodoviários e tabuleiros de pontes que ficam sujeitos a gelo e degelo – são frequentemente tratadas com agentes descongelantes para remover neve e gelo. Esses agentes têm efeito negativo sobre o concreto, resultando em descamação do concreto e, eventualmente, em corrosão da armadura. Este último assunto será tratado adiante neste capítulo.

Os sais mais comumente utilizados são o NaCl e o $CaCl_2$, que tem maior custo. Os sais produzem pressão osmótica e causam a movimentação da água em direção à camada superior da placa quando ocorre o congelamento,[11.4] o que ocasiona pressão hidráulica.[11.92] Assim, a ação é semelhante ao gelo e degelo comum, mas é mais severa. De fato, os danos causados pelos agentes descongelantes são principalmente de natureza física[11.13] – e não química –, independentemente de o descongelante ser ou não orgânico ou um sal.[11.31] Entretanto, há também uma possibilidade de ocorrer lixiviação do $Ca(OH)_2$, que possui maior solubilidade em solução de cloretos do que em água,[11.32] o que torna possível a formação de cloroaluminatos na molhagem e secagem.[11.32]

A sequência a seguir foi sugerida por Mather.[11.30] O agente descongelante derrete a neve ou o gelo, com a água resultante sendo frequentemente represada pelo gelo adjacente. A água, na realidade, é uma solução salina, possuindo, portanto, um ponto de congelamento mais baixo. Parte dessa solução é absorvida pelo concreto, que pode, então, se tornar saturado. Com mais fusão de gelo, a água de degelo vai ficando mais diluída até que seu ponto de congelamento se eleve a aproximadamente o ponto de congelamento da água, ocorrendo, assim, um novo congelamento. Desse modo, o gelo e degelo ocorre na mesma frequência que sem a utilização de agentes descongelantes ou até mesmo com maior frequência, devido à camada de gelo potencialmente isolante ter sido destruída. Consequentemente, pode-se dizer que os agentes descongelantes aumentam a saturação e, possivelmente, também aumentam o número de ciclos de gelo e degelo. Uma constatação indireta desse comportamento decorre do fato de que a maior deterioração ocorre quando o concreto é exposto a concentrações relativamente baixas de sais – soluções de 2 a 4%[11.13] (Figura 11.15).

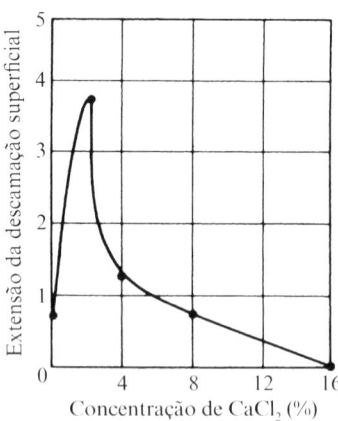

Figura 11.15 Efeito da concentração de $CaCl_2$ sobre a descamação do concreto sem ar incorporado após 50 ciclos de gelo e degelo (sem remoção da solução).[11.13] A extensão da descamação superficial é classificada de 0 (sem descamação) a 5 (descamação severa).

Um fator adicional que contribui para a deterioração do concreto é a súbita queda na temperatura do concreto abaixo da superfície quando o gelo se funde e retira o calor latente. Esse é um tipo de choque térmico que pode resultar em um congelamento muito rápido.

A incorporação de ar torna o concreto muito mais resistente à descamação superficial, ao mesmo tempo que garante a resistência ao gelo e degelo sem o uso de agentes descongelantes. O concreto não deve possuir relação água/cimento superior a 0,40 e deve ter um consumo de cimento mínimo de 310 kg/m^3.[11.56] Os concretos de alta resistência possuem muito boa resistência à descamação.[11.61]

Diversos ensaios sobre a descamação por sais mostraram que a extensão da deterioração é sensível ao procedimento adotado. Por exemplo, a secagem ao ar do concreto após a cura úmida, mas antes da exposição aos ciclos, aumenta a resistência à descamação superficial.[11.31] Entretanto, a secagem deve ser precedida por uma cura úmida que dure o suficiente para que a pasta de cimento sofra uma hidratação significativa. Por esse motivo, a concretagem deve ser realizada em uma época do ano em que seja possível a aplicação de uma cura adequada, seguida por um período de secagem. A exsudação excessiva e a formação de nata devem ser evitadas.

Os danos mais severos ocorrem quando o concreto está sujeito a ciclos alternados de gelo e degelo em que a solução descongelante permanece na superfície do concreto, em vez de ser substituída por água pura antes de cada novo congelamento.[11.13] Por outro lado, se o líquido for removido da superfície do concreto antes do novo congelamento, não ocorrerá descamação, mesmo em concretos sem ar incorporado.[11.13]

A resistência do concreto aos agentes descongelantes pode ser verificada com o método de ensaio da ASTM C 672-03, em que corpos de prova são submetidos a ciclos de gelo e degelo enquanto cobertos por uma solução de cloreto de cálcio, seguidos por descongelamento ao ar. A verificação da descamação é feita visualmente.

Como os cloretos que penetram na armadura resultam em sua corrosão, o uso de agentes descongelantes isentos de cloretos é preferível. Um desses é a ureia, que, entretanto, contamina a água e é menos eficaz na remoção do gelo. O acetato de cálcio e magnésio é eficaz, embora seja de ação lenta, mas é bastante caro.

Certa proteção do concreto contra a ação deletéria dos agentes descongelantes pode ser obtida por selagem do concreto com óleo de linhaça. Esse óleo, diluído em partes iguais em querosene ou em álcool mineral, é aplicado na superfície do concreto, que deve estar seca, em duas demãos. O óleo diminui a velocidade de ingresso da solução descongelante, mas não sela a superfície do concreto de modo que a evaporação seja prevenida. O óleo de linhaça escurece a superfície do concreto, e uma aplicação não uniforme pode produzir uma superfície de má aparência. Após alguns anos, uma nova selagem é necessária. Também podem ser utilizados silano e siloxano, mas esse é um assunto especializado.

Ataque por cloretos[1]

O ataque por cloretos é diferente, devido ao fato de que o ponto de ação principal é a corrosão da armadura, e é somente em consequência da corrosão que o concreto circundante é danificado. A corrosão das armaduras é uma das principais causas da

---
[1] As seções sobre o ataque à armadura por cloretos foram, em grande parte, publicadas na ref. 11.37.

deterioração de estruturas de concreto armado em diversos locais. Um tópico abrangente sobre a corrosão do aço, bem como de outros metais, embutido no concreto (ver ACI 222R-89)[11.82] está fora do escopo deste livro, portanto, a discussão será limitada às propriedades do concreto que influenciam a corrosão, com ênfase no transporte de íons cloreto através do concreto no cobrimento da armadura.

Apesar disso, uma breve descrição do mecanismo de corrosão induzida por cloretos é útil para a compreensão do processo envolvido.

Mecanismo de corrosão induzida por cloretos

A camada passivada protetora sobre a superfície do aço embutido no concreto foi mencionada na página 518. Essa camada, que é formada logo após o início da hidratação do cimento, consiste em $\gamma\text{-}Fe_2O_3$, firmemente aderido ao aço. Enquanto esse filme de óxido estiver presente, o aço permanecerá intacto. Entretanto, os íons cloreto destroem o filme, e, na presença de água e de oxigênio, ocorre a corrosão. Os íons cloreto foram descritos por Verbeck[11.63] como "um destruidor único e específico".

Pode ser válido acrescentar que, garantindo que a superfície da armadura esteja isenta de óxido de ferro solto (condição sempre especificada), a presença desse óxido ("ferrugem") no momento em que a armadura é envolta pelo concreto não influencia a corrosão.[11.78]

Uma breve descrição do fenômeno da corrosão será apresentada a seguir. Quando existe uma diferença de potencial elétrico ao longo do aço no concreto, é formada uma célula eletroquímica. São formadas regiões anódica e catódica, conectadas pelo eletrólito na forma da água de poros da pasta de cimento endurecida. Os íons ferrosos positivamente carregados, Fe^{++}, no ânodo passam para a solução, enquanto os elétrons livres negativamente carregados, e^-, passam pelo aço até o cátodo, onde são absorvidos pelos constituintes do eletrólito e combinam-se com a água e o oxigênio, formando íons hidroxila $(OH)^-$. Estes, por sua vez, passam através do eletrólito e combinam-se com os íons ferrosos, formando hidróxido ferroso, que é convertido pela oxidação posterior em hidróxido férrico – "ferrugem" (ver Figura 11.16). As reações envolvidas são as seguintes:

reações anódicas:

$$Fe \to Fe^{++} + 2e^-$$
$$Fe^{++} + 2(OH)^- \to Fe(OH)_2 \quad \text{(hidróxido ferroso)}$$
$$4Fe(OH)_2 + 2H_2O + O_2 \to 4Fe(OH)_3 \quad \text{(hidróxido férrico)}$$

reações catódicas:

$$4e^- + O_2 + 2H_2O \to 4(OH)^-.$$

É possível perceber que o oxigênio é consumido e a água é regenerada, mas é necessária para dar continuidade ao processo. Sendo assim, não há, provavelmente, corrosão em concretos secos em umidade relativa inferior a 60%. Também não ocorre corrosão no concreto totalmente imerso em água, exceto quando a água pode carregar ar – pela ação de ondas, por exemplo. A umidade relativa ótima para a corrosão fica entre 70 e 80%, e, em umidades relativas mais altas, a difusão de oxigênio no concreto é consideravelmente menor.

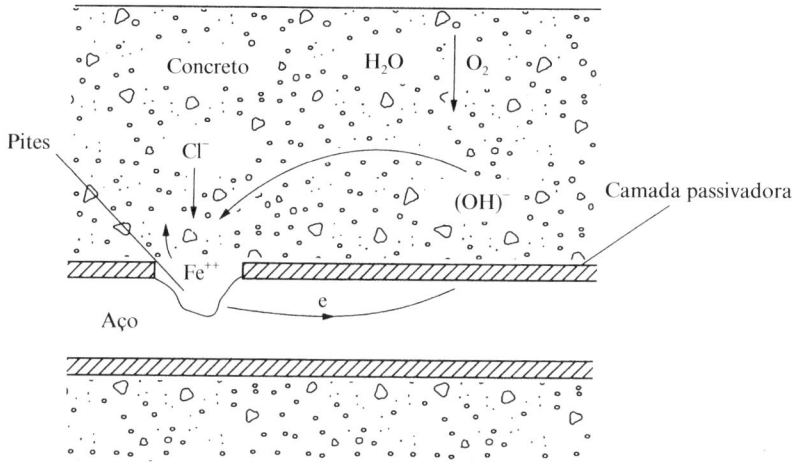

Figura 11.16 Representação esquemática da corrosão eletroquímica na presença de cloretos.

As diferenças de potencial eletroquímico podem decorrer de diferenças no ambiente do concreto, como, por exemplo, quando uma parte dele está permanentemente submersa em água do mar e a outra parte está exposta a molhagem e secagem periódicas. Uma situação semelhante pode ocorrer quando existe uma diferença significativa na espessura do cobrimento de uma armadura que esteja eletricamente conectada. Também se formam células eletroquímicas pela variação da concentração salina da água dos poros ou pelo acesso não uniforme ao oxigênio.

A camada passivadora deve ser penetrada para que ocorra o início da corrosão. Os íons cloreto ativam a superfície do aço para a formação de um ânodo, com a camada de passivação sendo o cátodo. As reações envolvidas são:

$$Fe^{++} + 2Cl^- \rightarrow FeCl_2$$
$$FeCl_2 + 2H_2O \rightarrow Fe(OH)_2 + 2HCl$$

Portanto, o Cl^- é regenerado, de forma que a "ferrugem" não contém cloretos, embora seja formado cloreto ferroso em uma etapa intermediária.

Como a célula eletroquímica exige uma ligação entre o ânodo e o cátodo pela água dos poros, bem como pela armadura em si, o sistema de poros da pasta de cimento endurecida é o principal fator influente sobre a corrosão. Em termos elétricos, é a resistência da "conexão" através do concreto que controla o fluxo da corrente. A resistividade do concreto é bastante influenciada por seu teor de umidade, pela composição iônica da água dos poros e pela continuidade do sistema de poros da pasta de cimento endurecida.

Existem duas consequências da corrosão da armadura. A primeira é que os produtos da corrosão ocupam um volume, muitas vezes, maior do que o aço original, de modo que sua formação resulta em fissuração (caracteristicamente paralela à armadura), descamação e delaminação do concreto (ver Figura 11.17). Isso facilita o ingresso de agentes agressivos na armadura, o que faz ocorrer um aumento da velocidade de

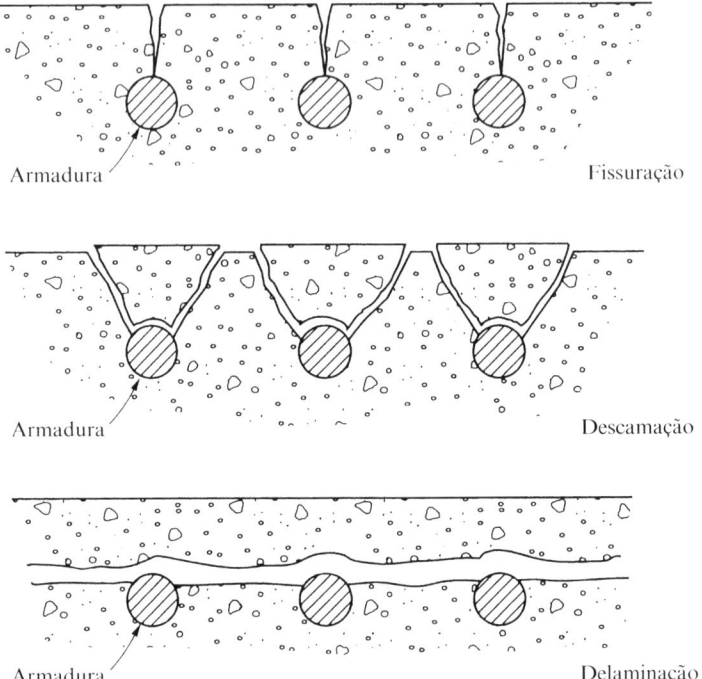

Figura 11.17 Representação esquemática das deteriorações induzidas pela corrosão: fissuração, descamação e delaminação.

corrosão. A segunda é que o progresso da corrosão no ânodo reduz a área da seção transversal do aço, diminuindo, assim, sua capacidade resistente. Em relação a isso, deve ser mencionado que a corrosão induzida por cloretos é altamente localizada em um pequeno ânodo, o que leva à corrosão puntiforme (corrosão por pites).

Quando o suprimento de oxigênio é severamente limitado, pode ocorrer a corrosão em baixa velocidade. Os produtos da corrosão, que são menos volumosos do que nas condições normais, podem se deslocar para os vazios do concreto sem o progressivo desenvolvimento da fissuração ou da descamação.

Cloretos no concreto

Os cloretos podem estar presentes no concreto por terem sido incorporados à mistura por meio do uso de agregados contaminados – ou de água do mar ou água salobra – ou pelo uso de aditivos que contêm cloretos. Nenhum desses materiais deve ser admitido em concreto armado, e as normas, em geral, prescrevem limites rigorosos em relação ao teor de cloreto no concreto proveniente de qualquer fonte. Por exemplo, a BS 8110-1:1997 limita o teor *total* de cloretos no concreto armado a 0,40% da massa de cimento. O mesmo limite é estabelecido pela norma europeia BS EN 206-1:2000 (atual BS EN

1992-1:2004). A abordagem do ACI 318-02[11.56] é considerar somente os íons cloreto *solúveis em água*. Com base nesse critério, o teor de cloretos em concreto armado é limitado a 0,15% da massa de cimento. Os dois valores não são significativamente diferentes entre si, devido aos cloretos solúveis em água serem somente uma parte do teor total de cloretos, ou seja, os cloretos livres na água dos poros. A distinção entre cloretos *livres* e *fixados* será analisada na página 592, mas, a esta altura, pode ser destacado que o teor total de cloretos é determinado como o teor de cloretos *solúveis em ácido*, pela ASTM C 1152-04 e pela BS 1881-124:1988. Na presença de alguns aditivos, a titulação potenciométrica resulta em um maior teor de cloretos do que o avaliado por meio da alteração de coloração. Existem diversas técnicas para a determinação do teor de cloretos solúveis em água.

O cimento Portland, como uma possível fonte de cloretos do concreto, contém somente uma pequena quantidade de cloretos, geralmente menos do que 0,01% da massa.* Entretanto, a escória granulada de alto-forno pode conter um teor de cloretos significativo caso seu processamento envolva o resfriamento com água do mar.[11.92] A água potável pode conter 250 ppm de íons cloreto e, com uma relação água/cimento de 0,40, essa água poderia contribuir com a mesma quantidade de íons cloreto que o cimento Portland. Em relação ao agregado, a BS 882:1992 (cancelada) apresenta orientações sobre o teor máximo de cloretos. O atendimento a essas orientações provavelmente satisfaz os requisitos para os concretos estabelecidos pela BS 5328-1:1997 (cancelada) e pela BS 8110-1:1997 (atual Eurocode 2:2004).** Para o concreto armado, o teor de cloretos do agregado não deve ser maior do que 0,05% da massa total de agregado, sendo reduzido para 0,03% quando for utilizado o cimento resistente a sulfatos. Para o concreto protendido, o valor é de 0,01%. Os limites para as impurezas na água são fornecidos pela BS EN 1008:2002 e pela ASTM C 1602-06.***

Os diversos limites em relação aos cloretos citados nesta seção são, em geral, conservadores, de modo que o atendimento a eles deve garantir que não ocorra a corrosão induzida por cloretos, a menos que mais cloretos ingressem no concreto em serviço. O ponto de vista de que esses limites são conservadores é contestado por Pfeifer.[11.40]

---

* N. de R.T.: A NBR 12655:2015, versão corrigida 2015, estabelece os teores máximos de íons cloreto para a proteção das armaduras de concreto. Os teores são apresentados como porcentagens da massa de cimento. Os valores são: concreto protendido (0,05%); concreto armado exposto a cloretos nas condições de serviço da estrutura (0,15%); concreto armado não exposto a cloretos nas condições de serviço (0,30%); e concreto armado em condições brandas de exposição (seco ou protegido da umidade nas condições de serviço; 0,40%).

** N. de R.T.: A NBR 7211:2009 estabelece os teores máximos de cloretos em agregados miúdos e graúdos para concreto simples (< 0,2%), concreto armado (< 0,1%) e concreto protendido (< 0,01%). Segundo a norma, agregados que possuam teores de cloretos maiores do que os citados podem ser utilizados em concreto, desde que o teor total (cloretos provenientes de todos os componentes) não seja maior do que os valores estabelecidos pela NBR 12655:2015, versão corrigida 2015, exceto para o concreto protendido, em que o limite é 0,06%.

*** N. de R.T.: A NBR 15900-1:2009 estabelece os teores máximos de cloreto em água de amassamento para concreto protendido (< 500 mg/L), concreto armado (1.000 mg/L) e concreto simples (< 4.500 mg/L).

Ingresso de cloretos

O problema do ataque por cloretos normalmente ocorre quando os íons cloreto ingressam de fora. Uma das causas pode ser o ingresso de sais descongelantes, tema discutido na página 584. Outra fonte de íons cloreto, particularmente importante, é a água do mar em contato com o concreto. Os cloretos também podem se depositar sobre a superfície do concreto na forma de gotículas de água do mar, elevadas por turbulência e transportadas pelo vento, ou na forma de poeira transportada pelo ar que, posteriormente, é umedecida pelo orvalho. É válido destacar que os cloretos transportados pelo ar podem se deslocar por grandes distâncias. Já foram relatadas distâncias de até 2 km,[11.75] mas deslocamentos ainda maiores são possíveis, dependendo do vento e da topografia. A configuração das estruturas também influencia a movimentação de sais transportados pelo ar, pois, quando ocorrem redemoinhos, os sais podem alcançar superfícies de concreto não voltadas para o mar.

Águas freáticas salobras em contato com o concreto também podem ser uma fonte de cloretos.

Embora ocorra raramente, pode ser mencionado que os cloretos podem ingressar no concreto a partir da conflagração de matérias orgânicas que contenham cloretos. É formado ácido clorídrico que se deposita na superfície do concreto, onde reage com os íons cálcio da água dos poros, o que pode ocasionar, em seguida, o ingresso dos íons cloreto.[11.83]

Independentemente de sua origem externa, os cloretos penetram no concreto pelo transporte de água que contém os cloretos, bem como pela difusão dos íons na água e por absorção. O ingresso repetido ou prolongado pode, com o tempo, resultar em uma elevada concentração de íons cloreto na superfície da armadura.

Quando o concreto está permanentemente submerso, os cloretos ingressam até uma profundidade considerável, mas, a menos que haja oxigênio no cátodo, não ocorrerá corrosão. No concreto que está eventualmente exposto à água do mar e, algumas vezes, seco, o ingresso de cloretos é progressivo. A seguir, será apresentada uma situação que ocorre com frequência em estruturas situadas em regiões litorâneas de tempo quente.

O concreto seco recebe água do mar por absorção e, sob algumas condições, pode continuar com esse processo até se tornar saturado. Caso a condição externa mude para seca, a direção da movimentação de água é revertida e a água evapora para o ambiente através das extremidades abertas dos poros capilares. Entretanto, é somente a água pura que evapora, ou seja, os sais permanecem. Dessa forma, a concentração de sais na água remanescente no concreto aumenta próximo à superfície do concreto. O gradiente de concentração assim estabelecido direciona os sais da água perto da superfície do concreto para as regiões de baixa concentração, ou seja, para o interior. Esse transporte é feito por difusão. Dependendo da umidade relativa externa e da duração do período de secagem, é possível que a maior parte da água da região externa do concreto evapore, de modo que a água remanescente no interior se torne saturada com sal e que o excesso de sais se precipite na forma de cristais.

Pode ser visto, então, que a água se move para a parte externa e o sal se move para a parte interna. O próximo ciclo de molhagem com água salgada irá trazer mais sal para a solução presente nos poros capilares. O gradiente de concentração, agora, é diminuído do interior para o exterior a partir de um pico de valor a uma determinada profundidade desde a superfície do concreto, e alguns sais podem se difundir em direção à superfície do concreto. Entretanto, se o período de molhagem for curto e a secagem recomeçar rapidamente, o ingresso de água salgada irá carrear os sais bem para dentro do concreto. A secagem subsequente irá remover a água pura, deixando os sais para trás.

O alcance exato da movimentação de sais depende da duração dos períodos de molhagem e secagem. Deve ser relembrado que a molhagem do concreto ocorre muito rapidamente e que a secagem é bem mais lenta, sendo que o interior do concreto nunca seca plenamente. Também deve ser destacado que a difusão de íons durante períodos úmidos é bastante lenta.

É visível, então, que o ingresso progressivo de sais em direção à armadura ocorre sob molhagem e secagem alternadas, sendo estabelecido um perfil de cloretos como o apresentado na Figura 11.18. O perfil é determinado pela análise química de amostras de pó, obtidas por perfurações crescentes a várias profundidades, medidas a partir da superfície. Algumas vezes, existe uma menor concentração de cloretos nos 5 mm, ou algo próximo a isso, mais externos do concreto, onde ocorre uma rápida movimentação de água, de modo que os sais são rapidamente conduzidos por pequenas distâncias no interior do concreto. O teor máximo de íons cloreto na água dos poros pode ser maior do que a concentração na água do mar, fato que foi observado após 10 anos de exposição.[11.71] O aspecto crucial é que, com o passar do tempo, uma quantidade suficiente de íons cloreto irá atingir a superfície da armadura. O que é uma quantidade "suficiente" será discutido na seção seguinte.

Conforme recém-mencionado, o ingresso de cloretos no concreto é altamente influenciado pela sequência exata de molhagem e secagem. Essa sequência varia de local para local, dependendo da movimentação do mar e do vento, da exposição ao sol e da utilização da estrutura. Dessa forma, até mesmo diferentes partes da mesma estrutura

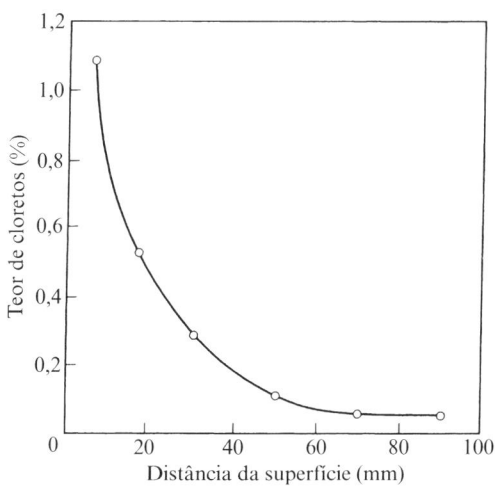

Figura 11.18 Exemplo de perfil do teor total de íons cloreto, expresso como uma porcentagem da massa de cimento. Os pontos mostram médias para incrementos de 10 ou 20 mm.

podem ter diferentes padrões de molhagem e secagem. Isso explica a razão pela qual, algumas vezes, existe uma variação considerável na extensão da deterioração por corrosão na mesma estrutura.

Não são somente a secagem e a molhagem da região superficial do concreto que influenciam o ingresso de cloretos. A secagem até uma grande profundidade possibilita que a molhagem subsequente leve os cloretos bem para o interior do concreto, o que acaba acelerando o ingresso de íons cloreto. Por essa razão, o concreto em zonas de maré (onde o período de secagem é curto) é menos vulnerável à corrosão do que o concreto da região de respingos (onde a molhagem somente pode ocorrer com maré alta ou com ventos fortes). O mais vulnerável de todos é o concreto que é molhado por água do mar apenas ocasionalmente, como acontece nas regiões em volta de postes de amarração de navios (onde cordas úmidas são enroladas), ao redor de hidrantes que utilizam água do mar ou em áreas industriais que estão sujeitas à molhagem periódica com água do mar, mas que, em outros momentos, ficam expostas aos efeitos da secagem do sol e da alta temperatura.

Limites do teor de cloretos

Foi mencionado anteriormente que, para que a corrosão se inicie, deve haver uma concentração mínima de íons cloreto na superfície do aço. Entretanto, não existe um limite universalmente válido. No que diz respeito aos cloretos incorporados à mistura original, a concentração-limite foi analisada na página 589. É válido acrescentar que a presença de uma determinada quantidade excessiva de cloretos na mistura original resulta em uma ação mais agressiva; a velocidade de corrosão é maior do que quando a mesma quantidade de cloretos ingressa no concreto em serviço.[11.64]

Na análise dos cloretos que ingressaram no concreto em serviço, é ainda mais difícil estabelecer um limite de concentração de íons cloreto abaixo do qual não ocorra corrosão. Esse limite depende de vários fatores, sendo que muitos deles ainda não são totalmente compreendidos. Além do mais, a distribuição de cloretos dentro da pasta de cimento endurecida não é uniforme, conforme mostram os perfis de cloretos de estruturas reais. Para fins práticos, a prevenção da corrosão está no controle do ingresso de cloretos pela espessura do cobrimento da armadura e pela penetrabilidade do concreto em tal cobrimento.

Embora, em certas circunstâncias, possa haver um teor-limite de cloretos para a corrosão ser iniciada, seu progresso depende da resistividade da pasta de cimento endurecida, que varia de acordo com a umidade e com a disponibilidade de oxigênio, que, por sua vez, é influenciada pela imersão do concreto.

Em todo caso, não é o teor total de cloretos que importa para a corrosão. Uma parte dos cloretos está quimicamente fixada, estando incorporada aos produtos de hidratação do cimento. Outra parte dos cloretos está fixada fisicamente, tendo sido adsorvida na superfície dos poros de gel. Somente uma terceira parte dos cloretos, a dos cloretos livres, está disponível para a reação agressiva com o aço. Entretanto, a distribuição dos íons entre as três formas não é constante, já que existe uma situação de equilíbrio, de modo que sempre existirão cloretos livres na água dos poros. Conclui-se, então, que somente os íons cloreto que excedem esse equilíbrio podem ser fixados.

Fixação dos íons cloreto

A principal forma de fixação dos íons cloreto é pela reação com o C_3A, formando cloroaluminato de cálcio, $3CaO.Al_2O_3.CaCl_2.10H_2O$, algumas vezes denominado *sal de Friedel*. Uma reação semelhante com o C_4AF resulta no cloroferrato de cálcio, $3CaO.Fe_2O_3.CaCl_2.10H_2O$. É possível concluir que, quanto maior for o teor de C_3A – e também quanto maior for o consumo de cimento da mistura –, maior será a quantidade de íons cloreto que podem ser fixados. Por essa razão, considerava-se que cimentos com elevado teor de C_3A eram propícios à boa resistência à corrosão.

Isso pode ser verídico quando os cloretos estão presentes no momento da mistura (situação que não deve ser admitida), devido à possibilidade de sua rápida reação com o C_3A. Entretanto, quando os íons cloreto ingressam no concreto, uma quantidade menor de cloroaluminatos é formada e, em determinadas condições futuras, eles podem se dissociar, liberando os íons cloreto para restabelecer os que foram removidos da água dos poros pelo transporte para a superfície do aço.

Um fator adicional para a decisão do teor de C_3A desejável no cimento é a possibilidade de ataque por sulfatos em algumas partes, não sujeitas ao ingresso de água do mar, de uma determinada estrutura. Conforme mencionado na página 77, a resistência a sulfatos requer um baixo teor de C_3A no cimento. Por essas diversas razões, atualmente, considera-se que um cimento de resistência moderada a sulfatos, Tipo II, ofereça o melhor equilíbrio.

No caso de cimentos contendo escória granulada de alto-forno, foi sugerido que a fixação dos cloretos também ocorra pelos aluminatos da escória, mas isso não foi plenamente confirmado.[11.91]

Ainda em relação ao possível uso do cimento com teor elevado de C_3A, deve ser lembrado que esse teor elevado resulta em uma maior liberação inicial de calor de hidratação e, consequentemente, em uma elevação da temperatura. Esse comportamento pode ser prejudicial em grandes massas de concreto, frequentemente associadas a estruturas expostas ao mar.[11.88]

Algumas normas, como, por exemplo, a BS 8110-1:1985 (substituída pelo Eurocode 2-2004), limitam severamente o teor de cloretos quando é utilizado um cimento resistente a sulfatos (Tipo V), presumindo que os cloretos influenciem negativamente a resistência a sulfatos. Entretanto, agora está comprovado que isso não é verdade.[11.76] O que acontece é que o ataque por sulfatos resulta na decomposição do cloroaluminato de cálcio, deixando, assim, alguns cloretos disponíveis para a corrosão, o que torna possível a formação de sulfoaluminato de cálcio.[11.79]

A carbonatação da pasta de cimento endurecida, onde estão presentes cloretos fixados, tem efeito semelhante ao da liberação de cloretos fixados, aumentando, assim, o risco de corrosão. Ho & Lewis[11.80] citam que Tuutti observou uma concentração aumentada de íons cloreto na água dos poros situados 15 mm adiante da frente de carbonatação. Esse efeito nocivo da carbonatação é somado à diminuição do pH da água dos poros, de modo que uma corrosão severa pode ocorrer. Também foi verificado, em ensaios laboratoriais,[11.85] que a presença, mesmo em pequena quantidade, de cloretos no concreto carbonatado aumenta a velocidade de corrosão induzida pela baixa alcalinidade desse concreto.

Considerando tanto a carbonatação quanto o ingresso de cloretos, é importante lembrar que a umidade relativa ótima para a carbonatação fica entre 50 e 70%, enquanto a corrosão somente evolui rapidamente em umidades mais elevadas. A ocorrência dessas duas umidades relativas, uma após a outra, é possível quando o concreto é exposto a longos períodos de molhagem e secagem alternadas. Outra ocorrência, tanto do ingresso de cloretos quanto da carbonatação, foi verificada em painéis de revestimento delgados de um edifício. Cloretos transportados pelo ar ingressaram no concreto e alcançaram a armadura; a carbonatação ocorreu a partir do interior, relativamente seco, do edifício.

De volta ao tópico da concentração de cloretos presente na água dos poros em uma situação de equilíbrio, deve ser ressaltado que a concentração de íons cloreto depende de outros íons presentes na água dos poros. Por exemplo, para um determinado teor total de cloretos, quanto maior for a concentração de hidroxilas (OH^-), maior será a quantidade de íons cloreto livres.[11.66] Por essa razão, a relação Cl^-/OH^- é considerada influente sobre a evolução da corrosão, mas não é possível estabelecer afirmações generalizadas sobre isso. Também foi verificado que, para uma determinada quantidade de íons cloreto na mistura, há significativamente mais íons cloreto livres com NaCl do que com $CaCl_2$.[11.67]

Em razão desses diversos fatores, a proporção de íons cloreto fixados varia de 80% até um valor logo abaixo de 50% do teor total de íons cloreto. Portanto, é possível que não haja um valor único e constante da quantidade total de íons cloreto abaixo do qual não ocorra a corrosão. Ensaios[11.66, 11.68] mostraram que, em consequência das diversas exigências de equilíbrio da água dos poros, a massa de cloretos fixados em relação à massa de cimento é independente da relação água/cimento.

Influência dos cimentos compostos sobre a corrosão

Embora a discussão anterior tenha se voltado à influência do tipo de cimento Portland sobre os aspectos químicos dos íons cloreto, também é importante, na verdade até mais, analisar a influência do tipo de cimento composto sobre a estrutura de poros da pasta de cimento endurecida e sobre sua penetrabilidade, bem como sobre sua resistividade. Isso foi feito, em grande parte, no Capítulo 10, mas os aspectos dos diversos materiais cimentícios que são particularmente relevantes para a movimentação dos íons cloreto serão considerados agora. Deve ser acrescentado, ainda, que as mesmas propriedades da pasta de cimento endurecida que influenciam o transporte de cloretos também influenciam o suprimento de oxigênio e a disponibilidade de umidade, ambos necessários para o início da corrosão. Entretanto, as regiões do aço onde os cloretos se localizam e onde o oxigênio é necessário são diferentes: os cloretos localizam-se no ânodo e o oxigênio é requerido no cátodo.

Os materiais cimentícios de interesse são a cinza volante, a escória granulada de alto-forno e a sílica ativa. Todos os três, quando adequadamente dosados na mistura, reduzem significativamente a penetrabilidade do concreto e aumentam sua resistividade, reduzindo, assim, a velocidade da corrosão.[11.70, 11.87, 11.90] Em relação à sílica ativa, seu efeito positivo se dá pelo aperfeiçoamento da estrutura de poros da pasta de cimento endurecida, o que aumenta a resistividade, embora cause alguma redução no pH da água de poros, em virtude da reação com o $Ca(OH)_2$.[11.98] Foi apontado por Gjørv *et al.*[11.97] que a adição de 9% de sílica ativa, em relação à massa de cimento, causou a redução da difusividade de cloretos em aproximadamente cinco vezes.

Deve ser lembrado que, devido a seu efeito sobre a trabalhabilidade, a utilização de sílica ativa é, em geral, associada ao uso de um aditivo superplastificante. Esses aditivos em si não influenciam a estrutura de poros e, portanto, não alteram o processo de corrosão.

Os efeitos benéficos dos diversos materiais cimentícios são tão importantes que seu uso em concreto armado suscetível à corrosão em climas quentes é praticamente obrigatório. O cimento Portland puro não deve ser utilizado.[11.89]

Ensaios sobre a difusão de íons cloreto através da argamassa indicam que os fílers não influenciam a movimentação dos cloretos.[11.77]

Os íons cloreto no concreto produzido com cimento de elevado teor de alumina resultam em uma situação mais agressiva do que a que ocorre com cimento Portland[11.81] – comparação feita com o mesmo teor de íons cloreto. Vale a pena lembrar que o pH do concreto com cimento de elevado teor de alumina é mais baixo do que aquele do concreto com cimento Portland, de modo que o estado de passivação do aço pode ser menos estável.[11.81]

Fatores adicionais influentes sobre a corrosão

A discussão anterior sobre a influência da composição do concreto na resistência à corrosão deve ser complementada, enfatizando-se novamente, a importância da cura adequada, cujo efeito é fundamental para o concreto da região do cobrimento. O tempo de *iniciação* da corrosão aumenta significativamente com a cura prolongada (ver Figura 11.19). Entretanto, somente água doce deve ser utilizada para a cura, pois a água salobra aumenta, e muito, o ingresso de cloretos.[11.69]

Uma vez que a corrosão tenha iniciado, sua continuação não é inevitável. O progresso da corrosão é influenciado pela resistividade do concreto entre o ânodo e o cátodo e pela continuidade do suprimento de oxigênio no cátodo. Por um lado, é bastante duvidoso que a aplicação de uma membrana possa interromper o suprimento de oxigênio de forma completa e segura, embora avanços nesse campo continuem acontecendo. Por outro lado, a resistividade do concreto é uma função de sua condição de umidade, de modo que a secagem pode interromper a corrosão, que, entretanto, pode reiniciar em consequência de um novo umedecimento.

A fissuração do concreto de cobrimento facilita o ingresso de cloretos e, portanto, aumenta a corrosão. Embora, na realidade, todo concreto armado apresente, em serviço, algumas fissuras, a fissuração pode ser controlada por projeto estrutural, detalhamento e procedimentos de execução adequados. Fissuras maiores do que cerca de 0,2 a 0,4 mm são prejudiciais. Vale a pena mencionar que, embora o concreto protendido esteja isento de fissuras, o aço para protensão é mais vulnerável à corrosão, devido a sua natureza. Além disso, a pequena área da seção transversal dos fios para concreto protendido faz com que a corrosão por pites reduza significativamente sua capacidade de carga.

Temperaturas mais altas exercem muitos efeitos sobre a corrosão. O primeiro é que o teor de cloretos livres na água dos poros aumenta – efeito que é mais nítido em cimentos com elevado teor de C_3A e menor concentração de cloretos na mistura original[11.62] (Figura 11.20).

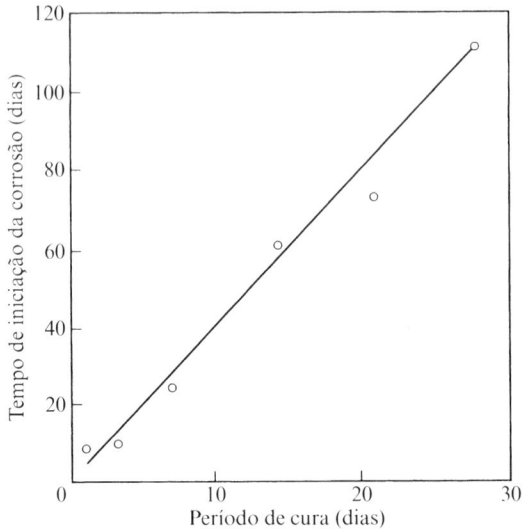

Figura 11.19 Influência da duração da cura úmida sobre o tempo de iniciação da corrosão da armadura; relação água/cimento de 0,50; consumo de cimento de 330 kg/m³; cimento Tipo V; corpos de prova imersos parcialmente em solução de 5% de cloreto de sódio (baseada na ref. 11.69).

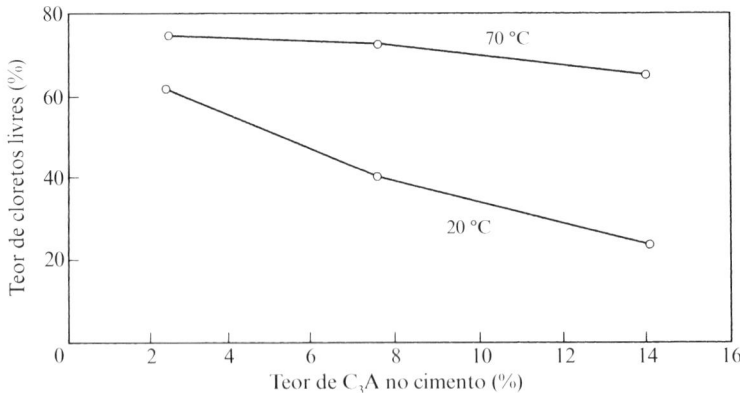

Figura 11.20 Influência do teor de C_3A no cimento sobre a quantidade de íons cloreto livres (expressa como uma porcentagem do total de íons cloreto de 1,2% da massa de cimento) a 20 °C e a 70 °C (baseada na ref. 11.62, com permissão da Elsevier Science Ltd, Kidlington, U.K.).

Ainda mais importante é o fato de as reações de corrosão, como várias reações químicas, ocorrerem mais rapidamente em temperaturas mais altas. Geralmente, considera-se que uma elevação de 10 °C na temperatura dobre a velocidade da reação, mas existem algumas evidências de que o aumento seja de somente 1,6 vezes.[11.93] Qualquer que seja o fator exato, o efeito acelerador da temperatura explica o fato de existirem muito mais concretos deteriorados por corrosão em regiões costeiras de clima quente do que em regiões de clima temperado.

Também deve ser lembrado que o endurecimento inicial do concreto em temperatura elevada resulta em uma estrutura de poros mais grosseira (ver página 375), cuja consequência é a baixa resistência à difusão de íons cloreto.[11.39] O diferencial de temperatura entre a superfície do concreto e seu interior influencia a difusão, e a exposição direta ao sol pode causar um aumento significativo da temperatura da superfície do concreto acima da temperatura ambiente.

Espessura do cobrimento da armadura

A espessura do cobrimento da armadura é um fator importante para o controle do transporte de íons cloreto. Quanto maior for o cobrimento, maior será o intervalo de tempo até que a concentração de íons cloreto na superfície do aço atinja o valor-limite. Dessa forma, a qualidade do concreto (considerando sua baixa penetrabilidade) e a espessura do cobrimento atuam em conjunto e, portanto, podem, até certo ponto, ser contrabalançadas. Por essa razão, as normas frequentemente especificam combinações de cobrimento e resistência do concreto, de modo que uma espessura menor seja compensada por uma resistência maior ou vice-versa.

Entretanto, existem limitações para essa abordagem. Em primeiro lugar, a espessura de cobrimento será inútil se o concreto for altamente permeável. Além do mais, o objetivo do cobrimento não é somente fornecer proteção à armadura, mas também garantir uma ação estrutural conjunta entre o aço e o concreto, bem como, em alguns casos, proporcionar proteção contra o fogo e resistência à abrasão. Espessuras demasiadamente grandes de cobrimento podem resultar na presença de um considerável volume de concreto sem armadura. Além disso, a presença de armadura é necessária para o controle da retração e de tensões térmicas, evitando, assim, a fissuração decorrente dessas tensões. Pode ser constatado que uma grande espessura do cobrimento é prejudicial nos locais onde ocorre fissuração. Em termos práticos, a espessura de cobrimento não deve exceder 80 a 100 mm, mas a decisão sobre o cobrimento é uma parte do projeto estrutural.

Também não devem ser utilizadas espessuras de cobrimento muito pequenas, pois, apesar da baixa penetrabilidade do concreto, a ocorrência de fissuração, por qualquer razão que seja, de deterioração localizada ou de mau posicionamento da armadura pode resultar em um rápido transporte dos íons cloreto para a superfície do aço.*

Ensaios de penetrabilidade do concreto por cloretos

Um ensaio rápido para a determinação da penetrabilidade dos concretos por íons cloreto é prescrito pela ASTM C 1202-10. Ele determina a condutância elétrica, expressa

---

* N. de R.T.: A espessura de cobrimento é estabelecida pela NBR 6118:2014, versão corrigida 2014, com os valores variando em função da agressividade do ambiente, de 20 a 55 mm.

como a carga elétrica total em coulombs (C), que passa, durante um dado intervalo de tempo determinado, através de um disco de concreto entre soluções de cloreto de sódio e de hidróxido de sódio, onde é mantida uma diferença de potencial de 60 V (corrente contínua). A carga está relacionada à penetrabilidade do concreto aos íons cloreto, de modo que esse ensaio pode ser útil, comparativamente, para a escolha de um concreto mais adequado. Um ensaio bastante semelhante determina a impedância em corrente alternada de corpos de prova de diversas formas.[11.86]

Ensaios como os supracitados não representam necessariamente o transporte de íons cloreto em situações reais, tampouco possuem bases científicas sólidas. Apesar disso, são úteis e, certamente, preferíveis à consideração de que a resistência ao ingresso de íons cloreto está simplesmente relacionada à resistência do concreto. Essa consideração não tem se mostrado válida,[11.41] exceto de uma forma muito geral.

Interrupção da corrosão

Informações simplificadas sobre métodos para o controle ou a correção da corrosão depois de seu início podem ser inúteis. Tudo o que pode ser estabelecido no momento é que a evolução da corrosão pode ser reduzida pela secagem do concreto ou pela prevenção do suprimento de oxigênio por meio da aplicação de barreiras superficiais. Esse é um campo especializado, e soluções *ad hoc* podem, na realidade, acabar sendo prejudiciais. Por exemplo, a aplicação de uma barreira no ânodo, em vez de no cátodo, pode aumentar a relação entre o tamanho do cátodo e o do ânodo, o que, por sua vez, pode aumentar a velocidade de corrosão.

É sensato levantar a questão acerca da existência de inibidores integrais de corrosão, ou seja, de substâncias que, apesar de não evitarem o ingresso de cloretos no concreto, inibem a corrosão do aço. Ensaios de laboratório mostraram que os nitritos de sódio[11.74] e de cálcio[11.72] foram eficazes nesse aspecto. A ação do nitrito é converter os íons ferrosos no ânodo em uma camada passiva estável de Fe_2O_3, com o íon nitrito reagindo, preferencialmente, com o íon cloreto. A concentração de nitritos deve ser suficiente para superar o ingresso contínuo de íons cloreto. Na realidade, não é certo que os inibidores de corrosão sejam indefinidamente eficazes e que eles não, simplesmente, retardem a corrosão.

Caso necessário, o efeito acelerador dos nitritos pode ser contrabalançado pelo uso de um aditivo retardador. A busca por outros inibidores de corrosão continua.[11.73]

Ao serem incorporados à mistura, os inibidores protegem todo o aço existente no concreto. Apesar disso, os inibidores não são substitutos de um concreto de baixa permeabilidade, eles são apenas uma garantia adicional. Além do mais, o nitrito de sódio aumenta a concentração de íons hidroxila na água dos poros, e isso pode aumentar o risco de reação álcali-agregado. Sendo assim, o efeito benéfico, em relação ao risco de corrosão da armadura, do aumento de íons hidroxila é acompanhado pelo efeito negativo do risco de reação álcali-agregado. É evidente que isso somente será importante se o agregado for propenso a essa reação.

Uma discussão sobre a prevenção da corrosão da armadura no concreto seria incompleta se não fossem mencionadas a proteção da armadura por revestimento epóxi e a proteção catódica, que torna toda a superfície do aço catódica. O revestimento epóxi é uma técnica especializada que pode ser válida quando *aliada* a uma espessura adequada de cobrimento de concreto de baixa permeabilidade. Em casos especiais, a armadura pode ser constituída de aço inoxidável ou revestida com aço inoxidável, mas o custo é bastante elevado. A proteção catódica tem se mostrado eficaz em algumas aplicações, mas seu uso em uma estrutura nova é a aceitação do fato de que a estrutura em concreto armado em questão é evidentemente não durável.

Uma questão que deve ser encarada ocasionalmente é: os íons cloreto podem ser removidos da superfície da armadura? Neste livro, somente uma breve resposta será apresentada.

Foi desenvolvida uma técnica para a dessalinização do concreto, na qual o cloreto é removido por meio da passagem de uma intensa corrente contínua entre a armadura em corrosão (atuando, agora, como um cátodo) e um ânodo externo em contato eletrolítico com o concreto. Assim, os íons cloreto migram em direção ao ânodo externo, afastando-se, portanto, da superfície da armadura.[11.84] Aparentemente, somente cerca de metade dos cloretos no concreto podem ser removidos e, com o tempo, existe a probabilidade de que a corrosão reinicie. Podem ocorrer algumas consequências negativas com esse processo.[11.65] Por exemplo, a concentração de íons sódio que ingressam na água dos poros pode ficar bastante alta, de forma que os agregados que, em situações normais, não sejam reativos com os álcalis possam se tornar reativos.

Referências

11.1 T. C. Powers, L. E. Copeland and H. M. Mann, Capillary continuity or discontinuity in cement pastes, *J. Portl. Cem. Assoc, Research and Development Laboratories*, **1**, No. 2, pp. 38–48 (May 1959).

11.2 Centre d'Information de l'Industrie Cimentière Belge, Le béton et le gel, *Bull. No. 61 to 64* (Sept. to Dec. 1957).

11.3 G. Moller, Tests of resistance of concrete to early frost action, *RILEM Symposium on Winter Concreting* (Copenhagen, 1956).

11.4 T. C. Powers, Resistance to weathering – freezing and thawing, *ASTM Sp. Tech. Publ. No. 169*, pp. 182–7 (1956).

11.5 T. C. Powers, What resulted from basic research studies, *Influence of Cement Characteristics on the Frost Resistance of Concrete*, pp. 28–43 (Chicago, Portland Cement Assoc., Nov. 1951).

11.6 R. A. Helmuth, Capillary size restrictions on ice formation in hardened portland cement pastes, *Proc. 4th Int. Symp. on the Chemistry of Cement*, Washington DC, pp. 855–69 (1960).

11.7 A. R. Collins, Discussion on: A working hypothesis for further studies of frost resistance of concrete by T. C. Powers, *J. Amer. Concr. Inst.*, **41**, (Supplement) pp. 272-12–14 (Nov. 1945).

11.8 T. C. Powers, Some observations on using theoretical research. *J. Amer. Concr. Inst.*, **43**, pp. 1089–94 (June 1947).

11.9 G. J. Verbeck, What was learned in the laboratory, *Influence of Cement Characteristics on the Frost Resistance of Concrete*, pp. 14–27 (Chicago, Portland Cement Assoc., Nov. 1951).

11.10 U.S. Bureau of Reclamation, Relationship of moisture content of aggregate to durability of the concrete, *Materials Laboratories Report No. C-513* (Denver, Colorado, 1950).

11.11 U.S. Bureau of Reclamation, Investigation into the effect of water/cement ratio on the freezing–thawing resistance of non-air and air-entrained concrete, *Concrete Laboratory Report No. C-810* (Denver, Colorado, 1955).

11.12 G. J. Verbeck and P. Klieger, Calorimeter-strain apparatus for study of freezing and thawing concrete, *Highw. Res. Bd Bull. No. 176*, pp. 9–12 (Washington DC, 1958).
11.13 G. J. Verbeck and P. Klieger, Studies of "salt" scaling of concrete, *Highw. Res. Bd Bull. No. 150*, pp. 1–13 (Washington DC, 1957).
11.14 P. Klieger, Further studies on the effect of entrained air on strength and durability of concrete with various sizes of aggregates, *Highw. Res. Bd Bull. No. 128*, pp. 1–19 (Washington DC, 1956).
11.15 T. C. Powers, Void spacing as a basis for producing air-entrained concrete, *J. Amer. Concr. Inst.*, **50**, pp. 741–60 (May 1954), and Discussion, pp. 760-6–15 (Dec. 1954).
11.16 U.S. Bureau of Reclamation, The air-void systems of Highway Research Board co-operative concretes, *Concrete Laboratory Report No. C-824* (Denver, Colorado, April 1956).
11.17 T. C. Powers and R. A. Helmuth, Theory of volume changes in hardened portland cement paste during freezing, *Proc. Highw. Res. Bd*, **32**, pp. 285–97 (Washington DC, 1953).
11.18 P. J. F. Wright, Entrained air in concrete, *Proc. Inst. Civ. Engrs.*, Part 1, **2**, No. 3, pp. 337–58 (London, May 1953).
11.19 L. S. Brown and C. U. Pierson, Linear traverse technique for measurement of air in hardened concrete, *J. Amer. Concr. Inst.*, **47**, pp. 117–23 (Oct. 1950).
11.20 T. C. Powers, Basic considerations pertaining to freezing and thawing tests, *Proc. ASTM*, **55**, pp. 1132–54 (1955).
11.21 Highway Research Board, Report on co-operative freezing and thawing tests of concrete, *Special Report No. 47* (Washington DC, 1959).
11.22 H. Woods, Observations on the resistance of concrete to freezing and thawing, *J. Amer. Concr. Inst.*, **51**, pp. 345–9 (Dec. 1954).
11.23 J. Vuorinen, On the use of dilation factor and degree of saturation in testing concrete for frost resistance, *Nordisk Betong*, No. 1, pp. 37–64 (1970).
11.24 M. A. Ward, A. M. Neville and S. P. Singh, Creep of air-entrained concrete, *Mag. Concr. Res.*, **21**, No. 69, pp. 205–10 (Dec. 1969).
11.25 D. Stark, Characteristics and utilization of coarse aggregates associated with D-cracking, *ASTM Sp. Tech. Publ. No. 597*, pp. 45–58 (1976).
11.26 C. MacInnis and J. D. Whiting, The frost resistance of concrete subjected to a deicing agent, *Cement and Concrete Research*, **9**, No. 3, pp. 325–35 (1979).
11.27 B. Mather, Tests of high-range water-reducing admixtures, in *Superplasticizers in Concrete*, ACI SP-62 pp. 157–66 (Detroit, Michigan, 1979).
11.28 R. D. Gaynor and J. I. Mullarky, Effects of mixing speed on air content, *NRMCA Technical Information Letter No. 312* (Silver Spring, Maryland, National Ready Mixed Concrete Assoc., Sept. 20, 1974).
11.29 H. Sommer, Ein neues Verfahren zur Erzielung der Frost-Tausalz-Beständigkeit des Betons, *Zement und Beton*, **22**, No. 4, pp. 124–9 (1977).
11.30 B. Mather, Concrete need not deteriorate, *Concrete International*, **1**, No. 9, pp. 32–7 (1979).
11.31 B. Mather, A discussion of the paper "Mechanism of the $CaCl_2$ attack on Portland cement concrete", by S. Chatterji, *Cement and Concrete Research*, **9**, No. 1, pp. 135–6 (1979).
11.32 L. H. Tuthill, Resistance to chemical attack, *ASTM Sp. Tech. Publ. No. 169B*, pp. 369–87 (1978).
11.33 R. D. Gaynor, Ready-mixed concrete, *ASTM Sp. Tech. Publ. No. 169B*, pp. 471–502 (1978).
11.34 M. Pigeon, La durabilité au gel du béton, *Materials and Structures*, **22**, No. 127, pp. 3–14 (1989).
11.35 M. Pigeon, P.-C. Aïtcin and P. Laplante, Comparative study of the air-void stability in a normal and a condensed silica fume field concrete, *ACI Materials Journal*, **84**, No. 3, pp. 194–9 (1987).

11.36　R. C. Philleo, *Freezing and Thawing Resistance of High Strength Concrete*, Report 129, Transportation Research Board, National Research Council, 31 pp. (Washington DC, 1986).
11.37　A. Neville, Chloride attack of reinforced concrete – an overview, *Materials and Structures*, **28**, No. 176, pp. 63–70 (1995).
11.38　J. T. Hoarty, Improved air-entraining agents for use in concretes containing pulverised fuel ashes, in *Admixtures for Concrete: Improvement of Properties*, Proc. ASTM Int. Symposium, Barcelona, Spain, Ed. E. Vázquez, pp. 449–59 (London, Chapman and Hall, 1990).
11.39　R. J. Detwiler, K. O. Kjellsen and O. E. Gjørv, Resistance to chloride intrusion of concrete cured at different temperatures, *ACI Materials Journal*, **88**, No. 1, pp. 19–24 (1991).
11.40　D. W. Pfeifer, W. F. Perenchio and W. G. Hime, A critique of the ACI 318 chloride limits, *PCI Journal*, **37**, No. 5, pp. 68–71 (1992).
11.41　H. R. Samaha and K. C. Hover, Influence of microcracking on the mass transport properties of concrete, *ACI Materials Journal*, **89**, No. 4, pp. 416–24 (1992).
11.42　G. Fagerlund, Air-pore instability and its effect on the concrete properties, *Nordic Concrete Research*, No. 9, pp. 39–52 (Oslo, Dec. 1990).
11.43　M. A. Ali, *A Review of Swedish Concreting Practice*, Building Research Establishment Occasional Paper, 35 pp. (Watford, U.K., June 1992).
11.44　F. Saucier, M. Pigeon and G. Cameron, Air-void stability, Part V: temperature, general analysis and performance index, *ACI Materials Journal*, **88**, No. 1, pp. 25–36 (1991).
11.45　M. Pigeon and P. Plante, Study of cement paste microstructure around air voids: influence and distribution of soluble alkalis, *Cement and Concrete Research*, **20**, No. 5, pp. 803–14 (1990).
11.46　K. Okkenhaug and O. E. Gjørv, Effect of delayed addition of air-entraining admixtures to concrete, *Concrete International*, **14**, No. 10, pp. 37–41 (1992).
11.47　W. F. Perenchio, V. Kress and D. Breitfeller, Frost lenses? Sure. But in concrete?, *Concrete International*, **12**, No. 4, pp. 51–3 (1990).
11.48　D. Whiting, Air contents and air-void characteristics in low-slump dense concretes, *ACI Journal*, **82**, No. 5, pp. 716–23 (1985).
11.49　G. G. Litvan, Further study of particulate admixtures for enhanced freeze–thaw resistance of concrete, *ACI Journal*, **82**, No. 5, pp. 724–30 (1985).
11.50　O. E. Gjørv et al., Frost resistance and air-void characteristics in hardened concrete, *Nordic Concrete Research*, No. 7, pp. 89–104 (Oslo, Dec. 1988).
11.51　P.-C. Aïtcin, C. Jolicoeur and J. G. MacGregor, Superplasticizers: how they work and why they sometimes don't, *Concrete International*, **16**, No. 5, pp. 45–52 (1994).
11.52　E.-H. Ranisch and F. S. Rost3sy, Salt-scaling resistance of concrete with air-entrainment and superplasticizing admixtures. in *Durability of Concrete: Aspects of Admixtures and Industrial By-Products, Proc. 2nd International Seminar*, D9 : 1989, pp. 170–8 (Stockholm, Swedish Council for Building Research, 1989).
11.53　C. Ozyildirim and M. M. Sprinkel, Durability of concrete containing hollow plastic microspheres, *ACI Journal*, **79**, No. 4, pp. 307–11 (1982).
11.54　J. Yingling, G. M. Mullins and R. D. Gaynor, Loss of air content in pumped concrete, *Concrete International*, **14**, No. 10, pp. 57–61 (1992).
11.55　D. Whiting, G. W. Seegebrecht and S. Tayabji, Effect of degree of consolidation on some important properties of concrete, in *Consolidation of Concrete*, ACI SP-96, pp. 125–60 (Detroit, Michigan, 1987).
11.56　ACI 318–95, Building code requirements for structural concrete, *ACI Manual of Concrete Practice, Part 3: Use of Concrete in Building–Design, Specifications, and Related Topics*, 345 pp. (Detroit, Michigan, 1996).

11.57 F. Saucier, M. Pigeon and P. Plante, Air-void stability, Part III: field tests of superplasticized concretes, *ACI Materials Journal*, **87**, No. 1, pp. 3–11 (1990).

11.58 G. Fagerlund, Effect of the freezing rate on the frost resistance of concrete, *Nordic Concrete Research*, No. 11, pp. 20–36 (Oslo, Feb. 1992).

11.59 M. Pigeon, J. Prévost and J.-M. Simard, Freeze–thaw durability versus freezing rate, *ACI Journal*, **82**, No. 5, pp. 684–92 (1985).

11.60 C. Foy, M. Pigeon and M. Banthia, Freeze–thaw durability and deicer salt scaling resistance of a 0.25 water–cement ratio concrete, *Cement and Concrete Research*, **18**, No. 4, pp. 604–14 (1988).

11.61 R. Gagné, M. Pigeon and P.-C. Aïtcin, Deicer salt scaling resistance of high strength concretes made with different cements, in *Durability of Concrete*, Vol. 1, ACI SP-126, pp. 185–99 (Detroit, Michigan, 1991).

11.62 S. E. Hussain and Rasheeduzzafar, Effect of temperature on pore solution composition in plain concrete, *Cement and Concrete Research*, **23**, No. 6, pp. 1357–68 (1993).

11.63 G. J. Verbeck, Mechanisms of corrosion in concrete, in *Corrosion of Metals in Concrete*, ACI SP-49, pp. 21–38 (Detroit, Michigan, 1975).

11.64 P. Lambert, C. L. Page and P. R. W. Vassie, Investigations of reinforcement corrosion. 2. Electrochemical monitoring of steel in chloride-contaminated concrete, *Materials and Structures*, **24**, No. 143, pp. 351–8 (1991).

11.65 J. Tritthart, K. Pettersson and B. Sorensen, Electrochemical removal of chloride from hardened cement paste, *Cement and Concrete Research*, **23**, No. 5, pp. 1095–104 (1993).

11.66 J. Tritthart, Concrete binding in cement. II. The influence of the hydroxide con- centration in the pore solution of hardened cement paste on chloride binding, *Cement and Concrete Research*, **19**, No. 5, pp. 683–91 (1989).

11.67 M.-J. Al-Hussaini *et al.*, The effect of chloride ion source on the free chloride ion percentages of OPC mortars, *Cement and Concrete Research*, **20**, No. 5, pp. 739–45 (1990).

11.68 L. Tang and L.-O. Nilsson, Chloride binding capacity and binding isotherms of OPC pastes and mortars, *Cement and Concrete Research*, **23**, No. 2, pp. 247–53 (1993).

11.69 Rasheeduzzafar, A. S. Al-Gahtani and S. S. Al-Saadoun, Influence of construction practices on concrete durability, *ACI Materials Journal*, **86**, No. 6, pp. 566–75 (1989).

11.70 O. S. B. Al-Amoudi *et al.*, Prediction of long-term corrosion resistance of plain and blended cement concretes, *ACI Materials Journal*, **90**, No. 6, pp. 564–71 (1993).

11.71 S. Nagataki *et al.*, Condensation of chloride ion in hardened cement matrix materials and on embedded steel bars, *ACI Materials Journal*, **90**, No. 4, pp. 323–32 (1993).

11.72 N. S. Berke, Corrosion inhibitors in concrete, *Concrete International*, **13**, No. 7, pp. 24–7 (1991).

11.73 C. K. Nmai, S. A. Farrington and S. Bobrowski, Organic-based corrosion- inhibiting admixture for reinforced concrete, *Concrete International*, **14**, No. 4, pp. 45–51 (1992).

11.74 C. Alonso and C. Andrade, Effect of nitrite as a corrosion inhibitor in contaminated and chloride-free carbonated mortars, *ACI Materials Journal*, **87**, No. 2, pp. 130–7 (1990).

11.75 T. Nireki and H. Kabeya, Monitoring and analysis of seawater salt content, *4th Int. Conf. on Durability of Building Materials and Structures*, Singapore, pp. 531–6 (4–6 Nov. 1987).

11.76 W. H. Harrison, Effect of chloride in mix ingredients on sulphate resistance of concrete, *Mag. Concr. Res.*, **42**, No. 152, pp. 113–26 (1990).

11.77 G. Cochet and B. Jésus, Diffusion of chloride ions in Portland cement–filler mortars, *Int. Conf. on Blended Cements in Construction*, Sheffield UK, pp. 365–76 (Oxford, Elsevier Science, 1991).

11.78 A. J. Al-Tayyib *et al.*, Corrosion behavior of pre-rusted rebars after placement in concrete, *Cement and Concrete Research*, **20**, No. 6, pp. 955–60 (1990).

Capítulo 11 Efeitos do gelo e degelo e de cloretos 603

11.79 B. Mather, Calcium chloride in Type V-cement concrete, in *Durability of Concrete*, ACI SP-131, pp. 169–76 (Detroit, Michigan, 1992).
11.80 D. W. S. Ho and R. K. Lewis, The specification of concrete for reinforcement protection – performance criteria and compliance by strength, *Cement and Concrete Research*, **18**, No. 4, pp. 584–94 (1988).
11.81 S. Goñi, C. Andrade and C. L. Page, Corrosion behaviour of steel in high alumina cement mortar samples: effect of chloride, *Cement and Concrete Research*, **21**, No. 4, pp. 635–46 (1991).
11.82 ACI 222R-89, Corrosion of metals in concrete, *ACI Manual of Concrete Practice Part 1: Materials and General Properties of Concrete*, 30 pp. (Detroit, Michigan, 1994).
11.83 A. Lammke, Chloride-absorption from concrete surfaces, in *Evaluation and Repair of Fire Damage to Concrete*, ACI SP-92, pp. 197–209 (Detroit, Michigan, 1986).
11.84 Strategic Highway Research Program, SHRP-S-347, *Chloride Removal Implementation Guide*, National Research Council, 45 pp. (Washington DC, 1993).
11.85 G. K. Glass, C. L. Page and N. R. Short, Factors affecting the corrosion rate of steel in carbonated mortars, *Corrosion Science*, **32**, No. 12, pp. 1283–94 (1991).
11.86 Strategic Highway Research Program SHRP-C-365, *Mechanical Behavior of High Performance Concretes*, Vol. 5, National Research Council, 101 pp. (Washington DC, 1993).
11.87 W. E. Ellis Jr., E. H. Rigg and W. B. Butler, Comparative results of utilization of fly ash, silica fume and GGBFS in reducing the chloride permeability of concrete, in *Durability of Concrete*, ACI SP-126, pp. 443–58 (Detroit, Michigan, 1991).
11.88 G. C. Hoff, Durability of offshore and marine concrete structures, in *Durability of Concrete*, ACI SP-126, pp. 33–53 (Detroit, Michigan, 1991).
11.89 STUVO, *Concrete in Hot Countries*, Report of STUVO, Dutch member group of FIP, 68 pp. (The Netherlands, 1986).
11.90 P. Schiessl and N. Raupach, Influence of blending agents on the rate of corrosion of steel in concrete, in *Durability of Concrete: Aspects of Admixtures and Industrial By-products*, 2nd International Seminar, Swedish Council for Building Research, pp. 205–14 (June 1989).
11.91 R. F. M. Bakker, Initiation period, in *Corrosion of Steel in Concrete*, Ed. P. Schiessl, RILEM Report of Technical Committee 60-CSC, pp. 22–55 (London, Chapman and Hall, 1988).
11.92 ACI 201.2R-92, Guide to durable concrete, *ACI Manual of Concrete Practice, Part 1: Materials and General Properties of Concrete*, 41 pp. (Detroit, Michigan, 1994).
11.93 Y. P. Virmani, Cost effective rigid concrete construction and rehabilitation in adverse environments, *Annual Progress Report, Year Ending Sept. 30, 1982*, U.S. Federal Highway Administration, 68 pp. (1982).
11.94 ACI 212.3R-91, Chemical admixtures for concrete, *ACI Manual of Concrete Practice, Part 1: Materials and General Properties of Concrete*, 31 pp. (Detroit, Michigan, 1994).
11.95 R. D. Gaynor, Ready-mixed concrete, in *Significance of Tests and Properties of Concrete and Concrete-making Materials*, Eds P. Klieger and J. F. Lamond, *ASTM Sp. Tech. Publ. No. 169C*, pp. 511–21 (Philadelphia, Pa, 1994).
11.96 P. P. Hudec, C. MacInnis and M. Moukwa, Microclimate of concrete barrier walls: temperature, moisture and salt content, *Cement and Concrete Research*, **16**, No. 5, pp. 615–23 (1986).
11.97 O. E. Gjørv, K. Tan and M.-H. Khang, Diffusivity of chlorides from seawater into high-strength lightweight concrete, *ACI Materials Journal*, **91**, No. 5, pp. 447–52 (1994).
11.98 K. Byfors, Influence of silica fume and flyash on chloride diffusion and pH values in cement paste, *Cement and Concrete Research*, **17**, No. 1, pp. 115–30 (1987).

11.99 P. W. Keene, Some tests on the durability of concrete mixes of similar compressive strength, *Cement Concr. Assoc. Tech. Rep. TRA/330* (London, Jan. 1960).

11.100 E. Siebel, Air-void characteristics and freezing and thawing resistance of super- plasticized and air-entrained concrete with high workability, in *Superplasticizers and Other Chemical Admixtures in Concrete*, Proc. 3rd International Conference, Ottawa, Ed. V. M. Malhotra, ACI SP-119, pp. 297–320 (Detroit, Michigan, 1989).

12

Ensaios em concreto endurecido

Foi visto que as propriedades do concreto são uma função do tempo e da umidade do ambiente, razão pela qual os ensaios em concreto devem ser realizados sob condições especificadas ou conhecidas para que os resultados sejam válidos. Diferentes métodos e técnicas de ensaio são utilizados em diferentes países – algumas vezes, até no mesmo país. Como vários desses ensaios são utilizados em trabalhos de laboratório, especialmente em pesquisa, é importante o conhecimento da influência dos métodos de ensaio na propriedade *determinada*. Obviamente, é essencial distinguir os efeitos nas condições de ensaio das diferenças intrínsecas dos concretos em análise.

Os ensaios podem ser realizados para diferentes fins, mas os dois objetivos principais são o controle de qualidade e a conformidade às especificações. Ensaios adicionais podem ser feitos para fins especiais, como, por exemplo, ensaios de resistência à compressão para determinar a resistência do concreto para a aplicação de protensão ou o prazo para a retirada de fôrmas e escoramentos. Deve ser lembrado que os ensaios não são um fim em si mesmo, pois, em muitos casos práticos, eles não possibilitam uma interpretação clara, de modo que, a fim de o resultado ser de valor efetivo, os ensaios devem ser sempre utilizados com o apoio da experiência. Apesar disso, em razão de os ensaios serem, em geral, realizados para fins de comparação com um valor especificado ou outro valor de interesse, qualquer afastamento dos procedimentos normalizados é indesejável, já que pode levar a controvérsias ou confusão.

Os ensaios podem ser classificados, de forma geral, em ensaios mecânicos destrutivos e em ensaios não destrutivos, que possibilitam a repetição de ensaios no mesmo corpo de prova, permitindo o estudo das alterações das propriedades com o tempo. Ensaios não destrutivos também propiciam a realização de verificações do concreto em estruturas existentes.

Ensaios de resistência à compressão

O ensaio mais comum de todos os realizados no concreto endurecido é o ensaio de resistência à compressão, em parte devido a ele ser de fácil realização, em parte devido a várias, senão todas, características desejáveis do concreto estarem qualitativamente relacionadas à sua resistência, mas, principalmente, devido à importância intrínseca da resistência à compressão do concreto no projeto estrutural. Embora invariavelmente utilizado em construções, o ensaio de resistência à compressão possui algumas desvantagens, mas isso se tornou, como se diz em francês,[12.80] parte da *bagage culturel* do engenheiro.

Os resultados dos ensaios de resistência podem ser afetados por variações do tipo e das dimensões do corpo de prova, pelo tipo de molde, pela cura, pelo preparo das superfícies, pela rigidez da máquina de ensaio e pela velocidade de aplicação do carregamento. Por essas razões, o ensaio deve obedecer a uma norma única, sem alterações nos procedimentos prescritos.

Os ensaios de resistência à compressão em corpos de prova tratados conforme um procedimento normalizado que inclua adensamento e cura úmida por um período de tempo especificado fornece resultados que mostram a qualidade *potencial* do concreto. Naturalmente, o concreto na estrutura pode, na realidade, ser inferior – por exemplo, devido a adensamento inadequado, segregação ou cura mal realizada. Esses efeitos são importantes se o objetivo é determinar quando as fôrmas e os escoramentos podem ser removidos, quando a execução da estrutura pode ser continuada ou quando a estrutura pode ser posta em serviço. Para esses fins, os corpos de prova são curados em condições o mais próximas possível das existentes na estrutura real. Mesmo assim, os efeitos da temperatura e da umidade podem não ser os mesmos no corpo de prova, como, por exemplo, em massas de concreto relativamente grandes. A idade de ensaio dos corpos de prova para a verificação das condições em *serviço* é determinada pela informação desejada. Por outro lado, os corpos de prova *padrão* são ensaiados em idades estabelecidas, normalmente, aos 28 dias, com ensaios adicionais, em geral, aos três e aos sete dias. São utilizados dois tipos de corpos de prova para o ensaio à compressão: cúbicos e cilíndricos. Os cubos são usados na Grã-Bretanha, na Alemanha e em vários outros países europeus. Os cilindros são adotados nos Estados Unidos, na França, no Canadá, na Austrália e na Nova Zelândia. Na Escandinávia, são empregados os dois tipos de corpos de prova. A utilização de um ou outro tipo de corpo de prova em alguns países está tão estabelecida, que a norma europeia BS EN 206:1996 permite o uso de ambos. De fato, as normas europeias adotam os dois tipos de resistência.*

Ensaios em corpos de prova cúbicos

Os corpos de prova são moldados em moldes resistentes de aço ou ferro fundido, em geral com 150 mm de aresta. Os moldes devem atender a rígidas tolerâncias em relação à forma, às dimensões e à planicidade. O molde e sua base são acoplados durante a moldagem, para prevenir o vazamento de argamassa. Antes da montagem, suas superfícies de contato devem ser protegidas por uma camada de óleo mineral. As superfícies internas do molde devem ser untadas com um óleo similar, a fim de prevenir a aderência entre o molde e o concreto.

O procedimento normalizado pela BS EN 12390-1:2000 é preencher o molde em uma ou mais camadas, com cada camada sendo adensada com a utilização de um vibrador de imersão, de uma mesa vibratória ou de uma haste metálica de seção quadrada. Isso deve ser realizado até a obtenção do adensamento pleno, sem a ocorrência de segregação ou de nata, tendo em vista ser essencial que o concreto do corpo de prova

---

* N. de R.T.: A NBR 5739:2007 estabelece a utilização de corpos de prova cilíndricos para a determinação da resistência à compressão.

seja bem adensado para representar as propriedades de um concreto nessa mesma condição. Por outro lado, caso o objetivo do ensaio seja a verificação das propriedades do concreto como *lançado*, o grau de adensamento do concreto no corpo de prova deve ser similar ao do concreto da estrutura. Desse modo, no caso de elementos de concreto pré--moldados adensados em mesas vibratórias, os adensamentos dos corpos de prova e do elemento podem ser realizados simultaneamente, entretanto, as disparidades entre as duas massas tornam a obtenção do mesmo grau de adensamento extremamente difícil, portanto, esse método não é recomendado.

Conforme a BS EN 12390-2:2009, após o acabamento da superfície superior do corpo de prova ter sido realizado com uma desempenadeira, ele é armazenado, de forma estável, por um período de 16 a 72 horas a uma temperatura de 20 ± 5 °C e em uma umidade relativa que evita a perda de água. Ao término desse período, o molde é aberto e o cubo é, então, curado em água ou em uma câmara com umidade relativa mínima de 95% e com temperatura de 20 ± 2 °C.

No ensaio de resistência à compressão, o corpo de prova, ainda úmido, é posicionado com as faces que estavam em contato com o molde voltadas para os pratos da máquina de ensaio, ou seja, os cubos são ensaiados em um ângulo reto em relação à posição de moldagem. Conforme a BS 1881-116:1983 (cancelada), o carregamento deve ser aplicado ao corpo de prova a uma velocidade constante entre 0,2 e 0,4 MPa/s. A ASTM C 39-09a estabelece uma velocidade de 0,25 ± 0,05 MPa/s. Devido à relação tensão-deformação do concreto em tensões elevadas não ser linear, a velocidade de aumento da deformação deve ser aumentada progressivamente com a aproximação da ruptura, ou seja, a velocidade do movimento do prato da prensa deve ser aumentada. Os requisitos para as máquinas de ensaio são discutidos na página 632.

A partir da discussão anterior, pode ser visto que não existe uma relação singular entre as resistências obtidas em cubos e em cilindros produzidos a partir do mesmo concreto. E, ainda, a legislação europeia – que possibilitou que uma empreiteira de qualquer país da União Europeia participasse de concorrências e construísse estruturas de concreto em qualquer país – torna altamente interessante descrever a resistência do concreto de uma maneira que permita a construção de um modo inequívoco. Em virtude disso, as normas europeias optaram por considerar que a resistência obtida em corpos de prova cúbicos é 5/4 da resistência dos resultados obtidos em corpos de prova cilíndricos e que, portanto, todas as misturas devem descrever a resistência de forma dupla – por exemplo, 40/32, significando que a resistência de 40 MPa no cubo é equivalente à resistência de 32 MPa no cilindro. Entretanto, em concretos com agregados leves, a relação é muito maior.[12.150]

A resistência à compressão é determinada com aproximação de 0,5 MPa; uma precisão maior, em geral, é somente aparente.

Ensaios em corpos de prova cilíndricos

O cilindro padrão possui 150 mm de diâmetro e 300 mm de altura, mas, na França, as dimensões são 159,6 × 320 mm. Este diâmetro resulta em uma seção transversal com área de 20.000 mm^2. Os corpos de prova são moldados em um molde feito, em geral, de aço ou de ferro fundido, montado sobre uma base removível. Os moldes cilíndricos são normalizados pela ASTM C 470-09, que admite também a utilização de moldes, para uma única utilização, produzidos com plástico, chapas metálicas ou papelão tratado.

Os detalhes dos moldes parecem triviais, mas moldes não padronizados podem levar a resultados errôneos. Por exemplo, caso um molde possua baixa rigidez, parte da energia de compactação é dissipada, resultando em menor resistência. Por outro lado, caso o molde deixe vazar água da mistura, a resistência do concreto será maior. A reutilização excessiva de moldes projetados para uso único ou para reutilizações limitadas causa deformações nos moldes e uma diminuição aparente da resistência.[12.55]

O método de moldagem de corpos de prova cilíndricos é prescrito pela BS EN 12390-2:2009 e pela ASTM C 192-07. O procedimento é similar ao adotado para os corpos de prova cúbicos, mas existem diferenças entre detalhes das normas britânica e americana.

O ensaio do corpo de prova cilíndrico requer que as superfícies planas do cilindro estejam em contato com o prato da máquina de ensaio. Essa superfície, quando rasada com uma colher de pedreiro ou uma desempenadeira, não é suficientemente lisa para o ensaio e necessita de preparação adicional – o que é uma desvantagem desse tipo de corpo de prova para o ensaio de resistência à compressão. O preparo das bases dos cilindros pelo capeamento será analisado adiante, mas, ainda que os corpos de prova sejam capeados, a ASTM C 192-07 e a C 31-09 não admitem depressões ou protuberâncias maiores do que 3 mm, pois elas podem resultar em bolsas de ar.*[,12.55]

Ensaios em cubos equivalentes

Em certas situações, a resistência à compressão do concreto é determinada com a utilização de partes de um prisma ensaiado à flexão. As extremidades desse prisma ficam intactas após a ruptura por flexão, e, devido ao prisma ter, em geral, seção quadrada, um cubo "equivalente" ou "modificado" pode ser obtido pela aplicação da carga com o uso de placas de aço quadradas de mesma dimensão que a seção transversal do prisma. É importante que as duas placas sejam cuidadosamente posicionadas na posição vertical, uma em relação à outra. A Figura 12.1 mostra um gabarito para o posicionamento das placas. O corpo de prova deve ser posicionado de modo que a superfície superior de moldagem do prisma não esteja em contato com as placas.

O ensaio é normalizado pela BS 1881-119:1983 e pela ASTM C 166-90, que, atualmente, está cancelada e que admitia o uso de prismas de seção transversal retangular.

A resistência do cubo modificado é aproximadamente igual à resistência do cubo padrão de mesma dimensão, sendo que, na realidade, a restrição das partes em balanço

---

* N. de R.T.: A NBR 5738:2015 normaliza os procedimentos para a moldagem e para a cura de corpos de prova cilíndricos e prismáticos de concreto. Os ensaios de resistência à compressão são realizados em corpos de prova cilíndricos com diâmetro de 100 a 450 mm, com a altura sendo o dobro do diâmetro e a variação de dimensão sendo uma função da dimensão máxima do agregado graúdo (no mínimo, três vezes a dimensão nominal máxima do agregado graúdo). O adensamento dos corpos de prova varia com o abatimento do concreto, podendo ser mecânico ou manual. O número de camadas de moldagem varia conforme a dimensão e o tipo de adensamento. Os moldes devem ser de aço ou de outro material não absorvente e devem manter sua forma durante a moldagem. Após a moldagem, os corpos de prova são mantidos protegidos das intempéries, pelo menos, durante as primeiras 24 horas e, após essa cura inicial, devem ser submetidos a processos de cura conforme o objetivo do ensaio. Antes do ensaio, as bases devem ser preparadas, e é admitido o capeamento ou a retificação. O ensaio de resistência à compressão é realizado com a aplicação de um carregamento a velocidade constante de 0,45 ± 0,15 MPa/s.

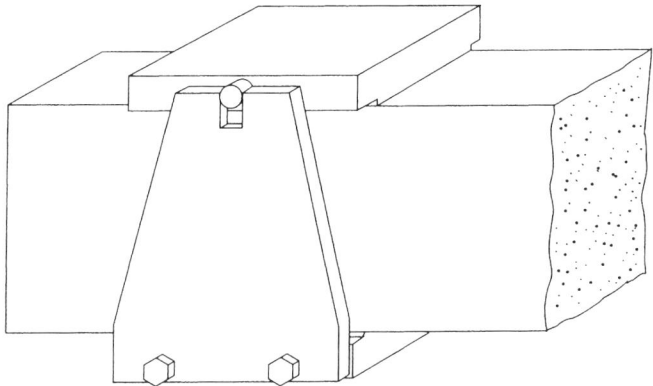

Figura 12.1 Gabarito para ensaios em cubos equivalentes.

do "cubo" pode ocasionar um ligeiro aumento da resistência final,[12.4] de forma que é sensato considerar que a resistência do cubo modificado seja, em média, 5% mais alta do que a obtida em cubos moldados de mesma dimensão.

Efeitos das condições das bases do corpo de prova e do capeamento

Quando ensaiadas à compressão, as bases dos corpos de prova cilíndricos são colocadas em contato com os pratos da máquina de ensaio e, como essas superfícies não são obtidas por moldagem em contato com uma superfície usinada, mas acabada por uma desempenadeira,* a superfície das bases é um tanto rugosa e não é perfeitamente plana. Nessas circunstâncias, geram-se concentrações de tensões, que resultam em diminuição da resistência aparente do concreto. As superfícies convexas causam maior redução da resistência do que as côncavas, já que, geralmente, levam a uma maior concentração de tensões. A redução da resistência medida é significativamente elevada em concretos de alta resistência.[12.5]

Para evitar essa redução na resistência, é essencial que as superfícies das bases sejam planas. A ASTM C 617-09a estabelece que o desvio de planicidade das superfícies de um cilindro seja, no máximo, de 0,05 mm – quando determinado pelo uso de uma régua e de um calibrador de folga – e que o desvio em relação à perpendicular do eixo do cilindro seja inferior a 0,5°. Um método para avaliar os corpos de prova cilíndricos em relação à planicidade e à perpendicularidade dos lados é prescrito no *U.S. Army Corps Engineers Handbook for Concrete and Cement*.[12.81] Embora os procedimentos não sejam exageradamente complexos, sua aplicação mais provável é em trabalhos de pesquisa. A ASTM C 39-09a estabelece limites para a planicidade dos pratos da máquina de ensaio.

---

* N. de R.T.: A NBR 5738:2015 cita que a operação de acabamento, denominada rasamento, deve ser realizada após o adensamento da última camada, com uma régua metálica ou uma colher de pedreiro.

Além da ausência de protuberâncias, as superfícies de contato devem estar isentas de grãos de areia ou de outros detritos (de ensaios anteriores) que possam resultar em ruptura prematura ou, em casos extremos, em fendimento brusco.

Existem três modos possíveis de resolver os malefícios de uma superfície irregular do corpo de prova: capeamento, retificação e utilização de um material como um aparelho de apoio ou um calço.

Este último modo não é recomendado, devido a resultar em uma apreciável diminuição da resistência média aparente do concreto, em comparação aos corpos de prova capeados ou até mesmo com um bom acabamento durante o rasamento na moldagem (ver Figura 12.6). Ao mesmo tempo, a dispersão dos resultados de resistência é significativamente reduzida, devido à eliminação da influência dos defeitos na planicidade (responsável por grande variação na resistência).

A redução da resistência gerada pelo uso de um calço, normalmente uma placa de madeira aglomerada (tipo *softboard*), de papelão ou de chumbo, decorre das deformações transversais induzidas no corpo de prova pelo efeito do coeficiente de Poisson no material do calço. Como o coeficiente de Poisson desses materiais é, em geral, mais alto do que o do concreto, ocorre a ruptura por fendimento do corpo de prova. Esse efeito é similar, embora normalmente maior, ao da lubrificação das bases do corpo de prova para a eliminação da restrição devida ao atrito entre o corpo de prova e os pratos da prensa na deformação transversal do corpo de prova. Verificou-se que essa lubrificação reduz a resistência do corpo de prova.

O capeamento com um material adequado não afeta negativamente a resistência obtida e reduz sua dispersão, em comparação com corpos de prova não capeados. Um material ideal para o capeamento deve possuir resistência e propriedades elásticas similares às do concreto do corpo de prova. Dessa forma, não há tendência ao fendimento e é obtida uma distribuição razoavelmente uniforme de tensões sobre a seção transversal do corpo de prova.

O procedimento de capeamento pode ser realizado tanto imediatamente antes do ensaio quanto logo após a moldagem do corpo de prova. Diferentes materiais são utilizados nos dois casos, mas, qualquer que seja o material de capeamento, é essencial que a espessura do capeamento seja pequena, preferencialmente entre 1,5 e 3 mm. O material não deve ter resistência inferior à do concreto do corpo de prova; entretanto, a resistência do capeamento é influenciada por sua espessura. Uma diferença muito grande entre as resistências também deve ser evitada, pois um capeamento com resistência muito elevada pode gerar uma grande restrição transversal e, então, resultar em um aparente aumento da resistência. A influência do material de capeamento na resistência pode ser muito maior nos casos de concretos de alta e média resistência do que em concretos de baixa resistência.[12.6, 12.82] Neste último caso, o coeficiente de Poisson do material de capeamento não exerce influência. A utilização de capeamento de alta resistência em um concreto de 48 MPa resultou em resistências entre 7 e 11% maiores do que quando capeamento de baixa resistência foi utilizado. Essas diferenças são menores quando a espessura do capeamento é muito pequena.[12.82]

Os procedimentos de capeamento são prescritos pela ASTM C 617-09a. Quando o capeamento é realizado logo após a moldagem, utiliza-se pasta de cimento Portland. De preferência, a aplicação deve ser realizada entre duas e quatro horas após a moldagem, para permitir a retração plástica do concreto e o resultante assentamento da superfície do material do corpo de prova. É adequado que a superfície acabada do concreto original esteja entre 1,5 e 3 mm abaixo da altura do molde, de modo que, durante o capeamento, esse espaço seja preenchido com uma pasta de cimento rígida. Após a retração parcial da pasta, com a utilização de uma placa de vidro ou metálica lisa, obtém-se uma superfície plana. É necessária experiência para a execução bem-sucedida desse procedimento e, em especial, para a obtenção de uma separação completa entre a pasta de cimento e a placa. Para isso, pode ser interessante a lubrificação da placa com uma mistura de óleo e parafina$^{12.7}$ ou uma fina camada de graxa grafitada.$^{12.6}$ Após o capeamento, deve ser dada continuidade à cura úmida.

O método alternativo é o capeamento do corpo de prova cilíndrico um pouco antes do ensaio, sendo que a antecedência depende das propriedades de endurecimento do material de capeamento. O capeamento deve ter entre 3 e 8 mm de espessura e possuir boa aderência ao concreto. Os materiais adequados para o capeamento são o gesso de alta resistência e a argamassa de enxofre fundido, mas o cimento de pega regulada também tem sido utilizado.$^{12.82}$

A argamassa de enxofre é feita de enxofre e de um material granular, como argila refratária moída. A mistura é aplicada em estado de fusão e deixada para endurecer em um capeador, a fim de garantir a planicidade e a perpendicularidade da superfície da base ao eixo longitudinal do corpo de prova. É necessário o uso de uma capela de exaustão devido à produção de gases tóxicos. A argamassa de enxofre dos corpos de prova já ensaiados pode ser reutilizada até cinco vezes, mas deve ser tomado cuidado na seleção e no uso da argamassa de enxofre, pois a resistência dos corpos de prova pode ser significativamente afetada.$^{12.53}$ A cura úmida deve ser retomada após o capeamento.

Uma alternativa ao capeamento é a retificação (por abrasão com carbeto de silício) das bases do corpo de prova até que elas se tornem planas e perpendiculares. Esse método produz resultados bastante satisfatórios, mas é um tanto dispendioso. Tem sido sugerido que a retificação resulta em maior resistência do que o capeamento, já que, não ocorre nenhuma redução de resistência associada ao capeamento.$^{12.84}$ Dessa forma, os corpos de prova retificados possuem a mesma resistência dos corpos de prova com superfícies moldadas "perfeitamente".*

Capeamentos não aderentes

Embora o capeamento com argamassa de enxofre seja satisfatório para concretos com resistências de até aproximadamente 100 MPa, o procedimento é monótono e potencialmente perigoso. Por essas razões, várias tentativas de desenvolver processos de capeamento não aderentes têm sido feitas. Eles consistem em uma almofada de elastômero

---

* N. de R.T.: A NBR 5738:2015 estabelece os procedimentos de preparo das bases dos corpos de prova cilíndricos. Podem ser adotados dois procedimentos: retificação e capeamento. O primeiro processo deve ser realizado com o uso de ferramentas abrasivas e de equipamento adaptado para esse fim. Após a retificação, não devem existir falhas de planicidade prejudiciais à resistência do concreto. O capeamento é realizado com um dispositivo auxiliar (capeador), e a espessura máxima de capeamento de cada base deve ser inferior a 3 mm. Não há especificação do material a ser utilizado, sendo citadas características que devem ser atendidas: aderência ao corpo de prova, compatibilidade química com o concreto, fluidez no momento da aplicação, acabamento liso e plano após o endurecimento e resistência compatível com a do concreto.

inserida em uma base metálica para restrição, conforme mostrado na Figura 12.2. As almofadas de neoprene utilizadas com bases metálicas apresentaram resultados satisfatórios.[12.74] A almofada deve ser encaixada de modo fácil e sem folga na base, cujo diâmetro interno deve ser aproximadamente 6 mm maior do que o diâmetro do corpo de prova. É importante que o corpo de prova seja concêntrico com a base.

A utilização de capeamentos não aderentes de borracha é permitida na Austrália[12.75] e normalizada pela ASTM C 1231-10, e a expressão utilizada nos Estados Unidos é "não aderido" (*unbonded*).* Verificou-se que as almofadas devem ser moldadas (e não estampadas), e que precisam ser utilizadas borrachas de diferentes durezas, em função da resistência do concreto.[12.75] Esse é um fator complicador caso a resistência do corpo de prova não possa ser prevista. Além disso, as placas de borracha não devem ser utilizadas com corpo de prova de baixa resistência – os valores de 20 Mpa[12.75] e 30 Mpa[12.73] têm sido citados como os limites, devido aos capeamentos não aderentes, em baixas resistências, resultarem em menores valores de resistência do que os obtidos com capeamento convencional com enxofre.

O uso de capeamento não aderente tem sido limitado em outros países, ou seja, uma comparação confiável entre resistências obtidas com a utilização desse procedimento e valores de resistência de capeamento com enxofre não está disponível. Entretanto, mesmo havendo uma pequena diferença sistemática na resistência em comparação à resistência de corpos de prova capeados com enxofre, ela não é importante, pois cada método de capeamento produz uma influência sistemática na resistência registrada, de modo que não existe uma resistência "real" do concreto. O importante é que um único método seja utilizado em determinado projeto ou obra.

A variabilidade dos resultados dos ensaios em corpos de prova com capeamento não aderente é menor do que a obtida com capeamento padrão. Isso pode decorrer de um efeito benéfico do capeamento não aderente ao reduzir as consequências da rugosidade das bases dos corpos de prova.[12.72]

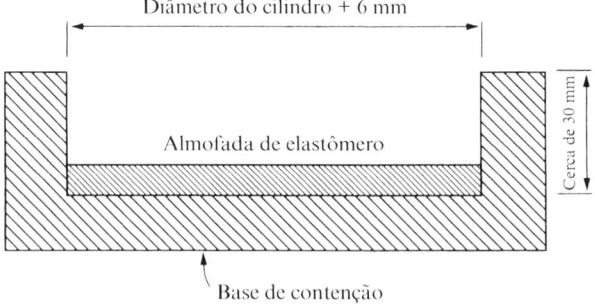

Figura 12.2 Vista em corte de um sistema de capeamento não aderente típico.

---

* N. de R.T.: Na opinião do autor, é preferível a expressão "não aderente" (*non-bonded*), já que a expressão americana pode induzir a interpretação de que o capeamento original aderido se descolou.

O capeamento de concreto de resistência muito elevada apresenta um problema especial, já que esse concreto possui resistência maior do que a argamassa de enxofre. Os capeamentos não aderentes também não são satisfatórios, pois as almofadas podem ser seriamente danificadas e até mesmo expulsas da base.[12.71] A retificação da base mostra excelentes resultados, mas é morosa e cara. Além do mais, deve ser garantida a alta qualidade da retificação, assim como do acabamento.

Para evitar a retificação, foi desenvolvido um sistema de capeamento com caixa de areia. A areia silicosa fina e seca é compactada em uma base, e o corpo de prova é posicionado sobre a areia. Em seguida, é lançada parafina derretida, com o objetivo de formar um selo que confine a areia e mantenha o corpo de prova centrado.[12.71] Concretos com resistências à compressão de até 120 MPa, utilizando caixa de areia, apresentaram coerência com as resistências obtidas em corpos de prova retificados.[12.71]

Para fins de pesquisa, a aplicação de uma tensão de compressão realmente uniforme pode ser útil. Isso tem sido obtido pela aplicação do carregamento por meio de uma esteira de finas tiras de borracha com espaços entre elas[12.12] ou por meio de uma escova de fios rígidos de aço.[12.56] Um "prato" de escova consiste em filamentos com seção transversal de aproximadamente 5 por 3 mm espaçados a cada 0,2 mm. Essa combinação possibilita a deformação transversal livre do concreto, desde que os filamentos não sofram flambagem. Com o uso de pratos de escova em cubos de 100 mm, foram obtidos resultados de resistência aproximados a 80% da resistência com pratos rígidos a uma velocidade constante de deformação (para concretos de resistência próxima a 45 MPa).[12.85]

Ensaios de resistência à compressão

Além de serem planas, as superfícies das bases dos corpos de prova devem ser normais a seu eixo, o que também garante que os planos das bases sejam paralelos entre si. É admitida uma pequena tolerância da inclinação do eixo do corpo de prova em relação ao eixo da máquina de ensaios, e foi constatado que uma diferença de até 6 mm em 300 mm não causa diminuição da resistência.[12.5] O corpo de prova deve ser posicionado na máquina de ensaio com seu eixo o mais próximo possível do eixo dos pratos, mas erros de até 6 mm não influenciam a resistência de corpos de prova de concretos de baixa resistência.[12.5] Entretanto, a BS 1881-115:1986 (cancelada) estabelece exigências para o posicionamento preciso dos corpos de prova. Da mesma forma, uma pequena falta de paralelismo entre as bases do corpo de prova não influencia negativamente sua resistência, desde que a máquina de ensaio possua um dispositivo que possibilite o alinhamento livre com as bases do corpo de prova. A norma britânica vigente para máquinas de ensaio é a BS EN 12390-4:2000.*

O autoalinhamento é obtido pelo uso de uma articulação, do tipo rótula esférica, que age não somente quando os pratos entram em contato com o corpo de prova mas também quando o carregamento é aplicado. Neste estágio, partes do corpo de prova podem se deformar mais do que outras. Esse é o caso do corpo de prova cúbico, no

---

* N. de R.T.: A NBR 5739:2007, que normaliza os procedimentos de ensaio à compressão de corpos de prova cilíndricos, cita que as máquinas de ensaio utilizadas devem atender às exigências da NBR NM-ISO 7500-1:2004, versão corrigida 2004.

qual, devido à exsudação, as propriedades das diferentes camadas (conforme moldadas) podem não ser as mesmas. Na posição de ensaio, o cubo está em ângulo reto em relação à posição de moldagem, de modo que a parte mais fraca e a mais resistente (paralelas entre si) se situam entre os pratos. Sob carregamento, o concreto mais fraco, que possui menor módulo de elasticidade, se deforma mais. Com uma rótula esférica eficaz, o prato seguirá a deformação, de modo que a tensão em todo o cubo seja a mesma e a ruptura ocorra quando a tensão atingir a resistência da parte mais fraca do corpo de prova. Por outro lado, se o prato não mudar sua inclinação sob carga, ou seja, permanecer paralelo a si mesmo, a parte mais forte do cubo receberá uma carga maior. A parte mais fraca ainda romperá primeiro, mas a carga máxima no cubo somente será atingida quando a parte mais forte também atingir sua carga máxima. Dessa forma, a carga total do corpo de prova é maior do que quando o prato possui movimentação livre. Esse comportamento foi confirmado experimentalmente.[12.9]

Para tornar eficaz a rótula esférica da máquina de ensaio durante a aplicação da carga, deve ser utilizado um lubrificante altamente polar para reduzir o coeficiente de atrito até um valor de, no máximo, 0,04 (quando é usado um lubrificante grafitado, o valor obtido é 0,15).[12.10] A ASTM C 39-09a especifica o uso de óleo convencional de motor. Entretanto, não está claro se tornar possível a movimentação do prato resulta em valores de resistência mais representativos do concreto em análise. Existem indícios de que uma máquina de ensaio com um prato que não altera a inclinação durante o carregamento resulte em maior reprodutibilidade dos resultados quando cubos nominalmente semelhantes são ensaiados.[12.11] Por essa razão, a rótula não deve se movimentar durante o carregamento. Em todo caso, a resistência registrada é seriamente afetada pelo atrito na superfície de assentamento da rótula, de modo que, para que os ensaios sejam comparáveis, é essencial manter essa superfície em condições normalizadas.*

O carregamento do prato por uma rótula esférica induz uma flexão e uma deformação do prato, que dependerão de sua espessura. A ASTM C 39-09a prescreve a espessura do prato em relação à dimensão da rótula esférica, que é determinada pela dimensão do corpo de prova.

A Figura 12.3(a) representa, de forma esquemática, a distribuição de tensões normais na região de contato entre o prato e o concreto quando um prato "rígido" é utilizado. A tensão de compressão é maior na proximidade do perímetro do que no centro do corpo de prova. A mesma distribuição ocorre quando o corpo de prova ou o prato é ligeiramente côncavo. Por outro lado, quando um prato "deformável" é utilizado (Figura 12.3(b)), a tensão de compressão é maior próximo do centro do corpo de prova do que na região do perímetro. Essa condição também é produzida por corpos de prova ou pratos levemente convexos. Além da distribuição de tensões da Figura 12.3, existem algumas variações localizadas de tensão devidas à heterogeneidade do concreto e, especificamente, à presença de agregados graúdos perto das bases.

Uma descrição dos diferentes tipos de máquinas de ensaio está fora do escopo deste livro, mas deve ser mencionado que a ruptura do corpo de prova é influenciada pelo projeto da máquina, especialmente pela energia acumulada por ela. Com máquinas

---

* N. de R.T.: A NBR 5739:2007 estabelece que, após a aplicação de uma força inicial para acomodação, o prato não deve se movimentar mais em nenhum sentido durante todo o ensaio. Segundo essa norma, a lubrificação deve ser realizada com óleo mineral comum.

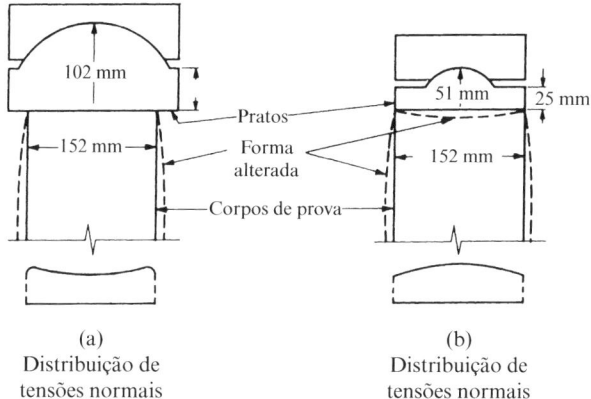

(a)
Distribuição de
tensões normais

(b)
Distribuição de
tensões normais

Figura 12.3 Distribuição de tensões normais próximo às bases dos corpos de prova quando ensaiados em uma máquina com: (*a*) prato rígido; (*b*) prato deformável.

muito rígidas, a elevada deformação do corpo de prova sob carregamento próximo à ruptura não é acompanhada pelo movimento do cabeçote da máquina, de modo que a velocidade de aplicação da carga diminui e, portanto, uma resistência mais elevada é obtida. Por outro lado, em uma máquina de menor rigidez, a carga obedece de forma mais próxima à curva carga-deformação do corpo de prova, e, quando a fissuração é iniciada, a energia acumulada pela máquina é liberada rapidamente. Isso resulta em ruptura sob uma menor carga do que no caso de uma máquina mais rígida, frequentemente acompanhada por uma explosão.[12.8] O comportamento exato depende das características da máquina – não somente de sua rigidez longitudinal mas também de sua rigidez transversal.[12.53] A calibração adequada e regular das máquinas é essencial e é prescrita pela BS EN 12390-4:2000. A mesma norma detalha o método de verificação do desempenho de uma máquina de ensaio.*

Ruptura de corpos de prova à compressão

Na página 307, analisou-se a ruptura do concreto submetido à compressão uniaxial. Entretanto, o ensaio à compressão estabelece um sistema de tensões mais complexo, com o desenvolvimento de esforços tangenciais entre as bases do corpo de prova e os pratos de aço da máquina de ensaio. Em cada material, a ação da compressão vertical (a tensão nominal no corpo de prova) resulta em expansão transversal devida ao efeito do coeficiente de Poisson. Contudo, o módulo de elasticidade do aço é de cinco a 15 vezes maior, e o coeficiente de Poisson não mais do que duas vezes maior, do que os valores correspondentes no concreto, de modo que a deformação transversal no prato é menor do que a expansão transversal do concreto, caso tenha movimentação *livre*. Por exemplo, Newman & Lachance[12.57] observaram que a deformação transversal do prato

---

* N. de R.T.: Os procedimentos e a periodicidade de calibração das máquinas de ensaio são normalizados pela NBR NM-ISO 7500-1:2004, versão corrigida 2004.

de aço é 0,4 dessa deformação no concreto a uma distância da interface suficiente para eliminar o efeito de contenção.

Pode ser dito, então, que o prato restringe a expansão transversal do concreto nas regiões do corpo de prova próximas às suas bases. O grau de restrição exercido depende do atrito real existente. Quando o atrito é eliminado, pela aplicação de uma camada de grafite ou de cera nas superfícies de contato, por exemplo, os corpos de prova apresentam maior expansão transversal e, por fim, fendem ao longo de todo o comprimento.

Com a atuação do atrito, ou seja, em condições normais de ensaio, uma parte interna do corpo de prova é submetida tanto à tensão de cisalhamento quanto à compressão. A intensidade da tensão de cisalhamento diminui e a expansão transversal aumenta com o aumento da distância entre os pratos. Como resultado da restrição, em um corpo de prova ensaiado até a ruptura, é gerado um cone ou uma pirâmide, relativamente íntegro, de altura aproximada a $1/2\, d\sqrt{3}$ (onde d é a dimensão transversal do corpo de prova).[12.4] Caso o corpo de prova tenha altura maior do que cerca de $1,7d$, parte dele estará livre do efeito de contenção dos pratos. Constata-se que corpos de prova com alturas menores do que $1,5d$ apresentam resistência consideravelmente maior do que os de maior altura (ver Figura 12.5).

Portanto, aparentemente, quando a tensão de cisalhamento atua em conjunto com a compressão uniaxial, a ruptura é postergada. Dessa forma, pode ser constatado que não é a tensão principal de compressão que induz a fissuração e a ruptura, mas, provavelmente, a deformação transversal por tração. A ruptura real pode decorrer, pelo menos em alguns casos, da desintegração do núcleo do corpo de prova. A deformação transversal é induzida pelo coeficiente de Poisson, e, considerando 0,2 como o valor para esse parâmetro, a deformação transversal é 1/5 da deformação axial por compressão. Atualmente, não se conhece o mecanismo exato da ruptura do concreto, mas existem fortes indícios de que ela ocorra a uma deformação-limite de 0,002 a 0,004 na compressão e de 0,0001 a 0,0002 na tração. Devido à relação entre esta última e a primeira ser menor do que o coeficiente de Poisson do concreto, conclui-se que as condições de ruptura por tração circunferencial são atingidas antes da deformação-limite por compressão ter sido alcançada.

O fendimento vertical foi observado em vários ensaios em corpos de prova cilíndricos, em especial nos corpos de prova de alta resistência produzidos com argamassa ou pasta de cimento pura, e também em concreto infiltrado com enxofre. O efeito é menos frequente em concreto comum, em que o agregado graúdo está presente, devido a ele garantir continuidade transversal.[12.4] A presença de fissuras verticais também foi confirmada por medidas de velocidade de onda ultrassônica ao longo e através do corpo de prova.[12.13]

A determinação da verdadeira distribuição de tensões em uma situação nominalmente axial não necessariamente diminui o valor do ensaio de resistência à compressão como um parâmetro de comparação, mas é preciso ter prudência ao tomar esses resultados como uma medida real da resistência à compressão do concreto.

Efeito da relação altura/diâmetro na resistência de corpos de prova cilíndricos

Os cilindros padronizados possuem uma altura h igual a duas vezes o diâmetro d, mas, em algumas oportunidades, são encontrados corpos de prova com outras proporções. Esse, em especial, é o caso de testemunhos extraídos de estruturas de concreto, em que o diâmetro depende da dimensão da broca do equipamento de extração, enquanto a altura varia com a espessura do elemento. Caso o testemunho tenha altura muito grande, ele pode ser cortado, antes do ensaio, para a obtenção da relação h/d igual a 2. Caso seja muito curto, é necessário estimar a resistência do mesmo concreto como se fosse ensaiado em um corpo de prova com $h/d = 2$.

A ASTM C 42-04 e a BS EN 12504-1:2009 fornecem fatores de correção (Tabela 12.1), mas Murdock & Kesler[12.14] concluíram que a correção também depende do nível de resistência do concreto (Figura 12.4). O concreto de alta resistência é menos afetado pela relação h/d e pela forma do corpo de prova. Os dois fatores devem ser relacionados, já que existe, comparativamente, pouca diferença entre as resistências de cubos e de cilindros com $h/d = 1$.*

A influência da resistência sobre o fator de conversão é de importância prática para concretos de baixa resistência, caso sejam ensaiados testemunhos com h/d menor do que 2. Com a utilização dos fatores da ASTM C 42-04 e, mais ainda, da BS EN 12504-1:2009, a resistência que seria obtida com relação h/d igual a 2 seria superestimada. Contudo, a estimativa correta da resistência é particularmente importante nos casos de concretos de baixa resistência ou com suspeita de baixa resistência.

O padrão geral da influência da relação h/d sobre a resistência de concretos de baixa e média resistência é mostrado na Figura 12.5. Para valores de h/d menores do que 1,5, a resistência medida aumenta rapidamente, devido à restrição dos pratos da máquina de ensaio. Quando h/d varia entre aproximadamente 1,5 e 4, a resistência é pouco influenciada, e, para valores entre 1,5 e 2,5, a resistência fica em torno de 5% da resistência do corpo de prova padrão ($h/d = 2$). Para valores de h/d superiores a 5, a resistência diminui rapidamente, e o efeito da esbeltez fica perceptível.

Portanto, aparentemente, a escolha da relação h/d padronizada igual a 2 é adequada, não somente devido ao efeito das bases ser praticamente eliminado – o que faz existir uma região de compressão uniaxial no corpo de prova – mas também devido a pequenas diferenças em relação a esse valor não afetarem significativamente o valor registrado da resistência. Nenhuma correção é necessária para valores de h/d entre 1,94 e 2,10.

Tabela 12.1 Fatores normalizados para a correção da resistência de corpos de prova cilíndricos com diferentes relações h/d

Relação entre altura e diâmetro (h/d)	Fator de correção da resistência	
	ASTM C 42-04	BS EN 12504-1:2009
2,00	1,00	1,00
1,75	0,98	0,97
1,50	0,96	0,92
1,25	0,93	0,87
1,00	0,87	0,80

---

* N. de R.T.: A NBR 7680-1:2015, versão corrigida 2015, normaliza os procedimentos para a extração de testemunhos para a determinação da resistência à compressão e estabelece fatores de correção devida uma relação h/d diferente de 2,0.

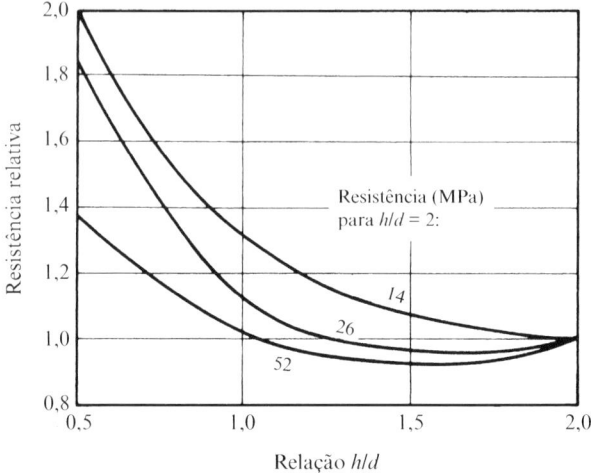

Figura 12.4 Influência da relação altura/diâmetro sobre a resistência aparente de corpos de prova cilíndricos de diferentes resistências.[12.14]

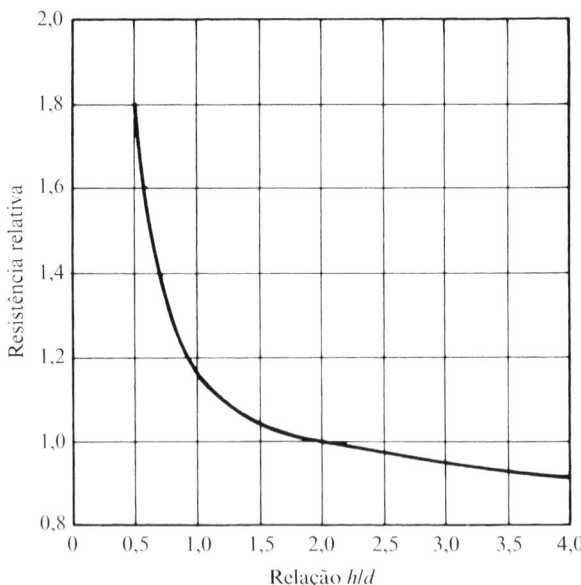

Figura 12.5 Padrão geral da influência da relação altura/diâmetro sobre a resistência aparente de corpos de prova cilíndricos.[12.40]

A influência da relação entre a altura e a menor dimensão transversal sobre a resistência também se aplica a corpos de prova prismáticos.

Caso o atrito nas bases seja eliminado, o efeito de h/d sobre a resistência desaparece, mas isso é bastante difícil de ser obtido em ensaios de rotina. O padrão geral da influência do calço entre o prato e o corpo de prova sobre a resistência de corpos de prova cilíndricos com diferentes valores de h/d é apresentado na Figura 12.6.

O efeito das bases diminui mais rapidamente quanto mais homogêneo for o material, portanto, isso é menos visível em argamassas e provavelmente também em concretos com agregados leves de baixa ou moderada resistência – em que a menor heterogeneidade decorre da menor diferença entre os módulos de elasticidade da pasta de cimento e do agregado – do que em concretos com agregado normal. Foi constatado que, em concretos com agregados leves, o valor da relação entre as resistências de um cilindro padrão e de um cilindro com relação h/d igual a 1 varia entre 0,95 e 0,97.[12.15, 12.60] Entretanto, isso não foi confirmado por ensaios realizados na Rússia, com concreto produzido com agregados de argila expandida, em que foi verificada uma relação aproximada a 0,77.[12.59]

Comparação entre as resistências de corpos de prova cilíndricos e cúbicos

Observou-se que o efeito de restrição gerado pelos pratos da máquina de ensaio se estende por toda a altura do cubo, mas não afeta parte do corpo de prova cilíndrico. Portanto, é de esperar que as resistências de corpos de prova cilíndricos e cúbicos, produzidos com o mesmo concreto, apresentem diferenças entre si.

Conforme as expressões para a conversão da resistência de testemunhos em resistência de cubos equivalentes da BS 1881:1983 (cancelada), a resistência do cilindro

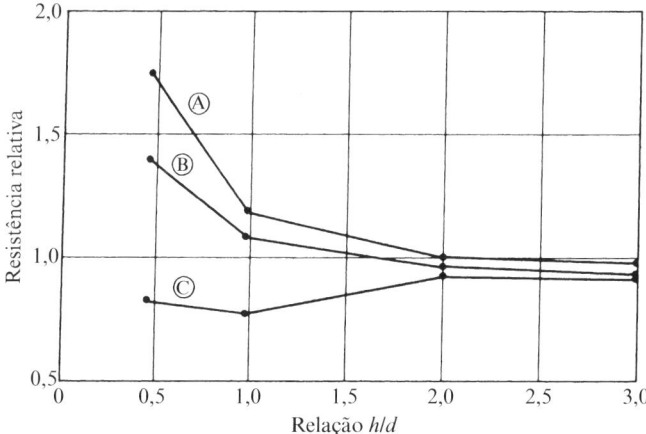

Figura 12.6 Resistência relativa de corpos de prova cilíndricos com diferentes relações h/d e diversos tipos de calço entre o prato e o corpo de prova[12.58] (resistência do cilindro com h/d = 2 e sem calço considerada como 1,0): (A) sem calço; (B) placa de gesso com 8 mm; (C) placa de plástico com 25 mm.

equivale a 0,8 da resistência do cubo, mas, na realidade, não existe uma relação singular entre as resistências dessas duas formas de corpos de prova. A relação entre as resistências aumenta significativamente com o aumento da resistência[12.16] e é aproximadamente 1 em valores de resistência maiores do que 100 MPa. Também foi constatado que alguns outros fatores, como, por exemplo, a condição de umidade do corpo de prova no momento do ensaio, influenciam a relação entre as resistências.

Como a norma europeia BS EN 206-1:2000 reconhece o uso de cilindros e de cubos, ela apresenta uma tabela de equivalência de resistências dos dois tipos de corpos de prova de ensaios à compressão até 50 MPa (determinada em cilindros). Todos os valores da relação entre a resistência do cilindro e a do cubo variam em torno de 0,8. O CEB-FIP Design Code[12.1] apresenta uma tabela de equivalência similar, mas, acima de 50 MPa, a relação de resistências cilindro/cubo aumenta progressivamente, atingindo 0,89 quando a resistência do cilindro é 80 MPa. Nenhuma das tabelas deve ser utilizada com fins de conversão de uma resistência determinada em um tipo de corpo de prova no valor de resistência de outro tipo. Para cada projeto, deve ser usado um único tipo de corpo de prova para a determinação da resistência à compressão.

É difícil dizer qual tipo de corpo de prova é "melhor", mas, até mesmo em países onde os cubos são o padrão, parece haver uma tendência, pelo menos para fins de pesquisa, à utilização de cilindros em vez de cubos – inclusive, essa foi a recomendação da RILEM (Réunion Internationale des Laboratoires d'Essais et de Recherches sur les Matériaux et les Constructions), uma organização internacional de laboratórios de ensaios. Acredita-se que os cilindros resultem em uma maior uniformidade de resultados para corpos de prova nominalmente similares, devido a sua ruptura ser menos influenciada pela restrição das bases do corpo de prova. Sua resistência é menos afetada pelas propriedades do agregado graúdo utilizado na mistura, e a distribuição de tensões nos planos horizontais de um cilindro é mais uniforme do que em um corpo de prova de seção transversal quadrada.

Deve ser lembrado que os cilindros são moldados e ensaiados na mesma posição, enquanto, em um cubo, a linha de ação da carga é perpendicular ao eixo de moldagem. Elementos estruturais submetidos à compressão passam por uma situação semelhante à que ocorre nos cilindros, e, por essa razão, tem sido sugerido que ensaios com cilindros sejam mais realistas. Entretanto, foi verificado que a relação entre as direções de moldagem e as de ensaio não exerce grande influência sobre a resistência de cubos produzidos com concreto não segregado e homogêneo[12.3] (Figura 12.7). Além do mais, conforme já citado, a distribuição de tensões em qualquer ensaio à compressão é tal que o ensaio é somente comparativo, não apresentando dados quantitativos em relação à resistência do elemento estrutural.

Ensaios de resistência à tração

Embora o concreto não seja normalmente projetado para resistir à tração direta, o conhecimento da resistência à tração é importante para a determinação da carga em que a fissuração inicia. A ausência de fissuração é de importância considerável para a manutenção da continuidade de uma estrutura e, em muitos casos, para a prevenção da corrosão das armaduras. Os problemas de fissuração surgem quando se desenvolve tração diagonal em função das tensões de cisalhamento, mas o caso mais frequente de

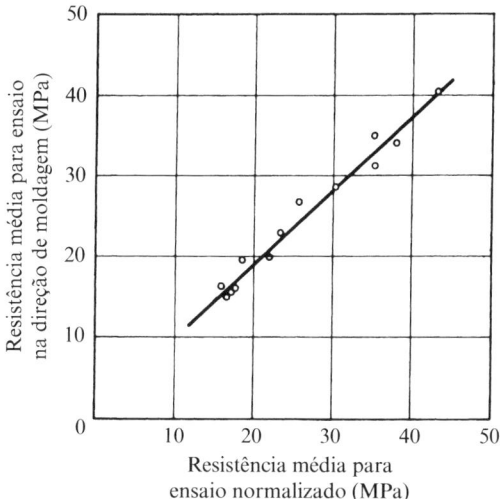

Figura 12.7 Relação entre a resistência média de cubos de concreto ensaiados na direção de moldagem e de modo normalizado.[12.3]

fissuração decorre da retração restringida e de gradientes de temperatura. A estimativa da resistência à tração do concreto contribui para o entendimento do comportamento do concreto armado, ainda que os projetos estruturais, na maioria dos casos, não considerem explicitamente a resistência à tração. Uma abordagem sobre a fissuração foi apresentada no Capítulo 10.

A resistência à tração também é de interesse para estruturas de concreto simples, como barragens, em condições de terremotos. Outras estruturas, como pavimentos rodoviários e de pistas de pouso, são projetadas com base na resistência à flexão, que implica em resistência à tração.

Existem três tipos de ensaios para determinação da resistência à tração: tração direta, tração na flexão e tração por compressão diametral.

A aplicação direta de uma força de tração pura, isenta de excentricidade, é muito difícil. Apesar de ter havido algum sucesso com a utilização de tenazes extensoras,[12.19] é difícil evitar tensões secundárias, como as induzidas pelas garras ou por pinos embutidos. Um ensaio de tração direta, com o uso de placas aderidas às bases, é prescrito pelo U.S. Bureau of Reclamation.[12.17] Os outros dois tipos de ensaios de resistência à tração serão considerados a seguir.

Ensaios de resistência à tração na flexão

Nesses ensaios, um prisma de concreto simples é submetido à flexão, com a utilização de um *carregamento em dois pontos* simétricos, até a ruptura. Em razão de os pontos de carga serem posicionados a 1/3 do vão, o ensaio é denominado ensaio de *carregamento nos terços*. A tensão de tração teórica máxima atingida na face inferior do prisma é conhecida como *módulo de ruptura*.

Os prismas, normalmente, são ensaiados na posição de moldagem, mas, desde que o concreto não apresente segregação, a posição do prisma no ensaio em relação à posição de moldagem não influencia o módulo de ruptura.[12.22, 12.23]

A norma britânica BS EN 12390-5:2000 prescreve o carregamento nos terços em prismas de $150 \times 150 \times 750$ mm apoiados sobre um vão de 450 mm, mas também podem ser utilizados prismas de 100×100 mm, desde que o lado da viga seja, no mínimo, três vezes maior do que a dimensão máxima do agregado.

As exigências da ASTM C 78-09 são semelhantes às britânicas. Caso a ruptura ocorra dentro do terço médio do prisma, o módulo de ruptura é calculado com base na teoria da elasticidade, sendo, portanto, igual a:

$$PL/(bd^2),$$

onde: P = carga total máxima no prisma
L = vão
b = largura do prisma
d = altura do prisma.

Caso, entretanto, a ruptura ocorra fora do terço médio, a uma distância a do apoio mais próximo — sendo a a distância média medida na face tracionada do prisma —, mas não maior do que 5% do vão, o módulo de ruptura é dado por $3Pa/(bd^2)$. Isso significa que é a máxima tensão de tração na seção crítica, e não a tensão máxima no prisma, que é considerada nos cálculos. A recomendação da norma britânica é desconsiderar a ruptura fora do terço médio.*

Existe, também, um ensaio para a resistência à flexão com *aplicação central de carga*, normalizado pela ASTM C 293-08 e pela BS EN 12390-5:2000. Nesse ensaio, a ruptura ocorre quando a resistência à tração do concreto na face tracionada, exatamente abaixo do ponto de aplicação da carga, é atingida. Por outro lado, no caso do carregamento nos terços, um terço do comprimento da face inferior do prisma está submetido à tensão máxima, de modo que a fissura crítica possa surgir em qualquer seção em um terço do comprimento do prisma. Como a probabilidade de uma parte mais fraca (para uma dada resistência) estar sujeita à tensão crítica é consideravelmente maior no carregamento em dois pontos do que no central, este último resulta em um maior valor de módulo de ruptura,[12.20] sendo, entretanto, mais variável. Em consequência disso, o método de ensaio do carregamento central raramente é utilizado.

A expressão para o módulo de ruptura, apresentada anteriormente nesta seção, foi classificada como teórica, devido a ser baseada na teoria de uma viga *elástica*, em que a relação tensão-deformação é considerada linear, de forma que se adota que a tensão de tração na viga seja proporcional à distância da linha neutra. Na realidade, como discutido no Capítulo 9, existe um crescimento gradual na deformação com o aumento da tensão acima de, aproximadamente, metade da resistência à tração. Como consequência, a forma da curva tensão-deformação real, em carregamentos próximos à

---

* N. de R.T.: O ensaio para a determinação da tração na flexão é normalizado, no Brasil, pela NBR 12142:2010. O ensaio é realizado com a aplicação de carga em dois pontos, conforme descrito. Os corpos de prova são ensaiados com as faces laterais da posição de moldagem posicionadas nos elementos de aplicação de carga. O cálculo da resistência é feito conforme os procedimentos apresentados.

ruptura, é parabólica – e não triangular. Portanto, o módulo de ruptura superestima a resistência à tração do concreto. Raphael[12.52] mostrou que o valor correto da resistência à tração é cerca de 3/4 do módulo de ruptura teórico (ver Figura 12.8).

Existem mais razões possíveis para o porquê de o ensaio de módulo de ruptura resultar em um valor mais alto de resistência do que o ensaio de tração direta realizado no mesmo concreto. Inicialmente, qualquer excentricidade acidental no ensaio de tração direta resulta em uma menor resistência aparente do concreto. O segundo argumento é similar ao que explica a influência do arranjo de carga no valor do módulo de ruptura: sob tração direta, todo o volume do corpo de prova é submetido à tensão máxima, de forma que a probabilidade da ocorrência de uma região mais fraca é alta. O terceiro é que, no ensaio à flexão, a tensão máxima atingida na face pode ser maior do que na tração direta, devido à propagação de uma fissura ser bloqueada por um material menos tensionado próximo à linha neutra. Portanto, a energia disponível é menor do que a necessária para a formação de novas fissuras superficiais. Essas diversas razões para a diferença entre o módulo de ruptura e a resistência à tração direta não são de igual importância.

No início deste capítulo, foi citado que a resistência à flexão do concreto é de interesse no projeto de pavimentos. Entretanto, o ensaio à flexão não é adequado para fins de controle ou de aceitação, devido aos corpos de prova serem pesados e facilmente danificados. Além disso, o resultado do ensaio à flexão é bastante influenciado pelas condições de umidade do corpo de prova (ver página 626), e, de forma geral, a variabi-

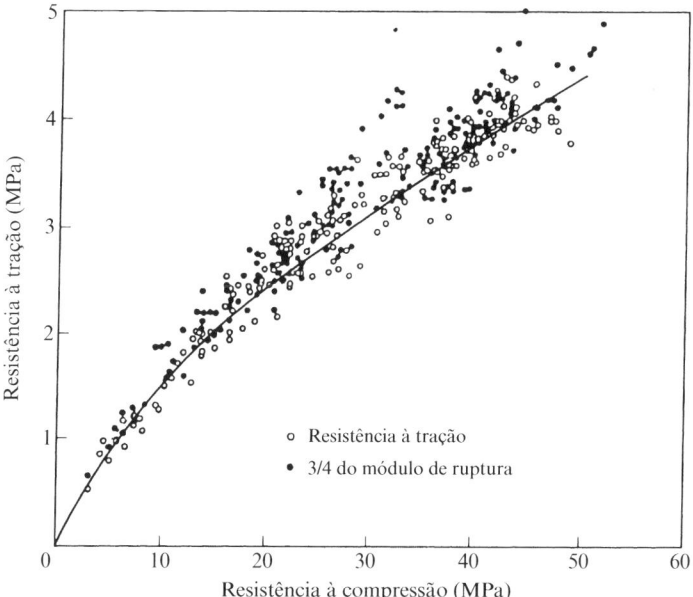

Figura 12.8 Resistência à tração por compressão diametral e 3/4 do módulo de ruptura em relação à resistência à compressão do concreto (baseada na ref. 12.52).

lidade do módulo de ruptura é grande.[12.115] Portanto, é interessante estabelecer, experimentalmente, uma relação entre o módulo de ruptura e a resistência à compressão em corpos de prova cilíndricos, que são utilizados em ensaios de rotineiros.[12.2] A relação entre esses valores é discutida na página 324.

Vários ensaios[12.131] mostraram a existência de uma relação linear entre o módulo de ruptura e a resistência à tração por compressão diametral em uma determinada idade. Essa conclusão é importante caso a resistência do pavimento de concreto precise ser determinada em campo: a extração de testemunhos e a realização de ensaios à compressão ou à tração por compressão diametral neles é um procedimento muito mais fácil do que extrair prismas para os ensaios de módulo de ruptura. Além do mais, frequentemente são extraídos testemunhos para a verificação da espessura do pavimento.

Ensaio de resistência à tração por compressão diametral

Neste ensaio, um corpo de prova cilíndrico, como o utilizado nos ensaios à compressão, é posicionado com seu eixo horizontal entre os pratos de uma máquina de ensaio, e a carga é aumentada até ocorrer a ruptura por tração indireta na forma de fendimento ao longo do diâmetro vertical.

Caso a carga seja aplicada segundo a geratriz superior, um elemento do diâmetro vertical do cilindro (Figura 12.9) é submetido à tensão de compressão vertical de:

$$\frac{2P}{\pi LD}\left[\frac{D^2}{r(D-r)} - 1\right]$$

e à tensão de tração horizontal de $2P/(\pi LD)$,

onde: P = carga de compressão no cilindro
  L = comprimento do cilindro
  D = diâmetro
  r e $(D - r)$ = distâncias do elemento desde os pratos

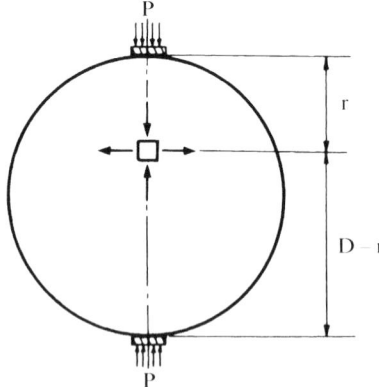

Figura 12.9 Ensaio à tração por compressão diametral.

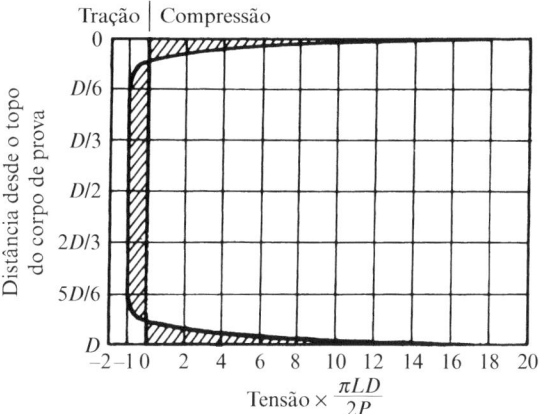

Figura 12.10 Distribuição das tensões horizontais em um corpo de prova cilíndrico carregado em uma largura de 1/12 do diâmetro[12.24] (Crown copyright).

Entretanto, imediatamente abaixo do ponto de carregamento, seria gerada uma elevada tensão de compressão e, na prática, são colocadas duas tiras de um material para servir de calço, como madeira ou aglomerado, entre o cilindro e os pratos. Sem os calços, a resistência obtida é menor, normalmente 8%. A ASTM C 496-04 prescreve tiras de madeira compensada de 3 mm de espessura e 25 mm de largura. A norma britânica BS 12390-6:2009 especifica tiras de chapa dura de fibras de madeira, de 4 mm de espessura e 15 mm de largura. A distribuição das tensões horizontais na seção que contém o diâmetro vertical resultante desse arranjo é mostrada na Figura 12.10. A tensão é expressa em função de $2P/(\pi LD)$, e pode ser notado que há uma elevada tensão de compressão horizontal na proximidade dos pratos, mas, como ela é acompanhada por uma tensão de compressão vertical de grandeza comparável, produzindo, então, um estado biaxial de tensões, não ocorre a ruptura por compressão.

Durante o ensaio à tração por compressão diametral, deve ser impedida a rotação dos pratos da máquina de ensaios em um plano perpendicular ao eixo do cilindro, mas um pequeno movimento no plano vertical que contém o eixo pode ser admitido para ajustar um possível não paralelismo entre as geratrizes do cilindro. Isso pode ser feito pelo uso de um dispositivo simples de rolamento entre um dos pratos e o cilindro. A velocidade de aplicação da carga é estabelecida pela ASTM C 496-04 e pela BS EN 12390-6:2009.*

Os ensaios à tração por compressão diametral também podem ser realizados em cubos e em prismas, e a carga é aplicada através de peças apoiadas sobre duas linhas centrais de faces opostas do cubo. O ensaio em cubos, normalizado pela BS

---

* N. de R.T.: A norma brasileira para esse ensaio é a NBR 7222:2011. Os procedimentos são semelhantes aos das normas citadas. As tiras de madeira para o calço devem ser de chapa dura de fibra de madeira ou de aglomerado, com largura igual a $0{,}15 \pm 0{,}01$ vezes o diâmetro (em mm) e altura de $3{,}5 \pm 0{,}5$ mm.

1881:117:1983 (substituída pela BS EN 12390-6:2009), apresenta o mesmo resultado da tração por compressão diametral em cilindros,[12.144] ou seja, a tensão de tração horizontal é $2P/(\pi a^2)$, onde a é a aresta do cubo. Isso significa que é somente o concreto do cilindro inscrito em um cubo que resiste à carga aplicada.

Uma vantagem do ensaio de compressão diametral é o fato de o mesmo tipo de corpo de prova poder ser utilizado tanto para ensaios à compressão quanto à tração. Portanto, o ensaio à tração por compressão diametral em cubos somente é de interesse em países onde o cubo é utilizado como corpo de prova padrão para os ensaios de resistência à compressão. Existem poucos dados disponíveis sobre o desempenho de ensaios de resistência à tração por compressão diametral em cubos.

O ensaio à tração por compressão diametral é de fácil realização e resulta em valores mais uniformes do que os demais ensaios à tração.[12.24] A resistência obtida nesse ensaio é considerada mais próxima à resistência à tração direta do concreto, sendo de 5 a 12% mais alta. Entretanto, tem sido citado que, no caso de argamassas e de concretos com agregados leves, esse ensaio apresenta resultados muito baixos. Com agregados normais, a presença de partículas grandes próximo à superfície de aplicação da carga pode influenciar o resultado.[12.86]

Deve ser citado que, conforme o ACI 318-08,[12.124] o ensaio à tração por compressão diametral não deve ser utilizado com fins de verificar a conformidade.

Influência da condição de umidade durante o ensaio sobre a resistência

Tanto as normas americanas quanto as britânicas estabelecem que todos os corpos de prova devem ser ensaiados em condição "molhada" ou "úmida". Essa condição apresenta a vantagem de ser mais facilmente reproduzida do que a condição "seca", que inclui vários graus de secagem.

Ocasionalmente, um corpo de prova pode não estar em condição úmida, e é importante analisar as consequências dessa diferença em relação à condição normalizada. Deve ser enfatizado que somente a condição imediatamente antes do ensaio é levada em conta, presumindo-se que, em todos os casos, foi aplicada a cura usual.

No que diz respeito aos corpos de prova para a resistência à compressão, o ensaio na condição seca resulta em maior resistência. Foi sugerido[12.51] que a retração por secagem na superfície induza a ocorrência de compressão biaxial no interior do corpo de prova, aumentado, assim, a resistência na terceira direção, ou seja, na direção de aplicação da carga. Entretanto, ensaios mostraram que prismas de argamassa adequadamente curados[12.50] e testemunhos de concreto,[12.121] quando completamente secos, apresentaram maior resistência à compressão do que quando ensaiados úmidos. Esses corpos de prova não foram submetidos à retração diferencial, de forma que não houvesse um sistema biaxial de tensões induzido. O comportamento dos corpos de prova, descrito anteriormente, vai ao encontro da ideia de que a perda de resistência devida à molhagem de um corpo de prova ensaiado à compressão seja causada pela expansão do gel de cimento pela água adsorvida.[12.32] As forças de coesão das partículas sólidas são, então, diminuídas. Por outro lado, na secagem, a ação de cunha da água é interrompida, e um aparente aumento na resistência do corpo de prova é registrado. Os efeitos da água não são somente superficiais, já que a imersão do corpo de prova na água exerce muito menos influência na resistência do que o encharcamento. Por outro lado, o ato de encharcar o concreto com benzeno ou parafina, materiais reconhecidos por não serem adsorvidos pelo gel de cimento, não exerce influência na resistência. O "reencharcamento" com água de corpos de prova secos em estufa reduz suas resistências ao valor de corpos de prova submetidos à cura úmida contínua, desde que eles tenham o mesmo grau de hidratação.[12.32] Portanto, a variação na resistência devida à secagem é, aparentemente, um fenômeno reversível.

A influência quantitativa da secagem varia: foi observado um aumento da resistência à compressão de até 10% em um concreto de 34 MPa com secagem plena,[12.33] mas, caso o período de secagem seja menor do que seis horas, o aumento é, em geral, inferior a 5%. Outros ensaios mostraram que a diminuição da resistência devida à molhagem por 48 horas variou entre 9 e 21%.[12.49]

Prismas ensaiados à flexão apresentaram comportamento oposto ao dos corpos de prova para compressão. Um prisma deixado para secar antes do ensaio resulta em um menor módulo de ruptura do que um corpo de prova semelhante ensaiado em condição úmida.[12.109]

Essa diferença se deve às tensões de tração induzidas pela retração restringida antes da aplicação da carga, que resulta em tração na face inferior. A magnitude da perda aparente da resistência depende da velocidade com que a umidade evapora da superfície do corpo de prova. Deve ser enfatizado que esse efeito é distinto da influência da cura sobre a resistência.

Entretanto, caso o corpo de prova seja pequeno e a secagem ocorra muito lentamente, de modo que as tensões internas possam ser redistribuídas e aliviadas pela fluência, verifica-se um aumento na resistência. Isso foi observado em ensaios em prismas de concreto[12.31] e em briquetes de argamassa.[12.30] Por outro lado, a molhagem, antes do ensaio, de um corpo de prova totalmente seco reduz sua resistência,[12.31] e a interpretação desse fenômeno é controversa.[12.128]

A resistência de corpos de prova cilíndricos ensaiados à tração por compressão diametral não é afetada pela condição de umidade, devido à ruptura ocorrer em um plano distante da superfície submetida à molhagem ou à secagem.

A temperatura do corpo de prova no momento do ensaio (distinta da temperatura de cura) influencia a resistência – com temperaturas mais elevadas resultando em menores valores de resistência, tanto em corpos de prova para compressão quanto para flexão (Figura 12.11).

Influência do tamanho do corpo de prova sobre a resistência

O tamanho dos corpos de prova para ensaios de resistência é prescrito nas normas relevantes, mas, ocasionalmente, mais de um tamanho é admitido. Além disso, de tempos em tempos, surgem argumentações em favor do uso de corpos de prova menores. Entre as vantagens apontadas estão: corpos de prova menores são mais fáceis de manusear e têm menor probabilidade de serem danificados acidentalmente; os moldes são mais baratos; a capacidade das máquinas de ensaio pode ser menor; e a quantidade de concreto utilizada é menor, o que representa menor necessidade de espaço em laboratório para armazenamento e cura e, também, menor quantidade de agregados a ser processada.[12.41] Por outro lado, o tamanho do corpo de prova pode influenciar o valor da resistência e a variabilidade dos resultados. Por essas razões, é importante analisar detalhadamente a influência do tamanho do corpo de prova nos resultados dos ensaios.

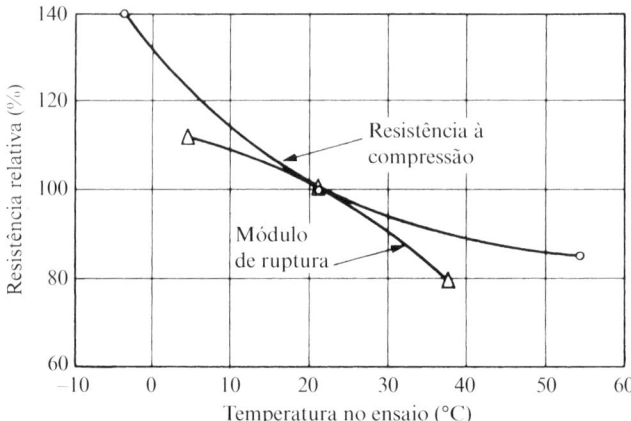

Figura 12.11 Influência da temperatura no momento do ensaio sobre a resistência.

A discussão da página 306 mostrou que o concreto é composto por elementos de resistência variável, de modo que é sensato considerar que, quanto maior for o volume de concreto submetido a uma tensão, maior será a probabilidade de ele conter um elemento com resistência extrema (baixa). Como resultado, a resistência medida de um corpo de prova diminui com o aumento de seu tamanho, e o mesmo acontece com a variabilidade da resistência de corpos de prova de mesma geometria. Devido à influência do tamanho do corpo de prova na resistência depender do desvio padrão da resistência (Figura 12.12), conclui-se que, quanto maior for a homogeneidade do concreto, menores serão os efeitos do tamanho. Desse modo, o efeito do tamanho deveria ser menor em concretos com agregados leves, mas isso não foi confirmado com nenhum grau de certeza, embora exista amparo para essa hipótese nos dados disponíveis.[12.76] A Figura 12.12 também pode explicar a razão de o efeito do tamanho praticamente desaparecer além de um determinado tamanho de corpo de prova: para cada aumento de 10 vezes no tamanho do corpo de prova, ele perde, progressivamente, menos resistência.

Na página 306, foi discutido o conceito do elo mais fraco. Para utilizar esse conceito, é necessário conhecer a distribuição de valores extremos em amostras de um determinado tamanho, obtidas aleatoriamente de uma população com uma determinada distribuição de resistência. Essa distribuição não é, em geral, conhecida, e algumas considerações sobre sua forma devem ser feitas. Para isso, é suficiente apresentar os dados de Tippett[12.34] sobre a variação da resistência e o desvio padrão de amostras de tamanho n em função da resistência e do desvio padrão de uma amostra unitária quando esta possui uma *distribuição normal* de resistência. A Figura 12.12 mostra essa variação na resistência para amostras quando n é igual a 10, 10^2, 10^3 e 10^5.

Nos casos dos ensaios de resistência do concreto, o interesse é na média dos extremos em função do tamanho do corpo de prova. Os valores médios das amostras coletadas aleatoriamente tendem a obedecer a uma distribuição normal, de modo que a hipótese desse tipo de distribuição, quando são utilizadas amostras médias, não introduz erros importantes e possui a vantagem de simplificar os cálculos. Em alguns casos práticos, foi observada a assimetria da distribuição, que não deve decorrer de qualquer

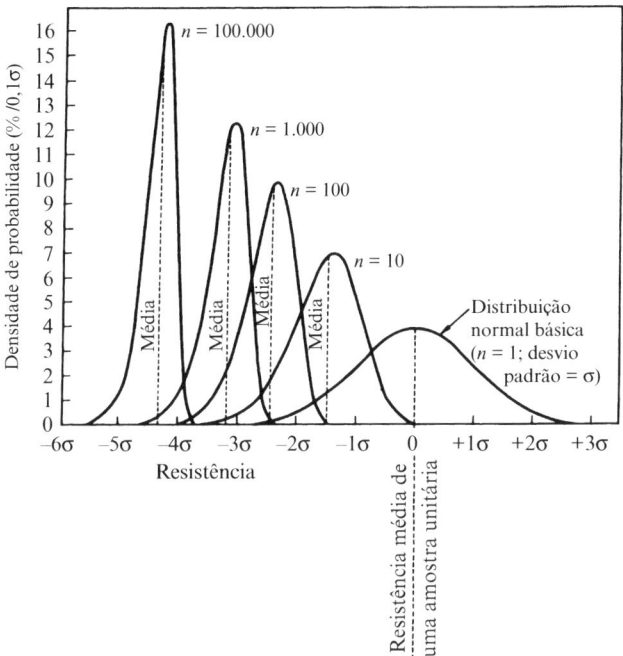

Figura 12.12 Distribuição da resistência em amostras de tamanho *n* para uma distribuição normal básica.[12.34]

propriedade "natural" do concreto, mas da rejeição de concretos com qualidade inadequada no canteiro que, portanto, não chegam a ser ensaiados.[12.35] Uma análise aprofundada dos aspectos estatísticos dos ensaios não está no escopo deste livro.[1]

Influência do tamanho sobre os ensaios de resistência à tração

A Figura 12.12 mostra que tanto a resistência média quanto a dispersão diminuem com o aumento do tamanho do corpo de prova. Resultados experimentais confirmaram esse padrão de comportamento em ensaios de módulo de ruptura[12.20, 12.23] (ver Figuras 12.13 e 12.14) e também em ensaios à tração direta[12.19] e indireta.[12.64]

Rossi *et al.*[12.97] realizaram ensaios à tração direta em corpos de prova cilíndricos de concreto com resistências à compressão entre 35 e 128 MPa e confirmaram a diminuição da resistência à tração e da variabilidade dos resultados conforme o aumento do tamanho do corpo de prova. A diminuição da resistência é maior quanto menor for a resistência do concreto (ver Figura 12.15). O coeficiente de variação também diminuiu com o aumento do tamanho do corpo de prova, conforme mostrado na Figura 12.16, mas não há efeito aparente da resistência do concreto nessa relação. Rossi *et al.*[12.97] ex-

---

[1] Ver J. B. Kennedy and A. M. Neville, *Basic Statistical Methods for Engineers and Scientists*, 3rd Ed. (New York and London, Harper and Row, 1986).

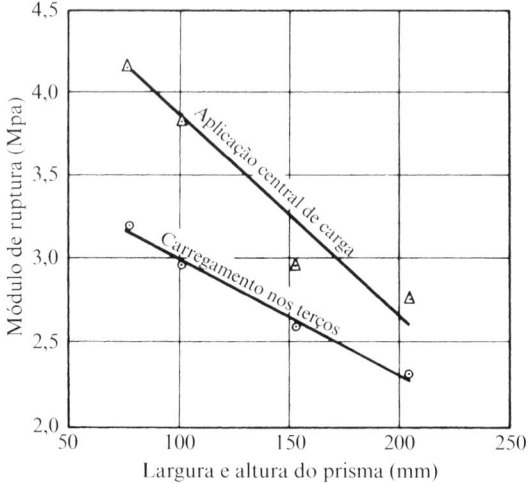

Figura 12.13 Módulo de ruptura de prismas de diferentes tamanhos submetidos à aplicação central de carga e ao carregamento nos terços[12.20] (Crown copyright).

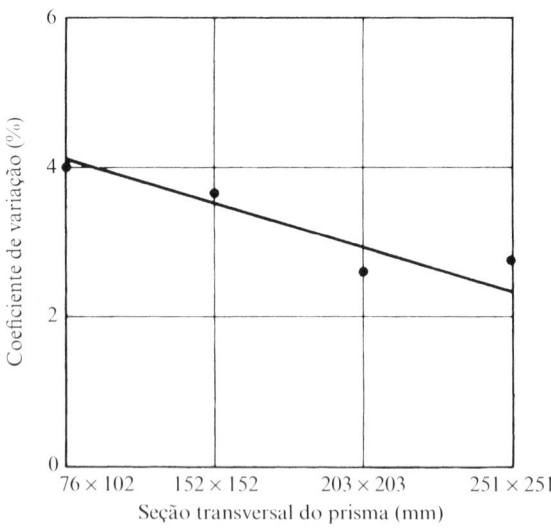

Figura 12.14 Coeficiente de variação do módulo de ruptura de prismas de diferentes tamanhos.[12.23]

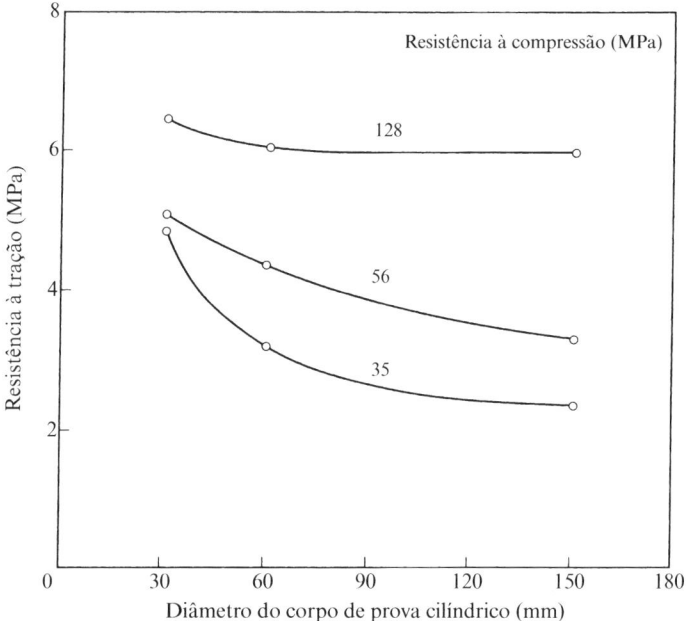

Figura 12.15 Resistência à tração direta de corpos de prova cilíndricos ensaiados por Rossi et al.[12.97] em função do diâmetro do corpo de prova cilíndrico.

plicam essa influência da resistência em função da heterogeneidade dos componentes da mistura. Especificamente, o efeito do tamanho é uma função da relação entre o tamanho do corpo de prova e a dimensão máxima do agregado e da diferença de resistência entre as partículas do agregado e a argamassa circundante. Essa diferença é pequena em concretos de resistência muito alta e também em concretos com agregados leves.[12.97]

Os ensaios à tração por compressão diametral em corpos de prova cilíndricos de 150 mm de diâmetro por 300 mm de altura e de 100 mm de diâmetro por 200 mm de altura resultaram em uma relação média[12.131] entre a resistência do primeiro e a do último igual a 0,87. A resistência à tração por compressão diametral média dos corpos de prova maiores foi 2,9 MPa, e o desvio padrão foi 0,18. Para os menores, o desvio padrão foi 0,27. Os coeficientes de variação foram, respectivamente, 6,2 e 8,2%. Vale destacar que o coeficiente de variação da resistência à tração por compressão diametral dos corpos de prova de 150 × 300 mm foi aproximadamente o mesmo valor do coeficiente da variação do módulo de ruptura determinado em prismas de seção igual a 150 × 150 mm produzidos com o mesmo concreto.[12.131]

A influência do tamanho do corpo de prova cilíndrico sobre a resistência à tração por compressão diametral foi confirmada por Bažant et al.,[12.94] com base tanto em ensaios próprios em discos de argamassa quanto em ensaios em corpos de prova cilíndricos de concreto realizados por Hasegawa et al. Em ambas as séries de ensaios, o efeito do tamanho desaparece em corpos de prova de grandes dimensões, tópico que será discutido na próxima seção.

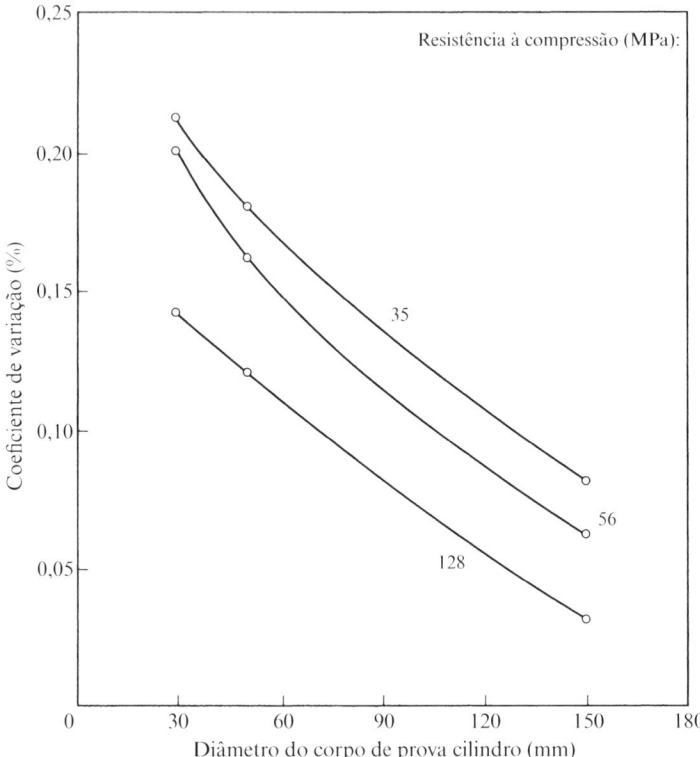

Figura 12.16 Coeficiente de variação da resistência à tração direta de corpos de prova cilíndricos ensaiados por Rossi et al.[12.97] em função do diâmetro do corpo de prova cilíndrico.

Também foi observado o efeito do tamanho em compactos de cimento ensaiados à tração por compressão diametral.[12.93] O mesmo se aplica ao ensaio do anel (*ring test*).[12.64]

Influência do tamanho sobre os ensaios de resistência à compressão

A partir de agora, será analisada a influência do tamanho do corpo de prova na resistência à compressão. A Figura 12.17 mostra a relação entre a resistência média e a dimensão de corpos de prova cúbicos, enquanto a Tabela 12.2 apresenta valores relevantes para o desvio padrão.[12.18] Corpos de prova prismáticos[12.36, 12.37] e cilíndricos[12.38] exibem comportamento semelhante (Figura 12.18). Os efeitos do tamanho não são, é claro, limitados ao concreto, tendo sido observados também em anidrita[12.39] e em outros materiais.

É interessante destacar que o efeito do tamanho deixa de existir a partir de um determinado tamanho, de modo que o aumento além desse limite não resulta em diminuição da resistência, tanto à compressão[12.38] quanto à tração por compressão

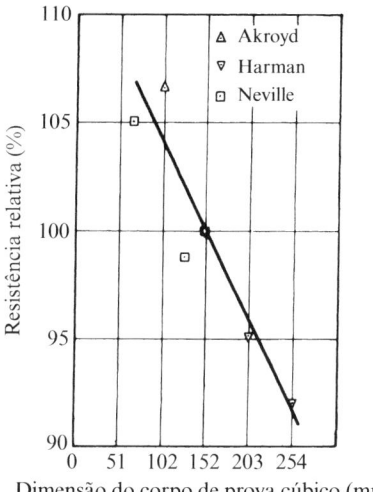

Figura 12.17 Resistência à compressão de corpos de prova cúbicos de diferentes tamanhos.[12.35]

diametral.[12.94] Com base na Figura 12.18, o U.S. Bureau of Reclamation[12.77] cita que a curva de resistência se torna paralela ao eixo horizontal (dos tamanhos) no diâmetro de 457 mm, ou seja, a resistência dos corpos de prova cilíndricos de diâmetros, 457, 610 e 914 mm é a mesma. O mesmo estudo mostrou que a diminuição da resistência com o aumento do tamanho do corpo de prova é menos acentuada em misturas pobres do que nas ricas. Por exemplo, a resistência de corpos de prova cilíndricos de 457 e 610 mm, relativamente aos de 152 mm, é de 85% para misturas ricas, mas de 93% para misturas pobres.

Esses dados experimentais são importantes para refutar a especulação de que, caso o efeito do tamanho seja extrapolado para grandes estruturas, pode ser esperado um valor de resistência perigosamente baixo. Evidentemente, isso não ocorre, visto que a ruptura localizada não é equivalente ao colapso.

Tabela 12.2 Desvio padrão de corpos de prova cúbicos de diferentes tamanhos[12.18]

Grupo	Desvio padrão de corpos de prova cúbicos de tamanho:		
	70,6 mm (MPa)	127 mm (MPa)	152 mm (MPa)
A	2,75	2,09	1,39
B	1,50	1,12	0,97
C	1,45	1,03	0,97
D	1,74	1,36	1,05

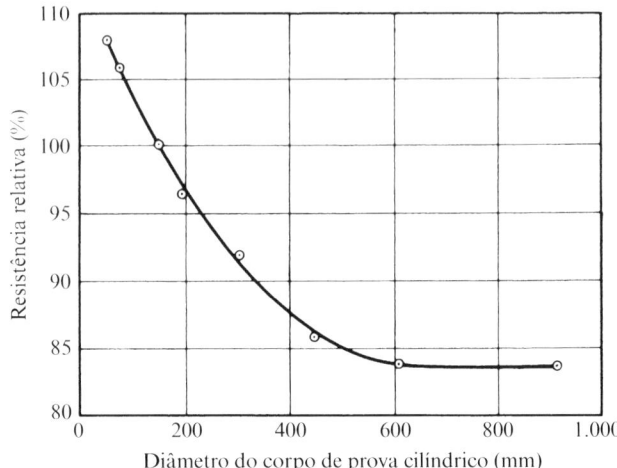

Figura 12.18 Resistência à compressão de corpos de prova cilíndricos de diferentes tamanhos.[12.38]

Os diversos resultados de ensaios sobre os efeitos do tamanho são de interesse, já que esses efeitos são atribuídos a várias causas, como efeito parede, relação entre o tamanho do corpo de prova e a dimensão máxima do agregado, tensões internas geradas pelas diferenças de temperatura e umidade entre a superfície e o interior do corpo de prova, tensão tangencial na superfície de contato entre os pratos da máquina de ensaio e o corpo de prova devida ao atrito ou à deformação do prato e diferenças na eficácia da cura. Esta última sugestão, por exemplo, é contestada por Gonnerman[12.40] (Figura 12.19), cujos resultados mostram que corpos de prova de diferentes tamanhos e formas ganham resistência com a mesma velocidade. Em relação a esse tema, Day & Haque[12.90] demonstraram que a relação entre a resistência de corpos de prova cilíndricos de 150 × 300 mm e a de corpos de prova de 75 × 150 mm não é afetada pelo método de cura.

Dentro do espectro das dimensões dos corpos de prova utilizados normalmente, o efeito do tamanho sobre a resistência não é grande, mas é significativo e deve ser considerado em trabalhos de grande precisão e em pesquisas. A partir da análise de numerosos dados de ensaios,[12.65] foi sugerida uma relação geral entre a resistência à compressão do concreto e a forma e a dimensão do corpo de prova, em termos de $V/hd + h/d$, onde V é o volume do corpo de prova, h é sua altura e d é sua menor dimensão transversal. A Figura 12.20 mostra o ajuste dos dados experimentais à relação proposta. A validade da forma da relação para concretos de alta resistência também foi confirmada.[12.148]

Na tração direta, registrou-se que a resistência é proporcional a V^n, onde n varia entre $-0,02$ e $-0,04$, dependendo do tipo de agregado.[12.91] Portanto, caso corpos de prova cilíndricos de diâmetro igual a 150 mm possuíssem resistência igual a 1,0, corpos de prova de 50 mm teriam uma resistência de 1,05 a 1,08, enquanto, para os corpos de prova de 200 mm, a resistência estaria entre 0,97 e 0,99. O mesmo comportamento foi observado em corpos de prova prismáticos. Em relação ao coeficiente de varia-

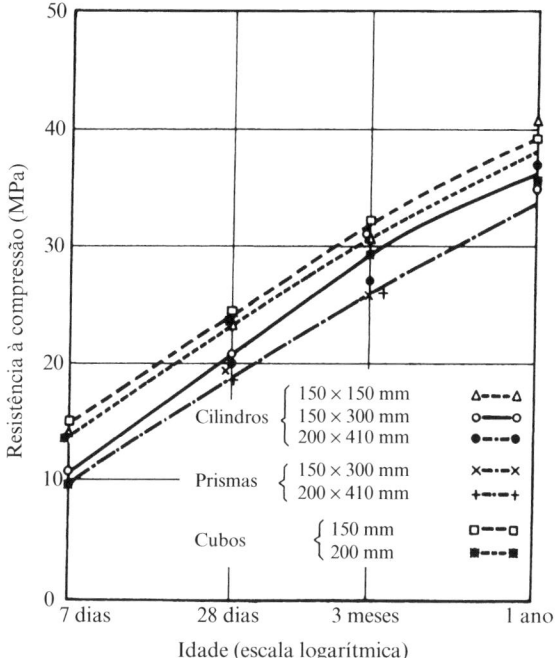

Figura 12.19 Efeito da idade sobre a resistência à compressão de corpos de prova de diferentes formas e tamanhos (mistura 1:5, em volume).

ção, verificou-se que ele diminui conforme o tamanho do corpo de prova aumenta.[12.91] Torrent[12.92] confirmou que o volume de um concreto "altamente tensionado" exerce influência direta sobre a resistência do concreto em vários ensaios à tração. Essa descrição foi utilizada para designar concretos submetidos a até, aproximadamente, 95% da tensão máxima. A expressão de Torrent inclui o termo V^n, mas, em seus ensaios, n parece ser independente do tipo de agregado ou da relação água/cimento.

A discussão nesta seção mostra que, dentro do espectro de tamanhos usuais de corpos de prova, a influência do tamanho sobre a resistência média não é grande para a maioria dos fins práticos. Entretanto, devido à grande dispersão dos resultados obtidos com corpos de provas menores, eles devem ser utilizados em maior número para fornecer a mesma precisão da média. São necessários de cinco a seis corpos de prova cúbicos de concreto de 100 mm, em vez de três cubos de 150 mm[12.42] ou cinco cubos de argamassa de 13 mm, em vez de dois cubos de 100 mm.[12.43]

A substituição do conjunto de três corpos de prova cilíndricos de 150 × 300 mm, geralmente utilizados para ensaios de resistência à compressão, por corpos de prova cilíndricos de 75 × 150 mm implica um aumento do coeficiente de variação dos resultados da resistência aos 28 dias de, tipicamente, 3,7 para 8,5%.[12.88] Esse aumento da variabilidade é uma severa desvantagem da utilização de corpos de prova menores.

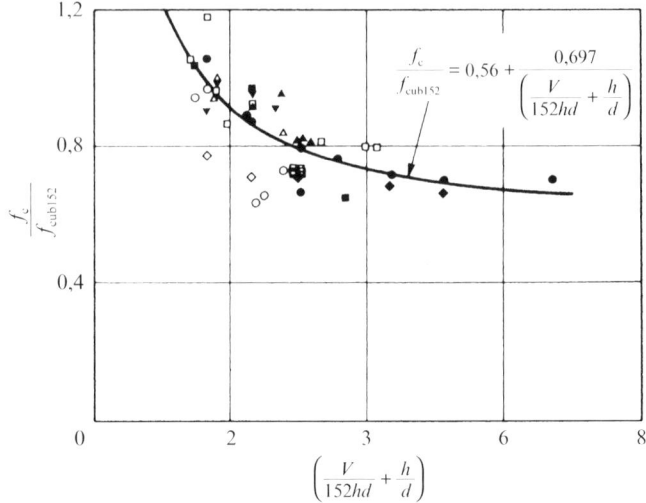

Figura 12.20 Relação geral entre a relação da resistência de corpos de prova (f_c) com a resistência de cubos de 152 mm (f_{cub152}) e $V/152hd + h/d$, onde V é o volume do corpo de prova, h é sua altura e d é sua menor dimensão transversal (todas as dimensões em mm).

Tamanho do corpo de prova e do agregado

Caso a dimensão máxima do agregado seja grande em relação à dimensão do molde, o adensamento do concreto e a uniformidade da distribuição das partículas maiores do agregado são afetados. Isso é conhecido como *efeito parede*, devido à parede influenciar a compactação do concreto: a quantidade de argamassa necessária ao preenchimento do espaço entre a parede e as partículas do agregado graúdo é maior do que a necessária no interior da massa e, portanto, maior do que a quantidade de argamassa disponível em um concreto bem proporcionado (Figura 12.21). Em ensaios em corpos de prova cúbicos de 101,6 mm de concretos com agregados de 19,05 mm, foi constatada a necessidade de um aumento de 10% na quantidade de areia, em relação à massa total de agregado, para a obtenção do adensamento pleno, em comparação a um concreto utilizado em uma seção de dimensões infinitas.[12.44] Para compensar essa deficiência de material fino durante a produção real de corpos de prova, deveria ser adicionada argamassa do restante da mistura.

O efeito parede é mais pronunciado quanto maior for a relação superfície/volume do corpo de prova e, portanto, é menor em corpos de prova para ensaios à flexão do que em cubos ou cilindros.

Para minimizar o efeito parede, várias normas estabelecem a dimensão mínima do corpo de prova em relação à dimensão máxima do agregado. As normas britânicas BS 1881-108:1983 e BS 1881-110:1983 (ambas canceladas) admitem, respectivamente, a utilização de cubos de 100 mm e de cilindros de 100 × 200 mm com agregados de dimensão máxima de 20 mm. Cubos de 150 mm e cilindros de 150 × 300 mm podem ser usados com agregados de até 40 mm. A ASTM C 192-07 estabelece que o diâmetro do

Figura 12.21 Efeito parede.

corpo de prova cilíndrico ou a dimensão mínima do prisma seja, no mínimo, três vezes a dimensão nominal máxima do agregado.

Em algumas situações, quando a dimensão do agregado excede o valor admitido para o molde a ser utilizado, admite-se a separação do agregado de tamanho superior por peneiramento. Essa operação é denominada *peneiramento do concreto fresco* e deve ser realizada de forma rápida para evitar a secagem; o material peneirado deve ser misturado manualmente mais uma vez. Embora possa ser esperado que a relação água/cimento do concreto peneirado não seja alterada, tanto o teor de cimento quanto de água aumentam, e, geralmente, observa-se um aumento da resistência. Por exemplo, foi relatado que o peneiramento de partículas maiores do que 19,05 mm de uma mistura originalmente produzida com agregado de dimensão máxima de 38,1 mm implicou aumentos de 7% na resistência à compressão e de 15% na resistência à flexão.[12.45] Em outro projeto, o peneiramento de partículas contidas na fração de 38,1 a 152,4 mm resultou em um aumento da resistência à compressão de 17 a 29%.[12.7] Em concretos com ar incorporado, o peneiramento do concreto fresco produz alguma perda de ar e, consequentemente, o aumento da resistência.

Esses dados mostram não somente o efeito da alteração da composição da mistura mas também a influência da dimensão máxima do agregado em si (ver página 180).

Os dados limitados do efeito do peneiramento do concreto fresco sobre a resistência à tração direta[12.87] não possibilitam uma conclusão geral.*

Ensaios em testemunhos

O objetivo fundamental da determinação da resistência de corpos de prova de concreto é estimar a resistência do concreto na estrutura real. A palavra "estimar" é enfatizada, e, de fato, não é possível obter nada mais do que uma indicação da resistência do con-

---

* N. de R.T.: A NBR 5738:2015 estabelece que o corpo de prova deve ser, no mínimo, três vezes maior do que a dimensão nominal máxima do agregado graúdo do concreto. O peneiramento é permitido para a separação dos agregados de dimensão excedente. O procedimento de peneiramento é normalizado pela NBR NM 36:1998.

creto na estrutura, devido a ela ser, entre outras coisas, dependente da adequação do adensamento e da cura. Conforme mostrado anteriormente neste capítulo, a resistência do corpo de prova depende de sua forma, suas proporções e seu tamanho, de modo que o resultado do ensaio não indica o valor da resistência *intrínseca* do concreto. Apesar disso, se, entre dois conjuntos de corpos de prova similares produzidos a partir de dois concretos, um deles for mais resistente (em nível estatístico significativo), será sensato concluir que o concreto representado por esses corpos de prova também é mais resistente. Existem alguns métodos para a determinação da resistência do concreto em campo, mas deve ser ressaltada a limitação para a interpretação dos dados.

Caso a resistência à compressão obtida em corpos de prova padrão seja menor do que o valor especificado, ou o concreto na estrutura também possui um valor inferior ou o corpo de prova não representa fielmente o concreto da estrutura. Esta última hipótese é frequentemente apresentada em disputas sobre a aceitação ou não de uma parte suspeita da estrutura. Os corpos de prova podem ter sido movimentados durante a pega, expostos ao congelamento antes de alcançar resistência suficiente ou curados de forma inadequada – ou os resultados são simplesmente questionados.

A discussão é frequentemente resolvida por ensaios em testemunhos de concreto extraídos do elemento suspeito. Caso o objetivo seja determinar a resistência *potencial* do concreto utilizado, devem ser feitas correções em relação às condições reais.* Os testemunhos também podem ser extraídos para a determinação da resistência *real* do concreto na estrutura. A diferença entre os dois objetivos deve estar clara quando os resultados forem analisados. A escolha dos locais das extrações também depende do objetivo do ensaio. Eles podem ser: a estimativa da resistência de uma parte crítica da estrutura ou de uma parte com suspeita de ter sido danificada – pelo congelamento, por exemplo; ou, alternativamente, a estimativa de um valor representativo para toda a estrutura, caso em que uma escolha aleatória dos locais de extração é interessante.

Os testemunhos também podem ser utilizados para detectar segregação e falhas de concretagem ou para verificar a aderência entre juntas de concretagem ou a espessura de um pavimento.

Os testemunhos são extraídos por uma broca rotativa com coroa de diamante. Desse modo, é obtido um corpo de prova cilíndrico, algumas vezes contendo fragmentos de armadura e normalmente com superfícies das bases não planas e perpendiculares. O testemunho deve ser imerso em água, capeado e ensaiado à compressão em condição úmida, conforme a BS EN 12504-1:2000 ou a ASTM C 42-04. Entretanto, o ACI 318-02[12.124] especifica a condição de umidade correspondente ao ambiente de serviço. Ensaios japoneses[12.116] mostraram que o ensaio em condição seca resulta em valores de resistência, tipicamente, cerca de 10% mais elevados do que os ensaios realizados em condição úmida.

A influência da relação altura/diâmetro do testemunho sobre a resistência obtida foi considerada na página 617. Caso a resistência dos testemunhos seja relacionada à re-

---

* N. de R.T.: No original, é utilizada a expressão *potential strength*, mas, no Brasil, essa expressão é normalmente utilizada para o valor obtido no ensaio do corpo de prova de concreto moldado, curado e ensaiado em condições normalizadas, ou seja, para a máxima resistência possível de ser obtida por um determinado concreto. Para o valor da resistência do concreto na estrutura, são utilizadas as expressões "resistência efetiva" ou "resistência real".

sistência de corpos de prova cilíndricos padrão (com relação h/d igual a 2), essa relação, no testemunho, deve ser aproximada a 2. Quando são utilizados cubos como corpos de prova padrão, existem algumas vantagens no uso de testemunhos com relação h/d igual a 1, devido aos cilindros com essa relação resultarem em uma resistência bastante próxima à obtida em cubos. Para relações entre 1 e 2, deve ser aplicado um fator de correção. Meininger et al.[12.83] observaram que esse fator é o mesmo para testemunhos ensaiados em condição úmida ou seca, mas inferior ao indicado pela ASTM C 42-04 (ver Tabela 12.1).

Testemunhos com relações h/d inferiores a 1 apresentam resultados não confiáveis, e a BS EN 12504-1:2009 prescreve um valor mínimo de 0,95 antes do capeamento, mas, segundo a BS 1881-120:1983, a espessura do capeamento não deve exceder 10 mm em nenhuma posição.* Essa limitação deve ser atendida, embora, na prática, a altura do testemunho possa ser determinada pela espessura do concreto. É possível a montagem de corpos de prova a partir de testemunhos extraídos de pequenas dimensões.[12.96]

Uso de testemunhos de pequenas dimensões

Tanto as normas britânicas quanto as americanas especificam o valor de 94 mm como diâmetro mínimo do testemunho, com a ressalva de que esse diâmetro deve ser, pelo menos, três vezes a dimensão máxima do agregado; a ASTM C 42-04, entretanto, admite como valor mínimo absoluto a relação entre os dois tamanhos igual a 2.

Apesar disso, há circunstâncias em que somente testemunhos de reduzidas dimensões podem ser extraídos, seja devido ao risco de dano estrutural, seja devido à densidade da armadura, ou, ainda, por razões estéticas. Nesses casos, algumas normas admitem o uso de testemunhos com diâmetro de 50 mm. Esses testemunhos pequenos podem infringir a exigência da relação mínima entre o diâmetro do testemunho e a dimensão do agregado, e a operação de extração pode influenciar a aderência entre o agregado e a pasta de cimento endurecida circundante.[12.98] Ensaios[12.127] mostraram que, quando a dimensão máxima do agregado é 20 mm, testemunhos de 50 mm resultam em uma resistência aproximadamente 10% inferior à de testemunhos de 100 mm. Outros ensaios[12.110] realizados aos 28 dias em corpos de prova cúbicos com resistências entre 20 e 60 MPa, indicaram diferenças entre 3 e 6%. Uma boa correlação entre a resistência de testemunhos de 28 mm de diâmetro e a resistência de cubos foi obtida em ensaios laboratoriais em concretos com agregados de dimensão máxima entre 30 e 25 mm[12.78] (ver Figura 12.22).

De modo geral, tendo em vista os numerosos fatores influentes na resistência de testemunhos, em comparação com a relativa uniformidade dos corpos de prova padrão

---

* N. de R.T.: As normas NBR 7680-1:2015, versão corrigida 2015, e NBR 7680-2:2015 tratam da extração, do preparo, do ensaio e da análise de testemunhos. A primeira se aplica a testemunhos cilíndricos e à resistência à compressão, e a segunda, a testemunhos prismáticos e à resistência à tração na flexão. Segundo a primeira parte da norma 7680, a relação h/d não deve ser maior do que 2 ou menor do que 1 após o preparo das bases. Somente no caso da impossibilidade de obtenção de testemunhos com a altura mínima é permitida a montagem de corpos de prova a partir de testemunhos de pequenas dimensões. Em relação à condição de umidade no ensaio, quando o concreto da região da estrutura em análise não estiver em contato com a água, os ensaios devem ser realizados após armazenamento em exposição ao ar no ambiente de laboratório por, no mínimo, 72 horas. Caso o concreto da estrutura esteja em contato com a água, os testemunhos devem ser mantidos em tanque de cura ou em câmara úmida por, no mínimo, 72 horas, sendo ensaiados saturados.

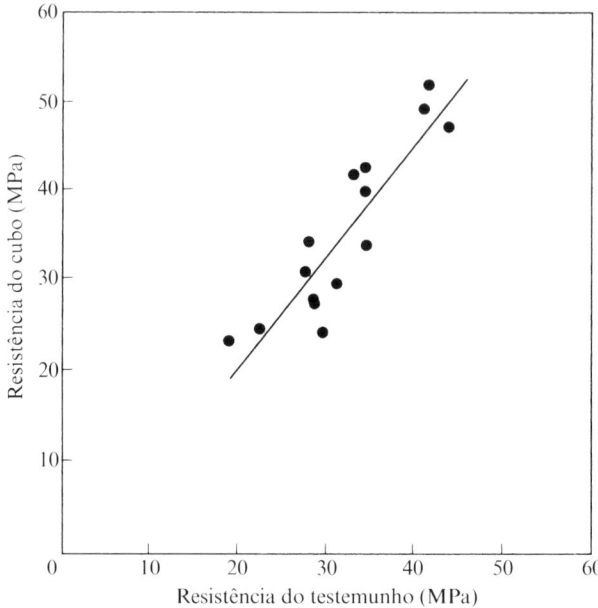

Figura 12.22 Relação entre a resistência de testemunhos de 28 × 28 mm e a resistência de cubos de 150 mm, com dimensão máxima do agregado entre 25 e 30 mm.[12.78]

moldados, o efeito do tamanho do testemunho pode ser considerado sem importância. Entretanto, testemunhos pequenos possuem maior variabilidade do que testemunhos de dimensões padrão. Os valores típicos[12.100] dos coeficientes de variação são de 7 a 10% para testemunhos de 50 mm e de 3 a 6% para testemunhos de 150 mm. É possível, então, concluir que, para uma determinada precisão da estimativa da resistência, a quantidade requerida de testemunhos de 50 mm é, provavelmente, três vezes maior do que a quantidade julgada adequada para testemunhos de 100 ou 150 mm. Da mesma forma, quando o diâmetro do testemunho é menor do que três vezes a dimensão máxima do agregado, um maior número de testemunhos deve ser ensaiado.*

Fatores influentes na resistência dos testemunhos

A resistência dos testemunhos é, em geral, menor do que a de corpos de prova cilíndricos padrão, em parte devido aos procedimentos de extração e em parte pela condição de cura em campo ser quase invariavelmente inferior à cura prescrita para os corpos

---

* N. de R.T.: A NBR 7680-1:2015, versão corrigida 2015, estabelece que o diâmetro mínimo preferencial deve ser maior ou igual a 100 mm. Em casos de concentração excessiva de armaduras, é permitida a extração de testemunhos de diâmetro de 75 mm. Em algumas situações específicas, desde que acordado entre os envolvidos, podem ser utilizados testemunhos com diâmetro menor do que 75 mm (de, no mínimo, 50 mm), sendo que, nesses casos, o número mínimo de testemunhos deve ser o dobro em relação às outras dimensões.

de prova padrão. Entretanto, mesmo com uma extração cuidadosa, existe um elevado risco de danos. Esse efeito parece ser maior em concretos mais resistentes, e foi sugerido por Malhotra[12.99] que a redução na resistência possa chegar a 15% para concretos de 40 MPa. A Concrete Society[12.100] considera razoável uma redução de 5 a 7%.

Entretanto, há dificuldade em distinguir o efeito da extração, já que o histórico de cura dos testemunhos é, forçosamente, diferente do histórico de cura dos corpos de prova moldados. Essa dificuldade é reforçada pelo fato de o histórico exato de cura da estrutura ser normalmente de difícil determinação, de modo que o efeito da cura sobre resistência de testemunhos é incerto. Para estruturas curadas conforme as práticas recomendadas, Petersons[12.67] registrou que a relação entre a resistência de testemunhos e a resistência de corpos de prova cilíndricos padrão (de mesma idade) é sempre menor do que 1 e que diminui com o aumento da resistência do concreto. Valores aproximados dessa relação são: pouco menor do que 1 quando a resistência do cilindro é 20 MPa e 0,7 quando esse valor é 60 MPa.

Como os testemunhos, frequentemente, são extraídos após os corpos de prova cilíndricos terem sido ensaiados aos 28 dias, podem não existir corpos de prova de idade comparável à idade dos testemunhos, mas, de vez em quando, surgem argumentos de que testemunhos extraídos de concretos com vários meses de idade devam possuir resistência mais elevada do que aos 28 dias. Aparentemente, esse não é caso na prática (ver Figuras 12.23 e 12.24), e existem evidências de que o concreto em campo, em geral, ganha pouca resistência após 28 dias.[12.102, 12.103] Ensaios em concretos de alta resistência[12.112] mostram que, embora a resistência dos testemunhos aumente com a idade, essa resistência, mesmo até a idade de um ano, permanece menor do que a resistência aos 28 dias de um corpo de prova cilíndrico padrão, conforme mostrado na Tabela 12.3.

Esses resultados corroboram a opinião de Petersons[12.104] de que, em condições usuais, o aumento da resistência após 28 dias é de 10% aos três meses e de 15% aos seis meses. Portanto, o efeito da idade não é de fácil consideração, mas, na falta de uma cura bem realizada, não deve ser esperado nenhum aumento na resistência com a idade e nenhuma correção deve ser utilizada na interpretação dos resultados da resistência dos testemunhos.[12.100]

O local na estrutura da extração do testemunho pode influenciar sua resistência. Caso o testemunho tenha sido obtido de um concreto submetido à tração, sua resistência pode ser baixa, devido à presença de fissuras;[12.114] isso pode resultar em uma ideia falsa sobre a resistência do concreto da estrutura.

A posição do testemunho em relação ao sentido de lançamento também é relevante. Os testemunhos, normalmente, possuem menor resistência na região próxima à camada superior da estrutura, seja ela um pilar, uma parede, uma viga ou uma laje. Com o aumento da distância em relação à superfície, a resistência do testemunho aumenta,[12.67] mas, após cerca de 300 mm, não há mais incremento. A diferença pode chegar a 10 ou até 20%. No caso de lajes, a cura inadequada reforça essa diferença. As resistências à compressão e à tração são igualmente afetadas.[12.105] Esse modelo de comportamento, entretanto, não é geral, pois alguns ensaios não indicaram variação significativa da resistência do testemunho com a altura.[12.112] Provavelmente, essa variação da resistência se deve à água exsudada aprisionada, aliada a variações no adensamento. Quando esses fatores não ocorrem, não há variação da resistência com a altura.

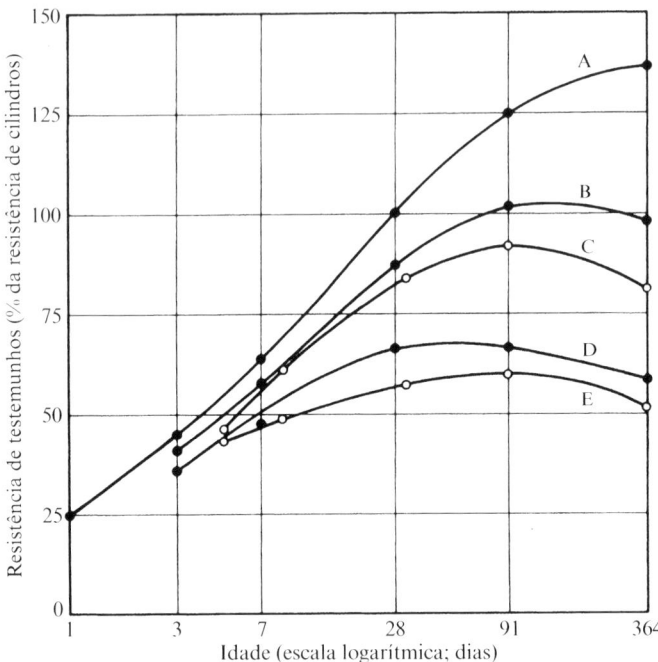

Figura 12.23 Desenvolvimento da resistência com o tempo de testemunhos de concreto produzidos com cimento Tipo I, expresso como uma porcentagem da resistência aos 28 dias de corpos de prova cilíndricos padronizados (38 MPa): (A) corpo de prova cilíndrico padrão; (B) testemunho extraído de laje bem curada, ensaiado em condição seca; (C) testemunho extraído de laje bem curada, ensaiado em condição úmida; (D) testemunho extraído de laje com cura inadequada, ensaiado em condição seca; e (E) testemunho extraído de laje com cura inadequada, ensaiado em condição úmida.[12.101]

A presença de água de exsudação aprisionada também pode ser, em parte, responsável pela influência citada da orientação do testemunho (vertical ou horizontal) sobre sua resistência. Verificou-se que testemunhos extraídos horizontalmente possuem um valor de resistência, normalmente, 8% menor.[12.106] Esse efeito é similar ao efeito da água de exsudação na resistência de corpos de prova cúbicos (ver página 613).

As expressões de conversão da BS EN 12504-1:2009 distinguem testemunhos extraídos horizontalmente daqueles extraídos verticalmente, e a relação da resistência entre o primeiro e o segundo é igual a 0,92. Entretanto, caso não exista água de exsudação aprisionada no concreto, essa correção pode não ser válida. É possível, também, que as dificuldades na extração horizontal contribuam para a menor resistência desses testemunhos.

A norma britânica BS EN 12504-1:2009 também apresenta fatores de correção que consideram o enfraquecimento devido à presença de armadura transversal no testemunho. Embora alguma influência da presença de armadura na resistência seja esperada, as informações sobre esse tema são contraditórias. Publicações de Malhotra[12.99] e de Loo et al.[12.132] citam alguns ensaios em que não foi observada redução da resistência e outros em

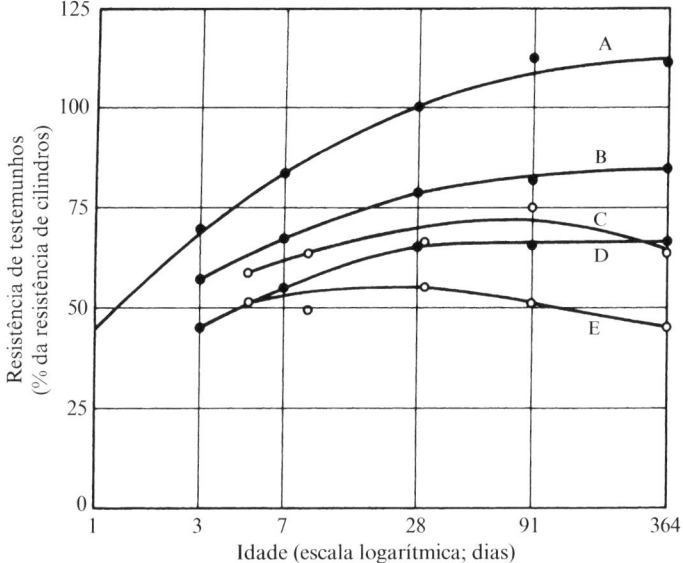

Figura 12.24 Desenvolvimento da resistência com o tempo de testemunhos de concreto produzidos com cimento Tipo III, expresso como uma porcentagem da resistência aos 28 dias de corpos de prova cilíndricos padronizados (38 MPa): (A) corpo de prova cilíndrico padrão; (B) testemunho extraído de laje bem curada, ensaiado em condição seca; (C) testemunho extraído de laje bem curada, ensaiado em condição úmida; (D) testemunho extraído de laje com cura inadequada, ensaiado em condição seca; e (E) testemunho extraído de laje com cura inadequada, ensaiado em condição úmida.[12.101]

que a redução variou entre 8 e 18%. A redução parece ser maior quando a relação altura/diâmetro do testemunho é igual a 2 do que para relações menores.[12.132] A Concrete Society[12.100] também cita uma diminuição da resistência em função da posição da armadura. O efeito será maior quanto mais distante a armadura estiver das bases do testemunho.

Tabela 12.3 Desenvolvimento da resistência de testemunhos[2] com a idade (baseada na referência 12.112)

	Resistência (MPa)		Resistência do testemunho em relação à resistência aos 28 dias de cilindros padrão
Idade (dias)	Corpos de prova cilíndricos padrão	Testemunhos	
7	66,0	57,9	0,72
28	80,4	58,5	0,73
56	86,0	61,2	0,76
180	97,9	70,6	0,88
365	101,3	75,4	0,94

[2] Testemunhos extraídos de pilares curados com uma película de cura.

Os ensaios de Loo *et al.*[12.132] confirmaram que a armadura transversal em um testemunho com relação *h/d* igual a 2 causa a redução de sua resistência, mas o efeito é decrescente com a diminuição da relação *h/d*. Quando essa relação é 1, a armadura não exerce efeito sobre a resistência medida, independentemente de sua posição no testemunho. Esse efeito está relacionado com a distribuição de tensões em cilindros com vários valores de relação altura/diâmetro (ver página 619). Quando essa relação é igual a 1, ou em um cubo, não há tensão transversal de tração no corpo de prova, e a armadura é suficientemente capaz de resistir à compressão vertical.*

Tendo em vista os diversos fatores envolvidos e os dados conflitantes, não há nenhum fator confiável que considere a presença de armadura transversal. A melhor solução, se possível, é extrair testemunhos de locais que não contenham armadura, não somente devido às complicações na determinação da resistência, mas, mais importante, devido ao corte da armadura poder causar consequências estruturais altamente indesejáveis. A presença de armadura paralela ao eixo do testemunho não é admissível em nenhuma situação.**

Relação entre a resistência dos testemunhos e a resistência da estrutura

Deve ser enfatizado que a resistência dos testemunhos, convertida em resistências de cilindros de dimensões padronizadas ou de cubos, representa, na melhor das hipóteses, a resistência do concreto em campo. Essas resistências não devem ser *equiparadas* à resistência de corpos de prova *padrão*, a qual representa a resistência potencial de um determinado concreto (ver página 606). De fato, a partir da revisão apresentada sobre os diversos fatores influentes na resistência dos testemunhos, fica visível que não é tarefa fácil a *análise* de sua resistência em relação à resistência especificada aos 28 dias. Vários relatos[12.99,12.103] sugerem que, mesmo com excelentes condições de lançamento e de cura, a resistência dos testemunhos tem pouca probabilidade de atingir mais do que 70 a 85 % da resistência de corpos de prova padrão. Essa hipótese é adotada pelo ACI 318-08,[12.124] que considera que o concreto da parte da estrutura representada pelo testemunho será adequado se a resistência média de três testemunhos for, pelo menos, 85% da resistência especificada e se nenhum valor individual apresentar resistência inferior a 75% do valor especificado. Não é realizada nenhuma correção em relação à idade. Deve ser destaca-

---

* N. de R.T.: A NBR 7680-1:2015, versão corrigida 2015, estabelece coeficientes para corrigir as interferências nos resultados dos ensaios. São quatro coeficientes (k_1, k_2, k_3 e k_4), relativos, respectivamente, a: relação *h/d*; efeito do broqueamento em função do diâmetro do testemunho; direção da extração em relação ao lançamento do concreto; e efeito da umidade do testemunho.

** N. de R.T.: Em relação às armaduras, a NBR 7680-1:2015, versão corrigida 2015, cita que, visando à integridade da estrutura, armaduras não podem ser cortadas, devendo ser utilizado um detector de metais para evitar o corte. Os testemunhos devem ser íntegros, sem fissuras, segregações, ondulações e não podem conter materiais estranhos. Os testemunhos que contenham os defeitos citados devem ser descartados. Em relação a barras de aço, são admitidos testemunhos que contenham barras de aço em direção ortogonal (ângulo variável entre 80 e 100°) ao eixo, desde que as barras tenham diâmetro nominal máximo de 10 mm. A existência de barras cruzadas, na mesma seção, dentro do terço médio da altura do testemunho, ou a falta de aderência da barra ao concreto é motivo para descarte do testemunho. Apesar disso, é feita a observação que, sempre que possível, devem ser eliminadas barras eventuais existentes em testemunhos com fins de ensaio de resistência à compressão.

do que, segundo o ACI 318-95, os testemunhos são ensaiados em condição seca caso a estrutura esteja nessa condição em serviço, o que deve resultar em maior resistência do que se ensaiados conforme as normas americana e britânica (ver página 626). Portanto, as exigências apresentadas são relativamente favoráveis.

É interessante destacar que "a tolerância de 85%" é aplicada também ao concreto projetado, conforme o ACI 506.2-90.[12.133] Entretanto, uma vez que o concreto projetado é aceito com base na resistência de testemunhos, e não de corpos de prova moldados, não existe razão lógica para essa "tolerância".[12.111]

Em algumas situações, podem ser extraídos prismas de pavimentos rodoviários ou aeroportuários, pela utilização de serras de diamante ou de carbeto de silício. Esses testemunhos são empregados em ensaios à flexão conforme a ASTM C 42-04, mas, pelo menos quando são utilizados agregados silicosos, os resultados desses ensaios são significativamente inferiores aos de ensaios em prismas semelhantes moldados.[12.23] O corte de prismas não é muito usado, e os meios de evitar seu uso foram discutidos na página 624.

Ensaio de corpos de prova cilíndricos moldados no local

Tem sido repetidamente citado que o ensaio de corpos de prova padrão à compressão mostra uma medida da resistência potencial do concreto, e não da resistência do concreto na estrutura. O valor desta última não pode ser obtido diretamente de ensaios em corpos de prova produzidos à parte. Além disso, em algumas situações, é necessário determinar a resistência do concreto na estrutura real, por exemplo, para fins de decidir o momento da remoção de fôrmas, da aplicação de protensão ou da submissão da estrutura a carregamento. Também pode ser o objetivo a verificação da eficácia da cura ou da proteção contra o congelamento.

Um modo de obtenção da informação necessária é pelo uso de corpos de prova cilíndricos moldados no local, a partir de moldes removíveis. Esses moldes especiais são fixados em suportes tubulares no interior das fôrmas da estrutura, antes do lançamento do concreto, conforme mostrado na Figura. 12.25. Esse método de ensaio é de uso restrito a lajes com espessuras de 125 a 300 mm e é normalizado pela ASTM C 873-04. Os moldes são preenchidos durante o lançamento do concreto nas fôrmas das lajes, e, portanto, as condições de cura e de temperatura da laje e do corpo de prova são similares.[12.122] Ainda assim, o adensamento do concreto no molde não é idêntico ao adensamento do concreto na estrutura. Em consequência, a resistência desses corpos de prova é adotada pela ASTM C 873-04 como sendo cerca de 10% mais elevada do que a resistência de testemunhos extraídos de regiões vizinhas.*

---

* N. de R.T.: A NBR 5738:2015 especifica um procedimento para a obtenção de corpos de prova destinados à verificação das condições de proteção e de cura do concreto. Os corpos de prova são moldados de maneira convencional, e, após a desmoldagem, devem ser armazenados sobre a estrutura, no local mais próximo possível de onde foi extraída a amostra de concreto. Esses corpos de prova devem receber as mesmas proteções contra as ações climáticas e a mesma cura que a estrutura. Após a cura, devem permanecer no mesmo local e ser expostos às mesmas condições de exposição que a estrutura, até o envio ao laboratório. No caso de ensaios aos 28 dias de idade, os corpos de prova devem permanecer na obra, última condição de exposição citada, por um prazo mínimo de 21 dias. Para ensaios em outras idades, o tempo de permanência nas condições da obra deve ser de, pelo menos, 3/4 da idade de ensaio.

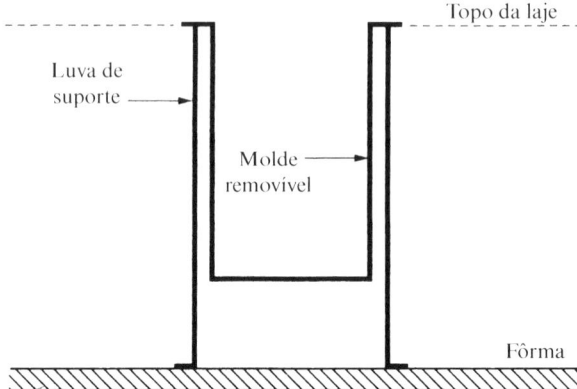

Figura 12.25 Representação esquemática de um molde para corpos de prova cilíndricos moldados no local.

O tema da resistência do concreto em estruturas será resumidamente analisado na página 652.

Influência da velocidade de aplicação da carga sobre a resistência

No intervalo de velocidades com que uma carga pode ser aplicada ao concreto, a velocidade de aplicação da carga exerce um considerável efeito sobre a resistência aparente do concreto. Quanto menor for a velocidade de aumento da tensão, menor será a resistência registrada. Provavelmente, isso é causado pelo incremento da deformação com o tempo devida à fluência, e, quando a deformação-limite é atingida, ocorre a ruptura. Verificou-se que o carregamento à compressão por um período de 30 a 240 minutos causa a ruptura em valores entre 84 e 88% da resistência final obtida quando a carga é aplicada a uma velocidade próxima de 0,2 MPa/s.[12.27] O concreto pode suportar indefinidamente somente tensões de até 70% da resistência determinada sob uma carga aplicada à velocidade de 0,2 MPa/s.[12.28]

A Figura 12.26 mostra que o incremento da velocidade de aplicação da tensão de compressão de 0,7 kPa/s para 70 GPa/s dobra a resistência aparente do concreto. Um estudo conduzido por Raphael[12.52] sobre ensaios em concreto utilizado em barragens sugere que o aumento da velocidade de aplicação da tensão de compressão em três ordens de grandeza (que pode ocorrer em casos de sismos) aumenta a resistência em cerca de 30%. Entretanto, dentro do intervalo prático das velocidades de carregamento em corpos de prova à compressão, variável entre 0,07 e 0,7 MPa/s, a resistência medida varia somente entre 97 e 103% da resistência a 0,2 MPa/s.

Apesar disso, para que os resultados de ensaios sejam comparáveis, a tensão deve ser aplicada com uma velocidade padronizada. A velocidade de carregamento de corpos de prova à compressão prescrita pela ASTM C 39-09a varia entre 0,20 e 0,30 MPa/s, embora uma velocidade maior possa ser aplicada durante a primeira metade do carre-

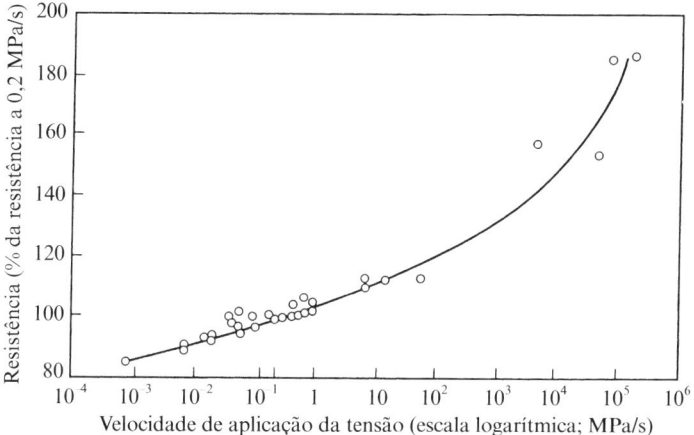

Figura 12.26 Influência da velocidade de aplicação da carga sobre a resistência à compressão do concreto.[12.27]

gamento. A norma britânica BS EN 12390-3:2009 estabelece o intervalo de velocidades entre 0,2 e 1,0 MPa/s, que deve ser mantido em toda a aplicação da carga.*

Os resultados de ensaios à flexão são afetados pela velocidade de carregamento de maneira similar aos ensaios à compressão. Foi observado que o aumento da velocidade de incremento da tensão na face tracionada do prisma de 2 para 130 kPa/s resulta em um aumento do módulo de ruptura de aproximadamente 15%.[12.20] O módulo de ruptura aumenta linearmente com o logaritmo da velocidade de aplicação da tensão, mas, em velocidades muito altas de aplicação da tensão de tração, aparentemente, ocorre um afastamento da linearidade, com a velocidade de aumento da resistência crescendo a uma taxa ainda maior. Esse comportamento é similar ao observado em tensões de compressão (Figura 12.26). A uma velocidade de 170 MPa/s, foi registrado um valor do módulo de ruptura 40 a 60% maior do que a 27 kPa/s.[12.27] A norma britânica BS EN 12390-5:2009 estabelece uma velocidade de aumento na face tracionada entre 0,04 e 0,06 MPa/s, e a ASTM C 78-09 especifica uma velocidade entre 0,86 e 1,21 MPa/min.**

É válido ressaltar que a capacidade de deformação por tração, de interesse para o controle de fissuração em concreto massa, depende da velocidade do aumento da tensão de tração. Liu & McDonald[12.89] registraram que, em menores velocidades de carregamento (0,17 MPa/semana), a capacidade de deformação é de 1,1 a 2,1 vezes maior do que quando a velocidade de carregamento é 5 kPa/s. A magnitude desse aumento, provavelmente decorrente da fluência, depende da resistência à flexão e do módulo de elasticidade do concreto. O aumento é maior para resistências mais elevadas e para menores valores de módulo de elasticidade.[12.89]

---

* N. de R.T.: A NBR 5739:2007 determina que a velocidade de aplicação da carga nos ensaios de resistência à compressão deve ser 0,45 ± 0,15 MPa/s, sendo mantida constante durante todo o ensaio.

** N. de R.T.: A NBR 12142:2010 prescreve uma velocidade de 0,9 a 1,2 MPa/min.

Dilger et al.[12.68] observaram um aumento na capacidade de deformação por compressão em menores velocidades de aumento da deformação.

A influência da velocidade de deformação na resistência obtida é maior para a tração direta, intermediária para a flexão e menor para a compressão[12.54] (Figura 12.27). Em geral, concretos de maiores resistências apresentam menor sensibilidade à velocidade de deformação.

Ensaios com cura acelerada

O concreto, normalmente, é lançado em etapas ou em camadas, uma sobre a outra. Assim, no momento em que os resultados de ensaios aos 28 dias, ou até mesmo aos sete dias, estão disponíveis, uma quantidade razoável de concreto já foi lançada sobre o concreto representado pelos corpos de prova em análise, sendo tarde para medidas corretivas, caso o concreto não possua resistência adequada. Caso seja muito mais resistente do que o necessário, os resultados indicam que a mistura utilizada é antieconômica. De fato, o controle da produção com 28 dias de atraso não é razoável.

Fica claro que seria uma grande vantagem ser capaz de prever a resistência aos 28 dias em poucas horas após o lançamento do concreto. A resistência em 24 horas não é um parâmetro confiável para isso, não somente devido aos diversos cimentos compostos desenvolverem resistência em velocidades variáveis mas também devido a variações de temperatura, mesmo pequenas, durante as primeiras horas após a moldagem exercerem considerável influência sobre a resistência inicial. Portanto, é necessário que o concreto desenvolva grande parte de sua resistência potencial antes do ensaio, e um método bem-sucedido, baseado em cura acelerada, foi desenvolvido por King[12.46] na metade da década de 1950. Com o passar do tempo, vários métodos de cura acelerada foram normalizados.

Todos esses métodos são baseados na aceleração do desenvolvimento de resistência de corpos de prova padronizados para ensaios à compressão por meio da elevação da temperatura do corpo de prova de concreto sem permitir a perda de água. Os detalhes

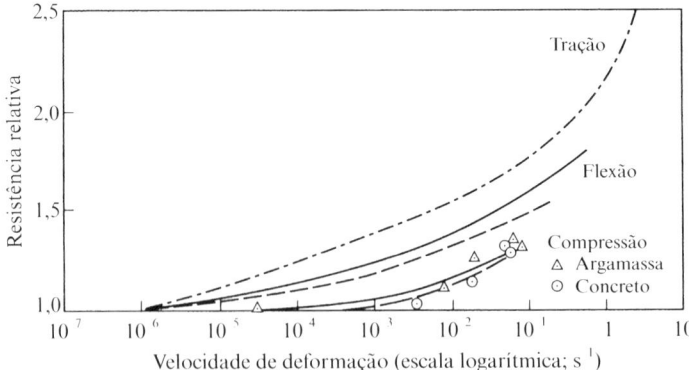

Figura 12.27 Influência da velocidade de deformação na resistência relativa (expressa como uma proporção da resistência à velocidade padrão de deformação) à tração, à flexão e à compressão (baseada na ref. 12.54, com permissão do editor [ASCE]).

dos diversos métodos de ensaio são dados nas respectivas normas, mas uma característica comum a esses ensaios é o fato de, da mesma forma que nos ensaios convencionais de resistência, a maioria das operações de ensaio ocorre durante o horário usual de trabalho, o que é vantajoso em obras onde o laboratório de campo não funcione ininterruptamente.

Quatro métodos de ensaio com cura acelerada são prescritos pela ASTM C 684-99 (03), e a descrição resumida de cada um é apresentada na Tabela 12.4. No método A, a elevação de temperatura decorre do calor de hidratação do cimento, com a função principal do banho-maria sendo a conservação do calor. O método B utiliza uma fonte adicional de calor pela ebulição da água. No método C, a cura ocorre sob condições adiabáticas, com o corpo de prova selado (para prevenir a perda de umidade) sendo colocado em um recipiente isolante. No método D, é usado um recipiente pressurizado a 10,3 MPa a uma temperatura de 149 °C. Neste último, é necessário equipamento específico,[12.130] e o tamanho do corpo de prova é limitado, de modo que, caso a dimensão máxima do agregado seja maior do que 25 mm, deve ser realizado o peneiramento do concreto fresco.

O uso da água em ebulição nos métodos B e D deve ser feito com cuidado, pois há risco de queimaduras e risco aos olhos, em decorrência da liberação súbita de vapor.

Existem três métodos britânicos, normalizados pela BS 1881-112:1983, e todos utilizam banho-maria. Um deles é similar ao método A da ASTM C 684-99 (03), usando banho-maria a 35 °C. O segundo e o terceiro métodos usam banho-maria a 55 e a 82 °C, respectivamente. Em todos os casos, a resistência é determinada na idade de até 24 horas. Os métodos britânicos e americanos diferem em relação à temperatura dos corpos de prova no momento do ensaio.*

Tabela 12.4 Resumo dos procedimentos de cura acelerada, conforme a ASTM C 684-99 (03)

Método de ensaio	Meio de cura	Temperatura de cura (°C)	Idade de início da cura acelerada	Duração da cura acelerada (horas)	Idade de ensaio (horas)
A: água quente	Água "isolante"	35	Imediatamente após a moldagem	23,5	24
B: água em ebulição	Aquecimento por água	100	23 horas	3,5	28,5
C: cura autógena	Calor de hidratação	Variável	Imediatamente após a moldagem	48	49
D: alta temperatura e pressão	Calor externo e pressão	149	Imediatamente após a moldagem	5	5,25

---

* N. de R.T.: A NBR 8045:1993 normaliza a determinação da resistência acelerada à compressão pelo método da água em ebulição. A cura acelerada é mantida por 3,5 horas, e o ensaio é realizado na idade de 28,5 horas.

É interessante analisar os efeitos dos procedimentos de cura específicos sobre os produtos de hidratação do cimento. Sabe-se que a temperatura influencia as características físicas desses produtos (ver página 375), mas existe também um efeito químico no caso do método da água em ebulição: a degradação da cristalinidade da etringita.[12.118] Entretanto, isso não afeta a utilidade desse método.

O método de cura autógena (método C da ASTM C 684-99 (03)) não resulta em uma aceleração uniforme do desenvolvimento da resistência, pois a natureza do cimento utilizado controla o aumento de temperatura, influenciando a velocidade da hidratação posterior. Além disso, a resistência é afetada pela quantidade de cimento da mistura de um modo diferente de quando é realizada uma cura normal. Apesar disso, é possível obter uma relação confiável entre a resistência acelerada e aquela aos 28 dias em cura normal. A forma da relação é: resistência aos 28 dias = resistência acelerada mais uma constante.[12.70]

De fato, todos os métodos de cura acelerada apresentam uma relação linear entre a resistência acelerada e a resistência de corpos de prova padrão aos 28 dias, mas cada método resulta em uma relação diferente. A Figura 12.28 mostra um exemplo dessa relação para o método B da ASTM C 684-99 (03), utilizando uma variedade de misturas contendo cinza volante de diferentes origens, mas somente um cimento Portland.[12.145]

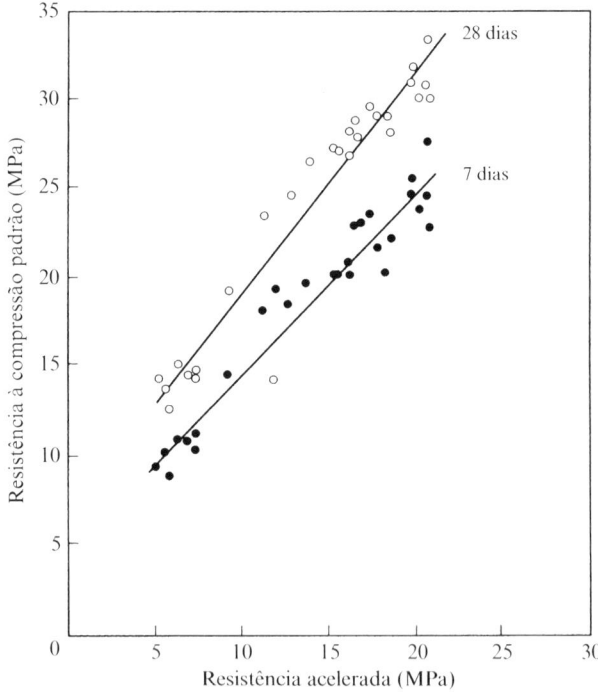

Figura 12.28 Relação entre a resistência acelerada, segundo o método B da ATSM C 684-89, e a resistência de corpos de prova cilíndricos padrão ensaiados aos sete e aos 28 dias.[12.145]

De forma geral, a equação específica que relaciona a resistência aos 28 dias de corpos de prova padrão à resistência acelerada varia conforme a composição dos cimentos. Alguns ensaios[12.108] mostraram que a dimensão máxima do agregado – mas não sua forma ou sua textura – também influencia a relação.

Segundo a BS 1881:112:1983, a cura a 35 °C resulta em maior sensibilidade da resistência acelerada a variações nas proporções das misturas. Por outro lado, ensaios em argamassa indicaram que a cura a 35 °C possui maior reprodutibilidade.[12.118]

Para estabelecer a relação entre as resistências aceleradas e a resistência aos 28 dias, com o objetivo de prever esta última, são necessários ensaios em um intervalo de resistências. O ACI 214.1R-81 (reaprovado em 1986)[12.21] especifica o uso de, pelo menos, três relações água/cimento. O coeficiente de correlação dessa equação é, em geral, bastante elevado, de modo que o intervalo de confiança, a 95%, é estreito, tendo sido observados valores menores do que 3 MPa.[12.120] Isso ocorre em razão de o ensaio de cura acelerada não ser mais variável do que o ensaio padrão aos 28 dias.[12.119]

Os métodos de cura acelerada também podem ser utilizados para a determinação da resistência à tração na flexão e por compressão diametral.[12.107]

Utilização direta da resistência acelerada

A citação anterior sobre a variabilidade dos resultados de ensaios de cura acelerada sugere que seja interessante o uso *direto* de ensaios de resistência acelerada para o controle de qualidade da produção do concreto, pois a disponibilidade antecipada de resultados possibilita o rápido ajuste das proporções da mistura ou a realização de alterações no processo produtivo.

Além disso, o fato de não existir uma relação singular entre a resistência acelerada e a resistência aos 28 dias levanta a questão de se o objetivo da determinação da primeira deve ser a "previsão" da última. Reconhecidamente, esse foi o impulso inicial para o desenvolvimento dos métodos de determinação de cura acelerada, mas não existe nada consagrado sobre a resistência aos 28 dias, especialmente quando os corpos de prova são curados em condições ideais, situação bastante diferente da cura usual em obra. Além do mais, a resistência real do concreto na estrutura é influenciada pelos graus de adensamento, de exsudação e de segregação. Assim, a resistência aos 28 dias de corpos de prova padrão não é mais representativa da resistência do concreto na estrutura do que a resistência dos corpos de prova submetidos à cura acelerada.

Portanto, é bastante razoável que a resistência acelerada possa ser utilizada como um indicativo da resistência potencial do concreto que foi entregue para o lançamento na estrutura ou, até mesmo, como uma medida da resistência potencial. Vale a pena citar Smith & Chojnacki,[12.69] que opinaram que "um procedimento apropriado de cura acelerada pode oferecer um meio mais conveniente e realístico para determinar se o concreto irá atender ao objetivo para o qual foi projetado". Isso foi escrito em 1963, e a substituição da rotina de uso de ensaios de resistência à compressão aos 28 dias pelos ensaios de resistência acelerada não tem avançado. Este último tipo de ensaio é melhor como ensaio de controle de qualidade, bem como de aceitação, devido a seu resultado estar disponível em um ou dois dias após o lançamento do concreto.

A dificuldade está na fixação dos engenheiros pelo ensaio tradicional. Para que a alteração ocorra, a concepção do projeto deve ser feita totalmente com base em valores de resistência acelerada. Como esses valores são menores do que os resultados padrão de resistência aos 28 dias, existe certa relutância na aceitação dos novos "números". O que não deve ser feito é aceitar o concreto em primeira instância pelo ensaio acelerado e exigir *também* o atendimento ao ensaio de resistência aos 28 dias. Esse procedimento seria muito rigoroso, pois, para uma determinada variabilidade do concreto, a probabilidade de aceitação nos dois procedimentos é menor do que em um deles. Como o ensaio acelerado e o de 28 dias possuem aproximadamente a mesma variabilidade, qualquer um deles, isoladamente, é adequado para verificar se o concreto pertence à população desejada (ver página 666), sendo esse o objetivo dos ensaios de aceitação.*

Ensaios não destrutivos

Os ensaios descritos até o momento neste capítulo envolvem corpos de prova produzidos para esse fim específico, que não dão necessariamente a informação direta sobre o concreto na estrutura, o que, na verdade, é o objeto de interesse. Corpos de prova curados em campo, bem como testemunhos, apresentam certa utilidade para isso; entretanto, os primeiros requerem planejamento prévio e os segundos causam danos, mesmo que locais, à estrutura.

Para contornar esses problemas, foi desenvolvida uma grande variedade de ensaios em campo. Esses ensaios foram tradicionalmente denominados não destrutivos, entendendo-se que eles causam danos menores à estrutura, embora seu desempenho e sua aparência não sejam afetados. Uma importante característica dos ensaios não destrutivos é que eles possibilitam a realização de novos ensaios no mesmo local ou em um local próximo, de modo que alterações com o tempo possam ser monitoradas.

O uso de ensaios não destrutivos leva a uma maior segurança e possibilita uma melhor programação da obra, resultando em um progresso mais rápido e mais econômico. De modo geral, esses ensaios podem ser divididos entre os que avaliam a resistência em campo e os que verificam outras características do concreto, como vazios, falhas, fissuras e deterioração.

Em relação à resistência, deve ser destacado que ela pode ser apenas avaliada, e não medida, devido aos ensaios não destrutivos serem, em grande parte, comparativos. Assim, é interessante estabelecer uma relação experimental entre a propriedade medida por um determinado método e a resistência de corpos de prova ou de testemunhos do concreto. Essa relação pode, então, ser utilizada para "converter" o resultado do ensaio não destrutivo em um valor de resistência. É essencial a compreensão da relação física entre o resultado do ensaio não destrutivo e a resistência. Essa relação, para diversos métodos, será discutida a seguir. Como o objeto deste livro é discutir as propriedades do concreto, e não as técnicas de ensaio, os detalhes dos diferentes métodos devem ser buscados nas normas ou nos manuais.

Um comentário geral sobre a interpretação dos resultados de ensaios não destrutivos é necessário. Os ensaios raramente resultam em um "número" que pode ser interpretado de forma inequívoca, ou seja, é necessária uma análise baseada em engenharia. Dessa

---

* N. de R.T.: A NBR 8045:1993 cita que as exigências de conformidade da resistência à compressão nas especificações e nas normas brasileiras não são baseadas na resistência acelerada. Os resultados obtidos por cura acelerada podem ser correlacionados com os valores de resistência obtidos pelos procedimentos padrão, mas não devem substituí-los e nem ser confundidos com eles.

forma, caso os ensaios sejam realizados em função de uma controvérsia entre partes envolvidas na obra, o programa completo de ensaios deve ser determinado previamente, e a interpretação dos possíveis resultados, considerando sua variabilidade, deve ser acordada. De outro modo, há o risco de uma das partes requerer ensaios adicionais e a discussão sobre o concreto na estrutura se tornar uma disputa sobre ensaios. Sugestões valiosas sobre o planejamento de ensaios não destrutivos são apresentadas na BS 1881-201:1986, e a BS 6089:2010 oferece um guia para a avaliação da resistência em estruturas acabadas.

Ensaio de dureza superficial pelo esclerômetro de reflexão

Este é um dos mais antigos ensaios não destrutivos e ainda é amplamente utilizado. Foi concebido em 1948 por Ernst Schmidt e também é conhecido como *esclerômetro Schmidt*. A dureza medida é diferente daquela determinada em materiais metálicos, que envolve uma endentação.

O ensaio é baseado no princípio de que a reflexão de uma massa elástica depende da dureza da superfície contra a qual a massa colidiu. Entretanto, apesar de sua aparente simplicidade, o ensaio de esclerometria envolve problemas complexos de impacto e da propagação associada de tensão e onda.[12.134] No ensaio (Figura 12.29), uma massa possui uma quantidade fixa de energia fornecida pela extensão da mola até uma posição fixada. Isso é obtido pela pressão da haste contra a superfície do concreto em análise. Após a liberação, a massa sofre reflexão (com a haste ainda em contato com a superfície do concreto), e a distância percorrida pela massa, expressa como uma porcentagem da extensão inicial da mola, é denominada *índice esclerométrico*. Esse índice é indicado por um cursor em uma escala graduada. Alguns esclerômetros fornecem resultados impressos. O índice esclerométrico é um valor arbitrário, já que depende da energia armazenada em uma determinada mola e da dimensão da massa. O esclerômetro deve ser utilizado em superfícies lisas, de preferência moldadas, portanto, concretos com textura aberta não podem ser ensaiados. Superfícies desempenadas devem ser alisadas com o uso de um disco de *carborundum* (carbeto de silício). Caso o concreto em análise não seja parte de uma massa maior, ele deve ser apoiado de modo firme, já que oscilações durante o ensaio reduzem o índice esclerométrico obtido.

O ensaio é sensível a variações locais do concreto – por exemplo, a presença de uma grande partícula de agregado logo abaixo da haste pode resultar em um índice muito elevado, enquanto a presença de um vazio na mesma situação resulta em um

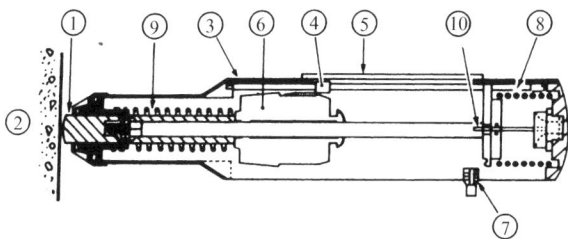

Figura 12.29 Esclerômetro de reflexão: (1) haste, (2) concreto, (3) alojamento tubular, (4) cursor, (5) escala, (6) massa, (7) botão de acionamento, (8) mola, (9) mola e (10) trava.

valor muito baixo. Além do mais, a energia absorvida pelo concreto é relacionada tanto à sua resistência quanto à sua rigidez, de modo que a combinação desses dois fatores controla o índice esclerométrico.[12.122] Como a rigidez do concreto é influenciada pelo tipo de agregado utilizado (Figura 12.30), o índice esclerométrico não é relacionado de forma singular à resistência do concreto.

A haste deve sempre estar normal à superfície do concreto em análise, mas a posição do esclerômetro relativamente à vertical afeta o índice esclerométrico. Isso se deve à ação da gravidade sobre a massa. Portanto, o índice esclerométrico de um piso é menor do que o de um teto produzido com o mesmo concreto, e superfícies inclinadas e verticais resultam em valores intermediários. Por esse e também por outros fatores que influenciam o índice esclerométrico, o uso de diagramas "universais" que relacionem o índice com a resistência não é aconselhável. O procedimento correto é a determinação experimental da relação entre o índice esclerométrico medido em corpos de prova para ensaios à compressão e sua resistência real. Se possível, o material dos moldes deve ser o mesmo das fôrmas da estrutura.

As curvas que correlacionam a resistência à compressão com o índice esclerométrico apresentam variações. Tipicamente, uma alteração na resistência de cerca de 5 MPa corresponde a quatro unidades no índice esclerométrico. Essa relação é dada somente como exemplo e não deve ser adotada para detectar pequenas diferenças na resistência. Deve ser destacado que diferentes esclerômetros, mesmo de modelos iguais, não resultam necessariamente em um mesmo índice esclerométrico.

Em qualquer caso, o ensaio com esclerômetro mede somente as propriedades da região superficial do concreto, e, segundo a BS 1881-202:1986 (cancelada), a profundidade dessa região é cerca de 30 mm. Alterações que afetem somente a superfície do

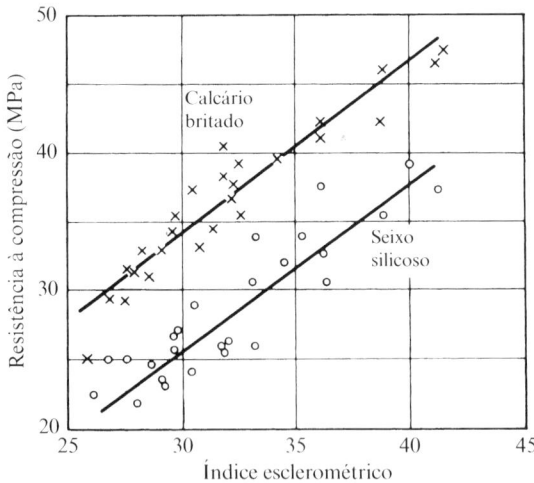

Figura 12.30 Relação entre a resistência à compressão e o índice esclerométrico para corpos cilíndricos de concretos produzidos com diferentes agregados[12.48] (leituras feitas na lateral do corpo de prova, com o esclerômetro na posição horizontal).

concreto, como o grau de saturação da superfície (que diminui o índice esclerométrico, conforme Figura 12.31[12.47]) ou a carbonatação (que a aumenta o valor[12.125]), têm pouca influência sobre as propriedades do concreto nas partes mais profundas.

Devido à variabilidade localizada da dureza do concreto em uma pequena área, o índice esclerométrico deve ser determinado em vários pontos com pouca distância entre si, mas, segundo a ASTM C 805-08, não menos do que 25 mm de distância. A norma britânica BS 1881-202:1986 (cancelada) recomenda ensaios em uma malha com espaçamento entre 20 e 50 mm, em uma área não maior do que 300 × 300 mm. Isso reduz a influência do operador.

O ensaio com esclerômetro é, principalmente, de natureza comparativa e é útil para a verificação da uniformidade do concreto em uma estrutura ou na produção de produtos semelhantes, como elementos pré-moldados. O ensaio também pode ser utilizado para verificar se o índice esclerométrico atingiu um valor correspondente a uma determinada resistência, o que é útil para a decisão do momento de remover as fôrmas ou de colocar a estrutura em serviço. Outra utilidade do ensaio é verificar se o desenvolvimento da resistência de um determinado concreto foi afetado pelo congelamento em idade precoce, mas, conforme a ASTM C 805-08, o concreto, até mesmo congelado, pode resultar em elevados índices esclerométricos.

Uma aplicação particular da esclerometria é na verificação da resistência à abrasão de pisos de concreto, que depende bastante da dureza superficial.

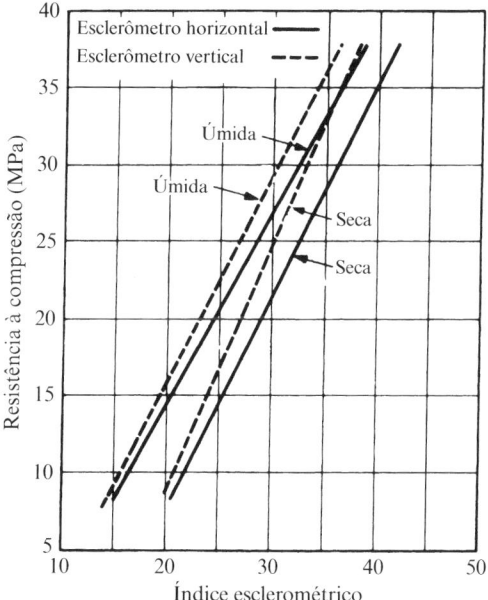

Figura 12.31 Relação entre a resistência à compressão de corpos de prova cilíndricos e o índice esclerométrico para leituras com esclerômetro horizontal e vertical em superfícies de concreto secas e úmidas.[12.47]

De modo geral, embora a esclerometria seja útil dentro de certos limites, ela não é um ensaio de determinação de resistência, e argumentos para seu uso em substituição a ensaios de resistência à compressão não devem ser aceitos.*

Ensaio de resistência à penetração

A determinação da resistência à penetração do concreto por uma haste de aço ou uma sonda, impulsionada por uma quantidade fixa de energia, pode ser utilizada para verificar a resistência do concreto. O princípio básico é que, para condições padronizadas de ensaio, a profundidade de penetração é inversamente proporcional à resistência à compressão do concreto, mas não foi estabelecida uma base teórica para isso. Além do mais, a relação entre a resistência e a profundidade de penetração depende bastante da dureza do agregado, devido às partículas de agregado graúdo se fraturarem nos ensaios à penetração, ao contrário do ensaio à compressão. Especificamente, agregados mais moles resultam em maior penetração do que agregados duros, enquanto a resistência à compressão não é afetada.[12.122]

Os fabricantes dos equipamentos fornecem curvas "padrão" que correlacionam a resistência à profundidade de penetração para concretos contendo agregados graúdos de vários valores de dureza Mohs. Entretanto, diferentes pesquisadores observaram relações significativamente diferentes,[12.126] e os possíveis fatores que contribuíram para isso foram a forma e as características superficiais do agregado graúdo.[12.135] Sendo assim, a relação entre a resistência e a profundidade de penetração deve ser determinada por experimentos com um determinado concreto. Entretanto, há dificuldades até mesmo para isso, pois o mesmo corpo de prova cilíndrico ou cúbico não pode ser utilizado para os ensaios de resistência à penetração e de resistência à compressão, já que o primeiro ensaio enfraquece o corpo de prova. Além do mais, caso o ensaio à penetração seja realizado muito próximo à borda do concreto – por exemplo, menos do que 100 a 125 mm –, pode ocorrer fendimento.

O método de ensaio para a determinação da resistência à penetração é normalizado pela ASTM C 803-03 e pela BS 1881:207:1992. Por facilidade, a medida realizada não é a verdadeira profundidade de penetração, mas a extensão complementar exposta de uma sonda padronizada. São feitas três medidas, e o valor médio é adotado como o resultado do ensaio.

A relação típica entre a resistência e a resistência à penetração é apresentada na Figura 12.32.

O ensaio de resistência à penetração é útil para a determinação do momento de remoção das fôrmas. Esse ensaio apresenta vantagens em relação ao ensaio com esclerômetro, devido a uma maior profundidade de concreto ser ensaiada. Além disso, foi verificado[12.140] que o número de ensaios necessário para detectar, com confiabilidade adequada, uma determinada diferença na resistência do concreto é menor do que quando se utiliza o esclerômetro. Entretanto, o custo do ensaio à penetração é significativa-

---

* N. de R.T.: Este ensaio é normalizado no Brasil pela NBR 7584:2012. A área de ensaio deve ter entre 90 x 90 mm e 200 × 200 mm. São aplicados 16 impactos, e a distância mínima entre os centros de dois pontos de impacto é de 30 mm. Para a avaliação direta da resistência, a norma cita que deve existir uma correlação confiável efetuada com os materiais locais e que o método não pode ser considerado substituto de outros métodos.

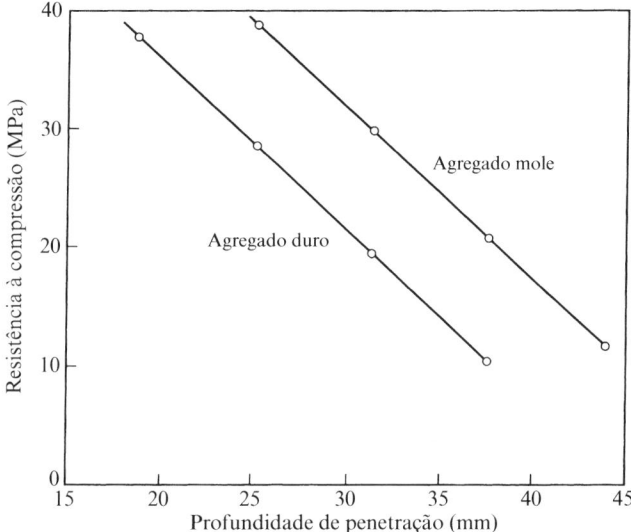

Figura 12.32 Influência da dureza do agregado sobre a relação entre a profundidade de penetração e a resistência à compressão (baseada na ref. 12.122).

mente maior. A realização desse tipo de ensaio é, provavelmente, preferível à extração de testemunhos de pequenas dimensões.

Ensaio de arrancamento (*pull-out test*)

Este é um ensaio que mede, por um equipamento especial de tração, a força necessária para o arrancamento de um inserto metálico com extremidade alargada previamente embutido no concreto (ver Figura 12.33). O inserto é arrancado com um fragmento de concreto, com forma aproximada de um tronco de cone. Essa forma é consequência da

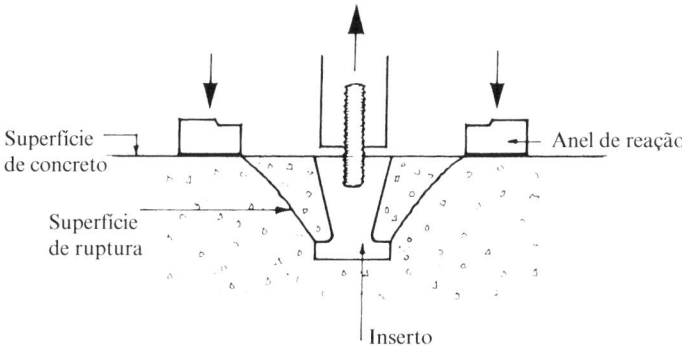

Figura 12.33 Representação esquemática do ensaio de arrancamento.

geometria do inserto com o anel de reação. Para uma determinada geometria, a força de arrancamento é relacionada à resistência à compressão do concreto.

Essa relação é puramente experimental e não é baseada em considerações sobre as tensões envolvidas, devido ao sistema de tensões na superfície de ruptura ser tridimensional, pois existem tensões radiais e circunferenciais de tração, bem como uma tensão de compressão, ao longo da superfície do cone.[12.136] Em consequência disso, a força de arrancamento deve ser expressa como tal (em kN), e as determinações da "resistência ao arrancamento" prescindem de significado físico. Um exemplo da relação entre a força de arrancamento e a resistência de testemunhos para uma grande variedade de condições de cura é mostrado na Figura 12.34.[12.105]

O ensaio de arrancamento é normalizado pela ASTM C 900-06 e pela BS 1881-207:1992. O método da ASTM exige que a profundidade do concreto acima da extremidade alargada do inserto seja igual ao diâmetro dessa extremidade e também limita o diâmetro do anel de reação em relação ao diâmetro da extremidade alargada. Esses limites asseguram que o ângulo do vértice do cone esteja entre 54 e 70 graus.[12.122]

Segundo Malhotra,[12.113] o ensaio de arrancamento é superior ao ensaio de esclerometria e ao de resistência à penetração porque um maior volume e uma maior profundidade de concreto estão envolvidos. Entretanto, caso o objetivo dos ensaios seja a verificação da obtenção de uma determinada resistência desejada, o ensaio de arrancamento

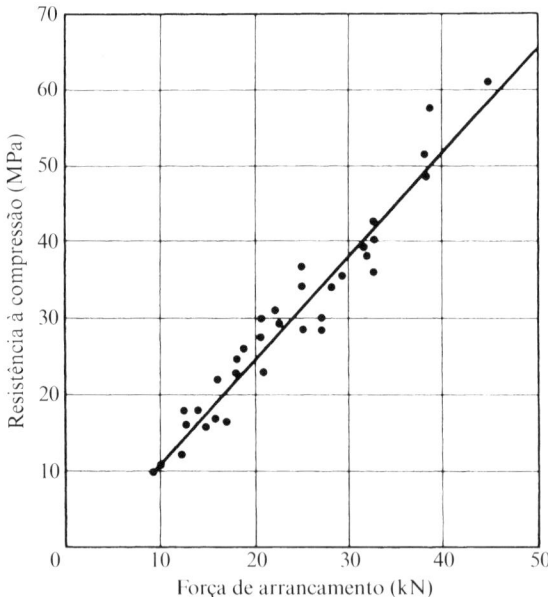

Figura 12.34 Relação entre a resistência à compressão de testemunhos e a força de arrancamento para estruturas reais.[12.105]

não precisa ser realizado até a ruptura; a aplicação de uma força predeterminada ao inserto pode ser suficiente, e, não havendo arrancamento, presume-se que a resistência necessária tenha sido atingida.

Ensaios de instalação posterior

Uma desvantagem do ensaio de arrancamento é a necessidade de planejamento da posição dos insertos antes da concretagem. A fim de possibilitar a realização de ensaios de arrancamento sem essa necessidade, foram desenvolvidos diversos métodos. Eles envolvem a abertura de furos no concreto endurecido, cortes com ferramentas especiais e a inserção de um anel expansível com um parafuso anexo. A partir daí, o ensaio de arrancamento pode ser realizado de modo habitual.[12.139]

Outro ensaio pós-instalado é o *ensaio de fratura interna*, que se provou útil em investigações de concretos suspeitos, produzidos com cimento de elevado teor de alumina.[12.129] Nesse ensaio, um pino em forma de cunha é inserido em um orifício perfurado no concreto. O pino é, então, arrancado pelo giro de uma porca apoiada sobre uma placa com apoio esférico. O torque necessário para o arrancamento do pino fornece uma informação sobre a resistência à compressão do concreto, embora o pino, ao ser submetido ao ensaio, aplique tanto esforços verticais quanto horizontais ao concreto.[12.140] Da mesma forma que no ensaio de arrancamento, o procedimento pode ser interrompido em um valor predeterminado do torque, previamente correlacionado à resistência desejada. O ensaio de fratura interna é descrito pela BS 1881-207:1992.

O *ensaio de arrancamento do tipo break-off* possibilita a verificação da resistência à flexão do concreto em uma seção circular paralela à superfície do concreto. Essa seção é formada por um tubo inserido no concreto fresco ou pela perfuração e colocação de uma luva. Utiliza-se um macaco para a aplicação de uma força transversal nesse elemento, causando sua ruptura.[12.138] Esse ensaio é normalizado pela ASTM C 1150-90 (cancelada) e pela BS 1881-207:1992.

Existem ainda métodos de *ensaio de arrancamento do tipo pull-off*, que medem a força necessária para arrancar um fragmento de concreto pela utilização de um disco metálico colado.[12.137] Desse modo, é aplicada uma tração direta, mas não há certeza da área em que essa força atua. Esses métodos são normalizados pela BS 1881-207:1992.

Uma grande quantidade de ensaios baseados na remoção de fragmentos de concreto tem surgido, e boas revisões são apresentadas por Bungey[12.135] e por Carino.[12.140]

Ensaio de velocidade de propagação de onda ultrassônica

Este é um método de ensaio não destrutivo, conhecido há bastante tempo, que determina a velocidade de ondas longitudinais (de compressão). A determinação consiste na medida de tempo para um pulso percorrer uma determinada distância. O aparelho é composto por transdutores que são colocados em contato com o concreto, um gerador de pulso com frequência entre 10 e 150 Hz, um amplificador, um circuito medidor de tempo e um monitor digital com a indicação do tempo necessário para o pulso de ondas longitudinais percorrer a distância entre os transdutores. O método é normalizado pela ASTM C 597-09 e pela BS EN 12504-4:2004.

A velocidade de onda, V, em um meio elástico, homogêneo e isotrópico, é relacionada ao módulo dinâmico de elasticidade, E_d, pela expressão:

$$V^2 = \frac{E_d(1-\mu)}{\rho(1+\mu)(1-2\mu)}$$

onde ρ é a massa específica e μ é o coeficiente de Poisson.

O concreto não atende totalmente às exigências físicas para a validade da expressão apresentada, e a determinação do módulo de elasticidade do concreto a partir da velocidade de pulso normalmente não é recomendada.[12.63] Apesar disso, Nilsen & Aïtcin[12.117] indicaram sua utilidade para a monitoração do módulo de elasticidade de concretos de alta resistência em serviço. Pode ser dito, ainda, que o valor do coeficiente de Poisson (ver página 439), em geral, não é precisamente determinado. Entretanto, uma alteração desse coeficiente em toda a gama de valores habituais – ou seja, entre 0,16 e 0,25 – reduz o valor calculado do módulo em somente cerca de 11%.

Em relação ao uso do valor da velocidade do pulso ultrassônico para a determinação da resistência do concreto, deve ser dito que não há relação física entre esses parâmetros. Deve ser lembrado que o módulo de elasticidade está relacionado à resistência (ver página 435), mas essa relação também não possui embasamento físico. Entretanto, a velocidade de onda ultrassônica está relacionada à massa específica do concreto, conforme mostrado na expressão anterior. Essa relação fornece a base lógica para seu uso com o objetivo de avaliação da resistência do concreto, mas somente sob limites rigorosos, discutidos a seguir.

A velocidade do pulso ultrassônico através do concreto é o resultado do tempo gasto pelo pulso para percorrer a pasta de cimento endurecida e o agregado. O módulo de elasticidade dos agregados apresenta variação significativa, de modo que a velocidade do pulso no concreto depende do módulo de elasticidade real do agregado e do teor de agregado na mistura. Por outro lado, a resistência do concreto não é necessariamente afetada, seja pelo teor ou pelo módulo de elasticidade do agregado. Em consequência disso, não existe uma relação inequívoca entre a velocidade do pulso ultrassônico e a resistência à compressão.[12.62] A Figura 12.35 mostra que existem diferentes relações para pasta de cimento endurecida, argamassa e concreto.

Entretanto, para determinado agregado e determinado consumo de cimento, a velocidade do pulso ultrassônico é influenciada por alterações na pasta de cimento endurecida, como, por exemplo, a variação da relação água/cimento, que afeta o módulo de elasticidade da pasta de cimento endurecida. É somente dentro dessas limitações que esse ensaio pode ser utilizado para a verificação da resistência do concreto. Existem ainda restrições advindas do fato de o pulso ser mais veloz através de vazios preenchidos com água do que através de vazios com ar. Consequentemente, a condição de umidade do concreto influencia a velocidade do pulso, enquanto a resistência do concreto em campo não é afetada (ver Figura 12.35).*

---

* N. de R.T.: Esse método de ensaio é normalizado no Brasil pela NBR 8802:2013, e seu uso, segundo a norma citada, destina-se à verificação da homogeneidade do concreto, à detecção de eventuais falhas internas (falhas de concretagem, profundidade de fissuras, etc.) e ao monitoramento de variações do concreto ao longo do tempo em consequência da agressividade do meio (ataque químico, em especial ataque por sulfatos).

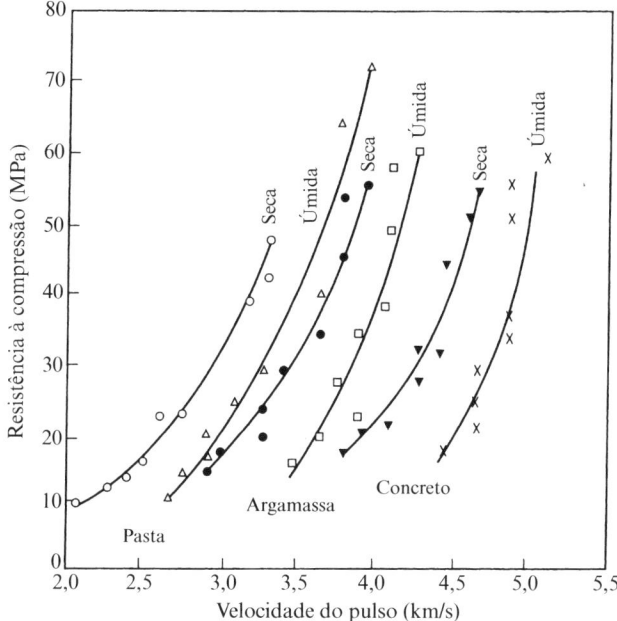

Figura 12.35 Relação entre a resistência à compressão e a velocidade do pulso ultrassônico para pasta de cimento endurecida, argamassa e concreto, nas condições seca e úmida (baseada na ref. 12.62).

É também essencial evitar outras influências espúrias: por exemplo, barras da armadura, em especial as de maior diâmetro, posicionadas ao longo do percurso do pulso resultam em aumento da velocidade, mas não afetam a resistência à compressão do concreto.[12.135]

De fato, esse é um caso particular da falha fundamental de todos os ensaios não destrutivos, em que a propriedade avaliada do concreto é influenciada pelos diversos fatores de maneira diferente da influência desses fatores na resistência do concreto.

Apesar das limitações citadas, o ensaio de pulso ultrassônico tem mérito considerável ao fornecer informações sobre o interior do elemento de concreto. Portanto, o ensaio é útil para a detecção de fissuras (mas não paralelas à direção do pulso), vazios, deterioração devida ao frio ou ao fogo[12.61] e uniformidade do concreto em elementos semelhantes. O ensaio pode ser utilizado para fins de acompanhamento de alterações em um determinado elemento de concreto, por exemplo, devido a repetidos ciclos de gelo e degelo. É interessante destacar que a tensão no concreto não influencia o valor da velocidade do pulso ultrassônico.[12.142]

Esse ensaio também pode ser utilizado para verificar a resistência do concreto nas primeiras idades, desde três horas.[12.146] Esse aspecto é de interesse para as indústrias de pré-moldados ou para a tomada de decisão de remoção de fôrmas, incluindo o concreto curado a vapor.[12.143]

Um ensaio baseado no eco do pulso ultrassônico permite a determinação da espessura de pavimentos rodoviários de concreto e de elementos semelhantes.[12.79]

Outras possibilidades de ensaios não destrutivos

Até o momento, os métodos de ensaios não destrutivos foram discutidos individualmente, mas é possível utilizar mais de um método ao mesmo tempo. Essa é uma vantagem quando uma variação nas propriedades do concreto afeta os resultados dos ensaios de maneiras contrárias. Por exemplo, esse é o caso da presença de umidade no concreto: o aumento do teor de umidade aumenta a velocidade do pulso ultrassônico, mas diminui o índice esclerométrico.[12.123] Um exemplo do uso de resultados combinados de ensaios não destrutivos é apresentado na Figura 12.36. O RILEM elaborou recomendações para o uso combinado de ensaios não destrutivos.[12.141]

Existem vários outros métodos de ensaios não destrutivos para realização em campo, e ainda há alguns em estágio de desenvolvimento. Entre eles estão a *radiografia* de raios gama ou raios X de alta energia (para identificar vazios), a *radiometria* (para calcular a massa específica), a *transmissão* ou *reflexão de nêutrons* (para estimar o teor de umidade do concreto) e o *radar de penetração na superfície* (para detectar vazios, fissuras ou descamação). Na técnica de *ecoimpacto*, ondas transientes de tensões induzidas pelo impacto são refletidas pelos vazios e pelas fissuras no concreto, e o deslocamento da superfície próxima ao ponto de impacto é monitorado. Dessa forma, é possível detectar falhas no interior do concreto.

A determinação de emissões acústicas, que são ondas elásticas transientes induzidas pelas tensões representantes de grande proporção da resistência final, pode ser utilizada para identificar a formação de fissuras. A técnica pode ser interessante para a verificação da integridade restante da estrutura que sofreu um carregamento extremo.[12.66]

Os diversos ensaios citados não são discutidos neste livro, em vista de seu escopo ser limitado às propriedades do concreto. Entretanto, um comentário geral deve ser

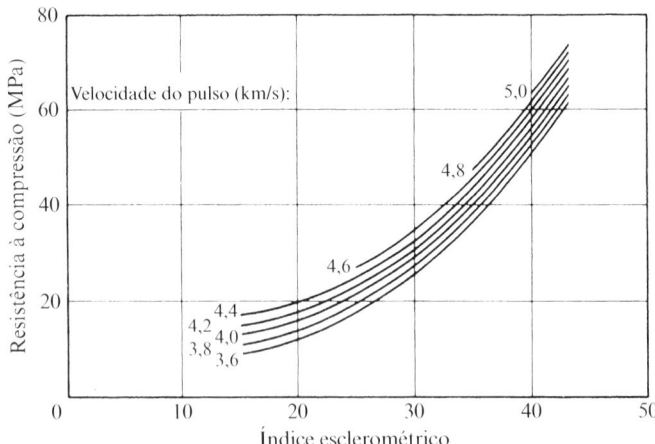

Figura 12.36 Curvas para a verificação da resistência à compressão em campo do concreto com a utilização combinada dos ensaios de velocidade do pulso ultrassônico e esclerômetro de reflexão.[12.123]

feito: todos os resultados dos ensaios são variáveis e, portanto, devem ser interpretados à luz de sua variabilidade.

Método da frequência de ressonância

Em alguns casos, é desejável a determinação de alterações progressivas no estado do corpo de prova do concreto, por exemplo, em consequência de ciclos repetidos de gelo e degelo ou de um ataque químico. Isso pode ser feito pela determinação da frequência fundamental de ressonância do corpo de prova em estágios adequados da investigação. A partir dessa frequência, pode ser calculado o módulo de elasticidade dinâmico do concreto.

A vibração pode ser aplicada de modo longitudinal, transversal ou torsional. O ensaio é normalizado pela ASTM C 215-08 e pela BS 1881-209:1990, embora esta última trate somente do modo longitudinal. Dessa forma, um corpo de prova de dimensões normalizadas (de preferência similar aos utilizados nos ensaios de módulo de ruptura) é fixado pelo centro (Figura 12.37), com uma unidade emissora posicionada em contato com uma das extremidades do corpo de prova e uma unidade captadora posicionada na outra extremidade. O emissor é impulsionado por um oscilador de frequência variável entre 100 e 10.000 Hz. As vibrações propagadas no interior do corpo de prova são recebidas pelo captador, amplificadas e têm sua amplitude medida por um indicador apropriado. A frequência de excitação é variável até que seja obtida a ressonância na frequência fundamental do corpo de prova (ou seja, a menor). Isso é indicado pelo desvio máximo do indicador.

Se a frequência é n Hz, L é o comprimento do corpo de prova e ρ é sua massa específica, portanto, o módulo de elasticidade é dado por:

$$E_d = Kn^2L^2\rho,$$

onde K é uma constante.

O comprimento do prisma e sua massa específica devem ser determinados de maneira bastante precisa. Se L é dado em milímetros e ρ em kg/m³, então, E_d, em GPa, é dado por:

$$E_d = 4 \times 10^{-15} n^2 L^2 \rho.$$

Deve ser enfatizado que o módulo de elasticidade dinâmico determinado pela frequência de ressonância não deve ser interpretado como representativo da resistência do concreto. As razões para isso foram expostas na seção sobre velocidade do pulso ultrassônico. As alterações da resistência de um concreto podem ser inferidas a partir do valor do módulo somente sob circunstâncias bastante específicas.

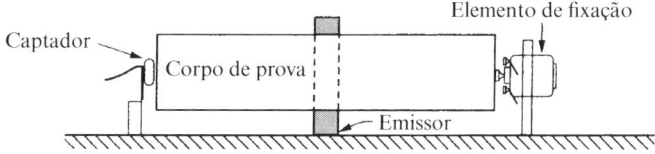

Figura 12.37 Configuração para a determinação do módulo de elasticidade dinâmico por vibração longitudinal.

Ensaios sobre a composição do concreto endurecido

Em algumas disputas sobre a qualidade do concreto endurecido, surge a questão de se a composição do concreto é a especificada, e, como resposta, são realizados ensaios químicos e físicos em uma amostra de concreto endurecido. Os interesses principais, normalmente, são o teor de cimento e a relação água/cimento, mas esta deve ser obtida a partir de determinações do teor de cimento e da quantidade original de água.

Não existem métodos de aplicação geral para a análise química, devido à grande variedade de materiais utilizados para a produção de concreto. Caso os componentes originais sejam disponibilizados para ensaios, os resultados dos ensaios na amostra de concreto endurecido são bastante confiáveis, mas, mesmo nesse caso, a interpretação dos resultados da análise requer um julgamento baseado em engenharia e em experiência prática.

Teor de cimento

Não existe método direto para a determinação do teor de cimento, nem mesmo de cimento Portland puro, em uma amostra de concreto. O procedimento envolve determinar os teores de sílica solúvel e de óxido de cálcio e, então, calcular o teor de cimento, utilizando o menor dos dois valores. O fundamento teórico é o fato de os silicatos do cimento Portland serem decompostos e solubilizados muito mais rapidamente do que os compostos de sílica normalmente presentes no agregado. O mesmo se aplica às solubilidades relativas dos compostos de cálcio do cimento e do agregado (exceto com agregados cálcicos), de modo que também existe um método baseado no óxido de cálcio solúvel.

Os métodos padronizados para a determinação do teor de cimento Portland são normalizado pela ASTM C 1084-10 e pela BS 1881-124:1988, mas a precisão dos resultados, em geral, é bastante baixa para comprovar ou não o atendimento à especificação original do consumo de cimento. Esse, em especial, é o caso de concretos com baixos consumos de cimento e, com frequência, é nesse tipo de mistura que o valor exato do consumo de cimento é requerido. Além disso, a interpretação dos ensaios depende do conhecimento da composição química do agregado. Quando grandes quantidades de sílica solúvel e de óxido de cálcio são liberados do agregado, os métodos são ainda menos precisos.

Um guia para ensaios quando vários materiais cimentícios são utilizados é fornecido pelo *Concrete Society Report Nº 32*.[12.25] Esse guia sugere que seja possível a determinação do teor de escória a partir da determinação do teor de sulfetos em uma amostra de concreto, desde que a composição da escória seja conhecida. Porém, segundo o guia, a obtenção de resultados confiáveis é difícil. Não existe método normalizado para a determinação do teor de cinza volante. Da mesma forma, as determinações da presença e da dosagem de aditivos não são possíveis em ensaios de rotina, devido à grande variedade de aditivos disponíveis e aos baixos teores utilizados.[12.29]

Determinação da relação água/cimento original

A relação água/cimento existente no momento do lançamento do concreto, agora endurecido, pode ser calculada a partir do consumo de cimento (determinado conforme descrito na seção anterior) e da estimativa da quantidade original de água. Esta é constituída pela soma da massa da água combinada no cimento com o volume de poros capilares, que representa a água remanescente da quantidade original. A água combinada pode ser adotada como igual a 23% da massa de cimento (ver página 26) ou pode ser determinada pela calcinação da amostra a 1.000 °C seguida pela medição da água liberada. O método de ensaio é prescrito pela BS 1881:Part 124:1989. Conforme o *Concrete Society Report Nº 32*,[12.25] não existem evidências de que esse método possa ser utilizado com concretos produzidos com cimentos compostos. Mesmo para o concreto de cimento Portland puro, o valor calculado da relação água/cimento pode diferir em 0,1 da relação água/cimento real.[12.25] Uma estimativa com essa precisão tem pouca validade prática, e outros métodos têm sido testados.[12.147] A precisão da determinação da relação água/cimento foi discutida em uma recente publicação de Neville.[12.149]

Métodos físicos

Uma orientação sobre a apreciação petrográfica do concreto endurecido é apresentada pela ASTM C 856-04. A ASTM C 457-10a abrange outras técnicas microscópicas, que podem ser utilizadas para a determinação da composição volumétrica de uma amostra na forma de uma lâmina polida. Entre essas técnicas está incluído o *método transversal linear* (ver página 578), que se baseia no fato de que os volumes relativos dos componentes de um sólido heterogêneo são diretamente proporcionais a suas áreas relativas em uma seção plana e também à interseção dessas áreas ao longo de uma linha aleatória. Os agregados e os vazios (contendo ar ou água evaporável) podem ser identificados, considerando-se o restante como cimento hidratado. Para a conversão da quantidade deste último em volume de cimento anidro, a massa específica do cimento seco e o teor de água não evaporável do cimento hidratado (ver página 37) devem ser conhecidos. O ensaio determina o teor de cimento do concreto com precisão de 10%, mas o teor original de água ou de vazios não pode ser estimado, já que não é feita diferenciação entre água e vazios no ensaio.

O *método de contagem de pontos* é baseado no fato de que a frequência com a qual um constituinte ocorre em um determinado número de pontos equidistantes em uma linha aleatória é a medida direta do volume relativo desse constituinte no sólido. Sendo assim, a contagem de pontos por meio de um estereomicroscópio pode, rapidamente, fornecer as proporções volumétricas do corpo de prova de concreto endurecido.

Variabilidade dos resultados

A variação na resistência de corpos de prova nominalmente semelhantes foi mencionada, e conclui-se que, independentemente do ensaio, os resultados devem ser analisados estatisticamente. O simples fato de alguns resultados serem, por exemplo, maiores do que outros não necessariamente implica que a diferença seja *significativa* e não uma obra do acaso da variabilidade natural dos valores de uma mesma origem. Apesar de todos os resultados de ensaios serem variáveis, os resultantes de ensaios não destrutivos, em geral, possuem maior variabilidade do que os obtidos em corpos de prova normalizados para compressão. A seguir, serão apresentados alguns conceitos simples de estatística.

Distribuição da resistência

Considere-se que tenham sido determinadas as resistências à compressão de 100 corpos de prova, todos produzidos com o mesmo concreto. Tal concreto pode ser imaginado como uma coleção de unidades, em que todas elas podem ser ensaiadas. Essa coleção é referida como *população*, e a porção de concreto dos corpos de prova reais é denominada *amostra*. O objetivo dos ensaios em uma amostra é obter informações suficientes sobre as propriedades da população.

Em razão da natureza da resistência do concreto (página 305), é de esperar que os valores de resistência obtidos variem de corpo de prova para corpo de prova, ou seja, apresentem uma dispersão. Para ilustrar isso, podem ser considerados os corpos de prova ensaiados durante a construção de uma plataforma *offshore*,[12.95] mostrados na Tabela 12.5. Uma boa imagem da distribuição dessas resistências pode ser obtida pelo agrupamento das resistências reais em intervalos de 1 MPa, a fim de obter um determinado número de corpos de prova com resistência dentro de cada intervalo, conforme a Tabela 12.5.

Montando um gráfico com os intervalos constantes de resistência nas abscissas e a quantidade de corpos de prova em cada intervalo, conhecida como frequência, nas ordenadas, um *histograma* é obtido. A área do histograma representa o número total de corpos de prova em uma escala adequada. Algumas vezes, é mais conveniente expressar a frequência como uma porcentagem da quantidade total de corpos de prova, ou seja, usar uma frequência relativa.

O histograma para os dados citados está apresentado na Figura 12.38, e pode ser visto que ela mostra uma imagem clara da variabilidade dos resultados ou, mais precisamente, da distribuição das resistências da amostra ensaiada.

Outra medida simples da dispersão é dada pela *amplitude* dos valores, ou seja, pela diferença entre a resistência mais alta e a mais baixa – 25 MPa, no caso citado. A amplitude, naturalmente, é calculada de forma rápida, mas é uma medida um tanto bruta. Ela depende somente de dois valores, e, além disso, em uma amostra grande, esses valores possuem baixa frequência. Dessa forma, a amplitude aumenta com o tamanho da

Tabela 12.5 Exemplo da distribuição de resultados de resistência[12.95]

Intervalo de resistência (MPa)	Número de corpos de prova no intervalo	Intervalo de resistência (MPa)	Número de corpos de prova no intervalo
42–43	1	55–56	51
43–44	1	56–57	59
44–45	0	57–58	54
45–46	0	58–59	32
46–47	3	59–60	23
47–48	3	60–61	7
48–49	8	61–62	10
49–50	11	62–63	3
50–51	31	63–64	1
51–52	31	64–65	2
52–53	37	65–66	0
53–54	55	66–67	1
54–55	69	Total =	493

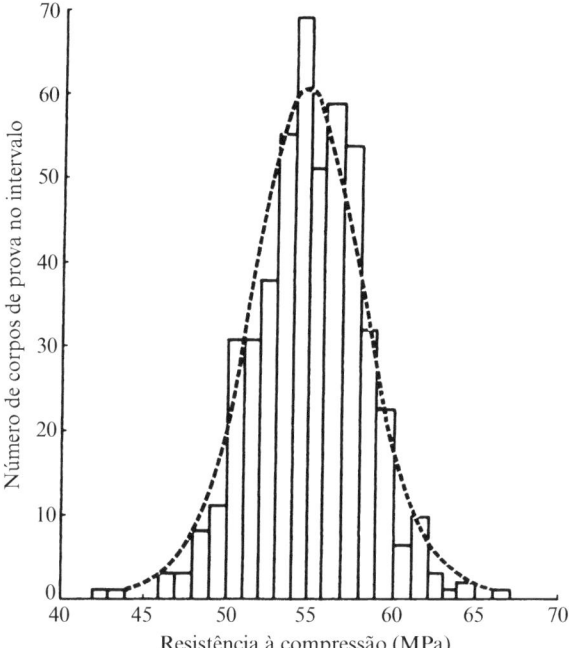

Figura 12.38 Histograma para os valores de resistência da página 664.[12.95]

amostra para uma mesma distribuição. A relação teórica entre a amplitude e o desvio padrão, bem como todos os dados obtidos na prática, são mostrados na Figura 12.39.

Caso o número de corpos de prova seja aumentado infinitamente e, ao mesmo tempo, o tamanho do intervalo seja diminuído para um valor tendendo a zero, o histograma se torna uma curva contínua, denominada *curva de distribuição*. Para a resistência de um determinado material, essa curva possui uma forma característica, e, na realidade, existem diversos "tipos" de curvas cujas propriedades foram calculadas em detalhes e listadas em tabelas padronizadas de estatística.

Um desses tipos de distribuição é a denominada distribuição *normal* ou Gaussiana. A aplicabilidade desse tipo de distribuição à resistência do concreto foi citada na página 629. A consideração da distribuição normal é suficientemente próxima da realidade e é uma ferramenta extremamente útil para os cálculos (ver Figura 12.38).

A equação da curva normal, que depende somente dos valores da média, μ, e do desvio padrão, σ, é:

$$y = \frac{1}{\sigma\sqrt{2\pi}} e^{\frac{-(x-\mu)^2}{2\sigma}}$$

O desvio padrão será definido na próxima seção. Essa equação está representada graficamente na Figura 12.40, e pode ser visto que a curva é simétrica em relação à média,

668 Propriedades do Concreto

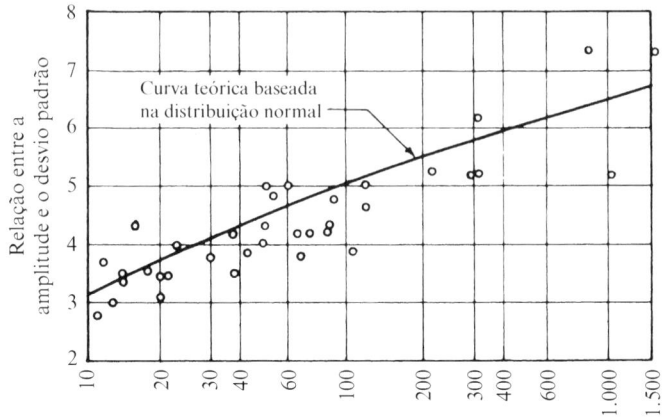

Número de corpos de prova cúbicos (escala logarítmica)

Figura 12.39 Relação entre a amplitude e o desvio padrão para amostras de diferentes tamanhos[12.26] (Crown copyright).

estendendo-se para mais infinito e para menos infinito. Algumas vezes, esse fato é citado como uma crítica ao uso da distribuição normal para a resistência, mas a probabilidade extremamente baixa da ocorrência de valores muito elevados ou muito baixos é de pouco interesse prático.

A área sob a curva dentro de certos valores de resistência (medida em função do desvio padrão) representa, de modo similar ao histograma, a proporção de corpos de prova entre determinados limites de resistência. Entretanto, como a curva se refere a uma população infinita de corpos de prova, e é utilizada uma quantidade limitada deles, a área sob a curva entre determinadas ordenadas, expressa como uma fração da área

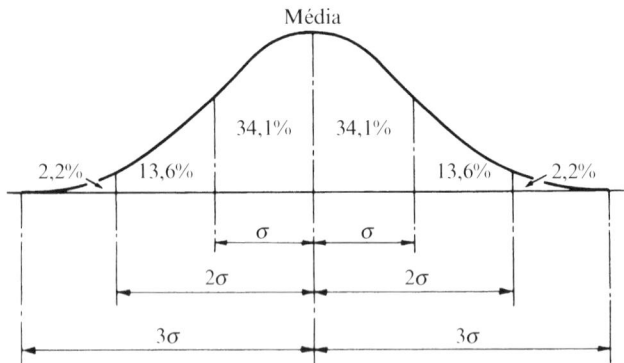

Figura 12.40 Curva da distribuição normal; mostradas as porcentagens de corpos de prova em intervalos de um desvio padrão.

total sob a curva (portanto, proporcional à área), determina a probabilidade de a resistência de um indivíduo coletado aleatoriamente, x, estar entre esses dados limites. Essa probabilidade, multiplicada por 100, resulta na porcentagem esperada de corpos de prova, a longo prazo, com resistência entre os dois limites considerados. Tabelas estatísticas apresentam os valores de áreas proporcionais para diferentes valores de $(x - \mu)/\sigma$.

Desvio padrão

A partir da discussão anterior, pode ser visto que a dispersão da resistência em relação à média é uma função fixa do desvio padrão, que é definido como a raiz quadrada média dos desvios quadráticos, ou seja:

$$\sigma = \left(\frac{\Sigma(x - \mu)^2}{n}\right)^{1/2}$$

onde x representa os valores de resistência de todos os n corpos de prova e μ, a média aritmética dessas resistências, isto é, $\mu = \Sigma(x/n)$.

Na prática, é utilizado um número limitado de corpos de prova, e *sua* média, $\bar{x}$, é a estimativa da média real da população μ. Os cálculos dos desvios são realizados em relação à média $\bar{x}$, e não à média μ, portanto, deve ser utilizado $(n - 1)$, em vez de n, no denominador da expressão para a determinação de σ. A razão para a correção de $n/(n - 1)$, conhecida como correção de Bessel, decorre do fato de a soma dos quadrados dos desvios possuir um valor mínimo quando obtida em relação à média da amostra, $\bar{x}$, sendo, portanto, menor do que a obtida em relação à média da população μ. Essa correção não deve ser aplicada quando n é grande. Sendo assim, a estimativa de σ é

$$s = \left(\frac{\Sigma(x - \bar{x})^2}{n - 1}\right)^{1/2}.$$

Um aspecto prático importante é que um valor (p. ex., o resultado do ensaio de um corpo de prova) não fornece nenhuma informação sobre o desvio padrão e, portanto, sobre a confiabilidade ou um possível "erro" do valor obtido. A maioria das calculadoras oferece o cálculo direto do desvio padrão, mas uma forma mais conveniente da expressão para cálculos manuais é

$$\sigma = \left(\frac{(\Sigma x^2)}{n} - \bar{x}^2\right)^{1/2} = \frac{1}{n}(n\Sigma(x^2) - (\Sigma x)^2)^{1/2}.$$

Assim, a soma de x^2 é obtida sem a necessidade de cálculo prévio das diferenças $(x - \bar{x})$. Outras simplificações, como a subtração de um valor fixo de todos os valores, facilitam os cálculos. Para obter s, aplica-se a correção de Bessel:

$$s = \sigma\left(\frac{n}{n - 1}\right)^{1/2}.$$

O desvio padrão é expresso nas mesmas unidades da variável original, x, mas, para vários fins, é conveniente expressar a dispersão dos resultados em um valor percentual. Denominado *coeficiente de variação*, o valor obtido pela relação $(\sigma/\bar{x}) \times 100$ é adimensional.

A representação gráfica do desvio padrão (ver Figura 12.40) é a distância horizontal a partir da média até o ponto de inflexão da curva de distribuição normal. Como a curva é simétrica, a área sob a curva, contida entre as abscissas $\mu - \sigma$ e $\mu + \sigma$, é 68% da área total sob a curva. Em outras palavras, a probabilidade de que a resistência de um corpo de prova tomado aleatoriamente esteja entre $\mu \pm \sigma$ é de 0,68. As probabilidades para outros desvios em relação à média são indicadas na Figura 12.40.

Para uma determinada resistência média, o desvio padrão caracteriza plenamente a distribuição, considerada como do tipo normal. A variação no valor do desvio padrão indica a dispersão das resistências em MPa. É válido destacar que a precisão com a qual $\bar{x}$ estima a média da população μ é controlada pelo desvio padrão da média, conhecido como erro padrão σ_n, onde $\sigma_n = \sigma/\sqrt{n}$. Dessa forma, existe uma probabilidade de 0,68 de que $\bar{x}$ esteja no intervalo $\mu \pm \sigma_n$.

As curvas de distribuição para valores de desvio padrão de 2,5, 3,8 e 6,2 MPa são mostradas na Figura 14.3. O valor do desvio padrão influencia a resistência média que deve ser almejada na dosagem para uma determinada resistência *mínima* ou característica especificada pelo projetista estrutural. Esse problema será exaustivamente apresentado no Capítulo 14. Detalhes de métodos estatísticos aplicáveis aos ensaios, em especial dados sobre a escolha do tamanho da amostra, devem ser buscados em livros especializados.[3] Os termos precisão, repetibilidade e reprodutibilidade são definidos na BS ISO 5725-1:1994.

Referências

12.1 CEB–FIP, *Model Code 1990*, 437 pp. (London, Thomas Telford, 1993).
12.2 R. C. Meininger and N. R. Nelson, Concrete mixture evaluation and acceptance for airfield pavements, in *Airfield/Pavement Interaction: An Integrated System*, Proc. ASCE Conference, Kansas City, pp. 199–224 (ASCE, 1991).
12.3 A. M. Neville, The influence of the direction of loading on the strength of concrete test cubes, *ASTM Bull. No. 239*, pp. 63–5 (July 1959).
12.4 A. M. Neville, The failure of concrete compression test specimens, *Civil Engineering*, **52**, No. 613, pp. 773–4 (London, July 1957).
12.5 H. F. Gonnerman, Effect of end condition of cylinder on compressive strength of concrete, *Proc. ASTM*, **24**, Part II, p. 1036 (1924).
12.6 G. Werner, The effect of type of capping material on the compressive strength of concrete cylinders, *Proc. ASTM*, **58**, pp. 1166–81 (1958).
12.7 U.S. Bureau of Reclamation, *Concrete Manual*, 8th Edn (Denver, Colorado, 1975).
12.8 R. L'Hermite, Idées actuelles sur la technologie du béton, *Documentation Technique du Bâtiment et des Travaux Publics* (Paris, 1955).
12.9 A. G. Tarrant, Frictional difficulty in concrete testing, *The Engineer*, **198**, No. 5159, pp. 801–2 (London, 1954).
12.10 A. G. Tarrant, Measurement of friction at very low speeds, *The Engineer*, **198**, No. 5143, pp. 262–3 (London, 1954).
12.11 P. J. F. Wright, Compression testing machines for concrete, *The Engineer*, **201**, pp. 639–41 (London, 26 April 1957).

---

[3] Por exemplo, J. B. Kennedy and A. M. Neville, *Basic Statistical Methods for Engineers and Scientists*, 3rd Ed. (New York and London, Harper and Row, 1986).

12.12 J. W. H. King, Discussion on: Properties of concrete under complex states of stress, in *The Proc. Int. Conf. on the Structure of Concrete*, p. 293 (London, Cement and Concrete Assoc., 1968).

12.13 R. Jones, A method of studying the formation of cracks in a material subjected to stress, *British Journal of Applied Physics*, **3**, pp. 229–32 (London, 1952).

12.14 J. W. Murdock and C. E. Kelser, Effect of length to diameter ratio of specimen on the apparent compressive strength of concrete, *ASTM Bull.*, pp. 68–73 (April 1957).

12.15 K. Newman, Concrete control tests as measures of the properties of concrete, *Proc. of a Symposium on Concrete Quality*, pp. 120–38 (London, Cement and Concrete Assoc., 1964).

12.16 R. H. Evans, The plastic theories for the ultimate strength of reinforced concrete beams, *J. Inst. Civ. Engrs.*, **21**, pp. 98–121 (London, 1943–44). See also Discussion, **22**, pp. 383–98 (London, 1943–44).

12.17 U.S. Bureau of Reclamation 4914–92, Procedure for direct tensile strength, static modulus of elasticity, and Poisson's ratio of cylindrical concrete specimens in tension, *Concrete Manual*, Part 2, 9th Edn, pp. 726–31 (Denver, Colorado, 1992).

12.18 A. M. Neville, The influence of size of concrete test cubes on mean strength and standard deviation, *Mag. Concr. Res.*, **8**, No. 23, pp. 101–10 (1956).

12.19 D. P. O'Cleary and J. G. Byrne, Testing concrete and mortar in tension, *Engineering*, pp. 384–5 (London, 18 March 1960).

12.20 P. J. F. Wright, The effect of the method of test on the flexural strength of concrete, *Mag. Concr. Res.*, **4**, No. 11, pp. 67–76 (1952).

12.21 ACI 214.1R-81, Reapproved 1986, Use of accelerated strength testing, *ACI Manual of Concrete Practice, Part 2: Construction Practices and Inspection Pavements*, 4 pp. (Detroit, Michigan, 1994).

12.22 B. W. Shacklock and P. W. Keene, The comparison of compressive and flexural strengths of concrete with and without entrained air. *Cement Concr. Assoc. Tech. Report TRA/283* (London, Dec. 1957).

12.23 S. Walker and D. L. Bloem, Studies of flexural strength of concrete – Part 3: Effects of variations in testing procedures, *Proc. ASTM*, **57**, pp. 1122–39 (1957).

12.24 P. J. F. Wright, Comments on an indirect tensile test on concrete cylinders, *Mag. Concr. Res.*, **7**, No. 20, pp. 87–96 (1955).

12.25 Concrete Society Report, *Analysis of Hardened Concrete*, Technical Report No. 32, 111 pp. (London, 1989).

12.26 P. J. F. Wright, Variations in the strength of Portland cement, *Mag. Concr. Res.*, **10**, No. 30, pp. 123–32 (1958).

12.27 D. McHenry and J. J. Shideler, Review of data on effect of speed in mechanical testing of concrete, *ASTM Sp. Tech. Publ. No. 185*, pp. 72–82 (1956).

12.28 W. H. Price, Factors influencing concrete strength, *J. Amer. Concr. Inst.*, **47**, pp. 417–32 (Feb. 1951).

12.29 P. Witier, Dosage des adjuvants dans les bétons durcis, *Bulletin Liaison Laboratoires Ponts et Chaussées*, **158**, pp. 45–52 (Nov.–Dec. 1988).

12.30 T. Waters, The effect of allowing concrete to dry before it has fully cured, *Mag. Concr. Res.*, **7**, No. 20. pp. 79–82 (1955).

12.31 S. Walker and D. L. Bloem, Effects of curing and moisture distribution on measured strength of concrete, *Proc. Highw. Res. Bd*, **36**, pp. 334–46 (1957).

12.32 R. H. Mills, Strength–maturity relationship for concrete which is allowed to dry, *RILEM Int. Symp. on Concrete and Reinforced Concrete in Hot Countries* (Haifa, 1960).

12.33 W. S. Butcher, The effect of air drying before test: 28-day strength of concrete, *Constructional Review*, pp. 31–2 (Sydney, Dec. 1958).

12.34 L. H. C. Tippett, On the extreme individuals and the range of samples taken from a normal population, *Biometrika*, **17**, pp. 364–87 (Cambridge and London, 1925).
12.35 A. M. Neville, Some aspects of the strengths of concrete, *Civil Engineering* (London), **54**, Part 1, pp. 1153–5 (Oct. 1959); Part 2, pp. 1308–11 (Nov. 1959); Part 3, pp. 1435–9 (Dec. 1959).
12.36 H. Rüsch, Versuche zur Festigkeit der Biegedruckzone, *Deutscher Ausschuss für Stahlbeton*, No. 120 (1955).
12.37 M. Prôt, Essais statistiques sur mortiers et betons, *Annales de l'Institut Technique du Bâtiment et de Travaux Publics*, No. 81, Béton, Béton Armé No. 8, July–Aug. 1949.
12.38 R. F. Blanks and C. C. McNamara, Mass concrete tests in large cylinders, *J. Amer. Concr. Inst.*, **31**, pp. 280–303 (Jan.–Feb. 1935).
12.39 W. J. Skinner, Experiments on the compressive strength of anhydrite, *The Engineer*, **207**, Part 1, pp. 255–9 (13 Feb. 1959); Part 2, pp. 288–92 (London, 20 Feb. 1959).
12.40 H. F. Gonnerman, Effect of size and shape of test specimen on compressive strength of concrete, *Proc. ASTM*, **25**, Part II. pp. 237–50 (1925).
12.41 A. M. Neville, The use of 4-inch concrete compression test cubes, *Civil Engineering*, **51**, No. 605, pp. 1251–2 (London, Nov. 1956).
12.42 A. M. Neville, Concrete compression test cubes, *Civil Engineering*, **52**, No. 615, p. 1045 (London, Sept. 1957).
12.43 R. A. Keen and J. Dilly, The precision of tests for compressive strength made on $\frac{1}{2}$-inch cubes of vibrated mortar, *Cement Concr. Assoc. Tech. Report TRA/314* (London, Feb. 1959).
12.44 B. W. Shacklock, Comparison of gap- and continuously-graded concrete mixes, *Cement Concr. Assoc. Tech. Report TRA/240* (London, Sept. 1959).
12.45 S. Walker, D. L. Bloem and R. D. Gaynor, Relationships of concrete strength to maximum size of aggregate, *Proc. Highw. Res. Bd*, **38**, pp. 367–79 (Washington DC, 1959).
12.46 J. W. H. King, Further notes on the accelerated test for concrete, *Chartered Civil Engineer*, pp. 15–19 (London, May 1957).
12.47 C. H. Willetts, Investigation of the Schmidt concrete test hammer, *Miscellaneous Paper No. 6-267* (U.S. Army Engineer Waterways Experiment Station, Vicksburg, Miss., June 1958).
12.48 W. E. Grieb, Use of the Swiss hammer for estimating the compressive strength of hardened concrete, *Public Roads*, **30**, No. 2, pp. 45–50 (Washington DC, June 1958).
12.49 K. Shiina, Influence of temporary wetting at the time of test on compressive strength and Young's modulus of air-dry concrete, *The Cement Association of Japan Review*, 36th General Meeting, pp. 113–5 (CAJ, Tokyo, 1982).
12.50 T. Okajima, T. Tshikawa and K. Ichise, Moisture effect on the mechanical properties of cement mortar, *Transactions of the Japan Concrete Institute*, **2**, pp. 125–32 (1980).
12.51 S. Popovics, Effect of curing method and final moisture condition on compressive strength of concrete, *ACI Journal*, **83**, No. 4, pp. 650–7 (1986).
12.52 J. M. Raphael, Tensile strength of concrete, *Concrete International*, **81**, No. 2, pp. 158–65 (1984).
12.53 W. T. Hester, Field testing high-strength concretes: a critical review of the state-of-the-art, *Concrete International*, **2**, No. 12, pp. 27–38 (1980).
12.54 W. Suaris and S. P. Shah, Properties of concrete subjected to impact, *Journal of Structural Engineering*, **109**, No. 7, pp. 1727–41 (1983).
12.55 D. N. Richardson, Review of variables that influence measured concrete compressive strength, *Journal of Materials in Civil Engineering*, **3**, No. 2, pp. 95–112 (1991).
12.56 H. Kupfer, H. K. Hilsdorf and H. Rüsch, Behavior of concrete under biaxial stresses. *J. Amer. Concr. Inst.*, **66**, pp. 656–66 (Aug. 1969).

12.57 K. Newman and L. Lachance, The testing of brittle materials under uniform uniaxial compressive stress, *Proc. ASTM*, **64**, pp. 1044–67 (1964).

12.58 H. Hansen, A. Kielland, K. E. C. Nielsen and S. Thaulow, Compressive strength of concrete – cube or cylinder? *RILEM Bull. No. 17*, pp. 23–30 (Paris, Dec. 1962).

12.59 B. L. Radkevich, Shrinkage and creep of expanded clay–concrete units in compression, *CSIRO Translation No. 5910 from Beton i Zhelezobeton*, No. 8, pp. 364–9 (1961).

12.60 Z. Piatek, Wlansouci wytrzymalouciowe i reologiczne keramzytobetonu konstrukcyjnego, *Arch. Inz. Ladowej*, **16**, No. 4, pp. 711–29 (Warsaw, 1970).

12.61 H. W. Chung and K. S. Law, Diagnosing in situ concrete by ultrasonic pulse technique, *Concrete International*, **5**, No. 10, pp. 42–9 (1983).

12.62 V. R. Sturrup, F. J. Vecchio and H. Caratin, Pulse velocity as a measure of concrete compressive strength, in *In Situ/Nondestructive Testing of Concrete*, Ed. V. M. Malhotra, ACI SP-82, pp. 201–27 (Detroit, Michigan, 1984).

12.63 R. E. Philleo, Comparison of results of three methods for determining Young's modulus of elasticity of concrete, *J. Amer. Concr. Inst.*, **51**, pp. 461–9 (Jan. 1955).

12.64 V. M. Malhotra, Effect of specimen size on tensile strength of concrete, *J. Amer. Concr. Inst.*, **67**, pp. 467–9 (June 1970).

12.65 A. M. Neville, A general relation for strengths of concrete specimens of different shapes and sizes, *J. Amer. Concr. Inst.*, **63**, pp. 1095–109 (Oct. 1966).

12.66 P. F. Mlaker et al., Acoustic emission behavior of concrete, in *In Situ / Nondestructive Testing of Concrete*, Ed. V. M. Malhotra, ACI SP-82, pp. 619–37 (Detroit, Michigan, 1984).

12.67 N. Petersons, Should standard cube test specimens be replaced by test specimens taken from structures?, *Materials and Structures*, **1**, No. 5, pp. 425–35 (Paris, Sept.–Oct. 1968).

12.68 W. H. Dilger, R. Koch and R. Kowalczyk, Ductility of plain and confined concrete under different strain rates, *ACI Journal*, **81**, No. 1, pp. 73–81 (1984).

12.69 P. Smith and B. Chojnacki, Accelerated strength testing of concrete cylinders, *Proc. ASTM*, **63**, pp. 1079–101 (1963).

12.70 P. Smith and H. Tiede, Earlier determination of concrete strength potential, *Report No. RR124* (Department of Highways, Ontario, Jan. 1967).

12.71 C. Boulay and F. de Larrard, A new capping system for testing HPC cylinders: the sand-box, *Concrete International*, **15**, No. 4, pp. 63–6 (1993).

12.72 P. M. Carrasquillo and R. L. Carrasquillo, Evaluation of the use of current concrete practice in the production of high-strength concrete, *ACI Materials Journal*, **85**, No. 1, pp. 49–54 (1988).

12.73 D. N. Richardson, Effects of testing variables on the comparison of neoprene pad and sulfur mortar-capped concrete test cylinders, *ACI Materials Journal*, **87**, No. 5, pp. 489–502 (1990).

12.74 P. M. Carrasquillo and R. L. Carrasquillo, Effect of using unbonded capping systems on the compressive strength of concrete cylinders, *ACI Materials Journal*, **85**, No. 3, pp. 141–7 (1988).

12.75 Australian Pre-Mixed Concrete Assn, *An Investigation into Restrained Rubber Capping Systems for Compressive Strength Testing of Concrete*, Technical Bulletin 92/1, 59 pp. (Sydney, Australia, 1992).

12.76 E. C. Higginson, G. B. Wallace and E. L. Ore, Effect of maximum size of aggregate on compressive strength of mass concrete, *Symp. on Mass Concrete*, ACI SP-6, pp. 219–56 (Detroit, Michigan, 1963).

12.77 U.S. Bureau of Reclamation, Effect of maximum size of aggregate upon compressive strength of concrete, *Laboratory Report No. C-1052* (Denver, Colorado, June 3, 1963).

12.78 F. Indelicato, A statistical method for the assessment of concrete strength through micropores, *Materials and Structures*, **26**, No. 159, pp. 261–7 (1993).

12.79 H. Mailer, Pavement thickness measurement using ultrasonic techniques, *Highway Research Record*, **378**, pp. 20–8 (1972).
12.80 P. Rossi and X. Wu, Comportement en compression du béton: mécanismes physiques et modélisation, *Bulletin Liaison Laboratoires Ponts et Chaussées*, **189**, pp. 89–94 (Jan.–Feb. 1994).
12.81 U.S. Army Corps of Engineers, Standard CRD-C 62-69: Method of testing cylindrical test specimens for planeness and parallelism of ends and perpendicu- larity of sides, *Handbook for Concrete and Cement*, 6 pp. (Vicksburg, Miss., 1 Dec. 1969).
12.82 K. L. Saucier, Effect of method of preparation of ends of concrete cylinders for testing, *U.S. Army Engineers Waterways Experiment Station Misc. Paper No. C-7-12*, 19 pp. (Vicksburg, Miss. April 1972).
12.83 R. C. Meininger, F. T. Wagner and K. W. Hall, Concrete core strength – the effect of length to diameter ratio. *J. Testing and Evaluation*, **5**, No. 3, pp. 147–53 (May 1977).
12.84 J. G. Wiebenga, Influence of grinding or capping of concrete specimens on compressive strength test results, *TNO Rep. No. BI-76-71/01.571.104*, Netherlands Organization for Applied Scientific Research, 5 pp. (Delft, 26 July 1976).
12.85 G. Schickert, On the influence of different load application techniques on the lateral strain and fracture of concrete specimens, *Cement and Concrete Research*, **3**, No. 4, pp. 487–94 (1973).
12.86 D. J. Hannant, K. J. Buckley and J. Croft, The effect of aggregate size on the use of the cylinder splitting test as a measure of tensile strength, *Materials and Structures*, **6**, No. 31, pp. 15–21 (1973).
12.87 Nianxiang Xie and Wenyan Liu, Determining tensile properties of mass concrete by direct tensile test, *ACI Materials Journal*, **86**, No. 3, pp. 214–19 (1989).
12.88 K. W. Nasser and A. A. Al-Manaseer, It's time for a change from 6 × 12- to 3 × 6-in. cylinders, *ACI Materials Journal*, **84**, No. 3, pp. 213–16 (1987).
12.89 T. C. Liu and J. E. McDonald, Prediction of tensile strain capacity of mass concrete, *J. Amer. Concr. Inst.*, **75**, No. 5, pp. 192–7 (1978).
12.90 R. L. Day and N. M. Haque, Correlation between strength of small and standard concrete cylinders, *ACI Materials Journal*, **90**, No. 5, pp. 452–62 (1993).
12.91 V. Kadle4ek and Z. tpetla, Effect of size and shape of test specimens on the direct tensile strength of concrete, *RILEM Bull.*, No. 36, pp. 175–84 (Paris, Sept. 1967).
12.92 R. J. Torrent, A general relation between tensile strength and specimen geometry for concrete-like materials, *Materials and Structures*, **10**, No. 58, pp. 187–96 (1977).
12.93 A. Bajza On the factors influencing the strength of cement compacts, *Cement and Concrete Research*, **2**, No. 1, pp. 67–78 (1972).
12.94 Z. P. Ba2ant *et al.*, Size effect in Brazilian split-cylinder tests: measurements and fracture analysis, *ACI Materials Journal*, **88**, No. 3, pp. 325–32 (1989).
12.95 J. Moksnes, Concrete in offshore structures, *Concrete Structures – Norwegian Inst. Technology Symp.*, Trondheim, Oct. 1978, pp. 163–76 (1978).
12.96 U. Bellander, Concrete strength in finished structures; Part 1, Destructive testing methods. Reasonable requirements, *CBI Research* 13:76, 205 pp. (Swedish Cement and Concrete Research Inst., 1976).
12.97 P. Rossi *et al.*, Effet d'échelle sur le comportement du béton en traction, *Bulletin Liaison Laboratoires des Fonts et Chaussées*, **182**, pp. 11–20 (Nov.–Dec. 1992).
12.98 J. H. Bungey, Determining concrete strength by using small-diameter cores, *Mag. Concr. Res.*, **31**, 107, pp. 91–8 (1979).
12.99 V. M. Malhotra, Contract strength requirements – cores versus *in situ* evaluation. *J. Amer. Concr. Inst.*, **74**, No. 4, pp. 163–72 (1977).
12.100 Concrete Society, Concrete core testing for strength, *Technical Report No. 11*, 44 pp. (London, 1976).

12.101 R. D. Gaynor, One look at concrete compressive strength, *NRMCA Publ. No. 147*, National Ready Mixed Concrete Assoc, 11 pp. (Silver Spring, Maryland, Nov. 1974).
12.102 J. M. Plowman, W. F. Smith and T. Sherriff, Cores, cubes and the specified strength of concrete, *The Structural Engineer*, **52**, No. 11, pp. 421–6 (1974).
12.103 W. E. Murphy, Discussion on paper by V. M. Malhotra: Contract strength requirements – core versus in situ evaluation, *J. Amer. Concr. Inst.*, **74**, No. 10, pp. 523–5 (1977).
12.104 N. Petersons, Recommendations for estimation of quality of concrete in finished structures, *Materials and Structures*, **4**, No. 24, pp. 379–97 (1971).
12.105 U. Bellander, Strength in concrete structures, *CBI Reports* 1:78, 15 pp. (Swedish Cement and Concrete Research Inst., 1978).
12.106 J. R. Graham, Concrete performance in Yellowtail Dam, Montana, *Laboratory Report No. C-1321* U.S. Bureau of Reclamation, (Denver, Colorado, 1969).
12.107 V. M. Malhotra, An accelerated method of estimating the 28-day splitting tensile and flexural strengths of concrete, *Accelerated Strength Testing*, ACI SP-56, pp. 147–67 (Detroit, Michigan, 1978).
12.108 R. S. Al-Rawi and K. Al-Murshidi, Effects of maximum size and surface texture of aggregate in accelerated testing of concrete, *Cement and Concrete Research*, **8**, No. 2, pp. 201–9 (1978).
12.109 J. W. Galloway, H. M. Harding and K. D. Raithby, *Effects of Moisture Changes on Flexural and Fatigue Strength of Concrete*, Transport and Road Research Laboratory, No. 864, 18 pp. (Crowthorne, U.K., 1979).
12.110 W. E. Yip and C. T. Tam, Concrete strength evaluation through the use of small diameter cores, *Mag. Concr. Res.*, **40**, No. 143, pp. 99–105 (1988).
12.111 S. Gebler and R. Schutz, Is 0.85 f'_c valid for shotcrete?, *Concrete International*, **12**, No. 9, pp. 67–9 (1990).
12.112 R. L. Yuan *et al.*, Evaluation of core strength in high-strength concrete, *Concrete International*, **13**, No. 5, pp. 30–4 (1991).
12.113 V. M. Malhotra, Evaluation of the pull-out test to determine strength of in-situ concrete, *Materials and Structures*, **8**, No. 43, pp. 19–31 (1975).
12.114 A. Szypula and J. S. Grossman, Cylinder vs. core strength, *Concrete International*, **12**, No. 2, pp. 55–61 (1990).
12.115 W. C. Greer, Jr., Variation of laboratory concrete flexural strength tests, *Cement, Concrete and Aggregates*, **5**, No. 2, pp. 111–22 (Winter, 1983).
12.116 S. Yamane, *et al.* Concrete in finished structures, *Takenaka Tech. Res. Rept. No. 22*, pp. 67–73 (Tokyo, Oct. 1979).
12.117 A. U. Nilsen and P.-C. Aïtcin, Static modulus of elasticity of high-strength concrete from pulse velocity tests, *Cement, Concrete and Aggregate*, **14**, No. 1, pp. 64–6 (1992).
12.118 K. Mather, Effects of accelerated curing procedures on nature and properties of cement and cement-fly ash pastes, in *Properties of Concrete at Early Ages*, ACI SP-95, pp. 155–71 (Detroit, Michigan, 1986).
12.119 J. F. Lamond, Quality assurance using accelerated strength testing, *Concrete International*, **5**, No. 3, pp. 47–51 (1983).
12.120 J. Özetkin, Accelerated strength testing of Portland–pozzolan cement concretes by the warm water method, *ACI Materials Journal*, **84**, No. 1, pp. 51–4 (1987).
12.121 F. M. Bartlett and J. G. MacGregor, Effect of moisture condition on concrete core strengths, *ACI Materials Journal*, **91**, No. 3, pp. 227–36 (1994).
12.122 ACI 228.1R-89, In-place methods for determination of strength of concrete, *ACI Manual of Concrete Practice, Part 2: Construction Practices and Inspection Pavements*, 25 pp. (Detroit, Michigan, 1994).

12.123 U. Bellander, Concrete strength in finished structures; Part 3, Non-destructive testing methods. Investigations in laboratory and *in-situ, CBI Research 3:77*, p. 226 (Swedish Cement and Concrete Research Inst., 1977).

12.124 ACI 318-02, Building code requirements for structural concrete, *ACI Manual of Concrete Practice, Part 3: Use of Concrete in Buildings – Design, Specifications, and Related Topics*, 443 pp.

12.125 S. Amasaki, Estimation of strength of concrete in structures by rebound hammer, *CAJ Proceedings of Cement and Concrete*, No. 45, pp. 345–51 (1991).

12.126 R. S. Jenkins, Nondestructive testing – an evalution tool, *Concrete International*, **7**, No. 2, pp. 22–6 (1985).

12.127 C. Jaegermann and A. Bentur, Development of destructive and non-destructive testing methods for quality control of hardened concrete on building sites and in precast factories, *Research Report No. 017-196*, Israel Institute of Technology Building Research Station (Haifa, July 1977).

12.128 K. M. Alexander, Comments on "an unsolved mystery in concrete technology", *Concrete*, **14**, No. 4. pp. 28–9 (London, April 1980).

12.129 A. J. Chabowski and D. W. Bryden-Smith, Assessing the strength of *in-situ* Portland cement concrete by internal fracture tests, *Mag. Concr. Res.*, **32**, No. 112, pp. 164–72 (1980).

12.130 K. W. Nasser and R. J. Beaton, The K-5 accelerated strength tester, *J. Amer. Concr. Inst.*, **77**, No. 3, pp. 179–88 (1980).

12.131 L. M. Melis, A. H. Meyer and D. W. Fowler, *An Evaluation of Tensile Strength Testing*, Research Report 432-1F, Center for Transportation Research, Univer- sity of Texas, 81 pp. (Austin, Texas, Nov. 1985).

12.132 Y. H. Loo, C. W. Tan and C. T. Tam, Effects of embedded reinforcement on measured strength of concrete cylinders, *Mag. Concr. Res.*, **41**, No. 146, pp. 11–18 (1989).

12.133 ACI 506.2-90, Specification for materials, proportioning, and application of shotcrete, *ACI Manual of Concrete Practice, Part 5: Masonry, Precast Concrete, Special Processes*, 8 pp. (Detroit, Michigan, 1994).

12.134 T. Akashi and S. Amasaki, Study of the stress waves in the plunger of a rebound hammer at the time of impact, in *In Situ/Nondestructive Testing of Concrete*, Ed. V. M. Malhotra, ACI SP-82, pp. 19–34 (Detroit, Michigan, 1984).

12.135 J. H. Bungey, *The Testing of Concrete in Structures*, 2nd Edn, 222 pp. (Surrey University Press, 1989).

12.136 W. C. Stone and N. J. Carino, Comparison of analytical with experimental internal strain distribution for the pullout test, *ACI Journal*, **81**, No. 1, pp. 3–12 (1984).

12.137 J. H. Bungey and R. Madandoust, Factors influencing pull-off tests on concrete, *Mag. Concr. Res.*, **44**, No. 158, pp. 21–30 (1992).

12.138 M. G. Barker and J. A. Ramirez, Determination of concrete strengths with break-off tester, *ACI Materials Journal*, **85**, No. 4, pp. 221–8 (1988).

12.139 C. G. Petersen, LOK-test and CAPO-test development and their applications, *Proc. Inst. Civ. Engrs*, Part 1, **76**, pp. 539–49 (May 1984).

12.140 N. J. Carino, Nondestructive testing of concrete: history and challenges, in *Concrete Technology: Past, Present, and Future*, V. Mohan Malhotra Symposium, ACI SP-144, pp. 623–80 (Detroit, Michigan, 1994).

12.141 RILEM Committee 43, Draft recommendation for *in-situ* concrete strength deter- mination by combined non-destructive methods, *Materials and Structures*, **26**, No. 155, pp. 43–9 (1993).

12.142 S. Popovics and J. S. Popovics, Effect of stresses on the ultrasonic pulse velocity in concrete, *Materials and Structures*, **24**, No. 139, pp. 15–23 (1991).

12.143　G. V. Teodoru, Mechanical strength property of concrete at early ages as reflected by Schmidt rebound number, ultrasonic pulse velocity, and ultrasonic attenuation, in *Properties of Concrete at Early Ages*, ACI SP-95, pp. 139–53 (Detroit, Michigan, 1986).

12.144　S. Nilsson, The tensile strength of concrete determined by splitting tests on cubes, *RILEM Bull. No. 11*, pp. 63–7 (Paris, June 1961).

12.145　K. W. Nasser and V. M. Malhotra, Accelerated testing of concrete: evaluation of the K-5 method, *ACI Materials Journal*, **87**, No. 6, pp. 588–93 (1990).

12.146　R. H. Elvery and L. A. M. Ibrahim, Ultrasonic assessment of concrete strength at early ages, *Mag. Concr. Res.*, **28**, No. 97, pp. 181–90 (Dec. 1976).

12.147　B. Mayfield, The quantitative evaluation of the water/cement ratio using fluorescence microscopy, *Mag. Concr. Res.*, **42**, No. 150, pp. 45–9 (1990).

12.148　E. Arioglu and O. S. Koyluoglu, Discussion of 'Are current concrete strength tests suitable for high strength concrete?', *Materials and Structures*, **29**, No. 193, pp. 578–80 (1996).

12.149　A. M. Neville, How closely can we determine the water-cement ratio of hardened concrete? *Materials and Structures*, **36**, pp. 311–18 (June 2003).

12.150　Beattie, A., Lightweight aggregates: benefits and practicalities, *The Structural Engineer*, **88**, pp. 14–18 (Dec. 2010).

13
Concretos especiais

Neste capítulo, serão abordados diversos tipos de concretos que podem ser utilizados quando são necessárias propriedades especiais. O termo "especial" não significa que sejam raras ou desnecessárias, mas que se tratam de propriedades específicas que são desejáveis em determinadas circunstâncias. Vários tipos de concreto serão analisados, iniciando pelos concretos que contêm diferentes materiais cimentícios, utilizados com frequência atualmente (discutidos no Capítulo 2): cinza volante, escória granulada de alto-forno e sílica ativa.[13.90]

O segundo tipo de concreto a ser analisado é o denominado concreto de alto desempenho. Esse concreto, invariavelmente, contém no mínimo um dos materiais cimentícios mencionados acima, bem como, normalmente, um aditivo superplastificante. A expressão "alto desempenho" é um tanto pretensiosa, já que a principal característica desse concreto é que seus ingredientes e suas proporções são selecionados de forma a resultar em propriedades especificamente adequadas ao uso esperado da estrutura. Essas propriedades, em geral, são alta resistência ou baixa permeabilidade.

O terceiro e último tipo de concreto discutido neste capítulo é o concreto leve, ou seja, um concreto com massa específica significativamente menor do que a do concreto produzido com agregados normais, que varia entre 2.200 e 2.600 kg/m^3.

Mais um tipo de concreto deve ser mencionado: o concreto pesado, utilizado para fins de atenuação de raios X, raios gama e nêutrons. Em virtude desse uso especializado, esse tipo de concreto não será analisado neste livro.

Concretos com diferentes materiais cimentícios

Os capítulos anteriores abordaram concretos com uma variedade de materiais cimentícios, mas foram tratados, principalmente, os concretos contendo somente cimento Portland. A razão para essa abordagem é que, até recentemente, o cimento Portland era considerado o "melhor", senão o único, material cimentício do concreto. Quando outros materiais, em especial a cinza volante e a escória granulada de alto-forno, eram utilizados, eles eram considerados como substitutos do cimento, e sua influência e desempenho eram analisados em relação ao concreto padrão, que continha somente cimento Portland comum.*

---

* N. de R.T.: Neste capítulo, o cimento Portland comum, ou seja, sem adições ("puro") será denominado, de forma simplificada, cimento Portland.

Essa situação mudou drasticamente, pois, conforme citado na página 93, diversos materiais cimentícios são atualmente considerados ingredientes do concreto. Esses materiais, a cinza volante, a escória granulada de alto-forno e a sílica ativa, foram discutidos, em relação às suas propriedades físicas e químicas, no Capítulo 2. Durante a análise das diversas propriedades do concreto nos capítulos anteriores, a influência desses materiais foi frequentemente citada. Entretanto, isso foi feito de forma fragmentada, mas agora será feita uma revisão das propriedades dos concretos que contêm esses materiais.

É possível argumentar que as influências de cada material, de forma isolada, deveriam ser discutidas inicialmente; entretanto, uma breve revisão desses materiais em conjunto pode ser útil para fornecer um quadro geral de seu papel no comportamento do concreto. Dessa forma, serão discutidas as características comuns de dois – ou todos os três materiais – e o uso de mais de um deles ao mesmo tempo. Em seguida, serão tratadas as questões específicas.

Aspectos gerais do uso de cinza volante, escória granulada de alto-forno e sílica ativa

Um argumento frequentemente utilizado em favor da utilização desses materiais é que, comparados ao cimento Portland, eles poupam energia e preservam os recursos. Isso é verdade, mas o principal argumento favorável à sua utilização são as vantagens técnicas da adição desses materiais ao concreto. Na verdade, em muitos casos, eles devem ser utilizados em detrimento de uma mistura constituída somente de cimento Portland, independentemente de aspectos econômicos ou ambientais.

Há certa dificuldade na apresentação das informações disponíveis sobre a influência e no uso desses três materiais cimentícios de forma objetiva e de validade geral. Um número muito grande de artigos foi publicado, mas, na maioria deles, um pesquisador entusiasta apresenta um conjunto único de ensaios com um dos materiais e mostra os benefícios do uso desse material em especial, que, com frequência, é um produto local específico. Dentre as diferenças entre as misturas com determinado material cimentício e a mistura de "referência", podem estar incluídas a trabalhabilidade, a resistência a diferentes idades, o consumo total de material cimentício ou a relação água/cimento, e todas são importantes na construção. Não é possível realizar uma generalização válida dessas comparações, mas uma revisão geral das propriedades das misturas que contêm diferentes materiais cimentícios seria útil. Isso pode tornar possível avaliar as propriedades dos concretos com ingredientes diferentes, possivelmente em diferentes proporções. As propriedades específicas de qualquer mistura devem ser comprovadas por ensaios.

Os materiais cimentícios influenciam a evolução da hidratação devido a suas composições químicas, reatividade, distribuição das dimensões e forma das partículas.[13.9] A reatividade real da escória de alto-forno depende de sua composição, teor de fase vítrea e dimensão da partícula.[13.9] A cinza volante com elevado teor de cálcio (Classe C ASTM e Classe W BS EN) é muito mais reativa do que a cinza Classe F (Classe V BS EN) e, portanto, possui alguma semelhança com o comportamento da escória de alto-forno.[13.9] A reação da cinza volante Classe F requer uma água de poros com alcalinidade elevada, que é reduzida quando a sílica ativa e a escória de alto-forno estão incorporadas à mistura. Consequentemente, a reatividade da cinza volante nessas misturas é reduzida.[13.15]

Para um determinado teor total de material cimentício, a adição de cinza volante ou escória de alto-forno reduz a demanda de água e melhora a trabalhabilidade. No caso da escória de alto-forno, a melhora pode não ser avaliada em termos de abatimento, mas, uma vez que a vibração tenha sido aplicada, o concreto com escória se torna mais "móvel", o que resulta em adensamento mais fácil. A sílica ativa reduz, ou até mesmo elimina, a exsudação. A melhora da trabalhabilidade pela cinza volante é atribuída à forma esférica de suas partículas. Entretanto, a adição de cinza volante e, em menor dimensão, de escória de alto-forno à mistura, tem o efeito físico de modificar a floculação do cimento, resultando em redução da demanda de água.[13.9] A dispersão alterada das partículas de cimento é refletida na microestrutura da pasta de cimento hidratada, principalmente em sua distribuição de dimensões dos poros, sendo menor a dimensão mediana e, assim, a permeabilidade.[13.9] Esse efeito está presente em uma porosidade total constante, que é controlada pela relação água/cimento total.

A melhora da resistência do concreto devido à cinza volante não é somente consequência de sua pozolanicidade, mas também da capacidade de as partículas extremamente finas se encaixarem entre as partículas de cimento. Uma prova disso é dada pelo efeito benéfico da cinza volante utilizada com cimento de alto-forno, quando a reação pozolânica é improvável.[13.12]

Aspectos relativos à durabilidade

Apesar de a razão inicial da utilização dos materiais cimentícios no concreto ser sua influência na velocidade de desenvolvimento do calor de hidratação e da resistência, ainda mais importante é sua influência na resistência do concreto a ataques químicos, que é consequência não somente da natureza química da pasta de cimento hidratada, mas também de sua microestrutura. Esse tópico foi considerado nos Capítulos 10 e 11. Não é exagero dizer que os materiais cimentícios exercem influência fundamental em todos os aspectos de durabilidade relacionados ao transporte de agentes agressivos através do concreto. Uma razão para isso é que, em geral, os materiais cimentícios considerados neste capítulo são mais finos do que o cimento Portland e, portanto, melhoram o empacotamento das partículas. Dessa forma, desde que seja garantida uma cura úmida adequada, sua presença reduz a permeabilidade.[13.92]

Embora o uso de escória de alto-forno ou cinza volante reduza a permeabilidade, elas tornam a carbonatação mais rápida.[13.13] Esse aumento é maior quando a cinza volante é utilizada com cimento de alto-forno.[13.12] Quando a soma dos teores de cinza volante e de escória de alto-forno é superior a 60%, o aumento da carbonatação é maior quanto maior for o teor de cinza volante.[13.13] A carbonatação aumentada não é, necessariamente, verificada na prática quando são utilizadas misturas com proporções adequadas. A carbonatação também reduz a permeabilidade, mas não quando a cinza volante e a escória de alto-forno estão presentes na mistura.[13.12] Foi observada boa resistência ao gelo e degelo, sem o uso de ar incorporado, em concretos (com relação água/cimento igual a 0,27 e aditivo superplastificante) contendo cinza volante Classe C, em um teor entre 20 e 35% da massa total de material cimentício, e sílica ativa (10% na mesma base). Da mesma forma, foi verificada boa resistência a sulfatos com teores de até 50% de cinza volante Classe C e 10% de sílica ativa.[13.11]

O controle da reação álcali-sílica é um assunto especializado em que é necessário um conhecimento aprofundado sobre os agregados a serem utilizados (ver página 150). Entretanto, devem ser destacados os efeitos benéficos da incorporação de cinza volante (cerca de 30 a 40% em massa) ou de escória de alto-forno (cerca de 40 a 50% em massa) nos cimentos compostos.[13.7] Esses materiais contêm somente uma pequena quantidade de *álcalis solúveis em água*, de modo que, para uma determinada quantidade de materiais cimentícios, incluindo o cimento Portland com teor de álcalis elevado, a presença de escória de alto-forno ou cinza volante no cimento composto reduz o teor total de álcalis da mistura.[13.10] Dessa forma, a utilização desses materiais pode prescindir o uso de cimentos de baixo teor de álcalis, mas a não ocorrência de reação expansiva deve ser verificada por meio de ensaios.

Os efeitos benéficos da adição de sílica ativa em concretos submetidos à cura a vapor, a 65 °C, na penetrabilidade de cloretos foram confirmados por Campbell & Detwiller.[13.4] Com a adição de, no mínimo, 10% de sílica ativa, constatou-se uma melhora significativa, mas o valor de 7,5% foi altamente eficaz em misturas contendo de 30 a 40%, em relação ao total de material cimentício, de escória de alto-forno.[13.4] Ainda deve ser citado que concretos produzidos somente com cimento Portland, curados a 50 °C, apresentaram aumento na penetrabilidade de cloretos.[13.3]

Estudos adicionais de Detwiler *et al.*[13.2] confirmaram o efeito benéfico, em relação à penetrabilidade de cloretos, da adição de sílica ativa e escória de alto-forno ao concreto curado a 50 e 70 °C. Essas conclusões foram obtidas em concretos com relações água/cimento de 0,40 e 0,50 e teores de sílica ativa e escória de alto-forno de, respectivamente, 5 e 30%, em relação à massa total de material cimentício. Generalizações sobre os teores ou proporções ótimas não são possíveis devido à penetrabilidade do concreto resultante ser afetada pelo grau de hidratação no momento da exposição aos cloretos.

Variabilidade dos materiais

Os três materiais cimentícios discutidos neste capítulo não são produzidos especificamente para utilização em concreto; na verdade, eles são resíduos industriais. Essa situação se reflete em suas variabilidades.

A cinza volante é um resíduo da queima de carvão mineral para a geração de energia elétrica. Os operadores do sistema elétrico estão cientes do valor comercial de uma cinza volante uniforme, mas variações periódicas na operação de uma usina elétrica, em especial se não for uma usina de fornecimento principal, podem resultar em propriedades ocasionalmente variáveis da cinza volante. Também existem, é claro, diferenças entre a cinza produzida por diferentes usinas. Além do mais, até mesmo uma mesma usina produz cinzas com propriedades variáveis, caso seja utilizado carvão não uniforme em curto ou longo prazo. A classificação e o beneficiamento da cinza seriam importantes, mas aumentariam seu custo.

Conclui-se, então, que os usuários da cinza volante devem estar atentos às propriedades do material utilizado no concreto e que não devem se basear em considerações padronizadas sobre a distribuição das dimensões das partículas da cinza ou de seu teor de carbono. Como consequência, não é possível apresentar um quadro simples do comportamento do concreto com cinza volante, já que a cinza volante não é um material simples de composição praticamente constante. As cinzas volantes são como vários tipos de cimentos Portland, com variadas características físicas e químicas. Portanto, não é surpresa que o uso de cinza volante resulte em uma variedade de efeitos, em especial devido à grande variação de seu teor no concreto.

Por outro lado, a escória de alto-forno, por ser resíduo de um processo altamente controlado (ver página 81), possui variabilidade muito menor, e o mesmo se aplica à sílica ativa.

Ainda em relação à cinza volante, deve ser ressaltado que a hidratação de uma determinada cinza depende das propriedades químicas e da finura do cimento Portland na mistura. Não surpreende o fato de não haver uma relação simples entre a porcentagem de cinza volante em relação ao total de material cimentício e as propriedades do concreto resultante com outras proporções. Inevitavelmente, não foram bem-sucedidas as tentativas de relacionar, por uma simples equação, a resistência do concreto, mesmo com proporções fixas, com as diversas propriedades da cinza volante, como finura, resíduos de partículas maiores do que determinada dimensão, índices de pozolanicidade, teor de carbono, teor de fase vítrea e composição química.[13.6] De fato, essa situação é esperada, dado que nenhuma equação pode prever a resistência de cimentos Portland a partir de suas propriedades físicas e químicas.

A cinza volante e a escória de alto-forno são componentes muito relevantes do concreto, mas também apresentam vantagens econômicas devido a serem resíduos de outros processos, com disponibilidade contínua, que necessitam ser eliminados. Vale a pena refletir que, em consequência de alterações nos padrões industriais, em especial no consumo de aço e das fontes de energia, a disponibilidade de cinza volante e escória de alto-forno pode ser menor no futuro (ver página 710), podendo ser necessário o desenvolvimento de novos materiais cimentícios.

Concreto com cinza volante

Uma breve descrição das propriedades físicas e químicas da cinza volante foi apresentada no Capítulo 2. A partir de agora, será analisado o uso da cinza volante no concreto e discutidas as propriedades do concreto resultante. Também serão apresentadas discussões sobre as propriedades da cinza volante em si, analisando a forma como elas influenciam as propriedades do concreto.

A importância da cinza volante não pode ser subestimada, pois ela não é mais um substituto de baixo custo do cimento, nem um "enchimento" ou uma adição da mistura. A cinza volante confere importantes vantagens ao concreto, portanto o entendimento de seu papel e de sua influência é fundamental.

A variabilidade de suas propriedades foi mencionada anteriormente. Essa variabilidade decorre do fato de a cinza volante não ser um produto especialmente fabricado e que, portanto, não pode ser controlada por exigências de uma norma. As principais influências são a natureza do carvão e a forma de sua pulverização, a operação da fornalha, o processo de precipitação da cinza a partir dos gases de combustão e, em especial, o nível de classificação das partículas no sistema de exaustão. Mesmo quando esses fatores são constantes, uma usina termoelétrica cujo funcionamento varia conforme a demanda de energia produz cinza volante variável, diferentemente do que ocorre em uma usina principal. As variações na cinza volante são: teor de vidro, teor de carbono, forma e distribuição das dimensões das partículas, bem como a presença de magnésio e outros minerais, e também a cor. É possível melhorar a distribuição das dimensões das partículas por classificação e moagem.

Conforme mencionado, o processo de queima do carvão pulverizado influencia a forma das partículas de cinza. A temperatura elevada favorece a formação de partículas esféricas, mas a necessidade da redução de emissão de NO_x obriga a utilização de temperaturas de pico de combustão mais baixas, fazendo com que minerais com elevado ponto de fusão nem sempre se liquefaçam totalmente. Uma consequência disso é a redução da proporção de partículas esféricas e também das partículas menores do que 10 μm. Entretanto, a proporção de partículas maiores do que 45 μm não são afetadas.[13.12, 13.34] Essas alterações vão contra os efeitos benéficos da cinza volante no concreto, portanto há uma necessidade de avanços na tecnologia de modo a satisfazer tanto as exigências de emissão de NO_x quanto as propriedades das partículas do ponto de vista de sua utilização no concreto.

Entretanto, deve ser destacado que, na maioria dos países, são produzidas, de forma consistente, cinzas volantes excelentes e de boa uniformidade, e não há dúvidas de que o consumo mundial de cinza volante aumenta – e espera-se que continue assim. O que não é possível é fornecer informações sobre uma cinza "padrão" ou típica, ou seja, não é possível apresentar uma orientação específica sobre a utilização da cinza volante como um material genérico.

A influência da cinza volante nas propriedades do concreto fresco

A principal influência está na demanda de água e na trabalhabilidade. Para uma trabalhabilidade constante, a redução na demanda de água devido à cinza volante normalmente se situa entre 5 e 15%, quando comparada a um concreto produzido somente com cimento Portland e com o mesmo consumo de material cimentício. A redução é maior com relações água/cimento maiores.[13.12]

O concreto que contém cinza volante é coeso e possui menor exsudação, sendo adequado para bombeamento e para fôrmas deslizantes. As operações de acabamento do concreto com cinza volante são realizadas com maior facilidade.

A influência da cinza volante nas propriedades do concreto fresco está relacionada à forma das partículas da cinza. A maioria delas é esférica e sólida. Entretanto, algumas partículas maiores são esferas ocas, conhecidas como cenosferas, ou são vesiculares e de forma irregular.

A redução na demanda de água causada pela presença da cinza volante é normalmente atribuída à sua forma esférica, efeito que é denominado "efeito de rolamento". Entretanto, outros mecanismos também estão envolvidos e podem muito bem ser dominantes. Em especial, como consequência de cargas elétricas, as partículas mais finas de cinza volante são adsorvidas na superfície das partículas de cimento. Caso haja uma quantidade suficiente de partículas finas de cinza para recobrir a superfície das partículas de cimento, que, dessa forma, se torna defloculado, a demanda de água para uma determinada trabalhabilidade é reduzida.[13.156] Uma quantidade de cinza volante em excesso, em relação à necessária para envolver a superfície das partículas de cimento, não confere benefícios adicionais no que tange à demanda de água. De fato, a redução da demanda de água cresce com o aumento do teor de cinza volante até aproximadamente 20%.[13.12] O efeito da cinza volante não é adicional à ação dos superplastificantes. Assim, é provável que a ação da cinza, da mesma forma que a dos superplastificantes, na demanda de água ocorra pela dispersão e adsorção da cinza volante nas partículas de cimento Portland.[13.156] Recomendações para o uso de teores de cinza volante acima de 50% foram feitas por Malhotra, mas não são de aceitação geral.[13.160]

A presença do carbono na cinza volante foi citada na página 87, e uma das consequências do teor elevado desse elemento é a influência negativa sobre a trabalhabilidade. A variação no teor de carbono também pode levar a um comportamento instável em relação à incorporação de ar, com alguns agentes incorporadores de ar sendo adsorvidos pelas partículas porosas do carbono.

A presença de cinza volante tem um efeito retardador, de cerca de 1 hora, provavelmente devido à liberação do SO_4^- presente na superfície das partículas de cinza volante. O retardo pode ser vantajoso durante a concretagem em temperaturas ambiente elevadas. Caso contrário, pode ser necessário um acelerador. Somente o tempo de início de pega é retardado, pois o intervalo entre o enrijecimento e o fim de pega permanece inalterado.

Em baixas temperaturas, o retardo de pega se soma ao efeito retardador de alguns aditivos, o que pode causar a formação de bolhas e descamação.[13.160] A afirmação anterior não é um argumento contra o uso de elevados teores de cinza volante, apenas uma indicação da necessidade de determinação das propriedades desse concreto na presença de aditivos.

Hidratação da cinza volante

As reações pozolânicas foram analisadas no Capítulo 2. No caso da cinza volante, os produtos da reação assemelham-se bastante ao C-S-H produzido pela hidratação do cimento Portland. Entretanto, a reação não tem início até algum tempo após a mistura. No caso da cinza volante Classe F (ver página 87), esse período pode chegar a uma semana ou mais. Uma explicação para esse atraso, apresentada por Fraay et al.,[13.15] é a seguinte: o material vítreo existente na cinza volante somente se decompõe quando o pH da água de poros é, no mínimo, aproximadamente 13,2. Para isso, é necessário que ocorra parte da hidratação do cimento Portland da mistura. Além do mais, os produtos de reação do cimento Portland se precipitam na superfície das partículas de cinza volante, que agem como núcleos.

Quando o pH da água de poros se torna suficientemente elevado, os produtos de reação da cinza volante se formam nas partículas de cinza e ao seu redor. Uma consequência dessas reações iniciais é que seus produtos, com frequência, conservam a forma esférica original da cinza. Com o passar do tempo, mais produtos se difundem e precipitam no interior do sistema de poros capilares, resultando em uma redução da capilaridade, da porosidade e, consequentemente, em uma estrutura de poros mais refinada (ver Figura 13.1).[13.15]

A sensibilidade da reação da cinza volante à alcalinidade da água dos poros implica que a reatividade da cinza é influenciada pelo teor de álcalis do cimento Portland que será utilizado com essa cinza. Entretanto, isso foi refutado por Osbæck.[13.114] Por exemplo, como o cimento Portland de alta resistência inicial (Tipo III) resulta em desenvolvimento mais rápido da alcalinidade da água dos poros do que o cimento Portland comum, a reação pozolânica da cinza volante inicia mais cedo quando o primeiro cimento é utilizado. A observação anterior ilustra a complexidade do comportamento das cinzas volantes, o que torna difícil as generalizações e indica a necessidade de verificações experimentais envolvendo a cinza e o cimento Portland que serão utilizados.

Uma consequência do atraso das reações da cinza volante é a forma benéfica da liberação do calor de hidratação (ver Capítulo 8).

O progresso da reação pozolânica da cinza Classe F é lento, e Fraay et al. registraram mais de 50% de cinza volante ainda sem reação após 1 ano.[13.15]

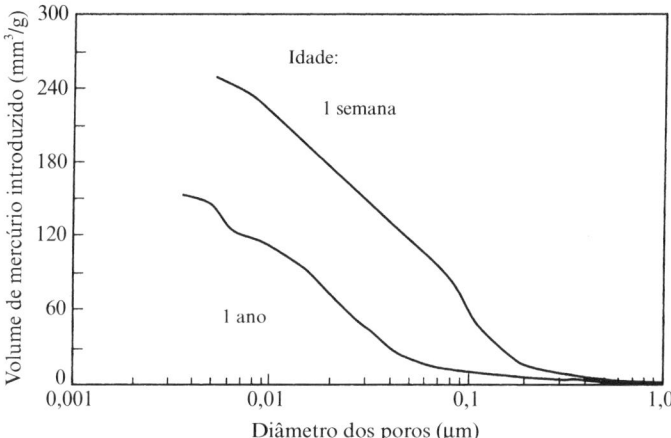

Figura 13.1 Alteração da distribuição das dimensões dos poros (determinada por porosimetria de mercúrio) na pasta de cimento contendo 30% de cinza volante Classe F, em relação à massa total de material cimentício (baseado na referência 13.15).

Enquanto concretos produzidos somente com cimento Portland e relações água/cimento média ou alta, mantidos em condições adequadas, continuam a ganhar resistência ao longo do tempo, o mesmo não acontece quando a cinza volante é incorporada à mistura. Após a idade de 3 a 5 anos, não foi verificado desenvolvimento de resistência em concretos com relações água/cimento entre 0,50 a 0,80 e porcentagens de cinza volante, em relação à massa total de material cimentício, variáveis entre 47 e 67.[13.16, 13.17]

A cinza volante Classe C – BS EN Classe W (ver página 87) –, que possui elevado teor de cálcio, reage, até certo ponto, diretamente com a água. Em especial, uma pequena quantidade de C_2S na cinza volante pode estar presente,[13.157] e esse composto reage formando C-S-H. O C_3A cristalino e outros aluminatos também são reativos.[13.9] Além disso, da mesma forma que na cinza Classe F, ocorre a reação da sílica com o hidróxido de cálcio produzido pela hidratação do cimento Portland. Dessa forma, a cinza volante Classe C reage mais cedo do que a Classe F, mas algumas cinzas Classe C não apresentam crescimento de resistência em longo prazo.[13.18]

Devido ao longo período de tempo necessário às reações da cinza volante no concreto, a realização de cura úmida é essencial. Uma consequência disso é que ensaios de resistência à compressão em corpos de prova curados em condições de umidade padronizadas podem levar a resultados enganosos em relação à resistência do concreto em campo. O mesmo pode ocorrer com o concreto produzido somente com cimento Portland, mas a influência da cura na resistência é mais pronunciada quando a cinza volante é adicionada à mistura.

Temperaturas mais altas, entre 20 e 80 °C, têm maior efeito em acelerar as reações da cinza volante do que no caso de concretos produzidos somente com cimento Portland; entretanto, ocorre o habitual retrocesso (conforme a página 375).[13.21] Com o aumento da temperatura, entre 200 e 800 °C, a redução da resistência é similar, ou possivelmente ainda maior, do que no concreto somente com cimento Portland.[13.20]

Devido à reatividade da cinza volante aumentar abruptamente com o aumento da temperatura, o comportamento do concreto contendo cinza pode ser diferente em seções de grandes dimensões (em que a hidratação dos componentes do cimento Portland causa aumento da temperatura) daquele observado em elementos de concreto de pequenas seções em temperatura ambiente.[13.9] Essa observação é importante para a previsão da velocidade de desenvolvimento de resistência do concreto com cinza volante.

Evolução da resistência do concreto com cinza volante

O método de ensaio da ASTM C 311-07 fornece uma medida da resistência de argamassas com 20% de cinza volante, em relação à massa total de material cimentício, e estabelece um índice de desempenho dos materiais pozolânicos. Entretanto, conforme já citado, as reações da cinza volante são influenciadas pelas propriedades do cimento Portland utilizado em conjunto. Além do mais, juntamente com o efeito das reações químicas, a cinza volante possui efeito físico ao melhorar a microestrutura da pasta de cimento hidratada. A principal ação física é a referente à acomodação das partículas de cinza volante na interface das partículas de agregados graúdos, fato que não ocorre na argamassa utilizada no ensaio da ASTM C 311-07*.[13.12]

Por essas razões, as determinações do índice de desempenho não permitem estabelecer adequadamente a contribuição da cinza volante ao desenvolvimento da resistência de um *concreto* em especial a que ela foi incorporada. Esse é um exemplo da inadequação de ensaios realizados em argamassas para fins de determinar o efeito de um determinado fator no concreto.

O alcance do empacotamento das partículas depende tanto da cinza volante quanto do cimento utilizados, e o melhor resultado é obtido com cimentos mais grossos e cinzas mais finas.[13.12] Um efeito benéfico do empacotamento na resistência é a redução do volume de ar aprisionado no concreto,[13.12] mas a principal contribuição está na redução do volume dos poros capilares de grandes dimensões.

Vale a pena destacar que a influência positiva da finura da cinza volante está ligada à sua forma esférica. Desse modo, embora a moagem da cinza volante aumente sua finura, ela pode ocasionar a destruição das partículas esféricas e um consequente aumento da demanda de água da mistura devido às formas angulosas e irregulares das partículas.[13.26]

O controle da finura da cinza volante geralmente é realizado com base no material retido na peneira de abertura de 45 μm, mas esse parâmetro não é suficientemente classificatório em relação à reatividade da cinza volante e à sua contribuição para o desenvolvimento da resistência no concreto.

Normalmente cerca de metade das partículas de cinza volante são menores do que 10 μm, mas podem existir grandes variações. As partículas com essas dimensões são as mais reativas,[13.22] e a reatividade é ainda mais elevada quando o diâmetro mediano das partículas de cinza for ainda menor: 5 ou até mesmo 2,5 μm.

---

* N. de R.T.: A NBR 5752:2014 estabelece um método para determinação do índice de desempenho de materiais pozolânicos com cimento Portland. O ensaio é realizado por meio da comparação da resistência obtida entre uma argamassa produzida somente com cimento Portland CP II F 32 e outra produzida com 25% de material pozolânico, em substituição à mesma porcentagem de cimento. Essa norma não deve ser utilizada com sílica ativa ou metacaulim. Até a versão de 2012 da norma citada, o índice de desempenho era denominado índice de atividade pozolânica.

Em relação às partículas maiores de cinza, Idorn & Thaulow[13.23] sugerem que essas podem ser consideradas como "microagregados" que melhoram a compacidade da pasta de cimento hidratada de modo similar ao efeito das partículas não hidratadas do cimento Portland. Isso é benéfico em relação à resistência mecânica, à resistência à propagação de fissuras e à rigidez. O sistema de poros capilares resultante tem maior capacidade de retenção de água que estará disponível para a hidratação em longo prazo.[13.23]

O teor de fase vítrea exerce grande influência na reatividade da cinza volante. No caso da cinza Classe C, o teor de cálcio também é um fator influente na reatividade. Entretanto, o conhecimento dessas características não possibilita prever o desempenho de uma determinada cinza, tornando necessária a realização de ensaios, de preferência realizados com o cimento Portland a ser utilizado.

Foi citado na página 683 que a influência benéfica da cinza volante sobre a demanda de água não é verificada em teores de cinza volante superiores a 20% em massa. Também do ponto de vista do desenvolvimento da resistência, uma quantidade excessiva de cinza volante não é benéfica. O teor limite gira, provavelmente, em torno de 30%, em relação à massa total de material cimentício, como pode ser verificado na Figura 13.2.[13.19]

Como tem sido dito repetidas vezes, as previsões quantitativas em relação à influência da cinza volante na resistência não são possíveis. Por exemplo, os dados da

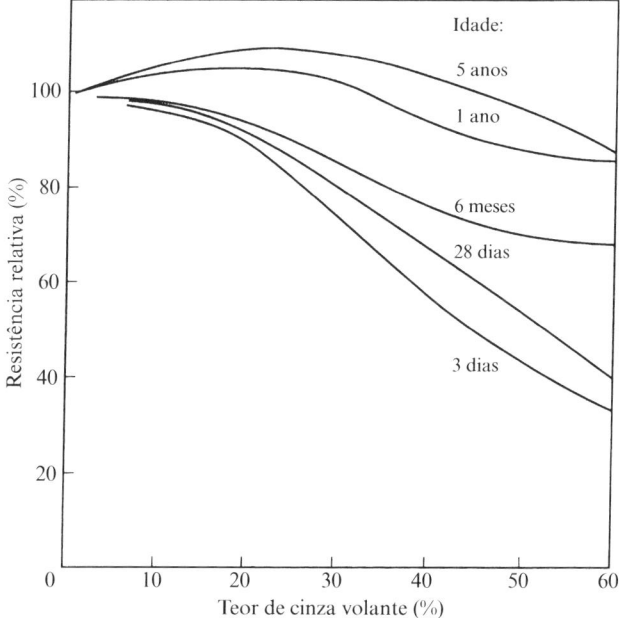

Figura 13.2 Influência do teor de cinza volante no material cimentício (em massa) sobre a resistência da pasta de cimento hidratada.[13.19]

Figura 13.2 podem ser confrontados com a aparente falta de influência positiva da cinza volante sobre a resistência, até mesmo em períodos longos, como um ano, conforme citado pela Portland Cement Association.[13.14]

Valores médios de resistência de corpos de prova cilíndricos, submetidos à cura úmida a 23 °C (obtidos de ensaios com seis cinzas volantes Classe F e quatro cinzas Classe C), são mostrados na Tabela 13.1.[13.14] Todas as misturas possuem um consumo total de material cimentício de 307 kg/m^3 e 25% de cinza volante, em relação à massa total de material cimentício. A relação água/cimento variou entre 0,40 e 0,45, e o abatimento das misturas era de 75 mm. A mesma tabela apresenta a resistência de um concreto produzido somente com cimento Portland e mesmos consumo de cimento e relação água/cimento. Vale ressaltar que o agregado graúdo tinha dimensão máxima do agregado igual a 9,5 mm. Desse modo, o efeito benéfico da cinza volante, em relação ao empacotamento envolvendo as partículas de agregado graúdo, foi menor do que seria no caso de um concreto convencional. Essa pode ser a explicação para o aparente efeito limitado da cinza volante na resistência.

Nesse sentido, deve ser destacado que, devido à massa específica da cinza volante ser bem menor do que a do cimento Portland (normalmente 2,35 g/cm^3, em comparação a 3,15 g/cm^3), para a mesma massa, o volume de cinza volante é aproximadamente 30% maior que o do cimento. Isso deve ser considerado ao determinar as proporções do concreto, sendo que, normalmente, é utilizado um menor teor de agregados miúdos nesse caso do que em concreto somente com cimento Portland.

Em relação a outras propriedades físicas, além da resistência, aparentemente a fluência e a retração não são significativamente influenciadas pelo uso de cinza volante.

Durabilidade de concretos com cinza volante

Conforme discutido nos Capítulos 10 e 11, a seleção de materiais para um concreto deve levar em conta seus efeitos sobre a durabilidade e, assim como na resistência, há muita dependência da cinza volante a ser utilizada.

Uma consequência da baixa velocidade de reação da cinza volante no concreto é o fato de o concreto inicialmente possuir maior permeabilidade do que um concreto de mesma relação água/cimento (em mesma base de material cimentício total), mas contendo somente cimento Portland.[13.15] Com o tempo, entretanto, o concreto com cinza volante adquire uma permeabilidade muito baixa, sendo, portanto, essencial que esse concreto passe por cura prolongada.[13.101] O efeito prejudicial da cura inadequada nas propriedades de absorção da região externa do concreto será maior quanto maior for o teor de cinza. Esse efeito é ainda mais pronunciado do que o efeito na resistência do concreto com cinza volante. Dessa forma, pode não ser adequada a dependência somente da resistência para a obtenção da durabilidade de um concreto com cinza volante em que a penetração de agentes agressivos no concreto é crítica.

Em relação à resistência a sulfatos, deve ser destacado que a alumina e o cálcio na cinza volante podem contribuir para as reações dos sulfatos. Especificamente, quando presentes na fase vítrea da cinza volante, a alumina e o cálcio fornecem uma fonte de longa duração de material que pode reagir com os sulfatos, formando etringita expansiva.[13.25] Uma relação sílica/alumina elevada provavelmente reduz a vulnerabilidade ao ataque por sulfatos,[13.28] mas não é possível estabelecer uma generalização confiável.

Tabela 13.1 Resistências à compressão típicas de concretos com cinzas volantes[13.14]

Material cimentício	Resistência à compressão (MPa) na idade de (dias):					
	1	3	7	14	28	91	365
Cimento Portland	12,1 (1.750)	21,2 (3.070)	28,6 (4.150)	33,9 (4.910)	40,1 (5.810)	46,0 (6.670)	51,2 (7.420)
Cinza volante Classe F* (25%)	7,1 (1.030)	13,9 (2.010)	19,4 (2.820)	24,3 (3.520)	30,3 (4.400)	39,8 (5.770)	47,3 (6.860)
Cinza volante Classe C** (25%)	8,9 (1.290)	19,0 (2.760)	24,1 (3.490)	28,5 (4.140)	29,4 (4.260)	40,5 (5.880)	45,6 (6.620)

*Classe V BS.
**Classe W BS EN.

Aparentemente, a adição de cinza volante Classe F ao concreto melhora sua resistência a sulfatos, provavelmente devido à remoção do hidróxido de cálcio. O teor de cinza deve ser, em geral, entre 25 e 40% do total de material cimentício. Não há informações confiáveis em relação à cinza Classe C e, de fato, o papel dela em relação à resistência aos sulfatos não é clara.[13.18]

Ensaios com concretos com ar incorporado, relação água/cimento igual a 0,33 e com cinza volante Classe F em um teor de 58%, em relação à massa de material cimentício, mostraram uma excelente resistência ao gelo e degelo.[13.30] Deve ser ressaltado que, para concretos expostos a agentes descongelantes, o ACI 318-02[13.116] limita o teor, em massa, de cinza volante e outras pozolanas em 25%. Em quantidades de até 20% da massa total de material cimentício, essa cinza volante não exerce efeito adverso na resistência ao gelo e degelo de concreto com ar incorporado. Com teores de cinza Classe C elevados, verificou-se que a resistência foi prejudicada, possivelmente devido ao aumento da porosidade da pasta de cimento endurecida, causado pela movimentação da etringita fibrosa para o interior dos vazios de ar.[13.1]

Em relação à incorporação de ar no concreto com cinza volante, os problemas causados pelo carbono, discutidos na página 571, devem ser levados em consideração.

Bilodeau et al.[13.124] observaram que a cinza volante, tanto de Classe F quanto de Classe C, pelo menos quando presentes em grandes proporções, resultou em concreto de baixa resistência aos agentes descongelantes, mesmo quando o concreto possuía boa resistência ao gelo e degelo – mas não foram estabelecidas as razões para esse fato.

Devido à baixa permeabilidade de concretos maduros contendo cinza volante, o ingresso de cloretos é baixo. Mesmo quando o teor de cinza Classe F é bastante elevado – até 60% em massa do material cimentício –, a passivação da armadura e o risco de corrosão não foram modificados negativamente.[13.24] Isso foi confirmado por outros experimentos em concretos com elevados teores de cinza volante (58% do total de material cimentício) e relações água/cimento entre 0,27 e 0,39, que mostraram excelente resistência à penetração de cloretos.[13.24]

Apesar disso, em alguns países,[13.12] o uso de cinza volante em concreto protendido não é permitido, devido ao fato de o carbono da cinza volante poder contribuir para a corrosão por tensão da armadura de protensão.

A resistência à abrasão do concreto com cinza volante, seja Classe F ou Classe C, não é alterada[13.29] ou, possivelmente, é melhorada.[13.31]

A cinza volante, em um teor adequado, é benéfica na redução da reação álcali-sílica (ver página 543), mas os mecanismos envolvidos são complexos e ainda não totalmente compreendidos. Os efeitos benéficos podem decorrer da estrutura mais compacta da pasta de cimento hidratada que impede a movimentação dos íons ou da reação preferencial dos álcalis com a cinza volante, o que os torna indisponíveis para a reação com a sílica dos agregados.[13.28] Deve ser destacado que a cinza volante contém álcalis, mas, tipicamente, somente cerca de um 1/6 do total de álcalis é solúvel em água – ou seja, reativo –, e o restante permanece combinado. Aparentemente, a contribuição ou não da cinza volante para os álcalis da água de poros do concreto depende da alcalinidade do cimento utilizado.[13.27]

Em relação à reação álcali-carbonato, não foi verificado efeito benéfico da utilização de cinza volante.

Concretos com escória granulada de alto-forno

O cimento de alto-forno (ver Capítulo 2) tem sido utilizado há mais de um século, embora mais recentemente tenha sido observado um aumento da realização da mistura de cimento Portland com escória granulada de alto-forno diretamente na betoneira. Uma vantagem desse procedimento é a possibilidade de variação das proporções desses componentes conforme a necessidade, e uma desvantagem é a necessidade de um silo adicional.

Como a escória é produzida juntamente com o ferro-gusa, o controle de produção garante a sua baixa variabilidade. A escória é posteriormente granulada ou peletizada – o termo "granulado" é geralmente mais utilizado. A escória granulada pode ser moída até uma finura desejada, mas, em geral, é maior do que 350 m^2/kg, ou seja, é mais fina do que o cimento Portland. O aumento da finura resulta em aumento da atividade nas idades iniciais e, ocasionalmente, é utilizada escória de alto-forno com finura maior do que 500 m^2/kg.[13.34]

Existem diversos efeitos benéficos possíveis da adição de escória de alto-forno ao concreto. São eles: melhoria da trabalhabilidade do concreto fresco; menor velocidade da liberação de calor, o que faz com que a temperatura de pico seja menor; microestrutura da pasta de cimento hidratada mais compacta, melhorando, assim, a resistência em longo prazo e, em especial, a durabilidade e eliminação do risco da reação álcali-sílica, independentemente do teor de álcalis do cimento Portland ou da reatividade do agregado.[13.69]

A seleção da finura da escória de alto-forno e de seu teor no total de material cimentício depende do objetivo da utilização da escória no concreto.

Influência da escória granulada de alto-forno no concreto fresco

A presença da escória de alto-forno na mistura melhora a trabalhabilidade e torna-a mais móvel, embora coesa. Isso ocorre devido a uma melhor dispersão das partículas cimentícias e das características de sua superfície, que são lisas e absorvem pouca água durante a mistura.[13.32] Entretanto, a trabalhabilidade do concreto que contém escória de alto-forno é mais sensível às variações da quantidade de água na mistura do que no caso de concretos produzidos somente com cimento Portland. A escória de alto-forno, quando finamente moída, diminui a exsudação do concreto.

Em algumas oportunidades, verificou-se uma perda de abatimento de concretos com escória; entretanto, também há relatos de baixa velocidade de perda de trabalhabilidade.[13.32]

Em temperaturas normais, a presença da escória de alto-forno no concreto ocasiona um retardo de pega típico de 30 a 60 minutos.[13.32]

Hidratação e desenvolvimento da resistência do concreto com escória de alto-forno

Devido à mistura de cimento Portland com escória de alto-forno conter mais sílica e menos cálcio do que somente o cimento Portland, a hidratação dos cimentos compostos produz mais C-S-H e menos hidróxido de cálcio do que quando somente o cimento puro é utilizado. A microestrutura da pasta de cimento hidratada resultante é compacta; entretanto, a hidratação inicial da escória é muito lenta devido a ela depender da decomposição da fase vítrea pelos íons hidroxila durante a hidratação do cimento Portland. A reação da escória de alto-forno ocorre de maneira similar a dos cimentos Portland com pozolanas.

A progressiva liberação de álcalis pela escória, juntamente com a formação de hidróxido de cálcio pelo cimento Portland, resulta em uma reação contínua da escória por um longo período, havendo, então, um ganho de resistência em longo prazo[13.132] (ver Figura 13.3). Como exemplo, Roy[13.9] cita que entre 30 e 37% da escória foram hidratados após 28 dias. Entretanto, a velocidade final da hidratação do cimento composto com escória é acelerada. Dessa forma, o pico de temperatura causado pela hidratação do cimento é reduzido pela adição da escória ao concreto.

A solubilidade dos hidróxidos alcalinos aumenta com a temperatura, e, consequentemente, a reatividade da escória em temperaturas mais altas é significativamente aumentada. Portanto, a cura a vapor pode ser utilizada com concretos contendo escória de alto-forno. Além do mais, os efeitos prejudiciais da elevada temperatura inicial na resistência em longo prazo e na permeabilidade são menos pronunciados no concreto com escória do que no concreto produzido somente com cimento Portland.[13.2, 13.33] Por outro lado, em temperaturas abaixo de 10 °C, o desenvolvimento da resistência é lento,[13.42] e, portanto, o uso de escória de alto-forno não é recomendado.

Quanto maior for a finura da escória, mais rápido será o desenvolvimento de resistência, mas somente em idades mais avançadas, devido a ser necessário que a ativação da escória de alto-forno ocorra antes. Cimentos Portland mais finos aceleram a ativação da escória.

Outros fatores que influenciam a reatividade da escória são sua composição química (ver página 82) e o teor de fase vítrea. Entretanto, tentativas de relacionar a reatividade da escória com sua composição química por meio de um "módulo químico" único ou um "índice de hidraulicidade" não foram bem-sucedidas. Embora um elevado

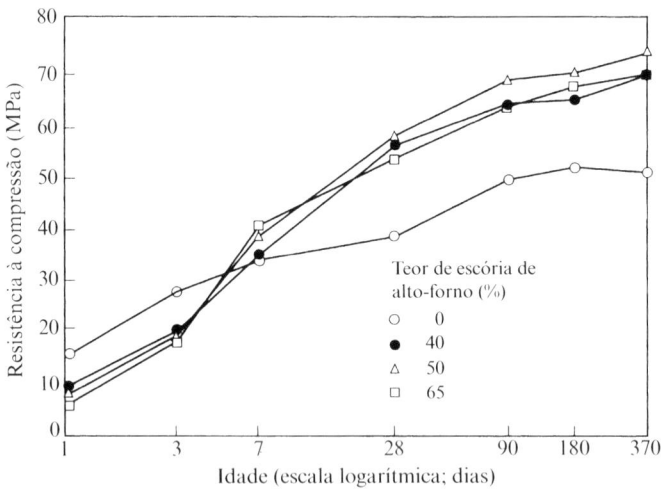

Figura 13.3 Desenvolvimento da resistência à compressão de concretos (determinada em corpos de prova cúbicos) submetidos à cura úmida, em temperatura ambiente, para vários teores de escória de alto-forno, em relação à massa total de material cimentício[13.132] (Copyright ASTM – reproduzida com permissão).

teor de fase vítrea seja essencial, um pequeno percentual de material cristalino pode ser benéfico em relação à reatividade da escória de alto-forno devido aos cristais atuarem como pontos de nucleação para a hidratação.[13.125] Um fator importante é a concentração de álcalis no *total* de material cimentício. Portanto, as propriedades do cimento Portland utilizado com uma determinada escória são um fator influente. Em geral, maior velocidade de desenvolvimento da resistência é obtida com cimentos mais finos e com cimentos com elevados teores de C_3A e de álcalis.[13.96]

As proporções de escória e cimento Portland influenciam o desenvolvimento da resistência do concreto resultante. Para a maior resistência em médio prazo, as proporções são aproximadamente 1:1, ou seja, 50% de escória de alto-forno no total de material cimentício.[13.123] A resistência inicial é, inevitavelmente, menor do que o mesmo consumo de material cimentício constituído somente por cimento Portland sem adições; entretanto, em muitas estruturas a resistência inicial não é importante. A Figura 13.4 mostra um exemplo do desenvolvimento da resistência de argamassas que contêm proporções variadas de escória de alto-forno e sugere um teor ótimo de aproximadamente 50%, analisando em relação à resistência.[13.36] Foram relatados excelentes resultados de desenvolvimento de resistência de concretos contendo entre 50 e 75% de escória de alto-forno, em relação ao total de material cimentício, variável entre 300 e 420 kg/m³.[13.35]

Anteriormente nesta seção, foram mencionados os efeitos benéficos de temperaturas mais elevadas na resistência de concretos contendo escória de alto-forno. Em relação a esse tema, deve ser destacado que ensaios comparativos do desenvolvimento da resistência de concretos com e sem escória, utilizando corpos de provas curados em condições normalizadas de temperatura, não resultam em uma imagem fiel. Em elementos estruturais reais, a temperatura provavelmente se eleva em função da hidra-

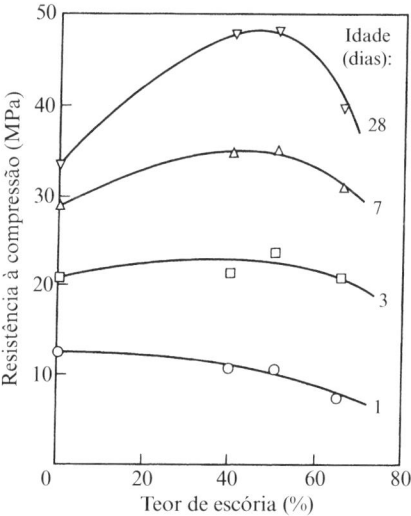

Figura 13.4 Influência do teor de escória granulada de alto-forno, em relação à massa total de material cimentício, sobre a resistência de argamassas de diversas idades.[13.36]

tação inicial do cimento Portland, de modo que a resistência pode ser maior do que nos corpos de prova normalizados.[13.69]

A cura úmida prolongada do concreto com escória de alto-forno é particularmente importante, devido à baixa velocidade inicial de hidratação resultar em um sistema de poros capilares que possibilita a perda de água por secagem. Caso isso ocorra, o progresso da hidratação é prejudicado. Recomendações japonesas sobre a duração da cura podem ser interessantes e são mostradas na Tabela 13.2.

A incorporação de escória granulada de alto-forno não altera significativamente as relações habituais entre a resistência à compressão e a resistência à tração na flexão ou entre a resistência à compressão e o módulo de elasticidade.[13.42] Diferenças ocasionais foram citadas, mas a adoção de qualquer relação diferente deve ser baseada em ensaios. A retração do concreto com escória de alto-forno aumenta no início,[13.123] mas, no geral, a retração e a fluência não são afetadas de maneira negativa por seu uso.[13.42]

Pode ser válido fazer um comentário sobre a coloração do concreto com escória de alto-forno. A escória é mais clara do que o cimento Portland, e isso se reflete na coloração do concreto produzido, em especial em elevados teores de escória. Existe ainda um efeito adicional: decorridos vários dias após o lançamento, o concreto pode adquirir uma tonalidade azulada devido às reações do sulfeto de ferro da escória. Com a oxidação subsequente do sulfeto, em geral após um período de várias semanas, essa tonalidade desaparece. Entretanto, caso o concreto seja mantido selado ou permaneça úmido, a oxidação pode ser evitada.[13.42]

Durabilidade de concreto com escória granulada de alto-forno

Ensaios com argamassa contendo escória de alto-forno mostram que a permeabilidade à água é reduzida em até 100 vezes.[13.43] Também ocorre uma grande redução da difusividade dessas argamassas, especialmente em relação aos íons cloreto.[13.43]

Ensaios realizados em concretos com escória confirmam a boa resistência à penetração de íons cloreto.[13.35] Daube & Bakker[13.126] mostraram que, quando o teor de escória de alto-forno é pelo menos 60% da massa de material cimentício e a relação água/cimento é 0,50, o coeficiente de difusão do concreto exposto a cloretos é pelo menos 10 vezes menor, em comparação a concretos produzidos somente com cimento Portland.

Os efeitos benéficos da escória são resultado da densificação da microestrutura da pasta de cimento hidratada, com maior quantidade de poros preenchidos com C-S-H do que em pasta constituída somente de cimento Portland.

Tabela 13.2 Recomendações japonesas para a duração da cura úmida de concretos contendo diferentes porcentagens, em relação à massa total de material cimentício, de escória de alto-forno[13.42]

Temperatura ambiente (°C)	Período mínimo de cura úmida (dias) com teor de escória de (%)		
	30 a 40	40 a 55	55 a 70
≥70	5	6	7
10 a 17	7	8	9
5 a 10	9	10	11

Como resultado da microestrutura melhorada da pasta de cimento hidratada – resultante da mistura de cimento Portland com escória de alto-forno – e também do baixo teor de hidróxido de cálcio, a resistência a sulfatos é aumentada. Hooton & Emery[13.128] relataram que, em ensaios realizados em argamassa, a composição contendo 50%, em massa, de escória de alto-forno (com 7% de Al_2O_3) e cimento Portland Tipo I (com teor de C_3A de 12%) resultou na mesma resistência a sulfatos presente no cimento resistente a sulfatos (Tipo V). Para ser eficaz, o teor de escória deve ser, no mínimo, de 50% em relação à massa total de material cimentício e, preferencialmente, de 60 a 70%.

A penetrabilidade muito baixa do concreto com escória de alto-forno também é eficaz no controle da reação álcali-sílica, pois a mobilidade dos álcalis é bastante reduzida. Esse efeito é complementado pela incorporação dos álcalis nos produtos hidratados da escória de alto-forno, especialmente em temperaturas elevadas.[13.36] Os efeitos benéficos da escória, quando utilizada com agregados silicosos suspeitos de reatividade a álcalis ou com cimento Portland com teor de álcalis de até 1,0%, são de extrema importância.

Em relação ao gelo e degelo, o comportamento é diferente. Concretos com proporções adequadas contendo escória de alto-forno possuem a mesma resistência aos ciclos de gelo e degelo que concretos produzidos com cimento Portland. Entretanto, a adição de escória de alto-forno em concretos com ar incorporado não possui efeito benéfico.[13.32, 13.123] Tendo em vista a influência benéfica da escória na permeabilidade do concreto resultante, não é clara a razão pela qual a adição da escória não melhora sua resistência aos ciclos de gelo e degelo, de modo similar aos benefícios de uma relação água/cimento reduzida. Ainda em relação a isso, é importante destacar que, para concretos expostos a agentes descongelantes, o ACI 318-08[13.116] impõe um limite de escória de alto-forno igual a 50% do total de material cimentício. Quando são incluídas no mesmo concreto, escória de alto-forno e cinza volante, a massa conjunta desses materiais é limitada a 50% da massa total de material cimentício. Caso somente cinza volante seja utilizada, o limite é de 25% (ver página 771), e o mesmo ocorre quando ela é utilizada com escória de alto-forno.

Deve ser destacado que, para obter a mesma resistência aos ciclos de gelo e degelo obtida em concretos produzidos somente com cimento Portland, é essencial a realização de cura úmida prolongada do concreto com escória de alto-forno antes da exposição.

O efeito benéfico da adição de escória na resistência de concretos à descamação causada por sais descongelantes foi citado por Virtanen, embora sem confirmação.

Em relação à carbonatação, são dois os efeitos da escória de alto-forno. Em função da pequena quantidade de hidróxido de cálcio presente na pasta de cimento hidratada, o dióxido de carbono não se fixa próximo à superfície do concreto, de modo que não ocorre o bloqueio de poros pela formação de carbonato de cálcio. Em virtude disso, a profundidade de carbonatação é, nas idades iniciais, significativamente maior do que em concretos com cimento Portland.[13.34] Por outro lado, a baixa permeabilidade de concretos com escória curados adequadamente previne a continuidade do aumento da frente de carbonatação.[13.37, 13.43] Por essa razão, exceto quando o teor de escória de alto-forno é muito elevado, não há aumento do risco de corrosão da armadura devido à redução da alcalinidade da pasta de cimento hidratada e da despassivação da armadura.[13.32]

Concreto com sílica ativa

As propriedades da sílica ativa foram descritas no Capítulo 2. A utilização desse material cimentício continua a aumentar, embora seu custo seja relativamente alto. A sílica ativa é especialmente interessante para a produção de concretos de alto desempenho, que serão discutidos posteriormente neste capítulo. Nesta seção, serão analisadas as características gerais do uso da sílica ativa no concreto. Deve ser destacado que não existe norma britânica para a sílica ativa, e o ACI que trata da utilização desse material no concreto, o ACI 234R-96,[13.159] foi publicado inicialmente em 1996.*

A elevadíssima reatividade da sílica ativa com o hidróxido de cálcio produzido pela hidratação do cimento Portland foi mencionada no Capítulo 2. Devido a essa reatividade, é possível utilizar a sílica ativa em substituição a uma pequena parcela do cimento Portland. Isso é feito na proporção de 1 parte de sílica ativa para 4 ou 5 de cimento Portland, em massa, com teores máximos entre 3 e 5%.[13.40] Ao adotar esse procedimento para concretos de baixa ou média resistência, não ocorre alteração da resistência, e, como nesses concretos as relações água/cimento são de valores médios ou altos, não é necessário o uso de aditivos superplastificantes. Outros benefícios da utilização de sílica ativa são redução da exsudação e a melhora da coesão da mistura. Entretanto, o uso de sílica ativa é limitado a algumas regiões onde há fornecimento abundante desse material, permitindo que seja utilizado a granel com baixa massa unitária (ver página 90).

Sem dúvidas, o maior uso de sílica ativa é com o objetivo de produzir concretos com propriedades melhoradas, principalmente resistência inicial elevada ou baixa penetrabilidade. Os efeitos benéficos da adição de sílica ativa não estão limitados à sua reação pozolânica, pois existe também o efeito físico decorrente da capacidade de as partículas extremamente finas da sílica ativa se acomodarem muito próximas às partículas de agregados, ou seja, na interface entre a pasta de cimento e o agregado. Essa região é reconhecida como a mais fraca do concreto, devido ao efeito parede que impede que as partículas de cimento Portland se acomodem de modo compacto junto à superfície do agregado. A densificação é obtida pelas partículas de sílica ativa, que são, em geral, 100 vezes menores do que as partículas de cimento. Um fator que contribui para isso é o fato de a sílica ativa reduzir a exsudação devido à sua elevada finura, o que evita que reste água exsudada abaixo das partículas de agregados graúdos. Consequentemente, a porosidade da região de interface é reduzida, em comparação com uma mistura sem sílica ativa. A reação química subsequente da sílica ativa resulta em porosidade ainda menor naquela região, o que melhora suas características de resistência e permeabilidade.

Os argumentos anteriores explicam a razão pela qual um teor tão baixo de sílica ativa – por exemplo, menor do que 5% da massa total de material cimentício – não resulta em elevada resistência do concreto. O volume de sílica ativa é insuficiente para cobrir a superfície de todas as partículas de agregados graúdos. Fica evidente também um grande volume de sílica ativa é somente um pouco mais benéfico do que o de apro-

---

* N. de R.T.: No Brasil, a série de normas 13956-1 a 4:2012 é relativa à sílica ativa para uso com cimento Portland em concreto, argamassa e pasta. A primeira parte trata dos requisitos exigidos. A segunda normaliza os ensaios químicos, a terceira estabelece o procedimento para determinação do índice de desempenho com cimento aos sete dias e a última parte trata da determinação da finura através da peneira 45 μm.

ximadamente 10%, já que o excesso de sílica ativa não pode se acomodar na superfície dos agregados. É válido destacar que os efeitos benéficos das alterações na região de interface da pasta de cimento endurecida não ocorrem em pasta de cimento, tendo em vista a ausência de agregados, ou seja, a não existência de uma zona de transição. Esse fato foi confirmado por Scrivener *et al.*[13.5]

Influência da sílica ativa nas propriedades do concreto fresco

É fundamental que a sílica ativa seja completa e uniformemente distribuída no concreto. Por essa razão, o tempo de mistura deve ser ampliado, especialmente quando a sílica ativa for utilizada na forma densificada. A ordem da colocação de materiais é importante e a melhor forma de defini-la é por meio de tentativa e erro.

A grande área superficial das partículas de sílica ativa, que deve ser umedecida, aumenta a demanda de água, de modo que, nos casos de misturas de baixa relação água/cimento, a utilização de aditivo superplastificante se torna necessário. Dessa forma, é possível manter tanto a relação água/cimento especificada quanto a trabalhabilidade necessária.

A eficiência dos aditivos superplastificantes é melhorada pela presença da sílica ativa. Por exemplo, verificou-se que, em concretos produzidos somente com cimento Portland e abatimento de 120 mm, uma determinada dosagem de aditivo reduziu a demanda de água em 10 kg/m^3. Quando foi adicionada sílica ativa na proporção de 10%, em relação ao total de material cimentício, a mesma dosagem de aditivo manteve o abatimento. Sem o uso de superplastificantes, o aumento da demanda de água da mistura,[13.122] devido à adição de sílica ativa, chega a 40 kg/m^3. Portanto, conclui-se que o uso conjunto da sílica ativa e do aditivo superplastificante é benéfico e possibilita a adoção de baixas relações água/cimento para uma determinada trabalhabilidade.[13.39] A diminuição da relação água/cimento resulta em um maior aumento da resistência do que seria esperado somente devido à reação pozolânica da sílica ativa. Entretanto, em termos gerais, o efeito da diminuição da relação água/cimento na resistência é menor do que o efeito total direto da sílica ativa.[13.5]

No momento, pode ser interessante destacar que o padrão da relação entre a resistência à compressão e a relação água/materiais cimentícios é o mesmo para concretos com e sem sílica ativa, mas, para uma mesma relação água/cimento, o concreto com adição tem maior resistência. Exemplos da relação entre a resistência à compreensão aos 28 dias (em corpos de prova cúbicos) e a relação água/material cimentício para concretos com 8 e 16% de sílica ativa, em relação à massa total de material cimentício, são mostrados na Figura 13.5. A mesma figura também mostra a relação para concretos produzidos somente com cimento Portland.[13.62]

A presença de sílica ativa influencia significativamente as propriedades do concreto fresco. A mistura é altamente coesiva, e, em virtude disso, a exsudação é bastante reduzida, ou até mesmo inexistente. Essa exsudação reduzida pode ocasionar fissuração por retração plástica devido à secagem, a menos que sejam tomadas medidas preventivas. Por outro lado, não existem os vazios causados pela água exsudada aprisionada.

A característica coesiva da mistura influencia o abatimento, de forma que, para ser possível o adensamento de uma mistura com sílica ativa, é necessário que o abatimento seja entre 25 e 50 mm maior do que o de um concreto somente com cimento Portland.[13.55, 13.57] Concretos com consumo muito elevado de material cimentício tendem

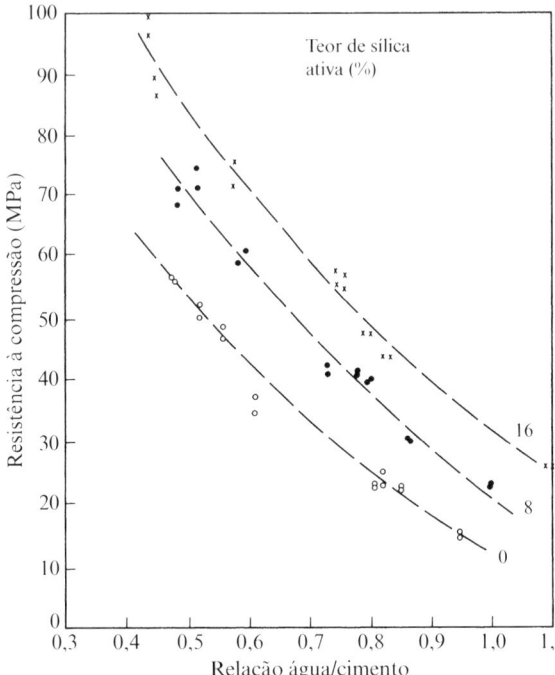

Figura 13.5 Relação entre a resistência à compressão (medida em corpos de prova cúbicos de 100 mm) e a relação água/cimento de concretos com diferentes teores de sílica ativa (em relação à massa total de material cimentício).[13.62]

a ser muito viscosos e não possibilitam a fácil retirada do cone de abatimento. Em função disso, tem sido citado que esse método de ensaio não é apropriado, sendo preferível o ensaio de espalhamento.[13.38] A natureza viscosa não deve ser mal interpretada, pois, assim que a vibração é aplicada, a mistura torna-se "móvel". Entretanto, para evitar uma mistura extremamente viscosa, é recomendado[13.99] que a quantidade de água não seja inferior a 150 kg/m^3, quando o agregado miúdo for anguloso, e a 130 kg/m^3, quando for utilizado agregado arredondado.

Devido à coesão do concreto com sílica ativa, é possível utilizá-lo para bombeamento e para concretagens submersas, bem como para concretos fluidos (ver página 272). O ar incorporado permanece estável,[13.57] mas é necessário um aumento da dosagem de aditivo incorporador de ar devido à elevada finura da sílica ativa. Além disso, há problemas na obtenção de um sistema de vazios apropriado quando são utilizados aditivos superplastificantes (o que, em geral, é o caso das misturas com sílica ativa).

Não há registros da incompatibilidade da sílica ativa com aditivos em geral. É válido ressaltar que o efeito retardador dos aditivos à base de lignosulfonato é menor quando se utiliza sílica ativa, portanto esses aditivos podem ser utilizados em maiores dosagens sem ocasionar retardo excessivo.[13.55]

Hidratação e desenvolvimento da resistência do sistema cimento Portland-sílica ativa

Além da reação pozolânica entre a sílica amorfa contida na sílica ativa e o hidróxido de cálcio produzido pela hidratação do cimento Portland, a sílica ativa contribui para o desenvolvimento da resistência do cimento. Essa contribuição é decorrente da extrema finura das partículas de sílica ativa que proporcionam pontos de nucleação para o hidróxido de cálcio, ocorrendo, assim, o desenvolvimento da resistência inicial.

Em poucos minutos, a sílica ativa se dissolve em uma solução saturada de hidróxido de cálcio.[13.9] Portanto, assim que uma quantidade suficiente de cimento Portland tenha sido hidratada, resultando na saturação da água dos poros com hidróxido de cálcio, o silicato de cálcio hidratado se forma na superfície das partículas de sílica ativa. Essa reação acontece, de início, em grande velocidade. Por exemplo, quando 10% da massa total de material cimentício era constituída por sílica ativa, verificou-se que metade da porcentagem reagiu em um dia e 2/3 durante os três primeiros dias. A reação subsequente, entretanto, foi muito lenta, com somente 3/4 da sílica tendo sido hidratada aos 90 dias.[13.8]

Quando, além da sílica ativa e do cimento Portland, a escória granulada de alto-forno também está presente, também ocorre aumento da velocidade de hidratação.[13.46]

Uma consequência da rapidez das reações iniciais dos concretos com sílica ativa é que o desenvolvimento do calor de hidratação pode ser tão elevado quanto nos casos em que se utiliza somente cimento Portland de alta resistência inicial (Tipo III).[13.9]

O comportamento do concreto com sílica ativa além da idade aproximada de três meses depende das condições de umidade do local onde o concreto foi mantido. Ensaios mostraram um pequeno aumento da resistência à compressão até a idade de 3½ anos, de concretos com 10% de sílica ativa (em relação à massa total de material cimentício), relações água/cimento de 0,25, 0,30 e 0,40[13.58] e armazenados em ambiente úmido. Em condições secas de armazenamento, foi observada uma redução da resistência, normalmente até 12% menor do que o valor máximo aos três meses, em ensaios realizados com corpos de prova de laboratório.[13.58] Entretanto, a resistência do concreto com sílica ativa, determinada em testemunhos de até 10 anos de idade, não apresentou diminuição da resistência.[13.47] Essa constatação é de suma importância, pois o comportamento dos corpos de prova sujeitos a gradientes de umidade pode ser enganoso.[13.56]

O C-S-H produzido pela sílica ativa possui menor relação C:S do que o C-S-H resultante somente da hidratação do cimento Portland, já tendo sido verificados valores dessa relação, em produtos da hidratação da sílica ativa, de até 1. A relação C:S é menor em misturas com elevados teores de sílica ativa.[13.41]

Uma consequência da elevada reatividade inicial da sílica ativa é o fato de a água de amassamento ser rapidamente utilizada ou, em outras palavras, de ocorrer a autodessecação.[13.49] Ao mesmo tempo, a densa microestrutura da pasta de cimento hidratada dificulta a penetração da água, caso disponível, do meio externo em direção ao cimento ainda não hidratado ou às partículas de sílica ativa. Em função disso, o desenvolvimento da resistência é interrompido muito antes do que em concretos produzidos somente com cimento Portland. Alguns dados experimentais são apresentados na Tabela 13.3,[13.49] e é possível verificar que não ocorre aumento de resistência após 56

Tabela 13.3 Desenvolvimento da resistência em concretos com sílica ativa (medida em corpos de prova cilíndricos)

Idade	Resistência à compressão de concretos com sílica ativa em diversos teores de sílica ativa (MPa)			
	0	10	15	20
1 dia	26	25	28	27
7 dias	45	60	63	65
28 dias	56	71	75	74
56 dias	64	74	76	73
91 dias	63	78	73	74
182 dias	73	73	71	78
1 ano	79	77	70	80
2 anos	86	82	71	82
3 anos	88	90	85	88
5 anos	86	80	67	70

dias. Os dados apresentados são referentes a concretos com consumo total de material cimentício igual a 400 kg/m^3, total que é composto por cimento Portland resistente a sulfatos (Tipo V), sílica ativa em teores de 10, 15 e 20%, em relação à massa total de material cimentício, e relação água/cimento igual a 0,36. Os corpos de prova foram mantidos em condições úmidas.

A contribuição da sílica ativa para o desenvolvimento da resistência inicial (até aproximadamente sete dias) provavelmente decorre do melhor empacotamento, ou seja, de sua ação como fíler ao aprimorar a região de interface com o agregado (zona de transição).[13.45] A aderência da pasta de cimento hidratada com o agregado, em especial com as maiores partículas,[13.50] é significativamente melhorada, possibilitando maior participação do agregado na transferência de tensões. Foram apresentadas algumas argumentações desfavoráveis ao papel da sílica ativa,[13.44] mas elas provavelmente são consequência de condições específicas dos experimentos – não do comportamento intrínseco do material.

A contribuição de determinada quantidade de sílica ativa à resistência do concreto decorrente dos efeitos no empacotamento e na interface aparentemente permanece constante com o tempo, ao contrário dos efeitos da atividade pozolânica, que continuam a ocorrer com o tempo. De fato, verificou-se que, com uma mesma proporção de sílica ativa, o aumento da resistência do concreto entre 7 e 28 dias era independente do valor da resistência aos sete dias.[13.59]

Entretanto, a contribuição da sílica ativa para a resistência aos, por exemplo, 28 dias aumenta, até certo limite, com o aumento do teor de adição. Essa situação foi verificada em concretos com resistências à compressão variáveis entre aproximadamente 20 e 80 MPa, em que o aumento da resistência foi 7 MPa para um teor de 10% de adição e 16 MPa quando a adição de sílica ativa foi feita no teor de 20%.[13.59]

A relação entre o teor de sílica ativa no concreto e a resistência resultante, há pouco mencionada, tem incentivado numerosas tentativas de estabelecer um índice de desempenho da sílica ativa em relação à resistência. Outros índices de desempenho foram derivados para outras propriedades do concreto produzido com sílica ativa, como, por exemplo, a permeabilidade.[13.55] Os diversos índices apresentam variações entre si, e, em razão disso, bem como também devido aos efeitos da sílica ativa serem influenciados pelas propriedades do cimento Portland utilizado, o critério de índice de desempenho não foi considerado como válido.*

A continuidade da reação pozolânica da sílica ativa resulta na redução das dimensões dos poros da pasta de cimento hidratada. Resultados experimentais demonstrando a existência de poros de dimensões mínimas na pasta de cimento hidratada de uma mistura de cimento resistente a sulfatos (Tipo V) e sílica ativa são apresentados na Tabela 13.4 – com o uso de porosimetria por intrusão de mercúrio para essa verificação. A mesma tabela mostra que a redução na porosidade total de pastas de cimento hidratada com adição de sílica ativa é pequena, em comparação à pasta produzida somente com cimento resistente a sulfatos (Tipo V).[13.49] Portanto, pode ser concluído que o efeito principal da sílica ativa é a redução da permeabilidade da pasta de cimento hidratada, mas não necessariamente de sua porosidade total. Enquanto a adição de 10% de sílica ativa, em relação à massa total de material cimentício, resulta em um efeito significativo no sistema de poros, percentuais maiores de adição resultam somente em uma pequena alteração. Isso vai ao encontro da observação anterior (ver página 697) de que não há efeito benéfico na presença de partículas de sílica ativa além das necessárias para revestir a superfície dos agregados e preencher o espaço entre as partículas de cimento Portland.

Tabela 13.4 Características dos poros de argamassas produzidas com cimento resistente a sulfatos e sílica ativa[13.49]

Duração da cura úmida (dias)	Porosidade total (%) em misturas com teores de sílica ativa de (%)			
	0	10	15	20
7	16,0	14,3	13,7	13,0
28	14,7	13,4	12,9	11,7
91	14,3	13,3	11,7	10,6
182	10,8	10,8	9,6	8,6
365	10,7	9,5	10,5	9,1
	Volume de poros com diâmetros maiores do que 0,05 μm (%)			
7	8,5	3,0	2,7	2,0
28	6,3	2,8	2,2	2,3
91	7,5	2,8	1,8	1,7
182	5,3	3,2	2,4	2,3
365	5,1	2,1	2,5	2,0

* N. de R.T.: No Brasil, a norma 13956-3:2012 estabelece o procedimento para determinação do índice de desempenho da sílica ativa com cimento aos sete dias.

Da mesma forma que em todas as reações pozolânicas, a cura úmida prolongada é necessária para concretos com sílica ativa, em especial devido à sua contribuição para as resistências entre 3 e 28 dias.[13.55] De forma surpreendente, ensaios realizados em argamassas com sílica ativa mostraram que os efeitos benéficos de um período prolongado de cura úmida na resistência à tração na flexão são muito menores do que na resistência à compressão.[13.89] Não há confirmação de um comportamento similar em concreto. Independentemente das diferenças dos procedimentos de cura, a relação entre a resistência à tração e à compressão do concreto não é afetada pela presença da sílica ativa.[13.55, 13.99]

O módulo de elasticidade do concreto com adição de sílica ativa é um pouco maior do que o dos concretos de resistência semelhante produzidos somente com cimento Portland. Foi citado que o concreto com sílica ativa é mais frágil, mas não há confirmação.[13.55]

Durabilidade do concreto com sílica ativa

Na seção anterior, discutiu-se a importância da cura adequada dos concretos com sílica ativa, a partir do ponto de vista das reações de hidratação. Em relação à durabilidade, deve ser destacado que a consequência de uma maior hidratação é a redução da permeabilidade. Como já mencionado, a cura adequada é de importância vital. Em geral, para concretos de mesma resistência, a redução na permeabilidade devido a um maior período de cura é maior em concretos com sílica ativa do que em concretos somente com cimento Portland.[13.127]

O período mínimo de cura desejável depende, entre outras coisas, da temperatura, que pode apresentar variações consideráveis em campo. A baixa temperatura diminui a velocidade das reações de hidratação que envolvem a sílica ativa, mais ainda do que nos casos de concretos produzidos somente com cimento Portland.[13.55] Entretanto, com um subsequente aumento de temperatura, as reações são retomadas,[13.121] e o efeito acelerador da temperatura mais alta é maior do que nos concretos somente com cimento Portland[13.55]. Além disso, os efeitos prejudiciais da temperatura mais elevada na estrutura de poros são menores quando há presença de sílica ativa.[13.127]

É importante destacar que a carbonatação é particularmente influenciada de forma negativa devido à cura inadequada.[13.55]

A influência da sílica ativa na permeabilidade do concreto é maior do que indicado em ensaios realizados com pasta de cimento hidratado devido, no primeiro caso, à sílica ativa reduzir a permeabilidade da zona de transição do entorno do agregado, bem como a permeabilidade da pasta.[13.57] A influência da sílica ativa na permeabilidade do concreto é bastante grande. Khayat & Aïtcin[13.57] relataram que a adição de 5% de sílica ativa resultou na redução de três ordens de grandeza no coeficiente de permeabilidade. Portanto, em termos relativos, a influência da sílica ativa sobre a permeabilidade é muito maior do que em relação à resistência à compressão.

Uma consequência da permeabilidade reduzida é a maior resistência ao ingresso de íons cloreto. Mesmo com a utilização de cimentos Portland com teores de C_3A bastante elevados, até 14%, a presença de 5 a 10% de sílica ativa, em relação ao total de material cimentício, diminui de forma significativa o ingresso de íons cloreto no concreto.[13.48, 13.138] O ACI 318-08[13.116] limita o teor de sílica ativa a 10% nos casos de concretos expostos a agentes descongelantes. A redução da difusividade de cloretos devido à presença de sílica ativa na pasta de cimento hidratada é maior com relações água/materiais cimentícios superiores a 0,40 do que em valores extremamente baixos dessa relação,[13.51] pois nesses a pasta de cimento hidratada possui difusividade muito baixa até mesmo sem sílica ativa.

A resistência aos sulfatos dos concretos com sílica ativa é boa, em parte devido à baixa permeabilidade e em parte em consequência do baixo conteúdo de hidróxido de cálcio e alumina, que foram incorporados ao C-S-H. Ensaios realizados em argamassa também indicaram os efeitos benéficos da sílica ativa na resistência a soluções contendo cloreto de magnésio, sódio e cálcio.[13.52] O papel das pozolanas no controle da reação expansiva álcali-sílica foi discutido na página 540, e a sílica ativa é especialmente eficaz em relação a esse aspecto.[13.53] Ainda pode ser citado que uma consequência da relação C:S mais baixa dos produtos de sílica ativa é a capacidade melhorada desses produtos na incorporação de íons como os de álcalis ou de alumínio.[13.55]

Em relação à resistência ao gelo e degelo, alguns pesquisadores[13.61] relataram a baixa resistência do concreto com ar incorporado com adição de sílica ativa em comparação ao concreto produzido somente com cimento Portland. Uma possível explicação para esse fato é que, um concreto com sílica ativa e um teor apropriado de ar incorporado possuiria um maior fator de espaçamento e, ao mesmo tempo, a estrutura compacta da pasta de cimento hidratada impede a movimentação da água. Por outro lado, outros pesquisadores constataram boa resistência de concretos com sílica ativa ao gelo e degelo e também à descamação decorrente dos agentes descongelantes. Experiências com estruturas reais apresentam resultados variáveis.[13.37]

A solução para esses resultados conflitantes sobre o desempenho exigiria um conhecimento minucioso sobre os experimentos realizados, incluindo a maturidade e o teor de umidade dos concretos no momento do ensaio. De fato, a influência da sílica ativa na resistência ao gelo e degelo é complexa. Após um período de cura úmida, a dimensão dos poros na pasta de cimento hidratada se torna menor (ver página 685), e, consequentemente, o ponto de congelamento da água dos poros é reduzido (ver página 559). No interior do concreto, a autodessecação provavelmente reduz a quantidade de água até um teor abaixo do nível crítico de saturação, de modo que o congelamento não causa danos. O sistema de poros finos também dificulta uma nova saturação do concreto após a secagem.[13.88] Por outro lado, a pasta compacta e com permeabilidade muito baixa não possibilita a saída da água dos poros de forma suficientemente rápida para os poros sujeitos ao congelamento e para os vazios de ar. Dessa forma, um congelamento rápido poderia resultar em danos.[13.57]

A discussão anterior mostra que não é possível fazer generalizações sobre a influência da sílica ativa sobre a resistência do concreto aos ciclos de gelo e degelo, e mais ainda sobre a descamação devido aos agentes descongelantes. Existe grande dependência do concreto utilizado, de seu tratamento antes do gelo e degelo e da velocidade das mudanças de temperatura. Portanto, não é surpresa que muitas publicações apresentem resultados conflitantes, motivo pelo qual a sua revisão neste livro não é de muita utilidade. Para fins práticos, a única conclusão a que se pode chegar é que todo concreto a ser utilizado deve ser ensaiado, e os resultados dos ensaios devem ser interpretados à luz das condições esperadas de exposição.[13.55]

Tendo em vista o fato de a sílica ativa reduzir o teor de álcalis da água dos poros, ela também causa a redução do pH da água dos poros. Ensaios em pastas maduras de cimento, produzidas com cimento Portland com alcalinidade muito elevada (pH igual a

13,9), apresentaram redução de 0,5 no pH devido à adição de 10% de sílica ativa. Quando a adição foi de 20%, o valor do pH foi reduzido em 1,0. Mesmo com essa última diminuição citada, o valor resultante foi 12,9. Havdahl & Justnes[13.129] confirmaram que o pH permanece acima de 12,5, ou seja, a alcalinidade é suficientemente elevada para a proteção das armaduras contra a corrosão.[13.55]

A presença da sílica ativa no concreto exerce influência positiva sobre a resistência à abrasão devido à ausência de exsudação, não sendo, portanto, formada uma camada superior de menor resistência, e também devido a melhor aderência entre a pasta de cimento hidratada e o agregado graúdo, portanto não ocorrem desgastes diferenciados nem partículas soltas.[13.57]

A retração do concreto com sílica ativa é um pouco maior, geralmente 15%, do que a do concreto produzido somente com cimento Portland.[13.49]

A coloração escura de algumas sílicas ativas foi mencionada na página 87, e isso causa diferenças na cor do concreto resultante. Entretanto, a cor se torna mais clara após algumas semanas, mas as razões para isso não são claras.[13.55]

Concreto de alto desempenho

O concreto de alto desempenho não é um material revolucionário, nem contém componentes que não sejam utilizados nos concretos analisados até o momento. Em vez disso, o concreto de alto desempenho é um aperfeiçoamento dos concretos discutidos até agora.

A denominação "concreto de alto desempenho" dá a impressão de uma propaganda de um produto divulgado como diferente. O nome original era "concreto de alta resistência", mas, em muitos casos, a alta durabilidade é a propriedade desejada, enquanto em outros é a elevada resistência, tanto nas idades mais precoces quanto aos 28 dias, ou até mesmo em maiores idades. Em algumas aplicações, um elevado valor do módulo de elasticidade é a propriedade almejada.

Em relação à resistência, deve ser destacado que o significado da expressão "alta resistência" tem sido significativamente alterado com o passar do tempo. Inicialmente, 40 MPa era considerado um valor de alta resistência; posteriormente 60 MPa passou a ser visto como alta resistência. Neste livro, o alto desempenho, em relação à resistência, será considerado como a resistência superior a 80 MPa. Cabe também citar que, nesses valores de resistência, a diferença entre os resultados de ensaios em corpos de prova cúbicos ou cilíndricos é mínima, de modo que, com exceção de verificações de conformidade, a diferenciação entre os tipos de corpos de prova é de pouca importância. Os ensaios em concretos de alto desempenho são discutidos na página 713.*

Mais um comentário sobre a nomenclatura pode ser interessante. Em algumas publicações, é apresentada uma subdivisão de concretos de alto desempenho em classes, conforme a resistência, e termos como "concretos de desempenho muito elevado" são utilizados. Essa não parece ser uma abordagem racional para um material com uma graduação contínua das propriedades e sem descontinuidades nos componentes.

---

* N. de R.T.: A NBR 8953:2015 classifica os concretos estruturais, em relação à resistência característica à compressão (f_{ck}), em dois grupos. O Grupo I é formado pelos concretos de 20 a 50 MPa e o Grupo II é constituído pelos concretos de 55 a 100 MPa. A NBR 12655:2015, versão corrigida, 2015 define concreto de alta resistência como o concreto do grupo II da NBR 8953:2015.

Capítulo 13 Concretos especiais

O concreto de alto desempenho contém os seguintes componentes: agregados comuns, embora de boa qualidade; cimento Portland comum (Tipo I), embora o cimento de alta resistência inicial (Tipo III) possa ser utilizado quando a resistência inicial for um requisito, em consumos elevados, entre 450 e 550 kg/m^3; sílica ativa, em geral entre 5 e 15% da massa total de material cimentício; eventualmente outros materiais cimentícios, como cinza volante ou escória granulada de alto-forno; e sempre um aditivo superplastificante. A dosagem de superplastificante é alta, entre 5 e 15 litros por m^3 de concreto, dependendo do teor de sólidos do aditivo, bem como de sua natureza. Essa dosagem possibilita reduções da quantidade de água na ordem de 45 a 75 litros por m^3 de concreto.[13.79] Outros aditivos também podem ser utilizados, mas polímeros, epóxis, fibras e agregados artificiais como a areia de bauxita calcinada não estão incluídos neste livro. É fundamental que o concreto de alto desempenho seja capaz de ser lançado na estrutura por métodos convencionais e curado de modo habitual, embora seja necessária uma cura úmida particularmente bem realizada. O que faz um concreto ser de alto desempenho é sua relação água/cimento muito baixa, em valores sempre menores do que 0,35 e, com frequência, em torno de 0,25 – eventualmente 0,20.

A discussão anterior deixa claro que o que foi apresentado neste capítulo sobre as propriedades do concreto contendo sílica ativa e aditivo superplastificante se aplica ao concreto de alto desempenho, mas, devido à relação água/cimento muito baixa desse último, as propriedades são acentuadas. De fato, o concreto de alto desempenho pode ser considerado uma evolução lógica do concreto com sílica ativa e superplastificante. Por exemplo, é possível produzir concreto com abatimento de 180 a 200 mm e relação água/cimento entre 0,20 e 0,30, de modo que a quantidade de água varia entre 130 e 140 L/m^3 de concreto, enquanto, em um concreto convencional, sem ar incorporado, de abatimento entre 100 e 120 mm, a quantidade de água varia entre 170 e 200 L/m^3.

Foi mencionado anteriormente que, pela expressão "concreto de alto desempenho", entende-se um concreto com alta resistência ou baixa permeabilidade. Essas duas propriedades, embora não necessariamente concomitantes, estão vinculadas entre si, pois a alta resistência requer um baixo volume de poros, em especial os poros de maior dimensão. A única maneira de obter um baixo volume de poros é com misturas contendo partículas graduadas até a menor dimensão. Isso é obtido com o uso de sílica ativa, que preenche os vazios entre as partículas de cimento e entre elas e os agregados. A mistura, entretanto, deve ser suficientemente trabalhável para que os sólidos se dispersem de maneira que um denso empacotamento seja obtido, tornando, então, necessária a defloculação das partículas de cimento. Esse último aspecto é obtido com a utilização de um aditivo superplastificante em dosagem elevada. Esse aditivo deve ser eficaz com o cimento Portland utilizado, ou seja, os dois materiais devem ser compatíveis.

Quando as condições anteriores são atendidas, o concreto de alto desempenho é obtido. Esse concreto é muito denso e tem um mínimo volume de poros capilares, que são segmentados após a cura. Ao mesmo tempo, uma significativa parte do cimento Portland permanece sem hidratação, até mesmo quando o concreto está em contato com a água, devido à água não ter capacidade de penetrar através do sistema de poros de modo a alcançar as partículas de cimento Portland não hidratadas remanescentes. Essas últimas podem ser vistas como partículas muito pequenas de "agregados" com excelente aderência aos produtos hidratados.

Propriedades dos agregados no concreto de alto desempenho

Embora agregados comuns possam ser utilizados para a produção de concreto de alto desempenho, em concretos de resistência muito elevada, a resistência das partículas do agregado graúdo pode ser crítica. Em consequência disso, a resistência da rocha matriz é importante, mas a resistência de aderência das partículas de agregado também pode ser um fator limitante.[13.91] Tem sido constatado que as características mineralógicas do agregado graúdo influenciam a resistência do concreto resultante, mas não existe uma orientação simples para a seleção de agregados.[13.64]

O critério da resistência do agregado é valido quando a resistência em longo prazo é o requisito. Entretanto, caso a propriedade desejada do concreto de alto desempenho seja a elevada resistência nas primeiras idades (por exemplo, 40 MPa aos dois dias), e seja desnecessária uma resistência maior em longo prazo, a resistência das partículas dos agregados passa a não ter importância.

De modo geral, agregados de boa qualidade devem ser utilizados. Para garantir uma boa aderência entre as partículas de agregado graúdo e a matriz, as partículas devem ter formas aproximadamente equidimensionais.[13.78] Deve ser lembrado que a forma das partículas britadas depende, além do tipo de rocha matriz e sua estratificação, também do processo de britagem utilizado, já que britadores de impacto, em geral, produzem poucas partículas alongadas ou lamelares. O seixo é satisfatório quando a forma é de interesse e pode ser utilizado em concretos de alto desempenho,[13.78] mas a aderência entre a matriz e o agregado pode não ser adequada quando a superfície do seixo for muito lisa.

A limpeza do agregado, a ausência de material pulverulento aderido e a uniformidade de granulometria são essenciais. A durabilidade das partículas de agregados graúdos é essencial quando o concreto produzido com determinado agregado provavelmente for exposto a ciclos de gelo e degelo.

Os agregados miúdos devem ser arredondados e uniformemente graduados, mas mais grossos, devido ao elevado teor de partículas finas das misturas ricas utilizadas no concreto de alto desempenho, e são recomendados, em algumas situações, módulos de finura entre 2,8 e 3,2.[13.131] Entretanto, a experiência com concreto de alto desempenho em relação aos tipos de agregados, tanto os agregados graúdos quanto os miúdos, é limitada a poucas regiões, de modo que não são possíveis generalizações.

Ainda deve ser feito um comentário em relação ao sistema de partículas sólidas do concreto. No limite superior, partículas muito grandes são indesejáveis devido a introduzirem uma heterogeneidade no sistema na interface, o que gera incompatibilidades entre o agregado e a pasta de cimento hidratada que o envolve, em relação ao módulo de elasticidade, ao coeficiente de Poisson, à retração, à fluência e às propriedades térmicas. Essa incompatibilidade pode resultar em uma maior microfissuração do que no caso de agregados de dimensão máxima limitada a 10 ou 12 mm. Embora agregados com menor dimensão máxima acarretem em maior demanda de água, isso não importa quando a dosagem de aditivo superplastificante é alta e, consequentemente, quando a quantidade de água do concreto é pequena.

A maior área superficial total do agregado de menor dimensão máxima também significa menor tensão de aderência, de modo que a ruptura por falha de aderência não ocorre. Em consequência disso, nos ensaios de resistência à compressão, a ruptura ocorre através das partículas de agregado graúdo, bem como através da pasta de cimento hidratada. O desenvolvimento de fissuras através das partículas de agregado graúdo também foi verificado em ensaios de flexão em concreto de alta resistência.[13.70] Esse comportamento mostra que a resistência de aderência não é menor do que a resistência à tração do agregado.

A influência do módulo de elasticidade do agregado graúdo na resistência do concreto de alto desempenho não foi determinada, mas pode ser discutido que, devido ao comportamento monolítico do concreto, agregados com baixo módulo de elasticidade (ou seja, valor de módulo não muito diferente do módulo de elasticidade da pasta de cimento hidratada) resultam em menores tensões de aderência com a matriz, o que pode ser benéfico em relação ao concreto de alto desempenho.

Concreto de alto desempenho no estado fresco

As proporções especiais dos componentes do concreto de alto desempenho, ou seja, o elevado consumo de cimento, a relação água/cimento bastante baixa e a elevada dosagem de aditivo superplastificante influenciam as propriedades do concreto fresco, em alguns aspectos, de modo diferente dos concretos convencionais.

Inicialmente, o proporcionamento e a mistura exigem cuidados especiais. Devido à importância de uma mistura cuidadosa, pode ser interessante não utilizar toda a capacidade da betoneira – por exemplo, a utilização de 1/3 ou mesmo metade de sua capacidade.[13.98] Para garantir a homogeneidade da mistura, em geral bastante viscosa, o tempo de mistura é maior do que o habitual – 90 segundos já foram recomendados,[13.93] mas períodos maiores podem ser necessários.

A sequência de colocação dos materiais na betoneira é melhor determinada por tentativas, o que pode ser complicado. Em um caso, parte da água e metade da quantidade de superplastificante foram colocados inicialmente, em seguida os agregados e o cimento e, por fim, o restante da água e do superplastificante. Com frequência, parte da quantidade de superplastificante é colocada somente imediatamente antes do lançamento do concreto. Um exemplo da influência da sequência de colocação dos materiais na perda de abatimento de um concreto com relação água/cimento 0,25, misturado por 225 segundos, é mostrado na Figura 13.6.[13.81] Foram utilizadas três sequências: (A) colocação de todos os materiais simultaneamente; (B) mistura do cimento e água antes da colocação dos demais materiais; e (C) mistura do cimento e agregado miúdo antes da colocação dos demais materiais. O método A resultou em menor perda de abatimento, mas essa conclusão não pode ser generalizada.

Para otimizar o tempo de pega e o desenvolvimento da resistência inicial do concreto de alto desempenho, pode ser utilizada uma combinação de um aditivo superplastificante com um aditivo redutor de água à base de lignosulfonato ou um retardador.[13.55]

Alguns superplastificantes devem ser adicionados primeiro à betoneira para alcançar logo a trabalhabilidade adequada. O tempo de colocação da parte final do superplastificante tem uma importância particular. É essencial garantir que o aditivo não seja fixado pelo C_3A do cimento Portland, pois o aditivo ficará indisponível para manter a elevada trabalhabilidade. Essa fixação pode ocorrer se o SO_4^{--} do sulfato de cálcio contido no cimento Portland não for liberado com velocidade suficiente para reagir

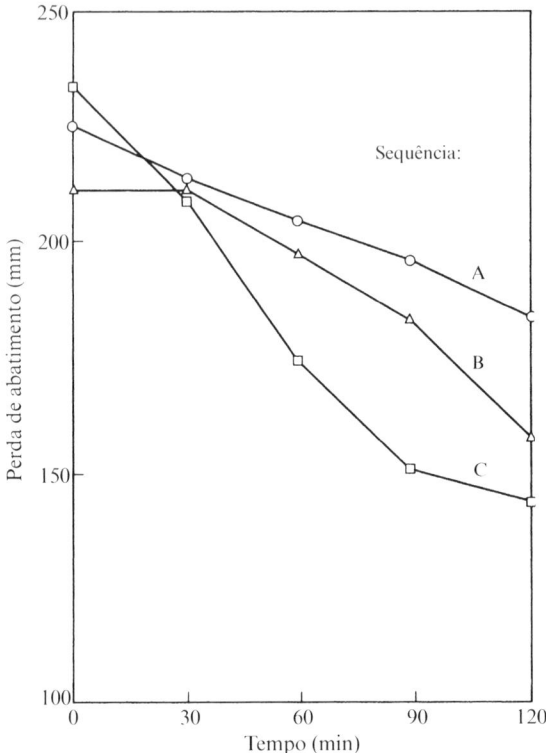

Figura 13.6 Influência da sequência de colocação de materiais sobre a perda de abatimento com o tempo desde a mistura do concreto com relação água/cimento 0,25 e aditivo superplastificante.[13.81]

com o C_3A. Portanto, é importante evitar a reação entre o superplastificante e o C_3A garantindo a compatibilidade entre o superplastificante e o cimento Portland a ser utilizado. Esse tópico será discutido na próxima seção.

Nesse etapa, um comentário adicional é pertinente. A demanda de água é influenciada pelo teor de carbono da sílica ativa utilizada. O elevado teor pode ser detectado facilmente pela coloração escura da sílica ativa.[13.68]

Compatibilidade entre o cimento Portland e o aditivo superplastificante

Na seção anterior, foi mencionada a dificuldade de manutenção da trabalhabilidade adequada se o superplastificante for fixado pelo C_3A do cimento Portland utilizado. Quando isso ocorre, pode-se dizer que os dois materiais são incompatíveis. Caso não haja problema, por outro lado, os materiais são compatíveis. Embora a compatibilidade entre o cimento e os aditivos também seja importante no concreto normal, nos concretos de alto desempenho a relação água/cimento muito baixa amplia muito as consequências da falta de compatibilidade devido à concorrência dos vários componentes pela água para a molhagem superficial e hidratação inicial. A velocidade da solubilidade do sulfato de cálcio é crítica quando há menos água para receber os íons sulfato e, ao mesmo tempo, quando existe mais C_3A (devido ao elevado consumo de cimento), cuja reação deve ser controlada para garantir a trabalhabilidade. Por essa razão, ensaios com determinados materiais, mas utilizando relação água/cimento próxima a 0,50, não fornecem informações do comportamento com relação água/cimento próxima a 0,30.

Em essência, o problema é o período de tempo após a mistura, antes de os íons SO_4^{--} do cimento Portland ficarem disponíveis para a reação com o C_3A, de modo que as terminações sulfonadas das moléculas do superplastificante não sejam fixadas. As diversas formas de sulfato de cálcio no cimento Portland foram discutidas na página 17, e deve ser lembrado que o sulfato de cálcio di-hidratado, hemi-hidrato e anidrita possuem diferentes velocidades de solubilidade. A situação é complicada pelo fato de a solubilidade da anidrita depender de sua estrutura e origem.

A solubilidade e a velocidade de dissolução do sulfato de cálcio são influenciadas pelo superplastificante, tanto em função de seu tipo quanto por sua dosagem. No atual estágio de conhecimento, a tradução desses fatores qualitativos na previsão de compatibilidade não é possível, pois é necessária a verificação experimental das propriedades reológicas de uma determinada combinação de cimento Portland e superplastificante.

Apesar disso, os fatores importantes para a compatibilidade são citados a seguir.[13.79] Em relação ao cimento, os fatores são o teor de C_3A e C_4AF, a reatividade do C_3A (que depende de sua morfologia e do grau de sulfurização do clínquer), do teor de sulfato de cálcio e a sua forma final no cimento moído (ou seja, sulfato de cálcio di-hidratado, hemi-hidrato ou anidrita). Para o aditivo superplastificante, são importantes o comprimento da cadeia molecular, a posição do grupo sulfonato na cadeia, o tipo de íon associado (ou seja, sódio ou cálcio) e a presença de sulfatos residuais, que afetam as propriedades de defloculação do cimento.

Com base nesses fatores, do ponto de vista da reologia, um cimento ideal para o concreto de alto desempenho pode ser definido como: não muito fino (provavelmente com finura Blaine de até 400 m^2/kg), com teor muito baixo de C_3A, cuja reatividade seja facilmente controlada pelos íons sulfato derivados da dissolução dos sulfatos presentes no cimento. O superplastificante ideal deveria ser constituído de cadeias moleculares longas em que, por exemplo, os grupos sulfonatos ocupem a posição β no condensado de sal de sódio de sulfonatos de formaldeído e naftaleno. Em relação ao teor de sulfatos residuais no polissulfonato, ele depende do teor e da solubilidade dos sulfatos do cimento a ser utilizado com o superplastificante, portanto é necessária uma quantidade adequada de sulfatos solúveis na mistura.[13.79]

As orientações anteriores tornam possível eliminar cimentos e aditivos superplastificantes não apropriados. A próxima etapa é a realização de ensaios em laboratório com várias pastas puras de cimento contendo combinações de diferentes cimentos e superplastificantes, visando a estabelecer a melhor combinação do ponto de vista reológico.

A eficácia entre um determinado plastificante com um dado cimento pode ser verificada pela determinação do tempo de escoamento de uma quantidade fixa de pasta de cimento pura, produzida com os dois materiais, através de um funil normalizado, conhecido como funil de Marsh. O tempo diminui com o aumento da dosagem de superplastificante até o ponto de saturação, além do qual quantidades adicionais de aditivo não trazem benefícios. O tempo de esvaziamento do funil se torna maior quando a duração de ensaio é prolongada, o que é uma indicação da perda de trabalhabilidade. Uma combinação compatível entre o cimento Portland e o superplastificante registra somente uma pequena perda entre ensaios realizados aos 5 e 60 minutos e também possui um ponto de saturação bem definido, a partir do qual o uso adicional de aditivo não traz vantagens (ver Figura 13.7).[13.63]

Esses ensaios em pasta de cimento pura possibilitam restringir as possibilidades de escolha a poucos cimentos compatíveis com um ou mais dos superplastificantes comercialmente disponíveis. Para a seleção final do cimento e do superplastificante, é necessário realizar ensaios em concreto, pois somente essas verificações apresentam resultados reais e confiáveis sobre a perda de trabalhabilidade e ganho de resistência.

Concreto de alto desempenho no estado endurecido

Apesar de não haver proporções de misturas normalizadas ou mesmo típicas de concreto de alto desempenho, é interessante apresentar informações sobre diversas misturas bem-sucedidas, e elas são apresentadas na Tabela 13.5. Várias dessas misturas contêm, além do cimento Portland e da sílica ativa, outros materiais cimentícios. Existe uma vantagem econômica no uso desses materiais, em parte devido a terem um custo menor do que o cimento Portland, mas também por possibilitarem uma redução na dosagem de superplastificante.[13.79]

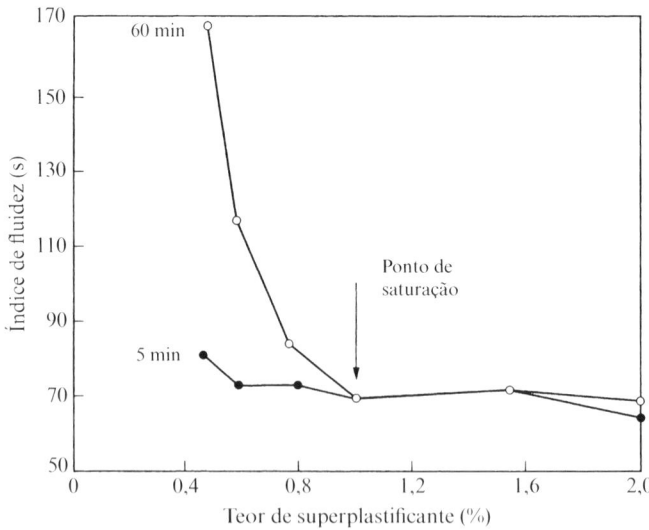

Figura 13.7 Índice de fluidez medido pelo funil de Marsh em função do teor de aditivo superplastificante (em massa de sólidos) na pasta de cimento pura com relação água/cimento de 0,35 após 5 e 60 minutos desde a mistura.[13.63]

Tabela 13.5 Composições de alguns concretos de alto desempenho*

Componente (kg/m³)	Mistura								
	A	B	C	D	E	F	G	H	I
Cimento Portland	534	500	315	513	163	228	425	450	460
Sílica ativa	40	30	36	43	54	46	40	45	
Cinza volante	59	–	–	–	–	–	–	–	–
Escória granulada de alto-forno	–	–	137	–	325	182	–	–	–
Agregado miúdo	623	700	745	685	730	800	755	736	780
Agregado graúdo	1069	1100	1130	1080	1100	1110	1045	1118	1080
Água total	139	143	150	139	136	138	175†	143	138
Relação água/materiais cimentícios	0,22	0,27	0,31	0,25	0,25	0,30	0,38	0,29	0,30
Abatimento (mm)	255	–	–	–	200	220	230	230	110
Resistência à compressão em corpos de prova cilíndricos (MPa) à idade de (dias)									
1	–	–	–	–	13	19	–	35	36
2	–	–	–	65	–	–	–	–	–
7	–	–	67	91	72	62	–	68	–
28	–	93	83	119	114	105	95	111	83
56	124	–	–	–	–	–	–	–	–
91	–	107	93	145	126	121	105	–	89
365	–	–	–	–	136	126	–	–	–

*Informações adicionais sobre os concretos: (A) Estados Unidos;[13.97] (B) Canadá;[13.79] (C) Canadá;[13.79] (D) Estados Unidos;[13.79] (E) Canadá;[13.79] (F) Canadá;[13.95] (G) Marrocos;[13.82] (H) França;[13.83] e (I) Canadá.[13.135]
† Suspeita-se que a grande quantidade de água tenha sido causada pela elevada temperatura ambiente no Marrocos.

Uma mistura de especial interesse é o concreto E da Tabela 13.5 com relação água/cimento 0,25 e consumo total de material cimentício de 542 kg/m², em que somente 30% era cimento Portland e 10% era sílica ativa. A resistência à compressão aos 28 dias foi de 114 MPa, tendo alcançado 136 MPa na idade de um ano. Deve ser ressaltado que esse não era um concreto produzido em laboratório, mas sim produzido em uma central de concreto.[13.79] É necessário enfatizar que a produção comercial de concreto de alto desempenho requer um controle de qualidade muito rigoroso e consistente.

No início das discussões sobre concreto de alto desempenho foi mencionado que o material é simplesmente uma extensão da gama de concretos usuais. Isso se confirma pela característica contínua da ampla correlação entre a resistência e a relação água/cimento, ilustrada na Figura 13.8. Essa figura é baseada em dados citados por Fiorato[13.54] para corpos de prova cilíndricos curados de diversas formas e ensaiados em idades de 28 dias em diante. Os resultados de concretos com abatimento zero, sem sílica ativa, foram omitidos.

No caso de um material relativamente novo, como o concreto de alto desempenho, pode ser válido saber se ocorre o retrocesso de resistência. Ensaios realizados em testemunhos obtidos de um pilar simulado, produzido em laboratório com resistência à compressão aos 28 dias igual a 85 MPa, não mostraram alterações na resistência após 2 ou 4 anos.[13.74] Relatos de diminuição da resistência de corpos de prova cilíndricos[13.56] armazenados em condições secas por idades entre 90 dias e 4 anos podem ser explicados pelo autotensionamento devido à secagem da região superficial

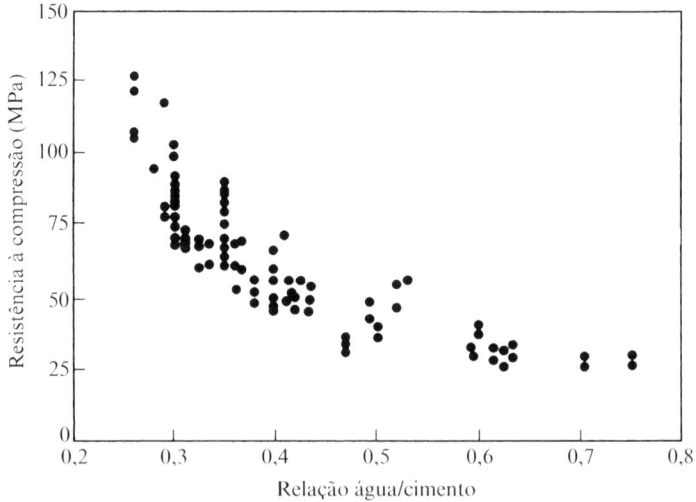

Figura 13.8 Relação entre a resistência à compressão (medida em corpos de prova cilíndricos) de concretos sem ar incorporado contendo vários materiais cimentícios, ensaiados em idades entre 28 e 105 dias, e a relação água/cimento (baseada na referência 13.54).

dos corpos de prova, sendo que esse processo de secagem do concreto não ocorre em estruturas.

Informações sobre a relação entre a resistência à tração na flexão ou tração por compressão diametral e a resistência à compressão do concreto de alto desempenho não são disponibilizadas, mas o ACI 363R-92[13.91] sugere expressões aplicáveis de até 83 MPa. Existem indícios de que, para resistências à compressão superiores a aproximadamente 100 MPa não ocorre mais aumento da resistência à tração.[13.72]

No caso de concreto de alto desempenho com resistência *inicial* muito elevada, existe a possibilidade de que, devido à baixa hidratação, a aderência entre o agregado e a matriz não tenha desenvolvimento adequado. Em virtude disso, com a elevada resistência nas idades mais precoces, provavelmente a resistência à flexão e o módulo de elasticidade são menores do que seria esperado a partir das relações habituais entre essas propriedades e a resistência à compressão.[13.99]

A deformação elástica do concreto de alto desempenho é de especial interesse. Como o módulo de elasticidade da pasta de cimento endurecida de resistência muito elevada e do agregado diferem menos do que em concretos de resistências médias, o comportamento do concreto de alto desempenho é mais monolítico, e a resistência da interface agregado-matriz é maior. Portanto, ocorre menor fissuração de aderência, e o

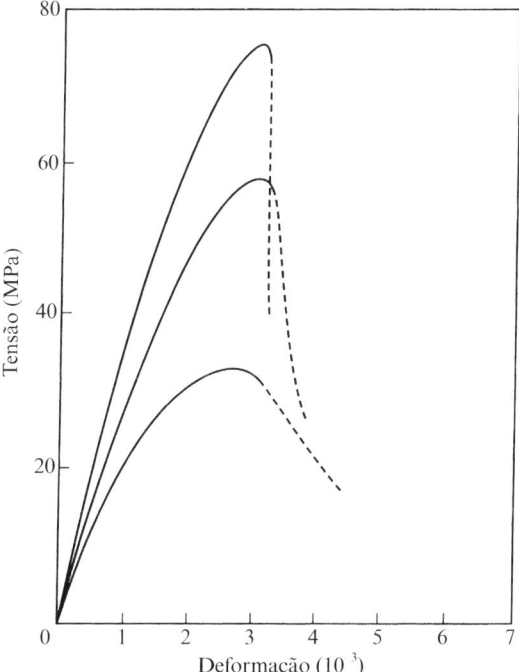

Figura 13.9 Curvas tensão-deformação típicas para concretos de diferentes resistências.[13.71]

trecho linear da curva tensão-deformação se estende até um valor de tensão que pode chegar a até 85% da tensão de ruptura, ou ainda mais (ver Figura 13.9). A ruptura subsequente ocorre através das partículas do agregado graúdo, bem como através da matriz. Dessa forma, as partículas de agregado graúdo não atuam como bloqueadoras de fissuras e a ruptura ocorre rapidamente.[13.71]

Uma relação aceitável entre o módulo de elasticidade do concreto, E_c, e a resistência à compressão aos 28 dias, em MPa, é:[13.91]

$$E_c = 3320\sqrt{f'_c} + 6.900.$$

Não é garantido que essa expressão seja válida para resistências bem superiores a 83 MPa. Em geral, o módulo de elasticidade em resistências muito elevadas é menor do que seria obtido a partir da extrapolação da expressão citada. Alguns dados japoneses sobre o módulo de elasticidade do concreto com resistências entre 75 e 140 MPa são apresentados na Figura 13.10.[13.81]

Devido à forte aderência entre o agregado graúdo e a matriz, as propriedades elásticas do agregado exercem considerável influência sobre o módulo de elasticidade do concreto.[13.73] Consequentemente, a relação entre o módulo de elasticidade do concreto de alto desempenho e sua resistência é bem menos consistente do que no caso dos concretos convencionais.[13.73] Isso é verificado independentemente da relação utilizada, portanto, para fins de projeto estrutural, o módulo de elasticidade do

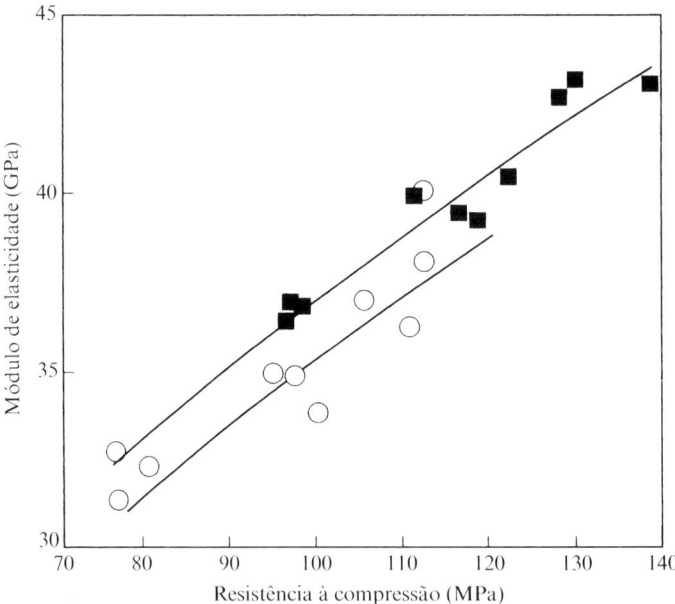

Figura 13.10 Relação entre o módulo de elasticidade e a resistência à compressão para concretos de alta resistência com relação água/cimento igual a 0,25, ensaiados em diversas idades (baseada na referência 13.81).

concreto de alto desempenho não deve ser considerado como uma função simples da resistência à compressão.*

Ensaios de concreto de alto desempenho

O ensaio de corpos de prova normalizados (cilindros de diâmetro 150 mm e altura 300 mm ou cubos de 150 mm de aresta) pode representar um problema em relação à capacidade da máquina de ensaio. Como o valor de 80% da capacidade da máquina de ensaio não deve ser excedido,[13.131] passa a ser necessária uma capacidade de 4 MN. Portanto, a utilização de corpos de prova menores é interessante, e, especificamente, cilindros de 100 × 200 mm ou cubos de 100 mm são adequados, já que, em concretos de alto desempenho, a dimensão máxima do agregado é, em geral, menor do que 12 mm. Esses corpos de prova menores resultam em valores cerca de 5% mais elevados do que corpos de prova normais[13.63, 13.77] (ver página 634).

Além disso, o material de preparo das bases dos corpos de prova cilíndricos não deve influenciar o resultado da ruptura. Por essa razão, é preferível a retificação mecânica das bases.[13.77]

O uso de ensaios acelerados para verificação da resistência do concreto de alto desempenho é uma proposta válida quando o objetivo for o controle de produção. A relação entre essa resistência e a resistência desejada em uma determinada idade deve ser estabelecida experimentalmente antes do início das concretagens.

Durabilidade do concreto de alto desempenho

Uma das principais características do concreto de alto desempenho é sua penetrabilidade muito baixa, e as consequências disso merecem destaque.

O fato de a estrutura da pasta de cimento hidratada do concreto de alto desempenho ser bastante densa, é, na verdade, o que lhe confere alto desempenho, com um sistema descontínuo de poros capilares que faz com que ele possua elevada resistência a ataques externos. Isso é especialmente verídico em relação ao ingresso de íons cloreto no concreto. Por exemplo, ensaios similares aos normalizados pela ASTM C 1320-10 em testemunhos de três meses de idade, extraídos de pilares produzidos com concreto de 120 MPa, mostraram permeabilidade desprezável aos íons cloreto.[13.65] Verificou-se que, até mesmo um concreto com relação água/cimento igual a 0,22, submetido à secagem a 105 °C – suficiente para remover a água evaporável da pasta de cimento endurecida – e, em seguida, exposto a íons cloreto possui permeabilidade extremamente baixa a esses íons.[13.66]

Em relação ao risco da reação álcali-sílica, é esperado que o concreto de alto desempenho com sílica ativa seja particularmente resistente devido à permeabilidade

---

* N. de R.T.: A NBR 6118:2014, versão corrigida 2014, estabelece que o módulo de elasticidade (E_{ci}) deve ser obtido por ensaio normalizado pela NBR 8522:2008. Na falta de ensaios, o valor do módulo de elasticidade inicial pode ser estimado por meio das expressões: $E_{ci} = \alpha_E \cdot 5.600\sqrt{f_{ck}}$ para f_{ck} de 20 MPa a 50 MPa e $E_{ci} = 21,5 \cdot 10^3 \cdot \alpha_E \cdot \left(\dfrac{f_{ck}}{10} + 1,25\right)^{1/3}$ para concretos de 55 MPa a 90 MPa. O coeficiente α_E depende do tipo de agregado (1,2 para basalto e diabásio; 1,0 para granito; 0,9 para calcário e 0,7 para arenito). Os valores de E_{ci} e f_{ck} estão em MPa e as expressões se referem à resistência aos 28 dias.

muito baixa, a qual limita a mobilidade dos íons, bem como devido à quantidade de água bastante baixa.[13.80] Deve ser lembrado que a presença da água é essencial para a ocorrência da reação álcali-sílica. A Figura 13.11 mostra que umidade interna de concretos com resistência aos 28 dias superior a 80 MPa é bastante baixa, fator desfavorável à ocorrência dessa reação.[13.75] De fato, nenhum caso de reação álcali-sílica foi relatado desde 1994[13.75] em concretos de alto desempenho; entretanto, os efeitos deletérios dessa reação demoram bastante tempo para se manifestar.

Quando se trata da resistência ao gelo e degelo, vários aspectos do concreto de alto desempenho devem ser considerados. Em primeiro lugar, a estrutura da pasta de cimento hidratada possui muito pouca água passível de congelamento. Em segundo lugar, o ar incorporado reduz a resistência do concreto de alto desempenho, pois a melhora da trabalhabilidade resultante das bolhas de ar não pode ser totalmente compensada pela redução da quantidade de água na presença de um aditivo superplastificante. Além disso, a incorporação de ar com relações água/cimento muito baixas é difícil. Portanto, é interessante estabelecer o valor máximo de relação água/cimento abaixo do qual os ciclos alternados de gelo e degelo não causam danos ao concreto.

Entretanto, alguns outros aspectos também influenciam a resistência do concreto ao gelo e degelo. Entre eles estão as características do cimento e a eficácia da cura antes da exposição do concreto.[13.67] Apesar de existirem indícios de que o valor limite da relação água/cimento, mencionado anteriormente, seja 0,25 ou 0,30,[13.76] não é possível considerar que concretos com relação água/cimento inferior a esse limite sejam necessariamente resistentes ao gelo e degelo alternado. Por outro lado, é possível que um fator de espaçamento das bolhas de ar maior do que o necessário em concretos normais garanta a proteção a esses ciclos, mas não há dados confiáveis. Uma incerteza ainda maior se aplica à descamação produzida por agentes descongelantes devido à região superficial do concreto de alto desempenho – caso não bem curada e, em seguida, seca – provavelmente ser vulnerável.

Vale destacar que misturas estabelecidas de forma a resultarem em uma resistência elevada em poucas horas (provavelmente porque serão postas em serviço em condições de exposição de gelo e degelo) devem conter ar incorporado, mesmo com baixa relação

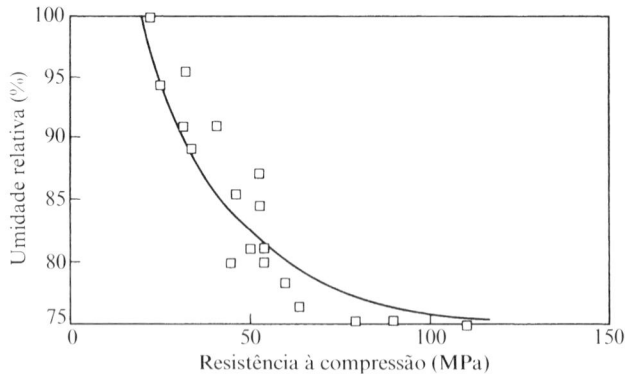

Figura 13.11 Relação entre a umidade relativa interna de concretos com 3 meses de idade e a resistência característica aos 28 dias.[13.75]

água/cimento. A razão para essa exigência decorre do fato de, devido a não ter sido realizada uma cura adequada, a água nos vazios capilares ser passível de congelamento.

A classificação do concreto de alto desempenho como resistente ou não aos ciclos de gelo e degelo é complicada pelo fato de a ASTM C 666-03 (2008) considerar habitual o ensaio do concreto em idades menores sem possibilitar sua secagem. Provavelmente, em condições de serviço, a região superficial do concreto de estruturas como tabuleiros de pontes ou pavimentos de concreto para recapeamento (*overlays*) ocorra a secagem antes da exposição ao gelo e degelo e, devido à baixa permeabilidade do concreto de alto desempenho, não ocorra uma nova saturação. Consequentemente, as condições de exposição em serviço são, provavelmente, menos severas do que nos ensaios prescritos pela ASTM C 666-03 (2008), em especial do Procedimento A, que estabelece que tanto o congelamento, como o descongelamento ocorra em água.

A resistência à abrasão do concreto de alto desempenho é muito boa, não somente devido à alta resistência do concreto, mas também devido à boa aderência entre o agregado graúdo e a matriz, a qual previne o desgaste diferenciado da superfície.

Por outro lado, o concreto de alto desempenho possui baixa resistência ao fogo devido à permeabilidade bastante baixa não possibilitar a saída do vapor formado pela água na pasta de cimento hidratada. Isso pode causar o lascamento explosivo, que, evidentemente, é algo indesejável. A ruptura explosiva pode acontecer tanto na região comprimida quanto na tracionada[13.161] (ver também página 406).

A ausência de poros abertos na região superficial do concreto de alto desempenho previne o desenvolvimento de bactérias, fato que pode ser aproveitado em pisos de criadouros de suínos e aves devido a ter sido observada uma diminuição da mortalidade.[13.130]

Em razão do elevado consumo de cimento, o concreto de alto desempenho é sensível a problemas decorrentes da liberação do calor do cimento, portanto devem ser adotadas medidas apropriadas (ver Capítulo 8). Vale repetir que, devido ao concreto de alto desempenho ser, em essência, uma modificação do concreto comum, ele é afetado pelos diversos materiais cimentícios da mesma maneira. A cinza volante, por exemplo, pode ser adicionada ao concreto de alto desempenho para reduzir a liberação inicial de calor de hidratação, bem como para melhorar a trabalhabilidade e reduzir a perda de abatimento.

Não existem dados consistentes que permitam supor que a retração ou a fluência do concreto de alto desempenho seja diferente da que seria esperada em função das propriedades ou proporções dos componentes da mistura. A influência da sílica ativa é especialmente relevante devido a ela reduzir significativamente a movimentação de água, e, em virtude disso, a fluência por secagem, assim a intensidade da fluência não é influenciada pela relação volume/superfície do elemento de concreto.[13.94]

O futuro do concreto de alto desempenho

O aproveitamento estrutural pleno do concreto de elevada resistência ainda está por vir, pois a maioria das normas de dimensionamento estrutural não consideram resistências superiores a 60 MPa.* Apesar disso, a utilização de resistências mais elevadas nos projetos estruturais tem sido progressivamente implementada. Em algumas estruturas, o

---

* N. de R.T.: A NBR 6118:2014, versão corrigida em 2014, considera critérios de dimensionamento para concretos de resistência característica à compressão de até 90 MPa.

parâmetro desejado não é a elevada resistência em si, mas ela é especificada de modo a aproveitar o elevado módulo de elasticidade a ela associado. Por outro lado, em muitas aplicações reais, a elevada durabilidade, resultante da permeabilidade extremamente baixa, e a alta resistência à abrasão são os principais aspectos. Essas propriedades do concreto de alto desempenho já são exploradas.

Portanto, há poucas dúvidas de que a utilização do concreto de alto desempenho nas construções continuará a crescer. Não existem dificuldades técnicas; entretanto, esse crescimento requer, por parte das centrais de concreto, o fornecimento de concretos produzidos com elevado controle de qualidade dos componentes e do processo. Ao mesmo tempo, esse fornecimento é condicionado pela demanda dos engenheiros, que, não surpreendentemente, são relutantes em relação à especificação de um material não disponível a pronta entrega. Esse impasse deve ser solucionado a fim de tirar proveito desse material altamente valioso e econômico. O custo não deve ser analisado apenas em função do dispêndio inicial, mas também em função da durabilidade aumentada, bem como da frequente redução das seções dos elementos estruturais, que resulta em maior área útil e menores cargas nas fundações.

Concreto leve

A massa específica do concreto produzido com agregados naturais originados de rochas duras é pouco variável, tendo em vista que a massa específica da maioria das rochas varia muito pouco (ver Tabela 3.7). Embora o teor volumétrico dos agregados na mistura influencie a massa específica do concreto, esse não é um fator predominante. Na prática, a massa específica do concreto normal varia entre 2.200 e 2.600 kg/m^3. Em consequência disso, o peso próprio dos elementos de concreto é elevado e pode representar importante parcela da carga total de uma estrutura. Portanto, a utilização de concretos com menor massa específica pode resultar em importantes vantagens em termos de elementos estruturais com menor seção transversal e uma correspondente diminuição nas fundações. Ocasionalmente, o uso de concreto de baixa massa específica pode possibilitar a construção em solos de baixa capacidade de suporte.[13.85] Além disso, com concretos mais leves, as fôrmas necessitam suportar menor pressão do que no caso de concretos normais, bem como a massa de material a ser manipulada é reduzida, com aumento da produtividade. O concreto com menor massa específica também resulta em melhor isolamento térmico do que o concreto normal (ver Figura 13.16). Por outro lado, o concreto leve possui maior consumo de cimento do que o concreto normal, fato que representa um custo adicional, além dos agregados leves também serem mais caros. Uma comparação de custos pertinente; entretanto, não deve se ater somente aos custos dos materiais, mas sim deve ser realizada a partir do *projeto* da estrutura utilizando o concreto leve.

Em vários aspectos, o concreto de baixa massa específica se comporta de modo semelhante ao concreto convencional, mas há determinadas propriedades que são relacionadas à baixa massa específica, e somente essas serão tratadas a seguir.*

---

* N. de R.T.: A NBR 8953:2015 define os concretos em relação à massa específica em três tipos: concreto normal é o concreto com massa específica seca entre 2.000 e 2.800 kg/m^3; concreto leve é aquele com massa específica seca inferior a 2.000 kg/m^3, enquanto, para o concreto pesado ou denso, a massa específica é superior a 2.800 kg/m^3.

Classificação dos concretos leves

A massa específica do concreto pode ser reduzida pela substituição de parte do material sólido na mistura por vazios. Existem três possíveis locais para o ar: nas partículas dos agregados, conhecidos como *agregados leves*; na pasta de cimento, sendo o material resultante denominado *concreto celular*; e entre as partículas de agregados graúdos, não utilizando agregados miúdos. Esse último é denominado *concreto sem finos*. Concretos em que se utilizam agregados leves são conhecidos como *concretos com agregados leves* – um tipo especial de concreto leve.

A variação prática das massas específicas do concreto leve varia entre cerca de 300 e 1.850 kg/m^3 (ver Figura 13.12). A classificação baseada na massa específica é interessante devido à resistência estar bastante associada a ela, e o ACI 231R-87$^{13.141}$ utiliza a massa específica para classificar os concretos de acordo com sua utilização. Existem três categorias. O *concreto leve estrutural*, que possui massa específica entre 1.350 e 1.900 kg/m^3, e, como seu nome indica, é utilizado para fins estruturais e possui resistência mínima de 17 MPa. O concreto de *baixa massa específica* possui essa propriedade com valores entre 300 e 800 kg/m^3 e é utilizado para fins não estruturais, principalmente para isolamento térmico. Entre essas duas categorias está o *concreto de moderada resistência*, com resistência à compressão medida em corpos de prova cilíndricos entre 7 e 17 MPa. Suas propriedades de isolamento térmico são intermediárias em relação aos dois outros concretos. As propriedades típicas de concretos leves usuais são mostradas na Tabela 13.6.*

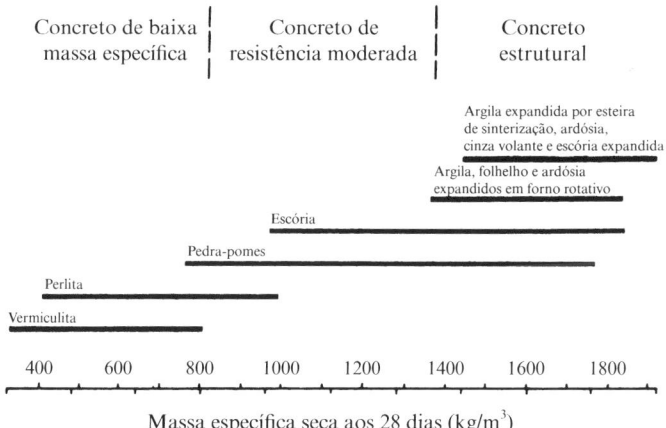

Figura 13.12 Variações típicas da massa específica seca de concretos produzidos com vários agregados leves (parcialmente baseado no ACI 213R-87$^{13.141}$).

---

* N. de R.T.: A NM 35:1995 determina que o concreto leve estrutural deve ter resistência à compressão mínima variando entre 17 e 28 MPa aos 28 dias, conforme a variação de sua massa específica máxima desde 1.680 a 1.840 kg/m^3.

Tabela 13.6 Propriedades típicas de concretos leves usuais

Tipo de concreto		Massa unitária do agregado (kg/m³)	Massa específica do concreto seco (kg/m³)	Resistência à compressão (MPa)	Retração por secagem (10⁻⁶)	Condutividade térmica (J/m²·s·°C)
Escória expandida	Miúdo	900	1.850	21	500	0,69
	Graúdo	650	2.100	41	600	0,76
Argila expandida de forno rotativo	Miúdo	700	1.200	17	600	0,38
	Graúdo	400	1.300	20	700	0,40
Argila expandida de forno rotativo e areia natural	Graúdo	400	1.500	20	–	0,57
			1.600	35	–	–
			1.750	50	–	–
			1.900*	70†	–	–
Argila expandida de esteira	Miúdo	1.050	1.500	25	600	0,55
	Graúdo	650	1.600	30	750	0,61

Ardósia expandida de forno rotativo	Miúdo	950	1.700	28	400	0,61
	Graúdo	700	1.750	35	450	0,69
Cinza volante sinterizada	Miúdo	1.050	1.500	25	300	—
	Graúdo	800	1.540	30	350	—
			1.570	40	400	—
Cinza volante sinterizada com areia natural	Graúdo	800	1.700	25	300	—
			1.750	30	350	—
			1.790	40	400	—
Pedra-pomes		500–800	1.200	15	1.200	—
			1.250	20	1.000	0,14
			1.450	30	—	—
Perlita		40–200	400–500	1,2–3	2.000	0,05
Vermiculita		60–200	300–700	0,3–3	3.000	0,10
Celular	Cinza volante	950	750	3	700	0,19
	Areia	1.600	900	6		0,22
Celular autoclavado		—	800	4	800	0,25

*Com cinza volante e sílica ativa.
†A 1 ano.

Agregados leves

A principal característica dos agregados leves é sua elevada porosidade, que resulta em baixa massa específica. Alguns agregados leves são de origem natural, enquanto outros são produzidos a partir de materiais naturais ou de resíduos industriais.

Agregados naturais

Os principais agregados dessa categoria são: diatomita, pedra-pomes, escória, cinzas vulcânicas e tufos. Exceto a diatomita, todos são de origem vulcânica. Devido a serem encontrados somente em algumas partes do mundo, os agregados leves naturais não são muito utilizados, embora produzam concretos de resistência moderada de boa qualidade.

A *pedra-pomes* é um vidro vulcânico de cor clara e aparência esponjosa com massa específica na faixa de 500 a 900 kg/m^3. As variedades de pedra-pomes que não sejam muito fracas estruturalmente produzem um concreto satisfatório com massa específica entre 700 e 1.400 kg/m^3 e boas características isolantes, mas com alta absorção e retração. A utilização da pedra-pomes na produção de concreto tem sua origem na antiga Roma – o Panteão e o Coliseu são exemplos ainda existentes.

A *escória* é uma rocha vesicular vítrea semelhante às cinzas industriais e produz um concreto de propriedades similares aos da pedra-pomes.

Agregados artificiais

Esses agregados são, com frequência, conhecidos por suas denominações comerciais, mas a melhor classificação é feita com base na matéria-prima utilizada e no método de produção.

Os agregados leves destinados ao uso em concreto estrutural que são produzidos a partir de materiais naturais são: argila expandida, folhelho e ardósia. Eles são obtidos pelo aquecimento, em fornos rotativos, de matérias-primas adequadas até a fusão incipiente (temperatura entre 1.000 e 1.200 °C), quando ocorre a expansão dos materiais devido aos gases gerados e aprisionados na massa piroplástica viscosa. Essa estrutura porosa é mantida no resfriamento, de modo que a massa específica do material expandido é menor do que antes do aquecimento. Com frequência, o material é reduzido à dimensão desejada antes do aquecimento, mas a britagem após a expansão também pode ser realizada. A expansão também pode ser obtida pelo uso de uma esteira de sinterização. Nesse caso, o material umedecido (que ou contém material carbonoso ou é misturado com combustível) é conduzido por uma grelha transportadora sobre queimadores de maneira que o calor penetre gradualmente na espessura total da camada de material. Sua viscosidade é tal que os gases são aprisionados. Assim como no forno rotativo, a massa resfriada é britada. Como alternativa, podem ser utilizadas a argila peletizada ou o folhelho pulverizado.

O uso de material peletizado produz partículas com uma capa ou revestimento liso (50 a 100 μm de espessura) sobre o interior celular. Essas partículas aproximadamente esféricas com um revestimento vitrificado pouco permeável possuem absorção de água bem inferior a das partículas não revestidas. O manuseio e a mistura de partículas revestidas são mais fáceis, e os concretos produzidos com elas possuem maior trabalhabilidade.

As partículas de agregados leves de argila ou de folhelho expandido possuem massa específica variável entre 1,2 e 1,5 g/cm^3 no caso de agregados graúdos, enquanto, para os agregados miúdos, o valor varia entre 1,3 e 1,7 g/cm^3. A massa unitária varia entre 650 e 900 kg/m^3 para agregados produzidos por esteiras e entre 300 e 650 kg/m^3 para agregados produzidos em fornos rotativos. Os concretos produzidos com esses agregados possuem massa específica variável entre 1.400 e 1.800 kg/m^3, embora valores de até 800 kg/m^3 já tenham sido obtidos. Os concretos produzidos com agregados de argila ou de folhelho expandido resultam em maior resistência à compressão do que quando são utilizados outros agregados.

Há outros agregados leves obtidos a partir de materiais naturais que também resultam em concretos de baixa massa específica: a vermiculita e a perlita. Essa última pode, em algumas situações, ser utilizada para a produção de concreto de resistência moderada. Esses materiais são normalizados pela ASTM C 332-09.

A *vermiculita* é um material de estrutura lamelar, com certa semelhança à mica. Ao ser aquecida a uma temperatura entre 650 e 1.000 °C, a vermiculita sofre expansão por esfoliação de suas finas placas. Essa expansão pode ser bastante superior ao volume inicial, podendo chegar a até 30 vezes. Como resultado, a massa unitária da vermiculita esfoliada é bastante baixa, variando entre 60 e 130 kg/m^3. O concreto produzido com ela tem resistência muito baixa e apresenta alta retração, mas é um excelente isolante térmico.

A *perlita* é uma rocha vulcânica vítrea que, quando aquecida rapidamente até o ponto de fusão incipiente (900 a 1.100 °C), expande devido à formação do vapor e forma um material celular com uma massa unitária bastante baixa, entre 30 e 240 kg/m^3. O concreto produzido com perlita possui resistência bastante baixa, retração bastante elevada e é utilizado principalmente para fins de isolamento. Uma vantagem desse concreto é a secagem rápida, que possibilita a execução rápida do acabamento.

Os principais resíduos industriais utilizados para a produção de agregados leves são a cinza volante e a escória de alto-forno. A cinza volante bastante fina é umedecida na forma de péletes e, em seguida, sinterizada em um forno específico. A pequena quantidade de combustível não queimado existente na cinza geralmente possibilita a execução desse processo sem a adição de combustível. Os nódulos sinterizados resultam em um excelente agregado arredondado, com massa unitária na faixa de 1.000 kg/m^3. As partículas menores possuem massa unitária próxima de 1.200 kg/m^3.

A *escória expandida de alto-forno* é produzida de três maneiras. Em uma delas, uma quantidade limitada de água, na forma de *spray*, entra em contato com a escória fundida conforme ela vai sendo descarregada do forno (na produção de ferro-gusa). Essa operação gera vapor, que causa expansão da escória ainda plástica, de forma que a escória endurece em uma forma porosa, bastante similar à pedra-pomes. Esse é o denominado processo do jato de água. No processo por máquina, a escória fundida é agitada vigorosamente com uma quantidade controlada de água. O vapor é aprisionado, e também ocorre a formação de gases devido às reações químicas de alguns componentes da escória com o vapor de água. Em ambos os métodos, é necessária a britagem da escória expandida. Um método mais moderno é a produção de escória expandida de alto-forno peletizada. Nesse caso, a escória fundida, contendo bolhas de gás, é projetada por um *spray* de água para formar péletes, que possuem forma arredondada e uma superfície lisa revestida (ou selada). Entretanto, para a obtenção de partículas miúdas, deve ser realizada britagem, o que destrói o revestimento. A massa unitária típica da escória de alto-forno peletizada é 850 kg/m^3. Um controle de produção apropriado garante a formação de material cristalino, que é preferível para a utilização como agregado, ao contrário dos péletes de escória de alto-forno utilizados na fabricação de cimento de alto-forno (ver página 81).

Somente agregados produzidos por expansão de argila, folhelho, ardósia, cinza volante ou escória de alto-forno podem ser utilizados para a produção de concreto estrutural.*

Embora cada marca registrada de agregados leves possua propriedades uniformes, a variação entre diferentes agregados leves é grande, mas algumas generalizações são possíveis. Um fato de importância especial é o de as partículas seladas (revestidas) de argila de boa qualidade possuírem uma taxa de absorção medida em 30 minutos, aproximadamente metade da absorção do mesmo material em que o revestimento foi removido pela fragmentação das partículas.[13.110] Entretanto, alguns agregados possuem um revestimento menos eficiente.

Para a produção de blocos para alvenaria, também é possível utilizar, além dos materiais citados, agregados constituídos por produtos finais da combustão de carvão mineral e coque. A ASTM C 331-05 inclui aspectos sobre esses materiais.

O *agregado de clínquer*, também conhecido como *cinzas*, é produzido a partir de resíduos calcinados de fornos industriais de alta temperatura, fundidos ou sinterizados na forma de torrões. É importante que o clínquer esteja razoavelmente livre de resíduos não queimados de carvão, que podem sofrer expansão no concreto, causando instabilidade de sulfatos.

A presença de ferro ou pirita no clínquer pode causar manchamentos superficiais e, portanto, devem ser removidos. A instabilidade de volume devido à cal sinterizada pode ser evitada pelo armazenamento do clínquer em condição úmida por um período de várias semanas: a cal será estabilizada e não sofrerá expansão no concreto. A utilização de agregados de clínquer em concreto armado não é recomendada.

*Pó de carvão*** é o nome dado a um material similar ao clínquer, mas que tem um grau de sinterização um pouco menor e menos calcinado. Não existe uma divisão clara entre o *breeze* e o clínquer.

Quando o clínquer é utilizado, tanto como agregado miúdo quanto como agregado graúdo, obtém-se um concreto com uma massa específica na ordem de 1.100 a 1.400 kg/m^3; entretanto, frequentemente é utilizada areia natural com o objetivo de melhorar a trabalhabilidade da mistura. Nesse caso, a massa específica resultante situa-se entre 1.750 e 1.850 kg/m^3.

O lixo doméstico processado e o lodo de esgoto, misturados com argila e outros materiais, podem ser peletizados e calcinados em forno rotativo para a produção de agregado leve.[13.117] Contudo, ainda não foi alcançado um estágio de produção regular e econômica.

---

* N. de R.T.: A NM 35:1995 estabelece os requisitos para agregados leves para concreto estrutural. Dois tipos gerais de agregados leves são abordados por essa norma: os obtidos por expansão, calcinação ou sinterização de produtos como escória de alto-forno, argila, diatomita, cinza volante, ardósia ou folhelho e os constituídos por materiais naturais como pedra-pomes, escória vulcânica ou tufo.

** N. de R.T.: Em inglês, *breeze*.

Especificações para agregados leves

As exigências em relação aos agregados leves são dadas pela ASTM C 330-09 e pela BS 3797:1990 (cancelada), substituída pela BS EN 13055-1:2002. Essa última norma aborda também os componentes para alvenaria. As normas estabelecem limites para perda ao fogo (5% na ASTM e 4% na BS) e, no caso da BS 3797:1970 (cancelada), também para o teor de sulfatos (1% expresso em SO_3, em massa). Algumas exigências de granulometria dessas normas estão apresentadas nas Tabelas 13.7, 13.8 e 13.9. A atual BS EN 13055-1:2002, que substituiu a BS 3797, não é prescritiva.

Para evitar enganos, deve ser mencionado que a BS EN 12620:2002 aborda a escória resfriada ao ar, ou seja, a não expandida.

É interessante destacar que os agregados leves destinados ao uso em concreto estrutural são, independentemente de sua origem, produtos industrializados e, portanto, são geralmente mais uniformes do que os agregados naturais. Em função

Tabela 13.7 Requisitos de granulometria de agregados graúdos leves segundo a ASTM C 330-09

Abertura da peneira (mm)	Porcentagem passante, em massa, nas peneiras			
	Dimensão nominal do agregado graduado			
	25 a 4,75	19 a 4,75	12,5 a 4,75	9,5 a 2,36
25,0	95–100	100	—	—
19,0	—	90–100	100	—
12,5	25–60	—	90–100	100
9,5	—	10–50	40–80	80–100
4,75	0–10	0–15	0–20	5–40
2,36	—	—	0–10	0–20

Tabela 13.8 Requisitos de granulometria de agregados leves segundo a BS 3797:1990 (cancelada)*

Abertura da peneira (mm)	Porcentagem passante, em massa, nas peneiras		
	Dimensão nominal do agregado graduado		
	20 a 5 mm	14 a 5 mm	10 a 2,36 mm
20,0	95–100	100	—
14,0	—	95–100	100
10,0	30–60	50–95	85–100
6,3	—	—	—
5,0	0–10	0–15	15–50
2,36	—	—	0–15

* A norma substituta BS EN 13055-1:2002 não é prescritiva.

Tabela 13.9 Requisitos de granulometria de agregados miúdos leves segundo a BS 3797:1990 (cancelada)

Abertura da peneira (mm)	Porcentagem passante, em massa, nas peneiras	
	Graduação L1	Graduação L2
10,0 mm	100	100
5,0 mm	90–100	90–100
2,36 mm	55–100	60–100
1,18 mm	35–90	40–80
600 μm	20–60	30–60
300 μm	10–30	25–40
150 μm	5–19	20–35

* A norma substituta BS EN 13055-1:2002 não é prescritiva.

disso, o agregado leve pode ser utilizado para a produção de concreto estrutural de boa qualidade.

Várias vezes foi feita referência à massa unitária do agregado leve, portanto deve ser apresentada uma definição adequada dessa propriedade. A *massa unitária* do agregado leve é a massa de agregado que preenche um volume unitário, portanto o método de preenchimento deve ser claramente especificado. A massa unitária é influenciada pelo grau de compactação das partículas do agregado, que, por sua vez, depende da granulometria das partículas. Entretanto, mesmo quando as partículas têm a mesma dimensão nominal, sua forma também influencia o grau de compactação quando é utilizado um método fixo de preenchimento do recipiente. Isso não é diferente do que ocorre nos agregados comuns, com exceção de que, no caso dos agregados leves, não é realizado o adensamento durante a determinação da massa unitária.* A ASTM C 330-09 prescreve o preenchimento com uma concha estabelecido pela ASTM C 29-09, enquanto a BS 3797:1990 (cancelada) determina explicitamente que não deve haver apiloamento e que nenhum impacto deve ser aplicado ao recipiente.

Os agregados leves possuem uma importante característica inexistente no agregado normal e que é importante para a determinação das proporções e propriedades associadas do concreto resultante. Essa propriedade é a capacidade de os agregados leves absorverem grandes quantidades de água e também de possibilitar o ingresso limitado de pasta de cimento fresca nos poros abertos (superficiais) das partículas de agregados, em especial as maiores. Quando a água é absorvida pelas partículas de agregados, sua massa específica torna-se maior do que a massa específica do agregado seco, e é esse valor aumentado é importante para a massa específica do concreto produzido com esse agregado. A capacidade do agregado leve de absorver grandes

---

* N. de R.T.: Quando for feita a determinação da massa unitária em estado compactado, segundo a NBR NM 45:2006.

quantidades de água também resulta em outras consequências que serão discutidas posteriormente.*

Efeito da absorção de água pelo agregado leve

A expressão "massa específica real" (ver página 131) se aplica às partículas individuais e é baseada no seu volume, incluindo os poros internos nelas contidas. Uma dificuldade prática no cálculo da massa específica real está em estabelecer o volume de partículas, que é medido pelo deslocamento de um fluido. Esse deslocamento é influenciado pela penetração do fluido utilizado no ensaio, geralmente água, nos poros abertos da superfície das partículas de agregado e nos poros interconectados no interior da partícula. Deve ser ressaltado que é importante saber se os poros penetrados pela água também serão penetrados pela pasta de cimento para determinar as proporções da mistura. Vários métodos de ensaio determinam procedimentos para prevenir a penetração excessiva de água nos poros das partículas, como, por exemplo, a pulverização com um revestimento hidrófugo como querosene, imersão em parafina quente ou imersão em água por 30 minutos antes da determinação do deslocamento. Os valores de massa específica real apresentam consideráveis diferenças, dependendo do método de ensaio utilizado.[13.87]

A massa específica das partículas de agregado na condição saturada superfície seca também é difícil de determinar devido à presença de poros abertos na superfície, o que torna impossível determinar quando essa condição foi atingida.[13.86]

A expressão "massa específica" necessita de uma cuidadosa distinção quando aplicada ao concreto com agregados leves. A massa específica do concreto recém-misturado pode ser facilmente determinada, ou seja, a sua *massa específica no estado fresco*. Entretanto, em função da secagem ao ar em condições ambientais, a umidade é perdida até a condição de quase-equilíbrio, resultando, então, na *massa específica seca ao ar*. Caso o concreto seja seco a 105 °C, obtém-se a *massa específica seca em estufa*. Mudanças semelhantes ocorrem no concreto convencional, mas, no caso do concreto com agregados leves, as diferenças entre as três massas específicas são bem maiores e mais significativas para o comportamento do concreto.

A ASTM C 567-05a apresenta métodos para a determinação da massa específica no estado fresco e seco ao ar do concreto fresco. Essa última é determinada em uma condição de equilíbrio higrotérmico com o ar, em uma umidade relativa de 50% e temperatura de 23 °C.

Para dar uma ideia geral da absorção de água pelo concreto com agregados leves, ainda pode ser dito que, a menos que o agregado seja totalmente saturado antes da mistura, seus poros não serão totalmente preenchidos com água. Assim, a massa específica do concreto fresco é menor do que a massa específica saturada teórica. Essa última é aproximadamente de 100 a 120 kg/m^3 maior do que a primeira.[13.84] Em razão da baixa permeabilidade do concreto com agregados leves, na prática, a saturação não é facilmente alcançada, a menos que seja aplicada água sob pressão.[13.84]

---

* N. de R.T.: A NM 35:1995 estabelece as exigências para os agregados leves destinados ao uso em concreto estrutural. São listadas exigências em relação à granulometria, massa específica aparente e substâncias nocivas. A NBR 7213:2013 especifica as exigências para agregados leves para emprego em concreto com função de isolamento térmico.

Devido às dificuldades na determinação do momento em que o equilíbrio da massa específica seca ao ar é atingido, frequentemente é recomendado[13.84] que seja utilizada a massa específica do concreto no estado fresco. O valor da massa específica seca ao ar pode ser determinado pela subtração da massa de água perdida para o ambiente. Essa massa se situa, em geral, entre 100 e 200 kg/m^3 para todos os concretos com agregados leves e entre 50 e 150 kg/m^3 quando é utilizado agregado miúdo normal.[13.84] A massa específica na situação de equilíbrio, que é de interesse no cálculo do peso próprio do concreto, é cerca de 50 kg/m^3 maior do que a massa específica seca em estufa.[13.143] Deve ser lembrado que podem existir consideráveis desvios em relação aos valores apresentados, pois eles dependem do sistema de poros do agregado leve utilizado, da relação volume/superfície do elemento de concreto e das condições de exposição.

A absorção elevada do agregado leve também é importante no momento da mistura. Quando uma determinada quantidade de água é adicionada, a água disponível para a molhagem e para a reação com o cimento dependerá da quantidade de água absorvida pelo agregado leve. Isso varia amplamente, desde zero, quando o agregado leve foi pré-umedecido por um período de tempo razoável, a quantidades muito grandes, dependendo do tipo de agregado, em situações em que ele for seco em estufa. Entre esses dois extremos, o agregado seco ao ar utilizado no concreto absorve provavelmente entre 70 e 100 kg de água por m^3 de concreto.[13.84]

A absorção de agregados leves em 24 horas varia entre 5 e 20% em relação à massa de agregado seco,[13.141] mas, para agregados de boa qualidade destinados ao uso em concreto estrutural, ela normalmente é menor do que 15%.

Para fins de comparação, a absorção do agregado normal é, em geral, inferior a 2%[13.141] (ver Tabela 3.11). Por outro lado, o agregado miúdo normal pode conter um teor de umidade de 5 a 10%, algumas vezes ainda mais, mas essa água localiza-se na superfície das partículas dos agregados. Consequentemente, essa água faz parte da água de amassamento e está totalmente disponível para a hidratação (ver página 137). A partir da discussão anterior, pode ser deduzido que a água absorvida é irrelevante para a relação água/cimento e para a trabalhabilidade, mas que ela pode ter sérias consequências na resistência do concreto aos ciclos de gelo e degelo.

Há ainda outra importante consequência da absorção de água pelo agregado leve. Quando a hidratação do cimento diminui a umidade relativa dos poros capilares na pasta de cimento endurecida, a água do agregado migra para os capilares, possibilitando aumento da hidratação adicional. Essa situação pode ser denominada como "cura úmida interna", e torna o concreto com agregado leve menos sensível à cura inadequada.

A partir da discussão anterior, pode ser visto que existe uma dificuldade considerável na determinação da água livre no concreto. Caso o agregado seja misturado seco, a água necessária para preenchimento dos poros das partículas dos agregados deve ser considerada excedente à água livre. A situação é complicada pelo fato de a absorção não ocorrer de imediato. A velocidade de absorção depende de se as partículas são revestidas e do sistema de poros interno das partículas, mas a maior parte da absorção em 30 minutos ocorre 2 minutos após a molhagem. A absorção em 30 minutos é superior à metade da absorção em 24 horas, e a proporção é ainda maior se as partículas não forem revestidas.[13.110]

Uma consequência da rapidez da absorção da água de amassamento é o surgimento de vazios devido à secagem. Isso ocorre se o agregado leve for misturado na condição seco em estufa, ou próximo a isso, e o concreto for adensado antes de a absorção pelo agregado seco ter terminado. A menos que seja realizada a revibração, a resistência será severamente prejudicada.[13.86]

Concreto com agregados leves

As seções anteriores mostraram claramente que o concreto com agregados leves abrange um campo extremamente amplo. Com a utilização de materiais e métodos apropriados, a massa específica do concreto pode variar entre um pouco mais que 300 até cerca de 1.850 kg/m^3, com a correspondente variação na resistência entre 0,3 e 70 MPa e, até mesmo, 90 MPa em alguns casos. Essa grande variação da composição se reflete nas diversas propriedades do concreto com agregados leves.

Concreto com agregados leves no estado fresco

A demanda de água do concreto com agregados leves é fortemente influenciada pela textura superficial e pela forma das partículas do agregado. Uma importante consequência da grande variação da demanda de água de concretos produzidos com diferentes agregados leves é o fato de que, para a obtenção de uma determinada resistência especificada, deve haver uma variação correspondente no consumo de cimento. Dessa forma, a relação água/cimento é mantida, mas, como já mencionado, normalmente não se sabe o valor da relação água/cimento real.

O comportamento reológico do concreto com agregados leves é um tanto diferente do concreto normal. Especificamente, para o mesmo abatimento, o concreto com agregados leves apresenta melhor trabalhabilidade. Da mesma forma, o fator de compactação do concreto com agregados leves subestima a trabalhabilidade devido à ação da gravidade que compacta o concreto ser reduzida quando a massa específica do concreto é menor. Entretanto, devido ao ensaio da bola de Kelly (ver página 206) não depender da ação da gravidade, o valor obtido não é afetado pelo agregado.[13.147] Deve ser mencionado que o abatimento elevado pode causar segregação, com a flutuação das partículas maiores de agregados leves. Da mesma forma, a vibração prolongada pode resultar em segregação muito mais rapidamente do que com agregados normais.

A trabalhabilidade de misturas com agregados angulosos pode ser sensivelmente melhorada com a incorporação de ar. A demanda de água é reduzida, bem como a tendência à segregação. Os teores de ar *total*, em volume, habituais são: 4 a 8% para agregado de dimensão máxima de 20 mm; 5 a 9% para agregados de dimensão máxima de 10 mm. O teor de ar excedente a esses valores diminui a resistência à compressão em aproximadamente 1 MPa para cada ponto percentual adicional.[13.141]

A substituição parcial do agregado leve miúdo por agregado fino normal facilita o lançamento e o adensamento do concreto.[13.96] Entretanto, a massa específica do concreto resultante é aumentada, dependendo da proporção da substituição e dos valores relativos das massas específicas dos dois agregados. A substituição total do agregado miúdo leve por agregado miúdo normal pode aumentar a massa específica do concreto em 80 a 160 kg/m^3.[13.143] A condutividade térmica do concreto também é aumentada pela introdução do agregado normal.

Foi mencionado anteriormente que a trabalhabilidade do concreto com agregados leves é bastante influenciada pela absorção maior ou menor da água da mistura, dependendo do grau de saturação do agregado. A velocidade da absorção da água da mistura pelo agregado influencia a velocidade de perda de abatimento. Devem ser tomadas medidas adequadas para essa situação, mas é importante lembrar que alterações não previstas na condição de umidade do agregado podem gerar sérias consequências no abatimento e em sua perda. Aspectos práticos do proporcionamento e da mistura do concreto com agregados leves são discutidos no ACI 304.R-91.[13.142]

Podem ser utilizados aditivos superplastificantes com o concreto de agregados leves, mas, em geral, eles somente são adotados nos casos de concreto bombeado. Caso o agregado absorva água durante o bombeamento, pode ocorrer uma severa perda de abatimento. A utilização de agregados saturados previne esse problema, e a saturação pode ser obtida por meio do umedecimento a vácuo em um vaso de pressão, seguido pela aspersão contínua de água até a mistura. Entretanto, essa condição do agregado pode influenciar sua resistência ao gelo e degelo. Para amenizar os problemas de bombeamento, em geral, são utilizadas misturas com substituição parcial dos agregados finos leves por agregados normais. As propriedades dos concretos com agregados leves destinados ao bombeamento são discutidas no ACI 213R-87.[13.141]

Resistência do concreto com agregados leves

Conforme mencionado anteriormente, há uma dificuldade insuperável na determinação da quantidade de água livre nas misturas produzidas com a maioria dos agregados leves. Em função disso, a relação água/cimento baseada na água livre no concreto não pode ser estabelecida, e a relação água/cimento feita com base na água total não tem sentido, tendo em vista que a água absorvida pelo agregado não influencia a formação de poros capilares, que, por sua vez, influenciam a resistência.

Por outro lado, para um determinado agregado, existe uma clara relação entre o consumo de cimento do concreto e sua resistência à compressão, conforme mostrado na Figura 13.13.[13.111] Como o cimento possui massa específica muito maior do que o agregado leve e a água, para um agregado específico, a resistência aumenta com o aumento da massa específica, mas, dependendo do tipo de agregado, um concreto de 20 MPa pode necessitar de 260 a 330 kg de cimento por m^3 de concreto. Para 40 MPa, o consumo de cimento pode variar entre 420 e 550 kg/m^3. Alguns valores citados no ACI 213R-87 são mostrados na Tabela 13.10, mas esses dados não são nada mais do que indicativos. Resistências à compressão maiores requerem consumos bastante elevados de cimento — por exemplo, para 70 MPa o consumo de material cimentício pode chegar a 630 kg/m^3.

Assim como no concreto normal, a sílica ativa melhora o desenvolvimento de resistência do concreto com agregados leves. Outros materiais cimentícios também podem ser adicionados.

Em termos gerais, para a mesma resistência do concreto, o consumo de cimento em um concreto com agregados leves é maior do que em um concreto normal e, em resistências elevadas, a diferença pode ser maior do que 50%. O elevado consumo de cimento do concreto com agregados leves significa que ele possui uma relação água/cimento baixa, embora não conhecida, de modo que a resistência da matriz é alta. As partículas de agregados graúdos leves são relativamente fracas, e sua resistência pode ser um fator limitante da resistência do concreto, pois ocorre a ruptura das partículas de agregado graúdo na direção normal à carga aplicada.[13.104] Entretanto, não há uma

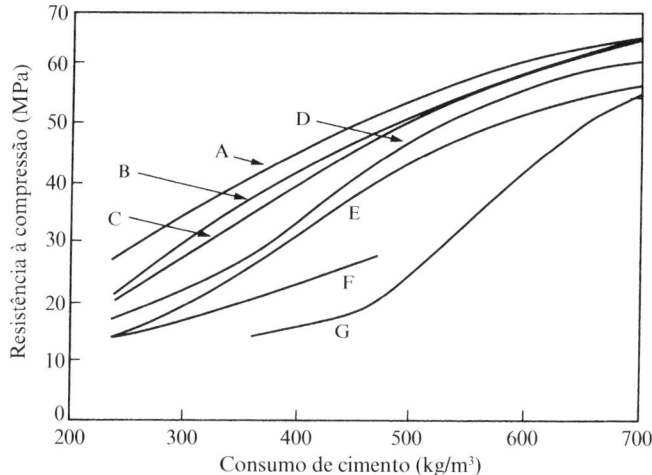

Figura 13.13 Relação entre a resistência à compressão aos 28 dias (medida em corpos de prova cúbicos) e o consumo de cimento de diversos concretos com agregados leves com abatimento de 50 mm (baseado na referência 13.111): (A) cinza volante sinterizada e agregado miúdo normal; (B) escória de alto-forno peletizada e agregado miúdo normal; (C) cinza volante sinterizada; (D) folhelho carbonoso sinterizado; (E) ardósia expandida; (F) argila expandida e areia; e (G) escória expandida.

relação geral entre a resistência do agregado em si e a resistência do concreto produzido com esse agregado.

A limitação da resistência do concreto com agregados leves, imposta pela resistência das partículas do agregado graúdo, pode ser amenizada pelo uso de agregado com menor dimensão. A explicação para esse comportamento está no fato de que, na cominuição das partículas maiores, a ruptura ocorre através dos maiores poros, que, portanto, são eliminados. Apesar do efeito positivo na resistência do agregado, isso também aumenta a massa específica e a massa unitária do agregado, conforme mostra a Tabela 13.6.

Tabela 13.10 Relação aproximada entre a resistência do concreto com agregados leves e o consumo de cimento[13.141]

Resistência à compressão de corpos de prova cilíndricos (MPa)	Consumo de cimento (kg/m³)	
	Com agregado miúdo leve	Com agregado miúdo normal
17	240–300	240–300
21	260–330	250–330
28	310–390	290–390
34	370–450	360–450
41	440–500	420–500

Ao calcular as proporções das mistura do concreto com agregados leves de diferentes dimensões, é importante levar em conta que a massa específica real das partículas menores desses agregados é mais elevada do que as maiores. Essa diferença é ainda maior quando for utilizado agregado miúdo normal. A conversão do volume ocupado pelas diversas partículas para massa deve levar essas diferenças em consideração.

Os ensaios de resistência à tração por compressão diametral normalmente mostram que a ruptura ocorre através das partículas de agregados graúdos, o que confirma a boa aderência do agregado. Um exemplo da relação entre a resistência à tração por compressão diametral e a resistência à compressão para concretos produzidos com agregados de escória de alto-forno peletizada e curados em diferentes condições é mostrado na Figura 13.14. Essa figura mostra também a representação da importante expressão recomendada pela FIP,[13.115] que é:

$$f_t = 0,23 f_{cc}^{0,67}$$

onde f_t é a resistência à tração por compressão diametral e f_{cc} é a resistência à compressão determinada em corpos de prova cúbicos, ambas em MPa.

Em relação à resistência à tração na flexão, verificou-se que os resultados obtidos em concretos de alta resistência com agregados leves e contendo agregados miúdos normais, com resistências à compressão entre 50 e 90 MPa, foram até 2 MPa inferiores aos valores obtidos em concretos normais de mesma resistência.[13.110] No caso da resistência à tração por compressão diametral, a diferença entre os dois concretos foi próxima de 1 MPa.

A resistência à fadiga do concreto com agregados leves foi pelo menos tão boa quanto a do concreto com agregados leves de mesma resistência.[13.100]

Aderência entre o agregado leve e a matriz

Uma importante característica do concreto com agregados leves é a boa aderência entre o agregado e a pasta de cimento hidratada envolvente, que se deve a vários fatores. Primeiro, a textura superficial áspera de vários agregados leves é vantajosa para um bom intertravamento mecânico entre os dois materiais. De fato, frequentemente ocorre a penetração da pasta de cimento nos poros superficiais abertos das partículas de agregado graúdo. Segundo, os módulos de elasticidade das partículas de agregado leve e da pasta de cimento endurecida não diferem muito entre si e, consequentemente, não são

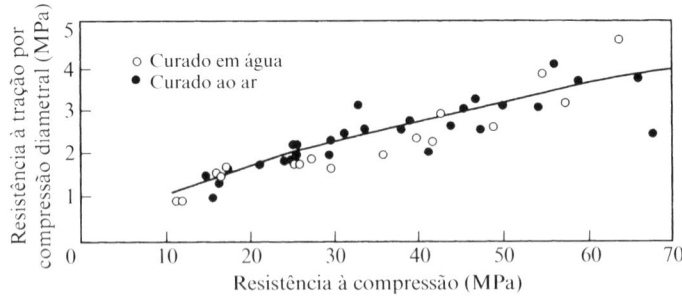

Figura 13.14 Relação entre a resistência à tração por compressão diametral e a resistência à compressão do concreto produzido com escória de alto-forno peletizada.[13.96]

geradas tensões diferenciais entre os dois materiais, seja pelas cargas aplicadas, ou seja por variações térmicas ou higrotérmicas. Terceiro, a água absorvida pelo agregado no momento da mistura se torna, com o tempo, disponível para a hidratação do cimento ainda não hidratado. Como a maior parte da hidratação adicional ocorre na região da interface entre o agregado e a pasta de cimento, a aderência entre o agregado e a matriz se fortalece.

Embora os agregados leves produzidos a partir da cinza volante ou da escória de alto-forno possam ser considerados potencialmente pozolânicos, somente uma reação pozolânica muito leve foi observada na interface entre os agregados e a pasta de cimento. A explicação para essa ausência de reatividade dos agregados está na elevada temperatura (até 1.200 °C) a que eles foram submetidos durante sua produção, de modo que ocorreu a cristalização da sílica e da alumina, não havendo material amorfo.

Pode ser útil considerar, de forma mais geral, a aderência entre o agregado e a pasta de cimento hidratada envolvente em três categorias de concreto, a saber: concreto normal, concreto de alto desempenho e concreto leve, já que a aderência é influenciada pelos módulos de elasticidade do agregado e da pasta de cimento hidratada. No concreto normal, o módulo de elasticidade de uma pasta de cimento típica é, em geral, muito menor do que o módulo de elasticidade das partículas de agregado. No concreto de alto desempenho, a pasta de cimento hidratada tem módulo bem maior, de modo que a *diferença* entre ele e o módulo do agregado é muito menor. No concreto com agregados leves, o módulo de elasticidade do agregado é bem menor do que o módulo dos agregados normais e, em consequência disso, a *diferença* entre os módulos de elasticidade do agregado e da pasta de cimento hidratada é menor.

Portanto, é possível verificar que o concreto de alto desempenho e o concreto com agregados leves têm a característica comum de não haver grande diferença entre os módulos de elasticidade do agregado e da pasta de cimento hidratada. Esse fato é benéfico para a boa aderência entre os dois materiais e para um bom comportamento do concreto como um compósito. Em relação a esse aspecto, o concreto comum é menos satisfatório.

Em relação a esse tema, Bremner & Holm[13.104] verificaram que o ar incorporado diminui o módulo de elasticidade da argamassa, aproximando-o do módulo de elasticidade do agregado leve. Essa redução na diferença entre os módulos é vantajosa para uma melhor transferência de tensões entre as partículas de agregados e a matriz.

Propriedades elásticas do concreto com agregados leves

Um efeito da excelente aderência entre o agregado e a matriz é a inexistência do desenvolvimento precoce de microfissuração na aderência nas idades iniciais (ver página 314). Em virtude disso, a relação tensão-deformação é linear, frequentemente até 90% da tensão última.[13.106] Isso é especialmente verídico em concretos com agregados leves com sílica ativa e resistência à compressão de aproximadamente 90 MPa.[13.106]

Exemplos de relações tensão-deformação de concreto com agregados leves são apresentados na Figura 13.15, e pode ser visto que, quando todos os agregados leves são do mesmo tipo, a parte descendente da curva é bastante inclinada.[13.102] A substituição do agregado miúdo leve por agregado normal resulta em um ramo descendente menos inclinado, mas a inclinação do trecho ascendente é aumentada. Isso se deve ao maior módulo de elasticidade das partículas de agregado miúdo normal.

734 Propriedades do Concreto

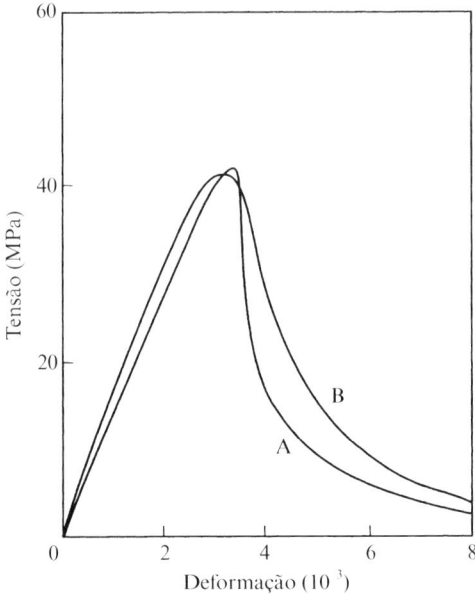

Figura 13.15 Curvas tensão-deformação para concreto com agregados leves produzidos com argila expandida; (A) somente agregados leves; (B) agregado miúdo normal.[13.102]

O módulo de elasticidade do concreto com agregados leves pode ser expresso como uma função de sua resistência à compressão (ver página 735). Entretanto, devido à boa aderência com as partículas de agregados, esse concreto possui uma ação combinada especialmente boa, de modo que as propriedades elásticas do agregado exercem maior influência no módulo de elasticidade do concreto do que em um concreto normal. Como as propriedades elásticas do agregado são influenciadas por seu volume de vazios – e, portanto, por sua massa específica –, o módulo de elasticidade do concreto com agregados leves pode ser expresso como uma função da massa específica do concreto, bem como de sua resistência à compressão.

Para resistências de até 41 MPa, o ACI 318-08[13.116] expressa o módulo de elasticidade do concreto, E_c, em GPa, como

$$E_c = 43 \times 10^{-6} \, \rho^{1.5} \sqrt{f'_c}$$

onde: f'_c = resistência em corpo de prova cilíndrico em MPa; e
ρ = massa específica do concreto em kg/m³.

Essa expressão é considerada válida para valores de massa específica entre 1.440 e 2.480 kg/m³, mas o módulo de elasticidade real pode chegar a ser até 20% diferente do valor calculado.[13.141]

Em relação ao concreto com agregados leves com resistência à compressão entre 60 e 100 MPa, a relação entre o módulo de elasticidade e a relação à compressão aparentemente é melhor representada pela expressão da norma norueguesa, conforme citado por Zhang &Gjørv[13.106]:

$$E_c = 9{,}5 f_c^{0.3} \times \left(\frac{\rho}{2.400}\right)^{1,5}$$

onde: E_c = módulo de elasticidade em GPa;
f_c = resistência em corpo de prova cilíndrico (100 × 200 mm) em MPa; e
ρ = massa específica do concreto em kg/m³.

Para concretos produzidos com argila expandida ou cinza volante sinterizada, foram registrados valores do módulo de elasticidade entre 18 e 26 GPa, ou seja, tipicamente 12 GPa menor do que o obtido com concreto normal de mesma faixa de resistência de 50 a 90 MPa.[13.106]

Pode ser destacado que o menor módulo de elasticidade do concreto com agregados leves* possibilita o desenvolvimento de maiores deformações finais em comparação a um concreto normal de mesma resistência[13.143] – já tendo sido relatados valores de $3{,}3 \times 10^{-3}$ a $4{,}6 \times 10^{-3}$.[13.106]

Durabilidade de concreto com agregados leves

Não há efeitos adversos graves na durabilidade devido à utilização de agregados leves, exceto quando o agregado saturado estiver sujeito à ação de gelo e degelo, conforme já discutido.

Devido ao sistema de poros do agregado leve ser, em geral, descontínuo, a porosidade das partículas de agregado em si não influencia a permeabilidade do concreto, que é controlada pela permeabilidade da pasta de cimento endurecida.[13.112] Apesar disso, a permeabilidade do concreto é reduzida quando é utilizado agregado miúdo normal como substituto à parte do agregado miúdo leve,[13.112] provavelmente devido à, nesse caso, relação água/cimento ser menor.

A baixa permeabilidade do concreto com agregados leves é resultado de diversos fatores, a saber: a relação água/cimento da pasta de cimento é menor; a alta qualidade da região de interface ao redor do agregado, de modo que não existe facilidade de fluxos em seu entorno; e a compatibilidade dos módulos de elasticidade das partículas de agregado e da matriz, o que implica que, devido a cargas ou variações de temperatura, o desenvolvimento de microfissuras é limitado. Além do mais, a liberação de água pelo agregado permite a continuidade da hidratação, com uma consequente redução da permeabilidade.

Entretanto, caso o agregado leve seja saturado antes da mistura – para facilitar o bombeamento, por exemplo –, existe o risco de ruptura em condições de ciclos alternados de gelo e degelo, a menos que a secagem do concreto antes da exposição ao congelamento tenha sido possível.[13.109] Em todo caso, a incorporação de ar é necessária, da mesma forma que no concreto normal.

A suscetibilidade ao dano do concreto com agregados leves exposto a temperaturas muito baixas (−156 °C) depende das propriedades da pasta de cimento hidratada, assim como o concreto normal. Somente se as partículas estiverem saturadas é que elas serão

---

* N. de R.T.: A NBR 6118:2014, versão corrigida em 2014, abrange em seu escopo somente projeto de estruturas em concretos normais com massa específica entre 2.000 e 2.800 kg/m³, não incluindo o concreto leve.

origem de deterioração, pois sua expansão durante o congelamento pode destruir a aderência com a matriz envolvente.[13.158]

Em relação à carbonatação, os vazios nos agregados leves facilitam a difusão do CO_2, motivo pelo qual muitas vezes é considerada a necessidade de maior espessura de cobrimento. Apesar disso, foram feitos poucos relatos de corrosão das armaduras devido à carbonatação em concreto de boa qualidade com agregados leves.[13.140]

Não há nenhum registro de reação álcali-sílica em concreto com agregados leves.[13.143]

Apesar de as partículas de agregados leves serem duras e, portanto, resistentes à abrasão, a existência de poros abertos junto à superfície do agregado implica que, uma vez que o agregado esteja exposto, a superfície de contato é diminuída, em comparação a um agregado não poroso. Assim, a resistência à abrasão do concreto com agregados leves pode, portanto, ser menor do que a de um concreto normal de mesma resistência.

Os concretos produzidos com agregados leves possuem maior movimentação de umidade do que os concretos normais. Sua retração por secagem inicial é cerca de 5 a 40% mais elevada do que a do concreto normal, mas a retração total com alguns agregados leves pode ser ainda maior. Os concretos produzidos com argila e folhelho expandidos e com escória expandida possuem valores menores. Tendo em vista, comparativamente, a baixa resistência à tração do concreto com agregados leves, existe o risco de fissuração por retração, mesmo que haja alguma compensação devido ao menor módulo de elasticidade e à maior extensibilidade do concreto com agregados leves.

Em relação à fluência do concreto com agregados leves, deve ser levado em conta o menor módulo de elasticidade desse concreto que restringe a fluência da pasta de cimento hidratada. Ocasionalmente, foram apresentados dados conflitantes sobre a fluência de concretos com agregados leves, quando levada em consideração a influência da secagem sobre a fluência.[13.103] É provável que a movimentação interna de água desde as partículas de agregado em direção à pasta de cimento hidratada envolvente afete o desenvolvimento da fluência por secagem, mas não há uma verificação quantitativa desse efeito.

A *absorção acústica* do concreto leve pode ser considerada boa devido à energia sonora pelo ar ser convertida em calor nos diminutos vazios dos agregados, de modo que o coeficiente de absorção acústica é aproximadamente o dobro do concreto normal. Entretanto, uma superfície revestida pode apresentar reflexão sonora muito maior. O concreto com agregados leves não oferece bom *isolamento acústico*, tendo em vista que o isolamento é melhor quanto maior for a massa específica do material (ver página 368).

Os benefícios da combinação do menor coeficiente de dilatação térmica e da menor condutividade térmica do concreto com agregados leves podem ser aproveitados em situações em que a superfície de concreto é exposta a grandes aumentos de temperatura, como, por exemplo, em pavimentos utilizados para a decolagem vertical de aeronaves.[13.108] A expansão local decorrente do aquecimento, que está restringida pelo concreto frio ao redor, é menor quando se utiliza concreto com agregados leves. Isso, aliado ao menor módulo de elasticidade do concreto, resulta em menores tensões do que existiriam em concreto normal e, consequentemente, os danos localizados são evitados.

A baixa condutividade térmica do concreto com agregados leves reduz a elevação da temperatura da armadura na ocorrência de incêndios. Além do mais, o agregado é estável em altas temperaturas, já que foi produzido a temperaturas acima de 1.100 °C.[13.143] Alguns dados de resistência ao fogo de paredes vazadas são apresentados na Tabela 13.11.[13.148]

Tabela 13.11 Resistência estimada ao fogo de paredes vazadas de alvenaria[13.148]

Tipo de agregado utilizado	Espessura mínima equivalente para:			
	4 horas (mm)	3 horas (mm)	2 horas (mm)	1 hora (mm)
Escória expandida ou pedra-pomes	119	102	81	53
Argila ou folhelho expandido	145	122	96	66
Calcário, cinza ou escória não expandida	150	127	102	69
Seixo calcário	157	135	107	71
Seixo silicoso	170	145	114	76

Propriedades térmicas de concretos com agregados leves

Alguns valores típicos do coeficiente de dilatação térmica de concretos com agregados leves são apresentados na Tabela 13.12. A partir da comparação com a Figura 8.11, pode ser visto que o concreto com agregados leves apresenta, em geral, menor dilatação térmica do que o concreto normal. Isso pode decorrer de problemas quando os dois materiais são utilizados lado a lado. Pode ser visto que a menor dilatação térmica do concreto com agregados leves reduz a tendência ao empenamento ou à flambagem quando as duas faces do elemento de concreto estão expostas à temperaturas diferentes.

Alguns valores de dilatação térmica de concretos com agregados leves secos em estufa são apresentados na Figura 13.16.[13.150] A umidade absorvida pelo concreto aumenta significativamente a condutividade térmica.[13.141]

Vale a pena destacar que, em grandes lançamentos de concreto com agregados leves, a baixa condutividade resulta em uma reduzida perda de calor para o meio ambiente.

Tabela 13.12 Coeficiente de dilatação térmica de concretos produzidos com agregados leves[13.148, 13.149]

Tipo de agregado utilizado	Coeficiente de dilatação térmica linear, determinado em uma variação de – 22 a 52 °C (10^{-6})
Pedra-pomes	9,4–10,8
Perlita	7,6–11,0
Vermiculita	8,3–14,2
Cinza	cerca de 3,8
Folhelho expandido	6,5–8,1
Escória expandida	7,0–11,2

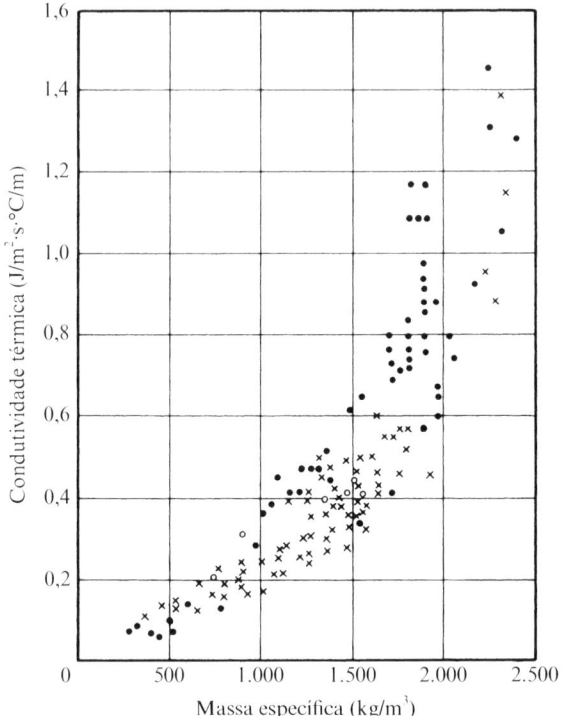

Figura 13.16 Condutividade térmica de concretos com diferentes tipos de agregados leves.[13.150]

Concreto celular

Na classificação inicial dos concretos leves, foi mencionado que um método de redução da massa específica do concreto consiste na introdução de vazios estáveis na pasta de cimento endurecida. Os vazios podem ser produzidos por gás ou por ar, daí as denominações *concreto gasoso* e *concreto aerado*. Devido ao ar ser introduzido por um agente espumante, também é utilizado o termo *concreto espumoso*. A rigor, o termo "concreto" não é adequado, tendo em vista que o agregado graúdo não está presente.*

A introdução de gás é normalmente realizada pelo uso de pó de alumínio finamente moído, em uma proporção aproximada de 0,2% da massa de cimento. A reação do pó com o hidróxido de cálcio ou com os álcalis do cimento libera bolhas de hidrogênio, causando a expansão da pasta de cimento ou da argamassa, que deve ter consistência adequada para prevenir que as bolhas escapem.

Vale a pena mencionar que o alumínio em pó também é utilizado em caldas de injeção para concreto protendido com armadura pós-tracionada para garantir o preenchimento pleno dos vazios pela expansão em um espaço confinado.

---

* N. de R.T.: No Brasil, a denominação adotada nas normas referentes ao tema é concreto celular.

As bolhas de ar podem ser produzidas na mistura tanto pela colocação de uma espuma produzida previamente (em geradores de espuma especiais) na betoneira, junto com o cimento, a água e o agregado miúdo, ou alternativamente pela mistura de agente espumante junto com os demais materiais em um misturador de alto cisalhamento. Em ambos os casos, as células devem possuir "paredes" que permaneçam estáveis durante a mistura, o transporte (inclusive por bombeamento) e o lançamento do concreto fresco. As células, ou bolhas, são discretas e têm dimensões variáveis entre 0,1 e 1 mm.

O concreto celular é bastante fluido e pode ser facilmente bombeado e lançado sem necessidade de adensamento. Esse material pode ser utilizado em pisos, preenchimento de canaletas, isolamento de coberturas e para outros usos, como isolante, bem como para a produção de elementos para alvenaria.*

O concreto celular pode ou não conter agregado, sendo esse último geralmente o caso do concreto utilizado como isolante térmico, quando se obtém massa específica seca em estufa de 300 kg/m^3 e, excepcionalmente, até 200 kg/m^3. Quando são utilizados agregados miúdos, normais ou leves, a massa específica do concreto lançado se situa entre 800 e 2.080 kg/m^3.[13.144] Deve-se ter atenção ao adotar os valores de massa específica, pois a condição de umidade exerce grande influência. A massa específica seca ao ar é importante para as condições de serviço que, obviamente, variam em cada caso. Como uma aproximação, a massa específica seca ao ar é 80 kg/m^3 menor do que a massa específica no lançamento. O menor valor de massa específica é na condição seca em estufa, que é importante para a determinação da condutividade térmica de um determinado concreto celular. Esse parâmetro pode ser determinado considerando que a massa de uma unidade de volume de concreto celular é a soma da massa do agregado (se existente), da massa do cimento e da massa da água quimicamente combinada com o cimento, considerada como 20% da massa de cimento.**

Da mesma forma que em outros concretos leves, a resistência varia proporcionalmente com a massa específica, e o mesmo ocorre com a condutividade térmica. Hoff[13.151] sugeriu que a resistência do concreto celular pode ser expressa como uma função do teor de vazios, considerado como a soma dos vazios introduzidos e do volume de água evaporável. Dessa forma, a resistência do concreto celular curado em condição úmida é controlada pelo volume total de vazios no concreto, ou seja, a resistência é influenciada tanto pela relação água/cimento da mistura quanto pelo volume de vazios introduzidos.[13.145] Entretanto, a resistência pode não ser de fundamental importância quando as propriedades térmicas forem a razão pela qual o concreto celular está sendo utilizado. A Tabela 13.13[13.146] mostra valores típicos de propriedades de concretos celulares utilizados no Reino Unido. Nos Estados Unidos,[13.144] foram registrados os valores mais elevados de resistência. O módulo de elasticidade do concreto celular, em geral, varia entre 1,7 e 3,5 GPa.

O concreto celular possui retração elevada, variando desde 700×10^{-6} para o concreto com massa específica seca em estufa de 1.600 kg/m^3 a 3.000×10^{-6} quando essa

---

* N. de R.T.: As normas NBR 12645:1992 estabelecem os procedimentos de execução de paredes de concreto celular espumoso moldadas no local, enquanto a NBR 12646:1992 versa sobre a especificação desse material.

** N. de R.T.: A NBR 12644:2014 estabelece o procedimento para a determinação da densidade de massa aparente no estado fresco do concreto leve celular estrutural. A densidade de massa aparente é definida como o quociente da massa de concreto leve no estado fresco contido em um recipiente totalmente preenchido, pelo volume desse recipiente.

Tabela 13.13 Dados orientativos sobre o concreto celular (baseados na referência 13.146)

Consumo de cimento (kg/m^3)	300	320	360	400
Massa específica lançada (kg/m^3)	500	900	1.300	1.700
Massa específica seca em estufa (kg/m^3)	360	760	1.180	1.550
Consumo de agregado miúdo (kg/m^3)	0	420	780	1.130
Teor de ar (%)	78	62	45	28
Resistência à compressão (MPa)	1	2	5	10
Condutividade térmica (Jm/m^{2}s°C)	0,1	0,2	0,4	0,6

mesma massa específica é de 400 kg/m^3.[13.146] A movimentação de umidade também é elevada, sendo a variação usual do coeficiente de permeabilidade entre 10^{-5} e 10^{-10} m/s.[13.144] Entretanto, em geral não ocorrem problemas com umidade em edifícios, tendo em vista que o concreto celular não protegido não deve ser exposto às intempéries.

Concreto celular autoclavado

O concreto celular analisado até o momento é submetido à cura úmida, geralmente por vapor à pressão atmosférica. Entretanto, também pode ser utilizado o processo de cura por autoclavagem, que consiste em submeter o concreto à cura a vapor a alta pressão. Esse método resulta em maior resistência, mas o concreto celular autoclavado, como é normalmente denominado, precisa ser produzido em fábricas. Componentes para alvenaria são produzidos a partir do corte da massa original ainda não totalmente endurecida. Pode ser incorporada armadura ao componente, mas, como o concreto celular não oferece proteção a ela, é necessária a realização de pré-tratamento da armadura. Os componentes podem ser utilizados imediatamente após o resfriamento; entretanto, 20 a 30% de seu teor de umidade inicial é perdido por secagem ao ar, com a ocorrência concomitante de retração.

Os benefícios da autoclavagem, em geral a 180 °C, decorrem da rápida reação pozolânica entre o cimento Portland e a cal, frequentemente adicionada, com a areia silicosa muito fina ou cinza volante – ou a mistura desses dois materiais. A cinza volante confere uma coloração cinza, enquanto, com areia pura, a coloração é branca. O C-S-H formado inicialmente reage com a sílica adicionada à mistura, de modo que o produto final possui um relação Ca/(Al + Si) próxima de 0,8, restando ainda uma pequena quantidade de sílica sem reagir.[13.136]

A Tabela 13.14[13.134] apresenta as propriedades do concreto celular autoclavado produzido no Reino Unido, na forma de componentes para alvenaria e painéis armados. Esses, em geral, possuem menor resistência (2 a 8 MPa) do que o concreto normal, mas possuem a vantagem de terem menor massa específica (tipicamente de 500 a 1.000 kg/m^3) e melhores propriedades térmicas. Deve ser lembrado que a condutividade térmica aumenta linearmente com o teor de umidade. Quando esse último é de 20%, a condutividade é normalmente quase o dobro do valor em relação a quando a umidade é zero.[13.152]

A permeabilidade ao ar do concreto celular autoclavado diminui com a elevação de seu teor de umidade, mas, mesmo quando o concreto está seco, a permeabilidade em baixas pressões (como a gerada pelo vento) é desprezável.[13.152]

Tabela 13.14 Propriedades típicas do concreto celular autoclavado (curados com vapor a alta pressão)[13.134]

Massa específica seca (kg/m³)	Resistência à compressão (MPa)	Resistência à flexão (MPa)	Módulo de elasticidade (GPa)	Condutividade térmica com teor de umidade de 3% (Jm/m²s°C)
450	3,2	0,65	1,6	0,12
525	4,0	0,75	2,0	0,14
600	4,5	0,85	2,4	0,16
675	6,3	1,00	2,5	0,18
750	7,5	1,25	2,7	0,20

O concreto celular autoclavado não possibilita a ascensão da água por capilaridade através dos poros maiores. Consequentemente, o material possui boa resistência ao gelo e degelo,[13.152] desde que seja garantido que a pasta de cimento hidratada em si não seja vulnerável.

A RILEM[13.137] publicou recomendações para a determinação das propriedades do concreto celular autoclavado. Além disso, a BS EN 678:1994 prescreve o método para a determinação da massa específica seca, e a BS EN 679:2009 trata da determinação da resistência à compressão. A determinação da retração é normalizada pela BS EN 680:2005. As propriedades típicas do concreto celular autoclavado são discutidas pelo Building Research Establishment*.[13.134]

Concretos sem finos**

Esse é um tipo de concreto leve obtido quando os agregados miúdos são excluídos, ou seja, ele é constituído de cimento, água e agregado graúdo. Portanto, trata-se de um aglomerado de partículas de agregados graúdos, cada uma envolvida por uma camada de pasta de cimento de espessura de aproximadamente 1,3 mm. Dessa forma, existem grandes vazios no corpo do concreto que determinam sua baixa resistência, mas suas grandes dimensões impedem que ocorra movimentação de água por capilaridade.

A massa específica do concreto sem finos depende principalmente da granulometria do agregado. Como agregados bem graduados apresentam maior massa unitária do que partículas de mesma dimensão, esse concreto é produzido com agregados de tamanho único. A dimensão habitual do agregado varia entre 10 e 20 mm, sendo admitido até 5% de partículas maiores e 10% de menores, mas nenhuma partícula deve ser menor do que 5 mm. Partículas lamelares ou alongadas devem ser evitadas. Também não são recomendados agregados de bordas pronunciadas, já que sob cargas pode ocorrer es-

---

* N. de R.T.: A NBR 13438:2013 estabelece os requisitos para os blocos de concreto celular autoclavados. A NBR 13440:2013 normaliza os procedimentos de ensaios para esse material. Existem métodos para a determinação da densidade de massa aparente seca (equivalente à massa específica seca) e resistência à compressão.

** N. de R.T: Também conhecido como concreto drenante.

magamento localizado. O agregado deve ser umedecido antes da mistura para facilitar o revestimento uniforme pela pasta de cimento.

Não existem ensaios de trabalhabilidade para o concreto sem finos; apenas uma verificação visual para garantir que todas as partículas tenham igual revestimento já é suficiente. O concreto sem finos deve ser lançado de modo bastante rápido, já que pode ocorrer a secagem da fina camada de pasta de cimento, o que resultaria em menor resistência.[13.119]

Não é aplicado adensamento ao concreto sem finos, mas o apiloamento nos cantos das fôrmas e em volta dos obstáculos (onde existe risco de arqueamento) pode ser útil. A vibração, exceto com duração muito pequena, pode fazer com que a pasta de cimento escape do agregado. Como o concreto sem finos não segrega, ele pode ser lançado de alturas consideráveis e aplicado em camadas bastante espessas, em alturas de até 3 pavimentos.[13.119] A baixa pressão exercida sobre as fôrmas é uma vantagem em relação a esse tema. Entretanto, devido ao concreto sem finos possuir coesão muito baixa nas primeiras idades, as fôrmas devem ser mantidas até a resistência ser suficiente para manter o material unido. A cura úmida é importante, em especial, em climas secos ou ventosos, em razão da pequena espessura da pasta de cimento.[13.153]

A massa específica do concreto sem finos é determinada como uma soma simples da massa unitária do agregado (na condição adequada de adensamento) com a massa de cimento em kg/m^3 mais a quantidade de água em kg/m^3. Esse procedimento é válido em função do pouco adensamento do concreto sem finos. Com agregado normal, a massa específica varia entre 1.600 e 2.000 kg/m^3 (ver Tabela 13.15), mas, com a utilização de agregado leve, pode ser obtido um concreto sem finos com massa específica de até 640 kg/m^3.

A resistência à compressão do concreto sem finos varia, em geral, entre 1,5 e 14 MPa, dependendo, principalmente, de sua massa específica, que é controlada pelo consumo de cimento[13.154] (ver Figura 13.17). A relação água/cimento não é o principal elemento determinante da resistência; na realidade, existe uma relação água/cimento justa para um determinado agregado. Um valor maior do que o ótimo pode fazer com que a pasta de cimento escoe das partículas de agregado, enquanto, com uma relação água/cimento muito baixa, a pasta de cimento pode não ser suficientemente adesiva, podendo resultar em um concreto com uma composição não adequada.

É um tanto difícil prever a relação água/cimento ótima, em especial devido a ela ser afetada pela absorção do agregado, mas, como regra geral, a quantidade de água da mistura pode ser considerada como 180 litros por m^3 de concreto. A relação água/

Tabela 13.15 Propriedades típicas de concretos sem finos, com agregados entre 9,5-19 mm[13.154]

Relação agregado/ cimento, em volume	Relação água/ cimento, em massa	Massa específica (kg/m^3)	Resistência à compressão aos 28 dias (MPa)
6	0,38	2.020	14
7	0,40	1.970	12
8	0,41	1.940	10
10	0,45	1.870	7

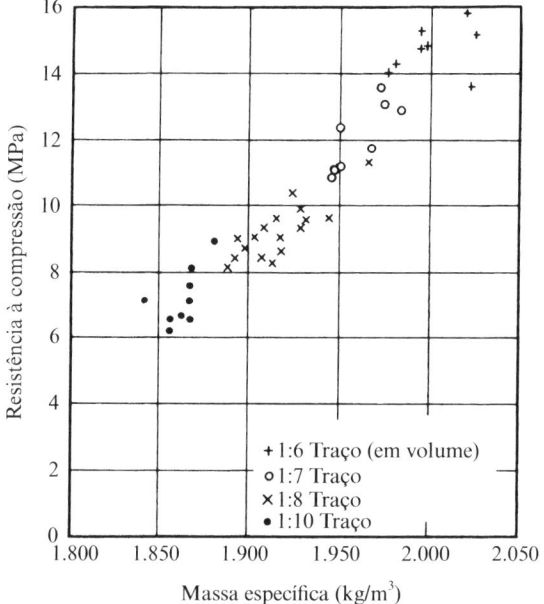

Figura 13.17 Resistência à compressão de concretos sem finos na idade de 28 dias em função de sua massa específica no momento do ensaio.[13.154]

cimento dependerá, então, da quantidade de cimento necessária para o suficiente revestimento do agregado. Normalmente, a relação água/cimento se situa entre 0,38 e 0,52.[13.153] A resistência resultante deve ser determinada por meio de ensaios. Em relação a isso, deve ser destacado que os corpos de prova para os ensaios de compressão devem ser adensados de modo especial, utilizando uma extensão ao molde e um soquete em um tubo guia. O método de ensaio é normalizado pela BS 1881-113:1983.

O aumento da resistência do concreto sem finos com a idade ocorre da mesma forma que no concreto normal. A resistência à tração na flexão é tipicamente 30% da resistência à compressão, ou seja, é relativamente mais alta do que no concreto normal.[13.153] O módulo de elasticidade varia conforme a resistência – por exemplo, para uma resistência de 5 MPa, foi registrado um valor de 10 GPa para o módulo.

A retração do concreto sem finos é consideravelmente menor do que a do concreto normal, com 120×10^{-6} como um valor típico, mas, em umidade relativa muito baixa, pode chegar a 200×10^{-6}. Isso ocorre devido à pasta de cimento estar presente somente na forma de um fino revestimento e à retração na secagem ser bastante restringida pelo agregado. Como a pasta possui grande área superficial exposta ao ar, a taxa de retração é muito elevada, e a movimentação total pode ser terminada em pouco mais de um mês, com metade da retração podendo ocorrer em 10 dias.

O coeficiente de dilatação térmica do concreto sem finos é cerca de 0,6 a 0,8 do valor do concreto normal, mas o valor real do coeficiente de dilatação térmica depende do tipo de agregado utilizado.

O coeficiente de condutividade térmica do concreto sem finos varia entre 0,69 e 0,94 J/m²·s°C/m quando é produzido com agregado comum e aproximadamente 0,22 J/m².s°C/m com agregado leve. Entretanto, um elevado teor de umidade no concreto aumenta consideravelmente a condutividade térmica.

Devido aos grandes poros, o concreto sem finos não está sujeito à sucção capilar. Em consequência disso, esse concreto é altamente resistente ao congelamento, desde que os poros não estejam saturados. Caso contrário, o congelamento pode causar uma rápida desagregação. Entretanto, a elevada absorção de água torna o concreto sem finos inadequado para uso em fundações e em situações em que ele possa ser saturado pela água. A absorção máxima pode chegar a 25%, em volume, ou metade dessa quantidade, em massa, mas, em condições normais, a água absorvida não excede 1/5 do máximo. Ainda assim, é necessário o revestimento dos dois lados de paredes externas, o que também tem o efeito de reduzir a permeabilidade ao ar. O revestimento e a pintura reduzem as propriedades de absorção acústica do concreto sem finos (em função do fechamento dos poros), de modo que, quando essas propriedades forem consideradas principais, um dos lados da parede não deve ser revestido. Deve ser destacado que a textura aberta do concreto sem finos o torna bastante adequado ao revestimento.

Um efeito benéfico dos poros de grandes dimensões é o fato de eles possibilitarem a fácil drenagem em circunstâncias adequadas. Isso é aproveitado com a utilização do concreto sem finos, com no mínimo 15% de vazios, em pavimentos ao redor de árvores (que, assim, não ficam privadas de água) e em estacionamentos de automóveis (recobrindo um subleito permeável).[13.133]

O principal uso do concreto sem finos é em paredes portantes de habitações e em painéis de fechamento de estruturas reticuladas. O concreto sem finos normalmente não é utilizado em concreto armado, mas, caso necessário, a armadura deve ser revestida com uma fina camada de pasta de cimento (cerca de 3 mm) para melhorar as características de aderência e prevenir a corrosão. O modo mais fácil de revestir a armadura é com concreto projetado.

Concreto para cravação de pregos

Em algumas situações, é necessário produzir um concreto para cravação de pregos, e isso pode ser obtido por meio da utilização de serragem como agregado. Esse concreto é um material em que os pregos podem ser cravados e permanecem firmes. Essa última consideração ocorre em razão de – por exemplo, em alguns concretos leves –, apesar de os pregos serem facilmente aplicados, eles não se manterem firmes. Segundo o ACI 523.1R-92,[13.118] o concreto deve possuir uma resistência ao arrancamento de, no mínimo, 178 N quando aplicado a um prego especial para telhados. As propriedades de cravação são necessárias em alguns tipos de construções de telhados e em componentes pré-fabricados para habitações. Devido à movimentação de umidade bastante elevada, o concreto com serragem não deve ser utilizado em situações em que ele vá ser exposto à umidade.

O concreto com serragem é constituído por partes aproximadamente iguais, em volume, de cimento Portland, areia e serragem de pinheiro e água suficiente para a obtenção de um abatimento entre 25 e 50 mm. Esse concreto possui boa aderência com o concreto normal e é um bom isolante. A serragem deve ser limpa e livre de grandes quantidades de cascas para evitar a incorporação de grandes quantidades de matéria orgânica, que modifica as reações de hidratação. É recomendável o tratamento químico da serragem para evitar os efeitos adversos sobre a pega e a hidratação, prevenir a deterioração da serragem e reduzir a movimentação de água. Os melhores resultados são obtidos com serragem entre 6,3 mm e 1,18 mm, mas, devido ao comportamento variável dos diferentes tipos de serragem, é recomendada a realização de misturas experimentais. O concreto com serragem possui massa específica entre 650 e 1.600 kg/m^3.

A serragem proveniente de madeira nobre tropical foi utilizada para a produção de concreto com resistência à compressão (avaliada em corpos de prova cúbicos) de 30 MPa e resistência à tração por compressão diametral de 2,5 MPa. Esse concreto possuía massa específica de 1.490 kg/m^3.[13.120]

Outros resíduos de madeira, como lascas e aparas, adequadamente tratados de forma química, também têm sido utilizados para produzir concretos não estruturais com massa específica de 800 a 1.200 kg/m^3. Material granulado de cortiça também pode ser utilizado.[13.155]

O concreto para cravação de pregos também pode ser produzido com vários outros agregados, como escória expandida, pedra-pomes, escória e perlita.

Materiais orgânicos sintéticos, como poliestireno expandido, também podem ser utilizados. Esse material possui massa específica inferior a 10 kg/m^3 e produz concretos com propriedades isolantes particularmente boas. Uma mistura de 410 kg de cimento por m^3 resulta em uma massa específica de 550 kg/m^3 e uma resistência de 2 MPa. Entretanto, devido à grande disparidade da massa específica entre os componentes da mistura, ela torna-se difícil, e pode ser necessária a utilização de um grande volume de ar incorporado, que pode chegar a até 15%. Devem ser tomadas precauções durante o manuseio do poliestireno devido a ele ser combustível.[13.118]

Orientações gerais sobre concreto de baixa massa específica – assim definido o concreto com massa específica seca limitada a 800 kg/m^3 – são fornecidas pelo ACI 523.1R-92.[13.118] Esse concreto possui resistência à compressão entre 0,7 e 6 MPa. Sua principal característica, quando utilizado com fins de isolamento, é seu baixo coeficiente de condutividade térmica, que deve ser inferior a 0,3 J/m^2·s °C/m.

Caso ocorra ingresso de água no concreto, a condutividade térmica aumentará de forma significativa. Isso pode ocorrer com agregados de perlita e vermiculita, mas não com pérolas de poliestireno de células fechadas.[13.107]

Comentários sobre concretos especiais

O título deste capítulo pode ser, corretamente, interpretado de maneira a incluir também outros concretos especiais. Alguns deles se destinam a aplicações altamente especializadas e são abordados em publicações apropriadas. Outros envolvem componentes adicionais que devem ser tratados com detalhes para uma análise séria do concreto resultante, e isso não pode ser feito dentro do escopo deste livro. Portanto, a melhor opção considerada foi não abordar misturas que não sejam, de entendimento geral, consideradas como concreto sem uma análise qualificada de um material especial adicionado.

A única exceção a essa regra é o desenvolvimento de compactos para fins estruturais, o denominado *concreto com pós-reativos* (*reactive powder concrete* – RPC), que, na realidade, não se trata de um concreto, já que o único agregado utilizado é a areia. Uma estrutura real construída com RPC é a passarela pré-fabricada em Sherbooke, Quebec, no Canadá.[13.162] O RPC utilizado resultou em resistência à compressão de 199 MPa, com desvio padrão de 9,5 MPa. A resistência à flexão foi de 40 MPa.

Uma composição típica do RPC foi (em kg/m^3): cimento Tipo II 705, sílica ativa 230, quartzo triturado 210, areia 1010, água 185 e fibras de aço 140.

As características especiais do RPC se devem a: a) homogeneidade melhorada do material graças à reduzida quantidade de areia, de forma a não haver zona de transição; b) distribuição de dimensões de grãos otimizada e aplicação de pressão; e c) tratamento térmico.

A utilização de RPC é provavelmente limitada a estruturas especializadas em que custos elevados são admitidos. Apesar disso, o RPC indica a direção de futuros desenvolvimentos na tecnologia do concreto, mas não para seu uso comum.

Referências

13.1 K. W. Nasser and P. S. H. Lai, Resistance of fly ash concrete to freezing and thawing, in *Fly Ash, Silica Fume, Slag and Natural Pozzolans in Concrete*, Vol. 1, Ed. V. M. Malhotra, ACI SP-132, pp. 205–26 (Detroit, Michigan, 1992).

13.2 R. J. Detwiler, C. A. F. Pohunda and J. Natale, Use of supplementary cementing materials to increase the resistance to chloride ion penetration of concretes cured at elevated temperatures, *ACI Materials Journal*, **91**, No. 1, pp. 63–6 (1994).

13.3 R. J. Detwiler, K. O. Kjellsen and O. E. Gjørv, Resistance to chloride intrusion of concrete cured at different temperatures, *ACI Materials Journal*, **88**, No. 1, pp. 19–24 (1991).

13.4 G. M. Campbell and R. J. Detwiler, Development of mix designs for strength and durability of steam-cured concrete, *Concrete International*, **15**, No. 7, pp. 37–9 (1993).

13.5 K. L. Scrivener, A. Bentur and P. L. Pratt, Quantitative characterization of the transition zone in high strength concretes, *Advances in Cement Research*, **1**, No. 4, pp. 230–7 (1988).

13.6 R. N. Swamy, Fly ash and slag: standards and specifications – help or hindrance? *Materials and Structures*, **26**, No. 164, pp. 600–14 (1993).

13.7 V. M. Malhotra, Fly ash, slag, silica fume, and rice-husk ash in concrete: a review, *Concrete International*, **15**, No. 4, pp. 23–8 (1993).

13.8 D. M. Roy, The effect of blast furnace slag and related materials on the hydration and durability of concrete, in *Durability of Concrete – G. M. Idorn Int. Symp.*, ACI SP-131, pp. 195–208 (Detroit, Michigan, 1992).

13.9 D. M. Roy, Hydration of blended cements containing slag, fly ash, or silica fume, *Proc. of Meeting Institute of Concrete Technology*, Coventry, UK, 29 pp. (29 April–1 May 1987).

13.10 D. W. Hobbs, Influence of pulverized-fuel ash and granulated blastfurnace slag upon expansion caused by the alkali–silica reaction, *Mag. Concr. Res.*, **34**, No. 119, pp. 83–94 (1982).

13.11 K. W. Nasser and S. Ghosh, Durability properties of high strength concrete containing silica fume and lignite fly ash, in *Durability of Concrete*, Ed. V. M. Malhotra, ACI SP-145, pp. 191–214 (Detroit, Michigan, 1994).

13.12 CUR Report, Fly ash as addition to concrete, *Centre for Civil Engineering Research and Codes*, Report 144, 99 pp. (Gouda, The Netherlands, 1991).

13.13 K. Horiguchi *et al.*, The rate of carbonation in concrete made with blended cement, in *Durability of Concrete*, Ed. V. M. Malhotra, ACI SP-145, pp. 917–29 (Detroit, Michigan, 1994).

13.14 S. H. Gebler and P. Klieger, Effect of fly ash on physical properties of concrete, in *Fly Ash, Silica Fume, Slag, and Natural Pozzolans in Concrete*, Vol. 1, Ed. V. M. Malhotra, ACI SP-91, pp. 1–50 (Detroit, Michigan, 1986).

13.15 A. L. A. Fraay, J. M. Bijen and Y. M. de Haan, The reaction of fly ash in concrete: a critical examination, *Cement and Concrete Research*, **19**, No. 2, pp. 235–46 (1989).

13.16 T. C. Hansen, Long-term strength of fly ash concretes, *Cement and Concrete Research*, **20**, No. 2, pp. 193–6 (1990).

13.17 B. Mather, A discussion of the paper "Long-term strength of fly ash" by T. C. Hansen, *Cement and Concrete Research*, **20**, No. 5, pp. 833–7 (1990).

13.18 ACI 226.3R-87, Use of fly ash in concrete, *ACI Manual of Concrete Practice, Part 1: Materials and General Properties of Concrete*, 29 pp. (Detroit, Michigan, 1994).

13.19 I. Odler, Final report of Task Group 1, 68-MMH Technical Committee on Strength of Cement, *Materials and Structures*, **24**, No. 140, pp. 143–57 (1991).

13.20 J. Papayianni and T. Valiasis, Residual mechanical properties of heated concrete incorporating different pozzolanic materials, *Materials and Structures*, **24**, No. 140, pp. 115–21 (1991).

13.21 B. K. Marsh, R. L. Day and D. G. Bonner, Strength gain and calcium hydroxide depletion in hardened cement pastes containing fly ash, *Mag. Concr. Res.*, **38**, No. 134, pp. 23–9 (1986).

13.22 P. K. Mehta, Influence of fly ash characteristics on the strength of portland–fly ash mixtures, *Cement and Concrete Research*, **15**, No. 4, pp. 669–74 (1985).

13.23 G. M. Idorn and N. Thaulow, Effectiveness of research on fly ash in concrete, *Cement and Concrete Research*, **15**, No. 3, pp. 535–44 (1985).

13.24 H. T. Cao et al., Corrosion behaviours of steel embedded in fly ash blended cements, *Durability of Concrete*, Ed. V. M. Malhotra, ACI SP-145, pp. 215–27 (Detroit, Michigan, 1994).

13.25 P. Tikalsky and R. L. Carrasquillo, Fly ash evaluation and selection for use in sulfate--resistant concrete, *ACI Materials Journal*, **90**, No. 6, pp. 545–51 (1991).

13.26 K. Wesche (Ed.), *Fly Ash in Concrete*, RILEM Report of Technical Committee 67-FAB, section 3.1.5 by I. Jawed and J. Skalny, pp. 59–62 (London, E & FN Spon, 1991).

13.27 P. J. Nixon et al., The effect of pfa with a high total alkali content on pore solution composition and alkali–silica reaction, *Mag. Concr. Res.*, **38**, No. 134, pp. 30–5 (1986).

13.28 K. Wesche (Ed.), *Fly Ash in Concrete*, RILEM Report of Technical Committee 67-FAB, section 3.2.5 by J. Bijen, p. 103 (London, E & FN Spon, 1991).

13.29 R. Lewandowski, Effect of different fly-ash qualities and quantities on the properties of concrete, *Betonwerk + Fertigteil*, Nos 1, 2 and 3, 18 pp. (1983).

13.30 A. Bilodeau et al., Durability of concrete incorporating high volumes of fly ash from sources in the U.S., *ACI Materials Journal*, **91**, No. 1, pp. 3–12 (1994).

13.31 P. J. Tikalsky, P. M. Carrasquillo and R. L. Carrasquillo, Strength and durability considerations affecting mix proportioning of concrete containing fly ash, *ACI Materials Journal*, **85**, No. 6, pp. 505–11 (1988).

13.32 ACI 226.1R-87, Ground granulated blast-furnace slag as a cementitious constituent in concrete, *ACI Manual of Concrete Practice, Part 1: Materials and General Properties of Concrete*, 16 pp. (Detroit, Michigan, 1994).

13.33 P. J. Robins, S. A. Austin and A. Issaad, Suitability of GGBFS as a cement replacement for concrete in hot arid climates, *Materials and Structures*, **25**, No. 154, pp. 598–612 (1992).

13.34 K. Sakai et al., Properties of granulated blast-furnace slag cement concrete, in *Fly Ash, Silica Fume, Slag and Natural Pozzolans in Concrete*, Vol. 2, Ed. V. M. Malhotra, ACI SP-132, pp. 1367–83 (Detroit, Michigan, 1992).

13.35 V. Sivasundaram and V. M. Malhotra, Properties of concrete incorporating low quantity of cement and high volumes of ground granulated slag, *ACI Materials Journal*, **89**, No. 6, pp. 554–63 (1992).

13.36 D. M. Roy and G. M. Idorn, Hydration, structure, and properties of blast furnace slag cements, mortars, and concrete, *ACI Journal*, No. 6, pp. 444–57 (Nov./Dec. 1982).

13.37 J. Virtanen, Field study on the effects of additions on the salt-scaling resistance of concrete, *Nordic Concrete Research*, Publication No. 9, pp. 197–212 (Oslo, Dec. 1990).
13.38 P. Male, An overview of microsilica concrete in the U.K., *Concrete*, **23**, No. 9, pp. 35–40 (London, 1989).
13.39 J. P. Ollivier, A. Carles-Gibergues and B. Hanna, Activité pouzzolanique et action de remplissage d'une fumée de silice dans les matrices de béton de haute résistance, *Cement and Concrete Research*, **18**, No. 3, pp. 438–48 (1988).
13.40 T. C. Holland and M. D. Luther, Improving concrete durability with silica fume, in *Concrete and Concrete Construction, Lewis H. Tuthill Int. Symposium*, ACI SP-104, pp. 107–22 (Detroit, Michigan, 1987).
13.41 P.-C. Aïtcin (Ed.), *Condensed Silica Fume*, Faculté de Sciences Appliquées, Université de Sherbrooke, 52 pp. (Sherbrooke, Canada, 1983).
13.42 JSCE Recommendation for design and construction of concrete containing ground granulated blast-furnace slag as an admixture, *Concrete Library of JSCE No. 11*, 58 pp. (Japan, 1988).
13.43 R. F. M. Bakker, Diffusion within and into concrete, *13th Annual Convention of the Institute of Concrete Technology*, University of Technology, Loughborough, 21 pp. (March 1985).
13.44 X. Cong *et al.*, Role of silica fume in compressive strength of cement paste, mortar, and concrete, *ACI Materials Journal*, **89**, No. 4, pp. 375–87 (1992).
13.45 D. P. Bentz, P. E. Stutzman and E. J. Garboczi, Experimental and simulation studies of the interfacial zone in concrete, *Cement and Concrete Research*, **22**, No. 5, pp. 891–902 (1992).
13.46 J. A. Larbi, A. L. A. Fraay and J. M. Bijen, The chemistry of the pore fluid of silica fume--blended cement sytems, *Cement and Concrete Research*, **20**, No. 4, pp. 506–16 (1990).
13.47 F. de Larrard and P.-C. Aïtcin, Apparent strength retrogression of silica-fume concrete, *ACI Materials Journal*, **90**, No. 6, pp. 581–5 (1993).
13.48 Rasheeduzzafar, S. S. Al-Saadoun and A. S. Al-Gahtani, Reinforcement corrosion-resisting characteristics of silica-fume blended-cement concrete, *ACI Materials Journal*, **89**, No. 4, pp. 337–44 (1992).
13.49 R. D. Hooton, Influence of silica fume replacement of cement on physical properties and resistance to sulfate attack, freezing and thawing, and alkali–silica reactivity, *ACI Materials Journal*, **90**, No. 2, pp. 143–51 (1993).
13.50 M. D. Cohen, A. Goldman and W.-F. Chen, The role of silica gel in mortar: transition zone versus bulk paste modification, *Cement and Concrete Research*, **24**, No. 1, pp. 95–8 (1994).
13.51 M.-H. Zhang and O. E. Gjørv, Effect of silica fume on pore structure and chloride diffusivity of low porosity cement pastes, *Cement and Concrete Research*, **21**, No. 6. pp. 1006–14 (1991).
13.52 R. F. Feldman and C.-Y. Huang, Resistance of mortars containing silica fume to attack by a solution containing chlorides, *Cement and Concrete Research*, **15**, No. 3, pp. 411–20 (1985).
13.53 P.-C. Aïtcin and M. Regourd, The use of condensed silica fume to control alkali–silica reaction – a field case study, *Cement and Concrete Research*, **15**, No. 4, pp. 711–19 (1985).
13.54 A. E. Fiorato, PCA research on high-strength concrete, *Concrete International*, **11**, No. 4, pp. 44–50 (1989).
13.55 FIP, *Condensed Silica Fume in Concrete, State-of-the-art Report*, FIP Commission on Concrete, 37 pp. (London, Thomas Telford, 1988).
13.56 F. de Larrard and J.-L. Bostvironnois, On the long-term strength losses of silica-fume high-strength concretes, *Mag. Concr. Res.*, **43**, No. 155, pp. 109–19 (1991).
13.57 K. H. Khayat and P. C Aïtcin, Silica fume in concrete – an overview, in *Fly Ash, Silica Fume, Slag, and Natural Pozzolans in Concrete*, Vol. 2, Ed. V. M. Malhotra, ACI SP-132, pp. 835–72 (Detroit, Michigan, 1992).

13.58 G. G. Carrette and V. M. Malhotra, Long-term strength development of silica fume concrete, in *Fly Ash, Silica Fume, Slag, and Natural Pozzolans in Concrete*, Vol. 2, Ed. V. M. Malhotra, ACI SP-132, pp. 1017–44 (Detroit, Michigan, 1992).
13.59 M. Sandvik and O. E. Gjørv, Prediction of strength development for silica fume concrete, in *Fly Ash, Silica Fume, Slag, and Natural Pozzolans in Concrete*, Vol. 2, Ed. V. M. Malhotra, ACI SP-132, pp. 987–96 (Detroit, Michigan, 1992).
13.60 C. D. Johnston, Durability of high early strength silica fume concretes subjected to accelerated and normal curing, in *Fly Ash, Silica Fume, Slag, and Natural Pozzolans in Concrete*, Vol. 2, Ed. V. M. Malhotra, ACI SP-132, pp. 1167–87 (Detroit, Michigan, 1992).
13.61 T. Yamato, Y. Emoto and M. Soeda, Strength and freezing-and-thawing resistance of concrete incorporating condensed silica fume in *Fly Ash, Silica Fume, Slag, and Natural Pozzolans in Concrete*, Vol. 2, Ed. V. M. Malhotra, ACI SP-91, pp. 1095–117 (Detroit, Michigan, 1986).
13.62 E. J. Sellevold and F. F. Radjy, Condensed silica fume (microsilica) in concrete: water demand and strength development, in *The Use of Fly Ash, Silica Fume, Slag and Other Mineral By-products in Concrete*, Ed. V. M. Malhotra, ACI SP-79, pp. 677–94 (Detroit, Michigan, 1983).
13.63 M. Lessard, O. Chaallal and P.-C. Aïtcin, Testing high-strength concrete compressive strength, *ACI Materials Journal*, **90**, No. 4, pp. 303–8 (1993).
13.64 P.-C. Aïtcin and P. K. Mehta, Effect of coarse-aggregate characteristics on mechanical properties of high-strength concrete, *ACI Materials Journal*, **87**, No. 2, pp. 103–7 (1990).
13.65 B. Miao *et al.*, Influence of concrete strength on in situ properties of large columns, *ACI Materials Journal*, **90**, No. 3, pp. 214–19 (1993).
13.66 M. Pigeon *et al.*, Influence of drying on the chloride ion permeability of HPC, *Concrete International*, **15**, No. 2, pp. 65–9 (1993).
13.67 M. Pigeon *et al.*, Freezing and thawing tests of high-strength concretes, *Cement and Concrete Research*, **21**, No. 5, pp. 844–52 (1991).
13.68 F. de Larrard, J.-F. Gorse and C. Puch, Comparative study of various silica fumes as additives in high-performance cementitious materials, *Materials and Structures*, **25**, No. 149, pp. 265–72 (1992).
13.69 G. M. Idorn, The effect of slag cement in concrete, *NRMCA Publication No. 167*, 10 pp. (Silver Spring, Maryland, April 1983).
13.70 G. Remmel, Study of tensile fracture behaviour by means of bending tests on high strength concrete, *Darmstadt Concrete*, **5**, pp. 155–62 (1990).
13.71 F. O. Slate and K. C. Hover, Microcracking in concrete, in *Fracture Mechanics of Concrete: Material Characterization and Testing*, Eds A. Carpinteri and A. R. Ingraffen, pp. 137–59 (The Hague, Martinus Nijhoff, 1984).
13.72 G. König, High strength concrete, *Darmstadt Concrete*, **6**, pp. 95–115 (1991).
13.73 W. Baalbaki, P. C. Aïtcin and G. Ballivy, On predicting modulus of elasticity in high-strength concrete, *ACI Materials Journal*, **89**, No. 5, pp. 517–20 (1992).
13.74 P.-C. Aïtcin, S. L. Sarkar and P. Laplante, Long-term characteristics of a very high strength concrete, *Concrete International*, **12**, No. 1, pp. 40–4 (1990).
13.75 F. de Larrard and C. Larive, BHP et alcali-réaction: deux concepts incompatibles?, *Bulletin Liaison Laboratoires des Ponts et Chaussées*, **190**, pp. 107–9 (March–April 1994).
13.76 H. Kukko and S. Matala, Durability of high-strength concrete, *Nordisk Betong*, **34**, Nos 2–3, pp. 25–9 (1990).
13.77 V. Novokshchenov, Factors controlling the compressive strength of silica fume concrete in the range 100–150 MPa, *Mag. Concr. Res.*, **44**, No. 158, pp. 53–61 (1992).
13.78 P. K. Mehta and P.-C. Aïtcin, Microstructural basis of selection of materials and mix proportions for high-strength concrete, in *Utilization of High-Strength Concrete – 2nd International Symposium*, ACI SP-121, pp. 265–86 (Detroit, Michigan, 1990).

13.79 P.-C. Aïtcin and A. Neville, High-performance concrete demystified, *Concrete International*, **15**, No. 1, pp. 21–6 (1993).
13.80 A. Criaud and G. Cadoret, HPCs and alkali silica reactions, the double role of pozzolanic materials, in *High Performance Concrete: From Material to Structure*, Ed. Y. Malier, pp. 295–304 (London, E & FN Spon, 1992).
13.81 M. Kakizaki *et al.*, *Effect of Mixing Method on Mechanical Properties and Pore Structure of Ultra High-strength Concrete*, Katri Report No. 90, 19 pp. (Tokyo, Kajima Corporation, 1992) (and also in ACI SP-132, CANMET/ACI, 1992).
13.82 G. Cadoret and P. Richard, Full use of high performance concrete in building and public works, in *High Performance Concrete: From Material to Structure*, Ed. Y. Malier, pp. 379–411 (London, E & FN Spon, 1992).
13.83 G. Causse and S. Montens, The Roize bridge, in *High Performance Concrete: From Material to Structure*, Ed. Y. Malier, pp. 525–36 (London, E & FN Spon, 1992).
13.84 The Institution of Structural Engineers and the Concrete Society, *Guide: Structural Use of Lightweight Aggregate Concrete*, 58 pp. (London, Oct. 1987).
13.85 J. Carmichael, Pumice concrete panels, *Concrete International*, **8**, No. 11, pp. 31–2 (1986).
13.86 S. Smeplass, T. A. Hammer and T. Narum, Determination of the effective composition of LWA concretes, *Nordic Concrete Research Publication No. 11*, pp. 153–61, (Oslo, Nordic Concrete Federation, Feb. 1992).
13.87 P. Maydl, Determination of particle density of lighweight aggregates with porous surface, *Materials and Structures*, **21**, No. 125, pp. 394–7 (1988).
13.88 R. E. Philleo, *Freezing and Thawing Resistance of High Strength Concrete*, Report 129, Transportation Research Board, National Research Council, 31 pp. (Washington DC, 1986).
13.89 A. Jornet, E. Guidali and U. Mühlethaler, Microcracking in high-performance concrete, *Proceedings of the 4th Euroseminar on Microscopy Applied to Building Materials*, Eds J. E. Lindqvist and B. Nitz, Sp. Report 1993: 15, 6 pp. (Swedish National Testing and Research Institute: Building Technology, 1993).
13.90 ACI 225R-91, Guide to the selection and use of hydraulic cements, *ACI Manual of Concrete Practice, Part 1: Materials and General Properties of Concrete*, 29 pp. (Detroit, Michigan, 1994).
13.91 ACI 363R-92, State-of-the-art report on high-strength concrete, *ACI Manual of Concrete Practice, Part 1: Materials and General Properties of Concrete*, 55 pp. (Detroit, Michigan, 1994).
13.92 F. P. Glasser, Progress in the immobilization of radioactive wastes in cement, *Cement and Concrete Research*, **22**, Nos 2/3, pp. 201–6 (1992).
13.93 F. de Larrard and Y. Malier, Engineering properties of very high performance concrete, in *High Performance Concrete: From Material to Structure*, Ed. Y. Malier, pp. 85–114 (London, E & FN Spon, 1992).
13.94 F. de Larrard and P. Acker, Creep in high and very high performance concrete, in *High Performance Concrete: From Material to Structure*, Ed. Y. Malier, pp. 115–26 (London, E & FN Spon, 1992).
13.95 M. Baalbaki *et al.*, Properties and microstructure of high-performance concretes containing silica fume, slag, and fly ash, in *Fly Ash, Silica Fume, Slag, and Natural Pozzolans in Concrete*, Vol. 2, Ed. V. M. Malhotra, ACI SP-132, pp. 921–42 (Detroit, Michigan, 1992).
13.96 B. Mayfield, Properties of pelletized blastfurnace slag concrete, *Mag. Concr. Res.*, **42**, No. 150, pp. 29–36 (1990).
13.97 V. R. Randall and K. B. Foot, High strength concrete for Pacific First Center, *Concrete International*, **11**, No. 4, pp. 14–16 (1989).
13.98 Strategic Highway Research Program, SHRP-C-364, *High early strength concretes, Mechanical Behavior of High Performance Concretes*, Vol. 4, 179 pp. (Washington DC, NRC, 1993).

13.99 Strategic Highway Research Program, SHRP-C/FR-91-103, *High Performance Concretes: A State-of-the-Art Report*, 233 pp. (Washington DC, NRC, 1991).

13.100 A. Mor, B. C. Gerwick and W. T. Hester, Fatigue of high-strength reinforced concrete, *ACI Materials Journal*, **89**, No. 2, pp. 197–207 (1989).

13.101 A. Bentur and C. Jaegermann, Effect of curing and composition on the properties of the outer skin of concrete, *Journal of Materials in Engineering*, **3**, No. 4, pp. 252–62 (1991).

13.102 E. Siebel, Ductility of normal and lightweight concrete. *Darmstadt Concrete*, No. 3, pp. 179–87 (1988).

13.103 S. Karl, Shrinkage and creep of very lightweight concrete, *Darmstadt Concrete*, No. 4, pp. 97–105 (1989).

13.104 T. W. Bremner and T. A. Holm, Elasticity, compatibility and the behavior of concrete, *ACI Journal*, **83**, No. 2, pp. 244–50 (1986).

13.105 M.-H. Zhang and O. E. Gjørv, Pozzolanic activity of lightweight aggregates, *Cement and Concrete Research*, **20**, No. 6, pp. 884–90 (1990).

13.106 M.-H. Zhang and O. E. Gjørv, Mechanical properties of high strength lightweight concrete, *ACI Materials Journal*, **88**, No. 3, pp. 240–7 (1991).

13.107 C. L. Cheng and M. K. Lee, Cryogenic insulating concrete – cement-based concrete with polystyrene beads, *ACI Journal*, **83**, No. 3, pp. 446–54 (1986).

13.108 S. A. Austin, P. J. Robins and M. R. Richards, Jetblast temperature-resistant concrete for Harrier aircraft pavements, *The Structural Engineer*, **70**, Nos 23/24, pp. 427–32 (1992).

13.109 ACI 201.2R-92, Guide to durable concrete, *ACI Manual of Concrete Practice, Part 1: Materials and General Properties of Concrete*, 41 pp. (Detroit, Michigan, 1994).

13.110 M.-H. Zhang and O. E. Gjørv, Characteristics of lightweight aggregate for high-strength concrete, *ACI Materials Journal*, **88**, No. 2, pp. 150–8 (1991).

13.111 F. D. Lydon, *Concrete Mix Design*, 2nd Edn, 198 pp. (London, Applied Science Publishers, 1982).

13.112 M.-H. Zhang and O. E. Gjørv, Permeability of high-strength lightweight concrete, *ACI Materials Journal*, **88**, No. 5, pp. 463–9 (1991).

13.113 M. D. A. Thomas *et al.*, A comparison of the properties of OPC, PFA and ggbs concretes in reinforced concrete tank walls of slender section, *Mag. Concr. Res.*, **42**, No. 152, pp. 127–34 (1990).

13.114 B. Osbæck, On the influence of alkalis on strength development of blended cements, in *The Chemistry and Chemically-Related Properties of Cement*, Ed. F. P. Glasser, British Ceramic Proceedings, No. 35, pp. 375–83 (Sept. 1984).

13.115 FIP, *Manual of Lightweight Aggregate Concrete*, 2nd Edn, 259 pp. (Surrey University Press, 1983).

13.116 ACI 318-08, Building code requirements for structural concrete, *ACI Manual of Concrete Practice, Part 3: Use of Concrete in Buildings – Design, Specifications, and Related Topics*, 443 pp.

13.117 M. St George, Concrete aggregate from wastewater sludge, *Concrete Inter- national*, **8**, No. 11, pp. 27–30 (1986).

13.118 ACI 523.1R-92, Guide for cast-in-place low-density concrete, *ACI Manual of Concrete Practice, Part 5: Masonry, Precast Concrete, Special Processes*, 8 pp. (Detroit, Michigan, 1994).

13.119 K. M. Brook, No-fines concrete, *Concrete*, **16**, No. 8, pp. 27–8 (London, 1982).

13.120 P. Paramasivram and Y. O. Loke, Study of sawdust concrete, *The International Journal of Lightweight Concrete*, **2**, No. 1, pp. 57–61 (1980).

13.121 J. G. Cabrera and P. A. Claisse, The effect of curing conditions on the properties of silica fume concrete, in *Blended Cements in Construction*, Ed. R. N. Swamy, pp. 293–301 (London, Elsevier Science, 1991).

13.122 P. J. Svenkerud, P. Fidjestøl and J. C. Artigues Texsa, Microsilica based admixtures for concrete, in *Admixtures for Concrete: Improvement of Properties*, Proc. Int. Symposium, Barcelona, Spain, Ed. E. Vázquez, pp. 346–59 (London, Chapman and Hall, 1990).

13.123 V. S. Dubovoy *et al.*, Effects of ground granulated blast-furnace slags on some properties of pastes, mortars, and concretes, *Blended Cements*, Ed. G. Frohnsdorff, *ASTM Sp. Tech. Publ. No. 897*, pp. 29–48 (Philadelphia, Pa, 1986).

13.124 A. Bilodeau and V. M. Malhotra, Concrete incorporating high volumes of ASTM Class F fly ashes: mechanical properties and resistance to deicing salt scaling and to chloride-ion penetration, in *Fly Ash, Silica Fume, Slag, and Natural Pozzolans in Concrete*, Vol. 1, Ed. V. M. Malhotra, ACI SP-132, pp. 319–49 (Detroit, Michigan, 1992).

13.125 G. Frigione, Manufacture and characteristics of portland blast-furnace slag cements, in *Blended Cements*, Ed. G. Frohnsdorff, *ASTM Sp. Tech. Publ. No. 897*, pp. 15–28 (Philadelphia, Pa, 1986).

13.126 J. Daube and R. Bakker, Portland blast-furnace slag cement: a review, in *Blended Cements*, Ed. G. Frohnsdorff, *ASTM Sp. Tech. Publ. No. 897*, pp. 5–14 (Philadelphia, Pa, 1986).

13.127 S. A. Austin, P. J. Robins and A. S. S. Al-Eesa, The influence of early curing on the surface permeability and absorption of silica fume concrete, in *Durability of Concrete*, Ed. V. M. Malhotra, ACI SP-145, pp. 883–900 (Detroit, Michigan, 1994).

13.128 R. D. Hooton and J. J. Emery, Sulfate resistance of a Canadian slag cement, *ACI Materials Journal*, **87**, No. 6, pp. 547–55 (1990).

13.129 J. Havdahl and H. Justnes, The alkalinity of cementitious pastes with microsilica cured at ambient and elevated temperatures, *Nordic Concrete Research*, No. 12, pp. 42–45 (Feb. 1993).

13.130 R. Gagné and D. Gagnon, L'utilisation du béton à haute performance dans l'industrie agricole, *Béton Canada*, Présentations de la Demi-Journée Ouverte le 5 octobre, 1994, pp. 23–35 (Canada, University of Sherbrooke, 1994).

13.131 Canadian Standards Assn, A23.1-94, *Concrete Materials and Methods of Concrete Construction*, 14 pp. (Toronto, Canada, 1994).

13.132 F. J. Hogan and J. W. Meusel, Evaluation for durability and strength develop-ment of a ground granulated blast furnace slag, *Cement, Concrete and Aggregate*, **3**, No. 1, pp. 40–52 (Summer 1981).

13.133 R. C. Meininger, No-fines pervious concrete for paving, *Concrete International*, **10**, No. 8, pp. 20–7 (1988).

13.134 Building Research Establishment, Autoclaved aerated concrete, *Digest No. 342*, 7 pp. (Watford, England, 1989).

13.135 M. Lessard *et al.*, High-performance concrete speeds reconstruction for McDonald's, *Concrete International*, **16**, No. 9, pp. 47–50 (1994).

13.136 T. Mitsuda, K. Sasaki and H. Ishida, Phase evolution during autoclaving process of aerated concrete, *J. Amer. Ceramic Soc.*, **75**, No. 7, pp. 1858–63 (1992).

13.137 RILEM, *Autoclaved Aerated Concrete: Properties, Testing and Design*, 404 pp. (London, E & FN Spon, 1993).

13.138 O. S. B. Al-Amoudi *et al.*, Performance of plain and blended cements in high chloride environments, in *Durability of Concrete*, Ed. V. M. Malhotra, ACI SP-145, pp. 539–55 (Detroit, Michigan, 1994).

13.139 C. L. Page and O. Vennesland, Pore solution composition and chloride binding capacity of silica-fume cement paste, *Materials and Structures*, **16**, No. 91, pp. 19–25 (1983).

13.140 G. C. Mays and R. A. Barnes, The performance of lightweight aggregate concrete structures in service, *The Structual Engineer*, **69**, No. 20, pp. 351–61 (1991).

13.141 ACI 213R-87, Guide for structural lightweight aggregate concrete, *ACI Manual of Concrete Practice, Part 1: Materials and General Properties of Concrete*, 27 pp. (Detroit, Michigan, 1994).

13.142 ACI 304.5R-91, Batching, mixing, and job control of lightweight concrete, *ACI Manual of Concrete Practice, Part 2: Construction Practices and Inspection Pavements*, 9 pp. (Detroit, Michigan, 1994).
13.143 T. A. Holm, Lightweight concrete and aggregates, in *Significance of Tests and Properties of Concrete and Concrete-making Materials*, Eds P. Klieger and J. F. Lamond, *ASTM Sp. Tech. Publ. No. 169C*, pp. 522–32 (Philadelphia, Pa, 1994).
13.144 L. A. Legatski, Cellular concrete, in *Significance of Tests and Properties of Concrete and Concrete-making Materials*, Eds P. Klieger and J. F. Lamond, *ASTM Sp. Tech. Publ. No. 169C*, pp. 533–9 (Philadelphia, Pa, 1994).
13.145 C. T. Tam *et al.*, Relationship between strength and volumetric composition of moist--cured cellular concrete, *Mag. Concr. Res.*, **39**, No. 138, pp. 12–18 (1987).
13.146 British Cement Association, *Foamed Concrete: Composition and Properties*, 6 pp. (Slough, U.K., 1991).
13.147 J. Murata, Design method of mix proportions of lightweight aggregate concrete, *Proc. RILEM Int. Symp. on Testing and Design Methods of Lightweight Aggregate Concretes*, pp. 131–46 (Budapest, March 1967).
13.148 C. C. Carlson, Lightweight aggregates for concrete masonry units, *J. Amer. Concr. Inst.*, **53**, pp. 491–508.
13.149 R. C. Valore, Insulating concretes, *J. Amer. Conc. Inst.*, **53**, pp. 509–32 (Nov. 1956).
13.150 N. Davey, Concrete mixes for various building purposes, *Proc. of a Symposium on Mix Design and Quality Control of Concrete*, pp. 28–41 (London, Cement and Concrete Assoc., 1954).
13.151 G. C. Hoff, Porosity–strength considerations for cellular concrete, *Cement and Concrete Research*, **2**, No. 1, pp. 91–100 (Jan. 1972).
13.152 CEB, *Autoclaved Aerated Concrete*, 90 pp. (Lancaster/New York, Construction Press, 1978).
13.153 V. M. Malhotra, No-fines concrete – its properties and applications. *J. Amer. Concr. Inst.*, **73**, No. 11, pp. 628–44 (1976).
13.154 R. H. McIntosh, J. D. Botton and C. H. D. Muir, No-fines concrete as a structural material, *Proc. Inst. Civ. Engrs.* Part I, **5**, No. 6, pp. 677–94 (London, Nov. 1956).
13.155 M. A. Aziz, C. K. Murphy and S. D. Ramaswamy, Lightweight concrete using cork granules, *Int. J. Lightweight Concrete*, **1**, No. 1, pp. 29–33 (Lancaster, 1979).
13.156 R. Helmuth, *Fly Ash in Cement and Concrete*, 203 pp. (Skokie, Ill., PCA, 1987).
13.157 J. Papayianni, An investigation of the pozzolanicity and hydraulic reactivity of high-lime fly ash, *Mag. Concr. Res.*, **39**, No. 138, pp. 19–28 (1987).
13.158 K. H. Khayat, Deterioration of lightweight fly ash concrete due to gradual cryogenic frost cycles, *ACI Materials Journal*, **88**, No. 3, pp. 233–39 (1991).
13.159 ACI-234R-96, Guide for the use of silica fume in concrete, *ACI Manual of Concrete Practice, Part 1, Materials and General Properties of Concrete*, 51 pp. (Detroit, Michigan, 1997).
13.160 American Society of Concrete Contractors, Position statement on retarded setting, *Concrete International*, **31**, No. 11, p. 54 (2009).
13.161 P. J. E. Sullivan, Deterioration and spalling of high strength concrete under fire, HSE Offshore Technology Report 2001/074, 76 pp. (HMSO, 2001).

14
Dosagem de concretos

Pode-se dizer que as propriedades do concreto são estudadas principalmente para fins de seleção adequada dos componentes da mistura. É por essa perspectiva que as diversas propriedades do concreto serão analisadas neste capítulo.

No linguajar britânico, o processo de seleção dos componentes da mistura e de suas proporções é denominado *projeto da mistura*. Esse termo, embora comum, sugere que essa seleção é parte do projeto estrutural, o que não é correto, já que o projeto estrutural está relacionado ao desempenho necessário do concreto e não ao detalhamento das proporções dos materiais que atenderão a esse desempenho. O termo americano *proporcionamento da mistura* é excelente, mas não é utilizado de forma difundida no mundo. Por essa razão, será utilizada neste livro a expressão adotada para o título do capítulo, *dosagem de concretos*, algumas vezes abreviada como dosagem.*

Embora o projeto estrutural normalmente não leve a dosagem em consideração, o projeto impõe dois parâmetros para a dosagem: resistência e durabilidade do concreto. É importante mencionar que a trabalhabilidade *deve* ser adequada às condições de lançamento. As exigências de trabalhabilidade não se aplicam somente ao abatimento no momento da descarga da betoneira, mas também ao limite de perda de abatimento conforme a duração do lançamento do concreto. Como a trabalhabilidade necessária depende das condições da obra, ela não deve ser estabelecida antes da análise dos procedimentos de execução.

Além disso, a seleção das proporções dos componentes deve levar em conta o método de transporte do concreto, especialmente se for previsto o bombeamento. Outros critérios importantes são: tempo de pega, exsudação e facilidade de acabamento, três

---

* N. de R.T.: Originais em inglês, respectivamente, *mix design* e *mixture proportioning*; título original do capítulo "*Selection of concrete mix proportions (mix design)*". No Brasil, a NBR 12655:2015, versão corrigida 2015, define a expressão estudo de dosagem como o conjunto de procedimentos necessários à obtenção do traço do concreto para atendimento dos requisitos especificados pelo projeto estrutural e pelas condições da obra, sendo também consagrada a expressão dosagem de concreto ou simplesmente dosagem. Este último termo também é utilizado como sinônimo de proporcionamento, ou seja, medição dos materiais para o preparo de um determinado volume de concreto. Traço ou composição são as quantidades dos materiais, expressas em massa ou volume.

fatores que estão interligados. Podem surgir dificuldades consideráveis caso esses critérios não sejam corretamente considerados durante a seleção das proporções do concreto ou durante o ajuste dessas proporções.

Assim, a dosagem é um simples processo de escolha de componentes adequados do concreto e de determinação de suas quantidades relativas com o objetivo de produzir um concreto, o mais econômico possível, que atenda a determinadas propriedades mínimas, especialmente resistência, durabilidade e consistência.

Aspectos econômicos

A frase anterior reforça dois aspectos: que o concreto deve ter determinadas propriedades mínimas e que seja o mais econômico possível – uma exigência bastante comum em engenharia.

O custo do concreto, como qualquer outro tipo de atividade de construção, é composto de custos dos materiais, instalações e mão de obra. A variação dos custos dos materiais vem do fato de o cimento ser muitas vezes mais caro do que os agregados, de forma que, na dosagem, é aconselhável evitar o elevado consumo de cimento. A utilização de concretos com baixos consumos de cimento também traz consideráveis vantagens técnicas não somente no caso de concreto massa, em que a liberação excessiva de calor de hidratação pode causar fissuração, mas também em concretos estruturais, em que misturas ricas podem resultar em uma retração elevada e fissuração. Portanto, fica claro que erros no sentido de produção de concretos com elevados consumos de cimento devem ser evitados, mesmo quando o aspecto do custo é ignorado. Relacionado a isso, devemos lembrar de que os diferentes materiais cimentícios apresentam variações de custo por unidade de massa, sendo, com exceção da sílica ativa, mais baratos do que o cimento Portland. Suas influências em diversas propriedades do concreto também são variáveis, conforme discutido nos capítulos respectivos.

Ao estimar o custo do concreto, é essencial considerar também a variabilidade da resistência, pois é a resistência "mínima", ou característica, que é especificada pelo projetista da estrutura, e é, de fato, o critério de aceitação do concreto, enquanto o custo real do concreto está relacionado aos materiais necessários para a produção de uma determinada resistência média. Esse aspecto aborda de perto o problema do controle de qualidade. Deve ser ressaltado que um maior nível de controle de qualidade representa maiores gastos, seja em supervisão, seja em equipamentos de proporcionamento, e existem ocasiões em que a dosagem e controle de qualidade criteriosos não se justificam. A decisão do âmbito do controle de qualidade, geralmente um compromisso econômico, dependerá, então, do porte e do tipo de obra. É essencial que o nível de controle seja estimado no início do processo de dosagem, de modo que a diferença entre a resistência média e a mínima, ou característica, seja conhecida.

O custo de mão de obra é influenciado pela trabalhabilidade da mistura: caso ela seja inadequada para o meio disponível de adensamento, ou o custo de mão de obra será maior ou o concreto não será adequadamente adensado. A resolução de problemas relacionados a entupimentos de tubulações também consome mais mão de obra. O custo exato da mão de obra depende de detalhes de organização do trabalho e do tipo de equipamento utilizado, mas esse é um tema especializado.

Especificações

Esse extenso tema não pode ser tratado neste livro e será analisado somente em relação à sua influência na dosagem.

No passado, as especificações para concreto prescreviam as proporções de cimento e de agregados miúdos e graúdos. Certas misturas tradicionais foram produzidas dessa forma, mas, em função da variabilidade dos componentes da mistura, os concretos com relações fixas entre cimento e agregados de determinada trabalhabilidade apresentavam grande variabilidade de resistência. Por essa razão, a resistência à compressão mínima foi adicionada às outras exigências. Quando a resistência é especificada, a prescrição das proporções torna a especificação excessivamente restritiva quando existem materiais de boa qualidade disponíveis. Essa é a razão pela qual, em algumas situações, foram acrescentadas cláusulas em relação à granulometria dos agregados e à forma das partículas às demais exigências. Entretanto, em alguns países, a distribuição de agregados é tal que essas restrições, com frequência, são antieconômicas. Além disso, deve ser ressaltado que, com a exceção de obras especiais, como vasos de contenção nuclear, somente são utilizados agregados disponíveis localmente, pois o custo de transporte por longas distâncias é proibitivo.

De forma geral, a especificação simultânea de resistência, dos componentes e suas proporções, além de forma e granulometria, não deixa folga para a economia na dosagem e impossibilita o avanço na produção de misturas econômicas e satisfatórias, baseados no conhecimento das propriedades do concreto.

Portanto, não é surpresa alguma que a tendência atual sejam as especificações menos restritivas. Elas estabelecem valores-limite, mas eventualmente também servem como orientação para os traços tradicionais, de forma a atender construtores que não desejam utilizar elevado nível de controle de qualidade. Os valores-limite podem abranger uma grande variedade de propriedades, mas as mais comuns são:

1. Resistência à compressão "mínima" necessária para os aspectos estruturais;
2. Relação água/cimento máxima e/ou consumo de cimento mínimo e, em certas condições de exposição, teor mínimo de ar incorporado para conferir durabilidade adequada;
3. Consumo máximo de cimento para a prevenção de fissuração devido aos ciclos de temperatura em obras de concreto massa;
4. Consumo máximo de cimento para evitar a retração em condições de exposição a baixa umidade; e
5. Massa específica mínima para barragens de gravidade e estruturas similares.

Além disso, podem ser incluídos na especificação a natureza do material cimentício ou uma exigência especial em relação à composição do cimento – ou mesmo a restrição de seu uso.

Todas essas diversas exigências devem ser atendidas na seleção e proporcionamento dos componentes do concreto.

As especificações de quantidades quase que invariavelmente possuem tolerâncias associadas a elas. Em respeito à resistência, a maioria das normas nacionais deixam claras suas exigências. As tolerâncias para o consumo de cimento e relação água/cimento geralmente são menos claras, mas igualmente importantes. É especialmente crítica a tolerância em relação ao cobrimento das armaduras, embora não seja um "item de dosagem", pois está, do ponto de vista da durabilidade, intimamente relacionado à resistência do concreto especificada e ao consumo de cimento. A tolerância do cobrimento deve ser claramente especificada e deve ser associada de forma lógica à tolerância da resistência ou do consumo de cimento.

O procedimento britânico apresentado pela BS EN 206-1:2000 e a norma complementar BS 8500-2:2002 são para reconhecer quatro métodos de especificação de traços de concreto. Um *traço projetado* (*designed mix*) é especificado pelo projetista estrutural principalmente em função da resistência, do consumo de cimento e da relação água/cimento. A verificação de conformidade consiste em ensaios de resistência. Um *traço prescrito* (*prescribed mix*) é prescrito pelo projetista em termos de natureza e proporções dos componentes do concreto, e o produtor somente produz o concreto conforme a "encomenda". A verificação das proporções da mistura é utilizada para fins de aceitação, não sendo utilizados, rotineiramente, ensaios para avaliação da resistência. O uso dos traços prescritos é vantajoso quando propriedades especiais do concreto – como, por exemplo, em relação a seu acabamento ou resistência à abrasão – são necessárias. Entretanto, um traço prescrito somente deve ser especificado com provas sólidas de que ele atenderá à trabalhabilidade, à resistência e à durabilidade exigidas.

Um *traço padronizado* (*standardized mix*) é baseado em componentes e proporções listadas na BS 5328-2:2002 para diversos valores de resistência à compressão de até 25 MPa, determinada em corpos de prova cúbicos. O quarto e último tipo de traço é o *traço designado* (*designated mix*), em que o produtor de concreto seleciona a relação água/cimento e consumo mínimo de cimento pela utilização de uma tabela de aplicações estruturais associadas a traços padronizados. Esse procedimento somente pode ser utilizado por produtores de concreto que possuam uma certificação especial de conformidade baseada em ensaios de produção e acompanhamento, associado à certificação da garantia de qualidade.

Os traços padronizados somente são utilizados em obras de menor importância, como conjuntos habitacionais. Os traços designados, embora possam ser utilizados com resistência de até 50 MPa, têm aplicação limitada a obras comuns. Portanto, somente com a adoção de traços projetados e prescritos que o pleno conhecimento das propriedades do concreto pode ser aproveitado. Os quatro tipos de traços apresentam algumas variações na BS 8500-2:2002.

Na prática americana, quando não há experiência sobre as bases da seleção das proporções para preparo de misturas experimentais, é necessário basear as proporções da mistura em valores padronizados que, a favor da segurança, são obrigatoriamente rigorosas. Esse procedimento somente pode ser utilizado para concretos de baixa resistência. Por exemplo, o ACI 318-02[14.8] prescreve, para uma resistência à compressão especificada aos 28 dias igual a 27 MPa (determinada em corpos de prova cilíndricos), uma relação água/cimento máxima de 0,44, no caso de concretos sem ar incorporado, e 0,35 quando há incorporação de ar. Nesse último caso, resistências mais elevadas requerem a utilização de misturas experimentais, mas, no caso de concreto sem ar incorporado, o ACI 318-95[14.8] permite o uso de relação água/cimento igual a 0,38 para concretos com resistência especificada aos 28 dias igual a 31 MPa.*

O processo de dosagem

Os fatores básicos a serem considerados na dosagem estão representados esquematicamente na Figura 14.1. A sequência de decisões também é mostrada para a determinação das quantidades de componentes por betonada. É evidente que existem variações no método exato de determinação das proporções da mistura. Por exemplo, no excelente método do American Concrete Institute[14.5] (ver página 784), a quantidade de água em kg/m³ do concreto é determinada diretamente a partir da trabalhabilidade da mistura

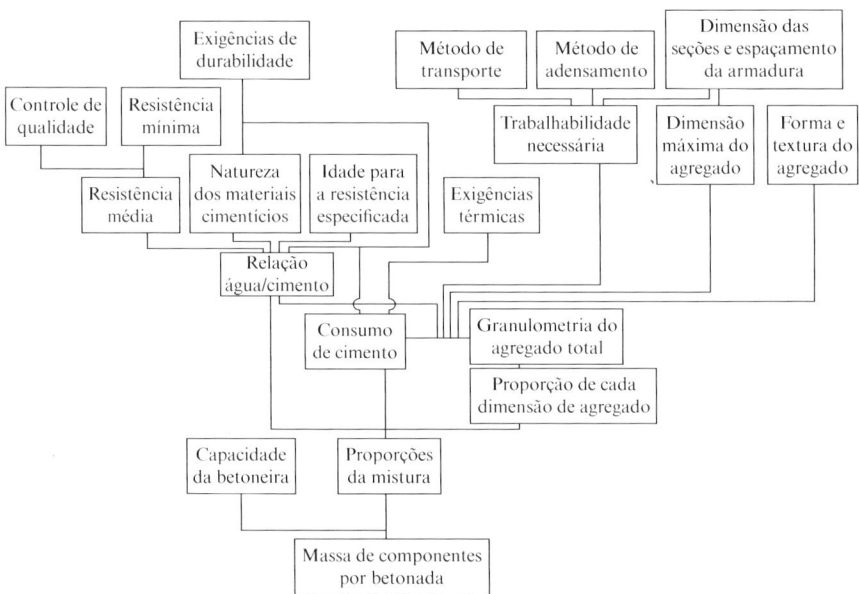

Figura 14.1 Fatores básicos do processo de dosagem.

---

* N. de R.T.: A NBR 12655:2015 versão corrigida 2015 não estabelece o procedimento de especificação de traços e cita que o traço deve ser definido a partir de um estudo de dosagem. A mesma norma define concreto especificado como aquele cuja composição e materiais constituintes são definidos pelo usuário. A NBR 12655:2015, versão corrigida 2015, reconhece dois tipos de estudos de dosagem: a dosagem racional e experimental e a dosagem empírica. A dosagem experimental deve ser utilizada em concreto com resistência da classe C20 (f_{ck} = 20 MPa) ou superior, utilizando os mesmos materiais e condições semelhantes às da obra. O estudo deve ser realizado com antecedência em relação ao início da concretagem e devem ser levadas em conta as prescrições do projeto e as condições de execução. A dosagem empírica somente pode ser utilizada para concretos das classes C10 (f_{ck} = 10 MPa) e C15 (f_{ck} = 15 MPa), ou seja, não estruturais conforme a NBR 8953:2015, e deve ter um consumo mínimo de cimento de 300 kg por metro cúbico.

(em função da dimensão máxima do agregado), em vez de ser obtida indiretamente a partir da relação água/cimento e do consumo de cimento.

Deve ser explicado que a determinação exata das proporções da mistura por meio de tabelas ou dados computacionais geralmente não é possível, pois os materiais utilizados são, em essência, variáveis, e diversas de suas propriedades não podem ser determinadas de maneira realmente quantitativa. Por exemplo, a granulometria, a forma e a textura dos agregados não podem ser definidas de maneira totalmente adequada. Em virtude disso, a melhor alternativa é fazer uma suposição inteligente das combinações ótimas dos componentes, baseada nas relações estabelecidas nos capítulos anteriores. Portanto, não é surpresa que, para obter uma mistura satisfatória, não somente devem ser calculadas ou estimadas as proporções dos materiais disponíveis, mas também devem ser produzidas misturas experimentais. As propriedades dessas misturas são verificadas e são feitos ajustes nas proporções, sendo realizadas novas misturas experimentais até a obtenção de um concreto adequado.

As misturas experimentais em laboratório, entretanto, não fornecem respostas definitivas, mesmo quando as condições de umidade dos agregados são levadas em consideração. Somente a mistura produzida e utilizada no canteiro pode garantir que todas as propriedades do concreto satisfaçam a cada detalhe dessa obra específica. Para justificar essa afirmação, três aspectos podem ser citados. O primeiro é que a betoneira utilizada no laboratório é, em geral, de tipo e desempenho diferente da empregada na obra. O segundo é que as propriedades de bombeamento do concreto devem ser verificadas. O terceiro é que o efeito parede (decorrente da relação entre a área e o volume) nos corpos de prova de ensaios laboratoriais é maior do que em estruturas reais, de forma que o teor de agregado miúdo na mistura determinado em laboratório pode ser desnecessariamente elevado.

É possível concluir, portanto, que a dosagem requer tanto o conhecimento das propriedades do concreto e dos dados experimentais quanto a experiência prática.

Outros fatores, como manuseio, transporte, demora no lançamento e pequenas variações de condições climáticas também podem influenciar as propriedades do concreto no canteiro, mas esses, em geral, são secundários e implicam somente em pequenos ajustes das proporções durante a jornada de trabalho.

É importante ressaltar que não se deve esperar que as proporções da mistura, uma vez estabelecidas, permaneçam totalmente inalteradas, pois as propriedades dos componentes podem variar de tempos em tempos. Em especial, é difícil saber a exata quantidade total de água livre na mistura devido à variação do teor de umidade dos agregados, principalmente dos agregados miúdos. O problema é ainda maior com o uso de agregados leves, especialmente em concretos bombeados. Outras variações ocorrem na granulometria dos agregados, especialmente no teor de material fino, e na temperatura do concreto devido à exposição dos componentes e da betoneira ao sol ou devido ao cimento estar quente. Consequentemente, devem ser realizados ajustes periódicos nas proporções da mistura.

Resistência média e resistência "mínima"

A resistência à compressão é uma das duas propriedades mais importantes do concreto (a outra é a durabilidade). A resistência é importante *por si só* e também pela influência que exerce sobre várias outras propriedades desejáveis do concreto endurecido. Basicamente, a resistência à compressão *média* necessária a uma determinada idade, em geral aos 28 dias, determina a relação água/cimento nominal do concreto. A Figura 14.2 mostra essa relação para concretos produzidos no final da década de 1970 com cimentos Portland comuns britânicos, curados em temperaturas normais. O propósito dessa figura é somente ilustrar e, em qualquer caso, os valores de resistência na figura tendem a favor da segurança. Caso, entretanto, um único fornecimento de cimento seja utilizado em toda a obra, é possível tirar vantagem da resistência real desse cimento, ou seja, utilizar uma relação experimental entre a resistência e a relação água/cimento.

Caso sejam utilizadas curvas como as da Figura 14.2, deve-se saber o tipo de cimento, devido à variação da velocidade de endurecimento de cimentos diferentes. Quando são utilizados materiais cimentícios diferentes, a variação na velocidade de ganho de resistência pode ser ainda maior. Entretanto, além da idade de um ou dois anos, as resistências dos concretos produzidos com diferentes cimentos tendem a ser, aproximadamente, a mesma.

O projeto estrutural é baseado na consideração de uma determinada resistência *mínima* do concreto, mas a resistência real do concreto produzido, seja no canteiro ou

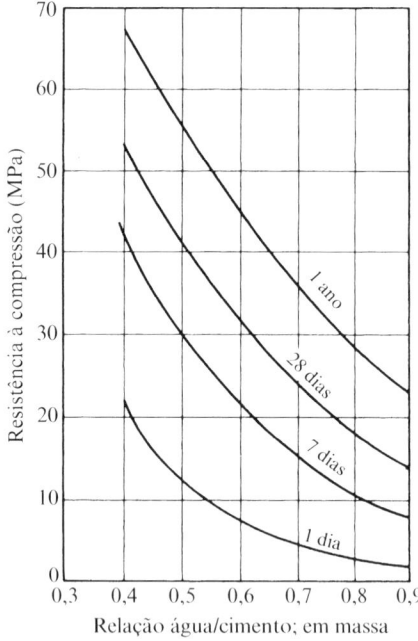

Figura 14.2 Relação entre a resistência à compressão e a relação água/cimento para corpos de prova cúbicos (102 mm de aresta) de concretos plenamente adensados, com misturas de várias proporções produzidas com cimentos Portland comuns britânicos típicos do final da década de 1970. Os valores utilizados são estimativas conservadoras.

no laboratório, é uma grandeza variável (ver página 666). Portanto, na dosagem, deve ser buscada uma resistência *média* maior do que a mínima.

A distribuição da resistência de corpos de prova pode ser descrita pela média e pelo desvio padrão. Conforme citado na página 668, a distribuição da resistência de corpos de prova de concreto é considerada normal (Gaussiana). Para fins práticos, essa consideração é aceitável, mesmo que casos de assimetria tenham sido observados – em concretos de baixa resistência, por McNicoll & Wong,[14.23] e de alta resistência, por Cook,[14.24] bem como pelo ACI 363R-92.[14.12] A consideração da distribuição normal é favorável à segurança em relação ao número de resultados esperados abaixo do valor de resistência especificado.[14.25]

A partir do conhecimento da probabilidade de um corpo de prova possuir resistência diferente da média em um determinado valor (Tabela 14.1), é possível definir a resistência mínima para uma determinada mistura. Nenhum valor absoluto pode ser especificado devido ao fato de que, do ponto de vista estatístico, sempre existirá probabilidade de um resultado de ensaio ser menor do que o mínimo, independentemente do quão baixo ele seja. Tornar essa probabilidade extremamente baixa seria antieconômico. Portanto, é comum definir o "mínimo" como um valor a ser superado por uma proporção predeterminada da totalidade de resultados, normalmente 95% quando são considerados resultados individuais e 99% quando é utilizada a média móvel de três ou quatro resultados.

O procedimento do Building Code do American Concrete Institute, o ACI 318-02,[14.8] baseia-se, em essência, em duas exigências para a resistência "mínima", f'_{cr} em relação à resistência média f'_c. Em primeiro lugar, é exigida uma probabilidade de 1% de que a média de três ensaios consecutivos (considerando um ensaio como a média de dois corpos de prova cilíndricos) seja menor do que a resistência de projeto. Em segundo lugar, é exigida uma probabilidade de 1% de que um resultado individual seja inferior a 3,5 MPa do que a resistência de projeto. Em termos de desvio padrão, σ, a primeira exigência pode ser expressa como:

$$f'_{cr} = f'_c + \frac{2,33\sigma}{\sqrt{3}} = f'_c + 1,343\sigma$$

Tabela 14.1 Porcentagem de corpos de prova com resistência menor do que (média − k × desvio padrão)

k	Porcentagem de corpos de prova com resistência menor do que ($\bar{x} - k\sigma$)
1,00	15,9
1,50	6,7
1,96	2,5
2,33	1,0
2,50	0,6
3,09	0,1

e a segunda (em MPa), como:

$$f'_{cr} = f'_c - 3,5 + 2,33\sigma.$$

Essas duas condições são equivalentes quando o desvio padrão σ é de aproximadamente 3,5. Quando é maior do que esse valor, a primeira condição é a mais rigorosa das duas.

Deve ser destacado que nenhum limite absoluto é estabelecido: o critério é estatístico, de modo que a falha no atendimento dessas exigências, uma em 100, é inerente ao sistema. Esse não atendimento não deve ser razão suficiente para a rejeição do concreto. Ainda pode ser dito que todas as especificações implicam risco de rejeição ou aceitação equivocados: os dois riscos devem ser cuidadosamente balanceados.[14.31]

O valor do desvio padrão a ser utilizado na expressão do ACI 318-02,[14.8] recém apresentada, é o valor obtido experimentalmente em obras já executadas com condições, materiais e resistência do concreto semelhantes. Na falta desse valor experimental, o ACI 318-02[14.8] prescreve os valores que a resistência média deve superar em relação à resistência especificada. Esses valores são significativos, variando desde 7 MPa, quando a resistência especificada é menor do que 21 MPa, até 10 MPa, quando a resistência especificada é maior do que 35 MPa.

Segundo o ACI 318-02[14.8] e a ASTM C 94-09a, o atendimento à resistência especificada, f'_c, é obtido quando as duas exigências abaixo são satisfeitas:

(a) O valor médio de todos os conjuntos de três resultados de ensaios consecutivos é pelo menos igual a f'_c; e
(b) Nenhum resultado de ensaio é menor do que f'_c menos 3,5 MPa.

Deve ser relembrado que o resultado de um ensaio é a média de dois corpos de prova cilíndricos da mesma betonada ensaiados à mesma idade. A média de três resultados de ensaios consecutivos é uma média móvel. Isso significa que um resultado de ensaio de número N consta em três conjuntos, conforme segue: $N-2, N-1, N; N-1, N, N+1$; e $N, N+1, N+2$. Desse modo, se o valor de N for muito baixo, ele pode reduzir significativamente um, dois ou três valores médios. Em consequência disso, todo o concreto representado pelos ensaios numerados de $N-2$ a $N+2$ é considerado como não atendendo à especificação. Entretanto, não atendimentos ocasionais às exigências da ACI 318-02[14.8] devem ser esperados (provavelmente um a cada 100 ensaios), de modo que não deve haver uma rejeição automática do concreto.

As exigências do Eurocode 2:2004 se assemelham às do ACI 318-08, mencionado anteriormente. Um resultado de ensaio é a média das resistências de dois corpos de prova, mas, na norma britânica, são utilizados corpos de prova cúbicos. O procedimento britânico adota o critério de *resistência característica*, que é definida como o valor da resistência abaixo do qual se admite que estejam 5% de todos os valores de ensaios. A *margem* entre a resistência característica e a resistência média é escolhida para obter essa probabilidade. A conformidade ao valor especificado da resistência é atingida quando os dois seguintes requisitos são cumpridos:

(a) O valor médio de quatro resultados de ensaios consecutivos supera a resistência característica especificada em 3 MPa; e

(b) Nenhum resultado de ensaio é menor do que a resistência característica especificada menos 3 MPa.*

São prescritas exigências semelhantes para ensaios de tração na flexão, mas os valores constantes em (a) e (b) anteriores são substituídos por 0,3 MPa.

O tema da conformidade às normas não pode ser tratado adequadamente neste livro, mas algumas observações são válidas. Não é possível fazer uma distinção de forma inequívoca entre um concreto adequado ou não, a menos que realizando ensaios na totalidade do concreto!. O objetivo dos ensaios é distinguir de forma adequada para que se obtenha um equilíbrio entre o risco de o produtor ter um "bom" concreto rejeitado e o risco de o consumidor aceitar um "mau" concreto. Esse equilíbrio é determinado pela amplitude dos planos de ensaio, bem como das regras utilizadas.[14.31]

Variabilidade da resistência

Deve ser relembrado (ver página 667) que a abscissa de qualquer ponto da curva de distribuição normal é expressa em termos do desvio padrão, σ, e o número de corpos de prova cuja resistência difira da média mais do que $k\sigma$ é representado pela área proporcional abaixo da curva normal e é apresentada em tabelas estatísticas (Tabela 14.1).

Sendo assim, se a resistência média de uma amostra de corpos de prova é $\bar{x}$, e a porcentagem de corpos de prova cujas resistências podem ser menores do que certo valor $(\bar{x} - k\sigma)$ é especificada, então o valor de k pode ser obtido a partir de tabelas estatísticas, e a diferença real entre a média e o mínimo, $k\sigma$, dependerá somente do valor do desvio padrão σ, conforme mostrado na Figura 14.3. Como o consumo de cimento do concreto de determinada trabalhabilidade está relacionado à resistência média, é possível ver que, quanto maior for o desvio padrão, maior será o consumo de cimento necessário para uma determinada resistência mínima.

A diferença $(\bar{x} - k\sigma)$ também pode ser expressa em termos do coeficiente de variação, $C = \sigma/\bar{x}$, como $\bar{x}(1 - kC)$. Os dois métodos de estimativa da resistência mínima são idênticos quando aplicados a concretos de mesma resistência média, mas, quando os dados obtidos para uma mistura são utilizados para prever a trabalhabilidade de uma mistura de resistência diferente, o resultado dependerá de o desvio padrão ou o coeficiente de variação não serem afetados por alterações na resistência.

Caso o desvio padrão seja considerado como constante, sabendo-se o valor estimado do desvio padrão, σ, de uma mistura, pode ser calculada a resistência média de qualquer outra mistura por meio da adição de um valor constante, $k\sigma$, ao mínimo. Essa diferença entre a média e o mínimo pode ser constante para o mesmo processo de produção do concreto. Por outro lado, caso o coeficiente de variação seja considerado

---

* N. de R.T.: Nas normas brasileiras, a resistência especificada pelo projetista estrutural é a resistência característica à compressão (f_{ck}) e a resistência de dosagem (f_{cmj}) é a resistência média do concreto à compressão, prevista para a idade de j dias, ambas em MPa. O f_{ck} é o valor estabelecido no projeto estrutural, associado a uma probabilidade de 5% de não ser atingido, conforme a NBR 6118:2014 versão corrigida 2014. A NBR 12655:2015, versão corrigida 2015, define que a resistência média do concreto à compressão é obtida por meio da expressão $f_{cmj} = f_{ckj} + 1,65 \times S_d$, onde S_d é o desvio padrão de dosagem, que é estabelecido em função das condições de preparo do concreto.

764 Propriedades do Concreto

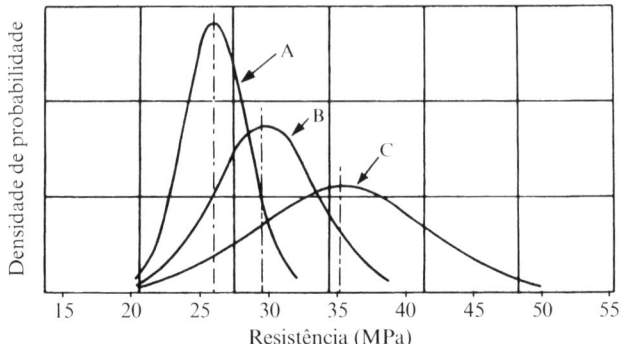

Figura 14.3 Curvas de distribuição normal para concretos com resistência mínima (superada por 99% dos resultados) de 20,6 MPa.

	$\bar{x}$	σ
	MPa	MPa
A	26,2	2,4
B	29,6	3,9
C	35,2	6,2

(Crown copyright)

como constante, a resistência mínima será uma proporção fixa da média. Essas duas situações estão ilustradas no exemplo numérico seguinte.

Considerando que um concreto produzido e ensaiado sob determinadas condições possui resistência média de 25 MPa e desvio padrão igual a 4 MPa. Conforme o ACI 214-77 (reaprovado em 1989),[14.18] isso representa um "bom" controle (ver Tabela 14.2). O coeficiente de variação é (4/25) × 100, ou seja, 16%. Para fins de ilustração, será adotado que a resistência "mínima" exigida é definida como a resistência superada em 99% de todos os resultados. Com o uso da Tabela 14.1, obtém-se o valor da resistência "mínima":

$$25 - 2,33 \times 4 = 15,7 \text{ MPa}.$$

Tabela 14.2 Classificação do padrão de controle de concretos com resistências de até 35 MPa, segundo o ACI 214-77 (reaprovado em 1989)[14.18]

Padrão de controle	Desvio padrão (MPa)	
	Em obra	Em laboratório
Excelente	<3	<1,5
Muito bom	3–3,5	1,5
Bom	3,5–4	1,5–2
Razoável	4–5	2–2,5
Insatisfatório	>5	>2,5

Considere agora que o objetivo seja produzir, sob as mesmas condições e utilizando os mesmos materiais, um concreto com uma resistência "mínima" de 50 MPa. A resistência média a ser alcançada, conforme o "método do coeficiente de variação", será:

$$\frac{50}{1 - 2{,}33 \times 0{,}16} = 79 \text{ MPa}$$

enquanto o resultado dado pelo "método do desvio padrão" seria:

$$50 + 2{,}33 \times 4 = 59 \text{ MPa}.$$

A relevância prática da diferença entre os dois métodos é claramente refletida no custo de produção de um concreto de 79 MPa em comparação a um concreto de 59 MPa em mesmas condições de controle.

Uma estimativa da diferença entre a resistência média e a resistência "mínima" especificada, ou resistência característica, deve ser feita no início do processo de dosagem. A recomendação do ACI 214-77 (reaprovado em 1989)[14.18] não é definitiva: "A decisão da escolha do desvio padrão ou do coeficiente de variação como a medida de dispersão apropriada para utilização em determinada situação depende de qual das duas medidas é a mais aproximadamente constante no intervalo de resistências características dessa situação". Apesar disso, o ACI 214-77 (reaprovado em 1989)[14.18] inclui uma tabela, reproduzida aqui como a Tabela 14.2, baseada na consideração de desvio padrão constante para concretos com resistência de até 35 MPa. Entretanto, as discussões no Committee 214 do ACI continuam, já que as opiniões estão divididas. Deve ser destacado que a conveniência dos cálculos e a simplicidade do procedimento, frequentemente trazidos às discussões, não são critérios adequados para a decisão sobre a utilização do desvio padrão ou do coeficiente de variação. O aspecto que interessa é o comportamento real do concreto na obra.

As recomendações do ACI 214-77 (reaprovado em 1989)[14.18] baseiam-se em concretos utilizados até meados da década de 1970, que raramente excediam 35 MPa (resistência determinada em corpos de prova cilíndricos). Portanto, é questionável se a abordagem adotada por essa norma é necessariamente aplicável a concretos com resistência superior a 80 MPa, sem mencionar os concretos da faixa de 120 MPa.

Antes de analisar a variabilidade do concreto de alta resistência, pode ser interessante considerar as alterações na forma de produção do concreto que ocorreram entre 1970 e meados da década de 1990. Não há dúvidas de que os equipamentos de dosagem sofreram grandes aperfeiçoamentos, com uma consequente redução significativa da variabilidade das quantidades dos materiais entre betonadas. Como resultado, é possível esperar que o desvio padrão entre os resultados dos ensaios seja menor do que no passado. Por outro lado, existem poucas expectativas para esperar que a variação dos resultados dentro dos ensaios – ou seja, aqueles decorrentes de erros do operador e da máquina de ensaio – sejam menores do que a dos anos 1970. Portanto, é provável que o desvio padrão geral dos resultados sejam menores, mas não muito, do que era que no passado.

É importante destacar, ainda, que não são os desvios padrão dentro e entre os ensaios que são aritmeticamente cumulativos e sim as variâncias. Por exemplo, caso o desvio padrão dentro do ensaio seja de 3 MPa e 4 MPa entre os ensaios, o desvio padrão global será $(3^2 + 4^2)^{1/2} = 5$ MPa. A redução no desvio entre ensaios para 3 MPa, sem alterar o desvio dentro do ensaio, reduziria o desvio global para $(3^2 + 3^2)^{1/2} = 4,25$ MPa. Desse modo, nesse exemplo específico, a redução de 1 MPa do desvio entre ensaios diminuiu somente 0,75 o desvio padrão global.

Analisando novamente o concreto de alta resistência, é sensato considerar que ele somente é produzido em centrais modernas com baixa variabilidade no processo de proporcionamento dos materiais e com mão de obra altamente qualificada. Entretanto, as mesmas centrais também produzem concretos de baixa e média resistência, cujas variabilidades também serão menores do que as dos concretos similares produzidos na década de 1970. Conclui-se, então, que a análise da variabilidade do concreto de alta resistência, que é de produção recente, em relação aos concretos dos anos 1970 resulta em uma imagem distorcida.

A abordagem do ACI 363R-92[14.22] é reconhecer que o desvio padrão do concreto de "alta resistência é constante na faixa de 3,5 a 4,8 MPa". Desse modo, o coeficiente de variação diminui com o aumento da resistência e, conforme o ACI 363R-92, "o método de avaliação pelo desvio padrão parece ser o procedimento lógico para o controle de qualidade".

O problema do desvio padrão ou do coeficiente de variação constantes ainda é controverso, mas, para um nível de controle constante, dados de ensaios laboratoriais, bem como alguns resultados obtidos em obras, têm dado respaldo para a sugestão de um coeficiente de variação constante para concretos bem adensados com diferentes proporções e resistências superiores a 10 MPa (Figura 14.4). Por outro lado, a mediana de desvios padrão para diferentes resistências características medidas em centrais de concreto na Suécia em 1975 sugeriu um desvio padrão constante. Os valores reais são os seguintes:[14.32]

Classe de resistência	20	25	30	40	50	60
Desvio padrão (MPa)	3,2	3,3	3,5	3,7	3,4	3,3

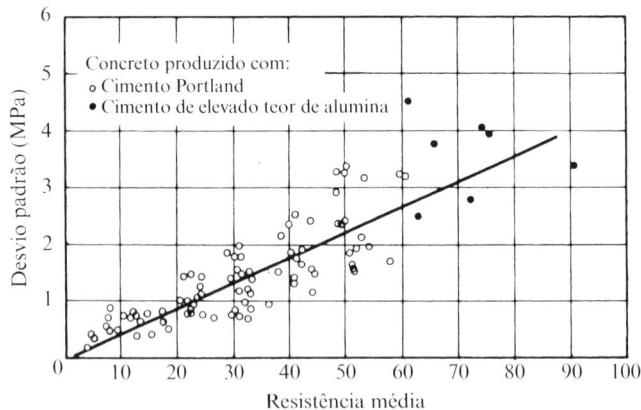

Figura 14.4 Relação entre o desvio padrão e a resistência média de ensaios laboratoriais de corpos de prova cúbicos, sendo mostrada a linha de regressão.[14.26]

A distribuição do desvio padrão para todas as classes de concreto é mostrada na Figura 14.5.

A norma suíça SAI 162 (1989),[14.21] provavelmente baseada em experiência local, considera que o desvio padrão é independente da resistência para resistências até 45 MPa determinadas em corpos de prova cúbicos de 200 mm.

Levantamentos de resultados de ensaios de uma grande quantidade de obras sugerem que a consideração de um valor constante, seja para o desvio padrão ou para o coeficiente de variação, em todas as idades tem validade geral para corpos de prova moldados em obras. A partir da análise de Newlon sobre o problema,[14.30] surge que

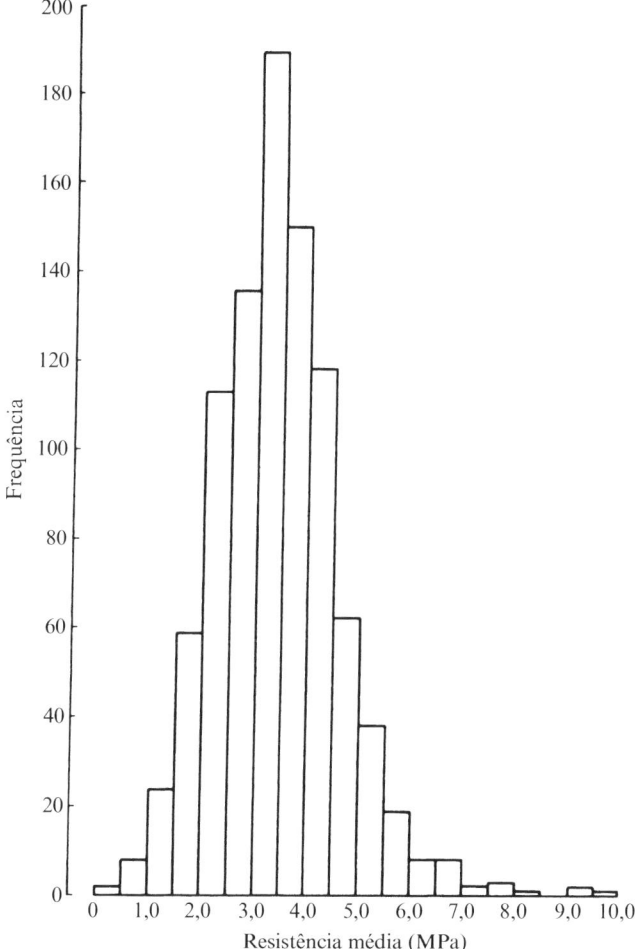

Figura 14.5 Distribuição do desvio padrão (em intervalos de 0,5 MPa) para todas as classes de concreto de centrais na Suécia em 1975.[14.32]

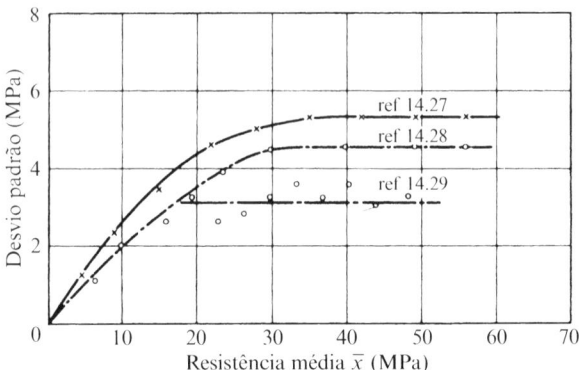

Figura 14.6 Relação entre o desvio padrão e a resistência média de corpos de prova obtidos a partir da análise de dados de obras.[14.30]

o coeficiente de variação é constante até um determinado valor-limite de resistência, mas que, para resistências mais elevadas, o desvio padrão permanece constante (ver Figura 14.6). Diferentes pesquisadores obtiveram diferentes valores para esse valor-limite, o qual pode depender das condições da obra e das práticas gerais de execução.

Entretanto, é possível sugerir algumas generalizações. A Figura 14.6 indica que, para corpos de prova cúbicos individuais, o valor-limite é aproximadamente 34 MPa. Para a média de dois corpos de prova cilíndricos ele é cerca de 17 MPa, e um levantamento internacional abrangendo corpos de prova cúbicos e cilíndricos, ensaiados isoladamente e aos pares, apresentou um valor intermediário de aproximadamente 31 MPa. Os fatores que colaboraram para essas diferenças não são claros, mas provavelmente a menor variabilidade dos cilindros, em comparação aos cubos (ver página 619), é relevante. Também pode ser destacado que, para a mesma resistência intrínseca, a resistência do cilindro é mais baixa do que a do cubo. Todos esses dados se aplicam a ensaios em uma idade estabelecida: para concretos de mesma origem, o aumento da idade resulta em redução do coeficiente de variação, mas o desvio padrão aumenta. Desse modo, o nível de resistência também é relevante – não somente as condições de preparo do concreto.

É provável que nem o desvio padrão nem o coeficiente de variação sejam constantes em uma grande faixa de resistências de concretos produzidos em uma mesma central. Esse ponto de vista é apoiado pelo comentário do ACI 318-02,[14.8] que declara que "pode haver um aumento do desvio padrão quando o nível da resistência média aumenta significativamente, embora o incremento da elevação do desvio padrão possa ser um menor do que se fosse proporcional ao aumento da resistência". A abordagem britânica[14.11] é considerar o desvio padrão como proporcional à resistência até 20 MPa, mas, para resistências mais elevadas – ou seja, para concreto estrutural –, o desvio padrão é considerado como constante. Entretanto, na prática, é melhor estabelecer relações experimentais entre a média das resistências mínimas em condições reais de obra.

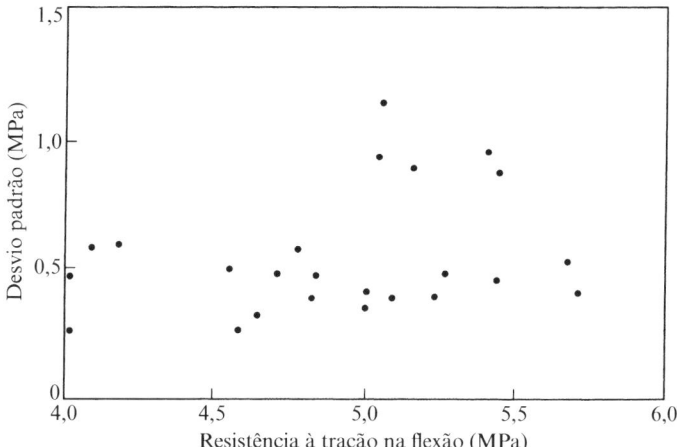

Figura 14.7 Relação entre o desvio padrão e a resistência à tração na flexão aos 28 dias, determinada em construção de pavimentos.[14.3]

Em relação à variabilidade da resistência à tração na flexão, Greer[14.2] & Lane[14.3] confirmaram resultados anteriores de que tanto o desvio padrão dentro do ensaio quanto entre os ensaios são independentes do valor da resistência à tração na flexão. Um valor típico de desvio entre ensaios, para um bom nível de controle, é inferior a 0,4 MPa (ver Figura 14.7).*

Controle de qualidade

A partir da Figura 14.3, fica evidente que, quanto menor for a diferença entre a resistência mínima e a resistência média do concreto, menor será o consumo de cimento. O fator que controla essa diferença para um concreto de determinado nível de resistência é o controle de qualidade. Isso é traduzido pelo controle da variação das propriedades dos

---

* N de R.T.: A NBR 12655.2015, versão corrigida 2015, estabelece que existem duas situações em relação ao desvio padrão: (a) desvio padrão conhecido e (b) desvio padrão desconhecido. A primeira deve ser adotada quando o concreto for elaborado com os mesmos materiais, com equipamentos similares e condições equivalentes. Nesse caso, o desvio padrão é fixado a partir de no mínimo 20 resultados consecutivos, obtidos no intervalo de 30 dias, em período imediatamente anterior, e o valor adotado não deve ser menor que 2,0 MPa. Para a segunda situação o valor do desvio padrão deve ser fixado em função das condições de preparo do concreto, sendo estabelecidos 3 valores: 4,0 MPa; 5,5 MPa e 7,0 MPa. O primeiro destina a obras realizadas em todas as classes de resistência do concreto, devendo os materiais serem medidos em massa, água de amassamento em massa ou volume com dispositivo dosador e feitas as devidas correções em função da umidade dos agregados. O segundo valor é aplicado a concretos de classes C10 a C20 MPa, sendo o cimento medido em massa, água de amassamento em volume com uso de dispositivo dosador e agregados medidos em massa combinada com volume. O terceiro valor somente pode ser aplicado a concretos de classes C10 e C15, com cimento medido em massa, agregados em volume e a água de amassamento em volume, com a quantidade corrigida em função da estimativa da umidade dos agregados.

componentes da mistura e também do controle da precisão das operações que afetam a resistência ou a consistência do concreto, ou seja, proporcionamento, mistura, transporte, lançamento, cura e ensaio. Portanto, o controle de qualidade é uma ferramenta de produção, e uma de suas consequências é o desvio padrão.

A variação da resistência do cimento foi discutida no Capítulo 7. Em uma grande obra, é possível diminuir grande parte de sua variação pela obtenção do cimento de somente uma origem, situação em que a resistência real do cimento pode ser aproveitada.

A influência da variação da granulometria dos agregados foi vista no Capítulo 3, e esse é um fator de especial importância quando a mistura é controlada por requisitos de trabalhabilidade. Para a trabalhabilidade ser mantida constante, uma alteração na granulometria pode implicar um aumento da quantidade de água e uma consequente diminuição da resistência.

Variações na resistência do concreto também decorrem de mistura inadequada, adensamento insuficiente, cura irregular e variações nos procedimentos de ensaios, todos discutidos nos capítulos anteriores, portanto é evidente a necessidade de controle desses fatores.

Alterações no teor de umidade dos agregados, a menos que cuidadosamente compensadas pela quantidade de água adicionada, também afetam seriamente a resistência do concreto. Para minimizar essas alterações, as pilhas de agregados devem ser dispostas de modo que seja possível o escoamento da água antes do uso, e, além disso, o operador da betoneira deve possuir treinamento adequado para a manter a trabalhabilidade da mistura constante.

Um desvio padrão pode ser atribuído a cada fator individualmente, embora, em alguns casos, a magnitude dos efeitos individuais não possa ser determinada. Como já mencionado, os diversos desvios padrão são aditivos sob a forma de raiz quadrada, de modo que, se σ_1 e σ_2 são atribuídos a duas causas, o desvio padrão resultante, σ, é $\sigma = \sqrt{(\sigma_1^2 + \sigma_2^2)}$. É importante lembrar que considerar o desvio padrão como uma adição aritmética pode resultar em superestimar de forma grosseira o desvio padrão global. A determinação das contribuições individuais dos diversos fatores à variação global, obtida por métodos estatísticos, é importante para a decisão de se a adoção de medidas para a redução da variação é vantajosa economicamente ou se essa redução é desproporcionalmente pequena em relação ao custo do controle melhorado.

Algumas vezes, o controle de qualidade é tomado como sinônimo da produção de concreto de alta resistência. Isso certamente não é verdade, já que o concreto de baixa resistência pode ser produzido em boas condições de controle, o que, de fato, é praticado no caso de estruturas de concreto massa, em que a obtenção de grandes quantidades de concretos de baixo consumo de cimento com baixa variabilidade resulta em grande economia. O nível de controle é avaliado pela variação nos resultados de ensaio por meio de diversas técnicas estatísticas disponíveis.

Por uma questão de complementação, a *garantia de qualidade* deve ser citada. Esse é um sistema de controle administrativo "implementado por meio de programas de garantia de qualidade para fornecer meios de controle para atividades que afetam a qualidade, conforme os requisitos predeterminados".[14.7] Dessa forma, a garantia da qualidade é uma ferramenta gerencial para o proprietário da estrutura, mas a garantia da qualidade *em si* não produz concretos adequados para as condições dadas.

Fatores que controlam a dosagem

Na etapa atual, pode ser interessante reforçar o objetivo básico: determinar as proporções mais econômicas para um concreto que atenda aos requisitos nos estados fresco e endurecido. Para alcançar esse objetivo, devem ser considerados os diversos fatores da Figura 14.1 e deve ser seguida a sequência de decisões até a seleção final das proporções da mistura. Deve ser destacado que a relação água/cimento e a resistência já foram discutidas.

Durabilidade

Já foi mencionado, em mais de uma oportunidade, que a seleção das proporções da mistura não deve somente atender às exigências de resistência, mas também garantir durabilidade adequada. Entretanto, ainda não existe uma abordagem aceita globalmente e confiável para a seleção das proporções da mistura necessária para durabilidade em qualquer condição dada. Uma razão para essa situação é a grande variedade de condições de exposição, incluindo condições extremamente agressivas em áreas costeiras muito quentes e reconhecidamente áridas. Nessas áreas, a proteção das armaduras contra a corrosão afeta significativamente as proporções da mistura do concreto na região do cobrimento.

O reconhecimento de que a exigência de durabilidade deve ser específica é, atualmente, amplamente aceito, mas o pensamento anterior era que o concreto era inerentemente durável e que ele poderia permanecer em serviço por um longo período sem a necessidade de manutenção. A máxima era "concreto resistente é concreto durável". Por exemplo, o British Code of Practice CP 114 (1948)[14.12] citava: "Nenhuma manutenção estrutural deve ser necessária para um concreto denso, executado segundo esse código". Até mesmo a edição de 1969 do mesmo código[14.10] limitava-se à seguinte afirmação: "Quanto maior é a severidade da exposição, maior é a qualidade do concreto necessária...".

Os fatores que influenciam a durabilidade foram discutidos nos Capítulos 10 e 11, e, a partir de agora, serão analisadas formas simples de especificar as proporções das misturas para se obter a durabilidade necessária. A palavra "simples" é utilizada como reconhecimento do fato de que a penetrabilidade do concreto, que desempenha papel fundamental em sua durabilidade, não pode ser controlada diretamente na produção do concreto. Consequentemente, deve haver confiança na relação água/cimento, no teor de cimento, na resistência à compressão e, de fato, qualquer um desses fatores, ou até dois ou os três, podem ser utilizados simultaneamente. Vale a pena reafirmar que, qualquer que seja a proporção escolhida, o concreto deve ser passível de pleno adensamento com os meios disponíveis, e esse adensamento deve ser obtido em situação real.

O ACI 318-02[14.8] dedica um capítulo específico às exigências de durabilidade. Em relação à exposição ao gelo-degelo, essa norma exige, para concretos normais, um valor máximo de relação água/cimento e, para concretos com agregados leves, uma resistência mínima, valores que são mostrados na Tabela 14.3. A razão para esse tratamento diferenciado aos dois tipos de concretos está no fato de não ser viável o controle da relação água/cimento de concretos com agregados leves. Além disso, todos os concretos devem possuir ar incorporado, especificando-se o teor total de ar conforme as condições de exposição e a dimensão máxima do agregado utilizado (ver Tabela 11.3). As limitações nas quantidades de cinza volante e escória granulada de alto-forno, quando são utilizados agentes descongelantes, prescritas pelo ACI 318-02, são apresentadas na página 695.

772 Propriedades do Concreto

Tabela 14.3 Exigências do ACI 318-02[14.8] para concretos expostos a gelo-degelo

Condição de exposição	Relação água/cimento máxima para concreto normal	Resistência à compressão mínima para concreto com agregados leves, medida em corpos de prova cilíndricos (MPa)
Exposição à água quando necessária baixa permeabilidade	0,50	28
Exposição ao gelo-degelo em condições úmidas ou a agentes descongelantes	0,45	31
Exposição a cloretos de agentes descongelantes ou respingos ou borrifos de água do mar ou necessidade de proteção contra a corrosão	0,40	34

As exigências sugeridas pelo U.S. Strategic Highway Research Program[14.14] são mais rigorosas do que as do ACI 318-02, e a relação água/cimento não deve ser maior do que 0,35, de forma a garantir a descontinuidade capilar na pasta de cimento após um dia de cura.

A norma britânica BS 5238-1:1997 contém uma elaborada classificação de condições de exposição e recomenda valores apropriados de relação água/cimento máxima, de consumo mínimo de cimento e de resistência à compressão aos 28 dias. Esses valores recomendados provavelmente são inadequados em condições climáticas diferentes das temperadas e, até mesmo em condições britânicas, eles podem ser um tanto otimistas. Uma dessas recomendações é a relação água/cimento máxima de 0,55, consumo mínimo de cimento de 325 kg/m^3 e resistência característica de 40 MPa (medida em corpos de prova cúbicos) para utilização em concretos, excepcionalmente, expostos à borrifos de água do mar ou a agentes descongelantes ou a condições severas de congelamento enquanto umedecido. Essas recomendações não são endossadas por este livro. Todas as partes da BS 5238 foram canceladas e substituídas pela BS EN 206-1:2000 e a BS 8500:Partes 1 & 2:2002.*

---

* N. de R.T.: No Brasil, as exigências de durabilidade do concreto são estabelecidas pela NBR 6118:2014, versão corrigida 2014, e pela NBR 12655:2015, versão corrigida 2015. São estabelecidas quatro classes de agressividade ambiental e tipo de ambiente: fraca (rural e submersa); moderada (urbana); forte (marinha e industrial); e muito forte (industrial e respingos de maré). Essas condições são associadas a exigências de relação água/cimento máxima, resistência característica à compressão mínima e consumo mínimo de cimento por m^3 de concreto, sendo apresentados valores diferenciados para elementos em concreto armado e em concreto protendido. A NBR 12655:2015, versão corrigida 2015, estabelece ainda exigências para três condições de exposição, denominadas especiais: concreto com necessidade de baixa permeabilidade à água; exposição a gelo-degelo em condições de umidade ou agentes químicos de degelo; e exposição a cloretos provenientes de agentes químicos de degelo, sais, água salgadas, água do mar ou respingos ou borrifos desses agentes. Nesses casos, são estabelecidos valores máximos para a relação água/cimento para concreto com agregado normal e mínimos de f_{ck} diferenciados para concreto com agregado normal e leve.

Segundo a BS 5328-1:1997 (cancelada), uma resistência satisfatória "irá, em geral, garantir que os limites da relação água/cimento livre e o consumo de cimento serão obtidos sem necessidade de verificações adicionais". Tendo em vista a grande disponibilidade de cimentos disponíveis mundialmente, essa consideração pode não ser válida e, portanto, não é recomendada neste livro. Em especial, alguns materiais cimentícios aumentam a resistência à compressão do concreto, mas uma resistência mais elevada não necessariamente contribui para a resistência ao gelo-degelo ou à carbonatação.[14.9] É bastante incerto que somente a resistência possa ser utilizada como um indicador da durabilidade.

Em relação ao ataque por sulfatos, a BS 5328-1:1997 recomenda tanto um valor máximo para a relação água/cimento quanto um consumo mínimo de cimento e também especifica o tipo de cimento a ser utilizado para várias concentrações de sulfatos em água subterrânea ou no solo. É possível argumentar que existe alguma incoerência entre a abordagem dessa norma em relação ao ataque por sulfatos e em relação a outras condições de exposição nas quais a resistência é utilizada isoladamente como uma medida de conformidade. Essa situação pode muito bem decorrer da combinação de nossa compreensão inadequada do comportamento do concreto sob diversas formas de ataque aliada a dificuldades práticas de controle de todos os aspectos dos componentes do concreto e de suas proporções.

Para a resistência aos sulfatos, o ACI 225R-91[14.17] prescreve uma relação água/cimento máxima entre 0,45 e 0,50 para as condições de exposição apresentadas na Tabela 10.7. Os materiais cimentícios a serem utilizados também são prescritos.*

O consumo de cimento em si não controla a durabilidade: sua importância diz respeito à relação água/cimento, que, por sua vez, influencia a resistência. Além do mais, ao considerar a confiança no consumo mínimo de cimento, deve ser lembrado que, embora ele seja expresso em kg/m^3 de concreto, a durabilidade depende muito das propriedades da pasta de cimento hidratada. Desse modo, é o consumo de cimento da pasta que é relevante, e o volume de pasta de cimento (por unidade de volume de concreto) é menor quanto maior é a dimensão máxima do agregado. Em virtude disso, a BS 5238-1:1997 recomenda o seguinte ajuste do teor de cimento em função da dimensão máxima do agregado. O consumo especificado de cimento do concreto com agregado de dimensão máxima igual a 20 mm deve ser aumentado em 20 kg/m^3 quando a dimensão máxima do agregado for 14 mm e 40 kg/m^3 quando for 10 mm. Da mesma forma, quando a dimensão máxima do agregado for 40 mm, o consumo de cimento pode ser diminuído em 30 kg/m^3, em comparação ao concreto com agregado de 20 mm. Deve ser destacado que, segundo a abordagem francesa, o consumo de cimento é considerado inversamente proporcional à raiz quinta da dimensão máxima do agregado. Isso imputa grande importância à dimensão máxima do agregado sobre o consumo de cimento exigido.

Caso, em razão da durabilidade, seja exigida uma relação água/cimento máxima, mas as exigências estruturais em relação à resistência resultem em relação água/cimento mais elevada, não devem ser feitas especificações incompatíveis entre a resistência e

---

* N. de R.T.: em relação ao ataque por sulfatos, a NBR 12655:2015 versão corrigida 2015 estabelece três condições de exposição: fraca, modera e severa. Em função das condições são especificados valores máximos de relação água/cimento para concreto com agregados normais e mínimos f_{ck} diferenciados para concreto com agregado normal e leve. Para condição de exposição severa é obrigatória a utilização de cimento resistente a sulfatos.

a relação água/cimento. Em vez disso, deve ser utilizada uma resistência maior para que corresponda à relação água/cimento referente às exigências de durabilidade. Desse modo, não há risco de o produtor do concreto não atender à relação água/cimento e basear-se somente na resistência. Essa resistência mais elevada pode ser estabelecida antes do início do projeto estrutural, de modo a tirar vantagem desse valor mais elevado no dimensionamento estrutural.

Deve ser mencionado que se sabe pouco sobre a variabilidade da relação água/cimento do concreto in sito. Segundo Gaynor,[14.13] em obras bem controladas, o desvio padrão da relação água/cimento varia entre 0,02 e 0,03. Essa variabilidade elevada pode ser um reflexo do fato de que a quantidade total de água livre em uma determinada betonada não é facilmente determinada. Uma razão para isso é que, mesmo com a medição precisa da umidade dos agregados, o resultado pode não ser representativo de toda a betonada.

A relação água/cimento isoladamente não determina a resistência do concreto à penetração de cloretos. O tipo de material cimentício utilizado exerce grande efeito sobre a penetrabilidade do concreto produzido. Em especial, concretos contendo tanto escória granulada de alto-forno quanto sílica ativa oferecem uma resistência particularmente boa. Essa situação exemplifica a dificuldade de basear as especificações em relação à durabilidade somente na resistência. O mesmo argumento se aplica ao uso isolado do consumo de cimento.

A natureza dos materiais cimentícios a serem utilizados é de vital importância também em outras condições de exposição. Quando o concreto está sujeito a ataques químicos, deve ser utilizado um tipo de cimento apropriado, mas, se a resistência ao gelo-degelo for o único requisito de durabilidade, a escolha do tipo de cimento é determinada por outros aspectos, como, por exemplo, o desenvolvimento de resistência inicial ou o elevado calor de hidratação para a concretagem em tempo frio. Na realidade, os efeitos benéficos dos diversos materiais, discutidos no Capítulo 13, devem ser aproveitados na escolha do cimento. Entretanto, os limites dos teores máximos de cinza volante e escória granulada de alto-forno, impostos pelo ACI 318-02,[14.8] para concretos expostos a agentes descongelantes devem ser lembrados (ver página 716).

Devido ao tipo de cimento influenciar o desenvolvimento de resistência inicial, pode ser necessária, para alguns cimentos, a utilização de uma baixa relação água/cimento para garantir uma resistência adequada nas idades iniciais. Desse modo, a resistência, o tipo de cimento e a durabilidade determinam a relação água/cimento necessária – uma das grandezas essenciais no cálculo das proporções da mistura.

Trabalhabilidade

Até o momento, foram analisadas as exigências em relação à produção de um concreto adequado no estado endurecido, mas, como já mencionado, são de igual importância suas propriedades quando está sendo transportado, possivelmente bombeado e lançado. Um aspecto fundamental nesse estágio é uma trabalhabilidade adequada. A seleção de proporções de misturas que não possibilitem a obtenção da trabalhabilidade apropriada anula totalmente o objetivo da dosagem racional do concreto.

Considera-se que a trabalhabilidade depende de dois fatores. O primeiro deles é a dimensão mínima da seção a ser concretada e a taxa e espaçamento da armadura. O segundo é o método de adensamento a ser utilizado.

Está claro que, quando a seção é muito esbelta e complexa ou quando existem muitos cantos ou partes inacessíveis, o concreto deve possuir alta trabalhabilidade, de forma a ser possível se obter adensamento pleno com uma quantidade razoável de esforço. O mesmo se aplica quando estão presentes perfis metálicos ou elementos embutidos – ou quando a quantidade e espaçamento entre as barras dificultam o lançamento e o adensamento. Como esses elementos da estrutura são determinados durante o projeto, a trabalhabilidade adequada deve ser garantida na seleção das proporções da mistura. Por outro lado, quando não há limitações, a trabalhabilidade pode ser escolhida dentro de limites mais amplos, mas a definição dos meios de transporte e do adensamento deve ser feita de modo coerente. É importante que o método de adensamento especificado seja utilizado em toda a construção. Sugestões de valores apropriados de abatimento de tronco de cone e dos meios de adensamento para vários tipos de construção são apresentados pela BS 5328-1:1997.*

Uma propriedade intimamente relacionada à trabalhabilidade é a coesão. Ela depende bastante da proporção de partículas finas na mistura, e, em especial em concretos de baixo consumo de cimento, deve ser dada atenção à granulometria dos agregados na fração mais fina da escala. Em algumas situações, é necessário executar diversas misturas experimentais com diferentes proporções de agregados miúdos e graúdos para encontrar a mistura com coesão mais adequada.

Embora toda mistura deva ter coesão, de modo que seja obtido um concreto uniforme e bem adensado, a importância exata da coesão varia. Por exemplo, quando o concreto deve ser transportado sem agitação por longas distâncias ou lançado por meio de uma calha ou passar entre a armadura, possivelmente para alcançar um canto inacessível, é essencial que a mistura seja realmente coesa. Nos casos em que as condições tenham menor probabilidade de ocasionar segregação, a coesão tem menor importância, mas um concreto que facilmente sofra segregação nunca deve ser utilizado.

Dimensão máxima do agregado

No concreto armado, a maior dimensão possível do agregado a ser utilizado depende da dimensão da seção do elemento e do espaçamento da armadura. Tendo isso em mente, em geral, é considerado desejável o uso do agregado com a maior dimensão possível. Entretanto, parece que a melhora das propriedades do concreto com o aumento da dimensão do agregado não se estende além de cerca de 40 mm, de forma que o uso de dimensões maiores pode não ser vantajoso (ver página 180). Em especial, em concretos de alto desempenho, o uso de agregados maiores do que 10 a 15 mm é contraproducente (ver página 706).

Além do mais, o uso de dimensões maiores implica que um maior número de pilhas de agregados deve ser mantido, e, então, as operações de proporcionamento se tornam mais complicadas. Isso pode ser antieconômico em obras pequenas, mas, onde grandes quantidades de concreto serão lançadas, o custo de manuseio adicional pode ser equilibrado pela redução do consumo de cimento do concreto.

---

* N. de R.T.: A NBR 8953:2015, classifica os concretos segundo sua consistência, medida pelo abatimento ou por métodos específicos no caso de concreto autoadensável e lista aplicações típicas para cada classe de consistência.

A escolha da dimensão máxima também pode ser regida pela disponibilidade e pelo custo dos materiais. Por exemplo, quando várias dimensões são separadas por peneiramento, em geral, é preferível não rejeitar a maior dimensão, desde que seja garantido que atenda aos aspectos técnicos.

Granulometria e tipo de agregado

A maioria das observações da seção anterior se aplica à granulometria do agregado devido ao uso do material disponível no local ser com frequência, mais econômico, mesmo que ele requeira uma mistura mais rica (desde que seja garantido que resulte em concreto sem segregação), do que trazer de uma longa distância um agregado de melhor distribuição granulométrica.

Deve ser reforçado várias vezes que, embora existam algumas exigências em relação a uma boa curva granulométrica, não existe curva ideal e que um excelente concreto pode ser produzido com uma grande variação de granulometrias de agregados.

A granulometria influencia as proporções do concreto para uma determinada trabalhabilidade e relação água/cimento. Quanto mais grossa for a granulometria, mais magro o concreto que pode ser utilizado, mas isso é verdadeiro somente dentro de certos limites, pois uma mistura de consumo muito baixo não será coesa sem uma quantidade mínima de material fino. *

Entretanto, é possível inverter o sentido da escolha: se o consumo de cimento é fixado (por exemplo, uma mistura magra pode ser essencial para concreto massa), deve ser selecionada uma granulometria com a qual o concreto com determinadas proporções de água/cimento/agregados e trabalhabilidade adequada possa ser produzido. Certamente há limites de granulometria fora dos quais não é possível a produção de um bom concreto.

A influência do tipo do agregado também deve ser considerada devido a sua textura superficial, forma e propriedades relacionadas influenciarem a relação agregado/cimento para uma trabalhabilidade desejada e para uma determinada relação água/cimento. Portanto, ao dosar um concreto, é essencial conhecer de antemão que tipo de agregado está disponível.

Uma característica importante de um agregado satisfatório é a uniformidade de sua granulometria. No caso de agregados graúdos, isso é obtido de maneira relativamente fácil pelo uso de pilhas separadas para cada fração. Entretanto, é necessária uma considerável atenção na manutenção da uniformidade da granulometria do agregado miúdo, e isso é especialmente importante quando a quantidade de água da mistura é controlada pelo operador da betoneira com base em uma trabalhabilidade constante. Uma alteração súbita em direção à granulometria mais fina requer mais água para a manutenção da trabalhabilidade, resultando em uma menor resistência da betonada em questão. O excesso de agregado miúdo também impossibilita o adensamento pleno do concreto e resulta em diminuição da resistência.

Portanto, enquanto a especificação de limites muito rigorosos para a granulometria do agregado pode ser excessivamente restritiva, é essencial que a granulometria apresente variações somente dentro de limites especificados entre as betonadas.

---

* N. de R.T.: Concreto magro ou concreto pobre são designações adotadas para concretos com baixos consumos de cimento.

Consumo de cimento

Todos os fatores considerados até o momento, incluindo a relação água/cimento, irão determinar entre si a relação agregado/cimento ou o consumo de cimento do concreto. Para a obtenção de uma ideia clara das diversas influências, deve ser consultada novamente a Figura 14.1.

A escolha do consumo de cimento é feita tanto com base na experiência quanto, alternativamente, por gráficos e tabelas preparadas a partir de exaustivos ensaios laboratoriais. Essas tabelas não são nada mais do que uma orientação para as proporções necessárias do concreto, já que são aplicadas plenamente somente para os agregados utilizados para sua obtenção. Além do mais, as proporções recomendadas geralmente são baseadas em granulometrias de agregados que se mostraram satisfatórias. Quando é necessário um afastamento significativo dessas granulometrias, pode ser útil considerar algumas "regras" estabelecidas ainda nos anos 1950. Uma delas é: quando existe um excesso de partículas menores do que 600 μm, a quantidade de material passante na peneira de 4,76 mm deve ser diminuída em até 10% do agregado total. Por outro lado, quando há um excesso de partículas entre 1,20 e 4,76 mm, a quantidade de agregado miúdo deve ser aumentada. Entretanto, o agregado miúdo com excesso de partículas entre 1,20 mm e 4,76 mm produz misturas ásperas que podem exigir maior quantidade de cimento para a obtenção da trabalhabilidade adequada.

Ao comparar diversas misturas, em algumas situações é conveniente converter de forma rápida a relação agregado/cimento em consumo de cimento ou vice-versa, e a Figura 14.8 torna essa operação bastante fácil.

Proporções da mistura e quantidades por betonada

Com a relação água/cimento e consumo de cimento conhecidos, não há dificuldade na determinação das proporções do cimento, da água e dos agregados. Na prática, o agregado é fornecido em pelo menos duas pilhas, e as quantidades de agregados de cada dimensão devem ser fornecidas separadamente. Isso não representa problema, pois, ao buscar uma granulometria adequada, já foram calculadas as proporções das diferentes frações do agregado. Os detalhes dos cálculos são apresentados no exemplo da página 782.

Para fins práticos, as quantidades de materiais são dadas em kg por betonada. Quando o cimento é fornecido a granel, opta-se pela dosagem dos materiais de um modo que a soma de suas quantidades seja igual à capacidade da betoneira. Quando o cimento é fornecido em sacos, e não existe possibilidade de pesagem, é preferível determinar as quantidades de materiais por betonada de forma proporcional a um saco ou múltiplos inteiros disso. A massa de cimento é, então, conhecida com precisão. Em casos excepcionais, pode ser utilizado meio saco, mas outras frações não podem ser determinadas de modo confiável e não devem ser utilizadas. Os tamanhos dos sacos são fornecidos na página 7.

Caso um concreto com determinadas proporções seja modificado pelo uso de um aditivo, são necessárias algumas alterações na quantidade de alguns componentes. Um princípio importante é manter o volume de agregado graúdo por unidade de volume de concreto e ajustar somente o volume de agregados miúdos. Isso é feito por meio da alteração da quantidade de agregado miúdo, com base no volume absoluto, por uma quantidade igual e oposta dos volumes de água, ar incorporado e cimento. A parte líquida de qualquer aditivo é considerada como parte da água de amassamento.

778 Propriedades do Concreto

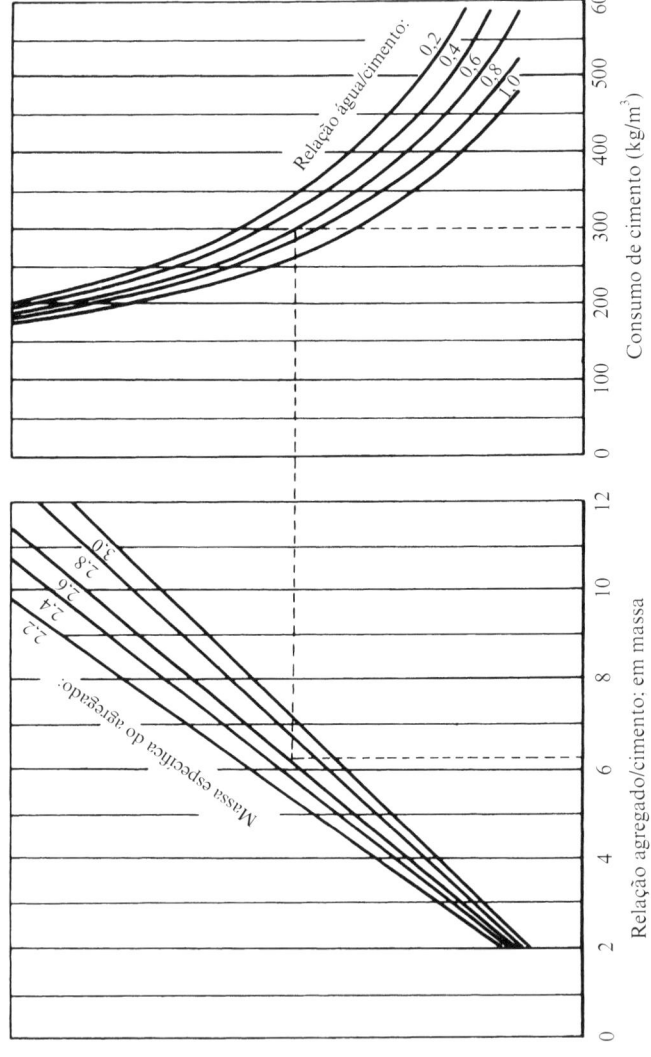

Figura 14.8 Gráfico para conversão da relação agregado/cimento e consumo de cimento.

Cálculo pelo volume absoluto

O procedimento descrito até o momento resultou na determinação da relação água/cimento e do consumo de cimento ou da relação agregado/cimento e, também, das proporções relativas dos agregados de diversas dimensões, mas não resultou no volume do concreto plenamente adensado produzido com esses materiais. Esse volume é obtido por um cálculo simples, utilizando-se o procedimento conhecido como método dos volumes absolutos, que considera que o volume do concreto adensado é igual à soma dos volumes de todos os componentes.

É usual o cálculo das quantidades dos materiais para a produção de 1 m³ de concreto. Portanto, se A_g, C, A e P são, respectivamente, as quantidades, em massa, necessárias de água, cimento, agregado miúdo e agregado graúdo, tem-se, para 1 m³:

$$\frac{A_g}{1.000} + \frac{C}{1.000\gamma_c} + \frac{A}{1.000\gamma_a} + \frac{P}{1.000\gamma_p} = 1$$

onde γ_c, γ_a e γ_p representam a massa específica de cada material.

Os cálculos da dosagem resultam nos valores de a/c; c/(a + p) e a/p, a partir dos quais podem ser obtidos os valores de A, C, a e p.*

Quando é utilizado um material cimentício adicional, possivelmente com massa específica diferente do cimento Portland, ou quando são utilizados agregados graúdos ou miúdos de mais de um tipo, são adicionados termos respectivos às expressões. No uso de ar incorporado, e considerando $ar\%$ como sua porcentagem do volume de concreto, esse valor deve ser diminuído do volume total, resultando em $\left(1 - \frac{ar}{100}\right)$.

Nas expressões anteriores, C representa o consumo de cimento em kg/m³ e A_g o teor de água em l/m³, que não deve ser confundido com a relação água/cimento.

Caso o agregado contenha um teor de umidade livre, h, expresso como um percentual da massa de agregado seco (M_s), a quantidade de água a ser *adicionada* e a massa de agregado úmido devem ser ajustados. A massa de água livre contida no agregado deve ser somada à massa de agregado seco, portanto a massa de agregado úmido será $M_h = M_s\left(\frac{100+h}{100}\right)$. A massa de água contida no agregado será $a_g = M_h - M_s$ e deverá ser descontada da quantidade total de água, ou seja, a água a ser adicionada será $A_g - a_g$.

Em geral, cada agregado possui um teor de umidade diferente, e as correções devem ser aplicadas a cada um deles.

A determinação do teor de umidade dos agregados pode ser dispensada nos casos de produção de concretos de baixa resistência, desde que sua granulometria seja

---

* N. de R.T.: Também é usual a expressão do traço, em massa, em relação à unidade de cimento (traço unitário) conforme segue: 1 : a : p : a/c, onde 1 é a massa de cimento, "a" a massa de areia; "p" a massa de brita e "a/c" a relação água/cimento, em massa. O consumo de cimento por m³ de concreto é calculado com base no volume absoluto dos materiais, segundo a expressão $C = \dfrac{1.000}{\frac{1}{\gamma_c} + \frac{a}{\gamma_a} + \frac{p}{\gamma_p} + a/c}$, onde C é o consumo de cimento em kg/m³ de concreto e γ_c, γ_a, γ_p, respectivamente, massa específica do cimento, da areia e da brita (kg/dm³). Após a obtenção do consumo de cimento, as quantidades dos demais materiais são obtidas pela multiplicação desse valor por a, p e a/c.

razoavelmente constante e a dosagem dos materiais seja feita em massa. Sob essas circunstâncias, uma alteração na trabalhabilidade causada pela variação da umidade do agregado pode ser prevenida por um operador de betoneira experiente, capaz de ajustar a quantidade de água adicionada para que a trabalhabilidade, avaliada por experiência, permaneça constante. Dessa forma, a relação água/cimento permanece razoavelmente constante. Entretanto, deve ser ressaltado que, se um concreto, com determinadas proporções, precisa ser produzido de forma uniforme, é essencial a determinação precisa de todos os componentes, incluindo a umidade dos agregados.

No caso do proporcionamento dos materiais em volume, não é necessária a correção relativa à umidade do agregado graúdo, mas o inchamento do agregado miúdo (ver página 140) deve ser considerado. A quantidade de água adicionada deve ser ajustada pelo operador da betoneira, de modo similar à dosagem em massa.*

Misturas de agregados para obtenção de granulometria padrão

Apesar de não haver uma granulometria ideal, aspecto citado diversas vezes, pode ser desejável ou necessário dosar os materiais disponíveis de forma que a granulometria do agregado misturado seja semelhante a uma curva específica ou que se enquadre em determinados limites. Isso pode ser realizado de forma analítica ou gráfica, mas ambos os procedimentos são mais bem compreendidos por meio de exemplos.

Nesses exemplos, foi considerado que todos os agregados possuem a mesma massa específica. Entretanto, a composição física do concreto foi baseada em proporções volumétricas. Conclui-se, então, que, se as massas específicas das diferentes frações apresentarem diferenças significativas entre si, as proporções necessárias devem ser ajustadas. Essa consideração é necessária para o cálculo das proporções de concretos com agregados leves quando são utilizados agregados graúdos leves e agregados miúdos normais.

Considerando que a granulometria de um agregado miúdo e de dois agregados graúdos, apresentadas na Tabela 14.4, devem ser combinadas para se aproximar da granulometria mais grossa da Figura 3.15 (curva 1). Nessa curva, 24% do material total é passante na peneira de 4,75 mm e 50% na peneira de 19,0 mm.

Considera-se agora x, y e z como as proporções de agregado miúdo, de material entre 19,0 e 4,75 e de material entre 38,1 a 19,0 mm. Sendo assim, para atender à condição de que 50% do agregado combinado seja passante na peneira de 19,0 mm, tem-se:

$$1{,}0x + 0{,}99y + 0{,}13z = 0{,}5(x + y + z).$$

A condição de que 24% do material combinado passe na peneira de 4,75 mm pode ser escrita como:

$$0{,}99x + 0{,}05y + 0{,}02z = 0{,}24(x + y + z).$$

---

* N. de R.T.: A NBR 12655:2015, versão corrigida 2015, restringe a medida volumétrica dos agregados para concretos preparados no próprio canteiro de obras e somente para concretos não estruturais, de classe C10 e C15. Os materiais para concretos estruturais de classe C20 devem ser dosados em massa ou massa combinada com volume. Para concretos de classe C25 e superiores, os materiais devem ser medidos em massa.

Tabela 14.4 Exemplo de mistura de agregados para a obtenção de uma granulometria padrão

Dimensão da peneira (mm ou μm)	Porcentagem acumulada passante			$(1) \times 1$	$(2) \times 0{,}94$	$(3) \times 2{,}59$	$(4)+(5)+(6)$	Granulometria do agregado combinado $(7)/4{,}53$
	Agregado miúdo (1)	19,0 a 4,75 mm (2)	38,1 a 19,0 mm (3)	(4)	(5)	(6)	(7)	(8)
38,1	100	100	100	100			453	100
19,0	100	99	13	100	94	259	227	50
9,50	100	33	8	100	93	34	152	34
4,75	99	5	2	99	31	21	109	24
2,36	76	0	0	76	5	5	76	17
1,18	58			58	0	0	58	13
600	40			40			40	9
300	12			12			12	3
150	2			2			2	1/2

A partir das duas equações se obtém:

$$x:y:z = 1:0,94:2,59$$

ou seja, os três agregados estão combinados nas proporções 1:0,94:2,59.

Para obter a granulometria final do agregado combinado, multiplicam-se as colunas (1), (2) e (3) da Tabela 14.4 por 1, 0,94 e 2,59, respectivamente, e os resultados são mostrados nas colunas (4), (5) e (6). Somam-se as três colunas (coluna 7) e divide-se a soma por 1 + 0,94 + 2,59 = 4,53. O resultado, apresentado na coluna (8), é a granulometria do agregado combinado. A granulometria é dada com precisão de 1%, já que, devido à variabilidade dos materiais, uma precisão maior não faz sentido.

A Figura 14.9 mostra a granulometria do agregado combinado, juntamente com a curva padrão buscada. Existem desvios visíveis e eles são, de fato, inevitáveis, devido ao ajuste à curva padrão ser possível, em geral, somente em pontos específicos.

O método gráfico é mostrado na Figura 14.10. Os dois agregados graúdos são combinados em primeiro lugar, utilizando-se a porcentagem passante na peneira de 19,0 mm como critério. A porcentagem passante está marcada em três lados de um quadrado. Os valores para os dois agregados graúdos são inseridos em dois lados opostos, e os pontos correspondentes à mesma peneira são unidos por linhas retas. É traçada uma linha vertical pelo ponto onde a linha que une os valores de 19,0 mm intercepta a linha horizontal que representa a porcentagem correta de agregado menor do que 19,0 mm. No exemplo, (50 – 24) = 26 partes de agregado maior do que 9,50 mm passam na peneira de 19,0 mm, enquanto 50 partes devem ficar retidas. Portanto, a relação é 26/(50 + 26), ou 34% de *todo* o agregado graúdo. Uma linha horizontal é, então, traçada pelo ponto correspondente a 34% à interseção da linha 19,0 mm em *A*. Uma linha vertical pelo ponto *A* resulta na quantidade de material de 19,0 a 4,75 mm, expressa como uma porcentagem do total de agregado graúdo. Na Figura 14.10(a), esse valor é 24%. A linha vertical também mostra a granulometria dos agregados graúdos combinados, sendo misturados de forma similar ao agregado miúdo (Figura 14.10(b)). Obtêm-se 22 partes de agregado miúdo para serem

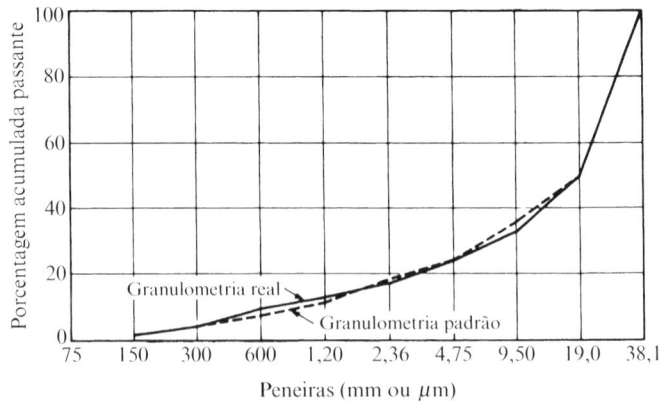

Figura 14.9 Granulometria do agregado exemplificado na Tabela 14.4.

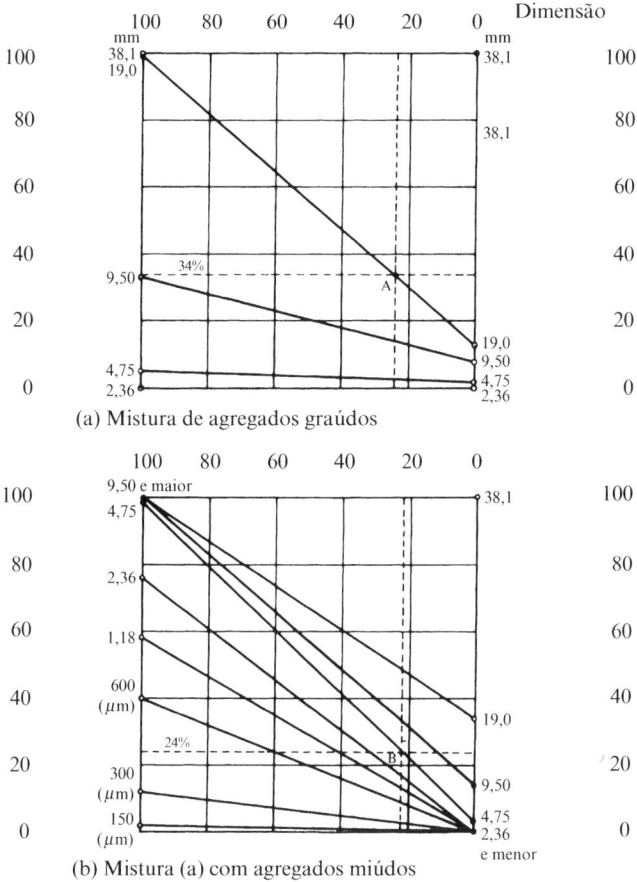

Figura 14.10 Método gráfico para mistura de agregados (exemplo da Tabela 14.4).

misturadas a 78 partes de agregados maiores do que 4.75 mm. O agregado é, então, proporcionado como 22/(24/100) × 78/(76/100), ou seja, 1:0.85:1,69. A linha vertical pelo ponto B (Figura 14.10(b)) resulta na granulometria combinada do agregado obtida pela mistura dos três materiais na relação 1:0,85:2,69. Esse resultado está de acordo com a granulometria obtida anteriormente de forma analítica, mas os dois métodos são aproximações baseadas nas quantidades passantes em somente duas peneiras específicas.

É possível representar (em uma figura semelhante à 14.10(b)) faixas para granulometrias padrão. Como toda linha vertical representa uma granulometria possível, é fácil ver se uma granulometria, dentro dessas faixas, pode ou não ser obtida. A variação de proporções é dada por um ponto semelhante a B, correspondente a qualquer linha vertical escolhida.

Método americano de dosagem

O ACI 211.1-91[14.5] descreve um método de dosagem de concretos contendo cimento Portland isoladamente ou com outros materiais cimentícios – e também com aditivos. Deve ser ressaltado que o método fornece uma primeira aproximação das proporções dos materiais a serem utilizados em misturas experimentais. Em essência, o método do ACI 211.1-91 consiste em uma sequência de passos lógicos e diretos que levam em conta as características dos materiais a serem utilizados. Os passos serão descritos a seguir:

Passo 1: Escolha do abatimento
No momento da dosagem, o abatimento deve ser determinado em função das exigências da obra. Deve ser destacado que o abatimento não deve ser especificado somente por um valor mínimo, mas também por um valor máximo. Essa determinação vem da necessidade de evitar a segregação quando o concreto, sem a especificação de um limite máximo, apresentar água em excesso.

Passo 2: Escolha da dimensão máxima do agregado
Isso também deve ser decidido, em geral pelo projetista estrutural, considerando a geometria do elemento estrutural e o espaçamento da armadura ou, alternativamente, em função da disponibilidade.*

Passo 3: Estimativa da quantidade de água e teor de ar
Como discutido no Capítulo 4, a quantidade de água necessária à obtenção de um determinado abatimento depende de vários fatores: dimensão máxima do agregado, sua forma, textura e granulometria; teor de ar incorporado; uso de aditivos plastificantes ou redutores de água; e a temperatura do concreto. Devem ser utilizadas tabelas que relacionam o abatimento a essas propriedades, a menos que haja experiência anterior. Uma dessas tabelas é a Tabela 4.1. Como alternativa, podem ser utilizados valores sugeridos pela ACI 211.1-91,[14.5] e uma seleção deles é apresentada na Tabela 14.5. Para uso prático, devem ser considerados as observações e os comentários constantes no ACI 211.1-91, não reproduzidos neste livro.

Os valores da Tabela 14.5 são típicos para agregados angulosos de formas adequadas que têm o que se pode chamar de "boa" granulometria. Pode ser esperada uma redução aproximada de 18 litros de água por m³ de concreto, sem ar incorporado, quando o agregado graúdo é arredondado e de 15 litros para concretos com ar incorporado. Os aditivos redutores de água e, ainda mais, os superplastificantes irão reduzir significativamente os valores de água fornecidos na Tabela 14.5. Deve ser lembrado que a parte líquida dos aditivos constitui parte da água de amassamento.

A Tabela 14.5 também apresenta os valores para a quantidade esperada de ar aprisionado, que são úteis para a determinação da massa específica do concreto adensado e do rendimento.[14.5]

Passo 4: Seleção da relação água/cimento
Existem dois critérios para a seleção da relação água/cimento: resistência e durabilidade. Em relação à resistência à compressão, o valor médio buscado deve exceder a resistência "mínima" especificada em uma margem apropriada (ver página 762). O termo

---

* N. de R.T.: a NBR 12655:2015, versão corrigida 2015, estabelece que a escolha do tipo de concreto, consistência, dimensão máxima do agregado e outras propriedades é responsabilidade do profissional responsável pela execução da obra.

Tabela 14.5 Demandas aproximadas de água de amassamento e do teor de ar para diferentes abatimentos e dimensões nominais de agregados apresentadas no ACI 211.1-91 (reaprovado em 2002)

Abatimento (mm)	Água (L/m³) de concreto por dimensão máxima de agregado							
	9,5	12,5	19	25	37,5	50	75	150
Concreto sem ar incorporado								
25 a 50	207	199	190	179	166	154	130	113
75 a 100	228	216	205	193	181	169	145	124
150 a 175	243	228	216	202	190	178	160	—
Quantidade de ar aprisionado (%)	3	2,5	2	1,5	1	0,5	0,3	0,2
Concreto com ar incorporado								
25 a 50	181	175	168	160	150	142	122	107
75 a 100	202	193	184	175	165	157	133	119
150 a 175	216	205	197	184	174	166	154	—
Teor total de ar (%) para:								
Melhoria da trabalhabilidade	4,5	4,0	3,5	3,0	2,5	2,0	1,5	1,0
Exposição moderada	6,0	5,5	5,0	4,5	4,5	4,0	3,5	3,0
Exposição severa	7,5	7,0	6,0	6,0	5,5	5,0	4,5	4,0

"cimento" significa o total de material cimentício utilizado, e sua escolha é determinada por diversos fatores, como desenvolvimento de calor, velocidade de ganho de resistência e resistência a diversos tipos de ataques, de modo que o tipo de cimento composto a ser utilizado deve ser selecionado no início do processo de dosagem. A relação entre a resistência e a relação água/cimento deve ser estabelecida para o cimento a ser utilizado na obra, abrangendo certa amplitude de resistências.

Quanto à durabilidade, a relação água/cimento pode ser especificada pelo projetista estrutural ou por uma norma de projeto apropriada. O aspecto vital é que a relação água/cimento escolhida seja a *menor* dos dois valores, derivados das exigências de resistência e durabilidade. *

Quando são utilizados diferentes materiais cimentícios, deve-se lembrar de que possuem valores diferentes de massa específica. Os valores comuns são 3,15 g/cm³ para o cimento Portland comum, 2,90 g/cm³ para a escória granulada de alto-forno e 2,30 g/cm³ para a cinza volante.

Passo 5: Cálculo do consumo de cimento

O resultado dos passos 3 e 4 fornece de forma direta o consumo de cimento, ou seja, a quantidade de água dividida pela relação água/cimento. Entretanto, caso, por exigências de durabilidade, haja um requisito de determinado consumo mínimo de cimento, deve ser utilizado o *maior* dos dois valores.

---

* N. de R.T.: A NBR 12655:2015, versão corrigida 2015, estabelece que cabe ao profissional responsável pelo projeto estrutural a especificação dos requisitos de durabilidade da estrutura.

Ocasionalmente, em função de aspectos de liberação de calor, a especificação estabelece um consumo máximo de cimento, e isso deve ser observado de maneira inquestionável. A liberação de calor tem importância especial em obras de concreto massa, e a dosagem desse tipo de concreto é tratado de forma separada no ACI 211.1-91.[14.5]

Passo 6: Estimativa do teor de agregado graúdo
Nesse ponto, é feita a consideração de que a relação ótima entre o volume solto do agregado graúdo e o volume total de concreto depende somente da dimensão máxima do agregado e da granulometria do agregado miúdo. A forma das partículas do agregado graúdo não entra de modo direto nessa relação, já que, por exemplo, um agregado britado possui maior volume solto para a mesma massa (ou seja, menor massa unitária) do que agregados bem arredondados. Dessa forma, o fator de forma é automaticamente considerado na determinação da massa unitária. A Tabela 14.6 apresenta valores para o volume ótimo de agregado graúdo quando utilizados com agregados miúdos de diferentes módulos de finura (ver página 161). Esse volume é transformado em massa de agregado graúdo por m^3 de concreto pela multiplicação do valor tabelado pela massa unitária compactada do agregado (em kg/m^3).

Passo 7: Estimativa do teor de agregado miúdo
Nessa etapa, a massa de agregado miúdo é a única quantidade ainda não determinada. O volume absoluto dessa massa pode ser obtido pela subtração da soma dos volumes absolutos de água, cimento, ar incorporado e agregado graúdo do volume de concreto, ou seja, 1 m^3. O volume absoluto de cada componente é igual à massa dividida pela massa específica do material (em kg/m^3).

O volume absoluto do agregado miúdo é convertido em massa pela multiplicação desse volume pela massa específica do agregado miúdo.

Como alternativa, a massa de agregado miúdo pode ser obtida diretamente pela subtração da massa total dos demais componentes da massa de uma unidade de volume

Tabela 14.6 Volume de agregado graúdo por unidade de volume de concreto[14.5]

Dimensão máxima do agregado (mm)	Volume de material compactado por unidade de volume de concreto para agregados miúdos com módulos de finura de:			
	2,40	**2,60**	**2,80**	**3,00**
9,5	0,50	0,48	0,46	0,44
12,5	0,59	0,57	0,55	0,53
19	0,66	0,64	0,62	0,60
25	0,71	0,69	0,67	0,65
37,5	0,75	0,73	0,71	0,69
50	0,78	0,76	0,74	0,72
75	0,82	0,80	0,78	0,76
150	0,87	0,85	0,83	0,81

Os valores dados produzirão um concreto com trabalhabilidade adequada para obras de concreto armado. Para concretos menos trabalháveis, ou seja, aqueles utilizados em construção de pavimentos rodoviários, os valores podem ser aumentados em cerca de 10%. Para concretos mais trabalháveis, como os bombeados, os valores podem ser reduzidos em até 10%.

de concreto, caso esse valor possa ser estimado a partir da experiência. Esse método é um pouco menos preciso do que o método do volume absoluto.

Passo 8: Ajustes das proporções
Como em qualquer processo de dosagem, devem ser realizadas misturas experimentais. Sugestões, baseadas na prática, para ajustes da mistura são fornecidas pelo ACI 211.1-91.[14.5] Em termos gerais, é importante lembrar que, se a trabalhabilidade precisa ser alterada, mas a resistência mantida constante, a relação água/cimento deve permanecer constante. Podem ser feitas alterações na relação agregado/cimento ou, caso existam agregados adequados disponíveis, na granulometria do agregado. A influência da granulometria na trabalhabilidade foi discutida no Capítulo 3.

Da mesma forma, alterações na resistência, mas não na trabalhabilidade, são feitas por variações da relação água/cimento, mantendo constante o *teor* de água da mistura. Isso implica que a alteração da relação água/cimento deve ser acompanhada por uma alteração na relação agregado/cimento, de modo que a relação seguinte é, aproximadamente, constante.

$$\frac{\text{água}}{\text{água} + \text{cimento} + \text{agregado}}$$

O método de dosagem do ACI pode ser facilmente preparado para uso computacional, e um exemplo de cálculo manual é apresentado nesta seção.*

Exemplo

É exigida a produção de um concreto com resistência *média* à compressão (determinada em corpos de prova cilíndricos) de 35 MPa aos 28 dias e abatimento de 50 mm, com a utilização de cimento Portland comum. A dimensão máxima do agregado anguloso, de forma adequada, é 20 mm, com massa unitária igual a 1.600 kg/m^3 e massa específica igual a 2.640 kg/m^3. O agregado miúdo disponível possui módulo de finura igual a 2,60 e massa específica igual a 2.580 kg/m^3. Não há exigência para ar incorporado. Para apresentar o exemplo completo, todos os passos, até mesmo os óbvios, estão apresentados:

Passo 1: Especificação de abatimento de 50 mm.
Passo 2: Especificação da dimensão máxima do agregado igual a 20 mm.
Passo 3: Obtenção da demanda de água na Tabela 14.5, para abatimento 50 mm e dimensão máxima do agregado igual a 20 mm, resultando em 190 litros por m^3 de concreto.
Passo 4: Com base em experiência anterior, estima-se que a relação água/cimento de 0,48 resulte em concretos com resistência à compressão de 35 MPa, determinada em corpos de prova cilíndricos. Não há exigências especiais em relação à durabilidade.
Passo 5: O consumo de cimento é 190/0,48 = 395 kg/m^3.
Passo 6: Na Tabela 14.6, utilizando um agregado miúdo com módulo de finura de 2,60, o volume de agregado graúdo compactado de dimensão máxima igual a 20 mm é 0,64. Considerando que a massa unitária do agregado graúdo é 1.600 kg/m^3, a massa de agregado graúdo é 0,64 × 1.600 = 1.020 kg/m^3.

---
* N. de R.T.: A Associação Brasileira de Cimento Portland (ABCP) publicou uma adaptação do método de dosagem do ACI às condições brasileiras. É a publicação ET-67, "Parâmetros de dosagem do concreto", de autoria de Públio P.F. Rodrigues, publicada inicialmente em 1981.

Passo 7: Para determinar a massa de agregado miúdo, inicialmente é calculado o volume dos demais componentes. Os valores são os seguintes:

Volume de água = 190/1.000	= 0,190 m^3
Volume absoluto de cimento (adotando a massa específica de 3.150 kg/m^3) = 395/3.150	= 0,126 m^3
Volume absoluto de agregado graúdo = 1.020/2.640	= 0,396 m^3
Volume de ar aprisionado (Tabela 14.5) = 0,02 × 1.000	= 0,020 m^3
Portanto, o volume total de todos os componentes, fora o agregado miúdo	= 0,732 m^3
Assim, o volume de agregado miúdo = 1,000 – 0,732	= 0,268
Portanto, a massa de agregado miúdo é 0,268 × 2580	=690 kg/m^3.

A partir dos diversos passos, podem ser listadas as massas estimadas de cada componente em kg por m^3 de concreto:

Água	190
Cimento	395
Agregado graúdo seco	1.020
Agregado miúdo seco	690
Sendo, então, a massa específica do concreto igual a	2.295 kg/m^3

Dosagem de concreto com abatimento zero

O método de dosagem do ACI 211.1-91[14.5] é proposto para utilização em concretos com abatimento mínimo de 25 mm. Para concretos com abatimento zero são necessárias algumas modificações, apresentadas no ACI 211.3-75 (revisado em 1987) (reaprovado em 1992).[14.4]

A principal modificação é em relação à demanda de água apresentada na Tabela 14.5. Os valores dessa tabela, para concretos com abatimento entre 75 e 100 mm, são tomados como referência. Atribuindo um valor relativo de 100% a esses valores de referência, a demanda de água para outras trabalhabilidades pode ser considerada como uma porcentagem, apresentada na Tabela 14.7. Existem três categorias reconhecidas de concretos com abatimento zero: extremamente seco, muito rijo e rijo. A mesma tabela também apresenta os valores de demanda de água para trabalhabilidades mais elevadas.

A segunda modificação no procedimento do ACI 211.1-91, com o objetivo de dosagem de concretos com abatimento zero, está nos valores do volume de agregado graúdo solto por unidade de volume de concreto. Os valores dados na Tabela 14.6 devem ser multiplicados pelos fatores listados na Tabela 14.8. Detalhes adicionais são fornecidos no ACI 211.1-91. O procedimento de dosagem de concretos com abatimento zero é similar aos descritos anteriormente.

Dosagem para concreto fluido

Devem ser feitos alguns comentários sobre o concreto fluido. Em primeiro lugar, o concreto fluido é descrito pela ASTM C 1017-07 como um concreto coeso com abatimento maior que 190 mm. Em geral, o concreto fluido possui abatimento de 200 mm ou

Tabela 14.7 Demanda relativa de água de amassamento para concretos com diferentes trabalhabilidades[14.4]

Consistência	Trabalhabilidade			Valor relativo da demanda de água (%)
	Abatimento (mm)	Tempo Vebe (s)	Fator de compactação	
Extremamente seca	—	32–18	—	78
Muito rija	—	18–10	0,70	83
Rija	0–25	10–5	0,75	88
Rija plástica	25–75	5–3	0,85	92
Plástica (referência)	75–125	3–0	0,90	100
Fluida	125–175	—	0,95	106

Tabela 14.8 Fatores aplicáveis ao volume de agregado graúdo calculado segundo a Tabela 14.6 para concretos de diferentes trabalhabilidades[14.4]

Consistência	Fator para dimensão máxima do agregado igual a:				
	10 mm	12,5 mm	20 mm	25 mm	40 mm
Extremamente seca	1,90	1,70	1,45	1,40	1,30
Muito rija	1,60	1,45	1,30	1,25	1,25
Rija	1,35	1,30	1,15	1,15	1,20
Rija plástica	1,08	1,06	1,04	1,06	1,09
Plástica (referência)	1,00	1,00	1,00	1,00	1,00
Fluida	0,97	0,98	1,00	1,00	1,00

espalhamento de 510 a 520 mm ou fator de compactação de 0,96 a 0,98. No processo de dosagem, é interessante obter inicialmente um concreto com abatimento de 75 mm, com o abatimento mais elevado sendo obtido com o uso de aditivo superplastificante. Quando corretamente dosado, o concreto fluido apresenta baixa exsudação ou segregação e nenhuma segregação fora do usual. Para garantir essas propriedades, devem ser evitados agregados graúdos altamente angulosos, lamelares ou alongados. Em relação ao agregado miúdo, o aumento de 5% em relação ao teor habitual (com a correspondente redução do agregado graúdo) contribui para a coesão da mistura. Quando o agregado miúdo é muito grosso, pode ser necessário um aumento ainda maior em seu teor. A redução do teor de água deve ser considerada no cálculo do rendimento.

Um procedimento alternativo[14.6] para garantir a coesão do concreto fluido é selecionar o teor de agregado miúdo de modo que a massa total de partículas menores do que 300 μm no agregado, juntamente com a massa de material cimentício, seja maior do que 450 kg por m^3 de concreto quando a dimensão máxima do agregado for 20 mm. Para agregado com dimensão máxima de 40 mm, o teor de material "ultrafino" deve ser de 400 kg/m^3. Em vez de prescrever o teor de "ultrafinos" em relação ao teor de cimento da mistura, a prescrição pode ser feita em função da dimensão máxima do agregado.

Nesse sentido, a norma italiana para concreto dosado em central, a UNI 7163-1979,[14.34] especifica que 450 kg (por m^3 de concreto) de todo o material deve ser menor do que 250 μm quando a dimensão máxima do agregado for 15 mm e 430 kg/m^3 quando essa dimensão for 20 mm.

Deve ser mencionado que o concreto fluido é bastante adequado ao bombeamento, já que oferece menor resistência do que o concreto de abatimento normal de forma que a taxa de bombeamento pode ser aumentada e é possível alcançar grandes distâncias de bombeamento. O concreto fluido é vantajoso para utilização em lançamentos de grandes volumes, pois, com a utilização de um aditivo superplastificante, podem ser combinados baixos consumos de cimento e água, de forma que tanto a liberação de calor quanto a retração podem ser mantidas baixas. O uso de aditivo superplastificante retardador (Tipo G, segundo a ASTM 494-10) pode ser vantajoso.

Dosagem de concretos de alto desempenho

Na Tabela 13.5, foram apresentados detalhes de diversos traços de concretos de alto desempenho. Entretanto, ainda não foi desenvolvido um procedimento sistemático de dosagem de concretos de alto desempenho. Entre as razões para isso está o fato de que ainda foram executadas poucas estruturas com concreto de alto desempenho, e cada uma delas envolvia materiais específica e especialmente selecionado. Para a utilização futura do concreto de alto desempenho, a discussão apresentada no Capítulo 13, em relação à compatibilidade entre cimento e superplastificante e a influência dos diversos materiais cimentícios, em especial a sílica ativa, nas propriedades do concreto resultante é de grande importância. *

Apesar da falta de um método de dosagem de concreto de alto desempenho aceito, alguns comentários específicos podem ser feitos. Como a trabalhabilidade pode ser controlada por uma dosagem apropriada de superplastificante, a quantidade de água deve ser escolhida em função da relação água/cimento necessária para os requisitos de resistência. Para controlar a retração, deve ser evitado o consumo excessivo de material cimentício, e um valor entre 500 e 550 kg/m^3, com 10% sendo de sílica ativa, é um valor máximo recomendável. Em relação ao cimento Portland, são preferíveis os de maior finura. A absoluta necessidade de compatibilidade entre o cimento Portland e o aditivo superplastificante já foi enfatizada. Caso seja necessário o uso de ar incorporado, as proporções da mistura devem ser modificadas por tentativas.[14.15]

Algum auxílio para a dosagem de concreto de alto desempenho pode ser obtido no ACI 211.4R-93,[14.16] que é voltado para concretos com resistência à compressão (determinada em corpos de prova cilíndricos) entre 40 e 80 MPa. Neste livro, até mesmo esse último valor é considerado como abaixo do que é tido como concreto de alto desempenho. Apesar disso, alguns pontos merecem destaque.

Inicialmente, a resistência especificada de concretos de alto desempenho é, algumas vezes, requerida em idades bastante superiores a 28 dias. Isso deve ser claramente considerado ao analisar o critério de resistência. Em segundo lugar, em alguns casos, a exi-

---

* N. de R.T.: O livro *Concreto de alto desempenho* (PINI, 2000), de Pierre-Claude Aïtcin, traduzido por Geraldo G. Serra, apresenta um método de dosagem de concreto de alto desempenho. Além desta, existem outras publicações que tratam da dosagem desse tipo de concreto.

gência específica do concreto de alto desempenho é um elevado módulo de elasticidade. Para a obtenção desse parâmetro, é essencial a utilização de agregado graúdo com alto módulo de elasticidade, mas também é importante a seleção de materiais cimentícios que resultem em uma aderência especialmente boa entre a matriz e as partículas de agregado graúdo.

Em relação ao teor de agregado graúdo, o ACI 211.4R-93[14.16] recomenda que o volume de agregado graúdo compactado por unidade de volume de concreto seja entre 0,65, quando a dimensão máxima do agregado for 10 mm, e 0,68, para agregados de 12 mm (conforme Tabela 14.6). Aparentemente, ao contrário do concreto comum, o volume de agregado graúdo não é influenciado pelo módulo de finura do agregado miúdo, pelo menos na faixa entre 2,5 e 3,2.

Embora as orientações gerais do ACI 211.4R-93[14.16] sejam úteis, deve ser repetido que um procedimento experimental de dosagem de concreto de alto desempenho é inevitável.

Dosagem de concretos com agregados leves

A relação entre a resistência à compressão e a relação água/cimento se aplica aos concretos com agregados leves da mesma maneira que no concreto normal, ou seja, é possível adotar o procedimento usual de dosagem quando esses agregados são utilizados. Entretanto, é muito difícil determinar quanto da água total da mistura foi absorvida pelo agregado e quanto de água realmente ocupa os espaços no interior do concreto, ou seja, quanto se torna parte da pasta de cimento. Essa dificuldade é causada não somente pelo alto valor da absorção de água dos agregados leves, mas também pelo fato de a absorção apresentar taxa bastante variável, podendo continuar por vários dias para alguns agregados. Portanto, é difícil uma determinação confiável da massa específica na condição saturada, superfície seca. Esse tema é discutido com mais detalhes no Capítulo 13.

Dessa forma, a relação água/cimento livre depende da taxa de absorção no momento da mistura – não somente do teor de umidade do agregado. Em consequência disso, é um tanto difícil utilizar a relação água/cimento na dosagem desses concretos. Por isso, é preferível a dosagem baseada no consumo de cimento, embora, no caso de agregados leves arredondados com superfície revestida ou selada e de absorção relativamente baixa, o uso do método de dosagem padrão seja viável.

O agregado leve industrializado costuma ser completamente seco e bastante propenso à segregação. Caso o agregado seja saturado antes da mistura, a resistência do concreto resultante será cerca de 5 a 10% menor do que quando são utilizados agregados secos para o mesmo consumo de cimento e trabalhabilidade. Isso se deve ao fato de que, no último caso, parte da água de amassamento é absorvida antes da pega, mas depois de já ter contribuído para a trabalhabilidade no momento do lançamento. Esse comportamento é bastante semelhante ao concreto tratado a vácuo. Além do mais, a massa específica do concreto produzido com agregado saturado é maior e a resistência desse concreto ao gelo-degelo é prejudicada. Por outro lado, quando é utilizado um agregado com absorção elevada, é difícil obter uma mistura suficientemente trabalhável e também coesa, e agregados com absorção superior a 10%, em geral, devem ser previamente encharcados.

É interessante destacar que o agregado leve previamente umedecido, em geral, contém maior quantidade de água total absorvida após uma rápida imersão em água do que um agregado inicialmente seco imerso pelo mesmo tempo. A razão para isso provavelmente está no fato de que uma pequena quantidade de água apenas umedecendo uma partícula de agregado não permanece nos poros superficiais, mas se difunde para o interior da partícula e preenche os pequenos poros internos. Segundo Hanson,[14.33] isso remove a água dos grandes poros superficiais de modo que, após a imersão, eles estão abertos ao ingresso de água, quase na mesma dimensão de quando o agregado não contém água absorvida.

A discussão anterior explica a razão pela qual a dosagem de concretos com agregados leves é melhor embasada na premissa de que – para um determinado agregado, teor de ar e abatimento – a resistência à compressão está diretamente correlacionada à quantidade de cimento da mistura. Essa relação, entretanto, pode apresentar grande variação para agregados leves de diferentes origens. A Figura 14.11 mostra exemplos dessa relação para concretos produzidos somente com agregados leves e

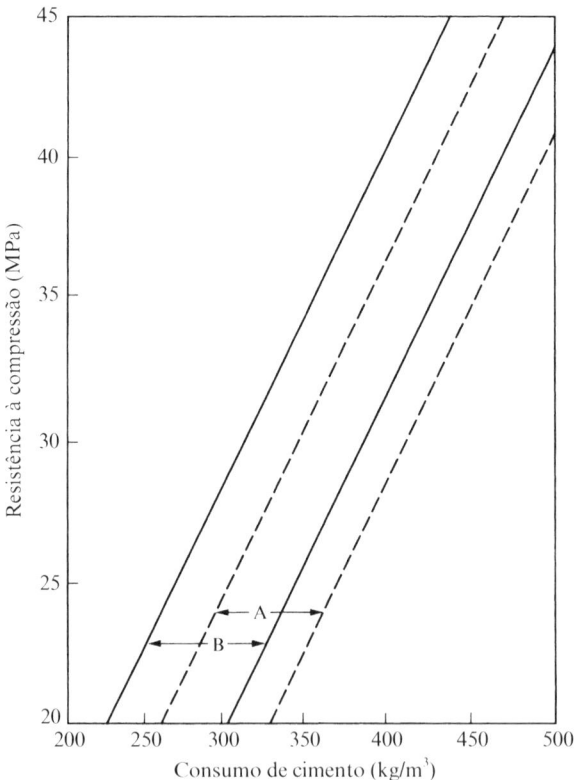

Figura 14.11 Relação geral entre a resistência à compressão (determinada em corpos de prova cilíndricos) e o consumo de cimento para concretos produzidos com: (A) somente agregados leves; e (B) agregado miúdo normal e agregado graúdo leve (baseada na ref. 14.19).

também para concretos com agregado miúdo normal e graúdo leve. A abordagem prática é bastante facilitada pelo fato de que, devido ao agregado leve ser um produto industrializado com propriedades que apresentam pouca variação, as recomendações do fabricante em relação à dosagem são um bom ponto de partida para dosagem para um objetivo específico.

Na falta de recomendações apropriadas ou experiência relevante, pode ser utilizado o ACI 211.2-91.[14.19] O método preferencial do ACI é denominado método volumétrico, que pode ser utilizado tanto com concretos somente com agregados leves quanto com concretos contendo agregado miúdo normal. Nesse método, a transformação para massa é baseada no volume de agregados soltos úmidos. O volume total do agregado é a soma dos volumes isolados das frações de dimensões. O volume solto total de agregados, em relação ao volume de concreto normalmente se situa entre 1,05 e 1,25. Desse volume total de agregados, o volume solto de agregado miúdo representa entre 40 e 60%, dependendo das propriedades específicas do agregado utilizado e das propriedades desejadas do concreto. Quando a dimensão máxima do agregado é 20 mm, é conveniente produzir a primeira mistura experimental utilizando volumes iguais de agregados miúdos e graúdos e o consumo de cimento correspondente à resistência desejada. A quantidade de água utilizada é aquela que resulta na trabalhabilidade desejada. Devido às incertezas existentes, é comum produzir três misturas experimentais, cada uma com consumo de cimento um pouco diferente, mas todas com a trabalhabilidade exigida. Em função disso, a relação entre o consumo de cimento e a resistência para uma determinada resistência pode ser obtida em um intervalo estreito.

Exemplo

Serão utilizados dados semelhantes aos do ACI 211.2-91. Deve ser produzido um concreto leve com agregado miúdo normal com resistência (determinada em corpos de prova cilíndricos) de 30 MPa e massa específica seca ao ar máxima de 1.700 kg/m^3. A verificação do atendimento da massa específica será feita segundo a ASTM C 565-05a. O abatimento exigido é 100 mm. A massa unitária úmida dos agregados graúdos e miúdos leves é, respectivamente, 750 e 880 kg/m^3. O agregado miúdo normal possui massa unitária, na condição saturada, superfície seca, igual a 1.630 kg/m^3.

A partir de experiência anterior, por exemplo, como mostrado na Figura 14.11, o consumo de cimento necessário para a mistura experimental pode ser adotado como 350 kg/m^3. Os volumes de agregados a serem utilizados, em m^3 por m^3 de concreto, também são selecionados com base na experiência, a saber: 0,60, 0,19 e 0,34, respectivamente para agregado graúdo leve, agregado miúdo leve e agregado miúdo normal. Assim, as quantidades necessárias para a primeira mistura experimental de 1 m^3 são:

Cimento		350 kg
Agregado graúdo leve	= 0,63 × 750 =	473 kg
Agregado miúdo leve	= 0,19 × 880 =	168 kg
Agregado miúdo normal	= 0,34 × 1.630 =	550 kg
Quantidade de água calculada como necessária para o abatimento exigido	=	180 kg
Massa total		1.676 kg/m^3

A massa específica real do concreto fresco, que contém ar aprisionado, é, então, determinada pelo método da ASTM C 138-09. Supondo que a massa real encontrada tenha sido 1.660 kg/m^3, o *rendimento* é 1.676/1.660 = 1,01. Isso significa que 1% a mais de concreto seria produzido se as quantidades anteriores fossem utilizadas. Para solucionar isso, todas as quantidades por m^3 devem ser divididas por 1,01. Por exemplo, o cimento passaria a 350/1,01 = 346 kg/m^3.

A massa específica de 1.660 kg/m^3 é inferior ao valor máximo especificado, embora bastante próxima, mas são necessários ensaios para verificar a resistência real.

Quando são necessários ajustes na dosagem, a ACI 211.2-91[14.19] apresenta algumas regras práticas que podem ser válidas. Por exemplo, se a massa de agregado miúdo, expressa como uma porcentagem da massa total de agregado, é aumentada em 1%, a quantidade de água necessária para manter o abatimento deve ser aumentada em 2 litros por m^3. Para manter a resistência constante, o consumo de cimento deve ser aumentado em cerca de 1%. A massa de agregado graúdo deve ser reduzida para manter o rendimento.

Outro exemplo das "regras" do ACI 211.2-91: se for necessário um aumento de 25 mm no abatimento, a quantidade de água deve ser aumentada em 6 litros/m^3. Para manter a resistência, é necessário um aumento concomitante de 3% no consumo de cimento. A massa de agregado miúdo deve ser reduzida para manter o rendimento.

O ACI 523.3R-93[14.20] apresenta sugestões para a dosagem de concreto leve com resistência moderada, bem como para a dosagem de concreto celular.

Vale repetir que os diversos dados de dosagem de concretos com agregados leves não são nada mais do que informações típicas, pois agregados diferentes possuem valores diferentes de massa específica e demanda de água. Por outro lado, os agregados leves de uma única fonte possuem grande uniformidade. Por essa razão, a dosagem para uma estreita faixa de propriedades pode ser feita com confiabilidade considerável.

Método britânico de dosagem

O atual método britânico é o desenvolvido pelo Department of the Environment, revisado em 1997.[14.11] Da mesma forma que o procedimento do ACI, o método britânico identifica de forma explícita os requisitos de durabilidade na dosagem. O método é aplicável a concretos normais produzidos com cimento Portland puro e também com a incorporação de escória granulada de alto-forno ou cinza volante, mas não abrange concretos fluidos ou bombeáveis e concretos com agregados leves. São aceitas três dimensões máximas de agregados: 40, 20 e 10 mm.

O método britânico consiste, em essência, em 5 passos, conforme segue:

Passo 1: Trata da resistência à compressão com o objetivo da determinação da relação água/cimento. É introduzido o conceito de *resistência média alvo*, definida como a resistência característica especificada somada a uma margem para considerar a variabilidade. A resistência média alvo, portanto, é conceitualmente a resistência média do ACI 318R-02[14.8] (ver página 762).

A relação entre a resistência do concreto e a relação água/cimento é tratada de forma um tanto engenhosa. São adotadas determinadas resistências, para uma relação água/cimento igual a 0,50, para diferentes cimentos e tipos de agregados (Tabela 14.9). Esse último fator reconhece a influência do agregado na resistência. Os dados da Tabela 14.9 se aplicam a um concreto teórico de consumo médio de cimento, curado em água

Tabela 14.9 Resistências à compressão aproximadas de concretos produzidos com relação água/cimento livre igual a 0,50, segundo o método britânico de 1997[14.11]

Tipo de cimento	Tipo de agregado graúdo	Resistência à compressão* (MPa) na idade de (dias)			
		3	7	28	91
Portland comum (Tipo I)	Não britado	22	30	42	49
Portland resistente a sulfatos (Tipo IV)	Britado	27	36	49	56
Portland de alta resistência inicial	Não britado†	29	37	48	54
	Britado	34	43	55	61

* Medida em corpos de prova cúbicos.
† N. de R.T.: Agregados não britados podem ser cascalho, pedregulho ou seixo, conforme definições apresentadas no Capítulo 3.

a 20 °C. Concretos com maior consumo de cimento possuem resistência inicial relativamente mais elevadas devido a desenvolverem resistência mais rapidamente.

A partir da Tabela 14.9, obtém-se o valor adequado de resistência (com relação água/cimento igual a 0,50), correspondente ao tipo de cimento, tipo de agregado e idade. Na Figura 14.2, é marcado o ponto correspondente a essa resistência com relação água/cimento igual a 0,50, e, através desse ponto, é traçada uma curva "paralela" às curvas vizinhas. Com a utilização dessa nova curva, obtém-se (como uma abscissa) a relação água/cimento correspondente à resistência média alvo (como ordenada), sem esquecer a possível necessidade de uma relação água/cimento menor devido à durabilidade.

Passo 2: Trata da determinação da quantidade de água para a trabalhabilidade desejada, expressa tanto pelo abatimento quanto pelo tempo Vebe, reconhecendo a influência da dimensão máxima do agregado e seu tipo, ou seja, britado ou não britado. Os dados relevantes são apresentados na Tabela 14.10. Pode ser visto que o fator de compactação não é utilizado para a dosagem, embora possa ser adotado para fins de controle.

Passo 3: É feita a determinação do consumo de cimento, simplesmente pela divisão da quantidade de água pela relação água/cimento. O consumo de cimento deve ser coerente com os valores mínimos especificados em função da durabilidade ou valores máximos especificados por razões de liberação de calor.

Passo 4: Trata da determinação do teor total de agregados. Para isso, é necessária uma estimativa da massa específica do concreto fresco, que pode ser obtida na Figura 14.13 para a quantidade de água apropriada (obtida no Passo 2) e da massa específica do agregado. Caso essa última não seja conhecida, adota-se o valor de 2.600 kg/m^3 para agregado não britado e 2.700 kg/m^3 para agregado britado. O teor de agregado é obtido pela subtração do consumo de cimento e da quantidade de água da massa específica do concreto fresco.

Passo 5: É feita a determinação da proporção de agregado miúdo em relação ao total de agregados utilizando os valores recomendados da Figura 14.14, onde são apresentados somente os dados para os agregados de 20 e 40 mm. Os fatores determinantes são: a dimensão máxima do agregado, o nível de trabalhabilidade, a relação água/cimento e a porcentagem de agregado miúdo passante na peneira de 600 μm. Outros aspectos relativos à granulometria do agregado miúdo são ignorados, bem como a granulometria do

796 Propriedades do Concreto

Tabela 14.10 Quantidades aproximadas de água necessária para diversos níveis de trabalhabilidade, conforme o método britânico de 1997[14.11]

Agregado		Quantidade de água (litros/m³)				
Dimensão máxima (mm)	Tipo	Abatimento (mm)	0–10	10–30	30–60	60–180
		Tempo Vebe, s	>12	6–12	3–6	0–3
10	Não britado		150	180	205	225
	Britado		180	205	230	250
20	Não britado		135	160	180	195
	Britado		170	190	210	225
40	Não britado		115	140	160	175
	Britado		155	175	190	205

agregado graúdo. Uma vez obtida a proporção de agregado miúdo, sua quantidade é determinada pela multiplicação do percentual pelo consumo total de agregados.

A quantidade de agregados graúdos será a diferença entre o total de agregados e a quantidade de agregados miúdos. O agregado graúdo, por sua vez, deve ser dividido em frações de dimensões dependendo da forma do agregado. Como orientação geral, podem ser adotadas as porcentagens da Tabela 14.11.

As misturas experimentais devem ser produzidas conforme os cálculos apresentados. Também deve ser lembrado que o método britânico é baseado na experiência obtida com materiais britânicos, de modo que os diversos valores dados nas tabelas e figuras podem não ser aplicáveis a outras regiões do mundo.

A dosagem para a obtenção de resistência à tração por compressão diametral, originalmente incluída no método britânico, não é mais recomendada.

De forma geral, na prática britânica, embora a resistência à tração na flexão seja o critério de projeto correto para algumas obras, como, por exemplo, pavimentos rodoviários, a dosagem com base na determinação direta da resistência à tração na flexão raramente é praticada. A razão para isso está na dificuldade do uso do módulo de ruptura como ensaio de controle (ver página 580). Dessa forma, a dosagem é realizada de maneira habitual, determinando-se tanto a resistência à compressão quanto à tração. Desde que seja garantido que essa última seja adequada, o controle e os ajustes de dosagem são baseados na resistência à compressão.

O método britânico de dosagem pode ser modificado quando a norma europeia BS EN 206-1:2000 se tornar mais difundida. Além do mais, as normas europeias ainda não são de consenso geral e são suscetíveis a alterações.

Tabela 14.11 Proporção de frações de agregados graúdos segundo o método britânico de 1997[14.11]

Total de agregado graúdo	5–10 mm	10–20 mm	20–40 mm
100	33	67	–
100	18	27	55

Exemplo

É necessário dosar um concreto que atenda às mesmas exigências utilizadas no exemplo do método americano de dosagem (página 787). São eles: resistência à compressão *média* aos 28 dias (determinada em corpos de prova cúbicos) de 44 MPa (equivalente à resistência de 35 MPa em corpos de prova cilíndricos); abatimento de 50 mm; agregado não britado com dimensão máxima de 20 mm; massa específica do agregado igual a 2.640 kg/m^3; 60% de agregado miúdo passante na peneira de 600 μm; não há exigência de ar incorporado; cimento Portland comum.

Passo 1: A partir da Tabela 14.9, para cimento Portland comum e agregado graúdo não britado, obtém-se a resistência de 42 MPa aos 28 dias. Usando esse valor na ordenada correspondente à relação água/cimento de 0,50 na Figura 14.12, marca-se o ponto A. Passando pelo ponto A, é traçada uma linha "paralela" à curva mais próxima até que ela intercepte a ordenada correspondente à resistência especificada de 44 MPa, sendo esse o ponto B. A abscissa correspondente a esse ponto resulta na relação água/cimento de 0,48.

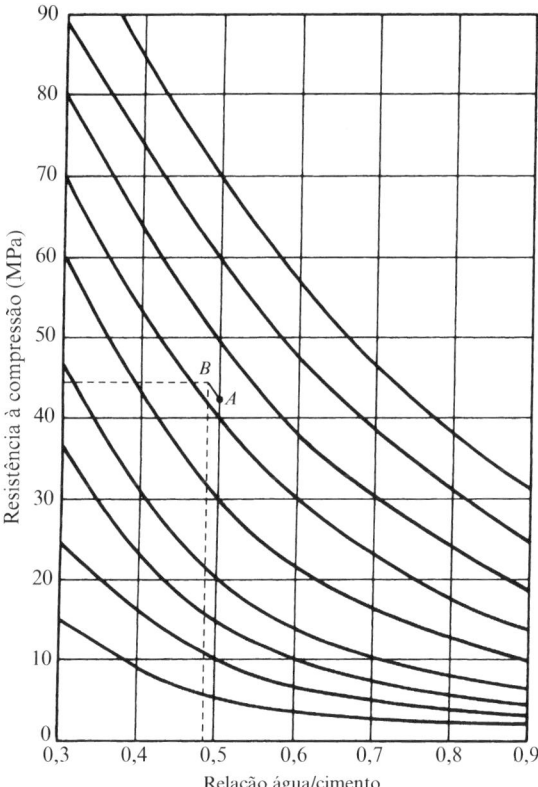

Figura 14.12 Relação entre a resistência à compressão e a relação água/cimento livre para uso no método de dosagem britânico[14.11] (ver Tabela 14.9) (Crown copyright).

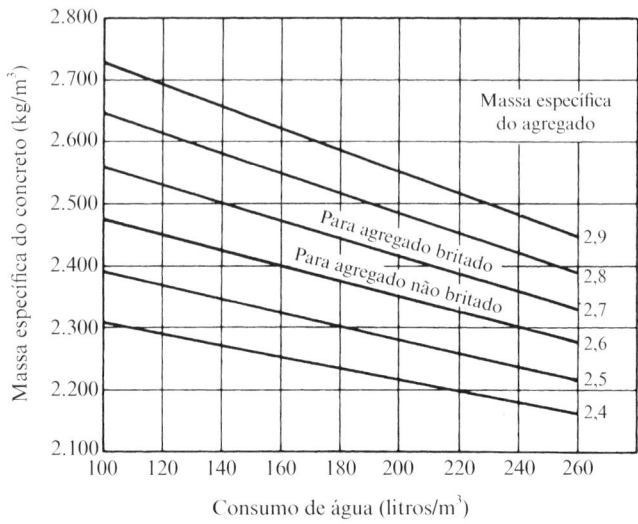

Figura 14.13 Massa específica úmida estimada para concreto plenamente adensado[14.11] (massa específica do agregado em condição saturado superfície seca).

Passo 2: A partir da Tabela 14.10, para agregado graúdo de 20 mm e abatimento de 50 mm, é obtida a quantidade de água igual a 180 litros/m^3.
Passo 3: O consumo de cimento é 180/0,48 = 375 kg/m^3.
Passo 4: A partir da Figura 14.13, para a quantidade de água igual a 180 litros/m^3 e agregado com massa específica igual a 2.640 kg/m^3, obtém-se a massa específica do concreto fresco igual a 2.400 kg/m^3. Portanto, a quantidade total de agregados é:

$$2.400 - 375 - 180 = 1.845 \text{ kg/m}^3$$

Passo 5: Na Figura 14.14, obtém-se o diagrama relativo à dimensão máxima do agregado igual a 20 mm e abatimento de 50 mm. Na linha que representa o agregado miúdo com 60% de material passante na peneira de 600 μm e na relação água/cimento de 0,48, a proporção de agregado miúdo é de 32% (em relação à massa total de agregados). Dessa forma, a quantidade de agregado miúdo é:

$$32 \times 1.845 = 590 \text{ kg/m}^3$$

e a quantidade de agregado graúdo é 1.845 - 590 = 1.225 kg/m^3.

Outros métodos de dosagem

Não é sugerido que a dosagem deva necessariamente sempre seguir qualquer um dos procedimentos descritos. Na verdade, vários profissionais possuem métodos que apresentam bons resultados. O que esses métodos têm em comum é que eles utilizam simplificações e regras práticas baseadas em experiências individuais. Contanto que esses métodos sejam utilizados pelos mesmos profissionais e contanto que os materiais utilizados não sejam significativamente diferentes dos utilizados no passado, não há problemas. Entretanto, caso seja necessário dosar um concreto com materiais com os quais não se está familiarizado, os procedimentos descritos neste capítulo são bastante úteis. No entanto, mesmo assim, a dosagem não é somente um procedimento baseado em regras.

Ao longo dos anos, foram feitas numerosas tentativas para desenvolver equações de dosagem baseadas na observação dos diversos fatores influentes. Essas relações, ou modelos, inevitavelmente representam comportamentos médios, e, ainda, em cada caso específico, o comportamento do concreto é influenciado pelas propriedades dos com-

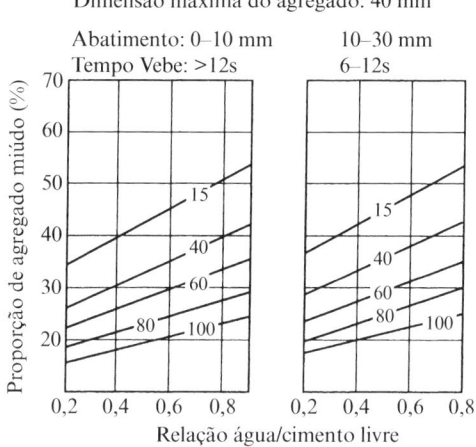

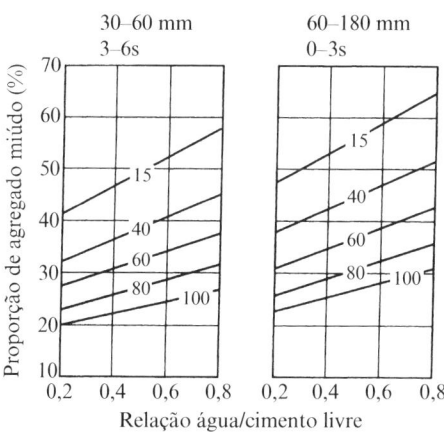

Figura 14.14 Proporção recomendada de agregados miúdos (expressa como uma porcentagem do agregado total) em função da relação água/cimento livre para várias trabalhabilidades e dimensões máximas[14.11] (os números se referem à porcentagem de agregado miúdo passante na peneira de 600 μm) (Building Research Establishment). *(continua)*

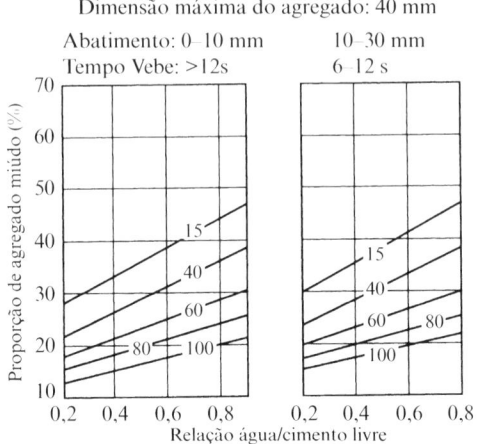

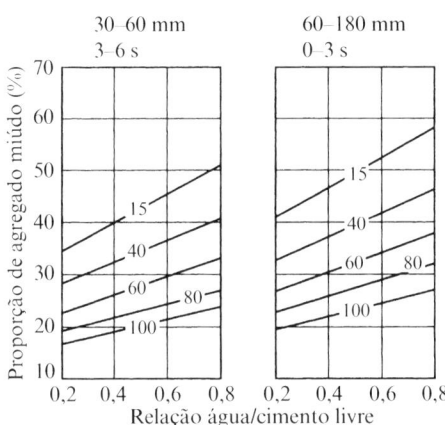

Figura 14.14 Continuação

ponentes que podem não ser, ou ainda não foram, expressas matematicamente. Essas propriedades incluem a forma e a textura dos agregados que, no momento, são representados somente, de forma geral, como "forma angulosa" e "textura lisa". Da mesma forma, a granulometria do agregado é determinada somente em algumas aberturas de peneiras e, entre elas, pode haver variação na dimensão real das partículas. Existe pouca expectativa de uma quantificação adequada dessas propriedades em um futuro próximo. A possibilidade de determinação dessas propriedades dos agregados durante o proporcionamento, de modo que a quantidade de água adicionada possa ser ajustada instantaneamente, é ainda mais remota.

Muitas propriedades do cimento também não são incluídas adequadamente nos modelos devido às propriedades reais do cimento utilizado em um determinado concreto (diferentemente de suas propriedades médias) não serem conhecidas ou não serem determinadas.

Essas relações médias podem ser válidas "na média", mas a tentativa de sua utilização com um conjunto específico de materiais pode estar, forçosamente, sujeita a grandes erros. Portanto, é inútil o uso de programas computacionais para dosagem. Isso não quer dizer que um procedimento não possa ser viável no futuro quando for possível descrever matematicamente as propriedades de todos os materiais a serem utilizados e também controlar ou mediar as propriedades na produção.[14.35]

Mais uma observação de prudência pode ser útil. Um modelo obtido estatisticamente pode, na melhor das hipóteses, ser válido dentro de um intervalo de variáveis utilizado para sua obtenção. Caso esse intervalo não seja claramente estabelecido, extrapolações involuntárias podem ser bastante enganosas. Vale a pena citar ainda que alguns métodos mais elaborados envolvem a interação de vários fatores, mas não há muita utilidade na inclusão de fatores que são sujeitos à variações imprevisíveis durante a obra. Dessa forma, a promessa de um método computacional automático *definitivo* de dosagem é irreal. Enquanto isso, a dosagem deve ser baseada em cálculos preliminares como os descritos neste capítulo, seguidos por misturas experimentais. A dosagem de concretos é uma arte e também uma ciência.

Considerações finais

Os diversos métodos de dosagem podem parecer simples – de fato, eles não envolvem cálculos complexos. Entretanto, a implementação bem-sucedida de uma dosagem requer *experiência*, aliada ao *conhecimento* da influência dos diversos fatores nas propriedades do concreto. Esse conhecimento deve ser baseado no *entendimento* do comportamento do concreto. Quando *todos* esses três aspectos – experiência, conhecimento e entendimento – estão presentes, provavelmente a primeira mistura experimental será satisfatória e poderá ser ajustada de forma rápida e bem-sucedida para obter um concreto com as propriedades desejadas.

Não é suficiente dosar um concreto adequado. Também é necessário garantir a correta execução de todas as operações envolvidas em uma concretagem. Essa execução requer competência apoiada por conhecimento adequado para o nível do trabalho. A antiga crença de que qualquer um era capaz de produzir concreto teve consequências, que apareceram em pouco tempo. Não pode ser afirmado de maneira inequívoca que, quando utilizado com competência, o concreto é um material de construção muito bem-sucedido – mas não é um material à prova de amadorismo.

A primeira edição e as duas subsequentes deste livro terminavam com um comentário irônico: "Caso o leitor seja incapaz de dosar um concreto adequado, ele deve pensar seriamente na alternativa da construção em aço". A situação mudou. Na quinta e realmente última edição deste livro, cabe afirmar que, para muitas estruturas modernas, o aço não é uma alternativa simples e pode não ser adequado – e talvez um material onipresente e significativo como o concreto não deva ser tratado de forma tão desrespeitosa. O objetivo deste livro foi tentar fornecer o *entendimento* do comportamento do concreto, que ainda será um excelente material de construção por muitos anos. Caso esse objetivo tenha sido alcançado, o leitor não irá, por desespero ou frustração, ter de "considerar seriamente a alternativa de construção em aço".

Referências

14.1 G. M. Campbell and R. J. Detwiler, Development of mix designs for strength and durability of steam-cured concrete, *Concrete International*, **15**, No. 7, pp. 37–9 (1993).

14.2 W. C. Greer, Jr, Variation of laboratory concrete flexural strength tests, *Cement, Concrete and Aggregates*, **5**, No. 2, pp. 111–22 (Winter 1983).

14.3 D. S. Lane, Flexural strength data summary, *NRMCA Technical Information Letter*, No. 451, 5 pp. (Silver Spring, Maryland, 1987).

14.4 ACI 211.3-75, Revised 1987, Reapproved 1992, Standard practice for selecting proportions for no-slump concrete, *ACI Manual of Concrete Practice, Part 1: Materials and General Properties of Concrete*, 11 pp. (Detroit, Michigan, 1994).

14.5 ACI 211.1-91, Standard practice for selecting proportions for normal, heavy- weight, and mass concrete, *ACI Manual of Concrete Practice, Part 1: Materials and General Properties of Concrete*, 38 pp. (Detroit, Michigan, 1994).

14.6 P. C. Hewlett, Superplasticised concrete: Part 1, *Concrete*, **18**, No. 4, pp. 31–2 (London, 1984).

14.7 ACI 11R-85, Quality assurance systems for concrete construction, *ACI Manual of Concrete Practice, Part 2: Construction Practices and Inspection Pavements*, 7 pp. (Detroit, Michigan, 1994).

14.8 ACI 318-02, Building code requirements for structural concrete, *ACI Manual of Concrete Practice, Part 3: Use of Concrete in Buildings – Design, Specifications, and Related Topics*, 443 pp.

14.9 J. Krell and G. Wischers, The influence of fines in concrete on consistency, strength and durability, *Beton*, **38**, No. 9, pp. 356–9 and No. 10, pp. 401–4 (1988) (British Cement Association translation).

14.10 CP 114 : 1969, *The Structural Use of Reinforced Concrete in Buildings*, British Standards Institution, 94 pp. (London, 1969).

14.11 D. C. Teychenne, R. E. Franklin and H. C. Erntroy, *Design of Normal Concrete Mixes*, 42 pp. (Watford, U.K., Building Research Establishment, 1997).

14.12 CP 114 (1948), *The Structural Use of Reinforced Concrete in Buildings*, British Standards Institution, 54 pp. (London, 1948).

14.13 R. D. Gaynor, Ready mixed concrete, in *Concrete and Concrete-making Materials*, Eds P. Klieger and J. F. Lamond, *ASTM Sp. Tech. Publ. No. 169C*, pp. 511–21 (Philadelphia, Pa, 1994).

14.14 Strategic Highway Research Program, SHRP-C/FR-91-103, *High Performance Concretes: A State-of-the-Art Report*, 233 pp. (Washington DC, NRC, 1991).

14.15 M. Lessard *et al.*, Formulation d'un béton à hautes performances à air entrainé, *Bulletin Liaison Laboratoires des Ponts et Chaussées*, **189**, pp. 41–51 (Nov.–Dec. 1993).

14.16 ACI 221.4R-93, Guide for selecting proportions for high-strength concrete with portland cement and fly ash, *ACI Manual of Concrete Practice, Part 1: Materials and General Properties of Concrete*, 13 pp. (Detroit, Michigan, 1994).

14.17 ACI 225.R-92, Guide to the selection and use of hydraulic cements, *ACI Manual of Concrete Practice, Part 1: Materials and General Properties of Concrete*, 29 pp. (Detroit, Michigan, 1994).

14.18 ACI 214-77 (Reapproved 1989), Recommended practice for evaluation of strength test results of concrete, *ACI Manual of Concrete Practice, Part 2: Construction Practices and Inspection Pavements*, 14 pp. (Detroit, Michigan, 1994).

14.19 ACI 211.2-92, Standard practice for selecting proportions for structural lightweight concrete, *ACI Manual of Concrete Practice, Part 1: Materials and General Properties of Concrete*, 14 pp. (Detroit, Michigan, 1994).

14.20 ACI 523.3R-93, Guide for cellular concretes above 50 pfc, and for aggregate concretes above 50 pfc with compressive strengths less than 2500 psi, *ACI Manual of Concrete Practice, Part 5: Masonry, Precast Concrete, Special Purposes*, 16 pp. (Detroit, Michigan, 1994).

14.21 R. Hegner, Les résistances du béton selon la norme SIA 162 (1989), *Bulletin du Ciment*, **57**, No. 21, 12 pp. (Wildegg, Switzerland, 1989).

14.22 ACI 363R-92, State-of-the-art report on high-strength concrete, *Manual of Concrete Practice, Part 1: Materials and General Properties of Concrete*, 55 pp. (Detroit, Michigan, 1994).

14.23 D. P. McNicholl and B. Wong, Investigation appraisal and repair of large reinforced concrete buildings in Hong Kong, in *Deterioration and Repair of Reinforced Concrete in Arabian Gulf*, Vol. 1, Bahrain Society of Engineers, pp. 327–40 (Bahrain, 1987).

14.24 J. E. Cook, 10,000 psi concrete, *Concrete International*, **11**, No. 10, pp. 67–75 (1989).

14.25 P. N. Balaguru and V. Ramakrishnan, Authors' closure to paper in *ACI Materials Journal*, **84**, No. 1, 1987, *ACI Materials Journal*, **85**, No. 1, p. 60 (1988).

14.26 A. M. Neville, The relation between standard deviation and mean strength of concrete test cubes, *Mag. Concr. Res.*, **11**, No. 32, pp. 75–84 (July 1959).

14.27 H. C. Erntroy, The variation of works test cubes, *Cement Concr. Assoc. Research Report No. 10* (London, Nov. 1960).

14.28 H. Rüsch, Zur statistischen Qualitätskontrolle des Betons (On the statistical quality control of concrete), *MaterialpuRfung*, **6**, No. 11, pp. 387–94 (1964).

14.29 ACI Committee 214, Recommended practice for evaluation of strength test results of concrete, (ACI 214-77), and Commentary, *J. Amer. Concr. Inst.*, **73**, No. 5, pp. 265–78 (1976).

14.30 H. H. Newlon, Variability of portland cement concrete, *Proceedings, National Conf. on Statistical Quality Control Methodology in Highway and Airfield Construction*, pp. 259–84 (Univ. of Virginia School of General Studies, Charlottesville, 1966).

14.31 J. B. Kennedy and A. M. Neville, *Basic Statistical Methods for Engineers and Scientists*, 3rd Edn, 613 pp. (New York and London, Harper and Row, 1986).

14.32 N. Petersons, Ready mixed concrete in Sweden, *CBI Reports* 5:77, 15 pp. (Swedish Cement and Concrete Research Inst., 1977).

14.33 J. A. Hanson, American practice in proportioning lightweight-aggregate concrete, *Proc. 1st Int. Congress on Lightweight Concrete*, Vol. 1: *Papers*, pp. 39–54 (London, Cement and Concrete Assoc., May 1968).

14.34 M. A. Ali, *A Review of Italian Concreting Practice*, Building Research Establishment Occasional Paper, 25 pp. (July 1992).

14.35 A. M. NEVILLE, Is our research likely to improve concrete?, *Concrete International*, **17**, No. 3, pp. 45–7 (1995).

Normas brasileiras citadas

A seguir estão apresentadas as normas brasileiras citadas nos diversos capítulos. A versão da norma citada era a vigente no momento da tradução. A verificação da versão mais atualizada de cada norma pode ser feita junto à Associação Brasileira de Normas Técnicas (www.abnt.org.br).

Os títulos apresentados de cada norma são os existentes no catálogo de normas da ABNT.

ABNT NBR 5732:1991:	Cimento Portland comum
ABNT NBR 5733:1991:	Cimento Portland de alta resistência inicial
ABNT NBR 5735:1991:	Cimento Portland de alto-forno
ABNT NBR 5736:1991: Versão Corrigida: 1999:	Cimento Portland pozolânico
ABNT NBR 5737:1992:	Cimentos Portland resistentes a sulfatos
ABNT NBR 5738:2015:	Concreto – Procedimento para moldagem e cura de corpos-de-prova
ABNT NBR 5739:2007:	Concreto – Ensaio de compressão de corpos-de-prova cilíndricos
ABNT NBR 5751:2012:	Materiais pozolânicos – Determinação de atividade pozolânica – Índice de atividade pozolânica com cal – Método de ensaio
ABNT NBR 5752:2014:	Materiais pozolânicos – Determinação de do índice de desempenho com cimento Portland aos 28 dias
ABNT NBR 5753:2010:	Cimento Portland – Ensaio de pozolanicidade para cimento Portland pozolânico
ABNT NBR 6118:2014 versão corrigida: 2014:	Projeto de estruturas de concreto – Procedimento
ABNT NBR 6467:2006 versão corrigida 2:2009:	Agregados – Determinação do inchamento de agregado miúdo – Método de ensaio
ABNT NBR 6502:1995:	Rochas e solos
ABNT NBR 7211:2009:	Agregados para concreto – Especificação
ABNT NBR 7212:2012:	Execução de concreto dosado em central – Procedimento

Normas brasileiras citadas

ABNT NBR 7213:2013:	Agregados leves para concreto isolante térmico – Requisitos
ABNT NBR 7214:2012:	Areia normal para ensaio de cimento – Especificação
ABNT NBR 7215:1996 Versão Corrigida: 1997:	Cimento Portland – Determinação da resistência à compressão
ABNT NBR 7218:2010:	Agregados – Determinação do teor de argila em torrões e materiais friáveis
ABNT NBR 7221:2012:	Agregados – Índice de desempenho de agregado miúdo contendo impurezas orgânicas – Método de ensaio
ABNT NBR 7222:2011:	Concreto e argamassa – Determinação da resistência à tração por compressão diametral de corpos de prova cilíndricos
ABNT NBR 7584:2012:	Concreto endurecido – Avaliação da dureza superficial pelo esclerômetro de reflexão – Método de ensaio
ABNT NBR 7680-1:2015 versão corrigida 2015:	Concreto – Extração, preparo e ensaio e análise de testemunhos de estruturas de concreto – Parte 1: Resistencia à compressão axial
ABNT NBR 7680-2:2015:	Concreto – Extração, preparo e ensaio e análise de testemunhos de estruturas de concreto –Parte 2: Resistência à tração na flexão
ABNT NBR 7809:2006 Versão Corrigida:2008:	Agregado graúdo – Determinação do índice de forma pelo método do paquímetro – Método de ensaio
ABNT NBR 8045:1993:	Concreto – Determinação da resistência acelerada à compressão – Método da água em ebulição – Método de ensaio
NBR 8224:2012:	Concreto endurecido – Determinação da fluência – Método de ensaio
ABNT NBR 8522:2008:	Concreto – Determinação do módulo estático de elasticidade à compressão
ABNT NBR 8802:2013:	Concreto endurecido – Determinação da velocidade de propagação de onda ultrassônica
ABNT NBR 8809:2013:	Cimento Portland – Determinação do calor de hidratação a partir do calor de dissolução – Método de ensaio
ABNT NBR 8953:2015:	Concreto para fins estruturais – Classificação pela massa específica, por grupos de resistência e consistência
NBR 9204:2012:	Concreto endurecido – Determinação da resistividade elétrico-volumétrica – Método de ensaio
ABNT NBR 9775:2011:	Agregado miúdo – Determinação do teor de umidade superficial por meio do frasco de Chapman – Método de ensaio

ABNT NBR 9778:2005: Versão Corrigida 2:2009:	Argamassa e concreto endurecidos – Determinação da absorção de água, índice de vazios e massa específica
NBR 9779:2012:	Argamassa e concreto endurecidos – Determinação da absorção de água por capilaridade
9831: 2006 Versão Corrigida:2008	Cimento Portland destinado à cimentação de poços petrolíferos – Requisitos e métodos de ensaio
ABNT NBR 9833:2008 Versão Corrigida:2009:	Concreto fresco – Determinação da massa específica, do rendimento e do teor de ar pelo método gravimétrico
NBR 9917:2009:	Agregados para concreto – Determinação de sais, cloretos e sulfatos solúveis
NBR 9935:2011:	Agregados – Terminologia
ABNT NBR 9938:2013:	Agregados – Determinação da resistência ao esmagamento de agregados graúdos – Método de ensaio
NBR 9939:2011:	Agregado graúdo – Determinação do teor de umidade total – Método de ensaio
ABNT NBR 10342:2012:	Concreto – Perda de abatimento – Método de ensaio
ABNT NBR 10786:2013:	Concreto endurecido – Determinação do coeficiente de permeabilidade à água
ABNT NBR 10787:2011:	Concreto endurecido – Determinação da penetração de água sob pressão
ABNT NBR 11578:1991 Versão Corrigida: 1997:	Cimento Portland composto – Especificação
ABNT NBR 11579:2012 versão corrigida 2013:	Cimento Portland – Determinação da finura por meio da peneira 75 μm (n° 200)
ABNT NBR 11582:2012:	Cimento Portland – Determinação da expansibilidade Le Chatelier
ABNT NBR 11768:2011:	Aditivos químicos para concreto de cimento Portland – Requisitos
ABNT NBR 12006:1990:	Cimento – Determinação do calor de hidratação pelo método de garrafa de Langavant – Método de ensaio
ABNT NBR 12042:2012:	Materiais inorgânicos – Determinação do desgaste por abrasão
ABNT NBR 12142:2010:	Concreto – Determinação da resistência à tração na flexão de corpos de prova prismáticos
ABNT NBR 12644:2014:	Concreto leve celular estrutural – Determinação da densidade de massa aparente no estado fresco
ABNT NBR 12653:2014: Versão corrigida 2015:	Materiais pozolânicos – Requisitos
ABNT NBR 12655:2015 Versão corrigida 2015:	Concreto de cimento Portland – Preparo, controle, recebimento e aceitação – Procedimento
ABNT NBR 12695:1992:	Agregados – Verificação do comportamento mediante ciclagem natural – Método de ensaio

ABNT NBR 12696:1992:	Agregados – Verificação do comportamento mediante ciclagem artificial água-estufa – Método de ensaio
ABNT NBR 12697:1992:	Agregados – Avaliação do comportamento mediante ciclagem acelerada com etilenoglicol – Método de ensaio
NBR 12815:2012:	Concreto endurecido – Determinação do coeficiente de dilatação térmica linear – Método de ensaio
NBR 12817:2012:	Concreto endurecido – Determinação do calor específico – Método de ensaio
NBR 12818:2012:	Concreto – Determinação da difusividade térmica – Método de ensaio
NBR 12820:2012:	Concreto endurecido – Determinação da condutividade térmica – Método de ensaio
ABNT NBR 12826:2014 Versão corrigida:2014:	Cimento Portland e outros materiais em pó – Determinação do índice de finura por meio de peneirador aerodinâmico
ABNT NBR 12989:1993:	Cimento Portland branco – Especificação
ABNT NBR 13116:1994:	Cimento Portland de baixo calor de hidratação – Especificação
ABNT NBR 13438:2013:	Blocos de concreto celular autoclavado – Requisitos
ABNT NBR 13440:2013:	Blocos de concreto celular autoclavado – Métodos de ensaio
NBR 13583:2014:	Cimento Portland – Determinação da variação dimensional de barras de argamassa de cimento Portland expostas à solução de sulfato de sódio
ABNT NBR 13847:2012:	Cimento aluminoso para uso em materiais refratários
ABNT NBR 13956-1:2012:	Sílica ativa para uso com cimento Portland em concreto, argamassa e pasta – Parte 1: Requisitos
ABNT NBR 13956-2:2012 :	Sílica ativa para uso com cimento Portland em concreto, argamassa e pasta – Parte 2: Ensaios químicos
ABNT NBR 13956-3:2012: :	Sílica ativa para uso com cimento Portland em concreto, argamassa e pasta – Parte 3: Determinação do índice de desempenho com cimento Portland ao 7 dias
ABNT NBR 13956-4:2012:	Sílica ativa para uso com cimento Portland em concreto, argamassa e pasta – Parte 4: Determinação da finura por meio d peneira 45 μm
ABNT NBR 14026:2012:	Concreto projetado – Especificação
ABNT NBR 14278:2012:	Concreto projetado – Determinação da consistência através da agulha de Proctor
ABNT NBR 14279:1999	Concreto projetado – Aplicação por via seca – Procedimento

Normas brasileiras citadas

ABNT NBR 14931:2004:	Execução de estruturas de concreto – Procedimento
ABNT NBR 15116:2004:	Agregados reciclados de resíduos sólidos da construção civil – Utilização em pavimentação e preparo de concreto sem função estrutural – Requisitos
ABNT NBR 15558:2008:	Concreto – Determinação da exsudação
ABNT NBR 15575-1:2013	Edificações habitacionais – Desempenho – Parte 1: Requisitos gerais
ABNT NBR 15575-2:2013	Edificações habitacionais – Desempenho – Parte 2: Requisitos para os sistemas estruturais
ABNT NBR 15575-3:2013	Edificações habitacionais – Desempenho – Parte 3: Requisitos para os sistemas de pisos
ABNT NBR 15575-4:2013	Edificações habitacionais – Desempenho – Parte 4: Requisitos para os sistemas de vedações verticais internas e externas – SVVIE
ABNT NBR 15575-5:2013	Edificações habitacionais – Desempenho – Parte 5: Requisitos para os sistemas de coberturas
ABNT NBR 15575-6:2013	Edificações habitacionais – Desempenho – Parte 6: Requisitos para os sistemas hidrossanitários
ABNT NBR 15577-1:2008 Versão Corrigida:2008:	Agregados – Reatividade álcali-agregado – Parte 1: Guia para avaliação da reatividade potencial e medidas preventivas para uso de agregados em concreto
ABNT NBR 15577-2:2008:	Agregados – Reatividade álcali-agregado – Parte 2: Coleta, preparação e periodicidade de ensaios de amostras de agregados para concreto
ABNT NBR 15577-3:2008 Versão Corrigida:2008:	Agregados – Reatividade álcali-agregado – Parte 3: Análise petrográfica para verificação da potencialidade reativa de agregados em presença de álcalis do concreto
ABNT NBR 15577-4:2008 Versão Corrigida 2:2009:	Agregados – Reatividade álcali-agregado – Parte 4: Determinação da expansão em barras de argamassa pelo método acelerado
ABNT NBR 15577-5:2008:	Agregados – Reatividade álcali-agregado – Parte 5: Determinação da mitigação da expansão em barras de argamassa pelo método acelerado
ABNT NBR 15577-6:2008 Versão Corrigida:2008:	Agregados – Reatividade álcali-agregado – Parte 6: Determinação da expansão em prismas de concreto
NBR 15696:2009:	Fôrmas e escoramentos para estruturas de concreto – Projeto, dimensionamento e procedimentos executivos
ABNT NBR 15823-1:2010:	Concreto auto-adensável – Parte 1: Classificação, controle e aceitação no estado fresco
ABNT NBR 15823-2:2010:	Concreto auto-adensável – Parte 2: Determinação do espalhamento e do tempo de escoamento – Método do cone de Abrams

Normas brasileiras citadas

ABNT NBR 15823-3:2010 Versão Corrigida: 2010:	Concreto auto-adensável – Parte 3: Determinação da habilidade passante – Método do anel J
ABNT NBR 15823-4:2010:	Concreto auto-adensável – Parte 4: Determinação da habilidade passante – Método da caixa L
ABNT NBR 15823-5:2010:	Concreto auto-adensável – Parte 5: Determinação da viscosidade – Método do funil V
ABNT NBR 15823-6:2010 Versão Corrigida: 2012:	Concreto auto-adensável – Parte 6: Determinação da resistência à segregação – Método da coluna de segregação
ABNT NBR 15900-1:2009:	Água para amassamento do concreto – Parte 1: Requisitos
ABNT NBR 15900-2:2009:	Água para amassamento do concreto – Parte 2: Coleta de amostras de ensaios
ABNT NBR 15900-3:2009:	Água para amassamento do concreto – Parte 3: Avaliação preliminar
ABNT NBR 15900-4:2009:	Água para amassamento do concreto – Parte 4: Análise química – Determinação de zinco solúvel em água
ABNT NBR 15900-5:2009:	Água para amassamento do concreto – Parte 5: Análise química – Determinação de chumbo solúvel em água
ABNT NBR 15900-6:2009:	Água para amassamento do concreto – Parte 6: Análise química – Determinação de cloreto solúvel em água
ABNT NBR 15900-7:2009:	Água para amassamento do concreto – Parte 7: Análise química – Determinação de sulfato solúvel em água
ABNT NBR 15900-8:2009:	Água para amassamento do concreto – Parte 8: Análise química – Determinação de fosfato solúvel em água
ABNT NBR 15900-9:2009:	Água para amassamento do concreto – Parte 9: Análise química – Determinação de álcalis solúveis em água
ABNT NBR 15900-10:2009:	Água para amassamento do concreto – Parte 10: Análise química – Determinação de nitrato solúvel em água
ABNT NBR 15900-11:2009:	Água para amassamento do concreto – Parte 11: Análise química – Determinação de açúcar solúvel em água
ABNT NBR NM 02:2000:	Cimento, concreto e agregados – Terminologia – Lista de termos
ABNT NBR NM 11-1:2012:	Cimento Portland – Análise química – Método optativo para determinação de óxidos principais por complexometria – Parte 1: Método ISO
ABNT NBR NM 11-2:2012:	Cimento Portland – Análise química – Determinação de óxidos principais por complexometria – Parte 2: Método ABNT

ABNT NBR NM 12:2012:	Cimento Portland – Análise química – Determinação de óxido de cálcio livre
ABNT NBR NM 13:2012 versão corrigida 2013:	Cimento Portland – Análise química – Determinação de óxido de cálcio livre pelo etileno glicol
ABNT NBR NM 14:2012:	Cimento Portland – Análise química – Método de arbitragem para determinação de dióxido de silício, óxido férrico, óxido de alumínio, óxido de cálcio e óxido de magnésio
ABNT NBR NM 15:2012:	Cimento Portland – Análise química – Determinação de resíduo insolúvel
ABNT NBR NM 16:2012:	Cimento Portland – Análise química – Determinação de anidrido sulfúrico
ABNT NBR NM 17:2012:	Cimento Portland – Análise química – Método de arbitragem para a determinação de óxido de sódio e óxido de potássio por fotometria de chama
ABNT NBR NM 18:2012:	Cimento Portland – Análise química – Determinação de perda ao fogo
ABNT NBR NM 19:2012:	Cimento Portland – Análise química – Determinação de enxofre na forma de sulfeto
ABNT NBR NM 20:2012:	Cimento Portland e suas matérias primas – Análise química – Determinação de dióxido de carbono por gasometria
ABNT NBR NM 21:2012:	Cimento Portland – Análise química – Método optativo para a determinação de dióxido de silício, óxido de alumínio, óxido férrico, óxido de cálcio e óxido de magnésio
ABNT NBR NM 26:2009:	Agregados – Amostragem
ABNT NBR NM 27:2001:	Agregados – Redução da amostra de campo para ensaios de laboratório
ABNT NBR NM 30:2001:	Agregado miúdo – Determinação da absorção de água
ABNT NBR NM 36:1998:	Concreto fresco – Separação de agregados grandes por peneiramento
ABNT NBR NM 43:2003:	Cimento portland – Determinação da pasta de consistência normal
ABNT NBR NM 45:2006:	Agregados – Determinação da massa unitária e do volume de vazios
ABNT NBR NM 46:2003:	Agregados – Determinação do material fino que passa através da peneira 75 um, por lavagem
ABNT NBR NM 47:2002:	Concreto – Determinação do teor de ar em concreto fresco – Método pressométrico
ABNT NBR NM 49:2001 Versão Corrigida:2001:	Agregado miúdo – Determinação de impurezas orgânicas
ABNT NBR NM 51:2001:	Agregado graúdo – Ensaio de abrasão "Los Angeles"

Normas brasileiras citadas

ABNT NBR NM 52:2009:	Agregado miúdo – Determinação da massa específica e massa específica aparente
ABNT NBR NM 53:2009:	Agregado graúdo – Determinação da massa específica, massa específica aparente e absorção de água
ABNT NBR NM 65:2003:	Cimento Portland – Determinação do tempo de pega
ABNT NBR NM 66:1998:	Agregados – Constituintes mineralógicos dos agregados naturais – Terminologia
ABNT NBR NM 67:1998:	Concreto – Determinação da consistência pelo abatimento do tronco de cone
ABNT NBR NM 68:1998:	Concreto – Determinação da consistência pelo espalhamento na mesa de Graff
ABNT NBR NM 76:1998:	Cimento Portland – Determinação da finura pelo método de permeabilidade ao ar (Método de Blaine)
ABNT NBR NM 124:2009:	Cimento e clínquer – Análise química – Determinação dos óxidos de Ti, P e Mn
ABNT NBR NM 248:2003:	Agregados – Determinação da composição granulométrica
ABNT NBR NM ISO 3310-1:2010:	Peneiras de ensaio – Requisitos técnicos e verificação Parte 1: Peneiras de ensaio com tela de tecido metálico (ISO 3310-1, IDT)
ABNT NBR NM ISO 2395:1997:	Peneira de ensaio e ensaio de peneiramento – Vocabulário
ABNT NBR NM ISO 7500-1:2004 Versão Corrigida 2004:	Materiais metálicos – Calibração de máquinas de ensaio estático uniaxial Parte 1: Máquinas de ensaio de tração/compressão – Calibração do sistema de medição da força
NM 35:1995 Errata 1:2008:	Agregados leves para concreto estrutural – Especificação
NM 125:1997:	Cimento – Análise química – Determinação de dióxido de carbono por gasometria por decomposição química

Normas americanas importantes

Os dois dígitos após o hífen indicam o ano de publicação: "a" indica uma revisão no ano de publicação; as datas entre parênteses indicam o ano no qual a norma foi reaprovada sem alterações.

C 29-09	Test Method for Bulk Density ('Unit Weight') and Voids in Aggregate
C 31-09	Practice for Making and Curing Concrete Test Specimens in the Field
C 33-08	Specification for Concrete Aggregates
C 39-09a	Test Method for Compressive Strength of Cylindrical Concrete Specimens
C 40-04	Test Method for Organic Impurities in Fine Aggregates for Concrete
C 42-04	Test Method for Obtaining and Testing Drilled Cores and Sawed Beams of Concrete
C 70-06	Test Method for Surface Moisture in Fine Aggregate
C 78-09	Test Method for Flexural Strength of Concrete (Using Simple Beam with Third-Point Loading)
C 87-05	Test Method for Effect of Organic Impurities in Fine Aggregate on Strength of Mortar
C 88-05	Test Method for Soundness of Aggregates by Use of Sodium Sulfate or Magnesium Sulfate
C 91-05	Specification for Masonry Cement
C 94-09a	Specification for Ready-Mixed Concrete
C 109-08	Test Method for Compressive Strength of Hydraulic Cement Mortars (Using 2-in. or [50-mm] Cube Specimens)
C 117-04	Test Method for Materials Finer than 75-μm (No. 200) Sieve in Mineral Aggregates by Washing
C 123-04	Test Method for Lightweight Particles in Aggregate
C 125-09a	Terminology Relating to Concrete and Concrete Aggregates
C 138-09	Test Method for Density (Unit Weight), Yield, and Air Content (Gravimetric) of Concrete
C 143-10	Test Method for Slump of Hydraulic-Cement Concrete
C 150-09	Specification for Portland Cement
C 151-12	Test Method for Autoclave Expansion of Hydraulic Cement

C 156-09a	Test Method for Water Loss [from a Mortar Specimen] Through Liquid Membrane-Forming Curing Compounds for Concrete
C 171-07	Specification for Sheet Materials for Curing Concrete
C 173-10	Test Method for Air Content of Freshly Mixed Concrete by the Volumetric Method
C 186-05	Test Method for Heat of Hydration of Hydraulic Cement
C 191-08	Test Methods for Time of Setting of Hydraulic Cement by Vicat Needle
C 192-07	Practice for Making and Curing Concrete Test Specimens in the Laboratory
C 204-07	Test Methods for Fineness of Hydraulic Cement by Air-Permeability Apparatus
C 215-08	Test Method for Fundamental Transverse, Longitudinal, and Torsional Resonant Frequencies of Concrete Specimens
C 227-10	Test Method for Potential Alkali Reactivity of Cement-Aggregate Combinations (Mortar- Bar Method)
C 230-08	Specification for Flow Table for Use in Tests of Hydraulic Cement
C 231-09b	Test Method for Air Content of Freshly Mixed Concrete by the Pressure Method
C 232-09	Test Methods for Bleeding of Concrete
C 260-06	Specification for Air-Entraining Admixtures for Concrete
C 266-08	Test Method for Time of Setting of Hydraulic Cement Paste by Gillmore Needles
C 289-07	Test Method for Potential Alkali-Silica Reactivity of Aggregates (Chemical Method)
C 293-08	Test Method for Flexural Strength of Concrete (Using Simple Beam With Center-Point Loading)
C 294-05	Descriptive Nomenclature for Constituents of Concrete Aggregates
C 295-08	Guide for Petrographic Examination of Aggregates for Concrete
C 309-07	Specification for Liquid Membrane-Forming Compounds for Curing Concrete
C 311-07	Test Methods for Sampling and Testing Fly Ash or Natural Pozzolans for Use in Portland-Cement Concrete
C 330-09	Specification for Lightweight Aggregates for Structural Concrete
C 331-05	Specification for Lightweight Aggregates for Concrete Masonry Units
C 332-09	Specification for Lightweight Aggregates for Insulating Concrete
C 403-08	Test Method for Time of Setting of Concrete Mixtures by Penetration Resistance
C 418-05	Test Method for Abrasion Resistance of Concrete by Sandblasting
C 441-05	Test Method for Effectiveness of Pozzolans or Ground Blast-Furnace Slag in Preventing Excessive Expansion of Concrete Due to the Alkali-Silica Reaction
C 452-06	Test Method for Potential Expansion of Portland-Cement Mortars Exposed to Sulfate
C 457-10a	Test Method for Microscopical Determination of Parameters of the Air-Void System in Hardened Concrete

C 469-02	Test Method for Static Modulus of Elasticity and Poisson's Ratio of Concrete in Compression
C 470-09	Specification for Molds for Forming Concrete Test Cylinders Vertically
C 494-10	Specification for Chemical Admixtures for Concrete
C 496-04	Test Method for Splitting Tensile Strength of Cylindrical Concrete Specimens
C 512-02	Test Method for Creep of Concrete in Compression
C 531-00 (2005)	Test for Linear Shrinkage and Coefficient of Thermal Expansion of Chemical-Resistant Mortars, Grouts, Monolithic Surfacings, and Polymer Concretes
C 566-97 (2004)	Test Method for Total Evaporable Moisture Content of Aggregate by Drying
C 567-05a	Test Method for Determining Density of Structural Lightweight Concrete
C 586-05	Test Method for Potential Alkali Reactivity of Carbonate Rocks as Concrete Aggregates (Rock-Cylinder Method)
C 595-10	Specification for Blended Hydraulic Cements
C 597-09	Test Method for Pulse Velocity Through Concrete
C 617-09a	Practice for Capping Cylindrical Concrete Specimens
C 618-08a	Specification for Coal Fly Ash and Raw or Calcined Natural Pozzolan for Use in Concrete
C 642-06	Test Method for Density, Absorption, and Voids in Hardened Concrete
C 666-03 (2008)	Test Method for Resistance of Concrete to Rapid Freezing and Thawing
C 672-03	Test Method for Scaling Resistance of Concrete Surfaces Exposed to De-icing Chemicals
C 684-99 (2003)	Test Method for Making, Accelerated Curing, and Testing Concrete Compression Test Specimens
C 685-10	Specification for Concrete Made by Volumetric Batching and Continuous Mixing
C 779-05	Test Method for Abrasion Resistance of Horizontal Concrete Surfaces
C 803-03	Test Method for Penetration Resistance of Hardened Concrete
C 805-08	Test Method for Rebound Number of Hardened Concrete
C 845-04	Specification for Expansive Hydraulic Cement
C 856-04	Practice for Petrographic Examination of Hardened Concrete
C 873-04	Test Method for Compressive Strength of Concrete Cylinders Cast in Place in Cylindrical Molds
C 878-09	Test Method for Restrained Expansion of Shrinkage-Compensating Concrete
C 900-06	Test Method for Pullout Strength of Hardened Concrete
C 917-05	Test Method for Evaluation of Cement Strength Uniformity From a Single Source
C 918-07	Test Method for Measuring Early-Age Compressive Strength and Projecting Later-Age Strength

C 944-99 (2005)	Test Method for Abrasion Resistance of Concrete or Mortar Surfaces by the Rotating-Cutter Method
C 979-05	Specification for Pigments for Integrally Colored Concrete
C 989-09a	Specification for Slag Cement for Use in Concrete and Mortars
C 1012-09	Test Method for Length Change of Hydraulic-Cement Mortars Exposed to a Sulfate Solution
C 1017-07	Specification for Chemical Admixtures for Use in Producing Flowing Concrete
C 1038-04	Test Method for Expansion of Hydraulic Cement Mortar Bars Stored in Water
C 1074-04	Practice for Estimating Concrete Strength by the Maturity Method
C 1084-10	Test Method for Portland-Cement Content of Hardened Hydraulic-Cement Concrete
C 1105-08a	Test Method for Length Change of Concrete Due to Alkali-Carbonate Rock Reaction
C 1138-05	Test Method for Abrasion Resistance of Concrete (Underwater Method)
C 1152-04	Test Method for Acid-Soluble Chloride in Mortar and Concrete
C 1157-10	Performance Specification for Hydraulic Cement
C 1202-10	Test Method for Electrical Indication of Concrete's Ability to Resist Chloride Ion Penetration
C 1240-05	Specification for Silica Fume Used in Cementitious Mixtures
C 1602-06	Specification for Mixing Water Used in the Production of Hydraulic Cement Concrete
C 1712-09	Test Method for Rapid Assessment of Static Segregation Resistance of Self-Consolidating Concrete Using Penetration Test
E 11-2009	Specification for Wire-Cloth Sieves for Testing Purposes

Normas britânicas e europeias importantes

BS indica uma norma britânica antiga, elaborada no Reino Unido.
BS EN indica uma norma europeia adotada como uma norma britânica e idêntica a uma norma nacional em todos os países da União Europeia, bem como na Islândia, Noruega e Suíça.
PD indica um documento publicado que não é uma norma britânica, mas um documento (orientação) publicado pela British Standards Institution, que orienta o uso de uma BS EN ou a amplifica.
w/d indica uma norma cancelada.
Números entre parêntesis indicam o ano em que a norma foi reconfirmada.

BS 12: 1996 (w/d)	Portland cement.
BS CP 110 - 1: 1972	The structural use of concrete.
BS 146-1: 1996 (w/d)	Portland blastfurnace cement.
BS EN 196-1: 2005	Methods of testing cement. Determination of strength.
BS EN 196-2: 2005	Methods of testing cement. Chemical analysis of cement.
BS EN 196-3: 2005	Determination of setting time and soundness.
BS EN 196-5: 2005	Pozzolanicity test for pozzolanic cements.
BS EN 196-6: 2010	Methods of testing cement. Determination of fineness.
BS EN 197-1: 2000	Cement. Composition, specifications and conformity criteria for common cements.
BS EN 197-2: 2000	Cement. Conformity evaluation.
BS EN 197-4: 2004	Cement. Composition, specifications and conformity criteria for low early strength blastfurnace cements.
BS EN 206-1: 2000	Concrete. Specification, performance, production and conformity.
BS EN 206-9: 2010	Concrete. Additional rules for self-compacting concrete (SCC).
BS 410 - 1: 2000	Test sieves. Technical requirements and testing. Test sieves of metal wire cloth.
BS 410 - 2: 2000	Test sieves. Technical requirements and testing. Test sieves of perforated metal plate.

BS EN 450 - 1: 2005	Fly ash for concrete. Definition, specification and conformity criteria.
BS EN 480 - 1: 2006	Admixtures for concrete, mortar and grout. Test methods. Reference concrete and reference mortar for testing.
BS ISO 565 – 1990	Test sieves – metal wire cloth, perforated metal plate and electroformed sheet – nominal side openings.
BS EN 678: 1994	Determination of the dry density of autoclaved aerated concrete.
BS EN 679: 2009	Determination of the compressive strength of autoclaved aerated concrete.
BS EN 680: 2005	Determination of the drying shrinkage of autoclaved aerated concrete.
BS 812-1: 1975(w/d)	Testing aggregates. Methods for determination of particle size and shape.
BS 812-2: 1995	Testing aggregates. Methods of determination of density.
BS 812-102: 1989(w/d)	Testing aggregates. Methods for sampling.
BS 812-103.1: 1985 (2000)	Testing aggregates. Method for determination of particle size distribution. Sieve tests.
BS 812-103.2: 1989 (2006)	Testing aggregates. Method of determination of particle size distribution. Sedimentation test.
BS 812-104: 1994 (2000)	Testing aggregates. Method for qualitative and quantitative petrographic examination of coarse aggregate.
BS 812-105.2: 1990	Testing aggregates. Methods for determination of shape. Elongation index of coarse aggregate (obsolescent).
BS 812-106: 1985	Testing aggregates. Method for determination of shell content in coarse aggregate.
BS 812-109: 1990	Testing aggregates. Methods for determination of moisture content.
BS 812-110: 1990	Testing aggregates. Methods for determination of aggregate crushing value (ACV).
BS 812-111: 1990	Testing aggregates. Methods for determination of ten per cent fines value (TFV).
BS 812-112: 1990 (2000)	Testing aggregates. Method for determination of aggregate impact value (AIV).
BS 812-113: 1990	Testing aggregates. Method for determination of aggregate abrasion value (AAV).
BS 812-117: 1988 (2000)	Testing aggregates. Method for determination of water-soluble chloride salts.
BS 812-118: 1988 (2000)	Testing aggregates. Method for determination of sulfate content.
BS 812-121: 1989 (2000)	Testing aggregates. Method for determination of soundness.

BS 812-123: 1999	Testing aggregates. Method for determination of alkali-silica reactivity. Concrete prism method.
BS 812-124: 2009	Testing aggregates. Method for determination of frost-heave.
BS 882-1992 (w/d)	Specification for aggregates from natural sources for concrete.
BS EN 932-1: 1997	Tests for general properties of aggregates. Methods for sampling.
BS EN 932-2: 1999	Tests for general properties of aggregates. Methods for reducing laboratory samples.
BS EN-932-3: 1997	Tests for general properties of aggregates. Procedure and terminology for simplified petrographic description.
BS EN 932-5: 2000	Tests for general properties of aggregates. Common equipment and calibration.
BS EN 932-6: 1999	Tests for general properties of aggregates. Definitions of repeatability and reproducibility.
BS EN 933-1: 1997	Tests for geometrical properties of aggregates. Determination of particle size distribution. Sieving method.
BS EN 933-2: 1996	Tests for geometrical properties of aggregates. Determination of particle size distribution. Test sieves, nominal size of apertures.
BS EN 933-3: 1997	Tests for geometrical properties of aggregates. Determination of particle shape. Flakiness index.
BS EN 933-4: 2008	Tests for geometrical properties of aggregates. Determination of particle shape. Shape index.
BS EN 933-5: 1998	Tests for geometrical properties of aggregates. Determination of percentage of crushed and broken surfaces in coarse aggregate particles.
BS EN 933-6: 2001	Tests for geometrical properties of aggregates. Assessment of surface characteristics. Flow coefficient of aggregates.
BS EN 933-7: 1998	Tests for geometrical properties of aggregates. Determination of shell content. Percentage of shells in coarse aggregates.
BS EN 933-8: 1999	Tests for geometrical properties of aggregates. Assessment of fines. Sand equivalent test.
BS EN 933-9: 2009	Tests for geometrical properties of aggregates. Assessment of fines. Methylene blue test.
BS EN 933-10: 2009	Tests for geometrical properties of aggregates. Assessment of fines. Grading of filler aggregates (air jet sieving).
BS EN 933-11: 2009	Tests for geometrical properties of aggregates. Classification test for the constituents of coarse recycled aggregate particle size distribution. Sieving method.

BS EN 934-2: 2009	Admixtures for concrete, mortar and grout. Concrete admixtures. Definitions, requirements, conformity, marking and labelling.
BS EN 934-5: 2007	Admixtures for concrete, mortar and grout. Admixtures for sprayed concrete. Definitions, requirements, conformity, marketing and labelling.
BS EN 934-6: 2001	Admixtures for concrete, mortar and grout. Sampling, conformity control and evaluation of conformity.
BS EN 1008: 2002	Mixing water for concrete. Specification for sampling, testing and assessing the suitability of water, including water recovered from processes in the concrete industry, as mixing water for concrete.
BS 1305: 1974	Specification for batch type concrete mixers.
BS 1370: 1979	Specification for low heat Portland cement.
BS EN 1744-1: 2009	Tests for chemical properties of aggregates. Chemical analysis.
BS 1881-5: 1984 (w/d)	Testing concrete. Methods of testing hardened concrete for other than strength.
BS 1881-103: 1993	Testing concrete. Method of determination of compacting concrete.
BS 1881-105: 1984 (w/d)	Testing concrete. Method for determination of flow.
BS 1881-108: 1993 (w/d)	Testing concrete. Method for making test cubes from fresh concrete.
BS 1881-110: 1983 (w/d)	Testing concrete. Method for making test cylinders from fresh concrete.
BS 1881-112: 1983	Testing concrete. Methods of accelerated curing of test cubes.
BS 1881-113: 1983	Testing of concrete. Method for making and curing no-fines test cubes.
BS 1881-115: 1986 (w/d)	Testing concrete. Specification for compression testing machines for concrete.
BS 1881-119: 1983	Testing concrete. Method for determination of compressive strength using portions of beam broken in flexure (equivalent cube method).
BS 1881-120: 1983 (w/d)	Testing concrete. Method for determination of the compressive strength of concrete cores.
BS 1881-121: 1983	Testing concrete. Method for determination of static modulus of elasticity in compression.
BS 1881-122: 1983	Testing concrete. Method for determination of water absorption.
BS 1881-124: 1988	Testing concrete. Methods of analysis of hardened concrete.
BS 1881-131: 1998	Testing concrete. Methods for testing cement in a reference concrete.
BS 1881-201: 1986	Testing concrete. Guide to the use of non-destructive methods of test for hardened concrete.

BS 1881-207: 1992	Testing concrete. Recommendations for the assessment of concrete strength by near-to-surface tests.
BS 1881-209: 1990	Testing concrete. Recommendations for the measurement of dynamic modulus of elasticity.
BS ISO 1920-8: 2009	Testing of concrete – Part 8: Determination of drying shrinkage of concrete for samples prepared in the field or laboratory.
BS EN: 1992-1-1: 2004	Eurocode 2: Design of concrete structures. General rules and rules for buildings.
BS EN 1992-3: 2006	Eurocode 2: Design of concrete structures. Liquid retaining and containing structures.
BS 3148: 1986	Methods of test for water for making concrete.
BS 3892-1: 1997	Pulverized-fuel ash. Specification for pulverized fuel ash for use with Portland cement.
BS 3892-2: 1996	Pulverized-fuel ash to be used as a Type I addition.
BS 3963: 1974 (1980)	Method for testing the mixing performance of concrete mixers.
BS 4550 - 3: 1978	Methods of testing cement. Physical tests. Introduction.
BS 5075-2: 1982 (w/d)	Concrete admixtures. Specification for air-entraining admixtures.
BS 5328-1: 1997 (w/d)	Concrete. Guide to specifying concrete.
BS 5328-2: 2002 (w/d)	Concrete. Methods for specifying concrete mixes.
BS 5328-4: 1990 (w/d)	Concrete. Specification for the procedures to be used in sampling, testing and assessing compliance of concrete.
BS ISO 5725-1: 1994	Accuracy (trueness and precision) of measurement methods and results.
BS 6089: 2010	Assessment of in situ compressive strength in structures and precast concrete components. Complementary guidance to that is given in BS EN 1379.
PD 6682-1: 2009	Aggregates. Aggregates for concrete. Guidance on the use of BS EN 12620.
BS 7542: 1992	Method of test for curing compounds for concrete.
BS 8110 - 1: 1997	Structural use of concrete. Code of practice for design and construction.
BS 8500 - 1: 2006	Concrete. Complementary British Standard to BS EN 206-1. Method of specifying and guidance for the specifier.
BS 8500 - 2: 2006	Concrete. Complementary British Standard to BS EN 206-1. Specification for constituent materials and concrete.
BS EN 12350 - 1,2,3,4,5,6,7: 2009	Testing fresh concrete. Various tests.
BS EN 12350-8,9,10,11,12: 2010	Testing fresh concrete. Self-compacting.
BS EN 12390-1: 2000	Testing hardened concrete. Shape, dimensions and other requirements for specimens and moulds.
BS EN 12390-2: 2009	Testing hardened concrete. Making and curing specimens for strength tests.

BS EN 12390-3: 2009	Testing hardened concrete. Compressive strength of test specimens.
BS EN 12390-4: 2000	Testing hardened concrete. Compressive strength. Specification for testing machines.
BS EN 12390-5: 2009	Testing hardened concrete. Flexural strength of test specimens.
BS EN 12390-6: 2009	Testing hardened concrete. Tensile splitting strength of test specimens.
BS EN 12390-7: 2009	Testing hardened concrete. Density of hardened concrete.
BS EN 12504-1: 2009	Testing concrete in structures. Cored specimens. Taking, examining and testing in compression.
BS EN 12504-4: 2004	Testing concrete. Determination of ultrasonic pulse velocity.
BS EN 12620: 2002	Aggregates for concrete.
BS EN 12878: 2005	Pigments for the colouring of building materials based on cement and/or lime. Specifications and methods of test.
BS EN 13055-1: 2002	Lightweight aggregates. Lightweight aggregates for concrete mortar and grout.
BS EN 13670: 2009	Execution of concrete structures.
BS EN 14487-2: 2006	Sprayed concrete. Execution.
BS EN 14647: 2005	Calcium aluminate cement. Composition, specifications and conformity criteria.
BS 15743: 2010	Supersulfated cement – Composition, specifications and conformity criteria.

Índice de nomes

Utilizemos a segunda entrada (Abrams, D. A.) para exemplificar a organização deste índice: os números 29, 285 e 289 são as páginas em que são feitas referências a Abrams; 4.25 é a referência da publicação (conforme apresentada na lista de referências ao final do capítulo) e 192 é a página em que o número de referência aparece no capítulo.

Abdel-Jawad, Y., 7.31 (344–345)
Abrams, D. A., 29, 285, 289, 4.23 (222–223), 4.25 (192), 8.103 (405–406), 8.108 (405–408)
ACI 3R, 2.56 (81–82), 2.64 (87–88)
ACI 116R, 4.46 (194–195)
ACI 11R, 14.7 (770–771)
ACI 201.2R, 10.42 (526–527, 531–533), 11.92 (564–565, 567–568, 570–573, 583–585, 588–590), 13.109 (735–736)
ACI 207.1R, 8.54 (413–414)
ACI 207.2R, 10.34 (547–548, 548–552)
ACI 207.4R, 8.4 (417–418)
ACI 209R, 9.80 (453–455, 487–488)
ACI 210R, 10.41 (546–548)
ACI 211.1, 14.5 (757–759, 782–788)
ACI 211.2, 14.19 (792–794)
ACI 211.3, 4.70 (201–205), 14.4 (787–789)
ACI 211.4R, 14.16 (790–792)
ACI 212.3R, 4.67 (218–219, 235–237), 5.4 (259–260, 275–277, 279–280), 11.94 (568–569)
ACI 212.4R, 5.52 (272–273, 275–277)
ACI 213R, 13.141 (718–722, 728–731, 734–737, 740–741)
ACI 214, 14.18 (764–765), 14.29 (767–768)
ACI 214.1R, 12.21 (650–651)
ACI 221R, 3.36 (184–185)
ACI 222R, 11.82 (585–586)
ACI 223, 9.91 (465–467), 10.94 (544–546)
ACI 225R, 2.9 (71–72), 13.90 (678), 14.17 (772–773)
ACI 226.1R, 13.32 (691–692, 695–696)

ACI 226.3R, 13.18 (684–685, 688–690)
ACI 228.1R, 12.122 (645–647, 653–659)
ACI 234R, 13.159 (695–696)
ACI 304.R, 4.76 (223–224, 229–230, 239–240)
ACI 304.1R, 4.75 (240–241)
ACI 304.2R, 4.114 (230–231, 233–237)
ACI 304.5R, 13.142 (730)
ACI 304.6R, 4.113 (220–221)
ACI 305R, 8.14 (376–378, 415–418), 9.97 (441–442)
ACI 306R, 8.55 (418–423)
ACI 308, 7.9 (341–342), 8.60 (417–418)
ACI 309R, 4.73 (241–245)
ACI 309.1R, 4.74 (242–243)
ACI 318, 6.118 (326–327), 9.98 (435–437), 11.56 (583–585, 588–590), 12.124 (626–627, 637–638, 642–644), 13.116 (688–690, 695–696, 702–703, 734–735), 14.8 (757–762, 767–768, 771–774, 794)
ACI 363R, 9.99 (435–436), 13.91 (705–706, 712–714), 14.22 (765–766)
ACI 506R, 4.34 (237–239)
ACI 506.2, 12.133 (644–646)
ACI 515.1R, 10.93 (526–529)
ACI 517.2R, 2.43 (97–98), 8.27 (385–387, 390–391), 9.96 (463–465)
ACI 523.1R, 13.118 (744–745)
ACI 523.3R, 14.20 (794)
ACI Committee 2.67 (89–90)
Acker, P., 9.75 (444–445), 9.148 (478–479), 9.150 (476), 13.94 (717–718)

824 Índice de nomes

Adams, A. B., 5.27 (25–26, 267–268)
Agrément Board, 2.35 (72–75)
Aïtcin, P.-C., 1.91 (22–23), 2.66 (89–90), 2.71 (89–90), 5.5 (274–275), 5.17 (277–278), 5.21 (271, 273–274, 277–278), 7.95 (356–357), 8.23 (381–382, 422–423), 8.52 (411–412), 9.69 (436–437), 10.38 (544–546), 11.35 (573–574), 11.51 (574–575), 11.61 (583–585), 12.117 (659–660), 13.41 (699–700), 13.47 (699–700), 13.53 (702–703), 13.57 (697–699, 702–704), 13.63 (709–710, 715–716), 13.64 (705–706), 13.73 (714), 13.74 (712–713), 13.78 (705–706), 13.79 (704–705, 709–713)
Akashi, T., 12.134 (652–653)
Al-Amoudi, O. S. B., 11.70 (594–595), 13.138 (702–703)
Alasali, M. M., 10.113 (543–544), 10.117 (542)
Al-Eesa, A. S. S., 13.127 (701–702)
Alexander, K. M., 3.43 (123–124), 6.112 (287), 12.128 (627–628)
Alexanderson, J., 8.82 (383–384)
Alford, N. McN., 6.81 (306)
Al-Gahtani, A. S., 11.69 (595–596), 13.48 (702–703)
Al-Hussaini, M.-J., 11.67 (593–594)
Ali, M. A., 11.43 (572–573), 14.34 (790–791)
Ali, M. G., 10.114 (540–541)
Al-Manaseer, A. A., 4.102 (192–193), 4.106 (207–208), 9.153 (474–475), 12.88 (636–637)
Almudaiheem, J. A., 9.72 (446–447, 453–455), 9.83 (456–457)
Al-Murshidi, K., 12.108 (649–651)
Alonso, C., 11.74 (597–598)
Al-Rawi, R. S., 12.108 (649–651)
Al-Saadoun, S. S., 11.69 (595–596), 13.48 (702–703)
Al-Tayyib, A. J., 8.5 (394–396), 11.78 (585–586)
Amasaki, S., 12.125 (654–655), 12.134 (652–653)
Ambroise, J., 2.53 (86–87)
American Petroleum Institute, 2.21 (72–74, 92–93)
American Society of Concrete Contractors, 13.160 (682–684)
Andrade, C., 2.8 (95–96), 11.74 (597–598), 11.81 (594–595)
Antrim, J. D., 7.50 (358–359)
Araki, K., 2.23 (74–75)
Arioglu, E., 12.148 (635–636)
Arni, H. T., 1.56 (44–46)
Artigues Texsa, J. C., 13.122 (697–698)
Ashworth, R., 5.55 (264–266)
Aspdin, J., 2
Assimacopoulos, B. M., 7.49 (357–358)

Attiogbe, E. K., 6.111 (316–317), 9.100 (431–432)
Attolou, A., 9.75 (444–445)
Austin, S. A., 8.38 (396–397), 13.33 (692–693), 13.108 (736–737), 13.127 (701–702)
Australian Pre-Mixed Concrete Association 12.75 (610–612)
Ayuta, K., 6.101 (320–321, 324)
Aziz, M. A., 13.155 (744–745)

Baalbaki, M., 13.95 (711)
Baalbaki, W., 13.73 (714)
Baerland, T., 10.40 (544–546)
Bahramian, B., 3.41 (117–119)
Bährner, V., 203–205
Bajza, A., 12.93 (632–634)
Bakker, R., 2.58 (81–82), 11.91 (593–594), 13.43 (694–696), 13.126 (694–695)
Balaguru, P. N., 14.25 (760–761)
Balázs, G. L., 7.82 (359–361)
Baldini, G., 2.76 (86–87)
Baldwin, H. W., 1.17 (16–17)
Balendran, R. V., 9.70 (436–439)
Ballivy, G., 13.73 (714)
Bamforth, P. B., 10.132 (516–518)
Bandyopadhyay, A. K., 9.39 (437–438)
Banfill, P. F. G., 5.11 (262–264)
Banthia, M., 11.60 (578–579)
Barber, P., 4.57 (249–250)
Barker, M. G., 12.138 (658–659)
Barnes, B. D., 3.64 (123–124), 8.80 (376–378)
Barnes, R. A., 13.140 (735–736)
Baron, J., 1.94 (35–36), 3.79 (150–154), 4.69 (249–250), 9.73 (441–442), 10.136 (539–540, 542–544)
Bartlett, F. M., 12.121 (626–627)
Bartos, P., 4.56 (194–195, 198–199)
Base, G. D., 9.102 (440–441)
Bastgen, K. J., 9.68 (437–438)
Bavelja, R. 4.36 (249–250)
Bažant, Z. P., 6.82 (309–310), 9.146 (488–489), 9.157 (478–479), 12.94 (712–713, 634–635)
Beaton, R. J., 12.130 (649–651)
Beattie, A., 12.150 (607–608)
Beaudoin, J. J., 1.87 (42–44), 3.80 (151), 5.12 (261–264), 6.35 (293), 6.65 (295–297, 299–300), 6.95 (317), 10.118 (540–541)
Beaufait, F. W., 4.45 (228–229)
Bellander, U., 7.55 (339), 12.96 (639–640), 12.105 (641–643, 657–658), 12.123 (661–662)
Belliston, H. B., 7.22 (367–368, 369)
Ben-Bassat, M., 7.29 (339), 10.92 (516–518, 521–523)
Benaïssa, A., 9.145 (478–479)

Bennett, E. W., 2.19 (72–75), 2.36 (74–75), 7.43 (352–355, 357–358), 9.41 (450–452, 474–475)
Bensted, J., 2.12 (72–74, 78–79), 10.139 (529–530)
Bentur, A., 8.59 (417–418), 8.83 (383–386), 10.126 (532–533), 12.127 (639–640), 13.5 (696–698), 13.101 (688–690)
Bentz, D. P., 1.97 (31–32), 13.45 (699–700)
Ben-Yair, M., 10.91 (537)
Beresford, F. D., 8.61 (415–416)
Berg, O. Y., 6.21 (308–309), 6.56 (314)
Berge, Y., 8.64 (415–416)
Berger, R. L., 5.37 (262–264), 10.123 (514–515)
Berhane, Z., 1.82 (38–39)
Berke, N. S., 11.72 (597–598)
Bernal, J. D., 1.20 (16–18, 35–36), 9.20 (443–444), 9.21 (443–444)
Berner, D., 8.49 (408–411)
Best, C. H., 9.137 (480–482)
Best, J. F., 4.79 (216–217, 235–237)
Bianchini, A. C., 10.105 (548–552)
Biczok, I., 10.71 (526–527)
Bied, J., 94–95
Bielak, E., 4.120 (217–218)
Bier, A. Th., 10.67 (518–519, 523–526)
Bijen, J. M., 9.10 (443–444), 10.129 (538–539)
Bilodeau, A., 2.41 (80–81), 13.30 (688–690), 13.124 (690–691)
Bingham, E. C., 207–208
Birchall, J. R., 5.50 (264–265)
Birkimer, D. L., 8.111 (402–403)
Bisaillon, A., 10.45 (514–515)
Bischoff, B. H., 7.80 (362–363), 7.91 (360–361)
Bishop, F. C., 6.82 (309–310)
Bjerkeli, L., 6.84 (309–310)
Blaine, R. L., 23–25, 71–72, 74–75, 81–82, 86–87, 89–90, 261–263, 709, 1.56 (44–46)
Blakey, F. A., 8.61 (415–416), 10.104 (525–526)
Blanks, R. F., 12.38 (632–635)
Bloem, D. L., 1.37 (44–45, 56–57), 3.5 (124–125), 3.16 (165, 166), 3.28 (180–182), 3.42 (121–122, 180–182), 5.26 (265–266), 6.60 (301), 7.42 (345–346), 8.89 (394–398, 400), 12.23 (621–622, 628–631, 644–646), 12.31 (627–628), 12.45 (636–637)
Bloomquist, D., 3.67 (127–128)
Bobrowski, S., 11.73 (598–599)
Bogue, R. H., 9, 10, 48–50, 1.2 (9, 35–36, 38–39, 42–43), 1.7 (13–14, 44–45), 1.32 (39–41), 2.7 (77–78)
Bonn, G. M., 9.133 (474–475)
Bonnell, D. G. R., 8.90 (394–396)
Bonner, D. G., 13.21 (684–685)

Bonzel, J., 10.21 (511–512, 515–517)
Borge, O. E., 9.46 (442–443)
Bortolotti, L., 6.104 (325)
Bostvironnois, J.-L., 13.56 (699–700, 712–713)
Botton, J. D., 13.154 (741–743)
Boulay, C., 9.63 (432–433), 12.71 (612–613)
Boussion, R., 4.116 (221–222)
Bradbury, I., 4.123 (220–221)
Bragg, R. H., 1.47 (14–15), 7.35 (338)
Braun, H., 1.96 (7)
Bredenkamp, G. L., 8.35 (390–391)
Bredenkamp, S., 8.35 (390–391)
Breitfeller, D., 11.47 (560)
Bremner, T. W., 13.104 (730–733)
Bresler, B., 6.79 (314)
Bresson, J., 4.71 (243–244)
Brewer, H. W., 8.99 (391–392)
Brierley, R. W., 7.18 (361–365)
British Cement Association, 10.112 (539–540), 13.146 (739–740)
Brivot, F., 10.74 (529–531)
Brook, J. W., 8.16 (422–423)
Brook, K. M., 13.119 (741–742)
Brooks, J. J., 467–469, 5.41 (278–279), 9.71 (450–452, 476), 9.77 (446–447), 9.84 (435–436, 454–455, 491–493), 9.142 (488–489), 9.143 (490–491)
Brooks, S. A., 2.72 (90–91, 104–105)
Brown, E. H., 9.131 (491–493)
Brown, L. S., 1.11 (13–14), 1.40 (48), 11.19 (578–579)
Brown, M. L., 4.64 (220–221)
Brownyard, T. L., 1.24 (28–30, 32–34, 37–39), 6.6 (290, 292, 293), 8.91 (394–396)
Brodda, R., 3.72 (179–180)
Brousseau, R., 6.95 (317)
Brotschi, J., 1.76 (48)
Brunauer, S., 1.13 (15–16), 1.45 (23–25), 1.62 (16–19), 1.65 (45), 3.13 (149)
Brusin, M., 4.71 (243–244)
Bryden-Smith, D. W., 12.129 (658–659)
Buckley, K. J., 12.86 (626–627)
Buen, J. M. J. M., 13.46 (697–699)
Buenfeld, N. R., 7.101 (363–365)
Buil, M., 9.150 (476)
Building Research Establishment, 2.82 (104–105), 7.23 (369), 7.24 (369), 10.135 (532–533), 13.134 (740–741)
Building Research Station, 4.35 (192–193)
Bulletin du Ciment, 10.29 (536–537), 10.30 (536–537), 10.125 (525–526)
Bungey, J. H., 12.98 (639–640), 12.135 (655–656, 658–659, 661), 12.137 (658–659)

Burg, G. R. U., 4.89 (228–229)
Bürge, T. A., 5.22 (271)
Burke, E., 2.31 (84–85)
Bushnell-Watson, S. M., 2.40 (96–97)
Butcher, W. S., 12.33 (626–627)
Butler, W. B., 11.87 (594–595)
Bye, G. C., 1.81 (16–17)
Byfors, K., 11.98 (594–595)
Byrne, J. G., 12.19 (620–621, 628–630)

Cabrera, J. G., 2.38 (79–81), 13.121 (701–702)
Cadoret, G., 13.80 (715–716), 13.82 (711)
Calleja, J., 1.71 (53–54)
Cameron, G., 11.44 (573–574)
Campbell, G. M., 13.4 (680–681), 14.1 (773–774)
Canadian Standards Assn., 10.111 (543–544), 13.131 (705–706, 715–716)
Cao, H. T., 13.24 (690–691)
Caratin, H., 12.62 (658–659, 661)
Carette, G. G., 2.69 (89–90), 8.42 (401–402, 405–406), 8.45 (401–402), 13.58 (699–700)
Carino, N. J., 6.53 (308–309), 6.97 (324), 6.99 (322–323), 6.100 (320–321), 6.105 (326–327), 12.136 (657–658), 12.140 (656–659)
Carles-Gibergues, A., 13.39 (697–698)
Carlson, R. W., 1.11 (13–14), 1.29 (38–39), 1.36 (42–43), 9.78 (460–461), 13.148 (736–737, 737–738)
Carman, P. C., 23–24
Carmichael, J., 13.85 (718–719)
Carrasquillo, P. M., 12.72 (612–613), 12.74 (610–612), 13.31 (690–691)
Carrasquillo, R. L., 7.85 (354–357), 10.77 (532–533), 12.72 (612–613), 12.74 (610–612), 13.25 (688–690), 13.31 (690–691)
Carreira, D. J., 9.67 (432–433, 435–436)
Carter, P. D., 10.72 (502)
Castillo, C., 8.48 (402–405)
Causse, G., 13.83 (711)
Cebeci, O. Z., 4.40 (192–193), 8.21 (417–418)
CEB, 13.152 (740–741)
CEB-FIP, 12.1 (619–620)
Cement and Concrete Assn., 8.81 (378–381)
Centre d'Information de l'Industrie Cimentière Belge, 11.2 (560, 561)
Chaallal, O., 7.95 (356–357), 13.63 (709–710, 715–716)
Chabowski, A. J., 12.129 (658–659)
Chakraborty, M., 8.56 (404–405)
Chamberlin, W. H., 8.73 (384–385)
Chan, Y.-W., 9.152 (476)
Chang, T.-P., 6.82 (309–310)
Chapman, G. P., 3.44 (144–145)
Charest, B. A., 8.17 (422–423)

Charonat, Y., 4.116 (221–222)
Chatterji, S., 3.73 (150), 10.119 (539–540, 543–544)
Chefdeville, J., 9.33 (460–462)
Chen, H., 3.84 (154–155), 10.120 (543–544)
Chen, W.-F., 9.65 (431–433), 13.50 (700–702)
Cheng, C. L., 13.107 (744–745)
Cheong, K. H., 4.88 (228–229)
Chern, J.-C., 9.152 (476)
Cheung, M. S., 8.18 (381–382, 422–423), 8.23 (381–382), 9.59 (436–437), 9.69 (436–437)
Chew, M. Y. L., 8.41 (406–407)
Chikada, T., 8.28 (386–387)
Chin, D., 5.20 (261–263)
Chiocchio, G., 5.30 (274–275), 10.82 (530–531)
Chojnacki, B., 12.69 (651–652)
Christen, H. U., 10.28 (535–536)
Chu, K.-H., 9.67 (432–433, 435–436)
Chung, H. W., 12.61 (661)
Cigna, R., 7.71 (363–365)
Cioffi, R., 1.78 (18–19), 6.66 (297–298)
CIRIA, 9.160 (460–461)
Claisse, P. A., 13.121 (701–702)
Clifton, J. R., 6.71 (299–300), 7.92 (359–361)
Cochet, G., 11.77 (594–595)
Cohen, M. D., 1.69 (25–26), 2.70 (89–90), 9.89 (467–469), 9.90 (467–469), 9.103 (440–441), 10.126 (532–533), 13.50 (700–702)
Collepardi, M., 2.76 (86–87)
Collings, B. C., 2.19 (72–75)
Collins, A. R., 3.18 (166–169), 4.1 (194–195, 195–198, 201–202), 11.7 (560)
Collins, R. J., 2.78 (103–105)
Collis, L., 3.38 (113–115, 125–127, 144–145, 175–177), 3.56 (146–147), 3.57 (146–147)
Concrete Society, 5.48 (279–280), 7.21 (349–351), 10.33 (547–548, 551, 548–549), 10.96 (504–510, 516–518), 12.25 (663–665), 12.100 (639–644)
Conjeaud, M. L., 10.84 (537)
Cong, X., 13.44 (700–702)
Cook, D. J., 2.80 (86–87)
Cook, J. E., 14.24 (760–761)
Cook, G. C., 4.24 (228–229)
Cook, R. A., 6.114 (299), 10.46 (504–505)
Cooper, I., 4.57 (249–250)
Copeland, L. E., 1.12 (14–15, 37–38), 1.26 (32–34), 1.28 (34–35), 1.47 (14–15), 1.48 (26–27, 32–34, 36–37), 1.49 (14–15, 45), 7.35 (338), 8.84 (387–389), 10.2 (510–511), 10.4 (511–512), 10.5 (511–514), 11.1 (564–565)
Coppetti, G., 8.29 (386–388)
Corish, A. T., 7.16 (349–351)
Cortez, E. R., 5.9 (259–260), 8.17 (422–423)

Costa, U., 2.77 (86–87)
CP 114:1948, 14.12 (760–761, 771–772)
CP 114:1969, 14.10 (771–772)
Crahan, J., 2.57 (97–98)
Cramer, S. M., 7.1 (348–349)
Crammond, N. J., 2.79 (104–105)
Criaud, A., 13.80 (715–716)
Croft, J., 12.86 (626–627)
Cruz, C. R., 8.32 (396–398)
Cui, Q. Y., 7.5 (338)
Cumming, N. A., 4.101 (220–221)
CUR, 4.53 (240–241), 13.12 (679–680, 682–683, 685–687, 690–691)
Currie, R. J., 10.58 (519–521)
Cusens, A. R., 4.4 (201–203, 210)
Cusick, R. W., 9.86 (466–467)
Czarnecka, E. T., 3.53 (120–121)
Czernin, W., 1.5 (10–13)

Daerga, P. A., 7.89 (358–359)
Dahl, G. 4.55 (245–247)
Dahms, J., 7.66 (359–361)
Damer, S. A., 2.80 (86–87)
Dan, Y., 8.28 (386–387)
Darwin, D., 6.111 (316–317), 9.60 (438–439), 9.100 (431–432)
Daube, J., 2.58 (81–82), 13.126 (694–695)
Davey, N., 1.31 (39–40), 3.20 (166–169), 8.1 (406–407), 8.87 (390–391), 13.150 (736–738)
Davidson, M. G., 8.96 (422–423)
Davies, G., 3.81 (152–154)
Davis, H. E., 9.17 (442–443), 9.131 (491–493)
Davis, R. E., 1.36 (42–43), 9.24 (451, 452–454, 472–473, 477, 486–488), 9.131 (491–493)
Day, R. L., 6.69 (299), 9.154 (478–479), 12.90 (635–636), 13.21 (684–685)
de Andrade, W. P., 2.60 (86–87)
DeFore, M. R., 1.56 (44–46)
de Haan, Y. M., 13.15 (679–680, 683–685, 688–690)
de Larrard, F., 6.109 (326–327), 9.63 (432–433), 12.71 (612–613), 13.47 (699–700), 13.56 (699–700, 712–713), 13.68 (707–708), 13.75 (715–717), 13.93 (706–707), 13.94 (717–718)
Deloye, F.-X., 10.73 (527–528)
Department of the Environment, 4.49 (233, 235)
Desayi, P., 9.44 (434–435)
Dettling, H., 8.40 (394–396)
Detwiler, R. J., 8.74 (376–378), 10.142 (503), 11.39 (595–597), 13.2 (680–681, 692–693), 13.3 (680–681), 13.4 (680–681), 14.1 (773–774)
Dewar, J. D., 3.45 (145–146), 4.14 (209–211, 213–215)
Dhir, R. K., 4.85 (249–250)

Diamond, S., 1.19 (15–16), 1.60 (15–18, 25–26), 1.63 (32–34), 3.60 (150), 3.64 (123–124), 3.66 (150, 151)
Dias, W. P. S., 8.46 (402–405), 9.147 (480–482)
Dilger, W. H., 467–469, 9.84 (435–436, 454–455, 491–493), 12.68 (646–648)
Dilly, J., 12.43 (636–637)
DIN 1045, 3.86 (162–163)
DIN 1048, 10.131 (514–515)
Diruy, M., 8.39 (396–398)
Divet, L., 7.15 (351–352)
Do, M.-T., 7.83 (351–354, 358–359), 7.95 (356–357)
Dodson, C. J., 8.85 (378–380)
Dodson, V., 4.61 (215–216), 5.1 (261–262, 268–270, 274–277), 8.31 (385–386)
Doell, B. C., 4.13 (192–193)
Dohnalik, M., 1.59 (51–52)
Dolch, W. L., 3.64 (123–124), 9.103 (440–441)
Dörr, H., 1.74 (15–16)
Double, D. D., 6.81 (306)
Dougill, J. W., 6.119 (308–309)
Douglas, E., 2.39 (80–81), 2.41 (80–81)
Dransfield, J. M., 5.34 (261–263)
Dron, R., 10.74 (529–531)
Dubovoy, V. S., 13.123 (692–696)
Duda, W. H., 2.54 (81–82), 10.99 (542)
Duranni, A. J., 8.48 (402–405)
Dutron, P., 2.29 (93–94)

Edahiro, H., 6.58 (287)
Edwards, A. C., 4.84 (249–250)
Edwards, L. N., 3.50 (166)
Edmonds, R. N., 2.73 (104–105)
Efes, Y., 2.65 (74–75), 10.137 (524–525)
Egan, P., 5.34 (261–263)
Ekberg, C. E. Jr., 7.49 (357–358)
El-Dieb, A. S., 10.109 (514–515)
Ellis, W. E. Jr., 11.87 (594–595)
Elvery, R. H., 12.146 (661)
Emery, J. J., 13.128 (694–695)
Emmett, P. H., 1.45 (23–25), 3.13 (149)
Emoto, Y., 13.61 (702–703)
Erlin, B., 4.108 (211–212)
Erntroy, H. C., 3.24 (170–172), 6.12 (303), 14.11 (767–768, 794–799), 14.27 (767–768)
Eshenour, D. L., 1.58 (46)
Evans, R. H., 12.16 (619–620)

Famy, C. 10.143 (535–536)
Fagerlund, G., 11.42 (570–571, 575–576), 11.58 (579–581)
Fardis, M. N., 10.35 (518–519), 10.56 (521–523), 10.130 (505–506)

Farkas, E., 7.102 (348–349)
Farrar, J. R., 7.76 (363–365)
Farrington, S. A., 11.73 (598–599)
Fattuhi, N. I., 5.10 (265–267), 8.3 (414–416), 10.78 (527–528)
Feldman, R. F., 1.53 (36–37), 6.35 (293), 6.67 (299), 13.52 (702–703)
Féret, R., 194–195, 285, 286, 291
Fidjestøl, P., 13.122 (697–698)
Figg, J. W., 10.22 (509–510)
Fiorato, A. E., 13.54 (712–713)
FIP, 13.55 (697–704, 706–707), 13.115 (731–732)
FitzGibbon, M. E., 8.65 (410–411, 413–414), 8.66 (410–414)
Flaga, K., 1.59 (51–52)
Flint, E. P., 1.8 (13–14)
Fondriest, F. F., 8.111 (402–403)
Fookes, P. G., 3.56 (146–147), 3.57 (146–147), 3.69 (145–146)
Foot, K. B., 13.97 (711)
Forbrick, L. R., 1.29 (38–39)
Ford, C. L., 1.30 (38–39)
Forde, M. C., 7.19 (361–365)
Forssblad, L., 4.47 (241–242)
Foster, B., 5.29 (267–271)
Foster, C. W., 1.34 (41–42, 45)
Fowler, D. W., 7.85 (354–357), 12.131 (624, 631–633)
Fox, E. N., 1.31 (39–40)
Fox, R. A., 3.38 (113–115, 125–127, 144–145, 175–177)
Foy, C., 11.60 (578–579)
Fraay, A. L. A., 13.15 (679–680, 683–685, 688–690), 13.46 (697–699)
Franklin, R. E., 6.39 (301, 302), 14.11 (767–768, 794–799)
French, W. J., 3.61 (151), 3.62 (154–155)
Friden, C., 7.62 (358–359)
Frigione, G., 1.78 (18–19), 2.59 (81–82), 6.66 (297–298), 13.125 (692–693)
Fu, Y., 9.92 (466–467)
Fuchs, J., 6.109 (326–327)
Fujimori, T., 4.87 (230–231)
Fuller, W. B., 163–164
Furumura, F., 8.98 (391–392)
Fwa, T. F., 7.84 (356–357)

Gagné, R., 11.61 (583–585), 13.130 (717–718)
Gagnon, D., 13.130 (717–718)
Galloway, J. W., 7.59 (357–358), 7.64 (357–358), 7.99 (356–357), 9.34 (434–437), 12.109 (626–627)
Gamble, B. R., 7.58 (356–357)

Ganin, V. P., 7.73 (363–365)
Garboczi, E. J., 13.45 (699–700)
Gardner, N. J., 6.120 (326), 8.18 (381–382, 422–423), 9.59 (436–437)
Gariner, E. M., 6.94 (316–317)
Garnett, J. B., 4.21 (247)
Gatfield, E. N., 6.23 (299–300)
Gauthier, E., 6.102 (322–323)
Gaynor, R. D., 3.16 (165, 166), 3.42 (121–122, 180–182), 3.63 (117–119, 145–146), 4.78 (227–228), 7.14 (345–348, 351–352), 8.25 (376–378), 9.82 (447–449), 11.28 (574–575), 11.33 (574–575), 11.54 (573–574), 11.95 (573–574), 12.45 (636–637), 12.101 (641–643), 14.13 (773–774)
Gebler, S., 4.91 (238–239), 4.92 (238–239), 5.7 (261–262), 5.31 (275–276), 12.111 (644–646), 13.14 (687–689)
George, C. M., 2.50 (103–104)
Georgsson, L., 7.62 (358–359)
Gerwick, B. C. Jnr, 4.98 (239–240), 4.100 (239–240), 7.86 (357–359), 8.49 (408–411), 13.100 (731–732)
Geymayer, H. G., 7.34 (361–363)
Ghali, A., 9.45 (440–441, 484–486)
Ghorab, H. Y., 4.103 (192–193)
Ghosh, S., 13.11 (679–680)
Giaccio, G., 6.88 (314), 9.93 (439–440)
Giertz-Hedstrom, S., 1.9 (13–14)
Gilkey, H. J., 6.74 (286, 287)
Gillen, M., 8.32 (396–398)
Gillott, J. E., 3.48 (154–155), 3.53 (120–121), 6.38 (301), 10.116 (542)
Gjørv, O. E., 4.104 (207–208), 6.89 (317), 6.107 (326–327), 8.74 (376–378), 10.40 (544–546), 10.86 (537), 11.39 (595–597), 11.46 (574–575), 11.50 (574–575), 11.97 (594–595), 13.3 (680–681), 13.51 (702–703), 13.59 (700–702), 13.105 (732–733), 13.106 (733–735), 13.110 (723–724, 728, 730–731), 13.112 (734–735)
Glanville, W. H., 3.18 (166–169), 4.1 (194–198, 201–202)
Glass, G. K., 11.85 (593–594)
Glasser, F. P., 1.85 (32–33), 5.49 (273–274), 13.92 (679–680)
Glasser, M., 10.75 (530–531)
Glassgold, I. L., 4.95 (238–239)
Glucklich, J., 9.132 (489–491)
Goldbeck, A. J., 3.29 (150)
Goldman, A., 13.50 (700–702)
Goñi, S., 2.8 (95–96), 11.81 (594–595)
Gonnerman, H. F., 2.4 (67–69), 7.10 (348–349), 8.75 (386–390), 12.5 (609–610, 613–614), 12.40 (618, 634–636)

Gonzales, B. F. 3.90 (184–185)
Goodsall, G. D., 4.84 (249–250)
Goodwin, S. E., 8.110 (392–394)
Gopalakrishnan, K. S., 9.45 (440–441, 484–486)
Gorse, J.-F., 13.68 (707–708)
Goto, S., 8.113 (378–380)
Goto, Y., 8.51 (408–410)
Gottlieb, S., 8
Gouda, G. R., 1.89 (28–30), 6.34 (295–297, 299–300)
Gourdin, P., 1.57 (44–45, 46)
Graham, J. R., 12.106 (642–644)
Gramlich, C., 10.8 (542)
Gray, W. H., 7.50 (358–359)
Gregory, R., 7.54 (359–361)
Green, H., 6.61 (303), 7.52 (359–361)
Greening, N. R., 1.50 (14–15), 5.45 (262–264)
Greer, W. C. Jr., 12.115 (624), 14.2 (769–770)
Grieb, W. E., 12.48 (653–654)
Grieu, J. J., 9.33 (460–462)
Griffith, A. A., 306–308, 6.17 (305)
Grossman, J. S., 12.114 (641–643)
Groves, G. W., 6.81 (306)
Grudemo, A., 6.33 (295–296)
Gruenwald, E., 6.51 (322–323)
Grzybowski, M., 9.79 (460–461)
Gu, P., 3.80 (151), 10.118 (540–541)
Guidali, E., 6.92 (314), 13.89 (700–702)
Guo, Z.-H., 6.85 (313–314), 9.61 (434–435)
Gustaferro, A. H., 8.103 (405–406)
Gutt, W., 2.78 (103–105)
Gutteridge, W. A., 7.3 (334, 338)
Guruswami, A., 9.134 (476)

Haddad, R., 7.31 (344–345)
Haisman, B., 7.53 (359–361)
Halabe, U. B., 7.27 (361–363)
Hall, C., 10.98 (509–510), 12.83 (639–640)
Hamabe, K., 5.8 (259–260)
Hammer, T. A., 13.86 (726–728, 729)
Hammond, E., 7.74 (363–368)
Hanaor, A., 10.50 (512–514)
Hanayneh, B. J., 4.90 (228–229)
Hanehara, S., 2.20 (78–79)
Hanna, B., 13.39 (697–698)
Hanna, E., 5.17 (277–278)
Hanna, W. C., 10.1 (540–541)
Hannant, D. J., 6.40 (304, 305), 8.101 (402–403), 12.86 (626–627)
Hansen, H., 12.58 (617–619)
Hansen, T. C., 8.114 (394–396), 9.52 (453–454), 9.53 (456–459, 479–480, 482), 9.129 (488–489), 10.106 (548–552), 13.16 (684–685)

Hansen, W., 9.72 (446–447, 453–455), 9.83 (456–457), 9.144 (474–475)
Hansen, W. C., 1.21 (20–21), 3.47 (154–155)
Hanson, J. A., 8.79 (386–387), 14.33 (792–793)
Hansson, C. M., 7.30 (363–365)
Hansson, I. L. H., 7.30 (363–365)
Haque, N. M., 12.90 (635–636)
Harada, T., 8.98 (391–392)
Hard, R., 4.58 (208–210)
Hardcastle, J., 7.29 (339), 10.92 (516–518, 521–523)
Harding, H. M., 7.64 (357–358), 7.99 (356–357), 9.34 (434–437), 12.109 (626–627)
Hardman, M. P., 5.44 (260–261)
Harmathy, T. Z., 8.33 (392–394)
Harper, F. C., 8.90 (394–396)
Harris, P., 1.93 (45)
Harrison, T. A., 1.88 (55–57), 7.8 (343–344)
Harrison, W. H., 3.55 (133–134), 11.76 (593–594)
Harsh, S., 9.60 (438–439)
Hasanain, G. S., 8.20 (415–416)
Hass, W. E., 1.13 (15–16), 3.14 (155–156)
Haug, M. D., 4.102 (192–193), 4.106 (207–208)
Hausmann, D. A., 7.69 (361–363)
Havdahl, J., 13.129 (703–704)
Hayashi, M., 6.101 (320–321, 324)
Hayes, J. C., 1.13 (15–16), 1.28 (34–35), 1.48 (26–27, 32–34, 36–37), 10.5 (511–514)
Hearn, N., 6.113 (295–296), 6.115 (299)
Hegner, R., 14.21 (766–767)
Heijnen, W. M. M., 10.122 (543–544)
Heller, L., 10.91 (537)
Helmuth, R. A., 8.77 (376–380), 8.100 (394–397), 11.6 (560), 11.17 (570–571), 13.156 (682–683)
Henry, R. L., 7.72 (779–780), 10.12 (506–507)
Hermann, V., 9.68 (437–438)
Hertz, K. D., 8.47 (402–403)
Hester, W. T., 4.98 (239–240), 7.86 (357–359), 12.53 (610–612, 615–616), 13.100 (731–732)
Hewlett, P. C., 4.119 (235), 5.33 (261–263, 267–268), 5.39 (272–273), 14.6 (789)
Higginson, E. C., 3.51 (180–182), 12.76 (628–629)
Highway Research Board, 3.32 (151), 11.21 (578–579)
Hilal, M. S., 4.103 (192–193)
Hill Betancourt, G., 4.48 (215–216)
Hilsdorf, H. K., 4.81 (249–250), 6.37 (315), 6.78 (309–312), 9.111 (471–473), 12.56 (612–613)
Hime, W. G., 1.51 (22–23), 4.38 (249–250), 4.108 (211–212), 10.144 (535–536), 11.40 (588–590)
Hirst, G., 9.140 (483, 490–491)

Ho, D. W. S., 7.5 (338), 10.36 (525–526), 11.80 (593–594)
Ho, N. Y., 4.85 (249–250)
Hoadley, P. G., 4.45 (228–229)
Hoarty, J. T., 11.38 (573–574)
Hobbs, D. W., 2.75 (103–104), 3.82 (152–154), 3.83 (152–154), 3.88 (166–169), 6.45 (304), 6.46 (310–312), 6.47 (310–311, 313–314), 6.75 (309–310), 9.16 (456–457), 10.66 (523–524), 10.128 (540–542), 13.10 (680–681)
Hobbs, J. M., 10.16 (546–547)
Hoff, G. C., 9.85 (465–467), 11.88 (593–594), 13.151 (739–740)
Hogan, F. J., 13.132 (691–693)
Holland, T. C., 4.32 (238–239), 4.100 (239–240), 13.40 (696–697)
Holm, T. A., 13.104 (730–733), 13.143 (728, 729, 734–737)
Hooton, R. D., 6.113 (295–296), 6.115 (299), 9.92 (466–467), 10.109 (514–515), 10.142 (503), 13.49 (699–704), 13.128 (694–695)
Hope, B. B., 9.134 (476)
Horiguchi, K., 10.65 (524–525), 13.13 (679–680)
Houghton, D. L., 9.46 (442–443)
Houk, I. E., 9.46 (442–443)
Houst, Y. F., 9.104 (462–463)
Hover, K. C., 6.91 (314), 6.114 (299), 6.116 (314), 9.62 (431–432), 10.46 (504–505), 11.41 (597–598), 13.71 (713–716)
Howdyshell, P. A., 4.77 (249–250)
Hsu, T. C., 6.76 (314), 6.86 (307–311), 7.87 (356–357), 7.90 (358–359)
Huang, C.-Y., 13.52 (702–703)
Hudec, P. P., 11.96 (580–581)
Huet, C., 7.26 (369)
Hughes, B. P., 2.62 (87–88), 3.41 (117–119), 7.18 (361–365), 7.26 (369), 7.54 (359–361), 10.78 (527–528)
Hulsbos, C. L., 7.46 (356–357)
Hummel, A., 6.3 (289)
Hussain, S. E., 11.62 (595–597)
Hussey, A. V., 2.16 (96–97, 106–107)

Ibrahim, L. A. M., 12.146 (661)
ICE–IStructE Joint Committee, 4.17 (242–244)
Ichise, K., 12.50 (626–627)
Idorn, G. M., 2.45 (80–81), 13.23 (685–688), 13.36 (693–695), 13.69 (691–694)
Illingworth, J. R., 4.51 (235)
Illston, J. M., 9.154 (478–479)
Imai, S., 7.94 (351–353)
Indelicato, F., 12.78 (639–641)
Inge, J. B., 6.71 (299–300)

Isabelle, H. L., 7.32 (346–347)
Ishida, H., 13.136 (740–741)
Issaad, A., 13.33 (692–693)
Ista, E., 5.15 (271)
I Struct E and Concrete Society, 13.84 (726–728)
Itani, R. Y., 4.90 (228–229)
Ivanusec, I., 6.112 (287)

Jackson, P. J., 7.16 (349–351)
Jaegermann, C. H., 8.59 (417–418), 8.83 (383–386), 12.127 (639–640), 13.101 (688–690)
Jeffery, J. W., 1.20 (16–18, 35–36), 9.20 (443–444)
Jenkins, R. S., 12.126 (655–656)
Jennings, H. M., 4.64 (220–221)
Jensen, A. D., 10.119 (539–540, 543–544)
Jensen, J. J., 6.84 (309–310)
Jeragh, A. A., 7.96 (356–357)
Jessop, E. L., 9.135 (476)
Jésus, B., 11.77 (594–595)
Johansen, R., 9.137 (480–482)
Johansson, A., 4.50 (233, 234), 4.59 (233, 235)
Johansson, L., 8.109 (406–407)
Johnson, I., 2
Johnson, R. A., 10.115 (539–540)
Johnston, C. D., 13.60 (702–703)
Jolicoeur, C., 5.21 (271, 273–274, 277–278), 11.51 (574–575)
Jones, F. E., 1.39 (46)
Jones, R., 6.19 (299–301, 308–310), 6.23 (299–300), 9.12 (439–440), 12.13 (616–617)
Jonkers, H. M., 5.56 (279–280)
Jordaan, I. J., 7.58 (356–357)
Jornet, A., 6.92 (314), 13.89 (700–702)
JSCE, 13.42 (692–695)
Jumppanen, U.-M., 8.43 (402–405)
Jurecka, W., 4.26 (220–221)
Justnes, H., 13.129 (703–704)

Kabeya, H., 11.75 (588–590)
Kadle'cek, V., 12.91 (635–636)
Kahallaf, T. A., 8.20 (415–416)
Kaminski, M., 1.83 (39–40)
Kanda, T., 8.57 (381–382)
Kantro, D. L., 1.49 (14–15, 45), 4.105 (201–202), 5.54 (277–278)
Kaplan, M. F., 3.3 (120–122, 124–125), 3.4 (121–123), 6.19 (299–301, 308–310), 6.25 (303), 6.31 (325)
Karl, S., 13.103 (735–736)
Kasai, Y., 4.93 (247–248)
Kausel, E. A., 7.27 (361–363)
Kawakami, H., 6.41 (304)

Índice de nomes 831

Kazizaki, M., 4.118 (224–226), 6.58 (287), 9.95 (435–436), 13.81 (706–708, 714–716)
Keen, R. A., 12.43 (636–637)
Keene, P. W., 6.30 (325), 9.11 (437–438), 9.25 (449–450, 460–461), 9.29 (450–452), 11.99 (562–563), 12.22 (621–622)
Kelham, S., 10.60 (524–525) Kelley, A., 2.47 (98–99)
Kelly, J. W., 205–206, 1.36 (42–43), 4.6 (206–207), 9.54 (458–460)
Kempster, E., 3.52 (117–119), 4.30 (233), 4.31 (235)
Kenington, H. W., 2.22 (98–99, 101–103), 9.123 (474–475)
Kenn, M. J., 10.17 (546–547), 10.19 (547–548)
Kennedy, J. B., 221–222, 670, 14.31 (761–763)
Kesler, C. E., 7.44 (356–359), 7.48 (356–357), 9.86 (466–467), 10.105 (548–552), 12.14 (616–617)
Kettle, R., 10.37 (544–546)
Khalil, S. M., 1.70 (45), 5.43 (264–265)
Khan, T. S., 8.25 (376–378), 9.82 (447–449)
Khang, M.-H., 11.97 (594–595)
Khayat, K. H., 2.71 (89–90), 4.98 (239–240), 13.57 (697–699, 702–704), 13.158 (735–736)
Khoury, G. A., 8.46 (402–405), 8.112 (402–403), 9.147 (480–482), 10.134 (527–528)
Kielland, A., 12.58 (617–619)
Kikukawa, H., 4.107 (207–209)
Killoch, D. G., 7.3 (334, 338), 10.61 (519–521)
Kilpi, E., 8.12 (420–422)
King, J. W. H., 12.12 (612–613), 12.46 (648–649)
King, T. M. J., 6.39 (301, 303)
Kirkaldy, J. F., 128–129
Kirkham, R. H. H., 3.10 (138–139)
Kishar, E. A., 4.103 (192–193)
Kjellsen, K. O., 8.74 (376–378), 11.39 (595–597), 13.3 (680–681)
Klaiber, F. W., 7.98 (358–359)
Klieger, P., 4.8 (213–215), 6.43 (322–323), 6.44 (324), 7.77 (340–342), 7.102 (348–349), 8.70 (378–382), 9.7 (436–437), 11.12 (563–565), 11.13 (583–585), 11.14 (570–572), 13.14 (687–689)
Knab, L. I., 6.71 (299–300), 7.92 (359–361)
Knöfel, D., 1.67 (10)
Knudsen, T., 1.68 (9)
Kobayashi, K., 10.110 (525–526)
Kobayashi, S., 4.68 (218–219)
Koch, R., 12.68 (646–648)
Kohno, K., 2.23 (74–75), 2.61 (86–87)
Kajioka, Y., 4.87 (230–231)
Kokubu, M., 9.8 (466–467)

Kolek, J., 4.18 (243–244)
Kollek, J. J., 10.53 (517–518)
Komlos, K., 6.103 (325)
Kong, H. L., 10.70 (527–528)
König, G., 13.72 (713–714)
Kordina, K., 9.111 (471–473)
Korhonen, C. J., 5.9 (259–260), 8.17 (422–423)
Kosteniuk, P. W., 4.80 (245–246)
Kowalczyk, R., 12.68 (646–648)
Koyluoglu, O. S., 12.148 (635–636)
Kozeliski, F. A., 4.83 (227–228)
Kozirev, S. P., 10.18 (546–547)
Krell, J., 14.9 (772–773)
Krenchel, H., 9.64 (432–433)
Kress, V., 11.47 (560)
Krishnan, S., 9.44 (434–435)
Kristensen, L., 8.114 (394–396)
Krokosky, E. M., 6.72 (293)
Kronlöf, A., 3.85 (163–164)
Kruger, D., 8.35 (390–391)
Krzywoblocka-Laurow, R., 3.54 (121–123)
Kuczynski, W., 6.24 (301)
Kukko, H., 8.12 (420–422), 13.76 (716–717)
Kupfer, H., 6.78 (309–312), 56–57 (612–613)
Kurita, M., 8.19 (416–417)
Kurtz, G. K., 10.12 (506–507)
Kusaka, M., 9.101 (484–486)
Kutti, T., 7.61 (358–359)

LaBonde, E. G., 1.51 (22–23)
Lachance, L., 12.57 (615–616)
Lafuma, H., 2.14 (95–96)
Lai, P. S. H., 13.1 (690–691)
Lambert, P., 11.64 (592–593)
Lamberton, B. A., 4.63 (240–241)
Lambotte, H., 9.138 (484–486)
Lammiman, S. A., 5.44 (260–261)
Lammke, A., 11.83 (590–591)
Lamond, J. F., 12.119 (650–651)
Lane, D. S., 10.142 (503), 14.3 (769–770)
Lane, R. O., 4.79 (216–217, 235–237), 10.32 (544–545)
Lankard, D. R., 8.111 (402–403)
Laplante, P., 10.38 (544–546), 11.35 (573–574), 13.74 (712–713)
Larbi, L. A., 6.57 (316–317), 10.49 (504), 13.46 (697–699)
Larive, C., 13.75 (715–717),
Lauer, K. R., 10.79 (531–532, 537)
Lauritzen, E. K., 3.35 (184–185)
Law, K. S., 12.61 (661)
Lawrence, C. D., 1.52 (28–30), 10.52 (515–518)
Lawrence, F. V., 5.37 (262–264)

Lea, F. M., 23-26, 1.1 (9, 19-20, 25-26, 37-38, 47, 53-54), 1.14 (15-16, 35-36, 45, 46), 1.38 (44-45), 1.39 (46), 1.42 (34-35), 2.6 (77-78, 84-85, 95-97), 2.15 (95-96), 2.83 (104-105), 4.9 (192-193), 5.6 (264-265), 6.20 (308-310), 7.41 (345-346), 8.1 (406-407), 8.7 (402-403), 9.19 (443-444, 446-447, 450-452, 455-456, 461-462), 9.22 (443-445, 450-452, 461-462), 10.7 (508-510, 528-529, 531-532, 537)
Leber, I., 10.104 (525-526)
Le Camus, B., 9.119 (484-486)
Le Chatelier, H., 13-14, 16-17, 34-36, 48-50, 52-54, 70-72, 95-96
Lecomte, A., 3.87 (163-164)
Ledbetter, W. B., 1.93 (45), 3.68 (151-152), 4.64 (220-221)
Lee, D.-Y., 7.98 (358-359)
Lee, M. K., 13.107 (744-745)
Lee, S. C., 4.88 (228-229)
Legatski, L. A., 13.144 (738-740)
Lenschow, R., 6.84 (309-310)
Lerch, W., 1.7 (13-14, 44-45), 1.30 (38-39), 1.32 (39-41), 1.41 (48-50), 1.46 (52-53), 2.4 (67-69), 3.34 (152-154), 7.10 (348-349), 7.37 (335, 342-343), 9.15 (442-443), 9.28 (450-452, 474-475)
Lessard, M., 13.63 (709-710, 715-716), 13.135 (711), 14.15 (790-791)
Lew, H. S., 6.50 (320-322), 6.55 (322-323), 6.99 (322-323), 6.105 (326-327)
Lewandowski, R., 13.29 (690-691)
Lewis, R. K., 10.36 (525-526), 11.80 (593-594)
L'Hermite, R., 6.22 (299-300), 9.14 (440-444, 446-447, 455-456, 460-461, 476, 478-479, 480-482), 9.33 (460-462), 9.55 (445-446, 455-459, 466-467), 12.8 (613-614)
Lhopitallier, P., 2.32 (95-96)
Lisk, W. E. A., 4.27 (192-193)
Liszka, W. Z., 9.141 (484-487)
Litvan, G. G., 11.49 (576-577)
Litvin, A., 4.91 (238-239), 7.22 (367-369), 8.110 (352-354)
Liu, D., 6.68 (295-299)
Liu, T. C., 10.39 (544-546), 12.89 (646-648)
Liu, W.-Y., 12.87 (637-638)
Lloyd, J. P., 7.44 (356-359)
Loat, D. R., 2.36 (74-75), 9.41 (450-452, 474-475)
Lobo, C., 1.69 (25-26), 9.89 (467-469)
Loke, Y. O., 13.120 (744-745)
Loo, Y. H., 9.102 (440-441), 12.132 (642-644)
Lorman, W. R., 9.31 (453-454, 487-488)

Lossier, H., 9.2 (463-465)
Lott, J. L., 7.44 (356-359)
Loudon, A. G., 3.17 (166-169), 7.68 (369), 8.97 (391-393)
Lowe, P. G., 6.36 (308-309)
Ludirdja, D., 10.123 (514-515)
Lukas, J., 8.107 (396-398, 400)
Luke, K., 5.17 (277-278)
Luther, M. D., 4.32 (238-239), 9.144 (474-475), 13.40 (696-697)
Lydon, F. D., 9.70 (436-439), 13.111 (730-731)
Lynsdale, C. J., 2.38 (79-81)

McCarter, J., 7.19 (361-365)
McCoy, W. I., 1.58 (46), 4.16 (190-192), 4.33 (190-193)
McCurrich, L. H., 5.44 (260-261)
McDonald, J. E., 8.10 (390-394), 12.89 (646-648)
MacGregor, J. G., 5.21 (271-274, 277-278), 11.51 (574-575), 12.27 (645-648), 12.121 (626-627)
McHenry, D., 9.126 (488-491), 12.27 (645-647, 646-648)
MacInnis, C., 4.80 (245-246), 11.26 (563-565), 11.96 (580-581)
McIntosh, J. D., 3.9 (138-139), 3.24 (170-172), 3.25 (172-174), 3.27 (179-181), 13.154 (741-742, 742-743)
McKisson, R. L., 7.57 (347-348)
McLaughlin, J. F., 7.50 (358-359)
McMillan, F. R., 7.39 (348-349)
McNamara, C. C., 12.38 (632-635)
McNicholl, D. P., 14.23 (760-761)
McVay, M. C., 10.69 (527-528)
Madandoust, R., 12.137 (658-659)
Mahmood, K., 8.20 (415-416)
Mailer, H., 12.79 (661-662)
Majumdar, A. J., 2.73 (104-105)
Male, P., 13.38 (697-699)
Malier, J., 13.93 (706-707)
Malhotra, H. L., 8.95 (401-402)
Malhotra, V. M., 2.39 (80-81), 2.52 (105-106), 2.69 (89-90), 3.84 (154-155), 5.14 (278-279), 5.18 (275-277), 5.40 (278-279), 5.47 (277-278), 8.42 (401-402, 405-406), 8.45 (401-402), 10.45 (514-515), 10.113 (543-544), 10.117 (542), 10.120 (543-544), 12.64 (628-630, 632-634), 12.99 (640-644), 12.107 (650-651), 12.113 (658-659), 12.145 (649-651), 13.7 (680-681), 13.35 (693-695), 13.58 (699-700), 13.124 (690-691), 13.153 (741-744)
Malinowski, R., 4.54 (245-248)

Malivaganam, P., 5.2 (267–270, 278–280)
Mamillan, M., 8.37 (383–386, 390–392, 420–422)
Maney, G. A., 9.120 (478–479)
Mangialardi, T., 5.30 (274–275), 5.32 (277–278)
Mann, H. M., 1.26 (32–34), 10.2 (510–511), 10.4 (511–512), 10.5 (511–514), 11.1 (564–565)
Mansur, M. A., 6.86 (307–311)
Manzio, M., 4.124 (249–250)
Manzione, C., 10.69 (527–528)
Maréchal, J. C., 8.104 (404–405), 9.136 (480–483)
Marsh, B. K., 6.69 (299), 13.21 (684–685)
Martin, H., 2.48 (100–103)
Martin-Calle, S., 2.53 (86–87)
Marzouk, H. M., 2.55 (86–87)
Maser, K. R., 7.27 (361–363)
Maso, J. C., 6.93 (316–317), 6.96 (317)
Mass, G. R., 4.72 (241–242, 244–246)
Massazza, F., 1.90 (7), 2.77 (86–87), 5.13 (261–262, 265–266, 268–270, 273–275)
Matala, S., 13.76 (716–717)
Mather, B., 3.77 (148), 5.53 (260–261), 6.62 (299–300), 6.77 (313–314), 7.6 (342–343), 8.67 (413–414), 9.87 (466–467), 9.90 (467–469), 10.25 (534), 10.81 (530–531), 10.88 (537), 11.27 (573–574), 11.30 (583–585), 11.31 (583–585), 11.79 (593–594), 13.17 (684–685)
Mather, K., 9.50 (450–452), 9.85 (465–467), 10.76 (532–533), 10.85 (538–539), 12.118 (649–651)
Matthews, D. D., 3.18 (166–169), 4.1 (194–198, 201–202), 10.63 (523–524), 10.133 (521–523)
Mattison, E. N., 4.20 (245–246)
Mattock, A. H., 9.53 (456–459, 479–480, 482)
Maydl, P., 13.87 (726–728)
Mayfield, B., 12.147 (664–665), 13.96 (692–693, 729, 731–732)
Mays, G. C., 13.140 (735–736)
Mazlum, F., 2.28 (86–87)
Mehaffey, J. R., 8.33 (392–394)
Mehta, P. K., 1.76 (48), 2.26 (84–86), 6.107 (326–327), 10.83 (528–531), 13.22 (685–687), 13.64 (705–706), 13.78 (705–706)
Meininger, R. C., 3.63 (117–119, 145–146), 3.75 (125–126), 4.28 (228–229), 8.25 (376–378), 9.82 (447–449), 12.2 (624), 12.83 (639–640), 13.133 (743–744)
Melis, L. M., 12.131 (624, 631–633)
Mensi, R., 9.75 (444–445)
Menéndez, E. 8.116 (401–402)
Menzel, U., 8.36 (390–391)
Menzies, J. B., 2.84 (104–105)
Meusel, J. W., 13.132 (691–693)
Meyer, A., 5.42 (272–273), 5.46 (273–274), 6.83 (318, 319), 10.108 (524–525)

Meyer, A. H., 12.131 (624, 631–633)
Meyer, L. M., 4.60 (211–213)
Meyers, S. L., 8.88 (394–397), 8.94 (394–395)
Miao, B., 13.65 (715–716)
Michaëlis, W., 34–36
Midgley, H. G., 2.46 (98–101), 3.12 (146–147), 3.46 (146–147)
Mielenz, R. C., 3.33 (151–152), 3.39 (155–156)
Mills, R. H., 6.115 (299), 12.32 (626–627)
Miner, M. A., 7.88 (358–359)
Mitsuda, T., 13.136 (740–741)
Mitsui, K., 5.35 (271)
Mittelacher, M., 4.52 (209–211), 8.24 (376–378)
Miura, T., 8.50 (408–410), 8.51 (408–410)
Miyazawa, S., 9.88 (442–443)
Mlaker, P. F., 12.66 (661–662)
Mohamedbhai, G. T. G., 8.44 (401–403)
Moir, G. K., 10.60 (524–525)
Moksnes, J., 12.95 (665–667)
Moller, G., 8.68 (418–420), 11.3 (561)
Monfore, G. E., 2.30 (74–75), 7.70 (361–365)
Monteiro, P. J. M., 6.93 (316–317), 6.107 (326–327)
Montens, S., 13.83 (711)
Mor, A., 4.39 (205–206), 5.23 (275–276), 7.86 (357–359), 13.100 (731–732)
Morgan, D. R., 4.94 (238–239), 4.96 (238–239)
Morlier, P., 9.145 (478–479)
Moukwa, M., 11.96 (580–581)
Mozer, J. D., 10.105 (548–552)
Mühlethaler, U., 6.92 (314), 13.89 (700–702)
Muir, C. H. D., 13.154 (741–743)
Mullarky, J. I., 11.28 (574–575)
Mullen, W. G., 8.89 (394–398, 400)
Müller, O. H., 3.58 (145–146)
Mullins, G. M., 11.54 (575–576)
Munday, J. G. I., 4.85 (249–250)
Murata, J., 4.107 (207–209), 13.147 (729)
Murdock. J. W., 7.47 (356–359), 12.14 (616–618)
Murdock, L. J., 3.19 (166–169)
Murphy, J. R., 13.155 (744–745)
Murphy, F. G., 6.108 (326–327)
Murphy, W. E., 12.103 (640–644)
Mustafa, M. A., 8.22 (417–418)
Mutin, J. C., 1.92 (35–36)

Naaman, A. E., 9.36 (432–434)
Nagahama, K., 8.28 (386–387)
Nagataki, S., 11.71 (591–592)
Nagaraj, C. N., 8.78 (405–406)
Nägele, E., 4.81 (249–250)
Naik, T. R., 4.86 (249–250)
Najjar, W. S., 6.116 (314), 9.62 (431–432)

Nakada, M., 1.18 (7)
Nanni, A., 8.15 (417–418)
Narum, T., 13.86 (726–729)
Nasser, K. W., 2.55 (86–87), 4.41 (207–208), 4.42 (207–208), 4.102 (192–193), 4.106 (207–208), 8.56 (404–405), 8.102 (404–405), 9.116 (474–475, 480–482), 9.153 (474–475), 12.88 (636–637), 12.130 (649–651), 12.145 (649–651), 13.1 (690–691), 13.11 (679–680)
Natale, J., 13.2 (680–681, 692–693)
National Ready-Mixed Concrete Association, 3.11 (142–143), 4.2 (195–198), 6.2 (286), 8.63 (420–422)
Neal, J. A., 7.48 (356–357)
Nelissen, L. J. M., 6.9 (309–310)
Nelson, E. L., 7.85 (354–357)
Neubarth, E., 4.44 (222–223)
Neville, A. M., 94–95, 221–222, 670, 1.3 (9, 46), 2.5 (62), 2.17 (101–103), 2.18 (98–99), 2.22 (98–99, 101–103), 2.33 (100–105), 2.49 (101–103), 2.85 (104–105), 3.31 (184–185), 4.122 (190–194), 5.41 (278–279), 6.4 (287, 289), 6.10 (293–294), 6.14 (306, 308–309), 6.15 (306), 6.18 (307–308), 7.17 (350–351), 7.33 (347–348), 7.45 (354–356), 8.2 (414–415), 8.102 (404–405), 8.115 (414–415), 9.35 (446–447), 9.40 (450–453), 9.43 (431–432), 9.45 (440–441, 484–486), 9.71 (450–452, 476), 9.84 (435–436, 454–455, 491–493), 9.105 (463–465), 9.108 (469–470), 9.109 (470–473), 9.110 (470–472), 9.112 (472–473, 493), 9.113 (472–473, 479–480), 9.115 (473–474, 491–493), 9.116 (474–475, 480–482), 9.117 (473–474, 478–479), 9.121 (478–479), 9.123 (474–475), 9.124 (474–475), 9.128 (489–491), 9.130 (490–491), 9.133 (474–475), 9.134 (476), 9.135 (476), 9.139 (482), 9.140 (483, 490–491), 9.141 (484–487), 9.142 (488–489), 9.143 (490–491), 9.159 (442–443), 10.13 (531–532), 10.140 (525–526), 10.141 (541–542), 11.24 (582–583), 11.37 (585–586), 12.2 (624), 12.3 (619–621), 12.4 (608–609, 615–617), 12.18 (632–634), 12.35 (628–630, 632–634), 12.41 (627–628), 12.42 (636–637), 12.65 (635–636), 12.149 (664–665), 13.79 (704–705, 709–713), 14.26 (765–766), 14.31 (761–763), 14.35 (801)
Newman, A. J., 3.21 (166–170)
Newman, J. B., 6.46 (310–312), 7.101 (363–365)
Newman, K., 3.8 (134–137), 6.52 (308–309), 12.15 (617–619), 12.57 (615–616)
Newlon, H. H., 14.30 (767–768)
Nichols, F. P., 3.89 (180–182), 4.37 (218–219)

Nielsen, K. E. C., 12.58 (617–619)
Nielsen, L. F., 6.59 (288, 299–300)
Niki, T., 6.58 (287)
Nilsen, A. U., 12.117 (659–660)
Nilson, A. H., 6.54 (309–310)
Nilsson, L.-O., 10.59 (517–518), 11.68 (594–595)
Nilsson, S., 12.144 (625–626)
Nireki, T., 11.75 (588–590)
Nischer, P., 7.7 (339–341), 10.62 (521–523)
Nixon, P. J., 7.20 (349–351), 7.29 (339), 10.92 (516–518, 521–523), 13.27 (690–691)
Nmai, C. K., 11.73 (598–599)
Nomaci, H., 5.8 (259–260)
Nonat, A., 1.92 (35–36)
Novinson, T., 2.57 (97–98)
Novokshchenov, V., 13.77 (715–716)
Nurse, R. W., 23–26, 2.10 (92–93)

Oberholster, R. E., 3.81 (152–154)
O'Cleary, D. P., 12.19 (620–621, 628–630)
Odler, I., 1.62 (16–19), 1.65 (45), 1.74 (15–16), 1.79 (44–45, 47), 6.63 (297–298), 6.64 (297–298), 9.48 (448–449), 10.75 (530–531), 13.19 (687–688)
Ogawa, K., 2.20 (78–79)
Oglesby, J. R., 7.13 (346–347)
Oh, B. H., 7.100 (358–359)
Okajima, T., 12.50 (626–627)
Okkenhaug, K., 11.46 (574–575)
Olek, J., 1.69 (25–26), 9.90 (467–469), 9.103 (440–441)
Ollivier, J. P., 3.79 (150–154), 6.93 (316–317), 10.136 (539–540, 542–544), 13.39 (697–698)
Olsen, N. H., 9.64 (432–433)
Oluokun, F. A., 6.106 (325, 326), 9.94 (438–439)
Ople, F. S. Jr., 7.46 (356–357)
Orbison, J. G., 10.70 (527–528)
Ore, E. L., 3.51 (180–182), 12.76 (628–629)
Orndorff, R. L., 8.80 (376–378)
Orowan, E., 6.16 (307–308)
Osbaeck, B., 1.95 (47), 13.114 (683–684)
Osborne, G. J., 10.24 (532–533), 10.64 (524–525), 10.80 (532–533)
Ozell, A. M., 7.51 (358–359)
Özetkin, J., 12.120 (650–651)
Ozol, M. A., 3.65 (120–121)
Ozyildirim, C., 11.53 (576–577)

Page, C. L., 2.8 (95–96), 7.101 (363–365), 11.64 (592–593), 11.81 (594–595), 11.85 (593–594), 13.139 (703–704)
Paillière, A. M., 5.19 (277–278), 10.89 (539–540), 10.90 (537)

Painter, K. E., 8.45 (401–402)
Pairon, J., 5.16 (271)
Pama, R. P., 2.80 (86–87)
Paolini, A. E., 5.30 (274–275), 5.32 (277–278), 10.82 (530–531)
Papadakis, V. G., 10.35 (518–519), 10.56 (521–523), 10.130 (505–506)
Papayianni, J., 13.20 (685–687), 13.157 (684–685)
Paramasivram, P., 13.120 (744–745)
Parker, D. G., 2.68 (89–90)
Parker, J., 2
Parker, T. W., 2.13 (95–96)
Parrott, L. J., 7.2 (338), 7.3 (334, 338), 10.55 (521–524), 10.61 (519–521)
Patel, R. G., 7.3 (334, 338)
Paulon, V. A., 2.60 (86–87)
Pauri, M., 2.76 (86–87)
Pearson, R. I., 6.98 (324)
Penkala, B., 3.54 (121–123)
Peppler, R. B., 1.73 (51–52)
Péra, J., 2.53 (86–87)
Perenchio, W. F., 4.60 (211–213), 11.40 (588–590), 11.47 (560)
Perraton, D., 5.17 (23–25)
Perry, C., 6.38 (301)
Perry, S. H., 7.80 (361–363), 7.91 (360–361)
Petersen, C. G., 12.139 (658–659)
Petersons, N., 4.58 (208–210), 4.59 (233, 235), 12.67 (640–643), 12.104 (641–642), 14.32 (766–767)
Petersson, Ö., 4.115 (221–222)
Petscharnig, F., 8.26 (376–380)
Pettersson, K., 11.65 (598–599)
Peyvandi, A., 408–409 (184–185)
Pfeifer, D. W., 11.40 (588–590)
Philleo, R. E., 8.92 (396–399), 9.1 (437–438), 10.87 (544–546), 11.36 (579–581), 12.63 (659–660), 13.88 (702–703)
Piasta, J., 3.54 (121–123)
Piatek, Z., 12.60 (617–619)
Pickard, S. S., 4.109 (247)
Pickett, G., 9.23 (446–449), 9.27 (450–452), 10.100 (526–527)
Pierson, C. U., 11.19 (578–579)
Pigeon, M., 11.34 (566–567), 11.35 (573–574), 11.44 (573–574), 11.45 (575–576), 11.57 (575–576), 11.59 (579–581), 11.60 (578–579), 11.61 (583–585), 13.66 (715–716), 13.67 (716–717)
Pihlajavaara, S. E., 9.51 (453–454), 9.56 (445–446), 9.58 (462–463)
Ping, X., 6.95 (317)
Pister, K. S., 6.79 (314)

Plante, P., 11.45 (575–576), 11.57 (575–576)
Plowman, J. M., 6.42 (320–322, 324), 12.102 (640–641)
Pohunda, C. A. F., 13.2 (680–681, 692–693)
Polivka, M., 4.6 (206–207), 8.49 (408–411), 9.3 (463–467), 9.4 (466–469)
Pomeroy, C. D., 6.45 (304), 6.46 (310–312), 6.119 (308–309)
Pöntinen, D., 7.89 (358–359)
Poole, A. B., 3.61 (151), 3.62 (154–155)
Poole, T. S., 7.12 (345–346)
Poon, S. M., 6.120 (326)
Popovics, J. S., 12.142 (661)
Popovics, S., 3.49 (161–162), 6.80 (304), 9.57 (437–438), 12.51 (626–627), 12.142 (661)
Popp, C., 7.67 (360–362)
Powers, T. C., 46, 1.10 (13–14, 30–31), 1.22 (26–29, 45, 46), 1.23 (27–28), 1.24 (28–30, 32–34, 37–39), 1.26 (32–34), 1.27 (32–36), 3.30 (150), 4.5 (203–204), 4.10 (216–217), 6.5 (290, 291), 6.6 (290, 292, 293), 6.7 (290, 291, 292), 6.8 (291), 7.36 (334, 335, 338), 8.91 (394–396), 9.18 (442–445, 447–449, 452–453), 10.2 (510–511), 10.3 (510–512), 10.4 (511–512), 10.5 (511–514), 11.1 (564–565), 11.4 (559, 560, 564–565, 583–585), 11.5 (560), 11.8 (561), 11.15 (568–572, 580–581), 11.17 (570–571), 11.20 (578–579)
Pratt, P. L., 13.5 (696–698)
Prévost, J., 11.59 (579–581)
Price, W. F., 4.99 (247–248)
Price, W. H., 1.43 (21–22), 2.3 (68–69), 2.63 (84–88), 6.11 (309–311, 320–321), 7.11 (339), 8.11 (376–378), 12.28 (645–647)
Prior, M. E., 5.27 (266–268), 10.14 (543–544)
Prôt, M., 12.37 (632–634)
Puch, C., 13.68 (707–708)

Quinion, D. W., 2.42 (79–80)

Radjy, F. F., 13.62 (697–698)
Radkevich, B. L., 12.59 (619–620)
Rahman, A. A., 6.70 (299)
Raithby, K. D., 7.59 (357–358), 7.64 (357–358), 7.99 (356–357), 12.109 (626–627)
Rajagopalan, K. S., 8.85 (378–380)
Raju, N. K., 7.43 (352–355, 357–358)
Ramachandran, V. S., 1.66 (15–16), 1.86 (53–54), 1.87 (42–44), 2.74 (90–91, 98–99), 4.62 (211–212), 5.3 (261–262, 278–280), 5.12 (261–264), 5.51 (262–264), 6.65 (295–297, 299–300), 10.23 (529–530)
Ramakrishnan, V., 5.18 (275–277), 14.25 (760–761)

Ramaswamy, S. D., 13.155 (744-745)
Ramirez, J. A., 12.138 (658-659)
Ramme, B. W., 4.86 (249-250)
Randall, V. R., 13.97 (711)
Ranisch, E.-H., 11.52 (573-574)
Raphael, J. M., 6.110 (326), 9.24 (451-454, 472-473, 477, 486-488), 12.52 (623, 645-647)
Rasheeduzzafar, 10.114 (540-541), 11.62 (595-597), 11.69 (595-596), 13.48 (702-703)
Rauen, A., 2.48 (100-103)
Raupach, N., 11.90 (594-595)
Raverdy, M., 10.90 (537)
Ravina, D., 4.39 (205-206), 5.23 (275-276), 8.9 (415-416), 9.47 (440-441)
Reading, T. J., 9.78 (460-461)
Reagan, P. E. 3.91 (184-185)
Rear, K., 5.20 (261-263)
Regourd, M., 1.91 (22-23), 5.5 (274-275), 6.102 (322-323), 13.53 (702-703)
Reichard, T. W., 6.50 (320-322), 6.55 (322-323), 9.49 (447-449, 451)
Reinhardt, H. W., 7.93 (359-361)
Reinitz, R. C., 4.22 (222-224)
Reis, E. E., 10.105 (548-552)
Relis, M., 1.93 (45)
Remmel, G., 13.70 (706-707)
Reuter, C., 7.28 (344-345)
Revie, W. A., 3.69 (145-146)
Rezk, N. M., 4.42 (207-208)
Rhoades, R., 3.39 (155-156)
Riad, N., 8.52 (411-412)
Richard, P., 13.82 (711)
Richards, M. R., 8.38 (396-398), 13.108 (736-737)
Richardson, D. N., 8.58 (378-380), 12.55 (607-609), 12.73 (612-613)
Rigg, E. H., 11.87 (594-595)
RILEM, 1.77 (51-52), 2.24 (84-86), 8.105 (418-419), 10.54 (524-525), 10.68 (502), 12.141 (661-662), 13.137 (740-741)
Ritchie, D. J., 7.5 (338)
Rixom, M. R., 5.2 (267-270, 278-280), 5.39 (272-273)
Road Research Laboratory, 3.7 (130-133), 3.23 (169-174), 4.3 (201-203)
Robins, P. J., 8.38 (396-397), 13.33 (692-693), 13.108 (736-737), 13.127 (701-702)
Robson, T. D., 2.16 (96-97, 106-107), 2.81 (97-98, 104-105), 7.74 (363-368)
Rocco, C., 6.88 (314)
Roeder, A. R., 3.44 (144-145)
Roelfstra, P. E., 9.149 (478-479)
Rombèn, L., 10.26 (527-528)
Ronning, H. H., 10.40 (544-546)

Ross, A. D., 7.38 (335), 9.32 (455-456), 9.107 (467-470, 489-491), 9.122 (487-488), 9.125 (476)
Ross, C. A., 7.81 (361-363)
Rossetti, V. A., 10.82 (530-531)
Rossi, P., 7.79 (361-363), 9.148 (478-479), 12.80 (605-606), 12.97 (628-633)
Rössler, M., 6.63 (297-298), 6.64 (297-298)
Rostàsy, F. S., 11.52 (573-574)
Roten, J. E., 8.80 (376-378)
Roy, D. M., 1.89 (28-30), 2.27 (84-86), 6.34 (295-297, 299-300), 8.113 (378-380), 10.97 (504), 13.8 (697-699), 13.9 (679-680, 684-687, 689, 691-692, 697-700), 13.36 (693-695)
Rudd, A., 5.22 (271)
Rüsch, H., 6.78 (309-312), 9.111 (471-473), 12.36 (632-634), 12.56 (612-613), 14.28 (767-768)
Russell, H. G., 9.156 (476)
Rutledge, S. E., 9.110 (470-472)
Ryshkewich, E., 6.73 (293)

Saad, M. N. A., 2.60 (86-87)
Saatci, A. M., 4.40 (192-193)
Sadegzadeh, M., 10.37 (544-546)
Saemann, J. C., 7.1 (348-349)
Saint-Dizier, E., 9.63 (432-433)
Saito, M., 7.94 (351-353)
Sakai, K., 5.8 (259-260), 13.34 (682-683, 691-692, 695-696)
Sakurai, H., 6.101 (320-321, 324)
Sakuramoto, F., 8.57 (381-382)
Sakuta, M., 10.138 (526-527)
Samaha, H. R., 11.41 (597-598)
Samarai, M. A., 3.59 (146-147), 5.18 (275-277)
Sandvik, M., 13.59 (700-702)
Santeray, R., 1.94 (35-36)
Santiago, S. D., 6.37 (315)
Sarkar, S. L., 1.91 (22-23), 5.5 (274-275), 13.74 (712-713)
Sarshar, R., 8.112 (402-403)
Sasaki, K., 13.136 (740-741)
Sasiadek, S., 4.121 (229-230)
Sau, P. L., 8.18 (381-382, 422-423), 9.59 (436-437)
Saucier, F., 11.44 (573-574), 11.57 (575-576)
Saucier, K. L., 12.82 (609-612)
Saul, A. G. A., 5.25 (260-261), 6.29 (325), 8.72 (384-385)
Scanlon, J. M., 8.10 (390-394), 8.13 (417-418)
Schaller, I., 6.109 (326-327)
Schickert, G., 12.85 (613-614)
Schiessl, P., 2.48 (100-103), 4.66 (218-219), 7.28 (344-345), 11.90 (594-595)
Schiller, K. K., 6.1 (293-294)

Schlangen, E., 5.56 (279–280)
Schlude, F., 1.64 (37–38)
Schmidt, E., 652–653
Schmidt, R., 4.66 (218–219)
Schneider, U., 10.95 (528–529)
Scholer, C. F., 5.38 (265–266)
Schubert, P., 2.65 (74–75), 10.107 (518–519), 10.137 (524–525)
Schutz, R., 12.111 (644–646)
Schwamborn, B., 4.112 (216–217)
Scott, B. M., 7.78 (346–347)
Scrivener, K. L., 6.94 (316–317), 10.143 (535–536), 13.5 (696–698)
Seabrook, P. T., 4.101 (220–221)
Searle, D., 3.92 (120–121)
Seegebrecht, G. W., 4.91 (238–239), 11.55 (581–582)
Seligmann, P., 1.50 (14–15), 1.54 (36–37), 5.45 (262–264)
Sellevold, E. J., 9.81 (450–452), 13.62 (697–698)
Senbetta, E., 7.4 (343–344)
Sereda, P. J., 1.53 (36–37), 10.23 (529–530)
Serrano, J. J., 5.19 (277–278), 10.90 (537)
Sersale, R., 1.78 (18–19), 6.66 (297–298)
Shacklock, B. W., 3.15 (165, 166), 3.22 (166–169), 3.26 (179–180), 6.12 (303), 6.30 (325), 9.11 (437–438), 9.25 (449–450, 460–461), 12.22 (621–622), 12.44 (636–637)
Shah, S. P., 6.87 (314), 9.36 (432–434), 9.42 (431–432), 9.64 (432–433), 9.79 (460–461), 12.54 (646–649)
Shah, V. K., 8.23 (381–382, 422–423), 9.69 (436–437)
Shalon, R., 4.22 (222–224), 8.9 (415–416), 8.62 (415–416), 9.47 (440–441)
Sharp, J. H., 2.40 (96–97), 2.72 (90–91, 104–105)
Shayan, A., 3.76 (146–147)
Sheikh, S. A., 9.92 (466–467)
Shen, Z., 9.60 (438–439)
Shergold, F. A., 3.1 (117–120), 3.40 (129–130)
Sherriff, T., 12.102 (640–641)
Shi, X. P., 7.84 (356–357)
Shideler, J. J., 5.24 (259–261), 8.73 (384–385), 9.6 (447–449), 9.30 (450–452), 9.38 (463–465), 10.103 (525–526), 12.27 (645–648)
Shiina, K., 12.49 (626–627)
Shilstone, J. M., Snr., 4.111 (209–211)
Shkoukani, H. T., 9.158 (484–486)
Short, N. R., 11.85 (593–594)
Shoya, M., 9.76 (447–449)
Shuman, L., 6.28 (325)
Siebel, E., 11.100 (574–575), 13.102 (733–734)
Siemes, A. J. M., 7.65 (358–359)

Silva, M. R., 10.73 (527–528)
Simard, J.-M., 11.59 (579–581)
Singh, B., 2.73 (104–105)
Singh, B. G., 6.13 (303)
Singh, S. P., 6.10 (293–294), 11.24 (582–583)
Sinha, A. K., 8.78 (405–406)
Sivasundaram, V., 2.69 (89–90), 13.35 (693–695)
Skalny, J., 1.62 (16–18, 18–19), 1.65 (45)
Skinner, W. J., 12.39 (634–635)
Slate, F. O., 6.53 (308–309), 6.54 (309–310), 6.76 (314), 6.90 (314, 315), 6.91 (314), 9.66 (432–433, 472–473), 13.71 (713–716)
Sliwinski, M., 4.121 (229–230)
Smadi, M. M., 6.90 (314, 315), 9.66 (432–433, 472–473)
Smeplass, S., 4.110 (199–200), 13.86 (726–729)
Smith, F. L., 10.20 (544–546)
Smith, M. A., 10.24 (532–533)
Smith, P., 8.6 (405–406), 12.69 (651–652), 12.70 (649–651)
Smith, W. F., 12.102 (640–641)
Smithson, L. D., 10.69 (527–528)
Snyder, M. J., 8.111 (402–403)
Soeda, M., 13.61 (702–703)
Sohui, M., 10.57 (521–522)
Soleit, A. K. O., 7.18 (361–365)
Soles, J. A., 3.84 (154–155), 10.113 (543–544), 10.120 (543–544)
Sommer, H., 7.60 (357–358), 11.29 (576–577)
Soongswang, P., 3.67 (127–128)
Sorensen, B., 11.65 (598–599)
Soroka, I., 8.83 (383–386)
Soshiroda, T., 4.65 (217–218)
Sotoodehnia, A., 7.27 (361–363)
Sparks, P. R., 7.97 (358–359)
Špetla, Z., 12.91 (635–636)
Spinks, J. W. T., 1.17 (16–17)
Spooner, D. C., 6.45 (304), 6.119 (308–309)
Sprinkel, M. M., 11.53 (576–577)
Sprouse, J. H., 1.73 (51–52)
Stacey, E. F., 7.68 (369), 8.97 (391–393)
Stark, D., 10.121 (543–544), 11.25 (566–568)
Starke, H. R., 1.33 (39–40), 1.35 (41–42)
Staunton, M. M., 9.133 (474–475)
Steinour, H. H., 1.6 (13–18, 47), 1.16 (16–17), 1.33 (39–40), 1.35 (41–42), 3.30 (150), 4.11 (217–218), 4.15 (190–193), 10.101 (518–519)
St. George, M., 13.117 (724–726)
Stock, A. F., 6.40 (304, 305)
Stoll, U. W., 2.11 (92–93)
Stone, W. C., 12.136 (657–658)
Strategic Highway Research Program, 2.37 (74–75, 104–105), 3.78 (150), 11.84 (598–599),

11.86 (597–598), 13.98 (706–707), 13.99 (697–702, 713–714), 14.14 (771–772)
Sturman, G. M., 6.76 (314)
Sturrup, V. R., 12.62 (658–659, 661)
Stutzman, P. E., 13.45 (699–700)
STUVO, 10.127 (534), 11.89 (594–595)
Su, E. C. M., 6.86 (307–311), 7.87 (334)
Suaris, W., 12.54 (646–649)
Sugiki, R., 8.86 (389–390)
Sullivan, P. J. E., 8.46 (402–405), 8.117 (405–406), 9.147 (480–482), 10.50 (512–514), 13.161 (717–718)
Suzuki, K., 8.57 (381–382), 10.110 (525–526)
Svenkerud, P. J., 13.122 (697–698)
Swamy, R. N., 9.39 (437–438), 9.106 (450–452), 13.6 (681–682)
Swayze, M. A., 1.4 (10), 9.13 (440–441), 9.26 (450–452)
Swenson, E. G., 3.48 (154–155), 8.69 (419–420)
Sybertz, F., 2.25 (86–87)
Szypula, A., 12.114 (641–643)

Taerwe, L., 9.114 (472–473)
Takabayashi, T., 9.9 (437–438)
Takeda, J., 8.98 (391–392)
Takeuchi, H., 8.15 (417–418)
Takhar, S. S., 7.58 (356–357)
Tam, C. T., 12.110 (639–640), 12.132 (642–644), 13.145 (739–740)
Tan, C. W., 12.132 (642–644)
Tan, K., 11.97 (594–595)
Tan, S. A., 7.84 (356–357)
Tanaka, S., 9.101 (484–486), 9.151 (474–475)
Tang, L., 10.59 (517–518), 11.68 (594–595)
Tank, R. C., 6.97 (324)
Tarrant, A. G., 12.9 (613–614), 12.10 (613–614)
Tasuji, M. E., 6.54 (309–310)
Tattersall, G. H., 4.43 (207–208, 211–212)
Tayabji, S., 11.55 (581–582)
Taylor, H. F. W., 1.15 (15–17), 1.20 (16–18, 35–36), 1.84 (9), 9.20 (443–444), 10.143 (535–536)
Tazawa, E., 9.88 (442–443), 9.151 (474–475)
Tedesco, J. W., 7.81 (361–363)
Teller, E., 1.45 (23–25), 3.13 (149), 9.5 (436–439)
Teodoru, G. V., 12.143 (661)
Tepfers, R., 7.61 (358–359), 7.62 (358–359), 7.63 (356–358)
Testolin, M., 1.90 (7), 5.13 (261–262, 265–266, 268–270, 273–275)
Teychenné, D. C., 2.51 (99–100), 3.21 (166–170), 3.71 (174–175), 7.56 (339), 14.11 (767–768, 794–799)

Thaulow, N., 3.60 (150), 10.119 (539–540, 543–544), 13.23 (685–688)
Thaulow, S., 12.58 (617–619)
Thomas, A., 3.87 (163–164)
Thomas, K., 4.27 (192–193)
Thomas, M. D. A., 10.63 (523–524), 13.113 (679–680)
Thomas, N. L., 5.50 (264–265)
Thompson, P. Y., 7.81 (361–363)
Thornton, H. T., 10.27 (527–528)
Thorvaldson, T., 1.17 (16–17), 8.76 (387–388)
Tia, M., 3.67 (127–128)
Tiede, H., 12.70 (649–651)
Tikalsky, P. J., 10.77 (532–533), 13.25 (688–690), 13.31 (690–691)
Tippett, L. H. C., 12.34 (628–629)
Tochigi, T., 6.58 (287)
Tognon, G. P., 8.29 (386–388)
Torrent, R. J., 12.92 (635–636)
Torrenti, J.-M., 9.74 (442–443)
Traina, L. A., 7.96 (356–357)
Tritthart, J., 7.34 (361–363), 11.65 (598–599), 11.66 (593–595)
Troxell, G. E., 1.36 (42–43), 9.24 (451–454, 472–473, 477, 486–488)
Trüb, U., 8.106 (418–419)
True, G., 3.92 (120–121)
Tshikawa, T., 12.50 (626–627)
Tsuji, Y., 8.15 (417–418)
Tucker, J., 6.28 (325)
Tuthill, L. H., 7.39 (348–349), 10.11 (528–529), 10.31 (527–528), 11.32 (583–585)
Tuutti, K., 4.50 (233, 234), 4.59 (233, 235)
Tyler, I. L., 4.12 (217–218)'

Uchida, S., 2.20 (78–79)
Uchikawa, H., 2.20 (78–79)
Uno, Y., 10.110 (525–526)
U.S. Army Corps of Engineers, 4.117 (221–222), 7.40 (340–341), 8.30 (396–398), 10.15 (546–547), 12.81 (609–610)
U.S. Bureau of Reclamation, 487–488, 1.44 (20–21), 2.1 (67–69), 2.34 (65–67), 3.74 (172–178), 4.7 (190–192, 212–215, 242–243), 4.97 (227–228), 6.26 (309–311), 8.8 (392–394), 8.71 (383–384), 9.118 (476, 477), 9.127 (489–491), 10.43 (514–515), 11.10 (566–567), 11.11 (562–565, 570–571), 11.16 (569–570), 12.7 (610–612, 636–637), 12.17 (620–621), 12.77 (634–635)
Uyan, M., 2.28 (86–87)

Valenta, O., 10.48 (515–517)
Valiasis, T., 13.20 (685–687)

Valore, R. C., 13.149 (737–738)
van Aardt, J. H. P., 10.9 (534–536), 10.10 (527–528)
van der Wegen, G., 9.10 (443–444)
van Leeuwen, J., 7.65 (358–359)
Vassie, P. R. W., 11.64 (592–593)
Vayenas, C. G., 10.35 (518–519), 10.56 (521–523), 10.130 (505–506)
Vecchio, F. J., 12.62 (658–659, 661) Vega, L., 8.116 (401–402)
Venecanin, S. D., 8.34 (394–396)
Vennesland, O., 10.86 (537), 13.139 (703–704)
Verbeck, G. J., 1.25 (36–37), 1.34 (41–42, 45), 1.49 (14–15, 45), 1.55 (42–44), 2.30 (74–75), 3.14 (155–156), 6.32 (293–294), 8.77 (376–379), 8.84 (387–389), 9.37 (462–464), 10.8 (542), 10.102 (525–526), 11.9 (561), 11.12 (563–565), 11.13 (583–585), 11.63 (585–586)
Verhasselt, A., 5.15 (271), 5.16 (271)
Vézina, D., 10.38 (544–546)
Vicat, L., 48–50, 50–51
Viguier, C., 9.145 (478–479)
Virmani, Y. P., 11.93 (595–597)
Virtanen, J., 13.37 (695–696, 702–703)
Vivian, H. E., 10.6 (541–542)
Volant, D., 1.91 (22–23), 5.5 (274–275)
Vollick, C. A., 4.19 (245–246), 5.28 (266–270)
Von Euw, M., 1.57 (44–45, 46)
Vuorinen, J., 10.47 (515–517), 11.23 (563–565)

Wagner, F. T., 12.83 (639–640)
Wagner, L. A., 21–26
Wainwright, P. J., 94–95, 2.49 (101–103), 5.41 (278–279)
Walker, H. N., 3.70 (154–155)
Walker, S., 1.37 (44–45, 56–57), 3.5 (124–125), 3.16 (165, 166), 6.60 (301), 7.42 (345–346), 8.89 (394–398, 400), 12.23 (621–622, 628–631, 644–646), 12.31 (627–628), 12.45 (636–637)
Walker, W. R., 3.15 (165, 166)
Wallace, G. B., 3.51 (180–182), 12.76 (628–629)
Wallevik, O. H., 4.104 (207–208)
Walz, K., 6.49 (320–321)
Wang, C.-Z., 6.85 (313–314)
Wang, H., 10.116 (542)
Wang, P. T., 9.36 (432–434)
Ward, M. A., 1.70 (45), 5.43 (264–265), 6.10 (293–294), 9.135 (476), 11.24 (582–583)
Warner, R. F., 7.49 (357–358)
Warnock, A. C. C., 7.25 (367–368)
Washa, G. W., 6.48 (319), 7.1 (348–349)
Watanabe, H., 5.8 (259–260)

Waters, T., 12.30 (627–628)
Weaver, W. S., 7.32 (346–347)
Weber, J. W., 3.72 (179–180)
Weber, R., 4.29 (230–231)
Welch, G. B., 7.53 (359–361)
Wells, L. S., 1.8 (13–14)
Wenander, H., 4.54 (245–248)
Wendt, K. F., 6.48 (319)
Werner, G., 12.6 (609–612)
Wesche, K., 10.107 (518–519), 13.26 (685–687), 13.28 (688–691)
Whaley, C. P., 9.139 (482)
Whiting, D., 8.110 (393), 10.51 (512–514), 11.48 (573–574), 11.55 (581–582)
Whiting, J. D., 11.26 (563–565)
Whittington, H. W., 7.19 (361–365)
Widdows, S. J., 4.99 (247–248)
Wiebenga, J. G., 12.84 (610–612)
Wierig, H.-I., 10.124 (519–524)
Wilde, R., 8.53 (391–392, 413–414)
Willetts, C. H., 12.47 (654–655)
Williams, R. I. T., 6.40 (304, 305)
Williamson, F., 7.32 (346–347)
Willis, R. A., 4.38 (249–250)
Wills, M. H., 1.75 (46, 47)
Willson, C., 9.4 (466–469)
Winslow, D., 1.63 (32–34), 6.68 (295–299)
Winter, G., 6.76 (314), 9.42 (431–432)
Wischers, G., 14.9 (772–773)
Witier, P., 12.29 (663–664)
Witte, L. P., 3.33 (151–152)
Wittmann, F. H., 1.64 (37–38), 8.107 (396–398, 400), 9.149 (478–479)
Wong, B., 14.23 (760–761)
Wood, J. G. M., 10.115 (539–540)
Wood, S. L., 6.117 (319, 320–321)
Woods, H., 1.33 (39–40), 1.35 (41–42), 2.2 (67–68), 11.22 (579–581)
Woolf, D. O., 3.6 (124–126)
Wright, P. J. F., 3.2 (120–121), 6.27 (325), 11.18 (581–583), 12.11 (613–614), 12.20 (621–622, 628–630, 646–648), 12.24 (625–627), 12.26 (668)
Wu, X., 12.80 (605–606)
Wuerpel, C. E., 3.37 (149)

Xi, Y.-P., 9.157 (478–479)
Xie, N.-X., 12.87 (637–638)
Xu, Z., 3.80 (151), 10.118 (540–541)

Yamamoto, Y., 4.68 (218–219)
Yamane, S., 8.98 (391–392), 12.116 (637–638)
Yamato, T., 13.61 (702–703)

Yin, W. S., 6.86 (307–311)
Yingling, J., 11.54 (575–576)
Yip, W. E., 12.110 (639–640)
Yonekura, A., 9.101 (484–486), 9.151 (474–475)
Yonezawa, T., 4.82 (235–237)
Young, J. F., 1.61 (16–17), 1.72 (15–16), 5.36 (264–266), 5.37 (262–264), 10.44 (504), 10.123 (514–515)
Yuan, R. L., 12.112 (640–643)
Yudenfreund, M., 1.62 (16–19), 1.65 (45)
Yue, L. L., 9.114 (472–473)
Yusof, K. M., 8.22 (417–418)

Zenone, F., 1.78 (18–19), 6.66 (297–298)
Zerbino, R., 6.88 (314)
Zhang, C.-M., 1.66 (15–16)
Zhang, M.-H., 6.89 (317), 13.51 (702–703), 13.105 (732–733), 13.106 (733–735), 13.110 (723–724, 728, 730–731), 13.112 (734–735)
Zhang, X.-Q., 6.85 (313–314), 9.61 (434–435)
Zielenkiewicz, W., 1.83 (39–40)
Zielinska, E., 2.44 (90–91)
Zielinski, A. J., 7.93 (359–361)
Zoldners, N. G., 2.52 (105–106), 8.93 (398–401, 406–407)

Índice

A (notação para Al_2O_3), 9
abatimento, 194–195, 198–199
   cisalhado, 198–199
   classificação da trabalhabilidade, 198–199
   colapsado, 198–199, 205–206
   do concreto bombeado, 232
   do concreto com agregados leves, 729
   e fator de compactação, 201–203
   e penetração de bola, 206–207, 209–211
   efeito
      da incorporação de ar, 582–583
      da sílica ativa, 697–699
      do bombeamento, 232
      do tempo, 211–212
   ensaio, 198–199
   e quantidade de água, 195–198
   mini, 201–202, 277–278
   tempo da determinação, 213–215
   utilidade, 211–212
   verdadeiro, 198–199
   zero, 198–199, 787–788
Abrams, Lei de, 285, 289
abrasão
   do agregado, 127–128
   do concreto, 502, 543–544
      efeito
         da sílica ativa, 703–704
         das inclusões, 145–146
         do cloreto de cálcio, 260–261
         do pó, 143–144
         do tratamento a vácuo, 245–246
      ensaios, 543–544, 655–656
   do concreto com agregados leves, 735–736
   índice do agregado, 127–128
   resistência, 543–544
      do concreto de alto desempenho, 717–718
      efeitos da evaporação, 335
      exigências de cura, 343–344
      fatores influentes, 544–546

absorção, 506–507
   do agregado, 133–134, 134–138, 149, 566–567, 728
      ensaio, 134–137
   do agregado leve, 723–728, 791–792
   do concreto, 506–507, 590–591
      efeito de fôrmas drenantes, 247–248
      superfície, 508–509
         ensaios, 508–509
         inicial, 508–509
   do concreto com pedra-pomes, 719–722
   do concreto sem finos, 743–744
   influência na resistência ao congelamento, 562–563
absorção acústica, 367–368
   coeficiente, 367–368
   do concreto leve, 735–737
   do concreto sem finos, 743–744
absortividade térmica, 392–394
acabamento
   concreto com perlita, 723–724
   influência
      na abrasão, 544–546
      no ar incorporado, 574–575
ação capilar, 503
aceleradores, 259–260
   ação dos, 261–263
   influência na resistência, 261–263
   isentos de cloretos, 261–262
acetato de cálcio e magnésio, 584–585
ácido
   carbônico, 463, 527
   carboxílico, 476
   carboxílico hidroxilado, 266–267
   cítrico, 74–75
   esteárico, 92–93, 278–279
   húmico, 192–193
   lignosulfônico, 266–267
   nítrico, ataque por, 527–528

oleico, 92-93
sulfúrico, ataque por, 527-528
tânico, 141-142
ácidos orgânicos, 192-193, 527-528
aço inoxidável, 598-599
aço para concreto protendido, 595-596
açúcar, ação retardadora, 262-265
adensabilidade
   ensaio, 205-206
   grau de, 207-208
aderência
   com armadura, 326-327
      efeito
         da autoclavagem, 389-390
         da exsudação, 217-218
         da retração, 286
         da revibração, 245-246
      no concreto celular autoclavado, 740-741
   concreto tratado a vácuo, 247-248
   do agregado, 121-123, 134-137, 154-155, 287, 705-706, 714, 732-733
      efeito da sílica ativa, 699-700
      influência na resistência, 123-124, 287
      química, 121-123
   dos agregados à pasta, 53-54
   entre cristais, 293
   fissuras, 314
   na fadiga, 358-359
   no concreto de alto desempenho, 717-718
adiamento, 383-386
aditivo isento de cloretos, 270-271
aditivo redutor de água, 266-267
   ação, 266-267
   com cimento de elevado teor de alumina, 269-270
   dosagem, 268-270
   e aceleradores, 258-259, 266-267
   e retardo de pega, 258-259, 266-267
      influência na fluência, 476
   efeito
      do C_3A, 268-270
      do cimento, 268-270
   influência
      na hidratação, 267-268
      na perda de abatimento, 212-213
      no congelamento, 267-268
      no retardo, 268-270
   no concreto tratado a vácuo, 247
   tempo de adição, 268-270
aditivos, 62, 257
   aceleradores, 259-260
   anticongelantes, 422-423
   antissegregantes, 239-240
   bactericidas, 278-280
   benefícios, 257
   bloqueadores dos poros, 279-280

classificação dos, 258-259
com cimento expansivo, 466-467
compatibilidade, 270-271
   com pigmentos, 79-80
dosadores de, 258-259
dosagem, 258-259
efeito
   da temperatura, 270-271
   do cimento, 347-348
   do congelamento, 270-271
hidrófugos, 278-279
impermeabilizantes, 278-279
influência
   na exsudação, 218-219
   na fluência, 470-473, 476
   na hidratação, 262-264
   na incorporação de ar, 573-574
   na resistência, 376-378
   na resistividade, 363-365
   na tendência à fissuração, 458-460
   sobre a retração, 450-452
inorgânicos, 258-259
interação do, 270-271, 568-569
isento de cloretos, 270-271
minerais, 65-66
no concreto projetado, 237-238
orgânicos, 258-259
para concreto de alto desempenho, 706-707
químicos, 258-259
redutores de água, 266-267
retardadores, 262-264
tempo para adição, momento para adição, 265-266, 270-271
tipos, 257
agente descongelante isento de cloretos, 584-585
agente desincorporador, 268-270
agentes
   anticongelantes, 259
   bactericidas, 279-280
   fungicidas, 279-280
   incorporadores de ar, 568-569
   surfactantes, 266-267
   tensoativos, 568-569
agitação, 227-228
agitador de peneiras, 158-160
agregado, 111-112
   abrasão, 128-129
      índice, 127-128
   absorção, 133-138, 149, 566-567, 728
      influência na resistência, 134-137
   aderência, 121-123
      influência
         na fissuração, 299-300
         na resistência, 299-300
      no concreto com agregados leves, 732-733
   álcalis no, 536-537, 540-541

alisado, 120–121
alongado, 119–120
amolecimento, efeito da molhagem, 125–126
amostragem, 113–115, 156–158
análise petrográfica, 113–114
área superficial, 165, 196–198
arredondado, 119, 197, 240, 698, 723
aspereza, 120–121
atrito, 127–129
avaliação geológica, 113–115
bica corrida ou agregado total, 111–112, 143, 144, 169, 175–177, 221, 728, 777, 799
    classificação do, 111–112
    classificação mineralógica, 113–115
    classificação petrográfica, 113–114
como fíler, 182–183
corpos de prova cilíndricos de rocha, 125–126
da orla marinha, 144–145
dureza, 127–128
ensaio colorimétrico, 141–142
esfericidade, 117–119
estabilidade de volume (sanidade), 148
    ensaios, 148
forma, 115–117, 705–706
    classificação, 116–117
    coeficiente, 120–121
    influência
        na bombeabilidade, 235
        na fissuração, 299–300
        na resistência ao impacto, 303
        na resistência do concreto, 121–122, 301, 705–706
        na trabalhabilidade, 195–198
grande, 175–178
impurezas no, 141–142
inclusões moles no, 145–146
índice de esmagamento, 128–129
índice de impacto, 127–129
índice de superfície, 166–169
influência
    na condutividade térmica, 391–392
    na dilatação térmica, 394–398
    na dosagem, 775–776
    na resistência à abrasão, 544–546
    na resistência ao fogo, 405–406
    na resistência do concreto, 111–112
    nas eflorescências, 536–537
instável, 141–142
    partículas no, 145–147
intertravamento com a pasta de cimento, 121–123
intertravamento sob cisalhamento, 123–124
irregular, 117–119
lamelar, 119–120
lavagem do, 144–145
manuseio do, 182–183

massa específica, 129–130
    absoluta, 130–132
    aparente, 130–132, 138–139
    dos tipos de rochas, 132–133
    influência
        nas proporções da mistura, 196–198
        na segregação, 215–216
massa unitária, 132–133
módulo de elasticidade, 121–123, 124–125, 431–432
    para concreto autoadensável, 250–251
    para concreto bombeado, 233
    para concreto de alto desempenho, 705–706
    para concreto sem finos, 741–742
    para pisos, 127–128
    para superfície sujeita à abrasão, 127–128
partículas fracas em, 141–142
películas, 141–143
pequeno, 175–178
permeabilidade, 510–512
poros, 149, 504
porosidade, 133–134
propriedades mecânicas, 127–128
propriedades térmicas, 154–155
quebra do, 175–178, 183–184
relação com a rocha matriz, 112–113
relação de vazios, 133–134
relação graúdo/miúdo, 175–177
relação tensão-deformação, 431–432
resistência, 121–124
    e módulo de elasticidade, 124–125
    e resistência do concreto, 287, 730–731
resistência ao desgaste, 127–128
resistência ao esmagamento, 124–125, 128–129
retração do, 448–450
ruptura por fadiga, 357–358
saturado superfície seca, 130–132, 134–138, 290
secagem excessiva, 137–138
seco ao ar, 134–137
seco em estufa, 138–139
subanguloso, 116–117
subarredondado, 116–117
substâncias deletérias no, 141–142
superfície específica, 165
    influência na resistência, 166–169
tenacidade, 127–128
teor, 111–112
    influência
        na fluência, 470–472
        na resistência, 304
        na resistência à tração, 304
        na retração, 446–447
        no ataque por ácidos, 527–528
        no módulo de elasticidade, 436–437
teor de conchas, 144–145
teor de sais, 113–115, 144–145

teor de vazios, 117-119
testes, confiabilidade dos, 129-130
textura, 115-117, 120-121
   coeficiente, 120-121
   influência
      na resistência, 121-122, 305
      na trabalhabilidade, 195-198
   tipo de rocha, 113-114
   totalmente redondo, 116-117
   úmido, 134-137, 135
   vantagens técnicas, 111-112
   vítrea, 120-121
   volume relativo, 163-164
agregado álcali-reativo, 20-21, 150, 695-696
agregado anguloso, 116-117, 175-177
   influência
      na resistência ao impacto, 359-361
      no fator de compactação, 121-123
   leve, 729
agregado artificial, 112-113, 183-184
agregado britado, 112-113
   aderência, 116-117
   granulometria do, 175-177
   impurezas no, 146-147
   influência
      na exsudação, 217-218
      na fissuração, 299-300
      na resistência ao impacto, 359-361
   miúdo, 174-175
   para concreto bombeado, 233
agregado calcário, 526-528
agregado com superfície selada, 723-724
agregado completamente seco, 134-137
agregado de argila expandida, 722-723
   concreto, 719-723, 730
      condutividade térmica, 393
      dilatação térmica, 736-737
      efeito da forma do corpo de prova, 619-620
      propriedades, 720, 722-723
      resistência, 720, 722-723
      retração, 735-736
agregado de alumínio fundido, 105-106
agregado de ardósia expandida, 722-723
   concreto, 720, 730-731
agregado de carborundo, 106
agregado de cinza volante expandida, 723-724
agregado de escória de alto forno, 723-724
agregado de folhelho expandido, 722-723
   concreto, 719-723
      dilatação térmica, 399, 736-738
agregado de granulometria contínua, 178-181, 235
agregado de granulometria descontínua, 166-169, 178-179
   no concreto bombeado, 233
   no concreto com agregados pré-colocados, 239-240

agregado de polisetireno, 744-745
agregado de resíduo de madeira, 744-745
agregado de tijolo refratário, 105-106
agregado dragado do mar, 144-145
   influência na eflorescência, 192-193, 536-537
agregado especial, 183-184
agregado graúdo, 111-112
   forma, 119-120
   inchamento do, 140-141
   influência
      na fissuração-D, 566-567
      na resistência, 299-300
   influência no sentido de propagação, 123-124
   relação com agregado miúdo, 795-800
   resistência ao congelamento, 564-565
   segregação durante a mistura, 219-220
   volume no concreto, 785-786, 795-798
   volume solto, 785-786
agregado leve, 718-722
   absorção do, 723-728, 791-792
   aderência, 732-733
   artificiais, 722-723
   com substituição de areia, 729, 733-734
   da argila, 722-723
   da cinza volante, 723-724
   da escória de alto forno, 723-724
   de ardósia, 722-723
   de folhelho, 722-723
   e fluência, 472-473
   em tempo frio, 420-422
   influência
      na abrasão, 544-546
      na durabilidade, 734-736
      na fluência, 471-473
      na interface, 317
      na retração, 450-452
      no bombeamento, 235-237
   massa específica, 725-726, 726-728, 731-732
      e dimensão, 731-732
   natural, 719-722
   para bombeamento, 730, 735-736
   para concreto estrutural, 723-726
   pré-umedecido, 728
   propriedades, 724-726
   propriedades térmicas, 735-736
   resistência, 730
      efeito da dimensão, 731-732
      ensaio para, 126-127
      limitante, 730-731
   revestida, 723-724
   superfície selada, 723-724
   teor de umidade, influência no bombeamento, 235-237
agregado miúdo, 111-112
   angulosidade, 116-117
   britado, 175-177

Índice 845

dimensão, 111-113
forma, 117-119
inchamento do, 139-141
influência
   na exsudação, 217-218
   na resistência, 325
   na resistência ao impacto, 359-361
   no bombeamento, 233
saturado, 140-141
volume no concreto leve, 793-794
zonas granulométricas, 172-173
ver também areia
agregado natural, 112-113
agregado pesado no concreto com agregado pré-colocado, 240-241
agregado poroso e medida do teor de ar, 577-578
agregado reativo, 150, 152-154
agregado reciclado de concreto (ARC), 183-184, 220-221
agregado refratário, 105-106
agregado saturado, 726-728
agregado silicoso
   e ataque por ácidos, 527-528
   mudança de cor ao fogo, 405-406
   resistência ao fogo, 405-406
agregados expansivos, 154-155
agregados leves naturais, 719-722
água
   adicionada, 289
   agressiva, 527-528
   ataque por, 527-528
   carbonato alcalino, 193-194
   contaminada, 192-193
   de amassamento, 190-192
   de cristalização, 36-38
   de trabalhabilidade, 245-246
   difusão, 560
   do cimento de elevado teor de alumina, 95-96
   dureza, 193-194
   energia de ligação, 37-38
   ensaio de penetração, 515-517
   fluxo através do concreto, 510-511
   ganho, 216-217
   gel, 36-37, 559
   impurezas na, 192-193
   líquida, 289
   livre, 36-37, 137-138, 289
   movimentação no concreto sem finos, 741-742
   na mistura, 289
   no cimento hidratado, 35-36
   no gel, 27-28
   para cura, 340-341, 595-596
   para hidratação, 15-16

pH, 84-85, 192-193
pura, 527-528
qualidade, 190-192
   influência no concreto endurecido, 190-192
repelentes, 279-280
salobra, 190-192, 587-588, 590-591
teor de sólidos na, 190-192
total, 290
turfosa, 527-528
água adsorvida, 32-34, 504, 510-511
água capilar, 28-31
   congelamento do, 559
   e retração, 444-445
água combinada
   no cimento de elevado teor de alumina, 95-96
   no Portland cimento, 36-37, 664-665
água congelável, 418-419, 559, 563-565
água corrente, influência no concreto, 544-547
água de lavagem, 190-192, 573-574
água destilada para amassamento, 190-192
água do mar, 192-193
   ataque por, 536-537
   como água de amassamento, 192-193
   composição, 192-193, 537
   e cimento de elevado teor de alumina, 96-97
   e cimento supersulfatado, 84-85
   influência
      na corrosão, 540-541, 586-587
      na resistividade, 363-365
      no tempo de pega, 192-193
   salinidade, 536-537
água efetiva, 137-138, 289
água evaporável, 36-37
   papel na fluência, 489-491
água exsudada, 216-217, 642-644
água intercristalina, 443-444
   papel na fluência, 489-491
água interlamelar, 36-37
água livre, 36-37
   e retração, 443-444
   no agregado, 137-138, 289, 728
   influência nas proporções da mistura, 779-780
água não evaporável, 26-28, 30-31, 34-37, 46, 292
   relação ao volume de gel, 292
água potável, 190-192
   para amassamento, 190-192
   tubos, 190, 193-194
água quimicamente combinada, 36-37
água salgada, 192-193
água salobra, 190-192, 587-588, 590-591
água zeolítica, 36-37
agulha de Gillmore, 50-51
agulha de Proctor, 51-52, 211-212
AH_3, 99-100

846 Índice

álcali
  ataque do cimento de elevado teor de alumina, 96–97
  bicarbonato na água, 190–192
  carbonato na água, 190–192
  no cimento, 9, 74–75
alcalinidade ver pH
álcalis
  influência
    na exsudação, 217–218
    na falsa pega, 20–21
    na pele, 48
    na perda de abatimento, 211–212
    na resistência, 46
  ingresso, 543–544
  na cinza volante, 87–88, 541–542, 690–691
  na escória granulada de alto forno, 541–542, 691–693
  no agregado, 536–537, 540–541
  no cimento, 9, 46, 48, 74–75, 150, 151, 539–540, 575–576
  no cimento de elevadíssima resistência inicial, 74–75
  no concreto, 540–541
  nos superplastificantes, 271
  reação com alumínio, 230–231
  solúveis em água, 680–681
algas, 192–193, 527–528
alisamento pelo aço, 232
alita, 14–15
alta resistência inicial
  cimento, 71–72
  Cimento Portland de alto forno, 82–84
  uso da autoclavagem, 386–387
  uso do concreto de alto desempenho, 704–705
alta temperatura, 105–106, 375–376, 414–415
  influência
    na cor, 405–406
    na resistência, 402–403
    no concreto, 398–401
    no módulo de elasticidade, 404–405
alterações de volume
  no agregado, 148
  no concreto, 440–443
    efeito
      da extensibilidade, 458–460
      do agregado, 124–125, 180–182
    no congelamento, 563–565
aluminato tetracálcico, 8
aluminato tricálcico, 8
  hidratado, 14–18
  ver também C_3A
aluminatos hidratados hexagonais, 98–99
amostra, 665–666
  da resistência ensaio, 762–763

do cimento, 345–346
  composta, 345–346
  individual, 345–346
  massa máxima, 156–158
  massa mínima, 115–117, 156–160
  redução do tamanho da, 115–117
amostra representativa, 113–115
amostragem
  do agregado, 113–115
  do cimento, 345–346
amostras parciais, 113–115
amplitude da tensão, influência na resistência à fadiga, 356–357
amplitude das resistências, 665–666
análise
  do cimento, 70–72
  do concreto fresco, 247–248
análise granulométrica, 155–156, 158–162
análise térmica diferencial, 9
andesito, 150
anidrita, 18–21, 709
aparelho de Power, 203–204
aparelho de Vicat, 50–51
apiloamento, 241–242,
aquecimento
  a vapor do agregado, 420–422
  do agregado, 241–242
  do concreto pela eletricidade, 390–391
  dos componentes do concreto, 420–422
ar
  bolhas, 562–563, 567–568
    como agregado, 582–583
    dimensão, 567–570
    efeito da cura a vapor, 383–384
    espaçamento, 569–570
  coeficiente de difusão, 505–506
  desincorporação do, 268–270, 278–279
  medidores, 576–577
  permeabilidade, 506–507, 515–518
    do concreto celular autoclavado, 740–741
  teor
    da argamassa, 570–573
    da calda, 570–572
    determinação do, 576–577
    do concreto, 570–571
    do concreto endurecido, 578–579
    influência
      na resistência, 291
      na resistência do concreto com agregado leve, 729
    no concreto com agregado leve, 729
    no concreto não adensado, 241–242
    total, 576–577, 729
  vazios, 566–567
    e dilatação térmica, 396–398
    espaçamento, 568–569

ar acidentalmente aprisionado, 20–21, 195–198, 567–568
ar aprisionado, 120–121, 567–570, 572–573
   concreto tratado a vácuo, 245–246
   e concreto autoadensável, 250–251
   influência na resistência, 581–582
   na argamassa, 55–57
   teor, 784–785
ar incorporado, 567–568
   calda de injeção, 570–572
   devido a aditivos, 268–270
   efeito
      da cinza volante, 573–574, 685–687, 690–691
      peneiramento do concreto fresco, 636–637
   estabilidade, 574–575
   exigências, 570–571
   fatores influentes, 572–573
   influência
      na bombeabilidade, 235–237
      na durabilidade, 564–565
      na resistência, 581–582
      no teor de finos, 162–163
      no volume do concreto, 777–779
   na argamassa, 570–573
   no bombeamento, 235–237
   no concreto, 570–571
   perda de, 575–576
aragonita, 537
área de peneiramento, 156–158
área proporcional, 668
área superficial *ver* superfície específica
areia, 111–112
   dimensão limite, 112–113
   do mar, 144–145
   Leighton Buzzard, 54–55
   padrão, 54–55
   substituição do agregado leve, 729, 733–735
   teor
      e efeito parede, 636–637, 758–759
      efeito
         do dimensão do corpo de prova, 636–637
         do incorporação de ar, 582–583
   zonas granulométricas, 172–174
   ver também agregado miúdo
areia CEN, 54–55
areia Leighton Buzzard, 54–55
areia natural, 112–113
areia normal, 54–55
arenito
   dilatação térmica, 394–396
   e fluência, 471–473
   permeabilidade, 511–512
argamassa, 53–55, 235–237, 240–241
   betoneira, 220–221
   definição, 162–163
   e efeito parede, 636–637

efeito da base, 617–619
ensaio com barra, 151–152
ensaio de expansão, 151–152
ensaio de resistência do cimento, 53–54
fissuração, 308–309, 431–432
fluência, 473–474
para capeamento, 610–612
para concreto com agregados pré-colocados, 240–241
projetado pneumaticamente, 235–237
resistência, 53–55
   e resistência do concreto, 56–57, 303
resistência a sulfatos, 534–536
resistência ao ataque por sulfatos, 534–536
retração, 446–447
ruptura do corpo de prova, 616–617
segregação, 162–163
argamassa de cal, 1
argila, 112–113
   expansão do, 152–154
   minerais, 15–16
   na água de amassamento, 190–192
   no agregado, 142–144, 174–175, 218–219
   películas, 142–144
      influência na retração, 448–449
   torrões no agregado, 143–144
argila, 112–113, 141–142
argila calcinada, 84–86
argila silicosa, 86–87
armadura
   aderência, 326–327
   corrosão *ver* corrosão
   influência
      na dimensão do agregado, 774–775
      na fluência, 491–493
      na resistência ao fogo, 405–406
      na resistência do testemunho, 642–644
      na trabalhabilidade, 193–194, 774–775
   no concreto celular autoclavado, 740–741
   no concreto sem finos, 743–744
armadura revestida com epoxy, 326–327
arredondamento, 115–117
ascensão capilar, 509–510
   no concreto celular autoclavado, 740–741
   no concreto sem finos, 743–744
Aspdin, Joseph, 2
aspectos econômicos
   da dimensão máxima do agregado, 775–776
   da incorporação de ar, 583–585
   do concreto leve, 718–719
aspereza, 162–163
   e incorporação de ar, 582–583
   influência no abatimento, 198–199
assentamento
   do concreto fresco, 415–416, 441–442
   no tratamento a vácuo, 247

assentamento diferencial do concreto fresco, 415-416
assimetria, 628-630
ataque biológico, 92-93, 279-280, 527-528, 538-539, 717-718
ataque físico, 503
ataque por água pura, 96-97, 527-528
ataque por ácidos, 526-527
　do concreto refratário, 106-107
ataque por água pantanosa, 527-528
ataque por águas subterrâneas, 528-529
ataque químico, 503, 526-527
　do cimento de elevado teor de alumina, 95-96
　do cimento de escória granulada de alto forno, 82-84
　efeito da água de amassamento, 190
　pela água do mar, 537
atendimento, 605-606, 623, 761-762
atenuação de raios gama, 678
atividade hidráulica, 82-84
atividade pozolânica, 86-87, 732-733
　da cinza volante, 87-88
　índice, 86-87
atrito
　com os pratos, 615-616
　interno, 241-242
　na betoneira, 223-224
　no agregado britado, 175-177
　nos ensaios de trabalhabilidade, 193-194, 201-202
atrito interno no bombeamento, 232
autoclavagem, 386-387, 739-741
　ciclo, 387-389
　influência
　　na dilatação térmica, 396-397
　　na durabilidade, 386-387
　　na fragilidade, 389-390
　　na resistência a sulfatos, 389-390, 532-533
　　na retração, 386-387
autoclave, 386-387
auto-dessecação, 25-26, 338, 340-341, 442-443, 699-700, 702-703

bactéria aeróbica, 527-528
bactéria anaeróbica, 527-528
bactérias, 92-93, 279-280, 527-528, 717-718
　incorporação à mistura, 279-280, 344-345
baixo calor, Cimento Portland de alto forno, 82-84
baritas, 93-94, 391-392
barragens, evolução do calor, 76-77, 411-412
basalto
　agregado de, 113-114, 125-126, 128-130, 391-392, 401-402
　permeabilidade, 511-512
　retração do, 448-449

bauxita, 94-95
belita, 14-15
bentonita, 93-94
betonadas individuais, 219-220
betoneira, 218-219
　abertura do tambor da, 218-219
　capacidade, 219-220, 227-228
　　influência nas quantidades por betonada, 776-777
　eficiência, 220-221
　ensaio de desempenho, 219-220
　misturador coloidal, 220-221
　no laboratório e *in situ*, 758-759
　ordem de colocação de materiais na, 224-226
　　com agregado leve, 728
　　em tempo frio, 420-422
　tamanho, 219-220
　influência
　　na uniformidade, 222-223
　　no tempo de mistura, 223-224
　tipos, 218-219
　velocidade, 227-228
betoneira basculante (eixo inclinado), 218-219
betoneira contínua, 127-128, 219-222
betoneira de laboratório, 219-220, 224-226, 758-759
betoneira de mistura forçada, 218-219
betoneira de queda livre, 218-219
betoneira de tambor, 218-219, 224-226
betoneira de tambor reversível, 218-219
betoneira não basculante (eixo horizontal ou fixa), 218-219
biotita, 145-146
bloco sílico-calcário, 386-387
blocos de alvenaria, 723-724
bloqueio de poros, 32-33, 705-706
bolhas, 550, 551, 683-684
bomba de ação direta, 229-230
bomba de laboratório, 235-237
bomba de tubo deformável, 229-231
bombas, 229-231
　vácuo, 245-246
bombas de calor, 417-418
bombas peristálticas, 230-231
bombeabilidade, 194-195, 233-237
bombeamento
　aditivos para bombeamento, 235-237
　altura, 230-231
　atrito no, 230-231, 233
　bloqueio do, 232
　com cinza volante, 682-683
　com sílica ativa, 697-699
　distância, 230-231
　do concreto celular, 738-739
　do concreto leve, 235-237, 730
　influência no concreto, 232

Índice 849

para concreto com agregados pré-colocados, 240–241
tubos, 230–231
uso, 230–231
vantagens, 232
briquete no ensaio de resistência, 53–54, 627–628
britador, 117, 175, 706
brucita, 537

C (notação para CaO), 9
$C_{12}A_7$, 95–97
C_2AH_8, 98–99
C_2S, 8, 10, 13–15, 19–20, 26–27, 69–70, 349–351
 no cimento de elevado teor de alumina, 95–96
 resistência, 42–43
 teor para autoclavagem, 387–388
C_3A, 8, 10–21, 26–27, 77–78, 595–597
 e fixação de cloretos, 18–19, 592–594
 papel no desenvolvimento da resistência
 desenvolvimento, 43–44
C_3A_5, 105–106
C_3AH_6, 18–19, 98–99
C_3S, 8, 10, 13–15, 19–20, 26–27, 69–74, 349–351
 resistência, 42–43
$C_3S_2H_3$, 15–16
C_4AF, 8, 10–15, 18–19, 26–27, 44–45, 77–78
CA, 95–99
cabos subterrâneos, resistividade do concreto, 361–363
caçamba, 219–220
CAH_{10}, 98–100, 104–105
cal hidráulica, 2
cal sinterizada, 723–724
calcário, 1, 2, 3, 5, 7, 11, 32, 53, 94–95, 113–114, 125–126, 128–129
 agregado, 127–130
  ataque por água do mar, 538–539
  condutividade térmica, 391–392
  difusividade térmica, 392–394
  dilatação térmica, 155–156, 394–396
  e fluência, 471–473
  interface, 317
  mudança de coloração ao fogo, 405–406
  resistência ao fogo, 405–406, 736–737
  silicoso, 150
  superfícies de fratura, 123–124
  susceptibilidade ao congelamento, 149
 fator de saturação, 70–72
 filer, 90–91
 no agregado de clínquer, 724–726
 no concreto celular autoclavado, 740–741
 solubilidade, 663–664
 teor, 76–77
 tratamento por vidro líquido, 528–529
calcário dolomítico, reatividade, 152–154
calcedônica, 150

calcinação, 722–723
calcita, 279–280
 em agregados expansivos, 154–155
 cálculo pelo volume absoluto, 777–779
calda, 570–572, 738–739
calor da adsorção, 38–39
calor de hidratação, 15–16, 37–38, 76–78, 697–699
 determinação do, 38–39
 do aluminato tricálcico, 16–18
 do cimento de alta resistência inicial, 72–74
 do cimento de elevado teor de alumina, 96–97
 do cimento supersulfatado, 84–85
 dos compostos, 38–39
 dos compostos puros, 39–40
 efeito
  da temperatura, 38–39
  do cloreto de sódio, 260–261
  do retardador, 264–265
  do tempo quente, 416–417
  do teor de cimento, 39–41
 ensaio de cura acelerada, 649–651
 influência na temperatura, 411–412
 no concreto de alto desempenho, 717–718
 velocidade de liberação, 39–40
calor de molhagem, 416–417
calor específico, 392–394, 416–417
camada, 217–218, 242–245, 582–583
camada de passivação (ou passivadora), 518–519, 585–587, 594–595
caminhão betoneira, 220–221, 227–228
caminhões com agitador, 225–227, 275–276
canais de exsudação, 217–218
capacidade de suporte de cargas no fogo, 404–405
capacidade térmica, 392–394
capacitância, 365–367
capeamento, 609–610, 637–638, 715–716
 com areia, 612–613
 concreto de alto desempenho, 612–613, 715–716
 influência na resistência, 609–610
 materiais, 609–610
 não aderente, 612–613
capeamento com enxofre, 610–612
capilares
 bloqueados, 32–33
 descontínuos, 32–33, 504–505, 511–513, 715–716, 771–772
  influência na permeabilidade, 510–511
 efeito do ar incorporado, 570–571
 papel na fluência, 490–491
carboidratos, ação retardadora, 262–264
carbonatação, 11–13, 478–479, 517–518
 ambiente interno, 519–521
 coeficiente, 519–521
 de produtos de concreto, 463–465

do cimento de elevado teor de alumina, 96-97, 104-105, 524-525
do cimento não hidratado, 38-39
efeito
  da água de amassamento, 190
  da cinza volante, 679-680
  da condição de exposição, 519-521
  da condição de umidade, 519-522
  da cura, 521-524
  da escória granulada de alto forno, 679-680, 695-696
  da estrutura da pasta, 523-524
  da sílica ativa, 701-702
  da umidade relativa, 519-521
  do cimento resistente a sulfatos, 524-525
  do tempo, 519-521
  do tipo de cimento, 523-526
ensaios, 524-526
fatores influentes, 518-523
influência
  em cloretos, 593-594
  na estrutura da pasta, 525-526
  na hidratação, 525-526
  na movimentação de umidade, 458-461
  na penetração de tintas, 526-527
  na permeabilidade, 679-680
  na resistência, 525-526
  no índice esclerométrico, 654-655
  no pH, 518-519
influência na corrosão induzida por cloretos, 525-526, 593-594
medida da, 524-525
no concreto com agregados leves, 735-736
profundidade, 521-524
reações, 518-519
retração e, 461-462
velocidade, 519-521
carbonato de cálcio, 344-345, 363-365
  eflorescência, 535-536
  na água, 193-194
carbonato de potássio, 422-423
carbono
  na cinza volante, 87-88, 683-684
  na sílica ativa, 86-87, 707-708
carga mantida, 430-431, 467-469
  influência
    na resistência, 354-356
    no coeficiente de Poisson, 439-440
carregamento
  equipamento para ensaio de fluência, 484-486
  tempo, influência na deformação, 430-431
  velocidade, influência na resistência, 645-647
carregamento centrado, 621-622
carregamento cíclico
  influência na fluência, 482
  ver também fadiga

carregamento cíclico, 351-352
  influência
    na fluência, 482, 483
    na resistência, 354-356
carregamento em dois pontos, 621-622
carregamentos nos terços, 621-622
carvão, 3
  no agregado, 145-146
  no agregado de clínquer, 723-724
caulim, 78-79
cavidades, 247-248
cavitação, 502
chama, influência na resistência, 404-405
chert, 150
  no agregado, 148
chert opalino, 84-86
choque térmico, 394-396, 583-585
chumbo no agregado, 146-147
chuva ácida, 527-528
ciclo térmico, 410-411, 491-493
ciment fondu, 95-96
ciment métallurgique sursulfaté, 84-85
cimento, 1
  álcalis no, 9, 46, 48, 74-75, 150, 151, 539-540, 575-576
  alterações históricas, 348-349
  alterações nas propriedades, 348-349
  amostragem do, 345-346
  análise química, 70-72
  ar incorporado, 568-569
  classificação, 62-63
  composição, 8, 11-13
  composição em óxido, 9
  custo de energia, 62
  danos à saúde, 48
  definição, 1
  dispersão, 679-680
  distribuição das dimensões das partículas, 21-23
  e aceleradores, 261-263
  equilíbrio de fases, 9
  escolha do, 93-94
  Europeu, 65-68
  fabricação do, 2, 8, 94-95
  formação de bolas, 224-226
  granulometria do, 22-23
  hidrófugo, 92-93
  história, 1
  índice, 779-780
  instável, 51-57, 70-72
  jet, 74-75
  massa específica, 22-23, 26-27, 71-72
  modificado, 76-77
  natural, 93-94
  pasta
    capacitância, 365-367

consistência, 20–21, 48–50
  de consistência padrão, 48–50
  efeito da temperatura, 376–378
  expansão do, 442–443
  massa específica, 32–34
  módulo de elasticidade, 121–123, 431–432
  movimentação de umidade, 461–462
  relação tensão-deformação, 431–432
  retração plástica, 440–441
patenteado, 74–75
pega regulada, 74–75, 524–525, 532–533
resistência, 36–37
  exigências, 344–345
  faixa, 71–72
  na idade de 7 e 28 dias, 349–351
  pelo ensaio ASTM, 55–57
  pelo ensaio em argamassa, 54–55
  pelo ensaio em concreto, 54–55
  uniformidade, 345–346
  variabilidade, 344–345
rocha, 93–94
saco, 7, 776–777
superfície específica, 21–24
temperatura, 416–417
teor de cloretos, 70–72
teor de sulfatos, 70–72
tipo, 62, 66–67
  influência
    na durabilidade, 67–68, 528–529
    na resistência, 760–761
    nas especificações, 756–757
  teor de compostos, 65–66
  E-1, 465–466
  K, 465–469, 529–530
  M, 465–469
  O, 466–467
  S, 465–469
  I, 66–67, 69–70
  II, 66–67, 69–70, 76–78, 531–532, 745–746
  III, 66–67, 71–72
  IV, 66–68, 76–78
  V, 66–67, 77–78
  tipo ASTM, 65–66, 66–67
cimento à base de calcário, 1
cimento branco, 78–79
  no ensaio de manchamento, 341–342
cimento branco aluminato de cálcio, 105–106
cimento branco de elevado teor de alumina, 79–80, 106–107
cimento CEM, 62–63
cimento colorido, 79–80
cimento com incorporador de ar, 568–569
cimento de alta resistência inicial, 11–13, 66–67, 71–72
cimento de aluminato de cálcio, 95–96
cimento de alvenaria, 92–93

cimento de baixo calor, 40–41, 66–67, 76–77, 82–84
cimento de baixo teor de álcalis, 48, 78–79, 259–260, 540–542, 680–681
  e aditivos, 268–270
  resistente a sulfatos, 78–79
cimento de elevado teor de alumina, 94–95
  branco, 79–80
  calor da hidratação, 96–97
  clínquer, 94–95
  composição, 94–97
  conversão do, 98–99
  e aditivo redutor de água, 269–270
  e cloreto de cálcio, 96–97
  e corrosão, 594–595
  e cura a vapor, 386–387
  e escória granulada de alto forno, 104–105
  em água do mar, 96–97
  fabricação do, 94–95
  hidratação do, 95–96
  – misturas de cimento Portland, 97–98
  pH, 95–96
  propriedades físicas, 96–97
  resistência, 96–97
  resistência ao ataque químico, 95–96
  tempo de pega, 50–51, 96–97
cimento de elevado teor de alumina concreto
  ataque químico, 96–97
    influência na resistência, 104–105
  carbonatação do, 104–105, 524–525
  conversão do, 98–99
  e autoclavagem, 388–389
  e cura a vapor, 386–387
  efeito
    da temperatura, 98–99
    de ácidos, 96–97
    de sulfatos, 96–97
    do consumo, 101–103
  fluência, 98–99
  para fins refratários, 105–106
  perda da resistência, 100–101
  permeabilidade ao ar, 100–101
  porosidade, 99–101
  relação entre a relação água/cimento e resistência, 100–103, 289
  resistência a
    álcalis, 96–97
    sulfatos, 104–105
  resistência dielétrica, 365–367
  resistência química, 96–97
  resistividade, 363–366
  retração, 450–452
  teor de umidade, 104–105
  trabalhabilidade, 98–99
  uso do, 104–105
  uso estrutural, 101–105
cimento de escória, 82–84

cimento de Lossier's, 463–465
cimento de minério de ferro, 77–78
cimento de pega rápida, 74–75, 97–98
cimento de pega regulada, 74–75, 524–525, 532–533
   no concreto projetado, 238–239
cimento de ultra-alta resistência inicial, 69–70
cimento Erz, 77–78
cimento expansivo, 92–93, 463–467, 476
cimento Ferrari, 77–78
cimento hidratado, 19–20, 35–36
   estructura, 25–26, 36–37
   massa específica, 26–27
   reação com ar, 517–518
cimento hidráulico, 1, 62–63
cimento hidrófugo, 92–93
cimento modificado, 76–77
cimento natural, 93–94
cimento para poços petrolíferos, 92–93
cimento Portland, 1, 2, 62–63
   baixo calor, 40–41, 76–77
   classificação pela resistência, 70–72
   composição química, 8
   de endurecimento rápido, 72–74
   especial, 72–74
   fabricação do, 2
   finura controlada, 71–72
   misturas de cimento de elevado teor de alumina, 97–98
   tipos, 65–67
   ultra alta-resistência inicial, 72–74
cimento Portland composto, 62–63
   cimento com cinza volante, 86–87
   cimento de calcário, 90–91
   cimento de escória, 82–84
   cimento pozolânico, 76–77
cimento Portland comum, 66–67, 69–70
cimento Portland de alto forno, 66–67, 80–81
   alta resistência inicial, 82–84
   baixa resistência inicial, 82–84
   baixo calor, 82–84
   classe, 82–84
   comum, 66–67, 69–70
      resistência inicial, 82–84
cimento pozolânico, 86–87
cimento quente, 416–417
cimento resistente a sulfatos, 77–78, 532–533
   baixo teor de álcalis, 78–79
   e água do mar, 537
   e cloretos, 78–79, 588–590, 593–594
   influência na carbonatação, 524–525
"cimento rock", 93–94
cimento Romano, 1
cimento supersulfatado, 84–85
   e autoclavagem, 388–389
   efeito da carbonatação, 525–526
   resistência a sulfatos, 84–85, 532–533

cimentos bactericidas, 90–91
cimentos compostos, 62–66, 93–94
   com sílica ativa, 89–90
   hidraúlico, 62–63
   influência na resistência, 41–45, 48–50
cimentos de alta resistência inicial especiais, 72–74
cinza com elevado teor de cálcio, 87–88
cinza de casca de arroz, 84–87
cinza volante, 53–54, 63–65, 86–87, 678, 679, 681–682
   Classe C, 87–88, 532–533, 679, 684–685, 687–690
   Classe F, 87–87, 542–544, 679, 684–685, 687–690
   Classe M, 84–86
   classificação, 87–88, 681–682
   composição, 87–88
   concreto protendido, 690–691
   cor, 681–682
   dimensão da partícula, 685–687
   e cura, 688–690
   e cura a vapor, 386–387
   e superplastificantes, 277–278
   efeito físico, 685–687
   empacotamento, 685–687
   finura, 23–25, 86–87
   forma, 682–683
   forma do partículas, 86–87
   hidratação, 683–684
      efeito do pH, 683–684
   influência
      na carbonatação, 523–526
      na corrosão, 594–595
      na durabilidade, 688–690
      na exsudação, 218–219
      na fluência, 474–476, 688–690
      na incorporação de ar, 573–574, 685–687, 690–691
      na permeabilidade, 688–690
      na reação álcali-sílica, 690–691
      na reatividade do agregado, 541–542, 542
      na resistência, 681–682, 684–688
      na resistência à abrasão, 690–691
      na resistência a sulfatos, 688–690
      na retração, 688–690
      na retração autógena, 442–443
      na trabalhabilidade, 683–684
      no concreto fresco, 682–683
      no retardo, 683–684
   massa específica, 688–690
   moagem, 681–682, 685–687
   no concreto bombeado, 233
   no concreto celular autoclavado, 740–741
   propriedades do concreto, 679, 681–682
   reatividade, 687–688

Índice 853

resistência ao congelamento, 688–690
rica em cálcio, 87–88
substituição em massa, 688–690
superfície específica, 86–87
teor
    influência na resistência, 687–688
    limite, 688–690, 695–696, 771–772
teor de carbono, 683–684
vantagens, 681–682
variabilidade, 680–682
cinza volante pulverizada *ver* cinza volante
cinza volante sinterizada, 721, 723–724
    concreto, 721, 730–731
cinza vulcânica, 84–86
cinzas, 723–724
cinzas vulcânicas, 719–722
circuito aberto de moagem, 7
circuito fechado de moagem, 7
classificação das condições de exposição, 771–772
clínquer, 2, 7, 8, 80–81
    agregado, 723–724
    composição, 69–70
    moabilidade, 48
    moagem do, 7
clinquerização, 78–79
cloreto de bário, 260–261
cloreto de cálcio, 96–97, 259–260
    como agente anticongelante, 583–585
    e autoclavagem, 388–389
    influência
        na corrosão, 259–261
        na retração, 450–452
cloreto de sódio, 260–261
    como agente descongelante, 583–585
cloretos, 587–588
    ataque, 585–586
    e cimento de elevado teor de alumina, 96–97
    e cimento resistente a sulfatos, 78–79
    em materiais orgânico, 590–591
    ensaio de penetrabilidade, 597–598
    fixação do, 18–19, 592–594
    influência na resistividade, 363–365
    ingresso, 588–590, 592–594, 773–774
        efeito
            da cinza volante, 690–691
            da escória granulada de alto forno, 694–695
            da sílica ativa, 702–703
        no concreto de alto desempenho, 715–716
    livre, 592–594
    na água, 192–193, 590–591, 593–594
    na água do mar, 587–590
    na escória granulada de alto forno, 588–590
    no agregado, 144–145, 587–588
    no cimento, 70–72, 588–590
    nos aditivos, 270–271
    perfil, 590–591
    penetração de, 590–591
    solúvel em ácido, 588–590
    solúvel em água, 144–145, 588–590
    teor no concreto, 588–590, 592–593
    teores limites, 592–593
    transportado pelo ar, 538–539, 588–590, 593–594
    transporte do, 503, 590–591
cloretos transportados pelo ar, 538–539, 588–590, 593–594
cloroaluminato, 96, 584, 593
cloroaluminato de cálcio, 78, 593
CO_2 *ver* dióxido de carbono
cobrimento da armadura, 522–525, 586–587, 595–597, 756–757
coeficiente de cinética térmica, 394–396
coeficiente de dilatação térmica, 392–394
    da pasta de cimento, 155–156, 394–395
    determinação do, 396–398
    do agregado, 154–155
    do concreto, 394–395
    do concreto celular, 389–390, 396–397
    efeito
        da temperatura, 396–398
        da umidade, 396–398
        das proporções da mistura, 394–395
        do cimento, 396–398
        do teor de agregado, 394–395
        do teor de umidade, 394–396
        do tipo de agregado, 394–398
        dos vazios, 396–397
coeficiente de forma do agregado, 120–121
coeficiente de permeabilidade, 504–505
coeficiente de Poisson, 307–309, 438–439
    aparente, 438–439
    determinação dinâmica, 438–439
    do agregado
        influência na resistência ao impacto, 359–361
        papel na fluência, 470–472
    do concreto com agregados leves, 438–439
    e módulo de elasticidade, 439–440, 659–660
    e módulo dinâmico, 439–440
    e resistências ratio, 308–309
    efeito na interface, 615–616
    efeito no ensaio à compressão, 609–610, 615–616
    fluência, 439–440, 484–486
    influência
        na fluência, 470–472
        na resistência, 307–309
        na fadiga, 354–356
        na tração, 438–439
    sob carga mantida, 439–440
    sob tensões multiaxiais, 440–441

coeficiente de redução de ruído, 367–368
coeficiente de variação, 669, 762–763
    método, 764–767
coeficiente efetivo de do difusão, 505–506
coesão, 35–36, 53–54, 203–204, 209–211, 215–216, 279–280, 741–742, 774–775
    influência da cinza volante, 682–683
coesão molecular, 305
colapso das bolhas de ar, 575–576
colmatação autógena, 344–345, 458–460
    influência da água de amassamento, 190
colmatação do concreto, 344–345
colocação (alimentação)
    em volume, 220–221
    sequência, 224–228
combinar agregados miúdos e graúdos, 161–162, 779–781
compactação
    da pasta de cimento por pressão, 28–30
    do agregado, 132–133
    do concreto, 201–202
        influência da granulometria, 161–162
        influência na resistência, 193–195
    dos ensaios de corpos de prova, 606–608
    e concreto sem finos, 741–742
compactos
    da pasta de cimento, 295–296, 299–300, 378–380, 536–537
        resistência, 295–296, 299–300
            influência da porosidade, 295–296
    do pó de cimento, 28–30, 632–634
    uso estrutural, 745–746
    ver também concreto com pós-reativos
comparação cilindro–cubo, 607–608, 616–617, 619–620, 703–704
componente de alvenaria, autoclavado, 740–741
comportamento dúctil, 305
comportamento frágil, 301, 389–390, 432–435, 701–702
comportamento plástico, 432–433
composição
    do cimento, 8
        influência
            na resistência, 42–44
            na superfície específica, 34–35
            potencial, 8
    do cimento de elevado teor de alumina, 95–96
    do concreto endurecido, ensaio, 663–665
    do concreto fresco, ensaio, 249–250
composição de Bogue, 9, 10, 48–50
composição de óxidos, 10–13
composição potencial do cimento, 9, 10
composição química do cimento, 11–13
compostos principais do cimento, 8
compostos secundários, 9
    no cimento de elevado teor de alumina, 95–96

compressão
    corpos de prova, ruptura, 614–616
    ensaios, 605–606, 613–614
    estado duplo de tensões, 307–308
    estado triplo de tensões, 307–308
compressão triaxial, 310–311
compressão uniaxial, 307–308
concentração de tensões, 305
    alívio pela fluência, 493
    na interface, 318
    no ensaio, 609–610
conchas no agregado, 144–145
concretagem com temperatura baixa, 418–420
    influência na resistência, 381–382
    uso do cimento de elevadíssima resistência inicial, 74–75
concretagem em tempo quente, 414–415
    uso de retardadores, 265–266
    uso de superplastificantes, 271
concreto armado
    água do mar ataque ver entrada principal: corrosão
    e agregado de clínquer, 724–726
    efeito da fluência, 491–493
concreto autoadensável, 250–251
    exigências, 250–251
    formas de obtenção, 250–251
    limites, 250–251
concreto autoclavado, 386–387
    retração por carbonatação retração, 462–463
concreto autonivelante, 241–242
concreto autotensionante, 463–465
concreto bombeado, 229–230
    efeito da granulometria descontínua, 179–180
    requisitos para o, 232
    uso de redutores de água, 266–267
concreto celular, 386–387, 718–719, 738–739
    condutividade térmica, 393
    propriedades, 721
    resistência, 721, 739–740
        efeito da massa específica, 738–739
concreto celular autoclavado, 739–741
concreto ciclópico, 182–183
concreto colorido em tom pastel, 79–80
concreto com agregado exposto, 179–180, 241–242, 262–264
concreto com agregados leves, 718–719, 729
    absorção acústica, 367–368, 735–736
    alta resistência, 731–732
    coeficiente de Poisson, 438–439
    concretagem em tempo frio, 420–422
    consumo de cimento, 730, 792–793
    cura a vapor, 386–387
    deformação elástica, 472–473
    dosagem, 771–773, 791–792
    durabilidade, 734–735

Índice 855

e cura a vapor, 386–387
efeito
　da cura, 339
　da dimensão, 628–629
　da forma do corpo de prova na resistência, 617–619
　da incorporação de ar, 582–583
　da temperatura criogênica, 408–409
efeito da base no, 617–619
fresco, 729
hidratação, 735–736
massa específica, 718–719, 729
módulo de elasticidade, 436–437, 732–733
no fogo, 736–737
propriedades térmicas, 736–737
relação tensão-deformação, 432–434
resistência, 729, 730, 792–793
　efeito
　　da dimensão do agregado, 730–731
　　da resistência do agregado, 730–731
　　do consumo de cimento, 730
resistência à fadiga, 359–361
retração, 448–449, 450–452, 735–736
trabalhabilidade, 196–198, 730
uso em tempo frio, 420–422
concreto com agregados pré-colocados, 239–240
betoneira, 220–221
concreto com armadura pós-tracionada, 738–739
concreto com incorporador de ar, 567–568
　com cinza volante, 688–691
　com escória granulada de alto forno, 695–696
　com sílica ativa, 702–703
　granulometria para, 172–174
　na fadiga, 358–359
　trabalhabilidade, 196–198
concreto com pós-reativos (RPC), 745–746
concreto com serragem, 739–740
concreto compactado com rolo, 413–414
concreto condutor de eletricidade, 363–365
concreto de abatimento zero, 198–199, 787–788
concreto de alta resistência, 272–273, 703–704
　comportamento na fadiga, 358–359
　definição, 703–704
　efeito
　　da alta temperatura, 402–403
　　de agentes descongelantes, 583–585
　　do agregado
　　　aderência, 123–124
　　　forma, 120–121
　　　textura, 120–121
　fissuração, 432–433
　leve, 731–732
　microfissuração, 314
　módulo de elasticidade, 448–449
　produção do, 765–766

projeto estrutural, 717–718
relação tensão-deformação, 432–433
retração, 450–452
variabilidade, 765–766
concreto de alto desempenho, 678, 703–704
　abatimento, 704–705
　aderência, 717–718
　aditivos, 706–707
　agregado, 705–706
　capeamento do corpo de prova cilíndrico, 612–613, 715–716
　componentes, 703–704, 712–713
　composição, 704–705
　desenvolvimento futuro, 717–718
　dimensão máxima do agregado, 705–707, 775–776
　dosagem, 790–791
　durabilidade, 715–716
　endurecido, 709–710
　ensaio, 612–613, 715–716
　escolha do cimento, 709
　fluência, 717–718
　liberação de calor, 717–718
　mistura, 706–707
　módulo de elasticidade, 435–436, 714
　no estado fresco, 706–707
　permeabilidade, 704–705
　proporções da mistura, 709–711
　propriedades, 704–705
　relação água/cimento, 704–705
　requisitos para produção, 717–718
　resistência, 703–704, 712–713
　　inicial, 381–382, 705–706, 714
　　retrogressão, 712–713
　resistência à abrasão, 717–718
　resistência à descamação, 716–717
　resistência ao congelamento, 715–717
　resistência ao fogo, 402–403, 717–718
　retração, 717–718
　superplastificantes, 277–278, 709
　trabalhabilidade, 707–709
　uso agrícola, 717–718
concreto de retração compensada, 463–465, 544–546
concreto endurecido, ensaios sobre a composição, 663–664
concreto espumoso, 738–739
　ver também concreto celular
concreto fluido, 207–208, 224–226, 235–237, 241–242, 272–273, 787–788
concreto fresco, 190
　análise, 247–248
　ataque por congelamento, 417–418
concreto gasoso, 738–739
concreto "impermeável", 515–517
concreto infiltrado com enxofre, 616–617

concreto isolante, 105–106, 719–724, 744–745
concreto jateado, 235–237
concreto lançado por robô, 208–209
concreto leve, 678, 713–714, 718–719
    absorção acústica, 367–368
    aspectos econômicos, 718–719
    baixa massa específica, 719–722
    calor específico, 392–394
    classificação, 718–721
    coeficiente de Poisson, 438–439
    com cimento de elevado teor de alumina, 106–107
    condutividade térmica, 390–391, 393
    custo, 718–719
    e autoclavagem, 386–387, 388–389
    estrutural, 718–719
    influência na retração, 450–452
    insolante, 719–724, 744–745
    massa específica, 718–719
    movimentação de umidade, 460–461
    propriedades, 719–722
    relação entre resistência tração/resistência compressão, 325
    resistência, 719–722, 731–732
    resistência à abrasão, 544–546
    resistência ao fogo, 405–406
    resistência moderada, 719–722
concreto leve, 719–722, 744–745
concreto leve estrutural, 718–719
    agregado no, 722–723
concreto leve não estrutural, 718–722
concreto massa, 410–411
    armado, 413–414
    ciclo de temperatura, 410–411
    com agregado leve, 738–739
    controle da pega, 413–414
    definição, 410–411
    e incorporação de ar, 582–583
    efeitos da temperatura, 410–411
    fluência, 490–491, 493
    isolamento, 413–414
    propriedades térmicas, 390–391
    retração autógena, 442–443
    simples, 412–413
    uso de retardadores, 262–264
    uso do agregado pré-colocado, 241–242
concreto misturado no caminhão, 225–227
concreto monolítico, 242–243
concreto para cravação de pregos, 744–745
concreto para pintura, 79–80, 526–527
concreto parcialmente misturado, 227–228
concreto pesado, 678
concreto pré-misturado, 225–227, 717–718, 790–791
concreto pré-moldado, 219–220, 243–244, 247–248, 259–260, 386–387, 463–465, 661

concreto previamente misturado, 227–228
concreto produzido em central, 225–227
concreto projetado, 235–237, 644–646
    betoneira, 220–221
    com cimento de elevado teor de alumina, 106–107
    mistura por via seca, 237–238
    mistura por via úmida, 237–238
concreto projetado pneumaticamente, 237–238
concreto refratário, 105–106
concreto resistente ao congelamento, 563–565
concreto seco, dilatação térmica, 394–398
concreto submerso, 239–241
    uso de redutores de água, 266–267
concreto tratado a vácuo, 245–246, 576–577
    resistência à abrasão, 544–546
concretos especializados, 745–746
condição de umidade do concreto
    influência
        na carbonatação, 519–522
        na condutividade térmica, 391–392
        na difusividade térmica, 392–394
        na dilatação térmica, 394–396
        na durabilidade, 528–529
        na resistência a baixas temperaturas, 408–410
        na resistência à flexão, 626–627
        na resistência ao congelamento, 579–581
        na resistividade, 361–365
        na velocidade de pulso, 659–660
        no calor específico, 392–394
        no índice esclerométrico, 654–655
        no módulo de elasticidade, 436–437
condição de umidade da pasta, influência na dilatação térmica, 155–156
condição sem reflexão, 359–361
condições de armazenamento
    influência
        na resistência ao impacto, 360–361
        na retração, 452–453
condições de ensaio, 605–606
condições de exposição, influência no teor de ar, 570–571
condutividade térmica, 390–391
    determinação, 391–392
    do concreto celular, 739–740
    do concreto celular autoclavado, 740–741
        com cimento de elevado teor de alumina, 106–107
    do concreto leve, 391, 729, 741
    do concreto sem finos, 741
    e difusividade, 391–394
    efeito
        da temperatura, 391–392
        da umidade, 391–392
        do agregado, 391–392

Índice 857

cone de Marsh, 277–278, 709–710
conformidade, 605–606, 626–627
congelamento
  ação, 418, 559
  alternado, 559, 560
  antes da pega, 418–419
  ataque no concreto fresco, 417–419
  ciclos, 559, 560
  danos
    detecção do, 655–656
    susceptibilidade do agregado, 149
  e resistência ao congelamento, 418–419
  expansão, 418–419, 564–565
  proteção, 422–423
  um ciclo, 418–419
  vulnerabilidade, 418–419
  com agregado de granulometria descontínua, 179–180
  da água capilar, 563–565
  do agregado, ensaio, 148
  do concreto fresco, 417–418
  e degelo, 559
    agregados, 133–134, 148, 564–565
    efeito da água de amassamento, 190
  efeito
    da cinza volante, 688–690
    da idade, 418–419, 563–565
    do agregado, 133–134, 148, 154–155
    do cloreto de cálcio, 260–261
    do teor de umidade do agregado, 235–237
    dos poros capilares, 32–33
  no laboratório e nas estruturas, 579–581
  repetido, 559, 560
  temperatura, 559, 563–565
  velocidade de, influência na durabilidade, 570–571
considerações ecológicas, 62
consistência da pasta de cimento, 48–50
consistência da pasta normal, 48–50
consistência do concreto, 190, 194–195
  definição, 194–195
  efeito
    da incorporação de ar, 582–583
    da temperatura, 212–213
    do bombeamento, 232
    do tempo, 211–212
  ensaio de abatimento, 198–199
consolidação, 241–242
constante dielétrica, 139–140
consumo de cimento
  e incorporação de ar, 570–572
  influência
    na exsudação, 218–219
    na incorporação de ar, 573–574
    na resistência, 303
    na resistência à abrasão, 544–546

consumo de cimento, 785–786
  conversão para relação agregado/cimento, 776–778
  determinação do, 249–250, 663–664
  e dosagem, 772–773, 776–777
  ensaio, 249–250, 663–664
  influência
    na bombeabilidade, 233, 234
    na durabilidade, 772–773
    na resistência, 730
    na resistência a sulfatos, 532–533
    na temperatura, 380–381
    no calor de hidratação, 39–41
    variações autógenas de volume, 441–442
  nas especificações, 756–757
  no concreto leve, 718–719
  no concreto massa, 410–411
  no concreto sem finos, 741–742
  no concreto tratado a vácuo, 247
  para concretagem em tempo quente, 414–415
  relação com a resistência do concreto leve, 730
contra o fogo, 237–238
controle, 605–606, 623, 764–765
  influência no desvio padrão, 764–765
  por ensaios de cura acelerada, 651–652
controle de qualidade, 605–606, 755–756, 769–770
conversão do cimento de elevado teor de alumina, 98–99
  efeito
    da idade, 99–100
    da relação água/cimento, 100–103
    da temperatura, 99–100
  grau de, 98–99
  influência
    na carbonatação, 524–525
    na resistência, 99–101, 103–104
cor do concreto, 2
  efeito
    da autoclavagem, 389–390
    da cinza volante, 87–88
    da escória granulada de alto forno, 694–695
    da lavagem com ácido, 536–537
    da sílica ativa, 703–704
    da temperatura, 405–406
    de sulfatos, 530–531
    do óleo de linhaça, 584–585
    dos compactos, 536–537
corpo de prova
  bases côncavas, 609
  bases convexas, 609
  dimensão
    e dimensão do agregado, 634–637
    influência na resistência, 627–628
  efeito das bases, 609–610
  forma, influência na resistência, 304, 635–636

corpo de prova cilíndrico moldado no local, 644–646
corpos de prova em serviço, 606–607
correção de Bessel, 669
correção na flexão em função do cisalhamento, 436–437
corrente contínua (cc) resistividade, 365–367
corrosão
　fatores influentes, 594–595
　influência
　　da água de amassamento, 190
　　da água do mar, 192–193, 340–341
　　da areia do mar, 144–145
　　da carbonatação, 521–522, 525–526
　　da escória granulada de alto forno, 695–696
　　do cimento, 594–595
　　do cloreto de cálcio, 259–261
　　do cobrimento, 597–598
　　dos cloretos, 585–586
　influência na resistência, 587–588
　inibidores, 597–598
　interrupção, 597–598
　reações, 585–586
corrosão induzida por cloretos, 144–145, 192–193, 536–537, 585–588
　efeito da carbonatação, 525–526, 593–594
"corte", 242–243
criolita, 78–79
cristalização, 9
critério de Orowan para ruptura, 307–308
C-S-H, 15–16, 81–82, 90–91, 95–96, 123–124, 316–317, 376–378, 542, 683–685, 691–692, 694–695, 699–700, 740–741
cura, 334
　água, 193–194, 340–341
　　barreira, 341–342
　　temperatura, 341–342
　com cimento supersulfatado, 84–85
　com cinza volante, 684–685, 688–690
　com escória granulada de alto forno, 693–694, 695–696
　com formas deslizantes, 342–343
　com formas drenantes, 247–248
　com sílica ativa, 342–343, 700–702
　compostos, 342–343
　corpos de prova padrão, 607–608
　de corpos de prova, 607–608
　do concreto leve, 728
　do concreto projetado, 238–239
　do concreto sem finos, 741–742
　em tempo frio, 420–423
　em tempo quente, 417–418
　ensaios, 342–343
　exigências e relação água/cimento, 338
　hot mix, 389–390
　influência

　　na carbonatação, 521–524
　　na corrosão, 595–596
　　na permeabilidade, 512–514
　　na permeabilidade ao ar, 516–518
　　na região externa do concreto, 338
　　na resistência, 325, 338
　　na resistência à abrasão, 544–546
　　na resistência ao congelamento, 563–565
　　na resistência de testemunhos, 640–641
　　na retração, 452–453
　intermitente, 343–344
　membrana, 340–343
　métodos, 339, 342–343
　por radiação infravermelha, 390–391
　temperatura, influência na resistência, 378–380
　tempo, 343–344
　úmida, 340–341
cura a vapor, 382–383
　à pressão atmosférica, 382–383
　alta pressão, 386–387
　aumento de temperatura, 385–386
　ciclo, 384–387
　ciclo ótimo, 386–387
　com cinza volante, 386–387
　com escória granulada de alto forno, 386–387, 680–681, 692–693
　com sílica ativa, 680–681
　do concreto com agregados leves, 386–387
　e cimento supersulfatado, 84–85
　e cloreto de cálcio, 260–261
　e incorporação de ar, 575–576
　e velocidade de pulso, 661
　influência
　　na resistência, 382
　　na resistência em longo prazo, 383
　período, 385–386
　resfriamento, 385–386
cura adiabática, 649–651
cura autógena, 648–651
cura combinada à temperatura, 414–415
cura em tempo quente, 417–418
cura interna, 184–185
cura por eletricidade, 390–391
cura por radiação infravermelha, 390–391
cura úmida, 84–85, 340–341
curvas granulométricas de Fuller, 163–164

dacito, 150
de ensaio, Deval 128–129
decarbonatação, 3, 7
decibel, 367–368
deflecção, efeito da fluência, 493
defloculação, 267–268, 271, 274–275, 682–683
deformação
　restrição, influência na fissuração, 458–460
　tipos, 430–431, 488–489

deformação
  à tensão máxima, 433–434
  abrandamento, 354–356
  capacidade, 308–309, 646–648
  endurecimento, 354–356
  energia absorvida no impacto, 360–361
  final (última), 309–310
  limite, 308–309, 646–648
  na fadiga, 352–354, 358–359
  na ruptura, 309–310, 358–359
  observada, 430–431
  transversal, 308–309
  velocidade, influência na resistência, 360–361, 646–648
  volumétrica, 438–439
deformação elástica, 430–431, 467–469, 488–489
  e fluência, 430–431, 467–469
  efeito da idade, 467–469
  inicial, 467–469
  na fadiga, 352–354
  no concreto com agregados leves, 472–473
  nominal, 469–470
deformação elástica inicial, 467–469
deformação final, 358–359, 734–735
  efeito da resistência, 309–310
  na fadiga, 358–359
  tração, 309–310
deformação instantânea, 467–469
deformação limite, 308–309
  e fluência, 473–474, 491–493
deformação não elástica na fadiga, 352–355
deformação plástica, 488–489
deformação residual, 469–470, 489–491
deformação total na fadiga, 352–354, 358–359
deformação transversal, 307–309, 438–439, 615–616
  influência na resistência, 308–309
  na fadiga, 354–356
deformação viscosa, 488–489
deformação volumétrica, 438–439
delaminação, 587–588, 683–684
demanda de água
  data, 195–198, 795–797
  efeito
    da área superficial do agregado, 165
    da cinza volante, 679–680, 682–683, 687–688
    da dimensão máxima do agregado, 165, 180–182, 195–198
    da escória granulada de alto forno, 679–680
    da mica, 145–146
    da sílica ativa, 697–698
    da temperatura, 213–215, 415–416
    do agregado, 121–122
      forma, 121–122
      textura, 121–122
    do ar incorporado, 195–198, 582–583, 729
    do carbono, 707–708
    do cimento expansivo, 466–467
    do consumo de cimento, 304
    do pó, 142–143
    do silte, 142–143
    dos pigmentos, 79–80
  na dosagem, 789
  para concreto com agregados leves, 729
densidade absoluta do agregado, 130–133
densificação do concreto
  efeito da fluência, 491–493
  efeito do carregamento cíclico, 354–356
desadsorção e fluência, 480
descamação, 583–585
descamação por sais, 538, 585
descamação superficial, 584–585
desdolomitização, 152–154
desempenadeira mecânica, 245
desgaste do concreto, 543–544
dessanilização do concreto, 599
dessecação, 456
desvio padrão, 669, 760–762, 770–771
  da resistência, 761–762
  dentro do ensaio, 764–765
  efeito
    da dimensão do corpos de prova, 628–629
    da idade, 767–768
    entre ensaios, 764–765
    fatores influentes, 770–771
    método, 764–768
  relação
    com a amplitude, 667, 668
    com a resistência, 762–763, 765–766
determinação da espessura pela velocidade de pulso, 661–662
determinação do condutividade no regime permanente, 391–392
determinação do condutividade por caixa quente, 391–392
determinação do condutividade por fio quente, 391–392
determinação da condutividade por métodos transientes, 391–392
determinação do condutividade por placa quente, 391–392
determinação do teor de umidade pela eletricidade, 139–140
determinação do teor de umidade por balança romana, 138–139
diagrama modificado de Goodman, 354–356, 356–357
difusão, 504–506, 519–521, 590–591
  através da água, 506–507
  através do ar, 505–506
  coeficiente, 505–506

efeito da escória granulada de alto forno, 694–695
efeito da relação água/cimento, 506–507
efetiva, 505–506
iônica, 506–507
difusão iônica, 506–507
difusão molecular, 480–482
difusividade, 504–505
efeito da escória granulada de alto forno, 694–695
gás, 515–517
e permeabilidade, 515–517
térmica, 390–394
e condutividade, 391–394
medida da, 392–394
difusividade térmica, 390–394, 410–411
determinação da, 392–394
dilatação térmica
coeficiente ver coeficiente de dilatação térmica
da pasta de cimento, 155–156
de rochas, 155–156
do agregado, 154–155
e da pasta, 155–156
e do concreto, 394–396
do concreto celular, 389–390
do concreto leve, 736–738
do concreto sem finos, 743–744
influência na durabilidade, 398–401
livre, 410–411
dilatômetro, 155
dimensão, influência
na resistência à compressão, 632–634
na resistência à tração, 628–630
na variabilidade, 628–629, 631–633
dimensão do agregado leve
influência
na massa específica, 731–732
na resistência, 731–732
dimensão do corpo de prova cilíndrico, 607–608
dimensão do elemento
influência
na dimensão máxima do agregado, 774–775
na fluência, 479–480
na resistência, 627–630, 639–640
na retração, 455–456
na trabalhabilidade, 774–775
no ciclo de vapor, 385–386, 388–389
dimensão dos poros, 297–298, 504
distribuição, 297–298
efeito
da cinza volante, 683–685
da floculação, 679–680
influência
na fluidez, 504
na resistência, 297–298
no congelamento, 559

dimensão máxima do agregado, 180–182
aspectos econômicos, 775–776
em grandes estruturas, 412–413
influência
na demanda de água, 165
na dimensão do corpo de prova, 634–637
na dosagem, 774–775
na durabilidade, 773–774
na fluência, 470–472
na resistência à cavitação, 547–548
na resistência à erosão, 546–547
na resistência ao impacto, 359–361
na resistência do concreto, 287
na resistência do testemunho, 639–640
na retração, 446–447
na retrogressão, 286
na trabalhabilidade, 195–198
no congelamento, 566–568
no consumo de cimento, 773–774
no diâmetro da tubulação, 230–231
no teor de ar, 570–572
na dosagem, 774–775
para concreto de alto desempenho, 705–706, 775–776
dióxido de carbono
ataque por, 518–519
do cimento de elevado teor de alumina, 96–97
da fabricação de cimento, 62–63
na água, 527–528
no ar, 518–519
dispersão, 665–666, 669
da resistência à compressão
da almofada, 609–610
efeito
do capeamento, 609–610
do índice esclerométrico, 655–656
dos resultados do ensaio de impacto, 359–361
dispersão do cimento ver defloculação
distribuição
curva, 665–667
da resistência, 665–666
de valores extremos, 628–629
distribuição de frequência, 665–667
distribuição Gaussiana, 667, 760–761
distribuição normal, 667, 760–761
da resistência, 628–630
do anel, 632–634
do cimento não hidratado, 13–14
carbonatação do, 38–39
influência
na fluência, 470–472
na resistência, 28–30
pasta endurecida, 26–27
do concreto fresco, 383–384
do gelo, 408–409

dolerito, 148
　dilatação térmica, 394–396
　retração, 448–449
dolomita
　condutividade térmica, 391–392
　reatividade, 152–154
　resistência ao fogo, 405–406
dormentes, 361–363, 530–531
dosagem, 754–755
　concreto fluido, 789
　considerações econômicas, 755–756
　e agregado
　　dimensão máxima, 774–775
　　granulometria, 775–776
　　tipo, 775–776
　e consumo de cimento, 776–777
　e demanda de água, 787–788, 789
　e dimensão máxima do agregado, 774–775
　e durabilidade, 770–771
　e trabalhabilidade, 774–775
　fatores no, 770–771
　método americano, 757–759, 782–784
　método britânico, 794
　método do ACI, 757–759, 782–784
　outros métodos, 797–800
　para concreto com agregados leves, 791–792
　para concreto de abatimento zero, 787–788
　para concreto de alto desempenho, 790–791
　por volume absoluto, 777–779
　processo, 757–759
dosagem em volume, 220–221
dry-shake, 80–81
durabilidade
　do agregado, 133–134, 145–146, 148, 564–565, 579–581
　　efeito da dimensão do poro, 149
　do concreto, 502
　　e dosagem, 770–771
　　efeito
　　　ciclos de temperatura, 398–401
　　　da autoclavagem, 386–387
　　　da cinza volante, 688–690
　　　da cura, 701–702
　　　da dilatação térmica, 154–155, 398–401
　　　da escória granulada de alto forno, 690–691, 694–695
　　　da exsudação, 217–218
　　　da sílica ativa, 701–702
　　　do cloreto de cálcio, 259–260
　　　do tipo de cimento, 67–68
　　projeto para, 502, 770–771
　do concreto com agregados leves, 734–735
　do concreto com agregados pré-colocados, 240–241
　do concreto de agregado de clínquer, 724–726
　do concreto de alto desempenho, 715–716

　do concreto projetado, 238–239
　do concreto sem finos, 743–744
　do concreto tratado a vácuo, 245–246
　fator, 578–579
dureza
　do agregado, 128–129
　do concreto, 652–653
　influência
　　na resistência à cavitação, 547–548
　　na resistência à erosão, 546–547
　　na resistência à penetração, 655–656
dureza superficial, 652–653, 655–656

e agregado superfície seca, 130–132, 134–138, 290, 726–728
efeito da coincidência, 370
efeito da dimensão
　causas, 634–635
　na anidrita, 634–635
　na retração, 444–445
　na tração, 635–636
　no coeficiente de variação, 631–633
　no desvio padrão, 631–633
　no ensaio, 627–628, 635–636
　nos testemunhos, 639–640
efeito de "rolamento", 682–683
efeito de filtro, 162–163
efeito eletroquímico no aço, 585–587
efeito parede, 325, 634–637, 758–759
　na interface com agregado, 123–124, 316–317
efeitos internos na durabilidade, 502
eflorescência, 144–145, 535–536
　efeito
　　da água do mar, 192–193
　　da autoclavagem, 389–390
　　dos cloretos, 192–193
elasticidade, 430–431
elasticidade retardada, 488–489
elo mais fraco, 306, 628–629
em corpos de prova cúbicos, 625–626
　efeito da condição de umidade, 627–628
　relação com ensaio do módulo de ruptura, 623
　variabilidade, 626–627
emissões acústicas, 661–662
empacotamento
　do agregado, 121–122, 133–134
　efeito da sílica ativa, 696–697, 699–700
　ensaio de compressão, 609–610
　influência na resistência, 685–687
　na pasta de cimento, 699–700
　no ensaio de compressão, 609–610, 617–619
　no ensaio de tração por compressão diametral, 624
empenamento, 449–450, 455–456, 736–737
endurecedores, 544–546

endurecimento, 19-20, 51-52
  ver também hidratação
energia de ligação da água, 37-38
energia sonora, 367-368
enrijecimento do concreto, 211-212, 227-228
  aspereza do agregado, influência na resistência do concreto, 287
  da mistura, influência na autoclavagem, 388-389
ensaio, 605-606
  influência do corpo de prova, 614-615
  máquinas, 432-433, 607-608, 613-615, 715-716
ensaio à tração por compressão diametral, 624
  com acelerada cura, 650-651
ensaio acelerado de fluência, 484-486
ensaio baseado no eco, 661-662
ensaio colorimétrico, 141-142
ensaio com cura acelerada, 646-648
  utilização direta, 650-651
ensaio com esclerômetro, 652-653
  e abrasão, 544-546
  e ensaio de resistência à penetração, 656-658
  e ensaio *pull-out*, 658-659
ensaio com jato abrasivo, 546-547
ensaio com peróxido de hidrogênio, 142-143
ensaio em corpos de prova
  cura do, 606-607
  padrão, 606-607, 715-716
  para concreto de alto desempenho, 715-716
  planicidade, 609-610
  ruptura, 615-616
  serviço, 606-607
  simulação das condições na estrutura, 606-607
  tração por compressão diamentral ruptura, 616-617
ensaio da bola de Kelly, 205-206, 729
  e ensaio de abatimento, 206-207
ensaio da mesa de fluidez, 205-206
ensaio da roda de desbaste, 544-545
ensaio de abrasão das esferas de aço, 543-545
ensaio de arrancamento *break-off*, 658-659
ensaio de atrito Deval, 128-129
ensaio de congelamento de um ciclo, 563-565
ensaio de corpos de prova cilíndrico, 607-608
  comparação com ensaio de corpos de prova cúbicos, 607-608, 619-620
  dispersão dos resultados, 619-620
  moldado no local, 644-646
ensaio de corpos de prova cúbicos, 606-607
  adensamento do, 244-245
  ver também cubo
ensaio de cubo equivalente, 608-609
ensaio de fenoftaleína, 524-525
ensaio de Figg, 509-510
ensaio de flotação, 145-146
ensaio de fluidez da ASTM, 201-203

ensaio de fratura interna, 658-659
ensaio de jato de areia, 543-545
ensaio de Le Chatelier, 48-50, 52-54, 70-72, 95-96
ensaio de miniabatimento, 201-202, 277-278
ensaio de penetração de bola, 205-206, 729
ensaio de reatividade álcali-agregado, 151
ensaio de remoldagem, 203-204, 208-209
  e abatimento, 208-210
  e ensaio Vebe, 203-205
ensaio de resistência à penetração, 655-656
  e ensaio de arrancamento (*pull-out*), 658-659
ensaio de tração direta, 620-621
ensaio de tração por compressão diametral de cubos, 625-626
ensaio do cubo modificado, 608-609
ensaio do disco giratório, 543-545
ensaio do recipiente sifonado, 138-139
ensaio dos dois pontos, 207-208
ensaio em autoclave, 53-54
ensaio em corpos de prova cilíndricos, 607-608
ensaio em corpos de prova cúbicos, 606-607
  comparação com ensaio em corpos de prova cilíndricos, 607-608, 619-620
ensaio em prismas, 617-619
ensaio K, 207-208
ensaio K de Nasser, 207-208
ensaio Los Angeles, 128-129, 544-546
ensaio peneiras, 155-156
ensaio *pull-off*, 658-659
ensaio *pull-out*, 656-658
  e ensaio com esclerômetro, 658-659
  e ensaio de resistência à penetração, 658-659
ensaio Vebe, 203-205
  e ensaio de remoldagem, 203-205, 208-209
ensaios
  de corpos de prova à compressão, 605-606
  destrutivo, 605-606
  do concreto de alto desempenho, 715-716
  do concreto endurecido, 605-606, 715-716
  estatísticas, 664-665
  in situ, 651-652
  na composição do concreto endurecido, 663-664
  não destrutivo, 605-606, 651-652
  químico, 151, 663-664
ensaios acelerados, 646-648, 715-716
ensaios de instalação posterior, 658-659
ensaios físicos sobre a composição do concreto endurecido, 664-665
ensaios *in sito*, 651-652
ensaios mecânicos do concreto, 605-606
ensaios não destrutivos, 605-606, 651-652
  fatores influentes, 661-662
  métodos combinados, 661-662
  usos, 661-662

entropia
    da água de gel, 559
    do gelo, 559
equação da resistência, 314
equação de Carman, 23–24
equipamento para análise expedita, 249–250
equlíbrio de fases, 9
equlíbrio higroscópico da pasta, 453–454
erosão, 502, 543–546
    efeito
        da água de amassamento, 190
        da água de cura, 193–194
        do cloreto de cálcio, 260–261
        das formas drenantes, 247–248
    resistência, 544–546
erro, 669
erro padrão, 670
escala Mohs, 655–656
esclerômetro Schmidt, 652–653
escoamento tangencial, 480–482
escória, 722–723, 744–745
escória de alto forno, 80–81
    britada, 723–724
    cristalina, 723–724
    granulação da, 80–81
    peletizada, 80–81, 691–692, 723–724, 730–731
    resfriada ao ar, 724–726
escória expandida, 723–724
    concreto, 719–722
        propriedades de cravação, 744–745
        propriedades térmicas, 736–738
        resistência, 720, 730–731
escória granulada de alto forno, 63–65, 80–81, 678, 679, 690–691
    adicionada à betoneira, 690–691
    atividade hidráulica, 81–82
    cimento, 80–81
    composição, 81–82
    cura com, 693–694
    e autoclavagem, 388–389
    e cimento de elevado teor de alumina, 104–105
    e cura a vapor, 386–387, 680–681
    efeito
        da cura a vapor, 386–387
        da temperatura, 691–692
        do teor, 692–693
    exigências, 81–82
    fabricação, 80–81
    finura, 81–82, 691–693
    hidratação, 81–82, 691–692
    influência
        na alcalinidade, 679–680
        na carbonatação, 523–526, 695–696
        na cor, 694–695
        na corrosão, 594–595, 695–696
        na difusividade, 694–695
        na durabilidade, 691–692, 694–695
        na estrutura da pasta, 691–692
        na fluência, 474–476, 693–694
        na reação álcali-sílica, 541–542, 691–692, 694–695
        na resistência, 691–694
        na resistência a sulfatos, 532–533, 694–695
        na resistência ao congelamento, 695–696
        na resistividade, 363–365
        na retração, 450–452, 693–694
        na temperatura, 691–692
        na trabalhabilidade, 691–692
        no concreto fresco, 691–692
        no ingresso de cloretos, 694–695
        no retardo, 691–692
    massa específica, 81–82
    níveis, 81–82
    peletização, 80–81
    reatividade, 691–692
    superfície específica, 81–82
    teor
        limites, 695–696, 771–772
        ótimo, 693–694
        variabilidade, 681–682, 691–692
escorregamento das partículas de gel, 490–491
esfericidade do agregado, 117–119
esgoto, ataque por, 527–528
espaçamento das bolhas, 568–570
espaço intersticial
    no agregado, 117–119
    no cimento hidratado, 25–26, 32–34
especificações, 755–756
    com base no desempenho, 347–348
espectrofotômetro, 9
espectroscopia de infravermelho, 524–525
espuma
    na incorporação de ar, 568–569
    para concreto celular, 738–739
estabilidade da mistura, 194–195
estabilizador, 463–465
estado duplo de tensões, 307–308
    interação, 309–310
    no ensaio de tração por compressão diametral, 625–626
estanqueidade da água, 547–548
    efeito da revibração, 245–246
esteira, 183–184
estereomicroscópio, 664–665
ésteres, 271
estrutura de poros do agregado leve, 719–722
estruturas estaticamente indeterminadas, efeitos da fluência, 493
estruturas monolíticas, 241–242, 413–414
etringita, 104–105, 273–274, 465–467, 529–533, 537, 649–651, 688–690

evaporação, 335, 341-342
　efeito
　　da temperatura, 335
　　da umidade relativa, 335
　　do vento, 335
　influência
　　na eflorescência, 535-536
　　na resistência, 339
　　na retração plástica, 440-441
　　no ataque por água do mar, 538-539
　prevenção da, 335
expansão, 418-419, 442-443, 461-462
　argilas, 36-37
　como medida da resistência a sulfatos, 532-533
　e fluência, 478-479
　e retração, 453-454
　no congelamento, 563-565
　pressão, 394-397, 530-531
expressão de Féret, 194-195, 285, 286
expressão de Valenta, 515-517
expressão exponencial para a fluência, 488-489
expressão hiperbólica para a fluência, 487-488
expressão logarítmica para fluência, 487-488
exsudação, 216-217, 342-343
　efeito
　　da água de amassamento, 190
　　da cinza volante, 682-683
　　da incorporação de ar, 218-219, 566-567, 582-583
　　da sílica ativa, 679-680, 696-700
　　das formas drenantes, 247-248
　　do agregado, 566-567
　　do cimento, 217-218
　　dos superplastificantes, 275-277
　ensaios, 216-218
　influência
　　em ensaio de corpos de prova cúbicos 613-614
　　na fissuração, 290
　　na retração plástica, 441-442
　no concreto com agregados leves, 729
extensibilidade do concreto, 458-460
　com agregado leve, 735-736
　efeito dos retardadores, 460-461

F (notação para Fe_2O_3), 9
fabricação do cimento, 2, 94-95
facilitador de intrusão, 240-241
fadiga, 351-352
　concreto armado, 358-359
　da aderência, 358-359
　do concreto com agregados leves, 731-732
　do concreto de alta resistência, 358-359
　efeito da umidade, 357-358
　ensaio da, 358-359
　fissuras, 358-359

limite, 351-352, 354-356
　na flexão, 357-358
　sob tensões multiaxiais, 356-357
　vida, 354-356
falha, 305, 306
falha mais fraca, 306
falhas de concretagem, 637-638
falsa pega, 20-21
farinha crua, 6
farol de Eddystone, 2
fase vítrea
　na cinza volante, 683-684, 687-690
　na magnésia, 51-52
　na pozolana, 84-86
　na sílica ativa, 86-87
　no cimento de elevado teor de alumina, 95-96
　no clínquer, 8, 48
fator de angulosidade, 116-117
fator de compactação, 201-202
　e abatimento, 201-203
　e remoldagem, 208-209
　e tempo Vebe, 208-210
　efeito
　　da angulosidade, 121-123
　　do ar incorporado, 582-583
　　do tempo, 211-212
　　forma do agregado, 121-123
　ensaio, 201-202
　equipamento, 201-202
fator de espaçamento, 568-570
fator de espaçamento de bolhas de ar, no concreto de alto desempenho, 716-717
fator de potência, 365-367
fatores na dosagem, 754-755, 757-759
fendimento, no ensaio à compressão, 616-617
ferro
　na água, 340-341
　no clínquer, 723-724
"ferrugem", 585-586
fílers, 11-13, 65-70, 82-84, 90-91, 162-163, 524-525, 594-595
filito, 150
filme hidrorrepelente 92-93
"filtro entupido" influência no bombeamento, 233
fim de pega, 19-20, 50-51
　do cimento de elevado teor de alumina, 96-97
finura da areia, influência no inchamento, 139-140
finura do cimento, 7, 20-21, 71-72
　cimento branco, 79-80
　com fílers, 90-91
　e dilatação térmica, 396-398
　influência
　　na exsudação, 217-218
　　na fluência, 474-475

na incorporação de ar, 572–573
na reatividade a álcalis, 151
na resistência, 72–74
na retração, 450–452
na retração autógena, 442–443
na taxa de liberação de calor, 40–41
nos poros capilares, 32–33
fissura
    abertura, 344–345, 547–552
    controladora, 303, 316–317, 713–714
    detecção, 661–662
    determinação da idade, 525–526
    propagação, 314
        no corpo de prova de flexão, 623
    propagação, fatores influentes, 123–124
fissuração, 547–548
    ao impacto, 359–361
    através da argamassa, 314
    carga, 299–300
    controle da, 548–552
    deformação
        na compressão, 308–309
        na tração, 308–309
    devido à corrosão, 550, 587–588
    devido à reação álcali-sílica, 539–540
    devido à retração, 415–416, 455–456
    devido à temperatura, 410–411
    devido aos agregados instáveis, 148
    efeito
        da compressibilidade do agregado, 124–125
        da corrosão, 587–588
        da cura, 452–453
        da exsudação, 415–416, 441–442, 550
        da finura do cimento, 20–21
        da fluência, 491–493
        da membrana de cura, 418–419
        da retração, 458–460
        da temperatura, 410–411, 460–461
        do tempo quente, 415–416
        dos gradientes de umidade, 460–461
        dos retardadores, 458–460
    em concreto curado a vapor, 382–383
    energia, 431–432
    influência
        na corrosão, 595–596
        no coeficiente de Poisson, 438–439
    na fadiga, 358–359
    no concreto de alta resistência, 432–433
    no concreto massa, 410–411, 413–414
    nos corpos de prova à compressão 307–308
    pré-pega, 441–442
    propagação rápida, 314
    tendência, 458–461
        efeito dos aditivos, 458–460
        ensaio, 460–461
    tensão, 307–308

efeito do agregado, 299–300
tipos, 550, 548–549
fissuração induzida por retração, 422–423
fissuração por assentamento plástico, 415–416, 441–442, 550
fissuração-D, 550, 566–567, 579–581
fissuras induzidas por tensões, 548–552
fissuras microscópicas, 316–317
fissuras pré-pega, 441–442
flambagem, 736–737
flint, 148
floculação, 267–268, 679–680
fluência, 430–431, 467–469
    básica, 469–470, 476, 489–491
    característica, 488–489
    coeficiente, 488–489
    coeficiente de Poisson, 439–440, 484–486
    do cimento de elevado teor de alumina concreto, 98–99
    do concreto com agregados leves, 471–473, 735–736
    do concreto de alto desempenho, 717–718
    e carga de impacto, 359–361
    e deformação elástica, 430–431, 467–469
    e expansão, 478–479
    e módulo de elasticidade, 476
    e retração, 467–469, 478–479
    e ruptura com o tempo, 473–474, 484–486, 491–493
    e velocidade de carregamento, 645–647
    efeito
        da água de amassamento, 190
        da cinza volante, 688–690
        da dimensão, 479–480
        da escória granulada de alto forno, 693–694
        da finura do cimento, 474–475
        da forma, 479–480
        da idade, 474–475
        da relação água/cimento, 474–475
        da relação tensão/resistência, 472–474, 476
        da relação volume/superfície, 479–480
        da resistência, 472–475
        da secagem, 477
        da sílica ativa, 476
        da temperatura, 479–480
        da tensão, 472–473
        da umidade, 476
        do agregado, 470–473
        do cimento, 474–475
        do cimento expansivo, 476
        do cimento não hidratado, 470–472
        do consumo de cimento, 470–472
        do sulfato de cálcio, 474–475
        do tipo do cimento, 474–475
        dos aditivos, 476
    ensaios, 476, 484–486

acelerados, 484-486
específica, 473-474, 476, 488-489
expressões, 487-488
extrapolação, 488-489
fatores influentes, 470-472
final, 473-474, 487-488
influência
    em estruturas, 490-491
    na deflexão, 493
    na fissuração, 410-411
mecanismo, 488-489
na água, 490-491
na torsão, 484-486
na tração, 484-486
natureza do, 488-489
no concreto massa, 484-486, 490-491, 493
previsão, 487-488
real, 469-470
recuperação, 469-470, 472-473, 478-479, 488-489
    e movimentação de umidade, 478-479
    relação com fluência, 488-489
secagem, 469-470, 476, 478-479
sob carregamento alternado, 482
sob tensões multiaxiais, 484-486, 485
superposição, 488-489
transversal, 484-486
valor limite, 486-488
fluência "livre", 491-493
fluência básica, 469-470, 476, 489-491
fluência específica, 488-489
fluência final, 473-474, 487-488
fluência real, 469-470
fluência torsional, 484-486
fluência transversal, 484-486
fluência triaxial, 484-486
fluidez, 194-195, 266-267
fluido hidráulico, ataque por, 527-528
fluido intersticial no concreto fresco, 247
fluoraluminato de cálcio, 74-75
fluorsilicato de magnésio, 528-529
fluxo, 504-505
    através de um meio poroso, 504-505
    ensaio, 201-203, 205-206, 208-211, 216-217
    relação com abatimento, 205-206
fogo
    ensaios, 402-403
    influência no concreto, 404-405
    resistência, 398-401, 404-405
        com agregado de quartzo, 155-156
        do concreto de alto desempenho, 717-718
        do concreto leve, 405-406, 736-737
    tempo de resistência ao, 405-406
folhelho, 2
    no agregado, 145-146
    para agregado leve, 722-723

folhelho opalino, 84-86
forças de van der Waals, 35-36
forma do corpo de prova
    influência
        na fluência, 479-480
        na resistência, 635-636
        na retração, 455-456
formação de cavidade, 546-547
formação de etringita tardia (DEF), 529-530
formas, 242-243
    para concreto leve, 718-719
    para concreto sem finos, 741-742
    permeável, 247-248
    pressão nas, 272-273
    remoção das, 247-248, 259-260, 319, 324, 411-412, 655-656, 661
    temperatura, 422-423
formas com revestimento absorvente, 242-243
formas deslizantes, 342-343, 414-415, 682-683
formas drenantes, 247-248
formato de sódio, 261-262
formiato de cálcio, 261-262
forno, 2-4, 7, 8
    para agregado leve, 722-723
fotometria de chama, 10
fratura, 306-308
    critérios, 307-308
    energia, 314
    mecânica, 314
frequência de carga e resistência à fadiga, 356-357
frequência de vibração, 242-244
frequência relativa, 665-666
fumaças tóxicas, 404-405
fundente na clinquerização, 18-19, 78-79
fungos, 92-93, 527-528

galvanização, influência na aderência, 326-327
ganho de resistência, efeito da cura, 334
garantia de qualidade, 770-771
gás natural, 3
gases de exaustão para cura, 463-465
gases NO_x, 682-683
gel, 25-26, 32-36, 46
    água, 27-28, 36-37, 559
        congelamento, 407-408
        difusão no congelamento, 560
    álcali-carbonato, 152-154
    área superficial, 34-35, 292
    definição, 35-36
    estrutura, efeito da temperatura, 375-378
    na pasta autoclavada, 389-390
    papel na fluência, 490-491
    partículas, 32-34
    poros, 25-26, 32-33, 510-511
        e formação de gelo, 559

influência na resistência, 293
volume, 27–28, 290
porosidade, 27–28
resistência, 34–35
resistência intrínseca, 291, 292
superfície específica, 32–34
tensão superficial, 442–443
volume, 290
gel álcali-silicato, 150
gel de expansão infinita, 150
gel de tobermorita, 15–16
gel sílicofluórico, 529
gelo
   adicionado, 417–418
   cristais, 560
   estrutura, 408–410
   formação, 418–419, 559
   resistência, 408–409
gelo seco, 417
geminados, 10
giz, 2
gradientes térmicos, 390–391
grande, 175–178
granito, 113–114, 124–126, 128–129
   dilatação térmica, 155–156, 394–396
   permeabilidade, 511–512
granulometria contínua, 166–169, 178–179
granulometria do agregado, 162–163
   agregado graúdo, 172–173
   agregado leve, 724–726
   agregado miúdo, 172–173
   areias naturais, 172–174
   bica corrida ou agregado total agregado, 175–177
   com incorporação de ar, 172–174
   combinação, 172–173, 779–780
   concreto tratado a vácuo, 247
   curvas, 158–162, 169–170
      da Road Note N° 4, 169–172
      ideais, 162–163
   dentro de cada fração de dimensão, 165
   e dimensão máxima do agregado, 172–173
   e dosagem, 775–776
   e superfície específica, 165
   em volume, 196–198, 779–780
   exigências, 161–162, 172–177
   gráficos, 158–162
   importância, 170–172
   influência
      na exsudação, 170–172
      na fluência, 470–472
      na incorporação de ar, 573–574
      na relação água/cimento, 198–199
      na resistência, 287
      na retração, 446–447
      na trabalhabilidade, 170–172, 195–198

      nas proporções da mistura, 775–776
      no abatimento, 201–202
      no bombeamento, 233
   limites, 172–174
   para concreto bombeado, 233, 235
   para concreto com agregados pré-colocados, 239–240
   para concreto projetado, 238–239
   prática, 170–172
   tipo, 169–170, 779–780
   uniformidade, 775–776
   zonas, 170–173
granulometria do cimento, 22–23
granulometria ideal, 162–163, 165
granulometrias práticas, 170–172
gunite, 235–237

H (notação para H_2O), 9
H_2S, ataque por, 527–528
haloisita, 16–17
hematita, 87–88, 93–94
hemi-hidrato, 18–21, 709
heterogeneidade do concreto, 180–182, 316–317
   com agregado leve, 617–619
   e fluência, 472–473
   influência
      na microfissuração, 472–473
      na distribuição de tensões, 614–615
      no módulo de elasticidade, 437–438
hidratação, 11–14
   antes do congelamento, 418–419
   da amostra selada de cimento, 27–28
   do cimento de elevado teor de alumina, 95–96
   efeito
      da água de amassamento, 190
      da argila, 141–142
      da finura, 20–21
      da matéria orgânica, 141–142
      da pressão de vapor, 27–28
      da relação água/cimento, 336
      da serragem, 744–745
      da sílica ativa, 697–699
      da temperatura, 320–321, 411–412, 418–419
      da umidade relativa, 334
      de impurezas no agregado, 141–142
      do ácido tânico, 141–142
      do carvão, 145–146
      do cimento supersulfatado, 84–86
      do congelamento, 418–419
      dos retardadores, 262–264
      redutor de água, 267–268
   grau de, 27–30
   influência
      na expansão, 442–443
      na movimentação de umidade, 460–461
      na recuperação da fluência, 489–491

na resistência, 339
na resistência ao congelamento, 579-581
no volume, 28-29, 440-441
produtos, 12-13, 39-40
volume, 26-27, 290
temperatura mínima para, 320-321, 422-423
velocidade, 16-18
velocidade fracional, 45
hidratação seletiva, 13-14, 340-341
hidratados, 14-15
hidratados cúbicos, 98-99
hidrogênio, 230-231, 249-250, 738-739
hidrólise, 13-18, 95-96
hidrólise alcalina, 96-97
hidrorrepelentes, 279-280
hidróxido de cálcio, 16-19, 524-526
    decomposição do, 402-403
    reação com sílica, 387-388
hidróxido de magnésio, 152-154
hipótese de Griffith, 305-308
hipótese de Miner, 359
histograma, 665-667
história do concreto, 1
húmus, 141-142

idade do concreto, influência na resistência, 318, 325
ilita, 148
impacto, 359-361, 502
impedância, 365-367
imprimação da betoneira, 219-220
impurezas
    na água, 190-192
    no agregado, 141-142
    nos silicatos, 14-15, 42-43
inchamento
    coeficiente, 140-141
    consideração do, em proporcionamento, 780
    do agregado graúdo, 140-141
    do agregado miúdo, 139-140
    do agregado miúdo britado, 143
incorporação de ar, 562-563, 566-567
    aspectos econômicos, 583-585
    com escória granulada de alto forno, 695-696
    e reação álcali-sílica, 543-544
    e segregação, 216-217
    e temperatura, 415-416
    e trabalhabilidade, 582-583
    efeito
        da cinza volante, 573-574, 685-687, 690-691
        da demora no lançamento, 223-224
        da relação água/cimento, 570-571
        da sílica ativa, 697-699
        da temperatura, 415-416
        do tempo de mistura, 223-224

dos pigmentos, 79-80
dos redutores de água, 268-270
dos superplastificantes, 274-279
efeitos, 580-581
em temperaturas criogências, 422-423
em tempo quente, 415-416
fatores que influenciam, 572-573
influência
    na bombeabilidade, 235-237
    na exsudação, 218-219, 566-567, 582-583
    na granulometria, 172-174
    na relação resistência à tração/compressão, 325
    na resistência, 581-582
    na resistência à fadiga, 358-359
    na retração, 450-452
    no módulo de elasticidade, 732-733
    no teor de água, 195-198
    resistência à descamação, 583-585
no concreto com agregados leves, 729, 735-736
no concreto de alto desempenho, 716-717
no concreto projetado, 238-239
papel no congelamento, 562-563
por algas, 192-193
por microesferas, 575-576
por redutor de água aditivos, 268-270
índice
    de 10% de finos, 126-127
    de angulosidade, 116-117, 121-123
    de desempenho, 685-687
    de desempenho da sílica ativa, 700-702
    de esmagamento, 125-126
    e índice de impacto, 127-128
    de hidraulicidade, 692-693
    de superfície, 166-169
    esclerométrico, 653-654, 661-662
influência
    na durabilidade, 399
        do concreto leve, 736-737
        do concreto sem finos, 743-744
        na dilatação, 394-396
    "real", 396-398
ingresso de sais, efeito da água de amassamento, 190
inibidor, 265-266
início de pega, 19-20, 50-51
    do cimento de elevado teor de alumina, 50-51, 96-97
instabilidade
    do agregado, 148, 579-581
        influência nos danos por congelamento, 569-570
    do agregado de clínquer, 723-724
    do cimento, 51-54, 55-57, 70-72
    do cimento de elevado teor de alumina, 95-96

intemperismo
    do agregado, 112–113
    por sais, 538–539
interação do ataque por cloretos–sulfato,
    593–594
interface, agregado–cimento, 121–123, 290,
    316–317
    com agregado calcário, 317
    com agregado leve, 317, 732–735
    efeito
        da cinza volante, 685–687
        da sílica ativa, 696–697, 699–700
    influência
        na fadiga, 357–358
        na relação tensão-deformação, 714
    região, 503
        estudos, 317
        microestrutura, 316–317
        permeabilidade, 512–514
        porosidade, 316–317
    tensões na, 318
interface agregado–pasta, 316–317
interface concreto-prato, 615–619
interface prato–concreto, 615–619
intertravamento
    do agregado britado, 175–177
    do agregado e pasta, 121–123
isolamento, 413–414, 422–423
    do concreto fresco, 413–414
    elétrica, 363–365
isolamento acústico, 369
    do concreto leve, 736–737
isolamento térmico
    do concreto leve, 719–722
    influência do absorção, 512–514

jateamento de areia no concreto, 241–242
Johnson, Isaac, 2
juntas
    influência
        na eflorescência, 535–536
        na resistência ao fogo, 405–406
        resistência à cavitação, 547–548

laço de histerese, 352–354
lamelaridade, 119–120
    índice, 119–120
    influência na trabalhabilidade, 121–123
lançamento
    grandes massas de concreto, 411–413
    temperatura limite, 416–417
lascamento, 402–403, 587–588
laterita, 124
lavagem com ácido, 241–242, 536–537
lei da massa, 369
lei de Darcy, 504–505

lei de Fick, 505–506
lei de Stokes, 21–22
leve, influência na resistência ao congelamento,
    728
liberação de calor, 16–18
    efeito da finura do cimento, 20–21
ligação cerâmica, 105–106
ligações químicas, 35–36
ligas de silício, produção de, 89–90
lignosulfonatos, 264–267
limite da fluência, 486–488
limite de proporcionalidade para fluência,
    472–473
limite de resistência, 351–352
limpeza a fogo, 406–407
lixiviação, 90–91, 526–529, 535–536, 583–585
lubrificante polar, 613–614

macroporos na pasta, 299
madeira no agregado, 145–146
magnésio, 9, 48, 51–54, 81–82, 87–87
magnetita, 87
manchamento
    efeito da água de amassamento, 190
    ensaio, 340–341
    pela água, 340–341
    pelo agregado, 146–147
    pelo agregado de clínquer, 723–724
manchamento superficial, 340–341
manuseio
    do agregado, 182–183
    do concreto, 215–216
        influência na segregação, 215–216
manutenção, 502, 771–772
mapeamento, 415–416, 463–465, 550, 551
máquina de ensaio rígida, 614–615
marcassita, 147
marés, influência na durabilidade, 591–592
marga, 2
margem da resistência, 762–763
mármore
    dilatação térmica, 155–156
    e fluência, 471–473
    permeabilidade, 511–512
martelete elétrico, 243–244
massa específica
    da cinza volante, 688–690
    da escória granulada de alto forno, 81–82
    da sílica ativa, 89–90
    das microesferas, 576–577
    do agregado, 129–130
    do agregado leve, 725–728
    efeito
        da dimensão, 731–732
        da saturação, 725–726
    do cimento, 27

do cimento hidratado, 27
massa específica, 132, 718-719, 726-728
   concreto tratado a vácuo, 247
   do agregado leve, 726-729
      fresco, 726-728
      saturado, 726-728
      seco ao ar, 726-728
      seco em estufa, 726-728
   do concreto celular, 738-739
   do concreto com agregados leves, 729
   do concreto fresco, 193-194
   do concreto leve, 718-723
   do concreto para cravação de pregos, 744-745
   do concreto sem finos, 741-743
   e adensamento, 194-195
   efeito
      da incorporação de ar, 583-585
      do concreto de agregado reciclado, 183-184
   influência
      na resistência, 718-719
      no módulo de elasticidade, 435-437
   nas especificações, 756-757
   relação, 194-195
   relação com a velocidade de pulso, 659-660
   seco em estufa, 726-728
massa específica absoluta, 132
massa específica real, 132
massa específica seca em estufa, 726-728
massa unitária
   da areia, 140-141
   da sílica ativa, 89-90
   do agregado, 132-134, 724-726, 741-742, 786-787
   do agregado leve, 719-726
   do poliestireno expandido, 744-745
   no cimento de elevadíssima resistência inicial, 72-74
materal com hidraulicidade latente, 65-66, 86-87
materiais hidraúlicos, 63-66
materiais pozolânicos, 84-86
materiais suplementares, 62, 65-66
material amorfo ver fase vítrea
material argiloso, 2, 93-94
material betuminoso, influência na resistividade, 363-365
material calcário, 2
material elástico, 430-431
material fino
   concreto tratado a vácuo, 247
   efeito do efeito parede, 758-759
   exigência, 162-163
   influência na exsudação, 217-218
   no agregado, 142-143, 175-177
   no concreto bombeado, 233
   teor, 162-164

material intersticial
   no cimento, 32-34
   no gel, 32-34
material ultrafino, 162-163
materiais cimentícios, 62-66, 678, 760-761
   aspectos ambientais, 679
   classificação, 62-63
   economia de energia, 679
   finura, 63-65
   influência
      na durabilidade, 679-680, 773-774
      na hidratação, 679
      na microestrutura, 679-680
      na permeabilidade, 679-680
   variabilidade, 680-681
maturidade, 320-321
   definição, 314, 320-321
   efeito da temperatura inicial, 322-323
   expressões, 320-321
   expressões para a resistência, 322-323
   influência
      na resistência, 320-321, 384-385
      na resistência à tração, 320-321
   medidores, 324
   período de espera, 320-321
   ponto de origem da temperatura, 320-321
mecanismo
   da fluência, 488-489
   da retração, 443-444
   da ruptura, 305
medidores de absorção de micro-ondas, 139-140
meios-fios, 414-415, 560, 567-568
melaço, retardando o efeito, 264-265
membrana de cura, 340-341
   influência na fissuração, 418-419
membrana impermeabilizante, 279-280
mesa de impacto, 243-244
mesa vibratória, 54-55, 243-244, 606-607
metacaulim, 86-87
metanol, ação retardante do, 262-264
método
   americano de dosagem, 782-784
   Blaine, 23-25
      valores de superfície específica, 71-72, 74-75, 81-82, 86-87, 89-90, 261-263, 709
   britânico de dosagem, 794
   da contagem de pontos, 664-665
   da cura de barreira de água-, 341-342
   da determinação da umidade por empuxo, 138-139
   da frequência de ressonância, 663
   da frigideira, 138-139
   da sílica solúvel, 663-664
   de adsorção de gás, 23-25
   de adsorção de nitrogênio, 23-25
      valores de superfície específica, 89-90, 150

Índice 871

de cura acelerada com água quente 648–651
de cura acelerada por água quente, 648–651
de cura pressurizada, 648–651
de Lea & Nurse, 23–24
de mistura a quente, 389–390, 420–422
do óxido de cálcio solúvel, 663–664
gravimétrico para teor de ar, 576–577
transversal linear, 578–579, 664–665
volumétrico para teor de ar, 576–577
métodos de permeabilidade ao ar, 23–25
métodos de tratamento superficial 528–529
mica, 145–146
microagregados, 687
microesferas, 575–576
microfissuração, 305, 314, 316–317, 352–354
    aderência, 314
    bloqueadores 316–317
    comprimento acumulado, 314, 315
    definição, 314
    influência
        na fluência, 431–432
        na relação tensão-deformação, 431–432
        na interface, 124–125, 314, 316–317
        no concreto com agregados leves, 733–736
        no concreto de alta resistência, 314
        no concreto de alto desempenho, 713–714
        pré-carregamento, 314
        sob tensões cíclicas, 315
micropéletes, 89–90, 696–697
microscópio eletônico de varredura, 10, 14–17
mistura, 218–219
    com água, 190–192, 289, 290, 573–574
    com cimento expansivo, 466–467
    com sílica ativa, 696–697
    com superplastificantes, 706–707
    do concreto de alto desempenho, 706–707
    do concreto leve, 728
    influência na incorporação de ar, 574–575
    limite, 223–224, 227–228
    manual, 225–227
    número de rotações, 227–228
    prolongada, 223–224
    sequência, 224–226, 696–697, 706–707
    tempo, 222–223
        com incorporação de ar, 223–224
        máximo, 227–228
        mínimo, 222–223
    uniformidade, 220–223
mistura
    binária, 63–65
    em duas etapas, 220–221
    manual, 225–227
    por tempo excessivo, 223–224
misturado em trânsito, 225–227
misturador coloidal, 220–221
misturas experimentais, 758–759

moagem
    agentes de, 7
    corpos de prova de ensaio, 610–613, 715–716
    do agregado, 223–224
    do clínquer, 7
    superfícies das bases , 610–612
moagem conjunta, 80–81
mobilidade do concreto, 194–195
    efeito do incorporação de ar, 582–583
modelo de Bingham, 207–208, 211–212
módulo cordal, 430–431
módulo de elasticidade dinâmico, 437
    como medida da resistência a sulfatos, 534
    como medida do danos por congelamento, 578–579
    e módulo estático, 437–438
    e módulo tangente, 437–438
    e resistência, 663–664
    pela frequência de ressonância, 663–664
    pela velocidade de pulso, 659–660
módulo de elasticidade do agregado, 121–125, 431–432, 436–437
    e da pasta, 121–125
    influência
        na fluência, 470–472
        na resistência, 706–707
        na resistência ao impacto, 359–361
        na retração, 446–447
    no concreto de retração compensada, 466–467
módulo de elasticidade do concreto, 430–431
    compatibilidade agregado–pasta, 714
    do concreto celular, 739–740
    do concreto celular autoclavado, 389–390
    do concreto com agregados leves, 436–437, 732–735
    do concreto de alto desempenho, 714, 732–733
    do concreto sem finos, 743–744
    e coeficiente de Poisson, 439–440
    e cura, 436–437
    e porosidade do agregado, 471–473
    efeito
        da massa específica, 435–437, 734–735
        da natureza bifásica, 435–436
        da temperatura, 404–405, 408–410, 436–437
        do agregado, 435–437
    expressões, 434–436, 714
    módulo secante, 352–355
    na fadiga, 352–355
    na tração, 436–437
    no cisalhamento, 436–437
    relação
        com a velocidade de pulso, 659–660
        com a fluência, 476
        com a resistência, 433–434, 714, 734–735
        com a retração, 467–469, 478–479
    relação com a resistência, 734–735

módulo de elasticidade do pasta de cimento, 431-432, 436-437
módulo de elasticidade estático, 437-438
módulo de finura, 158-162, 705-706
módulo de rigidez, 436-437, 439-440
módulo de ruptura, 621-622
    coeficiente de variação, 628-631
    e ensaio de tração direta, 623, 624
    efeito do arranjo de carga, 621-622
módulo de Young, 430-431
módulo químico, 692-693
módulo secante, 430-431, 434-435
    da elasticidade do concreto, na fadiga, 352-355
módulo tangente, 430-431
módulo tangente inicial, 430-431, 434-435
    e módulo dinâmico, 437-438
moinho de bolas, 7
moinho de lavagem, 3
molde, ensaio de corpo de prova, 606-608
    óleo para, 606-607
molhagem
    e secagem
        influência
            na corrosão, 590-592
            na deformação, 460-461, 478-482
            na reatividade do agregado, 151
            na retração por carbonatação, 462-463
            nas alterações de volume do agregado, 148
            no ataque por sulfatos, 534
        influência na resistência, 626-627, 639-643
montmorillonita, 16, 148
muscovita, 145-146

na coalescência de bolhas de ar, 575-576
na deformação máxima, 305, 433-434
    efeito
        da velocidade de carregamento, 646-648
        do gradiente de tensão, 458-460
nata, 216-218, 544-546, 550, 582-585, 606-607
    remoção, 536-537
natureza da fluência, 488-489
negro de fumo, 79-80, 363-365
nitrato de cálcio, 261-263
nitrito de cálcio, 261-263, 422-423, 597-598
nitrito de sódio, 422-423, 597-598
normas (listadas)
    americanas, 813-814
    ASTM, 813-814
    britânicas, 817-818
    europeias, 817-818
notação dos compostos, 8
nucleação, 65-66, 90-91, 697-699
"números preferenciais", 156

óleo, 3
    ataque por, 527-528
óleo de linhaça, 584-585
opala, 150
óxido de cálcio livre, 51-52
    no cimento de elevado teor de alumina, 95-96
óxido de ferro, 8, 78-79
óxido de potássio ver álcalis
óxido de sódio ver álcalis
óxidos, 10-13
oxigênio
    difusão, 506-507
        coeficiente, 506-507
    permeabilidade, 517-518

Parker, James, 2
partícula
    forma do agregado, 115-117, 705-706
    interferência, 178-179
partículas
    equidimensionais, 119-120
    fibrosas nos produtos de hidratação, 16-17
    fracas no agregado, 141-142
    friáveis, 143-144
    instáveis, 145
    lamelares, 119-120
    moles no agregado, 145-146
pasta, 3
    autoclavada
        dilatação térmica, 396-397
        retração, 443-444
        superfície específica, 32-36
    microcristalina, 389-390
    normal, 48-50
pedra britada
    no concreto bombeado, 233
    teor de pó, 143-144
pedra-pomes, 719-722, 744-745
pedras de mão, 182-183
pega, 19-20
    do cimento com elevadíssima resistência inicial, 74-75
    do cimento de alta resistência inicial, 71-72
    do cimento de ultra-alta resistência inicial, 72-74
    e enrijecimento, 211-212
    efeito
        da água de amassamento, 190, 192-193
        da serragem, 744-745
        da temperatura, 19-20, 418-419
        do congelamento, 418-419
        dos redutores de água, 268-270
        dos retardadores, 262-264
        dos superplastificantes, 273-274

Índice 873

mistura de cimento Portland de elevado teor
   de alumina, 97–98
prevenção do, 264–265
temperatura
   influência na resistência, 375–376, 384–385
   ótima, 380–381, 420–422
pega do sulfato de cálcio, 20–21
pega instantânea, 7, 16–21
   acelerador, 237–238
   com água quente, 420–422
   das misturas com cimento Portland de elevado
      teor de alumina, 97–98
peletização
   da escória, 80–81, 691–692, 723–724
   do agregado leve, 722–723
   do clínquer, 6
película duplex, 316–317
películas no agregado, 142–143
peneiramento, 156–160
   com lavagem, 143–144
   dimensões, 156–159
   do agregado, 183–184
   do concreto fresco, 636–637
   final, 183–184
peneiras, 155–156
   dimensões, 156, 159
   normalizadas, 156–158
penetrabilidade, 503
   do concreto de alto desempenho, 715–716
   ensaio de cloretos, 597–598
penetração
   do concreto fresco, 209–211
   ensaio, e abatimento, 209–211
pentaclorofenol, 92–93
percentagem acumulada
   passante, 158–162
   retida, 158–162
percolação na fluência, 490–491
percussão, 543–544
perda ao fogo, 11–13
   da cinza volante, 87–88
   do agregado leve, 724–726
perda de abatimento
   com superplastificante, 275–276
   e dosagem, 754–755
   e redosagem, 228–229
   efeito
      da escória granulada de alto forno,
         691–692
      da sequência de carregamento, 224–226
      da sequência de mistura, 224–226,
         706–707
      da temperatura, 212–213, 415–416
      do álcalis, 211–212
      do cimento expansivo, 466–467

na agitação, 227–228
no concreto com agregados leves, 729
no concreto de alto desempenho, 706–707
perda de massa
   como medida da resistência a sulfatos, 534
   como medida da resistência ao congelamento,
      578–579
   relação com a retração, 444–445
perda de transmissão sonora, 367–368
periclásio, 51–52
período
   de ajuste, 385–386
   de dormência, 16–18, 35–36, 375–376
   de repouso na fadiga, 358–359
   isotérmico, 385–386
perlita, 721–723, 744–745
   concreto, 721–724, 737–738
permeabilidade, 504–505
   água, 509–511
   ar, 506–507, 515–517
   coeficiente, 504–505, 512–517
   da pasta, 511–514
   e do concreto, 504–505, 512–514
   influência na reação álcali-agregado, 151
   de rochas, 510–512
   do agregado e do concreto, 512–514
   do concreto, 503–505, 510–511, 515–517
   do concreto com agregados leves, 734–735
   do gel, 15–16
   e difusividade, 515–518
   e poros capilares, 32–33
   e resistência, 512–514
   efeito
      da carbonatação, 525–526
      da cura, 512–514
      da exsudação, 217–218
      da floculação, 679–680
      da hidratação, 511–514
      da idade, 511–512
      da interface, 512–514
      da relação água/cimento, 512–513
      da relação gel/espaço, 512–514
      da resistência, 516–518
      da retração, 512–514
      da secagem, 512–514
      da sílica ativa, 700–702
      das formas drenantes, 247–248
      do ar incorporado, 582–583
      do cimento, 512–514
      teor dos compostos, 512–514
   em temperaturas criogênicas, 512–514
   ensaio, 506–507, 514–515
   equipamento, 23–25
   fatores influentes, 511–514
   gás, 515–518

influência
  na durabilidade, 503
  na resistência ao congelamento, 562-563
intrínseca, 504-505, 515-518
método para agregado, 166-169
no concreto com cimento de pega regulada, 74-75
vapor, 515-517
permeabilidade
  ao gás, 515-518
  ao vapor, 515-517
  intrínseca, 504-505
    coeficiente, 515-518
peso por betonada, 776-777
peso próprio do concreto, 718-719
pH
  da água, 84-85, 190-192
  da água do mar, 537
  da água dos poros, 35-36, 537, 540-542, 683-684, 703-704
  da pasta de cimento, 48
  de líquidos agressivos, 527-528
  do cimento de elevado teor de alumina, 95-96, 524-525, 594-595
  efeito do carbonatação, 518-519, 524-525
  influência na passivação, 518-519
  pasta de sílica ativa, 89-90
picnômetro, 130-132, 138-139
pigmentos, 78-80, 573-574
  influência
    na demanda de água, 79-80
    na incorporação de ar, 79-80
pilhas, 137-140, 178-179, 182-184, 775-776
  segregação na, 175-177
pipocamentos, 146-147, 148, 564-565
piritas, 146-147, 405-406
  no agregado de clínquer, 723-724
piso granolítico, 244-245
planeza
  dos corpos de prova para ensaio, 609-610, 613-614
  dos pratos, 614-615
plástica, 488-489
plasticidade da mistura, efeito da incorporação de ar, 582-583
pó
  no agregado, 142-143
  no concreto com agregados pré-colocados, 239-240
pó de alumínio, 738-739
pó de britagem, 142-143, 218-219, 235
  do agregado, 124-125
  no concreto bombeado, 233
pó de carvão (*breeze*), 724-726
ponto de descontinuidade, 308-309, 438-439
população, 665-666

pórfiro, 113-114
  agregado, 128-130
poros
  bloqueio por deposição, 537
  efeito do congelamento, 418-419
  forma, 299, 504
  na pasta de cimento, 25-26
  no agregado, 133-134, 149, 504
    influência na durabilidade, 133-134
  passagem estreita, 299
  representação esquemática, 36-37, 299
poros intercristalinos, 299
porosidade, 293, 504
  com cimento de elevado teor de alumina, 99-101
  da região de interface, 316-317
  de rochas, 134-137
  definição, 296-297
  do agregado, 133-134, 134-137, 504, 564-565
    e resistência ao congelamento, 149, 564-565
    influência na fluência, 471-473
  do gel, 510-511
  efeito
    da sílica ativa, 700-702
    do agregado, 299
  influência na resistência, 295-297, 299-300
  medida da, por intrusão de mercúrio, 299, 504-505
porosimetria, 299
posição de ensaio, relação com a posição de moldagem, 313-314, 619-620
posições como moldado e como ensaiado, 313-314, 619-620
potassa como um aditivo, 422-423
pozolana, 63-65, 84-86
  e aditivos, 269-270
  e cimento resistente a sulfatos, 532-533
  e concreto tratado a vácuo, 247
  influência
    na exsudação, 218-219
    na reatividade do agregado, 154-155, 542
    na resistência a sulfatos, 532-533
    no comportamento ao fogo, 402-403
    no concreto celular autoclavado, 740-741
    no concreto com agregados pré-colocados, 240-241
  no concreto massa, 412-414
pozolanicidade, 86
Pozzuoli, 1
prato de escova, 310-311, 612-613
  e rótula esférica, 614-615
  efeito, 615-616
  efeito de restrição, 619
  no ensaio de tração por compressão diametral, 625-626
  planeza, 609-610

Índice 875

prato côncavo, 614
prato convexo, 614
prato deformável, 614–615
prato rígido, 614–615
pratos de escova, 310–311, 612–613
pré-aquecimento do agregado, 241–242
pré-carbonatação, 463–465
precisão, 670
pré-resfriamento, 416–418
pressão
    influência
        na colmatação, 344–345
        método para teor de ar, 576–577
pressão da água de poros, 309–310
pressão de desagregação, 37–38, 404–405
pressão de expansão, 560
pressão do vapor
    na pasta, 453–454
    para hidratação, 334
pressão hidráulica no congelamento, 560
pressão hidrostática
    e fluência, 484–486
    em barragens, 512–514
    interna ao concreto, 338, 715–716
pressão osmótica, 560, 563–565, 583–585
pré-umedecimento agregado, 728, 791–792
principais constituintes do cimento, 8
probabilidade de baixa resistência, 762–763
processo de dosagem, 757–759
processo de mistura por via seca para concreto
  projetado, 237–238
processo do jato de água para escória, 723–724
processo Gottlieb, 8
processo por esteira de sinterização, 722–723
processo por máquina para escória, 723–724
processo Trief, 81–82
processo via seca, 2, 5–7, 48
processo via semisseca, 6
processo via úmida, 2–4
processo via úmida para concreto projetado,
  237–238
produtos coloidais, 25–26, 26–27
produtos da hidratação, 12–14
    efeito da temperatura, 375–376
    na autoclavagem, 389–390
    volume, 28–32
propagação lenta das fissuras, 314
proporções da mistura, 38–39, 72–74, 293–294,
  776–777
    ajuste, 786–787, 794
    especificada e real, 247–248
    expressão tradicional, 38–39
proporções tradicionais de mistura, 38–39,
  755–756
propriedades acústicas, 367–368
    do concreto sem finos, 743–744

propriedades dielétricas, 361–363, 365–367
propriedades elétricas do concreto, 361–363,
  540–541
    efeito da água de amassamento, 190
propriedades hidráulicas, 1, 63–65
propriedades mecânicas
    da pasta de cimento, 25–26
    do agregado, 127–128
propriedades reológicas, 208, 709, 729
propriedades térmicas
    do agregado, 154–155
    do concreto, 390–391
    efeito da água de amassamento, 190
proteção catódica, 540–541, 598–599
proteção contra vento, 415–416
pseudoplasticidade, 431–432
pumicita, 85

qualidade da água de amassamento, 190–192
quantidade de água
    determinação, 249–250
    e relação água/cimento, 196–198
    influência
        na condutividade térmica, 391–393
        na resistividade, 363–365
        na retração, 447–449
        na trabalhabilidade, 782–785
        no abatimento, 195–198
        redução pelo tratamento a vácuo, 245–246
quantidades por betonada, 776–777
quarteamento, 115–117
quartzito
    condutividade térmica, 391–392
    difusividade térmica, 392–394
    dilatação térmica, 394–396
quartzo
    agregado, 155–156
    condutividade térmica, 391–392
    e fluência, 471–473
    inversão da, 155–156
    permeabilidade, 511–512
    reatividade, 152–154
quebra do agregado, 175–178, 183–184
queimador, 7

radar, 661–662
radiação solar, 415–416
radiografia, 661–662
radiometria, 661–662
raios X
    análise quantitativa, 14–15
    atenuação, 678
    difração do pó, 9
    difração por varredura, 14–15
    espalhamento, 32–34
    espectrometria, 10, 16–17

espectroscopia, 84–86
fluorescência, 10
raiz quadrada média dos desvio quadráticos, 669
raspagem, 543–544
reação álcali-agregados 150, 259–260
    fissuração, 548–549
reação álcali-carbonato, 152–154, 503, 690–691
reação álcali-dolomita, 152–154
reação álcali-sílica, 150, 503, 535–536
    condições, 540–541
    controle da, 680–681
    desagregação por, 539–540
    e concreto com agregados leves, 735–736
    efeito
        da água, 151
        da água de amassamento, 190
        da cinza volante, 690–691
        da escória granulada de alto forno, 690–691, 694–695
        da sílica ativa, 702–703
    mecanismo, 150
    no concreto de alto desempenho, 715–716
    prevenção da, 541–542
reações pozolânicas, 84–86, 683–684
reatância, 365–367
reatividade álcali-sílica, 151–154
reatividade potencial do agregado, 151–152
recapeamento, 247–248
recuperação instantânea, 469–470
redemoinhos, 546–547
redosagem, 227–228
redução por separação, 115–117
reflexão de nêutrons, 661–662
reflexão no concreto projetado, 237–238
regressão da resistência, 43–44, 55–57, 67–68, 90–91, 261–263, 286, 339, 380–381, 383–385, 389–390, 684–685, 699–700, 712–713
régua vibratória, 244–245
rejeição do do concreto, 761–762
relação agregado/cimento
    conversão para consumo de cimento, 776–778
    influência na resistência, 303
relação água/cimento, 27–28, 285
    determinação, 249–250
        valor original, 664–665
    e agregado tipo, 301
    e autoclavagem, 389–390
    e autodessecação, 338
    e cura, 338, 340–343
    e granulometria, 195–198
    e microfissuração, 314
    e quantidade de água, 196–198
    e relação agregado/cimento, 196–198
    efeito
        da evaporação, 338, 339
        da exsudação, 217–218
        da redosagem, 228–229
        das formas drenantes, 247–248
        do tratamento a vácuo, 245–246
    efetiva, 289
    influência
        na autodessecação, 340–341
        na cura a vapor, 385–386
        na durabilidade, 772–773
        na fissuração, 458–460
        na fluência, 474–475
        na incorporação de ar, 570–571
        na permeabilidade, 512–513
        na resistência, 228–229, 285, 319, 349–351, 712–713, 759–760
            do cimento de elevado teor de alumina, 101–103
            do cimento de elevado teor de alumina concreto, 289
            em temperatura elevada, 401–402
            ganho, 318
        na resistência a sulfatos, 534
        na resistência ao congelamento, 562–563, 567–568
        na resistividade, 361–363, 364
        na retração, 447–449
        no ganho de resistência, 318, 319
        nos vazios, 290
    líquida, 289
    livre, 289
    na interface, 316–317
    nas especificações, 756–757
    no cimento de elevado teor de alumina concreto, 95–96
    no concreto com agregados leves, 730
    no concreto projetado, 238–239
    no concreto sem finos, 741–743
    nos ensaios de resistência, 54–57
    para durabilidade, 534
    para hidratação total, 28–29, 32–33
    para resistência a sulfatos, 772–773
    para resistência ao congelamento, 771–772
    regra, 285
        fatores influentes, 290
        validade, 286
    relação com a resistência, 100–103, 228–229, 285, 318, 349–351, 712–713, 759–760, 795–797
    variabilidade, 773–774
relação água/cimento, 287
    influência
        na resistência, 287
        na resistência da pasta, 288
relação água/cimento efetiva, 289
    efeito do consumo de cimento, 304

relação água/cimento líquida, 289
relação água/gesso, 293–294
relação altura/diâmetro
   de testemunhos, 639–640
   do corpo de prova, 616–617
   fator de correção, 616–619
   influência na resistência, 616–617
relação C:S, 15–16, 699–700
relação cal/sílica, 15–16, 699–700
relação das resistências à compressão e à tração, 325, 326
   efeito
      da cura, 325
      do agregado, 313–314
relação fluência–deformação elástica, 488–489
relação fluência–tempo, 484–486
relação gel/espaço, 28–31, 46, 290
   correção devido ao ar, 291
   efeito da temperatura, 376–378
   influência na resistência, 291, 318
   relação com a fluência, 450–452
   relação com a retração, 450–452
relação resistência–tempo, 319
relação retração–tempo, 454–455
relação superfície/volume
   influência
      na fluência, 479–480
      na retração, 456–457
relação tensão/resistência, 432–434
   alteração sob carga, 474–475
   influência
      na fluência, 473–475
      na microfissuração, 315
      no coeficiente de Poisson, 439–440
relação tensão-deformação do agregado, 431–432
relação tensão-deformação do concreto, 430–431, 434–435
   comportamento pós-pico, 432–433
   efeito
      da máquina de ensaio, 432–433
      da velocidade de tensão, 430–431
      das fissuras de retração, 430–431
      das interfaces, 431–432
      do tempo sob carga, 467–469
   idealizada, 432–433
   na fadiga, 351–352
   na flexão, 303
   na tração, 434–435
   no carregamento cíclico, 351–352
   no concreto com agregados leves, 433–434, 733–734
   no concreto de alto desempenho, 714
   ramo descendente, 303, 315, 432–433
relaxação, 358–359, 404–405, 467–469

remoagem cimento, influência na fluência, 474–475
remoção de carga, influência na deformação, 488–489
rendimento do concreto, 199–200, 789, 793–794
   por betonada, 193–194
reparo, 237–238, 247–248, 259–260
   escolha do cimento, 74–75, 97–98
repetibilidade, 670
represamento, 340–341
reprodutibilidade, 670
resfriamento
   da água de amassamento, 416–417
   do agregado, 416–417
   do concreto, 416–417
   do concreto com agregados pré-colocados, 241–242
   por bomba de calor, 417–418
   por evaporação, 416–417
   por gelo, 417–418
   por molhagem, 416–417
   por nitrogênio líquido, 416–418
   técnicas, 416–417
resfriamento brusco, influência na resistência, 398–401, 405–406
resíduo de demolição, 183–185
resíduo doméstico, no agregado, 183–185, 724–726
resíduo industrial, 62
resíduo insolúvel, 11–13
resíduos, 62
   como agregados, 183–184
resíduos de mineração como agregado, 146–147
resistência
   atendimento, 761–762
   concreto isolante, 744–745
   da argamassa e do concreto, 346–347
   de cubos equivalentes, 608–609
   distribuição, 665–666
   do agregado, 121–124
      e módulo de elasticidade, 435–436, 714
      influência na resistência do concreto, 287
   do cimento, 53–54
   do cimento de elevado teor de alumina concreto, 96–97, 100–101
   do cimento e do concreto, 345–346
   dos compostos puros, 42–43
   do concreto celular, 738–739
   do concreto celular autoclavado, 740–741
   do concreto com agregados leves, 730
   do concreto com agregados pré-colocados, 240–241
   do concreto com serragem, 744–745
   do concreto leve, 719–722, 744–745
   do concreto sem finos, 741–744

do concreto tratado a vácuo, 245-246
do gel, 34-35
do gesso, 293
dos compactos, 299-300, 745-746
dos corpos de prova cilíndricos e cúbicos, 619-620
dos ensaios em corpos de prova e na estrutura, 324
dos testemunhos e dos corpos de prova cilíndricos, 616-617, 619-620
e porosidade do material, 293
ensaios, 605-606
equação, 314
equações da maturidade, 320-321
intrínseca, 299-300
margem, 762-763
nas especificações, 756-759
sob tensões multiaxiais, 311
teórica, 305
resistência, efeito
  da aderência, 121-123
  da água do mar, 192-193
  da carbonatação, 525-526
  da carga mantida, 473-474, 484-486
  da cinza volante, 679-682, 684-689
  da concentração de sólidos, 290
  da condição de umidade, 402-403, 626-627
  da cura, 340-341
  da cura a vapor, 382-383
  da dimensão máxima do agregado, 180-182
  da direção de ensaio, 613-614, 619-622
  da escória granulada de alto forno, 679-680, 691-693
  da finura do cimento, 72-74
  da fluência, 491-493
  da granulometria descontínua, 179-180
  da hidratação, 339
  da idade, 318
  da maturidade, 320-323
  da mica, 145-146
  da porosidade, 295-296, 299-300
  da posição na estrutura, 641-643
  da redosagem, 228-229
  da relação água/cimento, 228-229, 285, 286, 318, 349-351, 712-713, 759-760, 795-797
    no cimento de elevado teor de alumina, 102-103
  da relação altura/diâmetro, 616-617
  da relação gel/espaço, 291
  da revibração, 245-246
  da secagem, 626-627
  da sílica ativa, 697-698, 700-702
  da temperatura, 318-321, 376-378, 401-403, 405-409
    do cimento, 416-417

história, 324
no ensaio, 405-406, 627-628
da temperatura de pega, 384-385
da tensão transversal, 309-310
da velocidade de carregamento, 645-647
da velocidade de deformação, 360-361
das características dos poros, 295-299
das impurezas orgânicas, 142-143
do adensamento, 190, 194-195
do agregado, 123-124, 299-300
  absorção, 134-137
  aderência, 123-124
  forma, 121-122, 301
  resistência, 287
  superfície específica, 166-169
  teor, 304
  textura, 121-122, 299-300
do ar incorporado, 581-582
do carregamento cíclico, 351-352
do chumbo, 146-147
do cimento não hidratado, 28-30
do cimento supersulfatado, 84-85
do concreto de agregado reciclado, 184-185
do consumo de cimento da mistura, 303
do fogo, 405-406
do grau de hidratação, 291
do molde, 608-609
do peneiramento do concreto fresco, 636-637
do sistema de tensões, 313-314
do tempo de mistura, 222-223
do teor de ar, 581-582
do tipo de cimento, 67-68
dos aditivos, 376-378
dos vazios, 195-198, 293
resistência a ácidos
  do cimento de elevado teor de alumina, 95-96
  ensaios, 528-529
resistência à cavitação, 546-547
  efeito
    da água de amassamento, 190
    das formas drenantes, 248
resistência à compressão
  como lançado, 606-607
  de corpos de prova cilíndricos de rocha, 125-126
  e aderência, 326-327
  e resistência à flexão, 299-300
  e resistência ao impacto, 359-361
  e resistência da argamassa, 303
  ensaio, 605-606, 613-616
    cubo e cilindro, 607-608
  influência
    da temperatura, 627-628
    da velocidade de aplicação de carga, 645-647
    do capeamento, 609-610

relação com a resistência à tração, 310–311, 324–326
relação com o índice esclerométrico, 654–655
resistência à flexão
    atendimento, 762–763
    do concreto e da argamassa, 303
    e fissuração por tensão, 299–300
    e resistência à compressão, 299–300, 624
    e resistência à tração, 623
    efeito
        da condição de umidade, 301, 626–627
        da distribuição de tensões, 621–622
        da resistência da argamassa, 303
        da temperatura, 627–628
        do agregado, 301
        velocidade de deformação, 646–648
    ensaio, 621–622, 644–646
    ensaio de cura acelerada, 650–651
    na fadiga, 357–358
resistência a sulfatos, 532–533
    da argamassa e do concreto, 534–536
    das pozolanas, 532–533
    do cimento modificado, 76–77
    do cimento para poços petrolíferos, 92–93
    do cimento pozolânico, 86–87
    do cimento Tipo II, 76–77
    do concreto autoclavado, 389–390
    e dosagem, 772–773
    efeito
        da cinza volante, 679–680, 688–690
        da escória granulada de alto forno, 694–695
        da sílica ativa, 679–680, 702–703
        do tipo de cimento, 76–78, 532–533
    ensaios, 534
resistência à tração, 305
    do compactos, 299–300
    do concreto com agregados leves, 734–735
    e aderência com agregado, 123–124
    e maturidade, 320–321
    e módulo de ruptura, 623, 624
    e pressão de expansão, 560
    e resistência à compressão, 310–311, 324–326
    e resistência à tração por compressão diametral, 625–626
    e resistência ao impacto, 359–361
    efeito
        da cura, 325
        da idade, 325
        da temperatura, 401–402, 408–409
        da velocidade de deformação, 361–363
        da velocidade de tensão, 646–648
        do agregado, 301, 304, 325
    ensaio, 620–621
        efeito da dimensão, 628–631

ensaio direto, 620–621
ensaio do anel, 632–634
sob tensão biaxial, 309–310, 312
resistência à tração por compressão diametral, 624
    relação com a
        módulo de ruptura, 624
        resistência à compressão, 299–300, 325, 731–732
        resistência à tração direta, 625–626
resistência à transferência de calor, 404–405
resistência acelerada, relação com a resistência aos 28–29 dias
    resistência, 646–651
resistência ao congelamento, 561–565
    do agregado, 564–565
    do concreto celular autoclavado, 740–741
    do concreto com agregados leves, 235–237, 735–736
    do concreto com agregados pré-colocados, 241–242
    do concreto de alto desempenho, 715–717
    do concreto projetado, 238–239
    do concreto sem finos, 743–744
    e dosagem, 771–773
    e resistência ao congelamento, 418–419
    efeito
        da cinza volante, 679–680, 688–690
        da escória granulada de alto forno, 695–696
        da hidratação, 579–581
        da idade, 418–419
        da saturação, 579–581
        da sílica ativa, 702–703
        dos redutores de água, 267–268
    ensaios, 563–565, 578–579
resistência ao impacto
    da rocha, 127–128
    do agregado, 127–128
    do concreto, 359–361
        concreto seco, 360–361
        concreto úmido, 360–361
        e resistência à compressão, 359–361
        e resistência à flexão, 303
        e resistência à tração, 359–361
        efeito da autoclavagem, 389–390
        efeito do agregado, 303
        na resistência à tração por compressão diametral, 359–361
resistência ao impacto
    do agregado, 127–128
    e índice de impacto, 127–128
resistência biaxial, 313–314
resistência capacitiva, 365–367
resistência característica, 55–57, 755–756, 762–763

resistência do concreto, 285
   aos 28 dias, 318, 349-352
   aos 7 dias, 318
   característica, 55-57, 755-756, 762-763
   como lançado, 606-607
   e da argamassa, 56-57
   e do cimento, 345-346
   e interação carga-temperatura, 405-406
   e sistema de tensões, 313-314
   e velocidade de pulso, 659-661
   em diferentes idades, 67-68, 318
   expressão logarítmica, 289
   fatores influentes, 285, 286
   ganho, 318, 376-378
   in situ, 642-644
   influência
      na fluência, 472-473
      na resistência à abrasão, 544-546
      na resistência à cavitação, 547-548
      na resistência à erosão, 546-547
      na resistência a sulfatos, 532-533
      na velocidade de pulso, 661
      no coeficiente de Poisson, 438-439
      no desvio padrão, 762-763, 765-766
      no índice esclerométrico, 653-655
   longo prazo, 319, 350-351
   média, 55-57, 755-756, 759-762
   média móvel, 761-762
   mínima, 56-57, 755-756, 759-762
   na compressão biaxial, 313-314
   na dosagem, 759-760
   na tração, 305, 620-621
   na tração e na compressão, 324
   nas estruturas, 324
   natureza do, 305
   para resistência ao congelamento, 418-419
   pelo ensaio de cura acelerada, 648-649
   potencial, 324, 606-607, 637-638, 644-646
   real, 305, 637-638
resistência do gesso, 293
resistência do testemunho
   e resistência de corpos de prova cúbicos, 639-640
   efeito
      da condição de umidade, 626-627, 637-638
      da idade, 640-642
   fatores influentes, 639-640
   interpretação, 642-644
   relação com a resistência de corpos de prova cilíndricos, 641-643
   relação com a resistência *in situ*, 642-644
resistência elétrica, 361-363
resistência em longo prazo, 319
resistência em serviço, 606-607
resistência intrínseca do gel, 291, 292
resistência mecânica do gel, 34-35

resistência média, 755-756, 759-762
   e desvio padrão, 670
   relação com a mínima, 759-763, 769-770
resistência média alvo, 794
resistência mínima, 56-57, 755-756, 759-762
   e desvio padrão, 670, 760-761
   relação com a média, 759-763, 769-770
resistência moderada de concreto leve, 719-722
resistência potencial, 324, 606-607, 637-638, 644-646
resistência real, 305, 637-638
resistência relação, 194-195
resistência residual
   após fogo, 405-406
   do cimento de elevado teor de alumina
      concreto, 101-105
resistência técnica, 305
resistência teórica, 305
resistividade, 361-363
   do cimento de elevado teor de alumina
      concreto, 363-366
   efeito
      da cura, 361-363
      da idade, 363-366
      da relação água/cimento, 361-363
      das proporções da mistura, 361-363
   sob corrente alternada, 365-367
   sob corrente contínua, 365-367
resistividade elétrica, 361-363, 586-587
   determinação do teor de água, 249-250
   efeito da água de amassamento, 190
resistividade em corrente alternada (a.c.), 365-367
restrição externa, 414-415
restrição interna, 410-411
retardadores, 262-264
   ação do, 262-264
   efeito da temperatura, 265-266
   influência
      na dimensão dos poros, 700-702
      na porosidade, 700-702
      na resistência, 376-378
      na retração, 458-460
      na sílica ativa, 697-699
      no calor da hidratação, 697-699
      no concreto massa, 262-264
retardo
   efeito
      da cinza volante, 683-684
      da escória granulada de alto forno, 691-692
retração, 430-431
   alívio pela fluência, 455-456
   compensação, 463-465
   concreto com pedra-pomes, 719-722
   da pasta autoclavadaa, 443-444
   da rocha, 443-444

de pedras de construção, 443-444
diferencial, 455-456
do cimento de elevado teor de alumina concreto, 450-452
do concreto celular, 739-740
do concreto celular autoclavado, 740-741
do concreto com agregados leves, 448-452, 735-736
do concreto com agregados pré-colocados, 240-241
do concreto com perlita, 723-724
do concreto com vermiculita, 722-723
do concreto curado a vapor, 389-390
do concreto de alta resistência, 450-452
do concreto de alto desempenho, 717-718
do concreto sem finos, 743-744
do folhelho, 443-444
do pasta de cimento, 446-447, 452-453
dos cimentos de alta resistência inicial especiais, 74-75
dos compostos puros, 443-444
e aderência, 286
e expansão, 453-454
e fluência, 467-469, 478-479
e movimentação de umidade, 460-461
e perda de água, 444-446
e retração autógena, 442-443
e retração por carbonatação, 461-462
efeito
  da água de amassamento, 190
  da argila, 448-449
  da autoclavagem, 386-387
  da carbonatação, 462-463
  da cinza de casca de arroz, 86-87
  da cinza volante, 450-452, 688-690
  da cura, 452-453
  da dimensão, 455-456
  da escória granulada de alto forno, 450-452, 693-694
  da forma, 455-456
  da quantidade de água, 447-449
  da relação água/cimento, 446-447
  da relação superfície/volume, 455-456
  da sílica ativa, 450-452, 703-704
  da trabalhabilidade, 447-449
  da umidade, 453-454
  da velocidade de secagem, 452-453
  das condições de armazenamento, 452-453
  de película de argila, 142-143, 448-449
  do agregado, 446-449
  do cimento, 450-452
  do cloreto de cálcio, 259-260
  do concreto de agregado reciclado, 183-184, 220-221
  do consumo de cimento, 447-449
  do módulo de elasticidade, 448-449, 458-460
  do teor de sulfato de cálcio, 450-452
  dos aditivos, 450-452
  dos redutores de água, 268-270, 450-452
  finura do cimento, 20-21, 450-452
  granulometria descontínua, 179-180
efetiva, 445-446
ensaio, 454-455
fatores influentes, 446-447
final, 454-457
fissuração, 452-453, 455-456, 458-460, 463-465, 548-549
  do concreto com agregados leves, 735-736
irreversível, 460-463
livre, 455-456
mecanismo, 443-444
não restringida, 463-465
nas especificações, 756-757
papel dos retardadores, 458-460
potencial, 455-456
previsão da, 454-455
restringida, 455-456, 463-465
tensões, 455-456, 478-479
velocidade de, 454-457
retração agregados, 448-450
retração autógena, 442-443
retração diferencial, 455-456
retração efetiva, 445-446
retração plástica, 335, 440-441
  e exsudação, 441-442
  efeito
    da evaporação, 440-441
    da perda de água, 440-441
    da revibração, 245-246
    da temperatura, 440-441
    da umidade relativa, 440-441
    das formas drenantes, 247-248
    do consumo de cimento, 441-442
    do vento, 440-441
    dos retardadores, 265-266
  fissuração, 415-416, 440-441, 550
  efeito
    da exsudação, 415-416
    da sílica ativa, 697-699
  relação com exsudação, 441-442
retração restringida, 455-456
revestimento com epóxi, 598-599
revestimento do concreto sem finos, 743-744
revestimentos resilientes, 547-548
  ao desgaste, 127-128, 543-544
  resistência ao fogo, 398-401
revibração, 244-245, 729
  após congelamento, 418-419
riolito, 150
risco
  de aceitação equivocada, 762-763
  de rejeição equivocada, 762-763

risco do consumidor, 762-763
risco do produtor, 762-763
riscos à saúde, 11-13, 48
Road Note N° 4, 169-172
rocha
   expansão ensaio, 154-155
   influência na condutividade, 391-392
   matriz, 112-113, 115-121, 124-125
   permeabilidade, 511-512
   porosidade, 134-137
   resistência à compressão, 125-126
   tipo classificação, 113-114
rocha matriz, 112-113, 115-121, 124-125
rochas ígneas, resistência ao fogo, 405-406
rolo vibratório, 244-245
rótula esférica, 613-614
ruptura
   critérios, 305, 614-615
      sob tensões multiaxiais, 309-310, 313-314
   definição, 308-309
   deformação, 305, 309-310
   efeito
      da heterogeneidade, 316-317
      da tensão de tração transversal, 309-310
      da tensão transversal, 309-310
   mecanismo, 308-309
   na compressão, 307-308, 614-615
   na fadiga, 351-352
   sob tensões multiaxiais, 309-310, 356-357
ruptura explosiva, 402-403, 614-615
ruptura por cisalhamento de corpos de prova à compressão, 308-309

S (notação para SiO_2), 9
saco de cimento, 7, 776-777
sais de lítio, 74-75, 543-544
sais de zinco, ação retardora, 262-264
sal
   contaminação, 144-145
   no agregado, 144-145
   transportado pelo ar, 538-539
sal de Friedel, 592-593
sanidade
   do agregado, 148
      ensaio, 148
   do cimento, 51-52, 71-72
   índice do agregado, 148
saturação crítica
   do agregado, 564-565
   do concreto, 418-419, 560, 561-563
saturação do concreto
   influência
      na condutividade térmica, 390-391
      na dilatação térmica, 394-398
      no congelamento, 579-581

valor crítico, 418-419, 560, 561
secagem
   até massa constante, 506-507
   e carbonatação, 521-522
   efeito do tempo, 444-445
   fluência, 469-470, 476, 478-479
   influência
      na fluência, 478-479, 484-486
      na permeabilidade, 517-518
      na resistência, 626-627
      na resistência ao congelamento, 560
      na resistência química, 528-529
      na resistividade, 361-363
   taxa, influência na retração, 452-453
seco ao ar agregado, 134-137, 726-728
sedimentação, 21-22, 216-217
   método de ensaio, 143-144
sedimentação do concreto, 216-217
segmentação dos capilares, 32-33, 705-706
segregação, 162-163, 207-208, 213-215, 637-638
   com agregado granulometria descontínua, 179-180
   do agregado, 182-184
   durante a vibração, 241-242
   e concreto com agregados pré-colocados, 240-241
   e concreto sem finos, 741-742
   e exsudação, 216-217
   e trabalhabilidade, 162-163
   efeito
      da incorporação de ar, 583-585
      do tamanho do agregado, 182-183
      do tipo de betoneira, 219-220
   no bombeamento, 232
   no concreto com agregados leves, 729
   resistência ao, 193-195
   tipos, 216-217
seixo, cascalho, pedregulho
   dilatação térmica, 394-396, 399
   influência
      na fluência, 471-473
      na resistência, 299-300
      na resistência ao fogo, 736-737
      na resistência ao impacto, 359-361
   valores de absorção, 136
separador, 116-117
SiF_4, tratamento com, 528-529
silano, 584-585
sílica
   e autoclavagem, 387-390
   formas reativas, 150
   influência na resistência ao fogo, 405-406
   instável, 113-115
   solubilidade, 663-664

sílica ativa, 63–65, 86–87, 678, 679, 695–696
   como substituição, 695–696
   composto, 89–90
   cor, 703–704, 707–708
   cura requisitos, 701–702
   da quantidade de água, 697–699
   dimensão, 86–87, 89–90
   e aditivos, 697–698
   e condição de umidade, 699–700
   e cura a vapor, 680–681
   e escória granulada de alto forno, 697–699
   e relação água/cimento, 697–698
   e superplastificantes, 277–278, 697–698
   efeitos físicos, 696–697
   finura, 23–25
   hidratação, 697–699
   influência
      na abrasão, 703–704
      na aderência, 699–700
      na alcalinidade, 679–680
      na coesão, 697–699
      na cor, 703–704
      na corrosão, 594–595
      na cura, 342–343
      na durabilidade, 701–702
      na exsudação, 218–219, 679–680, 696–699
      na fadiga, 359–361
      na fluência, 476, 717–718
      na fragilidade, 701–702
      na hidratação, 697–699
      na incorporação de ar, 573–576, 697–699
      na interface, 696–697
      na permeabilidade, 700–702
      na reação álcali-sílica, 542, 702–703
      na resistência, 123–124, 697–700
      na resistência à descamação, 703–704
      na resistência a sulfatos, 702–703
      na resistência ao congelamento, 702–703
      na resistividade, 363–365
      na retração, 450–452, 703–704
      na retração plástica, 697–699
      no abatimento, 697–699
      no concreto fresco, 696–698
      no ingresso de cloretos, 702–703
      no módulo de elasticidade, 701–702
      nos pH, 703–704
      nos pigmentos, 79–80
   massa específica, 89–90
   massa unitária, 89–90
   micropéletes, 90
   no concreto com agregados leves, 730
   no concreto de retração compensada, 467–469
   no concreto projetado, 238–239
   pasta, 89–90

pH, 89–90
reação pozolânica, 696–697
reatividade, 695–696
superfície específica, 32–34, 89–90, 696–697
teor, 696–697, 700–702
   ótimo, 696–697
teor de sílica no, 89–90
sílica ativa, 86–87
sílica gel, 151
silicato de cálcio, 8, 9, 10
   compostos hidratados, 14–15
   impurezas no, 14–15, 42–43
silicato de sódio, 528–529
silicato dicálcico, 8
silicato tricálcico, 8
siloxano, 584–585
silte, 112–113, 174–175
   na água, 190–192
   no agregado, 142–143
   teor, ensaio para, 143–144
síndrome da "vibração da mão", 250–251
síndrome dos dedos brancos, 250–251
sistema de poros, 503
sistema quaternário, 9
Smeaton, John, 2
SO_3 no cimento, 19–20
sobrecarga da betoneira, 219–220
socamento, 241–242, 606–607
sólido homogêneo, 305
sólido sem falhas, 305
sólidos na água, 190–192
solubilidade, 13–14
solução coloidal, 13–14
solução sólida, 16–17
sorção, 504–505, 509–510, 538–539
sortividade, 509–510
   ensaio, 509–510
substâncias deletérias
   na água, 190–192
   no agregado, 141–142
   no concreto de agregado reciclado, 184–185
substituição de materiais, 678
Sulfathüttenzement, 84
sulfato
   ataque, 77–78, 385–386, 528–529
      com cimento Tipo M, 467–469
      com cimento Tipo S, 467–469
      efeito do cloreto de cálcio, 259–260
      influência
         na resistência, 530–531
         nos cloretos, 593–594
   classificação da exposição, 531–532
   na água, 192–193, 531–532
   na água do mar, 537
   na cinza volante, 87–88, 683–684

no agregado, 146-147
no agregado de clínquer, 723-724
no solo, 531-532
teor
   no agregado leve, 724-726
   no cimento, 70-72
sulfato de cálcio, 16-18, 51-53
   ataque por, 529-530
   nas eflorescências, 536
   no ataque químico, 529-530
   no concreto de alto desempenho, 709
sulfato de cálcio, 7, 16-21, 52-53, 72-74, 77-78, 709
   influência
      na fluência, 474-475
      na resistência, 299
      na retração, 450-452
      na trabalhabilidade, 709
      nas eflorescências, 536
   na resistência a sulfatos ensaio, 535-536
   no agregado, 145-146
   no ataque químico, 529-530
   reação com aluminatos, 97-98
   teor, 18-19
sulfato de magnésio, ataque por, 77-78, 529-532, 537
sulfato de sódio, ataque por, 77-78, 529-532
sulfetos no agregado, 146-147
sulfoaluminato de cálcio, 16-18, 77-78, 529-530, 593-594
sulfoferrito de cálcio, 77-78
sulfonados de melamina-formaldeído, 271
sulfonados de naftaleno-formaldeído, 271
superfície com pó, 84-86, 216-217
superfície específica
   bolhas de ar, 569-572
      efeito do consumo de cimento da mistura, 570-572
   da cinza volante, 86-87
   da escória granulada de alto forno, 81-82
   da pasta autoclavada, 34-36, 389-390
   da pasta de cimento, 32-34
      efeito do composição, 34-35
   da sílica ativa, 32-34, 89-90, 696-697
   do agregado, 165
      influência
         na resistência, 166-169
         na trabalhabilidade, 165-169
         nas proporções da mistura, 166
         relação com a granulometria, 165
   do cimento, 21-24, 71-72
   do cimento de alta resistência inicial, 25-26
   do cimento expansivo, 466-467
   do gel, 32-34
superfície pulverulenta, 84-86, 217-218
superfícies das bases côncavas, 609-610

superfícies das bases convexas, 609-610
superfícies sujeitas ao desgaste, agregado para, 126-127
superplastificante à base de polisulfonato, 709
superplastificantes, 86-87, 269-270
   à base de cálcio, 271
   à base de melamina, 271
   à base de naftaleno, 271, 273-277
   à base de sódio, 271
   ação, 271, 273-274
   classificação dos, 258-259, 269-270, 273-274
   com aditivos incorporadores de ar, 278-279
   com cimento de elevado teor de alumina, 98-99
   com cinza volante, 278-279
   com copolímeros, 271
   com sílica ativa, 278-279, 696-697
   compatibilidade com cimento, 274-277, 707-710
   dosagem, 274-275, 277-278, 704-705
      máxima, 709-710
      ótima, 277-278
   duração da ação, 274-275, 277-278
   e perda de abatimento, 275-276
   e retrogressão da resistência, 273-274
   efeito
      da relação água/cimento, 275-277
      da temperatura, 275-277
   eficiência, 275-276
   incorporação na mistura, 258-259
   influência
      na corrosão, 594-595
      na durabilidade, 278-279
      na exsudação, 218-219, 275-277
      na fluência, 278-279
      na hidratação, 273-274
      na incorporação de ar, 274-277, 573-574, 576-577
      na pasta, 273-274
      na redução de água, 273-274
      na resistência a sulfatos, 278-279
      na resistência ao congelamento, 278-279
      na resistência inicial, 273-274
      na retração, 278-279, 450-452
      na segregação, 275-277
      na trabalhabilidade, 272-275, 707-708
      no módulo de elasticidade, 278-279
      no retardo, 275-277
      no tempo de pega, 277-278
   longo período, 275-277
   na concreto de alto desempenho, 277-278, 706-707, 709
   no concreto com agregados leves, 730
   polisulfonatos, 709
   ponto de saturação, 709-710
   reação com C_3A, 273-274, 277-278

redosagem, 275-276
retardo, 273-274
teor de sólidos, 274-275
tipos, 271
superplastificantes à base de melamina, 271
superplastificantes à base de naftaleno, 271, 273-277
superplastificantes retardadores, 273-274
superposição da fluência, 484-486
   e retração, 467-469
superposição das deformações na fluência, 488-489
surfactantes, 568-569
surperfície friável, 84-86

taumasita, 530
taxa de redução no britador, 116-117
técnica de eco-impacto, 661-662
técnicas termogravimétricas, 524-525
temperatura
   cíclico
      influência
         na durabilidade, 398-401
         na fissuração, 410-411, 491-493
      controle em tempo frio, 420-422
   diferencial, 410-411
   do cimento, 416-417
   do concreto
      cálculo, 416-417, 420-422
      dos componentes, 416-417
   do concreto fresco, 416-417
   dos componentes da mistura, 416-417, 420-422
   efeito
      da cinza volante, 86-87, 685-687
      da mistura, 223-224
      do calor da hidratação, 38-39
   elevação
      efeito
         das condições ambientes, 382-383
         do consumo de cimento, 380-381, 413-414
         do tipo de cimento, 411-412
         na cura a vapor, 384-385
         na fadiga, 352-354
         na hidratação, 37-38, 416-417
         no concreto submerso, 239-240
   gradientes, 405-406
   influência
      na aderência, 317
      na carbonatação, 521-522
      na condutividade, 391-392
      na corrosão, 595-596
      na demanda de água, 415-416
      na dilatação térmica, 398-401
      na evaporação, 335, 341-342
      na exsudação, 218-219
      na fluência, 479-480
      na hidratação, 37-38, 375-376
      na incorporação de ar, 573-574
      na pega, 19-20
      na reatividade do agregado, 151
      na resistência, 375-378, 380-381, 401-402, 408-409, 627-628
         do concreto com agregados leves, 402-403
      ganho, 318
      na retração autógena, 442-443
      na trabalhabilidade, 212-213
      nas dimensões dos poros, 378-380
      no calor específico, 392-394
      no concreto com agregados leves, 736-737
      no concreto com cimento de elevado teor de alumina, 98-99, 105-106
      no concreto de alta resistência, 402-403
      no módulo de elasticidade, 404-405, 408-410, 436-437
   inicial
      influência
         na estrutura do pasta de cimento, 376-378
         na resistência, 375-378
         nas dimensões dos poros, 378-380
      mínima para hidratação, 420-423
      na pega, influência na resistência, 375-376
      no lançamento, 376-378, 416-417
      ótima para resistência, 380-382, 420-422
   temperatura criogênica, influência
      na fluência, 480-482
      na resistência, 407-408
      no concreto com agregados leves, 735-736
   temperatura ótima de lançamento, 380-381
   temperatura ótima de pega, 380-381, 420-422
tempo
   deformação, 478-482
   influência na fissuração, 458-460
   ruptura, 473-474, 484-486
tempo de pega, 19-20, 48-50
   do cimento de elevado teor de alumina, 96-97
   do concreto, 51-52, 211-212
      efeito
         da água do mar, 192-193
         da temperatura, 265-266, 414-415, 418-419
         do chumbo, 146-147
         dos aceleradores, 259-260
         dos superplastificantes, 277-278
tempo frio
   concretagem, 417-420
   condições, 417-418
   definição, 419-420
   temperatura de lançamento, 420-422

tempo quente
condições, definição, 414-415
influência
na fissuração, 460-461
na trabalhabilidade, 213-215, 414-415
tempo Vebe, 203-205
e abatimento, 209-211
e fator de compactação, 208-211
tenacidade do agregado, 127-128
tenazes extensoras, 621
tensão
à deformação constante, 467-469
alívio pela fluência, 458-460, 467-469, 491-493
confinante, 309-310
devido à retração diferencial, 455-456
influência
na fluência, 472-473
na resistência à fadiga, 358-359
no módulo secante, 430-431
limitando a, 308-309
reversão da, 358-359
tensão de cisalhamento corpo de prova em ensaio, 615-616
tensão de compressão na fissuração, 308-309
relação com a resistência à tração, 325, 326
tensão de escoamento, 208-209
tensão elétrica, influência na resistividade, 363-367
tensão limite, 308-309
tensão principal, 311
tensão superficial das bolhas de ar, 582-583
tensão transversal, 309-310
influência na resistência, 309-310
tensão triaxial, 310-311
tensão-deformação, 623
tensões internas
alívio pela fluência, 491-493
devido à retração, 455-456
tensões multiaxiais
critérios de ruptura, 313-314
fadiga, 356-357
fluência, 484-486
coeficiente de Poisson, 440-441
influência na resistência, 311
interação, 310-311
ruptura, 309-310
teor de óxidos, 8-13, 65-66
do cimento de elevado teor de alumina, 95-96
influência
na exsudação, 217-218
na resistência, 48-50
nas propriedades do cimento, 41-42
no calor da hidratação, 39-40
limites da ASTM, 41-43

potencial, 8
teor de trióxido de enxofre, 19-20
teor de vazios do agregado, 117-119
no concreto bombeado, 235
teor ótimo de escória granulada de alto forno, 693-694
teor ótimo de água, 195-198
teor ótimo de sílica ativa, 696-697
teor ótimo de sulfato de cálcio, 450-452
teor total de ar, 576-577, 729
teor total de vazios, 294-295
teoria coloidal da resistência, 34-35
teoria da resistência de cristais, 34-35
teoria de Le Chatelier, 34-36
teoria de Michaëlis, 34-36
térmica cura, 390-391
termogravimetria, 14-15
termoluminescência, 406-407
ternário
mistura, 63-65
sistema, 9
terra diatomácea, 84-86
testemunho, 637-638
localização, 641-643
pequeno, 639-640
tetrafluoreto de silício, 528-529
textura do agregado, 115-117, 120-121
influência
na resistência, 121-122, 305
na trabalhabilidade, 195-198
textura superficial do agregado, 115-117, 120-122
influência na resistência, 287, 299-300
tijolos britados, resistência ao fogo, 405-406
tiocianato de sódio, 261-263
tipo
do agregado na dosagem, 775-776
do concreto, 678
granulometria, 779-780
analiticamente, 779-780
pelo método gráfico, 780-782
tipo granulometria, 169-170
tolerâncias nas especificações, 756-757
total de água, 290
trabalhabilidade
"a olho", 211-212
água do, 245-246
classificação dos, 198-199, 208-209
com agregado com granulometria descontínua, 179-180
definição, 193-195, 201-202
do cimento de elevado teor de alumina concreto, 98-99
do concreto com agregados leves, 730
do concreto sem finos, 741-742

e abatimento, 198–199
e dosagem, 754–756, 774–775
e fator de compactação, 201–203
e segregação, 162–163
e tipo de betoneira, 218–219
e trabalho de remoldagem, 203–204
e variação da granulometria, 769–770
efeito
    da água de amassamento, 190
    da cinza volante, 683–684
    da dimensão máxima do agregado, 195–198
    da escória granulada de alto forno, 691–692
    da finura do cimento, 20–21
    da granulometria descontínua, 179–180
    da incorporação de ar, 582–583
    da lamelaridade do agregado, 119–121
    da quantidade de água, 782–785
    da redosagem, 227–228
    da remistura, 223–224
    da temperatura, 212–213
    das condições de lançamento, 774–775
    das proporções da mistura, 196–198
    de conchas, 144–145
    do aditivo redutor de água, 268–270
    do agregado
        absorção, 137–138, 725–726
        área superficial, 166–169
        forma, 121–123
    do cimento expansivo, 466–467
    do consumo de cimento da mistura, 201–203
    do granulometria, 195–198
    do material fino, 162–163
    do tempo, 211–212
    do tempo de mistura, 223–224
    dos aditivos impermeabilizantes, 279–280
    dos superplastificantes, 272–275
ensaio dos dois pontos, 207–208
ensaios, comparação de, 208–211
fatores influentes, 195–198
influência
    na incorporação de ar, 573–574
    no custo da mão de obra, 755–756
inspeção visual, 211–212
medida da, 198–199
perda com tempo, 211–212
relação com a quantidade de água, 195–198, 784–785
trabalho realizado na mistura, 416–417
tração biaxial, 309–310
tração
    deformação
        na fissuração, 308–309
        na ruptura, 309–310
        no ensaio à compressão, 615–616
tração diagonal, 620–621

traço designado, 757–759
traço padronizado, 757–759
traço prescrito, 757–759
traço projetado, 756–757
trânsito intenso, resistência ao, 544–545
transmissão de nêutrons, 661–662
transporte de fluidos, 503
traquito, condutividade térmica, 391
tremie (tremonha), 239–240
tridimita, 113, 150
trietanolamina, 261, 267
tubos de alumínio, 230–231
tubulação para bombeamento, 230–231
tufo, 150
turbidez da água, 190–192
turbidímetro, 22

ultra-finos, 163–164
    no concreto fluido, 789
umidade
    amplitude, influência na movimentação de umidade, 460–461
    influência
        na absorção, 338
        na dilatação térmica, 396–397
        na fissuração plástica, 415–416
        na fluência, 476
        na permeabilidade, 517–518
        na retração, 453–454
    interna da pasta de cimento, 338, 715–716
umidade
    difusão, 394–396
    efeito
        da autoclavagem, 386–387
        da carbonatação, 460–461, 463–465
        da composição do concreto, 461–462
    gradiente, 455–456
    livre, 137–138
    movimentação, 460–461
        do concreto celular, 739–740
        do concreto com agregados leves, 735–736
        do concreto com serragem, 744–745
        do concreto leve, 460–461
        e retração, 458–460
    no agregado, 134–138, 290
        absorvida, 134–137
        influência na perda de abatimento, 211–212
        livre, 137–138
        medida da, 138–140
        superfície, 134–137
uniformidade da mistura, 220–221
    efeito
        da mistura manual, 225–227
        do tempo de mistura, 222–223
ureia, 584–585

valor médio, 669
vapor de água
    movimentação da, 506–507
    permeabilidade, 515–517
vapor superaquecido, 386–387
variabilidade
    da escória, 691–692
    da relação água/cimento, 773–774
    da resistência, 665–666, 762–763, 769–770
    da resistência à flexão, 769–770
    do agregado leve, 723–726
    do cimento, 344–345
    do concreto de alta resistência, 764–765
    do concreto na betoneira, 220–221
    dos corpos de prova de ensaio, 613–614
    dos materiais cimentícios, 680–681
    dos resultados de ensaio, 628–629, 664–665
    dos testemunhos, 639–640
    e efeito da dimensão, 627–628
    efeito
        da condição de umidade, 626–627
        da dimensão, 627–628, 636–637
        em ensaios não destrutivos, 664–665
        no ensaio de cura acelerada, 650–651
        no ensaio de tração, 628–630
        no ensaio de tração por compressão diametral, 626–627
variação de comprimento como medida da resistência ao congelamento, 578–579
variação de volume autógena, 442–443
variações de volume nas primeiras idade, 440–441
vazios
    detecção dos, 661–662
    determinação física do, 664–665
    influência
        na bombeabilidade, 233, 234
        na resistência, 194–195
    no concreto, 194–198, 293–295
    no concreto celular, 738–739
    no concreto leve, 718–719
    no concreto tratado a vácuo, 247
    relação do agregado, 133–134
velocidade de carregamento
    influência
        na deformação, 430–431
        na resistência, 360–361, 645–647
velocidade de hidratação
    do cimento, 13–15, 20–21
    dos compostos, 41–42

velocidade de onda longitudinal, 658–659
velocidade de pulso ultrasonico
    da pasta fresca, 51–52
    ensaio, 660–663
    na fadiga, 352–354
velocidade de tensão
    influência
        na deformação, 430–431
        na resistência, 645–647
    velocidade normalizada, 646–648
vento, influência na evaporação, 335, 337
vermiculita, 719–723, 745
Vesúvio, 1
vibração, 241–242
    com granulometria descontínua, 179–180
    e concreto sem finos, 741–742
    e segregação, 216–217
    ensaios, 663
    influência do incorporação de ar, 575–576
vibração excessiva, 216–217
vibração longitudinal, 663
vibração torsional, 663
vibração transversal, 663
vibrador
    agulha, 241–242
    eletromagnético, 243–244
    externo, 242–243
    interno, 241–242
    martelete elétrico, 244–245
    mesa de impacto, 243–244
    portátil, 243–244
    superfície, 244–245
vibrador de imersão, 242–243, 606
vibrador de laboratório, 243–244
vibrador de superfície, 244–245
vibrador externo, 242–243
vibrador interno, 241–242
vibrador operado por robô, 242–243
vibratórias e acabadoras, 244–245
vida útil, 502, 522–523
vidro líquido, 528–529
vidro pirex, 542
vidro vulcânico, 722–723
viscosidade da pasta de cimento, 215–216
viscosidade plástica, 207–208
volume solto do agregado graúdo, 785–786

zona de transição, 316–317
zonas para granulometria da areia, 172–173